Educational Producer For Your Success

알기쉽게 풀어쓴!

2026년 한국산업인력공단 "새로운 출제기준" 반영

에듀피디 폐기물처리 기사·산업기사 필기

| 전나훈 편저 |

3판

- 기출문제 및 관련 이론을 집중적으로 학습할 수 있도록 구성
- 과년도 기출문제를 통한 실력 향상
- 필수적으로 암기해야 하는 부분의 암기 방법을 두문자를 통해 제시

에듀피디 동영상강의 www.edupd.com

알기 쉽게 풀어쓴
폐기물처리
기사·산업기사 필기

1판1쇄 2022년 11월 18일
3판1쇄 2026년 1월 14일

편저자 전나훈
발행처 에듀피디
등 록 제300-2005-146
주 소 서울 종로구 대학로45 임호빌딩 2층 (연건동)

전 화 1600-6690
팩 스 02)747-3113

※ 이 책은 저작권법에 따라 보호받는 저작물이므로 무단전재와 무단복제를 금지하며 책 내용의 전부 또는 일부를 이용하려면 반드시 저작권자와 에듀피디의 서면 동의를 받아야 합니다.

기초공식 과목별 공식정리

CHAPTER 01	폐기물개론	014
CHAPTER 02	폐기물 재활용 및 자원화 기술	016
CHAPTER 03	폐기물 처분기술	020
CHAPTER 04	폐기물공정시험기준 공식정리	025

제1과목 폐기물개론

CHAPTER 01	폐기물의 분류	028
CHAPTER 02	발생량 및 성상	033
CHAPTER 03	폐기물 관리	044
CHAPTER 04	폐기물 추적 관리	057
CHAPTER 05	폐기물관리 요약법규	067

제2과목 폐기물 재활용 및 자원화 기술

CHAPTER 01	폐기물 감량 및 재활용	140
CHAPTER 02	중간처분	159
CHAPTER 03	자원화	186

제3과목 폐기물처분기술

CHAPTER 01	연소	198
CHAPTER 02	연소계산	213
CHAPTER 03	연소장치 및 연소방법	227
CHAPTER 04	소각과 열분해	242
CHAPTER 05	연소가스처분 및 오염방지	250
CHAPTER 06	최종처분	272
CHAPTER 07	매립에 의한 오염	300

제4과목 폐기물공정시험기준

CHAPTER 01	총칙	328
CHAPTER 02	일반시험법	340
CHAPTER 03	기기분석법	353
CHAPTER 04	항목별 시험방법	378

부록

01 과년도 기출문제

기출문제

UNIT 01	2020년 폐기물처리산업기사 1회, 2회 필기	446
UNIT 02	2020년 폐기물처리산업기사 3회 필기	456
UNIT 03	2024년 폐기물처리산업기사 1회 CBT 복원	466
UNIT 04	2021년 폐기물처리기사 1회 필기	476
UNIT 05	2021년 폐기물처리기사 2회 필기	489
UNIT 06	2021년 폐기물처리기사 4회 필기	502
UNIT 07	2022년 폐기물처리기사 1회 필기	515
UNIT 08	2022년 폐기물처리기사 2회 필기	528

정답 및 해설

UNIT 01	2020년 폐기물처리산업기사 1회, 2회 필기	541
UNIT 02	2020년 폐기물처리산업기사 3회 필기	547
UNIT 03	2024년 폐기물처리산업기사 1회 CBT 복원	552
UNIT 04	2021년 폐기물처리기사 1회 필기	559
UNIT 05	2021년 폐기물처리기사 2회 필기	565
UNIT 06	2021년 폐기물처리기사 4회 필기	572
UNIT 07	2022년 폐기물처리기사 1회 필기	580
UNIT 08	2022년 폐기물처리기사 2회 필기	586

02 CBT 시험대비 과목별 빈출문제 594

GUIDE 출제기준(산업기사 필기)

직무분야	환경·에너지	중직무분야	환경	자격종목	폐기물처리산업기사	적용기간	2026. 1. 1. ~ 2030. 12. 31

○ **직무내용** : 사람의 생활이나 사업활동과 관련하여 발생된 폐기물을 물리적, 생물학적, 화학적으로 처리하기 위한 관리 및 시공, 운영하는 업무를 수행하는 직무이다.

필기검정방법	객관식	문제수	60	시험시간	1시간 30분

필기과목명	문제수	주요항목	세부항목	세세항목
폐기물개론	20	❶ 오염원 현황파악	❶ 폐기물 발생원 현황 파악	1. 폐기물 발생원 파악 2. 폐기물 분류체계 3. 폐기물 유해성 확인
			❷ 배출원별 발생 및 특성 파악	1. 폐기물 발생 및 처리량 파악 2. 발생량 조사 및 예측 3. 폐기물 특성 파악
		❷ 수거·운반	❶ 폐기물 분리배출 및 보관	1. 폐기물의 분리배출 구분 및 방법 2. 폐기물 보관용기 종류 및 용량 파악 3. 배출원에서 폐기물 저감
			❷ 폐기물 수거와 운반(수송)	1. 수거체계 파악 2. 수거노선 파악 3. 수거관련 장비, 차량 현황 파악
			❸ 적환장(중계처리시설) 관리	1. 적환장의 위치와 규모 파악 2. 폐기물 종류별 분리 및 선별 3. 폐기물의 압축 및 적재방법 4. 적환장 2차 환경오염 관리
			❹ 폐기물 추적 관리	1. 무선주파수 인식 시스템의 이해 2. GIS, GPS 시스템의 파악 3. 올바로시스템(전자 인수인계서)의 이해 및 활용
		❸ 폐기물 관리 행정 업무	❶ 행정절차 이행	1. 폐기물 관련 인허가 업무 파악 2. 폐기물 시설 운영 실적자료 보관 및 관리 3. 폐기물 관련법에 따른 서류 작성, 기록 및 보존 4. 법적 행정조치에 대한 대응 업무 5. 폐기물 관련 안전사고 예방 및 관리
			❷ 환경법규와 정책 조사	1. 환경 관련 법률 및 제도 파악 2. 폐기물 처리 법적 기준 및 관리 기준 파악 3. 폐기물 관리 대책 및 방안 4. 국외 폐기물 분류체계 및 관련 동향 파악

필기과목명	문제수	주요항목	세부항목	세세항목
폐기물처리 기술	20	❶ 물리적 처리기술	❶ 전처리 기술	1. 압축·파쇄·분쇄·절단 기술 2. 용융·증발·농축·정제 기술 3. 유수 분리·탈수·건조 기술 4. 2차 환경오염방지 기술
			❷ 연료화 기술	1. 연료화 대상 가연성 폐기물의 성상, 특성 이해 2. 연료화 시설 단위공정 파악 3. 2차 환경오염방지 기술 4. 연료의 품질기준 파악
			❸ 기타 물리적처리 기술	1. 기타 물리적처리 기술
		❷ 화학적 처리기술	❶ 화학적 처리	1. 고형화·안정화, 고화 기술 2. 중화·산화·환원·중합·축합·치환 등 기술 3. 응집·침전 기술 4. 2차 환경오염방지 기술 5. 재활용 제품의 품질기준 파악
			❷ 열적 처리	1. 소각 기술 2. 열분해 기술 3. 2차 환경오염방지 기술
		❸ 생물학적 처리기술	❶ 호기성 처리 기술	1. 퇴비화 기술 2. 고온습식 산화 기술 3. 2차 환경오염방지 기술 4. 재활용 제품의 품질기준 파악
			❷ 혐기성 처리 기술	1. 혐기성 소화 기술 2. 바이오가스의 정제 및 이용 3. 2차 환경오염방지 기술 4. 재활용 제품의 품질기준 파악
			❸ 매립 기술	1. 매립지 선정 2. 매립 공법 3. 매립지내 유기물 분해 4. 침출수 발생 및 처분 5. 가스 발생 및 처분 6. 매립시설 설계 및 운전관리 7. 사후관리

GUIDE 출제기준(산업기사 필기)

필기과목명	문제수	주요항목	세부항목	세세항목
폐기물공정 시험기준	20	❶ 총칙	❶ 일반 사항	1. 용어 정의 2. 기타 시험 조작 사항 등 3. 정도보증/정도관리 등
		❷ 일반 시험법	❶ 시료채취 방법	1. 성상에 따른 시료의 채취방법 2. 시료의 양과 수
			❷ 시료의 조제 방법	1. 시료 전처리 2. 시료 축소 방법
			❸ 시료의 전처리 방법	1. 전처리 필요성 2. 전처리 방법 및 특징
			❹ 함량 시험 방법	1. 원리 및 적용범위 2. 시험 방법
			❺ 용출 시험 방법	1. 적용범위 및 시료용액의 조제 2. 용출조작 및 시험방법 3. 시험결과의 보정
			❻ 기타 시험 방법	1. 유해특성(재활용환경성평가) 2. 금속함량(수출입폐기물)
		❸ 기기 분석법	❶ 자외선/가시선분광법	1. 측정원리 및 적용범위 2. 장치의 구성 및 특성 3. 조작 및 결과분석방법
			❷ 원자흡수분광광도법	1. 측정원리 및 적용범위 2. 장치의 구성 및 특성 3. 조작 및 결과분석방법
			❸ 유도결합 플라즈마 원자발광분광법	1. 측정원리 및 적용범위 2. 장치의 구성 및 특성 3. 조작 및 결과분석방법
			❹ 기체크로마토그래피법	1. 측정원리 및 적용범위 2. 장치의 구성 및 특성 3. 조작 및 결과분석방법
			❺ 이온전극법 등	1. 측정원리 및 적용범위 2. 장치의 구성 및 특성 3. 조작 및 결과분석방법

필기과목명	문제수	주요항목	세부항목	세세항목
		❹ 항목별 시험방법	❶ 일반항목	1. 측정원리 2. 기구 및 기기 3. 시험방법
			❷ 금속류	1. 측정원리 2. 기구 및 기기 3. 시험방법
			❸ 유기화합물류	1. 측정원리 2. 기구 및 기기 3. 시험방법
			❹ 기타	1. 측정원리 2. 기구 및 기기 3. 시험방법
		❺ 분석용 시약 제조	❶ 시약제조방법	1. 시약 및 용액 2. 완충용액 3. 표준용액 4. 규정용액

GUIDE 출제기준(기사 필기)

직무 분야	환경·에너지	중직무 분야	환경	자격 종목	폐기물처리기사	적용 기간	2026. 1. 1. ~ 2030. 12. 31

○ **직무내용** : 사람의 생활이나 사업활동과 관련하여 발생된 폐기물을 물리적, 생물학적, 화학적으로 처리하기 위한 계획을 수립하고, 처리시설을 설계, 시공, 운영하는 업무를 수행하는 직무이다.

필기검정방법	객관식	문제수	80	시험시간	2시간

필기과목명	문제수	주요항목	세부항목	세세항목
폐기물개론	20	❶ 오염원 현황파악	❶ 폐기물 발생원 현황 파악	1. 폐기물 발생원 파악 2. 폐기물 분류체계 3. 폐기물 유해성 확인
			❷ 배출원별 발생량 및 처리량	1. 폐기물 발생 및 처리량 파악 2. 발생량 조사 및 예측
		❷ 폐기물관리 계획 수립	❶ 폐기물 발생 특성 파악	1. 폐기물 특성 파악 2. 폐기물 통계자료 조사 및 분석 3. 폐기물 발생 및 처리 현황분석
			❷ 환경법규와 정책 조사	1. 환경 관련 법률 및 제도 파악 2. 폐기물 처리 법적 기준 및 관리 기준 파악 3. 폐기물 관리 대책 및 방안 4. 국외 폐기물 분류체계 및 관련 동향 파악
			❸ 폐기물관련법	1. 폐기물관리법 2. 기타 관련 법
		❸ 폐기물처리시설 설치 계획	❶ 폐기물처리시설 종류, 특성파악	1. 대상 폐기물의 특성 파악 2. 처리시설 분류 및 주요 단위 공정 파악 3. 처리시설별 특성 파악
			❷ 폐기물처리시설 현황 조사	1. 처리시설 조사 및 파악 2. 설계도서의 이해 3. 설계, 시공, 운전의 문제점 분석 및 개선
			❸ 처리공정별 최적 가용 기술(BAT) 선정	1. 최적 가용기술 선정 2. 부산물 활용 및 2차 오염 저감 3. 최적 가용기술을 활용한 폐기물처리시설 계획수립

필기과목명	문제수	주요항목	세부항목	세세항목
		❹ 수거·운반	❶ 폐기물 분리배출 및 보관	1. 폐기물의 분리배출 구분 및 방법 2. 폐기물 보관용기 종류 및 용량 파악 3. 배출원에서 폐기물 저감
			❷ 폐기물 수거와 운반(수송)	1. 수거체계 파악 및 계획 2. 수거관련 장비, 차량 현황 파악 3. 수거 노선 계획
			❸ 적환장(중계처리시설) 관리	1. 적환장의 위치와 규모 파악 2. 폐기물 종류별 분리 및 선별 3. 폐기물의 압축 및 적재방법 4. 적환장 2차 환경오염 관리
			❹ 폐기물 추적 관리	1. 무선주파수 인식 시스템의 이해 2. GIS, GPS 시스템의 파악 3. 올바로시스템(전자 인수인계서)의 이해 및 활용
		❺ 폐기물관리 행정 업무	❶ 행정절차 이행	1. 폐기물 관련 인허가 업무 파악 2. 폐기물 시설 운영 실적자료 보관 및 관리 3. 폐기물 관련 법에 따른 서류 작성, 기록 및 보존 4. 법적 행정조치에 대한 대응 업무 5. 폐기물 관련 안전사고 예방 및 관리
폐기물 재활용 및 자원화 기술	20	❶ 물리적 처리기술	❶ 전처리 기술	1. 압축·파쇄·분쇄·절단 기술 2. 용융·증발·농축·정제 기술 3. 유수 분리·탈수·건조 기술 4. 2차 환경오염방지 기술
			❷ 연료화 기술	1. 연료화 대상 가연성 폐기물의 성상, 특성 이해 2. 연료화 시설 단위공정 파악 3. 2차 환경오염방지 기술 4. 연료의 품질기준 파악
			❸ 건설폐기물 처리 기술	1. 건설폐기물의 종류 파악 2. 건설폐기물의 처리 공정 파악 3. 2차 환경오염방지 기술 4. 재활용 제품의 품질기준 파악
			❹ 기타 물리적 처리 기술	1. 기타 물리적 처리 기술

GUIDE 출제기준(기사 필기)

필기과목명	문제수	주요항목	세부항목	세세항목
		❷ 화학적 처리기술	❶ 화학적 처리	1. 고형화 · 안정화, 고화 기술 2. 중화 · 산화 · 환원 · 중합 · 축합 · 치환 등 기술 3. 응집 · 침전 기술 4. 2차 환경오염방지 기술 5. 재활용 제품의 품질기준 파악
			❷ 열적 · 화학적 처리	1. 열분해 재활용 2. 가용화 기술 3. 기타 열적처리 기술 4. 2차 환경오염방지 기술 5. 재활용 제품의 품질기준 파악
			❸ 기타 화학적 처리	1. 각종 금속 회수 기술 2. 바이오디젤 등 화학적 생산기술
		❸ 생물학적 처리기술	❶ 호기성 처리 기술	1. 퇴비화 기술 2. 고온습식 산화 기술 3. 2차 환경오염방지 기술 4. 재활용 제품의 품질기준 파악
			❷ 혐기성 처리 기술	1. 혐기성 소화 기술 2. 바이오가스의 정제 및 이용 3. 2차 환경오염방지 기술 4. 재활용 제품의 품질기준 파악
			❸ 기타 생물학적 처리	1. 바이오 에탄올, 메탄올 등 생물학적 생산기술 2. 기타 생물학적 처리 기술
폐기물 처분 기술	20	❶ 중간처분 기술	❶ 연소이론 및 계산	1. 연소 및 열효율 2. 산소량 · 공기량 · 연소가스량 3. 연소배기가스내 오염물질 종류 및 농도 등
			❷ 폐기물 종류별 연소특성	1. 고위 및 저위 발열량 2. 생활폐기물 연소특성 3. 사업장폐기물 연소특성 4. 기타 폐기물 연소특성
			❸ 소각공정	1. 폐기물 투입방식 2. 연소조건 및 영향인자 3. 소각재 처분
			❹ 소각로의 종류 및 특성	1. 소각로의 종류 및 특성 2. 연소방식의 종류 및 특성

필기과목명	문제수	주요항목	세부항목	세세항목
			❺ 소각로의 설계 및 운전 관리	1. 소각로 설계 2. 소각로 운전관리
			❻ 연소가스 처리 및 오염 방지	1. 연소가스 처리 방법 및 장치 2. 연소가스 처리 설비의 종류 및 특징
			❼ 폐열 회수 및 이용	1. 폐열 회수 방법 2. 폐열 회수 설비 3. 회수에너지 이용
		❷ 최종처분 기술	❶ 매립 기술	1. 매립지 선정 2. 매립 공법 3. 매립지내 유기물 분해 4. 침출수 발생 및 처분 5. 가스 발생 및 처분 6. 매립시설 설계 및 운전관리
			❷ 매립지 안정화 및 사후 관리	1. 매립지 안정화 검토 2. 사후관리 3. 사후 토지 이용 계획
폐기물공정 시험기준	20	❶ 총칙	❶ 일반 사항	1. 용어 정의 2. 기타 시험 조작 사항 등 3. 정도보증/정도관리 등
		❷ 일반 시험법	❶ 시료채취 방법	1. 성상에 따른 시료의 채취방법 2. 시료의 양과 수
			❷ 시료의 조제 방법	1. 시료 전처리 2. 시료 축소 방법
			❸ 시료의 전처리 방법	1. 전처리 필요성 2. 전처리 방법 및 특징
			❹ 함량 시험 방법	1. 원리 및 적용범위 2. 시험 방법
			❺ 용출시험 방법	1. 적용범위 및 시료용액의 조제 2. 용출조작 및 시험방법 3. 시험결과의 보정
			❻ 기타 시험방법	1. 유해특성(재활용환경성평가) 2. 금속함량(수출입폐기물)

GUIDE 출제기준(기사 필기)

필기과목명	문제수	주요항목	세부항목	세세항목
		❸ 기기 분석법	❶ 자외선/가시선분광법	1. 측정원리 및 적용범위 2. 장치의 구성 및 특성 3. 조작 및 결과분석방법
			❷ 원자흡수분광광도법	1. 측정원리 및 적용범위 2. 장치의 구성 및 특성 3. 조작 및 결과분석방법
			❸ 유도결합 플라즈마 원자발광분광법	1. 측정원리 및 적용범위 2. 장치의 구성 및 특성 3. 조작 및 결과분석방법
			❹ 기체크로마토그래피법	1. 측정원리 및 적용범위 2. 장치의 구성 및 특성 3. 조작 및 결과분석방법
			❺ 이온전극법 등	1. 측정원리 및 적용범위 2. 장치의 구성 및 특성 3. 조작 및 결과분석방법
		❹ 항목별 시험방법	❶ 일반항목	1. 측정원리 2. 기구 및 기기 3. 시험방법
			❷ 금속류	1. 측정원리 2. 기구 및 기기 3. 시험방법
			❸ 유기화합물류	1. 측정원리 2. 기구 및 기기 3. 시험방법
			❹ 기타	1. 측정원리 2. 기구 및 기기 3. 시험방법
		❺ 분석용 시약 제조	❶ 시약제조방법	1. 시약 및 용액 2. 완충용액 3. 표준용액 4. 규정용액
		❻ 폐기물 조사분석	❶ 결과해석 및 보고	1. 폐기물 분석결과 정리, 기록, 해석 및 보고

알기 쉽게 풀어쓴 **폐기물처리(산업)기사** 필기

폐기물처리 (산업) 기사 과목별 공식정리

01
폐기물개론

02
폐기물 재활용 및 자원화 기술

03
폐기물처분기술

04
폐기물공정시험기준

01 CHAPTER 폐기물개론

1 발생량 및 성상

① 1인 1일 폐기물발생량(ton/인·일) 산출방법

식 1인 1일 폐기물발생량(ton/인·일) = $\dfrac{\text{총 쓰레기 발생량(톤)}}{\text{인구} \times \text{발생일수}}$

② 밀도

식 밀도 = $\dfrac{\text{질량}}{\text{부피}}$, 부피 = $\dfrac{\text{질량}}{\text{밀도}}$, 질량 = 부피 × 밀도

2 폐기물 발열량

① 추정식 방법

식 저위발열량 = $4500\,VS - 600\,W$

- VS : 가연분의 함량
- W : 수분함량

② 열량계에 의한 방법

식 고위발열량(Hh) = 열량계로 측정한 열량
식 저위발열량(Hl) = $Hh - 600(9H + W)$ (kcal/kg) ← 고체, 액체 연료기준
식 저위발열량(Hl) = $Hh - 480 \times$ 생성된 물의 몰수 (kcal/m³) ← 기체 연료기준

③ 원소분석에 의한 방법

[Dulong의 식] 폐기물의 완전연소를 가정

식 $Hh = 8100\,C + 34{,}000\left(H - \dfrac{O}{8}\right) + 2{,}500\,S$ (kcal/kg) ← 고체, 액체 연료기준
식 $Hl = Hh - 600(9H + W)$ (kcal/kg) ← 고체, 액체 연료기준

- C : 탄소함량
- H : 수소함량
- O : 산소함량
- S : 황함량
- W : 수분함량
- $H - \dfrac{O}{8}$: 유효수소, 열량에 기여하는 유효한 수소로써 산소분은 이미 H_2O로서 결합수분으로 되어 있어 연소에 기여하지 않는다고 가정

3 폐기물 관리

① **MHT(man · hr/ton)** : 폐기물 1톤을 인부 1명이 수거 시 걸리는 소요시간

$$\text{MHT} = \frac{\text{수거인부} \times \text{수거시간}}{\text{폐기물 수거량}}, \text{MHT는 작을수록 효율이 좋음}$$

CHAPTER 02 폐기물 재활용 및 자원화 기술

1 폐기물의 감량 및 재활용

① 압축 계산식

$$\text{압축비}(CR) = \frac{\text{압축 전 부피}(V_1)}{\text{압축 후 부피}(V_2)} = \frac{\text{압축 후 밀도}(\rho_2)}{\text{압축 전 밀도}(\rho_1)}$$

$$\text{부피감소율}(VR) = \frac{\text{압축전 부피}(V_1) - \text{압축후 부피}(V_2)}{\text{압축전 부피}(V_1)} \times 100 = \left(1 - \frac{1}{CR}\right) \times 100$$

② kick 법칙

$$E = C \cdot \ln\left(\frac{X_1}{X_2}\right)^n$$

- E : 에너지
- C : 상수
- X_1 : 파쇄 전 입자의 직경
- X_2 : 파쇄 후 입자의 직경

③ 유효입경과 균등계수

㉠ 유효입경 : 입도 누적곡선상의 10%에 상당하는 입경
㉡ 균등계수 : 입도 누적곡선상의 60% 입경 / 유효입경

$$\text{균등계수}(U) = \frac{d_{p60}}{d_{p10}}$$

㉢ 곡률계수 : (입도 누적곡선상의 30% 입경)² / 유효입경 × 입도 누적곡선상의 60% 입경

$$\text{곡률계수}(Z) = \frac{(d_{p30})^2}{(d_{p10} \times d_{p60})}$$

④ 체하분포

$$Y = 1 - \exp\left[-\left(\frac{X}{X_o}\right)^n\right] \qquad Y = 1 - \exp[-\beta \cdot X^n]$$

- Y : 체하입자의 중량분율(%)
- X : 대상입자의 크기
- X_o : 특성입자의 크기
- n, β : 계수

⑤ 트롬멜 스크린

> [식] 최적속도 = 임계속도 × 0.45
>
> [식] 임계속도 = $\sqrt{\dfrac{g}{4\pi^2 r}}$ (rpm, 회/min)

- r : 트롬멜 스크린의 반경

⑥ 선별효율

㉠ Worrell식 = 회수대상 회수율 × 제거대상 제거율

> [식] $\eta_w = \dfrac{X_c}{X_i} \times \dfrac{Y_o}{Y_i}$

㉡ Rietema식 = 회수대상 회수율 − 제거대상 회수율

> [식] $\eta_R = \dfrac{X_c}{X_i} - \dfrac{Y_c}{Y_i}$

- X_c : 회수된 회수대상물질
- X_i : 회수대상물질
- Y_o : 제거된 제거대상물질
- Y_i : 제거대상물질
- Y_c : 회수된 제거대상물질

⑦ 농축 · 건조 · 탈수

㉠ 물질수지

> [식] $SL_1(1-X_{w1}) = SL_2(1-X_{w2})$

㉡ 슬러지의 비중

> [식] $\dfrac{100}{\rho_{SL}} = \dfrac{TS}{\rho_{TS}} + \dfrac{W}{\rho_W} = \dfrac{VS}{\rho_{VS}} + \dfrac{FS}{\rho_{FS}} + \dfrac{W}{\rho_W}$

2 기계 및 화학적 처분

① 물질수지 기초

> [식] $SL = TS + W = VS + FS + W$
>
> [식] $TS = SL \times X_{TS}$(고형물 함량)
>
> [식] $SL = TS \times \dfrac{100}{X_{TS}(\text{고형물 함량})}$
>
> [식] $SL(\text{부피}) = SL(\text{질량}) \times \dfrac{1}{\rho_{SL}}$

② 농축
　㉠ 표면적 부하

$$L_A(\text{표면적 부하}) = \frac{Q}{A}$$

- Q : 유입유량
- A : 농축조 수면적

　㉡ 체류시간

$$t = \frac{\forall}{Q}$$

- $\forall$: 조의 용적
- Q : 유입유량

③ A/S비(air/Soild)

$$A/S = \frac{1.3 S_a(fP-1)}{SS} \times R$$

- S_a : 공기 용해도
- f : 분율
- P : 압력
- SS : 부유물질(SS)의 농도
- R : 반송비

④ 슬러지 물질수지

$$TS_1 = TS_2$$
$$SL_1(1 - X_{w1}) = SL_2(1 - X_{w2})$$
$$TS + \text{약품} = SL_2(1 - X_{w1}) \ (\text{약품 첨가 시 약품량은 고형물함량에 포함})$$

⑤ 가압탈수(필터프레스)

$$\text{여과비저항} = \frac{2a \cdot P \cdot A^2}{\mu \cdot C}$$

$$\text{여과속도} = \frac{TS}{A} = \frac{\text{고형물}(kg/hr)}{\text{여과면적}}$$

- a : 상수
- μ : 점도
- P : 압력
- C : 고형물의 농도
- A : 여과면적

3 생물학적 처분

① BOD 제거효율

$$\eta = \left(1 - \frac{BOD_o}{BOD_i}\right) \times 100$$

$$P : 희석배수 = \frac{희석\ 후\ 부피(V_2)}{희석\ 전\ 부피(V_1)} = \frac{희석\ 전\ 염소농도(C_2)}{희석\ 후\ 염소농도(C_1)}$$

(희석이 있을 경우 농도에 희석배수를 곱하여 원래 농도로 환산한 후 제거효율식에 대입하여 답을 산출한다.)

② 소화율

(1) 유기물(VS)만 고려할 때

$$E = \left(1 - \frac{VS_2}{VS_1}\right) \times 100$$

(2) 유기물(VS)과 무기물(FS) 모두 고려할 때

$$E = \left(1 - \frac{VS_2/FS_2}{VS_1/FS_1}\right) \times 100$$

4 고화 및 고형화 처분

① 고형화처리 후의 부피변화

$$부피변화율(VCF) = \frac{V_2(고형화\ 후\ 부피)}{V_1(고형화\ 전\ 부피)}$$

- $V(부피) = m(질량) \times \dfrac{1}{\rho(밀도)}$

5 자원화

① C/N 산출

$$혼합\ C/N = \frac{W_1 \times 탄소함량(W_1) + W_2 \times 탄소함량(W_2)}{W_1 \times 질소함량(W_1) + W_2 \times 질소함량(W_2)} = \frac{W_1 \times C/N + W_2 \times C/N}{W_1 + W_2}$$

03 CHAPTER 폐기물 처분기술

1 연소

① 폭발상한계와 하한계

㉠ 상한계(U) : $\dfrac{100}{UEL} = \dfrac{V_1}{U_1} + \dfrac{V_2}{U_2} + \cdots + \dfrac{V_n}{U_n}$

㉡ 하한계(L) : $\dfrac{100}{LEL} = \dfrac{V_1}{L_1} + \dfrac{V_2}{L_2} + \cdots + \dfrac{V_n}{L_n}$

② 이론산소량

㉠ 고체, 액체연료의 이론산소량
- $O_o = 1.8667\text{C} + 5.6\text{H} + 0.7\text{S} - 0.7\text{O}\,(\text{m}^3/\text{kg})$
- $O_o = 2.6667\text{C} + 8\text{H} + \text{S} - \text{O}\,(\text{kg/kg})$

㉡ 기체연료의 이론산소량

$O_o = \sum$ 각 기체연료 산소요구량

③ 이론공기량

㉠ 이론공기량(부피)

[식] $A_o = O_o \times \dfrac{1}{0.21}$

㉡ 이론공기량(무게)

[식] $A_o = O_o \times \dfrac{1}{0.232}$

④ 공기비 계산

㉠ 실제공기량/이론공기량

[식] $m = \dfrac{A}{A_o}$

ⓒ 배기가스 조성

$$m = \frac{N_2}{N_2 - 3.76 O_2} \text{ (완전연소 시)} \quad m = \frac{N_2}{N_2 - 3.76(O_2 - 0.5 CO)} \text{ (불완전연소 시)}$$

- N_2 : 배기가스 중 질소
- O_2 : 배기가스 중 산소
- CO : 배기가스 중 일산화탄소

⑤ 연소가스의 종류

ⓐ G_{od}(이론 건조 연소가스=이론건조가스)

$$G_{od} = (1 - 0.21)A_o + CO_2 + SO_2 + N_2 \text{ (m}^3\text{/kg)}$$
$$G_{od} = (1 - 0.232)A_o + CO_2 + SO_2 + N_2 \text{ (kg/kg)}$$

ⓑ G_{ow}(이론 습윤 연소가스=이론습가스)

$$G_{ow} = (1 - 0.21)A_o + CO_2 + H_2O + SO_2 + N_2 \text{ (m}^3\text{/kg)}$$
$$G_{ow} = (1 - 0.232)A_o + CO_2 + H_2O + SO_2 + N_2 \text{ (kg/kg)}$$

ⓒ G_d(실제 건조 연소가스=건조가스)

$$G_d = (m - 0.21)A_o + CO_2 + SO_2 + N_2 \text{ (m}^3\text{/kg)}$$
$$G_d = (m - 0.232)A_o + CO_2 + SO_2 + N_2 \text{ (kg/kg)}$$

ⓓ G_w(실제 습윤 연소가스=연소가스)

$$G_w = (m - 0.21)A_o + CO_2 + H_2O + SO_2 + N_2 \text{(m}^3\text{/kg)}$$
$$G_w = (m - 0.232)A_o + CO_2 + H_2O + SO_2 + N_2 \text{(kg/kg)}$$

⑥ 농도산출

ⓐ 먼지농도 : $X_{dust} = \dfrac{\text{먼지중량}(mg)}{\text{가스량}(m^3)}$

ⓑ 수분량 : $X_{H_2O} = \dfrac{\text{수분량}}{\text{가스량}}$

※ 수증기 = 1.244W (W : 수분)

ⓒ 아황산가스, 염소가스, 불소가스 등 : $X_C = \dfrac{\text{오염가스량}}{\text{가스량}}$

ⓓ 최대탄산가스율 계산
- 연료분석치로 산출

$$CO_{2\max} = \frac{CO_2}{G_{od}} \times 100$$

• 배기가스분석치로 산출

$$CO_{2\max} = m \times (CO_2)$$

⑦ **공연비** : 공기와 연료의 비, 기준은 AFR 무게기준으로 한다.

   ㉠ $AFR(무게) = \dfrac{공기\ 무게}{연료\ 무게} = \dfrac{공기몰수 \times 공기분자량}{연료몰수 \times 연료분자량}$

   ㉡ $AFR(부피) = \dfrac{공기\ 부피}{연료\ 부피} = \dfrac{공기몰수 \times 22.4}{연료몰수 \times 22.4}$

⑧ **Rosin식** : 발열량을 이용한 공기량과 가스량 산출

   ㉠ 이론공기량(A_o)

   • 고체연료 $= \dfrac{1.01 Hl}{1,000} + 1.65$ • 액체연료 $= \dfrac{0.85 Hl}{1,000} + 2$ • 기체연료 $= \dfrac{1.09 Hl}{1,000} + 0.25$

   ㉡ 이론연소가스량(G_o)

   • 고체연료 $= \dfrac{0.89 Hl}{1,000} + 1.65$ • 액체연료 $= \dfrac{1.11 Hl}{1,000}$ • 기체연료 $= \dfrac{1.14 Hl}{1,000} + 0.25$

2 발열량과 연소온도

① **고위발열량과 저위발열량**

   ㉠ **고위발열량** : 열량계로 측정한 열량

$$Hh = 8100C + 34,000\left(H - \dfrac{O}{8}\right) + 2500S$$

   ㉡ **저위발열량(진발열량)** : 고위발열량 - 물의 증발잠열

$$Hl = Hh - 물의\ 증발잠열 = Hh - 600(9H + W)$$

   ㉢ 생성과 반응을 이용한 발열량 산출

   식 발열량 = 생성열량 − 반응열량

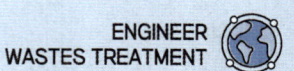

② 연소실 열발생율 및 연소온도

㉠ 열효율 $= \dfrac{\text{유효열량}}{\text{공급열량}} \times 100$

㉡ 연소효율 $= \dfrac{\text{실제연소열량}}{\text{이론연소열량}} = \dfrac{\text{이론연소열량} - \text{손실열량}}{\text{이론연소열량}}$

㉢ 연소실 열부하 $= \dfrac{\text{발열량} \times \text{연료투입량}}{\text{연소실 용적}}$

㉣ 화격자 연소율 $= \dfrac{\text{연료투입량}}{\text{화격자 면적}}$

㉤ 연소온도 $= \dfrac{\text{발열량}}{\text{가스량} \times \text{가스비열}} + \text{초기온도(예열온도)}$

3 최종처분

① 매립지 면적 산출

[식] $A = \dfrac{\forall (\text{매립되는 폐기물 부피})}{H(\text{매립 깊이})}$

- $\forall = m(\text{질량}) \times \dfrac{1}{\rho(\text{밀도})}$

② 침출수량 계산

㉠ 합리식 이용

[식] $Q = CIA$

- C : 유출계수
- I : 강우강도(mm/hr or day)
- A : 집수면적(㎡)

㉡ Darcy식 이용

[식] $Q = A \cdot V$

[식] $V = \dfrac{KI_a}{n}$

[식] $t = \dfrac{L}{V} = \dfrac{d}{\dfrac{KI}{n}} = \dfrac{d}{\dfrac{K \times (d+h)/d}{n}} = \dfrac{d^2 n}{K \times (d+h)}$

- K : 투수계수(m/hr)
- I_a : 동수경사도(Δh(수두차)/L(d, 거리))
- n : 공극률
- h : 침출수 수두

③ 혐기성 분해 반응식

$$C_aH_bO_cN_d + \left(\frac{4a-b-2c+3d}{4}\right)H_2O \to \left(\frac{4a+b-2c-3d}{8}\right)CH_4 + \left(\frac{4a-b+2c+3d}{8}\right)CO_2 + dNH_3$$

④ 반응속도

㉠ 0차 반응

$$C_0 - C_t = K \cdot t$$

㉡ 1차 반응

$$\ln\frac{C_t}{C_0} = -K \cdot t$$

㉢ 2차 반응

$$\frac{1}{C_0} - \frac{1}{C_t} = -K \cdot t$$

- C_0 : 초기 농도
- C_t : 나중 농도
- K : 반응속도상수
- t : 시간

※ 반감기 : 초기 농도가 50% 감소되는데 걸리는 시간

⑤ 유기성 폐기물의 생물분해성을 추정하는 식

$$BF = 0.83 - (0.028 \times LC)$$

- BF : 생물분해성 분율
- LC : 휘발성 고형분 중 리그닌 함량(건조무게 %로 표시)

CHAPTER 04 폐기물공정시험기준 공식정리

1 기기분석법

① **램버어트 비어(Lambert-Beer)의 법칙**

$$I_t = I_O \cdot 10^{-\epsilon c l}$$

- I_o : 입사광의 강도
- I_t : 투사광의 강도
- C : 농도
- ℓ : 빛의 투사거리
- ϵ : 비례상수로서 흡광계수라 하고, C = 1mol, ℓ = 10mm일 때의 ε의 값을 몰흡광계수라 하며 K로 표시

㉠ 투과도(t)

$$\frac{I_t}{I_o} = t$$

㉡ 흡광도(A) : 투과도의 역수의 상용대수

$$\log \frac{1}{t} = A = \epsilon C \ell$$

② **가스크로마토그래피(GC) 분리의 평가**

㉠ 분리관효율

$$\text{이론단수}(n) = 16 \times \left(\frac{t_R}{W}\right)^2$$

- t_R : 시료도입점으로부터 봉우리 최고점까지의 길이(보유시간)
- W : 봉우리의 좌우 변곡점에서 접선이 자르는 바탕선의 길이
- $HETP = \dfrac{L}{n}$
- L : 분리관의 길이(mm)

ⓒ 분리능

$$\text{분리계수}(d) = \frac{t_{R2}}{t_{R1}}$$

$$\text{분리도}(R) = \frac{2(t_{R2}-t_{R1})}{W_1+W_2}$$

- t_{R1} : 시료도입점으로부터 봉우리 1의 최고점까지의 길이
- t_{R2} : 시료도입점으로부터 봉우리 2의 최고점까지의 길이
- W_1 : 봉우리 1의 좌우 변곡점에서의 접선이 자르는 바탕선의 길이
- W_2 : 봉우리 2의 좌우 변곡점에서의 접선이 자르는 바탕선의 길이

③ 강열감량 및 유기물 함량

$$\text{강열감량(\%)} = \frac{(W_2-W_3)}{(W_2-W_1)}$$

$$\text{유기물 함량(\%)} = \frac{VS}{TS} \times 100$$

$$\text{유기물 함량(\%)} = \text{강열감량} - \text{수분} = (VS+W) - W$$

- W_1 = 도가니 또는 접시의 무게
- W_2 = 강열 전의 도가니 또는 접시와 시료의 무게
- W_3 = 강열 후의 도가니 또는 접시와 시료의 무게

④ 수분 및 고형물 함량

$$\text{수분(\%)} = \frac{(W_2-W_3)}{(W_2-W_1)} \times 100$$

$$\text{고형물(\%)} = \frac{(W_3-W_1)}{(W_2-W_1)} \times 100$$

- W_1 = 평량병 또는 증발접시의 무게
- W_2 = 건조 전의 평량병 또는 증발접시와 시료의 무게
- W_3 = 건조 후의 평량병 또는 증발접시와 시료의 무게

PART 1

제 1 과 목
폐기물개론

01 폐기물의 분류

02 발생량 및 성상

03 폐기물 관리

04 폐기물 추적 관리

05 폐기물관리 요약법규

01 CHAPTER 폐기물의 분류

UNIT 01 폐기물의 종류

1 폐기물 분류 및 정의

폐기물이란? 사람의 생활이나 사업활동에 필요하지 아니하게 된 물질로 개개인 마다 차이가 존재하는 주관성을 가지고 있습니다.

① **폐기물의 분류**

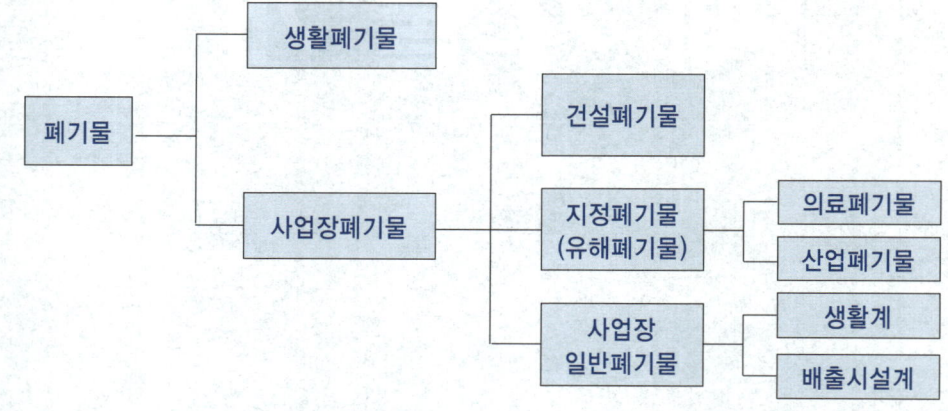

> 💡 **성상에 따른 분류**
> - 액상폐기물 : 고형물의 함량이 5% 미만인 것
> - 반고상폐기물 : 고형물의 함량이 5% 이상 15% 미만인 것
> - 고상폐기물 : 고형물의 함량이 15% 이상인 것

② **지정폐기물(유해폐기물) :** 주변 환경을 오염시킬 수 있거나 인체에 위해를 줄 수 있는 물질로서 대통령령이 정하는 폐기물
- 폐합성 고분자화합물
- 오니류(수분함량이 95% 미만이거나 고형물함량이 5% 이상인 것으로 한정한다)

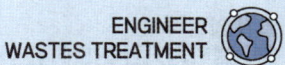

- 부식성 폐기물(폐산 - pH 2 이하, 폐알칼리 - pH 12.5 이상)
- 유해물질함유 폐기물(예 광재, 분진, 폐주물사, 폐내화물, 소각재, 안정화 또는 고화처리물, 폐촉매 등)
- 폐유기용제 ← 지정폐기물 중 연중 발생량이 가장 많음
- 폐페인트 및 폐래커
- 폐유(기름성분을 5% 이상 함유한 것을 포함하며, 폴리클로리네이티드비페닐(PCBs)함유 폐기물, 폐식용유와 그 잔재물, 폐흡착제 및 폐흡수제는 제외한다)
- 폐석면
- PCB 함유 폐기물
- 폐유독물질
- 의료폐기물
    ㉠ 지정폐기물의 유해성 분류기준 : 부식성, 인화성 및 폭발성, 반응성, EP독성, 유해 가능성, 난분해성, 용출특성
    ㉡ 의료폐기물 : 격리의료폐기물, 위해의료폐기물, 일반의료폐기물

③ **폐기물관련 사건**

㉠ **세베소 사건** : 염소 및 다이옥신 누출사고, 이 사건으로 바젤협약이 체결되는 계기가 되었습니다.

> 💡 **바젤협약**
> 유해폐기물의 국가간 이동 및 처리에 관한 국제협약

㉡ **러브커넬 사건** : 후커케미칼사의 화학폐기물 무단매립으로 인해 추후 매립지에 지어진 초등학교, 주거건물에서 피해를 입은 사건으로 이 사건을 계기로 CERCLA(Superfund)를 제정하여 유해물질에 의하여 오염된 토양의 정화를 위한 정부의 책무와 오염원인자의 책임을 규정했습니다.

2 폐기물 관련 사건

① **주택지역** : 부엌쓰레기, 종이류, 의류, 나무, 고무류, 플라스틱류, 가구 등의 조대쓰레기
② **상업지역** : 식품쓰레기, 생활쓰레기, 건축폐기물, 캔, 병, 종이류, 자동차 등
③ **개방지역** : 휴지, 흙, 나뭇잎, 배설물, 일반쓰레기 등
④ **처리장** : 처리장폐기물, 슬러지, 분뇨 등

> **💡 분뇨의 특성**
> - 분과 뇨의 구성비는 1 : 8~10, 고형물비는 7 : 1로 고액분리가 어려움
> - 생분뇨의 BOD는 약 20,000mg/L
> - 질소화합물은 $(NH_4)_2CO_3$, NH_4HCO_3로 존재하여 알칼리도가 높은 편임(pH 7~8.5)
> - 염소이온농도는 약 5,000mg/L
> - 뇨의 질소화합물은 전체 휘발성고형물(유기물)의 80~90% 정도, 분은 12~20% 정도 함유
> - 분뇨의 비중은 1.02이고, 점도는 1.2~2.2cP
> - 도시하수에 비해 BOD/COD비가 2.7~2.9배로 높으나, NBDCOD를 많이 함유하고 있음(정화조 오니는 분뇨보다 NBDCOD를 더 많이 함유)
> - 국가별 차이가 존재함
> - 1인 1일 분뇨생산량은 분이 0.12L, 뇨가 0.98L로 합 1.1L이다.
> - 비중은 약 1.02

3 오염물질별 배출원과 영향

오염물질	배출원	영향
수은	건전지, 제련소, 살충제, 온도계	미나마타병, 헌터-루셀 증후군, 시각장애, 언어장애, 정신장애
망간	합금, 건전지, 화학공업	파킨슨씨 증후군, 발열
아연	아연제련공업	기관지염, 폐렴, 발열
비소	염료제조, 피혁공업, 비료공업, 농약제조	피부염, 피부암, 각화증, 결막염, 무기력증
시안	도금공업, 코크스, 가스공업, 금속정련, 사진현상	중추신경계 자극, 호흡곤란, 구토, 설사, 인후염, 두통
페놀	피혁공업, 섬유공업, 타르증류, 가스공업	불임
납	건전지 및 축전지 제조시설, 안료제조시설	근육장애, 관절장애, 중추신경계, 신장장애
카드뮴	전지공장, 도금공장, 제련소	이따이이따이병, 골연화증, Fanconi 증후군
질산성질소	가정하수, 비료공업	블루베이비병
벤젠	세탁공업, 유기용제	조혈장애, 백혈병
불소	유리공장, 알루미늄공장, 요업공장	법랑 반점(반상치)
구리	도금, 농약, 파이프제조	간경변, 구토, 윌슨병
PCB	변압기 및 콘덴서의 절연유, 도료 용제	가네미유증
크롬(Cr)	도금공장, 염료 제조시설, 인쇄시설 등	폐암, 비중격천공, 인슐린 조절
알루미늄(Al)	캔, 주방용기 제조	알츠하이머
바나듐(V)	발전소, 석유제조공업, 촉매제, 합금제조, 잉크공업, 도자기 제조공정	호흡기질환, 눈 자극, 영양분의 합성저해

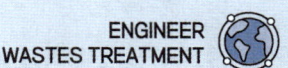

기출문제로 다지기 — CHAPTER 01 폐기물의 분류

01 다음 중 유해성이 있다고 판단할 수 있는 폐기물의 성질과 가장 거리가 먼 것은?
① 반응성　② 인화성
③ 부식성　④ 부패성

[해설] 유해 폐기물의 성질을 판단하는 시험방법으로는 부식성, 유해성, 반응성, 인화성, 용출특성 등이 있다.

02 다음 중 유해폐기물의 불법매립과 가장 관련이 깊은 사건은?
① 러브커넬 사건　② 도노라 사건
③ 뮤즈계곡 사건　④ 포자리카 사건

[해설] 러브커넬(Love Canal accident, 러브운하 사건)은 1940~1952년 미국 후커케미컬사의 유해폐기물(유독성 화학물질) 불법 매립으로 일어난 환경재난 사건이다.

03 다음 국제협약 및 조약 중에서 유해폐기물의 국가 간 이동 및 그 처리의 통제를 위한 것은?
① 런던국제덤핑협약　② GATT협약
③ 리우(Rio)협약　④ 바젤(Basel)협약

[해설] 유해 폐기물의 국가간 이동 및 처리에 관한 국제협약은 바젤(Basel)협약이다.

04 다음 중 조대형폐기물에 속하지 않는 것은?
① 폐플라스틱　② 모포
③ 타이어　④ 나무류

[해설] 조대형폐기물은 크기가 큰 폐기물을 말한다.

05 다음의 지정폐기물 중 연중 발생량이 가장 많은 것은?
① 분진　② 슬러지
③ 폐유기용제　④ 폐합성고분자화합물

06 분뇨의 특성으로 가장 거리가 먼 것은?
① 분뇨에 포함된 협잡물의 양은 발생지역에 따라 차이가 크다.
② 고액 분리가 용이하다.
③ 분과 뇨(분:뇨)의 고형질의 비는 7:1 정도이다.
④ 분뇨의 비중은 1.02 정도이며 질소화합물 함유도가 높다.

[해설] 고액 분리가 어렵다.

07 1982년 세베소 사건을 계기로 1989년 체결된 국제조약으로, 유해폐기물 국가 간 이동 및 그 처분의 규제에 관한 내용을 담고 있는 협약은?
① 리우협약　② 바젤협약
③ 베를린협약　④ 함부르크협약

08 플라스틱 폐기물 중 할로겐 화합물을 함유하고 있는 것은?
① 폴리에틸렌　② 멜라민수지
③ 폴리염화비닐　④ 폴리아크릴로니트릴

정답 01. ④　02. ①　03. ④　04. ①　05. ③　06. ②　07. ②　08. ③

09 유해폐기물 성분물질 중 As에 의한 피해 증세로 가장 거리가 먼 것은?

① 무기력증 유발
② 피부염 유발
③ Fanconi씨 증상
④ 암 및 돌연변이 유발

해설 Fanconi씨 증상(증후군)은 카드뮴에 의한 질환이다.

10 국내에서 발생되는 사업장폐기물 및 지정폐기물의 특성에 대한 설명으로 가장 거리가 먼 것은?

① 사업장폐기물 중 가장 높은 증가율을 보이는 것은 폐유이다.
② 지정폐기물은 사업장폐기물의 한 종류이다.
③ 일반사업장폐기물 중 무기물류가 가장 많은 비중을 차지하고 있다.
④ 지정폐기물 중 그 배출량이 가장 많은 것은 폐산·폐알칼리이다.

해설 지정폐기물 중 그 배출량이 가장 많은 것은 폐유기용제이다.

11 하수처리장에서 발생되는 슬러지와 비교한 분뇨의 특성이 아닌 것은?

① 질소의 농도가 높다.
② 소량의 유기물을 포함한다.
③ 염분농도가 높다.
④ 고액분리가 어렵다.

해설 분뇨는 다량의 유기물을 포함한다.

12 납과 구리의 합금 제조 시 첨가제로 사용되며 발암성과 돌연변이성이 있으며 장기적인 노출시 피로와 무기력증을 유발하는 성분은?

① As
② Pb
③ 벤젠
④ 수은

13 다음 중 지정폐기물이 아닌 것은?

① pH 1인 폐산
② pH 11인 폐알칼리
③ 기름성분 만으로 이루어진 폐유
④ 폐석면

해설 pH 12.5 이상인 폐알칼리부터 지정폐기물로 분류된다.

14 폐기물관리법에서 폐기물을 고형물 함량에 따라 액상, 반고상, 고상 폐기물로 구분할 때 액상 폐기물의 기준으로 옳은 것은?

① 고형물 함량이 3% 미만인 것
② 고형물 함량이 5% 미만인 것
③ 고형물 함량이 10% 미만인 것
④ 고형물 함량이 15% 미만인 것

정답 09. ③ 10. ④ 11. ② 12. ① 13. ② 14. ②

CHAPTER 02 발생량 및 성상

UNIT 01 폐기물의 발생량

1 발생량 현황 및 추이

우리나라의 생활폐기물 발생량은 1980년부터 계속 증가하다가 1991년도에 최대치를 기록하였고 이후부터 점차 감소하다가 최근 들어 다시 증가하는 추세를 보이고 있습니다. 이를 1인 1일 배출량으로 환산하면 1.0kg 내외를 나타내고 있습니다. (코로나19 사태 이후 생활폐기물량 증가)

[생활폐기물의 연도별 발생량 추이]

구분	1980	1985	1991	2002	2005	2009	2014	2017	2019	2020	2021	2022	2023
생활폐기물 (톤/일)	32,329	57,518	92,246	49,902	48,398	50,906	49,915	53,490	57,961	61,597	62,178	63,119	61,405

※ 1인 1일 폐기물발생량(ton/인·일) 산출방법

$$\text{1인 1일 폐기물발생량(ton/인·일)} = \frac{\text{총 쓰레기 발생량(톤)}}{\text{인구} \times \text{발생일수}}$$

※ 밀도 복습합시다

$$\text{밀도} = \frac{\text{질량}}{\text{부피}}, \quad \text{부피} = \frac{\text{질량}}{\text{밀도}}, \quad \text{질량} = \text{부피} \times \text{밀도}$$

지정폐기물의 경우 그 발생량이 계속증가하고 있고 이는 산업의 발전에 따른 폐기물증가로 볼 수 있습니다. 지정폐기물의 종류 중 폐유기용제, 폐유, 폐산의 배출량이 가장 많고 그 중 폐유기용제의 배출량이 가장 높습니다.

[지정폐기물의 연도별 발생량 추이]

[단위 : 톤/년]

구분	2010	2011	2012	2013	2014	2015	2016	2017	2018	2019	2020	2021
폐유기용제	850,928	741,703	1,010,926	1,056,801	1,073,861	1,051,830	1,055,608	1,127,842	1,181,055	1,214,976	1,210,0000	1,340,000
폐유	633,315	798,167	895,992	890,244	933,389	1,012,308	1,027,234	1,071,681	1,132,516	1,168,657	1,190,000	1,270,000
폐산	562,111	567,524	666,350	695,874	754,190	765,784	794,524	874,383	998,032	1,048,061	1,030,000	1,180,000

폐기물의 처리방법의 변화를 살펴보면, 매립과 소각은 해마다 감소되는 추세이고 재활용은 증가하는 추세입니다. 2008년 이후 재활용률이 급격하게 증가하기 시작하였는데 이는 2003년 시행된 생산자책임재활용제도(EPR)와 2008년 시행된 "전기·전자제품 및 자동차의 자원순환에 관한 법률"로 사업장폐기물의 재활용률이 높아졌기 때문입니다. 2019년 기준으로 전체 폐기물 중 생활계 폐기물은 11.7%, 배출시설계 폐기물 40.7%, 건설폐기물 44.5%, 지정폐기물 3.1%로 건설폐기물이 가장 큰 구성 비율을 차지하고 있습니다.

※ 생산자책임재활용제도(EPR) : 제품의 생산자에게 폐기물의 일정량 이상을 재활용하도록 생산자에게 의무를 부여하는 제도이다. 업체에서 의무를 이행하지 못하였을 때는 재활용에 투입되는 비용 이상을 환경부담금으로 납부하여야 한다. 납부된 환경부담금 일부를 재활용 업체에 지원금으로 나눠주는 형식으로 운영된다.

※ 20년도부터는 만톤 단위로 표현

[폐기물의 연도별 처리방법의 변화]

[단위 : 톤/일]

구분	2014	2015	2016	2017	2018	2019	2020	2021
매립	37,906 (9.4%)	37,801 (9.0%)	37,942 (8.8%)	35,524 (8.3%)	34,648 (7.8%)	30,514 (6.1%)	27,452 (5.1%)	28,658 (5.3%)
소각	24,523 (6.1%)	26,084 (6.2%)	26,450 (6.2%)	26,290 (6.1%)	26,404 (5.9%)	25,984 (5.2%)	27,808 (5.2%)	26,822 (5.0%)
재활용	336,815 (83.9%)	352,824 (84.4%)	363,800 (84.8%)	366,650 (85.4%)	384,237 (86.1%)	430,345 (86.5%)	467,836 (87.4%)	470,164 (86.9%)
기타	2,414 (0.6%)	1,505 (0.4%)	936 (0.2%)	1,067 (0.2%)	813 (0.2%)	10,395 (2.1%)	12,411 (2.3%)	15,123 (2.8%)

※ 지정폐기물의 경우 2018년까지는 기타=(기타 처리량+최종보관량)-전년도 이월량을 나타냈으나, 2019년부터 '기타 처리량'은 폐기물관리법 시행령 별표 3의 폐기물 처리시설의 종류 내 중간처분시설 중 기계적(압축, 파쇄 등), 화학적(고형화, 중화, 응집 등), 생물학적(호기성, 혐기성 등) 처분량이다.

[출처 : 기후에너지환경부, 한국환경공단]

2 발생량 예측방법 [암기TIP] 예측하면 겉돈다 – 경 동 다

① **경향법(Trend법)** : 시간에 따른 폐기물의 발생량 예측(시간 고려)

② **동적모사법** : 시간에 따른 폐기물의 발생과 자연적 특성, 사회적 특성, 경제적 특성 등 영향인자를 시간에 대한 함수로 표시하여 발생량 예측(시간, 영향인자)

③ **다중회귀법** : 자연적 특성, 사회적 특성, 경제적 특성 등 영향인자를 고려하여 발생량 예측(영향인자)

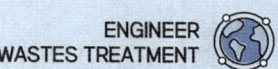

3 발생량 조사 방법 [암기TIP] (돈 가지고 도망간) 계주 잡아라!

① **직접계근법(계주 잡자)** : 쓰레기 수거차량을 계근(무게를 측정)하여 파악하는 방법이다. 적재차량계수분석에 비하여 작업량이 많고 번거롭다.

② **적재차량계수 분석(계주의 차량 조사)** : 쓰레기 수거차량의 수를 조사하여 나온 결과를 밀도를 이용하여 질량으로 환산하는 방법이다. 밀도나 압축정도가 정확하게 파악되지 않을수록 오차가 커진다.

③ **물질수지법("수지"로 조사)** : 유입폐기물과 소모폐기물, 유출폐기물의 물질수지를 세움으로써 발생량을 추정하는 방법이다. 상세한 데이터가 있는 경우에만 사용가능하며 비용이 많이 든다. 주로 산업폐기물의 조사에 활용된다.

> 식 유입폐기물 - (소모폐기물 + 유출폐기물) = 0

④ **전수조사(전부 조사)** : 폐기물의 발생과 이동, 유출의 전과정에서 발생하는 폐기물을 조사하는 방법으로 시간이 가장 많이 소요되나 오차가 적어 가장 정확하다. 분석자료가 정확하여 정책 입안 시 자료로서 활용되기 좋다.

UNIT 02 폐기물 발생량 영향 인자

① 일반적으로 도시의 규모가 커질수록 쓰레기의 발생량이 증가한다.
② 일반적으로 수집빈도가 높을수록 발생량이 증가한다.
③ 일반적으로 쓰레기통이 클수록 발생량이 증가한다.
④ 생활수준이 높아지면 발생량이 증가하며 다양화된다.
⑤ 쓰레기통을 자주 비울수록 발생량은 증가한다. (쓰레기통의 크기와도 비례)
⑥ 발생량은 계절에 따른 차이가 있다.
⑦ 재활용품 회수 및 재이용률이 높을수록 쓰레기 발생량이 감소한다.

UNIT 03 폐기물의 물리적·화학적 조성

1 물리적 조성 조사방법

① **수집·운반차에서 채취** : 1대의 차량에서 대표시료를 10kg 이상 채취하고 원시료의 총량을 200kg 이상 채취하도록 한다.

② **쓰레기 피트에서 채취** : 피트 내의 쓰레기를 충분히 섞은 다음 200kg 이상 채취한다.
③ **쓰레기의 성상분석 절차**

> 시료 → 칭량(밀도 측정) → 물리적 조성별 분류(물리적 조성분석) → 항목별 칭량 → 건조(수분량 측정) → 분류(가연물, 불연물) → 전처리(미분쇄 2mm 이하로) → 화학적 조성 분석(원소조성분석 및 발열량 측정)

2 물리적 조성 및 삼성분

① **겉보기 밀도**

$$\text{식} \quad 겉보기\ 밀도 = \frac{시료의\ 중량}{용기의\ 부피(또는\ 시료의\ 부피)}$$

② **삼성분 분석(Proximate Analysis, 공업분석)** : 삼성분 분석은 수분, 가연분, 회분을 조사하는 것으로 폐기물의 가연성분을 간략하게 알아보기 위해서 시행되는 분석방법입니다.

$$\text{식} \quad 폐기물 = 수분 + 가연분 + 회분 = 수분 + 고정탄소 + 휘발분 + 회분$$

- 가연분 : 연소될 수 있는 물질
- 고정탄소 : 순수 고체의 탄소로써, 휘발분에 비해 연소가 어려우나, 연소 시 발열량이 높고 매연발생이 없다.
- 휘발분 : 착화성이 좋은 가연분으로 쉽게 연소되고 고온연소되지만 매연을 발생시키기 쉽다.

③ **수분함량**

$$\text{식} \quad 수분함량 = \frac{수분}{쓰레기} = \frac{건조\ 전\ 쓰레기 - 건조\ 후\ 쓰레기}{건조\ 전\ 쓰레기}$$

④ **회분함량**

$$\text{식} \quad 회분함량 = \frac{회분}{쓰레기} = \frac{연소(강열)\ 후\ 쓰레기}{연소(강열)\ 전\ 쓰레기}$$

3 화학적 조성 분석방법

원소분석법 : 탄소(C), 수소(H), 질소(N), 산소(O), 황(S) 등의 원소를 분석하는 방법입니다. C, H, N은 동시분석이 가능하나 O와 S는 별도로 분석합니다.

UNIT 04 | 폐기물 발열량

1 발열량 산정방법

발열량이란? 연료가 완전연소했을 때 방출하는 열량

> 💡 **고위발열량과 저위발열량**
> - 고위발열량 : 열량계로 측정한 열량
> - 저위발열량 : 고위발열량 - 물의 증발잠열(물의 증발잠열 : 수분이 기화할 때 필요로 하는 열량)

① **추정식 방법** : 3성분의 조성비를 바탕으로 다음 식에 의하여 추정할 수 있습니다.

$$\text{저위발열량} = 4500\,VS - 600\,W$$

- VS : 가연분의 함량
- W : 수분함량

② **열량계에 의한 방법** : 열량계로 발열량을 측정합니다. 이 때 측정한 열량은 건량기준 고위발열량이 됩니다.

$$\text{고위발열량}(Hh) = \text{열량계로 측정한 열량}$$
$$\text{저위발열량}(Hl) = Hh - 600(9H + W) \text{ (kcal/kg)} \leftarrow \text{고체, 액체 연료기준}$$
$$\text{저위발열량}(Hl) = Hh - 480 \times \text{생성된 물의 몰수 (kcal/m}^3\text{)} \leftarrow \text{기체 연료기준}$$

③ **원소분석에 의한 방법** : 원소별 발열량과 함량을 이용하여 발열량을 산출합니다.

[Dulong의 식] 폐기물의 완전연소를 가정

$$Hh = 8100\,C + 34{,}000\left(H - \frac{O}{8}\right) + 2{,}500\,S \text{ (kcal/kg)} \leftarrow \text{고체, 액체 연료기준}$$
$$Hl = Hh - 600(9H + W) \text{ (kcal/kg)} \leftarrow \text{고체, 액체 연료기준}$$

- C : 탄소함량
- H : 수소함량
- O : 산소함량
- S : 황함량
- W : 수분함량
- $H - \dfrac{O}{8}$: 유효수소, 열량에 기여하는 유효한 수소로써 산소분은 이미 H_2O로서 결합수분으로 되어 있어 연소에 기여하지 않는다고 가정

※ Dulong식에서 구한 발열량과 단열열량계로 구한 발열량의 차이를 줄일 때에는 보정식을 사용한다.

[Steuer의 식] 산소의 절반이 H_2O의 형태, 나머지 절반이 CO의 형태라고 가정

$$Hl = 8{,}100\left(C - \frac{3}{8}O\right) + 5{,}700\left(\frac{3}{8}O\right) + 34{,}500\left(H - \frac{1}{2}\cdot\frac{O}{8}\right) + 2{,}500\,S - 600(9H + W) \text{ (kcal/kg)}$$

[Scherure-Kestner의 식] 연료 중의 산소가 CO 형태로 존재한다고 가정

$$Hl = 8{,}100\left(C - \frac{3}{4}O\right) + 5{,}700\left(\frac{3}{4}O\right) + 34{,}250\,H + 2{,}250\,S - 600(9H + W) \text{ (kcal/kg)}$$

기출문제로 다지기 | CHAPTER 02 발생량 및 성상

01 쓰레기 발생량 및 성상변동에 관한 설명으로 틀린 것은?

① 일반적으로 도시의 규모가 커질수록 쓰레기의 발생량이 증가한다.
② 일반적으로 수집빈도가 높을수록 발생량이 증가한다.
③ 일반적으로 쓰레기통이 작을수록 발생량이 증가한다.
④ 생활수준이 높아지면 발생량이 증가하며 다양화된다.

해설 쓰레기통의 크기 : 쓰레기통의 크기와 폐기물 발생량은 비례한다.

02 원소분석에 의한 이론적인 발열량을 산출할 수 있는 계산식으로 관계가 적은 것은?

① Dulong식
② Steuer식
③ Rittinger식
④ Scheure-Kestner식

해설 원소분석에 의한 방법은 듀롱(Dulong)식, Steuer식, Scheuer-Kestner의 식 등이 있다.

03 어느 도시쓰레기의 조성이 탄소 48%, 수소 6.4%, 산소 37.6%, 질소 2.6%, 황 0.4% 그리고 회분 5%일 때 고위 발열량은? (단, Dulong 식을 적용할 것)

① 약 7,500kcal/kg
② 약 6,500kcal/kg
③ 약 5,500kcal/kg
④ 약 4,500kcal/kg

해설 Dulong식을 적용하여 산출한다.

식 $Hh = 8,100C + 34,000(H - \frac{O}{8}) + 2,500S$

∴ $Hh = 8,100 \times 0.48 + 34,000 \times (0.064 - \frac{0.376}{8}) + 2,500 \times 0.004 = 4,476 kcal/kg$

04 쓰레기의 성상분석 절차로 가장 옳은 것은?

① 시료 → 전처리 → 물리적 조성 → 밀도측정 → 건조 → 분류
② 시료 → 전처리 → 건조 → 분류 → 물리적 조성 → 밀도측정
③ 시료 → 밀도측정 → 건조 → 분류 → 전처리 → 물리적 조성
④ 시료 → 밀도측정 → 물리적 조성 → 건조 → 분류 → 전처리

해설 폐기물 시료는 다음 절차에 따라 분석된다.
시료 → 칭량(밀도 측정) → 물리적 조성별 분류 → 항목별 칭량 → 건조(수분량 측정) → 분류(가연물, 불연물) → 미분쇄(2mm 이하) → 화학적 조성 분석(원소조성분석 및 발열량 측정) 등으로 이루어진다.

05 수거대상 인구가 10,000명인 도시에서 발생되는 폐기물의 밀도는 0.5ton/m³이고, 하루 폐기물 수거를 위해 차량적재 용량이 10m³인 차량 10대가 사용된다면 1일 1인당 폐기물 발생량은? (단, 차량은 1일 1회 운행 기준)

① 2kg/인·일
② 3kg/인·일
③ 4kg/인·일
④ 5kg/인·일

해설 1인 1일 폐기물발생량 = $\frac{총쓰레기발생량}{인구 \times 발생일수}$

∴ 1인 1일 폐기물발생량

$= \frac{\frac{10m^3}{대} \times 10대 \times \frac{0.5톤}{1m^3} \times \frac{10^3 kg}{1톤}}{10,000인 \times 1일} = 5 kg/인·일$

정답 01. ③ 02. ③ 03. ④ 04. ④ 05. ④

06 다음 중 쓰레기 발생량을 예측하는 방법이 아닌 것은?

① Trend method
② Material balance method
③ Multiple regression model
④ Dynamic simulation model

해설 물질수지법(Material balance method)은 쓰레기 발생량 조사방법이다. 폐기물 발생량 예측모델에는 경향예측 모델(Trend method), 다중회귀모델(Multiple regression model), 동적모사 모델(Dynamic simulation model)이 있다.

07 폐기물의 발생량 조사방법 중 전수조사의 장점이 아닌 것은?

① 조사기간이 짧다.
② 표본치의 보정역할이 가능하다.
③ 행정시책에 대한 이용도가 높다.
④ 표본오차가 작아 신뢰도가 높다.

해설 ①항 → 전수조사는 조사기간이 길다.

08 쓰레기의 발생량 예측 방법 중 최저 5년 이상의 과거처리 실적을 바탕으로 예측하며 시간과 그에 따른 쓰레기의 발생량 간의 상관관계만을 고려하는 방법은 무엇인가?

① WRAP 모델
② 경향법
③ 다중회귀모델
④ 동적모사모델

해설 문제는 경향법(Trend법)의 특징을 설명하고 있다. 한편, 동적모사모델은 시간에 따른 폐기물의 발생량과 자연적 특성, 사회적 특성, 경제적 특성 등 모든 인자를 시간에 따른 함수로 나타낸 후 시간에 대한 함수로 표시된 각 영향인자들 간의 상관관계를 수식화하는 방법이다.

09 쓰레기 발생량 조사방법 중 주로 산업폐기물 발생량을 추산할 때 이용하는 방법으로 조사하고자 하는 계의 경계가 정확하여야 하는 것은?

① 물질수지법
② 직접계근법
③ 적재차량 계수분석법
④ 경향법

해설 물질수지법에 대한 설명이다. 물질수지법은 폐기물의 관리체계 중 특정 시스템을 설정하고 이 시스템으로 유입되는 폐기물의 양과 유출되는 폐기물의 양에 대하여 물질수지를 세움으로써 발생된 폐기물의 양을 추정하는 방법으로 주로 산업 폐기물의 발생량을 추산할 때 이용된다. 비용이 많이 들고 작업량이 많아 널리 이용되지 않는다.

10 수거대상인구 5,252,000명, 쓰레기 수거량 4,412,000톤/년일 때 쓰레기 발생량은?

① 1.8kg/인·일
② 2.3kg/인·일
③ 2.7kg/인·일
④ 3.2kg/인·일

해설 단위환산에 유의하면서 계산한다.

식 1인1일 폐기물 발생량 = $\dfrac{총쓰레기발생량}{인구 \times 발생일수}$

∴ 1인1일 폐기물 발생량
$= \dfrac{4,412,000톤}{5,252,000인 \times 365일} \times \dfrac{10^3 kg}{1톤} = 2.30 kg/인·일$

11 최근 10년 동안 우리나라 생활폐기물 처리방법 중 처리비율이 증가하는 것과 감소하는 것의 바른 조합은?

① 증가 : 매립, 감소 : 소각
② 증가 : 재활용, 감소 : 매립
③ 증가 : 소각, 감소 : 재활용
④ 증가 : 매립, 감소 : 재활용

해설 매립과 소각은 해마다 감소되는 추세이고 재활용은 증가하는 추세이다.

정답 06. ② 07. ① 08. ② 09. ① 10. ② 11. ②

12 쓰레기 발생량에 영향을 미치는 요인에 관한 설명으로 틀린 것은?

① 수거빈도가 잦거나 쓰레기통의 크기가 크면 쓰레기 발생량이 증가한다.
② 재활용품의 회수 및 재이용률이 높을수록 쓰레기 발생량이 감소한다.
③ 쓰레기 관련 법규는 쓰레기 발생량에 중요한 영향을 미친다.
④ 생활수준이 높은 주민들의 쓰레기 발생량은 그렇지 않은 주민들보다 적고 종류 또한 단순하다.

[해설] 생활수준이 높은 주민들의 쓰레기 발생량은 그렇지 않은 주민들보다 크고 종류 또한 다양하다.

13 발열량의 관계식으로 맞는 것은?

① 고위발열량 = 저위발열량 + 수분의 응축열
② 고위발열량 = 저위발열량 − 수분의 응축열
③ 고위발열량 = 저위발열량 + 회분(재)의 잠열
④ 고위발열량 = 저위발열량 − 회분(재)의 잠열

14 한 해 동안 A시에서 발생한 폐기물의 성분 중 비가연성이 중량비로서 67.5%였다. 지금 밀도가 650kg/m³인 폐기물 2m³ 있을 때 가연성 물질의 양(kg)은? (단, 폐기물은 비가연성과 가연성으로 나눈다.)

① 423　　② 578
③ 635　　④ 782

[해설] [식] 가연성 물질의 양 = 폐기물×가연성 물질함량 = 폐기물×(1−비가연성 물질함량)
- 폐기물 = $2m^3 \times \dfrac{650kg}{m^3} = 1,300kg$
∴ 가연성 물질의 양 = $1,300kg \times (1-0.675) = 422.5kg$

15 폐기물을 Proximate Analysis 분석 대상성분으로만 짝지어진 것은?

① 수분함량, 가연성물질, 고정산소, 회분
② 고정산소, 고정질소, 고정황, 고정탄소
③ 고정탄소, 회분, 휘발성고형물, 수분함량
④ 수분함량, 회분, 가연분, 고정원소분

16 쓰레기의 분석결과가 다음과 같을 때 함수비(%)는?

구성	구성비	함수비
연탄재	50%	5%
음식물찌꺼기	20%	60%
기타	30%	30%

① 18.5　　② 23.5
③ 24.7　　④ 26.5

[해설] [식] 함수율(%) = $\dfrac{수분}{쓰레기} \times 100$
∴ 함수율(%) = $\dfrac{(0.5 \times 0.05 + 0.2 \times 0.6 + 0.3 \times 0.3)}{0.5 + 0.2 + 0.3} \times 100 = 23.5\%$

17 쓰레기를 소각했을 때 남은 재의 중량은 쓰레기의 30%이다. 쓰레기 10ton을 태웠을 때 남은 재의 부피가 2m³라고 하면 재의 밀도(ton/m³)는?

① 1.0　　② 1.5
③ 2.0　　④ 2.5

[해설] [식] 재의 밀도 = $\dfrac{재의 질량}{재의 부피}$
∴ 재의 밀도 = $\dfrac{재의 질량}{재의 부피} = \dfrac{10톤 \times 0.3}{2m^3} = 1.5톤/m^3$

정답　12. ④　13. ①　14. ①　15. ③　16. ②　17. ②

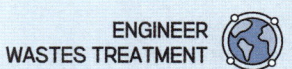

18 도시폐기물을 원소 분석한 결과일 때 이 도시폐기물의 저위발열량(kcal/kg)은? (단, C = 24%, H = 3%, O = 10%, S = 0.5%, 수분 = 15%)

① 252　　　　② 756
③ 2299.5　　　④ 2551.5

해설 식 저위발열량(Hl) = $Hh - 600(9H+W)$
- $Hh = 8,100C + 34,000\left(H - \dfrac{O}{8}\right) + 2,500S$

$Hh = 8,100 \times 0.24 + 34,000 \times \left(0.03 - \dfrac{0.1}{8}\right) + 2,500 \times 0.005$
　　 $= 2551.5 kcal/kg$

∴ 저위발열량(Hl)
　 $= 2551.5 - 600 \times (9 \times 0.03 + 0.15) = 2299.5 kcal/kg$

19 원소분석에 의한 발열량(kcal/kg) 계산 방법 중에서 O의 절반이 CO의 형으로, 나머지 절반은 H_2O의 형으로 되어 있다고 가정한 Steuer식을 가장 바르게 나타낸 것은?

① H(L) = 81(C−3×O/8) + 57(3×O/8)
　　　　+ 345(H−O/16) + 25S − 6(9H+W)
② H(L) = 81(C−3×O/8) + 80(3×O/16)
　　　　+ 245(H−O/8) + 35S − 9(6H+W)
③ H(L) = 81(C−3×O/8) + 345H + 35S
　　　　+ 80(3×O/4) − 9(6H+W)
④ H(L) = 81(C−3×O/8) + 245H + 25S
　　　　+ 57(3×O/4) − 6(9H+W)

20 폐기물의 화학적 성분에는 3성분이 있다. 3성분에 속하지 않는 것은?

① 가연분　　② 무기물질
③ 수분　　　④ 회분

21 습량기준 회분량이 16%인 폐기물의 건량기준 회분량(%)은? (단, 폐기물의 함수율 = 20%)

① 20　　② 18
③ 16　　④ 14

해설 식 건량기준회분량(%)
　 = 습량기준 회분량(%) × $\dfrac{100}{100 - 함수율(\%)}$

∴ 건량기준회분량(%) = $16(\%) \times \dfrac{100}{100-20} = 20\%$

22 폐기물 생산량의 결정 방법으로 적합하지 않은 것은?

① 생산량을 직접 추정하는 방법
② 도시의 규모가 커짐을 이용하여 추정하는 방법
③ 주민의 수입 또는 매상고와 같은 이차적인 자료를 이용하여 추정하는 방법
④ 원자재 사용으로부터 추정하는 방법

해설 도시의 규모와 폐기물의 생산량은 비례하나 자료로 이용하기에는 부족하다. 자료로 이용시에는 도시의 인구, 면적별 토지의 용도 등의 자료가 필요하다.

23 함수율이 77%인 하수슬러지 20ton을 함수율 26%인 1,000ton의 폐기물과 섞어서 함께 처리하고자 한다. 이 혼합 폐기물의 함수율(%)은? (단, 비중은 1.0 기준)

① 27　　② 29
③ 31　　④ 34

해설 함수율(%) = $\dfrac{수분}{폐기물} \times 100$

∴ 함수율(%) = $\dfrac{20톤 \times 0.77 + 1,000톤 \times 0.26}{20톤 + 1000톤} \times 100 = 27\%$

정답　18. ③　19. ①　20. ②　21. ①　22. ②　23. ①

24 아파트 단지의 세대수 400, 한 세대당 가족수 4인, 단위용적 당 쓰레기 중량 120kg/m³, 적재용량 8m³의 트럭 7대로 2일마다 수거할 때, 1인 1일당 쓰레기 배출량(kg)은?

① 약 2.1   ② 약 2.5
③ 약 3.1   ④ 약 3.5

해설 **식** 1인 1일 쓰레기배출량 = $\dfrac{총쓰레기발생량}{인구 \times 발생일수}$

- 총 쓰레기 발생량 = $\dfrac{8m^3}{1대} \times 7대 \times \dfrac{120kg}{m^3} = 6,720kg$
- 인구 = $400세대 \times \dfrac{4인}{1세대} = 1,600인$
- 발생일수 = 2일

∴ 1인 1일 쓰레기배출량 = $\dfrac{6,720kg}{1,600인 \times 2일} = 2.1kg/인 \cdot 일$

25 쓰레기의 습량기준 수분의 백분율(%)은?

- 쓰레기 발생량 : 2.23kg/인·일
- 건량기준 수분 : 155%
- 건조쓰레기 : 15kg
- 불연쓰레기 : 25kg

① 66%   ② 61%
③ 56%   ④ 51%

해설 **식** 습량기준 수분의 백분율(%)
= $\dfrac{수분}{수분포함쓰레기} = \dfrac{수분}{수분 + 건조쓰레기}$

- 수분 = 건조쓰레기 × 건량기준수분
  = $15kg \times 1.55 = 23.25kg$

∴ 습량기준 수분의 백분율(%) = $\dfrac{23.25}{23.25 + 15} \times 100 = 60.78\%$

별해 아래의 풀이는 위의 건량기준 수분의 백분율을 구하거나 함수율이 주어질 때 적용하면 좋습니다.

식 습량기준 수분의 백분율(%)
= 건량기준 수분의 백분율(%) × $\dfrac{100 - 함수율(\%)}{100}$

- 수분 = 건조쓰레기 × 건량기준수분 = $15kg \times 1.55 = 23.25kg$
- 함수율(%) = $\dfrac{23.25kg}{23.25kg + 15kg} \times 100 = 60.78\%$

∴ 습량기준 수분의 백분율(%) = $155\% \times \dfrac{100 - 60.78}{100} = 60.79\%$

26 폐기물 발생량 예측방법 중에서 각 인자들의 효과를 총괄적으로 나타내어 복잡한 시스템의 분석에 유용하게 적용할 수 있는 것은?

① 경향법   ② 다중회귀모델
③ 동적모사모델   ④ 인자분석모델

27 단열열량계로 측정할 때 얻어지는 발열량에 대한 설명으로 가장 적절한 것은?

① 습량기준 저위발열량
② 습량기준 고위발열량
③ 건량기준 저위발열량
④ 건량기준 고위발열량

28 도시폐기물의 물리적 특성 중 하나인 겉보기 밀도의 대표값이 가장 높은 것은? (단, 비압축 상태 기준)

① 재   ② 고무류
③ 가죽류   ④ 알루미늄캔

해설 겉보기밀도는 질량을 용기의 부피로 나누어 산출한다. 이 때 용기 안에 채워넣은 폐기물 중 빈공간이 많은 물질일수록 겉보기밀도가 작아진다. 재의 경우 상대적으로 다른 폐기물에 비해 빈공간이 적으므로 겉보기밀도가 크다.

정답 24. ①   25. ②   26. ②   27. ④   28. ①

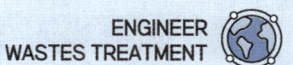

29 쓰레기의 발열량을 구하는 식 중 Dulong식에 대한 설명으로 맞는 것은?

① 고위발열량은 저위발열량, 수소함량만으로 구할 수 있다.
② 원소분석에서 나온 C, H, O, N 및 수분함량으로 계산할 수 있다.
③ 목재나 쓰레기와 같은 셀룰로오스의 연소에서는 발열량의 약 10% 높게 추정된다.
④ Bomb 열량계로 구한 발열량에 근사시키기 위해 Dulong의 보정식이 사용된다.

해설 ④항만 올바르다.
오답해설
① 고위발열량은 저위발열량, 수소함량, 수분함량만으로 구할 수 있다. 또는 원소조성 C, H, O, S의 함량으로 구할 수 있다.
② 원소분석에서 나온 C, H, O, S 및 수분함량으로 계산할 수 있다.
③ 목재나 쓰레기와 같은 셀룰로오스의 연소에서는 발열량의 약 10% 낮게 추정된다.

30 쓰레기에서 타는 성분의 화학적 성상 분석 시 사용되는 자동원소분석기에 의해 동시 분석이 가능한 항목을 모두 알맞게 나열한 것은?

① 질소, 수소, 탄소
② 탄소, 황, 수소
③ 탄소, 수소, 산소
④ 질소, 황, 산소

31 폐기물의 발열량 분석법으로 타당하지 않은 방법은?

① 폐기물의 원소분석 값을 이용
② 폐기물의 물리적 조성을 이용
③ 열량계에 의한 방법
④ 고정탄소함유량을 이용

32 도시의 쓰레기 특성을 조사하기 위하여 시료 100kg에 대한 습윤상태의 무게와 함수율을 측정한 결과가 다음 표와 같을 때 이 시료의 건조중량(kg)은?

성분	습윤상태의 무게(kg)	함수율(%)
연탄재	60	20
채소, 음식물류	10	65
종이, 목재류	10	10
고무, 가죽류	15	3
금속, 초자기류	0	2

① 70
② 80
③ 90
④ 100

정답 29. ④　30. ①　31. ④　32. ②

03 CHAPTER 폐기물 관리

UNIT 01 수집 및 운반

1 폐기물의 수거

폐기물을 수거하고 운반하는 일련의 모든 과정을 말한다. 폐기물처리비용 중 가장 큰 비중을 차지한다.

2 수거체계와 수거장비

① 폐기물차의 수거노선 설정 (▶ 유튜브 "초록별엔진" 참고)
  ㉠ 언덕에서부터 내려오면서 수거한다.
  ㉡ 작은 쓰레기는 지나가며 수거한다.
  ㉢ 가장 많은 발생량이 있는 지점부터 먼저 수거한다.
  ㉣ 유턴은 피한다.
  ㉤ 시계방향으로 노선을 설정한다.(우회전은 신호가 없으므로)
  ㉥ 출·퇴근시간은 피한다.
  ㉦ 한 번 간 길은 되도록 다시 가지 않는다.

② 컨테이너
  ㉠ 견인식 컨테이너(HCS)
    • 폐기물이 대량으로 발생되는 지역에 적합, 작업시간 단축, 위생성 강화, 유연한 적응성
    • 1대의 수거차량과 운전수 1인 수거
  ㉡ 고정식 컨테이너(SCS)
    • 모든 종류의 폐기물 수거에 사용, 발생지점수, 발생량, 종류에 따라 다른 형식 채택
    • 기계식 적재수거차량과 인력식 적재수거차량으로 구분
    • 컨테이너의 크기가 다양

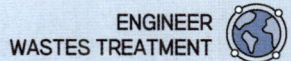

- 적재가 용이함
- 대형 폐기물 발생지역, 건축폐기물의 수거에 부적합
- 운전수 외 폐기물 적재를 위한 1인 이상의 수거인부 필요

③ 신 수송방식

① **모노레일 수송** : 모노레일에 쓰레기를 적재하여 수송하는 방법
  - 자동무인화 할 수 있다.
  - 가설이 어렵고 설비비가 비싸다.
  - 시설 완료 후 경로변경이 어렵고 반송 노선이 필요하다.

② **컨테이너 수송(철도 수송)** : 철도를 이용하여 기차에 쓰레기를 적재하여 수송하는 방법
  - 광대한 국토와 철도망이 있는 곳에서 사용할 수 있다.
  - 사용 후 세정으로 세정수 처리문제가 발생한다.
  - 철도역의 철저한 위생관리가 요구된다.

③ **컨베이어 수송** : 지하에 컨베이어를 설치하여 쓰레기를 수송하는 방법
  - 악취문제가 없고 경관을 해치지 않는다.
  - 전력비, 시설비, 내구성, 미생물 부착 등이 문제가 된다.
  - 시설비와 유지비가 높다.

④ **파이프 라인(관거) 수송** : 관거를 이용하여 쓰레기를 수송하는 방법

장점	• 악취, 소음진동의 문제가 적고 자동화, 안전화가 가능하다. • 경관을 해치지 않는다. • 에너지 절약이 가능하다. • 투입과 수집이 용이하여 인건비 절감의 효과가 있다. • 대량의 폐기물 발생지역(고밀도 발생지역)에 적용하기 용이하다.
단점	• 대형 폐기물에 대한 전처리 공정(파쇄, 압축)이 필요하다. • 가설 후에 경로변경이 곤란하고 설치비가 비싸다. • 잘못 투입된 폐기물은 회수하기가 곤란하다. • 비교적 짧은 거리에서만 이용된다.(발생원 – 적환장, 적환장 – 소각장) • 초기투자 비용이 많이 소요된다.

> **파이프 라인 수송의 종류**
>
> ㉠ 슬러리(Slurry, 현탁물) 수송 : 쓰레기를 전처리(파쇄 또는 분해)하여 물과 섞어 펌프를 사용하여 관거로 흘려보내는 방식
>   - 관마모가 적고 동력도 적게 소모된다.
>   - 혼입되는 고형물의 양에 한도(약 8%)가 있다.
> ㉡ 공기 수송 : 관거에서 진공 또는 가압을 통해 폐기물을 이송하는 방법
>   - 수송거리가 최대 5km로 비교적 짧다.(가압수송 약 5km, 진공수송 약 2.5km)
>   - 유동성이 나쁜 쓰레기(막힘 또는 부착의 우려가 있는 쓰레기)의 경우 이송이 어렵다.
>   - 소음에 대한 방지시설이 필요하다. 방지시설 설치 후에는 소음에 대한 문제는 거의 없다.
> ㉢ 캡슐 수송 : 쓰레기를 충전한 캡슐을 공기나 물을 이용하여 수송하는 방식과 캡슐에 구동장치를 설치한 수송방식이 있다.
>   - 공기수송에 비해 동력이 적게 소요된다.
>   - 쓰레기를 캡슐에 넣고 꺼내는 것이 힘들다.

4 MHT(man · hr/ton) : 폐기물 1톤을 인부 1명이 수거 시 걸리는 소요시간

식 $\text{MHT} = \dfrac{\text{수거인부} \times \text{수거시간}}{\text{폐기물 수거량}}$, MHT는 작을수록 효율이 좋음

수거형태	수거효율
타종수거	0.84MHT
대형쓰레기통	1.1MHT
플라스틱 자루	1.35MHT
집밖 이동식	1.47MHT
집안 이동식	1.86MHT
집밖 고정식	1.96MHT
문전 수거	2.3MHT
벽면 부착식	2.38MHT

> **다른 수거효율 인자**
>
> 1) SDT(services/day/truck) : 수거트럭 1대당 1일 수거 가옥수
> 2) SMH(services/man/hr) : 수거인부 1인당 1시간 수거 가옥수
> 3) TDT(ton/day/truck) : 수거트럭 1대당 1일 수거량
> 4) TMH(ton/man/hr) : 수거인부 1인당 1시간 수거량

UNIT 02 적환장의 설계 및 운전관리

1 적환장 : 폐기물처리장과 발생원 중간지점에 폐기물을 수집하여 수거효율을 증대시키는 중계처리장

① 적환장 설치의 필요성
  ㉠ 처분장소가 멀 때
  ㉡ 수거차량의 적재용량이 작을 때
  ㉢ 저밀도 주거지역일 때

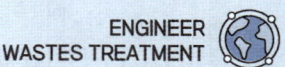

ⓔ 파이프 라인 수송방식을 채택할 때
ⓕ 상업지역에서 폐기물 수집에 소형용기를 많이 사용할 때
ⓖ 불법투기와 다량의 어질러진 쓰레기들이 발생할 때

② 적환장의 종류
　㉠ **직접투하방식** : 큰 수거차량에 작은 수거차량이 폐기물을 투하하는 방식으로 건설비나 운영비가 저렴하나 폐기물을 압축할 수 없고 교통체증의 문제가 있다.
　㉡ **저장투하방식** : 저장피트에 폐기물을 투하 – 압축 – 큰 수거차량으로 수거되는 방식으로 대용량의 쓰레기처리에 적합하며, 교통체증의 문제가 없다.
　㉢ **직접 · 저장투하방식** : 직접과 저장투하방식의 절충방식(부패성 쓰레기는 직접 투입, 재활용품은 별도 투하)

③ 적환장의 설치위치
　㉠ 수거대상 지역의 무게중심에 가까운 곳
　㉡ 주요 간선도로에 근접된 곳
　㉢ 주변에 대한 환경성이 높고, 건설 및 작업 조작이 용이한 곳
　㉣ 주거지역과 먼 곳

④ **적환장의 용량** : 2일간의 발생량을 초과하지 않도록 한다.

UNIT 03 | 폐기물의 관리 체계

1 폐기물 관리 정책

① 폐기물 처리과정

> 감량 및 감용 – 재이용 – 재활용 – 에너지 회수 – 소각 – 매립

※ 3R : 감량화(Reduction), 재이용(Reuse)/재활용(Recycle), 회수 이용(Recovery)
※ 4E : 경제(Economy), 에너지(Energy), 환경(Environment), 인간평등(Equality)

② **전과정 평가(LCA : Life Cycle Assessment)** : 폐기물의 원료, 생산, 유통, 사용, 폐기까지 전과정을 관찰함으로써 폐기물의 과정별 생성을 관찰하고 평가하여 효율적인 폐기물관리를 도모하는 방법이다.
　㉠ 목적 및 범위 설정(Goal Definition Scoping) (1단계)
　㉡ 목록분석(Inventory Analysis) (2단계)

ⓒ **영향평가**(Impact Analysis or Assessment) (3단계)
ⓔ **개선 평가 및 해석**(Improvement Assessment) (4단계)

③ **오염자 부담원칙**(Polluter Pays Principles : PPP(3P)) : 오염을 유발한 자가 오염방지비용뿐만 아니라 그 피해에 대한 복구비용까지도 책임을 지도록 하는 경제유인책

ⓐ **부담금 제도** : 유해성이 있거나 재활용이 어려운 제품을 제조, 수입하는 자에게 당해 폐기물처리 소요비용을 제품가격에 포함시키는 것
ⓑ **예치금 제도** : 제품용기 중 사용 후 폐기물이 되는 경우 그 회수처리에 소요되는 비용을 당해 제품용기의 제조업자 또는 수입업자로 하여금 폐기물 관리기금에 예치하게 하여 제조업자 또는 수입업자가 제품용기를 회수처리하면 민법에서 정한 이자를 포함하여 반환하고 그렇지 못한 경우는 위탁처리하는 제도
ⓒ **종량제** : 배출되는 폐기물을 일정한 용기에 담아 수집, 운반 처리하는 체계로 쓰레기 배출량에 따라 부과금을 부과시켜 쓰레기 발생을 억제시키는 제도

④ **환경경영체제**(EMS, Environmental management system) : 환경관리를 기업경영의 방침으로 삼고 기업활동이 환경에 미치는 부정적인 영향을 최소화하는 것을 말한다. ISO 14000 시리즈(환경규격에 대한 국제 표준) 중에 ISO 14001과 14004가 규정하고 있는 분야이다. 기업의 이윤추구와 지구환경의 개선을 동시에 추구하는 것을 목표로 한다.

2 청소상태의 평가법

① **지역사회 효과지수**(Community Effect Index : CEI) : 가로의 청결상태를 기준으로 청소상태를 평가
ⓐ 가로의 청결상태 Scale은 1~4로 정하여 각각 100, 75, 50, 25, 0점으로 한다.
ⓑ 문제점이 관찰되는 경우에는 10점씩 감한다.

② **사용자 만족도 지수**(User Satisfaction Index : USI) : 서비스를 받는 사람들의 만족도를 설문조사하여 계산하는 방법으로 설문 문항은 6개로 구성되어 있으며 총점은 100점이다.

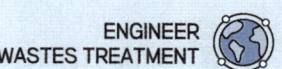

CHAPTER 03 폐기물 관리

01 다음 조건을 가진 지역의 일일 최소 쓰레기 수거회수는?

- 발생쓰레기 밀도 : 500kg/m³, 발생량 : 1.5kg/인·일
- 수거대상 : 200,000인, 차량대수 : 4(동시사용)
- 차량 적재 용적 : 50m³, 적재함 이용율 : 80%
- 압축비 : 2, 수거인부 : 20명

① 2회　　② 4회
③ 6회　　④ 8회

해설 수거횟수는 총 발생량과 1회 수거량을 기준으로 계산 가능하다.

$$수거횟수 = \frac{총\ 발생량(kg/일)}{1회\ 수거량(kg/회)}$$

- 총 발생량(kg/일)
$= \frac{1.5kg}{인 \cdot 일} \times 200,000인 = 300,000kg/일$

- 1회 수거량(kg/회)
$= \frac{50m^3}{대} \times \frac{500kg}{m^3} \times \frac{4대}{회} \times \frac{80}{100} \times 2.0 = 160,000kg/회$

∴ 수거횟수 $= \frac{300,000}{160,000} = 1.875 ≒ 2$

02 서비스를 받는 사람들의 만족도를 설문조사하여 지수로 나타내는 청소상태 평가법의 약자로 옳은 것은?

① SEI　　② CEI
③ USI　　④ ESI

해설 청소상태를 평가하는 평가법 중 서비스를 받는 시민들의 만족도는 설문조사하여 나타내는 사용자 만족도지수(USI : User Satisfaction Index)로 판단한다.

03 폐기물적재차량 중량이 28,500kg, 빈차의 중량이 15,000kg, 적재함의 크기는 가로 300cm, 세로 150cm, 높이 500cm일 때 단위 용적 당 적재량(ton/m³)은?

① 0.22　　② 0.46
③ 0.60　　④ 0.81

해설 용적당 적재량(적재차량계수)은 적재함 단위 부피당 적재할 수 있는 폐기물의 양을 말하므로 다음 식으로 계산할 수 있다.

$$적재량(ton/m^3) = \frac{적재폐기물\ 중량(ton)}{적재함\ 부피(m^3)}$$

- 적재폐기물 중량 $= 28,500 - 15,000 = 13,500kg$
$= 13.5ton$
- 적재함 부피 $= H \cdot W \cdot L = 5 \times 3 \times 1.5 = 22.5m^3$

∴ 적재량$(ton/m^3) = \frac{13.5}{22.5} = 0.6ton/m^3$

04 쓰레기 관리 체계에서 비용이 가장 많이 드는 것은?

① 수거　　② 처리
③ 저장　　④ 분석

해설 폐기물관리에 소요되는 비용면을 고려한다면 수거단계가 전체 비용의 60% 이상을 차지하고 있다. 그것은 수거는 여러 발생원에서 폐기물을 수집하여 운반·하역하는 단계를 포함하기 때문이다.

정답 01. ①　02. ③　03. ③　04. ①

05 폐기물 수거를 위한 노선을 결정할 때 고려하여야 할 내용으로 옳지 않은 것은?

① 언덕지역에서는 언덕의 꼭대기에서부터 시작하여 적재하면서 차량이 아래로 진행하도록 한다.
② 아주 많은 양의 쓰레기가 발생되는 발생원은 하루 중 가장 나중에 수거한다.
③ 적은 양의 쓰레기가 발생하나 동일한 수거빈도를 받기를 원하는 적재지점은 가능한 한 같은 날 왕복 내에서 수거하도록 한다.
④ 가능한 한 시계방향으로 수거노선을 결정한다.

[해설] ②항 → 아주 많은 양의 쓰레기가 발생하는 곳은 하루 중 가장 먼저 수거한다.

06 다음 중 수거효율을 결정하기 위해서 흔히 사용되는 동적시간조사(time-motion study)를 통한 자료와 거리가 먼 것은?

① 수거차량당 수거 인부 수
② 수거인부의 시간당 수거 가옥 수
③ 수거인부의 시간당 수거톤 수
④ 수거톤당 인력 소요시간

[해설] 수거차량당 수거 인부 수로 수거효율을 산출할 수 없다. 수거 인부의 시간당 수거톤 수에 따라 수거효율은 결정된다.

07 원료의 취득에서 연구개발, 제품의 생산과 포장·수송·유통·판매과정·소비자 사용 및 최종폐기에 이르는 제품의 전체 과정상에서 환경영향을 평가하고 최소화하기 위한 조직적인 방법론을 의미하는 것은?

① LCA
② ISO 14000
③ EMAS
④ MEP

[해설] LCA(Life Cycle Assessment)는 사용하는 자원, 에너지 환경에 미치는 각종 부하를 원료 자원 채취-생산-유통-사용-재사용-폐기의 전과정에 걸쳐 가능한 정량적으로 분석 및 평가하여 현재 인류가 직면하고 있는 자원의 고갈 및 생태계의 파괴현상과 지구환경 문제 등을 근본적으로 해결하기 위한 각종 개선방안을 모색하는 기술적이며 체계적인 과정이다.

08 관거 수거에 대한 다음 설명 중 옳지 않은 것은?

① 현탁물 수송은 관의 마모가 크고 동력소모가 많은 것이 단점이다.
② 캡슐수송이나 쓰레기를 충전한 캡슐을 수송관내에 삽입하여 공기나 물의 흐름을 이용하여 수송하는 방식이다.
③ 공기수송은 공기의 동압에 의해 쓰레기를 수송하는 것으로서 진공수송과 가압수송이 있다.
④ 공기수송은 고층주택밀집지역에 적합하며 소음방지시설 설치가 필요하다.

[해설] 슬러리(현탁물) 수송은 관의 마모가 적고 동력소모가 적다.

09 폐기물 관리에 있어서 가장 우선적으로 고려하여야 할 사항은?

① 재회수
② 재활용
③ 감량화
④ 소각

[해설] 폐기물 관리체계의 우선순위 : 감량 → 재이용 → 재활용 → 에너지회수 → 소각 → 매립

정답 05. ② 06. ① 07. ① 08. ① 09. ③

10 폐기물의 관리 계획 시 조사 및 예측하여야 할 항목으로 가장 거리가 먼 것은?

① 배출원에 따른 폐기물의 배출량과 시간적 변동량을 파악한다.
② 수집 및 운반, 처리방법과 처분방법 등에 따른 소요비용을 검토한다.
③ 폐기물의 재활용 또는 자원화 여부를 검토한다.
④ 중간처리 과정에서 배출되는 폐기물의 질과 양을 예측한다.

해설 초기 수집과정에서 배출되는 폐기물의 질과 양을 예측한다.

11 전과정평가(LCA)의 구성요소로 가장 거리가 먼 내용은?

① 개선평가   ② 영향평가
③ 과정분석   ④ 목록분석

해설 ㉠ 목적 및 범위 설정(Goal Definition Scoping) (1단계)
㉡ 목록분석(Inventory Analysis) (2단계)
㉢ 영향평가(Impact Analysis or Assessment) (3단계)
㉣ 개선 평가 및 해석(Improvement Assessment) (4단계)

12 폐기물의 관거(pipeline)를 이용한 수거 방식에 관한 설명으로 가장 거리가 먼 것은?

① 자동화, 무공해화가 가능하다.
② 잘못 투입된 폐기물의 즉시 회수가 용이하다.
③ 가설후에 경로변경이 곤란하고 설치비가 높다.
④ 장거리 수송이 곤란하다.

해설 잘못 투입된 폐기물의 회수가 어렵다.

13 도시 쓰레기 수거계획 수립 시 가장 중요하게 고려하여야 할 사항은?

① 수거 인부   ② 수거 빈도
③ 수거 노선   ④ 수거 장비

14 쓰레기 수송방법 중 가장 위생적인 수송방법은?

① mono-rail   ② conveyer
③ container   ④ pipeline

15 적환 및 적환장에 관한 내용으로 알맞지 않은 것은?

① 수송차량 종류에 따라 직접적환, 간접적환, 저장적환으로 구분할 수 있다.
② 적환을 시행하는 주된 이유는 폐기물 운반거리가 연장되었기 때문이다.
③ 적환장 설계 시 사용하고자 하는 적환작업의 종류, 용량 소요량, 환경요건 등을 고려하여야 한다.
④ 적환장 설치장소는 수거하고자 하는 개별적 고형물 발생지역의 하중중심에 되도록 가까운 곳에 설치한다.

해설 적환형태에 따라 직접투하, 저장투하, 직접저장투하방식으로 구분할 수 있다.

16 폐기물의 수거 및 운반 시 중계소의 설치가 필요한 경우가 아닌 사항은?

① 처리장이 멀리 떨어져 있을 경우
② 압축식 수거 시스템인 경우
③ 수거차량이 대형인 경우
④ 쓰레기 수송 비용절감이 필요한 경우

해설 수거차량이 소형인 경우 중계소(적환장)의 설치가 필요하다.

정답 10. ④ 11. ③ 12. ② 13. ③ 14. ④ 15. ① 16. ③

17 쓰레기 수집방법 중 pipe-line 방식에 관한 설명으로 가장 거리가 먼 것은?

① 고장 및 긴급사고 발생에 대한 대처방법이 필요하다.
② 쓰레기 발생 빈도가 낮아야 현실성이 있다.
③ 장거리 수송이 곤란하다.
④ 가설 후 경로변경이 곤란하고 설치비가 높다.

[해설] 쓰레기 발생 빈도가 높아야 현실성이 있다.

18 환경경영체제(ISO-14000)에 대한 설명으로 가장 거리가 먼 내용은?

① 기업이 환경문제의 개선을 위해 자발적으로 도입하는 제도이다.
② 환경사업을 기업 영업의 최우선 과제 중의 하나로 삼는 경영체제이다.
③ 기업의 친환경성 이미지에 대한 광고 효과를 위해 도입할 수 있다.
④ 전과정평가(LCA)를 이용하여 기업의 환경성과를 측정하기도 한다.

[해설] 기존의 사업에서 환경을 고려하여 경영하는 체제로 이해 관계자의 욕구와 환경보호에 대한 사회적 필요성을 반영한다.

19 수송설비를 하수도처럼 개설하여 각 가정의 쓰레기를 최종 처리처분장까지 운반할 수 있으나, 전력비, 내구성 및 미생물의 부착 등이 문제가 되는 쓰레기 수송방법은?

① Monorail 수송　② Container 수송
③ Conveyer 수송　④ 철도 수송

20 새로운 쓰레기 수거 시스템인 관거수거방법 중 공기수송에 대한 설명으로 가장 거리가 먼 것은?

① 공기수송은 고층주택 밀집지역에 적합하며 소음방지시설이 필요하다.
② 진공수송은 쓰레기를 받는 쪽에서 흡인하여 수송하는 것으로 진공압력은 최소 $1.5 kgf/cm^2$ 이상이다.
③ 진공수송의 경제적인 수집거리는 약 2km 정도이다.
④ 가압수송은 쓰레기를 불어서 수송하는 방법으로 진공수송보다는 수송거리를 더 길게 할 수 있다.

[해설] 진공수송은 쓰레기를 받는 쪽에서 흡인하여 수송하는 것으로 진공압력은 최대 $0.5 kgf/cm^2$ 다.

21 적환장에 대한 설명으로 틀린 것은?

① 직접투하 방식은 건설비 및 운영비가 다른 방법에 비해 모두 적다.
② 저장투하 방식은 수거차의 대기시간이 직접투하방식 보다 길다.
③ 직접저장투하 결합방식은 재활용품의 회수율을 증대시킬 수 있는 방법이다.
④ 적환장의 위치는 해당지역의 발생 폐기물의 무게중심에 가까운 곳이 유리하다.

[해설] 저장투하 방식은 수거차의 대기시간이 직접투하방식 보다 짧다.

22 도시의 쓰레기 수거대상 인구가 648,825명이며 이 도시의 쓰레기 배출량은 1.15kg/인·일이다. 수거인부는 233명이며, 이들이 1일에 8시간을 작업한다면 이 때 MHT는?

① 2.5　② 3.2
③ 3.8　④ 4.2

[정답] 17. ② 18. ② 19. ③ 20. ② 21. ② 22. ①

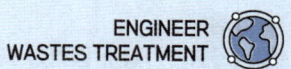

해설 식
$$MHT = \frac{수거인부 \times 수거시간(시간)}{쓰레기량(톤)}$$

$$\therefore MHT = \frac{233man \times 8hr/day}{\frac{1.15kg}{인 \cdot day} \times 648,825인 \times \frac{1ton}{10^3 kg}} = 2.49 man \cdot hr/ton$$

23 우리나라 쓰레기 수거형태 중 효율이 가장 나쁜 것은?

① 타종수거 ② 손수레 문전수거
③ 대형쓰레기통수거 ④ 블록식 수거

해설

수거형태	수거효율
타종수거	0.84MHT
대형쓰레기통	1.1MHT
플라스틱 자루	1.35MHT
집밖 이동식	1.47MHT
집안 이동식	1.86MHT
집밖 고정식	1.96MHT
문전 수거	2.3MHT
벽면 부착식	2.38MHT

24 적환장에 관한 설명으로 가장 거리가 먼 것은?

① 수거지점으로부터 처리장까지의 거리가 먼 경우 중간에 설치한다.
② 슬러지수송이나 공기수송방식을 사용할 때에는 설치가 어렵다.
③ 작은 용기로 수거한 쓰레기를 대형트럭에 옮겨 싣는 곳이다.
④ 저밀도 주거지역이 존재할 때 설치한다.

해설 슬러지수송이나 공기수송방식을 사용할 때에 적합하다.

25 폐기물의 수거형태 중 인부가 각 가정에 방문하여 수거하는 방식은?

① 타종수거 ② 문전수거
③ 콘테이너수거 ④ 대형쓰레기통수거

26 가정용쓰레기를 수거할 때 쓰레기통의 위치와 구조에 따라서 수거효율이 달라진다. 다음 중 수거효율이 가장 좋은 것은?

① 집 밖 이동식 ② 집 안 이동식
③ 벽면 부착식 ④ 집 밖 고정식

해설 23번 해설 표 참고

27 쓰레기발생량이 6배로 증가하였으나 쓰레기수거노동력(MHT)은 그대로 유지시키고자 한다. 수거시간을 50% 증가시키는 경우 수거인원을 몇 배로 증가시켜야 하는가?

① 2.0배 ② 3.0배
③ 3.5배 ④ 4.0배

해설 식
$$MHT = \frac{수거인부 \times 수거시간}{쓰레기량}$$
$$MHT = \frac{X \times 수거인부 \times 1.5 \times 수거시간}{6 \times 쓰레기량}$$
$$1 = \frac{X \times 1.5}{6}, \quad \therefore X = 4배$$

28 폐기물의 일반적인 수거방법 중 관거(pipeline)를 이용한 수거방법이 아닌 것은?

① 캡슐수송 방법 ② 슬러리수송 방법
③ 공기수송 방법 ④ 모노레일수송 방법

정답 23. ② 24. ② 25. ② 26. ① 27. ④ 28. ④

29 30만 인구규모를 갖는 도시에서 발생되는 도시 쓰레기량이 연간 40만톤이고, 수거 인부가 하루 500명이 동원되었을 때 MHT는? (단, 1일 작업시간 = 8시간, 연간 300일 근무)

① 3
② 4
③ 6
④ 7

해설 식 $MHT = \dfrac{수거인부 \times 수거시간}{쓰레기량}$

$\therefore MHT = \dfrac{500인 \times \dfrac{8hr}{1일} \times 300일}{400,000톤} = 3\,MHT(3man \cdot hr/ton)$

30 폐기물 관리차원의 3R에 해당하지 않는 것은?

① Resource
② Recycle
③ Reduction
④ Reuse

해설 3R : 감량화(Reduction), 재이용(Reuse)/재활용(Recycle), 회수 이용(Recovery)

31 폐기물 적환장의 필요성에 대한 설명으로 틀린 것은?

① 고밀도 주거지역이 존재할 때 필요하다.
② 작은 용량의 수집차량을 사용할 때 필요하다.
③ 상업지역에서 폐기물수집에 소형용기를 많이 사용할 때 필요하다.
④ 불법투기와 다량의 어지러진 폐기물이 발생할 때 필요하다.

해설 저밀도 주거지역이 존재할 때 필요하다.

32 폐기물 관로수송시스템에 대한 설명으로 틀린 것은?

① 폐기물의 발생밀도가 높은 지역이 보다 효과적이다.
② 대용량 수송과 장거리 수송에 적합하다.
③ 조대폐기물은 파쇄 등의 전처리가 필요하다.
④ 자동집하시설로 투입하는 폐기물의 종류에 제한이 있다.

해설 대용량 수송과 단거리 수송에 적합하다.

33 관거(Pipeline)를 이용한 수거방식인 공기수송에 관한 내용으로 틀린 것은?

① 공기수송은 고층주택밀집지역에서 적합하다.
② 공기수송은 소음방지시설을 설치해야 한다.
③ 공기수송에 소요되는 동력은 캡슐수송에 소요되는 동력보다 훨씬 적게 소요된다.
④ 공기수송 방법 중 가압수송은 진공수송보다 수송거리를 더 길게 할 수 있다.

해설 공기수송에 소요되는 동력은 캡슐수송에 소요되는 동력보다 훨씬 크게 소요된다.

34 적정한 수집·운반시스템에 대한 대책을 수립하는 과정에서 검토해야 할 항목으로 가장 거리가 먼 것은?

① 수집구역
② 배출방법
③ 수집빈도
④ 최종처분

해설 최종처분은 매립에 대한 과정으로 수집 및 운반과 거리가 멀다.

정답 29. ① 30. ① 31. ① 32. ② 33. ③ 34. ④

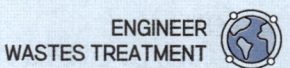

35 적환장에 대한 설명으로 가장 거리가 먼 것은?

① 적환장의 위치는 주민들의 생활환경을 고려하여 수거 지역의 무게중심과 되도록 멀리 설치하여야 한다.
② 최종처분지와 수거지역의 거리가 먼 경우 적환장을 설치한다.
③ 작은 용량의 차량을 이용하여 폐기물을 수집해야 할 때 필요한 시설이다.
④ 폐기물의 수거와 운반을 분리하는 기능을 한다.

해설 적환장의 위치는 수거 지역의 무게중심과 되도록 가까이 설치하여야 한다.

36 폐기물의 운송기술에 대한 설명으로 틀린 것은?

① 파이프라인(pipe-line) 수송은 폐기물의 발생 빈도가 높은 곳에서는 현실성이 있다.
② 모노레일(mono-rail) 수송은 가설이 곤란하고 설치비가 고가이다.
③ 컨베이어(conveyor) 수송은 넓은 지역에서 사용되고 사용 후 세정에 많은 물을 사용해야 한다.
④ 파이프라인(pipe-line) 수송은 장거리 이송이 곤란하고 투입구를 이용한 범죄나 사고의 위험이 있다.

해설 컨테이너(container)수송은 넓은 지역에서 사용되고 사용 후 세정에 많은 물을 사용해야 한다. 한편 컨베이어(conveyor) 수송은 좁은 지역에서 사용된다.

37 관거(Pipeline)를 이용한 폐기물의 수거방식에 대한 설명으로 옳지 않은 것은?

① 장거리 수송이 곤란하다.
② 전처리 공정이 필요 없다.
③ 가설 후에 경로변경이 곤란하고 설치비가 비싸다.
④ 쓰레기 발생밀도가 높은 곳에서만 사용이 가능하다.

해설 전처리 공정(파쇄 또는 압축)이 필요하다.

38 인구 15만명, 쓰레기발생량 1.4kg/인·일, 쓰레기 밀도 400kg/m³, 운반거리 6km, 적재용량 12m³, 1회 운반 소요시간 60분(적재시간, 수송시간 등 포함) 일 때 운반에 필요한 일일 소요 차량대수(대)는? (단, 대기 차량 포함, 대기 차량=3대, 압축비=2.0, 일일 운전시간 6시간)

① 6   ② 7
③ 8   ④ 11

해설 식 소요 차량대수 = $\dfrac{\text{총 폐기물량}}{\text{1대당 수거용량}} + \text{대기 차량}$

• 총 폐기물량
$= \dfrac{1.4kg}{\text{인·일}} \times 150,000\text{인} \times \dfrac{m^3}{400kg} \times \dfrac{1}{2} = 262.5 m^3/\text{일}$

• 1대당 수거용량
$= \dfrac{12m^3}{1회} \times \dfrac{1회}{60min} \times \dfrac{60min}{1hr} \times \dfrac{6hr}{\text{일}} = 72 m^3/\text{일}$

∴ 소요 차량대수 $= \dfrac{262.5 m^3/\text{일}}{72 m^3/\text{일}} + 3 = 6.65 ≒ 7$대

39 일반 폐기물의 수집운반 처리 시 고려사항으로 가장 거리가 먼 것은?

① 지역별, 계절별 발생량 및 특성 고려
② 다른 지역의 경유 시 밀폐 차량 이용
③ 해충방지를 위해서 약제살포 금지
④ 지역여건에 맞게 기계식 상차방법 이용

해설 해충방지를 위한 약제살포는 가능하다.

정답 35. ① 36. ③ 37. ② 38. ② 39. ③

40 관거를 이용한 공기수송에 관한 설명으로 틀린 것은?

① 공기의 동압에 의해 쓰레기를 수송한다.
② 고층주택밀집지역에 적합하다.
③ 지하 매설로 수송관에서 발생되는 소음에 대한 방지시설이 필요 없다.
④ 가압수송은 송풍기로 쓰레기를 불어서 수송하는 것으로 진공수송보다 수송거리를 길게 할 수 있다.

해설 수송관에서 발생되는 소음에 대한 방지시설이 필요하다.

41 발생 쓰레기 밀도 500kg/m³, 차량적재용량 6m³, 압축비 2.0, 발생량 1.1kg/인·일, 차량적재함이용률 85%, 차량수 3대, 수거대상인구 15,000명, 수거인부 5명의 조건에서 차량을 동시 운행할 때, 쓰레기 수거는 일주일에 최소 몇 회 이상 하여야 하는가?

① 4   ② 6
③ 8   ④ 10

해설 **식** 수거횟수 = $\dfrac{\text{총쓰레기 발생량}}{\text{수거용량}}$

• 총 쓰레기 발생량
  = $\dfrac{1.1kg}{\text{인}\cdot\text{일}} \times 15{,}000\text{인} \times \dfrac{m^3}{500kg} \times \dfrac{1}{2} \times \dfrac{7\text{일}}{1\text{주}} = 115.5 m^3$

• 수거용량 = $\dfrac{6m^3}{\text{대}} \times 3\text{대} \times 0.85 = 15.3 m^3$

∴ 수거횟수 = $\dfrac{115.5 m^3/\text{주}}{15.3 m^3} = 7.55$회/주 ≒ 8회/주

42 전과정평가(LCA)를 구성하는 4부분 중, 조사분석과정에서 확정된 자원요구 및 환경부하에 대한 영향을 평가하는 기술적, 정량적, 정성적 과정인 것은?

① impact analysis
② initiation analysis
③ inventory analysis
④ improvement analysis

43 청소상태의 평가방법에 관한 설명으로 옳지 않은 것은?

① 지역사회 효과지수는 가로 청소상태의 문제점이 관찰되는 경우 각 10점씩 감점한다.
② 지역사회 효과지수에서 가로 청결상태의 scale은 1~10으로 정하여 각각 10점 범위로 한다.
③ 사용자 만족도 지수는 서비스를 받는 사람들의 만족도를 설문조사하여 계산되며 설문문항은 6개로 구성되어 있다.
④ 사용자 만족도 설문지 문항의 총점은 100점이다.

해설 가로의 청결상태 Scale은 1~4로 정하여 각각 100, 75, 50, 25, 0점으로 한다.

44 폐기물처리와 관련된 설명 중 틀린 것은?

① 지역사회 효과지수(CEI)는 청소상태 평가에 사용되는 지수이다.
② 컨테이너 철도수송은 광대한 지역에서 효율적으로 적용될 수 있는 방법이다.
③ 폐기물수거 노동력을 비교하는 지표로서는 MHT(man/hr·ton)를 주로 사용한다.
④ 직접저장투하 결합방식에서 일반 부패성 폐기물은 직접 상차 투입구로 보낸다.

해설 폐기물수거 노동력을 비교하는 지표로서는 MHT(man·hr/ton)를 주로 사용한다.

45 폐기물 수거체계 방식 가운데 하나인 HCS(견인식 컨테이너 시스템)의 장점으로 옳지 않은 것은?

① 미관상 유리하다.
② 손작업 운반이 용이하다.
③ 시간 및 경비 절약이 가능하다.
④ 비위생의 문제를 제거할 수 있다.

해설 HCS(견인식 컨테이너 시스템)은 운반차량 1대당 인부 1인으로 컨테이너를 차량으로 견인하는 형식이다.

정답 40. ③ 41. ③ 42. ① 43. ② 44. ③ 45. ②

04 CHAPTER 폐기물 추적 관리

UNIT 01 무선주파수 인식 시스템의 이해

1 무선주파수 인식 시스템(RFID)이란?

무선 주파수를 이용하여 사물에 부착된 전자태그의 정보를 비접촉식으로 자동 인식하는 기술입니다. 전자기 유도를 통해 통신하며, 바코드와 달리 먼 거리, 고속 움직임, 물체 투과 등에서 인식률이 높아 하이패스, 교통카드, 물류관리 등 다양한 분야에서 활용됩니다.

2 법적근거

① **제2조(정의)** 이 지침에서 사용하는 용어의 정의는 다음과 같다.
  1. "무선주파수인식방법"(이하 "무선인식방법"이라 한다)이란 무선주파수 인식장비를 이용하여 폐기물에 관한 정보를 입력하고 전송하는 방법을 말한다.
  2. "무선주파수인식장비"(이하 "장비"라 한다)란 무선주파수인식정보를 생성·인식하기 위하여 필요한 전자태그, 비콘태그, 고정형 배출자 입출고시스템, 고정형 처리자 입고·소각시스템, 휴대형 태그 리더기, 태그발행기를 말하며 종류 및 성능 등에 관한 사항은 별표와 같다.
  3. "무선주파수인식정보"란 무선인식방법을 통하여 생성된 폐기물에 관한 정보를 말한다.

② **제6조(사용자 등의 주요업무)** 무선인식방법을 이용하여 의료폐기물을 배출, 수집·운반 또는 처리하는 자(이하 "사용자"라 한다), 특별시장·광역시장·특별자치시장·도지사·특별자치도지사(이하 "시·도지사"라 한다), 시장·군수·구청장, 유역환경청장·지방환경청장(이하 "지방환경관서의 장'이라 한다) 및 전산처리기구의 장의 주요업무는 다음 각 호와 같다.
  1. 사용자
     가. 무선인식방법을 이용하여 폐기물 인계·인수 내용을 전자정보처리프로그램에 전송
     나. 전자정보처리프로그램을 통한 폐기물처리과정 확인

다. 장비의 정상적 운영·관리
2. 시·도지사, 시장·군수·구청장, 지방환경관서의 장
   가. 사용자 관리·감독
   나. 교육 및 홍보
3. 전산처리기구의 장
   가. 시스템 유지보수 및 기능개선
   나. 사용자 장비의 정상적 운영·관리를 위한 기술지원 및 현장점검
   다. 교육 및 홍보
   라. 자료의 보존
   마. 기타 전화상담센터 운영 등 기후에너지환경부장관이 지시하는 사항
   바. 비밀유지업무

③ [별표] 무선인식장비의 종류 및 성능 등에 관한 내용
1. "전자태그"(이하 "태그"라 한다)란 태그번호, 폐기물종류, 성상 및 사용자 인증을 위한 정보가 저장된 메모리 칩과 전파 송수신을 위한 안테나로 구성되고, 전자태그의 종류는 다음 각 목과 같으며, 규격 등에 관한 세부설명은 전자정보처리프로그램에 공지하는 바와 같다.
   가. 전용용기 부착 태그 : 폐기물 정보인식을 위해 전용용기에 부착하는 태그
   나. 배출자 인증 비콘태그 : 휴대용리더기로 폐기물 인계·인수 시 배출자의 서명을 대신하는 인증용 태그로 배출자 보관창고 주변에 설치하며, 리더기와 일정거리 내에서 자동 인식
   다. 운반자 인증카드 : 폐기물 인계·인수 시 운반자의 서명을 대신하는 인증용 카드
   라. 운반차량 인증카드 : 운반 차량정보 인식을 위해 운반자가 소지하는 인증용 카드
2. "태그 리더기"란 전자태그를 인식하여 폐기물 배출 및 처리정보를 전자정보처리프로그램으로 자동 전송하는 장비로 고정형(배출자 입출고시스템, 처리자 입고·소각시스템)과 휴대형이 있으며, 종류별 규격 및 세부설명은 전자정보처리프로그램에 공지하는 바와 같다.
3. "태그 발행기"란 폐기물 종류 및 성상 등의 정보가 담긴 태그를 발행하는 장비이다.

[출처 : 무선주파수인식방법을 이용한 의료폐기물의 인계·인수 등에 관한 고시]

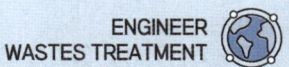

UNIT 02 GIS, GPS 시스템의 파악

1 GIS

① **정의** : 지리공간 데이터를 분석 가공하여 교통/통신/환경 등과 같은 지형 관련 분야에 활용할 수 있는 시스템으로 지표면, 지상, 지하공간의 자연물과 인공물에 대한 위치정보와 속성정보를 컴퓨터에 입력하여 D/B화 또는 해석(분석)하여 처리 및 출력하는 시스템이다.
  ㉠ GIS는 지리적 위치를 갖고 있는 대상에 대한 위치자료와 속성자료를 통합관리하여 지도, 도표 및 그림들과 같은 여러 형태의 정보를 제공한다.
  ㉡ GIS란 넓은 의미에서 인간의 의사결정능력 지원에 필요한 지리정보의 관측과 수집에서부터 보존과 분석, 출력에 이르기까지의 일련의 조작을 위한 정보시스템을 의미한다.
  ㉢ GIS는 인간의 현실생활과 밀접한 관계가 있는 모든 자료를 취급하므로서 광범위한 활용분야를 가지고 있다.
  (활용분야 : 토지, 자원, 도시, 환경, 교통, 농업, 해양, 국방 등)

  [출처 : 국가공간정보포털 – 국토교통부]

② **활용**
  ㉠ 생활폐기물 수거 경로 최적화
  ㉡ 폐기물 매립지 입지 분석 및 관리
  ㉢ 수해 등 재난으로 인한 폐기물 발생량 예측과 처리 방안 마련
  ㉣ 오염된 폐기물의 확산 경로 예측

2 GPS

① **정의** : 전 세계 위성 네트워크를 이용해 지구상의 어떤 지점의 위치, 고도, 속도 정보를 제공하는 위성 항법 시스템을 의미한다. 사용자 수신기는 위성에서 보낸 신호를 받아 삼변측량(trilateration) 원리로 자신의 정확한 위치를 계산하며, 군사, 교통, 측량, 긴급 구조 등 다양한 분야에서 활용된다.

② **활용**
  ㉠ 실시간 위치 정보 전송을 통해 폐기물의 투명하고 안전한 처리 과정을 관리
  ㉡ 불법 투기를 방지
  ㉢ 폐기물 수집ㆍ운반 차량에 GPS 단말기를 장착하여 올바로시스템으로 위치정보를 전송하고 이를 통해, 운반 경로를 탐지하고 전체 폐기물 처리 과정을 추적

UNIT 03 올바로시스템(전자 인수인계서)의 이해 및 활용

1 도입배경

사업장폐기물의 배출부터 운반·최종처리까지의 전 과정을 종이인계서(수기전표) 대신 인터넷 또는 무선주파수인식기술(RFID)을 이용하여 실시간으로 폐기물의 전 생애를 투명하게 관리하기 위하여 폐기물 종합관리 시스템을 구축

2 법률근거

① **폐기물관리법 제18조제3항(사업장폐기물의 처리)**

기후에너지환경부령으로 정하는 사업장폐기물을 배출, 수집·운반, 재활용 또는 처분하는 자는 그 폐기물을 배출, 수집·운반, 재활용 또는 처분할 때마다 폐기물의 인계·인수에 관한 사항과 계량값, 위치정보, 영상정보 등 기후에너지환경부령으로 정하는 폐기물 처리 현장정보를 기후에너지환경부령으로 정하는 바에 따라 전자정보처리프로그램에 입력하여야 한다. 다만, 의료폐기물은 기후에너지환경부령으로 정하는 바에 따라 무선주파수인식 방법을 이용하여 그 내용을 전자정보처리프로그램에 입력하여야 한다.

② **폐기물관리법 제45조(폐기물 인계·인수 내용 등의 전산 처리)**

1) 기후에너지환경부장관은 다음 각 호의 내용과 기록(이하 "전산기록"이라 한다)을 관리할 수 있는 전산처리기구(이하 "전산처리기구"라 한다)를 설치·운영하여야 한다.
   1. 입력된 음식물류 폐기물 수수료 산정에 필요한 내용
   2. 입력된 폐기물 인계·인수 내용
   2의2. 제2호에 따른 내용과 폐기물처리현장정보 간의 상호 확인 및 현장 점검
   3. 제3항에 따라 입력된 기록
2) 기후에너지환경부장관은 전자정보를 효율적으로 처리하기 위하여 전자정보처리프로그램(이하 "전자정보처리프로그램"이라 한다)을 구축·운영하여야 한다. 이 경우 그 전산처리에 필요한 비용의 일부 또는 전부를 전자정보처리프로그램을 이용하는 자로부터 징수할 수 있다.
3) 사업장폐기물배출자 등이 전자정보처리프로그램을 이용하여 보고 등 대통령령으로 정하는 업무에 관한 내용을 기후에너지환경부령으로 정하는 바에 따라 입력한 경우에는 해당 업무를 이행한 것으로 본다.
4) 기후에너지환경부장관은 전산기록이 입력된 날부터 3년간 전산기록을 보존하여야 한다.
5) 기후에너지환경부장관, 시·도지사 또는 제3항에 따른 업무에 관한 전산기록을 전송한 자는 전산처리기구의 장에게 그 전산기록과 관련된 자료를 제공할 것을 서면으로 요구할 수 있으며, 전산처리기구의 장은 요구받은 자료를 기후에너지환경부령으로 정하는 기간 이내에 제공하여야 한다.

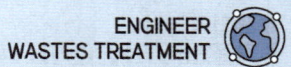

③ 폐기물의 국가 간 이동 및 그 처리에 관한 법률 제18조의4(수출입폐기물 인계·인수 내용 등의 전산처리)

1) 기후에너지환경부장관은 수입폐기물 및 제6조제1항에 따라 수출허가를 받은 자 또는 제18조의2제1항에 따라 수출신고를 한 자가 수출하는 폐기물(이하 "수출입폐기물"이라 한다)의 인계·인수에 관한 내용 등을 전산처리할 수 있는 전자정보처리프로그램(이하 "전자정보처리프로그램"이라 한다)을 구축·운영하여야 한다.
2) 기후에너지환경부장관은 전자정보처리프로그램을 이용하는 자로부터 그 이용에 따른 비용의 전부 또는 일부를 징수할 수 있다.
3) 폐기물을 수출하거나 수입하려는 자 등이 전자정보처리프로그램을 이용하여 보고 등 대통령령으로 정하는 업무에 관한 내용을 입력한 경우에는 해당 업무를 이행한 것으로 본다.
4) 기후에너지환경부장관은 전자정보처리프로그램에 입력된 수출입폐기물의 인계·인수에 관한 내용을 3년간 보존하여야 한다.

3 사용대상

① **배출자** : 사업장일반폐기물, 지정폐기물, 의료폐기물, 건설폐기물, 수출입폐기물

② **운반자** : 폐기물 수집·운반업, 건설폐기물 수집·운반업

③ **처리자** : 폐기물 중간·최종·종합처분업, 폐기물 중간·최종·종합재활용업, 건설폐기물 중간처리업, 폐기물처리(수집·운반·재활용)신고증명서

4 폐기물 전자정보처리 프로그램 운영 및 사용 등에 관한 고시

① **제2조(정의)** 이 고시에서 사용하는 용어의 정의는 다음과 같다.

1. "올바로(Allbaro)시스템"이란 폐기물 인계·인수에 관한 사항, 장부 기록사항을 전산처리하기 위하여 전산처리기구에서 구축·운영하는 전자정보처리프로그램을 말한다.
2. "전자인계서"란 폐기물의 인계·인수에 관한 사항을 올바로시스템을 이용하여 유·무선 등으로 입력하는 전자정보를 말한다.
3. "사용자"란 입력의무자 또는 그 대행자 중에서 전산처리기구의 장으로부터 제9조에 따라 올바로시스템을 사용할 수 있도록 승인 받은 자를 말한다.
4. "기초정보"란 전산처리기구의 장이 올바로시스템을 통한 폐기물 인계·인수 내용 등의 전산처리를 위해서 별표의 자료를 이용하여 구축하는 정보를 말한다.
5. "전자장부"란 장부를 기록·보존해야 하는 자가 올바로시스템을 통해 입력할 수 있는 장부를 말한다.
6. "에이알에스"(Automatic Response System)(이하 "ARS"라 한다)란 사용자가 전자인계서에 입력해야 할 인계·인수 내용을 전화기(유·무선)를 활용하여 입력할 수 있는 시스템을 말한다.

7. "폐기물 인·허가시스템"이란 업무 수행 시 올바로시스템을 통해 자료 제출·접수·검토·발급할 수 있는 시스템을 말한다.
8. "이동형통신기기"란 사용자가 제2호에 따라 전자인계서에 입력해야 할 인계·인수내용을 휴대용 정보통신 장비를 활용하여 입력할 수 있는 장비 또는 장치를 말한다.

② **제4조(전산처리기구)** 전산처리기구는 한국환경공단을 말한다.

③ **제5조(사용자 등의 주요업무)** 올바로시스템을 이용하는 사용자, 특별시장·광역시장·특별자치시장·도지사·특별자치도지사, 시장·군수·구청장, 유역환경청장·지방환경청장 및 전산처리기구 장의 주요업무는 다음 각 호와 같다.

1. 사용자
   가. 기초정보 확인·등록 및 제출
   나. 인증서 관리
   다. 전자인계서 예약입력 또는 확정입력
   라. 폐기물수집·운반업자 또는 폐기물처리업자(폐기물처리신고자 및 폐기물처리시설설치·운영자를 포함한다. 이하 같다)에게 인계번호 전달
   마. 폐기물 처리과정 확인
   바. 폐기물 수집·운반 및 처리실적 입력
   사. 폐기물 인·허가시스템을 통한 폐기물 인·허가 신청 및 변경
   아. 사업장폐기물관리대장 등 전자장부의 기록·확인
   자. 폐기물 배출 및 처리실적보고서 등 보고서 제출
2. 시·도지사, 시장·군수·구청장, 지방환경관서의 장
   가. 기초정보 구축을 위한 자료 제공
   나. 업무담당자 등록
   다. 전산처리기구의 장으로부터 통보된 인계정보에 대한 확인 및 조치결과 입력
   라. 관할구역의 폐기물 배출, 처리과정 등 검색·확인
   마. 교육 및 홍보
   바. 전자장부에 대한 확인 및 후속조치
   사. 제출한 보고서의 확인 및 처리
3. 전산처리기구의 장
   가. 사용자 기초정보 및 변경된 기초정보의 등록·확인
   나. 신원확인 및 사용승인
   다. 인계·인수정보와 장부입력사항의 확인·수정 및 통보
   라. 「폐기물관리법」 제48조의4제1항의 폐기물적정처리추진센터와의 협력
   마. 자료의 보존
   바. 시스템 유지보수 및 기능개선
   사. 교육 및 홍보

아. 폐기물의 발생 및 처리실적 등의 보고
자. 그 밖에 전화상담센터 운영 등 기후에너지환경부장관이 지시하는 사항

[별표] 기초정보 구축을 위한 자료(제2조제4호 관련)

번호	자료명
1	폐기물 수집·운반업자 등의 임시보관장소 설치승인서
2	폐기물 재활용업자의 임시보관시설 설치승인서
3	사업장폐기물배출자 신고증명서
4	폐기물 처리계획(변경) 확인증명서
5	폐기물 처리업 허가증
6	폐기물 처분시설 또는 재활용시설 설치승인서
7	폐기물 처분시설 또는 재활용시설 설치신고증명서
8	폐기물처리(수집·운반) 신고증명서
9	폐기물처리(재활용) 신고증명서
10	폐기물 보관기간 연장승인서
11	임시보관장소설치승인서
12	건설폐기물 처리계획신고증명서
13	건설폐기물 수집·운반업 허가증
14	건설폐기물 중간처리업허가증
15	건설폐기물 처리시설 설치승인서
16	건설폐기물 처리시설 설치신고증명서
17	수출입규제폐기물 수출(변경)허가서
18	수출입규제폐기물 수입(변경)허가서
19	수출입관리폐기물 수출신고증명서
20	수출입관리폐기물 수입신고증명서

CHAPTER 04 폐기물 추적 관리

01 무선주파수인식방법을 이용한 의료폐기물의 인계·인수 등에 관한 고시에 의거 사용자 등의 주요업무로 옳지 않은 것은?

① 사용자 – 전자정보처리프로그램을 통한 폐기물처리과정 확인
② 시·도지사 – 장비의 정상적 운영·관리
③ 전산처리기구의 장 – 시스템 유지보수 및 기능개선
④ 전산처리기구의 장 – 교육 및 홍보

[해설] 사용자 – 장비의 정상적 운영·관리

02 무선주파수인식방법을 이용한 의료폐기물의 인계·인수 등에 관한 고시에 의거 무선인식장비의 종류 및 성능 등에 관한 내용 중 옳지 않은 것은?

① 전자태그 : 태그번호, 폐기물종류, 성상 및 사용자 인증을 위한 정보가 저장된 메모리칩과 전파 송수신을 위한 안테나로 구성된다.
② 운반자 인증카드 : 운반 차량정보 인식을 위해 운반자가 소지하는 인증용 카드
③ 태그 리더기 : 전자태그를 인식하여 폐기물 배출 및 처리정보를 전자정보처리프로그램으로 자동 전송하는 장비로 고정형과 휴대형이 있다.
④ 태그 발행기 : 폐기물 종류 및 성상 등의 정보가 담긴 태그를 발행하는 장비이다.

[해설]
• 운반자 인증카드 : 폐기물 인계·인수 시 운반자의 서명을 대신하는 인증용 카드
• 운반차량 인증카드 : 운반 차량정보 인식을 위해 운반자가 소지하는 인증용 카드

03 GIS 시스템의 특징 중 옳지 않은 것은?

① 지리공간 데이터를 분석 가공하여 교통/통신/환경 등과 같은 지형 관련 분야에 활용할 수 있는 시스템이다.
② 지리적 위치를 갖고 있는 대상에 대한 위치자료와 속성자료를 통합관리하여 지도, 도표 및 그림들과 같은 여러 형태의 정보를 제공한다.
③ 넓은 의미에서 인간의 의사결정능력 지원에 필요한 지리정보의 관측과 수집에서부터 보존과 분석, 출력에 이르기까지의 일련의 조작을 위한 정보시스템을 의미한다.
④ 전 세계 위성 네트워크를 이용해 지구상의 어떤 지점의 위치, 고도, 속도 정보를 제공한다.

[해설] ④항은 GPS 시스템에 대한 설명이다.

04 GIS의 폐기물관리 활용 분야로 옳지 않은 것은?

① 불법 투기를 방지
② 생활폐기물 수거 경로 최적화
③ 수해 등 재난으로 인한 폐기물 발생량 예측과 처리방안 마련
④ 오염된 폐기물의 확산 경로 예측

[해설] ①항은 GPS 또는 RFID의 활용 분야에 해당한다.

정답 01. ② 02. ② 03. ④ 04. ①

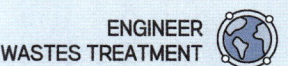

05 폐기물 인계 · 인수 내용 등의 전산 처리에 관한 내용 중 전산처리기구가 관리하는 내용으로 옳지 않은 것은?

① 입력된 음식물류 폐기물 수수료 산정에 필요한 내용
② 입력된 폐기물 인계 · 인수 내용
③ 폐기물처리현장정보 간의 상호 확인 및 현장 점검
④ 폐기물처리현장정보의 상세 내용

해설 폐기물관리법 제45조(폐기물 인계 · 인수 내용 등의 전산 처리)
1) 기후에너지환경부장관은 다음 각 호의 내용과 기록을 관리할 수 있는 전산처리기구를 설치 · 운영하여야 한다.
1. 입력된 음식물류 폐기물 수수료 산정에 필요한 내용
2. 입력된 폐기물 인계 · 인수 내용
2의2. 제2호에 따른 내용과 폐기물처리현장정보 간의 상호 확인 및 현장 점검
3. 제3항에 따라 입력된 기록

06 폐기물 인계 · 인수 내용 등의 전산처리에 관한 내용으로 옳은 것은?

> 기후에너지환경부장관은 전산기록이 입력된 날부터 (㉠) 전산기록을 보존하여야 한다.
> 기후에너지환경부장관은 전자정보처리프로그램에 입력된 수출입폐기물의 인계 · 인수에 관한 내용을 (㉡) 보존하여야 한다.

	㉠	㉡
①	1년간	1년간
②	1년간	3년간
③	3년간	3년간
④	3년간	5년간

07 올바로시스템(전자 인수인계서)의 "배출자"에 해당하지 않는 것은?

① 의료폐기물 ② 건설폐기물
③ 수출입폐기물 ④ 일반폐기물

해설 배출자 : 사업장일반폐기물, 지정폐기물, 의료폐기물, 건설폐기물, 수출입폐기물

08 폐기물 전자정보처리 프로그램 운영 및 사용 등에 관한 고시상 용어의 정의로 옳지 않은 것은?

① 올바로(Allbaro)시스템 : 폐기물 인계 · 인수에 관한 사항, 장부 기록사항을 전산처리하기 위하여 제4조에 따른 전산처리기구에서 구축 · 운영하는 전자정보처리프로그램을 말한다.
② 전자인계서 : 폐기물의 인계 · 인수에 관한 사항을 올바로시스템을 이용하여 유 · 무선 등으로 입력하는 전자정보를 말한다.
③ 사용자 : 입력의무자 또는 그 대행자 중에서 제4조에 따른 전산처리기구의 장으로부터 올바로시스템을 사용할 수 있도록 승인 받은 자를 말한다.
④ 폐기물 인 · 허가시스템 : 업무 수행 시 올바로시스템을 이용하여 폐기물처리시설의 인 · 허가를 승인 받는 시스템을 말한다.

해설 "폐기물 인 · 허가시스템"이란 업무 수행 시 올바로시스템을 통해 자료 제출 · 접수 · 검토 · 발급할 수 있는 시스템을 말한다.

정답 05. ④ 06. ③ 07. ④ 08. ④

09 폐기물 전자정보처리 프로그램 운영 및 사용 등에 관한 고시상 사용자 등의 주요업무에 해당하지 않는 것은?

① 사용자 – 인증서 관리
② 시·도지사 – 업무담당자 등록
③ 전산처리기구의 장 – 신원확인 및 사용승인
④ 전산처리기구의 장 – 전자장부에 대한 확인 및 후속조치

해설 시·도지사, 시장·군수·구청장, 지방환경관서의 장 – 전자장부에 대한 확인 및 후속조치

10 폐기물 전자정보처리 프로그램 운영 및 사용 등에 관한 고시상 기초정보 구축을 위한 자료에 해당하지 않는 것은?

① 폐기물 수집·운반업자 등의 임시보관장소 설치승인서
② 폐기물처리(재활용) 신고증명서
③ 건설폐기물 수집·운반업 허가증
④ 수출입규제폐기물 수출신고증명서

해설 수출입관리폐기물 수출신고증명서가 기초정보 구축자료에 해당한다.

번호	자료명
1	폐기물 수집·운반업자 등의 임시보관장소 설치승인서
2	폐기물 재활용업자의 임시보관시설 설치승인서
3	사업장폐기물배출자 신고증명서
4	폐기물 처리계획(변경) 확인증명서
5	폐기물 처리업 허가증
6	폐기물 처분시설 또는 재활용시설 설치승인서
7	폐기물 처분시설 또는 재활용시설 설치신고증명서
8	폐기물처리(수집·운반) 신고증명서
9	폐기물처리(재활용) 신고증명서
10	폐기물 보관기간 연장승인서
11	임시보관장소설치승인서
12	건설폐기물 처리계획신고증명서
13	건설폐기물 수집·운반업허가증
14	건설폐기물 중간처리업허가증
15	건설폐기물 처리시설 설치승인서
16	건설폐기물 처리시설 설치신고증명서
17	수출입규제폐기물 수출(변경)허가서
18	수출입규제폐기물 수입(변경)허가서
19	수출입관리폐기물 수출신고증명서
20	수출입관리폐기물 수입신고증명서

정답 09. ④ 10. ④

05 CHAPTER 폐기물관리 요약법규

안녕하세요. 2026년부터 폐기물관계법규가 1과목 폐기물개론으로 편입되면서 출제문제가 3문제로 줄어들고 출제범위는 같은 상황에서 이제는 더욱 더 빈출유형이 중요해졌습니다. 법규요약정리의 내용은 빈출문제를 근간으로 하여 개념과 문제를 압축하여 빠른 시간 안에 충분한 점수를 확보하는 것을 목표로 하여 제작하였습니다. 교재의 내용 이외에서 당연히 출제될 수 있으나, 그 부분을 대비하는 것보다 정리된 부분을 빠른 시간에 정리하고 나머지 시간에는 다른 챕터와 다른 과목에 집중하는 것이 필기와 실기 대비에도 모두 가장 효과적인 학습방법이 되겠습니다.

UNIT 01 폐기물관리법

1 총칙

1) **제1조(목적)**

   이 법은 폐기물의 발생을 최대한 억제하고 발생한 폐기물을 친환경적으로 처리함으로써 환경보전과 국민생활의 질적 향상에 이바지하는 것을 목적으로 한다.

2) **제2조(정의)** : 이 법에서 사용하는 용어의 뜻은 다음과 같다.

   1. "폐기물"이란 쓰레기, 연소재(燃燒滓), 오니(汚泥), 폐유(廢油), 폐산(廢酸), 폐알칼리 및 동물의 사체(死體) 등으로서 사람의 생활이나 사업활동에 필요하지 아니하게 된 물질을 말한다.
   2. "생활폐기물"이란 사업장폐기물 외의 폐기물을 말한다.
   3. "사업장폐기물"이란 「대기환경보전법」, 「물환경보전법」 또는 「소음·진동관리법」에 따라 배출시설을 설치·운영하는 사업장이나 그 밖에 대통령령으로 정하는 사업장에서 발생하는 폐기물을 말한다.
   4. "지정폐기물"이란 사업장폐기물 중 폐유·폐산 등 주변 환경을 오염시킬 수 있거나 의료폐기물(醫療廢棄物) 등 인체에 위해(危害)를 줄 수 있는 해로운 물질로서 대통령령으로 정하는 폐기물을 말한다.

5. "의료폐기물"이란 보건·의료기관, 동물병원, 시험·검사기관 등에서 배출되는 폐기물 중 인체에 감염 등 위해를 줄 우려가 있는 폐기물과 인체 조직 등 적출물(摘出物), 실험 동물의 사체 등 보건·환경보호상 특별한 관리가 필요하다고 인정되는 폐기물로서 대통령령으로 정하는 폐기물을 말한다.

5의2. "의료폐기물 전용용기"란 의료폐기물로 인한 감염 등의 위해 방지를 위하여 의료폐기물을 넣어 수집·운반 또는 보관에 사용하는 용기를 말한다.

5의3. "처리"란 폐기물의 수집, 운반, 보관, 재활용, 처분을 말한다.

6. "처분"이란 폐기물의 소각(燒却)·중화(中和)·파쇄(破碎)·고형화(固形化) 등의 중간처분과 매립하거나 해역(海域)으로 배출하는 등의 최종처분을 말한다.

7. "재활용"이란 다음 각 목의 어느 하나에 해당하는 활동을 말한다.
   가. 폐기물을 재사용·재생이용하거나 재사용·재생이용할 수 있는 상태로 만드는 활동
   나. 폐기물로부터 「에너지법」 제2조제1호에 따른 에너지를 회수하거나 회수할 수 있는 상태로 만들거나 폐기물을 연료로 사용하는 활동으로서 기후에너지환경부령으로 정하는 활동

8. "폐기물처리시설"이란 폐기물의 중간처분시설, 최종처분시설 및 재활용시설로서 대통령령으로 정하는 시설을 말한다.

9. "폐기물감량화시설"이란 생산 공정에서 발생하는 폐기물의 양을 줄이고, 사업장 내 재활용을 통하여 폐기물 배출을 최소화하는 시설로서 대통령령으로 정하는 시설을 말한다.

> ★ 출제빈도
> • 기사 : 10회 이상 출제 – 고빈출!!
> • 산업기사 : 10회 이상 출제 – 고빈출!!

3) 제3조(적용 범위)

① 이 법은 다음 각 호의 어느 하나에 해당하는 물질에 대하여는 적용하지 아니한다.
   1. 「원자력안전법」에 따른 방사성 물질과 이로 인하여 오염된 물질
   2. 용기에 들어 있지 아니한 기체상태의 물질
   3. 「물환경보전법」에 따른 수질 오염 방지시설에 유입되거나 공공 수역(水域)으로 배출되는 폐수
   4. 「가축분뇨의 관리 및 이용에 관한 법률」에 따른 가축분뇨
   5. 「하수도법」에 따른 하수·분뇨
   6. 「가축전염병예방법」 가축의 사체, 오염 물건, 수입 금지 물건 및 검역 불합격품
   7. 「수산생물질병 관리법」 수산동물의 사체, 오염된 시설 또는 물건, 수입금지물건 및 검역 불합격품
   8. 「군수품관리법」에 따라 폐기되는 탄약
   9. 「동물보호법」에 따른 동물장묘업의 등록을 한 자가 설치·운영하는 동물장묘시설에서 처리되는 동물의 사체

② 이 법에 따른 폐기물의 해역 배출은 「해양폐기물 및 해양오염퇴적물 관리법」으로 정하는 바에 따른다.

③ 「수산부산물 재활용 촉진에 관한 법률」에 따른 수산부산물이 다른 폐기물과 혼합된 경우에는 이 법을 적용하고, 다른 폐기물과 혼합되지 않아 수산부산물만 배출·수집·운반·재활용하는 경우에는 이 법을 적용하지 아니한다.

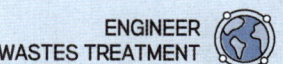

> ★ 출제빈도
> • 기사 : 20년 3회
> • 산업기사 : 17년 4회

4) 제3조의2(폐기물 관리의 기본원칙)

① 사업자는 제품의 생산방식 등을 개선하여 폐기물의 발생을 최대한 억제하고, 발생한 폐기물을 스스로 재활용함으로써 폐기물의 배출을 최소화하여야 한다.
② 누구든지 폐기물을 배출하는 경우에는 주변 환경이나 주민의 건강에 위해를 끼치지 아니하도록 사전에 적절한 조치를 하여야 한다.
③ 폐기물은 그 처리과정에서 양과 유해성(有害性)을 줄이도록 하는 등 환경보전과 국민건강보호에 적합하게 처리되어야 한다.
④ 폐기물로 인하여 환경오염을 일으킨 자는 오염된 환경을 복원할 책임을 지며, 오염으로 인한 피해의 구제에 드는 비용을 부담하여야 한다.
⑤ 국내에서 발생한 폐기물은 가능하면 국내에서 처리되어야 하고, 폐기물의 수입은 되도록 억제되어야 한다.
⑥ 폐기물은 소각, 매립 등의 처분을 하기보다는 우선적으로 재활용함으로써 자원생산성의 향상에 이바지하도록 하여야 한다.

> ★ 출제빈도
> • 기사 : 18년 1회, 19년 2회, 21년 1, 4회, 22년 1회, 22년 2회
> • 산업기사 : 18년 2회, 19년 1회, 20년 1, 2회

2 폐기물의 배출과 처리

1) 제13조의2(폐기물의 재활용 원칙 및 준수사항)

① 누구든지 다음 각 호를 위반하지 아니하는 경우에는 폐기물을 재활용할 수 있다.
  1. 비산먼지, 악취가 발생하거나 휘발성유기화합물, 대기오염물질 등이 배출되어 생활환경에 위해를 미치지 아니할 것
  2. 침출수(浸出水)나 중금속 등 유해물질이 유출되어 토양, 수생태계 또는 지하수를 오염시키지 아니할 것
  3. 소음 또는 진동이 발생하여 사람에게 피해를 주지 아니할 것
  4. 중금속 등 유해물질을 제거하거나 안정화하여 재활용제품이나 원료로 사용하는 과정에서 사람이나 환경에 위해를 미치지 아니하도록 하는 등 대통령령으로 정하는 사항을 준수할 것
  5. 그 밖에 기후에너지환경부령으로 정하는 재활용의 기준을 준수할 것

② 제1항에도 불구하고 다음 각 호의 어느 하나에 해당하는 폐기물은 재활용을 금지하거나 제한한다.
  1. 폐석면
  2. 폴리클로리네이티드비페닐(PCBs)이 기후에너지환경부령으로 정하는 농도 이상 들어있는 폐기물
  3. 의료폐기물(태반은 제외한다)
  4. 폐유독물 등 인체나 환경에 미치는 위해가 매우 높을 것으로 우려되는 폐기물 중 대통령령으로 정하는 폐기물
③ 제1항 및 제2항 각 호의 원칙을 지키기 위하여 필요한 오염 예방 및 저감방법의 종류와 정도, 폐기물의 취급기준과 방법 등의 준수사항은 기후에너지환경부령으로 정한다.

> ★ 출제빈도
> • 기사 : 20년 1, 2회, 22년 2회

3 과징금

1) 제14조의2(생활폐기물 수집 · 운반 대행자에 대한 과징금 처분)

① 특별자치시장, 특별자치도지사, 시장 · 군수 · 구청장은 생활폐기물 수집 · 운반 대행자에게 영업의 정지를 명하려는 경우에 그 영업의 정지로 인하여 생활폐기물이 처리되지 아니하고 쌓여 지역주민의 건강에 위해가 발생하거나 발생할 우려가 있으면 대통령령으로 정하는 바에 따라 그 영업의 정지를 갈음하여 1억원 이하의 과징금을 부과할 수 있다.
② 특별자치시장, 특별자치도지사, 시장 · 군수 · 구청장은 과징금을 내야 할 자가 납부기한까지 내지 아니하면 과징금 부과처분을 취소하고 영업정지 처분을 하거나 「지방행정제재 · 부과금의 징수 등에 관한 법률」에 따라 과징금을 징수한다. 다만, 폐업 등으로 영업정지 처분을 할 수 없는 경우에는 「지방행정제재 · 부과금의 징수 등에 관한 법률」에 따라 과징금을 징수한다.
③ 제1항 및 제2항에 따라 과징금으로 징수한 금액은 특별자치시 · 특별자치도 · 시 · 군 · 구의 수입으로 하되, 광역 폐기물처리시설의 확충 등 대통령령으로 정하는 용도로 사용하여야 한다.

2) 제28조(폐기물처리업자에 대한 과징금 처분)

① 기후에너지환경부장관이나 시 · 도지사는 폐기물처리업자에게 영업의 정지를 명령하려는 때 그 영업의 정지가 다음 각 호의 어느 하나에 해당한다고 인정되면 그 영업의 정지를 갈음하여 대통령령으로 정하는 매출액에 100분의 5를 곱한 금액을 초과하지 아니하는 범위에서 과징금을 부과할 수 있다. 다만, 그 폐기물처리업자가 매출액이 없거나 매출액을 산정하기 곤란한 경우로서 대통령령으로 정하는 경우에는 1억원을 초과하지 아니하는 범위에서 과징금을 부과할 수 있다.
  1. 해당 영업의 정지로 인하여 그 영업의 이용자가 폐기물을 위탁처리하지 못하여 폐기물이 사업장 안에 적체(積滯)됨으로써 이용자의 사업활동에 막대한 지장을 줄 우려가 있는 경우

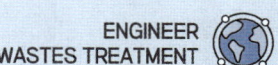

    2. 해당 폐기물처리업자가 보관 중인 폐기물이나 그 영업의 이용자가 보관 중인 폐기물의 적체에 따른 환경오염으로 인하여 인근지역 주민의 건강에 위해가 발생되거나 발생될 우려가 있는 경우

    3. 천재지변이나 그 밖의 부득이한 사유로 해당 영업을 계속하도록 할 필요가 있다고 인정되는 경우

② 과징금을 부과하는 위반행위의 종류와 정도에 따른 과징금의 금액, 그 밖에 필요한 사항은 대통령령으로 정하되, 그 금액의 2분의 1의 범위에서 가중(加重)하거나 감경(減輕)할 수 있다.

③ 과징금을 내야 할 자가 납부기한까지 내지 아니하면 기후에너지환경부장관이나 시·도지사는 과징금 부과처분을 취소하고 영업정지 처분을 하거나 기후에너지환경부장관은 국세 체납처분의 예에 따라, 시·도지사는 「지방행정제재·부과금의 징수 등에 관한 법률」에 따라 각각 과징금을 징수한다. 다만, 폐업 등으로 영업정지 처분을 할 수 없는 경우에는 국세 체납처분의 예 또는 「지방행정제재·부과금의 징수 등에 관한 법률」에 따라 과징금을 징수한다.

④ 과징금으로 징수한 금액은 징수 주체가 사용하되, 광역 폐기물처리시설의 확충 등 대통령령으로 정하는 용도로 사용하여야 한다.

⑤ 제1항에도 불구하고 제27조제2항제1호·제14호 또는 제18호에 해당하거나 과징금 처분을 받은 날부터 2년이 경과되기 전에 제27조제2항에 따른 영업정지 처분 대상이 되는 경우에는 영업정지를 갈음하여 과징금을 부과하지 아니한다.

3) 제46조의2(폐기물처리 신고자에 대한 과징금 처분)

① 시·도지사는 폐기물처리 신고자가 처리금지를 명령하여야 하는 경우 그 처리금지가 다음 각 호의 어느 하나에 해당한다고 인정되면 대통령령으로 정하는 바에 따라 그 처리금지를 갈음하여 2천만원 이하의 과징금을 부과할 수 있다.

    1. 해당 처리금지로 인하여 그 폐기물처리의 이용자가 폐기물을 위탁처리하지 못하여 폐기물이 사업장 안에 적체됨으로써 이용자의 사업활동에 막대한 지장을 줄 우려가 있는 경우

    2. 해당 폐기물처리 신고자가 보관 중인 폐기물 또는 그 폐기물처리의 이용자가 보관 중인 폐기물의 적체에 따른 환경오염으로 인하여 인근지역 주민의 건강에 위해가 발생되거나 발생될 우려가 있는 경우

    3. 천재지변이나 그 밖의 부득이한 사유로 해당 폐기물처리를 계속하도록 할 필요가 있다고 인정되는 경우

4) 제48조의5(과징금)

① 기후에너지환경부장관, 시·도지사 또는 시장·군수·구청장은 제48조제1항제1호부터 제8호까지의 규정 중 어느 하나에 해당하는 자가 폐기물을 부적정 처리함으로써 얻은 부적정처리이익(부적정 처리함으로써 지출하지 아니하게 된 해당 폐기물의 적정 처리비용 상당액을 말한다. 이하 이 조에서 같다)의 3배 이하에 해당하는 금액과 폐기물의 제거 및 원상회복에 드는 비용을 과징금으로 부과할 수 있다.

② 기후에너지환경부장관, 시·도지사 또는 시장·군수·구청장은 과징금을 내야 할 자가 납부기한까지 내지 아니하면 국세 체납처분의 예 또는 「지방행정제재·부과금의 징수 등에 관한 법률」에 따라 징수한다.

③ 과징금을 부과할 때 「환경범죄 등의 단속 및 가중처벌에 관한 법률」 제12조에 따라 과징금이 부과된 경우에는 그에 해당하는 금액을 감액한다.

④ 과징금의 구체적인 계산방법과 그 밖에 필요한 사항은 대통령령으로 정한다.

5) 시행령 제8조의2(과징금의 부과)
   ① 위반행위에 대한 과징금의 금액은 별표 4의4와 같다.

위반행위	영업정지 1개월	영업정지 3개월
법 제14조제8항제2호에 따른 평가결과가 대행실적 평가기준에 미달한 경우	2천만원	5천만원

   ② 특별자치시장, 특별자치도지사, 시장·군수·구청장은 사업장의 사업규모, 사업지역의 특수성, 위반행위의 정도 및 횟수 등을 고려하여 제1항에 따른 과징금 금액의 2분의 1의 범위에서 가중하거나 감경할 수 있다. 다만, 가중하는 경우에는 과징금 총액이 1억원을 초과할 수 없다.
   ③ 과징금의 부과와 납부 절차에 관하여는 제11조의2를 준용한다. 이 경우 "기후에너지환경부장관이나 시·도지사"는 "특별자치시장, 특별자치도지사, 시장·군수·구청장"으로 본다.

6) 과징금의 사용용도
   ① 제12조(과징금의 사용용도)
   과징금으로 징수한 금액의 사용용도는 다음 각 호와 같다.
   1. 광역 폐기물처리시설(지정폐기물 공공 처리시설을 포함한다)의 확충
   1의2. 「자원의 절약과 재활용촉진에 관한 법률」에 따른 공공 재활용기반시설의 확충
   2. 폐기물의 처리기준 및 재활용 준수사항을 위반하여 처리한 폐기물 중 그 폐기물을 처리한 자나 그 폐기물의 처리를 위탁한 자를 확인할 수 없는 폐기물로 인하여 예상되는 환경상 위해(危害)를 제거하기 위한 처리
   3. 폐기물처리업자나 폐기물처리시설의 지도·점검에 필요한 시설·장비의 구입 및 운영

   ② 시행령 제8조의3(과징금의 사용용도)
   "대통령령으로 정하는 용도"란 다음 각 호의 용도를 말한다.
   1. 광역 폐기물처리시설(지정폐기물 공공 처리시설은 제외한다)의 확충
   2. 보관장소 외의 장소에 배출된 생활폐기물의 처리
   3. 생활폐기물의 수집·운반에 필요한 시설·장비의 확충
   4. 생활폐기물 배출자 및 수집·운반자에 대한 지도·점검에 필요한 시설·장비의 구입 및 운영

7) 시행령 제11조(과징금을 부과할 위반행위별 과징금의 금액 등)
   ① "대통령령으로 정하는 매출액"이란 해당 폐기물처리업자에게 과징금을 부과하는 연도의 직전 3개 사업연도의 연평균 매출액(영업정지 대상 폐기물처리업의 영업에 따른 매출액만 해당한다)을 말한다. 다만, 과징금을 부과하는 사업연도의 1월 1일 현재 사업을 시작한 지 3년이 되지 않은 경우에는 그 사업을 시작한 날부터 직전 사업연도 말일까지의 매출액을 연평균 매출액으로 환산한 금액을 말하며, 과징금을 부과하는 사업연도에 사업을 시작한 경우에는 사업을 시작한 날부터 위반행위를 한 날까지의 매출액을 연매출액으로 환산한 금액을 말한다.
   ② "대통령령으로 정하는 경우"란 다음 각 호의 어느 하나에 해당하는 경우를 말한다.
   1. 영업을 시작하지 않거나 영업을 중단하는 등의 사유로 영업실적이 없는 경우
   2. 재해 등으로 인하여 매출액 산정자료가 소멸되거나 훼손되어 객관적인 매출액의 산정이 곤란한 경우

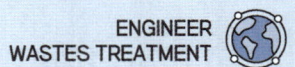

③ 위반행위의 종류와 정도에 따른 과징금의 금액은 별표 6과 같다.

[시행령 별표 6(폐기물처리업자의 위반행위에 따른 과징금)]

위반행위	영업정지 1개월	영업정지 3개월	영업정지 6개월
1. 폐기물의 처리기준 및 재활용 준수사항을 위반하여 폐기물을 처리한 경우	매출액의 2/100	매출액의 3/100	매출액의 5/100
2. 유해성기준을 위반한 재활용 제품의 조치명령을 이행하지 않은 경우	–	매출액의 3/100	매출액의 5/100
3. 생활폐기물 수집/운반 관련 안전기준을 준수하지 않은 경우	매출액의 2/100	매출액의 3/100	매출액의 5/100
4. 폐기물의 인계·인수에 관한 사항과 폐기물처리현장정보를 전자정보처리프로그램(이하 "전자정보처리프로그램"이라 한다)에 입력하지 않은 경우	매출액의 2/100	매출액의 3/100	매출액의 5/100
5. 유해성 정보자료를 게시하지 않거나 비치하지 않은 경우	매출액의 2/100	매출액의 3/100	매출액의 5/100
6. 운반 중에 서류 등을 지니지 않거나 관계 행정기관이나 그 소속 공무원이 요구하여도 인계번호를 알려주지 않은 경우	매출액의 2/100	매출액의 3/100	–
7. 업종 구분과 영업 내용의 범위를 벗어나는 영업을 한 경우	매출액의 2/100	매출액의 3/100	매출액의 5/100
8. 주민생활의 편익, 주변 환경보호 및 폐기물처리업의 효율적 관리 등을 위해 붙여진 조건을 위반한 경우	매출액의 2/100	매출액의 3/100	매출액의 5/100
9. 다른 사람에게 자기의 성명이나 상호를 사용하여 폐기물을 처리하게 하거나 그 허가증을 다른 사람에게 빌려준 경우	–	매출액의 3/100	매출액의 5/100
10. 폐기물처리업자가 지켜야 할 준수사항을 위반한 경우. (다만, 보관/매립 중인 폐기물에 대하여 영상정보처리기기의 설치/관리 및 영상정보의 수집/보관 등 기후에너지환경부령으로 정하는 화재예방조치의 경우에는 고의 또는 중과실인 경우에 한정한다.)	매출액의 2/100	매출액의 3/100	매출액의 5/100
11. 의료폐기물을 별도로 수집·운반·처분하는 시설·장비 및 사업장을 설치·운영하지 않은 경우	–	매출액의 3/100	매출액의 5/100
12. 변경허가를 받지 않거나 변경신고를 하지 않고 허가사항이나 신고사항을 변경한 경우	매출액의 2/100	매출액의 3/100	매출액의 5/100
13. 검사를 받지 않거나 적합판정을 받지 않은 폐기물처리시설을 사용한 경우	–	매출액의 3/100	매출액의 5/100
14. 관리기준에 맞지 않게 폐기물처리시설을 운영한 경우	매출액의 2/100	매출액의 3/100	매출액의 5/100
15. 개선명령이나 사용중지명령을 이행하지 않은 경우	–	매출액의 3/100	매출액의 5/100
16. 측정명령이나 조사명령을 이행하지 않은 경우	–	매출액의 3/100	매출액의 5/100

17. 권리·의무의 승계를 위한 허가신청을 하지 않거나 허가를 받지 못한 경우	–	매출액의 3/100	매출액의 5/100
18. 권리·의무의 승계신고를 하지 않거나 승계신고가 수리되지 않은 경우	매출액의 2/100	–	–
19. 장부를 기록·보존하지 않은 경우	매출액의 2/100	매출액의 3/100	매출액의 5/100
20. 장부에 기록하고 보존해야 하는 폐기물의 발생·배출·처리상황 등을 전자정보처리프로그램에 입력하지 않거나 거짓으로 입력한 경우	매출액의 2/100	매출액의 3/100	매출액의 5/100
21. 사후관리이행보증금을 사전에 적립하지 않은 경우	매출액의 2/100	매출액의 3/100	매출액의 5/100

④ 기후에너지환경부장관이나 시·도지사는 사업장의 사업규모, 사업지역의 특수성, 위반행위의 정도 및 횟수 등을 고려하여 과징금 금액의 2분의 1 범위에서 가중하거나 감경할 수 있다.

8) 시행령 제11조의2(과징금의 부과 및 납부)

① 기후에너지환경부장관이나 시·도지사는 과징금을 부과하려는 때에는 그 위반행위의 종별과 해당 과징금의 금액을 구체적으로 밝혀 이를 납부할 것을 서면으로 통지하여야 한다.
② 제1항에 따라 통지를 받은 자는 통지를 받은 날부터 20일 이내에 과징금을 부과권자가 정하는 수납기관에 납부하여야 한다.
③ 제2항에 따라 과징금의 납부를 받은 수납기관은 그 납부자에게 영수증을 발급하고, 지체 없이 그 사실을 기후에너지환경부장관이나 시·도지사에게 알려야 한다.

> ★ 출제빈도
> • 기사 : 10회 이상 출제 – 고빈출!
> • 산업기사 : 10회 이상 출제 – 고빈출!

4 사업장폐기물배출자의 의무

1) 제17조(사업장폐기물배출자의 의무 등)

① 사업장폐기물을 배출하는 사업자(이하 "사업장폐기물배출자"라 한다)는 다음 각 호의 사항을 지켜야 한다.
  1. 사업장에서 발생하는 폐기물 중 기후에너지환경부령으로 정하는 유해물질의 함유량에 따라 지정폐기물로 분류될 수 있는 폐기물에 대해서는 기후에너지환경부령으로 정하는 바에 따라 제17조의2제1항에 따른 폐기물분석전문기관에 의뢰하여 지정폐기물에 해당되는지를 미리 확인하여야 한다.
  1의2. 사업장에서 발생하는 모든 폐기물을 제13조에 따른 폐기물의 처리 기준과 방법 및 제13조의2에 따른 폐기물의 재활용 원칙 및 준수사항에 적합하게 처리하여야 한다.
  2. 생산 공정(工程)에서는 폐기물감량화시설의 설치, 기술개발 및 재활용 등의 방법으로 사업장폐기물의 발생을 최대한으로 억제하여야 한다.

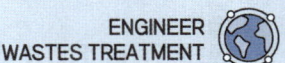

   3. 제18조제1항에 따라 폐기물의 처리를 위탁하는 경우에는 기후에너지환경부령으로 정하는 위탁·수탁의 기준 및 절차를 따라야 하며, 사업장폐기물배출자 중 업종·규모와 폐기물 배출량 등을 고려하여 기후에너지환경부령으로 정하는 자는 해당 폐기물의 처리과정이 제13조에 따른 폐기물의 처리 기준과 방법 또는 제13조의2에 따른 폐기물의 재활용 원칙 및 준수사항에 맞게 이루어지고 있는지를 기후에너지환경부령으로 정하는 바에 따라 확인하는 등 필요한 조치를 취하여야 한다. 다만, 제4조나 제5조에 따라 폐기물처리시설을 설치·운영하는 자에게 위탁하는 경우에는 그러하지 아니하다.

② 기후에너지환경부령으로 정하는 사업장폐기물배출자는 사업장폐기물의 종류와 발생량 등을 기후에너지환경부령으로 정하는 바에 따라 특별자치시장, 특별자치도지사, 시장·군수·구청장에게 신고하여야 한다. 신고한 사항 중 기후에너지환경부령으로 정하는 사항을 변경할 때에도 또한 같다.

③ 특별자치시장, 특별자치도지사, 시장·군수·구청장은 제2항에 따른 신고 또는 변경신고를 받은 날부터 20일 이내에 신고수리 여부를 신고인에게 통지하여야 한다.

④ 특별자치시장, 특별자치도지사, 시장·군수·구청장이 제3항에서 정한 기간 내에 신고수리 여부나 민원 처리 관련 법령에 따른 처리기간의 연장을 신고인에게 통지하지 아니하면 그 기간이 끝난 날의 다음 날에 신고를 수리한 것으로 본다.

⑤ 기후에너지환경부령으로 정하는 지정폐기물을 배출하는 사업자는 그 지정폐기물을 처리하기 전에 다음 각 호의 서류를 기후에너지환경부장관에게 제출하여 확인을 받아야 한다. 다만, 자동차정비업을 하는 자 등 기후에너지환경부령으로 정하는 자가 지정폐기물을 공동으로 수집·운반하는 경우에는 그 대표자가 기후에너지환경부장관에게 제출하여 확인을 받아야 한다.

   1. 다음 각 목의 사항을 적은 폐기물처리계획서

      가. 상호, 사업장 소재지 및 업종

      나. 폐기물의 종류, 배출량 및 배출주기

      다. 폐기물의 운반 및 처리 계획

      라. 폐기물의 공동 처리에 관한 계획(공동 처리하는 경우만 해당한다)

      마. 그 밖에 기후에너지환경부령으로 정하는 사항

   2. 폐기물분석전문기관이 작성한 폐기물분석결과서

   3. 지정폐기물의 처리를 위탁하는 경우에는 수탁처리자의 수탁확인서

⑥ 확인을 받은 자는 다음 각 호의 어느 하나에 해당하는 경우에는 그와 관련된 서류를 기후에너지환경부장관에게 제출하여 변경확인을 받아야 한다.

   1. 상호를 변경하려는 경우

   2. 사업장 소재지를 변경하려는 경우

   3. 지정폐기물의 월평균 배출량(확인 또는 변경확인을 받은 후 1년간의 배출량을 기준으로 산정한다)이 100분의 10 이상으로서 기후에너지환경부령으로 정하는 비율 이상 증가하는 경우

   4. 새로 배출되거나 추가로 배출되는 지정폐기물의 양(추가로 배출되는 경우는 종전에 배출되던 양을 더하여 산정한다)이 제3항에 따른 지정폐기물 처리계획 확인을 받아야 하는 경우에 해당하는 경우

   5. 지정폐기물의 종류별 처리방법이나 처리자를 변경하려는 경우

   6. 공동 처리하는 사업장의 수 또는 공동 처리하는 폐기물의 종류를 변경하려는 경우(공동 처리하는 경우만 해당한다)

⑦ 대통령령으로 정하는 업종 및 규모 이상의 사업장폐기물배출자는 제1항제2호에 따른 사업장폐기물의 발생 억제를 위하여 기후에너지환경부장관과 관계 중앙행정기관의 장이 기후에너지환경부령으로 정하는 기본 방침과 절차에 따라 통합하여 고시하는 지침을 지켜야 한다.

⑧ 사업장폐기물배출자가 그 사업을 양도하거나 사망한 경우 또는 법인이 합병·분할한 경우에는 그 양수인·상속인 또는 합병·분할 후 존속하는 법인이나 합병·분할에 의하여 설립되는 법인은 그 사업장폐기물과 관련한 권리와 의무를 승계한다.

⑨ 「민사집행법」에 따른 경매, 「채무자 회생 및 파산에 관한 법률」에 따른 환가(換價)나 「국세징수법」·「관세법」 또는 「지방세징수법」에 따른 압류재산의 매각, 그 밖에 이에 준하는 절차에 따라 사업장폐기물배출자의 사업장 전부 또는 일부를 인수한 자는 그 사업장폐기물과 관련한 권리와 의무를 승계한다.

⑩ 종전 사업장폐기물배출자의 이 법에 따른 의무 위반으로 인한 법적 책임은 제8항 또는 제9항에 따른 권리·의무 승계에도 불구하고 소멸하지 아니한다.

> ★ **출제빈도**
> - 기사 : 21년 1회
> - 산업기사 : 20년 1, 2회

5 분석/검사기관

1) 제17조의2(폐기물분석전문기관의 지정)

① 기후에너지환경부장관은 폐기물에 관한 시험·분석 업무를 전문적으로 수행하기 위하여 다음 각 호의 기관을 폐기물 시험·분석 전문기관(이하 "폐기물분석전문기관"이라 한다)으로 지정할 수 있다.
  1. 「한국환경공단법」에 따른 한국환경공단(이하 "한국환경공단"이라 한다)
  2. 「수도권매립지관리공사의 설립 및 운영 등에 관한 법률」에 따른 수도권매립지관리공사
  3. 「보건환경연구원법」에 따른 보건환경연구원
  4. 그 밖에 기후에너지환경부장관이 폐기물의 시험·분석 능력이 있다고 인정하는 기관

② 기관이 폐기물분석전문기관으로 지정을 받으려는 경우에는 대통령령으로 정하는 시설, 장비 및 기술능력을 갖추어 기후에너지환경부장관에게 지정을 신청하여야 한다.

③ 폐기물분석전문기관으로 지정받은 기관은 지정받은 사항 중 기후에너지환경부령으로 정하는 중요한 사항을 변경하려는 경우에는 기후에너지환경부장관으로부터 변경지정을 받아야 한다.

④ 기후에너지환경부장관은 제1항 각 호의 기관을 폐기물분석전문기관으로 지정하거나 변경지정하였을 때에는 해당 기관에 지정서를 발급하고, 그 내용을 관보나 인터넷 홈페이지 등에 게시하는 방법으로 공고하여야 한다.

⑤ 폐기물분석전문기관의 결격사유에 관하여는 제26조를 준용한다. 이 경우 "폐기물처리업"은 "폐기물분석전문기관"으로, "허가"는 "지정"으로, "제27조(제1항제2호 및 제2항제20호는 제외한다)"는 "제17조의5(제1항제2호 및 제2항제6호는 제외한다)"로 본다.

2) 제30조의2(폐기물처리시설 검사기관의 지정 등)

① 기후에너지환경부장관은 전문적·기술적인 폐기물처리시설 검사를 위하여 다음 각 호의 어느 하나에 해당하는 기관 또는 단체 중에서 폐기물처리시설 검사기관을 지정하고, 그 기관에 지정서(이하 "폐기물처리시설 검사기관 지정서"라 한다)를 발급하여야 한다.
  1. 한국환경공단
  2. 국·공립연구기관
  3. 그 밖에 기후에너지환경부령으로 정하는 기관 또는 단체

② 폐기물처리시설 검사기관으로 지정받으려는 자는 검사업무를 수행하고자 하는 폐기물처리시설별로 기후에너지환경부령으로 정하는 기술인력 및 시설·장비 등의 요건을 갖추어 기후에너지환경부장관에게 신청하여야 한다. 기후에너지환경부령으로 정하는 중요사항을 변경하려는 경우에도 또한 같다.

③ 지정을 받은 폐기물처리시설 검사기관(이하 "폐기물처리시설 검사기관"이라 한다)은 폐기물처리시설 검사를 의뢰받은 경우 기후에너지환경부장관이 정하여 고시하는 기준과 방법에 따라 검사를 실시하고 폐기물처리시설 검사결과서를 기후에너지환경부령으로 정하는 바에 따라 신청한 자에게 발급하여야 한다.

④ 폐기물처리시설 검사기관은 다른 자에게 자기의 명의나 상호를 사용하여 폐기물처리시설 검사를 하게 하거나 폐기물처리시설 검사기관 지정서를 빌려주어서는 아니 된다.

⑤ 폐기물처리시설 검사기관은 다음 각 호의 준수사항을 지켜야 한다.
  1. 폐기물처리시설 검사기관 지정서에 기재된 폐기물처리시설 이외의 시설에 대하여는 검사를 의뢰받지 말 것
  2. 의뢰받은 폐기물처리시설 검사업무를 다른 폐기물처리시설 검사기관이나 그 밖의 자에게 다시 의뢰하지 말 것
  3. 폐기물처리시설 검사는 폐기물처리시설 검사기관에 등록된 기술인력이 직접 실시하는 등 기후에너지환경부령으로 정하는 준수사항을 지킬 것

⑥ 기후에너지환경부장관은 폐기물처리시설 검사기관의 운영이 적절한지에 대하여 정기적으로 점검하여야 한다.

⑦ 기후에너지환경부장관은 폐기물처리시설 검사기관이 다음 각 호의 어느 하나에 해당하면 그 지정을 취소하거나 6개월 이내의 기간을 정하여 업무의 정지를 명할 수 있다. 다만, 제1호부터 제3호까지의 어느 하나에 해당하는 경우에는 그 지정을 취소하여야 한다.
  1. 거짓이나 그 밖의 부정한 방법으로 지정 또는 변경지정을 받은 경우
  2. 제9항의 결격사유 중 어느 하나에 해당하는 경우. 다만, 법인의 임원 중 제9항에 해당하는 자에 대해 결격사유가 발생한 날부터 2개월 이내에 그 임원을 바꾸어 임명하면 그러하지 아니하다.
  3. 업무정지기간 중 폐기물처리시설 검사업무를 실시한 경우
  4. 제2항 전단에 따른 지정요건을 갖추지 못하게 된 경우
  5. 제2항 후단을 위반하여 변경지정을 받지 아니하고 중요사항을 변경한 경우
  6. 거짓이나 그 밖의 부정한 방법으로 제3항에 따른 폐기물처리시설 검사결과서를 발급한 경우
  7. 제4항을 위반하여 다른 자에게 자기의 명의나 상호를 사용하여 폐기물처리시설 검사를 하게 하거나 폐기물처리시설 검사기관 지정서를 빌려준 경우
  8. 제5항에 따른 준수사항을 위반한 경우

⑧ 제1항부터 제6항까지에 따른 폐기물처리시설 검사기관의 지정 기준·절차 등에 필요한 사항은 기후에너지환경부령으로 정한다.

⑨ 폐기물처리시설 검사기관의 결격사유에 관하여는 제26조를 준용한다. 이 경우 "폐기물처리업"은 "폐기물처리시설 검사기관"으로, "허가"는 "지정"으로 본다.

3) 시행규칙 제43조(오염물질의 측정)

① "기후에너지환경부령으로 정하는 측정기관"이란 다음 각 호의 기관을 말한다.
  1. 보건환경연구원
  2. 한국환경공단
  3. 「환경분야 시험·검사 등에 관한 법률」에 따라 수질오염물질 측정대행업의 등록을 한 자
  4. 수도권매립지관리공사
  5. 폐기물분석전문기관

② 폐기물처리시설을 설치·운영하는 자는 법 제31조제2항에 따른 오염물질의 측정 결과를 매분기가 끝나는 달의 다음 달 10일까지 시·도지사나 지방환경관서의 장에게 보고하고, 사후관리가 끝날 때까지 보존하여야 한다.

③ 측정대상 오염물질의 종류 및 측정주기는 별표 12와 같다.

> 💡 **시행규칙 별표 12 (측정대상 오염물질의 종류 및 측정주기)**
>
> 1. **측정대상 오염물질의 종류**
>   별표 11 제2호나목2)가)에 따른 배출허용기준 대상항목
> 2. **측정주기**
>   가. 침출수 배출량이 1일 2천세제곱미터 이상인 경우
>   1) 화학적 산소요구량: 매일 1회 이상
>   2) 화학적 산소량 외의 오염물질: 주 1회 이상
>   나. 침출수 배출량이 1일 2천세제곱미터 미만인 경우: 월 1회 이상

4) 시행규칙 제34조의7(전용용기 검사기관)

전용용기의 검사기관은 다음 각 호의 기관으로 한다.
1. 한국환경공단
2. 한국화학융합시험연구원
3. 한국건설생활환경시험연구원
4. 그 밖에 기후에너지환경부장관이 전용용기에 대한 검사능력이 있다고 인정하여 고시하는 기관

5) 멸균분쇄시설의 검사기관 : 다음 각 목의 기관

가. 한국환경공단
나. 보건환경연구원
다. 한국산업기술시험원

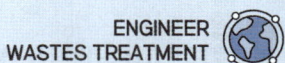

> ★ **출제빈도**
> • 기사 : 13년 1회, 17년 2, 4회, 18년 1, 2회, 22년 2회
> • 산업기사 : 16년 1회, 17년 2회, 19년 2회, 20년 1, 2회

6 폐기물처리업 등

1) 제25조(폐기물처리업)

① 폐기물의 수집·운반, 재활용 또는 처분을 업(이하 "폐기물처리업"이라 한다)으로 하려는 자(음식물류 폐기물을 제외한 생활폐기물을 재활용하려는 자와 폐기물처리 신고자는 제외한다)는 기후에너지환경부령으로 정하는 바에 따라 지정폐기물을 대상으로 하는 경우에는 폐기물 처리 사업계획서를 기후에너지환경부장관에게 제출하고, 그 밖의 폐기물을 대상으로 하는 경우에는 시·도지사에게 제출하여야 한다. 기후에너지환경부령으로 정하는 중요 사항을 변경하려는 때에도 또한 같다.

② 기후에너지환경부장관이나 시·도지사는 제출된 폐기물 처리사업계획서를 다음 각 호의 사항에 관하여 검토한 후 그 적합 여부를 폐기물처리사업계획서를 제출한 자에게 통보하여야 한다.
   1. 폐기물처리업 허가를 받으려는 자(법인의 경우에는 임원을 포함한다)가 결격사유에 해당하는지 여부
   2. 폐기물처리시설의 입지 등이 다른 법률에 저촉되는지 여부
   3. 폐기물처리사업계획서상의 시설·장비와 기술능력이 허가기준에 맞는지 여부
   4. 폐기물처리시설의 설치·운영으로「수도법」에 따른 상수원보호구역의 수질이 악화되거나「환경정책기본법」에 따른 환경기준의 유지가 곤란하게 되는 등 사람의 건강이나 주변 환경에 영향을 미치는지 여부

③ 적합통보를 받은 자는 그 통보를 받은 날부터 2년(폐기물 수집·운반업의 경우에는 6개월, 폐기물처리업 중 소각시설과 매립시설의 설치가 필요한 경우에는 3년) 이내에 기후에너지환경부령으로 정하는 기준에 따른 시설·장비 및 기술능력을 갖추어 업종, 영업대상 폐기물 및 처리분야별로 지정폐기물을 대상으로 하는 경우에는 기후에너지환경부장관의, 그 밖의 폐기물을 대상으로 하는 경우에는 시·도지사의 허가를 받아야 한다. 이 경우 기후에너지환경부장관 또는 시·도지사는 제2항에 따라 적합통보를 받은 자가 그 적합통보를 받은 사업계획에 따라 시설·장비 및 기술인력 등의 요건을 갖추어 허가신청을 한 때에는 지체 없이 허가하여야 한다.

④ 기후에너지환경부장관 또는 시·도지사는 천재지변이나 그 밖의 부득이한 사유로 제3항의 기간 내에 허가신청을 하지 못한 자에 대하여는 신청에 따라 총 연장기간 1년(폐기물 수집·운반업의 경우에는 총 연장기간 6개월, 폐기물 최종처분업과 같은 폐기물 종합처분업의 경우에는 총 연장기간 2년)의 범위에서 허가신청기간을 연장할 수 있다.

⑤ 폐기물처리업의 업종 구분과 영업 내용은 다음과 같다.
   1. 폐기물 수집·운반업: 폐기물을 수집하여 재활용 또는 처분 장소로 운반하거나 폐기물을 수출하기 위하여 수집·운반하는 영업
   2. 폐기물 중간처분업: 폐기물 중간처분시설을 갖추고 폐기물을 소각 처분, 기계적 처분, 화학적 처분, 생물

학적 처분, 그 밖에 기후에너지환경부장관이 폐기물을 안전하게 중간처분할 수 있다고 인정하여 고시하는 방법으로 중간처분하는 영업

3. 폐기물 최종처분업: 폐기물 최종처분시설을 갖추고 폐기물을 매립 등(해역 배출은 제외한다)의 방법으로 최종처분하는 영업
4. 폐기물 종합처분업: 폐기물 중간처분시설 및 최종처분시설을 갖추고 폐기물의 중간처분과 최종처분을 함께 하는 영업
5. 폐기물 중간재활용업: 폐기물 재활용시설을 갖추고 중간가공 폐기물을 만드는 영업
6. 폐기물 최종재활용업: 폐기물 재활용시설을 갖추고 중간가공 폐기물을 제13조의2에 따른 폐기물의 재활용 원칙 및 준수사항에 따라 재활용하는 영업
7. 폐기물 종합재활용업: 폐기물 재활용시설을 갖추고 중간재활용업과 최종재활용업을 함께 하는 영업

⑥ 폐기물처리업 허가를 받은 자는 같은 항 폐기물 수집·운반업의 허가를 받지 아니하고 그 처리 대상 폐기물을 스스로 수집·운반할 수 있다.
⑦ 기후에너지환경부장관 또는 시·도지사는 허가를 할 때에는 주민생활의 편익, 주변 환경보호 및 폐기물처리업의 효율적 관리 등을 위하여 필요한 조건을 붙일 수 있다. 다만, 영업 구역을 제한하는 조건은 생활폐기물의 수집·운반업에 대하여 붙일 수 있으며, 이 경우 시·도지사는 시·군·구 단위 미만으로 제한하여서는 아니 된다.
⑧ 폐기물처리업의 허가를 받은 자(이하 "폐기물처리업자"라 한다)는 다른 사람에게 자기의 성명이나 상호를 사용하여 폐기물을 처리하게 하거나 그 허가증을 다른 사람에게 빌려주어서는 아니 된다.
⑨ 폐기물처리업자는 다음 각 호의 준수사항을 지켜야 한다.
  1. 기후에너지환경부령으로 정하는 바에 따라 폐기물을 허가받은 사업장 내 보관시설이나 승인받은 임시보관시설 등 적정한 장소에 보관할 것
  2. 기후에너지환경부령으로 정하는 양 또는 기간을 초과하여 폐기물을 보관하지 말 것
  3. 자신의 처리시설에서 처리가 어렵거나 처리능력을 초과하는 경우에는 폐기물의 처리를 위탁받지 말 것
  4. 보관·매립 중인 폐기물에 대하여 영상정보처리기기의 설치·관리 및 영상정보의 수집·보관 등 기후에너지환경부령으로 정하는 화재예방조치를 할 것(폐기물 수집·운반업을 하는 자는 제외한다)
  5. 처리명령, 반입정지명령 또는 조치명령 등 처분이 내려진 장소로 폐기물을 운반하지 아니할 것
  6. 그 밖에 폐기물 처리 계약 시 계약서 작성·보관 등 기후에너지환경부령으로 정하는 준수사항을 지킬 것
⑩ 의료폐기물의 수집·운반 또는 처분을 업(業)으로 하려는 자는 다른 폐기물과 분리하여 별도로 수집·운반 또는 처분하는 시설·장비 및 사업장을 설치·운영하여야 한다.
⑪ 허가를 받은 자가 기후에너지환경부령으로 정하는 중요사항을 변경하려면 변경허가를 받아야 하고, 그 밖의 사항 중 기후에너지환경부령으로 정하는 사항을 변경하려면 변경신고를 하여야 한다.
⑫ 기후에너지환경부장관 또는 시·도지사는 변경신고를 받은 날부터 20일 이내에 변경신고수리 여부를 신고인에게 통지하여야 한다.
⑬ 기후에너지환경부장관 또는 시·도지사가 정한 기간 내에 변경신고수리 여부나 민원 처리 관련 법령에 따른 처리기간의 연장을 신고인에게 통지하지 아니하면 그 기간이 끝난 날의 다음 날에 변경신고를 수리한 것으로 본다.
⑭ 지정폐기물과 지정폐기물 외의 폐기물을 동일한 폐기물처리시설에서 처리하려는 자가 지정폐기물과 관련하여 다음 각 호의 어느 하나에 해당하면 지정폐기물 외의 폐기물과 관련하여 각각 그에 해당하는 시·도지사의 적합 통보·허가 또는 변경허가를 받거나 시·도지사에게 변경 신고를 한 것으로 본다.

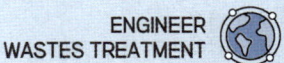

1. 기후에너지환경부장관으로부터 폐기물 처리 사업계획서의 적합 통보를 받은 경우
2. 기후에너지환경부장관으로부터 폐기물처리업의 허가를 받은 경우
3. 기후에너지환경부장관으로부터 폐기물처리업의 변경허가를 받거나 기후에너지환경부장관에게 변경신고를 한 경우

⑮ 지정폐기물 외의 폐기물과 관련하여 제14항에 따른 시·도지사의 적합 통보·허가·변경허가·변경신고의 의제(擬制)를 받으려는 자는 기후에너지환경부장관에게 폐기물 처리 사업계획서의 제출, 폐기물처리업의 허가신청, 변경허가 신청 또는 변경신고를 할 때에 기후에너지환경부령으로 정하는 관련 서류를 함께 제출하여야 한다.

⑯ 기후에너지환경부장관은 관련 서류를 제출받으면 관할 시·도지사의 의견을 들어야 하며, 적합통보·허가·변경허가를 하거나 변경신고를 받으면 관할 시·도지사에게 그 내용을 알려야 한다.

⑰ 폐기물처리업을 하려는 자 중 다음 각 호의 어느 하나에 해당하는 자는 절차를 거치지 아니하고 허가를 신청할 수 있다.
1. 산업단지에서 폐기물처리업을 하려는 자
2. 재활용단지에서 폐기물처리업을 하려는 자
3. 규정에 따른 폐기물 재활용업을 하려는 자

> ★ 출제빈도
> • 기사 : 17년 1회, 18년 1, 4회, 20년 3회, 21년 2회
> • 산업기사 : 16년 1회

7 교육

1) 법 제35조(폐기물 처리 담당자 등에 대한 교육)

① 다음 각 호의 어느 하나에 해당하는 사람은 기후에너지환경부령으로 정하는 교육기관이 실시하는 교육을 받아야 한다.
  1. 다음 각 목의 어느 하나에 해당하는 폐기물 처리 담당자
     가. 폐기물처리업에 종사하는 기술요원
     나. 폐기물처리시설의 기술관리인
     다. 그 밖에 대통령령으로 정하는 사람
  2. 폐기물분석전문기관의 기술요원
  3. 지정된 재활용환경성평가기관의 기술인력
② 교육을 받아야 할 사람을 고용한 자는 그 해당자에게 그 교육을 받게 하여야 한다.
③ 교육을 받는 사람을 고용한 자는 같은 항의 규정에 따른 교육에 드는 경비를 부담하여야 한다.

2) 시행령 제17조(교육대상자)

"그 밖에 대통령령으로 정하는 사람"이란 다음 각 호의 사람을 말한다.

1. 폐기물처리시설(기술관리인을 임명한 폐기물처리시설은 제외한다)의 설치·운영자나 그가 고용한 기술담당자
2. 사업장폐기물배출자 신고를 한 자나 그가 고용한 기술담당자
3. 확인을 받아야 하는 지정폐기물을 배출하는 사업자나 그가 고용한 기술담당자
4. 제2호와 제3호에 따른 자 외의 사업장폐기물을 배출하는 사업자나 그가 고용한 기술담당자로서 기후에너지환경부령으로 정하는 자
5. 폐기물수집·운반업의 허가를 받은 자나 그가 고용한 기술담당자
6. 폐기물처리 신고자나 그가 고용한 기술담당자

3) 시행규칙 제50조(폐기물 처리 담당자 등에 대한 교육)

① 폐기물 처리 담당자 등은 3년마다 교육을 받아야 한다. 다만, 다음 각 호에 해당하는 자는 해당 호에서 정하는 바에 따라 교육을 받아야 한다.
  1. 제3항제2호가목, 라목 및 마목 중 어느 하나에 해당하는 자(제18조제1항제4호에 해당하는 자는 제외한다) 및 영 제8조의4에 따른 음식물류 폐기물 배출자 또는 그가 고용한 기술담당자: 다음 각 목의 어느 하나에 해당하는 경우 해당 사유가 발생한 날부터 1년 이내
    가. 사업장폐기물배출자의 신고(변경신고는 제외한다)를 한 경우
    나. 법 제17조제5항에 따른 서류를 제출한 경우
    다. 법 제25조제3항에 따른 폐기물처리업 허가(변경허가는 제외한다)를 받은 경우
    라. 법 제46조제1항에 따라 폐기물 수집·운반 신고(법 제46조제2항에 따른 변경신고는 제외한다)를 한 경우
    마. 음식물류 폐기물 처리시설을 설치한 경우
  2. 별표 7 제5호가목1)나)(2)에 따라 임명된 기술요원: 임명된 날부터 6개월 이내
  3. 제1호 및 제2호 외의 자: 교육대상자가 된 날부터 1년 이내
② 제1항에 해당하는 자가 법을 위반하여 행정처분을 받은 경우에는 그 처분을 받은 날부터 1년 이내에 추가 교육을 받아야 한다.
③ 제1항 및 제2항에 따른 교육을 하는 기관(이하 "교육기관"이라 한다) 및 그 교육기관에서 교육을 받아야 할 자는 다음 각 호와 같다.
  1. 국립환경인력개발원, 한국환경공단 또는 법 제58조의2제1항에 따른 한국폐기물협회
    가. 폐기물 처분시설 또는 재활용시설의 기술관리인이나 폐기물 처분시설 또는 재활용시설의 설치자로서 스스로 기술관리를 하는 자
    나. 법 제2조제8호에 따른 폐기물처리시설(법 제29조에 따라 설치 승인을 받은 폐기물처리시설만 해당하며, 영 제15조 각 호에 해당하는 폐기물처리시설은 제외한다)의 설치·운영자 또는 그가 고용한 기술담당자
  2. 「환경정책기본법」에 따른 한국환경보전원 또는 법 제58조의2제1항에 따른 한국폐기물협회
    가. 법 제17조제2항에 따른 사업장폐기물배출자 신고를 한 자 및 법 제17조제5항에 따른 서류를 제출한 자 또는 그가 고용한 기술담당자(다목, 제1호가목·나목에 해당하는 자와 제3호에서 정하는 자는 제외한다)

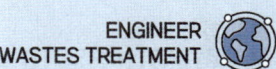

　　나. 폐기물처리업자(폐기물 수집·운반업자는 제외한다)가 고용한 기술요원
　　다. 폐기물처리시설(법 제29조에 따라 설치신고를 한 폐기물처리시설만 해당되며, 영 제15조 각 호에 해당하는 폐기물처리시설은 제외한다)의 설치·운영자 또는 그가 고용한 기술담당자
　　라. 폐기물 수집·운반업자 또는 그가 고용한 기술담당자
　　마. 폐기물처리 신고자 또는 그가 고용한 기술담당자
　2의2. 「환경기술 및 환경산업 지원법」 제5조의3에 따른 한국환경산업기술원: 재활용환경성평가기관의 기술인력
　2의3. 국립환경인력개발원, 한국환경공단: 폐기물분석전문기관의 기술요원
　3. 그 밖에 기후에너지환경부장관이 지정하는 기관 : 제1호와 제2호에 따른 교육대상자 중 기후에너지환경부장관이 정하는 자
④ 제1항 및 제2항에도 불구하고 2009년 7월 1일부터 2012년 6월 30일까지의 기간 중 교육을 받아야 하는 사람(제50조제1항제1호·제2호 및 같은 조 제2항에 해당하는 사람은 제외한다)으로서 그 교육을 받아야 하는 기한의 마지막 날 이전 3년 이내에 교육을 받은 사람은 해당 교육을 받은 것으로 본다.
⑤ 시·도지사, 지방환경관서의 장 또는 국립환경과학원장은 제1항 및 제2항에 따라 교육을 받아야 하는 자가 「재난 및 안전관리 기본법」 제3조제1호에 따른 재난 등으로 본인의 귀책사유 없이 불가피하게 교육을 받을 수 없다고 인정하는 경우에는 6개월의 범위에서 한 차례에 한해 그 교육기한을 연기할 수 있다.

4) 시행규칙 제51조(교육과정 등)

① 폐기물 처리 담당자 등이 받아야 할 교육과정은 다음 각 호와 같다. 이 경우 제2호부터 제4호까지의 규정 중 어느 하나의 교육과정을 마친 자는 제1호의 교육과정을 마친 것으로 본다.
　1. 사업장폐기물배출자 과정
　2. 폐기물처리업 기술요원 과정
　3. 폐기물처리 신고자 과정
　4. 폐기물 처분시설 또는 재활용시설 기술담당자 과정
　5. 재활용환경성평가기관 기술인력 과정
　6. 폐기물분석전문기관 기술요원 과정
② 제1항제1호부터 제4호까지에 따른 교육과정의 교육기간은 3일 이내, 제5호 및 제6호에 따른 교육과정의 교육기간은 5일 이내로 한다. 다만, 「환경정책기본법」에 따른 환경보전협회와 교육기관이 하는 교육과정의 교육기간은 1일 이내로 한다.
③ 제1항에 따른 교육은 집합교육 또는 원격교육으로 한다.

> ★ 출제빈도
> • 기사 : 16년 4회, 17년 2회, 19년 2회, 22년 1회.
> • 산업기사 : 16년 1회, 17년 4회, 18년 4회, 19년 2회, 20년 3회

8 한국폐기물협회

1) **법 제58조의2(한국폐기물협회)**

   ① 폐기물처리시설 설치·운영자, 폐기물처리업자, 폐기물과 관련된 단체 등 대통령령으로 정하는 자는 폐기물에 관한 조사·연구·기술개발·정보보급 등 폐기물분야의 발전을 도모하기 위하여 기후에너지환경부장관의 허가를 받아 한국폐기물협회(이하 "협회"라 한다)를 설립할 수 있다.
   ② 협회는 법인으로 한다.
   ③ 협회는 다음 각 호의 업무를 수행한다.
       1. 폐기물산업의 발전을 위한 지도 및 조사·연구
       2. 폐기물 관련 홍보 및 교육·연수
       3. 그 밖에 대통령령으로 정하는 업무
   ④ 협회의 조직·운영, 그 밖에 필요한 사항은 그 설립목적을 달성하기 위하여 필요한 범위에서 대통령령으로 정한다.
   ⑤ 협회에 관하여 이 법에 규정되지 아니한 사항은 「민법」 중 사단법인에 관한 규정을 준용한다.

2) **시행령 제36조의2(한국폐기물협회의 설립)**

   "대통령령으로 정하는 자"란 다음 각 호의 어느 하나에 해당하는 자를 말한다.
   1. 법 제4조·제5조 또는 제29조에 따른 폐기물처리시설 설치·운영자
   2. 폐기물처리업자 또는 폐기물처리 신고자
   3. 「수도권매립지관리공사의 설립 및 운영 등에 관한 법률」에 따른 수도권매립지관리공사
   4. 한국환경공단
   5. 폐기물과 관련된 협회·학회 또는 조합 등 단체
   6. 그 밖에 사업장폐기물을 배출하는 자 등 폐기물 관련 업무에 종사하는 자

3) **시행령 제36조의3(한국폐기물협회의 업무 등)**

   ① "대통령령으로 정하는 업무"란 다음 각 호의 업무를 말한다.
       1. 폐기물 관련 국제교류 및 협력
       2. 폐기물과 관련된 업무로서 국가나 지방자치단체로부터 위탁받은 업무
       3. 그 밖에 정관에서 정하는 업무
   ② 한국폐기물협회(이하 "협회"라 한다)에 총회, 이사회 및 사무국을 둔다.
   ③ 협회의 사업에 드는 경비는 회원이 내는 회비와 사업수입금 등으로 충당하며, 국가 또는 지방자치단체는 그 경비의 일부를 예산의 범위에서 지원할 수 있다.

   > ★ **출제빈도**
   > • 기사 : 18년 1회, 19년 1회, 22년 1회
   > • 산업기사 : 출제된 적 없으나 향후 출제가능성 높음

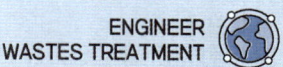

9 벌칙

1) 제63조(벌칙)

다음 각 호의 어느 하나에 해당하는 자는 7년 이하의 징역이나 7천만원 이하의 벌금에 처한다. 이 경우 징역형과 벌금형은 병과(倂科)할 수 있다.
1. 사업장폐기물을 버린 자
2. 사업장폐기물을 매립하거나 소각한 자
3. 폐기물의 재활용에 대한 승인을 받지 아니하고 폐기물을 재활용한 자

2) 제64조(벌칙)

다음 각 호의 어느 하나에 해당하는 자는 5년 이하의 징역이나 5천만원 이하의 벌금에 처한다.
1. 승인이 취소되었음에도 불구하고 폐기물을 계속 재활용한 자
2. 거짓이나 그 밖의 부정한 방법으로 재활용환경성평가기관으로 지정 또는 변경지정을 받은 자
3. 지정을 받지 아니하고 재활용환경성평가를 한 자
4. 대행계약을 체결하지 아니하고 종량제 봉투등을 제작·유통한 자
5. 허가를 받지 아니하고 폐기물처리업을 한 자
6. 거짓이나 그 밖의 부정한 방법으로 제25조제3항에 따른 폐기물처리업 허가를 받은 자
7. 등록을 하지 아니하고 전용용기를 제조한 자
8. 거짓이나 그 밖의 부정한 방법으로 전용용기 제조업 등록을 한 자
8의2. 적합성확인을 받지 아니하고 폐기물처리업을 계속한 자
8의3. 거짓이나 그 밖의 부정한 방법으로 적합성확인을 받은 자
9. 폐쇄명령을 이행하지 아니한 자

3) 제65조(벌칙)

다음 각 호의 어느 하나에 해당하는 자는 3년 이하의 징역이나 3천만원 이하의 벌금에 처한다.
1. 폐기물의 처리 기준을 위반하여 폐기물을 매립한 자
2. 재활용환경성평가의 승인절차를 위반하여 거짓이나 그 밖의 부정한 방법으로 재활용환경성평가서를 작성하여 기후에너지환경부장관에게 제출한 자
3. 재활용환경성평가기관의 신청사항을 위반하여 변경지정을 받지 아니하고 중요사항을 변경한 자
4. 재활용환경성평가기관의 운영 시 다른 자에게 자기의 명의나 상호를 사용하여 재활용환경성평가를 하게 하거나 재활용환경성평가기관 지정서를 다른 자에게 빌려준 자
5. 다른 자의 명의나 상호를 사용하여 재활용환경성평가를 하거나 재활용환경성평가기관 지정서를 빌린 자
6. 음식물류 폐기물을 스스로 수집·운반 또는 재활용하거나 위탁·수탁의 기준 및 절차를 위반하여 사업장폐기물 중 음식물류 폐기물을 수집·운반 또는 재활용한 자
7. 거짓이나 그 밖의 부정한 방법으로 폐기물분석전문기관으로 지정을 받거나 변경지정을 받은 자
8. 지정 또는 변경지정을 받지 아니하고 폐기물분석전문기관의 업무를 한 자

9. 업무정지기간 중 폐기물 시험·분석 업무를 한 폐기물분석전문기관
10. 고의로 사실과 다른 내용의 폐기물분석결과서를 발급한 폐기물분석전문기관
11. 사업장폐기물의 처리기준을 위반하여 사업장폐기물을 처리한 자
12. 변경허가를 받지 아니하고 폐기물처리업의 허가사항을 변경한 자
13. 제조한 전용용기가 기준에 적합한지 검사를 받지 아니한 자
14. 허가의 취소에 따른 영업정지 기간에 영업을 한 자
15. 전용용기 제조업 등록의 취소에 따른 영업정지 기간에 영업을 한 자
16. 승인을 받지 아니하고 폐기물처리시설을 설치한 자
17. 검사를 받지 아니하거나 적합 판정을 받지 아니하고 폐기물처리시설을 사용한 자
17의2. 거짓이나 그 밖의 부정한 방법으로 폐기물처리시설 검사기관으로 지정 또는 변경지정을 받은 자
17의3. 폐기물처리시설 검사기관으로 지정을 받지 아니하고 폐기물처리시설을 검사한 자
18. 폐기물처리시설의 설치 또는 유지·관리에 따른 개선명령을 이행하지 아니하거나 사용중지 명령을 위반한 자
19. 폐기물 처리명령을 이행하지 아니한 자
20. 폐기물의 회수 조치 명령을 이행하지 아니한 자
20의2. 폐기물의 반입정지명령을 이행하지 아니한 자
21. 폐기물 처리에 대한 조치명령을 이행하지 아니한 자
22. 검사를 받지 아니하거나 적합 판정을 받지 아니하고 폐기물을 매립하는 시설의 사용을 끝내거나 시설을 폐쇄한 자
23. 폐기물처리시설의 사용을 끝내거나 폐쇄하는 경우에 받은 검사에서 부적합판정에 대한 개선명령을 이행하지 아니한 자
24. 폐기물처리시설의 사후관리에 대한 정기검사를 받지 아니한 자
25. 폐기물처리시설의 사후관리 또는 정기검사 결과 부적합판정에 따른 시정명령을 이행하지 아니한 자

4) 제66조(벌칙)

다음 각 호의 어느 하나에 해당하는 자는 2년 이하의 징역이나 2천만원 이하의 벌금에 처한다.
1. 폐기물의 처리기준 및 재활용 준수사항을 위반하여 폐기물을 처리한 자(제65조제1호의 경우는 제외한다)
1의2. 폐기물의 재활용 시 환경성평가에 대한 승인 조건을 위반하여 폐기물을 재활용한 자
1의3. 재활용 제품 또는 물질에 관한 유해성기준 위반에 따른 조치명령을 이행하지 아니한 자
2. 신고를 하지 아니하거나 허위로 신고를 한 자
3. 안전기준을 준수하지 아니한 자
3의2. 기준 및 절차를 준수하지 아니하고 위탁 또는 확인하는 등 필요한 조치를 취하지 아니한 자
4. 확인 또는 변경확인을 받지 아니하거나 확인·변경확인을 받은 내용과 다르게 지정폐기물을 배출·운반 또는 처리한 자
4의2. 다른 자에게 자기의 성명이나 상호를 사용하여 폐기물의 시험·분석 업무를 하게 하거나 지정서를 다른 자에게 빌려 준 폐기물분석전문기관
4의3. 중대한 과실로 사실과 다른 내용의 폐기물분석결과서를 발급한 폐기물분석전문기관

4의4. 폐기물의 인계·인수에 관한 사항과 폐기물처리현장정보를 입력하지 아니하거나 거짓으로 입력한 자
5. 업종 구분과 영업 내용의 범위를 벗어나는 영업을 한 자
6. 폐기물처리업의 효율적 관리 등을 위한 필요한 조건을 위반한 자
7. 다른 사람에게 자기의 성명이나 상호를 사용하여 폐기물을 처리하게 하거나 그 허가증을 다른 사람에게 빌려준 자
8. 준수사항을 지키지 아니한 자. 다만, 제25조제9항제5호에 해당하는 경우에는 고의 또는 중과실인 경우에 한정한다.
8의2. 변경등록을 하지 아니하거나 거짓으로 변경등록하고 등록한 사항을 변경한 자
8의3. 다른 사람에게 자기의 성명이나 상호를 사용하여 전용용기를 제조하게 하거나 등록증을 다른 사람에게 빌려준 자
8의4. 기준에 적합하지 아니한 전용용기를 유통시킨 자
9. 설치가 금지되는 폐기물 소각시설을 설치·운영한 자
10. 신고를 하지 아니하고 폐기물처리시설을 설치한 자
11. 변경승인을 받지 아니하고 승인받은 사항을 변경한 자
11의2. 변경지정을 받지 아니하고 중요사항을 변경한 자
11의3. 거짓이나 그 밖의 부정한 방법으로 폐기물처리시설 검사결과서를 발급한 자
11의4. 다른 자에게 자기의 명의나 상호를 사용하여 폐기물처리시설 검사를 하게 하거나 폐기물처리시설 검사기관 지정서를 빌려준 자
11의5. 다른 자의 명의나 상호를 사용하여 폐기물처리시설 검사를 하거나 폐기물처리시설 검사기관 지정서를 빌린 자
12. 관리기준에 적합하지 아니하게 폐기물처리시설을 유지·관리하여 주변환경을 오염시킨 자
13. 측정이나 조사명령을 이행하지 아니한 자
14. 장부기록사항을 전자정보프로그램에 입력하지 아니하거나 거짓으로 입력한 자
15. 보고를 하지 아니하거나 거짓 보고를 한 자
16. 출입·검사를 거부·방해 또는 기피한 자

5) 제68조(과태료)

① 다음 각 호의 어느 하나에 해당하는 자에게는 1천만원 이하의 과태료를 부과한다.

1의1. 생활폐기물을 스스로 처리하는 경우 위탁처리실적과 처리방법, 계약에 관한 사항등을 신고를 하지 아니하거나 거짓으로 신고를 한 자
1의2. 생활폐기물 중 음식물류 폐기물을 수집·운반 또는 재활용한 자
1의3. 사업장폐기물의 종류와 발생량을 신고를 하지 아니하거나 거짓으로 신고를 한 자
1의4. 폐기물분석전문기관의 준수사항을 지키지 아니한 자
1의5. 유해성 정보자료를 작성하지 아니하거나 거짓 또는 부정한 방법으로 작성한 자(유해성 정보자료의 작성을 의뢰받은 전문기관을 포함한다)
1의6. 유해성 정보자료를 수탁자에게 제공하지 아니한 자

2의1. 변경신고를 하지 아니하거나 거짓으로 변경신고하고 등록한 사항을 변경한 자
2의2. 전용용기제조업에 따른 준수사항을 지키지 아니한 자(제66조제9호의4의 경우는 제외한다)
2의3. 폐기물처리시설 검사기관의 준수사항을 지키지 아니한 자
3. 관리기준에 맞지 아니하게 폐기물처리시설을 유지·관리하거나 오염물질 및 주변지역에 미치는 영향을 측정 또는 조사하지 아니한 자(제66조제14호의 경우는 제외한다)
4. 기술관리인을 임명하지 아니하고 기술관리 대행 계약을 체결하지 아니한 자
5. 제출명령을 이행하지 아니한 자(제38조제1항제3호 및 제4호의 자만 해당한다)
5의2. 제40조제1항 각 호의 조치를 하지 아니한 자
6. 계약갱신명령을 이행하지 아니한 자
7. 유해성기준에 적합하지 아니하게 폐기물을 재활용한 제품 또는 물질을 제조하거나 유통한 자
8. 처리금지 기간 중 폐기물의 처리를 계속한 자

② 다음 각 호의 어느 하나에 해당하는 자에게는 300만원 이하의 과태료를 부과한다.
1. 사업장폐기물이 지정폐기물에 해당하는지에 대한 확인을 하지 아니한 자
1의2. 상호의 변경확인을 받지 아니한 자
2. 사업장폐기물의 발생 억제를 위하여 고시한 지침의 준수의무를 이행하지 아니한 자
3. 변경신고를 하지 아니하고 신고사항을 변경한 자
4. 관계 행정기관이나 그 소속 공무원이 요구하여도 인계번호를 알려주지 아니한 자
5. 폐기물의 수탁처리 시 영업정지/휴업/폐업 또는 폐기물처리시설의 사용정지 등의 사유로 사업장폐기물을 처리할 수 없을 경우 그 사실을 위탁한 배출자에게 통보하지 아니한 자
6. 신고를 하지 아니하거나 같은 조 제4항을 위반하여 폐기물을 전부 처리하지 아니한 자
6의2. 보고서를 기한까지 제출하지 아니하거나 거짓으로 작성하여 제출한 자(제38조제1항제3호에 따른 자만 해당한다)
6의3. 제출명령을 이행하지 아니한 자(제1항제6호의 경우는 제외한다)
6의4. 보고서를 기한까지 제출하지 아니하거나 거짓으로 작성하여 제출한 자
7. 처리이행보증보험의 계약을 갱신하지 아니한 자
8. 폐기물처리 신고에 따른 준수사항을 지키지 아니한 자
9. 대행계약을 체결하지 아니하고 종량제 봉투등을 판매한 자
9의2. 중요사항이 변경된 후에도 유해성 정보자료를 다시 작성하지 아니하거나 거짓 또는 부정한 방법으로 작성한 자(유해성 정보자료의 작성을 의뢰받은 전문기관을 포함한다)
9의3. 다시 작성한 유해성 정보자료를 수탁자에게 제공하지 아니한 자
9의4. 유해성 정보자료를 게시하지 아니하거나 비치하지 아니한 자

③ 다음 각 호의 어느 하나에 해당하는 자에게는 100만원 이하의 과태료를 부과한다.
1. 생활폐기물을 버리거나 매립 또는 소각한 자
2. 건물의 청결유지에 따른 조치명령을 이행하지 아니한 자
3. 생활폐기물배출자의 처리 협조 등을 위반한 자
4. 조례로 정하는 준수사항을 지키지 아니한 자

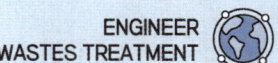

4의2. 음식물류 폐기물의 발생 억제 및 처리 계획을 신고하지 아니한 자
4의3. 폐기물의 인계·인수에 관한 내용을 기간 내에 전자정보처리프로그램에 입력하지 아니하거나 부실하게 입력한 자
5. 신고를 하지 아니하고 해당 시설의 사용을 시작한 자
6. 교육을 받지 아니한 자 또는 교육을 받게 하지 아니한 자
7. 장부를 기록 또는 보존하지 아니하거나 거짓으로 기록한 자
7의2. 장부기록사항을 기간 내에 전자정보처리프로그램에 입력하지 아니하거나 부실하게 입력한 자
8. 보고서를 기한까지 제출하지 아니하거나 거짓으로 작성하여 제출한 자(제2항제9호의2의 경우는 제외한다)
9. 보고서 작성에 필요한 자료를 기한까지 제출하지 아니하거나 거짓으로 작성하여 제출한 자
10. 보험증서 원본을 제출하지 아니한 자
11. 폐기물처리 공제조합 분담금 납부와 폐기물처리보증보험가입에 따른 변경사실을 알리지 아니한 자
12. 폐기물처리시설의 설치신고를 한 후 사용을 끝내거나 폐쇄하는 경우 신고를 하지 아니한 자
④ 제1항부터 제3항까지의 규정에 따른 과태료는 대통령령으로 정하는 바에 따라 소관별로 기후에너지환경부장관, 시·도지사 또는 시장·군수·구청장이 부과·징수한다.

> ★ 출제빈도
> • 기사 : 10회 이상 출제 – 고빈출!
> • 산업기사 : 10회 이상 출제 – 고빈출!

UNIT 02 폐기물관리법 시행령

1 총칙

1) 제1조의2(정의)
"폐기물 처분시설"이란 폐기물처리시설 중 중간처분시설 및 최종처분시설을 말한다.

2) 제2조(사업장의 범위)
"그 밖에 대통령령으로 정하는 사업장"이란 다음 각 호의 어느 하나에 해당하는 사업장을 말한다.
1. 「물환경보전법」에 따라 공공폐수처리시설을 설치·운영하는 사업장
2. 「하수도법」에 따른 공공하수처리시설을 설치·운영하는 사업장
3. 「하수도법」에 따른 분뇨처리시설을 설치·운영하는 사업장

4. 「가축분뇨의 관리 및 이용에 관한 법률」에 따른 공공처리시설
5. 폐기물처리시설(폐기물처리업의 허가를 받은 자가 설치하는 시설을 포함한다)을 설치·운영하는 사업장
6. 지정폐기물을 배출하는 사업장
7. 폐기물을 1일 평균 300킬로그램 이상 배출하는 사업장
8. 「건설산업기본법」에 따른 건설공사로 폐기물을 5톤(공사를 착공할 때부터 마칠 때까지 발생되는 폐기물의 양을 말한다) 이상 배출하는 사업장
9. 일련의 공사(제8호에 따른 건설공사는 제외한다) 또는 작업으로 폐기물을 5톤(공사를 착공하거나 작업을 시작할 때부터 마칠 때까지 발생하는 폐기물의 양을 말한다) 이상 배출하는 사업장

> ★ **출제빈도**
> • 기사 : 17년 2회, 18년 1회, 20년 4회
> • 산업기사 : 17년 4회

3) **제3조(지정폐기물의 종류)** : 지정폐기물은 별표 1과 같다.

> 💡 **시행령 별표 1 (지정폐기물의 종류)**
> 1. 특정시설에서 발생되는 폐기물
>   가. 폐합성 고분자화합물
>   1) 폐합성 수지(고체상태의 것은 제외한다)
>   2) 폐합성 고무(고체상태의 것은 제외한다)
>   나. 오니류(수분함량이 95퍼센트 미만이거나 고형물함량이 5퍼센트 이상인 것으로 한정한다)
>   1) 폐수처리 오니(기후에너지환경부령으로 정하는 물질을 함유한 것으로 기후에너지환경부장관이 고시한 시설에서 발생되는 것으로 한정한다)
>   2) 공정 오니(기후에너지환경부령으로 정하는 물질을 함유한 것으로 기후에너지환경부장관이 고시한 시설에서 발생되는 것으로 한정한다)
>   다. 폐농약(농약의 제조·판매업소에서 발생되는 것으로 한정한다)
> 2. 부식성 폐기물
>   가. 폐산(액체상태의 폐기물로서 수소이온 농도지수가 2.0 이하인 것으로 한정한다)
>   나. 폐알칼리(액체상태의 폐기물로서 수소이온 농도지수가 12.5 이상인 것으로 한정하며, 수산화칼륨 및 수산화나트륨을 포함한다)
> 3. 유해물질함유 폐기물(기후에너지환경부령으로 정하는 물질을 함유한 것으로 한정한다)
>   가. 광재(鑛滓)[철광 원석의 사용으로 인한 고로(高爐)슬래그(slag)는 제외한다]
>   나. 분진(대기오염 방지시설에서 포집된 것으로 한정하되, 소각시설에서 발생되는 것은 제외한다)
>   다. 폐주물사 및 샌드블라스트 폐사(廢砂)
>   라. 폐내화물(廢耐火物) 및 재벌구이 전에 유약을 바른 도자기 조각

마. 소각재

바. 안정화 또는 고형화·고화 처리물

사. 폐촉매

아. 폐흡착제 및 폐흡수제[광물유·동물유 및 식물유{폐식용유(식용을 목적으로 식품 재료와 원료를 제조·조리·가공하는 과정, 식용유를 유통·사용하는 과정 또는 음식물류 폐기물을 재활용하는 과정에서 발생하는 기름을 말한다. 이하 같다)는 제외한다}의 정제에 사용된 폐토사(廢土砂)를 포함한다]

4. 폐유기용제

   가. 할로겐족(기후에너지환경부령으로 정하는 물질 또는 이를 함유한 물질로 한정한다)

   나. 그 밖의 폐유기용제(가목 외의 유기용제를 말한다)

5. 폐페인트 및 폐래커(다음 각 목의 것을 포함한다)

   가. 페인트 및 래커와 유기용제가 혼합된 것으로서 페인트 및 래커 제조업, 용적 5세제곱미터 이상 또는 동력 3마력 이상의 도장(塗裝)시설, 폐기물을 재활용하는 시설에서 발생되는 것

   나. 페인트 보관용기에 남아 있는 페인트를 제거하기 위하여 유기용제와 혼합된 것

   다. 폐페인트 용기(용기 안에 남아 있는 페인트가 건조되어 있고, 그 잔존량이 용기 바닥에서 6밀리미터를 넘지 아니하는 것은 제외한다)

6. 폐유[기름성분을 5퍼센트 이상 함유한 것을 포함하며, 폴리클로리네이티드비페닐(PCBs)함유 폐기물, 폐식용유와 그 잔재물, 폐흡착제 및 폐흡수제는 제외한다]

7. 폐석면

   가. 건조고형물의 함량을 기준으로 하여 석면이 1퍼센트 이상 함유된 제품·설비(뿜칠로 사용된 것은 포함한다) 등의 해체·제거 시 발생되는 것

   나. 슬레이트 등 고형화된 석면 제품 등의 연마·절단·가공 공정에서 발생된 부스러기 및 연마·절단·가공 시설의 집진기에서 모아진 분진

   다. 석면의 제거작업에 사용된 바닥비닐시트(뿜칠로 사용된 석면의 해체·제거작업에 사용된 경우에는 모든 비닐시트)·방진마스크·작업복 등

8. 폴리클로리네이티드비페닐 함유 폐기물

   가. 액체상태의 것(1리터당 2밀리그램 이상 함유한 것으로 한정한다)

   나. 액체상태 외의 것(용출액 1리터당 0.003밀리그램 이상 함유한 것으로 한정한다)

9. 폐유독물질[「화학물질관리법」 제2조제2호의 유독물질을 폐기하는 경우로 한정하되, 제1호다목의 폐농약(농약의 제조·판매업소에서 발생되는 것으로 한정한다), 제2호의 부식성 폐기물, 제4호의 폐유기용제, 제8호의 폴리클로리네이티드비페닐 함유 폐기물 및 제11호의 수은폐기물은 제외한다]

10. 의료폐기물(기후에너지환경부령으로 정하는 의료기관이나 시험·검사 기관 등에서 발생되는 것으로 한정한다)

10의2. 천연방사성제품폐기물[「생활주변방사선 안전관리법」 제2조제4호에 따른 가공제품 중 같은 법 제15조제1항에 따른 안전기준에 적합하지 않은 제품으로서 방사능 농도가 그램당 10베크렐 미만인 폐기물을 말한다. 이 경우 가공제품으로부터 천연방사성핵종(天然放射性核種)을 포함하지 않은 부분을 분리할 수 있는 때에는 그 부분을 제외한다]

11. 수은폐기물

　가. 수은함유폐기물[수은과 그 화합물을 함유한 폐램프(폐형광등은 제외한다), 폐계측기기(온도계, 혈압계, 체온계 등), 폐전지 및 그 밖의 기후에너지환경부장관이 고시하는 폐제품을 말한다]

　나. 수은구성폐기물(수은함유폐기물로부터 분리한 수은 및 그 화합물로 한정한다)

　다. 수은함유폐기물 처리잔재물(수은함유폐기물을 처리하는 과정에서 발생되는 것과 폐형광등을 재활용하는 과정에서 발생되는 것을 포함하되, 「환경분야 시험·검사 등에 관한 법률」에 따라 기후에너지환경부장관이 고시한 폐기물 분야에 대한 환경오염공정시험기준에 따른 용출시험 결과 용출액 1리터당 0.005밀리그램 이상의 수은 및 그 화합물이 함유된 것으로 한정한다)

12. 그 밖에 주변환경을 오염시킬 수 있는 유해한 물질로서 기후에너지환경부장관이 정하여 고시하는 물질

> **출제빈도**
> - 기사 : 10회 이상 출제 - 고빈출!
> - 산업기사 : 10회 이상 출제 - 고빈출!

4) 제4조(의료폐기물의 종류) : 의료폐기물은 별표 2와 같다.

> **[별표 2] 의료폐기물의 종류(제4조 관련)**
>
> 1. 격리의료폐기물 : 「감염병의 예방 및 관리에 관한 법률」 제2조제1호의 감염병으로부터 타인을 보호하기 위하여 격리된 사람에 대한 의료행위에서 발생한 일체의 폐기물
> 2. 위해의료폐기물
>   가. 조직물류폐기물 : 인체 또는 동물의 조직·장기·기관·신체의 일부, 동물의 사체, 혈액·고름 및 혈액생성물(혈청, 혈장, 혈액제제)
>   나. 병리계폐기물 : 시험·검사 등에 사용된 배양액, 배양용기, 보관균주, 폐시험관, 슬라이드, 커버글라스, 폐배지, 폐장갑
>   다. 손상성폐기물 : 주사바늘, 봉합바늘, 수술용 칼날, 한방침, 치과용침, 파손된 유리재질의 시험기구
>   라. 생물·화학폐기물 : 폐백신, 폐항암제, 폐화학치료제
>   마. 혈액오염폐기물 : 폐혈액백, 혈액투석 시 사용된 폐기물, 그 밖에 혈액이 유출될 정도로 포함되어 있어 특별한 관리가 필요한 폐기물
> 3. 일반의료폐기물 : 혈액·체액·분비물·배설물이 함유되어 있는 탈지면, 붕대, 거즈, 일회용 기저귀, 생리대, 일회용 주사기, 수액세트

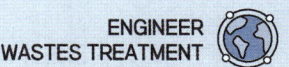

> **비고**
> 1. 의료폐기물이 아닌 폐기물로서 의료폐기물과 혼합되거나 접촉된 폐기물은 혼합되거나 접촉된 의료폐기물과 같은 폐기물로 본다.
> 2. 채혈진단에 사용된 혈액이 담긴 검사튜브, 용기 등은 제2호가목의 조직물류폐기물로 본다.
> 3. 제3호 중 일회용 기저귀는 다음 각 목의 일회용 기저귀로 한정한다.
>   가. 「감염병의 예방 및 관리에 관한 법률」 제2조제13호부터 제15호까지의 규정에 따른 감염병환자, 감염병의사환자 또는 병원체보유자(이하 "감염병환자등"이라 한다)가 사용한 일회용 기저귀. 다만, 일회용 기저귀를 매개로 한 전염 가능성이 낮다고 판단되는 감염병으로서 기후에너지환경부장관이 고시하는 감염병 관련 감염병환자등이 사용한 일회용 기저귀는 제외한다.
>   나. 혈액이 함유되어 있는 일회용 기저귀

> ★ **출제빈도**
> • 기사 : 10회 이상 출제 – 고빈출!
> • 산업기사 : 13년 1회, 18년 2, 4회, 19년 2회

5) **제5조(폐기물처리시설)** 폐기물처리시설은 별표 3과 같다.

> 💡 **[별표 3] 폐기물 처리시설의 종류(제5조 관련)**
> 1. 중간처분시설
>   가. 소각시설
>   1) 일반 소각시설
>   2) 고온 소각시설
>   3) 열 분해시설(가스화시설을 포함한다)
>   4) 고온 용융시설
>   5) 열처리 조합시설 [1)에서 4)까지의 시설 중 둘 이상의 시설이 조합된 시설]
>   나. 기계적 처분시설
>   1) 압축시설(동력 7.5kW 이상인 시설로 한정한다)
>   2) 파쇄·분쇄 시설(동력 15kW 이상인 시설로 한정한다)
>   3) 절단시설(동력 7.5kW 이상인 시설로 한정한다)
>   4) 용융시설(동력 7.5kW 이상인 시설로 한정한다)
>   5) 증발·농축 시설
>   6) 정제시설(분리·증류·추출·여과 등의 시설을 이용하여 폐기물을 처분하는 단위시설을 포함한다)
>   7) 유수 분리시설
>   8) 탈수·건조 시설
>   9) 멸균분쇄 시설

다. 화학적 처분시설
  1) 고형화 · 고화 · 안정화 시설
  2) 반응시설(중화 · 산화 · 환원 · 중합 · 축합 · 치환 등의 화학반응을 이용하여 폐기물을 처분하는 단위시설을 포함한다)
  3) 응집 · 침전 시설
라. 생물학적 처분시설
  1) 소멸화 시설(1일 처분능력 100킬로그램 이상인 시설로 한정한다)
  2) 호기성(好氣性: 산소가 있을 때 생육하는 성질) · 혐기성(嫌氣性: 산소가 없을 때 생육하는 성질) 분해시설
마. 그 밖에 기후에너지환경부장관이 폐기물을 안전하게 중간처분할 수 있다고 인정하여 고시하는 시설

2. 최종 처분시설
가. 매립시설
  1) 차단형 매립시설
  2) 관리형 매립시설(침출수 처리시설, 가스 소각 · 발전 · 연료화 시설 등 부대시설을 포함한다)
나. 그 밖에 기후에너지환경부장관이 폐기물을 안전하게 최종처분할 수 있다고 인정하여 고시하는 시설

3. 재활용시설
가. 기계적 재활용시설
  1) 압축 · 압출 · 성형 · 주조시설(동력 7.5kW 이상인 시설로 한정한다)
  2) 파쇄 · 분쇄 · 탈피 시설(동력 15kW 이상인 시설로 한정한다)
  3) 절단시설(동력 7.5kW 이상인 시설로 한정한다)
  4) 용융 · 용해시설(동력 7.5kW 이상인 시설로 한정한다)
  5) 연료화시설
  6) 증발 · 농축 시설
  7) 정제시설(분리 · 증류 · 추출 · 여과 등의 시설을 이용하여 폐기물을 재활용하는 단위시설을 포함한다)
  8) 유수 분리 시설
  9) 탈수 · 건조 시설
  10) 세척시설(철도용 폐목재 받침목을 재활용하는 경우로 한정한다)
나. 화학적 재활용시설
  1) 고형화 · 고화 시설
  2) 반응시설(중화 · 산화 · 환원 · 중합 · 축합 · 치환 등의 화학반응을 이용하여 폐기물을 재활용하는 단위시설을 포함한다)
  3) 응집 · 침전 시설

다. 생물학적 재활용시설
  1) 1일 재활용능력이 100킬로그램 이상인 다음의 시설
    가) 부숙(썩혀서 익히는 것) 시설(미생물을 이용하여 유기물질을 발효하는 등의 과정을 거쳐 제품의 원료 등을 만드는 시설을 말하며, 1일 재활용능력이 100킬로그램 이상 200킬로그램 미만인 음식물류 폐기물 부숙시설은 제외한다)
    나) 사료화 시설(건조에 의한 사료화 시설을 포함한다)
    다) 퇴비화 시설(건조에 의한 퇴비화 시설, 지렁이분변토 생산시설 및 생석회 처리시설을 포함한다)
    라) 동애등에분변토 생산시설
    마) 부숙토(腐熟土: 썩혀서 익힌 흙) 생산시설
  2) 호기성·혐기성 분해시설
  3) 버섯재배시설
라. 시멘트 소성로
마. 용해로(폐기물에서 비철금속을 추출하는 경우로 한정한다)
바. 소성(시멘트 소성로는 제외한다)·탄화 시설
사. 골재가공시설
아. 의약품 제조시설
자. 소각열회수시설(시간당 재활용능력이 200킬로그램 이상인 시설로서 에너지를 회수하기 위하여 설치하는 시설만 해당한다)
차. 수은회수시설
카. 그 밖에 기후에너지환경부장관이 폐기물을 안전하게 재활용할 수 있다고 인정하여 고시하는 시설

> ★ **출제빈도**
> - **기사** : 10회 이상 출제! – 고빈출!
> - **산업기사** : 10회 이상 출제! – 고빈출!

6) 제6조(폐기물 감량화시설) "대통령령으로 정하는 시설"이란 별표 4의 시설을 말한다.

> **[별표 4] 폐기물 감량화시설의 종류(제6조 관련)**
> 1. 공정 개선시설
>   물질정제, 물질대체에 의한 원료 변경과 해당 제조공정 일부 또는 전체 공정의 변경, 설비 변경 등의 방법으로 해당 공정에서 배출되는 폐기물의 총량을 줄이는 효과가 있는 시설
> 2. 폐기물 재이용시설
>   제조공정에서 발생되는 폐기물을 해당 공정의 원료 또는 부원료로 재사용하거나 다른 공정의 원료로 사용하기 위하여 사업자가 같은 사업장에 설치하는 시설
> 3. 폐기물 재활용시설
>   제조공정에서 발생되는 폐기물을 재활용하기 위하여 같은 사업장에서 제조시설과 연속선상에 설치하는 「자원의 절약과 재활용촉진에 관한 법률」 제2조제10호의 재활용시설 중 기후에너지환경부령으로 정하는 시설
> 4. 그 밖의 폐기물 감량화시설
>   사업장폐기물의 발생과 배출을 줄이는 효과가 있다고 기후에너지환경부장관이 정하여 고시하는 시설

> **★ 출제빈도**
> • 기사 : 19년 1회, 21년 2회
> • 산업기사 : 17년 1회, 20년 1, 2회

2 폐기물의 배출 및 처리

1) 제8조(생활폐기물의 처리대행자)

"대통령령으로 정하는 자"란 다음 각 호의 어느 하나에 해당하는 자를 말한다. 다만, 제4호는 농업활동으로 발생하는 폐플라스틱 필름·시트류를 재활용하거나 폐농약용기 등 폐농약포장재를 재활용 또는 소각하는 경우만 해당한다.
1. 폐기물처리업자
2. 폐기물처리 신고자
3. 「한국환경공단법」에 따른 한국환경공단(이하 "한국환경공단"이라 한다)
4. 「전기·전자제품 및 자동차의 자원순환에 관한 법률」에 따른 전기·전자제품 재활용의무생산자 또는 같은 법 제16조의4제1항에 따른 전기·전자제품 판매업자(전기·전자제품 재활용의무생산자 또는 전기·전자제품 판매업자로부터 회수·재활용을 위탁받은 자를 포함한다) 중 전기·전자제품을 재활용하기 위하여 스스로 회수하는 체계를 갖춘 자
5. 「자원의 절약과 재활용촉진에 관한 법률」에 따른 재활용센터를 운영하는 자(대형폐기물을 수집·운반 및 재활용하는 것만 해당한다)
6. 「자원의 절약과 재활용촉진에 관한 법률」에 따른 재활용의무생산자 중 제품·포장재를 스스로 회수하여 재활용하는 체계를 갖춘 자(재활용의무생산자로부터 재활용을 위탁받은 자를 포함한다)

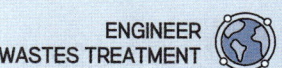

7. 「건설폐기물 재활용촉진에 관한 법률」에 따라 건설폐기물 처리업의 허가를 받은 자(공사·작업 등으로 인하여 5톤 미만으로 발생되는 생활폐기물을 기준과 방법에 따라 재활용하기 위하여 수집·운반하거나 재활용하는 경우만 해당한다)

> ★ **출제빈도**
> - **기사** : 16년 1회
> - **산업기사** : 17년 1회, 20년 1, 2회

2) 제14조(주변지역 영향 조사대상 폐기물처리시설)

"대통령령으로 정하는 폐기물처리시설"이란 폐기물처리업자가 설치·운영하는 다음 각 호의 시설을 말한다.

1. 1일 처분능력이 50톤 이상인 사업장폐기물 소각시설(같은 사업장에 여러 개의 소각시설이 있는 경우에는 각 소각시설의 1일 처분능력의 합계가 50톤 이상인 경우를 말한다)
2. 매립면적 1만 제곱미터 이상의 사업장 지정폐기물 매립시설
3. 매립면적 15만 제곱미터 이상의 사업장 일반폐기물 매립시설
4. 시멘트 소성로(폐기물을 연료로 사용하는 경우로 한정한다)
5. 1일 재활용능력이 50톤 이상인 사업장폐기물 소각열회수시설(같은 사업장에 여러 개의 소각열회수시설이 있는 경우에는 각 소각열회수시설의 1일 재활용능력의 합계가 50톤 이상인 경우를 말한다)

※ 위 시설을 설치, 운영하는 자는 그 폐기물 처리시설의 설치, 운영이 주변지역에 미치는 영향을 3년마다 조사하여 그 결과를 기후에너지환경부 장관에게 제출하여야 한다.

> ★ **출제빈도**
> - **기사** : 10회 이상 빈출 – 고빈출!
> - **산업기사** : 17년 2회, 18년 1회, 19년 1, 4회, 20년 1, 2회

3 폐기물처리업자 등에 대한 지도·감독 등

1) 제15조(기술관리인을 두어야 할 폐기물처리시설)

"대통령령으로 정하는 폐기물처리시설"이란 다음 각 호의 시설을 말한다. 다만, 폐기물처리업자가 운영하는 폐기물처리시설은 제외한다.

1. 매립시설의 경우
   가. 지정폐기물을 매립하는 시설로서 면적이 3천300 제곱미터 이상인 시설. 다만, 별표 3의 제2호 최종처분시설 중 가목의 1)차단형 매립시설에서는 면적이 330 제곱미터 이상이거나 매립용적이 1천 세제곱미터 이상인 시설로 한다.
   나. 지정폐기물 외의 폐기물을 매립하는 시설로서 면적이 1만 제곱미터 이상이거나 매립용적이 3만 세제곱미터 이상인 시설

2. 소각시설로서 시간당 처분능력이 600킬로그램(의료폐기물을 대상으로 하는 소각시설의 경우에는 200킬로그램) 이상인 시설
3. 압축·파쇄·분쇄 또는 절단시설로서 1일 처분능력 또는 재활용능력이 100톤 이상인 시설
4. 사료화·퇴비화 또는 연료화시설로서 1일 재활용능력이 5톤 이상인 시설
5. 멸균분쇄시설로서 시간당 처분능력이 100킬로그램 이상인 시설
6. 시멘트 소성로
7. 용해로(폐기물에서 비철금속을 추출하는 경우로 한정한다)로서 시간당 재활용능력이 600킬로그램 이상인 시설
8. 소각열회수시설로서 시간당 재활용능력이 600킬로그램 이상인 시설

> ⭐ 출제빈도
> • 기사 : 10회 이상 빈출 - 고빈출!
> • 산업기사 : 10회 이상 빈출 - 고빈출!

2) 제16조(기술관리대행자)

폐기물처리시설의 유지·관리에 관한 기술관리를 대행할 수 있는 자는 다음 각 호의 자로 한다.
1. 한국환경공단
2. 「엔지니어링산업 진흥법」 제21조에 따라 신고한 엔지니어링사업자
3. 「기술사법」 제6조에 따른 기술사사무소(법 제34조제2항에 따른 자격을 가진 기술사가 개설한 사무소로 한정한다)
4. 그 밖에 기후에너지환경부장관이 기술관리를 대행할 능력이 있다고 인정하여 고시하는 자

> ⭐ 출제빈도
> • 기사 : 17년 2회, 19년 4회, 21년 4회
> • 산업기사 : 18년 2회, 19년 4회, 20년 1, 2, 3회

3) 제23조(방치폐기물의 처리량과 처리기간)

① 폐기물 처리 공제조합에 처리를 명할 수 있는 방치폐기물의 처리량은 다음 각 호와 같다.
  1. 폐기물처리업자가 방치한 폐기물의 경우 : 그 폐기물처리업자의 폐기물 허용보관량의 2배 이내
  2. 폐기물처리 신고자가 방치한 폐기물의 경우 : 그 폐기물처리 신고자의 폐기물 보관량의 2배 이내
② 기후에너지환경부장관이나 시·도지사는 폐기물 처리 공제조합에 방치폐기물의 처리를 명하려면 주변환경의 오염 우려 정도와 방치폐기물의 처리량 등을 고려하여 2개월의 범위에서 그 처리기간을 정해야 한다. 다만, 부득이한 사유로 처리기간 내에 방치폐기물을 처리하기 곤란하다고 기후에너지환경부장관이나 시·도지사가 인정하면 1개월의 범위에서 한 차례만 그 기간을 연장할 수 있다.

> ⭐ 출제빈도
> • 기사 : 16년 1, 4회, 17년 4회, 19년 1회, 20년 1, 2, 4회
> • 산업기사 : 13년 1회, 16년 1회, 18년 1회, 19년 1, 4회

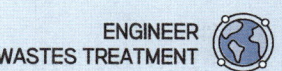

UNIT 03 폐기물관리법 시행규칙

1 제2조(지정폐기물의 유해물질 함유기준 등)

① 「폐기물관리법 시행령」에서 "기후에너지환경부령으로 정하는 물질"이란 별표 1의 물질을 말한다.

> 💡 **시행규칙 별표 1 (지정폐기물에 함유된 유해물질)**
>
> 1. 오니류ㆍ폐흡착제 및 폐흡수제에 함유된 유해물질
>   가. 납 또는 그 화합물[「환경분야 시험ㆍ검사 등에 관한 법률」제6조제1항제7호에 따라 기후에너지환경부장관이 고시한 폐기물 분야에 대한 환경오염공정시험기준(이하 "폐기물공정시험기준"이라 한다)에 따른 용출시험 결과 용출액 1리터당 3밀리그램 이상의 납을 함유한 경우만 해당한다]
>   나. 구리 또는 그 화합물[폐기물공정시험기준에 의한 용출시험 결과 용출액 1리터당 3밀리그램 이상의 구리를 함유한 경우만 해당한다]
>   다. 비소 또는 그 화합물[폐기물공정시험기준에 의한 용출시험 결과 용출액 1리터당 1.5밀리그램 이상의 비소를 함유한 경우만 해당한다]
>   라. 수은 또는 그 화합물[폐기물공정시험기준에 의한 용출시험 결과 용출액 1리터당 0.005밀리그램 이상의 수은을 함유한 경우만 해당한다]
>   마. 카드뮴 또는 그 화합물[폐기물공정시험기준에 의한 용출시험 결과 용출액 1리터당 0.3밀리그램 이상의 카드뮴을 함유한 경우만 해당한다]
>   바. 6가크롬화합물[폐기물공정시험기준에 의한 용출시험 결과 용출액 1리터당 1.5밀리그램 이상의 6가크롬을 함유한 경우만 해당한다]
>   사. 시안화합물[폐기물공정시험기준에 의한 용출시험 결과 용출액 1리터당 1밀리그램 이상의 시안화합물을 함유한 경우만 해당한다]
>   아. 유기인화합물[폐기물공정시험기준에 의한 용출시험 결과 용출액 1리터당 1밀리그램 이상의 유기인화합물을 함유한 경우만 해당한다]
>   자. 테트라클로로에틸렌[폐기물공정시험기준에 의한 용출시험 결과 용출액 1리터당 0.1밀리그램 이상의 테트라클로로에틸렌을 함유한 경우만 해당한다]
>   차. 트리클로로에틸렌[폐기물공정시험기준에 의한 용출시험 결과 용출액 1리터당 0.3밀리그램 이상의 트리클로로에틸렌을 함유한 경우만 해당한다]
>   카. 기름성분(중량비를 기준으로 하여 유해물질을 5퍼센트 이상 함유한 경우만 해당한다)
>   타. 그 밖에 기후에너지환경부장관이 정하여 고시하는 물질
> 2. 광재ㆍ분진ㆍ폐주물사ㆍ폐사ㆍ폐내화물ㆍ도자기조각ㆍ소각재, 안정화 또는 고형화ㆍ고화 처리물, 폐촉매 및 수은함유폐기물 처리잔재물에 함유된 유해물질
>   가. 제1호 가목부터 사목까지의 규정과 카목에 따른 유해물질(분진과 소각재의 경우에는 제1호 가목부터 사목까지의 규정에 따른 유해물질만 해당한다)

나. 석면(고형화 처리물의 경우로서 건조 고형물의 함량을 기준으로 하여 석면이 1퍼센트 이상 함유된 경우로 한정한다)
다. 천연방사성핵종(천연방사성제품폐기물 소각재에 포함된 경우만 해당한다)
라. 그 밖에 기후에너지환경부장관이 정하여 고시하는 물질

② "기후에너지환경부령으로 정하는 물질"이란 별표 2의 물질을 말한다.

> 💡 **시행규칙 별표 2 (폐유기용제 중 할로겐족에 해당되는 물질)**
> 1. 디클로로메탄(Dichloromethane)
> 2. 트리클로로메탄(Trichloromethane)
> 3. 테트라클로로메탄(Tetrachloromethane)
> 4. 디클로로디플루오로메탄(Dichlorodifluoromethane)
> 5. 트리클로로플루오로메탄(Trichlorofluoromethane)
> 6. 디클로로에탄(Dichloroethane)
> 7. 트리클로로에탄(Trichloroethane)
> 8. 트리클로로트리플루오로에탄(Trichlorotrifluoroethane)
> 9. 트리클로로에틸렌(Trichloroethylene)
> 10. 테트라클로로에틸렌(Tetrachloroethylene)
> 11. 클로로벤젠(Chlorobenzene)
> 12. 디클로로벤젠(Dichlorobenzene)
> 13. 모노클로로페놀(Monochlorophenol)
> 14. 디클로로페놀(Dichlorophenol)
> 15. 1,1-디클로로에틸렌(1,1-Dichloroethylene)
> 16. 1,3-디클로로프로펜(1,3-Dichloropropene)
> 17. 1,1,2-트리클로로-1,2,2-트리플로로에탄(1,1,2-Trichloro-1,2,2-trifluroethane)
> 18. 제1호부터 제17호까지의 규정에 해당하는 물질을 중량비를 기준으로 하여 5퍼센트 이상 함유한 물질

> ⭐ **출제빈도**
> • 기사 : 16년 4회, 20년 4회, 21년 1, 2회, 22년 2회
> • 산업기사 : 13년 1회

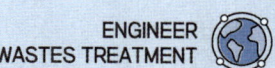

2 제3조(에너지 회수기준 등)

① 「폐기물관리법」(이하 "법"이라 한다) "기후에너지환경부령으로 정하는 활동"이란 다음 각 호의 어느 하나에 해당하는 활동을 말한다.
  1. 가연성 고형폐기물로부터 다음 각 목에 따른 기준에 맞게 에너지를 회수하는 활동
     가. 다른 물질과 혼합하지 아니하고 해당 폐기물의 저위발열량이 킬로그램당 3천 킬로칼로리 이상일 것
     나. 에너지의 회수효율(회수에너지 총량을 투입에너지 총량으로 나눈 비율을 말한다)이 75퍼센트 이상일 것
     다. 회수열을 모두 열원(熱源), 전기 등의 형태로 스스로 이용하거나 다른 사람에게 공급할 것
     라. 기후에너지환경부장관이 정하여 고시하는 경우에는 폐기물의 30퍼센트 이상을 원료나 재료로 재활용하고 그 나머지 중에서 에너지의 회수에 이용할 것
  2. 폐기물을 에너지를 회수할 수 있는 상태로 만드는 활동으로서 다음 각 목의 어느 하나에 해당하는 활동
     가. 가연성 고형폐기물을 「자원의 절약과 재활용촉진에 관한 법률 시행규칙」 별표 7에서 정한 기준에 적합한 고형연료제품으로 만드는 활동
     나. 폐기물을 혐기성(嫌氣性: 산소가 없을 때 생육하는 성질) 소화, 정제, 유화 등의 방법으로 에너지를 회수할 수 있는 상태로 만드는 활동
  3. 다음 각 목의 어느 하나에 해당하는 폐기물(지정폐기물은 제외한다)을 시멘트 소성로 및 기후에너지환경부장관이 정하여 고시하는 시설에서 연료로 사용하는 활동
     가. 폐타이어
     나. 폐섬유
     다. 폐목재
     라. 폐합성수지
     마. 폐합성고무
     바. 분진[중유회, 코크스(다공질 고체 탄소 연료) 분진만 해당한다]
     사. 그 밖에 기후에너지환경부장관이 정하여 고시하는 폐기물
② 에너지회수기준의 측정방법 등은 기후에너지환경부장관이 정하여 고시한다.
③ 에너지회수기준을 측정하는 기관은 다음 각 호와 같다.
  1. 「한국환경공단법」에 따른 한국환경공단(이하 "한국환경공단"이라 한다)
  2. 「과학기술분야 정부출연연구기관 등의 설립·운영 및 육성에 관한 법률」에 따라 설립된 한국기계연구원(이하 "한국기계연구원"이라 한다) 및 한국에너지기술연구원
  3. 「산업기술혁신 촉진법」에 따른 한국산업기술시험원(이하 "한국산업기술시험원"이라 한다)
  4. 「국가표준기본법」에 따라 인정받은 시험·검사기관 중 기후에너지환경부장관이 지정하는 기관

> ★ 출제빈도
> • 기사 : 10회 이상 출제 – 고빈출!
> • 산업기사 : 10회 이상 출제 – 고빈출!

❸ 제4조의2(폐기물의 종류 및 재활용 유형)

① 폐기물의 종류별 세부분류는 별표 4와 같다.

> 💡 **시행규칙 별표 4 (폐기물의 종류별 세부분류)**
>
> ↳ 앞에 두 숫자까지 암기를 권장합니다. (XX - XX - (암기 X))
>
> 1. 지정폐기물의 세부분류 및 분류번호
>   01 특정시설에서 발생하는 폐기물
>   01-01 폐합성고분자화합물
>   01-02 오니류
>   01-03 폐농약
>   02 부식성폐기물
>   02-01 폐산
>   02-01-01 폐염산
>   02-01-02 폐황산(폐황산이 포함된 2차폐축전지는 제외한다)
>   02-01-03 폐질산
>   02-02 폐알칼리
>   03 유해물질 함유 폐기물
>   03-01 광재(鑛滓)
>   03-02-00 분진
>   03-03 폐주물사 및 폐사
>   03-04 폐내화물 및 폐도자기조각
>   03-05 소각재
>   03-06 안정화 또는 고형화·고화 처리물
>   03-07 폐촉매
>   03-08 폐흡착제 및 폐흡수제
>   04 폐유기용제
>   05 폐페인트 및 폐락카
>   06 폐유
>   06-01 폐광물유
>   07 폐석면
>   07-01 제품·설비(뿜칠로 사용된 것을 포함한다) 등의 해체·제거 시 발생되는 폐석면
>   07-01-01 흩날릴 우려가 없는 폐석면
>   07-01-02 흩날릴 우려가 있는 폐석면

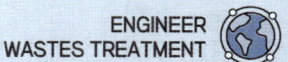

07-02-00 석면제품 등의 연마·절단·가공 공정에서 발생된 부스러기 및 연마·절단·가공 시설의 집진기에서 모아진 분진
07-03-00 석면의 제거작업에 사용된 모든 비닐시트·방진마스크·작업복·집진필터 등

08 폴리클로리네이티드비페닐 함유 폐기물
    08-01-00 폴리클로리네이티드비페닐 함유 폐유
    08-02-00 폴리클로리네이티드비페닐 함유 폐유기용제
    08-03-00 그 밖의 폴리클로리네이티드비페닐을 함유한 액상의 것
    08-04-00 그 밖의 폴리클로리네이티드비페닐을 함유한 액상이 아닌 것

09 폐유독물질
    09-01-00 「화학물질관리법」 제2조제5호에 따른 금지물질
    09-02-00 연구·검사용 폐시약
    09-03-00 「화학물질관리법」제2조제7호에 따른 유해화학물질
    09-04-00 「화학물질관리법」제2조제3호 및 제4호에 따른 허가물질 및 제한물질

10 의료폐기물
    10-11-00 격리의료폐기물
    10-12 위해의료폐기물
    10-12-01 조직물류폐기물(태반을 재활용하는 경우는 제외한다)
    10-12-02 병리계폐기물
    10-12-03 손상성폐기물
    10-12-04 생물·화학폐기물
    10-12-05 혈액오염폐기물
    10-12-06 인체조직물 중 태반(재활용하는 경우에만 해당한다)
    10-13-00 일반의료폐기물

11 수은폐기물
    11-01 수은함유폐기물

12-00-00 천연방사성제품폐기물
30-00-00 그 밖에 기후에너지환경부장관이 정하여 고시하는 폐기물

2. 사업장일반폐기물의 세부분류 및 분류번호

51-01 유기성오니류
51-02 무기성오니류
51-03 폐합성고분자화합물
51-04 광재류
51-05 분진류(대기오염방지시설에서 포집된 것으로 한정하되, 소각시설에서 발생하는 것은 제외한다)
51-06 폐주물사 및 폐사
51-07 폐내화물 및 폐도자기조각

51-08 소각재

51-09 안정화 또는 고형화·고화 처리물

51-10 폐촉매

51-11 폐흡착제 및 폐흡수제

51-12 폐석고 및 폐석회

51-13 연소잔재물

51-14 폐석재류

51-15 폐타이어

51-16-00 폐식용유

51-17 동·식물성잔재물
    (식료품 및 음료제조업 등에서 발생하는 잔재물을 포함하며, 음식물류 폐기물은 제외한다)

51-18 폐전기전자제품류

51-19-00 왕겨 및 쌀겨

51-20 폐목재류(원목의 용도 그대로 사용하는 나무뿌리·가지 등을 제거한 원줄기는 제외한다)

51-21 폐토사류

51-22 폐콘크리트류

51-23-00 폐아스팔트콘크리트

51-24-00 폐벽돌

51-25-00 폐블록

51-26-00 폐기와

51-27 폐섬유류

51-28 폐지류

51-29 폐금속류

51-29-01 고철

51-29-02 비철금속

51-29-03 폐금속캔류
    (「자원의 절약과 재활용촉진에 관한 법률 시행령」 제18조제1호에 해당하는 것을 말한다)

51-30 폐유리류

51-31-00 폐타일

51-32-00 폐보드류

51-33-00 폐판넬

51-35-00 폐전주(폐애자, 폐근가 및 폐합성수지제 덮개류 등을 포함한다)

51-36 폐가스포집물

51-37 폐냉매물질

51-38 음식물류폐기물 및 처리물

51-39-00 폐사료

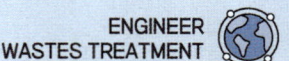

　　51-40 폐소화기류
　　51-41 폐전지류
　　51-42-00 폐의약품류
　　51-43-00 폐흑연가루
　　51-44-00 나노폐기물(나노물질을 제조·가공하는 과정에서 발생된 분진을 말한다)
　　51-45 폐차발생폐기물
　　51-46-00 의료폐기물 멸균분쇄잔재물
　　51-99-00 그 밖의 폐기물

3. 생활폐기물의 세부분류 및 분류번호
　　91-01-00 종량제봉투 배출 폐기물(합성수지 종량제 봉투에 배출되는 폐기물을 말한다)
　　91-02-00 음식물류 폐기물(분리배출된 음식물류 폐기물을 말한다)
　　91-03-00 폐식용유(가정 및 음식점에서 분리배출된 것을 말한다)
　　91-04-00 폐지류(종이팩을 포함한다)
　　91-05-00 고철 및 금속캔류
　　91-06-01 폐합성수지(폴리염화비닐은 제외한다)
　　91-06-02 폐합성수지(폴리염화비닐)
　　91-06-03 폐합성고무류
　　91-07-01 유리병
　　91-07-02 폐유리
　　91-08-00 폐의류 및 원단류(섬유재질의 커튼, 현수막 등을 포함한다)
　　91-09-00 폐전기전자제품
　　91-10 폐목재 및 폐가구류
　　91-11-00 건설폐재류(콘크리트, 벽돌 등을 말한다)
　　91-12-00 폐타일 및 도자기류
　　91-13-00 조명폐기물
　　91-14-00 폐전지류
　　91-15-00 연탄재
　　91-16-00 동물성 잔재물(동물의 사체, 수산가공물, 유지 등을 포함한다)
　　91-17-00 식물성 잔재물
　　91-18-01 영농폐기물(농약용기류)
　　91-18-02 영농폐기물(농촌폐비닐)
　　91-19-00 폐소화기류
　　91-20-00 천연방사성제품생활폐기물
　　91-21-00 1회용 컵
　　91-99-00 그 밖의 생활폐기물

② 폐기물의 재활용 유형별 세부분류는 별표 4의2와 같다.

> **시행규칙 별표 4의2 [폐기물의 재활용 유형별 세부분류(제4조의2제2항 관련)]**
>
> 1. **원형 그대로 또는 단순 수리·수선하여 재사용하는 유형(R-1, R-2)**
>   가. R-1: 원형 그대로 재사용(일정한 규격의 용기나 상자에 넣거나 포장하여 재사용하는 자에게 제공하는 경우를 포함한다)하는 유형
>   1) R-1-1: 원형 그대로 본래의 용도로 재사용하는 유형
>   2) R-1-2: 원형 그대로 본래의 용도와 다른 용도로 재사용하는 유형
>   나. R-2: 단순 수리·수선, 건조 및 세척하여 재사용하는 유형
>   1) R-2-1: 단순 수리·수선, 건조 및 세척을 통해 본래의 용도로 재사용하는 유형
>   2) R-2-2: 단순 수리·수선, 건조 및 세척을 통해 본래와 다른 용도로 재사용하는 유형
>
> 2. **고상(固狀)의 자원을 회수하거나 제품의 원료를 제조하는 유형 또는 제품을 제조하는 유형(R-3, R-4)**
>   가. R-3: 고상의 자원을 회수하거나 제품의 원료를 제조하는 유형
>   1) R-3-1: 단순 해체, 분리, 파쇄, 선별 등의 공정을 통해 폐기물에서 금속 또는 비금속 자원을 회수하는 유형
>   2) R-3-2: 용융, 용해, 반응, 추출 등의 공정을 통해 폐기물에서 금속 또는 비금속 자원을 회수하는 유형
>   3) R-3-3: 분리, 선별, 압축, 감용, 절단, 파쇄, 분쇄, 용융, 반응, 증발·농축, 증류, 추출 및 열분해 등의 공정을 통해 폐기물을 종이, 금속, 유리, 합성수지, 섬유, 고무, 석유, 석유화학제품 또는 석유대체연료의 원료물질로 제조하는 유형
>   4) R-3-4: 분리, 선별, 압축, 감용, 절단, 파쇄, 분쇄, 용융, 반응, 증발·농축, 증류, 추출 및 열분해 등의 공정을 통해 폐기물을 종이, 금속, 유리, 합성수지, 섬유, 고무, 석유, 석유화학제품 또는 석유대체연료 외의 원료물질로 제조하는 유형
>   5) R-3-5: 금속제품 제조를 위한 부원료 또는 첨가제로 제조하는 유형
>   나. R-4: 제품을 제조하는 유형
>   1) R-4-1: 금속성 제품을 제조하는 유형
>   2) R-4-2: 골재, 유리, 시멘트, 콘크리트 및 레미콘, 내화물, 요업제품, 각종 석제품 등 비금속광물제품이나 아스콘, 아스팔트, 고화제(固化劑: 고체화를 위한 첨가물) 등 기타 비금속광물제품을 제조하는 유형
>   3) R-4-3: 펄프, 종이 및 종이제품을 제조하는 유형
>   4) R-4-4: 고무, 섬유 및 플라스틱 등 수지류를 고무, 섬유 또는 합성수지 제품으로 제조하는 유형
>   5) R-4-5: 목재성형제품, 톱밥, 성형탄 등 나무제품이나 활성탄, 흡착·흡수제를 제조하는 유형
>   6) R-4-6: 재생유기용제, 재생윤활유 등 석유정제물을 제조하는 유형
>   7) R-4-7: 유·무기성 화합물, 산화물 등의 화학물질이나 안료나 도료, 페인트, 착색제 등 화학제품을 제조하는 유형

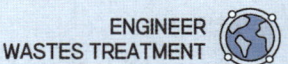

8) R-4-8 : 동·식물성 유지나 비누 등 유지제품을 제조하는 유형
9) R-4-9 : 수처리제나 유기탄소원, 응집제 등 수질개선을 목적으로 하는 제품을 제조하는 유형
10) R-4-10 : 의약품을 제조하는 유형

3. 농업이나 토질개선을 위하여 재활용하는 유형(R-5, R-6)
가. R-5 : 유·무기물질을 농업의 생산에 기여할 목적으로 재활용하는 유형
1) R-5-1 : 「비료관리법」에 따른 비료(퇴비를 포함한다)를 생산하는 유형
2) R-5-2 : 「사료관리법」에 따른 사료를 생산하는 유형
3) R-5-3 : 버섯재배용 배지를 제조하거나 배지로 사용하는 유형
4) R-5-4 : 자가 사육하는 가축(지렁이는 제외한다)의 먹이나 자가 농경지 또는 초지의 퇴비로 사용하는 유형

나. R-6 : 유기물질을 토질개선의 목적으로 재활용하는 유형
1) R-6-1 : 생물학적 처리과정을 거쳐 부숙토나 지렁이 분변토를 만들어 매립시설 복토재 또는 토양개량제를 생산하는 유형
2) R-6-2 : 비탈면 녹화토[절토(땅깎기)·성토(흙쌓기) 공사 등으로 발생한 비탈면의 낙석방지, 생태복원 또는 녹화에 사용하는 인공토양을 말한다]를 생산하는 유형

4. 토양이나 공유수면 등에 성토재·복토재·도로기층재·채움재 등으로 재활용하는 유형(R-7)
가. R-7-1 : 인·허가 받은 토목·건축공사의 성토재·보조기층재·복토재·도로기층재·채움재로 사용하는 유형
나. R-7-2 : 공유수면의 매립면허를 받은 지역의 성토재 또는 뒷채움지로 사용하는 유형
다. R-7-3 : 폐기물매립시설의 복토재 또는 바다와 인접한 폐기물매립시설의 복토재, 차수재로 사용하는 유형
라. R-7-4 : 석산의 채석지역 내 하부복구지·저지대의 채움재로 사용하는 유형
마. R-7-5 : 석유저장 옥외탱크, 지하매설관로 주변의 방식사로 사용하는 유형
바. R-7-6 : 농경지의 성토재로 사용하는 유형

5. 에너지를 직접 회수하거나 회수할 수 있는 상태로 만드는 유형(R-8, R-9)
가. R-8 : 에너지를 직접 회수하는 유형
1) R-8-1 : 시멘트소성로의 보조연료로 사용하는 유형
2) R-8-2 : 소각열회수시설 등을 통해 제3조제1항제1호에 따른 에너지 회수기준에 적합하게 에너지를 회수하는 유형

나. R-9 : 에너지를 회수할 수 있는 상태로 만드는 유형
1) R-9-1 : 「자원의 절약과 재활용촉진에 관한 법률 시행규칙」 별표 7에 따른 고형연료제품의 품질기준에 적합하게 고형연료제품을 만드는 유형

2) R-9-2 : 정제, 유화 등의 물리·화학적 처리방법으로 정제연료유나 재생연료유 등 유류를 만들거나 유화정제연료유로 사용하는 유형
3) R-9-3 : 열분해, 탄화 등 열적 처리방법으로 수소 등의 기체, 액체 및 고체상의 연료를 만드는 유형
4) R-9-4 : 혐기성소화·분해 등 생물학적 처리방법으로 기체·액체상의 연료를 만드는 유형
5) R-9-5 : 화력발전소, 열병합발전소의 연료로 사용하는 유형

6. 제품 제조 등을 위한 중간가공폐기물을 만드는 유형(R-10)
R-10-1 : R-3부터 R-9까지의 재활용 유형에 따라 재활용하기 위한 중간가공폐기물을 만드는 유형

7. 재활용환경성평가 승인을 받은 유형(R-11)
가. R-11-1 : 법 제13조의3제1항제1호에 따라 재활용환경성평가 승인을 받은 유형
나. R-11-2 : 법 제13조의3제1항제2호에 따라 재활용환경성평가 승인을 받은 유형

> ★ 출제빈도
> • 기사 : 16년 1, 4회, 20년 4회
> • 산업기사 : 13년 1회, 19년 2회

4 제5조(광역 폐기물처리시설의 설치·운영의 위탁)

광역폐기물처리시설의 설치·운영을 위탁할 수 있는 자는 다음 각 호의 자를 말한다.
1. 한국환경공단
1의2. 「수도권매립지관리공사의 설립 및 운영 등에 관한 법률」에 따른 수도권매립지관리공사(이하 "수도권매립지관리공사"라 한다)
2. 「지방자치법」에 따른 지방자치단체조합으로서 폐기물의 광역처리를 위하여 설립된 조합
3. 해당 광역 폐기물처리시설을 시공한 자(그 시설의 운영을 위탁하는 경우에만 해당한다)
4. 별표 4의4의 기준에 맞는 자

> ★ 출제빈도
> • 기사 : 16년 2회, 17년 4회, 18년 1회, 20년 3회

5 제8조(폐기물의 보관 등에서 발생하는 침출수의 처리기준)

침출수를 처리할 때에는 별표 11 제1호라목에 따른 침출수 배출허용기준 이하로 처리하여야 한다.

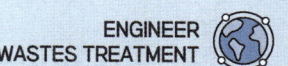

[관리형 매립시설 – 침출수 배출허용기준]

구분	생물화학적 산소요구량(mg/L)	화학적 산소요구량(mg/L)	부유물질량(mg/L)
청정지역	30	200	30
가지역	50	300	50
나지역	70	400	70

[매립시설침출수의 페놀류 등 오염물질의 배출허용기준]

항목 / 지역	수소이온농도	노말헥산 추출물질함유량 광유류(mg/L)	노말헥산 추출물질함유량 동식물유지류(mg/L)	페놀류 함유량(mg/L)	시안 함유량(mg/L)	크로뮴 함유량(mg/L)	용해성 철 함유량(mg/L)	아연 함유량(mg/L)	구리 함유량(mg/L)	카드뮴 함유량(mg/L)	수은 함유량(mg/L)	유기인 함유량(mg/L)
청정지역	5.8~8.0	1 이하	5 이하	1 이하	0.2 이하	0.5 이하	2 이하	1 이하	0.5 이하	0.02 이하	불검출	0.2 이하
가지역	5.8~8.0	5 이하	30 이하	3 이하	1 이하	2 이하	10 이하	5 이하	3 이하	0.1 이하	0.005 이하	1 이하
나지역	5.8~8.0	5 이하	30 이하	3 이하	1 이하	2 이하	10 이하	5 이하	3 이하	0.1 이하	0.005 이하	1 이하

항목 / 지역	비소함유량(mg/L)	납 함유량(mg/L)	6가 크로뮴(Cr^{6+}) 함유량(mg/L)	용해성 망간 함유량(mg/L)	플루오린(불소) 함유량(mg/L)	폴리클로리네이티드비페닐(PCB) 함유량(mg/L)	총대장균군수(군수/mL)	색도(도)	총질소(mg/L)	디에틸헥실프탈레이트(mg/L)	셀레늄(mg/L)	총인(mg/L)	트리클로로에틸렌(mg/L)	테트라클로로에틸렌(mg/L)
청정지역	0.1 이하	0.2 이하	0.1 이하	2 이하	3 이하	불검출	100 이하	200 이하	100 이하	0.02 이하	0.1 이하	4 이하	0.06 이하	0.02 이하
가지역	0.5 이하	1 이하	0.5 이하	10 이하	15 이하	0.005 이하	3,000 이하	300 이하	150 이하	0.2 이하	1 이하	8 이하	0.3 이하	0.1 이하
나지역	0.5 이하	1 이하	0.5 이하	10 이하	15 이하	0.005 이하	3,000 이하	300 이하	200 이하	0.2 이하	1 이하	8 이하	0.3 이하	0.1 이하

★ 출제빈도

- 기사 : 10회 이상 출제 – 고빈출!
- 산업기사 : 16년 1회, 17년 2, 4회, 18년 1, 4회, 20년 3회

6 제16조(음식물류 폐기물 발생 억제 계획의 수립주기 및 평가방법 등)

① 음식물류 폐기물 발생 억제 계획의 수립주기는 5년으로 하되, 그 계획에는 연도별 세부 추진계획을 포함하여야 한다.
② 특별자치시장, 특별자치도지사, 시장·군수·구청장은 제1항에 따른 연도별 세부 추진계획의 성과를 다음 연도 3월 31일까지 평가하여야 한다.
③ 특별자치시장, 특별자치도지사, 시장·군수·구청장은 제2항에 따른 평가 결과를 반영하여 제1항에 따른 연도별 세부 추진계획을 조정하여야 한다.
④ 특별자치시장, 특별자치도지사, 시장·군수·구청장은 제2항에 따른 평가를 공정하고 효율적으로 추진하기 위하여 다음 각 호의 위원 12명으로 구성된 평가위원회를 설치·운영하여야 한다.
　1. 해당 특별자치시, 특별자치도, 시·군·구(자치구를 말한다. 이하 같다) 소속 공무원 중에서 지명한 위원 4명
　2. 해당 특별자치시, 특별자치도, 시·군·구 의회가 추천한 주민대표 중에서 위촉한 위원 4명
　3. 환경 분야 전문가 중에서 위촉한 위원 4명
⑤ 음식물류 폐기물 발생 억제 계획의 수립주기 및 평가방법 등에 관한 세부 사항은 기후에너지환경부장관이 정하여 고시한다.

> ⭐ **출제빈도**
> • 기사 : 18년 4회, 21년 2회
> • 산업기사 : 17년 1회

7 제29조(폐기물처리업의 변경허가)

① 폐기물처리업의 변경허가를 받아야 할 중요사항은 다음 각 호와 같다.
　1. 폐기물 수집·운반업
　　가. 수집·운반대상 폐기물의 변경
　　나. 영업구역의 변경
　　다. 주차장 소재지의 변경(지정폐기물을 대상으로 하는 수집·운반업만 해당한다)
　　라. 운반차량(임시차량은 제외한다)의 증차
　2. 폐기물 중간처분업, 폐기물 최종처분업 및 폐기물 종합처분업
　　가. 처분대상 폐기물의 변경
　　나. 폐기물 처분시설 소재지의 변경
　　다. 운반차량(임시차량은 제외한다)의 증차
　　라. 폐기물 처분시설의 신설
　　마. 폐기물 처분시설의 증설, 개·보수 또는 그 밖의 방법으로 허가 또는 변경허가를 받은 처분용량의 100분의 30 이상의 변경(허가 또는 변경허가를 받은 후 변경되는 누계를 말한다)

바. 주요 설비의 변경. 다만, 다음 1)부터 4)까지의 경우만 해당한다.
   1) 폐기물 처분시설의 구조 변경으로 인하여 별표 9 제1호나목2)가)의 (1)·(2), 나)의 (1)·(2), 다)의 (2)·(3), 라)의 (1)·(2)의 기준이 변경되는 경우
   2) 차수시설·침출수 처리시설이 변경되는 경우
   3) 별표 9 제2호나목2)바)에 따른 가스처리시설 또는 가스활용시설이 설치되거나 변경되는 경우
   4) 배출시설의 변경허가 또는 변경신고의 대상이 되는 경우
사. 매립시설 제방의 증·개축
아. 허용보관량의 변경

3. 폐기물 중간재활용업, 폐기물 최종재활용업 및 폐기물 종합재활용업
   가. 재활용대상 폐기물의 변경(제33조제1항제6호에 해당하는 경우는 제외한다)
   나. 폐기물 재활용 유형의 변경(제33조제1항제7호에 해당하는 경우는 제외한다)
   다. 폐기물 재활용시설 소재지의 변경
   라. 운반차량(임시차량은 제외한다)의 증차
   마. 폐기물 재활용시설의 신설
   바. 폐기물 재활용시설의 증설, 개·보수 또는 그 밖의 방법으로 허가 또는 변경허가를 받은 재활용 용량의 100분의 30 이상(금속을 회수하는 최종재활용업 또는 종합재활용업의 경우에는 100분의 50 이상)의 변경(허가 또는 변경허가를 받은 후 변경되는 누계를 말한다)
   사. 주요 설비의 변경. 다만, 다음 1) 및 2)의 경우만 해당한다.
      1) 폐기물 재활용시설의 구조 변경으로 인하여 별표 9 제3호마목13)·14) 또는 사목 11)·12)에 따른 기준이 변경되는 경우
      2) 배출시설의 변경허가 또는 변경신고의 대상이 되는 경우
   아. 허용보관량의 변경

② 변경허가를 받으려는 자는 미리 변경허가신청서에 다음 각 호의 서류를 첨부하여 시·도지사나 지방환경관서의 장에게 제출하여야 한다.
 1. 허가증 원본
 2. 변경내용을 확인할 수 있는 서류
 3. 배출시설의 설치허가 신청 또는 신고 시의 첨부서류(배출시설에 해당하는 폐기물처리시설을 신설하는 경우만 제출한다)
 4. 배출시설의 변경허가 신청 또는 변경신고 시의 첨부서류(처리용량이나 주요 설비의 변경으로 배출시설의 변경허가 또는 변경신고를 받아야 될 경우만 제출한다)
 5. 기후에너지환경부장관이 정하여 고시하는 사항을 포함하는 환경성조사서(소각시설, 매립시설, 소각열회수시설 또는 폐기물을 연료로 사용하는 시멘트 소성로의 소재지가 변경된 경우로 한정하되, 「환경영향평가법」에 따른 전략환경영향평가 대상사업, 환경영향평가 대상사업 또는 소규모 환경영향평가 대상사업인 경우에는 전략환경영향평가서, 환경영향평가서나 소규모 환경영향평가서로 대체할 수 있다)
 6. 폐기물을 성토재·보조기층재 등으로 직접 이용하는 공사의 발주자 또는 토지소유자 등 해당 토지의 권리자의 동의서(별표 4의2 제4호에 따른 재활용 유형 또는 재활용환경성평가를 통한 매체접촉형 재활용의 방법으로 재활용하는 경우만 해당한다)

7. 그 밖에 시·도지사 또는 지방환경관서의 장이 제3항에 따른 검토에 필요하다고 인정하는 서류

> ★ 출제빈도
> • 기사 : 16년 4회, 17년 1회, 19년 2회, 20년 1, 2, 3회, 22년 2회
> • 산업기사 : 17년 2회, 18년 1, 2회, 19년 4회, 20년 3회

8 제31조(폐기물처리업자의 폐기물 보관량 및 처리기한)

① "기후에너지환경부령으로 정하는 양 또는 기간"이란 다음 각 호와 같다.
  1. 폐기물 수집·운반업자가 임시보관장소에 폐기물을 보관하는 경우
     가. 의료폐기물: 냉장 보관할 수 있는 섭씨 4도 이하의 전용보관시설에서 보관하는 경우 5일 이내, 그 밖의 보관시설에서 보관하는 경우에는 2일 이내. 다만, 영 별표 2 제1호의 격리의료폐기물(이하 "격리의료폐기물"이라 한다)의 경우에는 보관시설과 무관하게 2일 이내로 한다.
     나. 의료폐기물 외의 폐기물: 중량 450톤 이하이고 용적이 300세제곱미터 이하, 5일 이내
  2. 폐기물 재활용업자가 임시보관시설에 폐기물(폐전주로 한정한다)을 보관하는 경우
     가. 3월부터 11월까지: 중량 50톤 미만
     나. 12월부터 다음 해 2월까지: 중량 100톤 미만
  3. 폐기물 재활용업자가 다음 각 목의 폐기물을 재활용하기 위하여 보관하는 경우: 1일 재활용량의 60일분 보관량 이하, 60일 이내. 다만, 폐기물 재활용업자가 폐목재, 폐촉매 또는 합성수지재질의 폐김발장(수산물 중 김의 건조를 위하여 사용하는 발장을 말한다.)을 재활용하기 위하여 보관하는 경우에는 1일 재활용량의 180일분 보관량 이하, 180일 이내로 한다.
     가. 폐석고(도자기 제조시설에서 발생하는 것으로 한정한다), 폐고무, 광재(鑛滓), 폐내화물, 폐도자기조각, 폐합성수지(「자원의 절약과 재활용촉진에 관한 법률의 규정에 해당하는 폐합성수지는 제외한다), 폐금속류, 폐지, 폐목재, 폐유리, 폐콘크리트전주, 폐석재, 폐레미콘, 폐촉매 또는 합성수지재질의 폐김발장
     나. 토기·자기·내화물·시멘트·콘크리트·석제품의 제조 및 가공시설, 건설공사장의 세륜시설(바퀴 등의 세척시설), 수도사업용 정수시설, 비금속광물 분쇄시설[굴착(땅파기)시설을 포함한다] 또는 토사세척시설에서 발생되는 무기성 오니(汚泥)
  4. 폐기물 재활용업자, 폐기물 중간처분업자 및 폐기물 종합처분업자가 폐기물을 보관(의료폐기물 또는 제2호 및 제3호에 따라 폐기물을 보관하는 경우는 제외한다)하는 경우: 1일 처리용량의 30일분 보관량 이하, 30일 이내(매립시설의 일정 구역을 구획하여 폐석면을 매립하기 위한 경우에는 6개월 이내)
  5. 폐기물 재활용업자가 의료폐기물(태반으로 한정한다)을 보관하는 경우
     가. 폐기물 임시보관시설에 보관하는 경우: 중량 5톤 미만, 5일 이내
     나. 그 밖의 경우: 1일 재활용량의 7일분 보관량 이하, 7일 이내
  6. 폐기물 중간처분업자가 의료폐기물을 보관하는 경우: 1일 처분용량의 5일분 보관량 이하, 5일 이내. 다만, 격리의료폐기물 및 영 별표 2 제2호가목의 조직물류폐기물의 경우에는 2일분 보관량 이하, 2일 이내로 한다.

7. 기후에너지환경부장관은 제1호 및 제6호에도 불구하고「감염병의 예방 및 관리에 관한 법률」제2조제1호에 따른 감염병의 확산으로 인하여「재난 및 안전관리 기본법」제38조제1항에 따른 재난 예보·경보가 발령되는 경우 또는 감염병의 확산 방지를 위하여 필요하다고 인정하는 경우에는 의료폐기물의 처리기한을 따로 정할 수 있다.

② 폐기물처리업자는 허가나 승인을 받은 보관량 및 보관기간을 초과하여 폐기물을 보관할 수 없다. 다만, 화재 등 중대한 사고, 방치폐기물의 반입·보관 등으로 그 기간 이상 보관하여야 할 부득이한 사유가 있는 경우로서 시·도지사나 지방환경관서의 장의 승인을 받았을 때에는 그러하지 아니하다.

> ⭐ **출제빈도**
> - 기사 : 13년 1회.
> - 산업기사 : 13년 1회, 17년 4회, 19년 1회, 20년 3회

9 제33조(폐기물처리업의 변경신고)

① 폐기물처리업의 변경신고를 하여야 할 사항은 다음 각 호와 같다.
  1. 상호의 변경
  2. 대표자의 변경(법 제33조에 따라 권리·의무를 승계하는 경우는 제외한다)
  3. 연락장소나 사무실 소재지의 변경
  4. 임시차량의 증차 또는 운반차량의 감차
  5. 재활용 대상 부지의 변경(별표 4의2 제4호에 따른 재활용 유형으로 재활용하는 경우만 해당한다)
  6. 재활용 대상 폐기물의 변경(별표 4의2에 따른 재활용의 세부 유형은 변경하지 않고 재활용하려는 폐기물을 추가하는 경우만 해당한다)
  7. 폐기물 재활용 유형의 변경(재활용 시설 또는 장소가 변경되지 않는 경우만 해당한다)
  8. 별표 7에 따른 기술능력의 변경

② 변경신고를 하려는 자는 제1항제1호·제2호 및 제8호의 경우에는 그 사유가 발생한 날부터 30일 이내에, 제1항 제3호부터 제7호까지의 경우에는 변경 전에 각각 별지 제21호서식의 폐기물처리업 변경신고서에 허가증과 변경 내용을 확인할 수 있는 서류(운반차량을 감차하는 경우는 제외한다)를 첨부하여 시·도지사나 지방환경관서의 장에게 제출해야 한다.

> ⭐ **출제빈도**
> - 산업기사 : 13년 1회, 18년 1회, 20년 1, 2회

❿ 제41조(폐기물처리시설의 사용신고 및 검사)

① 폐기물처리시설의 설치자(폐기물처리업의 변경허가를 받은 자를 포함한다)는 해당 시설의 사용개시일 10일 전까지 사용개시신고서에 다음 각 호의 서류를 첨부하여 시·도지사나 지방환경관서의 장에게 제출해야 한다. 다만, 「대기환경보전법」에 따른 대기오염방지시설만을 증설하거나 교체하였을 때에는 제2호의 서류를 첨부하지 않을 수 있다.

1. 해당 시설의 유지관리계획서
2. 다음 각 목의 어느 하나에 해당하는 시설(법 제29조제2항제1호에 따른 시설은 제외한다)의 경우에는 폐기물처리시설 검사기관에서 발급한 그 시설의 검사결과서

    가. 소각시설[종전의 소각열회수시설을 소각시설로 변경(처분대상 폐기물이 동일한 경우에 한정한다)하여 사용하려는 경우에는 해당 소각열회수시설 설치 당시 폐기물처리시설 검사기관에서 발급한 그 시설의 검사결과서로 대체할 수 있다]

    〈기후에너지환경부령으로 정하는 소각시설의 검사기관〉
    ㉠ 한국환경공단 ㉡ 한국기계연구원 ㉢ 한국산업기술시험원

    나. 매립시설

    〈기후에너지환경부령으로 정하는 매립시설의 검사기관〉
    ㉠ 한국환경공단
    ㉡ 한국건설기술연구원
    ㉢ 한국농어촌공사
    ㉣ 수도권매립지관리공사

    다. 멸균분쇄시설(영 별표 3 제1호나목9)에 해당하는 시설로서 의료폐기물을 대상으로 하는 시설을 포함한다. 이하 이 조에서 같다)

    라. 음식물류 폐기물을 처리하는 시설로서 1일 처리능력 100킬로그램 이상인 시설(이하 "음식물류 폐기물 처리시설"이라 한다)

    마. 시멘트 소성로(폐기물을 연료로 사용하는 경우로 한정한다)

    〈기후에너지환경부령으로 정하는 시멘트 소성로의 검사기관〉
    ㉠ 한국환경공단
    ㉡ 한국기계연구원
    ㉢ 한국산업기술시험원
    ㉣ 대학, 정부출연기관, 그 밖에 소각시설을 검사할 수 있다고 인정하여 기후에너지환경부 장관이 고시하는 기관

    바. 소각열회수시설

    〈폐기물처리시설 검사 대상시설〉
    폐기물 매립시설
    폐기물 소각시설 및 소각열회수시설
    음식물류폐기물 처리시설(일 100kg 이상)

② "기후에너지환경부령으로 정하는 폐기물처리시설"이란 다음 각 호의 시설을 말한다.
1. 소각시설
2. 매립시설
3. 멸균분쇄시설
4. 음식물류 폐기물처리시설(음식물류 폐기물에 대한 중간처리 후 새로 발생한 폐기물을 처리하는 시설을 포함한다. 이하 이 조에서 같다)
5. 시멘트 소성로(폐기물을 연료로 사용하는 경우로 한정한다)
6. 소각열회수시설

③ "기후에너지환경부령으로 정하는 경우"란 다음 각 호의 경우를 말한다.
1. 제39조제3항제2호 및 제4호부터 제6호까지 규정 중 어느 하나에 해당하여 변경승인을 받은 경우
2. 제40조제3항제3호부터 제5호까지의 규정 중 어느 하나에 해당하여 변경신고를 한 경우

④ "기후에너지환경부령으로 정하는 기간"이란 다음 각 호의 기준일 전후 각각 30일 이내의 기간을 말한다. 다만, 멸균분쇄시설은 제3호의 기간을 말한다.
1. 소각시설, 소각열회수시설 : 최초 정기검사는 사용개시일부터 3년이 되는 날(「대기환경보전법」 제32조에 따른 측정기기를 설치하고 같은 법 시행령 제19조에 따른 굴뚝원격감시체계관제센터와 연결하여 정상적으로 운영되는 경우에는 사용개시일부터 5년이 되는 날), 2회 이후의 정기검사는 최종 정기검사일(제8항에 따라 검사결과서를 발급받은 날을 말한다. 이하 같다)부터 3년이 되는 날
2. 매립시설 : 최초 정기검사는 사용개시일부터 1년이 되는 날, 2회 이후의 정기검사는 최종 정기검사일부터 3년이 되는 날
3. 멸균분쇄시설 : 최초 정기검사는 사용개시일부터 3개월, 2회 이후의 정기검사는 최종 정기검사일부터 3개월
4. 음식물류 폐기물 처리시설 : 최초 정기검사는 사용개시일부터 1년이 되는 날, 2회 이후의 정기검사는 최종 정기검사일부터 1년이 되는 날. 다만, 영 별표 3 제3호다목1)가) 단서에 따른 시설이 다음 각 목에 해당하는 경우에는 다음 각 목의 구분에 따른 날로 한다.
   가. 2015년 6월 30일 이전에 설치된 시설로서 2017년 7월 1일 이후 처음 정기검사를 받는 경우: 해당 정기검사가 최초 정기검사이면 사용개시일부터 3년이 되는 날, 2회 이후의 정기검사이면 최종 정기검사일부터 3년이 되는 날. 다만, 그 사용개시일 또는 최종 정기검사일부터 3년이 되는 날이 2018년 4월 1일부터 2019년 6월 30일까지에 해당하는 경우에는 2019년 7월 1일로 한다.
   나. 2018년 3월 31일 이전에 설치된 시설로서 2019년 7월 1일 이후 처음 정기검사를 받는 경우(가목 단서에 해당하는 경우는 제외한다): 해당 정기검사가 최초 정기검사이면 사용개시일(대통령령 제26297호 폐기물관리법 시행령 일부개정령 부칙 제2조에 해당하는 시설의 경우 사용신고일)부터 2년이 되는 날, 2회 이후의 정기검사이면 최종 정기검사일부터 2년이 되는 날
5. 시멘트 소성로: 최초 정기검사는 사용개시일부터 3년이 되는 날(「대기환경보전법」 제32조에 따른 측정기기를 설치하고 같은 법 시행령 제19조제1항에 따른 굴뚝 원격감시체계 관제센터와 연결하여 정상적으로 운영되는 경우에는 사용개시일부터 5년이 되는 날), 2회 이후의 정기검사는 최종 정기검사일부터 3년이 되는 날

⑥ 검사를 위한 검사기준은 별표 10과 같다.
(별표 10 생략, 특별히 암기할 필요 없음)

⑦ 검사를 받으려는 자는 검사를 받으려는 날 15일 전까지 검사신청서에 다음 각 호의 서류를 첨부하여 폐기물처리시설 검사기관에 제출해야 한다.
  1. 소각시설, 소각열회수시설이나 멸균분쇄시설의 경우
     가. 설계도면
     나. 폐기물조성비 내용
     다. 운전 및 유지관리계획서
  2. 매립시설의 경우
     가. 설계도서 및 구조계산서 사본
     나. 시방서 및 재료시험성적서 사본
     다. 설치 및 장비확보 명세서
     라. 기후에너지환경부장관이 고시하는 사항을 포함한 시설설치의 환경성조사서(면적이 1만 제곱미터 이상이거나 매립용적이 3만 세제곱미터 이상인 매립시설의 경우만 제출한다). 다만, 「환경영향평가법」에 따른 전략환경영향평가 대상사업, 환경영향평가 대상사업 또는 소규모 환경영향평가 대상사업의 경우에는 전략환경영향평가서, 환경영향평가서나 소규모 환경영향평가서로 대체할 수 있다.
     마. 종전에 받은 정기검사 결과서 사본(종전에 검사를 받은 경우에 한정한다)
  3. 음식물류 폐기물 처리시설의 경우
     가. 설계도면
     나. 운전 및 유지관리계획서(물질수지도를 포함한다)
     다. 재활용제품의 사용 또는 공급계획서(재활용의 경우만 제출한다)
  4. 시멘트 소성로의 경우
     가. 설계도면
     나. 폐기물 성질·상태, 양, 조성비 내용
     다. 운전 및 유지관리계획서
⑧ 폐기물처리시설 검사기관은 검사를 마치면 지체 없이 검사결과서를 검사를 신청한 자에게 내주어야 한다.
⑨ 멸균분쇄시설의 검사는 아포균 검사로 하고, 그 밖의 세부검사방법은 국립환경과학원장이 정하여 고시한다.
⑩ 폐기물처리시설 검사기관의 장은 분기별 검사실적을 매 분기 다음달 20일까지 국립환경과학원장에게 보고하고, 검사결과서 복사본이나 그 밖에 검사와 관련된 서류를 5년간 보존해야 한다.
⑪ 국립환경과학원장은 폐기물처리시설 검사기관으로부터 보고받은 검사실적을 반기별로 취합하여 다음 각 호의 구분에 따른 기한까지 기후에너지환경부장관에게 제출해야 한다.
  1. 상반기 검사실적: 7월 30일까지
  2. 하반기 검사실적: 다음 해 1월 31일까지

> ★ 출제빈도
> • 기사 : 13년 1회, 16년 1회, 22년 1, 2회.
> • 산업기사 : 13년 1회, 18년 4회, 19년 2, 4회, 20년 1, 2회

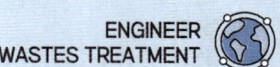

11 제46조(주변지역 영향조사의 기준)

폐기물처리시설 설치·운영자의 주변지역 영향조사의 방법·범위·결과보고 등에 대한 구체적인 기준은 별표 13과 같다.

> 💡 **시행규칙 별표 13 (폐기물처리시설 주변지역 영향조사 기준)**
>
> 1. 조사분야 및 항목
>   가. 매립시설
>   1) 대기:「환경정책기본법 시행령」별표 1에 따른 대기환경기준 항목 중 미세먼지(PM-10) 및 「악취방지법」제2조제1호에 따른 악취
>   2) 지표수: 별표 11 제2호나목2)가)에 따른 침출수 배출허용기준 항목
>   3) 지하수:「지하수법 시행규칙」별표 9에 따른 생활용수수질기준 항목
>   4) 토양:「토양환경보전법 시행규칙」별표 3에 따른 토양오염우려기준 항목
>   나. 소각시설, 시멘트 소성로 및 소각열회수시설
>   1) 대기: 다이옥신, 푸란 및「악취방지법」제2조제1호에 따른 악취
>   2) 지표수: 별표 11 제2호나목2)가)에 따른 침출수배출허용기준 항목(소각시설 또는 소각열회수시설이「물환경보전법」제2조제10호에 따른 폐수배출시설에 해당하는 경우를 말한다)
>
> 2. 조사방법
>   가. 조사횟수: 각 항목당 계절을 달리하여 2회 이상 측정하되, 악취는 여름(6월부터 8월까지)에 1회 이상, 토양은 연 1회 이상 측정해야 한다.
>   나. 조사지점
>   1) 미세먼지와 다이옥신 조사지점은 해당 시설에 인접한 주거지역 중 3개소이상 지역의 일정한 곳으로 한다.
>   2) 악취 조사지점은 매립시설에 가장 인접한 주거지역에서 냄새가 가장 심한 곳으로 한다.
>   3) 지표수 조사지점은 해당 시설에 인접하여 폐수, 침출수 등이 흘러들거나 흘러들 것으로 우려되는 지역의 상·하류 각 1개소 이상의 일정한 곳으로 한다.
>   4) 지하수 조사지점은 설치기준에 따라 매립시설의 주변에 설치된 3개의 지하수 검사정으로 한다.
>   5) 토양 조사지점은 4개소 이상으로 하고,「토양환경보전법 시행규칙」에 따라 기후에너지환경부장관이 정하여 고시하는 토양정밀조사의 방법에 따라 폐기물 매립 및 재활용 지역의 시료채취 지점의 표토와 심토에서 각각 시료를 채취해야 하며, 시료채취 지점의 지형 및 하부토양의 특성을 고려하여 시료를 채취해야 한다.
>   다. 측정방법 :「환경분야 시험·검사 등에 관한 법률」에 따른 환경오염 공정시험기준으로 하여야 한다.
>
> 3. 결과보고 : 조사완료 후 30일 이내에 시·도지사나 지방환경관서의 장에게 제출하여야 한다.
>
> [비고]「잔류성유기오염물질 관리법」제19조 및 같은 법 시행규칙 별표 7에 따른 시멘트 소성로에 대한 다이옥신 측정 지점 등이 제2호에 따른 조사 시기, 조사 지점 및 측정방법과 동일한 경우에는 같은 조에 의한 측정결과를 제1호나목1)에 따른 다이옥신에 대한 1회 측정결과로 갈음할 수 있다.

> ⭐ **출제빈도**
> - 기사 : 16년 1회, 18년 1, 2회, 20년 4회, 21년 4회
> - 산업기사 : 13년 1회, 17년 1회, 18년 4회, 19년 2회

⑫ 제48조(기술관리인의 자격기준)

기술관리인의 자격기준은 별표 14와 같다.

> 💡 **시행규칙 별표 14 (기술관리인의 자격기준)**

구분		자격기준
폐기물 처분시설 또는 재활용시설	가. 매립시설	폐기물처리기사, 수질환경기사, 토목기사, 일반기계기사, 건설기계설비기사, 화공기사, 토양환경기사 중 1명 이상
	나. 소각시설(의료폐기물을 대상으로 하는 소각시설은 제외한다), 시멘트 소성로, 용해로 및 소각열회수시설	폐기물처리기사, 대기환경기사, 토목기사, 일반기계기사, 건설기계설비기사, 화공기사, 전기기사, 전기공사기사, 에너지관리기사 중 1명 이상
	다. 의료폐기물을 대상으로 하는 시설	○ 폐기물처리산업기사, 임상병리사, 위생사 중 1명 이상
	라. 음식물류 폐기물을 대상으로 하는 시설	○ 폐기물처리산업기사, 수질환경산업기사, 화공산업기사, 토목산업기사, 대기환경산업기사, 일반기계기사, 전기기사 중 1명 이상
	마. 그 밖의 시설	○ 같은 시설의 운영을 담당하는 자 1명 이상

비고 폐기물 처분시설 또는 재활용시설이 배출시설에 해당할 때에는 「대기환경보전법」·「물환경보전법」 또는 「소음·진동관리법」에 따른 환경기술인이 기술관리인을 겸임할 수 있다.

> ⭐ **출제빈도**
> - 기사 : 13년 1회, 16년 1회, 17년 1회, 21년 1, 4회
> - 산업기사 : 13년 1회, 16년 1회, 17년 2, 4회, 18년 1, 4회, 19년 1, 2회

⑬ 제59조(휴업·폐업 등의 신고)

① 폐기물처리업자나 폐기물처리 신고자가 휴업·폐업 또는 재개업을 한 경우에는 휴업·폐업 또는 재개업을 한 날부터 20일 이내에 신고서에 다음 각 호의 서류를 첨부하여 시·도지사나 지방환경관서의 장에게 제출하여야 한다.
  1. 휴업·폐업의 경우
     가. 허가증 또는 신고증명서 원본
     나. 보관 폐기물 처리완료 결과

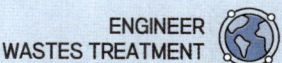

　　2. 재개업의 경우

　　　가. 폐기물 처분시설 또는 재활용시설이나 제66조제1항에 따른 시설의 점검결과서

　　　나. 기술능력의 보유현황 및 그 자격을 확인할 수 있는 서류(폐기물처리업자만 해당한다)

② 재활용환경성평가기관 또는 폐기물분석전문기관이 휴업·폐업 또는 재개업을 한 경우에는 휴업·폐업 또는 재개업을 한 날부터 20일 이내에 신고서에 다음 각 호의 서류를 첨부하여 국립환경과학원장에게 제출하여야 한다.

　1. 휴업·폐업의 경우: 지정서 원본

　2. 재개업의 경우

　　　가. 시험·분석 장비의 점검결과서

　　　나. 기술능력의 보유현황 및 그 자격을 확인할 수 있는 서류

③ 전용용기 제조업자가 휴업·폐업 또는 재개업을 한 경우에는 휴업·폐업 또는 재개업을 한 날부터 20일 이내에 신고서에 다음 각 호의 서류를 첨부하여 지방환경관서의 장에게 제출하여야 한다.

　1. 휴업·폐업의 경우: 등록증 원본

　2. 재개업의 경우: 전용용기 제조시설 및 장비의 점검결과서

> ★ **출제빈도**
> - 기사 : 20년 1, 2회
> - 산업기사 : 17년 1회, 19년 1, 2회

14 제66조(폐기물처리 신고대상)

① 폐기물처리 신고를 하려는 자가 갖추어야 하는 시설·장비기준은 별표 17과 같다.

> 💡 **시행규칙 별표 17 (폐기물처리 신고자가 갖추어야 할 보관시설 및 재활용시설)**
>
> 1. **폐기물을 수집·운반하는 자의 기준**
>   가. 장비: 폐기물을 수집·운반하는 차량 1대 이상
>   나. 연락장소 또는 사무실
>
> 2. **폐기물을 재활용하는 자의 기준**
>   가. 보관시설: 1일 처리능력의 1일분 이상 30일분 이하의 폐기물을 보관할 수 있는 보관용기 또는 보관시설. 다만, 시·도지사의 인정을 받아 위탁받은 폐기물을 보관하지 아니하고 곧바로 재활용시설로 운반하는 경우에는 보관용기나 보관시설을 갖추지 아니할 수 있다.
>   나. 재활용시설: 재활용하려는 폐기물의 종류 및 재활용방법 등에 따라 맞게 설치하여야 하는 선별·압축·감용·절단·사료화·퇴비화 시설 중 해당 시설 1식 이상
>   다. 차량: 재활용하려는 폐기물을 수집·운반하는 차량 1대 이상
>   　　(재활용 대상폐기물을 스스로 수집·운반하는 경우만 해당한다)

> **비고** 1. 음식물류 폐기물을 재활용하는 자는 보관시설을 갖추지 아니할 수 있다.
> 2. 재활용 원칙 및 준수사항을 고려하여 재활용시설이 필요하지 아니하다고 시·도지사가 인정하는 경우에는 재활용시설을 갖추지 아니할 수 있다.
> 3. 폐기물을 수집·운반하는 차량은 별표 5에 따른 기준에 적합한 차량이어야 한다.

② "폐타이어, 폐가전제품 등 기후에너지환경부령으로 정하는 폐기물"이란 다른 자의 폐기물로서 다음 각 호의 폐기물을 말한다.
  1. 폐축전지 및 폐변압기(손상되지 아니한 상태로서 폐황산이나 폐절연유가 유출되지 아니하는 경우만 해당한다)
  2. 폐타이어
  3. 폐가전제품
  4. 폐드럼(내용물이 제거되어 유출될 우려가 없는 경우만 해당한다)
  5. 폐식용유(생활폐기물에 해당하는 폐식용유를 유출될 우려가 없는 전용의 탱크·용기로 수집·운반하는 경우만 해당한다)
  6. 폐섬유(봉제공장에서 봉제 가공 후 생활폐기물로 배출되는 폐원단 조각만 해당한다)
  7. 농업용 폐플라스틱필름·시트류와 폐농약용기 등 폐농약 포장재(농업활동 과정에서 생활폐기물로 발생되는 것만 해당한다)
  8. 폐의류(생활폐기물로 배출되는 것만 해당한다)
  9. 동·식물성 잔재물(생활폐기물로 배출되는 것만 해당한다)
  10. 1회용 컵
  11. 어업·양식업용 폐합성수지(어업·양식업 활동 과정에서 배출되는 생활폐기물로서 양식용폐부자, 합성수지 재질의 폐김발장, 폐어망 및 폐로프 등을 말한다)
  12. 「자원의 절약과 재활용촉진에 관한 법률 시행령」 제18조제1호마목에 따른 의약품 및 의약외품 포장재

> ★ **출제빈도**
> • 기사 : 16년 4회
> • 산업기사 : 13년 1회

⑮ 제67조의2(폐기물처리 신고자의 준수사항)

"기후에너지환경부령으로 정하는 준수사항"이란 별표 17의2의 사항을 말한다.

> 💡 **시행규칙 별표 17의2 (폐기물처리 신고자의 준수사항)**
> 1. 폐기물처리 신고자는 신고한 재활용 용도 또는 방법에 따라 재활용하여야 한다.

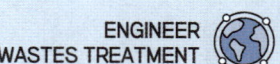

2. 폐기물처리 신고자는 폐기물의 재활용을 위탁한 자와 다음 각 목의 내용이 포함된 폐기물 위탁재활용(운반)계약서를 작성하고, 그 계약서를 3년간 보관하여야 한다. 다만, 폐기물처리 신고자가 폐기물수집·운반업자와 함께 폐기물의 재활용을 위탁한 자와 하나의 계약서로 동시에 폐기물 위탁재활용(운반)계약을 체결하는 경우에는 운반단가와 재활용처리단가를 구분하여 기재하여야 한다.
   가. 상호, 소재지 및 대표자
   나. 위탁계약기간
   다. 폐기물의 종류별 수량, 성질과 상태 및 취급시 주의사항
   라. 폐기물의 종류별 재활용장소 및 재활용방법
   마. 운반단가 또는 운반비(폐기물수집·운반업자가 포함된 경우에만 해당한다)
   바. 재활용처리단가 또는 재활용처리비
3. 위탁받은 폐기물을 재위탁하거나 재위탁받아서는 아니 된다. 다만, 제66조제5항에 해당하는 자 중 같은 조 제3항 각 호의 폐기물을 수집·운반하는 자가 수집·운반한 폐기물을 제66조제5항에 해당하는 자 중 같은 조 제3항 각 호의 폐기물을 수집·운반하는 자에게 재위탁하거나 재위탁받는 경우는 그러하지 아니하며, 천재지변, 처리금지, 휴업, 폐업 등 정당한 사유가 있는 경우에는 시·도지사의 승인을 받아 재위탁하거나 재위탁받을 수 있다.
4. 자신의 재활용시설에서 재활용할 수 없는 폐기물을 위탁받거나 재활용능력을 초과하여 폐기물을 위탁받아서는 아니 된다.
5. 허용보관량을 초과하여 폐기물을 보관하거나 보관시설 외의 장소에 폐기물을 보관하여서는 아니 된다.
6. 수집·운반 및 재활용할 수 있는 능력의 초과, 휴업이나 폐업 등 정당한 사유 없이 배출자가 요청한 폐기물의 수탁을 거부하여서는 아니 된다.
7. 정당한 사유 없이 계속하여 1년 이상 휴업하여서는 아니 된다.
8. 다른 사람에게 자기의 성명 또는 상호를 사용하여 폐기물을 위탁받게 하거나 신고증명서를 다른 사람에게 빌려주어서는 아니 된다.
9. 제66조제5항에 해당하는 자가 같은 조 제3항 각 호의 폐기물을 보관하는 경우에는 차폐가 될 수 있도록 가림막 설치 등 필요한 조치를 하여야 하며, 수집·운반·보관 과정에서 소음·먼지·침출수 등 환경오염의 발생이 최소화 될 수 있도록 필요한 조치를 하여야 한다.
10. 처리금지, 휴업신고 또는 폐업신고 등으로 폐기물을 수집·운반하지 아니할 때에는 발급받은 폐기물수집·운반증을 시·도지사에게 반납하여야 한다.
11. 폐기물 배출자에게 수탁처리능력 확인서, 폐기물처리 신고증명서 사본 및 방치폐기물처리이행보증을 확인할 수 있는 서류 사본을 거짓으로 제출하거나 제출을 거부하여서는 아니 된다.
12. 폐기물처리신고자가 생활폐기물을 수집·운반하려는 경우 일정한 장소에 보관되지 아니하고 버려진 생활폐기물이나 직접 배출자로부터 수거한 생활폐기물만을 수집·운반하여야 한다.

★ 출제빈도
- **기사** : 16년 2회, 17년 2회, 19년 1회
- **산업기사** : 17년 1회, 18년 4회, 19년 2회

⑯ 제69조(폐기물처리시설의 사용종료 및 사후관리 등)

① 폐기물처리시설의 사용을 끝내거나 폐쇄하려는 자(폐쇄절차를 대행하는 자를 포함한다)는 그 시설의 사용종료일(매립면적을 구획하여 단계적으로 매립하는 시설은 구획별 사용종료일) 또는 폐쇄예정일 1개월(매립시설의 경우는 3개월) 이전에 사용종료·폐쇄 신고서에 다음 각 호의 서류(매립시설인 경우만 해당한다)를 첨부하여 시·도지사나 지방환경관서의 장에게 제출하여야 한다.
  1. 다음 각 목의 사항을 포함한 폐기물매립시설 사후관리계획서
     가. 폐기물매립시설 설치·사용 내용
     나. 사후관리 추진일정
     다. 빗물배제계획
     라. 침출수 관리계획(차단형 매립시설은 제외한다)
     마. 지하수 수질조사계획
     바. 발생가스 관리계획(유기성폐기물을 매립하는 시설만 해당한다)
     사. 구조물과 지반 등의 안정도유지계획
  2. 검사기관에 제출한 사용종료·폐쇄 검사 신청 서류 사본
② 신고(매립시설의 사용종료·폐쇄 신고만 해당한다)를 한 자는 매립시설의 사용종료일 또는 폐쇄예정일까지 검사기관으로부터 받은 사용종료·폐쇄 검사결과서 사본을 시·도지사나 지방환경관서의 장에게 제출하여야 한다.
③ 시·도지사나 지방환경관서의 장은 6개월 이내의 기간 동안 폐기물처리시설의 개선을 명할 수 있다. 이 경우 개선명령을 받은 자가 천재지변 또는 그 밖의 불가피한 사유로 개선명령을 이행하지 못하면 3개월 이내에서 한차례 개선 기간을 연장할 수 있다.

> ★ **출제빈도**
> • 기사 : 16년 1, 2회, 19년 1회, 20년 3회

⑰ 제70조(사후관리기준 및 방법)

① 사후관리기준 및 방법은 별표 19와 같다.

> 💡 **시행규칙 별표 19 (사후관리기준 및 방법)**
> 1. **사후관리 기간**
>   사용종료 또는 폐쇄신고를 한 날부터 30년 이내로 한다. 다만, 매립시설 검사기관(이하 "매립시설 검사기관"이라 한다)이 침출수의 성질과 상태, 양, 지하수·해수·하천의 수질, 토양의 오염도, 발생가스의 질과 양, 축대벽·둑 등의 안정도 등을 조사한 결과 사후관리가 필요하지 아니하다고 판단하는 경우에는 신청에 따라 시·도지사나 지방환경관서의 장이 사후관리의 종료를 결정·통보한 날까지로 한다.

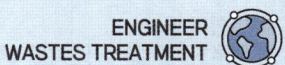

2. 사후관리 인원
침출수 처리시설 등 사후관리가 필요한 모든 시설을 유지·관리하기 위하여 전담관리자를 두어야 한다.

3. 사후관리 항목 및 방법
가. 빗물 배제방법

　별표 9 제2호가목5)에 따라 설치된 빗물배제시설 등을 유지·관리하여 빗물이 매립시설로 흘러들거나 떨어지지 아니하도록 하여야 한다.

나. 침출수 관리방법

　1) 매립시설에서 발생하는 침출수 및 처리수의 침출수 배출허용기즌 항목을 분기 1회 이상 조사·분석하고, 그 결과를 제43조제1항에 따른 측정기관의 측정결과 발급일부터 30일 이내에 시·도지사 또는 지방환경관서의 장에게 제출해야 한다.

　2) 침출수는 침출수 배출허용기준에 맞도록 침출수 처리시설에서 처리한 후 흘려보내야 한다. 다만, 별표 9 제2호나목2)마) 단서에 따른 시설에 옮겨 처리하는 경우에는 그러하지 아니하다.

　3) 매립시설의 차수시설 상부에 모여 있는 침출수의 수위는 시설의 안정 등을 고려하여 2미터 이하로 유지되도록 관리하여야 한다.

　4) 매립시설에 침출수매립시설환원정화설비를 설치하여 운영하는 경우에는 별표 11 제2호나목2)하)의 유지·관리 기준에 따라야 한다.

　5) 매립시설 검사기관이 법 제50조제6항에 따른 정기검사를 실시한 결과 매립층의 안정화 정도 등을 고려하여 더 이상 침출수 등의 주입이 필요하지 아니하다고 판단하는 경우에는 침출수매립시설환원정화설비의 운영을 중단하여야 한다.

　6) 별표 9 제2호나목2)자)에 따라 설치된 침출수 수위 측정시설에서 측정된 침출수 수위와 같은 목 2)라) 및 바)에 따라 유량조정조 유입구에 설치된 유량계와 침출수 처리시설 배출구에 설치된 유량계에서 각각 측정된 유량은 별지 제43호서식의 폐기물 최종처분시설 운영·관리대장에 기록·보존해야 한다.

다. 지하수 수질 조사방법

　1) 「지하수법 시행규칙」 별표 9에 따른 생활용수 수질기준항목을 같은 규칙 제33조제1항에 따라 조사하여야 한다. 다만, 매립종료 후 3년까지는 월 1회 이상 조사하여야 한다.

　2) 별표 9 제2호가목8)의 설치기준에 따라 매립시설의 주변에 설치된 기존 지하수 검사정(檢査井)을 이용하여 지하수 수질을 검사하되 반드시 기능이 정상적으로 발휘되도록 관리하여야 한다.

라. 해수 수질 조사방법(매립지의 경계선이 해수면과 가까운 매립시설만 해당한다)

　1) 「환경정책기본법 시행령」 별표 1 제3호라목의 수질(해역)환경기준항목을 분기 1회 이상 조사하여야 한다.

　2) 조사지점은 별표 9 제2호가목8) 단서에 따라 선정된 지점으로 한다.

마. 발생가스 관리방법(유기성폐기물을 매립한 폐기물매립시설만 해당한다)
　　1) 외기온도, 가스온도, 메탄, 이산화탄소, 암모니아, 황화수소 등의 조사항목을 매립종료 후 5년까지는 분기 1회 이상, 5년이 지난 후에는 연 1회 이상 조사하여야 한다.
　　2) 발생가스는 포집하여 소각처리하거나 발전·연료 등으로 재활용하여야 한다.
바. 구조물과 지반의 안정도 유지방법
　　1) 축대벽, 둑 등 구조물 및 지반의 안정도를 관리하는 계획을 수립·시행하여야 한다. 이 경우 시·도지사나 지방환경관서의 장이 안정도를 유지하기 위하여 특히 필요하다고 인정하여 매립시설 검사기관이 실시한 안정성검토성적서의 제출을 요구하는 경우에는 이에 따라야 한다.
　　2) 물리적인 압축과 미생물의 유기물 분해작용에 의한 침하현상으로 매립시설의 사면이나 최종 복토층이 손상될 우려가 있으므로 이에 대한 방지계획을 수립·시행하여야 한다.
　　3) 매립시설 주변의 안정한 부지에 기준점을 설치하고 침하 여부를 관측하려는 지점에 측정점(매립부지면적 1만제곱미터당 2개소 이상)을 설치하여 연 2회 이상 조사하고 지표면이 항상 일정한 경사도를 유지하도록 관리하여야 한다(차단형 매립시설은 제외한다). 다만, 측정점의 수는 매립시설 검사기관이 실시한 타당성보고서 등으로 조정할 수 있다.
사. 지표수 수질 조사방법
　　1) 매립시설에 인접하여 하천·계곡이 있는 경우「환경정책기본법 시행령」별표 1 제3호가목의 환경기준항목을 반기 1회 이상 조사하여야 한다.
　　2) 조사지점은 매립시설을 중심으로 각 하천·계곡의 상·하류 각 1개 지점 이상의 일정한 지점으로 한다.
아. 토양 조사방법
　　1)「토양환경보전법 시행규칙」별표 1의 토양오염물질을 연 1회 이상 조사하여야 한다.
　　2) 토양 조사지점은 4개소 이상으로 하고,「토양환경보전법 시행규칙」제1조의4에 따라 기후에너지환경부장관이 정하여 고시하는 토양정밀조사의 방법에 따라 폐기물 매립 및 재활용 지역의 시료채취 지점의 표토에서 시료를 채취한다. 다만, 다목1)에 따른 지하수 수질 조사 결과 염소이온, 벤젠 등 생활용수 수질기준 항목을 초과하는 등 지하수 오염이 우려되는 경우에는 심토에서도 시료를 채취해야 한다.
　　3) 2)에 따라 시료를 채취하는 경우에는 시료채취 지점의 지형 및 하부토양의 특성을 고려하여「토양환경보전법 시행규칙」에 따라 기후에너지환경부장관이 정하여 고시하는 토양정밀조사의 방법에 따라 시료를 채취해야 한다.
자. 방역방법(차단형매립시설은 제외한다)
　　1) 파리, 모기 등 해충을 방지하기 위한 방역계획을 수립·시행하여야 한다.
　　2) 방역은 매립종료 후 월 1회 이상 실시하되, 12월부터 다음 해 2월까지는 필요시에, 6월부터 9월까지는 주 1회 이상 실시하여야 한다. 다만, 매립시설 검사기관이 더 이상의 방역이 필요하지 아니하다고 판단하는 경우에는 그러하지 아니하다.

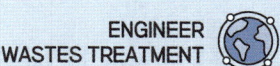

4. 주변환경영향 종합보고서 작성

가. 제3호 사후관리 항목 및 방법에 따라 조사한 결과를 토대로 매립시설이 주변환경에 미치는 영향에 대한 종합보고서를 매립시설의 사용종료신고 후 5년마다 작성하고, 작성일부터 30일 이내에 시·도지사 또는 지방환경관서의 장에게 제출해야 한다.

② 사후관리를 하여야 하는 자가 제1항에 따른 사후관리기준 및 방법에 맞게 사후관리를 함으로써 사후관리기간이 끝나거나 영구적으로 침출수의 유출이 없는 등의 사유로 사후관리를 끝내려면 사후관리 종료신청서에 다음 각 호의 서류를 첨부하여 시·도지사나 지방환경관서의 장에게 제출하여야 한다.
  1. 매립지반의 안정도, 발생가스와 침출수의 성질·상태 및 양 등을 조사·분석한 환경영향조사서
  2. 사후관리가 끝났음을 확인할 수 있는 서류
③ 시·도지사 또는 지방환경관서의 장은 제2항에 따라 사후관리가 끝나 영 제35조제3항에 따른 토지의 용도와 용도제한기간 등이 변경된 경우에는 변경된 내용을 폐쇄된 매립시설이 소재한 토지의 소유권 또는 소유권 외의 권리를 가지고 있는 자에게 알려야 한다.

> ⭐ **출제빈도**
> - 기사 : 13년 1회, 16년 4회, 18년 1, 2회, 22년 2회
> - 산업기사 : 17년 2회, 18년 4회, 19년 2회

UNIT 04 기타 관계 법규

1 환경정책기본법

1) 제1조(목적)

이 법은 환경보전에 관한 국민의 권리·의무와 국가의 책무를 명확히 하고 환경정책의 기본 사항을 정하여 환경오염과 환경훼손을 예방하고 환경을 적정하고 지속가능하게 관리·보전함으로써 모든 국민이 건강하고 쾌적한 삶을 누릴 수 있도록 함을 목적으로 한다.

2) 제3조(정의)

이 법에서 사용하는 용어의 뜻은 다음과 같다.
1. "환경"이란 자연환경과 생활환경을 말한다.
2. "자연환경"이란 지하·지표(해양을 포함한다) 및 지상의 모든 생물과 이들을 둘러싸고 있는 비생물적인 것을 포함한 자연의 상태(생태계 및 자연경관을 포함한다)를 말한다.
3. "생활환경"이란 대기, 물, 토양, 폐기물, 소음·진동, 악취, 일조(日照) 등 사람의 일상생활과 관계되는 환경을 말한다.
4. "환경오염"이란 사업활동 및 그 밖의 사람의 활동에 의하여 발생하는 대기오염, 수질오염, 토양오염, 해양오염, 방사능오염, 소음·진동, 악취, 일조 방해 등으로서 사람의 건강이나 환경에 피해를 주는 상태를 말한다.
5. "환경훼손"이란 야생동식물의 남획(濫獲) 및 그 서식지의 파괴, 생태계질서의 교란, 자연경관의 훼손, 표토(表土)의 유실 등으로 자연환경의 본래적 기능에 중대한 손상을 주는 상태를 말한다.
6. "환경보전"이란 환경오염 및 환경훼손으로부터 환경을 보호하고 오염되거나 훼손된 환경을 개선함과 동시에 쾌적한 환경 상태를 유지·조성하기 위한 행위를 말한다.
7. "환경용량"이란 일정한 지역에서 환경오염 또는 환경훼손에 대하여 환경이 스스로 수용, 정화 및 복원하여 환경의 질을 유지할 수 있는 한계를 말한다.
8. "환경기준"이란 국민의 건강을 보호하고 쾌적한 환경을 조성하기 위하여 국가가 달성하고 유지하는 것이 바람직한 환경상의 조건 또는 질적인 수준을 말한다.

3) 제22조(환경상태의 조사·평가 등) 국가 및 지방자치단체는 다음 각 호의 사항을 상시 조사·평가하여야 한다.
1. 자연환경 및 생활환경 현황
2. 환경오염 및 환경훼손 실태
3. 환경오염원 및 환경훼손 요인
4. 기후변화 등 환경의 질 변화
5. 그 밖에 국가환경종합계획등의 수립·시행에 필요한 사항

> ★ **출제빈도**
> • 기사 : 20년 3회
> • 산업기사 : 16년 1회, 18년 1회, 20년 3회

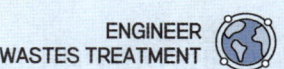

기출문제로 다지기 — CHAPTER 05 핵심 빈출 40선으로 다지기! – 폐기물관리 요약법규

01 생활폐기물의 처리대행자에 해당하지 않은 것은?

① 폐기물처리업자
② 한국환경공단
③ 재활용센터를 운영하는 자
④ 폐기물재활용사업자

해설 시행령 제8조(생활폐기물의 처리대행자)
1. 폐기물처리업자
2. 폐기물처리 신고자
3. 한국환경공단
4. 전기ㆍ전자제품 재활용의무생산자 또는 전기ㆍ전자제품 판매자 중 전기ㆍ전자제품을 재활용하기 위하여 스스로 회수하는 체계를 갖춘 자
5. 재활용센터를 운영하는 자(대형폐기물을 수집ㆍ운반 및 재활용하는 것만 해당한다)
6. 재활용의무생산자 중 제품ㆍ포장재를 스스로 회수하여 재활용하는 체계를 갖춘 자
7. 건설폐기물 처리업의 허가를 받은 자

02 음식물류 폐기물 발생 억제 계획의 수립주기는?

① 1년 ② 2년
③ 3년 ④ 5년

03 의료폐기물 전용용기 검사기관(그 밖에 기후에너지환경부장관이 전용용기에 대한 검사능력이 있다고 인정하여 고시하는 기관은 제외)에 해당되지 않는 것은?

① 한국화학융합시험연구원
② 한국환경공단
③ 한국의료기기시험연구원
④ 한국건설생활환경시험연구원

해설 시행규칙 제34조의7(전용용기 검사기관)
전용용기의 검사기관은 다음 각 호의 기관으로 한다.
1. 한국환경공단
2. 한국화학융합시험연구원
3. 한국건설생활환경시험연구원
4. 그 밖에 기후에너지환경부장관이 전용용기에 대한 검사능력이 있다고 인정하여 고시하는 기관

04 폐기물 처리업의 업종 구분으로 틀린 것은?

① 폐기물 종합처분업   ② 폐기물 중간처분업
③ 폐기물 재활용업   ④ 폐기물 수집ㆍ운반업

해설 법 제25조(폐기물처리업) 폐기물처리업의 업종 구분과 영업 내용은 다음과 같다.
1. 폐기물 수집ㆍ운반업: 폐기물을 수집하여 재활용 또는 처분 장소로 운반하거나 폐기물을 수출하기 위하여 수집ㆍ운반하는 영업
2. 폐기물 중간처분업: 폐기물 중간처분시설을 갖추고 폐기물을 소각 처분, 기계적 처분, 화학적 처분, 생물학적 처분, 그 밖에 기후에너지환경부장관이 폐기물을 안전하게 중간처분할 수 있다고 인정하여 고시하는 방법으로 중간처분하는 영업
3. 폐기물 최종처분업: 폐기물 최종처분시설을 갖추고 폐기물을 매립 등(해역 배출은 제외한다)의 방법으로 최종처분하는 영업
4. 폐기물 종합처분업: 폐기물 중간처분시설 및 최종처분시설을 갖추고 폐기물의 중간처분과 최종처분을 함께 하는 영업
5. 폐기물 중간재활용업: 폐기물 재활용시설을 갖추고 중간가공 폐기물을 만드는 영업
6. 폐기물 최종재활용업: 폐기물 재활용시설을 갖추고 중간가공 폐기물을 제13조의2에 따른 용도 또는 방법으로 재활용하는 영업
7. 폐기물 종합재활용업: 폐기물 재활용시설을 갖추고 중간재활용업과 최종재활용업을 함께 하는 영업

정답 01. ④   02. ④   03. ③   04. ③

05 한국폐기물협회에 관한 내용으로 틀린 것은?

① 기후에너지환경부장관의 허가를 받아 한국폐기물협회를 설립할 수 있다.
② 한국폐기물협회는 법인으로 한다.
③ 한국폐기물협회의 업무, 조직, 운영 등에 관한 사항은 기후에너지환경부령으로 정한다.
④ 폐기물산업의 발전을 위한 지도 및 조사·연구 업무를 수행한다.

해설 한국폐기물협회의 업무, 조직, 운영 등에 관한 사항은 대통령령으로 정한다.
[법 제58조의2(한국폐기물협회)]
① 폐기물처리시설 설치·운영자, 폐기물처리업자, 폐기물과 관련된 단체 등 대통령령으로 정하는 자는 폐기물에 관한 조사·연구·기술개발·정보보급 등 폐기물분야의 발전을 도모하기 위하여 기후에너지환경부장관의 허가를 받아 한국폐기물협회(이하 "협회"라 한다)를 설립할 수 있다.
② 협회는 법인으로 한다.
③ 협회는 다음 각 호의 업무를 수행한다.
  1. 폐기물산업의 발전을 위한 지도 및 조사·연구
  2. 폐기물 관련 홍보 및 교육·연수
  3. 그 밖에 대통령령으로 정하는 업무
④ 협회의 조직·운영, 그 밖에 필요한 사항은 그 설립목적을 달성하기 위하여 필요한 범위에서 대통령령으로 정한다.
⑤ 협회에 관하여 이 법에 규정되지 아니한 사항은 「민법」 중 사단법인에 관한 규정을 준용한다.

06 대통령령으로 정하는 폐기물처리시설을 설치, 운영하는 자는 그 시설의 유지관리에 관한 기술업무를 담당하게 하기 위해 기술관리인을 임명하거나 기술관리 능력이 있다고 대통령령으로 정하는 자와 기술관리 대행계약을 체결하여야 한다. 이를 위반하여 기술관리인을 임명하지 아니하고 기술관리 대행 계약을 체결하지 아니한 자에 대한 과태료 처분 기준은?

① 2백만원 이하의 과태료
② 3백만원 이하의 과태료
③ 5백만원 이하의 과태료
④ 1천만원 이하의 과태료

07 3년 이하의 징역이나 3천만원 이하의 벌금에 처하는 경우가 아닌 것은?

① 거짓이나 그 밖의 부정한 방법으로 폐기물분석전문기관으로 지정을 받거나 변경지정을 받는 자
② 다른 자의 명의나 상호를 사용하여 재활용 환경성평가를 하거나 재활용환경성평가기관지정서를 빌린 자
③ 유해성기준에 적합하지 아니하게 폐기물을 재활용한 제품 또는 물질을 제조하거나 유통한 자
④ 고의로 사실과 다른 내용의 폐기물분석결과서를 발급한 폐기물분석전문기관

해설 유해성기준에 적합하지 아니하게 폐기물을 재활용한 제품 또는 물질을 제조하거나 유통한 자 - 과태료 1천만원

08 폐기물관리법령상 용어의 정의로 틀린 것은?

① 폐기물 : 쓰레기, 연소재, 오니, 폐유, 폐산, 폐알칼리 및 동물의 사체 등으로서 사람의 생활이나 사업활동에 필요하지 아니하게 된 물질을 말한다.
② 폐기물처리시설 : 폐기물의 중간처분시설 및 최종처분시설 중 재활용처리시설을 제외한 기후에너지환경부령으로 정하는 시설을 말한다.
③ 지정폐기물 : 사업장폐기물 중 폐유·폐산 등 주변환경을 오염시킬 수 있거나 의료폐기물 등 인체에 위해를 줄 수 있는 해로운 물질로서 대통령령으로 정하는 폐기물을 말한다.
④ 폐기물감량화시설 : 생산 공정에서 발생하는 폐기물의 양을 줄이고, 사업장 내 재활용을 통하여 폐기물 배출을 최소화하는 시설로서 대통령령으로 정하는 시설을 말한다.

정답 05. ③ 06. ④ 07. ③ 08. ②

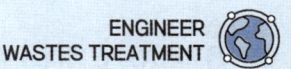

[해설] "폐기물처리시설"이란 폐기물의 중간처분시설, 최종처분시설 및 재활용시설로서 대통령령으로 정하는 시설을 말한다.

09 폐기물관리법상 대통령령으로 정하는 사업장의 범위에 해당하지 않는 것은?

① 하수도법에 따라 공공하수처리시설을 설치·운영하는 사업장
② 폐기물을 1일 평균 300킬로그램 이상 배출하는 사업장
③ 건설산업법에 따른 건설공사로 폐기물을 3톤(공사를 착공할 때부터 마칠 때까지 발생되는 폐기물의 양을 말한다) 이상 배출하는 사업장
④ 폐기물관리법에 따른 지정폐기물을 배출하는 사업장

[해설] 시행령 제2조(사업장의 범위): "그 밖에 대통령령으로 정하는 사업장"이란 다음 각 호의 어느 하나에 해당하는 사업장을 말한다.
1. 「물환경보전법」에 따라 공공폐수처리시설을 설치·운영하는 사업장
2. 「하수도법」에 따른 공공하수처리시설을 설치·운영하는 사업장
3. 「하수도법」에 따른 분뇨처리시설을 설치·운영하는 사업장
4. 「가축분뇨의 관리 및 이용에 관한 법률」에 따른 공공처리시설
5. 폐기물처리시설(폐기물처리업의 허가를 받은 자가 설치하는 시설을 포함한다)을 설치·운영하는 사업장
6. 지정폐기물을 배출하는 사업장
7. 폐기물을 1일 평균 300킬로그램 이상 배출하는 사업장
8. 「건설산업기본법」에 따른 건설공사로 폐기물을 5톤(공사를 착공할 때부터 마칠 때까지 발생되는 폐기물의 양을 말한다) 이상 배출하는 사업장
9. 일련의 공사(제8호에 따른 건설공사는 제외한다) 또는 작업으로 폐기물을 5톤(공사를 착공하거나 작업을 시작할 때부터 마칠 때까지 발생하는 폐기물의 양을 말한다) 이상 배출하는 사업장

10 지정폐기물의 종류 및 유해물질함유 폐기물로 옳은 것은? (단, 기후에너지환경부령으로 정하는 물질을 함유한 것으로 한정한다.)

① 광재(철광 원석의 사용으로 인한 고로슬래그를 포함한다.)
② 폐흡착제 및 폐흡수제(광물유·동물유의 정제에 사용된 폐토사는 제외한다.)
③ 분진(소각시설에서 발생되는 것으로 한정하되, 대기오염 방지시설에서 포집된 것은 제외한다.)
④ 폐내화물 및 재벌구이 전에 유약을 바른 도자기 조각

[해설] ④항만 올바르다.
[오답해설]
① 광재(철광 원석의 사용으로 인한 고로슬래그를 제외한다.)
② 폐흡착제 및 폐흡수제(광물유·동물유의 정제에 사용된 폐토사를 포함한다.)
③ 분진(대기오염 방지시설에서 포집된 것으로 한정하되, 소각시설에서 발생되는 것은 제외한다)

11 위해의료폐기물의 종류별 해당폐기물을 틀리게 짝지은 것은?

① 손상성 폐기물: 파손된 유리재질의 시험기구
② 혈액오염폐기물: 혈액이 함유되어 있는 탈지면
③ 병리계 폐기물: 시험, 검사 등에 사용된 배양액
④ 생물·화학폐기물: 폐백신

[해설] [시행령 별표 2] (의료폐기물의 종류): 의료폐기물의 종류 중 위해의료폐기물의 종류는 다음과 같다.
㉠ 조직물류 폐기물: 인체 또는 동물의 조직·장기·기관·신체의 일부, 동물의 사체, 혈액·고름 및 혈액생성물(혈청, 혈장, 혈액제제)
㉡ 병리계 폐기물: 시험·검사 등에 사용된 배양액, 배양용기, 보관균주, 폐시험관, 슬라이드, 커버글라스, 폐배지, 폐장갑
㉢ 손상성 폐기물: 주사바늘, 봉합바늘, 수술용 칼날, 한방침, 치고용 침, 파손된 유리재질의 시험기구
㉣ 생물·화학폐기물: 폐백신, 폐항암제, 폐화학치료제

정답 09. ③ 10. ④ 11. ②

ⓒ 혈액오염폐기물 : 폐혈액백, 혈액투석 시 사용된 폐기물, 그 밖에 혈액이 유출될 정도로 포함되어 있어 특별한 관리가 필요한 폐기물

12 폐기물관리법을 적용하지 아니하는 물질에 대한 내용으로 옳지 않은 것은?

① 용기에 들어 있지 아니한 기체상의 물질
② 물환경보전법에 의한 오수·분뇨 및 가축분뇨
③ 하수도법에 따른 하수
④ 원자력안전법에 따른 방사성물질과 이로 인하여 오염된 물질

[해설] 법 제3조(적용 범위) : 다음 각 호의 어느 하나에 해당하는 물질에 대하여는 적용하지 아니한다.
1. 「원자력안전법」에 따른 방사성 물질과 이로 인하여 오염된 물질
2. 용기에 들어 있지 아니한 기체상태의 물질
3. 「물환경보전법」에 따른 수질 오염 방지시설에 유입되거나 공공 수역(水域)으로 배출되는 폐수
4. 「가축분뇨의 관리 및 이용에 관한 법률」에 따른 가축분뇨
5. 「하수도법」에 따른 하수·분뇨
6. 「가축전염병예방법」 가축의 사체, 오염 물건, 수입 금지 물건 및 검역 불합격품
7. 「수산생물질병 관리법」 수산동물의 사체, 오염된 시설 또는 물건, 수입금지물건 및 검역 불합격품
8. 「군수품관리법」 따라 폐기되는 탄약
9. 「동물보호법」에 따른 동물장묘업의 등록을 한 자가 설치·운영하는 동물장묘시설에서 처리되는 동물의 사체

13 폐기물 감량화시설의 종류에 해당되지 않는 것은? (단, 기후에너지환경부 장관이 정하여 고시하는 시설 제외)

① 공정 개선시설   ② 폐기물 파쇄·선별시설
③ 폐기물 재이용시설   ④ 폐기물 재활용시설

[해설] [별표 4] 폐기물 감량화시설의 종류(제6조 관련)
1. 공정 개선시설
2. 폐기물 재이용시설
3. 폐기물 재활용시설
4. 그 밖의 폐기물 감량화시설

14 폐기물 관리의 기본원칙과 거리가 먼 것은?

① 폐기물은 중간처리보다는 소각 및 매립의 최종처리를 우선하여 비용과 유해성을 최소화하여야 한다.
② 폐기물로 인하여 환경오염을 일으킨 자는 오염된 환경을 복원할 책임을 지며, 오염으로 인한 피해의 구제에 드는 비용을 부담하여야 한다.
③ 국내에서 발생한 폐기물은 가능하면 국내에서 처리되어야 하고, 폐기물의 수입은 되도록 억제되어야 한다.
④ 누구든지 폐기물을 배출하는 경우에는 주변환경이나 주민의 건강에 위해를 끼치지 아니하도록 사전에 적절한 조치를 하여야 한다.

[해설] 법 제3조의2(폐기물 관리의 기본원칙)
- 사업자는 제품의 생산방식 등을 개선하여 폐기물의 발생을 최대한 억제하고, 발생한 폐기물을 스스로 재활용함으로써 폐기물의 배출을 최소화하여야 한다.
- 누구든지 폐기물을 배출하는 경우에는 주변 환경이나 주민의 건강에 위해를 끼치지 아니하도록 사전에 적절한 조치를 하여야 한다.
- 폐기물은 그 처리과정에서 양과 유해성(有害性)을 줄이도록 하는 등 환경보전과 국민건강보호에 적합하게 처리되어야 한다.
- 폐기물로 인하여 환경오염을 일으킨 자는 오염된 환경을 복원할 책임을 지며, 오염으로 인한 피해의 구제에 드는 비용을 부담하여야 한다.
- 국내에서 발생한 폐기물은 가능하면 국내에서 처리되어야 하고, 폐기물의 수입은 되도록 억제되어야 한다.
- 폐기물은 소각, 매립 등의 처분을 하기보다는 우선적으로 재활용함으로써 자원생산성의 향상에 이바지하도록 하여야 한다.

정답 12. ②   13. ②   14. ①

15 기후에너지환경부장관이나 시·도지사가 폐기물 처리업자에게 영업의 정지를 명령하고자 할 때 천재지변이나 그 밖의 부득이한 사유로 해당 영업을 계속하도록 할 필요가 있다고 인정되는 경우 영업정지에 갈음하여 부과할 수 있는 과징금의 범위 기준으로 옳은 것은?

> 매출액에 ( )를 곱한 금액을 초과하지 아니하는 범위

① 100분의 3
② 100분의 5
③ 100분의 7
④ 100분의 9

16 대통령령으로 정하는 폐기물처리시설을 설치, 운영하는 자는 그 처리시설에서 배출되는 오염물질을 측정하거나 기후에너지환경부령으로 정하는 측정기관으로 하여금 측정하게 하고 그 결과를 기후에너지환경부 장관에게 제출하여야 하는 데 이때 '기후에너지환경부령으로 정하는 측정기관'에 해당되지 않는 것은?

① 보건환경연구원
② 국립환경과학원
③ 한국환경공단
④ 수도권매립지관리공사

> **해설** 시행규칙 제43조(오염물질의 측정)
> ① "기후에너지환경부령으로 정하는 측정기관"이란 다음 각 호의 기관을 말한다.
> 1. 보건환경연구원
> 2. 한국환경공단
> 3. 「환경분야 시험·검사 등에 관한 법률」에 따라 수질오염물질 측정대행업의 등록을 한 자
> 4. 수도권매립지관리공사
> 5. 폐기물분석전문기관

17 폐기물처리 담당자 등에 대한 교육의 대상자(그 밖에 대통령령으로 정하는 사람)에 해당되지 않은 자는?

① 폐기물처리시설의 설치·운영자
② 사업장폐기물을 처리하는 사업자
③ 폐기물처리 신고자
④ 확인을 받아야 하는 지정폐기물을 배출하는 사업자

> **해설** 시행령 제17조(교육대상자)
> "그 밖에 대통령령으로 정하는 사람"이란 다음 각 호의 사람을 말한다.
> 1. 폐기물처리시설(기술관리인을 임명한 폐기물처리시설은 제외한다)의 설치·운영자나 그가 고용한 기술담당자
> 2. 사업장폐기물배출자 신고를 한 자나 그가 고용한 기술담당자
> 3. 확인을 받아야 하는 지정폐기물을 배출하는 사업자나 그가 고용한 기술담당자
> 4. 제2호와 제3호에 따른 자 외의 사업장폐기물을 배출하는 사업자나 그가 고용한 기술담당자로서 기후에너지환경부령으로 정하는 자
> 5. 폐기물수집·운반업의 허가를 받은 자나 그가 고용한 기술담당자
> 6. 폐기물처리 신고자나 그가 고용한 기술담당자

18 폐기물 발생 억제 지침 준수의무 대상 배출자의 규모 기준으로 옳은 것은?

① 최근 3년간의 연평균 배출량을 기준으로 지정폐기물을 50톤 이상 배출하는 자
② 최근 3년간의 연평균 배출량을 기준으로 지정폐기물을 100톤 이상 배출하는 자
③ 최근 3년간의 연평균 배출량을 기준으로 지정폐기물 외의 폐기물을 100톤 이상 배출하는 자
④ 최근 3년간의 연평균 배출량을 기준으로 지정폐기물 외의 폐기물을 500톤 이상 배출하는 자

> **해설** 시행령 별표 5(폐기물 발생 억제 지침 준수의무 대상 배출자의 업종 및 규모)
> 폐기물 발생 억제 지침 준수의무 대상 배출자의 규모 기준은 다음과 같다.
> ㉠ 최근 3년간의 연평균 배출량을 기준으로 지정폐기물을 100톤 이상 배출하는 자
> ㉡ 최근 3년간의 연평균 배출량을 기준으로 지정폐기물 외의 폐기물을 1천톤 이상 배출하는 자

정답 15. ② 16. ② 17. ② 18. ②

19 주변지역 영향 조사대상 폐기물처리시설 기준으로 틀린 것은? (단, 폐기물처리업자가 설치·운영하는 시설)

① 시멘트 소성로(폐기물을 연료로 사용하는 경우로 한정한다.)
② 매립면적 15만 제곱미터 이상의 사업장 일반폐기물 매립시설
③ 매립면적 3만 제곱미터 이상의 사업장 지정폐기물 매립시설
④ 1일 재활용능력이 50톤 이상인 사업장폐기물 소각열회수시설(같은 사업장에 여러 개의 소각열회수시설이 있는 경우에는 각 소각열회수시설의 1일 재활용능력의 합계가 50톤 이상인 경우를 말한다.)

[해설] 매립면적 1만 제곱미터 이상의 사업장 지정폐기물 매립시설이 주변지역 영향 조사대상 폐기물처리시설 기준이다.

20 다음 중 기술관리인을 두어야 하는 폐기물 처리시설은?

① 지정폐기물 외의 폐기물을 매립하는 시설로 면적이 5천 제곱미터인 시설
② 멸균분쇄시설로 시간당 처분능력이 200킬로그램인 시설
③ 지정폐기물 외의 폐기물을 매립하는 시설로 매립용적이 1만 세제곱미터인 시설
④ 소각시설로서 의료폐기물을 시간당 100킬로그램 처리하는 시설

[해설] 시행령 제15조(기술관리인을 두어야 할 폐기물처리시설)
"대통령령으로 정하는 폐기물처리시설"이란 다음 각 호의 시설을 말한다. 다만, 폐기물처리업자가 운영하는 폐기물처리시설은 제외한다.
1. 매립시설의 경우
 가. 지정폐기물을 매립하는 시설로서 면적이 3천300 제곱미터 이상인 시설. 다만, 별표 3의 제2호 최종처분시설 중 가목의 1)차단형 매립시설에서는 면적이 330 제곱미터 이상이거나 매립용적이 1천 세제곱미터 이상인 시설로 한다.
 나. 지정폐기물 외의 폐기물을 매립하는 시설로서 면적이 1만 제곱미터 이상이거나 매립용적이 3만 세제곱미터 이상인 시설
2. 소각시설로서 시간당 처분능력이 600킬로그램(의료폐기물을 대상으로 하는 소각시설의 경우에는 200킬로그램)이상인 시설
3. 압축·파쇄·분쇄 또는 절단시설로서 1일 처분능력 또는 재활용능력이 100톤 이상인 시설
4. 사료화·퇴비화 또는 연료화시설로서 1일 재활용능력이 5톤 이상인 시설
5. 멸균분쇄시설로서 시간당 처분능력이 100킬로그램 이상인 시설
6. 시멘트 소성로
7. 용해로(폐기물에서 비철금속을 추출하는 경우로 한정한다)로서 시간당 재활용능력이 600킬로그램 이상인 시설
8. 소각열회수시설로서 시간당 재활용능력이 600킬로그램 이상인 시설

21 폐기물처리시설을 설치·운영하는 자가 폐기물처리시설의 유지·관리에 관한 기술관리 대행을 체결할 경우 대행하게 할 수 있는 자로서 옳지 않은 것은?

① 한국환경공단
② 엔지니어링산업 진흥법에 따라 신고한 엔지니어링사업자
③ 기술사법에 따른 기술사사무소
④ 국립환경과학원

[해설] 시행령 제16조(기술관리대행자)
폐기물처리시설의 유지·관리에 관한 기술관리를 대행할 수 있는 자는 다음 각 호의 자로 한다.
1. 한국환경공단
2. 「엔지니어링산업 진흥법」 제21조에 따라 신고한 엔지니어링사업자
3. 「기술사법」 제6조에 따른 기술사사무소(법 제34조제2항에 따른 자격을 가진 기술사가 개설한 사무소로 한정한다)
4. 그 밖에 기후에너지환경부장관이 기술관리를 대행할 능력이 있다고 인정하여 고시하는 자

정답 19. ③ 20. ② 21. ④

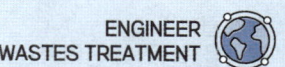

22 방치폐기물의 처리를 폐기물처리 공제조합에 명할 수 있는 방치폐기물의 처리량 기준으로 옳은 것은? (단, 폐기물처리업자가 방치한 폐기물의 경우)

① 그 폐기물처리업자의 폐기물 허용보관량의 1배 이내
② 그 폐기물처리업자의 폐기물 허용보관량의 1.5배 이내
③ 그 폐기물처리업자의 폐기물 허용보관량의 2배 이내
④ 그 폐기물처리업자의 폐기물 허용보관량의 3배 이내

해설 시행령 제23조(방치폐기물의 처리량과 처리기간) 폐기물처리 공제조합에 처리를 명할 수 있는 방치폐기물의 처리량은 다음 각 호와 같다.
  1. 폐기물처리업자가 방치한 폐기물의 경우 : 그 폐기물처리업자의 폐기물 허용보관량의 2배 이내
  2. 폐기물처리 신고자가 방치한 폐기물의 경우 : 그 폐기물처리 신고자의 폐기물 보관량의 2배 이내

23 과징금의 사용용도로 적정치 않는 것은?

① 광역 폐기물처리시설의 확충
② 폐기물로 인하여 예상되는 환경상 위해를 제거하기 위한 처리
③ 폐기물처리시설의 지도·점검에 필요한 시설·장비의 구입 및 운영
④ 폐기물처리기술의 개발 및 장비개선에 소요되는 비용

해설 시행령 제23조의4(과징금의 사용용도) "대통령령으로 정하는 용도"란 다음 각 호와 같다.
  1. 광역폐기물 처리시설의 확충
  2. 「자원의 절약과 재활용촉진에 관한 법률」에 따른 공공 재활용기반시설의 확충
  3. 폐기물처리 신고자가 적합하게 재활용하지 아니한 폐기물의 처리
  4. 폐기물처리 신고자의 지도·점검에 필요한 시설·장비의 구입 및 운영

24 지정폐기물에 함유된 유해물질의 기준으로 옳은 것은?

① 납 = 3mg/L   ② 카드뮴 = 3mg/L
③ 구리 = 0.3mg/L   ④ 수은 = 0.0005mg/L

해설 ①항만 올바르다.
오답해설
② 카드뮴 = 0.3mg/L
③ 구리 = 3mg/L
④ 수은 = 0.005mg/L

25 사업장폐기물의 종류별 분류번호로 옳은 것은?(단, 지정폐기물 외의 사업장폐기물의 분류번호)

① 유기성오니류 31-01-00
② 유기성오니류 41-01-00
③ 유기성오니류 51-01-00
④ 유기성오니류 61-01-00

26 광역폐기물처리시설의 설치·운영을 위탁할 수 있는 자로 틀린 것은?

① 한국에너지기술연구원
② 한국환경공단
③ 지방자치단체조합으로서 폐기물의 광역처리를 위하여 설립된 조합
④ 해당 광역 폐기물처리시설을 시공한 자(그 시설의 운영을 위탁하는 경우에만 해당한다.)

해설 시행규칙 제5조(광역 폐기물처리시설의 설치·운영의 위탁) 광역폐기물처리시설의 설치·운영을 위탁할 수 있는 자는 다음 각 호의 자를 말한다.
  1. 한국환경공단
  1의2. 「수도권매립지관리공사의 설립 및 운영 등에 관한 법률」에 따른 수도권매립지관리공사(이하 "수도권매립지관리공사"라 한다)
  2. 「지방자치법」에 따른 지방자치단체조합으로서 폐기물의 광역처리를 위하여 설립된 조합

정답 22. ③ 23. ④ 24. ① 25. ③ 26. ①

3. 해당 광역 폐기물처리시설을 시공한 자(그 시설의 운영을 위탁하는 경우에만 해당한다)
4. 별표 4의4의 기준에 맞는 자

27 관리형 매립시설에서 발생하는 침출수에 대한 부유물질량의 배출허용기준은? (단, 물환경보전법 시행규칙의 나지역 기준)

① 50mg/L
② 70mg/L
③ 100mg/L
④ 150mg/L

해설 [관리형 매립시설 – 침출수 배출허용기준]

구분	생물화학적 산소요구량 (mg/L)	화학적 산소요구량 (mg/L)	부유물질량 (mg/L)
청정지역	30	200	30
가 지역	50	300	50
나 지역	70	400	70

28 폐기물처리업 중 폐기물 수집·운반업의 변경허가를 받아야 할 중요사항에 관한 내용으로 틀린 것은?

① 수집·운반대상 폐기물의 변경
② 영업구역의 변경
③ 주차장 소재지의 변경(지정폐기물을 대상으로 하는 수집·운반업만 해당한다.)
④ 운반차량(임시차량 포함) 증차

해설 시행규칙 제29조(폐기물처리업의 변경허가)
폐기물처리업의 변경허가를 받아야 할 중요사항은 다음 각 호와 같다.
1. 폐기물 수집·운반업
 가. 수집·운반대상 폐기물의 변경
 나. 영업구역의 변경
 다. 주차장 소재지의 변경(지정폐기물을 대상으로 하는 수집·운반업만 해당한다)
 라. 운반차량(임시차량은 제외한다)의 증차

29 폐기물 처리업자의 폐기물 보관량 및 처리기한에 관한 기준으로 ( )에 옳은 것은? (단, 폐기물 수집·운반업자가 임시보관장소에 폐기물을 보관하는 경우)

의료폐기물 외의 폐기물 : 중량 (㉮) 이하이고, 용적이 (㉯) 이하, (㉰) 이내

① ㉮ 450톤, ㉯ 300세제곱미터, ㉰ 3일
② ㉮ 350톤, ㉯ 200세제곱미터, ㉰ 3일
③ ㉮ 450톤, ㉯ 300세제곱미터, ㉰ 5일
④ ㉮ 350톤, ㉯ 200세제곱미터, ㉰ 5일

30 설치승인을 얻은 폐기물처리시설이 변경승인을 받아야 할 중요사항이 아닌 것은?

① 대표자의 변경
② 처분시설 또는 재활용시설 소재지의 변경
③ 처분 또는 재활용 대상 폐기물의 변경
④ 매립시설 제방의 증·개축

해설 시행규칙 제39조(폐기물처리시설의 설치 승인 등)
③ 변경승인을 받아야 할 중요사항은 다음 각 호와 같다.
1. 상호의 변경(사업장폐기물배출자가 설치하는 경우만 해당한다)
2. 처분 또는 재활용 대상 폐기물의 변경
3. 처분시설 또는 재활용시설 소재지의 변경
4. 승인 또는 변경승인을 받은 처분 또는 재활용 용량의 합계 또는 누계의 100분의 30 이상의 증가
5. 매립시설 제방의 증·개축
6. 주요설비의 변경. 다만, 다음 각 목의 경우만 해당한다.

정답 27. ② 28. ④ 29. ③ 30. ①

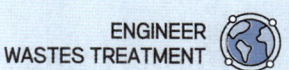

31 기후에너지환경부령으로 정하는 폐기물처리시설의 설치를 마친 자는 기후에너지환경부령으로 정하는 검사기관으로부터 검사를 받아야 한다. 폐기물처리시설이 매립시설인 경우, 검사기관으로 틀린 것은?

① 한국건설기술연구원 ② 한국산업기술시험원
③ 한국농어촌공사   ④ 한국환경공단

[해설] 시행규칙 제41조(폐기물 처리시설의 사용신고 및 검사)
기후에너지환경부령으로 정하는 매립시설의 검사기관은 다음과 같다.
㉠ 한국환경공단
㉡ 한국건설기술연구원
㉢ 한국농어촌공사
㉣ 수도권매립지관리공사

32 폐기물처리시설 주변지역 영향 조사기준 중 조사방법(조사지점)에 관한 내용으로 옳은 것은?

① 미세먼지와 다이옥신 조사지점은 해당 시설에 인접한 주거지역 중 2개소 이상 지역의 일정한 곳으로 한다.
② 미세먼지와 다이옥신 조사지점은 해당 시설에 인접한 주거지역 중 3개소 이상 지역의 일정한 곳으로 한다.
③ 미세먼지와 다이옥신 조사지점은 해당 시설에 인접한 주거지역 중 4개소 이상의 지역의 일정한 곳으로 한다.
④ 미세먼지와 다이옥신 조사지점은 해당 시설에 인접한 주거지역 중 5개소 이상 지역의 일정한 곳으로 한다.

[해설] 시행령 별표 13(폐기물처리시설 주변지역 영향조사 기준)
2. 조사방법
  가. 조사횟수: 각 항목당 계절을 달리하여 2회 이상 측정하되, 악취는 여름(6월부터 8월까지)에 1회 이상 측정하여야 한다.
  나. 조사지점
    1) 미세먼지와 다이옥신 조사지점은 해당시설에 인접한 주거지역 중 3개소이상 지역의 일정한 곳으로 한다.
    2) 악취 조사지점은 매립시설에 가장 인접한 주거지역에서 냄새가 가장 심한 곳으로 한다.
    3) 지표수 조사지점은 해당 시설에 인접하여 폐수, 침출수 등이 흘러들거나 흘러들 것으로 우려되는 지역의 상·하류 각 1개소 이상의 일정한 곳으로 한다.
    4) 지하수 조사지점은 별표 9 제2호가목8)의 설치기준에 따라 매립시설의 주변에 설치된 3개의 지하수 검사정(檢査井)으로 한다.
    5) 토양 조사지점은 매립시설에 인접하여 토양오염이 우려되는 4개소 이상의 일정한 곳으로 한다.

33 음식물류 폐기물을 대상으로 하는 폐기물 처분시설의 기술관리인의 자격으로 틀린 것은?

① 일반기계산업기사 ② 전기기사
③ 토목산업기사   ④ 대기환경산업기사

[해설] 시행규칙 제48조(기술관리인의 자격기준) : 기술관리인의 자격기준은 별표 14와 같다.
[시행규칙 별표 14(기술관리인의 자격기준)]

구분		자격기준
폐기물 처분시설 또는 재활용 시설	가. 매립시설	폐기물처리기사, 수질환경기사, 토목기사, 일반기계기사, 건설기계설비기사, 화공기사, 토양환경기사 중 1명 이상
	나. 소각시설(의료폐기물을 대상으로 하는 소각시설은 제외한다), 시멘트 소성로, 용해로 및 소각열회수시설	폐기물처리기사, 대기환경기사, 토목기사, 일반기계기사, 건설기계설비기사, 화공기사, 전기기사, 전기공사기사, 에너지관리기사 중 1명 이상
	다. 의료폐기물을 대상으로 하는 시설	폐기물처리산업기사, 임상병리사, 위생사 중 1명 이상

정답 31. ② 32. ② 33. ①

라. 음식물류 폐기물을 대상으로 하는 시설	폐기물처리산업기사, 수질환경산업기사, 화공산업기사, 토목산업기사, 대기환경산업기사, 일반기계기사, 전기기사 중 1명 이상
마. 그 밖의 시설	같은 시설의 운영을 담당하는 자 1명 이상

[비고] 폐기물 처분시설 또는 재활용시설이 배출시설에 해당할 때에는 「대기환경보전법」·「물환경보전법」 또는 「소음·진동관리법」에 따른 환경기술인이 기술관리인을 겸임할 수 있다.

34 폐기물처리업자나 폐기물처리 신고자가 휴업, 폐업 또는 재개업을 한 경우에 휴업, 폐업 또는 재개업을 한 날부터 며칠 이내에 신고서(서류 첨부)를 시·도지사나 지방환경관서의 장에게 제출하여야 하는가?

① 3일　　② 10일
③ 20일　　④ 30일

35 다음은 폐기물 처리 신고자가 갖추어야 할 보관시설과 재활용시설에 관한 내용 중 폐기물을 재활용하는 자의 기준(보관시설)에 관한 내용이다. ( ) 안에 옳은 내용은?

> 1일 처리능력 (　　)의 폐기물을 보관할 수 있는 보관용기 또는 보관시설. 다만 시·도지사의 인정을 받아 위탁받은 폐기물을 보관하지 아니하고 곧바로 재활용시설로 운반하는 경우에는 보관용기나 보관시설을 갖추지 아니할 수 있다.

① 1일분 이상 30일분 이하
② 5일분 이상 30일분 이하
③ 1일분 이상 60일분 이하
④ 5일분 이상 60일분 이하

36 폐기물처리 신고자의 준수사항으로 옳은 것은?

① 정당한 사유 없이 계속하여 1년 이상 휴업하여서는 아니 된다.
② 정당한 사유 없이 계속하여 2년 이상 휴업하여서는 아니 된다.
③ 정당한 사유 없이 계속하여 3년 이상 휴업하여서는 아니 된다.
④ 정당한 사유 없이 계속하여 5년 이상 휴업하여서는 아니 된다.

[해설] 정당한 사유 없이 계속하여 1년 이상 휴업금지
폐기물위탁재활용(운반)계약서는 3년간 보관

37 폐기물처리시설 사후관리계획서(매립시설인 경우에 한함)에 포함될 사항으로 틀린 것은?

① 빗물배제계획
② 지하수 수질조사계획
③ 사후영향평가 조사서
④ 구조물과 지반 등의 안정도유지계획

[해설] 시행규칙 제69조(폐기물처리시설의 사용종료 및 사후관리 등)
1. 다음 각 목의 사항을 포함한 폐기물매립시설 사후관리계획서
   가. 폐기물매립시설 설치·사용 내용
   나. 사후관리 추진일정
   다. 빗물배제계획
   라. 침출수 관리계획(차단형 매립시설은 제외한다)
   마. 지하수 수질조사계획
   바. 발생가스 관리계획(유기성폐기물을 매립하는 시설만 해당한다)
   사. 구조물과 지반 등의 안정도유지계획

[정답] 34. ③　35. ①　36. ①　37. ③

38 폐기물처리시설의 사후관리기준 및 방법에 규정된 사후관리 항목 및 방법에 따라 조사한 결과를 토대로 매립시설이 주변 환경에 미치는 영향에 대한 종합보고서를 매립시설의 사용종료신고 후 몇 년 마다 작성하여야 하는가?

① 1년 ② 2년
③ 3년 ④ 5년

39 매립시설의 사후관리기준 및 방법에 관한 내용 중 발생가스 관리방법(유기성폐기물을 매립한 폐기물매립시설만 해당된다.)에 관한 내용이다. ( )에 공통으로 들어갈 내용은?

> 외기온도, 가스온도, 메탄, 이산화탄소, 암모니아, 황화수소 등의 조사항목을 매립 종료 후 (   )까지는 분기 1회 이상, (   )이 지난 후에는 연 1회 이상 조사하여야 한다.

① 1년 ② 2년
③ 3년 ④ 5년

40 국가환경종합계획의 수립 주기로 옳은 것은?

① 5년 ② 10년
③ 15년 ④ 20년

정답 38. ④ 39. ④ 40. ④

온라인 교육의 명품브랜드 www.edupd.com
에듀피디
EDUPD

알기 쉽게 풀어쓴 **폐기물처리(산업)기사** 필기

PART 2

제 2 과 목
폐기물 재활용 및 자원화 기술

01
폐기물 감량 및 재활용

02
중간처분

03
자원화

01 폐기물의 감량 및 재활용

UNIT 01 감량

감량화 및 감용화공정은 폐기물처리의 가장 우선되는 과정입니다. 감량의 과정 중 가장 중요한 것은 폐기물의 발생을 최소화하는 것입니다. 발생을 최소화한 후에 배출된 폐기물은 압축, 파쇄, 선별, 탈수, 건조, 농축, 소각, 생물분해의 과정을 통해 감량화가 이루어집니다.

> 💡 **폐기물 발생 최소화방법의 예시**
> ① 음식을 남기지 않기
> ② 쇼핑 시 봉투사용 자제(에코백, 장바구니 등을 이용)
> ③ 상품의 과잉 포장 및 포장 자제
> ④ 일회용품보다 다회용품 사용 권장
> ⑤ 사용할 수 있는 제품은 가능한 오래 사용

1 압축 : 폐기물에 물리적으로 압력을 가하여 부피를 감소시키는 공정입니다.

① **목적**
  ㉠ 부피감소
  ㉡ 운반성 증대 및 운반비 절감
  ㉢ 유효 매립면적 증대(매립지 수명연장)
  ㉣ 매립 시 안전성의 증대

② **압축기의 종류** : 압축기는 압력강도에 따라 저압압축기와 고압압축기로 구분됩니다.
  • **저압압축기** : 압축강도 $700kN/m^2$ 이하로 주택가, 상가, 소규모 적환장에서 사용됩니다.
  • **고압압축기** : 압축강도 $700kN/m^2$ 이상으로 형태에 따라 고정식, 백, 수직식, 회전식 압축기로 구분됩니다.
    ㉠ 고정식 압축기 : 주로 수압에 의해 압축하며 수평식과 수직식으로 구분된다.
    ㉡ 백 압축기 : 백을 진공과 외력을 이용하여 압축하는 방식으로 수동과 자동식, 수평과 수직식, 연속식과 회분식 등 다양한 백 압축기가 있다.

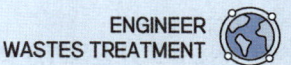

ⓒ 수직식 압축기(소용돌이식 압축기) : 손으로 투입시킨 쓰레기를 압축 피스톤에 의해 압축시켜 종이나 플라스틱으로 된 상자의 백에 모으는 방식이다.

ⓔ 회전식 압축기 : 비교적 부피가 작은 쓰레기를 회전판 위에 여러 개의 열려진 상태로 놓여 있는 백에 압축 피스톤으로 충진시켜 가는 방식이다.

③ **압축 계산식** : 부피감소 80%까지 소요되는 압축에 비해 부피감소 80% 이상으로 압축을 하려면 많은 에너지가 소요됩니다.

식 압축비$(CR) = \dfrac{\text{압축 전 부피}(V_1)}{\text{압축 후 부피}(V_2)} = \dfrac{\text{압축 후 밀도}(\rho_2)}{\text{압축 전 밀도}(\rho_1)}$

식 부피감소율$(VR) = \dfrac{\text{압축전 부피}(V_1) - \text{압축후 부피}(V_2)}{\text{압축전 부피}(V_1)} \times 100 = \left(1 - \dfrac{1}{CR}\right) \times 100$

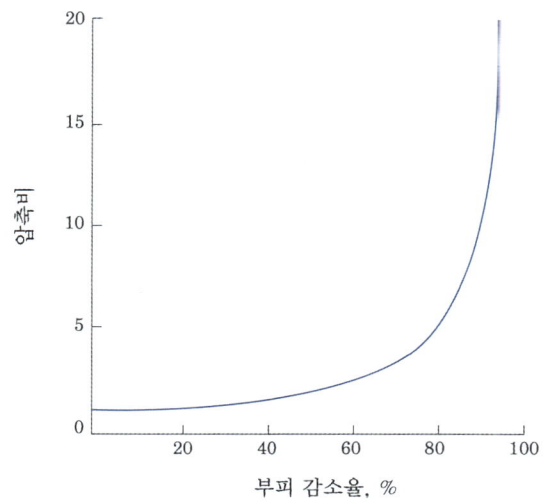

[부피감소율에 따른 압축비의 정도]

❷ 파쇄 및 절단

① **파쇄의 목적**

ⓐ 안정성 증가

ⓑ 비표면적 증가

ⓒ 운반비 감소(단, 폐지만 예외)

ⓓ 안정화기간 단축

ⓔ 건조성과 연소성 향상(소각, 열분해, 퇴비화 효율 향상)

ⓕ 선별효율 향상(유가물의 분리)

ⓖ 겉보기 비중의 증가(매립지 수명 연장 및 지질의 개선)

ⓗ 입경분포의 균일화

② **파쇄처리의 문제점**
　㉠ 소음진동의 문제
　㉡ 분진 발생
　㉢ 폭발 우려

③ **파쇄 메커니즘** : 충격력, 전단력, 압축력

④ **파쇄기의 종류**
　㉠ 메커니즘에 따른 분류
　　• 충격파쇄기 : 파쇄속도 빠름, 고무 및 플라스틱 파쇄에 부적합
　　• 전단파쇄기 : 파쇄속도 느림, 파쇄된 폐기물의 크기가 균일, 고무 및 플라스틱 파쇄에 적합
　　　※ 습식파쇄기(Pulverizer) : 습식에서 잘게 부수는 파쇄장치
　　　※ 세절기(Shredder) : 주로 종이류를 잘게 부수는 파쇄장치
　　• 압축파쇄기 : 대형 쓰레기 전처리 용이, 건설폐기물 및 유리, 플라스틱 처리 용이
　　　(압축파쇄기의 종류 : Rotary Mill, Impact crusher 등)
　㉡ 메커니즘 조합
　　• 회전식 파쇄기 : 충격파쇄 + 전단파쇄
　　　저속회전형 : 전단작용을 주체로 함
　　　고속회전형 : 충격작용을 주체로 함
　　• 왕복동식 파쇄기 : 고정칼과 왕복칼을 이용하여 파쇄
　　　- 왕복동식 파쇄기 : 왕복칼날을 V자형으로 구성하여 파쇄
　　　- 길로틴형 왕복동식 전단파쇄기 : 실린더로 폐기물을 눌러주면서 칼날을 수직으로 움직여 절단하는 방식
　　　- 왕복동식 압축전단파쇄기 : 길로틴형에 압축과정을 추가시킨 방식으로 대형폐기물의 처리에 적합하다.

⑤ **취성도** : 압축강도와 인장강도의 비

$$\text{식 } 취성도 = \frac{압축강도}{인장강도}$$

　㉠ **취성도가 큰 물질** : 압축하중을 가하면 변형량은 적고 파괴가 잘 일어남(압축이 시작된 후 얼마 안 되어 부서짐)
　㉡ **취성도가 작은 물질** : 압축하중을 가하면 변형량이 크고 파괴가 잘 일어나지 않음(압축이 시작된 후 상당히 구부러진 후 부서짐)

⑥ **파쇄이론**
　㉠ kick 법칙 : 고형물이 파쇄되는 비율이 같으면 이것에 소요되는 에너지는 일정하다고 가정
　　(고운 파쇄, 2차 파쇄 예측에 적합한 이론)

$$\boxed{식}\ E = C \cdot \ln\left(\frac{X_1}{X_2}\right)^n$$

- E : 에너지
- C : 상수
- X_1 : 파쇄 전 입자의 직경
- X_2 : 파쇄 후 입자의 직경

ⓒ Rittinger 법칙 : 파쇄에 필요한 에너지가 표면적의 증가에 비례한다고 가정

$$\boxed{식}\ E = C_R \cdot \left(\frac{1}{X_2} - \frac{1}{X_1}\right)$$

- E : 에너지
- C_R : 상수
- X_1 : 파쇄 전 입자의 직경
- X_2 : 파쇄 후 입자의 직경

ⓒ Bond 법칙 : 파쇄에 필요한 에너지는 입자의 크기의 제곱근에 비례한다고 가정

$$\boxed{식}\ E = C_b \cdot \left(\left(\frac{1}{X_2}\right)^{1/2} - \left(\frac{1}{X_1}\right)^{1/2}\right)$$

- E : 에너지
- C_R : 상수
- X_1 : 파쇄 전 입자의 직경
- X_2 : 파쇄 후 입자의 직경

⑦ 유효입경과 균등계수
  ㉠ 유효입경 : 입도 누적곡선상의 10%에 상당하는 입경
  ㉡ 균등계수 : 입도 누적곡선상의 60% 입경 / 유효입경

$$\boxed{식}\ 균등계수(U) = \frac{d_{p60}}{d_{p10}}$$

  ㉢ 곡률계수 : (입도 누적곡선상의 30% 입경)² / 유효입경 × 입도 누적곡선상의 60% 입경

$$\boxed{식}\ 곡률계수(Z) = \frac{(d_{p30})^2}{(d_{p10} \times d_{p60})}$$

⑧ 체하분포 : 체하분포는 전체 입경분포 중 대상입경보다 작은 입경의 비율을 말합니다. 체하분포는 Rosin-Rammler식으로 산출됩니다.

$$\boxed{식}\ Y = 1 - \exp\left[-\left(\frac{X}{X_o}\right)^n\right]$$

$$\boxed{식}\ Y = 1 - \exp[-\beta \cdot X^n]$$

- Y : 체하입자의 중량분율(%)
- X : 대상입자의 크기
- n, β : 계수
- X_o : 특성입자의 크기

3 선별

① **목적** : 유용한 물질을 회수하거나 불필요한 물질을 제거하여 재활용, 재이용, 후단의 장치보호 등의 역할을 하기 위함이다.

② **선별공정의 종류**

㉠ **공기선별법(풍력분별)** : 공기를 이용하여 폐기물을 밀어내어 가벼운 폐기물을 분리하는 방법(공기주입방식에 따라 공기선별법(강한 바람)과 풍력분별로 구분하기도 함)
  - 공기선별기의 종류 : 입형, 횡형, 지그재그형, 트롬멜형, 캐스케이드형

㉡ **광학선별** : 폐기물에 빛을 투과시켜 투과되는 것과 투과되지 않는 것을 분리하는 방법(유리와 색유리, 돌과 유리 등)

㉢ **스크린선별법** : 폐기물을 스크린에 통과시켜 입경별로 분류하는 방법
  - 스크린의 종류
    - 회전 스크린 : 일반적으로 도시폐기물 선별에 많이 사용(trommel screen이 대표적)
    - 진동 스크린 : 주로 골재분리에 많이 사용
  - 스크린의 위치에 따른 분류
    - Post-screening : 파쇄 → 스크린(선별효율의 증진을 목적)
    - Pre-screening : 스크린 → 파쇄(파쇄설비의 보호를 목적)

㉣ **세카터** : 회전하는 드럼 위에 폐기물을 떨어뜨려서 튀어나가는 정도를 통해 분리하는 방법(퇴비 중 유리조각 선별 등)

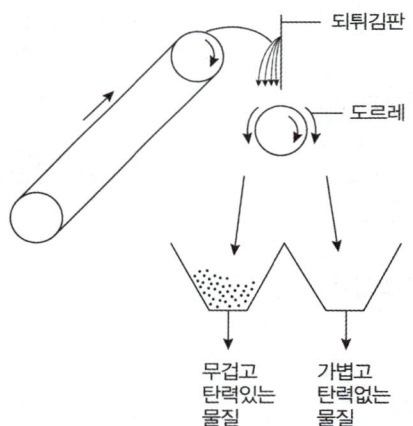

㉤ **테이블** : 약간 경사진 평판에 폐기물을 올려놓고 좌우로 빠른 진동과 느린 진동을 주어 가벼운 입자는 빠른 진동쪽으로 무거운 입자는 느린 진동쪽으로 분류하는 방법

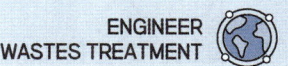

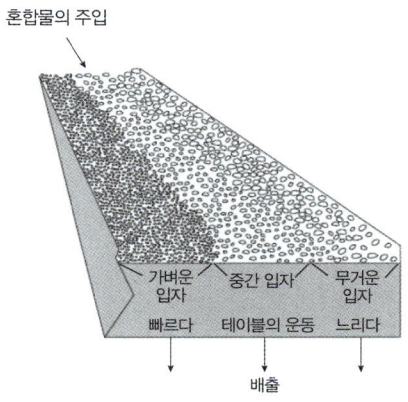

- ⓗ **자석선별** : 자석을 이용하여 자성이 강한 물질을 분리하는 방법
- ⓢ **jigs(수중체 선별법)** : 물이 잠겨있는 스크린 위에 분류하려는 폐기물을 넣고 수직으로 흔들어 가벼운 물질과 무거운 물질을 분리하는 방법(사금선별에 이용되던 방법)
- ⓞ **스토너** : 약간 경사진 판에 진동을 줄 때 무거운 것이 빨리 올라가는 원리를 이용
- ⓩ **와전류 분리** : 와전류를 통해 비자성이고 전기전도도가 우수한 물질을 분리하는 방법, 페러데이 법칙을 기초로 함(비철금속, 금속과 유리의 분리에 이용)
- ⓒ **수선별** : 손으로 직접 선별하는 방법, 선별효율이 매우 높으나 선별과정이 다소 위험하다.
    - 작업효율은 0.5톤/인·시간정도이다.
    - 컨베이어 벨트의 속도는 일반적으로 9m/min 이하이다.
    - 정확도가 높고, 파쇄공정으로 유입되기 전에 폭발가능성이 있는 위험물질을 분류할 수 있어 폭발위험을 낮출 수 있다.
- ⓚ **정전기선별** : 폐기물에 전하를 부여하고 전하량의 차에 따른 전기력으로 선별하는 장치(플라스틱과 종이의 선별)
- ⓣ **저온파쇄 선별** : 폐기물을 냉동한 후 파쇄하여 선별하는 공정
- ⓟ **부상(flotation)** : 폐기물을 물에 넣어 밀도차에 의해 부상하는 것을 선별하는 방법

> 💡 **수중 침강(wet classifiers)**
> 폐기물을 물에 넣어 중력침강속도의 차이로 분리하는 방법

- ⓗ **유동상 분리(Fluidized bed separators)** : 분쇄한 폐기물을 유동층(물을 충진한 사이클론 형태)에서 원심력을 이용하여 무거운 물질과 가벼운 물질을 분리하는 방법으로 금속을 회수하거나 모래를 비중별로 분리하는 공정

③ **트롬멜 스크린(스크린 종류 중 선별효율이 가장 우수)**

㉠ 영향인자
- 체눈의 크기 : 체눈의 크기를 조정함에 따라 분리되는 물질이 달라진다.
- 직경 : 약 3m
- 경사도 : 2~3°(경사도가 클수록 효율은 떨어지나 처리량은 많아짐)
- 길이 : 길이가 길수록 효율은 증가하고 동력소모도 커진다.

- 회전속도 : 적정회전속도는 10~20rpm 정도이다.
- 폐기물의 부하 : 폐기물의 부하가 클수록 효율은 떨어진다.

ⓒ **최적속도** = 임계속도 × 0.45

ⓓ **임계속도** = $\sqrt{\dfrac{g}{4\pi^2 r}}$ (rpm, 회/min)

- r : 트롬멜스크린의 반경

④ **선별효율**

㉠ Worrell식 = 회수대상 회수율 × 제거대상 제거율

$$\eta_w = \dfrac{X_c}{X_i} \times \dfrac{Y_o}{Y_i}$$

㉡ Rietema식 = 회수대상 회수율 − 제거대상 회수율

$$\eta_R = \dfrac{X_c}{X_i} - \dfrac{Y_c}{Y_i}$$

- X_c : 회수된 회수대상물질
- Y_o : 제거된 제거대상물질
- X_i : 회수대상물질
- Y_i : 제거대상물질
- Y_c : 회수된 제거대상물질

4 농축 · 건조 · 탈수

① **슬러지 처리계통** : 농축 − 소화 − 개량 − 탈수 − 처분
② **농축방법** : 중력식, 부상식, 원심분리식
③ **탈수방법** : 진공여과, 벨트프레스, 필터프레스, 원심분리
④ **물질수지**

$$SL_1(1-X_{w1}) = SL_2(1-X_{w2})$$

⑤ **슬러지의 비중**

$$\dfrac{100}{\rho_{SL}} = \dfrac{TS}{\rho_{TS}} + \dfrac{W}{\rho_W} = \dfrac{VS}{\rho_{VS}} + \dfrac{FS}{\rho_{FS}} + \dfrac{W}{\rho_W}$$

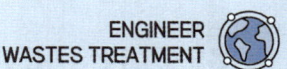

UNIT 02 재활용

1 재활용 방법

① **연료화**
   ㉠ **SRF(고형연료)** : 폐기물을 가공하여 고형연료로 제조
   - RDF : 가연성 생활폐기물을 사용하여 제조한 고형연료제품
   - RPF : 폐플라스틱을 중량기준으로 60% 이상 함유하여 제조한 고형연료제품
   - TDF : 폐타이어를 사용하여 제조한 고형연료제품
   - WCF : 목재칩을 사용하여 제조한 고형연료제품
   - SDF : 하폐수슬러지 등을 사용하여 제조한 고형연료제품

   ㉡ **열분해를 통한 연료생산**
   - 고온열분해 : 폐기물을 열분해하여 가스 및 액체연료 생산
   - 저온열분해 : 폐기물을 열분해하여 액체 및 고체연료 생산

② **퇴비화** : 주로 슬러지, 분뇨, 음식물쓰레기 등의 고농도 유기성폐기물을 호기성으로 처리하여 퇴비로 생산하는 과정이다.

③ **사료화** : 음식물쓰레기를 가공하여 사료로 생산하는 과정이다. 우리나라 음식물쓰레기의 상당부분이 사료화되고 있다.

④ **폐 제품의 수리** : 폐기된 제품을 수리하여 새 제품으로 생산

⑤ **폐 제품의 원료화** : 폐기된 제품을 가공하여 각 원료로 분류

2 재활용 기술

① **MBT(Mechanical Biological Treatment)**
   ㉠ **정의** : 쓰레기를 파쇄하여 불연물과 가연물, 생분해 가능물질을 기계적으로 분리·선별하여 열량이 높은 가연성 폐기물은 연료로 만들고, 철, 알루미늄 등은 재활용하며, 음식물류 쓰레기는 생물학적 처리를 이용하여 Bio-Gas를 생산하거나 자원화하는 공정을 말한다. 생활폐기물의 전처리 시스템으로 그 활용도가 점차 커지고 있는 추세이다.

   ㉡ **공정**

폐기물 – 기계적 분리선별 – 재활용 / 연료화 / 생물학적 처리

② 폐플라스틱
- ㉠ **재생이용법**
  - 단순재생 : 폐플라스틱을 플라스틱으로 재생
  - 복합재생 : 폐플라스틱을 다른 물질과 섞어 건축자재, 농업용 자재로 활용
- ㉡ **분해이용법** : 폐플라스틱을 가열하여 연료로 개량

③ 폐타이어
- ㉠ 재생고무 또는 재생타이어로 재사용
- ㉡ 직접연소를 통한 연료로 사용
- ㉢ 열분해하여 에너지원으로 사용(타이어 열분해 시 발생하는 가연성가스를 연료로 이용)

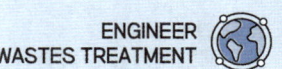

기출문제로 다지기 — CHAPTER 01 폐기물의 감량 및 재활용

01 분리수거제도에서 감량화대책으로서 옳지 않은 것은?
① 수익성, 채산성이 있는 것은 민간이, 민간이 기피하는 것은 공공부문이 역할분담
② 분리대상 재활용품의 품목을 지정
③ 쓰레기 수집·운반장비의 기계화·현대화
④ 각종 상품구매 시에 봉투사용 권장

[해설] 각종 상품구매 시에 봉투 사용자제

02 생활폐기물 중 포장폐기물 감량화에 대한 설명으로 옳은 것은?
① 포장지의 무료제공
② 상품의 포장공간 비율 감소화
③ 백화점 자체 봉투 사용 장려
④ 백화점에서 구매직후 상품 겉포장 벗기는 행위 금지

[해설] ②항만 올바르다.
[오답해설]
① 포장지의 사용자제
③ 백화점 자체 봉투 사용자제
④ 백화점에서 구매직후 상품 겉포장을 벗겨 수거

03 파쇄장치 중 전단파쇄기에 관한 설명으로 틀린 것은?
① 고정칼이나 왕복 또는 회전칼과의 교합에 의하여 폐기물을 전단한다.
② 충격파쇄기에 비하여 대체로 파쇄속도가 느리다.
③ 충격파쇄기에 비하여 파쇄물의 크기를 고르게 할 수 있는 장점이 있다.
④ 충격파쇄기에 비하여 이물질 혼입에 강하다.

[해설] 충격식에 비해 처리용량이 작고 이물질에 대한 대응성이 약하다.

04 지정폐기물인 편석면의 입도를 분석한 결과에 의하면 $d_{10} = 3\text{mm}$, $d_{30} = 6\text{mm}$, $d_{60} = 12\text{mm}$ 그리고 $d_{90} = 15\text{mm}$이었다. 이 때 균등계수와 곡률계수는 각각 얼마인가?
① 1, 0.5 ② 1, 1.0
③ 4, 0.5 ④ 4, 1.0

[해설] 균등계수는 60% 통과입경을 유효입경으로 나눔으로써 얻을 수 있고, 곡률계수는 계산식을 이용하여 문제를 푼다.
㉠ 균등계수(U) $= \dfrac{d_{p60}}{d_{p10}} = \dfrac{12}{3} = 4$
㉡ 곡률계수(Z) $= \dfrac{(d_{p30})^2}{d_{p10} \times d_{p60}} = \dfrac{(6)^2}{3 \times 12} = 1.0$

05 도시폐기물을 $X_{90} = 2.5\text{cm}$로 파쇄하고자 할 때, Rosin-Rammler 모델에 의한 특성 입자 크기(X_0)는? (단, $n = 1$로 가정한다.)
① 1.09cm ② 1.18cm
③ 1.22cm ④ 1.34cm

[해설] Rosin-Rammler식은 다음과 같다.
[식] $Y = 1 - \exp\left[-\left(\dfrac{X}{X_o}\right)^n\right]$
• Y : 체하입자의 중량분율(%) = 90%
• $X = 2.5\text{cm}$
• X_o : 특성입자의 크기(cm)
$0.9 = 1 - \exp\left[-\left(\dfrac{2.5}{X_o}\right)^1\right]$
$\therefore X_o = \dfrac{-2.5}{\ln(0.1)} = 1.0857\text{cm} ≒ 1.09\text{cm}$

정답 01. ④ 02. ② 03. ④ 04. ④ 05. ①

06 어느 폐기물의 밀도가 0.32ton/m³이던 것을 압축기로 압축하여 0.8ton/m³로 하였다. 부피 감소율은?

① 40%   ② 50%
③ 60%   ④ 70%

해설 **식** $VR = \dfrac{V_1 - V_2}{V_1} \times 100 = \left(1 - \dfrac{1}{CR}\right) \times 100$

- CR(압축비) $= \dfrac{\rho_2}{\rho_1} = \dfrac{0.8}{0.32} = 2.5$

∴ $VR = \dfrac{V_1 - V_2}{V_1} \times 100 = \left(1 - \dfrac{1}{2.5}\right) \times 100 = 60\%$

별해 **식** $VR = \dfrac{V_1 - V_2}{V_1} \times 100$

- $V_1 = \dfrac{1}{0.32} = 3.125\text{m}^3$
- $V_2 = \dfrac{1}{0.8} = 1.25\text{m}^3$

∴ $VR = 1 - \dfrac{1.25}{3.125} \times 100 = 60\%$

07 트롬멜 스크린에 대한 설명으로 옳지 않은 것은?

① [원통의 임계속도×1.45 = 최적속도]로 나타낸다.
② 원통의 경사도가 크면 부하율이 커진다.
③ 스크린 중에서 선별효율이 좋고 유지관리상의 문제가 적다.
④ 원통의 경사도가 크면 효율이 떨어진다.

해설 트롬멜 스크린의 최적 회전속도는 [원통의 임계속도 ×0.45 = 최적속도]로 나타낸다.

08 폐기물선별방법 중 분쇄한 전기줄로부터 금속을 회수하거나 분쇄된 자동차나 연소재로부터 알루미늄, 구리 등을 회수하는데 사용되는 선별장치로 가장 옳은 것은?

① Fluidized bed separators
② Stoners
③ Optical sorting
④ Jigs

해설 Fluidized bed separators(유동상 분리기)

09 밀도가 200kg/m³인 폐기물을 압축하여 밀도가 500kg/m³가 되도록 하였다면 압축된 폐기물 부피는?

① 초기부피의 25%   ② 초기부피의 30%
③ 초기부피의 40%   ④ 초기부피의 45%

해설 **식** 압축 후 부피(%) $= \dfrac{V_2}{V_1} \times 100$

- $V_1 = \dfrac{1}{200} = 5 \times 10^{-3} m^3$
- $V_2 = \dfrac{1}{500} = 2 \times 10^{-3} m^3$

∴ 압축 후 부피 $= \dfrac{2 \times 10^{-3}}{5 \times 10^{-3}} \times 100 = 40\%$

별해 압축 후 부피 $= \dfrac{V_2}{V_1} \times 100 = \left(\dfrac{1}{CR}\right) \times 100$

- $CR = \dfrac{\rho_2}{\rho_1} = \dfrac{500}{200} = 2.5$

∴ 압축 후 부피 $= \dfrac{1}{2.5} \times 100 = 40\%$

10 파쇄 시의 에너지 소모량을 예측하기 위한 여러 모델들 중 다음 식의 형태로 요약되는 법칙과 거리가 먼 것은?

$$\dfrac{dE}{dL} = -CL^{-n}$$

(단, E : 폐기물 파쇄에너지, L : 입자의 크기, n : 상수, C : 상수)

① Rittingger의 법칙   ② Kick의 법칙
③ Caster의 법칙   ④ Bond의 법칙

해설 폐기물의 분쇄 이론에는 Kick 법칙, Rittinger 법칙, Bond의 법칙 등이 적용되고 있다.

정답 06. ③   07. ①   08. ①   09. ③   10. ③

11 투입량이 1.0t/hr이고, 회수량이 600kg/hr(그 중 회수대상물질은 550kg/hr)이며 제거량은 400kg/hr(그 중 회수대상물질은 70kg/hr)일 때 선별효율은? (단, Rietema식 적용)

① 87%   ② 84%
③ 79%   ④ 76%

해설 식 $\eta_R = \left(\dfrac{X_c}{X_i} - \dfrac{Y_c}{Y_i}\right) \times 100$

- X_c : 회수된 회수대상물질 = 550 kg/hr
- X_i : 회수대상물질 = 550 + 70 = 620 kg/hr
- Y_i : 제거대상물질 = (600 − 550) + (400 − 70) = 380 kg/hr
- Y_c : 회수된 제거대상물질 = 600 − 550 = 50 kg/hr

∴ $\eta_R = \left(\dfrac{550}{620} - \dfrac{50}{380}\right) \times 100 = 75.5\%$

12 파쇄장치 중 전단식 파쇄기에 관한 설명으로 옳지 않은 것은?

① 고정칼이나 왕복칼 또는 회전칼을 이용하여 폐기물을 전단한다.
② 충격파쇄기에 비해 대체적으로 파쇄속도가 빠르다.
③ 충격파쇄기에 비해 이물질의 혼입에 대하여 약하다.
④ 파쇄물의 크기를 고르게 할 수 있다.

해설 전단파쇄기는 충격파쇄기에 비해 대체적으로 파쇄속도가 느리다.

13 어떤 폐기물의 밀도가 200kg/m³인 것을 500kg/m³으로 압축시킬 때 폐기물의 부피변화는?

① 60% 감소   ② 64% 감소
③ 67% 감소   ④ 70% 감소

해설 밀도의 역수는 비체적이므로 부피감소율은 압축 전·후의 부피로부터 계산 가능하다.

식 $VR = \dfrac{V_1 - V_2}{V_1} \times 100 = \left(1 - \dfrac{1}{CR}\right) \times 100$

- $CR = \dfrac{\rho_2}{\rho_1} = \dfrac{500}{200} = 2.5$

∴ $VR = \left(1 - \dfrac{1}{2.5}\right) \times 100 = 60\%$

∴ 60% 감소하였다.

14 선별방식 중 각 물질의 비중차를 이용하는 방법으로 약간 경사진 평판에 폐기물을 흐르게 한 후 좌우로 빠른 진동과 느린 진동을 주어 분류하는 것은?

① Secators   ② Stoners
③ Table   ④ Jigs

해설 [비슷한 선별방식 구분]
- 스토너 : 약간 경사진 판에 진동을 줄 때 무거운 것이 빨리 올라가는 원리를 이용
- 테이블 : 약간 경사진 평판에 폐기물을 올려놓고 좌우로 빠른 진동과 느린 진동을 주어 가벼운 입자는 빠른 진동쪽으로 무거운 입자는 느린 진동쪽으로 분류하는 방법

15 폐기물 매립 시 파쇄를 통해 얻을 수 있는 이점과 가장 거리가 먼 것은?

① 매립작업만으로 고밀도 매립이 가능하다.
② 표면적 감소로 미생물 작용이 촉진되어 매립지 조기안정화가 가능하다.
③ 곱게 파쇄하면 복토 요구량이 절감된다.
④ 폐기물의 밀도가 증가되어 바람에 멀리 날아갈 염려가 적다.

해설 표면적 증가로 미생물 작용이 촉진되어 매립지 조기안정화가 가능하다.

정답 11. ④   12. ②   13. ①   14. ③   15. ②

16 폐기물 중 철금속(Fe)/비철금속(Al, Cu)/유리병의 3종류를 각각 분리할 수 있는 방법으로 가장 적절한 것은?

① 자력선별법 ② 정전기선별법
③ 와전류선별법 ④ 풍력선별법

해설 와전류 분리는 서로 다른 자속(磁束) 변화를 갖는 영구자석과 도체물질 사이에서 발생되는 와전류(渦電流) 현상을 이용하여 비자성(非磁性)이고, 전기전도도가 좋은 물질만을 선별한다.

17 취성도가 낮은 쓰레기는 전단파쇄가 유효하다. 취성도를 가장 바르게 나타낸 것은?

① 압축강도와 인장강도의 비로 나타낸다.
② 인장강도와 전단강도의 비로 나타낸다.
③ 충격강도와 전단강도의 비로 나타낸다.
④ 충격강도와 압축강도의 비로 나타낸다.

18 쓰레기 선별에 관한 설명으로 틀린 것은?

① 관성선별은 분쇄된 폐기물을 가벼운 것(유기물)과 무거운 것(무기물)으로 분리한다.
② 인력선별은 정확도가 높고 파쇄공정 유입 전 폭발 가능 위험물질을 분류할 수 있는 장점이 있다.
③ Zigzag 공기 선별기는 컬럼의 층류를 발달시켜 선별효율을 증진시킨 것이다.
④ 진동 스크린 선별은 주로 골재 분리에 많이 이용하며 체경이 막히는 문제가 발생할 수 있다.

해설 Zigzag 공기 선별기는 컬럼의 난류를 발달시켜 선별효율을 증진시키고자 고안된 장치이다.

19 쓰레기를 파쇄하여 매립할 때의 이점과 가장 거리가 먼 것은?

① 곱게 파쇄하면 매립시 복토가 필요없거나 복토요구량이 절감된다.
② 매립 시 안정적인 혐기성 조건을 유지하여 냄새가 방지된다.
③ 매립작업이 용이하고 압축장비가 없어도 고밀도의 매립이 가능하다.
④ 폐기물 입자의 표면적이 증가되어 미생물작용이 촉진된다.

해설 ②항은 매립지의 다짐공법에 대한 설명이다. 파쇄하여 매립 시의 이점은 소요부지의 면적 감소 및 다짐성의 향상, 안정화 기간의 단축 등이 있다.

20 쓰레기 압축기를 형태에 따라 구별한 것으로 틀린 것은?

① 소용돌이식 압축기 ② 충격식 압축기
③ 고정식 압축기 ④ 백(bag) 압축기

해설 압축기는 형태에 따라 고정식 압축기(stationary compactors), 백 압축기(bag compactors), 수직식 또는 소용돌이식 압축기(vertical or console compactors), 회전식 압축기(rotary compactors) 등이 있다.

21 폐유리병을 크기 및 색깔별로 선별할 수 있는 방법으로 가장 적절한 것은?

① Hand Sorting ② Flotation
③ Wet-Classifier ④ Screen

해설 수 선별(Hand Sorting)은 다양하고 복잡한 물질의 선별이 가능하다.

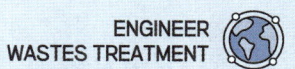

22 반경이 2.5m인 트롬멜 스크린의 임계속도는?

① 약 19rpm ② 약 27rpm
③ 약 32rpm ④ 약 38rpm

해설 트롬멜 스크린의 임계속도식을 이용하여 산출한다.

식 $N_c = \sqrt{\dfrac{g}{4\pi^2 r}} = \sqrt{\dfrac{9.8 m/s^2}{4 \times \pi^2 \times 2.5 m}} \times \dfrac{60 sec}{1 min}$
$= 18.91 rpm(회/min)$

23 폐기물의 발생량은 부피와 중량으로 표시 가능하다. 이 중 부피로 표시할 때 반드시 명시하여야 하는 사항은?

① 폐기물의 압축정도 ② 폐기물의 보관기간
③ 폐기물의 발생원   ④ 폐기물의 조성

24 쓰레기를 압축시켜 용적 감소율(Volume reduction)이 45%인 경우 압축비(compaction ratio)는?

① 약 1.5 ② 약 1.8
③ 약 2.2 ④ 약 2.8

해설 식 $VR = \left(1 - \dfrac{1}{CR}\right) \times 100$
$45\% = \left(1 - \dfrac{1}{CR}\right) \times 100, \quad \therefore CR = 1.82$

25 MBT에 대한 설명으로 틀린 것은?

① MBT 시설에는 가연성물질이 고형연료로 가공하는 시설이 포함되어 있다.
② MBT는 주로 생활폐기물 전처리 시스템으로서 재활용 가치가 있는 물질을 회수하는 시설이다.
③ MBT는 주로 생물학적, 화학적 처리를 통해 재활용 가치가 있는 물질을 회수하는 시설이다.
④ MBT는 생활폐기물을 소각 또는 매립하기 전에 재활용 물질을 회수하는 시설 중 한 종류이다.

해설 MBT(Mechanical Biological Treatment)는 기계적 처리(물리적 처리)를 통해 분리선별하여 재활용 가치가 있는 물질을 회수하고, 가연성폐기물은 연료로, 생물분해가 가능한 폐기물은 생물학적으로 처리하는 시설이다.

26 폐기물 압축기에 관한 설명으로 틀린 것은?

① 고정압축기는 주로 수압으로 압축시킨다.
② 고정압축기는 압축방법에 따라 수평식과 수직식 압축기로 나눌 수 있다.
③ 백(bag) 압축기는 회전판 위에 열려진 상태로 놓여 있는 백과 압축피스톤의 조합으로 구성된다.
④ 백(bag) 압축기 중 회분식이란 투입량을 일정량씩 수회 분리하여 간헐적인 조작을 행하는 것을 말한다.

해설 ③항은 회전식 압축기에 대한 설명이다.

27 고정압축기의 작동에 대한 용어로 가장 거리가 먼 것은?

① 적하(Loading)
② 카셋용기(Cassettes Containing bag)
③ 충전(Fill Charging)
④ 램압축(Ram Compacts)

28 밀도가 a인 도시쓰레기를 밀도가 b(a < b)인 상태로 압축시킬 경우 부피감소율(%)은?

① $100\left(1 - \dfrac{a}{b}\right)$ ② $100\left(1 - \dfrac{b}{a}\right)$
③ $100\left(a - \dfrac{a}{b}\right)$ ④ $100\left(b - \dfrac{b}{a}\right)$

해설

식 $VR = \left(1 - \dfrac{1}{CR}\right) \times 100 = \left(1 - \dfrac{\rho_1}{\rho_2}\right) \times 100 = \left(1 - \dfrac{a}{b}\right) \times 100$

정답 22. ① 23. ① 24. ② 25. ③ 26. ③ 27. ② 28. ①

29 스크린상에서 비중이 다른 입자의 층을 통과하는 액류를 상하로 맥동시켜서 층의 팽창수축을 반복하여 무거운 입자는 하층으로 가벼운 입자는 상층으로 이동시켜 분리하는 중력분리 방법은?

① Secators ② Jigs
③ Melt separation ④ Air stoners

30 쓰레기를 압축시켜 부피감소율이 55%인 경우 압축비는?

① 약 2.2 ② 약 2.8
③ 약 3.2 ④ 약 3.6

해설 식 $CR = \dfrac{V_1}{V_2} = \dfrac{100}{(100-55)} = 2.22$

별해 식 $VR = \left(1 - \dfrac{1}{CR}\right)$

$0.55 = \left(1 - \dfrac{1}{CR}\right)$, ∴ $CR = 2.22$

31 쓰레기 파쇄(shredding)에 대한 설명으로 가장 거리가 먼 것은?

① 압축 시 밀도증가율이 크므로 운반비가 감소된다.
② 조대쓰레기에 의한 소각로의 손상을 방지해 준다.
③ 곱게 파쇄하면 매립 시 복토요구량이 증가된다.
④ 파쇄에 의한 물질별 분리로 고순도의 유가물 회수가 가능하다.

해설 곱게 파쇄하면 매립 시 복토요구량이 감소된다.

32 트롬멜 스크린에 관한 설명으로 틀린 것은?

① 회전속도는 임계속도 이상으로 운전할 때가 최적이다.
② 선별효율이 좋고 유지관리상의 문제가 적다.
③ 경사도가 크면 효율도 떨어지고 부하율도 커지며 대개 2~3° 정도이다.
④ 길이가 길면 효율은 증진된 동력소모가 많다.

해설 회전속도는 임계속도의 45%로 운전할 때가 최적이다.

33 도시쓰레기 중 가연성 쓰레기를 선별하여 분쇄한 후 250℃ 정도로 가열하고 길이 1m, 지름 15cm 정도로 만든 연료는?

① RDF ② Shredder
③ Pyrolysis ④ Composting

34 파쇄에너지 계산과 관련된 이론이 아닌 것은?

① Rittinger의 법칙 ② Kick의 법칙
③ Bond의 법칙 ④ Worrell의 법칙

해설 Worrell과 Rietema은 선별과 관련된 이론이다.

35 최소 크기가 10cm인 폐기물을 2cm로 파쇄하고자 할 때 Kick's 법칙에 의한 소요 동력은 동일 폐기물을 4cm로 파쇄할 때 소요되는 동력의 몇 배인가? (단, n=1로 가정)

① 1.76배 ② 1.62배
③ 1.56배 ④ 1.42배

해설 식 $E = C \ln\left(\dfrac{D_1}{D_2}\right)^n$ ∴ $\dfrac{E_2}{E_1} = \dfrac{C \times \ln\left(\dfrac{10}{2}\right)^1}{C \times \ln\left(\dfrac{10}{4}\right)^1} = 1.76$

정답 29. ② 30. ① 31. ③ 32. ① 33. ① 34. ④ 35. ①

36 폐타이어의 이용, 처리방법으로 가장 거리가 먼 것은?

① 시멘트킬른 열이용 : 시멘트킬른 연료인 유연탄의 일부를 폐타이어로 대체하여 시멘트 제조 보조연료로 이용
② 토목공사 : 폐타이어 내부에 흙과 골재를 투입하여 사방공사에 이용
③ 건류소각재 이용 : 폐타이어 원형을 소각한 후 발생한 소각재를 이용하여 카본블랙 제조
④ 고무분말 : 폐타이어를 분쇄하여 고무분말을 만들고 고무분말을 탈황하여 재생고무를 생산

[해설] 폐타이어를 소각할 때 발생하는 열에너지를 이용한다.
  ㉠ 재생고무 또는 재생타이어로 재사용
  ㉡ 직접연소를 통한 연료로 사용
  ㉢ 열분해하여 에너지원으로 사용(타이어 열분해 시 발생하는 가연성가스를 연료로 이용)

37 돌, 코르크 등의 불투명한 것과 유리 같은 투명한 것의 분리에 이용되는 선별방법은?

① floatation
② optical sorting
③ inertial separation
④ electrostatic separation

38 투입량이 1ton/hr이고 회수량이 600kg/hr(그 중 회수대상물질은 500kg/hr)이며, 제거량은 400kg/hr (그 중 회수대상물질은 100kg/hr)일 때 선별효율(%)은? (단, Worrell식 적용)

① 약 63   ② 약 69
③ 약 74   ④ 약 78

[해설] [식] $\eta_w = \left(\dfrac{X_c}{X_i} \times \dfrac{Y_o}{Y_i}\right) \times 100$

- X_c : 회수된 회수대상물질 $= 500 kg/hr$
- X_i : 회수대상물질 $= 500 + 100 = 600 kg/hr$
- Y_i : 제거대상물질 $= (600-500) + (400-100) = 400 kg/hr$
- Y_o : 제거된 제거대상물질 $= 400 - 100 = 300 kg/hr$

$\therefore \eta_w = \left(\dfrac{500}{600} \times \dfrac{300}{400}\right) \times 100 = 62.5\%$

39 파쇄기의 마모가 적고 비용이 적게 소요되는 장점이 있으나, 금속, 고무의 파쇄는 어렵고, 나무나 플라스틱류, 콘크리트덩이, 건축폐기물의 파쇄에 이용되며, Rotary Mill식, Impact crusher 등이 해당되는 파쇄기는?

① 충격파쇄기   ② 습식파쇄기
③ 왕복전단파쇄기   ④ 압축파쇄기

40 폐기물 파쇄기에 대한 설명으로 틀린 것은?

① 회전드럼식 파쇄기는 폐기물의 강도차를 이용하는 파쇄장치이며 파쇄와 분별을 동시에 수행할 수 있다.
② 일반적으로 전단파쇄기는 충격파쇄기보다 파쇄속도가 느리다.
③ 압축파쇄기는 기계의 압착력을 이용하여 파쇄하는 장치로 파쇄기의 마모가 적고 비용도 적다.
④ 해머밀 파쇄기는 고정칼, 왕복 또는 회전칼과의 교합에 의하여 폐기물을 전단하는 파쇄기이다.

[해설] 해머밀 파쇄기= 해머밀(회전하며 충격하는 칼날)에 의하여 폐기물을 전단하는 파쇄기이다. 왕복동식 파쇄기는 고정칼, 왕복 또는 회전칼과의 교합에 의하여 폐기물을 전단하는 파쇄기이다.

정답 36. ③   37. ②   38. ①   39. ④   40. ④

41 돌, 코크스 등의 불투명한 것과 유리 같은 투명한 것의 분리에 이용되는 방식인 광학선별에 관한 설명으로 틀린 것은?

① 입자는 기계적으로 투입된다.
② 선별입자는 와전류형성으로 제거된다.
③ 광학적으로 조사된다.
④ 조사결과는 전기전자적으로 평가된다.

해설 ②항은 와전류선별기에 대한 내용이다.

42 폐기물처리장치 중 쓰레기를 물과 섞어 잘게 부순 뒤 다시 물과 분리시키는 습식처리장치는?

① Baler   ② Compactor
③ Pulverizer   ④ Shredder

43 직경이 1.0m인 트롬멜 스크린의 최적 속도(rpm)는?

① 약 63   ② 약 42
③ 약 19   ④ 약 8

해설 식 최적속도 = 임계속도 × 0.45
• 임계속도
$= \sqrt{\dfrac{g}{4\pi^2 r}} = \sqrt{\dfrac{9.8}{4 \times \pi^2 \times 0.5}} = 0.7046/\sec = 42.2765/\min$
∴ 최적속도 = 42.2765 × 0.45 = 19.02/min = 19.02rpm

44 폐기물 선별과정에서 회전방식에 의해 폐기물을 크기에 따라 분리하는데 사용되는 장치는?

① Reciprocating Screen
② Air Classifier
③ Ballistic Separator
④ Trommel Screen

45 트롬멜 스크린에 대한 설명으로 틀린 것은?

① 수평으로 회전하는 직경 3미터 정도의 원통형태이며 가장 널리 사용되는 스크린의 하나이다.
② 회전속도는 임계회전속도의 45% 정도이다.
③ 도시폐기물 처리 시 적정회전속도는 100~180rpm 이다.
④ 경사도는 대개 2~3°를 채택하고 있다.

해설 도시폐기물 처리 시 적정회전속도는 10~20rpm 정도이다.

46 굴림통 분쇄기(Roll Crusher)에 관한 설명으로 틀린 것은?

① 재회수과정에서 유리같이 깨지기 쉬운 물질을 분쇄할 때 이용된다.
② 퍼짐성이 있는 금속캔류는 단순히 납작하게 된다.
③ 유리와 금속류가 섞인 폐기물을 굴림통 분쇄기에 투입하면 분쇄된 유리를 체로 쳐서 쉽게 분리할 수 있다.
④ 분쇄는 투입물 선별 과정과 이것을 압축시키는 두 가지 과정으로 구성된다.

해설 Roll Crusher에서 투입물 선별 과정은 필요하지 않다. 분쇄 후에 선별이 이루어진다.

47 비자성이고 전기전도성이 좋은 물질(동, 알루미늄, 아연)을 다른 물질로부터 분리하는 데 가장 적절한 선별 방식은?

① 와전류선별   ② 자기선별
③ 자장선별   ④ 정전기선별

정답 41. ② 42. ③ 43. ③ 44. ④ 45. ③ 46. ④ 47. ①

48 폐기물을 분류하여 철금속류를 회수하려고 할 때 가장 적당한 분리 방법은?

① Air separation   ② Screening
③ Floatation   ④ Magnetic Separation

49 2차 파쇄를 위해 6cm의 폐기물을 1cm로 파쇄하는 데 소요되는 에너지(kW·hr/ton)는? (단, kick의 법칙을 이용, 동일한 파쇄기를 이용하여 10cm의 폐기물을 2cm로 파쇄하는데 에너지가 50kW·hr/ton 소모됨)

① 55.66   ② 57.66
③ 59.66   ④ 61.66

해설 식 $E = C \cdot \ln\left(\dfrac{X_1}{X_2}\right)$

- E : 에너지
- C : 상수
- X_1 : 파쇄 전 입자의 직경
- X_2 : 파쇄 후 입자의 직경

$50 = C \cdot \ln\left(\dfrac{10}{2}\right)$, $C = 31.0667$

산출한 C를 6cm를 1cm로 파쇄하는 식에 대입하면…

∴ $E = 31.0667 \times \ln\left(\dfrac{6}{1}\right) = 55.66\,kW \cdot hr/ton$

50 파쇄에 따른 문제점은 크게 공해발생상의 문제와 안전상의 문제로 나눌 수 있는데 안전상의 문제에 해당하는 것은?

① 폭발   ② 진동
③ 소음   ④ 분진

51 스크린 선별에 관한 설명으로 알맞지 않은 것은?

① 일반적으로 도시폐기물 선별에 진동스크린이 많이 사용된다.
② Post-screening의 경우는 선별효율의 증진을 목적으로 한다.
③ Pre-screening의 경우는 파쇄설비의 보호를 목적으로 많이 이용한다.
④ 트롬멜스크린은 스크린 중에서 선별효율이 좋고 유지관리가 용이하다.

해설 일반적으로 도시폐기물 선별에 회전스크린이 많이 사용된다.

52 투입량 1.0ton/hr, 회수량 600kg/hr(그 중 회수대상물질 = 550kg/hr), 제거량 400kg/hr(그 중 회수대상물질 = 70kg/hr)일 때 선별효율(%)은? (단, Worrell식 적용)

① 77   ② 79
③ 81   ④ 84

해설 식 $\eta_w = \left(\dfrac{X_c}{X_i} \times \dfrac{Y_o}{Y_i}\right) \times 100$

- X_c : 회수된 회수대상물질 $= 550\,kg/hr$
- X_i : 회수대상물질 $= 550 + 70 = 620\,kg/hr$
- Y_i : 제거대상물질 $= (600 - 550) + (400 - 70) = 380\,kg/hr$
- Y_o : 제거된 제거대상물질 $= 400 - 70 = 330\,kg/hr$

∴ $\eta_w = \left(\dfrac{550}{620} \times \dfrac{330}{380}\right) \times 100 = 77.04\%$

정답 48.④ 49.① 50.① 51.① 52.①

53 선별기의 종류 중 습식선별의 형태가 아닌 것은?

① stoners
② jigs
③ flotation
④ wet classifiers

해설 [습식선별의 종류]
- jigs : 물속에서 스크린을 상하로 운동시켜 가벼운 입자와 무거운 입자를 분리하는 방법
- flotation : 물속에서 공기주입 또는 진공상태로 하여 가벼운 입자를 부상시켜 분리하는 방법
- wet classifiers : 물속에서 물질에 따른 중력침강속도의 차이로 분리하는 방법

54 Eddy Current Separator는 물질 특성상 세 종류로 분리한다. 이 때 구리전선과 같은 종류로 선별되는 것은?

① 은수저
② 철 나사못
③ PVC
④ 희토류 자석

해설 와전류 분리(Eddy Current Separator)에서는 물질을 철금속, 비철금속, 유리로 분류한다.
※ 비철금속 : 철을 제외한 금속물질(구리, 금, 은, 니켈, 아연, 알루미늄, 팔라듐 등)

55 수분이 96%인 슬러지를 수분 60%로 탈수했을 때, 탈수 후 슬러지의 체적(m³)은? (단, 탈수 전 슬러지의 체적은 500m³)

① 30
② 50
③ 70
④ 90

해설 식 $SL_1(1-X_{w1}) = SL_2(1-X_{w2})$
$500 \times (1-0.96) = SL_2 \times (1-0.6)$, ∴ $SL_2 = 50m^3$

56 3.5%의 고형물을 함유하는 슬러지 300m³를 탈수시켜 70%의 함수율을 갖는 케이크를 얻었다면 탈수된 케이크의 양(m³)은? (단, 슬러지의 밀도 1ton/m³)

① 35
② 40
③ 45
④ 50

해설 식 $SL_1(1-X_{w1}) = SL_2(1-X_{w2})$
$TS_1 = TS_2$
$300 \times 0.035 = SL_2 \times (1-0.7)$, ∴ $SL_2 = 35m^3$

57 슬러지를 처리하기 위하여 생슬러지를 분석한 결과 수분은 90%, 총고형물 중 휘발성 고형물은 70%, 휘발성 고형물의 비중은 1.1, 무기성 고형물의 비중은 2.2일 때 생슬러지의 비중은? (단, 무기성 고형물 + 휘발성 고형물 = 총고형물)

① 1.023
② 1.032
③ 1.041
④ 1.053

해설 식 $\dfrac{100}{\rho_{SL}} = \dfrac{VS}{\rho_{VS}} + \dfrac{FS}{\rho_{FS}} + \dfrac{W}{\rho_w}$

$\dfrac{100}{\rho_{SL}} = \dfrac{10 \times 0.7}{1.1} + \dfrac{10 \times (1-0.7)}{2.2} + \dfrac{90}{1}$

∴ $\rho_{SL} = 1.0232$

정답 53. ① 54. ① 55. ② 56. ① 57. ①

02 CHAPTER 중간처분

💡 **중간처분이란?** 폐기물이 배출되고 나서 최종처분(매립)이 이루어지기 전까지의 모든 공정

💡 **폐기물 처리의 목표**
① 안정화(유기물의 처리)
② 안전화(위생적 안전)
③ 감량 및 감용화
④ 기타 처분의 확실성(2차오염 최소화)

UNIT 01 기계 및 화학적 처분

💡 **물질수지 기초**

식 $SL = TS + W = VS + FS + W$
식 $TS = SL \times X_{TS}(\text{고형물 함량})$
식 $SL = TS \times \dfrac{100}{X_{TS}(\text{고형물 함량})}$
식 $SL(\text{부피}) = SL(\text{질량}) \times \dfrac{1}{\rho_{SL}}$

1 농축 : 폐기물에 외력을 가하여 수분을 배제하고 고형물함량을 높이는 과정, 주로 슬러지와 분뇨에 적용됩니다.

① **중력식 농축** : 중력을 이용하여 폐기물을 농축
  ㉠ 장단점

장점	단점
• 구조 간단, 유지관리가 용이하다. • 1차 슬러지에 적합하다. • 저장과 농축이 동시에 가능하다. • 약품을 사용하지 않는다. • 동력비 소요가 적다.	• 악취문제가 발생된다. • 잉여슬러지의 농축에 부적합하다. • 잉여슬러지의 경우 소요면적이 크다.

ⓒ 표면적 부하

$$L_A(\text{표면적 부하}) = \frac{Q}{A}$$

- Q : 유입유량
- A : 농축조 수면적

ⓒ 체류시간

$$t = \frac{\forall}{Q}$$

- $\forall$: 조의 용적
- Q : 유입유량

② **부상식 농축** : 공기주입 또는 진공상태를 이용하여 폐기물을 부상시켜 농축

㉠ 장단점

장점	단점
• 잉여슬러지에 효과적이다. • 고형물 회수율이 비교적 높다. • 약품주입 없이도 운전 가능하다.	• 동력비가 많이 소요된다. • 악취문제가 발생된다. • 다른 방법보다 소요면적이 크다. • 유지관리가 어려우며 건물 내부에 설치시 부식문제 유발우려가 있다.

㉡ 형식
- 가압법(용존공기 부상법) : 공기를 주입하여 기포를 발생시켜 슬러지를 부상
- 감압법(진공 부상법) : 보통의 압력에서 공기를 용해시킨 후 감압해서 기포를 발생시켜 슬러지를 부상

㉢ A/S비(air/Solid)

$$A/S = \frac{1.3 S_a (fP-1)}{SS} \times R$$

- S_a : 공기 용해도
- SS : 부유물질(SS)의 농도
- f : 분율
- R : 반송비
- P : 압력

③ **원심분리 농축** : 원심력을 이용하여 폐기물을 농축

㉠ 장단점

장점	단점
• 소요면적이 적다. • 잉여슬러지에 효과적이다. • 운전조작이 용이하다. • 악취가 적다. • 연속운전이 가능하다. • 고농도로 농축이 가능하다.	• 시설비와 유지관리비가 고가이다. • 유지관리가 어렵다.

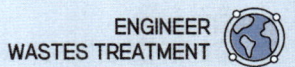

2 개량

① **개량이란?** : 슬러지처리에서 탈수공정 이전에 시행되는 공정으로 슬러지의 탈수성을 개선하기 위해 시행됩니다. 슬러지의 유기성 입자는 물과 친화력이 강하므로 입자를 물과 분리하는 과정입니다.

② **개량방법**
  ㉠ **세정** : 슬러지에 물을 첨가하여 희석시켜 침전·농축시킴으로써 알칼리도를 감소시킨다.
  ㉡ **열처리(습식산화, Zimmermann process)** : 140~210℃에서 고압(약 70atm)을 가하여 슬러지의 구조를 변화시킴으로써 물과 입자의 분리를 용이하게 한다. 기술이 발전하여 운전온도가 낮아지고 있다.
   • 고온에서 처리하므로 위생적이며, 최종물질이 소량이다.
   • 악취가 발생하며 고도의 기술이 필요하다.
   • 시설의 수명이 짧다.
   • 탈수성이 좋고 고액분리가 잘 된다.
   • 질소 등 영양소의 제거율이 낮다.
  ㉢ **혐기성 및 호기성 소화** : 유기화합물이나 병원균을 미생물을 통해 무기성 상태로 전환하여 탈수성을 개선한다. 후단에 슬러지를 연료화하는 공정이 있다면 슬러지의 발열량이 저하될 수 있어 불리하다.
  ㉣ **약품첨가** : 물질을 첨가하여 유기물질과 물의 분리를 도모하는 과정이다. 슬러지량이 증대되고 발열량이 저하되는 문제를 가지고 있다.
   • 응집제 : 슬러지를 응결시켜 탈수성과 농축성을 개선한다.
   • 금속염 : 슬러지 내의 부유물을 금속염으로 중화 및 부착하여 물과 분리함으로 탈수성을 개선한다.
   • 소각재 : 소각재의 무기성을 이용하여 탈수성을 개선한다.

  💡 **슬러지 물질수지**

  식 $TS_1 = TS_2$
  식 $SL_1(1 - X_{w1}) = SL_2(1 - X_{w2})$
  식 $TS + 약품 = SL_2(1 - X_{w1})$ (약품 첨가 시 약품량은 고형물함량에 포함)

  ㉤ **동결법** : 슬러지 내부에 있는 유리수의 결빙, 고형물의 농축, 세포막의 파괴에 의해 탈수성을 향상시키는 방법으로 효율이 낮아 잘 시행되지 않고 있다.

3 탈수

① **진공탈수** : 슬러지조에 드럼을 넣고 드럼표면에 여포를 바르고 드럼 내를 진공펌프에 의해 감압함으로써 여액을 추출하는 것이다.

  ㉠ **특징**
   • 기구와 조작이 간단하다.
   • 에너지 소비가 많다.
   • 부대설비가 많다.
   • 슬러지를 육안으로 보면서 조작조건을 조절할 수 있다.
   • 취기발생이 크다.

② **가압탈수(필터프레스)** : 여포를 이용하여 슬러지를 압착하여 수분을 감소시키는 방법이다.

㉠ 특징
- 소요면적이 크다.
- 탈수 후 함수율이 낮다.(약 60%)
- 여과속도가 느리다.
- 동력비가 높다.
- 간헐적으로 조작한다.

㉡ 설계인자

$$여과비저항 = \frac{2a \cdot P \cdot A^2}{\mu \cdot C}$$

- a : 상수
- μ : 점도
- P : 압력
- C : 고형물의 농도
- A : 여과면적

$$여과속도 = \frac{TS}{A} = \frac{고형물(kg/hr)}{여과면적}$$

※ 벨트프레스 : 대규모 시설에서 이용하는 고액분리장치로 벨트와 벨트가 맞물리면서 여과와 압착을 연속해서 하는 공정이다.
- 운전요소
  - 벨트의 종류
  - 세척수의 유량과 압력
  - 폴리머 주입량과 주입 지점

③ **원심탈수** : 슬러지를 고속으로 회전시켜 원심력을 이용하여 침강·농축·압밀시킴으로써 여액을 추출한다.

㉠ 특징
- 소요면적이 적다.
- 동력비가 적다.
- 탈수속도가 빠르다.
- 부대설비가 적다.
- 조작이 간편하다.
- 소음진동의 문제가 있어 방음 및 제진장치가 필요하다.
- 마모문제가 있다.

❹ **건조** : 후단에 열분해, 소각 등의 과정에서 보조연료소비량을 줄이기 위해 시행되는 공정이다.

① **직접 가열** : 열풍에 의한 가열
② **간접 가열** : 열매체에 의한 전열면을 매개로 한 열전달

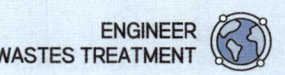

UNIT 01 기계 및 화학적 처분

01 분뇨의 슬러지 건량은 5m³이며 함수율이 90%이다. 함수율을 80%까지 농축하면 농축조에서의 분리액은? (단, 비중은 1.0 기준)

① 15m³ ② 20m³
③ 25m³ ④ 30m³

해설 식 $TS_1 = TS_2$
식 $SL_1(1-X_{w1}) = SL_2(1-X_{w2})$, 슬러지건량 = TS
$5m^3 = SL_2 \times (1-0.8)$
∴ $SL_2 = 25m^3$

02 수분함량 95%(무게 %)의 슬러지에 응집제를 소량 가해 농축시킨 결과 상등액과 침전 슬러지의 용적비가 3:5이었다. 이 침전 슬러지의 함수율(%)은? (단, 응집제의 주입량은 소량이므로 무시, 농축전후 슬러지 비중 = 1)

① 94 ② 92
③ 90 ④ 88

해설 식 $SL_1(1-X_{w1}) = SL_2(1-X_{w2})$
$SL_1 \times (1-0.95) = \frac{5}{8} \times SL_1 \times (1-X_{w2})$
∴ $X_{w2} = 0.92 = 92\%$

03 진공 여과 탈수기로 투입되는 슬러지량이 240m³/hr이고 슬러지 함수율 98%, 여과율(고형물기준)이 120kg/m²·hr의 조건을 가질 때 여과면적(m²)은? (단, 탈수기는 연속가동, 슬러지 비중 = 1.0)

① 40 ② 50
③ 60 ④ 70

해설 식 여과율 = $\frac{고형물}{여과면적}$
· 여과율 = $120 kg/m^2 \cdot hr$
· 고형물 = $\frac{240m^3}{hr} \times \frac{2 TS}{100 SL} \times \frac{10^3 kg}{1 m^3} = 4,800 kg/hr$
$120 kg/m^2 \cdot hr = \frac{4,800 kg/hr}{여과면적}$, ∴ 여과면적 = $40m^2$

04 슬러지를 개량하는 목적으로 가장 적합한 것은?

① 슬러지의 탈수가 잘 되게 하기 위해서
② 탈리액의 BOD를 감소시키기 위해서
③ 슬러지 건조를 촉진하기 위해서
④ 슬러지의 악취를 줄이기 위해서

05 고형물농도 80kg/m³의 농축 슬러지를 1시간에 8m³ 탈수시키려 한다. 슬러지 중의 고형물 당 소석회 첨가량을 중량기준으로 20% 첨가했을 때 함수율 90%의 탈수 cake가 얻어졌다. 이 탈수 cake의 겉보기 비중량을 1,000kg/m³로 할 경우 발생 cake의 부피(m³/hr)는?

① 약 5.5 ② 약 6.6
③ 약 7.7 ④ 약 8.8

해설 식 $TS + 약품 = SL_2(1-X_{w1})$
$8m^3 \times \frac{80kg}{m^3} \times 1.2 = SL_2 \times (1-0.9)$
∴ $SL_2 = 7680 kg \times \frac{m^3}{1,000 kg} = 7.68 m^3$

 01. ③ 02. ② 03. ① 04. ① 05. ③

06 6.3%의 고형물을 함유한 150,000kg의 슬러지를 농축한 후, 소화조로 이송할 경우 농축슬러지의 무게는 70,000kg이다. 이때 소화조로 이송한 농축된 슬러지의 고형물 함유율(%)은? (단, 슬러지의 비중 = 1.0, 상등액의 고형물 함량은 무시)

① 11.5 ② 13.5
③ 15.5 ④ 17.5

해설 식 $TS_1 = TS_2$
$150,000kg \times 0.063 = 70,000 \times X_{TS_2}$
∴ $X_{TS_2} = 0.135 = 13.5\%$

07 수분함량이 90%인 슬러지를 수분함량 60%로 낮추기 위해 톱밥을 첨가하였다면 슬러지 톤당 소요되는 톱밥의 양(kg)은? (단, 비중 1.0, 톱밥의 수분함량 20%라 가정한다.)

① 650 ② 750
③ 850 ④ 950

해설 식 수분함량(%) =
$\dfrac{\text{수분량}}{\text{총폐기물량}} = \dfrac{\text{톱밥수분} + \text{슬러지 수분}}{\text{톱밥} + \text{슬러지}}$
$60(\%) = \left(\dfrac{\text{톱밥} \times 0.2 + 1,000kg \times 0.9}{\text{톱밥} + 1,000kg}\right) \times 100$
$0.6(\text{톱밥} + 1,000kg) = \text{톱밥} \times 0.2 + 900kg$
$0.6\text{톱밥} - 0.2\text{톱밥} = 900kg - 600kg$
∴ 톱밥 = $750kg$

08 진공여과기로 슬러지를 탈수하여 cake의 함수율을 80%로 할 때 여과속도는 20kg/m²·h(고형물 기준), 여과면적은 50m²의 조건에서 5시간 동안의 cake 발생량(ton)은? (단, 비중은 1.0으로 가정한다.)

① 약 10 ② 약 15
③ 약 20 ④ 약 25

해설 식 cake 발생량 = 고형물$(TS) \times \dfrac{100SL}{20TS}$
• 고형물 = $\dfrac{20kg}{m^2 \cdot hr} \times 50m^2 = 1,000kg/hr$
∴ cake 발생량 = $1,000kg/hr \times \dfrac{100SL}{20TS} \times 5hr \times \dfrac{1\text{톤}}{10^3 kg} = 25\text{톤}$

09 함수율이 96%인 슬러지 10L에 응집제를 가하여 침전 농축시킨 결과 상등액과 침전 슬러지의 용적비가 2:1이었다면 침전 슬러지의 함수율(%)은? (단, 비중 = 1.0 기준, 상층액 SS, 응집제량 등 기타사항은 고려하지 않음)

① 84% ② 88%
③ 92% ④ 94%

해설 식 $SL_1(1 - X_{w1}) = SL_2(1 - X_{w2})$
$10L \times (1 - 0.96) = \dfrac{1}{3} \times 10L \times (1 - X_{w2})$
∴ $X_{w2} = 0.88 = 88\%$

10 고형물 농도가 80,000ppm인 농축 슬러지량 20m³/hr를 탈수하기 위해 개량제(Ca(OH)₂)를 고형물당 10wt% 주입하여 함수율 85wt%인 슬러지 cake를 얻었다면 예상 슬러지 cake의 양(m³/hr)은? (단, 비중은 1.0 기준)

① 약 7.3 ② 약 9.6
③ 약 11.7 ④ 약 13.2

해설 슬러지 cake의 양(부피)은 다음의 계산식으로 산출한다.
식 $SL \times (1 - X_w) = TS + \text{약품}$
• $TS = \dfrac{80,000mg}{L} \times \dfrac{20m^3}{hr} \times \dfrac{1,000L}{m^3} \times \dfrac{kg}{10^6 mg}$
$= 1,600kg/hr$
• 약품 = $1,600kg \times 0.1 = 160kg/hr$
$SL \times (1 - 0.85) = 1,600 + 160$
∴ $SL = \dfrac{11,733.33kg}{hr} \times \dfrac{m^3}{1,000kg} = 11.73m^3/hr$

정답 06. ② 07. ② 08. ④ 09. ② 10. ③

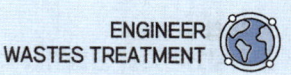

11 Belt Press를 이용한 탈수에 영향을 주는 운전요소와 가장 거리가 먼 것은?

① 벨트의 종류
② 세척수의 유량과 압력
③ 폴리머 주입량과 주입 지점
④ Bowl 최대속도 유지 시간

12 분뇨처리 프로세스 중 습식 고온고압 산화처리 방식에 대한 설명 중 옳지 않은 것은?

① 일반적으로 70기압과 210℃로 가동된다.
② 처리시설의 수명이 짧다.
③ 완전멸균이 되고, 질소 등 영양소의 제거율이 높다.
④ 탈수성이 좋고 고액분리가 잘 된다.

해설 완전멸균이 되나, 질소 등 영양소의 제거율이 낮다.

13 건조된 고형물의 비중이 1.42이고 건조 이전의 슬러지 내 고형물 함량이 40%, 건조중량이 400kg이라고 할 때 건조 이전의 슬러지 케이크의 부피는?

① 약 $0.5m^3$
② 약 $0.7m^3$
③ 약 $0.9m^3$
④ 약 $1.2m^3$

해설 식 $SL_1 = TS_1 + W_1$

- $SL_1 = 400kg \times \dfrac{1}{0.4} = 1,000kg$
- $\dfrac{100}{\rho_{SL}} = \dfrac{TS}{\rho_{TS}} + \dfrac{W}{\rho_w} = \dfrac{40}{1.42} + \dfrac{60}{1}$, $\rho_{SL} = 1,134kg/m^3$

∴ $SL_1 = 1,000kg \times \dfrac{m^3}{1,134kg} = 0.88m^3$

14 함수율이 50%인 쓰레기를 건조시켜 함수율 10%인 쓰레기로 만들기 위한 쓰레기 1ton당 수분 증발량은? (단, 쓰레기 비중은 1.0으로 가정한다.)

① 375kg
② 415kg
③ 444kg
④ 455kg

해설 식 수분증발량 $= W_1 - W_2$
식 $W_1(1-X_{w1}) = W_2(1-X_{w2})$
1톤 × (1-0.5) = W_2 × (1-0.1), $W_2 = 0.5555$톤
∴ 수분증발량 = 1톤 - 0.5555톤 = 0.4445톤 = 444.5kg

15 슬러지개량(conditioning)에 관한 설명 중 틀린 것은?

① 주로 슬러지의 탈수 성질을 향상시키기 위하여 시행한다.
② 주로 화학약품처리, 열처리를 행하며, 수세나 물리적인 세척방법 등도 효과가 있다.
③ 슬러지를 열처리 함으로서 슬러지 내의 Colloid와 미세입자 결합을 유도, 고액분리를 쉽게 한다.
④ 수세는 주로 혐기성 소화된 슬러지 대상으로 실시하며 소화슬러지의 알칼리도를 낮춘다.

해설 ③항 → 밀폐된 상황에서 150~200℃ 정도의 온도로 반시간~한시간 정도로 슬러지를 열처리함으로서 슬러지 내의 콜로이드와 겉구조를 파괴하여 탈수성을 개량하는 방법이 열처리법이다. 슬러지 내의 Colloid와 미세입자 결합을 유도, 고액분리를 쉽게 하는 방법은 화학적 개량방법이다.

16 고형물의 농도 10kg/m³, 함수율 98%, 유량 7,000m³/day인 슬러지를 고형물 농도 50kg/m³이고, 함수율 95%인 슬러지르 농축시키고자 하는 경우 농축조의 소요 단면적(m²)은? (단, 침강속도=10m/day)

① 51
② 56
③ 60
④ 72

정답 11. ④ 12. ③ 13. ③ 14. ③ 15. ③ 16. ②

해설 식 $A = \dfrac{Q}{V}$

식 $SL_1(1-X_{w1}) = SL_2(1-X_{w2})$

$\dfrac{7,000m^3}{day} \times (1-0.98) \times \dfrac{10kg}{m^3} = SL_2 \times (1-0.95) \times \dfrac{50kg}{m^3}$

$SL_2 = 560 m^3/day$

$\therefore A = \dfrac{560}{10} = 56 m^2$

17 수분이 90%인 젖은 슬러지를 건조시켜 수분이 20%인 건조슬러지로 만들고자 한다. 젖은 슬러지 kg당 생산되는 건조슬러지의 양(kg)은?

① 0.1
② 0.125
③ 0.25
④ 0.5

해설 식 $SL_1(1-X_{w1}) = SL_2(1-X_{w2})$

$SL_1 \times (1-0.9) = SL_2 \times (1-0.2)$

$SL_1 \times 0.125 = SL_2$

18 처리용량이 50kL/day인 분뇨처리장에 가스 저장탱크를 설치하고자 한다. 가스 저류시간을 8시간, 생성 가스량을 투입 분뇨량의 6배로 가정한다면 가스탱크의 저장 용량(m³)은?

① 90
② 100
③ 110
④ 120

해설 식 저장용량

$= Q \times t = \dfrac{50kL}{day} \times 8hr \times 6 \times \dfrac{1day}{24hr} \times \dfrac{1m^3}{1kL} = 100 m^3$

19 1일 수거 분뇨투입량은 300kL, 수거차 용량이 3.0kL/대, 수거차 1대의 투입시간은 20분이 소요되며 분뇨처리장 작업시간은 1일 8시간으로 계획하면 분뇨투입구 수(개)는? (단, 최대 수거율을 고려하여 안전율 = 1.2배)

① 2
② 5
③ 8
④ 13

해설 식 분뇨투입구 $= \dfrac{\text{총 수거량}}{\text{1회 투입량}} \times \text{안전율}$

• 총 수거량 $= 300 kL/day$

• 1회 투입량 $= \dfrac{3kL}{대} \times \dfrac{1대}{20min} \times \dfrac{8hr}{1day} \times \dfrac{60min}{1hr} = 72 kL$

$\therefore$ 분뇨투입구 $= \dfrac{300}{72} \times 1.2 = 5$

20 진공여과기 1대를 사용하여 슬러지를 탈수하고 있다. 다음 조건에서 건조고형물 기준의 여과속도 27kg/m²·h인 진공여과기의 1일 운전시간(h)은?

- 폐수유입량 : 20,000m³/day
- 유입 SS농도 : 300mg/L
- SS제거율 : 85%
- 약품첨가량 : 제거 SS량의 20%
- 여과면적 : 20m²
- 건조고형물 여과회수율 : 100%
- 제거 SS량 + 약품첨가량 : 총 건조고형물량
- 비중 : 1.0

① 15.4
② 13.2
③ 11.3
④ 9.5

해설 식 여과속도 $= \dfrac{\text{고형물}}{\text{여과면적} \times \text{여과시간}}$

• 고형물 $= SS +$ 약품첨가량 $= 5,100 + 1,020 = 6,120 kg/day$

정답 17. ② 18. ② 19. ② 20. ③

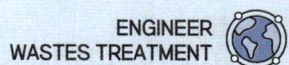

$$-SS = \frac{20,000m^3}{day} \times \frac{300mg}{L} \times 0.85 \times \frac{10^3 L}{1m^3} \times \frac{1kg}{10^6 mg}$$
$$= 5,100 kg/day$$

- 약품첨가량 $= SS \times 0.2 = 5,100 \times 0.2 = 1,020 kg/day$

$$\frac{27kg}{m^2 \times hr} = \frac{6,120 kg/day}{20m^2 \times 여과시간}$$

$\therefore$ 여과시간 $= \frac{6,120 kg}{day} \times \frac{1}{20m^2} \times \frac{m^2 \times hr}{27kg} = 11.33 hr/day$

21 분뇨처리 최종생성물의 요구조건으로 가장 거리가 먼 것은?

① 위생적으로 안전할 것
② 생화학적으로 분해가 가능할 것
③ 최종생성물의 감량화를 기할 것
④ 공중 혐오감을 주지 않을 것

해설 처리과정에서 유기물을 무기물형태로 전환하여 생화학적으로 분해 불가능한 것으로 만들어야 한다.

22 완전히 건조된 고형분의 비중이 1.3이며, 건조 이전의 슬러지 내 고형분 함량이 42%일 때 건조 이전 슬러지 케익의 비중은?

① 1.042
② 1.107
③ 1.132
④ 1.163

해설 식 $\frac{100}{\rho_{SL}} = \frac{TS}{\rho_{TS}} + \frac{W}{\rho_W}$

$\frac{100}{\rho_{SL}} = \frac{42}{1.3} + \frac{58}{1}$, $\therefore \rho_{SL} = 1.107$

 21. ② 22. ②

| UNIT | 02 | 생물학적 처분 |

💡 생물학적 처분 물질수지

$$FS_1 = FS_2$$

1 호기성처리

① **부유증식공법** : 미생물을 부유상태로 유동시켜 유기물을 제거하는 공법으로 폭기를 통해 미생물의 이동 및 산소공급을 합니다. 산소공급이 원활하므로 미생물의 증식속도 및 유기물제거속도가 빠른 큰 장점을 가지고 있습니다.

㉠ **활성슬러지 공법** : 미생물의 군락을 슬러지라 합니다. 이 형성된 슬러지에 산소를 주입(폭기)하여 슬러지를 활성화시켜 유기물을 제거하고 침전지에서 슬러지를 침전시켜 제거 또는 반송시키는 공법을 활성슬러지 공법이라 합니다.

- 특징
  - 가장 많이 이용되는 공법이다.
  - 운전이 비교적 어렵다.
  - 설계 및 시공, 운전에 대한 데이터가 풍부하다.

- 제거효율

$$\eta = \left(1 - \frac{BOD_o}{BOD_i}\right) \times 100$$

P : 희석배수 $= \dfrac{\text{희석 후 부피}(V_2)}{\text{희석 전 부피}(V_1)} = \dfrac{\text{희석 전 염소농도}(C_1)}{\text{희석 후 염소농도}(C_2)}$

(희석이 있을 경우 농도에 희석배수를 곱하여 원래 농도로 환산한 후 제거효율식에 대입하여 답을 산출한다.)

> 💡 **분뇨처리 시 호기성 소화 설계인자(희석폭기시에도 동일하게 적용)**
> - 폭기조의 유효수심은 3.5~5m로하고 여유고는 80cm이상으로 한다.
> - 반응조의 온도의 상한치는 38℃로 한다.
> - 호기성소화조의 소화일수는 15일 이상을 표준으로 한다.
> - 반송슬러지량은 유입량에 대하여 30%를 표준으로 하고 최대 50%를 넘지 않아야 한다.
> - 소화조의 MLSS 농도는 20,000mg/L로 한다. (개인하수처리 찌꺼기 단독처리인 경우 15,000mg/L, 분뇨와 혼합처리인 경우 15,000~20,000mg/L, 분뇨 단독인 경우 20,000mg/L)
> - BOD부하는 1kg/m³ · d이하로 한다.
> - 폭기시간은 12시간 이상으로 한다.

㉡ **활성슬러지 변법** : 활성슬러지 변법은 폭기조의 형태를 변화시켜 기존의 활성슬러지 공법용도별로 보다 나은 효율을 도모하기 위한 공법입니다.

- 점감식 폭기법 : 폭기조에서는 유입부에서 유기물의 함량이 많고, 그에 따른 필요산소량은 부족합니다. 폭기량을 유입부에 많게, 유출부에 적게 하여 효율을 증대하여 폭기조의 부피를 줄이거나 F/M비를 크게 할

수 있는 공법입니다.
- 계단식 폭기법 : 유입수를 유입지점으로 나누어 투입하는 방법입니다.
- 심층폭기법 : 폭기조의 수심을 깊게 하여 산소의 용해도를 증가시켜 폭기효율을 높이는 공법입니다. 부지면적을 적게 소요하고, 같은 폭기량 대비 유입부하를 크게 할 수 있습니다.
- 연속회분식 공법(SBR) : 하나의 반응조를 이용하여 유입, 폭기, 침전, 유출을 반복하는 공법으로 유입수의 성상에 따라 운전시간을 조절할 수 있습니다.
- 장기폭기법 : 폭기조에서의 체류시간을 길게 하여 미생물을 내생호흡단계로 하여 유기물을 저농도로 배출하는 공법입니다.
- 산화구법 : 체류시간을 길게 하여 1차 침전지를 설치하지 않고 타원형 수로로 반응조를 설치하고 2차 침전지에서 고액분리가 이루어지는 공법입니다.
- 순산소법 : 폭기시 순수한 산소를 주입하여 폭기량을 절반정도로 줄여도 같은 효과를 내는 공법입니다. MLSS를 높게 유지할 수 있어 유기물부하를 높게 하여 운전합니다.
- 클라우스공법 : 제거된 슬러지를 소화시키는 소화조의 상징수를 폭기조에 공급하여 영양균형을 유지하여 제거효율을 높이는 공법입니다. N, P가 부족한 유입수의 처리에 적합합니다.

② **부착증식공법** : 미생물을 media[1](상)에 부착시켜 부착된 미생물과 유입수 내의 유기물을 접촉시켜 처리하는 공법입니다. 상에 부착된 미생물들은 다양한 형태의 미생물의 종류를 구성하게 되고, 이는 여러 종류의 하수 또는 변동이 심한 하수에 대한 적응을 용이하게 합니다.

㉠ **살수여상** : 여재(자갈, 플라스틱 등) 등에 미생물로 생물막을 형성한 후 생물막에 유입수를 통과시켜 처리하는 공법입니다.
- 특징
  - 연못화 현상의 문제가 있다.
  - 동결문제가 있다.
  - 파리발생의 문제가 있다.
  - 부하에 따라 저속, 중속, 고속으로 조절한다.

> 💡 **연못화 현상**
> 여재표면에 물이 고이는 현상으로 여재가 불균일할 때, 유기물의 부하가 클 때, 미처리된 고형물이 많을 때 잘 발생합니다.

㉡ **회전원판법** : 회전하는 원판에 생물막을 형성하여 원판이 수면에 40% 정도 잠기게 하여 물 속에서는 유기물과 접촉, 물 위에서는 산소공급을 받는 형태의 공법입니다.
- 특징
  - 회전축의 주기적인 보수가 필요하다.
  - 덮개가 없을 경우 악취문제와 외기의 영향이 크다.
  - 질산화가 가능하며, 이에 따른 pH 저하 및 알칼리도 소모도 수반된다.

㉢ **접촉산화공법** : 접촉재에 발생 또는 부착된 미생물을 폭기조에 투입하여 유기물과 접촉시켜 처리하는 공법입니다.
- 특징 : 다량의 침전성 고형물이 존재할 때 운전이 어렵다.

---
[1] media : 나무나 자갈 등 미생물을 부착시킬 수 있는 물체

2 혐기성 처리

① **혐기성소화** : 혐기성미생물이 생육하기 알맞은 온도와 pH, 영양물질, 탄소원을 조절하여 미생물로 유기물을 제거하고, 발생된 메탄으로 에너지를 얻는 공법입니다.

㉠ 특징
- 유기물농도가 높은 물에 적합하다.
- 슬러지 발생량이 적다.
- 유지비용이 적게 든다.
- 운전이 어렵다.
- 영양물질이 적게 요구된다.
- 슬러지의 탈수성이 좋다.
- 소화가스에 악취 및 부식문제가 존재한다.
- 초기 건설비는 많이 들고, 유지비용은 적게 든다.
- 체류시간이 길다.

㉡ 혐기성 분해과정
- 가수분해 : 탄수화물, 지방, 단백질을 포도당(글루코스), 지방산(글리세린), 아미노산으로 분해하는 과정입니다.
- 산생성 : 포도당, 지방산, 아미노산을 유기산과 알코올 등으로 분해하는 것을 말합니다.
  - 유기산의 종류 : 초산, 프로피온산, 뷰틸산
- 초산생성(수소생성) : 유기산을 초산으로 분해하는 과정으로 부산물로 수소가 발생합니다.
- 메탄생성 : 초산과 수소를 메탄으로 전환하는 과정입니다. 초산은 메탄과 이산화탄소로 전환되고, 수소와 이산화탄소는 메탄과 물로 전환됩니다.

㉢ 혐기성 분해인자
- 온도 : 혐기성 분해는 온도에 따라 중온소화와 고온소화로 나뉩니다.
  - 중온소화 : 약 35℃로 미생물의 활성이 쉬워 고온소화보다 유기물 제거효율 우수, 3~4주 동안 운전
  - 고온소화(고율소화) : 약 55℃로 높은 온도로 병원균도 사멸 가능, 1~2주 동안 운전, 유기물 부하율 1.8(kg VS/m^3·day)로 중온소화에 비해 많은 양 처리 가능
- pH : 약 7.0 이상으로 중성범위 유지(pH 7~8 범위)
- 알칼리도 : 약 2,000mg/L(하수슬러지 기준)
- 가스조성 : 혐기성분해가 완료되었을 때 메탄 60~65%, 이산화탄소 20~25%
- VS 제거율 : 일반적으로 50~70%
- ORP : 혐기성 상태를 유지하기 위해 환원상태인 -값을 유지한다.

㉣ 계산식
- 혐기성 분해반응식

$$C_6H_{12}O_6 \rightarrow 3CH_4 + 3CO_2$$

- 소화율
  (1) 유기물(VS)만 고려할 때

$$E = \left(1 - \frac{VS_2}{VS_1}\right) \times 100$$

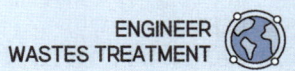

(2) 유기물(VS)과 무기물(FS) 모두 고려할 때

$$\boxed{식}\ E = \left(1 - \frac{VS_2/FS_2}{VS_1/FS_1}\right) \times 100$$

② **혐기성 접촉공법** : 소화법을 개량한 방법으로 조 내에서 완전혼합을 도모하여 소화조 용적을 줄일 수 있습니다.

㉠ 특징
- 운전이 어렵다.
- 고농도 고형물 함유 폐수 처리가 어렵다.

③ **혐기성 여상법** : 반응조에서 여재를 투입하여 미생물을 부착시켜 처리하는 방법입니다.

㉠ 특징
- 조건변동에 대한 적응성이 높다.   - 슬러지 반송이 필요없다.
- 초기 운전기간이 길다.

④ **상향류 혐기성 슬러지상(UASB, 자기조립법)** : 조 내에 고액분리막을 설치하고, 슬러지가 Pellet(작고 동그란 덩어리)를 형성하게 하여 유기물을 제거하는 공법입니다.

㉠ 특징
- 막힘의 우려가 없다.   - 고부하의 처리가 가능하다.
- 운전이 어렵다.

❸ 호기성 처리와 혐기성 처리의 비교

인자	호기성	혐기성
적정 유기물부하	BOD 2,000ppm 이하	BOD 20,000ppm 이상
영양물질	BOD : N : P = 100 : 5 : 1 혐기성에 비해 영양물질 요구량이 높음(제거율이 높음)	BOD : N : P = 100 : 0.6 : 0.08 호기성에 비해 영양물질 요구량이 낮음(제거율이 낮음)
온도	20~30℃	• 중온소화 : 약 35℃ • 고온소화 : 약 55℃ (두 방법 모두 온도에 민감)
가온여부	불필요	필요
악취	악취문제 있음, 밀폐형식일수록 악취문제 적음	소화조가 밀폐될 경우 악취문제가 적으나, 발생하는 소화가스에서 악취문제 존재
운영비	운영비가 높음	초기운영비는 높으나 이후 메탄발생으로 인한 운영비 절감으로 운영비는 상대적으로 적음
중금속 유입	반응저해인자로 작용	반응저해인자로 작용, 중금속 유입에 대한 영향이 호기성에 비해 큼

기출문제로 다지기 — UNIT 02 생물학적 처분

01 포도당($C_6H_{12}O_6$)만으로 된 유기물 3.0kg이 혐기성 상태에서 완전분해 된다면 생성되는 메탄의 용적(Sm^3)은?

① 약 0.66 ② 약 1.12
③ 약 1.43 ④ 약 1.86

해설
$C_6H_{12}O_6 \rightarrow 3CH_4 + 3CO_2$
180kg : $3 \times 22.4 m^3$
3kg : $X(m^3)$ ∴ $X = \dfrac{3 \times 22.4}{180} \times 3 = 1.12 m^3$

02 분뇨 처리과정 중 고형물 농도 10%, 유기물 함유율 70%인 농축슬러지는 소화과정을 통해 유기물의 100%가 분해되었다. 소화된 슬러지의 고형물 함량이 6.0%일 때, 전체 슬러지량은 얼마가 감소되는가? (단, 비중은 1.0으로 가정한다.)

① 1/4 ② 1/3
③ 1/2 ④ 1/1.5

해설 소화 전후의 무기물(FS)함량은 같음을 이용하여 답을 산출한다.

식 슬러지 감소비율 = $\dfrac{소화슬러지}{농축슬러지}$

· 농축슬러지 = $SL_1 = VS_1 + FS + W_1 = (0.1 \times 0.7)SL_1 + (0.1 \times 0.3)SL_1 + 0.9SL_1$

· 소화슬러지 = $SL_2 = TS_2 + W_2 = FS + W_2$
$= 0.03 SL_1 \times \dfrac{100 SL}{6 TS} = 0.5 SL_1$

$- TS_2 = FS$ (소화 후 고형물은 유기물이 모두 분해된 무기물 100%)

∴ $\dfrac{소화슬러지}{농축슬러지} = \dfrac{0.5 SL_1}{SL_1} = \dfrac{1}{2}$

03 유기물($C_6H_{12}O_6$)을 혐기성(피산소성) 소화시킬 때 반응에 대한 설명으로 옳지 않은 것은?

① 유기물 1kg 분해 시 메탄이 $0.37 Sm^3$ 생성된다.
② 유기물 1kg 분해 시 이산화탄소가 $0.37 Sm^3$ 생성된다.
③ 유기물 90kg 분해 시 메탄이 24kg 생성된다.
④ 유기물 90kg 분해 시 이산화탄소가 24kg 생성된다.

해설 **반응식** $C_6H_{12}O_6 \rightarrow 3CH_4 + 3CO_2$
180 kg : $3 \times 22.4 m^3$: $3 \times 22.4 m^3$
1kg : $0.37 m^3$: $0.37 m^3$

반응식 $C_6H_{12}O_6 \rightarrow 3CH_4 + 3CO_2$
180kg : 3×16kg : 3×44kg
90kg : 24kg : 66kg

04 혐기성소화에 의한 유기물의 분해단계를 옳게 나타낸 것은?

① 산생성 → 가수분해 → 수소생성 → 메탄생성
② 산생성 → 수소생성 → 가수분해 → 메탄생성
③ 가수분해 → 수소생성 → 산생성 → 메탄생성
④ 가수분해 → 산생성 → 수소생성 → 메탄생성

해설 가수분해 → 산생성 → 초산생성(수소생성) → 메탄생성

05 정상적으로 운전되고 있는 혐기성 소화조에서 발생되는 가스의 구성비에 대하여 알맞은 것은?

① $CH_4 > CO_2 > H_2 > O_2$
② $CH_4 > CO_2 > O_2 > H_2$
③ $CH_4 > H_2 > CO_2 > O_2$
④ $CH_4 > O_2 > CO_2 > H_2$

정답 01. ② 02. ③ 03. ④ 04. ④ 05. ①

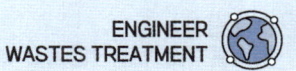

해설 분해가 완료된 혐기성 소화조의 가스의 구성은 메탄(55% 이상) > 이산화탄소(40%) > 수소 > 기타 가스(질소, 황화수소 등) > 산소(거의 없음)

06 슬러지의 유량이 50m³/day, 슬러지의 고형물농도가 10%, 소화조의 부피는 500m³, 슬러지의 고형물 내 VS 함유도가 70%라면 소화조에 주입되는 TS(kg/m³·d), VS(kg/m³·d) 부하는 각각 얼마인가? (단, 슬러지의 비중은 1.0으로 가정한다.)

① TS : 5.0, VS : 0.35
② TS : 5.0, VS : 0.70
③ TS : 10.0, VS : 3.50
④ TS : 10.0, VS : 7.0

해설 (1) TS 부하(kg/m³·day)

식 $TS\ 부하 = \dfrac{TS(kg/day)}{\forall(m^3)}$

∴ $TS\ 부하 = \dfrac{50m^3(SL)}{day} \times \dfrac{10TS}{100SL} \times \dfrac{1}{500m^3} \times \dfrac{10^3 kg}{1m^3}$
$= 10 kg/m^3 \cdot day$

(2) VS 부하(kg/m³·day)

식 $VS\ 부하 = \dfrac{VS(kg/day)}{\forall(m^3)}$

∴ $VS\ 부하 = \dfrac{50m^3 \cdot SL}{day} \times \dfrac{10TS}{100SL} \times \dfrac{70VS}{100TS} \times \dfrac{1}{500m^3}$
$\times \dfrac{10^3 kg}{1m^3} = 7 kg/m^3 \cdot day$

07 BOD가 15,000mg/L, Cl⁻이 800mg/L인 분뇨를 희석하여 활성슬러지법으로 처리한 결과 BOD가 60mg/L, Cl⁻이 40mg/L 이었다면 활성슬러지법의 처리효율(%)은? (단, 희석수 중에 BOD, Cl⁻은 없음)

① 90
② 92
③ 94
④ 96

해설 식 $\eta = \left(1 - \dfrac{BOD_o}{BOD_i}\right) \times 100$

• $BOD_i = 15{,}000 mg/L$
• $BOD_o = 60 \times P(희석배수) = 60 \times \dfrac{800}{40} = 1{,}200 mg/L$

∴ $\eta = \left(1 - \dfrac{1{,}200}{15{,}000}\right) \times 100 = 92\%$

08 아래와 같은 조건일 때 혐기성 소화조의 용량(m³)은? (단, 유기물량의 50%가 액화 및 가스화된다고 한다. 방식은 2조식이다.)

조건
• 분뇨투입량 : 1,000kL/day
• 투입 분뇨 함수율 : 95%
• 유기물농도 : 60%
• 소화일수 : 30일
• 일반 슬러지 함수율 : 90%

① 12,350
② 17,850
③ 20,250
④ 25,500

해설 식 2단 소화조의 용량(2조식)

$= \dfrac{SL_1(소화전 슬러지) + SL_2(소화후 슬러지)}{2} \times t(체류시간)$

• $SL_1 = 1{,}000 kL/day$
• $SL_2 = TS_2 \times \dfrac{100}{X_{TS}} = (VS_2 + FS) \times \dfrac{100}{X_{TS}}$

$= \dfrac{(15+20)kL}{day} \times \dfrac{100 SL}{10 TS} = 350 kL/day$

$- VS_2 = \dfrac{1{,}000 kL}{day} \times \dfrac{5 TS}{100 SL} \times \dfrac{60 VS}{100 TS} \times (1-0.5) = 15 kL/day$

$- FS = \dfrac{1{,}000 kL}{day} \times \dfrac{5 TS}{100 SL} \times \dfrac{40 FS}{100 TS} = 20 kL/day$

∴ 2단 소화조의 용량(2조식)
$= \dfrac{1{,}000 + 350}{2} \times 30 = 20{,}250 kL = 20{,}250 m^3$

정답 06. ④ 07. ② 08. ③

09 함수율이 95%이고, 고형물 중 유기물이 70%인 하수슬러지 300m³/day를 소화시켜 유기물의 2/3가 분해되고 함수율 90%인 소화슬러지를 얻었다. 소화슬러지 양(m³/day)은? (단, 슬러지 비중=1.0)

① 80 ② 90
③ 100 ④ 110

해설 식 소화슬러지 $= TS \times \dfrac{100}{X_{TS}} = (VS_2 + FS) \times \dfrac{100}{X_{TS}}$

- $VS_2 = \dfrac{300m^3}{day} \times \dfrac{5TS}{100SL} \times \dfrac{70VS}{100TS} \times \dfrac{1}{3} = 3.5m^3/day$
- $FS = \dfrac{300m^3}{day} \times \dfrac{5TS}{100SL} \times \dfrac{30FS}{100TS} = 4.5m^3/day$
- ∴ 소화슬러지 $= (3.5 + 4.5) \times \dfrac{100}{10} = 80m^3/day$

10 다음은 음식물쓰레기의 혐기성소화에 있어서 메탄발효조의 효과적인 운전조건과 거리가 먼 것은?

① 온도 : 35~37℃
② pH : 7.0~7.8
③ ORP : 100mV
④ 발생가스 : CH_4 60% 이상 유지

해설 혐기성소화조의 ORP는 −값(환원조건)을 가진다.

11 분뇨를 소화 처리함에 있어 소화 대상 분뇨량이 100m³/일이고, 분뇨 내 유기물 농도가 10,000mg/L라면 가스발생량은? (단, 유기물 소화에 따른 가스발생량은 500L/kg−유기물, 유기물전량 소화, 분뇨비중은 1.0으로 가정함)

① 500m³/일 ② 1,000m³/일
③ 1,500m³/일 ④ 2,000m³/일

해설 소화가스는 분해 가능한 유기물(VS)을 계산함으로써 보다 쉽게 접근할 수 있다.

식 소화가스량(m³/day) = VS량 × 발생계수

- VS량 = 분뇨량 × VS 함량

$= \dfrac{100m^3}{day} \times \dfrac{10^3 kg}{1m^3} \times \dfrac{10,000mg}{kg} \times \dfrac{1kg}{10^6 mg} = 1,000 kg/day$

- 발생계수(f) = 500L/kg = 0.5m³/kg

∴ 소화가스량 $= \dfrac{1,000kg}{day} \times \dfrac{0.5m^3}{kg} = 500m^3/day$

12 다음 조건으로 분뇨를 소화시킨 후 소화조 내 전체에 대한 함수율(%)은? (단, 생분뇨의 함수율 = 95%, 분뇨 내 고형물 중 유기물량 = 60%, 소화 시 유기물 함량 = 60%(가스화), 비중 = 1.0, 처리방식은 batch식, 탈리액을 인출하지 않음)

① 95.6 ② 96.8
③ 97.5 ④ 98.6

해설 식 소화 후 슬러지 함수율 $= \dfrac{수분(W_2)}{소화후슬러지(SL_2)} \times 100$

- $SL_2 = VS_2 + FS_2 + W_2 = VS_2 + FS + W$
  $= 0.012 + 0.02 + 0.95 = 0.982 SL_1$
  (소화 후의 FS는 변화하지 않고, 탈리액을 인출하지 않으므로 수분량도 소화 전후가 동일)
- $VS_2 = SL_1 \times \dfrac{5TS}{100SL} \times \dfrac{60VS}{100TS} \times (1-0.6) = 0.012 SL_1$
- $FS = SL_1 \times \dfrac{5TS}{100SL} \times \dfrac{40FS}{100TS} = 0.02 SL_1$
- $W = SL_1 \times \dfrac{95W}{100SL} = 0.95 SL_1$

∴ 소화 후 슬러지 함수율 $= \dfrac{0.95 SL_1}{0.982 SL_1} \times 100 = 96.74\%$

13 혐기성 소화법의 특성에 관한 설명으로 틀린 것은?

① 탈수성이 호기성에 비해 양호하다.
② 부패성 유기물을 안정화시킨다.
③ 암모니아, 인산 등 영양염류의 제거율이 높다.
④ 슬러지 양을 감소시킨다.

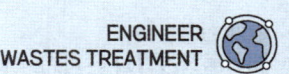

해설 영양염류의 제거율이 낮다.(또는 요구량이 적다.)

14 BOD 농도 15,000mg/L인 생분뇨를 투입하여 1차 소화를 거친 다음, 30배 희석한 후 2차 처리를 하여 방류수 BOD 농도를 27mg/L로 하고자 한다. 1차 소화조에서의 BOD 제거율이 65%, 희석수의 BOD 농도가 4mg/L라면 2차 처리장치에서의 BOD제거율(%)은?

① 약 55 ② 약 65
③ 약 75 ④ 약 85

해설 분뇨의 처리 흐름에 따라 효율을 산출한다. 생분뇨는 1차 소화조에서 소화된 후 30배 희석하고 2차 처리장치에서 추가로 BOD를 제거한다.
(1) 1차 소화조 효율
식 $\eta(1) = \left(1 - \dfrac{BOD_o(1)}{BOD_i(1)}\right) \times 100$
- $BOD_i(1) = 15{,}000 mg/L$
$65\% = \left(1 - \dfrac{BOD_o(1)}{15{,}000}\right) \times 100$, $BOD_o(1) = 5{,}250 mg/L$
(2) 2차 처리장치 효율
식 $\eta(2) = \left(1 - \dfrac{BOD_o(2)}{BOD_i(2)}\right) \times 100$
- $BOD_i(2) = \dfrac{C_1 Q_1 + C_2 Q_2}{Q_1 + Q_2} = \dfrac{5{,}250 \times 1 + 4 \times 29}{1 + 29}$
$= 178.87 mg/L$
- $BOD_o(2) = 4 mg/L$
$\therefore \eta(2) = \left(1 - \dfrac{27}{178.87}\right) \times 100 = 84.91\%$

15 혐기성소화를 적용하여 분뇨를 처리하는 어느 처리장에서 발생 가스량이 200m³/day였다. 이 소화조가 정상적으로 운영되고 있다면 발생되는 CH₄ 가스의 양으로 가장 적절한 것은?

① 약 120m³/day ② 약 80m³/day
③ 약 60m³/day   ④ 약 40m³/day

해설 정상적인 소화즈의 경우 메탄의 함량이 전체 가스량의 약 60% 이상이다.
$\therefore$ 메탄의 양 $= 200 \times 0.6 = 120 m^3/day$

16 분뇨 저류 포기즈에 500kL의 분뇨를 유입시켜 5일 동안 연속 포기하였더니 BOD가 50% 제거되었다. BOD 제거 kg당 공기공급량 50m³로 하였을 때 시간당 공기공급량은? (단, 분뇨의 BOD는 20,000mg/L, 비중 : 1.0)

① 약 1,892m³/hr ② 약 1,943m³/hr
③ 약 2,083m³/hr ④ 약 2,161m³/hr

해설 문제의 조건에 따른 분뇨처리장의 필요 송풍량은 다음과 같이 산출할 수 있다.
식 $Q = $ 제거BOD량 $\times Q_f$
- 제거BOD량 $= \dfrac{500 kL}{5 day} \times \dfrac{20{,}000 mg}{L}$
$\times \dfrac{10^3 L}{kL} \times \dfrac{1 kg}{10^6 mg} \times \dfrac{50}{100} \times \dfrac{day}{24 hr} = 41.67 kg/hr$
- Q_f : 제거 BOD 당 필요풍량 $= 50 m^3/kg$
$\therefore Q = 41.67 \times 50 = 2{,}083.3 m^3/hr$

17 침출수의 혐기성 처리에 대한 설명으로 틀린 것은?

① 고농도의 침출수를 희석없이 처리할 수 있다.
② 온도, 중금속 등의 영향이 호기성 공정에 비해 작다.
③ 미생물의 낮은 증식으로 슬러지 발생량이 작다.
④ 호기성 공정이 비해 낮은 영양물 요구량을 가진다.

해설 온도, 중금속 등의 영향이 호기성 공정에 비해 크다.

정답 14. ④ 15. ① 16. ③ 17. ②

18 매립지 침출수 처리에 관한 설명으로 틀린 것은?

① 고농도의 TDS(50,000mg/L 이상)를 포함한 침출수는 생물학적 처리가 곤란하다.
② 많은 생물학적 처리시설에 있어서는 중금속의 독성이 문제가 되기도 한다.
③ 황화물의 농도가 높으면 혐기성 처리 시 악취 문제가 발생할 수 있다.
④ 높은 COD의 침출수는 호기성 처리하는 것이 혐기성 처리보다 경제적이다.

해설 높은 COD의 침출수는 혐기성 처리하는 것이 호기성 처리보다 경제적이다.

19 고형폐기물을 매립 처리할 때 $C_6H_{12}O_6$ 성분 1톤(ton)의 폐기물이 혐기성 분해를 한다면 이론적 메탄가스 발생량(m^3)은? (단, 메탄가스 밀도 : 0.7167g/L)

① 약 280   ② 약 370
③ 약 450   ④ 약 560

해설 반응식 $C_6H_{12}O_6 \rightarrow 3CO_2 + 3CH_4$
180kg : 3×22.4m^3
1,000kg : 373.33m^3

20 분뇨 100kL/day를 중온 소화하였다. 1일 동안 얻어지는 열량은? (단, CH_4 발열량은 6,000kcal/m^3으로 하며 발생 가스는 전량 메탄으로 가정하고 발생가스량은 분뇨투입량의 8배로 한다.)

① 2.8×10^6kcal/day   ② 3.4×10^7kcal/day
③ 4.8×10^6kcal/day   ④ 5.2×10^7kcal/day

해설 식 발생열량(θ) = $G \times Ht$
- $G = \dfrac{100kL}{day} \times \dfrac{1m^3}{1kL} \times \dfrac{8가스}{1분뇨} = 800m^3/day$
∴ $\theta = 800 \times 6,000 = 4.8 \times 10^6$kcal/day

21 어느 하수처리장에서 발생한 생슬러지 내 고형물은 유기물(VS)이 85%, 무기물(FS)이 15%로 구성되어 있으며, 이를 혐기 소화조에서 처리하자 소화 슬러지내 고형물은 유기물(VS)이 70%, 무기물(FS)이 30%로 되었다면 이때 소화율은?

① 45.8%   ② 48.8%
③ 54.8%   ④ 58.8%

해설 VS, FS를 동시에 고려하는 경우의 소화효율은 다음과 같이 산출한다.
식 $E = \left(1 - \dfrac{VS_2/FS_2}{VS_1/FS_1}\right) \times 100$
∴ $E = \left(1 - \dfrac{0.7/0.3}{0.85/0.15}\right) \times 100 = 58.82\%$

22 혐기성 소화와 호기성 소화를 비교한 내용으로 옳지 않은 것은?

① 호기성 소화 시 상층액의 BOD 농도가 낮다.
② 호기성 소화 시 슬러지 발생량이 많다.
③ 혐기성 소화 슬러지 탈수성이 불량하다.
④ 혐기성 소화 운전이 어렵고 반응시간도 길다.

해설 혐기성 소화 시 슬러지 탈수성이 양호하다. 호기성 소화 시 슬러지 탈수성이 불량하다.

23 혐기성 소화공법에 관한 설명으로 틀린 것은?

① 호기성 소화에 비하여 소화 슬러지의 발생량이 적다.
② 오랜 소화기간으로 소화 슬러지 탈수 및 건조가 어렵다.
③ 소화 가스는 냄새가 나고 부식성이 높은 편이다.
④ 고농도 폐수나 분뇨를 비교적 낮은 에너지 비용으로 처리할 수 있다.

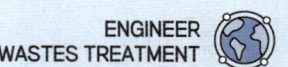

해설 오랜 소화기간으로 소화 슬러지 탈수 및 건조가 양호하다.

24 고농도 액상 폐기물의 혐기성 소화 공정 중 중온소화와 고온소화의 비교에 관한 내용으로 옳지 않은 것은?

① 부하능력은 고온소화가 우수하다.
② 탈수여액의 수질은 고온소화가 우수하다.
③ 병원균의 사멸은 고온소화가 유리하다.
④ 중온소화에서 미생물의 활성이 쉽다.

해설 탈수여액의 수질은 중온소화가 더 우수하고 처리속도는 고온소화가 더 빠르다.

25 분뇨 소화조에서 소화 슬러지를 1일 투입량 이상 과다하게 인출하면 소화조 내의 상태는?

① 산성화된다.   ② 알칼리성으로 된다.
③ 중성을 유지한다. ④ pH의 변동은 없다.

해설 소화슬러지를 과다 인출하면 소화조내에 투입슬러지의 비율이 높아지므로 소화조내 슬러지의 대부분은 산생성 단계로 진행되며 산성화된다.

26 1일 처리량이 100kL인 분뇨처리장에서 중온소화방식을 택하고자 한다. 소화 후 슬러지량(m³/day)은?

- 투입분뇨의 함수율 : 98%
- 고형물 중 유기물 함유율 : 70%(그 중 60%가 액화 및 가스화)
- 소화슬러지 함수율 : 96%
- 슬러지 비중 : 1.0

① 15   ② 29
③ 44   ④ 53

해설 식 $SL_2 = VS_2 + FS + W_2 = TS_2 \times \dfrac{100}{X_{TS_2}}$

$= (VS_2 + FS) \times \dfrac{100}{X_{TS_2}}$

- $VS_2 = \dfrac{100kL}{day} \times \dfrac{2TS}{100SL} \times \dfrac{70VS}{100TS} \times (1-0.6) = 0.56kL/day$
- $FS = \dfrac{100kL}{day} \times \dfrac{2TS}{100SL} \times \dfrac{30FS}{100TS} = 0.6kL/day$

$\therefore SL_2 = (0.56 + 0.6) \times \dfrac{100SL}{4TS} = 29kL/day = 29m^3/day$

27 혐기성 소화조에서 일반적으로 사용되는 단위용적에 대한 유기물 부하율은 kg·VS/m³·day로 표시하는데 고율소화조의 유기물 부하율로 가장 적절한 것은?

① 0.2   ② 0.6
③ 1.1   ④ 1.8

28 총고형물이 36,500mg/L, 휘발성 고형물이 총고형물 중 64.5%인 폐기물 100m³/day를 혐기성 소화조에서 소화시켰을 때 1일 가스 발생량(m³/day)은? (단, 폐기물 비중 1.0, 가스발생량 0.35m³/kg(VS))

① 약 764   ② 약 784
③ 약 804   ④ 약 824

해설 식 가스 발생량(m³/day) = VS × 발생계수

- $VS = \dfrac{100m^3}{day} \times \dfrac{36,500mg}{L} \times \dfrac{1kg}{10^6 mg} \times \dfrac{10^3 L}{1m^3} \times \dfrac{64.5VS}{100TS}$

$= 2,354.25 kg/day$

- 발생계수 $= 0.35 m^3/kg(VS)$

∴ 가스 발생량(m³/day)

$= \dfrac{2,354.25 kg}{day} \times \dfrac{0.35 m^3}{kg(VS)} = 823.99 m^3/day$

정답 24. ② 25. ① 26. ② 27. ④ 28. ④

29 유입수의 BOD가 250ppm이고 정화조의 BOD 제거율이 80%라면 정화조를 거친 방류수의 BOD는?

① 50ppm ② 60ppm
③ 70ppm ④ 80ppm

해설 식 $\eta = \left(1 - \dfrac{C_o}{C_i}\right) \times 100$

$80\% = \left(1 - \dfrac{C_o}{250}\right) \times 100$, ∴ $C_o = 50ppm$

30 3,785m³/일 규모의 하수처리장의 유입수의 BOD와 SS농도가 각각 200mg/L라고 하고, 1차 침전에 의하여 SS는 60%, 이에 따라 BOD도 30% 제거된다. 후속처리인 활성슬러지공법(폭기조)에 의해 남은 BOD의 90%가 제거되며 제거된 kgBOD당 0.2kg의 슬러지가 생산된다면 1차 침전에서 발생한 슬러지와 활성슬러지공법에 의해 발생된 슬러지량의 총합(kg/일)은? (단, 비중은 1.0 기준, 기타 조건은 고려 안함)

① 약 530 ② 약 550
③ 약 570 ④ 약 590

해설 식 슬러지량의 총합 = 1차 침전 SL + 활성슬러지 SL

· 1차침전

$SL = \dfrac{200mg}{L} \times \dfrac{3,785m^3}{day} \times \dfrac{10^3 L}{1m^3} \times \dfrac{1kg}{10^6 mg} \times 0.6$

$= 454.2 kg/day$

· 활성슬러지

$SL = \dfrac{200mg}{L} \times \dfrac{3,785m^3}{day} \times \dfrac{10^3 L}{1m^3} \times \dfrac{1kg}{10^6 mg}$

$\times (1-0.3) \times 0.9 \times \dfrac{0.2kgSL}{kgBOD} = 95.382 kg/day$

∴ 슬러지량의 총합 = 454.2 + 95.382 = 549.58kg

정답 29. ① 30. ②

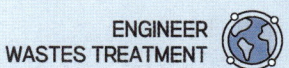

UNIT 03 고화 및 고형화 처분

1 고형화 : 고형화제를 첨가하여 폐기물의 표면적과 용출특성을 감소시켜서 폐기물을 안전화하는 방법이다.

① 목적
  ㉠ 폐기물의 취급을 용이하게 함
  ㉡ 표면적 감소, 용출특성 감소
  ㉢ 폐기물 내 오염물질의 용해도 감소
  ㉣ 유해물질의 독성 저하

> 💡 **고형화의 문제점**
> 고형화제를 첨가함에 따라 폐기물의 양 및 무게가 증가하여 운반비용이 증가한다.

> 💡 **고형화 처리 후 검사항목**
> - 압축강도
> - 투수율
> - 용출시험
> - 밀도
> - 내구성
> - 수축율

② 무기성 고형화
  ㉠ **시멘트기초법** : 시멘트와 폐기물 및 물을 혼합하여 발생되는 화학반응 및 물리적 상호작용에 의해 고형화된다. 중금속, 산화물, 방사성 폐기물에 적용가능하며 주로 보통 포틀랜드 시멘트를 사용한다. 주성분은 $3CaO \cdot SiO_2$(CaO : 63%, SiO_2 : 22%, Al_2O_3 : 6%, 기타성분 : 9%)이다.
  • 시멘트배합 비율에 따른 시멘트의 조건변화
    – 시멘트/폐기물 : 시멘트/폐기물의 비가 클수록 강도는 증가한다.
    – 물/시멘트 : 물/시멘트의 비가 클수록 압축강도는 감소하고, 투수계수는 증가한다.
    – pH : pH가 높을수록 용출특성은 줄어든다.

장점	단점
• 원료가 풍부하고 값이 쌈 • 특별한 기술이 필요없음 • 폐기물의 건조나 탈수가 필요없음 • 다양한 폐기물처리 가능 • 고형화된 폐기물은 비교적 강도가 높음	• 폐기물의 무게와 부피 증가 • 낮은 pH에서 폐기물 성분의 용출 가능성 있음 • 오일성분의 폐기물 처리가 어려움

ⓒ **석회기초법** : 석회와 미세한 포졸란 물질을 폐기물과 혼합하여 고형화하는 방법이다.
- 포졸란 : 화산암의 풍화물로 규산을 많이 포함하고 물이 있을 때 석회와 화합하여 경화하는 성질의 것을 총칭한다.(포졸란 물질 : 화산재, 규조토, 플라이애쉬, 제철슬래그 등)

장점	단점
• 원료가 풍부하고 값이 쌈 • 특별한 기술이 필요없음 • 폐기물의 건조나 탈수가 필요없음 • 두 가지 폐기물(소각재, 폐기물)을 동시에 처리할 수 있음	• 최종처분 물질의 양이 증가 • 낮은 pH에서 폐기물 성분의 용출 가능성 있음

ⓒ **자가시멘트법** : 연소가스 탈황 시 발생된 슬러지(FGD 슬러지)처리에 많이 사용한다. FGD 슬러지의 일부를 생석회화한 후 소량의 첨가물을 넣어 수분량을 조절하여 고형화한다.

장점	단점
• 혼합율이 낮음 • 중금속의 저지에 효율적임 • 탈수 등 전처리가 필요없음	• 장치비가 크며 숙련된 기술을 요함 • 보조 에너지가 필요함 • 많은 황화합물을 가지는 폐기물에만 적합함

ⓔ **유리화법** : 폐기물에 규소를 혼합하여 혼합물을 유리화시키는 방법이다. 유리화법은 침출이 거의 없기 때문에 방사능 폐기물과 독성이 강한 지정폐기물에만 적용된다.

장점	단점
• 첨가제의 비용이 비교적 쌈 • 2차 오염물질의 발생이 거의 없음	• 에너지 집약적(에너지 다량 소요) • 특수 장치와 숙련된 인원 필요

③ **유기성 고형화**

㉠ **열가소성 플라스틱법** : 고온에서 열가소성 플라스틱과 건조된 폐기물을 혼합한 후 냉각시킴으로 고형화하는 방법이다.

장점	단점
• 용출 손실률이 낮음 • 수용액의 침투에 저항성이 매우 큼 • 고형화된 폐기물을 나중에 회수하여 재활용 가능	• 크고 복잡한 장치와 고도의 기술 필요 • 높은 온도에서 분해되는 물질 사용불가 • 폐기물 건조 필요 • 화재의 위험성 • 혼합율이 비교적 높음

ⓒ **피막형성법** : 폐기물을 건조시킨 후 결합체와 혼합 후 이 혼합물을 약간의 고온에서 단시간 응고시킨다. 응고된 폐기물에 플라스틱으로 피막을 입혀 고형화하는 방법이다.

장점	단점
• 낮은 혼합율 • 침출성이 가장 낮음	• 많은 에너지 요구 • 시설비 및 운전비가 비싸고, 고도의 기술 필요 • 화재의 위험성

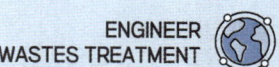

ⓒ **유기 중합체법** : 폐기물에 유기접합체(아스팔트, 폴리에틸렌, 에폭시 등)을 혼합하여 폐기물 내 유해물질을 물리적으로 고립시키는 방법이다.

장점	단점
• 혼합률(MR)이 낮음 • 수밀성이 큼 • 방사선 폐기물에 적용가능 • 에너지 소비율 낮음	• 부식성 존재 • 최종 처분 전에 건조하여야 함(2차 용기에 넣어 매립하여야 함) • 처리비용이 비쌈 • 고형성분만 처리 가능 • 미생물 및 자외선에 안정성이 낮음

④ **무기성 고형화와 유기성 고형화의 비교**

비교	무기성	유기성
비용	저렴	비쌈
적용성	다양한 폐기물에 적용가능	다양한 폐기물에 적용가능 (무기성에 비해 적용성이 한정적)
독성	없음	있음
수밀성	양호	매우 큼
미생물, 자외선 안정성	높음	낮음
내구성	장기적 안정성	단기적 안정성

⑤ **고형화처리 후의 부피변화**

$$\text{부피변화율(VCF)} = \frac{V_2(\text{고형화 후 부피})}{V_1(\text{고형화 전 부피})}$$

• $V(\text{부피}) = m(\text{질량}) \times \frac{1}{\rho(\text{밀도})}$

기출문제로 다지기 — UNIT 03 고화 및 고형화 처분

01 밀도가 2.0g/cm³인 폐기물 20kg에 고형화재료를 20kg 첨가하여 고형화시킨 결과 밀도가 2.8g/cm³로 증가하였다면 부피변화율(VCF)은?

① 1.04 ② 1.17
③ 1.27 ④ 1.43

해설 부피변화율은 반응 후 부피/반응 전 부피로 산출한다.

$$\text{부피변화율} = \frac{V_2(\text{고형화 후 부피})}{V_1(\text{고형화 전 부피})}$$

- $V_1 = 20kg \times \frac{1cm^3}{2g} \times \frac{10^3 g}{1kg} = 10,000 cm^3$
- $V_2 = (20kg + 20kg) \times \frac{1cm^3}{2.8g} \times \frac{10^3 g}{1kg} = 14,285.71 cm^3$

∴ 부피변화율 = $\frac{14,285.71}{10,000} = 1.43$

02 밀도가 1.5g/cm³인 폐기물 10kg에 고형물재료를 5kg 첨가하여 고형화시킨 결과 밀도가 6.0g/cm³으로 증가하였다면 폐기물의 부피변화율(VCF)은?

① 0.48 ② 0.42
③ 0.38 ④ 0.32

해설 부피변화율은 반응 후 부피/반응 전 부피로 산출한다.

$$\text{부피변화율} = \frac{V_2(\text{고형화 후 부피})}{V_1(\text{고형화 전 부피})}$$

- $V_1 = 10kg \times \frac{1cm^3}{1.5g} \times \frac{10^3 g}{1kg} = 6,666.66 cm^3$
- $V_2 = (10kg + 5kg) \times \frac{1cm^3}{6.0g} \times \frac{10^3 g}{1kg} = 2,500 cm^3$

∴ 부피변화율 = $\frac{2,500}{6,666.66} = 0.38$

03 가장 흔히 사용되는 고화처리 방법 중의 하나이며, 무기성고화제를 사용하여 고농도의 중금속의 폐기에 적합한 화학적 처리방법은?

① 피막형성법 ② 유리화법
③ 시멘트기초법 ④ 열가소성 플라스틱법

해설 시멘트기초법은 고형 유기물이나 중금속, 산화물, 방사성 폐기물에 적용 가능하다.

04 유해 폐기물을 고화 처리하는 방법 중 피막형성법에 관한 설명으로 옳지 않은 것은?

① 낮은 혼합률(MR)을 가진다.
② 에너지 소요가 작다.
③ 화재 위험성이 있다.
④ 침출성이 낮다.

해설 에너지 소요가 크다.

05 시멘트를 이용한 유해폐기물 고화처리 시 압축강도, 투수계수, 물·시멘트비(water/cement ratio) 사이의 관계를 바르게 설명한 것은?

① 물/시멘트비는 투수계수에 영향을 주지 않는다.
② 압축강도와 투수계수 사이는 정비례한다.
③ 물/시멘트비가 낮으면 투수계수는 증가한다.
④ 물/시멘트비가 높으면 압축강도는 낮아진다.

해설 ④항만 올바르다.
오답해설
① 물/시멘트비는 투수계수에 영향을 준다.
② 압축강도와 투수계수 사이는 반비례한다.
③ 물/시멘트비가 높으면 투수계수는 증가한다.

정답 01. ④ 02. ③ 03. ③ 04. ② 05. ④

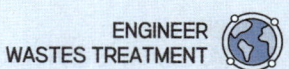

06 대표적인 고형화처리방법인 석회기초법에 관한 설명으로 옳지 않은 것은?

① 가격이 매우 싸고 널리 이용되고 있다.
② 석회-포졸란 화학반응이 간단하고 용이하다.
③ pH가 낮을 때 폐기물 성분의 용출가능성이 증가한다.
④ 탈수가 필요하다.

[해설] 탈수가 불필요하다.

07 유기적 고형화에 대한 일반적인 설명과 가장 거리가 먼 것은?

① 수밀성이 작고 적용 가능한 폐기물이 적음
② 처리비용이 고가
③ 방사선 폐기물처리에 적용함
④ 미생물 및 자외선에 대한 안정성이 약함

[해설] 수밀성이 크고 다양한 폐기물에 적용 가능하다.

08 폐기물의 고형화(고체화) 처리에 관한 설명으로 적절하지 않은 것은?

① 재이용 가능한 농도이어야 한다.
② 고형화시킨 후 침출수와는 관련이 없다.
③ 분해불가능하고, 연소 불가능한 것이어야 한다.
④ Equilibrium leaching test로써 유해물질의 침출 여부를 결정한다.

[해설] 고형화하므로, 용출특성을 감소시켜 침출수의 발생을 억제한다.
[고형화의 효과]
① 폐기물의 취급을 용이하게 한다.
② 폐기물의 표면적 감소, 용출특성 감소
③ 폐기물 내 오염물질의 용해도를 낮춘다.
④ 유해물질의 독성을 저하시킨다.
⑤ 부피의 증가로 인한 운반비용이 증가된다. ← 단점

09 다음과 같은 조건으로 중금속슬러지를 시멘트 고형화할 때 용적변화는?

- 고형화 처리 전 : 중금속슬러지 비중 1.2
- 고형화 처리 후 : 폐기물의 비중 1.5
- 시멘트 첨가량 : 슬러지 무게의 50%

① 20% 증가
② 30% 증가
③ 40% 증가
④ 50% 증가

[해설] 부피변화율(VCF)은 다음과 같이 산출된다.

[식] $VCF = \dfrac{V_2}{V_1}$

- $V_1 = SL \times \dfrac{1}{\rho_1} = SL/1.2 = 0.8333SL$
- $V_2 = (SL + 0.5SL) \times \dfrac{1}{\rho_2} = 1.5SL/1.5 = SL$
- $\therefore VCF = \dfrac{SL}{0.8333SL} = 1.2$
- $\therefore$ 부피는 시멘트 첨가 전 보다 20% 증가

10 슬러지를 고형화하는 목적으로 가장 거리가 먼 것은?

① 슬러지를 다루기 용이하게 함(Handling)
② 슬러지 내 오염물질의 용해도 감소(Solubility)
③ 유해한 슬러지인 경우 독성감소(Toxicity)
④ 슬러지 표면적 감소에 따른 운반 매립 비용감소(Surface)

[해설] 고형화의 효과는 다음과 같다.
① 폐기물의 취급을 용이하게 한다.
② 폐기물의 표면적 감소, 용출특성 감소
 → 2차 오염을 방지한다.
③ 폐기물 내 오염물질의 용해도를 낮춘다.
④ 유해물질의 독성을 저하시킨다.
⑤ 부피의 증가로 인한 운반비용이 증가된다. ← 단점

정답 06. ④ 07. ① 08. ② 09. ① 10. ④

11 함수율 98%인 슬러지를 농축하여 함수율 92%로 하였다면 슬러지의 부피 변화율은 어떻게 변화하는가?

① 1/2로 감소 ② 1/3로 감소
③ 1/4로 감소 ④ 1/5로 감소

해설 부피변화율(VCF) 계산식으로 산출한다.

식 $VCF = \dfrac{V_2}{V_1}$

$V_1(1-X_{w1}) = V_2(1-X_{w2})$
$1 \times (1-0.98) = V_2(1-0.92), \quad V_2 = 0.25$
$\therefore VCF = \dfrac{0.25}{1}$, 1/4로 감소

12 시멘트 고형화 방법 중 연소가스 탈황 시 발생된 슬러지처리에 주로 적용되는 것은?

① 시멘트기초법 ② 석회기초법
③ 포졸란첨가법 ④ 자가시멘트법

13 유해 폐기물 고화처리 방법 중 대표적인 방법인 시멘트기초법에 가장 많이 쓰이는 고화제는?

① 알루미나 포틀랜드 시멘트
② 보통 포틀랜드 시멘트
③ 황산염 저항 포틀랜드 시멘트
④ 일반 조강 포틀랜드 시멘트

14 폐기물 고화처리에 주로 사용되는 보통 포틀랜드 시멘트의 주성분을 옳게 나열한 것은?

① Al_2O_3 65%, MgO 22%
② MgO 65%, Al_2O_3 22%
③ SiO_2 65%, CaO 22%
④ CaO 65%, SiO_2 22%

15 시멘트 고형화법 중 자가시멘트법에 대한 설명으로 가장 거리가 먼 것은?

① 혼합율이 낮고 중금속 저지에 효과적이다.
② 탈수 등 전처리와 보조에너지가 필요하다.
③ 장치비가 크고 숙련된 기술을 요한다.
④ 연소가스 탈황 시 발생된 슬러지처리에 사용된다.

해설 탈수 및 전처리와 보조에너지가 불필요하다.

16 시멘트 기초법에 의한 폐기물고화처리 시 액상 규산소다를 첨가하는 이유를 가장 옳게 설명한 것은?

① 액상 규산소다가 일종의 폐기물이며 두 가지 폐기물을 동시에 처리할 목적으로 첨가한다.
② 수분함량이 낮은 폐기물을 고화처리하기 위하여 사용한다.
③ 폐기물 성분의 분해를 촉진시켜 고화효율을 증진시킬 목적으로 첨가한다.
④ 폐기물, 시멘트 반죽을 교화질로 만들어 주기 위하여 첨가한다.

17 고형화 처리 중 시멘트 기초법에서 가장 흔히 사용되는 포틀랜드 시멘트 화합물 조성 중 가장 많은 부분을 차지하고 있는 것은?

① $2SiO_2 \cdot Fe_2O_3$ ② $3CaO \cdot SiO_2$
③ $2CaO \cdot MgO$ ④ $3CaO \cdot Fe_2O_3$

18 시멘트 고형화처리에 대한 설명으로 가장 거리가 먼 것은?

① 폐기물의 오염물질 용해도가 감소한다.
② 무기적 방법이며 대표적인 것으로 시멘트 기초법, 석회기초법, 자가시멘트법이 있다.

정답 11. ③ 12. ④ 13. ② 14. ④ 15. ② 16. ④ 17. ②

③ 표면적 증가에 따른 운반비용이 증가한다.
④ 폐기물의 독성이 감소한다.

해설 고형화처리시 표면적은 감소하나 고형화제의 첨가로 운반비용은 증가한다.

19 고형화처리방법 중 가장 흔히 사용되는 시멘트 기초법의 장점에 해당하지 않는 것은?
① 원료가 풍부하고 값이 싸다.
② 다양한 폐기물을 처리할 수 있다.
③ 폐기물의 건조나 탈수가 필요하지 않다.
④ 낮은 pH에서도 폐기물 성분의 용출가능성이 없다.

해설 낮은 pH에서 폐기물 성분의 용출가능성이 존재한다.

20 지정폐기물을 고형화처리 후 적정처리 여부를 시험 조사하는 항목이 아닌 것은?
① 압축강도   ② 인장강도
③ 투수율   ④ 용출시험

해설 〈고형화 처리 후 검사항목〉
• 압축강도 • 투수율 • 용출시험
• 밀도   • 내구성 • 수축률

21 지정폐기물의 고형화처리에 대한 설명으로 알맞지 않은 것은?
① 고화의 비용은 다른 처리에 비하여 일반적으로 저렴하다.
② 처리공정은 다른 처리공정에 비하여 비교적 간단하다.
③ 고화처리 후 폐기물의 밀도가 커지고 부피가 줄어 운반비를 절감할 수 있다.
④ 고화처리 후 유해물질의 용해도는 감소한다.

해설 고화처리 후 폐기물의 밀도가 커지고 부피는 감소하지 않으며 무게가 증가하여 운반비가 증가한다.

22 흔히 사용되는 폐기물 고화처리 방법은 보통 포틀랜드 시멘트를 이용한 방법이다. 보통 포틀랜드 시멘트에서 가장 많이 함유한 성분은?
① SiO_2 ② Al_2O_3
③ Fe_2O_3 ④ CaO

해설 포틀랜드 시멘트의 성분크기 순서
$CaO > SiO_2 > Al_2O_3 >$ 기타

23 포졸란(POZZOLAN)에 관한 설명으로 알맞지 않은 것은?
① 포졸란의 실질적인 활성에 기여 부분은 CaO이다.
② 규소를 함유하는 미분상태의 물질이다.
③ 대표적인 포졸란으로는 분말성이 좋은 Fly ash가 있다.
④ 포졸란은 석회와 결합하면 불용성 수밀성 화합물을 형성한다.

해설 포졸란의 실질적인 활성에 기여 부분은 $Ca(OH)_2$이다.

24 폐기물의 고화처리방법 중 피막형성법의 장점으로 옳은 것은?
① 화재 위험성이 없다.
② 혼합률이 높다.
③ 에너지 소비가 적다.
④ 침출성이 낮다.

정답 18. ③ 19. ④ 20. ② 21. ③ 22. ④ 23. ① 24. ④

03 CHAPTER 자원화

UNIT 01 물질 및 에너지 회수

1 신재생에너지 : 기존의 화석연료를 재활용하거나 재생 가능한 에너지를 변환시켜 이용하는 에너지를 말한다.
  ① **신에너지** : 연료전지, 수소에너지, 석탄가스/액화
  ② **재생에너지** : 수력, 바이오, 태양열, 태양광, 풍력, 지열, 폐기물

2 고체연료화(SRF)
  ① **RDF** : 생활폐기물을 선별 및 가공하여 만든 연료
    ㉠ 생산공정

    ┌───┐
    │ 쓰레기의 전처리 : 선별, 조대폐기물 제거, 금속물질 분리, 파쇄 │
    └───┘
                              ↓
    ┌───┐
    │   폐기물 중의 유해성분 및 비가연성 물질의 제거   │
    └───┘
                              ↓
    ┌───┐
    │   최종조형단계 : 건조, 압축조형, 다른 연료와 혼합   │
    └───┘

    ㉡ RDF의 종류
      • Fluff RDF : 파쇄시킨 가연성 폐기물을 가장 단순한 방법으로 성형한 20~50mm 정도의 사각형 모양
      • Powder RDF : Fluff RDF를 0.5mm 이하로 파쇄시켜 분말화한 모양
      • Pellet RDF : Fluff RDF를 압밀 성형시켜 운반 및 보관, 단위 무게당 열량을 높이기 위해 Pellet으로 만든 원통형 모양의 고체연료
        - 형태 및 크기는 각각 직경이 10~20mm이고 길이가 30~50mm이다.
        - 발열량이 3300~4000kcal/kg으로 fluff형보다 다소 높다.
        - 수분함량이 4% 이하로 반영구적으로 보관이 가능하다.
        - 회분함량이 12~25%로 powder형보다 다소 높다.

ⓒ RDF의 구비조건
- 적당한 크기와 형상을 가질 것
- 발열량이 3,500kcal/kg 이상일 것(저위 발열량 기준, 발열량이 높을수록 좋음)
- 수분이 10% 이하일 것(적을수록 좋음)
- 회분(재)이 20% 이하일 것(적을수록 좋음)
- 염소 함유량이 2% 이하일 것
- 황 함유량이 0.6% 이하일 것
- 중금속함유량이 기준치 이하일 것
- 저장 및 수송이 용이할 것
- 기존의 시설에 적용이 용이할 것
- 대기오염이 적을 것

② **RPF** : 폐플라스틱을 중량기준으로 60% 이상 사용한 고형연료
③ **TDF** : 폐타이어를 사용하여 제조한 고형연료제품
④ **WCF** : 목재칩을 사용하여 제조한 고형연료제품
⑤ **SDF** : 하폐수슬러지 등을 사용하여 제조한 고형연료제품

3 고체연료의 문제점

① 사용범위의 한계(일반화가 어려움)　　② 낮은 발열량
③ 쓰레기의 종류와 조성에 따라 품질이 달라짐　　④ 염소 함유량

UNIT 02　유기성 폐기물 자원화

1 퇴비화 기술 : 유기성 폐기물을 미생물을 이용하여 분해(주로 호기성 분해)시켜 생물학적으로 유기물을 안정화시킨 후 퇴비로 사용하는 방법

① **퇴비화 단계**

> 전처리 → 초기단계 → 고온단계 → 냉각단계 → 숙성 → 발효완료 → 저장

ⓐ **전처리** : 선별 및 파쇄
ⓑ **발효**
- 1차 발효, 초기단계(중온단계) : 온도 25~45℃의 중온성 Fungi(균류), Bacteria(세균)의 미생물이 증식
- 2차 발효, 고온단계 : 40℃ 이상으로 상승한 온도에서 미생물이 고온성세균과 방선균 등으로 대체되고 이 미생물들이 증식하며 온도가 60~70℃까지 상승, 이 단계가 2주 이상 유지되며 병원균, 기생충란, 파리알 등이 사멸된다.

© **숙성** : 온도가 40℃ 이하로 내려가 중온성 미생물이 재정착되고 안정화되는 단계로 3주 이상 소요된다.
② **발효 완료** : 퇴비화가 완료되었다.
② **저장** : 완료된 퇴비를 저장한다.

② 퇴비화 필요조건

③ **퇴비화하기 쉬운 재료를 선정** : 분해하기 쉬운 유기물과 분해하기 어려운 유기물이 적당히 포함되어 있어야 한다.
② **적정한 입도** : 통상 10~20mm의 입도를 가진 폐기물이 적합(50mm 이하가 되도록 하는 것이 좋다.)
© **적당한 수분함량** : 50~60%(너무 낮으면 발효되지 않고, 너무 높으면 혐기성화 됨)
② **C/N비(가장 중요한 인자)** : 25~50(적정 범위), 보통 미생물 균체의 C/N비는 16 전후이나 퇴비화 시에는 이 값의 2배 전후인 25~50으로 하여야 한다. 최종적으로 C/N가 10 이하가 되면 퇴비가 완료된 것으로 본다. (또는 초기 C/N비의 0.75 이하이면 완료된 것으로 본다.)

> 💡 **C/N비**
> C(탄소)와 N(질소)의 비로 미생물이 증식하려면 적당한 탄소와 함께 질소가 필수적이다. 퇴비화에서 탄소성분이 많은 폐기물은 주로 톱밥, 볏짚, 낙엽, 곡류, 종이류 등이고 질소성분이 많은 폐기물은 분뇨, 음식물쓰레기 등이다. C/N가 낮을 경우 통기성과 적정 C/N비를 맞추기 위해 팽화제(Bulking Agent)를 투입한다.

- C/N가 너무 높으면 많은 탄소가 탄산가스로 휘산되어 탄소함량이 줄어들어 C/N비가 저하되고 미생물의 증식이 억제되며 유기산이 형성되어 pH가 낮아지며 증식속도가 감소되면서 퇴비화 소요일수가 늘어나게 된다.
- C/N가 너무 낮으면 질소가 암모니아가스 또는 질소가스로 공기중으로 휘발된다.

[일반적인 폐기물의 C/N비]

물질	C/N
폐목재	200~500
종이류	200
낙엽	40~80
신문지	983
포장지	4490
잡초	20
소화 전 활성슬러지(생슬러지)	6.3
소화 후 활성슬러지	15.7
가축분뇨	20
과일류	34.8

- C/N비 산출

식 혼합 $C/N = \dfrac{W_1 \times 탄소함량(W_1) + W_2 \times 탄소함량(W_2)}{W_1 \times 질소함량(W_1) + W_2 \times 질소함량(W_2)} = \dfrac{W_1 \times C/N + W_2 \times C/N}{W_1 + W_2}$

- **팽화제(Bulking Agent)** : 주로 탄소성분으로 이루어진 물질로 통기성개선, 수분조절, C/N조절을 위해 투입한다.(예 볏짚, 낙엽, 톱밥, 분쇄한 종이 등)

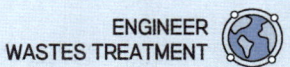

ⓜ pH : 6~8(중성영역 유지), 분해초기에는 pH가 낮아졌다가 다시 상승하며 숙성단계에서는 중성 내지 약알칼리성의 pH를 유지한다.

ⓗ **적절한 공기의 공급** : 필요한 공기를 공급하면서도 공기로 인한 냉각을 주의하며 공급한다.

③ **퇴비화 프로세스**

㉠ **호기성 / 혐기성 퇴비화**
- 호기성 : 일반적인 퇴비화과정으로 발효조를 교반하거나 공기를 공급하여 호기성 미생물을 이용하여 퇴비화하는 방법, 퇴비화 속도가 빠르다.

  > 💡 **친산소성 퇴비화**
  > 폐기물에 적당한 수분과 영양분, 공기를 공급하여 친산소성 미생물을 이용하여 퇴비화하는 방법

- 혐기성 : 공기를 차단하여 혐기성 미생물을 이용하여 퇴비화하는 방법, 퇴비화 속도가 느리다.

㉡ **퇴비단 공법**
- 야적퇴비화(퇴비단식, Windrow process composting) : 대각선으로 삼각형이고 폭이 높이를 초과하는 형태의 단(pile)을 쌓아 퇴비화하는 방식으로 단(pile)을 주기적으로 뒤집어 공기를 공급하며 이때 수분을 공급하기도 한다. 악취와 침출수 문제가 존재하며 유기물이 완전히 분해하는데 3~5년의 시간이 걸린다.
- 공기주입식 퇴비단 공법 : 단(pile)을 쌓아놓고 펌프를 이용하여 공기를 공급시키는 방법으로 공기주입식과 공기흡입식으로 구분된다. 야적퇴비화식에 비해 병원균 파괴율이 높다.

㉢ **기계식(밀폐형)**
- 송풍량에 따른 분류
  - 준고속퇴비화(semi-high-rate composting) : 폐기물의 파쇄, 교반, 송풍에 의해 폐기물을 퇴비로 발효하는 공법이다. 적절한 공기주입으로 운영된다.
  - 고속퇴비화(high-rate composting) : 폐기물의 파쇄, 교반, 송풍에 의해 폐기물을 빠른 시일 내에 퇴비로 발효하는 공법으로 보통 2일에서 4일 안에 완료된다.
- 수직형/수평형
  - 수직형 : 부피를 적게 차지하나 폐기물의 주입 및 공기공급의 어려움이 있다.
  - 수평형 : 운영상의 문제는 적으나 면적을 많이 차지한다.

④ **퇴비화의 문제점**

㉠ 생산된 퇴비의 가치가 낮다.(염분 함량이 높음)
㉡ 퇴비제품의 품질 표준화가 어렵다.
㉢ 부지를 많이 소요한다.
㉣ 부피감소가 크지 않다.(50% 이하)
㉤ 악취 발생의 우려가 있다.

2 사료화 기술

사료화는 음식물쓰레기를 개량하여 사료로 만드는 과정을 말합니다. 이 과정에서 염분을 낮추고 미생물을 이용하여 소화, 유기물 첨가, 파쇄, 건조 등의 과정을 거쳐 사료로 만들어집니다.

CHAPTER 03 자원화

01 폐기물의 퇴비화에 대한 설명 중 가장 거리가 먼 내용은?

① 탄질율(C/N)은 퇴비화가 진행되면서 점차 낮아져 최종적으로 30 정도가 된다.
② 폐기물 내에 질소함량이 적은 것은 퇴비화가 잘 되지 않는다.
③ pH는 운전 초기에는 5~6 정도로 떨어졌다가 퇴비화됨에 따라 증가하여 최종적으로 8~9 가량이 된다.
④ 온도가 서서히 내려가 40℃ 이하 정도가 되면 퇴비화가 거의 완성된 상태로 간주한다.

해설 퇴비화 공정의 적절한 C/N비는 30 전후이고, 퇴비화가 진행되면서 차츰 낮아져 10 정도에서 퇴비화가 중단된다.

02 플라스틱을 다시 활용하는 방법과 가장 거리가 먼 것은?

① 열분해 이용법   ② 용융고화재생 이용법
③ 유리화 이용법   ④ 파쇄 이용법

해설 유리화법은 폐기물에 규소를 혼합하여 유리화시키는 고형화 방법이다.

03 쓰레기의 퇴비화 과정에서 총질소 농도의 비율이 증가되는 원인으로 가장 알맞은 것은?

① 퇴비화 과정에서 미생물의 활동으로 질소를 고정시킨다.
② 퇴비화 과정에서 원래의 질소분이 소모되지 않으므로 생긴 결과이다.
③ 질소분의 소모에 비해 탄소분이 급격히 소모되므로 생긴 결과이다.
④ 단백질의 분해로 생긴 결과이다.

04 폐기물의 재활용 기술 중에 RDF(Refuse Derived Fuel)가 있다. RDF를 만들기 위한 조건으로 적당하지 않은 것은?

① 칼로리가 높아야 하므로 고분자 물질인 PVC 함량을 높여야 한다.
② 재의 함량이 적어야 한다.
③ 저장 및 운반이 용이하여야 한다.
④ 대기오염도가 낮아야 한다.

해설 PVC는 대표적인 다이옥신 전구물질로, 함유량이 많아지면 연소 시 다이옥신 배출량이 많아져, 대기오염도는 증가한다. 따라서, RDF의 구비조건으로 적합하지 않다.

05 퇴비화의 진행 시간에 따른 온도의 변화 단계가 순서대로 연결된 것은?

① 고온단계 - 중온단계 - 냉각단계 - 숙성단계
② 중온단계 - 고온단계 - 냉각단계 - 숙성단계
③ 숙성단계 - 고온단계 - 중온단계 - 냉각단계
④ 숙성단계 - 중온단계 - 고온단계 - 냉각단계

06 다음 중 퇴비화를 위한 설비와 가장 거리가 먼 것은?

① 공기공급시설   ② 수분조절시설
③ 교반시설   ④ 가온시설

정답 01. ① 02. ③ 03. ③ 04. ① 05. ② 06. ④

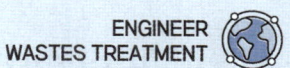

해설 퇴비화시 온도조절은 공급공기량과 수분량 조절 및 교반·뒤집기 등에 의해 제어된다.

07 다음 중 탄질비(C/N, 건조질량비)의 값이 가장 작은 것은?

① 소나무
② 낙엽
③ 돼지 분뇨
④ 소화전 활성슬러지

해설 위의 항목들의 C/N비의 크기는 다음과 같다.
- 폐목재 : 200~500
- 낙엽 : 40~80
- 가축 분뇨 : 15~25
- 소화전 활성슬러지 : 6.3

08 퇴비화의 영향인자인 C/N비에 관한 내용으로 옳지 않은 것은?

① 질소는 미생물 생장에 필요한 단백질합성에 주로 쓰인다.
② 보통 미생물 세포의 탄질비는 25~50 정도이다.
③ 탄질비가 너무 낮으면 암모니아 가스가 발생한다.
④ 일반적으로 퇴비화 탄소가 많으면 퇴비의 pH를 낮춘다.

해설 보통 미생물 균체의 C/N비는 16 전후이나 퇴비화 시에는 이 값의 2배 전후인 30~50으로 하여야 한다.

09 유기성폐기물 처리방법 중 퇴비화의 장·단점으로 가장 거리가 먼 것은?

① 생산된 퇴비는 비료가치가 낮다.
② 퇴비제품의 품질 표준화가 어렵다.
③ 생산품인 퇴비는 토양의 이화학 성질을 개선시키는 토양개량제로 사용할 수 있다.
④ 퇴비화 과정 중 80% 이상 부피가 크게 감소된다.

해설 과정 중 부피가 80% 이상 크게 감소하는 공정은 소각공정이다.

10 퇴비생산 공정에 관한 설명으로 가장 거리가 먼 것은?

① 퇴비생산에 수분함량, 온도, pH, 영양소함량, 산소농도 등이 영향을 준다.
② 슬러지 수분함량이 크면 bulking agent를 섞는다.
③ 최소의 수분함량은 12~15%이나 최적수분함량은 70% 가량이다.
④ 온도 55~65℃로 유지시켜야 하며 80℃ 이상은 좋지 않다.

해설 최적수분함량은 50~60% 정도이다.

11 퇴비를 효과적으로 생산하기 위하여 퇴비화 공정 중에 주입하는 Bulking Agent에 대한 설명과 가장 거리가 먼 것은?

① 처리대상물질의 수분함량을 조절한다.
② 미생물의 지속적인 공급으로 퇴비의 완숙을 유도한다.
③ 퇴비의 질(C/N비)개선에 영향을 준다.
④ 처리대상물질 내의 공기가 원활히 유통될 수 있도록 한다.

해설 팽화제(Bulking Agent)는 탄소성분이 많고 통기성과 수분함량을 개선할 수 있는 재료이다.
※ 팽화제의 종류 : 톱밥, 볏짚, 낙엽

정답 07. ④ 08. ② 09. ④ 10. ③ 11. ②

12 퇴비화의 장점과 가장 거리가 먼 것은?

① 운영시에 소요되는 에너지가 낮다.
② 다른 폐기물처리 기술에 비해 고도의 기술수준을 요구하지 않는다.
③ 생산된 퇴비의 비료가치가 높다.
④ 초기의 시설투자비가 낮다.

해설 생산된 퇴비의 비료가치가 낮다.

13 퇴비화 과정의 초기단계에서 나타나는 미생물은?

① Bacillus sp.
② Streptomyces sp.
③ Aspergillus fumigatus
④ fungi

해설 퇴비화 과정의 초기단계에서 나타나는 미생물은 Fungi와 Bacteria이다.

14 친산소성 퇴비화 공정의 설계 운영고려 인자에 관한 내용으로 틀린 것은?

① 공기의 채널링이 원활하게 발생하도록 반응기간 동안 규칙적으로 교반하거나 뒤집어 주어야 한다.
② 퇴비단의 온도는 초기 며칠간은 50~55℃를 유지하여야 하며 활발한 분해를 위해서는 55~60℃가 적당하다.
③ 퇴비화 기간 동안 수분함량은 50~60% 범위에서 유지되어야 한다.
④ 초기 C/N 비는 25~50이 적정하다.

해설 친산소성 퇴비화 공정은 폐기물에 적당한 수분과 영양분, 공기를 공급하여 친산소성 미생물을 이용하여 퇴비화하는 방법

15 30ton의 음식물쓰레기를 볏짚과 혼합하여 C/N비 30으로 조정하여 퇴비화하고자 한다. 이때 볏짚의 필요량(ton)은? (단, 음식물쓰레기와 볏짚의 C/N비는 각각 20과 100이고, 다른 조건은 고려하지 않음)

① 약 4.3
② 약 7.3
③ 약 9.3
④ 약 11.3

해설 **식** 혼합 C/N =

$$= \frac{W_1 \times 탄소함량(W_1) + W_2 \times 탄소함량(W_2)}{W_1 \times 질소함량(W_1) + W_2 \times 질소함량(W_2)}$$

$$= \frac{W_1 \times C/N + W_2 \times C/N}{W_1 + W_2}$$

$$30 = \frac{30톤 \times 20 + W_2 \times 100}{30톤 + W_2}, \quad \therefore W_2 = 4.29톤$$

16 음식물쓰레기 처리방법으로 가장 부적당한 것은?

① 호기성 퇴비화
② 사료화
③ 감량 및 소멸화
④ 고형화

해설 고형화 처리는 주로 중금속, 방사성 물질에 적용된다.

17 복합퇴비화 시 함수율 85%인 슬러지와 함수율 40%인 톱밥을 1:2로 혼합한 후의 함수율과 퇴비화의 적정성 여부에 관한 설명으로 옳은 것은?

① 혼합 후 함수율은 65%로 퇴비화에 부적절한 함수율이라 판단된다.
② 혼합 후 함수율은 65%로 퇴비화에 적절한 함수율이라 판단된다.
③ 혼합 후 함수율은 55%로 퇴비화에 부적절한 함수율이라 판단된다.
④ 혼합 후 함수율은 55%로 퇴비화에 적절한 함수율이라 판단된다.

정답 12. ③ 13. ④ 14. ① 15. ① 16. ④ 17. ④

해설 퇴비화 시 적절한 함수율은 50~60%이다.

식 함수율(%) = $\dfrac{\frac{1}{3}W \times 0.85 + \frac{2}{3}W \times 0.4}{\frac{1}{3}W + \frac{2}{3}W}$ = 0.55 ≒ 55%

18 RDF에 관한 설명으로 틀린 것은?

① RDF내 염소함량이 크면 연료로 사용 시 다이옥신의 발생 등이 문제가 된다.
② RDF의 조성은 셀룰로오스가 주성분이므로 수분에 따른 부패의 우려가 없다.
③ RDF를 대량으로 사용하기 위해서는 배합률(조성)이 일정하여야 하며 재의 양이 적어야 한다.
④ RDF의 종류는 Power RDF, Pellet RDF, Fluff RDF가 있다.

해설 RDF는 수분에 따른 부패의 우려가 있다. (수분함량이 높을수록 혐기화가 진행되어 부패가 심화된다.)

19 퇴비화 공정의 설계 및 조작인자에 대한 설명으로 가장 거리가 먼 것은?

① 공급원료의 C/N비는 대략 30:1 정도이다.
② 포기, 혼합, 온도조절 등이 필요조건이다.
③ 퇴비화의 유기물 분해반응은 혐기성이 가장 빠르다.
④ 함수율은 50~60% 정도이다.

해설 퇴비화의 유기물 분해반응은 호기성이 가장 빠르다.

20 호기성 퇴비화 공정 설계인자에 대한 설명으로 틀린 것은?

① 퇴비화에 적당한 수분함량은 50~60%로 40% 이하가 되면 분해율이 감소한다.
② 온도는 55~60℃로 유지시켜야 하며 70℃를 넘어서면 공기공급량을 증가시켜 온도를 적정하게 조절한다.
③ C/N비가 20 이하이면 질소가 암모니아로 변하여 pH를 증가시켜 악취를 유발시킨다.
④ 산소 요구량은 체적당 20~30%의 산소를 공급하는 것이 좋다.

해설 공기 요구량은 체적당 20~30%의 공기를 공급하는 것이 좋다. (산소요구량 = 공기요구량 × 0.21)

21 유기성폐기물의 퇴비화에 있어서 초기 원료가 갖추어야 할 조건으로 가장 거리가 먼 것은?

① 적정 입자크기가 25~75mm가 적당하다.
② 공기공급은 50~200L/min·m³이 적당하다.
③ 초기 수분함량은 20~30%가 적당하다.
④ 초기 C/N비는 25~50이 적당하다.

해설 초기 수분함량은 50~60%가 적당하다.

22 퇴비화 과정의 영향인자에 대한 설명으로 가장 거리가 먼 것은?

① 슬러지 입도가 너무 작으면 공기유통이 나빠져 혐기성 상태가 될 수 있다.
② 슬러지를 퇴비화할 때 Bulking agent를 혼합하는 주목적은 산소와 접촉면적을 넓히기 위한 것이다.
③ 숙성퇴비를 반송하는 것은 Seeding과 pH 조정이 목적이다.
④ C/N비가 너무 높으면 유기물의 암모니아화로 악취가 발생한다.

해설 C/N비가 너무 낮으면 유기물의 암모니아화로 악취가 발생한다.

정답 18. ② 19. ③ 20. ④ 21. ③ 22. ④

23 기계식 반응조 퇴비화 공법에 관한 설명으로 가장 거리가 먼 것은?

① 퇴비화가 밀폐된 반응조 내에서 수행된다.
② 일반적으로 퇴비화 원료물질의 성분에 따라 수직형과 수평형으로 나누어 퇴비화를 수행한다.
③ 수직형 퇴비화 반응조는 반응조 전체에 최적조건을 유지하기 어려워 생산된 퇴비의 질이 떨어질 수 있다.
④ 수평형 퇴비화 반응조는 수직형 퇴비화 반응조와 달리 공기흐름 경로를 짧게 유지할 수 있다.

해설 퇴비화가능 면적에 따라 수직형 또는 수평형으로 선택한다.

24 퇴비화 과정에서 총질소 농도의 비율이 증가되는 원인으로 가장 알맞은 것은?

① 퇴비화 과정에서 미생물의 활동으로 질소를 고정시킨다.
② 퇴비화 과정에서 원래의 질소분이 소모되지 않으므로 생긴 결과이다.
③ 질소분의 소모에 비해 탄소분이 급격히 소모되므로 생긴 결과이다.
④ 단백질의 분해로 생긴 결과이다.

해설 ③항만 올바르다. 탄소분이 급격히 소모되는 경우는 C/N가 너무 높을 때 탄소가 탄산가스로 휘발되어 발생된다.

25 뒤집기 퇴비단공법의 장점이 아닌 것은?

① 건조가 빠르다.
② 병원균 파괴율이 높다.
③ 많은 양을 다룰 수 있다.
④ 상대적으로 투자비가 낮다.

해설 병원균 파괴율이 높은 것은 공기 주입식 퇴비단 공법의 장점이다.

26 유기성폐기물의 퇴비화과정(초기단계-고온단계-숙성단계) 중 고온단계에서 주된 역할을 담당하는 미생물은?

① 전반기 : Pseudomnas,
   후반기 : Bacillus
② 전반기 : Thermoactinomyces,
   후반기 : Enterbactor
③ 전반기 : Enterbactor,
   후반기 : Pseudomonas
④ 전반기 : Bacillus,
   후반기 : Thermoactinonmyces

27 일반적으로 C/N비가 가장 높은 것은?

① 신문지   ② 톱밥
③ 잔디   ④ 낙엽

해설 [일반적인 폐기물의 C/N비]

물질	C/N
폐목재	200~500
종이류	200
낙엽	40~80
신문지	983
포장지	4490
잡초	20
소화 전 활성슬러지(생슬러지)	6.3
소화 후 활성슬러지	15.7
가축분뇨	20
과일류	34.8

정답 23. ② 24. ③ 25. ② 26. ④ 27. ①

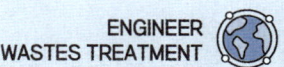

28 쓰레기의 퇴비화가 가장 빨리 형성되는 탄질비(C/N비)의 범위는? (단, 기타조건은 모두 동일)
① 25~50 ② 50~80
③ 80~100 ④ 100~150

29 분뇨 슬러지를 퇴비화할 때 고려하여야 할 사항이 아닌 것은?
① 자연상태에서 생화학적으로 안정되어야 함
② 병원균, 회충란 등의 유무는 무관함
③ 악취 등의 발생이 없어야 함
④ 취급이 용이한 상태이어야 함

[해설] 병원균과 회충란은 100% 사멸되지 않을 수 있으므로 너무 많을 경우 다른 처리방법을 고려하여야 한다.

30 폐기물의 퇴비화에 관한 설명으로 옳지 않은 것은?
① C/N비가 클수록 퇴비화에 시간이 많이 요하게 된다.
② 함수율이 높을수록 미생물의 분해속도는 빠르다.
③ 공기가 과잉공급되면 열손실이 생겨 미생물의 대사열을 빼앗겨서 동화작용이 저해된다.
④ 공기공급이 부족하면 혐기성분해에 의해 퇴비화 속도의 저하를 초래하고 악취발생의 원인이 된다.

[해설] 함수율이 적절(50~60%)할 때 미생물의 분해속도는 빠르다.

31 유기성 폐기물의 퇴비화에 대한 설명으로 가장 거리가 먼 것은?
① 유기성 폐기물을 재활용함으로써 폐기물을 감량화 할 수 있다.
② 퇴비로 이용 시 토양의 완충능력이 증가된다.
③ 생산된 퇴비는 C/N비가 높다.
④ 초기 시설 투자비가 일반적으로 낮다.

[해설] 생산된 퇴비는 C/N비가 10 이하로 낮다.

32 퇴비화에 적합한 초기 탄질(C/N)비는 30 내외이다. 탄질비가 15인 음식물쓰레기를 초기 퇴비화조건으로 조정하고자 할 때 가장 효과적인 물질은? (단, 혼합비율은 무게비율로 1:1이다.)
① 우분 ② 슬러지
③ 낙엽 ④ 도축폐기물

[해설] 현재 탄질비가 15로 낮은 수준이므로 탄소 성분이 많은 낙엽, 종이, 목재를 혼합하는 것이 적합하다. ①, ②, ④항은 모두 질소성분이 많은 폐기물이다.

33 호기성 퇴비화공정의 설계 시 운영고려 인자에 관한 설명으로 적합하지 않은 것은?
① 교반/뒤집기 : 공기의 단회로(channeling)현상 발생이 용이하도록 규칙적으로 교반하거나 뒤집어 준다.
② pH 조절 : 암모니아 가스에 의한 질소 손실을 줄이기 위해서 pH 8.5 이상 올라가지 않도록 주의한다.
③ 병원균의 제어 : 정상적인 퇴비화 공정에서는 병원균의 사멸이 가능하다.
④ C/N비 : C/N비가 낮은 경우는 암모니아가스가 발생한다.

[해설] 교반/뒤집기 : 공기의 단회로(channeling)현상이 발생하지 않도록 규칙적으로 교반하거나 뒤집어 준다.

정답 28. ① 29. ② 30. ② 31. ③ 32. ③ 33. ①

34 호기성 퇴비화공정의 가장 오래된 방법 중 하나로 설치비용과 운영비용은 낮으나 부지소요가 크고 유기물이 완전히 분해되는데 3~5년이 소요되는 퇴비화 공법은?

① 뒤집기식 퇴비단 공법
② 통기식 정체퇴비단 공법
③ 플러그형 기계식 퇴비화 공법
④ 교반형 기계식 퇴비화 공법

34. ①

PART 3

제 3 과 목
폐기물처분기술

01 연소

02 연소계산

03 연소장치 및 연소방법

04 소각과 열분해

05 연소가스처분 및 오염방지

06 최종처분

07 매립에 의한 오염

01 CHAPTER 연소

UNIT 01 연소이론

1 연소의 정의

① **연소** : 물질이 산소와 결합하여 빛과 열을 내는 반응(발열반응, 산화반응)

② **연소공학 학습의 이유** : 물질을 연소 시에는 입자상물질과 가스상물질이 배출되고 배출되는 물질 중 상당부분이 오염물질로 배출되기 때문에 대기오염물질의 배출량 산정, 또는 배출저감을 하려면 연소공학의 이해가 필수적이다.

③ **연소공학 관련용어**
- 열량(cal) : 기체를 함유하지 않는 순수 1g을 1기압하에서 14.5~15.5℃까지 온도를 올리는데 필요한 열량 (1cal=4.18J)
- 비열 : 어떤 물질 1g을 1℃ 올리는데 필요한 열량
- 착화온도(점) : 점화원 없이 연료를 가열하였을 때 불이 붙는 최저온도
- 인화온도(점) : 점화원이 있고 연료를 가열하였을 때 불이 붙는 최저온도
- 연소온도(점) : 인화 후 연소가 10초 이상 지속될 수 있는 온도

💡 인화점 < 연소점 < 착화점

💡 연료별 착화온도

물질	착화온도(℃)	물질	착화온도(℃)
목재	250~300	수소	580~600
갈탄	250~450	일산화탄소(CO)	580~650
목탄	320~370	황	630
역청탄	320~400	메탄(CH_4)	650~750
무연탄	440~500	발생로가스	700~800
중유	530~580	탄소	800

> **연소 시 착화온도가 낮아지는 조건**
> 1. 공기의 산소농도 및 압력이 높을수록 낮아진다.
> 2. 활성화 에너지는 작을수록 낮아진다.
> 3. 비표면적이 클수록 낮아진다.
> 4. 발열량이 클수록 착화온도는 낮아진다.
> 5. 반응활성도가 클수록 낮아진다.
> 6. 분자구조가 복잡할수록 낮아진다.
> 7. 화학결합의 활성도가 클수록 착화온도는 낮아진다.
>   - 가연분 : 고정탄소 + 휘발분
>   - 회분(ash) : 산화된 무기물로서 연소될 수 없는 물질, 연소하고 남은 재 또는 연소될 수 없는 물질로서 분진생성에 기여한다.
>   - 폭발 : 급격한 산화반응, 연소 속도가 음속 이상이 되는 반응
>   - 폭굉 : 폭발보다 수십~수천배 연소속도가 빠른 반응

> **폭굉유도거리가 짧아지는 요건(더러운 상황)**
> 1. 연소속도가 큰 혼합가스인 경우
> 2. 관속에 방해물이 있거나 관내경이 작을수록
> 3. 압력이 높을수록
> 4. 점화원의 에너지가 강할수록

2 연료에 따른 연소특성

① 매연발생에 관한 설명
- 분해가 쉽거나 산화하기 쉬운 탄화수소는 매연 발생이 적다.
- -C-C-의 탄소결합을 절단하기보다 탈수소가 쉬운 쪽이 매연이 생기기 쉽다.
- 연료의 C/H의 비율이 클수록 매연이 생기기 쉽다.
- 탈수소, 중합 및 고리화합물 등과 같은 반응이 일어나기 쉬운 탄화수소일수록 매연이 잘 생긴다.

② 그을음 발생에 관한 설명
- 분해나 산화하기 쉬운 탄화수소는 그을음 발생이 적다.
- C/H 비가 큰 연료일수록 그을음이 잘 발생된다.
- 발생빈도의 순서는 천연가스 < LPG < 제조가스 < 석탄가스 < 석유 < 코크스 < 석탄이다.

3 연소의 형태와 분류

① **표면연소** : 코크스나 목탄 등이 고온으로 되면 그 표면이 빨간 짧은 불꽃을 내면서 연소되는데 휘발성분이 없는 고체연료의 연소형태이다.(예 숯, 목탄, 코크스 등)

② **분해연소** : 목재, 석탄, 타르 등은 연소초기에 열분해에 의하여 가연성가스가 생성되고 이것이 긴 화염을 발생시키면서 연소하는데 이러한 연소를 분해연소라 한다.

③ **증발연소** : 증발하기 쉬운 액체연료인 휘발유, 등유, 알코올, 벤젠 등은 화염으로부터 열을 받으면 가연성 증기가 발생하여 연소가 되는데 이것을 증발연소라 한다.

> 💡 **증발연소의 다른 두 형태**
> - 액면연소 : 등유나 경유와 같은 경질유가 화염으로부터 전달된 열이 연료표면에 가열되어 증발이 일어나며 발생한 연료 증기가 확산연소하는 것(증발연소와 차이점은 액면연소는 증발이 연료 표면에서만 현저하게 일어남)
> - 등심연소 : 연료를 심지로 빨아올려 올라온 연료가 열에 의해 기화되어 공기중에 확산되며 연소되는 형태

④ **확산연소** : 연료가 공기 중에 확산되며 연소되는 형태

⑤ **예혼합연소** : 연소실로 투입되기 전 연료와 공기가 혼합된 후에 연소되는 형태

⑥ **자기연소(내면연소)** : 공기 중의 산소 공급 없이 그 물질의 분자 자체에 함유하고 있는 산소를 이용하여 연소하는 형태(예 니트로셀룰로오스, 니트로글리세린, 트리니트로톨루엔 등)

4 완전연소의 조건

완전연소를 위해서는 3TO(Temperature, Time, Turbulence, Oxygen)가 충족되어야 한다.

① **Temperature** : 온도가 높을수록 완전연소에 유리하다.

② **Time** : 접촉시간(반응시간)이 길수록 완전연소에 유리하다.

③ **Turbulence** : 난류(혼합)이 활발할수록 완전연소에 유리하다.

④ **Oxygen** : 산소농도가 높을수록 완전연소에 유리하다.

UNIT 01 연소이론

01 다음 중 표면연소에 대한 설명으로 가장 적합한 것은?

① 코크스나 목탄과 같은 휘발성 성분이 거의 없는 연료의 연소형태를 말한다.
② 휘발유와 같이 끓는점이 낮은 기름의 연소나 왁스가 액화하여 다시 기화되어 연소하는 것을 말한다.
③ 기체연료와 같이 공기의 확산에 의한 연소를 말한다.
④ 니트로글리세린 등과 같이 공기 중 산소를 필요로 하지 않고 분자 자신 속의 산소에 의해서 연소하는 것을 말한다.

해설 표면연소는 휘발분을 거의 포함하지 않은 목탄이나 코크스, Char 등의 고체표면에서 연소하는 현상으로 불균일 연소(무염연소)라고도 한다. 산소나 산화가스가 고체표면이나 내부의 빈 공간에 확산되어 표면반응을 한다.
② 증발연소 : 휘발유와 같이 끓는점이 낮은 기름의 연소나 왁스가 액화하여 다시 기화되어 연소하는 것을 말한다.
③ 확산연소 : 기체연료와 같이 공기의 확산에 의한 연소를 말한다.
④ 자기연소 : 니트로글리세린 등과 같이 공기 중 산소를 필요로 하지 않고 분자 자신 속의 산소에 의해서 연소하는 것을 말한다.

02 고체연료의 연소 중 표면연소의 설명으로 가장 거리가 먼 것은?

① 목탄, 코크스, Char 등이 연소하는 형식이다.
② 고체를 열분해하여 발생한 휘발분을 연소시킨다.
③ 고체표면에서 연소하는 현상으로 불균일 연소라고도 한다.
④ 연소속도는 산소의 연료표면으로의 확산속도와 표면에서의 화학반응속도에 의해 영향을 받는다.

해설 ②항은 분해연소에 대한 설명이다.

03 연소에 있어 검댕의 생성에 대한 설명 중 가장 거리가 먼 것은?

① A 중유 < B 중유 < C 중유 순으로 검댕이 발생한다.
② 공기비가 매우 적을 때 다량 발생한다.
③ 중합, 탈수소축합 등의 반응을 일으키는 탄화수소가 적을수록 검댕은 많이 발생한다.
④ 전열면 등으로 발열속도 보다 방열속도가 빨라서 화염의 온도가 저하될 때 많이 발생한다.

해설 ③항 → 중합, 탈수소축합 반응을 일으키는 탄화수소가 많을수록 검댕은 많이 발생한다.

04 소각로에서 고체, 액체 및 기체 연료가 잘 연소되기 위한 조건이 아닌 것은?

① 공기연료비가 잘 맞아야 한다.
② 충분한 산소가 공급되어야 한다.
③ 점화를 위해 혼합도가 높아야 한다.
④ 로 내의 체류시간은 가급적 짧아야 한다.

해설 로 내의 체류시간은 가급적 길어야 한다.

05 착화온도에 관한 일반적인 설명으로 가장 거리가 먼 것은?

① 연료의 분자구조가 간단할수록 착화온도는 높다.
② 연료의 화학적 발열량이 클수록 착화온도는 낮다.
③ 연료의 화학결합 활성도가 작을수록 착화온도는 낮다.
④ 연료의 화학반응성이 클수록 착화온도는 낮다.

정답 01. ① 02. ② 03. ③ 04. ④ 05. ③

해설 연료의 화학결합 활성도가 클수록 착화온도는 낮다.

06 고체연료의 연소 형태에 대한 설명 중 가장 거리가 먼 것은?

① 증발연소는 비교적 용융점이 높은 고체연료가 용융되어 액체연료와 같은 방식으로 증발되어 연소하는 현상을 말한다.
② 분해연소는 증발온도보다 분해온도가 낮은 경우에, 가열에 의하여 열분해가 일어나고 휘발하기 쉬운 성분이 표면에서 떨어져 나와 연소하는 것을 말한다.
③ 표면연소는 휘발분을 거의 포함하지 않는 목탄이나 코크스 등의 연소로서, 산소나 산화성 가스가 고체 표면이나 내부의 빈공간에 확산되어 표면반응을 하는 것을 말한다.
④ 열분해로 발생된 휘발분이 점화되지 않고 다량의 발연(發煙)을 수반하며 표면반응을 일으키면서 연소하는 것을 발연연소라 한다.

해설 질산화는 유입수의 BOD_5/TKN 비가 작을수록 잘 일어난다.

07 물질의 연소특성에 대한 설명으로 가장 거리가 먼 것은?

① 탄소의 착화온도는 800℃이다.
② 황의 착화온도는 장작의 경우보다 낮다.
③ 수소의 착화온도는 장작의 경우보다 높다.
④ 용광로가스의 착화온도는 700~800℃ 부근이다.

해설 황의 착화온도는 장작의 경우보다 높다.
 • 황의 착화온도 : 630℃
 • 장작(목재) : 250~300℃

08 폐기물 내 유기물을 완전연소시키기 위해서는 3T라는 조건이 구비되어야 한다. 3T에 해당하지 않는 것은?

① 충분한 온도
② 충분한 연소시간
③ 충분한 연료
④ 충분한 혼합

해설 3TO : Temperature(온도), Time(시간), Turbulence(혼합), Oxygen(산소)

09 연소에 대한 설명으로 옳지 않은 것은?

① 증발연소는 비교적 용융점이 낮은 고체가 연소되기 이전에 용융되어 액체와 같이 표면에서 증발되는 기체가 연소하는 현상
② 분해연소는 가열에 의해 열분해된 휘발하기 쉬운 성분이 표면으로부터 떨어진 곳에서 연소하는 현상
③ 액면연소는 산소나 산화가스가 고체표면이나 내부의 빈 공간에 확산되어 표면반응하는 현상
④ 내부연소는 물질 자체가 포함하고 있는 산소에 의해서 연소하는 현상

해설 액면연소는 액체표면에 열이 전달되어 발생한 연료증기가 연료 상부에서 확산연소하는 현상을 말한다.

10 소각로의 연소효율을 증대시키는 방법이 아닌 것은?

① 적절한 연소시간
② 적절한 온도 유지
③ 적절한 공기공급과 연료비
④ 연소조건은 층류

해설 연소조건은 난류(활발한 혼합상태)일수록 연소효율은 증대된다.

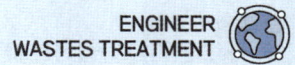

11 연소의 특성을 설명한 내용으로 알맞지 않는 것은?

① 수분이 많을 경우는 착화가 나쁘고 열손실을 초래한다.
② 휘발분(고분자물질)이 많을 경우는 매연 발생이 억제된다.
③ 고정탄소가 많을 경우 발열량이 높고 매연 발생이 적다.
④ 회분이 많을 경우 발열량이 낮다.

해설 휘발분(고분자물질)이 많을 경우는 매연 발생이 증대된다.

12 폐기물의 소각과정에서 연소효율을 높이기 위한 방법으로 보조연료를 사용하는 경우 보조연료의 특징으로 옳은 것은?

① 매연생성도는 방향족, 나프텐계, 올레핀계, 파라핀계 순으로 높다.
② C/H비가 클수록 비교적 비점이 높은 연료이며 매연발생이 쉽다.
③ C/H비가 클수록 휘발성이 낮고 방사율이 작다.
④ 중질유의 연료일수록 C/H비가 작다.

해설 ②항만 올바르다.
오답해설
① 매연생성도는 방향족, 나프텐계, 올레핀계, 파라핀계 순으로 낮다.
③ C/H비가 클수록 휘발성이 낮고 방사율이 크다.
④ 중질유의 연료일수록 C/H비가 크다.

> ※ 혼동되는 용어 정리
> • 휘도 : 화염의 밝기 (C/H비가 클수록 휘도는 커짐)
> • 휘발성 : 액체가 기체로 되어 날아가려는 성질 (C/H비가 클수록 휘발성은 작아짐)

 11. ② 12. ②

UNIT 02 연료의 종류 및 특성

1 고체연료의 종류 및 특성

① 고체연료의 종류

㉠ **석탄(Coal)** : 지열, 지압 등에 의하여 변질된 식물이나 동물로 생성되는 천연 연료이다. 탄화도에 따라 무연탄, 역청탄, 갈탄, 이탄 등으로 분류된다.

> 💡 **탄화도**
> 석탄의 오래된 정도, 탄화가 진행될수록 지열과 지압에 의해 석탄 내 휘발분과 수분, 산소가 휘산되면서 고정탄소의 함량이 높아져 좋은 연료가 된다.

> 💡 **탄화도가 증가함에 따른 변화**
> ① 고정탄소의 양이 증가　　② 산소의 양이 감소
> ③ 휘발분과 수분 감소　　　④ 착화온도가 높아짐
> ⑤ 발열량이 증가　　　　　⑥ 비열이 감소

> 💡 **연료비 = 고정탄소/휘발분**

[연료비에 따른 석탄의 분류]

구분	무연탄	역청탄	갈탄
연료비	7 이상	1~7	1 이하

㉡ **목탄(charcoal)** : 목재를 불완전연소시킨 2차 연료로서 기공률이 약 80%로 높고 착화가 쉬우며, 연소 시 연기가 나지 않고 황분이 없다.

㉢ **코크스(cokes)** : 석탄을 노속에 넣고 공기를 차단한 상태에서 가열(건류)하면 일정한 온도에서 열분해를 일으켜 석탄가스, 타르(tar), 수증기를 발생하게 하여 생성한 연료, 매연이 발생하지 않는다.

② 고체연료의 장단점

장점	단점
• 연소성이 늦어 특수용도에 사용한다. • 저장, 운반이 용이하다. • 인화, 폭발의 위험성이 적다. • 연소 장치가 간단하다. • 가격이 저렴하다.	• 연소 시 매연 발생이 심하고 회분이 많다. • 부하 변동에 응답하기 어렵다. • 점화 및 소화가 힘들고 연소 관리가 어렵다. • 연소 시 재가 많고 대기오염이 심하다. • 사용 전에 건조 및 분쇄 등의 전처리가 필요하다.

2 액체연료의 종류 및 특성

① 액체연료의 종류

액체연료의 대부분은 석유류이고 여기에는 휘발유, 등유, 경유, 중유 등이 있다.

㉠ 중유(heavy oil)
- 비등점 300~350℃, 인화점 60~150℃
- 발열량 10,000~10,800kcal
- 비중 0.85~1
- 점도에 따라 A, B, C 세종류로 분류(C > B > A 점도 순서)

㉡ 경유(light oil)
- 비등점 200~350℃, 인화점 50~70℃
- 발열량 10,500~10,800kcal
- 비중 0.82~0.84
- 세탄가로 석유의 안티노킹성 판단(세탄가 40 이상 고급경유)

㉢ 등유(kerosene oil)
- 비등점 160~250℃, 인화점 30~70℃
- 발열량 10,500~11,000kcal
- 비중 0.82~0.84

㉣ 휘발유(가솔린, Naphtha)
- 비등점 30~200℃, 인화점 -20~-40℃
- 발열량 11,000~11,500kcal
- 비중 0.7~0.8
- 옥탄가로 석유의 안티노킹성 판단(옥탄가 80 이상 고급휘발유)

㉤ 타르(tar)
- 석탄의 고온건류과정에서 얻어짐
- 비중은 1.1~1.2
- 석탄타르와 저온타르로 구분됨

㉥ LPG
- 액화석유가스의 약자로 프로페인 및 뷰테인을 주성분으로 함
- 가정용에는 프로페인 함량이 많고, 자동차용에는 뷰테인의 함량이 높음
- 대부분은 석유정제과정에서 회수된다.

② 액체연료의 장단점

장점	단점
• 품질이 균일하고 발열량이 높다. • 연소효율과 열효율이 높다. • 계량이 용이하다. • 회분, 분진의 생성량이 적다. • 점화, 소화 및 연소조절이 용이하다. • 운반, 저장이 용이하다.	• 연소 온도가 높아 국부적인 과열을 일으키기 쉽다. • 인화 및 역화의 위험이 크다. • 사용 버너의 종류에 따라 소음이 심하다. • 국내 생산이 안 되므로 가격이 비싸다. • 유황 함유량이 많아 황산화물 발생이 많다.(중유, 경유만 해당)

③ 석유류의 특징

액체연료의 대부분은 석유류이고 다른 연료와 다르게 원유를 정제과정을 통하여 여러 가지의 연료가 만들어진다. 이 정제과정에서 무거운 석유일수록 회분과 황분을 많이 함유하게 되면서 발열량과 오염물질배출량의 차이가 생긴다.

> 💡 **석유계 액체연료의 탄수소비(C/H)에 대한 설명**
> ① C/H비가 클수록 방사율이 크다.
> ② 중질연료일수록 C/H비가 크다.
> ③ C/H비가 크면 비교적 비점이 높은 연료는 매연이 발생되기 쉽다.
> ④ C/H비가 클수록 이론공연비가 감소한다.

> 💡 **석유의 물리적 성질에 관한 설명**
> ① 석유의 비중이 커지면 C/H비가 커진다.
> ② 석유의 비중이 커지면 점도가 증가한다.
> ③ 석유의 비중이 커지면 착화점이 높아진다.
> ④ 석유의 비중이 커지면 발열량과 연소특성은 나빠진다.
> ⑤ 석유의 비중이 커지면 동점도는 감소한다.
> ⑥ 석유의 비중이 커지면 유동성은 감소하고, 유동점[2]은 증가한다.
> ⑦ 석유의 증기압은 40℃에서의 압력(kg/cm^2)으로 나타내며, 증기압이 큰 것은 인화점 및 착화점이 낮아서 위험하다.
> ⑧ 인화점은 화기에 대한 위험도를 나타내며, 인화점이 낮을수록 연소는 잘 되나 위험하다.

3 기체연료의 종류 및 특성

① **기체연료의 종류**

㉠ **천연가스(건성가스, CH_4)** : 천연적으로 지하로부터 발생하는 가스로 주성분은 메테인이다. 천연가스를 개량하여, LNG(도시가스), CNG(압축천연가스)로 사용한다. 매연이 발생하지 않는다.

㉡ **아세틸렌(C_2H_2)** : 카바이트에 물을 접촉시켜 발생된다. 연소 시 고온을 낼 수 있어 산업용으로 많이 활용된다. 삼중결합구조이다.

㉢ **발생로가스** : 코크스, 석탄에 한정된 공기를 공급하여 불완전 연소시켜 얻어지는 가스

㉣ **코크스로 가스** : 석탄을 건류할 때 발생하는 가스

㉤ **고로가스** : 제철시 용광로에서 뿜어내는 가스

㉥ **수성가스** : 고온으로 가열한 무연탄이나 코크스에 수증기를 작용시켜 생기는 가스

㉦ **오일가스** : 석유류를 열분해, 접촉분해 및 부분 연소시켜 만드는 기체연료, 현재는 주로 납사(naphtha)를 사용하고 있다.

---

[2] 유동점 : 물질이 유동할 수 있는 최저온도

> 💡 **수소가스**
> 연소속도가 가장 빠른 가스, 아세틸렌가스 : 연소범위가 가장 넓은 가스

② **기체연료의 장단점**

장점	단점
• 적은 과잉공기로 완전연소가 가능하다. • 연소효율이 높고 안정된 연소가 가능하다. • 점화, 소화가 용이하고 연소조절이 용이하다. • 연료의 예열이 쉽고, 저질 연료도 고온을 얻을 수 있다. • 회분이나 매연 발생이 없어 청결하다. • 발열량이 크다. • 대기오염도가 낮다.	• 취급시 위험성이 크다.(폭발위험) • 설비비가 많이 들고 가격이 비싸다. • 수송이나 저장이 불편하다.

③ **기체연료의 연소방식**

　㉠ 기체연료의 연소방식 중 확산연소에 관한 설명
　　- 붉고 긴 화염을 만든다.
　　- 연료의 분출속도가 클 경우에는 그을음이 발생하기 쉽다.
　　- 기체연료와 연소용 공기를 버너 내에서 혼합시키지 않는다.
　　- 확산연소에 사용되는 버너로는 포트형과 버너형이 있다.
　　- 그을음의 발생이 쉽다.
　　- 역화의 위험이 없으며, 공기를 예열할 수 있다.

　㉡ 기체연료의 연소방식 중 예혼합연소에 관한 설명
　　- 연소기 내부에서 연료와 공기의 혼합비가 변하지 않고 균일하게 연소된다.
　　- 화염온도가 높아 연소부하가 큰 경우에 사용이 가능하다.
　　- 연소조절이 쉽고 화염길이가 짧다.
　　- 예혼합연소는 혼합기의 분출속도가 느릴 경우 역화의 위험이 있다.
　　- 예혼합연소의 버너로는 고압버너, 저압버너, 송풍버너가 있다.

④ **폭발위험도 및 상한계와 하한계**

　㉠ 폭발위험도(H) = $\dfrac{(U-L)}{L}$ → 하한계가 낮을수록, 상한계가 높을수록 폭발범위가 넓어지므로 위험도는 높아진다.

　　• 상한치 : 폭발할 수 있는 상한 농도를 의미(예 아세틸렌 상한치 15% : 공기 중 아세틸렌이 15% 까지만 폭발가능하고, 이상부터는 폭발이 어려움)
　　• 하한치 : 폭발할 수 있는 하한 농도를 의미(예 아세틸렌 하한치 2% : 공기 중 아세틸렌이 2% 이하에서는 폭발할 수 없고, 2% 이상부터 폭발가능)

- 상한계(U) : $\dfrac{100}{UEL} = \dfrac{V_1}{U_1} + \dfrac{V_2}{U_2} + \cdots + \dfrac{V_n}{U_n}$
- 하한계(L) : $\dfrac{100}{LEL} = \dfrac{V_1}{L_1} + \dfrac{V_2}{L_2} + \cdots + \dfrac{V_n}{L_n}$

> 💡 **대기오염도 : 고체연료 > 액체연료 > 기체연료**
> ⇨ 석탄 > 중유 > 경유 > 등유 > 휘발유 > LPG > 천연가스

> 💡 **탄소수에 따른 연료의 성상**
> 탄소수 5개 이하는 연료는 기체로, 5개 초과는 액체나 고체로 존재한다.

UNIT 03 연소열역학 및 열수지

1 반응속도

반응물이 화학반응을 통하여 생성물을 생성할 때, 단위시간당 반응물이나 생성물의 농도변화를 의미한다. 연소반응도 반응물을 산소와 결합하여 생성물을 생성하는 과정이므로 여러 인자에 따라 반응속도에 영향을 받는다.

반응식 $aA + bB \rightarrow cC + dD$

반응속도식 $\gamma = -\dfrac{dC}{dt} = kC^n$

- k : 반응속도상수
- C : 반응물농도
- n : 반응차수

- **반응의 방향** : 화학반응의 방향은 에너지가 감소하는 방향으로 진행하고, 무질서도가 증가하는 방향으로 반응이 진행된다.
- **활성화에너지(E)** : 반응을 일으키는 데 필요한 최소의 에너지, 어떤 물질이 반응을 일으켜 생성물을 만들기 위해서는 활성화에너지라는 산을 넘어야 한다. 각 물질마다 활성화에너지는 다르고, 따라서 활성화에너지가 클수록 반응속도는 느려진다.
- **반응인자**
  - 온도 : 온도가 증가하면 반응속도는 빨라진다.
  - 농도 : 농도가 증가하면 반응속도는 빨라진다.
  - 촉매 : 자신은 화학반응을 하지 않으면서 활성화에너지를 작게 하는 물질로, 촉매가 많을수록 반응속도는 빨라진다.

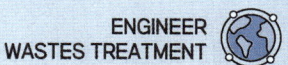

- 반응속도상수 : 아레니우스는 반응속도상수 k와 온도 및 활성화에너지의 관계를 식으로 나타내었다.

  식 $k = A\exp\left(-\dfrac{E_a}{RT}\right)$ → 변형식 $\ln\left(\dfrac{k_2}{k_1}\right) = \dfrac{E_a}{R}\left(\dfrac{1}{T_1} - \dfrac{1}{T_2}\right)$

  - A : 빈도인자
  - E_a : 활성화에너지

  ※ $1\,\text{cal} = 4.18\,\text{J}$

- 0차, 1차, 2차반응
  - 0차반응 : 반응속도가 반응물의 농도에 영향을 받지 않는 반응

    식 $C_o - C_t = k \cdot t$

  - 1차반응 : 반응속도가 반응물의 농도에 비례하는 반응

    식 $\ln \dfrac{C_t}{C_o} = -k \cdot t$

  - 2차반응 : 반응속도가 반응물의 농도의 제곱에 비례하는 반응

    식 $\dfrac{1}{C_o} - \dfrac{1}{C_t} = -k \cdot t$

    - C_o : 초기농도
    - C_t : t시간 후의 농도
    - k : 반응속도상수
    - t : 반응시간

- 평형상수

  정반응속도와 역반응속도가 같을 때 그 반응은 화학평형에 도달했다고 한다.

  반응식 $aA + bB \rightarrow cC + dD$

  식 $K = \dfrac{[C]^c[D]^d}{[A]^a[B]^b}$

- 르 샤틀리에의 원리

  열역학적으로 평형 상태에 있는 계에 온도 또는 압력을 바꾸었을 때 그 평형 상태가 어떻게 이동하는가를 보여주는 원리이다.
  - 농도 : 반응물질의 농도가 높아지면 정반응으로 평형이동, 생성물질의 농도가 높아지면 역반응 쪽으로 평형이동
  - 압력 : 압력을 높이면 기체의 몰수가 큰 쪽에서 작은 쪽으로 반응이 진행, 압력을 낮추면 기체의 몰수가 작은 쪽에서 큰 쪽으로 반응이 진행
  - 온도 : 온도를 높이면 역반응(흡열 반응), 온도를 낮추면 정반응(발열반응)

2 열역학과 열수지

① **용어정리**
  ㉠ **잠열** : 온도상승의 효과를 나타내지 않고 다만 물질의 상태만을 변화시키기 위하여 소비되는 열
  ㉡ **현열** : 가해진 열이 물질의 상태변화에는 사용되지 않고 온도상승에만 소비되는 열
  ㉢ **정적비열** : 기체 부피를 일정하게 해놓고 정의한 기체의 비열
  ㉣ **정압비열** : 기체 압력을 일정하게 해놓고 정의한 기체의 비열
    (온도에 따라 부피는 기체에만 큰 영향을 주므로, 고체, 액체의 경우 정압비열과 정적비열값은 동일하다.)
  ㉤ **열용량** : 어떤 물질의 온도를 1℃ 상승시키는데 필요한 열량
    (1g 기준일 때 : 비열, 1mole 기준일 때 : 몰열용량)
  ㉥ **엔탈피** : 어떤 계가 가지고 있는 열함량, 대기오염은 주로 대기압에서 화학변화가 일어나므로 계의 열량변화는 엔탈피의 변화와 같다.

② **기브스(Gibbs)의 자유에너지**
  어떤 계의 엔탈피, 엔트로피 및 온도를 이용하여 정의하는 열역학적 함수로 일정한 온도와 압력에서 기브스의 자유에너지 변화량은 계와 주위의 전체 엔트로피 변화에 비례한다.

  $$\boxed{\text{식}\ G = H - TS \rightarrow \Delta G = \Delta H - T\Delta S}$$

  • G : 기브스의 자유에너지 • H : 엔탈피 • T : 열역학적 온도 • S : 엔트로피

  ㉠ 기브스의 자유에너지 변화량은 계와 주위의 전체 엔트로피 변화에 비례한다.
  ㉡ 자발적 변화는 전체 엔트로피의 증가를 수반한다.
    - $\Delta G < 0$이면 정반응이 자발적
    - $\Delta G = 0$이면 평형상태
    - $\Delta G > 0$이면 정반응은 비자발적, 역반응이 자발적

기출문제로 다지기 — UNIT 02~03 연소의 종류 및 특성, 연소열역학 및 열수지

01 기체연료에 관한 내용으로 옳지 않은 것은?

① 적은 과잉공기(10~20%)로 완전연소가 가능하다.
② 유황 함유량이 적어 SO_2 발생량이 적다.
③ 저질연료로 고온 얻기와 연료의 예열이 어렵다.
④ 취급 시 위험성이 크다.

해설 ③항은 고체연료에 대한 설명이다. 기체연료는 저질연료로 고온을 얻기 쉽고 연료의 예열이 용이하다.

02 연소시키는 물질의 발화온도, 함수량, 공급공기량, 연소기의 형태에 따라 연소온도가 변화된다. 연소온도에 관한 설명 중 옳지 않은 것은?

① 연소온도가 낮아지면 불완전 연소로 HC나 CO 등이 생성되며 냄새가 발생된다.
② 연소온도가 너무 높아지면 NOx나 SOx가 생성되며 냉각공기의 주입량이 많아지게 된다.
③ 소각로의 최소온도는 650℃ 정도이지만 스팀으로 에너지를 회수하는 경우에는 연소온도를 870℃ 정도로 높인다.
④ 함수율이 높으면 연소온도가 상승하며, 연소물질의 입자가 커지면 연소시간이 짧아진다.

해설 함수율이 높으면 연소온도가 하강하며, 연소물질의 입자가 커지면 연소시간이 길어진다.

03 고체연료의 장점이 아닌 것은?

① 점화와 소화가 용이하다.
② 인화, 폭발의 위험성이 적다.
③ 가격이 저렴하다.
④ 저장, 운반 시 노천 야적이 가능하다.

해설 점화와 소화가 어렵다.

04 기체연료 중 건성가스의 주성분은?

① H_2 ② CO
③ CO_2 ④ CH_4

05 1차 반응에서 1,000초 동안 반응물의 1/2이 분해되었다면 반응물이 1/10 남을 때까지 소요되는 시간(sec)은?

① 3,923   ② 3,623
③ 3,323   ④ 3,023

해설 **식**
$$\ln\left(\frac{C_t}{C_0}\right) = -k \cdot t$$
$$\ln\left(\frac{0.5 C_0}{C_0}\right) = -k \times 1,000, \quad k = 6.9314 \times 10^{-4}/\text{sec}$$
$$\ln\left(\frac{0.1 C_0}{C_0}\right) = -(6.9314 \times 10^{-4}) \times t$$
$$\therefore t = 3,321.96 \text{ sec}$$

06 연소속도에 영향을 미치는 요인으로 가장 거리가 먼 것은?

① 산소의 농도   ② 촉매
③ 반응계의 온도   ④ 연료의 발열량

정답 01. ③ 02. ④ 03. ① 04. ④ 05. ③ 06. ④

07 절대온도의 눈금은 어느 법칙에서 유도된 것인가?

① Raoult의 법칙 ② Henry의 법칙
③ 에너지 보존의 법칙 ④ 열역학 제2법칙

해설 절대온도의 눈금을 열역학적 온도 눈금이라고 하며 이는 온도계의 특성과 무관하며 열역학 제2법칙에 따라 나타난다.

08 습식(액체)연소법의 설명으로 옳은 것은?

① 분무연소법과 증발연소법이 있다.
② 압력과 온도를 낮출수록 산화가 촉진된다.
③ Winkler가스 발생로서 공업화가 이루어졌다.
④ 가연성물질의 함량에 관계없이 보조연료가 필요하다.

해설 ①항만 올바르다.
오답해설
② 압력과 온도를 높일수록 산화가 촉진된다.
③ Winkler가스 발생로로서 경제적으로 수소를 얻을 수 있게 되었으나, 공업화가 이루어지면서 수소를 대량으로 얻기 위한 새로운 공정이 필요해졌다. (현재는 주로 수증기 개질법을 사용)
④ 가연성물질의 함량이 적을수록 보조연료의 소요량은 증가한다.

09 0차 반응에 대한 설명 중 옳은 것은?

① 초기농도가 높으면 반감기가 짧다.
② 반응시간이 경과함에 따라 분해반응속도가 빨라진다.
③ 초기농도의 높고 낮음에 관계없이 반감기가 일정하다.
④ 반응시간이 경과해도 분해반응속도는 변하지 않고 일정하다.

해설 0차 반응은 초기농도가 반응속도에 영향을 주지 않아 시간에 따른 반응속도가 일정하다.

정답 07. ④ 08. ① 09. ④

02 CHAPTER 연소계산

UNIT 01 이론산소량 및 이론공기량

① **가연분과 불연분**
  ㉠ **가연분** : 탄소, 수소, 황, 산소(조연분)으로 구성된 연소가능한 물질(예 C, H, S, O, CH_4, C_3H_8, H_2S, CO 등)
  ㉡ **불연분** : 연소가 완료되었거나 연소되지 않는 물질(예 N, N_2, CO_2, SO_2, H_2O, 재)

② **이론산소량**
  ㉠ **반응식 완성연습**
    [완성요령] 먼저, 좌항과 우항의 계수를 맞추고, 마지막에 산소계수를 맞춘다.
    – $C + O_2 \rightarrow CO_2$
    – $H_2 + 0.5O_2 \rightarrow H_2O$
    – $S + O_2 \rightarrow SO_2$
    – $CH_4 + 2O_2 \rightarrow CO_2 + 2H_2O$
    – $C_3H_8 + 5O_2 \rightarrow 3CO_2 + 4H_2O$
    – $H_2S + 1.5O_2 \rightarrow H_2O + SO_2$
    – $CxHy + \left(x + \dfrac{y}{4}\right)O_2 \rightarrow xCO_2 + \dfrac{y}{2}H_2O$

  • 반응식으로 모든 성상의 연료의 연소계산은 산출된다.

    반응식
CH_4	+	$2O_2$	→	CO_2	+	$2H_2O$
1mol	:	2mol	:	1mol	:	2mol
16kg	:	2×32kg	:	44kg	:	2×18kg
22.4m³	:	2×22.4m³	:	22.4m³	:	2×22.4m³

    1mol의 메테인은 연소시 2mol의 산소를 필요로 하고, 1mol의 이산화탄소와 2mol의 물을 배출한다.

  • 고체, 액체연료의 이론산소량
    – $O_o = 1.8667C + 5.6H + 0.7S - 0.7O \,(m^3/kg)$

- $O_o = 2.6667C + 8H + S - O (kg/kg)$

- 기체연료의 이론산소량
    - $O_o = \sum$ 각 기체연료 산소요구량

    기체연료의 이론산소량은 항상 반응식으로 산출된다.

③ 이론공기량

- 이론공기량(부피)

$$A_o = O_o \times \frac{1}{0.21}$$

- 이론공기량(무게)

$$A_o = O_o \times \frac{1}{0.232}$$

💡 **각종 연료의 이론공기량의 개략치**

연료	이론공기량(Sm^3/kg)
• LPG	• 29.7Sm^3kg
• 연료유	• 10~13Sm^3/kg
• 가솔린	• 11.3~11.5Sm^3/kg
• 중유	• 10.8~11.0Sm^3/kg
• 천연가스	• 9.5Sm^3/kg
• 무연탄	• 9.0~10.0Sm^3/kg
• 오일가스	• 4.5~11.0Sm^3/kg
• 코우크스	• 8.5Sm^3/kg
• 역청탄	• 7.5~8.5Sm^3/kg
• 석탄가스	• 4.5~5.5Sm^3/kg
• 목탄	• 4.0~5.0Sm^3/kg
• 발생로가스	• 0.9~1.2
• 고로가스	• 0.7~0.9

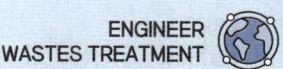

UNIT 02 공기비(m)

① 공기비의 의의

공기비란 실제공기량을 이론공기량으로 나눈 것으로 실제공기량의 투입비율을 알아봄으로써, 연소상태와 배출가스량을 예측할 수 있다.

$$식\quad m = \frac{A}{A_o}, \quad A = mA_o$$

※ 등가비(ϕ) = (실제의 연료량/산화제)÷(완전연소를 위한 이상적 연료량/산화제)

$$식\quad \phi = \frac{1}{m}$$

구분	연소상태	현상
$m > 1$	과잉공기연소	• SOx, NOx 배출량 증가 • 연소실 냉각 우려 → 저온부식 • 연소실 혼합 활발
$m = 1$	이론연소	연소실 온도 최대 → NOx 농도 최대
$m < 1$	불완전연소	• CO, HC, 매연, 검댕 발생량 증가 • 연소상태 불안정 • 연료 폭발 우려

② 공기비계산 : 공기비의 계산은 두 가지 방법으로 산출된다.

㉠ 실제공기량/이론공기량

$$식\quad m = \frac{A}{A_o}$$

㉡ 배기가스 조성

$$식\quad m = \frac{N_2}{N_2 - 3.76 O_2} \text{ (완전연소 시)}, \quad m = \frac{N_2}{N_2 - 3.76(O_2 - 0.5CO)} \text{ (불완전연소 시)}$$

• N_2 : 배기가스 중 질소 • O_2 : 배기가스 중 산소 • CO : 배기가스 중 일산화탄소

UNIT 03 연소가스 분석 및 농도산출

① 연소가스량 계산
  ㉠ 연소가스 = 연소 후 배출가스
  ㉡ 반응식으로 연소가스량의 개념을 알아보자.

   반응식: $CH_4 + 2O_2 \rightarrow CO_2 + 2H_2O$ (산소로 연소 시)

   여기서, 배출되는 연소가스는 $CO_2 + 2H_2O$이다.

   반응식: $CH_4 + 2(O_2 + 3.76N_2) \rightarrow CO_2 + 2H_2O + 2 \times 3.76N_2$ (공기로 연소시)

   여기서, 배출되는 연소가스는 $CO_2 + 2H_2O + 2 \times 3.76N_2$이다.
   일반적인 연소는 공기를 이용하여 진행되므로, 연소계산에서 연소가스는 특별한 제시가 없을 경우 공기를 이용하여 연소하는 것으로 가정한다. 위의 연소가스계산을 식으로 나타내면 다음과 같다.

   식: $G = (1 - 0.21)A_o + CO_2 + H_2O$

  ㉢ 연소가스의 종류
   • G_{od}(이론 건조 연소가스 = 이론건조가스)

   식: $G_{od} = (1 - 0.21)A_o + CO_2 + SO_2 + N_2 (m^3/kg)$
   $G_{od} = (1 - 0.232)A_o + CO_2 + SO_2 + N_2 (kg/kg)$

   • G_{ow}(이론 습윤 연소가스 = 이론습가스)

   식: $G_{ow} = (1 - 0.21)A_o + CO_2 + H_2O + SO_2 + N_2 (m^3/kg)$
   $G_{ow} = (1 - 0.232)A_o + CO_2 + H_2O + SO_2 + N_2 (kg/kg)$

   • G_d(실제 건조 연소가스 = 건조가스)

   식: $G_d = (m - 0.21)A_o + CO_2 + SO_2 + N_2 (m^3/kg)$
   $G_d = (m - 0.232)A_o + CO_2 + SO_2 + N_2 (kg/kg)$

   • G_w(실제 습윤 연소가스 = 연소가스)

   식: $G_w = (m - 0.21)A_o + CO_2 + H_2O + SO_2 + N_2 (m^3/kg)$
   $G_w = (m - 0.232)A_o + CO_2 + H_2O + SO_2 + N_2 (kg/kg)$

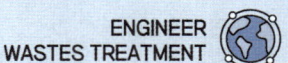

② **농도산출**

㉠ **대기오염농도** : 배출가스 중 X물질의 함량(mg/m^3, mL/m^3)

- 먼지농도 : $X_{dust} = \dfrac{먼지중량(mg)}{가스량(m^3)}$

- 수분량 : $X_{H_2O} = \dfrac{수분량}{가스량}$

  ※ 수증기 = 1.244W (W : 수분)

- 아황산가스, 염소가스, 불소가스 등 : $X_C = \dfrac{오염가스량}{가스량}$

- 최대탄산가스율 계산

㉡ **연료분석치로 산출** : 식 $CO_{2\max} = \dfrac{CO_2}{God} \times 100$

㉢ **배기가스분석치로 산출** : 식 $CO_{2\max} = m \times (CO_2)$

③ **공연비** : 공기와 연료의 비, 기준은 AFR무게기준으로 한다.

- AFR(무게) = $\dfrac{공기무게}{연료무게} = \dfrac{공기몰수 \times 공기분자량}{연료몰수 \times 연료분자량}$

- AFR(부피) = $\dfrac{공기부피}{연료부피} = \dfrac{공기몰수 \times 22.4}{연료몰수 \times 22.4}$

④ **Rosin식** : 발열량을 이용한 공기량과 가스량 산출

㉠ 이론공기량(A_o)

- 고체연료 = $\dfrac{1.01Hl}{1,000} + 1.65$
- 액체연료 = $\dfrac{0.85Hl}{1,000} + 2$
- 기체연료 = $\dfrac{1.09Hl}{1,000} + 0.25$

㉡ 이론연소가스량(G_o)

- 고체연료 = $\dfrac{0.89Hl}{1,000} + 1.65$
- 액체연료 = $\dfrac{1.11Hl}{1,000}$
- 기체연료 = $\dfrac{1.14Hl}{1,000} + 0.25$

UNIT 04 발열량과 연소온도

① **고위발열량과 저위발열량**

  ㉠ 고위발열량 : 열량계로 측정한 열량

  [식] $Hh = 8100C + 34,000\left(H - \dfrac{O}{8}\right) + 2500S$

  ㉡ 저위발열량(진발열량) : 고위발열량 - 물의 증발잠열

  [식] $Hl = Hh - $ 물의 증발잠열 $= Hh - 600(9H + W)$

  ㉢ 생성과 반응을 이용한 발열량 산출

  [식] 발열량 = 생성열량 - 반응열량

② **연소실 열발생율 및 연소온도**

  ㉠ 열효율 $= \dfrac{\text{유효열량}}{\text{공급열량}} \times 100$

  ㉡ 연소효율 $= \dfrac{\text{실제연소열량}}{\text{이론연소열량}} = \dfrac{\text{이론연소열량} - \text{손실열량}}{\text{이론연소열량}}$

  ㉢ 연소실 열부하 $= \dfrac{\text{발열량} \times \text{연료투입량}}{\text{연소실 용적}}$

  ㉣ 화격자 연소율 $= \dfrac{\text{연료투입량}}{\text{화격자 면적}}$

  ㉤ 연소온도 $= \dfrac{\text{발열량}}{\text{가스량} \times \text{가스비열}} + \text{초기온도(예열온도)}$

> 💡 **열효율 향상요건**
> - 연소효율을 향상시키고 열작감량은 최소로 함으로써 완전연소를 도모한다.
> - 배기가스에 의한 열손실을 최대한 억제하여 이 열을 소각대상물에 최대한 유효하게 전달한다.
> - 노체를 통한 노외부로의 전열손실을 최대한 억제하고, 잔류물의 배출에 따른 열손실을 최소화한다.
> - 전열효율을 향상시킴으로써 운전개시시의 승온시간을 최대한 단축시킨다.
> - 배기가스는 바로 배출되기보다는 가급적 재순환시킴으로써 전열효율을 향상시키고 배출가스의 온도도 저하시킨다.

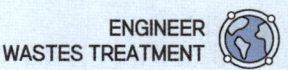

기출문제로 다지기 — CHAPTER 02 연소계산

01 C_3H_8 $1Sm^3$를 연소시킬 때 이론건조 연소가스량은?

① $17.8\ Sm^3$ ② $19.8\ Sm^3$
③ $21.8\ Sm^3$ ④ $23.8\ Sm^3$

[해설] [식] $G_{od} = (1-0.21)A_o + CO_2$
[반응식] $C_3H_8 + 5O_2 \rightarrow 3CO_2 + 4H_2O$
　　　　 $1m^3 : 5m^3 : 3m^3$
- $A_o = O_o \times \dfrac{1}{0.21} = 5 \times \dfrac{1}{0.21} = 23.8095\ m^3/m^3$
- $O_o = 5m^3$
∴ $G_{od} = (1-0.21) \times 23.8095 + 3 = 21.81\ m^3/m^3$

02 연소설비의 열효율에 대한 설명으로 틀린 것은?

① 열효율 η = (공급 열/유효 열) × 100(%)로 표시한다.
② 공급열은 열수지에서 입열 전부를 취하는 경우와 연료의 연소열만을 취하는 경우가 있다.
③ 유효열은 연소에 의한 생성열을 증발, 건조, 가열에 이용하는 경우 100% 이용은 불가능하다.
④ 유효열은 복사전도에 의한 열손실, 배가스의 현열손실, 불완전연소에 의한 손실열 등을 공급열에서 뺀 값이다.

[해설] 열효율 η = (유효 열/공급 열) × 100(%)로 표시한다.

03 소각로의 열효율을 향상시키기 위한 대책이라 할 수 없는 것은?

① 연소잔사의 현열손실을 감소
② 전열 효율의 향상을 위한 간헐운전 지향
③ 복사전열에 의한 방열손실을 최대한 감소
④ 배기가스 재순환에 의한 전열효율 향상과 최종배출가스 온도 저감

[해설] 전열 효율의 향상을 위한 연속운전을 지향해야 한다.

04 소각로의 연소효율을 향상시키는 대책으로 틀린 것은?

① 간헐운전 시 전열효율 향상에 의한 승온시간 연장
② 열작감량을 작게 하여 완전연소화
③ 복사전열에 의한 방열손실 감소
④ 최종 배출가스 온도 저감 도모

[해설] 연속운전을 통한 전열효율 향상으로 승온시간 단축

05 열효율이 65%인 유동층 소각로에서 15℃의 슬러지 2톤을 소각시켰다. 배기온도가 400℃라면 연소온도(℃)는? (단, 열효율은 배기온도만을 고려한다.)

① 955 ② 988
③ 1,015 ④ 1,115

[해설] [식] 열효율 $= \dfrac{유효열량}{공급열량} \times 100 = \dfrac{공급열량 - 손실열량}{공급열량} \times 100$
- 손실열 $= 400 - 15 = 385℃$
$65\% = \left(1 - \dfrac{손실열}{공급열}\right) \times 100 = \left(1 - \dfrac{385}{공급열}\right) \times 100$
공급열 $= 1,100℃$
∴ 연소온도 $= 1,100 + 15 = 1,115℃$

06 고체 및 액체 연료의 연소 이론 산소량을 중량으로 구하는 경우, 산출식으로 적절한 것은?

① $2.67C + 8H + O + S\ (kg/kg)$
② $3.67C + 8H + O + S\ (kg/kg)$
③ $2.67C + 8H - O + S\ (kg/kg)$
④ $3.67C + 8H - O + S\ (kg/kg)$

[정답] 01. ③　02. ①　03. ②　04. ①　05. ④　06. ③

07 소각로에서 쓰레기의 소각과 동시에 배출되는 가스 성분을 분석한 결과 N_2 85%, O_2 6%, CO 1%와 같은 조성을 나타냈다. 이 때 이 소각로의 공기비는? (단, 쓰레기에는 질소, 산소 성분이 없다고 가정함)

① 1.25　　② 1.32
③ 1.81　　④ 2.28

해설 식 $m = \dfrac{N_2}{N_2 - 3.76(O_2 - 0.5CO)}$

$\therefore m = \dfrac{85}{85 - 3.76(6 - 0.5 \times 1)} = 1.32$

08 메탄올(CH_3OH) 3kg을 완전 연소하는데 필요한 이론 공기량은?

① $10Sm^3$　　② $15Sm^3$
③ $20Sm^3$　　④ $25Sm^3$

해설 [연소반응] $CH_3OH + 1.5O_2 \rightarrow CO_2 + 2H_2O$
32kg : $1.5 \times 22.4 Sm^3$
3kg : X,　$X(=O_o) = 3.15 m^3$

$\therefore A_o = O_o \times \dfrac{1}{0.21} = 3.15 \times \dfrac{1}{0.21} = 15 m^3$

09 분자식 C_mH_n인 탄화수소가스 $1Sm^3$의 완전연소에 필요한 이론공기량은?

① $4.76m + 1.19n$　　② $5.67m + 0.73n$
③ $8.89m + 2.67n$　　④ $1.867m + 5.67n$

해설 탄화수소(C_mH_n)의 연소반응식을 이용한다.

식 $A_o = O_o \times \dfrac{1}{0.21}$

[연소반응] $C_mH_n + (m + \dfrac{n}{4})O_2 \rightarrow mCO_2 + \dfrac{n}{2}H_2O$

$22.4 m^3 : (m + \dfrac{n}{4}) \times 22.4 m^3$

$\therefore A_o = (m + \dfrac{n}{4}) \times \dfrac{1}{0.21} = (4.76m + 1.19n) m^3/m^3$

10 공기비가 클 때 일어나는 현상으로 가장 거리가 먼 것은?

① 연소가스가 폭발할 위험이 커진다.
② 연소실의 온도가 낮아진다.
③ 부식이 증가한다.
④ 열손실이 커진다.

해설 ①항 → 공기비가 작을 때 연소가스가 폭발할 위험이 커진다.

11 유동층 소각로에서 슬러지의 온도가 30℃, 연소온도 850℃, 배기온도 450℃일 때, 유동층 소각로의 열효율은?

① 49%　　② 51%
③ 62%　　④ 77%

해설 식 열효율 $= \dfrac{유효열량}{공급열량} \times 100 = \left(1 - \dfrac{손실열}{공급열}\right)$

$\therefore$ 열효율 $= \left(1 - \dfrac{(450 - 30)}{(850 - 30)}\right) \times 100 = 48.78\%$

12 완전연소일 경우의 $(CO_2)_{max}$의 값(%)은? (단, CO_2 : 배출가스 중 CO_2 량(Sm^3/Sm^3), O_2 : 배출가스 중 O_2 량(Sm^3/Sm^3), N_2 : 배출가스중 N_2 량(Sm^3/Sm^3))

① $\dfrac{0.21(CO_2)}{0.21 - (O_2)} \times 100$

② $\dfrac{(O_2)}{1 - 0.21(CO_2)} \times 100$

③ $\dfrac{0.21(CO_2)}{(CO_2) + (N_2)} \times 100$

④ $\dfrac{0.21(CO_2)}{0.21(N_2) - 0.79(O_2)} \times 100$

정답　07. ②　08. ②　09. ①　10. ①　11. ①　12. ①

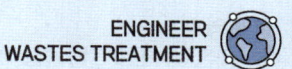

해설 식 $CO_{2\max} = m(CO_2) \times 100 = \dfrac{21}{21-O_2} \times (CO_2) \times 100$

13 탄소 85%, 수소 13%, 황 2%를 함유하는 중유 10kg 연소에 필요한 이론 산소량은?

① 약 9.8Sm³ ② 약 16.7Sm³
③ 약 23.3Sm³ ④ 약 32.4Sm³

해설 탄소, 수소, 황의 중량 조성을 이용하여 이론산소량(O_o)을 구한다.
[계산] $O_o = 1.867C + 5.6H + 0.7S$
$= 1.867 \times 0.85 + 5.6 \times 0.13 + 0.7 \times 0.02 = 2.33 Sm^3/kg$
∴ $O_o = 2.33 m^3/kg \times 10kg = 23.3 Sm^3$

14 어떤 폐기물의 원소조성이 다음과 같을 때 연소 시 필요한 이론공기량(kg/kg)은? (단, 중량기준, 표준상태기준으로 계산함)

- 가연성분 : 70%(C 60%, H 10%, O 25%, S 5%)
- 회분 : 30%

① 6.65 ② 7.15
③ 8.35 ④ 9.45

해설 식 $A_{om} = O_{om} \times \dfrac{1}{0.232}$
• $O_{om} = 2.667C + 8H - O + S \sum$
$= (2.667 \times 0.6 + 8 \times 0.1 - 0.25 + 0.05) \times 0.7$
$= 1.5401 kg/kg$
∴ $A_{om} = 1.5401 \times \dfrac{1}{0.232} = 6.64 kg/kg$

15 폐기물의 소각을 위해 원소분석을 한 결과, 가연성 폐기물 1kg당 C : 50%, H : 10%, O : 16%, S : 3%, 수분 : 10%, 나머지는 재로 구성된 것으로 나타났다. 이 폐기물을 공기비 1.1로 연소시킬 경우 발생하는 습윤연소가스량(Sm³/kg)은?

① 약 6.3 ② 약 6.8
③ 약 7.7 ④ 약 8.2

해설 식 $G_w = (m - 0.21)A_o + CO_2 + H_2O + SO_2 + W$
• $A_o = O_o \times \dfrac{1}{0.21} = \dfrac{1}{0.21}(1.867 \times 0.5 + 5.6 \times 0.1 + 0.7 \times 0.03 - 0.7 \times 0.16) = 6.68 m^3/kg$
• $m = 1.1$
∴ $G_w = (1.1 - 0.21) \times 6.68 + 1.867 \times 0.5 + 11.2 \times 0.1 + 0.7 \times 0.03 + 1.244 \times 0.1 = 8.14 Sm^3/kg$

16 저발열량이 10,000kcal/Sm³이고, 이론습연소 가스량이 15Sm³/Sm³인 가스 연료의 이론연소 온도는? (단, 연소가스의 비열은 0.5kcal/Sm³·℃이며 공급 공기 및 연료온도는 25℃로 가정함)

① 1,058(℃) ② 1,158(℃)
③ 1,258(℃) ④ 1,358(℃)

해설 식 $t_o = \dfrac{Hl}{G \cdot C_p} + t$
∴ $t_o = \dfrac{Hl}{G \cdot C_p} + t = \dfrac{10,000}{15 \times 0.5} + 25 = 1358.33 ℃$

17 소각로 설계의 기준이 되고 있는 발열량은?

① 고위발열량 ② 저위발열량
③ 평균발열량 ④ 최대발열량

 정답   13. ③   14. ①   15. ④   16. ④   17. ②

18 메탄 $1Sm^3$를 공기과잉계수 1.8로 연소시킬 경우, 실제 습윤 연소 가스량(Sm^3)은?

① 약 18.1 ② 약 19.1
③ 약 20.1 ④ 약 21.1

해설 식 $G_w = (m - 0.21)A_o + CO_2 + H_2O$
[연소반응] $CH_4 + 2O_2 \rightarrow CO_2 + 2H_2O$
$\quad\quad\quad\quad 1m^3 : 2m^3 : 1m^3 : 2m^3$

- $A_o = O_o \times \dfrac{1}{0.21} = 2 \times \dfrac{1}{0.21} = 9.52 m^3/m^3$
- $m = 1.8$

19 SO_2 100kg의 표준상태에서 부피(m^3)는? (단, SO_2는 이상기체이고, 표준상태로 가정한다.)

① 63.3 ② 59.5
③ 44.3 ④ 35.0

해설 식 $V = 질량 \times \dfrac{22.4}{분자량(MW)}$

$\therefore V = 100kg \times \dfrac{22.4m^3}{64kg} = 35m^3$

20 쓰레기의 발열량을 H, 불완전연소에 의한 열손실을 Q, 태우고 난 후의 재의 열손실을 R이라 할 때 연소효율 η을 구하는 공식 중 옳은 것은?

① $\eta = \dfrac{H - Q - R}{H}$

② $\eta = \dfrac{H + Q + R}{H}$

③ $\eta = \dfrac{H - Q + R}{H}$

④ $\eta = \dfrac{H + Q - R}{H}$

해설 식 연소효율
$= \dfrac{이론열량 - 손실열량}{이론열량} = \dfrac{H - (Q + R)}{H} = \dfrac{H - Q - R}{H}$

21 옥탄(C_8H_{18})이 완전 연소할 때 AFR은? (단, kg molair/kg molfuel)

① 15.1 ② 29.1
③ 32.5 ④ 59.5

해설 무게 기준의 AFR은 다음의 계산식으로 산출한다.
식 $AFR_m = \dfrac{m_a \times 29}{m_f \times M_f}$

[연소반응] $C_8H_{18} + 12.5O_2 \rightarrow 8CO_2 + 9H_2O$
$\quad\quad\quad\quad\quad 1mol : 12.5mol$

$\therefore AFR_m = \dfrac{12.5 \times \dfrac{1}{0.21} \times 29}{1 \times 114} = 15.14$

22 중량비로 탄소 75%, 수소 15%, 황 10%인 액체연료를 연소한 경우 최대탄산가스량$(CO_2)_{max}$(%)은?

① 약 28% ② 약 22%
③ 약 18% ④ 약 14%

해설 C, H, S의 연소반응식을 이용하여 이론공기량(A_o)과 이론 건조가스량(G_{od})을 구한 다음 이를 토대로 최대 탄산가스율 즉, $(CO_2)_{max}$을 산출한다.

식 $(CO_2)_{max} = \dfrac{CO_2}{G_{od}} \times 100$

- $A_o = O_o \times \dfrac{1}{0.21}$
$= \dfrac{1}{0.21}(1.867 \times 0.75 + 5.6 \times 0.15 + 0.7 \times 0.1)$
$= 11.00 m^3/kg$

- $G_{od} = (1 - 0.21)A_o + CO_2$
$= (1 - 0.21) \times 11 + 1.867 \times 0.75 = 10.09 m^3/kg$

$\therefore (CO_2)_{max} = \dfrac{1.867 \times 0.75}{10.09} \times 100 = 13.88\%$

정답 18. ① 19. ④ 20. ① 21. ① 22. ④

23 연료는 일반적으로 탄화수소화합물로 구성되어 있다. 어떤 액체연료의 질량조성이 C : 75%, H : 25%일 때 C/H 몰질량(mole)비는?

① 0.25
② 0.50
③ 0.75
④ 0.90

해설 C/H비 $= \dfrac{(0.75 \times \text{탄화수소 분자량}) \times \dfrac{1mol}{12g}}{(0.25 \times \text{탄화수소분자량}) \times \dfrac{1mol}{1g}} = 0.25$

24 메탄의 고위발열량이 11,000kcal/Sm³이면, 저위발열량은 몇 kcal/Sm³인가? (단, 물의 기화열은 600kcal/kg이다.)

① 7,586
② 8,543
③ 9,800
④ 10,036

해설 저위발열량은 고위발열량에 물의 증발잠열을 제외한 열량이므로 다음 식으로 계산된다.
식 $Hl = Hh - 480 \times n\sum H_2O$
[연소반응] $CH_4 + 2O_2 \rightarrow 2H_2O + CO_2$
　　　　　$1m^3$　　:　　$2m^3$
∴ $Hl = 11,000 - 480 \times 2 = 10,040 kcal/m^3$

25 메탄 80%, 에탄 11%, 프로판 6%, 나머지는 부탄으로 구성된 기체연료의 고위발열량이 10,000kcal/Sm³이다. 기체연료의 저위발열량(kcal/Sm³)은? (단, 메탄 : CH_4, 에탄 : C_2H_6, 프로판 : C_3H_8, 부탄 : C_4H_{10}, 부피기준)

① 약 8,100
② 약 8,300
③ 약 8,500
④ 약 8,900

해설 저위발열량은 고위발열량에 물의 증발잠열을 제외한 열량이므로 다음 식으로 계산된다.
식 $Hl = Hh - 480 \times n\sum H_2O$
nH_2O : 연소과정에서 생성되는 수분의 양

$CH_4 + 2O_2 \rightarrow 2H_2O + CO_2$
$1m^3$　　:　　$2m^3$
$0.8m^3$　:　$1.6m^3$
$C_2H_6 + 3.5O_2 \rightarrow 3H_2O + 2CO_2$
$1m^3$　　:　　$3m^3$
$0.11m^3$　:　$0.33m^3$
$C_3H_8 + 5O_2 \rightarrow 4H_2O + 3CO_2$
$1m^3$　　:　　$4m^3$
$0.06m^3$　:　$0.24m^3$
$C_4H_{10} + 6.5O_2 \rightarrow 5H_2O + 4CO_2$
$1m^3$　　:　　$5m^3$
$0.06m^3$　:　$0.3m^3$

∴ $Hl = 10,000 - 480 \times (1.6 + 0.33 + 0.24 + 0.3)$
　　$= 8814.4 kcal/m^3$

26 10g의 RDF를 열용량이 8,600cal/℃인 열량계에서 연소하였다. 감지된 온도상승은 4.72℃이다. 이 시료의 발열량은 얼마인가?

① 3,544cal
② 3,672cal
③ 4,059cal
④ 4,201cal

해설 식 발열량(cal) $= \dfrac{8600 cal}{10g \cdot ℃} \times 4.72℃ = 4059.2 cal$

27 가로 1.5m, 세로 2.0m, 높이 15.0m의 연소실에서 저위발열량 10,000kcal/kg의 중유를 1시간에 200kg씩 연소한다. 연소실 열발생률(Kcal/m³·hr)은?

① 약 2.2×10^4
② 약 4.4×10^4
③ 약 6.6×10^4
④ 약 8.8×10^4

해설 식 연소실 열발생률 $= \dfrac{Hl \times G_f (\text{연료주입량})}{\forall}$
∴ 연소실 열발생률
$= \dfrac{10,000 kcal/kg \times 200 kg/hr}{(1.5m \times 2m \times 15m)} = 44,444.44 kcal/hr \cdot m^3$

정답 23. ① 24. ④ 25. ④ 26. ③ 27. ②

28 다음 중 폐기물의 발열량을 계산하는 공식은?

① 듀롱(Dulong)의 식
② 보상케-사툰(Bosanquet-Sutton)의 식
③ 브리그(Briggs)의 식
④ 베르누이(Bernoulli)의 식

29 탄소 70%, 수소 30%로 구성된 액상폐기물을 완전 연소할 때 $(CO_2)_{max}$은? (단, 표준상태, 이론 건조가스 기준)

① 약 9.1%   ② 약 10.4%
③ 약 13.1%   ④ 약 14.8%

해설 식 $CO_{2max} = \dfrac{CO_2}{G_{od}} \times 100$

• $G_{od} = (1-0.21)A_o + CO_2$
$= (1-0.21) \times 14.2233 + 1.867 \times 0.7 = 12.5433 m^3/kg$

• $A_o = O_o \times \dfrac{1}{0.21}$
$= (1.867 \times 0.7 + 5.6 \times 0.3) \times \dfrac{1}{0.21} = 14.2233 m^3/kg$

∴ $CO_{2max} = \dfrac{CO_2}{G_{od}} \times 100 = \dfrac{1.867 \times 0.7}{12.5433} \times 100 = 10.42\%$

30 폐기물 소각능력이 $600kg/m^2 \cdot hr$인 소각로를 1일 8시간동안 운전 시, 로스톨의 면적(m^2)은? (단, 소각량은 1일 40톤이다.)

① 8.3   ② 9.5
③ 10.7   ④ 12.9

해설 식 소각능력$(kg/m^2 \cdot hr) = \dfrac{소각량(kg/hr)}{화격자 면적(m^2)}$

$600(kg/m^2 \cdot hr) = \dfrac{40톤/day}{화격자 면적(m^2)} \times \dfrac{1day}{8hr} \times \dfrac{10^3 kg}{1톤}$

∴ 화격자면적$(m^2) = 8.33m^2$

31 이론공기량(A_0)과 이론연소가스량(G_0)은 연료종류에 따라 특유한 값을 취하며, 연료중의 탄소분은 저위발열량에 대략 비례한다고 나타낸 식은?

① Bragg의 식   ② Rosin의 식
③ Pauli의 식   ④ Lewis의 식

32 저위발열량 10,000kcal/kg의 중유를 연소시키는 데 필요한 이론공기량(Sm^3/kg)은? (단, Rosin식 적용)

① 8.5   ② 10.5
③ 12.5   ④ 14.5

해설 식 $A_o = \dfrac{0.85 Hl}{1,000} + 2 = \dfrac{0.85 \times 10,000}{1,000} + 2 = 10.5 m^3/kg$

33 중유연소에서 보일러의 경우, 배가스 중의 CO_2 농도 범위는?

① 1~3%   ② 5~8%
③ 11~14%   ④ 16~20%

34 고위발열량이 $16,820 kcal/Sm^3$인 에탄(C_2H_6)을 연소시킬 때 이론 연소온도(℃)는? (단, 이론습연소 가스량 $21 Sm^3/Sm^3$, 연소가스 정압 비열 $0.63 kcal/Sm^3 \cdot ℃$, 연소용공기, 연료온도는 15℃, 공기는 예열하지 않으며, 연소가스는 해리되지 않음)

① 약 1,132   ② 약 1,154
③ 약 1,178   ④ 약 1,196

해설 식 $t_o = \dfrac{Hl}{G \times C_p} + t$

• $Hl = Hh - 480\sum iH_2O = 16,820 - 480 \times 3$
$= 15,380 kcal/Sm^3$

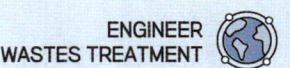

반응식 $C_2H_6 \rightarrow 3H_2O$
$\quad\quad\quad 1 \ : \ 3$

$\therefore t_o = \dfrac{15,380}{21 \times 0.63} + 15 = 1,177.51℃$

35 소각로에 폐기물을 투입하는 1시간 중에 투입작업시간을 40분, 나머지 20분은 정리시간과 휴식시간으로 한다. 크레인 바켓 용량 $4m^3$, 1회에 투입하는 시간을 120초, 바켓트로 폐기물을 짚었을 때 용적중량은 최대 $0.4ton/m^3$으로 본다면 폐기물의 1일 최대 공급능력(ton/day)은? (단, 소각로는 24시간 연속가동)

① 524 ② 684
③ 768 ④ 874

해설 식 최대 공급능력 = 바켓 1회 투입용량 × 용적중량 × 투입횟수(회/day)
- 투입횟수
$= \dfrac{40min}{1hr} \times \dfrac{24hr}{day} \times \dfrac{1회}{120sec} \times \dfrac{60sec}{1min} = 480회/day$

$\therefore$ 최대 공급능력 $= \dfrac{4m^3}{1회} \times \dfrac{0.4톤}{m^3} \times \dfrac{480회}{day} = 768톤/day$

36 폐기물 소각에 필요한 이론공기량이 $1.49Nm^3/kg$이고 공기비는 1.20이었다. 하루 폐기물 소각량이 200ton일 때 실제 필요한 공기량(Nm^3/hr)은? (단, 24시간 연속 소각 기준)

① 약 15,000 ② 약 20,000
③ 약 25,000 ④ 약 30,000

해설 식 $A = m \times A_o$
- $A_o = 1.49Nm^3/kg$

참고 Nm^3과 Sm^3는 같다.

$\therefore A = 1.2 \times \dfrac{1.49Nm^3}{kg} \times \dfrac{200톤}{day} \times \dfrac{1000kg}{1톤} \times \dfrac{1day}{24hr}$
$= 14,900Nm^3/kg$

37 CH_4 75%, CO_2 5%, N_2 8%, O_2 12%로 조성된 기체연료 $1Sm^3$을 $10Sm^3$의 공기로 연소한다면 이때 공기비는?

① 1.22 ② 1.32
③ 1.42 ④ 1.52

해설 식 $m = \dfrac{A}{A_o}$
- $A = 10Sm^3/Sm^3$
- $A_o = (2 \times 0.75 - 0.12) \times \dfrac{1}{0.21} = 6.57Sm^3/Sm^3$

반응식 $CH_4 \ : \ 2O_2$
$\quad\quad\quad 1 \ : \ 2$
$\quad\quad\quad 0.75 \ : \ 2 \times 0.75$

$\therefore m = \dfrac{A}{A_o} = \dfrac{10}{6.57} = 1.52$

38 배기가스 성분 중 O_2량이 5.25%(부피기준)였을 때 완전연소로 가정한다면 공기비는? (단, N_2는 79%)

① 1.33 ② 1.54
③ 1.84 ④ 1.94

해설 식 $m = \dfrac{21}{21 - O_2} = \dfrac{21}{21 - 5.25} = 1.33$

39 고체 및 액체연료의 이론적인 습윤연소 가스량을 산출하는 계산식이다. ㉠, ㉡ 값으로서 적당한 것은?

식 $G_{ow} = 8.89C + 32.3H + 3.3S + 0.8N + (\ ㉠\ )W - (\ ㉡\ )O \ (Sm^3/kg)$

① ㉠ 1.12, ㉡ 1.32
② ㉠ 1.24, ㉡ 2.64
③ ㉠ 2.48, ㉡ 5.28
④ ㉠ 4.96, ㉡ 10.56

정답 35. ③ 36. ① 37. ④ 38. ① 39. ②

해설 **식** $G_{ow} = (1-0.21)A_o + CO_2 + H_2O + SO_2 + N_2$

$G_{ow} = A_o - 0.21A_o + 1.867C + 11.2H + 1.244W + 0.7S + 0.8N$

$G_{ow} = 0.79A_o + 1.867C + 11.2H + 1.244W + 0.7S + 0.8N$

$G_{ow} = 0.79 \times \left(\dfrac{1}{0.21} \times (1.867C + 5.6H + 0.7S - 0.7O)\right)$
$\qquad + 1.867C + 11.2H + 1.244W + 0.7S + 0.8N$

$G_{ow} = 7.02C + 21.06H + 2.63S - 2.63O + 1.867C$
$\qquad + 11.2H + 1.244W + 0.7S + 0.8N$

$\therefore G_{ow} = 8.89C + 32.3H + 3.33S - 2.63O + 1.244W + 0.8N$

40 소각로 내의 온도가 너무 높으면 NOx나 Ox가 많이 생성되지만 반대로 온도가 너무 낮을 경우, 불완전 연소에 의해 생성되는 물질은?

① H_2O와 CO_2　② HC와 CO
③ $Ca(OH)_2$와 SO_2　④ Cl과 CH_4

해설 불완전 연소 시 주로 생성되는 물질은 매연, HC, CO이다.

41 탄소 85%, 수소 14%, 황 1% 조성의 중유 연소 시 배기가스 조성은 $(CO_2) + (SO_2)$가 13%, (O_2)가 3%, (CO)가 0.5%였다. 건조연소가스 중 SO_2 농도(ppm)는?

① 약 525　② 약 575
③ 약 625　④ 약 675

해설 **식** $X_{SO_2} = \dfrac{SO_2}{G_d}$

• $G_d = (m - 0.21)A_o + CO_2 + SO_2$
$G_d = (1.14 - 0.21) \times 11.32 + 1.867 \times 0.85 + 0.7 \times 0.01$
$\quad = 12.12 m^3/kg$

• $A_o = O_o \times \dfrac{1}{0.21} = (1.867 \times 0.85 + 5.6 \times 0.14 + 0.7 \times 0.01)$
$\qquad \times \dfrac{1}{0.21} = 11.32 m^3/kg$

• $m = \dfrac{N_2}{N_2 - 3.76(O_2 - 0.5CO)} = \dfrac{83.5}{83.5 - 3.76 \times (3 - 0.5 \times 0.5)}$
$\quad = 1.14$

• $N_2 = 100 - (13 + 3 + 0.5) = 83.5\%$

$\therefore X_{SO_2} = \dfrac{0.7 \times 0.01}{12.12} \times 10^6 = 577.56 ppm$

42 표준상태(0℃, 1기압)에서 어떤 배기가스 내에 CO_2 농도가 0.05%라면 몇 mg/m^3에 해당되는가?

① 832　② 982
③ 1,124　④ 1,243

해설 **식** $X mg/m^3 = \dfrac{0.05 m^3}{100 m^3} \times \dfrac{44 kg}{22.4 m^3} \times \dfrac{10^6 mg}{1 kg}$
$\qquad = 982.14 mg/m^3$

43 쓰레기의 저위발열량이 4,500kcal/kg인 쓰레기를 연소할 때 불완전연소에 의한 손실이 10%, 연소 중의 미연손실이 5%일 때 연소효율(%)은?

① 80　② 85
③ 90　④ 95

해설 **식** 연소효율 $= \dfrac{\text{실제연소열량}}{\text{이론연소열량}} = \dfrac{Hl - \text{손실열량}}{Hl}$

연소효율(%) $= \dfrac{4,500 - (4,500 \times (0.1 + 0.05))}{4,500} \times 100 = 85\%$

44 질량분율이 H : 12.0%, S : 1.4%, O : 1.6%, C : 85%, 수분 2%인 중유 1kg을 연소시킬 때 연소효율이 80%라면 저위발열량(kcal/kg)은? (단, 각 원소의 단위질량당 열량은 C : 8,100, H : 34,000, S : 2,500kcal/kg이다.)

① 10,540　② 9,965
③ 8,218　④ 6,970

해설 **식** 연소효율 $= \dfrac{\text{실제연소열량}}{\text{이론연소열량}}$

• $Hl = Hh - 600(9H + W)$
$Hl = 10,932 - 600 \times (9 \times 0.12 + 0.02) = 10,272 kcal/kg$

• $Hh = 8,100C + 34,000\left(H - \dfrac{O}{8}\right) + 2,500S$
$Hh = 8,100 \times 0.85 + 34,000 \times \left(0.12 - \dfrac{0.016}{8}\right)$
$\qquad + 2,500 \times 0.014 = 10,932 kcal/kg$

$\therefore$ 이론연소열량$(Hl) = 10,272 \times 0.8 = 8217.6 kcal/kg$

03 CHAPTER 연소장치 및 연소방법

UNIT 01 고체연료의 연소장치 및 연소방법

① **화격자 연소장치(고정식/stoker식)**

격자모양의 화판에 폐기물을 이송하여 연소하는 방식으로 기능에 따라 건조, 연소(주연소), 후연소 화격자로 구성된다. 암기TIP 석쇠!

[장단점]

장점	단점
• 대량 소각 가능 • 수분이 많거나 발열량이 낮은 것도 처리 가능 • 운전경험에 따른 풍부한 데이터가 있음	• 수분이 너무 많으면 흘러내림 • 플라스틱류 등은 Crate를 막거나 손상, 고장의 원인 • 로 내 온도가 높을 경우 클링커 발생 • 교반력이 약함 • 과잉공기투입량이 많음

㉠ **계단식 화격자** : 가동 화격자와 고정 화격자가 서로 계단식으로 배열되어 있고 가동 화격자가 전후 방향으로 왕복 운동함으로써 폐기물을 다음 계단으로 이송, 교반, 반전시킨다.

㉡ **병렬계단식 화격자**
- 한 줄의 화격자가 계단상으로 되어 있고 고정 화격자와 가동 화격자가 종렬로 교대로 조합되어 설치되어 있다.
- 가동 화격자가 경사의 위쪽과 아래쪽으로 왕복운동 하면서 쓰레기의 이송, 교반, 반전을 수행한다.
- 화격자만으로 교반이 충분치 않을 경우 고정 화격자에 고정되어 상하 운동하면서 폐기물 덩어리를 파쇄하는 부채형의 Cutter를 설치한 것도 있다.
- 비교적 강한 교반력과 이송력을 갖고 있으며, 냉각작용이 부족하다.

㉢ **역동식 화격자** : 고정 화격자와 가동 화격자의 방향이 계단식과 반대로 위쪽을 향하도록 하여 폐기물을 밑에서 위로 밀어 올리면서 이송, 교반, 반전시키는 장치이다. 체류시간을 보다 길게 유지할 수 있다. 소각효율이 좋지만, 교반이 많아 화격자 마모가 심하다.

㉣ **회전 로울러식 화격자** : 1.5m의 원통으로 된 회전 화격자가 약 30°의 각도로 6~7기가 병렬로 배치되어 회전 화격자의 회전으로 위에서 아래쪽으로 이송, 교반, 반전을 수행한다. 양질쓰레기의 소각에 적합하다.

ⓜ **이상식 화격자(무한궤도형)** : 무한궤도형의 이송 화격자만으로 구성되어 각 화격자 사이에 높이 차이를 두어 연소한다. 교반, 반전시키는 별도의 기능이 없지만, 원활한 교반이 필요할 경우 교반장치를 부착하여 교반기능을 부여할 수 있고, 내구성이 우수하다.

ⓑ **부채형 화격자(반전식)** : 여러 개의 부채형 화격자를 로 폭 방향으로 병렬로 조합, 한 조의 화격자를 형성하며 화격자의 90° 반전 왕복운동에 의하여 폐기물을 반전시키면서 앞으로 밀어주는 형식의 스토커로서 편심캠에 의한 역 주행 Grate로 구성되어 있다.
 - 부채형 화격자가 수평에서 수직 방향으로 교대로 왕복하여 다음 계단으로 폐기물을 이송, 교반, 반전시킨다.
 - 교반력이 커서 저질쓰레기의 소각에 적당하다.

> 💡 **열기류의 흐름에 따른 연소장치의 구분**
> - 상향연소방식(향류식) : 연소가스의 흐름과 폐기물의 흐름이 서로 반대인 향류접촉의 형태, 저질쓰레기의 연소시 채택(발열량 낮고, 수분함량 높은 폐기물)
> - 하향연소방식(병류식) : 연소가스의 흐름과 폐기물의 흐름이 서로 같은 병류접촉의 형태, 고질쓰레기의 연소시 채택(발열량 높고, 휘발분 많고, 수분함량 낮은 폐기물)
> - 중간류식(교류식) : 연소가스의 배출이 중간부에서 배출되는 향류식과 병류식의 중간적인 형태, 투입쓰레기의 성상의 변동이 심한 경우 채택
> - 2회류식 : 댐퍼(damper)를 이용하여 상부와 하부에서 모두 연소가스가 배출되는 향류식과 병류식의 특성을 모두 겸비한 형태

> 💡 **투입방식에 따른 연소장치의 구분**
> - 상부 투입방식 : 연료(폐기물)이 상부에서 투입되는 방식으로 연료가 투입되는 방향과 공기의 방향이 향류로 교차되는 형태이다.
>   > 💡 **구성** 연료층(최상층) → 건류층 → 환원층 → 산화층 → 회층 → 화격자(최하층)
> - 하부 투입방식 : 투입되는 연료와 공기의 방향이 같은 방향으로 이동하는 형태이다. 착화면과 공기의 이동방향이 반대이며 공기량에 따라 민감하게 연소상태가 변경될 수 있다.
>   > 💡 **구성** 환원층 → 산화층 → 건류층 → 연료층 → 화격자

② **미분탄 연소장치**

㉠ 석탄을 분쇄하여 체로 걸러서 만든 미분탄을 분사방식으로 연소하는 방식
㉡ 대형소각시설에 적합하며, 부대설비가 필요하다.

[장단점]

장점	단점
• 석탄연소보다 연소효율이 좋음 • 적은 과잉공기로 연소가능 • 균일한 연료로 전환 • 클링커 발생이 없음	• 대형시설에서만 사용가능(소형, 중형 사용불가) • 분진발생이 많아 집진설비 필요

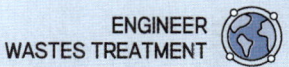

③ 유동층 연소장치

㉠ 강철판의 내면에 내화재를 내장한 로체 내에서 유동매체인 모래를 충진하고 바닥에 산기관 또는 산기판이 설치되어 있다.
㉡ 산기관 등에서 공급되는 연소용 공기에 의하여 모래가 유동상태를 유지하도록 구성되어 있다.
㉢ 미리 유동화 상태에 있는 로체 상부로 파쇄 쓰레기를 투입, 쓰레기와 열 매체인 모래가 혼합되면서 건조로부터 후 연소에 이르기까지 유동상태에서 진행된다.
㉣ 연소 잔사는 연소로 바닥으로부터 모래매체와 같이 배출되며 screen에 의하여 분리되어 다시 로 내에 주입된다.
㉤ 유동층 내의 온도는 일반적으로 700~800℃에서 조작된다. 암기TIP 로또추첨박스!

[장단점]

장점	단점
• 구동부분이 적어 고장이 적음 • 수분이 많은 슬러지류 등 다양한 성상의 폐기물 소각이 가능 • 로 내에서 산성가스의 제거가 가능(SO_x, NO_x 등) • 유동 매체의 축열량이 많아 정지 후 가동이 빠름 • 과잉공기율이 적어 보조연료 사용량과 배출 가스량이 적음 • 연소시간이 짧고 미연분이 적어 연소효율이 좋음 • 교반력이 좋아 클링커가 발생하지 않음	• 유동매체를 공급해야 하고 폐기물을 파쇄해야 함 • 분진 발생률이 높고 운전기술이 요구되며 정비시 냉각시간이 필요 • 압력손실이 높음 • 부하변동에 따른 대응성이 낮음

💡 **유동매체(유동사) 구비조건**
• 비중이 작을 것
• 불활성일 것
• 입도분포가 균일할 것
• 열충격에 강하고 융점이 높을 것

④ 로터리 킬른

내면에 내화물을 부착한 원통형 로체를 3~5°의 구배로 설치하고 하부에 roller를 설치하여 천천히 회전시키면서 윗부분에 투입된 쓰레기를 반전, 교반하여 건조, 착화, 연소시키면서 하단부로 이송하여 재를 배출시킨다. 암기TIP 출발드림팀 원통장애물!

[장단점]

장점	단점
• 건조효과가 좋아 착화, 연소가 쉽고 구조가 간단하고 취급이 용이 • 수분이 많은 폐기물, 다양한 종류의 슬러지 소각에 적합 • 파쇄처리가 불필요함 • 동력비가 적게 소요됨 • 소각재를 소결[3]시킬 수 있음 • 습식가스 세정시스템과 함께 사용 가능	• 점착성 물질이나 얽히기 쉬운 섬유상 물질은 연소가 어려움 • 부지가 넓게 소요됨 • 압력손실이 높음 • 연소효율이 낮아 2차 연소실이 필요함

---

3) 소결 : 가루 또는 가루를 어떤 형상으로 압축한 것을 녹는점 이하의 온도로 가열하였을 때, 가루가 녹으면서 서로 밀착하여 고결되는 현상

⑤ 상 연소장치

㉠ **다단식(상) 연소장치** : 6~8단으로 나뉘어져 있는 수평 고정상으로서 상부에서 공급된 폐기물은 회전축과 Arm에 의하여 긁어 하단부로 떨어뜨림으로써 건조, 연소, 후연소, 냉각과정이 진행된다.
- 점착성이 높은 폐기물은 점착 방지제(톱밥, 모래) 등을 혼합하여 교반 가능하도록 하여 소각한다.
- 함수율이 높고 저열량인 소각물에 적합하고 유기성 오니 처리에 많이 사용되고 있다.

[장단점]

장점	단점
• 균등하게 건조시킬 수 있고 국부연소를 피할 수 있어 클링커 생성 방지에 유효 • 열 전달이 유효하게 이루어져 열효율이 좋음 • 파쇄처리가 불필요함 • 동력이 적게 소요되고 분진발생이 적음(단, 폐기물의 완전분해를 요할 경우 분진 발생 많음) • 화격자에서 연소하기 어려운 입자상물질이나 슬러지류의 처리가 가능함(수분이 많은 슬러지에 특히 유효)	• 섬유상 고형 폐기물은 Arm의 틈에 끼어 고장을 발생시킬 수 있음 • 가동부분이 많아 고장이 많고, 다른 설비에 비해 유지보수가 어려움 • 가고열층이 높으므로 가동하는데 상당한 시간이 요함 • 여러 종류의 폐기물을 동시에 소각하기 곤란함 • 가산성가스 발생폐기물에 부적합 • 가온도반응이 더뎌서 보조연료 사용조절이 어렵다. • 폐기물의 완전분해를 요할 경우 2차 연소실 필요

㉡ **회전로상 연소장치** : 회전하는 원판형태의 상에서 폐기물이 이동하며 연소되는 형태
㉢ **고정상 연소장치** : 고정된 상에서 폐기물이 연소되는 형태로 화상이 수평으로 상부, 하부로 배치되는 형태와 화상이 경사지게 배치되는 형태가 있다. 주로 발열량이 높은 폐기물의 연소에 적합하다.

UNIT 02 액체연료의 연소장치 및 연소방법

① **기화 연소방식**

연료를 고온의 물체에 접촉 또는 충돌시켜 액체를 가연성 증기로 변환시킨 후 연소시키는 방식으로 경질유의 연소는 주로 이 방식에 속한다.

㉠ **심지식** : 심지의 모세관 현상에 의하여 증발연소시키는 방식으로 그을음과 악취가 발생한다.
㉡ **포트식** : 기름을 접시 모양의 용기에 넣어 점화하면 연소열로 인하여 액면이 가열되어 발생되는 증기가 외부에서 공급되는 공기와 혼합연소하는 방식이다.
㉢ **증발식** : 등유, 경유, 디젤유 등과 같은 경질유 연소에 적합한 방식으로 연소실 내의 방사열에 의하여 기화한 가연성 증기로 공급된 연소열 공기와 혼합하여 연소된다.

② **분무화 연소방식**

㉠ **유압 분무화식** : 연료 자체에 압력을 가하여 노즐에서 고속 분사시켜 분무화하는 방식이다. 연료유의 점도가 크면 분무화가 곤란하다.

※ 연료유의 점도를 낮추기 위하여 연료유는 85±5℃에서 예열 후 사용한다.

특징	• 구조가 간단하여 유지 및 보수가 용이 • 대용량 버너 제작이 용이 • 분무각도가 40~90°로 크다. • 유량 조절 범위가 좁아 부하변동에 적응하기 어렵다. (환류식 1 : 3, 비환류식 1 : 2) • 연료의 점도가 크거나 유압이 5kg/cm² 이하가 되면 분무화가 불량하다. • 연료분사 범위는 15~2,000L/hr 정도이다.

ⓒ **이류체 분무화식** : 증기 또는 공기의 분무화 매체를 사용하여 분무화시키는 방식이다.
  • 고압기류식 : 2~8kg/cm²의 고압공기를 사용하여 연료유를 무화시키는 방식이다.

특징	• 분무각도는 30°로 작다. • 유량조절범위는 1:10 정도로 크다. 부하변동에 적응이 용이하다. • 연료분사범위는 외부혼합식이 3~500L/hr, 내부혼합식이 10~1,200L/hr 정도로 대형시설에 적합하다. • 분무에 필요한 공기량은 이론연소공기량의 7~12% 정도이다.

  • 저압기류식

특징	• 분무각도는 30~60°로 작다. • 유량조절범위는 1:5로 비교적 큰 편 • 연료분사범위는 200L/hr로 소형시설에 적합하다. • 분무에 필요한 공기량은 이론연소공기량의 30~50% 정도이다.

  • 회전 이류체 분무화식 : 회전하는 컵 모양의 분무컵에 송입되는 연료유가 원심력으로 비산됨과 동시에 송풍기에서 나오는 1차 공기에 의하여 분무되는 형식으로 유압식 버너에 비하여 연료유의 분무화 입경이 비교적 크지만 연료유의 점도가 작을수록, 분무컵의 회전수와 1차 공기의 속도가 클수록 분무화 입경은 작아진다.

특징	• 분무각도 40~80° • 유량조절 범위 1:5로 비교적 큰 편 • 연료유 분사유량은 직결식이 1,000L/hr 이하, 벨트식이 2,700L/hr 이하이다.

ⓒ **충돌 분무화식** : 적열된 금속판에 연료를 고속으로 충돌시켜 분무화하는 방식으로, 액체연료를 분무화시킬 때 분무화된 액체연료의 입경이 균등하지 못하면 부분적 기화현상이 생겨서 역화 또는 폭발의 위험이 있으므로 균일한 분무화 입경이 필요하다.

ⓔ **Gun type** : 유압식과 공기분무식을 합한 연소방식이다.

특징	• 유압은 보통 7kg/cm² 이상 • 연소가 양호하며, 소형이다. • 전자동 연소가 가능하다.

※ **액체 주입형 연소기(분무연소방식)** : 액상폐기물을 고온의 소각로로 흡입시켜 소각하는 방식으로 소각물의 물성에 따라 이류체 분무식, 유압식, 증기분무식으로 적용할 수 있다. 주로 액상폐기물에 적용되며 소각재처리시설이 없다.

장점	단점
• 유기폐액이나 유동 슬러지도 처리할 수 있다. • 운송을 펌프나 배관을 이용하므로 음식물폐기물이나 휘발성 폐기물 같이 악취가 발생하는 폐기물에 적용하기 용이하다.	• 버너노즐을 통해 액체를 미립화하여야 한다. • 고형분의 농도가 높으면 버너가 막히기 쉽다. • 대량 처리가 불가능하다. • 완전 연소가 어렵고 내화물의 파손 문제가 존재한다.

UNIT 03 기체연료의 연소장치 및 연소방법

① 확산연소

기체연료와 연소용 공기를 로내에 따로 따로 분출시킨 후 로내에서 혼합하여 연소시키는 방식이다.

특징	• 역화의 위험이 없다. • 가스와 공기를 예열할 수 있다. • 화염이 길고 그을음이 발생하기 쉽다.

㉠ **포트형** : 내화재로 만든 단면적이 큰 화구에서 공기와 기체연료를 별도로 보내서 연소시키는 방식, 기체연료와 공기를 고온으로 예열할 수 있다.

㉡ **버너형**
- 선회 : 기체연료와 공기를 선회날개를 통하여 혼합시키는 방식으로 저발열량연료의 연소에 적합하다.
- 방사형 : 천연가스와 같은 고발열량의 가스를 연소시키는데 사용되는 버너이다.

  [암기TIP] 선생님! 저 방 고꼈어요.
  → 선회식 : 저발열량, 방사형 : 고발열량

② 예혼합연소

기체연료와 연소용 공기를 미리 혼합하여 버너로 로내에 분출시켜 연소시키는 방식이다.

특징	• 화염온도가 높아 연소부하가 큰 경우에도 사용가능 • 화염길이가 짧고, 연소조절이 쉽다. • 그을음 생성이 없다. • 혼합기의 분출속도가 느릴 경우 역화의 위험이 있다.

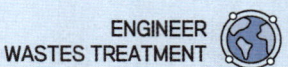

㉠ **고압버너** : 기체연료의 압력을 2kg/cm^2(1,400mmHg) 이상으로 공급하므로 연소실 내의 압력은 정압이며 소형의 가열로에 사용된다.

㉡ **저압버너** : 기체연료의 분출 압력은 70~160mmHg 정도이며 버너에서 연료가 분출될 때 주위의 공기를 흡인하므로 공기흡인식 버너이다. 저압 버너는 역화를 방지하기 위하여 1차 공기량을 이론공기량의 60% 정도로 운전하고, 로내의 압력을 부압으로 하여 공기를 흡인한다. 가정용 및 소형 공업용으로 많이 사용된다.

㉢ **송풍버너** : 연소용 공기를 가압하여 송입하는 형식의 버너로 가압공기를 노즐로부터 분출시킴과 동시에 기체연료를 흡인·혼합하여 연소시키는 버너이다.

> **암기TIP** 예혼합연소는 역화의 위험이 있어 꼬 저 쏭!

③ **부분예혼합연소**

확산연소와 예혼합연소를 절충한 방법, 일부는 미리 연료와 공기를 혼합하고, 나머지는 연소실내에서 혼합하여 확산하는 연소방식이다. 주로 소형 또는 중형버너에 사용된다.

★ **연소방법에 따른 소각로의 종류**

- **완전연소식 소각로(연속 연소식)** : 1일 24시간 연속운전하고 소각열회수시설의 투입설비에서 재처리설비까지 기계화되어 가동중에 연속적으로 소각잔재물을 제거하는 방식의 시설을 말한다.
  - 가동시간 : 1일 24시간
- **준연속식 소각로** : 1일 24시간 미만 운전하고 가동중지 후 일정온도만 승온한 후 재가동 가능하며, 소각열회수시설의 투입설비에서 재처리설비까지 기계화되어 가동 중에 소각잔재물을 간헐적으로 저거하는 방식의 시설을 말한다. 부분적으로 기계화가 되지 않았거나 연소제어장치 등을 자동화하지 않고 폐기물의 투입은 연속적으로 하며 수동으로 운전하도록 한 설비를 말한다.
  - 가동시간 : 1일 24시간 미만 (보통 16시간 운전)
- **회분식 소각로** : 1일 8시간 미만 운전하고 소각열회수시설의 가동을 중지하고 연소실을 냉각한 후 소각잔재물(바닥재를 말한다. 이하 같다)을 한 번에 제거하는 방식의 시설을 말한다.
  - 가동시간 : 1일 8시간

★ **연소실의 운전척도** : 공기연료비(AFR), 혼합 정도, 연소온도

UNIT 04 통풍장치

통풍장치는 연소용공기가 연소 후에 굴뚝으로 잘 배출되도록 해주는 장치로, 통풍형식은 자연통풍과 강제통풍으로 구분된다.

1 강제통풍

① **가압통풍(압입통풍)** : 송풍기로 연소실에 압력을 가하여 통풍하는 방식이다.

특징	• 공기를 예열할 수 있다. • 연소실내가 양압(+)으로 유지된다. • 역화의 위험이 있다.	• 유지보수가 용이하다. • 연소실의 기밀이 요구된다.

② **흡인통풍** : 연소실내를 음압(-)으로 유지하여 통풍하는 방식이다.

특징	• 역화의 위험이 없다. • 가압통풍에 비해 유지비가 많이 든다.	• 유지보수가 어렵다. • 이젝터를 함께 사용할 수 있다.

③ **평형통풍** : 가압통풍 + 흡인통풍

특징	• 역화의 위험이 없고, 공기예열이 가능하다. • 유지비가 많이 들고, 소음이 심하다.

2 송풍기의 소요동력

$$P(kW) = \frac{\Delta P \times Q}{102 \times \eta} \times \alpha \quad \text{(MKS 단위)}$$

- ΔP : 압력손실(또는 정압)(mmH$_2$O)
- Q : 유량(m^3/sec)
- η : 효율
- α : 여유율

보충자료 - 보염기

버너에서 착화를 확실히 하고 또 화염이 꺼지지 않도록 화염의 안정을 꾀하는 장치. 화염 안정화를 위해서는 보염기로 증기 흐름을 차단하여 보염기의 하류부에 착화가 가능한 저속의 고온 순환역(域)을 형성시킬 필요가 있다. 보염기는 선회기 형식(선회기)과 보염판 형식(보염판)으로 대별된다.

★ 화염을 유지하기 위한 보염기에 대한 설명
1. 원추형 보염기는 원추의 가장자리에서 말려들게 한 소용돌이에 의하여 주로 보염작용을 행한다.
2. 공기유동에 대해 소용돌이를 발생시켜 화염의 순환영역을 만들어 화염의 안정화를 꾀한다.
3. 공기유동에 대해 연료를 역방향으로 분사하여 국부공기유속을 화염 전파속도보다 작게 한다.
4. 축류형 보염기는 날개의 후방에 생기는 소용돌이에 의하여 주로 보염작용을 행한다.

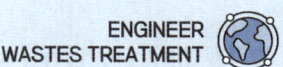

기출문제로 다지기 — CHAPTER 03 연소장치 및 연소방법

01 연소방법에 따른 소각로 종류 중 설명이 잘못된 것은?

① 준연속식 소각로는 회분식 소각로와 같이 쓰레기를 간헐적으로 투입하나 화격자를 건조층과 연소층으로 구분하여 건조 및 연소속도를 향상시킨 소각로이다.
② 회분식 기계화 소각로는 재나 불연잔사물의 배출을 자동화하여 회분식 소각로의 단점을 보완한 것이다.
③ 회분식 소각로는 간단한 구조를 갖는 것이 일반적이며 처리량은 로당 20ton/day가 일반적이다.
④ 완전연소식 소각로는 계장장비를 완비하고 적은 작업인원으로 24시간 연속운전이 가능한 소각로이다.

해설 ①항 → 준연속식 소각로는 쓰레기를 연속적으로 투입한다. 대부분을 기계화하여 연속식에 가깝기 때문에 연소가 연속적으로 이루어 질 수 있으나, 부분적으로 기계화가 되지 않았거나 연소제어장치 등을 자동화하지 않고 수동으로 운전하도록 한 설비를 말한다.

02 준연속 연소식 소각로의 가동시간으로 적당한 설계조건은?

① 8시간 ② 12시간
③ 16시간 ④ 18시간

해설 소각로를 가동시간에 따라 분류하면
㉠ 연속 연소식(전 연소식) : 24시간
㉡ 준연속 연소식 : 16시간
㉢ 회분 연소식 : 8시간

03 폐기물의 이송방향과 연소가스의 흐름방향에 따라 소각로의 본체의 형식을 분류한다면 폐기물의 수분이 적고 저위발열량이 높은 경우에 사용하기 가장 적절한 형식은?

① 교차류식 소각로 ② 역류식 소각로
③ 2회류식 소각로 ④ 병류식 소각로

해설 병류식(Co-Current)은 착화성이 좋고 발열량이 높은 양질의 폐기물 소각에 채용되는 흐름방식이다.
참고 연소가스의 유동방식
㉮ 향류식(역류식, Counter flow)
  ㉠ 폐기물의 흐름과 연소가스의 흐르는 방향이 대향류로 되는 형식이다.
  ㉡ 연소가스에 의한 방사열이 건조대의 폐기물에 유효하게 작용하므로 수분이 많은 저질 폐기물에 적합하다.
㉯ 병류식(Co-Current)
  ㉠ 양자의 흐름이 평행하게 되는 형식이다.
  ㉡ 착화성이 좋은 고질의 폐기물에 적합하다.
㉰ 중간류식(Center flow)
  ㉠ 향류식과 병류식의 중간적인 형식이다.
  ㉡ 양자의 흐름이 교차하여 폐기물의 질의 변동폭이 클 때 적합하다.
㉱ 2회류식(Two-Way flow)
  ㉠ 폐기물 흐름의 상류와 하류측 여러 가스 출구를 가지고 있다.
  ㉡ 댐퍼조절에 의하여 향류식과 병류식의 특성을 겸비한 것이다.

04 유동층 소각로(Fluidized Bed Incinerator)의 특성에 대한 설명으로 옳지 않은 것은?

① 미연소분 배출이 많아 2차 연소실이 필요하다.
② 반응시간이 빨라 소각시간이 짧다.
③ 기계적 구동부분이 상대적으로 적어 고장률이 낮다.
④ 소량의 과잉공기량으로도 연소가 가능하다.

정답 01. ① 02. ③ 03. ③ 04. ①

해설 미연소분의 배출이 적어 2차 연소실이 불필요하다. 미연소분이 많아 2차 연소실이 필요한 소각로는 로터리킬른이다.

05 다단로 소각로방식에 대한 설명으로 틀린 것은?
① 온도제어가 용이하고 동력이 적게 들며 운전비가 저렴하다.
② 수분이 적고 혼합된 슬러지 소각에 적합하다.
③ 가동부분이 많아 고장율이 높다.
④ 24시간 연속운전을 필요로 한다.

해설 다단로 소각로방식은 수분 함량이 높은 세립상의 폐기물에 특히 유효하다.

06 다단로 연소방식의 설명 중 옳지 않은 것은?
① 다단로는 내화물을 입힌 가열판, 중앙의 회전축, 일련의 평판상을 구성하는 교반팔로 구성되어 있다.
② 천연가스, 프로판, 오일, 폐유 등 다양한 연료를 사용할 수 있다.
③ 물리·화학적 성분이 다른 각종 폐기물을 처리할 수 있다.
④ 온도반응이 신속하여 보조연료사용 조절이 용이하다.

해설 다단로는 체류시간이 길어 온도반응이 늦다. 다단로 소각로는 늦은 온도반응 때문에 보조 연료 사용을 조절하기 어렵고, 분진 발생률이 높다.

07 스토커식 소각로에 있어서 여러 개의 부채형 화격자를 로폭(爐幅) 방향으로 병렬로 조합하고, 한 조의 화격자를 형성하여 편심캠에 의한 역주행 Grate로 되어 있는 연소장치의 종류는?
① 반전식(Traveling back Stoker)
② 계단식(Multistepped pushing grate Stoker)
③ 병열계단식(Rows forced feed grate Stoker)
④ 역동식(Pushing back grate Stoker)

08 연소기 중 다단로의 장·단점으로 틀린 것은?
① 열용량이 높아 분진 발생율이 낮다.
② 체류시간이 길어 휘발성이 적은 폐기물연소에 유리하다.
③ 늦은 온도반응 때문에 보조연료사용을 조절하기가 어렵다.
④ 많은 연소영역이 있어 연소효율을 높일 수 있다.

해설 다단식 소각로는 열용량이 작다. 열용량이 높은 연소장치는 유동상 연소장치이다.

09 다단로 소각로의 설명으로 틀린 것은?
① 다단로 소각로는 건조영역, 연소 및 탈취 영역, 연소 및 탈취 영역, 냉각영역으로 나눌 수 있다.
② 물리, 화학적 성분이 다른 각종 폐기물을 처리할 수 있다.
③ 분진발생율이 높다.
④ 단계적 온도반응으로 보조연료이용 조절이 용이하다.

해설 온도반응이 더뎌서 보조연료 사용조절이 어렵다.

10 유동층 소각로방식에 대한 설명으로 틀린 것은?
① 반응시간이 빨라 소각시간이 짧다. (로 부하율이 높다.)
② 기계적 구동부분이 많아 고장율이 높다.
③ 폐기물의 투입이나 유동화를 위해 파쇄가 필요하다.
④ 가스온도가 낮고 과잉공기량이 적어 NOx도 적게 배출된다.

정답 05. ② 06. ④ 07. ① 08. ① 09. ④ 10. ②

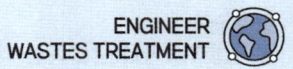

해설 기계적 구동부분이 적어 고장율이 적다.

11 로타리 킬른식(rotary kiln) 소각로의 특징에 대한 설명으로 틀린 것은?

① 습식가스 세정시스템과 함께 사용할 수 있다.
② 넓은 범위의 액상 및 고상 폐기물을 소각할 수 있다.
③ 용융상태의 물질에 의하여 방해받지 않는다.
④ 예열, 혼합, 파쇄 등 전처리 후 주입한다.

해설 로터리 킬른방식은 전처리(혼합, 파쇄, 선별)가 필요없다.

12 로타리 킬른식(Rotary Kiln) 소각로의 단점으로 옳지 않은 것은?

① 처리량이 적은 경우 설치비가 높다.
② 구형 및 원통형 물질은 완전연소가 끝나기 전에 굴러 떨어질 수 있다.
③ 로에서의 공기유출이 크므로 종종 대량의 과잉공기가 필요하다.
④ 습식가스 세정시스템과 함께 사용할 수 없다.

해설 습식가스 세정시스템과 함께 사용가능하다.

13 유동층연소의 단점 중 하나로는 부하변동에 따른 적응력이 나쁜 점이다. 이를 해결하기 위하여 연소율을 바꾸고자 할 때 적당하지 않은 것은?

① 층내의 연료비율을 변화시킨다.
② 공기분산판을 통합하여 층을 전체적으로 유동시킨다.
③ 유동층을 몇 개의 셀로 분할하여 부하에 따라 작동시키는 수를 변화시킨다.
④ 층의 높이를 변화시킨다.

해설 부하변동에 따른 적응을 위해서는 공기분산판을 나누어 층을 분리시켜야 한다.

14 소각로 본체의 형식 중 병류식에 관한 설명으로 틀린 것은?

① 폐기물의 이송방향과 연소가스의 흐름방향이 같은 형식이다.
② 수분이 적고 저위발열량이 높은 폐기물에 적합하다.
③ 건조대에서의 건조효율이 저하될 수 있다.
④ 폐기물의 질이나 저위발열량 변동이 심한 경우에 사용한다.

해설 폐기물의 질이나 저위발열량 변동이 심한 경우에는 중간류식 또는 2회류식을 적용한다.

15 유동상 소각로의 특징으로 옳지 않은 것은?

① 과잉공기율이 작아도 된다.
② 층 내 압력손실이 작다.
③ 층 내 온도의 제어가 용이하다.
④ 노부하율이 높다.

해설 층 내 압력손실이 크다.

16 슬러지 소각에 브적합한 소각로는?

① 고정상 소각로 ② 다단로 소각로
③ 유동층 소각로 ④ 화격자 소각로

 정답 11. ④ 12. ④ 13. ② 14. ④ 15. ② 16. ④

CHAPTER 03 | 연소장치 및 연소방법 **237**

17 소각로에 폐기물을 연속적으로 주입하기 위해서는 충분한 저장시설을 확보하여야 한다. 연속주입을 위한 폐기물의 일반적인 저장시설 크기로 적당한 것은?

① 24~36시간분 ② 2~3일분
③ 7~10일분 ④ 15~20일분

18 유동층 소각로의 장점이 아닌 것은?

① 연소효율이 높아 미연소분의 배출이 적고 2차 연소실이 불필요하다.
② 유동매체의 열용량이 커서 액상, 기상, 고형폐기물의 전소 및 혼소가 가능하다.
③ 유동매체의 축열량이 높은 관계로 단기간 정지 후 가동 시 보조연료 사용 없이 정상가동이 가능하다.
④ 층의 유동으로 상(床)으로부터 찌꺼기 분리가 용이하다.

해설 상으로부터 찌꺼기 분리가 어렵다.

19 통풍에 관한 설명으로 옳지 않은 것은?

① 자연통풍은 연돌에만 의존하는 통풍이다.
② 흡인통풍의 경우, 일반적으로 연소실 내 압력을 (-)로 유지한다.
③ 평형통풍은 냉공기의 침입 및 화염의 손실을 방지하는 이점이 있다.
④ 연돌고를 2배 증가시키면 통풍력은 2배로 향상된다.

해설 평형통풍은 냉공기의 침입 및 화염의 손실의 문제가 없다.

20 화격자 연소기의 장·단점에 대한 설명으로 옳지 않은 것은?

① 연속적인 소각과 배출이 가능하다.
② 수분이 많거나 열에 쉽게 용해되는 물질의 소각에 주로 적용된다.
③ 체류시간이 길고 교반력이 약하여 국부가열의 염려가 있다.
④ 고온 중에서 기계적으로 구동하기 때문에 금속부의 마모손실이 심하다.

해설 수분이 많거나 열에 쉽게 용해되는 물질은 화격자 하부로 흘러내릴 수 있어 적용하기 어렵다.

21 화상부하율(연소량/화상면적)에 대한 설명으로 옳지 않은 것은?

① 화상부하율을 크게 하기 위해서는 연소량을 늘리거나 화상면적을 줄인다.
② 화상부하율이 너무 크면 로내 온도가 저하하기도 한다.
③ 화상부하율이 적어질수록 화상면적이 축소되어 compact화 된다.
④ 화상부하율이 너무 커지면 불완전연소의 문제를 야기시킨다.

해설 화상부하율이 적어지면 연소량 대비 화상면적은 커지므로 장치가 대형화된다.

22 액체 주입형 연소기에 관한 설명으로 옳지 않은 것은?

① 소각재 배출설비가 있어 회분함량이 높은 액상폐기물에도 널리 사용된다.
② 구동장치가 없어서 고장이 적다.
③ 고형분의 농도가 높으면 버너가 막히기 쉽다.
④ 하방점화 방식의 경우에는 염이나 입상물질을 포함한 폐기물의 소각이 가능하다.

해설 소각재 배출설비가 없으며 수분함량이 높은 액상폐기물에 널리 사용된다.

정답 17. ② 18. ④ 19. ③ 20. ② 21. ③ 22. ①

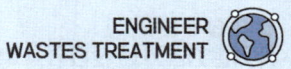

23 유동층 소각로의 특징으로 옳지 않은 것은?

① 가스의 온도가 높고 과잉공기량이 많아 NOx 배출이 많다.
② 투입이나 유동화를 위해 파쇄가 필요하다.
③ 연소효율이 높아 미연소분의 배출이 적다.
④ 반응시간이 빨라 소각시간이 짧다. (로 부하율이 높다.)

해설 가스의 온도가 낮고 과잉공기량이 적어 NOx 배출이 적다.

24 유동층 소각로의 Bad(층)물질이 갖추어야 하는 조건으로 틀린 것은?

① 비중이 클 것
② 입도분포가 균일할 것
③ 불활성일 것
④ 열충격에 강하고 융점이 높을 것

해설 비중이 작아야 한다.

25 화격자 연소 중 상부투입 연소에 대한 설명으로 잘못된 것은?

① 공급연기는 우선 재층을 통과한다.
② 연료와 공기의 흐름이 반대이다.
③ 하부투입 연소보다 높은 연소온도를 얻는다.
④ 착화면 이동방향과 공기 흐름방향이 반대이다.

해설 착화면 이동방향과 공기 흐름방향이 반대인 것은 하부투입 연소의 특징이다.

26 폐기물의 이송과 연소가스의 유동방향에 의해 소각로의 형상을 구분해 볼 때 난연성 또는 착화하기 어려운 폐기물에 적합한 방식은?

① 병류식
② 하향식
③ 향류식
④ 중간류식

27 연소실 내 가스와 폐기물의 흐름에 관한 설명으로 가장 거리가 먼 것은?

① 병류식은 폐기물의 발열량이 낮은 경우에 적합한 형식이다.
② 교류식은 향류식과 병류식의 중간적인 형식이다.
③ 교류식은 중간 정도의 발열량을 가지는 폐기물에 적합하다.
④ 역류식은 폐기물의 이송방향과 연소가스의 흐름이 반대로 향하는 형식이다.

해설 병류식은 폐기물의 발열량이 높고 수분이 적으며 휘발분이 많은 경우에 적합한 형식이다.

28 다음의 특징을 가진 소각로의 형식은?

- 전처리가 거의 필요없다.
- 소각로의 구조= 회전 연속 구동 방식이다.
- 소각에 방해됨이 없이 연속적인 재배출이 가능하다.
- 1,400℃ 이상에서 가동할 수 있어서 독성물질의 파괴에 좋다.

① 다단 소각로
② 유동층 소각로
③ 로타리킬른 소각로
④ 건식 소각로

 정답   23. ①   24. ①   25. ④   26. ③   27. ①   28. ③

29 PCB와 같은 난연성의 유해폐기물의 소각에 가장 적합한 소각로 방식은?

① 스토커 소각로 ② 유동층 소각로
③ 회전식 소각로 ④ 다단 소각로

해설 보기 중 가장 연소효율이 좋은 소각형태는 유동층 소각이다.

30 유동층을 이용한 슬러지(sludge)의 소각특성에 대한 설명 중 틀린 것은?

① 소각로 가동 시 모래층의 온도는 약 600℃ 정도가 적당하다.
② 슬러지의 유입은 로의 하부 또는 상부에서도 유입이 가능하다.
③ 유동층에서 슬러지의 연소상태에 따라 유동매체인 모래 입자들의 뭉침현상이 발생할 수도 있다.
④ 소각 시 유동매체의 손실이 생겨 보통 매 300시간 가동에 총 모래부피의 약 5% 정도의 유실량을 보충해주어야 한다.

해설 소각로 가동 시 모래층의 온도는 약 700~800℃ 정도가 적당하다.

31 슬러지를 유동층 소각로에서 소각시키는 경우와 다단로에서 소각시키는 경우의 차이에 대한 설명으로 옳지 않은 것은?

① 유동층 소각로에서는 주입 슬러지가 고온에 의하여 급속히 건조되어 큰 덩어리를 이루면 문제가 일어나게 된다.
② 유동층 소각로에서는 유출모래에 의하여 시스템의 보조기기들이 마모되어 문제점을 일으키기도 한다.
③ 유동층 소각로는 고온영역에서 작동되는 기기가 없기 때문에 다단로보다 유지관리가 용이하다.
④ 유동층 소각로의 연소온도가 다단로의 연소온도보다 높다.

해설 유동층 소각로의 연소온도가 다단로의 연소온도보다 낮다.

32 화격자에 대한 설명 중 틀린 것은?

① 로 내의 폐기물 이동을 원활하게 해준다.
② 화격자의 폐기물 이동방향은 주로 하단부에서 상단부 방향으로 이동시킨다.
③ 화격자는 폐기물을 잘 연소하도록 교반시키는 역할을 한다.
④ 화격자는 아래에서 연소에 필요한 공기가 공급되도록 설계하기도 한다.

해설 화격자의 폐기물 이동방향은 주로 상단부에서 하단부 방향으로 이동시킨다.

33 초기 다단로 소각로(multiple hearth)의 설계 시 목적 소각물은?

① 하수 슬러지 ② 타르
③ 입자상 물질 ④ 폐유

34 화격자(stoker)식 소각로에서 쓰레기저장소(pit)로부터 크레인에 의하여 소각로 안으로 쓰레기를 주입하는 방식은?

① 상부투입식 ② 하부투입식
③ 강제유입식 ④ 자연유하식

정답 29. ② 30. ① 31. ④ 32. ② 33. ① 34. ④

35 소각로 종류별 장점과 단점에 대한 설명으로 틀린 것은?

① 회전로방식 : 설치비가 저렴하나 수분함량이 많은 폐기물은 처리할 수 없다.
② 다단로방식 : 수분함량이 높은 폐기물도 연소가 가능하나 온도반응이 더디다.
③ 고정상방식 : 화격자에 적재가 불가능한 폐기물을 소각할 수 있으나 연소효율이 나쁘다.
④ 화격자방식 : 연속적인 소각과 배출이 가능하나 체류시간이 길고 국부가열이 발생할 염려가 있다.

[해설] 회전로방식 : 설치비가 고가이나 수분함량이 많은 폐기물도 처리가능하다.

36 액화분무소각로(Liquid Injection Incinerator)의 특징으로 가장 거리가 먼 것은?

① 광범위한 종류의 액상폐기물 소각에 이용 가능하다.
② 구동장치가 없어 고장이 적다.
③ 소각재의 처리설비가 필요 없다.
④ 충분한 연소로 로 내 내화물의 파손이 적다.

[해설] 완전히 연소되지 않을 경우에 내화물의 파손의 문제가 있다.

37 액체주입형 연소기에 관한 설명으로 가장 거리가 먼 것은?

① 구동장치가 없어서 고장이 적다.
② 하방점화방식의 경우에는 염이나 입상물질을 포함한 폐기물의 소각도 가능하다.
③ 연소기의 가장 일반적인 형식은 수평 점화식이다.
④ 버너노즐 없이 액체미립화가 용이하며, 대량처리에 주로 사용된다.

[해설] 버너노즐이 필요하며 대량처리가 어렵다.

정답 35. ① 36. ④ 37. ④

CHAPTER 04 소각과 열분해

UNIT 01 소각

1 정의

산소와 폐기물을 결합하여 연소반응을 일으켜 폐기물을 산화시키고 부피를 감소시키며 유기물성분을 제거한다. 생성된 열은 회수하고 남은 재는 폐기하는 일련의 과정을 말한다.

2 소각로의 부식문제

① **저온부식**

㉠ 원인 : 소각로의 온도가 산노점(산성가스가 액체로 응결되는 온도, 보통 150℃) 이하로 저하되는 경우 SO_x 또는 HCl가 응축되어 산을 형성하게 되고 소각로의 부식을 일으킨다. 저온부식의 원인물질은 주로 SO_x이다.
- 저온부식이 가장 잘 일어나는 온도 : 200℃ 이하

㉡ 대책
- 연소가스 온도를 산노점 이상으로 유지
- 표면 라이닝
- 내산성이 있는 재료의 선정
- 보온시공

② **고온부식**

㉠ 원인 : 소각과정에서 생성되는 산성가스(HCl, SO_x, NO_x) 및 일산화탄소는 고온상태에서 소각로 벽면에서 금속과 반응하여 부식을 일으킨다. 고온부식은 특히 염소가스의 부식이 두드러지며 벽면에 소각재가 많이 부착될수록 부식은 더욱 촉진된다.
- 고온부식이 가장 잘 일어나는 온도 : 600~700℃

㉡ 대책
- 온도를 잘 발산할 수 있는 금속재료의 선정
- 표면 라이닝
- 먼지의 퇴적을 방지
- 내산성이 있는 재료의 선정
- 보온시공

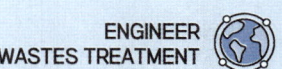

UNIT 02 열분해

① **정의** : 무산소상태(고온열분해의 경우 저산소로 운전)의 환원된 분위기에서 물질에 열을 가하여 무해한 물질로 전환하는 방법으로 부산물이 생성된다. 물질이 산화되며 독성이 증가하는 것을 막을 수 있고, 회분 속에 중금속 또는 황이 고정되는 비율이 높다.(생성부산물 : CH_4, H_2, 탄화수소, CO, 타르, 아세톤, 메탄올, Char)

② **온도에 따른 열분해의 구분**
  ㉠ 고온열분해(가스화) : 1,100~1,500℃, 가스와 오일 생성, 저급탄화수소를 많이 생성한다. 폐기물을 산소 또는 수증기, 고온의 이산화탄소와 반응시켜 연료가스를 얻는 공정이다. (저산소 공정)
  ㉡ 저온열분해(액화) : 500~900℃, 오일과 Char(고체연료)생성, 액체생성물에 중점을 둔 액화방식과 Char와 오일을 함께 얻은 저온열분해 방식으로 구분된다. (무산소 공정)
  ㉢ 습식 산화(zimmermann process) : 약 250℃의 고압하에서 폐기물을 분해하는 방법이다.

[열분해 온도에 따른 가스생성비율]

Gas 종류	열분해 온도			
	480℃	650℃	815℃	925℃
H_2	5.56%	16.58%	28.55%	32.48%
CH_4	12.43%	15.91%	13.73%	10.45%
CO	33.50%	30.49%	34.12%	35.25%
CO_2	44.77%	31.78%	20.59%	18.31%
C_2H_4	0.45%	2.18%	2.24%	2.43%
C_2H_6	3.03%	3.06%	0.77%	1.07%

③ **구조에 따른 열분해의 구분**
  ㉠ 고정상 : 주입폐기물의 파쇄 유무에 관계없이 열분해가 진행되는 형태로 폐기물을 상부로부터 투입하고 하부에서 유입되는 스팀을 통해 건조 및 열분해가 진행되는 형태
  ㉡ 유동상 : 주입폐기물을 분쇄하여 상부로부터 투입하고 하부에서 유입되는 스팀을 통해 유동화시키면서 열분해되는 장치, 폐기물의 수분함량이 변화해도 운전이 용이(입자크기는 고정상과 부유상의 중간 정도)
  ㉢ 부유상 : 주입폐기물의 입자를 작은 형태로 분쇄하여 투입하고 하부에서 유입되는 스팀에 폐기물 입자가 부유하며 열분해되는 형태, 폐기물의 주입량이 크지 못한 단점과 어떤 종류의 폐기물도 처리가 가능한 장점을 가지고 있다.

> 💡 **열분해 장치의 전처리단계**
> 파쇄 → 선별 → 건조 → 2차 선별

④ 열분해 공법

㉠ 산소 흡입 고온 열분해법 : 이동 바닥로의 밑으로부터 주입된 소량의 순산소에 의해 폐기물 일부를 연소시켜 이때 발생되는 열을 이용해 상부의 쓰레기를 열분해하는 방법
- 특징 : 선별, 파쇄과정이 필요 없으며, 공기를 공급하지 않아 NOx 발생이 적다.

㉡ 견형로 열분해법 : 소각로의 상단에서 투입된 폐기물은 화격자 밑에서 주입되는 중유, 타르, 미연분의 연소가스에 의해서 건조된 후 열분해된다.
- 특징 : 폐플라스틱, 폐타이어 등의 열분해 시설로 많이 사용된다.

㉢ 이동층형(유동층형) 열분해법 : 적절히 파쇄된 폐기물을 소각로의 상단으로 주입함과 동시에 회전화격자의 바닥으로부터 스팀을 불어넣어 폐기물을 열분해시킨다.
- 특징 : 도시폐기물의 열분해에 이용되고 폐기물의 균등한 공급이 어려우며 비교적 저품질의 가스가 회수된다.

㉣ 2탑 순환식 열분해법 : 열분해로와 연소로를 별도로 설치하여 열분해로로부터 유입된 폐기물을 열분해시켜 생성되는 가스의 일부를 순환시켜 열분해 유동화용 가스로 활용한다.
- 특징 : 높은 열량의 가스를 회수할 수 있고, 타르상 물질의 생성량이 적으며, 폐가스의 생성량이 매우 적다. 플라스틱과 같은 열용융성물질의 처리에 적합하다.

㉤ 고온 용융 열분해법 : 전처리를 하지 않고 그대로 쓰레기를 투입시켜 하강하는 사이에 상승하는 고온가스에 의해 열분해시킨다.
- 특징 : 생성된 클링커는 유효한 건축자재(쇄석)로 이용할 수 있다. 화격자가 없어 화격자에 의한 열손실이 없다.

㉥ 습식 산화(zimmermann process) : 고온, 고압하에서 폐기물을 분해하는 방법이다.
- 특징 : 주로 슬러지의 처리에 적용된다.

⑤ 열분해와 소각처리의 비교

구분	열분해	소각
연소비용	많음	적음
오염물질발생	거의 없음	많음
폭발위험	적음	다소 많음
연료생성	온도에 따라 고체, 액체, 기체연료생성	없음
농도별 처리	저농도 잘 처리	고농도 잘 처리
배기가스량	적음	많음
처리속도	느림	빠름

> 💡 폐기물 소각시설의 관리기준
> - 일반소각시설 : 출구온도 850℃ 유지, 체류시간 2초 이상, 강열감량 10%
>   (2008년 1월 1일 이후 가동 시작인 시설은 5% 이하)
> - 고온소각시설 : 출구온도 1,100℃ 유지, 체류시간 2초 이상, 강열감량 5%
> - 열분해시설 : 출구온도 850℃ 이상, 체류시간 2초 이상, 강열감량 10%
> - 고온용융시설 : 출구온도 1,200℃ 이상, 체류시간 1초 이상, 강열감량 1%

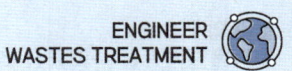

기출문제로 다지기 — CHAPTER 04 소각과 열분해

01 열분해방법이 소각방법에 비교해서 공해물질 발생면에서 유리한 점이라 볼 수 없는 것은?

① 중금속이 최소부분만이 재(ash)속에 고정되며 나머지는 쉽게 분리된다.
② 대기로 방출되는 가스가 적다.
③ 고온용융식을 이용하면 재를 고형화할 수 있고 중금속은 용출이 없어서 자원으로서 활용할 수 있다.
④ 배기가스 중 질소산화물, 염화수소가 양이 적다.

[해설] ①항 → 황분, 중금속이 재(ash) 중에 고정될 확률이 크다.

02 열분해 공정에 대한 설명으로 옳지 않은 것은?

① 배기가스량이 적다.
② 환원성 분위기를 유지할 수 있어 3가크롬이 6가크롬으로 변화하지 않는다.
③ 황분, 중금속분이 재 중에 고정되는 확률이 적다.
④ 질소산화물의 발생량이 적다.

[해설] 열분해법은 황분, 중금속분이 재 중에 고정되는 확률이 높다.

03 폐기물 열분해 연소공정에 대한 설명으로 틀린 것은?

① 열분해공정 중 고온법이란 열분해온도가 1,100~1,500℃의 고온에서 행하는 방법이다.
② 열분해공정 중 저온법이란 고온법에 비해 타르(Tar), 유기산, 탄화물(Char) 및 액체상태의 연료가 적게 생성되는 방법이다.
③ 폐기물 내 수분함량이 많을수록 열분해에 소요되는 시간이 길어진다.
④ 폐기물의 입경이 미세할수록 열분해가 쉽게 일어난다.

[해설] 열분해공정 중 저온법이란 고온법에 비해 타르(Tar), 유기산, 탄화물(Char) 및 액체상태의 연료가 많이 생성되는 방법이다.

04 열분해방법 중 산소 흡입 고온 열분해법의 특징에 대한 설명으로 가장 거리가 먼 것은?

① 폐플라스틱, 폐타이어 등의 열분해시설로 많이 사용된다.
② 분해온도는 높지만 공기를 공급하지 않기 때문에 질소산화물의 발생량이 적다.
③ 이동바닥로의 밑으로부터 소량의 순산소를 주입, 노내의 폐기굴 일부를 연소, 강열시켜 이 때 발생되는 열을 이용해 상부의 쓰레기를 열분해한다.
④ 폐기물을 선별, 파쇄 등 전처리과정을 하지 않거나 간단히 하여도 된다.

[해설] 폐플라스틱, 폐타이어 등의 열분해시설로 많이 사용되는 것은 견형로 열분해법의 특징이다.

05 폐기물의 연소 및 열분해에 관한 설명으로 잘못된 것은?

① 열분해는 무산소 또는 저산소 상태에서 유기성 폐기물을 열분해시키는 방법이다.
② 습식산화는 젖은 폐기물이나 슬러지를 고온, 고압 하에서 산화시키는 방법이다.
③ Steam Reforming은 산화 시에 스팀을 주입하여 일산화탄소와 수소를 생성시키는 방법이다.
④ 가스화는 완전연소에 필요한 양보다 과잉 공기 상태에서 산화시키는 방법이다.

[해설] 가스화는 희박한 공기 또는 산소만을 가지고 일부의 폐기

정답 01. ① 02. ③ 03. ② 04. ① 05. ④

물만 연소시켜 발생한 열을 이용하여 폐기물을 열분해하여 가스형태로 회수하는 방법이다.

06 스토카식 일반생활폐기물 소각로를 설계할 경우 폐기물 소각설비 설계 기준으로 거리가 가장 먼 것은? (단, 소각규모 기준은 1일 200톤 규모임)

① 연소실의 출구온도는 850℃ 이상
② 연소실의 체류시간은 2초 이상
③ 연소실의 내부 연소상태를 볼 수 있는 구조
④ 바닥재의 강열감량은 20% 이하

해설 바닥재의 강열감량은 10% 이하

07 소각로의 부식에 대한 설명으로 틀린 것은?

① 150~320℃에서는 부식이 잘 일어나지 않고 노점인 150℃ 이하의 온도에서는 저온부식이 발생한다.
② 320℃ 이상에서는 소각재가 침착된 금속면에서 고온부식이 발생한다.
③ 저온부식은 결로로 생성된 수분에 산성가스 등의 부식성가스가 용해되어 이온으로 해리되면서 금속부와 전기화학적 반응에 의한 금속염으로 부식이 진행된다.
④ 480℃까지는 염화철 또는 알칼리철 황산염 분해에 의한 부식이고, 700℃까지는 염화철 또는 알칼리철 황산염 생성에 의한 부식이 진행된다.

해설 480℃까지는 염화철 또는 알칼리철 황산염 생성에 의한 부식이고, 700℃까지는 염화철 또는 알칼리철 황산염 분해에 의한 부식이 진행된다.

08 소각로의 화격자에서 고온부식 방지대책으로 틀린 것은?

① 화격자의 냉각률을 올린다.
② 부식되는 부분으로 고온 공기를 주입하지 않는다.
③ 화격자 재질을 고크롬강, 저니켈강으로 한다.
④ 공기 주입량을 감소시켜 화격자를 가온시킨다.

해설 공기 주입량을 감소시키는 것은 소각로의 온도를 오히려 증가시킬 수 있다.

09 폐기물 처리공정에서 소각공정과 열분해공정을 비교한 설명으로 틀린 것은?

① 소각공정은 산소가 존재하는 조건에서 시행되고, 열분해공정은 산소가 거의 없거나 무산소 상태에서 진행된다.
② 열분해공정은 소각공정에 비하여 배기가스량이 많다.
③ 열분해공정은 소각공정에 비하여 NOx(질소산화물) 발생량이 적다.
④ 소각공정은 발열반응이나 열분해공정은 흡열반응이다.

해설 열분해공정은 소각공정에 비하여 배기가스량이 적다.

10 도시쓰레기를 소각방법으로 처리할 때의 장점이 아닌 것은?

① 쓰레기의 최종 처분 단계이다.
② 쓰레기의 부피를 감소시킬 수 있다.
③ 발생되는 폐열을 회수할 수 있다.
④ 병원성 생물을 분해, 제거, 사멸시킬 수 있다.

해설 쓰레기의 중간 처분 단계이다. 최종 처분 단계는 매립이다.

정답 06. ④ 07. ④ 08. ④ 09. ② 10. ①

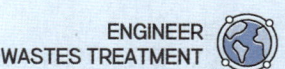

11 폐기물의 연소 시 연소기의 부식원인이 되는 물질이 아닌 것은?

① 염소화합물 ② PVC
③ 황화합물   ④ 분진

해설 분진은 고온부식의 원인물질이 아닌 촉진물질이다.
※ PVC 연소 시 다량의 염소화합물이 배출된다.

12 열분해 방법을 습식산화법, 저온열 분해, 고온열 분해로 구분할 때 각각의 온도영역을 순서대로 나열한 것은?

① 100~200℃, 300~400℃, 700~800℃
② 200~300℃, 400~600℃, 900~1,000℃
③ 200~300℃, 500~900℃, 1,100~1,500℃
④ 300~500℃, 700~900℃, 1,100~1,500℃

13 폐기물 처리방법 중, 소각공정에 대한 열분해 공정의 비교설명으로 옳은 것은?

① 열분해공정은 소각공정에 비해 배기가스량이 많다.
② 열분해공정은 소각공정에 비해 황 및 중금속이 회분 속에 고정되는 비율이 적다.
③ 열분해공정은 소각공정에 비해 질소산화물 발생량이 적다.
④ 열분해공정은 소각공정에 비해 산화성 분위기를 유지한다.

해설 ③항만 올바르다.
오답해설
① 열분해공정은 소각공정에 비해 배기가스량이 적다.
② 열분해공정은 소각공정에 비해 황 및 중금속이 회분 속에 고정되는 비율이 많다.
④ 열분해공정은 소각공정에 비해 환원성 분위기를 유지한다.

14 쓰레기 소각로의 저온부식에서 부식속도가 가장 빠른 온도범위는?

① 100~150℃ ② 150~200℃
③ 200~250℃ ④ 250~300℃

15 폐기물의 열분해에 관한 설명으로 틀린 것은?

① 열분해를 통하여 얻어지는 연료의 성질을 결정짓는 요소로는 운전온도, 가열속도, 폐기물의 성질 등으로 알려져 있다.
② 열분해 방법은 저온법과 고온법이 있는데, 통상적으로 저온은 500~900℃, 고온은 1,100~1,500℃를 말한다.
③ 열분해 온도에 따르는 가스의 구성비는 고온이 될수록 CO_2 함량이 늘고 수소함량은 줄어든다.
④ 열분해에 의해 생성되는 액체물질에는 식초산, 아세톤, 메탄올, 오일, 타르, 방향성 물질이 있다.

해설 ③항 → 열분해 온도에 따라 가스 구성비가 좌우되는데, 온도가 증가할수록 수소 함량은 증가하며 CO_2 함량은 감소한다.

16 열분해 발생 가스 중 온도가 증가할수록 함량이 증가하는 것은? (단, 열분해 온도에 따른 가스의 구성비(%) 기준)

① 메탄   ② 일산화탄소
③ 이산화탄소 ④ 수소

해설 열분해 시 열분해 온도가 증가할수록 수소함량이 증가한다. 열분해 온도에 따른 가스의 구성비(%)는 다음 표와 같다.

정답 11. ④ 12. ③ 13. ③ 14. ① 15. ③ 16. ④

Gas 종류	열분해 온도			
	480℃	650℃	815℃	925℃
H₂	5.56%	16.58%	28.55%	32.48%
CH₄	12.43%	15.91%	13.73%	10.45%
CO	33.50%	30.49%	34.12%	35.25%
CO₂	44.77%	31.78%	20.59%	18.31%
C₂H₄	0.45%	2.18%	2.24%	2.43%
C₂H₆	3.03%	3.06%	0.77%	1.07%

17 소각로의 연소온도에 관한 설명으로 가장 거리가 먼 것은?

① 연소온도가 너무 높아지면 NOx 또는 SOx가 생성된다.
② 연소온도가 낮게 되면 불완전연소로 HC 또는 CO 등이 생성된다.
③ 연소온도는 600~1,000℃ 정도이다.
④ 연소실에서 굴뚝으로 유입되는 온도는 700~800℃ 정도이다.

해설 연소실에서 굴뚝으로 유입되는 온도는 300~400℃ 정도이다.

18 폐기물의 연소실에 관한 설명으로 적절치 않은 것은?

① 연소실은 폐기물을 건조, 휘발, 점화시켜 연소시키는 1차 연소실과 여기서 미연소될 것을 연소시키는 2차 연소실로 구성된다.
② 연소실의 온도는 1,500~2,000℃ 정도이다.
③ 연소실의 크기는 주입폐기물의 무게(ton)당 0.4~0.6m³/day로 설계되고 있다.
④ 연소로의 모형은 직사각형, 수직원통형, 혼합형, 로타리킬른형 등이 있다.

해설 연소실의 온도는 600~1,000℃ 정도이다.

19 폐기물의 열분해 시 저온열분해의 온도 범위는?

① 100~300℃ ② 500~900℃
③ 1,100~1,500℃ ④ 1,300~1,900℃

20 소각공정과 비교하였을 때, 열분해공정이 갖는 단점이라 볼 수 없는 것은?

① 반응이 활발치 못하다.
② 환원성 분위기로 Cr^{+3}가 Cr^{+6}로 전환되지 않는다.
③ 흡열반응이므로 외부에서 열을 공급시켜야 한다.
④ 반응생성물을 연료로서 이용하기 위해서는 별도의 정제장치가 필요하다.

해설 ②항은 열분해공정의 장점에 해당한다.

21 열분해 장치의 방식 중 주입폐기물의 입자가 작아야 하고 주입량이 크지 못한 단점과 어떤 종류의 폐기물도 처리가 가능한 장점을 가지는 것으로 가장 적절한 것은?

① 부유상 방식 ② 유동상 방식
③ 다단상 방식 ④ 고정상 방식

22 열분해시설의 전처리단계를 옳게 나타낸 것은?

① 파쇄 → 건조 → 선별 → 2차 파쇄
② 파쇄 → 2차 파쇄 → 건조 → 선별
③ 파쇄 → 선별 → 건조 → 2차 선별
④ 선별 → 파쇄 → 건조 → 2차 선별

정답 17. ④ 18. ② 19. ② 20. ② 21. ① 22. ③

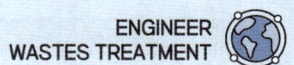

23 폐기물을 열분해시킬 경우의 장점에 해당되지 않는 것은?

① 분해가스, 분해유 등 연료를 얻을 수 있다.
② 소각에 비해 저장이 가능한 에너지를 회수할 수 있다.
③ 소각에 비해 빠른 속도로 폐기물을 처리할 수 있다.
④ 신규 석탄이나 석유의 사용량을 줄일 수 있다.

해설 소각에 비해 처리속도는 느려진다.

24 열분해 공정에 대한 설명으로 가장 거리가 먼 것은?

① 산소가 없는 상태에서 열에 의해 유기성물질을 분해와 응축반응을 거쳐 기체, 액체, 고체상 물질로 분리한다.
② 가스상 주요 생성물로는 수소, 메탄, 일산화탄소 그리고 대상물질 특성에 따른 가스성분들이 있다.
③ 수분함량이 높은 폐기물의 경우에 열분해효율 저하와 에너지 소비량 증가 문제를 일으킨다.
④ 연소 가스화 공정이 높은 흡열반응인데 비하여 열분해 공정은 외부 열원이 필요한 발열반응이다.

해설 열분해 공정은 외부 열원이 필요한 흡열반응이다.

25 플라스틱을 열분해에 의하여 처리하고자 한다. 열분해 온도가 적절치 못한 것은?

① PE, PP, PS : 550℃에서 완전분해
② PVC, 페놀수지, 요소수지 : 650℃에서 완전분해
③ HDPE : 400~600℃에서 완전분해
④ ABS : 350~550℃에서 완전분해

해설 PVC, 페놀수지, 요소수지는 열에 매우 민감하여 160℃에서 완전분해된다.

26 연소조건 중 온도에 대한 설명으로 옳은 것은?

① 도시폐기물의 발화온도는 260~370℃ 정도 되나 필요한 연소기의 최소온도는 850℃이다.
② 연소온도가 너무 높아지면 질소산화물(NOx)이나 산화물(Ox)이 억제된다.
③ 연소기로부터의 에너지 회수방법 중 스팀생산을 효과적으로 하기 위해 연소온도를 450℃로 높인다.
④ 연소온도가 높으면 연소에 필요한 소요 시간이 짧아지고 어느 일정 온도 이상에서는 연소시간이 중요하지 않게 된다.

해설 ④항만 올바르다.
오답해설
① 도시폐기물의 발화온도는 260~370℃ 정도 되나 필요한 연소기의 최소온도는 650℃이다.
② 연소온도가 너무 높아지면 질소산화물(NOx)이나 산화물(Ox)의 발생이 증가한다.
③ 연소기로부터의 에너지 회수방법 중 스팀생산을 효과적으로 하기 위해 연소온도를 850℃로 높인다.

27 소각에 대한 설명으로 틀린 것은?

① 1차연소실은 폐기물의 건조, 휘발, 점화시키는 기능을, 2차연소실은 1차연소실의 미연소분을 연소시키는 기능을 한다.
② 연소기내 격벽(baffle)을 설치함으로써 불완전연소에 의한 가스가 유출되는 문제를 예방할 수 있다.
③ 폐기물의 이송방향과 연소가스의 흐름방향에 따라 로본체의 형식을 구분하며, 소각폐기물의 성상과 수분에 따라 형식을 달리 적용한다.
④ 불완전연소능량이란 연소율 및 소각잔사의 중량비를 나타내는 척도로써 소각재 잔사 중에 존재하는 미연소 분량을 표시한다.

해설 ④항은 소각재의 "강열감량"에 대한 설명이다.

정답 23. ③ 24. ④ 25. ② 26. ④ 27. ④

CHAPTER 05 연소가스처분 및 오염방지

UNIT 01 폐열 회수

1 폐열 회수 설비

① **과열기(Super heater)** : 연소실 바로 앞단에 위치하여 열을 회수하는 장치, 축열식과 대류식이 있다.
  ㉠ 과열기의 종류
    - 축열식 : 화염의 방사열을 이용하여 열을 회수, 연소실 내부에 위치
    - 대류식 : 대류전달열을 이용하여 열을 회수, 후속 연도에 위치
  ㉡ 특징 : 일반적으로 보일러의 부하가 높아질수록 대류과열기에 의한 과열온도는 상승하고 축열(방사)과열기에 의한 과열온도는 낮아진다.

② **재열기(Reheater)** : 과열기 후단에 위치하여 과열기에서 소모된 열량을 재가열하여 열을 회수하는 장치

③ **절탄기(Economizer)** : 재열기 후단에 위치하여 배기가스의 잔열로 급수를 예열하는 장치
  ㉠ 특징
    - 보일러 드럼에 발생하는 열응력[4] 감소
    - 급수온도가 낮은 경우, 굴뚝가스 온도가 저하하면 절탄 시 저온부에 접하는 가스 온도가 노점에 달하여 절탄기를 부식시킴

④ **공기예열기(Air preheater)** : 절탄기 후단에 위치하여 연소용 공기를 예열하는 장치
  ㉠ 공기예열기의 종류
    - 판상 공기예열기
    - 관형 공기예열기
    - 재생식 공기예열기
  ㉡ 특징
    - 공기예열기를 사용함으로 연료의 착화를 용이하게 하고 연소를 양호하게 하며 연소온도를 높일 수 있다.

---

[4] 열응력 : 재료가 고정되어 있고 온도가 변화한 경우 재료의 늘어남 또는 수축을 저지하기 때문에 생기는 응력

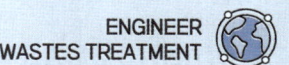

- 절탄기(이코노마이저)와 병용 설치하는 경우, 공기예열기를 저온측에 설치한다.

> 💡 **수트 블로워(soot blower)**
> 발생하는 스팀을 이용하여 soot(그을음)을 강력하게 불어내어 제거하는 설비, 열효율을 증가시키고 soot로 인한 부식을 억제한다.

2 증기터빈

증기의 열에너지를 운동에너지로 바꾸는 기계장치로 증기가 회전날개에 부딪힐 때의 힘으로 열에너지를 운동에너지로 전환한다. 보통 과열기와 재열기 사이에 위치한다.

① 증기작동방식에 따른 분류
㉠ 충동식 터빈(Impulse Turbine)
㉡ 반동식 터빈(Reaction Turbine)
㉢ 혼합식 터빈

② 증기이용방식에 따른 분류
㉠ 배압 터빈
㉡ 복수 터빈
㉢ 혼합 터빈

③ 피구동기
㉠ 발전용 : 직결형, 감속형
㉡ 기계 구동형 : 급수펌프구동, 압축기구동

④ 증기유동방향
㉠ 축류 터빈
㉡ 반경류 터빈

⑤ 케이싱수
㉠ 1케이싱 터빈
㉡ 2케이싱 터빈

⑥ 흐름수
㉠ 단류 터빈
㉡ 복류 터빈

UNIT 02 배기가스 처리

1 집진

① **원심력집진장치의 원리 및 특징**

　㉠ 메커니즘 : 원심력 + 관성력 + 중력을 이용하여 먼지를 제거한다. 유입되는 함진가스의 원심력을 조성하여 장치 내벽에 충돌할 때 생기는 관성력과 중력으로 먼지를 제거한다.

　㉡ 효율향상조건
- 장치 높이 높게
- 유속 빠르게(적정 범위 내에서) → 적정범위 : 접선유입식 7~15m/sec, 축류식 10m/sec 전후
- 장치 내경 짧게
- 교란 방지
- Dust Box와 분리하여 설계
- 멀티 싸이클론 채용
- 먼지폐색(dust plaque) 효과를 방지하기 위해 축류집진장치를 사용
- 고농도 분진은 직렬로, 대량가스는 병렬로 처리

　㉢ 장단점

장점	단점
• 구조가 간단하고 가동부가 없음	• 미세한 입자의 포집곤란
• 전처리장치로 이용하기 용이	• 압력손실이 비교적 높음
• 고온가스 처리 가능	• 먼지부하, 유량변동에 민감
• 먼지입경에 대하여 사용범위 넓음(3~100㎛)	• 점착성, 조해성, 부식성 가스에 부적합

> 💡 **Blow Down(블로우 다운)방식**
>
> (1) Blow Down 효과의 정의 : 사이클론의 집진효율을 높이는 방법으로 하부의 더스트 박스(Dust Box)에서 처리가스량의 5~10%를 처리하여 사이클론내의 난류현상을 억제시킴으로 먼지의 재비산을 막아주며, 장치내벽 부착으로 일어나는 먼지의 축적도 방지하는 효과이다.
> (2) Blow Down의 장점
> 　- 원추하부에 가교현상을 억제시켜 재비산을 방지한다.
> 　- 분진내통의 더스트 플러그 및 폐색을 방지한다.
> 　- 유효원심력을 증가시킨다.
> 　- 원추하부 또는 출구에 분진이 퇴적되는 것을 방지한다.

② **여과집진장치의 원리와 특징**

　㉠ 메커니즘(세정집진과 같음)
- 관성충돌

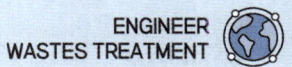

- 접촉차단
- 확산
- 중력
- 체거름(가교현상) ← 여과집진만 하는 메커니즘

ⓒ 효율향상조건
- 분진입자크기와 밀도가 클수록
- 유속이 느릴수록
- 적당한 여과포를 설치

ⓒ 장단점

장점	단점
• 미세입자에 대한 집진효율이 높음	• 소요면적이 많이 듦
• 여러 가지 형태의 분진을 포집할 수 있음	• 폭발성, 점착성 분진제거가 곤란함
• 다양한 용량의 가스를 처리할 수 있음	• 유지비용 많이 듦
• 부하변동에 대한 대응성이 좋음	• 가스의 온도에 제한을 받음
• 유용한 입자 회수가능	• 수분, 여과속도에 적응성이 낮음

💡 **블라인딩 현상(눈막힘 현상)**
점착성 또는 부착성이 강한 분진을 처리할 때 함진배기가스 중에 함유된 수분의 응결로 인하여 여과포에 부착된 분진이 탈리되지 않고 그대로 부착되어 압력손실을 증가시키게 되는 현상을 말한다.

③ **전기집진장치(EP, ESP)의 원리와 특징**

ⓒ 메커니즘 : 방전극에는 음(-)극으로 집진판을 양(+)극으로 하여 강전계를 형성하여 먼지를 음(-)으로 대전시켜 집진판에 부착 후 탈진하여 제거하는 방식이다.
- 정전기적인 인력(쿨롱력)
- 입자간의 흡입력
- 전계경도에 의한 힘(유전력)
- 전기풍에 의한 힘

ⓒ 효율향상조건
- 유속을 적정하게 유지
- 균일한 전계형성
- 전기저항이 큰 먼지입자는 배제하거나, 저항을 낮춤
- 수분과 온도를 알맞게 조절

💡 **겉보기 전기저항에 따른 집진성능**
- 전기저항이 높을 때($10^{11}\Omega \cdot cm$ 이상) → 역전리 발생
  💡 대책 SO_3 주입, 황함량이 높은 연료 혼소, 온도 및 습도 조절, 습식 집진, 2단식 채용
- 전기저항이 낮을 때($10^4\Omega \cdot cm$ 이하) → 재비산현상(점핑현상)
  💡 대책 암모니아 주입, 온도 및 습도 조절, 습식 집진, 1단식 채용
→ 일반적인 소각로에서의 정상적인 집진성능을 보이는 먼지의 전기비저항은 $10^4 \sim 5 \times 10^{10} \Omega \cdot cm$이다.

ⓒ 장단점

장점	단점
• 미세입자 제거 및 집진효율이 높음 • 낮은 압력손실로 대량가스 처리가능 • 광범위한 온도범위에서 설계가능 • 비교적 운영비가 적게 듦	• 소요면적이 많이 듦 • 설치비가 많이 듦 • 운전조건의 변화에 따른 대응성이 낮음 • 비저항이 큰 분진 제거 어려움

> 💡 **소각시설에서 발생하는 분진의 특징**
>
> • 흡수성이 크고 냉각되면 잘 고착된다.
> • 부피에 비해 비중이 작고 가볍다.
> • 배출되는 분진의 평균입경이 작다.

2 유해가스처리

1) 유해가스의 발생 및 처리

① 황산화물 발생 및 처리

㉠ 건식법

• 석회석 주입법 : 석회석 분말을 보일러의 연소실에 직접 주입하여 석회석과 SO_2를 반응시켜 석고로 회수하는 방법
  - 초기 투자비가 적게 듦
  - 소규모의 보일러나 노후된 보일러에 추가로 설치할 때 사용
  - 고온에서도 온도 저감없이 사용가능
  - pH의 영향을 받지 않음
  - 분말이 부착되어 열전달률 저하 우려
  - 분진 생성 문제

  > **반응식** $CaCO_3 + SO_2 + 0.5O_2 \rightarrow CaSO_4 + CO_2$

• 활성산화망간법 : 분말상의 산화망간을 배출가스 내에 주입시키면, 이것이 SO_2와 반응하여 황산망간 ($MnSO_4$)을 생성하며 여기에 다시 NH_3을 가하면 $(NH_4)_2SO_4$가 생성된다.
• 활성탄 흡착법 : SO_2를 활성탄에 흡착시키면 활성탄이 촉매작용을 하여 SO_2가 SO_3로 산화되고 SO_3가 배출가스 중의 수증기와 반응하여 H_2SO_4가 생성된다. 부착된 H_2SO_4를 회수하면 공정이 마무리된다.
  ※ 황산화물 활성탄 제거법 중 탈착방법 : 가열법, 세척법, 수증기 탈착법, 환원법, 불활성가스 탈착법
• 산화법(접촉산화법) : V_2O_5, K_2SO_4의 촉매를 사용하여 SO_2를 SO_3로 산화한 후 흡수탑에서 세정하여 황산으로 회수하거나 NH_3를 주입하여 $(NH_4)_2SO_4$로 회수하는 방법

$$\boxed{반응식}\ SO_2 + 0.5O_2 \xrightarrow{V_2O_5,\ K_2SO_4} SO_3$$

$$SO_3 + H_2O \rightarrow H_2SO_4$$

$$SO_3 + 2NH_4OH \rightarrow (NH_4)_2SO_4 + H_2O$$

※ NH_4OH : 암모니아수

- 전자빔에 의한 제거 : 전자빔을 배출가스에 조사하면, 산소, 수분 등이 전자와 충돌하면서, 라디칼을 형성하고 이 라디칼이 SO_2와 반응하여 황산이 생성되며, 여기에 NH_3를 투입하여 $(NH_4)_2SO_4$의 고체입자로 만들어 제거하는 방법이다.
- 산화구리법 : 산화구리를 사용하여 SO_2를 $CuSO_4$로 고정한 다음 H_2와 CH_4 등의 환원제를 써서 $CuSO_4$를 Cu와 SO_2로 재생하는 방법이다.

ⓒ 습식법
- 석회세정법 : 신뢰성과 경제성이 우수한 공법으로 효율이 95% 이상으로 좋다. 생석회(CaO)나 석회석을 Slurry 상태로 만들어 배연탈황에 이용하는 방법이다.
  - 효율이 우수
  - 변동이 적고 안정적인 처리가능
  - pH의 영향을 받음(pH가 높아지면 제거효율은 높아지나 석회석 이용률과 산화반응속도는 낮아진다. 일반적으로 spray tower 방식에서는 pH 5~6 정도로 유지)
  - 석고에 의한 스케일생성 문제
- NH_4OH(암모니아수)에 의한 흡수법 : 암모니아 수용액을 이용하여 SO_2를 흡수한다.

$$\boxed{반응식}\ SO_2 + 2NH_4OH \rightarrow (NH_4)_2SO_3 + H_2O$$

$$(NH_4)_2SO_3 + H_2O + SO_2 \rightarrow 2NH_4HSO_3$$

- Na법 : SO_2를 Na_2CO_3, NaOH, $NaHSO_3$, $NaAlO_2$, $Na_2OAl_2O_3$ 등과 반응시켜 제거하는 방법
- Wellmann-Lord법(재생식 공정) : SO_2를 Na_2SO_3를 이용하여 $NaHSO_3$으로 제거한 후, $NaHSO_3$를 가열하여 Na_2SO_3로 재생하는 방법. 석고에 의한 스케일 문제를 극복하고, 높은 효율로 운전이 가능하지만, 비용이 매우 비싸다.
- 마그네슘법 : SO_2를 MgO나 $Mg(OH)_2$의 Slurry와 반응시켜 $MgSO_3 \cdot 2H_2O$를 얻고 이것을 가열하여 SO_2와 MgO을 회수하는 방법

ⓒ 반건식법 : SO_2를 액체주입이 아닌 건조분말에 미세하게 분무된 액적과 접촉하여 처리하는 방법으로, 건조생성물은 반응기의 바닥으로 떨어지고, 집진장치에서 포집된 고형물은 흡수제로 재순환시켜 사용하는 공정이다. 비교적 장치가 간단하고, 흡수제의 소비를 줄이며, 수처리 비용이 절감되는 장점을 가지고 있어 공정개발이 활발하게 이루어지고 있다.

ⓔ 중유탈황 [암기TIP] 접 금 미 방 : 신체접촉 시 19금되어 미방송 된다.
- 접촉수소화 탈황(가장 많이 사용) : 온도 350~400℃, 압력 약 100atm
  - 직접탈황법

- 간접탈황법
- 중간탈황법
- 금속산화물에 의한 탈황
- 미생물에 의한 탈황
- 방사선에 의한 탈황

② **질소산화물 발생 및 처리**

㉠ 연소조절에 의한 NOx 발생의 억제 : 연소온도를 줄여 Thermal NOx 발생을 최소화하고 과잉공기량을 줄여 Fuel NOx를 억제하는 것이 목적

- 저과잉공기연소 : 공기공급량을 최소화하여 연소실의 온도를 저하시키고 산소농도를 낮추어 Thermal NOx와 Fuel NOx를 동시에 제어
- 연소용 공기 예열온도 조절 : 예열온도를 낮추어 연소온도를 저하시킴으로써 Thermal NOx 제어
- 연소부분 냉각 : 고온부에 수증기를 주입하여 온도를 저하, Thermal NOx 제어
- 배출가스 재순환(FGR) : 배기가스 재순환을 통하여 저산소로 연소시킴으로 연소온도를 저하, 주로 Thermal NOx 제어 효과
- 버너 및 연소실의 구조개량 : 연소실의 구조/재질을 변경하여 열의 확산을 촉진시킴으로 연소실내의 온도저하, Thermal NOx 제어
- 2단 연소 : 연소실의 구획을 나누어 1단에서는 공기공급을 줄여 불완전연소, 2단에서는 과잉공기로 공급하여 1단에서의 불완전연소물질을 완전연소함으로써 전체적인 연소온도를 감소하는 방법, Thermal NOx와 Fuel NOx를 동시에 제어한다. 특히 탁월한 Fuel NOx 제어효과를 가진다.
- 농담연소 : 버너의 공기공급량에 차이를 두어 1차 버너에서는 불완전연소, 2차 버너에서는 과잉연소하여 연소온도를 줄이는 방법, Thermal NOx와 Fuel NOx를 동시에 제어한다.

※ Thermal NOx : 연소실의 온도가 높아지면 질소와 산소의 반응으로 질소산화물이 형성
※ Fuel NOx : 연료 중의 존재하는 질소성분이 산소와 결합하여 질소산화물이 형성

㉡ **배출가스 중의 NOx 제거**

(1) 건식법

- 환원법
  - SCR(선택적 촉매환원법) : TiO_2과 V_2O_5를 혼합하여 제조한 촉매에 NH_3, H_2S 등 선택적 환원가스를 작용시켜 처리하는 방법이다.

    반응식
    $$4NO + 4NH_3 + O_2 \rightarrow 4N_2 + 6H_2O$$
    $$6NO_2 + 8NH_3 \rightarrow 7N_2 + 12H_2O$$
    $$6NO + 4NH_3 \rightarrow 5N_2 + 6H_2O$$
    $$NO + H_2S \rightarrow 0.5N_2 + H_2O + S$$

  - SNCR(선택적 비촉매환원법) : 900~1,000℃에서 촉매없이 선택적 환원가스를 질소산화물과 반응시켜 환원시키는 방법이다.

반응식 $4NO + 2(NH_2)_2CO + O_2 \rightarrow 4N_2 + 4H_2O + 2CO_2$

- NCR(비선택적 촉매환원법) : 산소가 희박한 상태에서 촉매에 비선택적 환원가스(H_2, CO, CH_4)를 작용시켜 처리하는 방법이다.

반응식
$2NO_2 + 4CO \rightarrow N_2 + 4CO_2$
$2NO_2 + CH_4 \rightarrow N_2 + CO_2 + 2H_2O$
$4NO + CH_4 \rightarrow 2N_2 + CO_2 + 2H_2O$

※ SCR과 SNCR의 비교

구분	SCR	SNCR
온도	300~400℃	900~1000℃
규모	대형	소형, 중형
촉매	사용	사용하지 않음
압력손실	큼	작음
제거효율	90% 이상	70% 이상
암모니아슬립	거의 없음	있음

- 흡착법 : 활성탄, 활성알루미나, 실리카겔 등의 흡착제를 이용하여 흡착처리하는 공정이다. 분자량 45 미만의 가스는 흡착되지 않으므로 NO를 NO_2로 산화하여 제거한다. 현실성은 희박한 편이다.
- 전자빔에 의한 제거 : 전자빔을 배출가스에 조사하면, 산소, 수분 등이 전자와 충돌하면서, 라디칼을 형성하고 이 라디칼이 NOx와 반응하여 HNO_3를 만들고, 여기에 NH_3를 투입하여 NH_4NO_3의 고체입자로 만들어 NOx를 제거한다.

(2) 습식법
- 물 또는 알칼리용액 흡수법 : NOx를 물이나 알칼리용액에 흡수시키는 방법으로 NO는 물에 거의 흡수되지 않으므로, NO를 촉매를 이용하여 NO_2로 산화한 후 흡수시킨다.
- 황산흡수법 : H_2SO_4로 NOx를 흡수하여 나이트로실황산($NOHSO_4$)으로 만들어 제거한다.
- 수산화물 흡수법 : NOx를 $Ca(OH)_2$ 또는 $Mg(OH)_2$에 흡수시켜 처리한다.
- $FeSO_4$ 흡수법 : 황산제1철을 NO와 반응시켜 착염을 생성하는 방법

반응식 $NO + FeSO_4 \rightarrow Fe(NO)SO_4$

③ 악취 및 VOC 처리
㉠ 환기 및 희석 : 후드와 덕트를 통하여 수집하고 굴뚝에서 배출하는 방법, 악취의 농도가 강할 때는 부적합, 운전비용이 가장 저렴
㉡ 흡착 : 물리적 흡착으로 주로 채택
㉢ 흡수 : 흡수액을 이용하여 흡수처리
㉣ 응축
 - 표면응축법 : 열교환기를 사용하여 표면응축
 - 직접응축법 : 충전탑 등을 이용하여 직접응축

ⓜ 연소
- 직접연소 : 오염물질을 직접 연소실에 투입하여 산화분해하는 방법
  - 650~850℃, 고농도·대유량 처리 적합(오염물의 발열량이 연소에 필요한 전체열량의 50% 이상일 때 경제적으로 타당하며 연료의 농도가 폭발한계 이상일 때 연소반응이 일어난다.)
  - 보조연료 사용
  - NOx 발생 및 기타 유해가스 2차발생 우려
  - 화재 및 폭발 우려
  - 체류시간 0.2~0.7초
  - 부식문제가 존재한다.(반응속도가 클수록 부식문제 심화)
- 가열연소(열분해) : 오염물질을 가열로에 투입하여 무산소상태에서 분해하는 방법
  - 500~700℃
  - 저농도·소유량 처리 적합
  - 보조연료 사용, 부산물 회수(고체, 액체, 기체연료 회수)
- 촉매연소 : 오염물질을 촉매 존재하에서 연소하여 산화분해하는 방법
  - 300~400℃, 저농도·소유량 처리 적합(폭발한계 이하의 중농도 또는 저농도일 경우에 유리)
  - 효율이 좋고, 압력손실이 적음
  - 낮은 온도에서 분해가 가능하여 NOx 생성이 적다.
  - 직접연소에 비해 보조연료의 소비가 적다.
  - 촉매독 문제(분진, Zn, Pb, S, Hg 존재 시 문제)
ⓑ 위장법 : 향기를 가진 물질을 이용하여 악취물질을 위장시키는 방법, 제거공법 아님
ⓢ 생물학적 처리
- 바이오필터 : 필터 안에 미생물이 부착하여 필터를 통과시키면서 악취를 제거하는 공정
  - 초기에 안정화하는데 시간이 오래 걸림
  - 2차오염이 없음
  - 온도, 수분, 독성에 영향을 많이 받음
- 토양탈취법 : 토양 내에 미생물을 이용하여 토양층에 악취를 통과시켜 제거하는 공정
  - 2차오염이 없음
  - 온도, 수분, 독성에 영향을 많이 받음
  - 넓은 부지면적 소요

④ **다이옥신 제어** : 비교적 낮은 소각온도에서 벤젠과 염소가 불완전연소상태가 형성되면 다이옥신은 생성될 수 있다. 다음의 방법으로 다이옥신은 제어된다.
  ㉠ 연소 전 제어
  - 폐기물 투입량을 일정하게 조정
  - 전구물질(Cl, 플라스틱 등)의 제어
  - 분리수거, 일회용품 사용자제

ⓛ 연소 과정 제어(소각로 내 제어) → 불완전 연소를 방지하여야 다이옥신을 제어할 수 있다.
- 공급상태 균질화 : 연소온도, 산소, 유기물의 변동을 막기 위해 균일한 쓰레기 조성을 유지한다.
- 적당한 연소온도 : 850℃ 이상으로 연소실 온도 유지(1,000℃ 이상 권장)
- 체류시간 : 2초 이상
- 충분한 산소농도(6~10% → 보일러 출구기준)
- 충분한 혼합
- 연소 시 CO 농도 50ppm 이하 유지
- 입자이월의 최소화 : 분진이 소각로 밖으로 빠져나가는 것을 최대한 배제한다. 분진은 저온형성을 촉진하기 때문이다.

ⓒ 연소 후 제어
- 후류온도 제어 : 다이옥신은 250~400℃ 사이에서 잘 형성되므로 연소실 출구에서 온도를 높게 유지하거나 250℃ 이하로 낮추어 다이옥신을 제어한다.
- 여과집진기+SCR : 여과집진기로 다이옥신의 전구물질은 분진을 집진 후에 SCR로 다이옥신을 제거한다.
- 촉매처리 시스템 : 티타늄, 바나듐, 백금, 팔라듐 같은 촉매를 사용하여 다이옥신을 분해시키는 방법
- 광분해법 : 자외선(파장 250~340nm)을 배기가스에 조사시켜 다이옥신의 결합을 파괴하는 방법
- 흡착처리 : 활성탄을 이용하여 다이옥신을 흡착한 후 흡착제를 분진제거 장치로 제거하는 방법
- 생물학적 분해법 : 미생물을 이용하여 다이옥신을 생물학적으로 분해시켜 제거하는 방법
- 초임계유체 분해법 : 초임계유체를 이용하여 다이옥신을 흡수·제거하는 방법

2) 유해가스 처리설비

① 흡수 처리설비

㉠ 액분산형 : 액을 분산시켜 가스와 접촉하여 흡수처리하는 방법(에 충전탑, 분무탑, 벤투리스크러버, 제트스크러버, 사이클론스크러버)
- 용해도가 큰 가스에 적용
- 헨리상수가 작은 가스에 적용
- Cl 처리

> 반응식 $Cl_2 + H_2O \rightarrow HOCl + H^+ + Cl^-$
> $2Ca(OH)_2 + 2Cl_2 \rightarrow CaCl_2 + Ca(OCl)_2 + 2H_2O$
> $2NaOH + Cl_2 \rightarrow NaCl + NaOCl + H_2O$
> $2HCl + Ca(OH)_2 \rightarrow CaCl_2 + 2H_2O$

- 흡수법으로 처리한다.
- 흡수 후 산성폐수의 중화필요
- F 처리

> 반응식 $F_2 + 2NaOH + 2H_2O \rightarrow 2NaF + 3H_2O + 0.5O_2$
> $2NaF + Ca(OH)_2 \rightarrow CaF_2 + 2NaOH$

- 흡수법으로 처리한다.(단, 불소는 충전탑사용 권장하지 않음)
- 흡수 후 산성폐수의 중화필요

ⓒ 가스분산형 : 가스를 분산시켜 액과 접촉하여 처리하는 방법(예 다공판탑, 포종탑, 기포탑)
- 용해도가 작은 가스에 적용
- 헨리상수가 큰 가스에 적용

② 흡착 처리설비

㉠ 흡착제의 종류
- 활성탄 : 용제회수, 악취제거, 가스정화
- 알루미나 : 가스, 공기 및 액체의 건조
- 보크사이트 : 석유 중의 유분제거, 가스 및 용액의 건조
- 마그네시아 : 휘발유 및 용제정제
- 실리카겔 : NaOH 용액 중 불순물 제거, 수분 제거

㉡ 흡착장치의 종류
- 고정상 흡착장치 : 지지물 안에 흡착제를 넣고 오염물을 제거하는 방식
  - 조건변동에 따른 대응이 용이하다.
  - 흡착제의 마모손실이 적다.
  - 대용량은 수평형, 소용량은 수직형으로 한다.
- 이동상 흡착장치 : 흡착제를 상부에서 하부로 이동하고, 처리가스는 하부에서 상부로 이동시켜 향류접촉하여 흡착하는 방식
  - 탈착효율이 좋음
  - 흡착제의 마모손실이 있음
  - 조건변동에 대응성이 좋지 못함
- 유동상 흡착장치 : 흡착제를 아래로 연속적으로 유동시키고, 가스를 향류접촉하여 흡착
  - 접촉효율이 가장 우수
  - 흡착제의 마모손실이 가장 큼

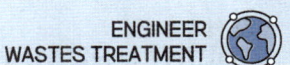

기출문제로 다지기   CHAPTER 05 연소가스처분 및 오염방지

01 폐기물소각 시 발생되는 질소산화물 저감 및 처리방법이 아닌 것은?

① 알칼리 흡수법　② 산화 흡수법
③ 접촉 환원법　④ 디메틸아닐린법

해설 [연소조절에 의한 NOx 발생의 억제방법]
- 저과잉공기연소
- 연소용 공기 예열온도 조절
- 연소부분 냉각
- 배출가스 재순환(FGR)
- 버너 및 연소실의 구조개량
- 2단 연소
- 농담연소

[배출가스 중의 NOx 제거]
1) 건식법
   - 환원법
     - SCR(선택적 촉매환원법)
     - SNCR(선택적 비촉매환원법)
     - NCR(비선택적 촉매환원법)
   - 흡착법
   - 전자빔에 의한 제거
2) 습식법
   - 물 또는 알칼리용액 흡수법
   - 황산흡수법
   - 수산화물 흡수법
   - $FeSO_4$ 흡수법

02 연소과정에서 발생하는 질소산화물 중 Fuel NOx 저감 효과가 가장 높은 방법은?

① 연소실에서 수증기를 주입한다.
② 이단연소에 의해 연소시킨다.
③ 연소실 내 산소 농도를 낮게 유지한다.
④ 연소용 공기의 예열온도를 낮게 유지한다.

해설 Fuel NOx를 제어하려면 온도 및 유입공기량을 줄여야 한다. Fuel NOx 및 Thermal NOx 제어에 모두 효율이 좋은 공법은 이단연소이다.

03 배연탈황법에 대한 설명으로 가장 거리가 먼 것은?

① 활성탄 흡착법에서 SO_2는 활성탄 표면에서 산화된 후 수증기와 반응하여 황산으로 고정된다.
② 수산화나트륨의 생성을 억제하기 위해 흡수액의 pH를 7로 조정한다.
③ 활성산화망간은 상온에서 SO_2 및 O_2와 반응하여 황산망간을 생성한다.
④ 석회석 슬러리를 이용한 흡수법은 탈황률의 유지 및 스케일 형성을 방지하기 위해 흡수액의 pH를 6으로 조정한다.

해설 활성산화망간법은 분말상의 산화망간을 배출가스 내에 주입시키면, 이것이 SO_2와 반응하여 황산망간($MnSO_4$)을 생성하며 여기에 다시 NH_3을 가하면 $(NH_4)_2SO_4$가 생성된다.

04 전기집진기의 특징으로 거리가 먼 것은?

① 회수가치성이 있는 입자 포집이 가능하다.
② 압력손실이 적고 미세입자까지도 제거할 수 있다.
③ 유지관리가 용이하고 유지비가 저렴하다.
④ 전압변동과 같은 조건변동에 적용하기가 용이하다.

해설 전압변동과 같은 조건변동에 대한 적응성이 약하다.

05 폐기물 소각시설로부터 생성되는 고형잔류물에 대한 설명으로 틀린 것은?

① 고형잔류물의 관리는 폐기물 소각로 설계와 운전 시에 매우 중요하다.
② 소각로 연소능력 평가는 재연소지수(ABI)를 이용하여 평가한다.
③ 가스세정기 슬러지(잔류물)는 질소산화물 세정에서 발생되는 고형잔류물이다.
④ 비산재는 전기집진이나 백필터에 의해 99% 이상 제거가 가능하다.

[해설] 가스세정기 슬러지(잔류물)는 황산화물 세정에서 발생되는 고형잔류물이다. 질소산화물의 습식처리는 효율과 경제성이 낮아 매우 드물게 사용된다.

06 소각 시 탈취방법인 촉매연소법에 대한 설명으로 가장 거리가 먼 것은?

① 제거효율이 높다.
② 처리경비가 저렴하다.
③ 처리대상가스의 제한이 없다.
④ 저농도 유해물질에도 적합하다.

[해설] 촉매연소법은 저농도·소유량 가스처리에 적합하며, 촉매 독물질을 함유하는 가스의 처리가 어렵다.

07 백필터를 통과한 가스의 분진농도가 $8mg/Sm^3$이고 분진의 통과율이 10%라면 백필터를 통과하기 전 가스중의 분진농도(g/m^3)는?

① 0.08   ② 0.88
③ 0.80   ④ 8.8

[해설] [식] $P(통과율) = \dfrac{C_o}{C_i}$

$0.1 = \dfrac{8}{C_i}$, ∴ $C_i = 80mg/Sm^3 = 0.08g/Sm^3$

※ 통과율 : 통과율은 장치를 통과하는 오염물질의 분율로 유입되는 오염물질 중의 배출되는 오염물질의 양(또는 농도)

08 황 성분이 0.8%인 폐기물을 20ton/h 성능의 소각로로 연소한다. 배출되는 배기가스 중 SO_2를 $CaCO_3$로 완전히 탈황하려 할 때, 하루에 필요한 $CaCO_3$의 양(ton/day)은? (단, 폐기물 중의 S는 모두 SO_2로 전환되며 소각로의 1일 가동시간은 16시간, Ca 원자량은 40이다.)

① 1.0   ② 2.0
③ 4.0   ④ 8.0

[해설] [식] $SO_2 + CaCO_3 + 0.5O_2 \rightarrow CaSO_4 + CO_2$
　　　　$22.4m^3$: $100kg$

$\dfrac{20톤}{hr} \times \dfrac{10^3 kg}{1톤} \times \dfrac{0.8(S)}{100(폐기물)} \times \dfrac{22.4m^3(SO_2)}{32kg(S)}$: X

∴ $X = \dfrac{500kg}{hr} \times \dfrac{1톤}{10^3 kg} \times \dfrac{16hr}{1day} = 8톤/day$

09 전기 집진기의 집진 성능에 영향을 주는 인자에 관한 설명 중 틀린 것은?

① 수분 함량이 증가할수록 집진 효율이 감소한다.
② 처리가스량이 증가하면 집진 효율이 감소한다.
③ 먼지의 전기비저항이 $10^4 \sim 5 \times 10^{10} \Omega \cdot cm$ 이상에서 정상적인 집진성능을 보인다.
④ 먼지 입자의 직경이 작으면 집진효율이 감소한다.

[해설] 수분 함량이 증가할수록 전기저항이 줄어듦으로 집진효율이 감소한다.

[정답] 05. ③　06. ③　07. ①　08. ④　09. ①

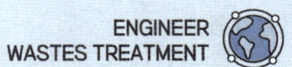

10 Thermal NOx에 대한 설명 중 틀린 것은?

① 연소를 위하여 주입되는 공기에 포함된 질소와 산소의 반응에 의해 형성된다.
② Fuel NOx와 함께 연소 시 발생하는 대표적인 질소산화물의 발생원이다.
③ 연소 전 폐기물로부터 유기질소원을 제거하는 발생원 분리가 효과적인 통제방법이다.
④ 연소통제와 배출가스 처리에 의해 통제할 수 있다.

해설 ③항은 Fuel NOx의 제어에 대한 설명이다.

11 폐열회수를 위한 열교환기 중 공기예열기에 관한 설명으로 옳지 않은 것은?

① 굴뚝 가스 여열을 이용하여 연소용 공기를 예열하여 보일러의 효율을 높이는 장치이다.
② 연료의 착화와 연소를 양호하게 하고 연소온도를 높이는 부대효과가 있다.
③ 대표적으로 판상 공기예열기, 관형 공기예열기 및 재생식 공기예열기 등이 있다.
④ 이코노마이저와 병용 설치하는 경우에는 공기예열기를 고온측에 설치한다.

해설 이코노마이저와 병용 설치하는 경우에는 공기예열기를 저온측에 설치한다.

12 원심력식 집진장치의 장점이 아닌 것은?

① 조작이 간단하고 유지관리가 용이하다.
② 건식 포집 및 제진이 가능하다.
③ 고온가스의 처리가 가능하다.
④ 분진량과 유량의 변화에 민감하다.

해설 ④항은 원심력식 집진장치의 단점이다.

13 사이클론(cyclone) 집진장치에 대한 설명으로 틀린 것은?

① 원심력을 활용하는 집진장치이다.
② 설치면적이 작고 운전비용이 비교적 적은 편이다.
③ 온도가 높을수록 포집효율이 높다.
④ 사이클론 내부에서 먼지는 벽면과 마찰을 일으켜 운동에너지를 상실한다.

해설 온도가 높을수록 가스의 점도가 상승하여 효율이 낮아진다.

14 배가스 세정 흡수탑의 조건에 관한 설명으로 가장 거리가 먼 것은?

① 흡수장치에 들어가는 가스의 온도는 일정하게 높게 유지시켜 주어야 한다.
② 세정액에 중화제액 혼입에 의한 화학반응 속도를 향상시킬 필요가 있다.
③ 세정액과 가스의 접촉면적을 크게 잡고 교란에 의한 기체/액체 접촉을 높여야 한다.
④ 비교적 물에 대한 용해도가 낮은 CO, NO, H_2S 등의 흡수 평행조건은 헨리의 법칙을 따른다.

해설 흡수장치에 들어가는 가스의 온도는 일정하게 낮게 유지시켜야 포집효과를 증대시킬 수 있다.

15 소각로로부터 폐열을 회수하는 경우의 장점에 해당되지 않는 것은?

① 열회수로 연소가스의 온도와 부피를 줄일 수 있다.
② 과잉 공기량이 비교적 적게 요구된다.
③ 소각로의 연소실 크기가 비교적 크지 않다.
④ 조작이 간단하며 수증기 생산설비가 필요없다.

해설 조작이 어렵고 수증기 생산설비가 필요하다.

정답 10. ③ 11. ④ 12. ④ 13. ③ 14. ① 15. ④

16 증기 터빈을 증기 이용 방식에 따라 분류했을 때의 형식이 아닌 것은?

① 반동 터빈(reaction turbine)
② 복수 터빈(condensing turbine)
③ 혼합 터빈(mixed pressure turbine)
④ 배압 터빈(back pressure turbine)

해설 〈증기작동방식에 따른 분류〉
㉠ 충동식 터빈(Impulse Turbine)
㉡ 반동식 터빈(Reaction Turbine)
㉢ 혼합식 터빈
〈증기이용방식에 따른 분류〉
㉠ 배압 터빈
㉡ 복수 터빈
㉢ 혼합 터빈

17 열분해에 의한 에너지 회수법의 단점으로 옳지 않은 것은?

① 보일러 튜브가 쉽게 부식된다.
② 초기 시설비가 매우 높다.
③ 열공급에 대한 확실성이 없으며 또한 시장의 절대적 확보가 어렵다.
④ 지역난방에 효과적이지 못하다.

해설 지역난방에 효과적이다.

18 열교환기 중 과열기에 대한 설명으로 틀린 것은?

① 보일러에서 발생하는 포화증기에 다수의 수분이 함유되어 있으므로 이것을 과열하여 수분을 제거하고 과열도가 높은 증기를 얻기 위해 설치한다.
② 일반적으로 보일러 부하가 높아질수록 대류 과열기에 의한 과열 온도는 저하하는 경향이 있다.
③ 과열기는 그 부착 위치에 따라 전열형태가 다르다.
④ 방사형 과열기는 주로 화염의 방사열을 이용한다.

해설 ②항 → 일반적으로 보일러 부하가 높아질수록 대류 과열기에 의한 과열온도는 상승하는 경향이 있다.

19 질소산화물의 제거 처리를 위한 선택적 촉매환원법(SCR)과 비교한 선택적 비촉매환원법(SNCR)에 대한 설명으로 틀린 것은?

① 운전온도는 850~950℃ 정도로 고온이다.
② 다이옥신의 제거는 매우 어렵다.
③ 설치공간이 적고 설치비도 저렴하다.
④ 암모니아 슬립(Slip)이 적다.

해설 효율이 낮아 암모니아 슬립(Slip)이 많다.

20 소각 연소공정에서 발생하는 질소산화물(NOx)의 발생억제에 관한 설명으로 틀린 것은?

① 이단연소법은 열적 NOx 및 연료 NOx의 억제에 효과가 있다.
② 저산소 운전법으로 연소실 내 연소가스 온도를 최대한 높게 하는 것이 NOx의 억제에 효과가 있다.
③ 화염온도의 저하는 열적 NOx의 억제에 효과가 있다.
④ 저 NOx 버너는 열적 NOx의 억제에 효과가 있다.

해설 저산소 운전법으로 연소실 내 연소가스 온도를 최대한 낮게 하고 산소농도를 낮게 하는 것이 NOx의 억제에 효과가 있다.

정답 16. ① 17. ④ 18. ② 19. ④ 20. ②

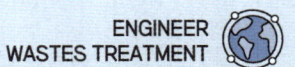

21 다음 공법을 비교 설명한 내용으로 옳은 것은?

> 폐기물 소각시스템에서 발생되는 질소산화물(NOx)을 저감시키는 방법에는 일반적으로 선택적 비촉매환원법(SNCR, 요소수 사용)과 선택적 촉매환원법(SCR, 암모니아수 사용) 등을 많이 이용하고 있다.

① 소요공사비는 선택적 촉매환원법이 선택적 비촉매환원법보다 저렴하다.
② 유지관리비는 선택적 촉매환원법이 선택적 비촉매환원법보다 저렴하다.
③ 질소산화물 제거율은 선택적 촉매환원법이 선택적 비촉매환원법보다 높다.
④ 취급약품의 안전성은 선택적 촉매환원법이 선택적 비촉매환원법보다 안전하다.

해설 ③항만 올바르다.
오답해설
① 소요공사비는 선택적 촉매환원법이 선택적 비촉매환원법보다 비싸다.
② 유지관리비는 선택적 촉매환원법이 선택적 비촉매환원법보다 비싸다.
④ 취급약품의 안전성은 선택적 비촉매환원법이 선택적 촉매환원법보다 안전하다.

22 NOx 처리를 위하여 사용되는 선택적 촉매환원기술(SCR)에 대한 설명으로 틀린 것은?

① SCR은 촉매하에서 NH_3, CO 등의 환원제를 사용하여 NOx를 N_2로 전환시키는 기술이다.
② 연소방법의 개선이나 저농도 NOx 연소기의 사용은 공정상에서 직접 이루어지는 질소산화물 저감방법이다.
③ 촉매독과 분진의 부착에 따른 폐색과 압력손실을 방지하기 위하여 유해가스 제거 및 분진제거 장치 후단에 설치되는 것이 일반적이다.
④ 분진제거 SCR로 유입되는 배출가스의 온도가 150~200℃이므로 제거효율의 저하 및 저온부식의 우려가 있다.

해설 ②항은 연소실에서의 NOx 제어(연소과정 중 제어)방법에 해당한다.

23 소각 시 탈취방법 중 직접연소법을 적용할 때의 주의할 사항으로 틀린 것은?

① 연소반응은 연료가 폭발한계보다 약간 적을 때 일어나며 폭발한계를 넘으면 일어나지 않는다.
② 오염물의 발열량이 연소에 필요한 전체열량의 50% 이상일 때 경제적으로 타당하다.
③ 연소장치 설계 시 오염물의 폭발한계점 또는 인화점을 잘 알아야 한다.
④ 화염온도가 1,400℃ 이상이 되면 질소산화물이 생성될 염려가 있다.

해설 연소반응은 연료가 폭발한계를 넘을 때 일어나며 폭발한계를 넘지 않으면 일어나지 않는다.

24 소각 시 탈취방법 중 직접연소법에 관한 설명으로 가장 거리가 먼 것은?

① 유독성가스의 제거법으로 사용하며 촉매 사용없이 직접연소하는 방법이다.
② 연소장치 설계 시 오염물의 폭발한계점 또는 인화점을 잘 알아야 한다.
③ 오염물의 발열량이 연소에 필요한 전체열량의 50% 이상일 때 경제적으로 타당하다.
④ 반응속도가 낮은 경우 장치의 대형화로 인하여 부식 등 관리문제가 있다.

해설 반응속도가 높은 경우 장치의 대형화로 인하여 부식 등 관리문제가 있다.

정답 21. ③ 22. ② 23. ① 24. ④

25 소각공정에서 발생하는 다이옥신에 관한 설명으로 가장 거리가 먼 것은?

① 쓰레기 중 PVC 또는 플라스틱류 등을 포함하고 있는 합성물질을 연소시킬 때 발생한다.
② 연소 시 발생하는 미연분의 양과 비산재의 양을 줄여 다이옥신을 저감할 수 있다.
③ 다이옥신 재형성 온도구역을 설정하여 재합성을 유도함으로써 제거할 수 있다.
④ 활성탄과 백필터를 적용하여 다이옥신을 제거하는 설비가 많이 이용된다.

[해설] 다이옥신 재형성 온도구역을 피함으로써 생성량을 감소할 수 있다.

26 다음 중 주로 이용되는 집진장치의 집진원리(기구)로서 가장 거리가 먼 것은?

① 원심력을 이용 ② 반데르발스힘을 이용
③ 필터를 이용   ④ 코로나 방전을 이용

[해설] 반데르발스힘을 이용하는 것은 물리적 흡착을 이용한 유해가스처리시 주로 이용한다.

27 다이옥신의 로내 제어 방법이 맞는 것은?

① 온도는 300~400℃ 유지
② 연소가스는 400℃ 이하에서 연소실 체류시간 2초 이상 유지
③ 2차 공기 공급에 의한 미연분의 완전연소
④ O_2의 농도를 25~30%로 지속 유지

[해설] ③항만 올바르다.
[오답해설]
① 온도는 850℃ 이상 유지
② 연소가스는 850℃ 이상에서 연소실 체류시간 2초 이상 유지
④ O_2의 농도를 6~10%로 지속 유지

28 증기터어빈의 분류관점에 따른 터어빈 형식이 잘못 연결된 것은?

① 증기 작동방식 – 충동 터어빈, 반동 터어빈, 혼합식 터어빈
② 흐름수 – 단류 터어빈, 복류 터어빈
③ 피구동기(발전용) – 직결용 터어빈, 감속형 터어빈
④ 증기 이용방식 – 반경류 터어빈, 축류 터어빈

[해설] 증기이용방식 : 배압터빈, 복수터빈, 혼합터빈

29 매시간 4ton의 폐유를 소각하는 소각로에서 발생하는 황산화물을 접촉산화법으로 탈황하고 부산물로 50%의 황산을 회수한다면 회수되는 부산물량(kg/hr)은? (단, 폐유 중 황성분 3%, 탈황율 95%라 가정한다.)

① 약 500   ② 약 600
③ 약 700   ④ 약 800

[해설] 반응식 S + O_2 → SO_2
32kg : 22.4㎥

$\frac{4톤}{hr} \times \frac{10^3 kg}{1톤} \times \frac{3(S)}{100(폐유)}$, $X_1(SO_2) = 84m^3/hr$

반응식 SO_2 + 0.5O_2 → SO_3
22.4㎥ : 22.4㎥
84㎥/hr : $X_2(SO_3) = 84m^3/hr$

반응식 SO_3 + H_2O → H_2SO_4
22.4㎥ : 98kg

84㎥/hr : $X_3(H_2SO_4) = \frac{84m^3}{hr} \times \frac{98kg}{22.4m^3} \times 0.95$
$= 349.125 kg/hr$

∴ 회수되는 부산물량 $= \frac{349.125kg}{hr} \times \frac{1}{0.5} = 698.25 kg/hr$

※ 부가설명 : 지문의 50%의 황산을 회수한다는 설명은 생성된 황산 중 50%를 회수한다는 것이 아닌 농도 "50%의 황산"을 회수한다는 말이다. 따라서 생성된 100%의 황산을 0.5를 나누어 농도 50%의 황산 회수량을 환산하여 답을 산출한다.

정답 25. ③ 26. ② 27. ③ 28. ④ 29. ③

30 다이옥신을 억제시키는 방법이 아닌 것은?

① 제1차적(사전방지) 방법
② 제2차적(로내) 방법
③ 제3차적(후처리) 방법
④ 제4차적 전자선조사법

[해설] 다이옥신의 제어대책은 연소 전 제어(1차 대책 – 사전방지) – 연소 과정 제어(2차 대책 – 연소실 제어) – 연소 후 제어(3차 대책 – 배출가스 중 제어)로 진행된다.

31 폐기물의 소각시설에서 발생하는 분진의 특징에 대한 설명으로 틀린 것은?

① 흡수성이 작고 냉각되면 고착하기 어렵다.
② 부피에 비해 비중이 작고 가볍다.
③ 입자가 큰 분진은 가스 냉각장치 등의 비교적 가스 통과속도가 느린 부분에서 침강하기 때문에 분진의 평균입경이 작다.
④ 염화수소나 황산화물을 포함하기 때문에 설비의 부식을 방지하기 위해 일반적으로 가스냉각장치 출구에서 250℃ 정도의 온도가 되어야 한다.

[해설] 흡수성이 크고 냉각되면 잘 고착되기 때문에 내벽에 가온장치 등을 고려해야 한다.

32 폐기물 연소 후 배출되는 배기가스 중 염화수소 농도가 361ppm이고, 배기가스 부피가 2,900Sm³/hr일 때, 배기가스 내 염화수소를 Ca(OH)₂로 처리 시 필요한 Ca(OH)₂량은? (단, 표준상태를 기준으로 하고, Ca 원자량 : 40, 처리반응율은 100%로 한다.)

① 1.73kg/hr
② 2.82kg/hr
③ 3.64kg/hr
④ 4.81kg/hr

[해설] [식] $2HCl + Ca(OH)_2 \rightarrow CaCl_2 + 2H_2O$
$2 \times 22.4m^3$: $74kg$

$$\frac{2,900m^3}{hr} \times \frac{361mL}{m^3} \times \frac{1m^3}{10^6 mL} : X, \quad \therefore X = 1.73 kg/hr$$

33 소각로에 열교환기를 설치, 배기가스의 열을 회수하여 급수 예열에 사용할 때 급수 출구 온도는 몇 ℃인가? (단, 배기가스량 : 100kg/hr, 급수량 : 200kg/hr, 배기가스 열교환기 유입온도 : 500℃, 출구온도 : 200℃, 급수의 입구온도 : 10℃, 배기가스 정압비열 : 0.24kcal·℃)

① 26
② 36
③ 46
④ 56

[해설] [식] θ_w(물의 열량변화) = θ_g(가스의 열량변화)
〈계산〉 θ(열량) = $m \times C_p \times \Delta t$

• $\theta_w = m_w C_{pl} \Delta t = \frac{200kg}{hr} \times \frac{1.0 kcal}{kg \cdot ℃} \times (t_o - 10)℃$

• $\theta_g = m_g C_{pg} \Delta t = \frac{100kg}{hr} \times \frac{0.24 kcal}{kg \cdot ℃} \times (500 - 200)℃$

$200 \times (t_o - 10) = 7,200$

$\therefore t_o = 46℃$

34 다음 중 전기집진기에 대한 설명으로 틀린 것은?

① 회수가치성이 있는 입자 포집이 가능하다.
② 고온가스, 대량의 가스처리가 가능하다.
③ 전압변동과 같은 조건변동에 쉽게 적응하기 어렵다.
④ 유지관리가 어렵고 유지비가 많이 소요된다.

[해설] ④항 → 전기집진장치는 유지관리가 용이하고 유지비가 저렴하다.

정답 30. ④ 31. ① 32. ① 33. ③ 34. ④

35 전 건조된 폐기물 10,000kg/h를 소각할 때 폐기물 중 유기물 성분이 60%이면 굴뚝으로부터 발생하는 열량은 19,193kJ/kg으로 가정하며, 복사에 의한 열손실은 압력의 5%이고, 발생열의 10%가 소각재에 잔존한다고 가정한다.)

① 98×10^6　　② 109×10^6
③ 116×10^6　　④ 125×10^6

해설 열량은 물질의 양×유기물 함량×연소열로 계산된다.

$$X(kJ/h) = \frac{10,000kg}{hr} \times \frac{60(VS)}{100(W)} \times \frac{19,193kJ}{kg}$$
$$\times \frac{(100-5)}{100} \times \frac{(100-10)}{100} = 98 \times 10^6 kJ/hr$$

36 연소공정 중 연소실에 대한 설명으로 틀린 것은?

① 연소실의 운전척도는 공기/연료비, 혼합 정도, 연소온도 등이 있고 연소실의 크기는 충분히 커야 한다.
② 연소실은 1차 및 2차 연소실로 구성되는데 주입폐기물을 건조, 휘발, 점화시켜 연소시키는 곳은 2차 연소실이다.
③ 연소실의 연소온도는 600~1,000℃이며, 연소실의 크기는 주입폐기물 톤당 $0.4~0.6m^3$/일로 설계한다.
④ 연소로 모양은 직사각형, 수직원통형, 혼합형, 로타리킬른형 등이 있는데, 대부분이 직사각형의 연소로이다.

해설 연소실은 1차 및 2차 연소실로 구성되는데 주입폐기물을 건조, 휘발, 점화시켜 연소시키는 곳은 1차 연소실이다. 2차 연소실은 미연분을 연소시키는 곳이다.

37 소각로 배기가스 중 HCl(분자량 : 36.5) 농도가 544ppm이면 이는 몇 mg/Sm^3에 해당하는가? (단, 표준상태 기준)

① 약 665　　② 약 789
③ 약 886　　④ 약 978

해설 $C_m (mg/m^3) = 544 ppm \times \frac{36.5}{22.4} = 886.43 mg/m^3$

38 폐기물 소각시스템에서 연소가스 냉각설비로 폐열보일러를 많이 채택하고 있다. 이 폐열보일러의 구성요소가 아닌 것은?

① 슈트 블로어
② 증기 복수설비
③ 절탄기
④ 이류체 압력분무 Nozzle

39 일반적으로 과열기의 중간 또는 뒤쪽에 배치되어 증기터어빈 속에서 팽창하여 포화증기에 도달한 증기를 도중에서 이끌어내서 그 압력으로 다시 가열하여 터어빈에 되돌려 팽창시키는 열교환기는?

① 재열기　　② 절탄기
③ 공기예열기　　④ 압열기

40 폐열회수를 위한 열교환기 중 연도에 설치하며, 보일러 전열면을 통하여 연소가스의 여열로 보일러 급수를 예열하여 보일러 효율을 높이는 장치는?

① 재열기　　② 절탄기
③ 공기예열기　　④ 과열기

정답　35. ①　36. ②　37. ③　38. ④　39. ①　40. ②

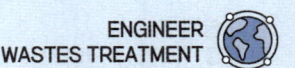

41 다음 중 소각로의 설계공정에서 소각 연소효율(연소성능)의 영향인자로 가장 거리가 먼 것은?

① 열 부하율 ② 소각온도
③ 체류시간 ④ 산소공급과 난류혼합

해설 열 부하율은 단위시간당 소각가능한 물질의 양을 나타내는 지표로 연소효율과 관계없고 연소량과 관계있다.

42 절탄기 설치 시 주의할 점이라 볼 수 없는 것은?

① 통풍저항 증가
② 굴뚝가스 온도의 저하로 인한 굴뚝 통풍력 감소
③ 급수온도가 낮은 경우, 굴뚝가스 온도가 저하하면 절탄 시 저온부에 접하는 가스 온도가 노점에 달하여 절탄기를 부식시킴
④ 보일러 드럼에 발생하는 열응력 증가

해설 ④항 → 절탄기는 보일러 드럼에 발생하는 열응력이 경감되는 효과가 있다.

43 폐기물 소각 보일러에 Na_2SO_3(MW=126)을 가하여 공급수 중의 산소를 제거한다. 이때 반응식은 $2Na_2SO_3 + O_2 \rightarrow 2Na_2SO_4$이다. 보일러 공급수 3,000톤에 산소함량 6mg/L일 때 이 산소를 제거하는데 필요한 Na_2SO_3의 이론량은? (단, 공급수 비중은 1.0)

① 약 75kg ② 약 95kg
③ 약 142kg ④ 약 193kg

해설 반응식 $2Na_2SO_3 + O_2 \rightarrow 2NaSO_4$
$2 \times 126g : 32g$

$X : \dfrac{6mg}{L} \times 3{,}000톤 \times \dfrac{10^3 kg}{1톤} \times \dfrac{1L}{1kg} \times \dfrac{1kg}{10^6 mg}$

∴ $X(= Na_2SO_3) = 141.75kg$

44 스크러버는 액적 또는 액막을 형성시켜 함진가스와의 접촉에 의해 오염물질을 제거시키는 장치이다. 다음 중 스크러버의 장점 및 단점에 대한 설명이 아닌 것은?

① 2차적 분진처리가 불필요하다.
② 냉한기에 세정수의 동결에 의한 대책 수립이 필요하다.
③ 좁은 공간에도 설치가 필요하다.
④ 부식성가스의 흡수로 재료 부식이 방지된다.

해설 물을 사용하여 재료 부식이 촉진된다.

45 소각 시 다이옥신(Dioxin)의 발생억제(또는 제거) 방법에 관한 설명으로 틀린 것은?

① 로내 온도를 300~350℃ 범위로 일정하게 운전하여 다이옥신성분 발생을 최소화한다.
② 배기가스 conditioning시 칼슘 및 활성탄분말 투입시설을 설치하여 다이옥신과 반응 후 집진함으로서 줄일 수 있다.
③ 유기 염소계 화합물(PVC 제품류) 반입을 제한한다.
④ 페인트가 칠해져 있거나 페인트로 처리된 목재, 가구류 반입을 억제, 제한한다.

해설 소각 시 연소실 온도는 850℃ 이상으로 2초 이상 연소하여 다이옥신성분 발생을 최소화하여야 한다.

정답 41. ① 42. ④ 43. ③ 44. ④ 45. ①

46 어느 도시폐기물 중 가연성 성분이 70%이고, 불연성 성분이 30%일 때 다음의 조건하에서 생활폐기물 고형연료제품(RDF)을 생산한다면 일주일 동안의 생산량(m^3)은?

- 폐기물발생량 : 2kg/인·일
- 세대 수 : 50,000세대
- 세대당 평균 인구수 : 3명
- RDF : 밀도 1,500kg/m^3
- 가연성성분 회수율 : 90%
- RDF는 가연성 물질기준

① 386　　② 486
③ 686　　④ 882

해설 식 RDF량 = 도시 폐기물량 × 가연성분 비율

$$\therefore RDF = \frac{2kg}{인 \cdot 일} \times \frac{3인}{세대} \times 50,000세대 \times \frac{70}{100} \times \frac{90}{100} \times \frac{m^3}{1,500kg} \times \frac{7일}{1주} = 882m^3$$

47 다이옥신(Dioxin)과 퓨란(Furan)의 생성기전에 대한 설명으로 옳지 않은 것은?

① 투입 폐기물내에 존재하던 PCDD/PCDF가 연소시 파괴되지 않고 배기가스 중으로 배출
② 전구물질(클로로페놀, 폴리염화바이페닐 등)이 반응을 통하여 PCDD/PCDF로 전환되어 생성
③ 여러 가지 유기물과 염소공여체로부터 생성
④ 약 800℃의 고온 촉매화반응에 의해 분진으로부터 생성

해설 약 300~400℃의 촉매화반응에 의해 분진으로부터 생성

48 폐기물의 소각에 따른 열 회수에 대한 설명으로 옳지 않은 것은?

① 회수된 열을 이용하여 전력만 생산할 경우 70~80%의 높은 에너지효율을 얻을 수 있다.
② 온수나 연소공기 예열 및 증기생산 등의 에너지 활용은 단순에너지 활용으로 소규모 소각방식에 적합하다.
③ 열병합방식을 활용하면 에너지의 활용을 극대화시킬 수 있다.
④ 열회수장치는 고온연소가스와 냉각수나 공기 사이에서 대류, 전도, 복사열 전달현상에 의하여 열을 회수한다.

해설 회수된 열을 이용하여 전력만 생산할 경우 20~30%의 에너지효율을 얻을 수 있다. 나머지 70~80%는 지역난방으로 이용한다.

49 소각로 배출가스 중 염소(Cl_2)가스 농도가 0.5%인 배출가스 3,000Sm^3/hr를 수산화칼슘 현탁액으로 처리하고자 할 때 이론적으로 필요한 수산화칼슘의 양(kg/hr)은? (단, Ca 원자량 = 40)

① 약 12.4　　② 약 24.8
③ 약 49.6　　④ 약 62.1

해설 반응식 $2Cl_2 + 2Ca(OH)_2 \rightarrow CaCl_2 + Ca(ClO)_2 + 2H_2O$
　　　　　$2 \times 22.4m^3$: $2 \times 74kg$

$$\frac{3,000Sm^3}{hr} \times \frac{0.5}{100} : X, \quad \therefore X = 49.55kg/hr$$

정답　46. ④　47. ④　48. ①　49. ③

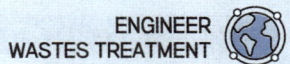

50 소각 시 발생되는 황산화물(SOx)의 발생 방지법으로 틀린 것은?

① 저황 함유연료의 사용
② 높은 굴뚝으로의 배출
③ 촉매산화법 이용
④ 입자이월의 최소화

해설 입자이월의 최소화는 다이옥신의 제어대책에 해당한다.

51 소각로에서 배출되는 비산재(fly ash)에 대한 설명으로 옳지 않은 것은?

① 입자크기가 바닥재보다 미세하다.
② 유해물질을 함유하고 있지 않아 일반폐기물로 취급된다.
③ 폐열보일러 및 연소가스 처리설비 등에서 포집된다.
④ 시멘트 제품 생산을 위한 보조원료로 사용 가능하다.

해설 유해물질을 함유하고 있어 유해폐기물로 취급된다.

> ※ 비산재와 바닥재 : 소각로에서 발생하는 소각재는 비산재와 바닥재로 분류되고 바닥재는 대부분 재로 구성되고 중금속 농도가 낮은 반면, 비산재는 중금속 농도가 상당히 높다.

 50. ④ 51. ②

06 CHAPTER 최종처분

💡 최종처분이란?
폐기물의 마지막 처분과정을 말하며 매립공정을 의미한다. 매립 시에는 폐기물을 중간처분 한 뒤 더 이상의 중간처분이 어려울 경우 매립하는 것을 원칙으로 하며 매립 후에 발생하는 침출수 또는 가스발생으로 주변 환경오염의 우려가 없도록 차수시설, 집수시설, 처리시설, 가스소각 및 발전, 연료화 시설을 갖추어야 한다.

UNIT 01 매립지 선정

💡 매립지 선정 시 고려사항
① 해안매립 : 수심이 얕을 것, 조위[5]의 변화가 작을 것, 침식이 없는 지형, 물질 확산에 영향을 주지 않을 것
② 육상매립 : 집수면적이 작을 것, 지하수 및 지하수맥이 존재하지 않을 것, 경관의 손상이 적을 것, 지질이 안정적일 것

💡 매립지 면적 산출

$$A = \frac{\forall(\text{매립되는 폐기물 부피})}{H(\text{매립 깊이})}$$

- $\forall = m(\text{질량}) \times \dfrac{1}{\rho(\text{밀도})}$

1 육상매립

① 매립의 종류
   ㉠ 단순매립 : 단순하게 폐기물을 매립한 후 복토하는 비위생적인 매립형태
   ㉡ 위생매립 : 일반폐기물 처분에 가장 효과적인 방법으로 매립과 복토가 연속해서 이루어지고, 최종적으로는 매립지를 토지로 이용할 수 있게 매립하는 형태로 매립가스(LFG)의 회수 및 이용이 가능하다.

---
5) 조위 : 일정한 기준면에서 해면을 측정했을 때의 높이

ⓒ **안전매립** : 유해폐기물을 자연계와 완전차단하는 매립형태

> 💡 **차단형 매립과 관리형 매립**
> – 차단형 매립 : 안전매립   – 관리형 매립 : 위생매립

② **입지선정기준**
  ㉠ **지형**
   • 충분한 부지확보 가능성   • 복토재의 조달 용이성   • 집수면적
   • 토공량   • 우수배제 용이도
  ㉡ **수문지질**
   • 지하수위   • 상수원보호구역   • 지하수 용도
   • 바닥층 토양특성(연약지반)   • 습지   • 우수배제 양호성
   • 단층지역
  ㉢ **위치**
   • 시각적 은폐   • 경관
   • 교통   • 폐기물 운반거리
  ㉣ **생태**
   • 수립상태   • 특정동식물 서식   • 생태계 보전지역
  ㉤ **토지이용**
   • 매립지주변의 주민거주현황   • 매립 후 부지사용
   • 매립지주변의 토지이용현황   • 지역계획과의 연관성
  ㉥ **기타**
   • 주변도로 여건   • 사후관리 용이도   • 수집운반효율
   • 풍향, 풍속   • 침출수처리를 위한 인근 폐수처리장 유무

② 해양매립

① **매립의 종류**
  ㉠ **순차투입공법** : 제방을 설치하여 육지쪽에서부터 바다쪽으로 순차적으로 매립하거나 호안측에서 순차적으로 매립하는 형식

> 💡 **특징**
> ① 수심이 깊어 처분장에서 건설비 과다로 내수를 배제하기 곤란한 경우 적용하기 좋다.
> ② 부유성 쓰레기의 수면확산에 의해 수면부와 육지부의 경계 구분이 어려워 매립장비가 매몰되기도 한다.
> ③ 수중부에 쓰레기를 고르게 깔고 압축하는 작업이 불가능하며, 완벽한 복토를 실시하기도 어렵다.
> ④ 바닥지반이 연약한 경우 쓰레기 하중으로 연약층이 유동하거나, 국부적으로 두껍게 퇴적하기도 한다.

ⓒ **수중투기(내수배제)공법** : 외주호안이나 중간제방 등에 의해 고립된 매립시설 내의 해수를 그대로 둔 채 폐기물을 투기하거나 일부만 배수하고 폐기물을 투기하는 방법

> 💡 **특징**
> ① 오염된 내수를 처리해야 한다.
> ② 화재대책, 환경보전, 방재대책이 필요하다.
> ③ 지반개량이 특히 필요한 지역이나 설비가 대규모인 매립지 등에 적합하며 매립지의 조기이용에 유리하다.

ⓒ **박층뿌림공법** : 바지선에 폐기물을 싣고, 투하지점에서 바지선의 밑면을 개방하여 매립하는 방식

> 💡 **특징**
> ① 쓰레기지반 안전화에 유리하다.
> ② 매립효율이 떨어진다.
> ③ 매립부지의 조기이용에 유리하다.
> ④ 개량된 지반이 붕괴될 위험성이 있는 경우에 적용한다.

UNIT 02 매립공법

1 샌드위치 공법(Sandwich Method) : 층층이 폐기물, 복토를 번갈아 가며 쌓는 방식으로 한 층이 일일분의 폐기물이다. 좁은 산간 매립지에 적당하다.

2 셀 공법(Cell Method) : 하나의 셀이 일일분의 폐기물량이며, 하나의 셀 층마다 일일복토를 해야 하고, 한 층이 되면 중간복토 하는 방식이다.

> 💡 **특징**
> ① 비탈면에 적용할 경우 경사각도는 15~25°이고, 1일 작업하는 셀 크기는 매립처 분량에 따라 결정한다.
> ② 매우 위생적이며, 고밀도 매립이 가능하다.
> ③ 화재 및 확산, 해충을 방지할 수 있다.
> ④ 복토비용 및 유지관리비가 많이 든다.
> ⑤ 매립층 내 수분, 발생가스의 이동이 억제된다.

3 압축매립 공법(Baling Method) : 매립 전 압축 포장하여 하나의 더미(Bale)로 만들어 매립하는 공법이다.

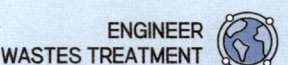

> **특징**
> ① 쓰레기의 운반이 쉽다.
> ② 토지의 지가가 비쌀 경우에 유효한 방법이다.(매립지 소요면적이 적고 매립연한이 증대된다.)
> ③ 매립 각층별로 일일복토를 실시하여야 한다.
> ④ 토지의 안정성이 증대된다.
> ⑤ 복토의 양이 적게 든다.
> ⑥ 비용이 많이 소요되고, 중간처리시설이 필요하다.
> ⑦ 더미(Bale) 취급 시 파손의 주의가 요구된다.

UNIT 03 매립방법

1 지역법 : 폐기물을 좁고 길게 한 열로 펴서 다진 후 복토하는 형식으로 복토량이 많이 소요된다.

2 경사법 : 복토의 일부를 매립지 바닥에서 얻을 수 있을 때 이용하는 방법으로 매립지바닥을 적당히 굴착하여 복토를 확보한 후 폐기물을 굴착한 곳에 쏟은 뒤 지역법과 동일하게 다지고, 그 위에 굴착하여 놓은 흙으로 복토하는 방식이다.

3 도랑법(Trench method) : 도랑을 파서 폐기물을 매립한 후 굴착한 흙으로 복토하는 방법이다. 매립지 바닥층이 두껍고 복토로 적합한 지역에 이용하며 거의 단층매립만 가능하다.

> **특징**
> ① 굴착한 흙을 바로 복토로 사용하여 쓰레기의 날림을 최소화 할 수 있다.
> ② 사전 작업 시 침출수 수집장치나 차수막 설치가 용이하지 못하다.
> ③ 사전 정비작업이 그다지 필요하지 않으나 매립용량이 낭비된다.

4 계곡매립법 : 저지대가 존재하는 지역에서 이용 가능한 방법으로 첫 층의 매립은 보통 도랑법을 사용하고 그 위로부터는 지역법을 시행하는 방법이다. 복토량이 많이 소요된다.

UNIT 04 구조별 매립

1 혐기성 매립 : 매립된 폐기물에 공기가 유입될 수 없는 혐기적인 구조

2 혐기성 위생매립 : 혐기성매립에 샌드위치식 복토를 한 구조, 침출수 및 가스 문제가 존재한다.

3 개량형 위생매립(개량형 혐기성 위생매립) : 혐기성 위생매립 바닥저부에 침출수 배제 집수관을 설치한 구조, 가장 보편적인 매립구조

4 준호기성 매립 : 개량형 위생매립 집수관에 대기에 접할 수 있는 개구부가 설치되어 대기중의 산소를 공급받는 구조로 침출수를 가능한 빨리 매립지 외부로 배제시키는 방법이다. 폐기물 분해가 촉진되나 집수장치의 마모문제와 설비로 인한 유지관리비가 비싸다.

5 호기성 매립 : 집수관외에 공기 송입관을 설치하여 강제로 공기를 불어넣는 구조

UNIT 05 복토

1 일일복토 : 매립 당일 내에 시행되는 복토로 깊이는 15cm 이상으로 한다.
① **목적** : 화재예방, 악취방지, 우수침투 방지, 해충방지, 폐기물 비산방지
② **복토의 종류** : 통기성이 우수한 사질토가 적합하다.

2 중간복토 : 매립이 완료되기 전 또는 매립작업이 7일 이상 중단될 때 시행되는 복토로 깊이는 30cm 이상으로 한다. 매립지 가스의 이동과 우수의 침투를 방지한다.
① **목적** : 화재예방, 악취방지, 우수침투 방지, 가스이동 억제, 운반차량 통행로 확보
② **복토의 종류** : 통기성과 투수성이 낮은 점토가 적합하다.

3 최종복토 : 매립완료 후 최상층에 하는 복토로 토지이용계획에 따라 토질, 두께, 모양이 고려된다. 깊이는 50cm 이상으로 하고, 식재를 위해서는 1.5~2m 정도로 한다. 기울기(구배)가 2% 이상이 되도록 설치한다.

① **목적** : 우수침투 방지, 식물생장을 위한 토양제공, 매립가스 유출차단, 해충방지, 침식방지
② **복토의 종류** : 투수성이 적고 식생에 적합한 양질토양(loam계)을 사용한다.
③ **최종복토층의 분류** : 최종복토층은 필요한 경우 아래의 층들을 차례대로 설치하여야 한다.
  ㉠ 가스배제층 : 두께 30cm 이상 설치
  ㉡ 차단층 : 점토 및 점토광물혼합토로 두께 45cm 이상, 투수계수가 10^{-6}cm/sec 이하 또는 두께 30cm 이상 투수계수 10^{-8}cm/sec 이하
  ㉢ 배수층 : 모래 등으로 두께 30cm 이상 설치
  ㉣ 식생대층 : 두께 60cm 이상 설치

> 💡 **복토재의 구비조건**
> ① 투수계수가 낮을 것
> ② 위생상 안전할 것
> ③ 불연성이고, 독성이 없으며, 생분해가 가능할 것
> ④ 단가가 낮고, 악천후에도 사용이 가능할 것

UNIT 06 차수구조

1 저류구조물

저류구조물은 불투수층(암반층)에 수직으로 설치하여 침출수가 매립지 아래로 유출되더라도 지하수나 다른 수계로 이동하지 못하게 하는 역할을 한다.

① **어스댐코어** : 불투수성 토양을 이용하여 댐을 지면에서부터 불투수층(암반층)까지 수직으로 설치하여 침출수의 유출을 방지하는 구조물
  ㉠ 장단점

장점	단점
비교적 차수효과가 좋다.	투수층이 깊은 곳에 사용하기 어렵다.

② **널말뚝 공법** : 댐을 설치 후 하부의 투수층에서 불투수층까지 널말뚝을 설치하여 침출수를 방지하는 구조물
  ㉠ 장단점

장점	단점
차수효과가 좋다.	연결부위의 누수의 우려가 있다.

③ **그라우트공법** : 댐을 설치 후 하부의 투수층에서 불투수층까지 그라우트를 설치하여 침출수를 방지하는 공법
   ㉠ 장단점

장점	단점
내구성이 좋다.	물유리의 화학적 부식의 우려가 있다.

④ **차수시트공법** : 차수시트로 매립지 측면과 투수층을 방지하는 공법
   ㉠ 장단점

장점	단점
차수성이 좋다.	굴착깊이가 깊을 경우 적용하기 어렵다.

2 합성차수막

차수막은 침출수의 외부 유출방지와 지하수와 우수가 유입되는 것을 방지한다. 차수막의 차수능력은 투수계수가 10^{-7}cm/sec 이하이어야 한다.

① **HDPE, LDPE(고밀도/저밀도 폴리에틸렌)**
   ㉠ 장단점

장점	단점
• 대부분의 화학물질에 대한 저항성이 크다. • 온도에 대한 저항성이 높다.	굴착깊이가 깊을 경우 적용하기 어렵다.

② **CSPE(Chlorosulfonated Polyethylene)**
   ㉠ 장단점

장점	단점
• 미생물에 강하고, 산과 알칼리에 특히 강하다. • 접합이 용이하다.	• 기름, 탄화수소 및 용매류에 약하다. • 강도가 낮은 편이다.

③ **EPDM(Etylen Propellent Diane Monomer)**
   ㉠ 장단점

장점	단점
• 강도가 비교적 높은 편이다. • 재료에 함유된 수분량이 적다.	• 방향족 탄화수소, 기름 등 용매류에 약하다. • 접합상태가 양호하지 못하다.

④ BR(Butyl Rubber)
  ㉠ 장단점

장점	단점
수중에서 부풀어오르는 정도가 적다.	• 강도가 낮고, 접합상태가 양호하지 못하다. • 방향족 탄화수소, 기름 등 용매류에 약하다.

⑤ CPE
  ㉠ 장단점

장점	단점
• 강도가 크다. • 저온에 강하다. • 내화학성이 양호하다. • 접합이 간편하다.	• 방향족 탄화수소, 기름 등 용매류에 약하다. • 접합상태가 양호하지 못하다. • 균열발생의 우려가 있다.

⑥ PVC
  ㉠ 장단점

장점	단점
• 시공이 용이하고, 강도가 크다. • 가격이 저렴하다.	• 태양, 자외선, 오존, 기후 등에 약하다. • 기름 등 유기 화합물에 약하다.

⑦ CR(Chloroprene Rubber or Neoprene)
  ㉠ 장단점

장점	단점
• 대부분 화학물질에 대한 저항성이 크다. • 마모 및 기계적 충격에 강하다.	• 가격이 비싸다. • 접합상태가 양호하지 못하다.

⑧ **지오멤브레인(geomembrane)** : 차수재를 복합적으로 조합하여 사용하는 형태로 합성수지만 사용하는 단일 시공과 합성수지와 벤토나이트를 조합하는 혼합시공의 형태로 구분된다.
  ㉠ 장단점

장점	단점
• 투수계수가 매우 낮다. • 점토차수재보다 시공두께가 얇아 매립용량을 증가시킬 수 있다. • 두루마리식으로 되어 있어 취급이 용이하다.	• 기름, 탄화수소, 용매에 취약하다. • 시공 시 찢어지는 경우가 발생한다. • 자외선

⑨ **GCL(Geosynthetic Clay Liner, 합성수지 점토라이너)** : 벤토나이트에 합성수지를 부착한 형태

㉠ 장단점

장점	단점
• 두루마리식으로 되어 있어 취급이 용이하다. • 점토차수재보다 시공두께가 얇아 매립용량을 증가시킬 수 있다. • 시공이 간편하다. • 천공되어도 자체 복원능력을 가지고 있다.	지오멤브레인에 비해 투수성이 높다.

⑩ **지오텍스타일(Geotextile)** : 열가소성 소재를 이용하여 직포 또는 부직포형태로 한 형태로 분리, 보강, 필터, 배수 등 다양한 용도로 사용된다.

> 💡 **합성차수막의 분류**
> • 열가소성 : PVC, CPE, HDPE
> • 열경화성 : EPDM
> • 혼합성 : CSPE

3 점토

① 특징

㉠ **액성한계** : 30% 이상
㉡ **소성지수** : 10% 이상 30% 미만
㉢ **직경 2.5cm 이상인 입자의 함유량** : 0%
㉣ **자갈함유량** : 10% 미만

> 💡 **가소성(소성)**
> 물기가 있는 토양에 외부의 힘을 가하여 형체를 변형시킨 다음, 힘을 제거하여도 변형된 그대로의 모양을 유지시키는 성질입니다. 점토함량이 증가하면 소성지수가 증가합니다.

📝 소성지수(PI) = LL−PL
• 액성한계(LL) : 토양의 소성을 나타내는 최대의 수분함량
• 소성한계(PL) : 토양이 소성을 나타내는 최소의 수분함량

② 장단점

장점	단점
• 토양재 중 투수계수가 가장 낮다. • 고유의 흡착성과 양이온교환능력을 가지고 있으므로 침출수 내 오염물질을 자체적으로 정화할 수 있는 특성을 가지고 있다.	• 재료의 취득이 어렵다. • 합성수지에 비해 투수성이 높다. • 지반침하에 대응성이 낮다. • 포설두께가 두껍다.

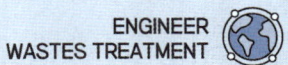

4 차수설비

① **차수공** : 차수공은 침출수에 대한 오염을 막기 위한 구조물로 차수방법에 따라 연직차수공과 표면차수공으로 분류된다.

② **측구 또는 배수로** : 우수의 배수를 위해 사용하는 설비

③ **유공관** : 침출수를 배수하고 통기를 촉진하는 설비

④ **침출수처리시설** : 배제된 침출수를 처리하는 시설

⑤ **차수막**
   ㉠ **단일점토차수층** : 침출수 집배수층 – 점토층
   ㉡ **단일합성차수막** : 침출수 집배수층 – 합성차수막
   ㉢ **복합차수층** : 침출수 집배수층 – 합성차수막 – 점토층
   ㉣ **이중차수층** : 침출수 집배수층 – 합성차수막 – 침출수 집배수층 – 합성차수막 – 점토층
   ㉤ **이중복합차수층** : 침출수집배수층 – 합성차수막 – 점토층 – 침출수 집배수층 – 합성차수막 – 점토층

> 💡 **침출수집배수층**
> 침출수를 집수 및 이송하고 집수관을 통해서 매립지내로 공기를 공급함으로써 폐기물의 분해를 촉진하며 침출수의 수질 악화를 방지한다. 또한 수압에 의한 구조적인 부하를 줄여주는 기능도 가지고 있다.

⑥ **연직차수재**
   ㉠ **슬러리월** : 트렌치(도랑) 굴착 후 낮은 수리전도도를 갖는 흙이나 다른 첨가제 등을 수직 트렌치 내에 충진하여 벽체를 시공함으로써 오염물질의 거동을 방지하는 방법이다. 충진재로는 토양–벤토나이트나 시멘트–벤토나이트가 많이 사용된다.
   ㉡ **그라우트 커튼** : 속이 빈 튜브를 지층에 삽입한 후, 부지 주변 토양에 그라우트제를 주입, 고화시킴으로써 오염물질의 흐름을 저감시키는 방법이다. 지반종류에 따라서 다양한 그라우트재를 선정할 수 있다. 유동액이 잘 통과할 수 있는 입상토에 효과적이며, 다층토나 불량암반의 경우 불균일한 그라우트 주입현상이 발생한다. 그라우트재로는 점토, 알칼리규산염, 시멘트, 유기폴리머 등을 사용하며 일반적으로 점토가 가장 많이 사용된다.
   ㉢ **스틸시트 파일링** : 시트파일을 지층에 박아 연속벽체를 형성하여 오염물질의 이동을 차단한다. 시트파일에 부식방지를 위해 코팅처리를 하기도 하며, 지반굴착이 필요 없다. 오염지역의 깊이가 얕거나 슬러리월의 설치가 곤란할 때 토양–벤토나이트 슬러리와 연계하여 사용한다.
   ㉣ **진동빔 차단벽**
   ㉤ **얇은 막벽**

⑦ **표면 및 연직차수의 비교**
   ㉠ **표면차수** : 차수재를 이용하여 매립전 차수재를 먼저 깔고 그 위에 폐기물을 매립하는 방식
   ㉡ **연직차수** : 연직차수재를 이용하여 매립 시 발생하는 침출수를 불투수층 내에서 가두는 방식

비교항목	연직차수공	표면차수공
지하수 집배수시설	불필요	필요
차수성의 확인	확인이 어려움	시공 후 시운전시에만 확인가능, 매립시작 후에는 확인이 어려움
경제성	차수공의 단위면적당 공사비는 많이 들고, 총 공사비는 적게 든다.	차수공의 단위면적당 공사비는 적게 들고, 총 공사비는 많이 든다.
보수의 용이성	보강시공이 가능	어려움

UNIT 07 침출수 관리

1 발생원과 영향인자

① **발생원**
  ㉠ 우수
  ㉡ 지하수
  ㉢ 폐기물에 함유된 수분

② **영향인자**
  ㉠ 강수량 및 증발량
  ㉡ 표면 유출량과 침투수량
  ㉢ 지하수위와 지하수 침투유량
  ㉣ 폐기물의 분해율
  ㉤ 수분의 지체시간

③ **침출수량 계산**
  ㉠ 합리식 이용

  식 $Q = CIA$

  · C : 유출계수 · I : 강우강도(mm/hr or day) · A : 집수면적(m^2)

  ㉡ Darcy식 이용

  식 $Q = A \cdot V$
  식 $V = \dfrac{KI_a}{n}$
  식 $t = \dfrac{L}{V} = \dfrac{d}{\frac{KI}{n}} = \dfrac{d}{\frac{K \times (d+h)/d}{n}} = \dfrac{d^2 n}{K \times (d+h)}$

  · K : 투수계수(m/hr) · I_a : 동수경사도(Δh(수두차)/L(d, 거리)) · n : 공극률 · h : 침출수 수두

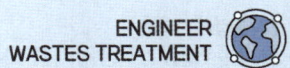

ⓒ 물질수지 이용
- 침출수량 = 강수량 − (증발량 + 유출량 + 토양의 수분보유량)
  = 강수량×(1 − 유출률) + 폐기물의 수분저장량 − 증발량
- 침출수량 = 강수량×(1 − 유출률) − (폐기물의 수분저장량 + 증발량) ← 강우량에 따른 수량만을 고려

UNIT 08 매립지 내의 분해가스 발생과 처리

1 폐기물의 분해 메커니즘

① 미생물적 반응
② 폐기물의 화학적 산화
③ 매립물 내에서 가스의 이동 및 방출
④ 압력 차로 인한 액체의 이동
⑤ 물에 의한 유기 및 무기물질의 용해 및 침출과 매립물을 통한 침출액의 이동
⑥ 농도 구배 및 삼투압에 의한 용존 물질의 이동
⑦ 물질의 압밀에 의해 공극 사이로 물질이 침투함으로 인한 불균일한 매립층 침강

2 매립지 분해단계별 가스조성

① **1단계** : 산소가 아직 존재하는 단계로 매립물 안에 있는 공기로 호기성조건에서 분해가 이루어진다. 수분함량이 많을수록 반응이 빠르게 진행된다. (호기성 단계)
  ㉠ 산소 : 20% 미만, 계속 감소
  ㉡ 질소 : 79% 미만, 계속 감소
  ㉢ 이산화탄소 : 지속적인 증가

② **2단계** : 산소가 고갈되면서 혐기성분해가 진행되고, 유기산 및 수소가스가 생성되는 단계(산생성 단계, 혐기성 비메탄생성 단계)
  ㉠ 산소 : 약 0%
  ㉡ 질소 : 40% 미만, 계속 감소
  ㉢ 이산화탄소 : 40% 이상, 지속적으로 증가
  ㉣ 수소 : 발생, 지속적인 증가
  ㉤ pH : 유기산, 알코올 등이 생성되며 5~6까지 저하된다.

③ **3단계** : 메탄발효시작으로 분해가 안정화되며 메탄생성량이 급속도로 증가한다.(혐기성 메탄생성단계)

ⓐ 산소 : 약 0%
ⓑ 질소 : 20% 미만, 계속 감소
ⓒ 이산화탄소 : 60% 미만, 최고농도에서 지속적인 감소 또는 최고농도까지 도달 후 감소
ⓓ 수소 : 감소
ⓔ 메탄 : 지속적인 증가
ⓕ pH : 유기산이 소모되며 중성영역으로 회복된다.

④ **4단계** : 안정화 단계(완전 혐기성 단계, 정상상태단계)

ⓐ 산소 : 0%
ⓑ 질소 : 5% 미만, 계속 감소
ⓒ 이산화탄소 : 40% 미만
ⓓ 수소 : 0%
ⓔ 메탄 : 55% 이상
ⓕ pH : 유기산의 대부분이 소모되며 7~8까지 상승한다.

💡 **혐기성 분해 반응식**

$$C_aH_bO_cN_d + \left(\frac{4a-b-2c+3d}{4}\right)H_2O \rightarrow \left(\frac{4a+b-2c-3d}{8}\right)CH_4 + \left(\frac{4a-b+2c+3d}{8}\right)CO_2 + dNH_3$$

3 매립가스(LPG)의 관리

① **매립가스의 회수재활용을 위한 조건**

ⓐ 폐기물 속에 약 50% 이상의 분해 가능한 물질이 포함되어야 한다.
ⓑ 분해 가능한 물질의 실제 분해비율이 50% 이상이어야 한다.
ⓒ 폐기물 1kg당 $0.37m^3$ 이상의 기체가 생성되어야 한다.
ⓓ 발생기체의 50% 이상을 포집할 수 있어야 한다.
ⓔ 기체의 발열량이 $2,200kcal/Sm^3$ 이상이어야 한다.
ⓕ 가스발생량은 화학양론, BMP(Biological Methane Potential)법, 라이지미터(Lysimeter)를 이용하여 추정한다.

② **매립가스의 이용**

매립가스는 추출관을 통해서 회수된 후 정제과정(수분 제거, 황화수소 제거 등)을 거쳐 난방, 발전, 취사, 자동차 등 다양한 경로의 연료로 사용된다. 매립가스는 폐기물의 압력조절이 용이하고 포집효율이 좋은 수직포집방식이 주로 적용된다.

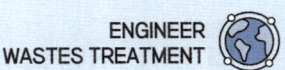

기출문제로 다지기 — CHAPTER 06 최종처분

01 인구가 400,000명인 어느 도시의 쓰레기 배출 원단위가 1.2kg/인·일이고, 밀도는 0.45t/m³으로 측정되었다. 이러한 쓰레기를 분쇄하여 그 용적이 2/3로 되었으며, 이 분쇄된 쓰레기를 다시 압축하면서 또 다시 1/3 용적이 축소되었다. 분쇄만 하여 매립할 때와 분쇄, 압축한 후에 매립할 때에 양자 간의 연간 매립소요면적의 차이는? (단, Trench 깊이는 4m이며 기타 조건은 고려 안함)

① 약 12,820m²   ② 약 16,230m²
③ 약 21,630m²   ④ 약 28,540m²

해설 식 $\Delta A = A_1 - A_2$

식 $A(m^2) = \dfrac{\text{매립폐기물의 부피}(m^3)}{\text{매립깊이}(m)}$

- $A_1 = \dfrac{1.2\text{kg}}{\text{인}\cdot\text{일}} \times 400{,}000\text{인} \times \dfrac{m^3}{0.45\text{톤}} \times \dfrac{1\text{톤}}{10^3 kg} \times \dfrac{365\text{일}}{1\text{년}}$
  $\times \dfrac{2}{3} \times \dfrac{1}{4m} = 64{,}888.89 m^2$

- $A_2 = \dfrac{1.2\text{kg}}{\text{인}\cdot\text{일}} \times 400{,}000\text{인} \times \dfrac{m^3}{0.45\text{톤}} \times \dfrac{1\text{톤}}{10^3 kg} \times \dfrac{365\text{일}}{1\text{년}}$
  $\times \dfrac{2}{3} \times \dfrac{1}{4m} \times \dfrac{(3-1)}{3} = 43{,}259.26 m^2$

∴ $\Delta A = 64{,}888.99 - 43{,}259.26 = 21{,}629.73 m^2$

02 매립지 선정에 있어서 고려해야 하는 항목과 가장 거리가 먼 것은?

① 매립지로 유입되는 쓰레기 성상
② 사후 매립지 이용 계획
③ 주변 환경 조성
④ 운반도로의 확보 및 지형지질

해설 [입지선정기준]
  ㉠ 지형
    • 충분한 부지확보 가능성
    • 복토재의 조달 용이성
    • 집수면적
    • 토공량
    • 우수배제 용이도
  ㉡ 수문지질
    • 지하수위   • 상수원보호구역
    • 지하수 용도   • 바닥층 토양특성(연약지반)
    • 습지   • 우수배제 양호성
    • 단층지역
  ㉢ 위치
    • 시각적 은폐   • 경관
    • 교통   • 폐기물 운반거리
  ㉣ 생태
    • 수립상태   • 특정동식물 서식
    • 생태계 보전지역
  ㉤ 토지이용
    • 매립지주변의 주민거주현황
    • 매립 후 부지사용
    • 매립지주변의 토지이용현황
    • 지역계획과의 연관성
  ㉥ 기타
    • 주변도로 여건
    • 사후관리 용이도
    • 풍향, 풍속
    • 침출수처리를 위한 인근 폐수처리장 유무
    • 수집운반효율

03 1일 쓰레기 발생량이 29.81t인 도시 쓰레기를 깊이 2.5m의 도랑식(trench)으로 매립하고자 한다. 쓰레기 밀도 500kg/m³, 도랑 점유율 60%, 부피 감소율 40%일 경우 5년간 필요한 부지면적은 약 몇 m²인가?

① 43,500   ② 56,400
③ 67,300   ④ 78,700

정답 01. ③   02. ①   03. ①

해설 식 $A(m^2) = \dfrac{\text{매립폐기물의 부피}(m^3)}{\text{매립깊이}(m)}$

$\therefore A = \dfrac{29.81\text{톤}}{\text{일}} \times \dfrac{10^3 kg}{\text{톤}} \times \dfrac{m^3}{500kg} \times \dfrac{365\text{일}}{1\text{년}}$

$\times \dfrac{100}{60(\text{도량점유율})} \times (1-0.4) \times \dfrac{1}{2.5m} \times 5\text{년} = 43,522.6 m^2$

04 해안매립공법 중 '박층 뿌림공법'에 관한 설명으로 틀린 것은?

① 쓰레기지반 안정화에 유리하다.
② 매립효율이 떨어진다.
③ 매립부지의 조기이용에 유리하다.
④ 호안측에서부터 쓰레기를 투입하여 순차적으로 육지화한다.

해설 ④항은 순차투입공법에 대한 설명이다. 박층 뿌림공법은 바닥이 뚫린 바지선 등으로 쓰레기를 투입하여 매립하는 방법이다.

05 위생매립(복토+침출수 처리)의 장·단점으로 틀린 것은?

① 처분 대상 폐기물의 증가에 따른 추가인원 및 장비가 크다.
② 인구밀집지역에서는 경제적 수송거리 내에서 부지 확보가 어렵다.
③ 추가적인 처리과정이 요구되는 소각이나 퇴비화와는 달리 위생매립은 최종처분 방법이다.
④ 거의 모든 종류의 폐기물 처분이 가능하다.

해설 위생매립은 호기성 매립에 비해 공사비가 적게 소요된다.

06 연직 차수막 공법의 종류와 가장 거리가 먼 것은?

① 강널말뚝
② 어스 라이닝
③ 굴착에 의한 차수시트 매설법
④ 어스 댐 코아

해설 차수막공법 중 연직 차수막의 종류는 다음과 같다.
• 강널말뚝(sheet pile)
• 슬러리 월(slurry walls)
• 소일 시멘트 월(soil cement walls)
• 그라우트 커튼 등
• 어스 댐 코어
• 차수 시트

07 매립지 바닥이 두껍고(지하수면이 지표면으로부터 깊은 곳에 있는 경우), 복토로 적합한 지역에 이용하는 방법으로 거의 단층매립만 가능한 공법은?

① 도랑굴착매립공법 ② 압축매립공법
③ 샌드위치공법 ④ 순차투입공법

08 매립지의 표면차수막에 관한 설명으로 옳지 않은 것은?

① 매립지 지반의 투수계수가 큰 경우에 사용한다.
② 지하수 집배수시설이 필요하다.
③ 단위면적당 공사비는 비싸나 총공사비는 싸다.
④ 보수는 매립 전에는 용이하나 매립 후는 어렵다.

해설 ③항 → 표면차수막은 경제성에 있어서 단위면적당 공사비는 적게 드나 총 공사비는 많이 든다.

09 일반적으로 매립지 침출수 중 중금속의 농도가 가장 높게 나타나는 시기는?

① 호기성 단계 ② 산 형성 단계
③ 메탄 발효 단계 ④ 숙성 단계

정답 04. ④ 05. ① 06. ② 07. ① 08. ③ 09. ②

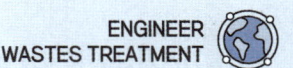

해설 산 형성(acid phase) 단계에서는 pH 5 이하의 낮은 산도를 보이므로 이때 BOD_5, COD, TOC, 영양염 및 중금속의 농도는 높게 나타난다.

10 폐기물 매립 후 경과 기간에 따른 가스 구성 성분의 변화에 대한 설명으로 가장 거리가 먼 것은?

① 1단계 : 호기성 단계로 폐기물 내의 수분이 많은 경우에는 반응이 가속화되고 용존산소가 쉽게 고갈된다.
② 2단계 : 호기성 단계로 임의성 미생물에 의해서 SO_4^{-2}와 NO_3^-가 환원되는 단계이다.
③ 3단계 : 혐기성 단계로 CH_4가 생성되며 온도가 약 55℃까지는 증가한다.
④ 4단계 : 혐기성 단계로 가스 내의 CH_4와 CO_2의 함량이 거의 일정한 정상상태의 단계이다.

해설 2단계 : 혐기성 단계로 H_2가 생성되기 시작하며, SO_4^{-2}와 NO_3^-가 환원되는 단계이다.

11 1일 폐기물 배출량이 700t인 도시에서 도랑(Trench)법으로 매립지를 선정하려 한다. 쓰레기의 압축이 30%가 가능하다면 1일 필요한 면적은? (단, 발생된 쓰레기의 밀도는 250kg/m³, 매립지의 깊이는 2.5m)

① 약 $634m^2$
② 약 $784m^2$
③ 약 $854m^2$
④ 약 $964m^2$

해설 식 $A(m^2) = \dfrac{\text{매립폐기물의 부피}(m^3)}{\text{매립깊이}(m)}$

∴ $A = \dfrac{700톤}{일} \times \dfrac{10^3 kg}{톤} \times \dfrac{m^3}{250kg} \times (1-0.3) \times \dfrac{1}{2.5m} = 784 m^2$

12 폐기물 최종처분장의 매립시설에서 저류구조물의 종류 및 특징을 설명한 내용으로 옳은 것은?

① 중력식 콘크리트 제방 – 기초지반이 견고해야 한다 – 내진성이 으수해야 한다 – 콘크리트 사용량이 많이 소요된다.
② 아치(Arch)식 콘크리트 제방 – 기초 및 양안이 견고한 암반이어야 한다 – 콘크리트 사용량이 많이 소요된다.
③ 균일형 성토 제방 – 시공이 복잡하다 – 배수구를 설치해야 한다 – 안정성이 낮다.
④ 존(Zone)형 성토 제방 – 안정성이 낮다 – 제방높이가 높은 경우에 적합하다 – 시공속도가 느리다.

해설 ①항만 올바르다.

오답해설
② 아치(Arch)식 콘크리트 제방 – 기초 및 양안이 견고한 암반이어야 한다. – 콘크리트 사용량이 적게 소요된다.
③ 균일형 성토 제방 – 시공이 복잡하다. – 배수구를 설치해야 한다. – 안정성이 높다.
④ 존(Zone)형 성토 제방 – 안정성이 높다. – 제방높이가 높은 경우에 적합하다. – 시공속도가 빠르다.

13 매립지 주위의 우수를 배수하기 위한 배수관의 결정에서 틀린 사항은?

① 수로의 형상은 장방형 또는 사다리꼴이 좋으며 조도계수 또한 크게 하는 것이 좋다.
② 유수단면적은 토사의 혼입으로 인한 유량증가 및 여유고를 고려하여야 한다.
③ 우수의 배수에 있어서 토수로의 경우는 평균유속이 3m/sec 이하가 좋다.
④ 우수의 배수에 있어서 콘크리트 수로의 경우는 평균유속이 8m/sec 이하가 좋다.

해설 수로의 형상은 장방형 또는 사다리꼴, 반원형이 좋으며 조도계수는 작게 하는 것이 좋다.

정답 10. ② 11. ② 12. ① 13. ①

14 폐기물매립지에서 우수 집배수시설의 기능에 대한 설명으로 옳지 않은 것은?

① 침출수의 유출이나 누수 및 지하수의 침입을 방지
② 미 매립구역의 우수 등이 매립구역 내로 유입되는 것을 방지
③ 기 매립구역의 우수 등이 매립구역 내로 유입되는 것을 방지
④ 매립지 주변의 강우 등이 유입되는 것을 방지

[해설] 침출수의 유출이나 누수 및 지하수의 침입을 방지하는 것은 침출수 집배수시설의 기능이다.

15 해안매립공법에 대한 설명으로 옳지 않은 것은?

① 순차투입방법은 호안측으로부터 순차적으로 쓰레기를 투입하여 육지화하는 방법이다.
② 수심이 깊은 처분장에서는 건설비 과다로 내수를 완전히 배제하기가 곤란한 경우가 많아 순차투입방법을 택하는 경우가 많다.
③ 처분장은 면적이 크고 1일 처분량이 많다.
④ 수중부에 쓰레기를 깔고 압축작업과 복토를 실시하므로 근본적으로 내륙매립과 같다.

[해설] 해안매립은 압축작업과 복토를 실시하지 않는다.

16 내륙매립공법 중 도랑형공법에 대한 설명으로 옳지 않은 것은?

① 전처리로 압축 시 발생되는 수분처리가 필요하다.
② 침출수 수집장치나 차수막 설치가 어렵다.
③ 사전 정비작업이 그다지 필요하지 않으나 매립용량이 낭비된다.
④ 파낸 흙을 복토재로 이용 가능한 경우 경제적이다.

[해설] ①항은 압축매립공법에 대한 설명이다.

17 매립지에서 발생되는 가스를 회수, 재활용하기 위하여 일반적으로 요구되는 매립 폐기물 및 발생가스 조건으로 옳지 않은 것은?

① 폐기물 중에는 약 50%의 분해 가능한 물질이 있어야 한다.
② 폐기물 중 분해가능한 물질의 50% 이상이 실제 분해하여 기체를 발생시켜야 한다.
③ 발생기체의 50% 이상을 포집할 수 있어야 한다.
④ 기체의 발열량은 6,200kcal/Nm³ 이상이어야 한다.

[해설] 기체 발열량이 2,200kcal/Nm³ 이상이어야 한다.

18 매립 후 경과기간에 따른 가스 구성성분의 변화단계 중 CH_4와 CO_2의 함량이 거의 일정한 정상상태의 단계로 가장 적절한 것은?

① Ⅰ단계 – 호기성단계(초기조절단계)
② Ⅱ단계 – 혐기성단계(전이단계)
③ Ⅲ단계 – 혐기성단계(산형성단계)
④ Ⅳ단계 – 혐기성단계(메탄발효단계)

19 유효공극률 0.2, 점토층 위의 침출수 수두 1.5m인 점토차수층 1.0m를 통과하는데 10년이 걸렸다면 점토차수층의 투수계수는 몇 cm/sec인가?

① 1.54×10^{-8} ② 2.54×10^{-8}
③ 3.54×10^{-8} ④ 4.54×10^{-8}

[해설] [식] $t = \dfrac{L}{V}$

[식] $V = \dfrac{KI}{n}$

10년 $= \dfrac{1m}{V}$,  $V = 0.1 m/$년

$0.1 = \dfrac{K \times (\Delta h/L)}{n} = \dfrac{K \times (1.5m + 1m/1m)}{0.2}$

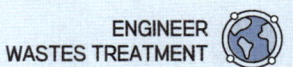

$$\therefore K = \frac{0.1m}{\text{년}} \times 0.2 \times \frac{1m}{(1.5m+1m)} \times \frac{1\text{년}}{365\text{일}} \times \frac{1\text{일}}{86400\sec}$$
$$\times \frac{100cm}{1m} = 2.54 \times 10^{-8} cm/\sec$$

20 매립장에서 침출된 침출수가 다음과 같은 점토로 이루어진 90cm의 차수층을 통과하는데 걸리는 시간은?

- 유효 공극률 = 0.5
- 점토층 하부의 수두 = 점토층 아랫면과 일치
- 점토층 투수계수 = 10^{-7}cm/sec
- 점토층 위의 침출수 수두 = 40cm

① 6.9년 ② 7.9년
③ 8.9년 ④ 9.9년

해설 식 $t = \dfrac{L}{V}$

식 $V = \dfrac{KI}{n}$

$V = \dfrac{K \times (\Delta h/L)}{n} = \dfrac{10^{-7} \times (40cm + 90cm/90cm)}{0.5}$
$= 2.8888 \times 10^{-7} cm/\sec$

$\therefore t = \dfrac{90cm}{2.8888 \times 10^{-7} cm/\sec} \times \dfrac{1\text{일}}{86400\sec} \times \dfrac{1\text{년}}{365\text{일}} = 9.88\text{년}$

21 일반적으로 폐기물 매립지의 혐기성 상태에서 발생 가능한 가스의 종류와 가장 거리가 먼 것은?

① 이산화탄소 ② 황화수소
③ 염화수소   ④ 암모니아

해설 폐기물 매립지의 혐기성 상태에서 발생 가능한 가스는 CH_4, CO_2, N_2, O_2, H_2, NH_3, H_2S, 멜캅탄, 황화메틸 등이다.

22 지하수의 두 지점간(거리 0.5m)의 수리수두차가 0.1m이고, 투수계수는 10^{-5}m/sec일 때, 지하수의 Darcy 속도는 몇 m/sec인가? (단, 공극률은 고려하지 않음)

① 2×10^{-5} ② 2×10^{-6}
③ 3×10^{-5} ④ 3×10^{-6}

해설 식 $t = \dfrac{L}{V}$

식 $V = \dfrac{KI}{n}$

$\therefore V = \dfrac{K \times (\Delta h/L)}{n} = 10^{-5} \times (0.1m/0.5m) = 2 \times 10^{-6} m/\sec$

23 매립지 내의 물의 이동을 나타내는 Darcy의 법칙을 기준으로 침출수의 유출을 방지하기 위한 옳은 방법은?

① 투수계수는 감소, 수두차는 증가시킨다.
② 투수계수는 증가, 수두차는 감소시킨다.
③ 투수계수 및 수두차를 증가시킨다.
④ 투수계수 및 수두차를 감소시킨다.

해설 투수계수와 수두차가 클수록 Darcy유속은 커지고 유속이 커지면 단위표면적당 배출되는 유량이 많아지므로 투수계수와 수두차를 감소시켜야 한다.

24 매립장 침출수 차단방법인 연직차수막과 표면차수막을 비교한 것으로 틀린 것은?

① 연직차수막은 지중에 수평방향의 차수층이 존재할 때 사용한다.
② 연직차수막은 지하수 집배수 시설이 필요하다.
③ 연직차수막은 차수막 보강시공이 가능하다.
④ 연직차수막은 차수막 단위면적당 공사비가 비싸다.

해설 연직 차수막은 지하수 집배수시설을 설치할 필요가 없다.

정답 20. ④ 21. ③ 22. ② 23. ④ 24. ②

25 위생매립방법 중 매립지 바닥층이 두껍고 복토로 적합한 지역에 이용하며, 거의 단층매립만 가능한 방법은?

① Trench 방식 ② Sandwich 방식
③ Area 방식 ④ Ramp 방식

26 매립지 발생가스 중 이산화탄소는 밀도가 커서 매립지 하부로 이동하여 지하수와 접촉하게 된다. 지하수에 용해된 이산화탄소에 의한 영향과 가장 거리가 먼 것은?

① 지하수 중 광물의 함량을 증가시킨다.
② 지하수의 경도를 높인다.
③ 지하수의 pH를 낮춘다.
④ 지하수의 SS농도를 감소시킨다.

해설 용해된 이산화탄소와 지하수의 SS농도는 관련이 없다. 용해된 이산화탄소는 지하수의 산도를 증가시켜 금속의 용해도를 높이고 용해된 금속이 높아지므로 경도를 높게 한다.

27 다음 중 내륙매립공법에 해당되지 않는 것은?

① 샌드위치 공법 ② 셀 공법
③ 순차투입 공법 ④ 압축매립 공법

해설 순차 투입방식은 해안 매립공법에 속한다.

28 최종처분장의 지하수 오염방지를 위한 지중배수시설(Subsurface Drainage System)에 관한 설명으로 거리가 가장 먼 것은?

① 유해폐기물 매립장에 널리 이용된다.
② 반응성 화학물질(철, 망간, 칼슘)의 침적으로 막힘이 발생하기 쉽다.
③ 연직차수시설과 함께 사용되어야 한다.
④ 주로 12m 이하의 얕은 깊이에 설치된다.

해설 연직차수시설에는 집배수시설이 필요없다.

29 관리형 폐기물매립지에서 발생하는 침출수의 주된 발생원은?

① 주위의 지하수로부터 유입되는 물
② 주변으로부터의 유입지표수(Run-on)
③ 강우에 의하여 상부로부터 유입되는 물
④ 폐기물 자체의 수분 및 분해에 의하여 생성되는 물

30 매립공법 중 압축매립공법(Baling System)에 관한 설명으로 가장 거리가 먼 것은?

① 쓰레기를 매립 후 다짐기계를 이용하여 일정한 압축을 실시한다.
② 쓰레기의 운반이 쉽다.
③ 지가(地價)가 비쌀 경우에 유효한 방법이다.
④ 층별로 정렬하는 것이 보편적이며 매립 각층별로 일일복토를 실시하여야 한다.

해설 쓰레기를 매립 전 다짐기계를 이용하여 일정한 압축을 실시한다.

31 인구 600,000명에 1인당 하루 1.3kg의 쓰레기를 배출하는 지역에 면적이 500,000m^{2}의 매립장을 건설하려고 한다. 강우량이 1,350mm/year인 경우 침출수 발생량은? (단, 강우량 중 60%는 증발되고 40%만 침출수로 발생된다고 가정하고, 침출수 비중은 1, 기타 조건은 고려하지 않음)

① 약 140,000톤/년 ② 약 180,000톤/년
③ 약 240,000톤/년 ④ 약 270,000톤/년

해설 식 $Q = CIA$
- $C = 0.4$ (40%가 침출수로 발생)
- $I = 1350 mm/yr$
- $A = 500,000 m^2$

$$Q = 0.4 \times \frac{1,350mm}{yr} \times 500,000m^2 \times \frac{1m}{10^3 mm} \times \frac{1톤}{1m^3}$$
$$= 270,000톤/yr$$

32 폐기물 매립지의 매립구조를 분류하면 여러 방법이 있다. 다음 설명에 해당하는 매립구조 방법은?

> 혐기성 위생매립 바닥저부에 침출수 배제 집수관을 설치하여 오수대책을 세운 구조이다. 일반적으로 매립지 장외에 저류조를 설치하고 침출수를 배제하는 오수 관리를 주체한 구조로 되어 있으며, 현재 시행되고 있는 위생매립의 대부분이 이에 속한다.

① 개량형 혐기성 위생매립
② 준통기성 위생매립
③ 혐기성 관리 위생매립
④ 준호기성 위생매립

33 해안매립공법 중 순차투입방법에 관한 설명으로 가장 거리가 먼 것은?

① 호안측으로부터 순차적으로 쓰레기를 투입하여 육지화하는 방법이다.
② 부유성 쓰레기의 수면확산에 의해 수면부와 육지부의 경계 구분이 어려워 매립장비가 매몰되기도 한다.
③ 바닥지반이 연약한 경우 쓰레기 하중으로 연약층이 유동하거나 국부적으로 두껍게 퇴적되기도 한다.
④ 수심이 깊은 처분장은 내수를 완전히 배제한 후 순차투입방법을 택하는 경우가 많다.

해설 수심이 깊은 처분장은 내수를 배제하지 않고 순차투입방법으로 매립한다.

34 육상 및 해안매립지 선정 시 고려사항에 관한 내용으로 가장 거리가 먼 것은?

① 육상매립 : 경관의 손상이 적을 것
② 육상매립 : 집수면적이 클 것
③ 해안매립 : 조류특성에 변화를 주기 쉬운 장소를 피할 것
④ 해안매립 : 굴질확산에 영향을 주는 장소를 피할 것

해설 육상매립 : 집수면적이 작을 것

35 합성차수막인 CSPE에 관한 설명으로 틀린 것은?

① 미생물에 강하다.
② 강도가 높다.
③ 산과 알칼리에 특히 강하다.
④ 기름, 탄화수소 및 용매류에 약하다.

해설 강도가 낮은 편이다.

36 육상 매립지로서 적합하지 않은 장소는?

① 표층수, 복류수가 없는 곳
② 단층 지대
③ 지지력 $2,400 \sim 2,900 kg/m^2$인 곳
④ 지하수위 1.5m 이상인 곳

정답 32. ① 33. ④ 34. ② 35. ② 36. ②

37 매립공법 중 내륙매립공법에 관한 내용으로 틀린 것은?

① 셀(cell)공법 : 쓰레기 비탈면의 경사는 15~25%의 구배로 하는 것이 좋다.
② 셀(cell)공법 : 1일 작업하는 셀 크기는 매립처분량에 따라 결정된다.
③ 도랑형 공법 : 파낸 흙이 항상 남는데 이를 복토재로 이용할 수 있다.
④ 도랑형 공법 : 쓰레기를 투입하여 순차적으로 육지화하는 방법이다.

해설 순차투입공법 : 쓰레기를 투입하여 순차적으로 육지화하는 방법이다.(해안매립공법)

38 매립지에 흔히 쓰이는 합성 차수막의 종류인 CR (Neoprene)에 관한 내용으로 가장 거리가 먼 것은?

① 대부분의 화학물질에 대한 저항성이 높다.
② 마모 및 기계적 충격에 약하다.
③ 접합이 용이하지 못하다.
④ 가격이 비싸다.

해설 마모 및 기계적 충격에 강하다.

39 내륙매립방법인 셀(Cell)공법에 관한 설명으로 옳지 않은 것은?

① 화재의 확산을 방지할 수 있다.
② 쓰레기 비탈면의 경사는 15~25%의 기울기로 하는 것이 좋다.
③ 1일 작업하는 셀 크기는 매립장 면적에 따라 결정된다.
④ 발생가스 및 매립층 내 수분의 이동이 억제된다.

해설 1일 작업하는 셀 크기는 매립되는 폐기물의 양에 따라 결정된다.

40 합성차수막의 crystallinity가 증가하면 나타나는 성질로 가장 거리가 먼 것은?

① 화학물질에 대한 저항성이 커짐
② 충격에 약해짐
③ 열에 대한 저항성이 감소됨
④ 투수계수가 감소됨

해설 열에 대한 저항성이 증가한다.

41 매립기간에 따른 침출수의 성상변화를 나타낸 다음 그림에서 A에 해당하는 수질인자는?

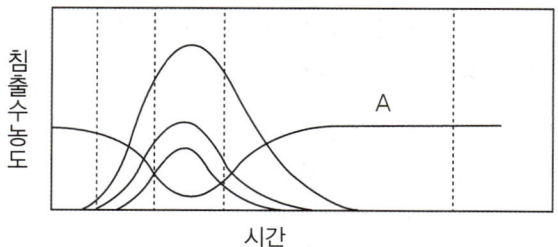

① COD
② NH_4^+
③ pH
④ 휘발성 유기산

42 어느 매립지역의 연평균 강수량 증발산량이 각각 1,400mm와 800mm일 때, 유출량을 통제하여 발생 침출수량을 350mm 이하로 하고자 한다. 이 매립지역의 유출량은?

① 150mm 이하
② 150mm 이상
③ 250mm 이하
④ 250mm 이상

해설 식 침출수량 = 강수량 − (증발산량 + 유출량)
식 $350 = 1,400 − (800 + 유출량)$, ∴ 유출량 $= 250mm$

정답 37. ④ 38. ② 39. ③ 40. ③ 41. ③ 42. ④

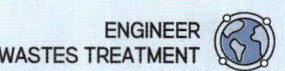

43 혐기성 소화단계를 가수분해단계, 산생성단계, 메탄생성단계로 나눌 때 산생성단계에서 생성되는 물질과 가장 거리가 먼 것은?

① 글리세린 ② 케톤
③ 알콜 ④ 알데하이드

해설 글루코스, 아미노산, 글리세린은 가수분해단계에서 생성되는 물질이다.

44 매립지 기체의 회수재활용을 위한 조건으로 알맞은 것은?

① 폐기물 1kg당 0.5m³ 이상의 기체가 생성되어야 한다.
② 폐기물 속에 약 60% 이상의 분해 가능한 물질이 포함되어야 한다.
③ 발생기체의 70% 이상을 포집할 수 있어야 한다.
④ 기체의 발열량이 2,200kcal/Sm³ 이상이어야 한다.

해설 ④항만 올바르다.
오답해설
① 폐기물 1kg당 0.37m³ 이상의 기체가 생성되어야 한다.
② 폐기물 속에 약 50% 이상의 분해 가능한 물질이 포함되어야 한다.
③ 발생기체의 50% 이상을 포집할 수 있어야 한다.

45 침출수가 점토층을 통과하는데 소요되는 시간을 계산하는 식으로 옳은 것은? (단, t = 통과시간(year), d = 점토층 두께(m), h = 침출수 수두(m), K = 투수계수(m/year), n = 유효공극율)

① $t = \dfrac{nd^2}{K(d+h)}$ ② $t = \dfrac{dn}{K(d+h)}$
③ $t = \dfrac{nd^2}{K(2d+h)}$ ④ $t = \dfrac{dn}{K(d+2h)}$

해설 식 $t = \dfrac{L}{V} = \dfrac{d}{\frac{KI}{n}} = \dfrac{d}{\frac{K \times (d+h)/d}{n}} = \dfrac{d^2 n}{K \times (d+h)}$

46 폐기물 매립지에서 매립기간 경과에 따라 크게 초기조절단계, 전이단계, 산형성 단계, 메탄발효단계, 숙성단계의 총 5단계로 구분이 되는데, 4단계인 메탄발효단계에서 나타나는 현상과 가장 근접한 것은?

① 수소농도가 증가함
② 산 형성 속도가 상대적으로 증가함
③ 침출수의 전도도가 증가함
④ pH가 중성값보다 약간 증가함

해설 메탄발효단계에서는 산물질을 소모하여 메탄이 생성되므로 pH가 7~8로 된다.

47 토차수층과 비교하여 합성수지계 차수막에 관한 설명으로 틀린 것은?

① 경제성 : 재료의 가격이 고가이다.
② 차수성 : Bentonite 첨가 시 차수성이 높아진다.
③ 적용지반 : 어떤 지반에도 가능하나 급경사에는 시공 시 주의가 요구된다.
④ 내구성 : 내구성은 높으나 파손 및 열화위험이 있으므로 주의가 요구된다.

해설 차수성 : Bentonite 첨가 시 차수성이 낮아진다. 합성차수막으로만 시공 했을 때 차수성을 더 높일 수 있다. 단, 천공 시 누출의 문제가 있다.

정답 43. ① 44. ④ 45. ① 46. ④ 47. ②

48 매립지 가스발생량의 추정방법으로 가장 거리가 먼 것은?

① 화학양론적인 접근에 의한 폐기물 조성으로부터 측정
② BMP(Biological Methane Potential)법에 의한 메탄가스 발생량 조사법
③ 라이지미터(Lysimeter)에 의한 가스발생량 추정법
④ 매립지에 화염을 접근시켜 화력에 의해 추정하는 방법

[해설] 매립지에 화염을 접근시키는 것은 폭발의 우려가 있으므로 엄금한다.

49 매립지 기체 발생단계를 4단계로 나눌 때 매립 초기의 호기성 단계(혐기성 전단계)에 대한 설명으로 틀린 것은?

① 폐기물 내 수분이 많은 경우에는 반응이 가속화된다.
② O_2가 대부분 소모된다.
③ N_2가 급격히 발생한다.
④ 주요 생성기체는 CO_2이다.

[해설] N_2가 서서히 감소한다. 폐기물 내 수분이 많은 경우 감소 속도는 가속화된다.

50 매립 폭 5m, 한 층의 매립고 3m인 셀에 매일 100ton의 폐기물을 매립하는 매립지에서 초기 압축 밀도가 0.5ton/m³일 때 일일 복토재 소요량(m³)은? (단, 셀의 사면경사 = 3:1, 일일복토의 두께 = 15cm)

① 32.08
② 34.08
③ 36.08
④ 38.08

[해설] 식 복토재 소요량 = (셀의 앞면적(경사) + 셀의 윗면적 + 셀의 옆면적(경사))×복토두께

- 셀의 옆면적(경사) = 셀의 길이×셀의 빗변길이
 = $13.3333m \times 9.4868m = 126.4903m^2$
- 셀의 윗면적 = 셀의 폭×셀의 길이
 = $5m \times 13.3333m = 66.6665m^2$
- 셀의 길이 = $100톤 \times \dfrac{1m^3}{0.5톤} \times \dfrac{1}{(5m \times 3m)} = 13.3333m$
- 셀의 빗변길이 = $\sqrt{3^2+9^2} = 9.4868m$
- 셀의 앞 면적(경사)
 = 셀의 폭×셀의 빗변길이 = $5m \times 9.4868m = 47.434m^2$
∴ 복토재 소요량
 = $(47.434 + 66.6665 + 126.4903) \times 0.15 = 36.09m^3$

51 폐기물 매립지의 중간 복토재 또는 당일 복토재로써 점토를 사용할 경우, 기능상 가장 취약한 것은?

① 외관 및 쓰레기 비산 방지
② 위생 해충 서식 억제
③ 수분 보유능력
④ 표면수 침투 억제

52 매립 시 폐기물 분해과정을 시간 순으로 옳게 나열한 것은?

① 혐기성 분해 → 호기성 분해 → 메탄 생성 → 유기산 형성
② 호기성 분해 → 혐기성 분해 → 산성물질 생성 → 메탄 생성
③ 호기성 분해 → 유기산 생성 → 혐기성 분해 → 메탄 생성
④ 혐기성 분해 → 호기성 분해 → 산성물질 생성 → 메탄 생성

정답 48. ④ 49. ③ 50. ③ 51. ③ 52. ②

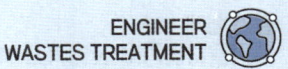

53 매립방법의 분류에 관한 설명으로 가장 알맞은 것은?
① 폐기물 유·무해성에 따른 분류는 혐기성 매립구조, 혐기성 위생매립, 준호기성 매립 등으로 나눌 수 있다.
② 폐기물 분해성상에 따른 분류는 차단형, 안정형, 관리형 매립 등으로 나눌 수 있다.
③ 폐기물 매립 방법에 따라 단순매립, 위생매립, 안전매립 등으로 나눌 수 있다.
④ 폐기물 매립 형상에 따른 분류는 도랑식, 지역식 등으로 나눌 수 있다.

오답해설
① 폐기물 매립구조에 따른 분류는 혐기성 매립구조, 혐기성 위생매립, 준호기성 매립 등으로 나눌 수 있다.
② 폐기물 유·무해성에 따른 분류는 차단형, 안정형, 관리형 매립 등으로 나눌 수 있다.
④ 폐기물 매립공법에 따른 분류는 도랑식, 지역식 등으로 나눌 수 있다.

54 폐기물을 위생 매립하여 처리할 때 가장 큰 단점은?
① 다른 방법에 비해 초기투자비 비용이 높다.
② 처분대상 폐기물의 증가에 따른 추가인원 및 장비가 크다.
③ 인구밀집 지역에서는 경제적 수송거리 내에서 부지확보 문제가 있다.
④ 폐기물의 분류가 선행되어야 한다.

해설 우리나라의 매립 시 가장 큰 문제점은 부지확보이다.

55 매립 후 중기단계(10년 정도)에서 배출되는 매립가스의 주요 성분은?
① CO_2, CH_4
② CO, CH_4
③ H_2, CO_2
④ CO, H_2

56 합성차수막인 CSPE에 관한 설명으로 옳지 않은 것은?
① 미생물에 강하다.
② 강도가 약하다.
③ 접합이 용이하다.
④ 산과 알칼리에 약하다.

해설 산과 알칼리에 특히 강하다.

57 일반적인 폐기물의 매립방법에 관한 설명 중 틀린 것은?
① 폐기물은 매일 1.8~2.4m의 높이로 매립한다.
② 중간복토는 30cm의 흙으로 덮고 최종복토는 60cm의 흙으로 덮는다.
③ 다짐 후 폐기물 밀도가 390~740kg/m³이 되도록 한다.
④ 폐기물을 충분히 다짐하면 공기함유량이 감소되어 CH_4의 생성이 감소한다.

해설 폐기물을 충분히 다짐하면 공기함유량이 감소되어 혐기화가 촉진되므로 CH_4의 생성속도와 양이 증가한다.

58 차수설비인 복합차수층에서 일반적으로 합성차수막 바로 상부에 위치하는 것은?
① 점토층
② 침출수집배수층
③ 차수막지지층
④ 공기층(완충지층)

해설 [복합차수층의 구조]
복합차수층 : 침출수집배수층(최상층) - 합성차수막 - 점토층(최하층)

정답 53. ③ 54. ③ 55. ① 56. ④ 57. ④ 58. ②

59 매립가스 추출에 대한 설명으로 틀린 것은?

① 매립가스에 의한 환경영향을 최소화하기 위해 매립지 운영 및 사용종료 후에도 지속적으로 매립가스를 강제적으로 추출하여야 한다.
② 굴착정의 깊이는 매립깊이의 75% 수준으로 하며, 바닥 차수층이 손상되지 않도록 주의하여야 한다.
③ LFG 추출시에는 공기 중의 산소가 충분히 유입되도록 일정 깊이(6m)까지는 유공부위를 설치하지 않고 그 아래에 유공부위를 설치한다.
④ 여름철 집중 호우시 지표면에서 6m 이내에 있는 포집정 주위에는 매립지내 지하수위가 상승하여 LFG 진공추출시 지하수도 함께 빨려 올라올 수 있으므로 주의하여야 한다.

해설 LFG 추출 시에는 공기 중의 산소가 유입되지 않도록 매립폐기물층 10~50cm 정도 상부 심도까지 하는 것이 바람직하다.

60 육상매립 공법에 대한 설명으로 틀린 것은?

① 트렌치 굴착 방식(Trench method)은 폐기물을 일정한 두께로 매립한 다음 인접 도랑에서 굴착된 복토재로 복토하는 방법이다.
② 지역식 매립(Area method)은 바닥을 파지 않고 제방을 쌓아 입지조건과 규모에 따라 매립지의 길이를 정한다.
③ 트렌치 굴착은 지하수위가 높은 지역에서 가능하다.
④ 지역식 매립은 해당지역이 트렌치 굴착을 하기에 적당하지 않은 지역에 적용할 수 있다.

해설 육상매립은 어떤 방법이든 지하수위가 낮은 지역에서 가능하다.

61 매립지 침하에 영향을 미치는 내용과 가장 관계가 없는 것은?

① 다짐정도   ② 폐기물의 성상
③ 생물학적 분해정도   ④ 차수재 종류

해설 차수재의 종류는 매립지 침하와 관련이 없다. 차수재의 종류에 따라 침출수의 투수정도가 달라진다.

62 폐기물 매립장의 복토에 대한 설명으로 틀린 것은?

① 폐기물을 덮어 주어 미관을 보존하고 바람에 의한 날림을 방지한다.
② 매립가스에 의한 악취 및 화재발생 등을 방지한다.
③ 강우의 지하침투를 방지하여 침출수 발생을 최소화할 수 있다.
④ 복토재로 부숙토(콤포스트)나 생물발효를 시킨 오니를 사용하면 폐기물의 분해를 저해할 수 있다.

해설 복토재로 부숙토(콤포스트)나 생물발효를 시킨 오니를 사용하면 폐기물의 분해를 촉진할 수 있다.

63 인구 100만 명인 도시의 쓰레기 발생률은 2.0kg/인·일이다. 아래의 조건들에 따라 쓰레기를 매립하고자 할 때 연간 매립지의 소요면적(m^2)은? (단, 매립쓰레기 압축밀도=500kg/m^3, 매립지 Cell 1층의 높이=5m, 총 8개의 층으로 매립, 기타 조건은 고려하지 않음)

① 32,500   ② 34,200
③ 36,500   ④ 38,200

해설 **식** 매립지 소요면적(m^2) = $\dfrac{\text{폐기물의 부피}(\forall)}{\text{매립깊이}(H)}$

• 폐기물의 부피
$= \dfrac{2kg}{\text{인·일}} \times 1,000,000\text{인} \times \dfrac{m^3}{500kg} \times 365\text{일} = 1,460,000 m^3$

정답 59. ③   60. ③   61. ④   62. ④   63. ③

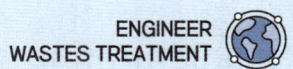

- 매립깊이 = $\dfrac{5m}{1층} \times 8층 = 40m^3$

∴ 매립지 소요면적(m^2) = $\dfrac{1,460,000m^3}{40m} = 36,500m^2$

64 매립지 바닥에 복토가 충분할 때 사용하는 내륙매립 방법은?

① 계곡매립법   ② 지역법
③ 경사법   ④ 도랑법

65 위생매립의 장점이 아닌 것은?

① 타 방법과 비교하여 초기 투자비용이 높다.
② 부지확보가 가능할 경우 가장 경제적인 방법이다.
③ 거의 모든 종류의 폐기물처분이 가능하다.
④ 사후부지는 공원, 운동장 등으로 이용될 수 있다.

해설 ①항은 위생매립의 단점이다.

66 매립방식 중 cell 방식에 대한 내용으로 가장 거리가 먼 것은?

① 일일복토 및 침출수 처리를 통해 위생적인 매립이 가능하다.
② 쓰레기의 흩날림을 방지하며, 악취 및 해충의 발생을 방지하는 효과가 있다.
③ 일일복토와 baling을 통한 폐기물 압축으로 매립 부피를 줄일 수 있다.
④ cell마다 독립된 매립층이 완성되므로 화재 확산방지에 유리하다.

해설 ③항은 압축매립공법에 대한 설명이다.

67 강우량으로부터 매립지 내의 지하침투량(C)을 산정하는 식으로 옳은 것은? (단, P = 총강우량, R = 유출률, S = 폐기물의 수분저장량, E = 증발량)

① C = P(1 − R) − S − E
② C = P(1 − R) + S − E
③ C = P − R + S − E
④ C = P − R − S − E

68 안정화된 도시폐기물 매립장에서 발생되는 주요 가스성분인 메탄가스와 탄산가스에 대하여 올바르게 설명한 것은?

① 혐기성 상태가 된 매립지에서 메탄가스와 탄산가스의 무게 구성비는 50%, 50%이다.
② 탄산가스나 메탄가스 모두 공기보다 가벼워 매립지 지표면으로 상승한다.
③ 탄산가스는 침출수의 산도를 높인다.
④ 메탄가스는 악취성분을 가지고 있고, 일반적으로 유기성 토양으로 복토하면 대부분 제어될 수 있다.

해설 ③항만 올바르다.
오답해설
① 혐기성 상태가 된 매립지에서 메탄가스와 탄산가스의 부피 구성비는 55%, 40%이다.
② 메탄가스는 모두 공기보다 가벼워 매립지 지표면으로 상승하고 탄산가스는 공기보다 무거워 매립지 아래에 형성된다.
④ 메탄가스는 무취이며, 일반적으로 무기성 재료와 가스추출정을 통해 대부분 제어될 수 있다.

69 도시쓰레기를 우생 매립 시 고려하여야 할 사항으로 가장 거리가 먼 것은?

① 지반의 침하
② 침출수에 의한 지하수오염
③ CH_4 가스 발생
④ CO_2 가스 발생

 64. ④   65. ①   66. ③   67. ①   68. ③   69. ④

70 폐기물 매립지에서 나오는 침출수에 관한 설명으로 가장 거리가 먼 것은?

① 폐기물을 통과하면서 폐기물 내의 성분을 용해시키거나 부유 물질을 함유하기도 한다.
② 가스 발생량이 많을수록 침출수 내 유기물질농도는 증가한다.
③ 외부에서 침투하는 물과 내부에 있는 물이 유출되어 형성한다.
④ 매립지의 침출수의 이동은 서서히 이동된다고 한다.

[해설] 가스 발생량이 많을수록 침출수 내 유기물질농도는 감소한다.

71 폐기물 매립지의 4단계 분해과정에 대한 설명으로 옳지 않은 것은?

① 1단계 : 호기성 단계로서 며칠 또는 몇 개월 가량 지속되며, 용존산소가 쉽게 고갈된다.
② 2단계 : 혐기성 단계이며 메탄가스가 형성되지 않고 SO_4^{2-}와 NO_3^-가 환원되는 단계이다.
③ 3단계 : 혐기성 단계로 메탄가스와 수소가스 발생량이 증가되고 온도가 약 55℃ 내외로 증가된다.
④ 4단계 : 혐기성 단계로 메탄가스와 이산화탄소 함량이 정상상태로 거의 일정하다.

[해설] 3단계 : 혐기성 단계로 메탄가스 발생량이 증가되고 수소가스와 탄산가스의 비율은 낮아진다. 온도가 약 55℃ 내외로 증가된다.

72 매립지에서 사용하는 열가소성(thermoplastic) 합성 차수막이 아닌 것은?

① Ethylene propylene diene monomer(EPDM)
② High-density polyethylene(HDPE)
③ Chlorinated polyethylene(CPE)
④ Polyvinyl chloride(PVC)

[해설] [합성차수막의 분류]
• 열가소성 : PVC, CPE, HDPE
• 열경화성 : EPDM
• 혼합성 : CSPE

73 매립지 차수막으로서의 점토 조건으로 적합하지 않은 것은?

① 액성한계 : 60% 이상
② 투수계수 : 10^{-7}cm/sec 미만
③ 소성지수 : 10% 이상 30% 미만
④ 자갈 함유량 : 10% 미만

[해설] 액성한계 : 30% 이상

74 차단형매립지에서 차수 설비에 쓰이는 재료 중 투수율이 상대적으로 높고 불투수층을 균일하게 시공하기가 어려운 단점이 있지만, 침출수 중의 오염물질 흡착능력이 우수한 장점이 있는 차수재는?

① CSPE
② Soil Mixture
③ HDPE
④ Clay Soil

정답 70. ② 71. ③ 72. ① 73. ① 74. ④

75 점토의 수분함량과 관계되는 지표로서 점토의 수분함량이 일정수준 미만이 되면 플라스틱 상태를 유지하지 못하고 부스러지는 상태에서의 수분함량을 의미하는 것은?

① 소성한계 ② 액성한계
③ 소성지수 ④ 극성한계

76 매립지에서의 물 수지(water balance)를 고려하여 침출수량을 추정하고자 한다. 강수량을 P, 폐기물 함유수분량을 W, 증발산량을 ET, 유출(run-off)량을 R로 표시하고, 기타항을 무시할 때, 침출수량을 나타내는 식은?

① $P - W - ET - R$
② $W + P - ET + R$
③ $ET + R + P - W$
④ $P + W - ET - R$

77 매립쓰레기의 혐기성 분해과정을 나타낸 반응식이 아래와 같을 때, 발생가스 중 메탄함유율(발생량 부피%)을 구하는 식(ⓒ)으로 옳은 것은?

$$C_aH_bO_cN_d + (\ ⓐ\ )H_2O$$
$$\rightarrow (\ ⓑ\ )CO_2 + (\ ⓒ\ )CH_4 + (\ ⓓ\ )NH_3$$

① $\dfrac{(4a+b+2c+3d)}{8}$ ② $\dfrac{(4a-2b-2c+3d)}{8}$

③ $\dfrac{(4a+b-2c-3d)}{8}$ ④ $\dfrac{(4a-2b-2c-3d)}{8}$

해설 $C_aH_bO_cN_d + \left(\dfrac{4a-b-2c+3d}{4}\right)H_2O \rightarrow$
$\left(\dfrac{4a+b-2c-3d}{8}\right)CH_4 + \left(\dfrac{4a-b+2c+3d}{8}\right)CO_2 + dNH_3$

78 다음 그래프는 쓰레기 매립지에서 발생되는 가스의 성상이 시간에 따라 변하는 과정을 보이고 있다. 곡선 (가)와 (나)에 해당하는 가스는?

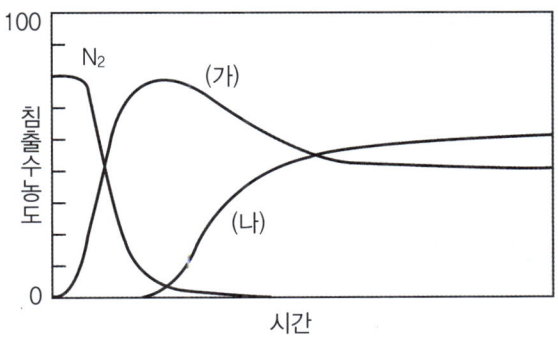

① (가) H_2,   (나) CH_4
② (가) CH_4, (나) CH_2
③ (가) CO_2, (나) CH_4
④ (가) CH_4, (나) H_2

---

75. ①   76. ④   77. ③   78. ③

07 CHAPTER 매립에 의한 오염

UNIT 01 침출수 처리

1 기계적, 화학적 저감기술

① **침출수 유량조정조**
  ㉠ 침출수의 수질 균등화
  ㉡ 호우시 또는 계절적 수량변동의 조정
  ㉢ 수처리설비의 전처리 기능

② **활성탄 흡착법** : 오염물질과 흡착제와의 평형농도 유지를 위해 조건(온도, 압력 등)에 따라 오염물질이 흡착제로 이동하게 되고, 흡착제의 공극으로 이동된 오염물질은 공극안쪽 표면에 흡착됩니다.
  ㉠ 특징
    - 미량오염물질 및 이취미제거가 가능
    - 처리효율이 높음
    - 비용이 비쌈
    - 분자량이 클수록 흡착이 잘 됨
    - 용해도가 작을수록 흡착이 잘 됨

③ **막분리** : 막분리는 오염물질은 통과하지 못하고 청정수만 통과할 수 있는 구멍이 있는 막을 조내에 설치하여 오염된 하수 및 폐수를 통과시켜 오염물질을 제거하는 공법입니다. 막분리는 아주 미세한 오염물질까지 제거할 수 있어 콜로이드, 탁도, 박테리아, 세균까지 제거가 가능하여 많이 이용되고 있는 추세입니다.
  ㉠ 막분리의 종류

공정	Mechanism	추진력	막형식
정밀여과(MF)	• 다공성막을 통과시켜 공경(0.03~10㎛)보다 큰 입자를 분리한다. • 분리입경이 가장 크다.	정수압차 (감압~2atm)	대칭형 다공성막
한외여과(UF)	다공성막을 통과시켜 공경(0.001~0.02㎛)보다 큰 입자를 분리한다.	정수압차 (1~10atm)	비대칭형 다공성막

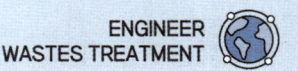

역삼투(RO)	정수압을 이용하여 염용액으로부터 물과 같은 용매를 분리한다.	정수압차 (20~100atm)	비대칭형 다공성막
나노여과(NF)	역삼투의 변형	정수압차	비대칭형 다공성막
전기투석(ED)	이온전하의 크기에 따라 선택적으로 투과시킨다.	전위차	선택성 이온교환막
투석(Dialysis)	농도에 따른 확산계수의 차에 의해 분리한다.	농도차	균질막

ⓒ 막공법의 장단점

장점	단점
• 약품의 첨가가 없고, 시설이 간단하여 운영이 간편하다. • 순수 물질의 분리가 가능하다. • 공정설계 및 Scale-up이 단순하다. • 가동부가 적고, 간단하며 부지면적을 줄일 수 있다. • 충격부하에 대응이 좋다.	• 유입수의 온도, pH에 따라 운전이 제한된다. • 농축수에 대한 최종 처리가 필요하다. • 초기 투자비가 기존 처리시설보다 많이 든다.

ⓒ 열화와 파울링
- 열화 : 막 자체의 변질로 인한 장애현상으로 막을 더 이상 사용할 수 없어 교체해야 한다.
  - 원인 : 물리적 요인, 화학적 요인, 생물학적 요인
- 파울링 : 막 표면에 생기는 요인으로 인한 장애현상으로 막을 세척함으로 다시 사용할 수 있다.
  - 원인 : 부착물질, 막힘, 유로

④ **고도산화처리(AOP)** : 고도산화처리는 강력한 산화제를 이용하여 생물학적으로 분해가 어려운 난분해성 물질을 처리하는 방법으로 기존 공정에 존재하던 효율증대의 한계를 극복할 수 있고, 급격히 수질이 악화되는 비상상황에서의 대처로도 활용되고 있습니다.

> 💡 **대표적인 난분해성 물질**
> 벤젠고리화합물, 할로겐화 유기화합물

㉠ **펜톤산화(Fenton)** : 과산화수소를 철염과 함께 주입했을 때 산화반응성이 좋은 OH 라디칼이 생성하여 오염물질을 처리하는 방법입니다. 공정은 pH 조정 → 산화분해 → 중화 → 응집 → 침전 순으로 진행됩니다. 운전의 전문성이 요구되는 방법으로 함께 주입되는 촉매 철염(Fe^{2+})의 농도조절이 필수적입니다. 철염이 필요 이상 높아지면, OH 라디칼을 소모하게 되어 효율이 감소되고 약품슬러지 발생량이 늘어나게 되어 주의해야 합니다.
  • 특징
    - pH 조절, 산화분해, 중화, 응집·침전의 4단계로 나눌 수 있다.
    - pH 조정이 필수적이다.(pH 3~5 범위에서 산화 후 본래 pH로 중화하여야 함)
    - 온도가 높을수록 제거속도가 빨라지나 50℃를 초과하면 안된다.
    - 침강성이 불량한 경우 응집제를 추가로 주입하기도 한다.
㉡ **오존산화** : 오존의 강력한 산화력을 이용하여 난분해성물질을 분해시킵니다. 분해는 물론 탈색, 탈취, 표백기능까지 할 수 있으며 오염물질을 CO_2와 H_2O로 분해합니다.

- 특징
  - 쉽게 발생시킬 수 있다.
  - 분해 시간이 짧다.
  - 처리 후 pH의 변화가 적다.
  - 후단의 생물학적 처리와 병용시 효과가 증대될 수 있다.

⑤ **이온교환** : 오염물질을 이온교환수지를 이용하여 수지 안에 부착되어 있는 물질과 오염물질을 교환하여 처리하는 방법입니다. 이온교환처리는 주로 이온성 물질(예 중금속, NH_4, Na, H, SO_4, NO_3, NO_2, Cl 등)이 그 대상이 됩니다.

⑥ **중화** : 침출수의 pH를 조절하여 pH 7로 유지하는 반응입니다.

⑦ **응집침전** : 응집제를 주입하여 물질들을 응집시켜 플록을 형성하여 침전하여 제거하는 방법입니다. 침출수에 존재하는 SS와 중금속제거에 주로 사용됩니다.

> 💡 **황화물 응집침전법**
> 폐수 중의 금속이온을 황화금속의 형태로 응집침전하여 제거하는 공법

⑧ **화학적 질소제거**
  - ㉠ **암모니아 탈기법(공기탈기법)** : 수중에 암모늄(NH_4)으로 존재하는 질소를 수중의 pH를 10 이상으로 유지하여 암모니아(NH_3)로 전환시키고, 폭기를 통해 기체로 물 밖으로 탈기시키는 공정입니다.
  - ㉡ **파과점 염소주입법** : 수중에 염소를 주입하면 유리염소와 결합잔류염소가 생성되고, 계속해서 염소를 주입하면 질소성분과 결합한 결합잔류염소가 질소가스로 분해되며 배출되는 것을 이용하여 수중의 질소성분을 제거하는 방법입니다.

⑨ **화학적 인제거**
  - ㉠ **정석탈인법** : 수중에 인광석을 핵으로 하는 정석재를 첨가하여 칼슘과 인을 반응시켜 수산화인회석 형태로 고정하여 인을 제거하는 방법입니다.
  - ㉡ **금속염 첨가법** : 응집제(산화철 또는 알루미늄)를 주입하여 인을 침전시켜 제거하는 방법입니다.

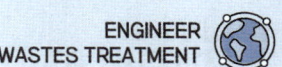

2 생물학적 저감기술

💡 미생물의 성장곡선

① 지체기(유도기) : 균체가 새로운 환경에 적응하여 발육을 준비하는 기간으로 수분 및 영양물질의 흡수가 있을 뿐 균의 증감은 나타나지 않는 단계
② 대수성장기(지수성장기) : 균의 대사가 왕성하여 세포분열도 활발하고, 균의 체적도 증가하는 단계
③ 감소성장기 : 세균증식으로 인해 영양분이 소실되면서, 일부분의 세균은 사멸하며 성장속도가 줄어들고, 남은 영양물질을 섭취하기 위해 미생물들이 모여서 증식하면서 플록(덩어리)을 형성하므로 하수처리에서 가장 침전시키기 좋은 단계
④ 정상기(정체기) : 균수가 최고에 달하여 증감이 없는 단계
⑤ 내생호흡기 : 영양물질이 소실됨에 따라 세균의 사멸이 증가하고, 세균 스스로 자신의 몸에 있는 원형질을 분해하여 에너지를 사용하면서, 세균의 부피와 무게가 줄어드는 단계로 수중에 유기물 및 영양물질의 함량이 가장 낮은 단계

💡 반응속도

㉠ **0차 반응** : 반응물의 농도와 무관하게 시간에 따라서만 생성물의 양이 결정되는 반응($\gamma = -K$)

$$\boxed{식}\ C_0 - C_t = K \cdot t$$

㉡ **1차 반응** : 반응물의 농도와 시간에 따라서 생성물의 양이 결정되는 반응($\gamma = -KC$)

$$\boxed{식}\ \ln \frac{C_t}{C_0} = -K \cdot t$$

㉢ **2차 반응** : 반응물 농도의 제곱과 시간에 따라서 생성물의 양이 결정되는 반응($\gamma = -KC^2$)

$$\boxed{식}\ \frac{1}{C_0} - \frac{1}{C_t} = -K \cdot t$$

- C_0 : 초기 농도
- C_t : 나중 농도
- K : 반응속도상수
- t : 시간

※ 반감기 : 초기 농도가 50% 감소되는데 걸리는 시간
※ 유기성의 폐기물의 생물분해성을 추정하는 식

$$\boxed{식}\ BF = 0.83 - (0.028 \times LC)$$

- BF : 생물분해성 분율
- LC : 휘발성 고형분 중 리그닌 함량(건조무게 %로 표시)

① 바이오리액터(bioreactor)형 매립

매립지 내부로 침출수를 재순환하여 매립지 내 미생물 활동을 증대시키는 공법으로 염류제거시설 등을 추가로 설치하여 염류까지 제거가 가능합니다.

㉠ 특징
- 폐기물에 침출수가 저장되는 효과
- 매립지 침하속도의 증가로 인한 매립용량의 증가
- 위생매립지보다 빠른 폐기물의 안정화

- 낮은 사후 관리비용
- 매립지가스 회수율의 증대

② **활성슬러지 공법** : 미생물의 군락을 슬러지라 합니다. 이 형성된 슬러지에 산소를 주입(폭기)하여 슬러지를 활성화시켜 유기물을 제거하고 침전지에서 슬러지를 침전시켜 제거 또는 반송시키는 공법을 활성슬러지 공법이라 합니다.

㉠ **공정도**
- 유입 – 스크린 – 유량조정조 – (1차 침전지) – 폭기조 – 2차 침전지 – 고도처리 – 방류(일반적인 형태, 조건에 따라 1차침전지 생략가능)
- 유입 – 저류 – 소화 – 희석 – 폭기조 – 2차 침전지 – 고도처리 – 방류(혐기성 소화와 활성슬러지 공법을 연계한 형태)

㉡ **특징**
- 가장 많이 이용되는 공법이다.
- 설계 및 시공, 운전에 대한 데이터가 풍부하다.
- 운전이 비교적 어렵다.

③ **질소제거**

㉠ MLE(Modified Ludzack Ettinger) : 생물학적 질소제거 방법으로 무산소조, 호기조로 구성되며 무산소조에서 탈질이 진행되고, 호기조에서 산화시킨 질소를 무산소조로 내부반송하여 탈질하는 공법입니다.
- 공정도

  산소조 – 호기조 – 침전 – **방류** (호기조에서 무산소조로 내부반송)

㉡ 4단계 Bardenpho 공법 : 무산소조에서 탈질이 이루어지고, 호기조에서 유기물제거 및 질산화를 진행시키면서 질소를 제거하는 공정입니다. 질소제거공정의 기본형식입니다.
- 공정도

  유입 – 무산소조 – 호기조 – 무산소조 – 호기조 – 침전조 – 방류

  내부 반송

- 특징 : 호기조에서 무산소조로의 내부반송을 통하여 질산화된 물을 공급하여 탈질이 더 원활하게 유지될 수 있도록 한다.

㉢ 회전원판법 : 회전원판이 물 밖으로 나와 산소가 공급되었을 때 질산화가 진행되고, 물속에서 혐기성상태가 되었을 때 탈질화가 진행되며 질소가 제거됩니다.
- 공정도

  유입 – 1차 침전지 – 회전원판 – 2차 침전지 – 방류

④ 인제거

㉠ **A/O 공법** : 생물학적 인제거의 기본공정으로 혐기조와 호기조를 이용하여 제거합니다.
- 공정도

  유입 — 혐기조 — 호기조 — 침전 — 방류

- 특징 : 짧은 SRT와 높은 유기물 부하로 운전이 가능하다.

㉡ **Phostrip 공법(Side stream)** : 활성슬러지공정에 슬러지처리시 혐기조를 설치하여 인을 방출하고 인 농도가 높아진 상층에 상징수는 석회로 침전제거하여 고액분리하여 인을 제거하는 공법입니다. 인 농도가 낮아진 상징수는 폭기조 또는 1차침전지로 이송되고, 탈인조에서 생성된 슬러지는 폭기조(호기조)로 반송된 후 폭기조(호기조)에서 인의 과잉섭취가 이루어집니다.
- 공정도

  유입 — 1차 침전지 — 폭기조 — 2차 침전지 — 방류 ← 기존의 활성슬러지공정

  ↑ 석회주입 — 탈인조(혐기조) ↓

3 매립지 조건별 저감기술의 적용

구분	항목	조건 I	조건 II	조건 III
침출수 상태	COD(mg/L)	> 10,000	500 ~ 10 000	< 500
	COD/TOC	2.7	2.0 ~ 2.7	< 2.0
	BOD/COD	0.5	0.1 ~ 0.5	< 0.1
	매립연한	짧음	중간	오래됨
처리 방법에 따른 처리성	생물학적 처리	좋음	보통	나쁨
	화학적 응집/침전	보통	나쁨	나쁨
	화학적 산화	보통/나쁨	보통	보통
	R/O	보통	좋음	좋음
	활성탄 흡착	보통/좋음	보통/좋음	좋음
	이온교환	나쁨	보통/좋음	보통

UNIT 02 방사성 폐기물

1 방사성 폐기물

방사성물질 또는 그에 따라 오염된 물질로서 폐기의 대상이 되는 물질을 말합니다. 방사선량에 따라 고준위 폐기물과 저준위 폐기물로 분류됩니다.

① **고준위 폐기물** : 방사능이 매우 강한 폐기물로써 주로 핵연료의 재처리 공정에서 나오는 고방사능 폐기물로 방사선량 10Rem(100mSv) 이상의 폐기물을 말합니다.

② **저준위 폐기물** : 방사능 세기가 낮은 폐기물로서 대체로 반감기가 짧으며 원자력발전소, 산업체, 병원, 연구기관에서 나오는 방사성폐기물이 해당됩니다. 10Rem(100mSv) 이하의 폐기물을 말합니다.

※ 1Rem = 0.01Sv(방사선량 당량의 단위)

2 방사성 폐기물의 관리

방사성 폐기물은 "방사성 폐기물 관리법"에 의거 고화처리를 하여 격리처분하고 있습니다.

① **처리원칙**
  ㉠ **농축 및 저장** : 중·저준위 폐기물처리에 많이 사용되는 방법으로 폐기물 중 비방사성 부분을 제외한다.
  ㉡ **희석 및 분산** : 저준위 폐액처리에 많이 사용되는 방법으로 주로 희석을 통하여 방출허용치 이하까지 준위를 낮추어 방출한다.
  ㉢ **자연 및 붕괴** : 반감기가 짧은 방사성핵종을 함유한 폐기물을 적당한 시간동안 저장하여 방사능을 감소시킨 후 방출한다.

② **처리과정** : 발생 – 처리/감용농축/고화포장 – 방출/격리

3 방사성 폐기물의 고화처리

① **시멘트 고화** : 시멘트 + 폐기물
② **아스팔트 고화** : 아스팔트 + 폐기물
③ **플라스틱 고화** : 플라스틱 + 폐기물
④ **유리화** : 유리 + 폐기물
⑤ **폴리머 고화** : 고분자응집제 + 폐기물
⑥ **합성암** : 암석 구성 물질 + 폐기물

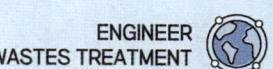

UNIT 03 토양 및 지하수 2차오염

1 토양 및 지하수 오염의 개요

① **토양오염의 특성**
  ㉠ **오염영향의 국지성** : 매체의 특성상 국지적 오염이 나타난다.
  ㉡ **오염경로의 다양성** : 기상, 액상, 고상 등 다양한 물질과 경로로 오염된다.
  ㉢ **피해발현의 완만성(시차성)** : 오염물질의 이동이 느려서 오염이 발생한 시점과 오염으로 인한 문제가 발생하는 시점 사이에는 시간차가 존재한다.
  ㉣ **원상복구의 어려움(잔류성)** : 오염물질은 토양에서 확산되어 심층으로 퍼지거나, 지하수오염과 연계될 우려가 있어 오염물질의 완전한 제거가 어렵다.
  ㉤ **타 환경인자와의 영향관계의 모호성** : 오염의 기인이 대기오염인지 수질오염인지, 폐기물인지 영향관계를 도출하기가 어렵다.
  ㉥ **오염물질의 축적성(잔류성)** : 토양, 지하수, 암석에 잔류하거나 생물농축으로 인한 축적이 존재한다.
  ㉦ **시료채취의 어려움**
  ㉧ **피해에 대한 보상의 어려움**
  ㉨ **오염영향의 부지 특이성** : 토지이용에 따라 오염토양에 의한 영향이 달라짐

② **토양오염물질**
  ㉠ **유류 오염물질**
   • 석유계 총탄화수소(TPH) : 끓는점이 150~500℃로 높은 유류(등유, 경유, 벙커C유, 제트유 등)가 속하며, 일반적인 유류오염 시 검출됩니다.
   • BTEX : 벤젠(B), 톨루엔(T), 에틸벤젠(E), 자일렌(X)을 줄인 단어로, 위 4가지의 항목들은 휘발성이 높은 유류로 BTEX의 검출은 휘발성이 높은 유류오염을 의미하며, BTEX는 대표적인 VOCs(휘발성 유기화합물질)입니다. 또한 BTEX는 중추신경계에 악영향을 줍니다.
   ※ VOCs : 증기압이 높아 대기 중으로 쉽게 증발되는 액체 또는 기체상 유기화합물의 총칭
  ㉡ **염소계 유기화합물** : 염소계 유기화합물의 대부분은 농약에서 기인하고 이 물질들은 강한 독성뿐 아니라 잔류성, 난분해성을 가지면서 생태계 내에서 순환하게 되고 이는 생물농축으로 이어지면서 큰 문제를 야기합니다.
   • 지방족 염소계 탄화수소 : 클로로메탄, 디클로로메탄, 트리클로로메탄(THM), 테트라클로로메탄, 1,1-디클로로에탄, 1,1,1-트리클로로에탄, 클로로에텐, 1,2-디클로로에텐, 트리클로로에틸렌(TCE), 테트라클로로에틸렌(PCE)
   • 방향족 염소계 탄화수소 : 헥사클로로벤젠(HCB), 디클로로디페닐트리클로로에탄(DDT), 폴리클로리네이티드비페닐(PCBs)
  ㉢ **다핵 방향족 탄화수소** : 2개 이상의 벤젠고리를 가지고 있는 탄화수소를 의미하며, 비극성이며, 소수성이고, 매우 안정적입니다. 발암물질인 경우가 많습니다. (나프탈렌, 벤조(a)피렌, 다이옥신)

ⓔ **중금속** : 비중이 5 이상되는 금속을 말합니다. 중금속이 토양에 장기간 축적되면, 대부분이 먹이사슬에 의한 생물농축성이 크고 독성이 강합니다. 이외에 독성이 약하고 생물체에서 미네랄로 작용하는 구리(Cu)와 니켈(Ni), 아연(Zn), 크롬(Cr^{3+})에 경우에도 과잉 집적될 경우 다른 여러 미량원소의 흡수를 방해할 수 있고 한번 흡수되면 이동이나 다른 물질로의 치환이 어려워 생물성장에 악영향을 줍니다.

ⓜ **NAPL(Nonaqueous Phase Liquid)** : 토양 및 지하수 오염을 유발하는 액상 화합물을 총칭합니다. 주로 유류 오염물질이 NAPL에 해당하고, NAPL은 비중에 따라 LNAPL과 DNAPL로 구분됩니다.
- **LNAPL** : 물보다 가벼운 NAPL, 토양층에 존재하거나 토양층을 따라 내려가서 지하수면 위에 부유한다. (예 BTEX, VOCs, TPH)
- **DNAPL** : 물보다 무거운 NAPL, 지하수 밑으로 계속 가라앉는다.(예 PCB, TCE, 클로로페놀, 클로로벤젠 등)

구분	특성
LNAPL (Light NAPL)	• 물보다 가벼운 화합물 • NAPL을 구성하는 성분은 PAH와 같이 대부분이 물에 난용성임 • 소수성의 화합물은 대체로 지방족 또는 방향족화합물(BTEX 포함)임 • 지방족탄화수물은 탄소수가 많을수록, 방향족화합물들은 환이 많을수록 물에 대한 용해도가 낮음
DNAPL (Dense NAPL)	• 물보다 무거운 화합물 • 물보다 무겁기 때문에 지하수면을 통과하여 불투수층인 하부의 반암에 쉽게 도달하게 되며, 반암의 기울기에 따라 이동함 • 대표적인 DNAPL은 PCB, TCE, 클로로페놀, 클로로벤젠 등임

ⓗ **계면활성제**
- **ABS** : 난분해성 계면활성제, 농업용 수로로 유입 시 작물의 성장 억제
- **LAS** : 생분해성 계면활성제

③ **토양수분**
ⓞ **중력수** : 중력에 의해서 토양입자 사이를 이용하거나 지하로 침투하는 수분, 식물이 직접적으로 이용할 수 있고, 지하수원을 구성합니다. 제거하기 가장 쉽습니다.
ⓛ **모세관수(모관결합수)** : 흡습수의 외부에 표면장력과 중력이 평형을 유지해 존재하는 수분, 식물이 직접적으로 이용할 수 있습니다. 외력에 의해 제거 가능합니다.
ⓒ **흡습수(부착수)** : 토양입자와 물리적으로 흡착한 수분으로 식물이 직접적으로 이용할 수 없고, 가열 또는 건조하면 제거 가능합니다.
ⓔ **결합수(화학수)** : 토양입자와 화학적으로 결합하여 토양분자 중에 존재하는 수분으로 가열하여도 제거되지 않습니다.

> 💡 **제거하기 용이한 순서**
> 중력수 > 모세관수 > 흡습수 > 결합수

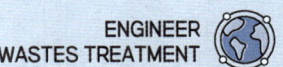

ⓤ pF : 토양수가 입자에 흡착되어 있는 강도를 수주높이에 상용대수를 취하여 나타낸 지표

$$pF = \log h$$

- h : 수주(cm)

④ 토양교질물 및 이온교환

㉠ 양이온 교환능력(CEC)
- 정의 : 토양이 교환할 수 있는 양이온의 합, 보통 토양에서 존재하는 양이온은 미네랄성분으로 식물의 생장에 큰 도움을 줍니다. 따라서 CEC가 큰 토양일수록 식물생장에 좋은 토양이라 할 수 있습니다.
- 이온교환크기순서
  $Al^{3+} > Ca^{2+} > Mg^{2+} > NH_4^+ > K^+ > Na^+$
- 양이온 교환능력의 단위 : 1cmol/kg, 1cmol = 0.01eq

[점토광물별 양이온 교환능력]

구분	카올리나이트	몬모릴로나이트	버미큘라이트	일라이트	클로라이트
CEC(cmol/kg)	2~15	80~150	100~200	20~40	10~40

㉡ 염기포화도(BSP) : 전체 교환성 양이온에 대한 교환성 염기의 백분율, 여기서 교환성 염기란, 양이온 중 수소와 알루미늄이온을 제외한 양이온들을 말합니다.

$$염기포화도(BSP, \%) = \frac{교환성\ 염기의\ meq}{양이온교환능력(CEC)} \times 100$$

㉢ 수소포화도 : 전체 교환성 양이온에 대한 수소이온의 백분율

$$수소포화도(\%) = \frac{수소이온의\ meq}{양이온교환능력(CEC)} \times 100$$

2 토양오염정화기술

1) 물리 · 화학적 복원기술

① 토양증기추출법(SVE, ISV) – [in-situ]
  ㉠ 원리 : 오염된 토양층(불포화층)에 인위적인 가스추출정을 설치하여 토양을 진공상태로 만들어 준 후 송풍기를 이용하여 휘발성 및 반휘발성 오염물질을 흡인하고 흡인된 가스 중 오염물질은 흡착처리(활성탄, 바이오필터 이용)하여 처리하는 지중처리기술(in-situ)입니다.
  ㉡ 특징
  - 휘발성이 큰 휘발유, 항공유, BTEX에 잘 적용됩니다.(경유, 난방유, 윤활유는 어려움)
  - 매립지의 가스제거, 지하저장탱크의 누출물질제거, 유해 폐기물 오염지역에 많이 이용됩니다.
  - 초기에는 제거효율이 좋고, 시간이 지남에 따라 휘발성이 낮은 물질이 잔류하므로 제거효율이 감소합니

다.(총 처리시간 예측이 어려움)
- 토양의 투수 및 통기가 충분히 확보가능한 경우 적용이 용이합니다. 따라서 입경이 큰 토양일수록 처리효율이 증가합니다.

② 토양세척법(soil washing) - [ex-situ]
㉠ 원리 : 오염된 토양층을 굴착한 후 적절한 세척제를 사용하여 토양입자에 결합되어 있는 유해한 유기오염물질의 표면장력을 약화시키거나 오염물질을 용해하여 순수토양과 분리시켜 처리하는 기술입니다. 세척제로는 물을 많이 사용하고 첨가제로 pH조절제, 계면활성제, 착화제, 산화제, 응집제 등을 사용합니다.
㉡ 특징
- 채광공정과 폐수처리공정을 응용하여 개발되었다.
- 오염물질이 미세토양에 많이 흡착되어 있는 경우 분리 후 토양의 부피가 현저히 감소된다.
- 토양입자와 화학적으로 강하게 결합되지 않은 오염물질은 물리적인 방법으로 쉽게 제거된다.
- 유기오염물질, 유류 및 중금속 오염에 적용이 가능하다.
- 점토, 암반의 비중이 높아 투수성이 매우 낮은 경우, 수압파쇄를 통해 투수성을 높일 수 있다.
- 빠른 시간에 긴급히 처리해야 할 때 유용하게 사용할 수 있다.
- 모래에 효과가 크고, 미사에는 부분적 효과, 점토에는 효과가 없다.(미세토양 부식물질의 혼합률 30% 초과 시 비경제적)

③ 토양세정법(soil flushing) - [in-situ]
㉠ 원리 : 오염된 토양층에 관정을 통하여 세정제를 토양 공극 내에 주입함으로써 토양에 흡착된 오염물질을 탈착시켜 통과시킨 후, 통과한 세정액을 지상으로 추출하여 처리하는 기술입니다. 양수된 물은 지상에서 수처리하여 방류합니다. 세정액은 알콜, 착염물질, 산, 염기, 계면활성제 등을 사용합니다.
㉡ 특징
- 중금속의 처리에 효과가 좋다.
- 고려대상 인자가 많다.(유기물 함량, 점토함량, 분배계수, 완충능력, CEC, 용해도)
- 처리대상부지에 상황을 고려하여 알맞은 계면활성제를 선택하여 사용한다.
  - 양이온 계면활성제 : 음이온을 띠는 입자와 결합 시 토양 내에 공극을 폐쇄하여 세척효율을 감소시킴, 일반적으로 미생물에 독성이 있음
  - 음이온 계면활성제 : 무독성, 오염물질의 표면장력을 낮추어 분리시키고 오염물질과 마이셀을 형성하여 물에 용해시킴
  - 비이온 계면활성제 : 친수성 부분이 전하를 띠지 않음, 표면 자체가 전기적 성질을 변화시키지 않음
  - 양성 계면활성제 : 분자의 계면활성 부분이 양전하와 음전하를 동시에 띠고 있음, 토양 입자체의 전기적 성질을 바꿀 수 있음, pH에 영향을 많이 받음

④ 용제추출법(Solvent Extraction, 용매추출법) - [ex-situ]
㉠ 원리 : 오염토양을 굴착하여 추출기로 이동시킨 후 추출기 내에서 용제와 혼합시켜 용해시킨 후 분리기에서 분리하여 처리하는 방법으로 전체적인 오염토양의 부피를 감소시키는 방법입니다.

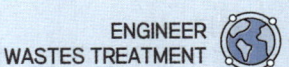

> 💡 **장치 구성**
> 토양 선별 - 추출물질과 혼합 - 액상과 고상의 분리 - 정화된 토양의 처리 - 물정화 및 슬러지 처리

ⓒ 특징 : 비할로겐, 할로겐 VOCs, 유류의 정화가 가능하다.

⑤ 화학적 산화/환원법 - [in-situ]
  ㉠ 원리 : 산화제/환원제를 오염물질에 접촉시켜 무독성 또는 저독성으로 전환하여 처리하는 방법입니다. 산화제로는 오존, 과산화수소, 펜톤시약, 과망간산, 과황산, 차아염소산, 이산화염소가 주로 사용됩니다.
  ㉡ 특징
   • 투수성이 높은 토양에 적합합니다.(모세관대, 포화지역)
   • 시안으로 오염된 토양에 적합합니다.
   • 토양에 그리스(grease) 성분이 적어야 적용하기 용이합니다.
   • 염소계 화합물질은 주로 환원으로 처리하나 산화로도 처리가 가능하긴 합니다.

⑥ 투과성 반응벽체(PRBs, Permeable reactive barrier) - [in-situ]
  ㉠ 원리 : 오염지하수에 다양한 물질이 함유된 반응벽체를 설치하거나 벽체에 오염지하수를 통과시켜 여과하여 오염물을 처리하는 방법입니다. 반응벽체의 충진물질로는 영가철을 포함한 철화합물, 고로 슬래그, 석회석, 제올라이트, 활성탄이 사용되고 그 중 영가철이 주로 사용됩니다.
  ㉡ 특징
   • 지하수 오염대의 수리학적 흐름을 이용하여 반응매질과 오염물질의 화학적 반응을 유도시켜 오염원을 제거가능
   • 비교적 20m 이내의 오염원에 적용이 가능
   • 반응벽체의 형태로는 연속형, 유도벽 부착형이 있고, 막힘 현상이 최소화하도록 설계하여야 함
   • 반응벽체 체류시간은 최대화하고 반응매체의 사용은 최소화할 수 있게 설계하여야 함
   • 반응물질은 유해한 화학반응이나 새로운 오염물질이 형성되지 않는 물질로 사용하여야 함

⑦ 동전기법(동전기정화기법, 전기동력학적 정화기법) - [in-situ]
  ㉠ 원리 : 이온상태의 오염물을 양극과 음극에 전기장에 의하여 이동속도를 촉진시켜 포화 오염토양을 처리하는 방법(예 전기삼투, 전기영동, 이온이동)
  ㉡ 특징
   • 이온성 물질에 잘 적용된다.(예 음이온, 양이온, 중금속)
   • 영향인자
    - 오염토양 특성 : 토성 및 구조, 공극수의 전기전도도, 수분함량, CEC, 염도, 유기물 함량, pH
    - 오염물질 특성 : 오염물질의 종류 및 농도, 전하

⑧ 열탈착법 - [ex-situ]
  ㉠ 원리 : 오염된 토양층을 굴착한 후 통제된 환경에서 토양을 가열하여 토양에 흡착된 오염물질을 휘발 및 탈착시키는 지상처리기술입니다. 오염물질에 따라 저온 열탈착(90~350℃)과 중·고온 열탈착(350~800℃)으로 구분됩니다.

ⓒ 특징
- 휘발유, 항공유, 중유, 경유, 난방유, 윤활유, 할로겐, 비할로겐, VOC의 처리에 적용된다.
- 가스상 물질의 제거를 위한 2차처리장치가 필요하다.(후처리)
- 자갈을 선별하기 위한 선별장치가 필요하다.(전처리)
- 열탈착 전 분쇄 및 파쇄과정을 거치게 된다.(전처리)
- 유기염소 및 유기인 살충제의 제거가 가능하다.
- 탈착속도는 유기물질의 화학적 구성에 큰 영향을 받으며 대개 분자량이 클수록 느리다.

⑨ 원위치 열처리기술 - [in-situ]
  ㉠ 원리 : 토양층에 주입정을 설치하여 고온 또는 중온의 공기나 스팀을 주입하여 오염물질을 휘발시켜 제거하는 방법입니다.
  ㉡ 특징
  - 생물학적 통풍법이나 토양증기추출법에서 처리가 어려웠던 저농도 물질 제거의 단점을 해결해준다.
  - 정화시간이 상당히 단축된다.

⑩ 소각법 - [ex-situ]
  ㉠ 원리 : 토양을 굴착 후 산소가 공급되는 조건에서 850℃ 이상의 고온으로 처리하여 유기물질을 소각하여 처리하는 기술입니다.
  ㉡ 특징
  - 토양의 미생물과 유기물질이 모두 분해된다.
  - 열탈착법과 매우 유사하다.

⑪ 열분해법 - [ex-situ]
  ㉠ 원리 : 토양을 굴착 후 산소가 없는 혐기성 조건에서 고온으로 처리하여 유기물질을 분해하여 처리하는 기술입니다.
  ㉡ 특징
  - 토양의 미생물과 유기물질이 모두 분해된다.
  - 환원성 분위기에서 정화가 이루어진다.
  - 분해된 유기물질은 가스 및 액체, 고체연료로 전환된다.
  - 할로겐 및 비할로겐 물질, 유류, VOCs의 정화에 적용된다.

2) 생물학적 복원기술

① 생물학적 통풍법(Bioventing) - [in-situ]
  ㉠ 원리 : 불포화층의 토양에 흡착되어 있는 오염물질을 미생물을 이용하여 처리하는 방법으로 미생물의 활동성을 증가시키기 위하여 주입정 또는 추출정으로 통하여 공기 또는 영양분을 주입하는 방법입니다. 이 과정에서 휘발성 유기화합물의 제거가 이루어지기도 하지만, 미생물의 활성을 증가시키는 것이 이 공정의 주된 목적입니다.

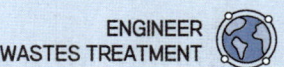

  ⓒ 특징
   • SVE와 다르게 휘발을 최소화하고 미생물을 이용하여 유기물을 분해하는 방법이다.
   • 석유화학물질의 처리에 효과적이다. 특히나 중간무게인 경유나 제트유의 제거에 효과적이다.
   • 오염물질의 농도가 너무 높은 경우에 미생물에게 독성을 유발하고, 너무 낮은 경우 미생물의 성장속도가 매우 느리게 된다.
   • SVE에 비해 공기의 흐름을 약 10배 정도 낮게 유지한다.
   • 불포화지역에 한해서 적용이 가능하다.

② 공기공급법(에어스파징) – [in-situ]
  ㉠ 원리 : 포화층(지하수)에 공기를 공급함으로써 오염물질을 휘발시키고, 휘발된 가스 및 공기방울은 증기추출배관으로 오염물질을 이동시킵니다. 이 과정을 통해 지하수 및 불포화토양을 복원하는 공정입니다.
  ㉡ 특징
   • 오염물질의 물리적 제거 및 생물학적 제거까지 도모한다.
   • 공기주입과 추출과정에서 오염물질과 지하수가 확산된다.
   • 공기 주입에 따른 지하수위의 상승현상이 일어난다.
   • 투수계수 10^{-3}cm/sec 이상에 적용가능

③ 바이오스파징 – [in-situ]
  ㉠ 원리 : 포화층(지하수)에 있는 미생물을 이용하여 복원하는 방법으로 포화층으로 공기 또는 영양분을 공급하여 미생물의 활성을 증가시켜 오염물질을 제거하는 방법입니다.
  ㉡ 특징
   • 공기공급법에 비해 휘발을 최대한 억제하고 미생물의 활성을 증가시키는 쪽으로 운전한다.
   • 오염물질의 확산이 증가할 수 있고 이로 인해 2차오염을 유발할 수 있다.
   • 투수계수 10^{-3}cm/sec 이하에 적용가능

④ 바이오슬러핑 – [in-situ]
  ㉠ 원리 : 생물학적 통풍법과 토양증기추출법을 적용하여 지하수면에 존재하는 LNAPL를 회수하면서 공기를 주입하는 방법입니다. 생물학적 통풍법과 토양증기추출법, 유류회수의 세 가지 기술의 조합이라 할 수 있습니다.
  ㉡ 특징
   • 하나의 추출정에 2개의 관을 설치하여 LNAPL과 지하수 및 토양증기를 분리하여 기존의 회수시스템의 낮은 회수효율을 보완하였다.
   • LNAPL 추출 후에 바이오벤팅공법으로 전환하기 용이하다.
   • 물과 증기를 동시에 추출하는 단일펌프와 물과 증기를 따로 추출하는 이중펌프시스템으로 구분된다.

⑤ 토양경작법(land farming) - [ex-situ]

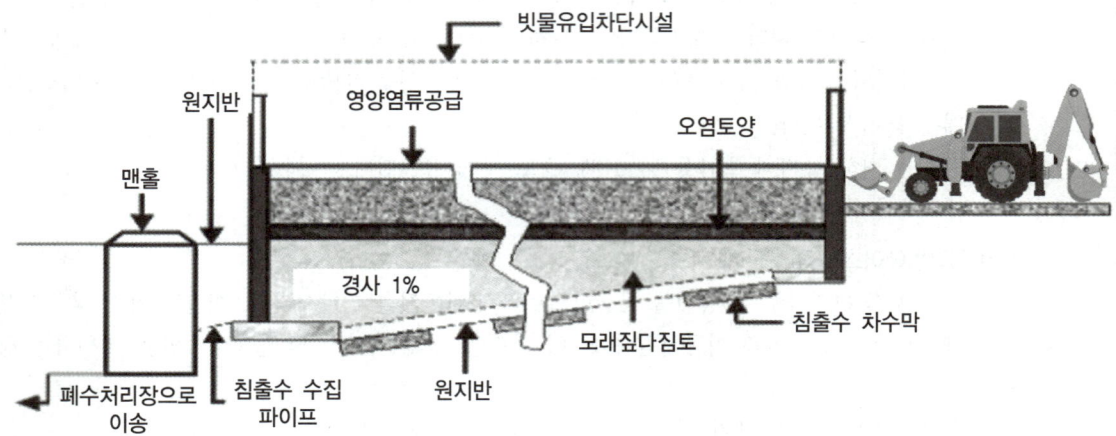

㉠ 원리 : 오염토양을 굴착 후 넓게 펴서 공기를 공급하거나 영양분 및 수분을 조절하여 미생물의 활성을 증가시켜 오염물질을 처리하는 방법입니다.

㉡ 특징
- 분자가 무거울수록 분해율이 더 낮아진다.
- 지중처리기술에 비해 처리기간을 단축할 수 있다.

⑥ 바이오파일 - [ex-situ]

㉠ 원리 : 오염토양을 굴착 후 파일(더미)를 쌓은 후 배관을 파일바닥에 설치하여 공기와 영양물질을 주입하여 미생물의 활성을 극대화시켜 처리하는 방법입니다.

㉡ 특징
- 토양경작법보다 적은 부지를 소요한다.
- 비용이 저렴
- 높은 중금속처리 어려움
- 처리기간이 비교적 짧음
- 다양한 지역조건에 적용가능

⑦ 식물재배 정화법(phytoremediation) – [in-situ]
　㉠ 원리 : 오염토양에 정화식물을 식재하여 오염물질을 정화하는 방법입니다. 대상토양마다 적합한 식물종이 다르기 때문에 토양환경을 잘 조사하여 적절한 종류를 선택해서 적용해야 합니다.
- 식물추출(phytoextraction) : 식물의 뿌리가 오염물질을 흡수하여 줄기, 잎, 목부 등 식물체의 조직 내로 수송하여 제거하는 방법으로 체내에 고농도로 축적시킬 수 있는 축적종을 이용합니다. 중금속이나 방사능 물질의 제거에 사용됩니다. (사용식물 : 인도겨자, 해바라기, 보리)
- 식물안정화(phytostabilization) : 비독성 금속의 고정이나 토양개량제의 처리 없이 식물을 재배함으로 뿌리 주변 토양의 pH 변화로 중금속의 산화도를 변경하여 독성 금속을 불활성화시키는 방법입니다. pH의 영향을 받는 중금속 및 탄화수소로의 정화에 사용됩니다. 식물추출 및 식물분해와의 차이점은 식물체내로 오염물질이 흡수되지 않고 오염물질의 처리가 이루어진다는 점입니다. (사용식물 : 포플러나무)
- 식물휘발화(phytovolatilization) : 식물이 오염물을 흡수, 대사하여 기체상으로 변환하고 공기로 방출시키는 방법입니다.
- 식물변형(phytotrasformation) : 식물의 본체 또는 뿌리에서 오염물질을 덜 해로운 물질로 변환시키는 방법입니다.
- 식물분해(phytodegradation) : 식물이 오염물질을 흡수하여 그 안에서 대사에 의해 분해되거나 식물체 밖으로 분비되는 효소 등에 의하여 분해되는 과정을 말합니다.
- 근권여과(rhizofiltration) : 식물의 뿌리주변에 축적 또는 식물체로 흡수되며 오염물질을 제거하는 방법입니다. 이 방법은 토양보다 수환경 정화를 대상으로 합니다.
- 근권분해(rhizodegradation) : 뿌리부근에서 미생물 군집이 식물체의 도움으로 유기 오염물질을 분해하는 과정입니다.
- 수리적 조절(hydraulic control) : 식물에 의하여 환경의 물을 제거함으로서 수용성 오염물질의 이동 및 확산을 차단하는 과정입니다. 지하수 및 수분이 많은 토양을 대상으로 합니다.
- 인공습지(constructed wetlands) : 식물을 이용하여 습지를 조성하여 소규모 생태계를 통한 자연정화를 활성화시키는 방법입니다.
　㉡ 특징
- 유류, 할로겐, 중금속, BTEX, 영양염류, 난분해성 물질에 적용가능하다.
- 공학기술 및 농업기술이 동원된다.
- 식물정화공정에 활용되고 있는 식물 : 해바라기, 계피나무, 포플러, 미루나무, 버드나무
- 정화처리 중 부지접근 및 사용금지의 안내가 필요하다.

⑧ 자연저감법(natural attnuation, MNA) – [in-situ]
　㉠ 원리 : 오염된 토양이나 지하수가 존재하는 자연상태에서 미생물에 의해 오염물질의 자체적인 분산, 희석, 흡착, 휘발 및 생분해를 통해 오염물이 감소하는 현상을 말합니다. 자연저감법의 적용은 반드시 자연정화를 통해 처리대상 부지의 오염물질 농도가 법적 요구조건을 만족시킬 수 있는 경우에만 적용이 가능합니다. 그렇기에 세부적이고 정기적인 모니터링이 필수입니다.

ⓒ 특징
- 공법 시행 전과 후의 주기적인 모니터링
- 호기성 미생물(물과 이산화탄소로 분해) 및 혐기성 미생물(메탄 형성, 황산, 질산 환원)에 의해서도 오염물질이 제거된다.

> 💡 **미생물의 전자수용체 우선사용순위**
> 산소 > 질산성질소 > 망간산화물 > 황산이온

- 유류 및 할로겐물질, 살충제, 염소계 유기용매, BTEX에 적용가능

기출문제로 다지기 | CHAPTER 07 매립에 의한 오염

01 폐기물매립지에 설치되어 있는 침출수 유량조정설비의 기능 설명으로 가장 거리가 먼 것은?

① 침출수의 수질 균등화
② 호우시 또는 계절적 수량변동의 조정
③ 수처리설비의 전처리 기능
④ 매립지의 부등침하의 최소화

02 매립방법에서 침출수 유량조정조의 기능에 대한 설명으로 잘못된 것은?

① 침출수처리 전처리 기능
② 침출수 수질 균일화
③ 우수 배제 기능
④ 유입수 수량 변동 조정

03 매립지의 침출수를 혐기성 처리하고자 할 때 장점이 아닌 것은?

① 슬러지 처리 비용이 적어진다.
② 온도에 대한 영향이 거의 없다.
③ 고농도의 침출수를 희석 없이 처리할 수 있다.
④ 난분해성 물질이 함유된 침출수 처리에 효과적이다.

[해설] 온도에 대한 영향이 크다.

04 매립지에서 침출된 침출수의 농도가 반으로 감소하는데 약 3.3년이 걸린다면 이 침출수의 농도가 90% 분해되는데 걸리는 시간(년)은? (단, 1차 반응기준)

① 약 7   ② 약 9
③ 약 11   ④ 약 13

[해설] 식
$$\ln\left(\frac{C_t}{C_0}\right) = -k \cdot t$$
$$\ln\left(\frac{0.5C_0}{C_0}\right) = -k \times 3.3, \quad k = 0.21/year$$
$$\ln\left(\frac{0.1C_0}{C_0}\right) = -0.21 \times t, \quad \therefore t = 10.96 year$$

05 바이오리액터형 매립공법의 장점이 아닌 것은?

① 침출수 재순환에 의한 염분 및 암모니아성 질소농축
② 매립지가스 회수율의 증대
③ 추가 공간확보로 인한 매립지 수명연장
④ 폐기물의 조기안정화

[해설] 침출수 재순환과 더불어 염류제거시설을 추가로 설치함으로 염분과 암모니아성 질소가 감소된다.

06 A 매립지의 경우 COD를 기준 이내로 처리하기 위해 기존공정에 펜톤처리 공정과 RBC 공정을 추가하여 운전하고 있다면 다음 중 공정 추가 원인으로 가장 적합한 것은?

① 난분해성 유기 물질의 과다유입
② 휘발성 유기화합물의 과다유입
③ 질소성분 과다유입
④ 용존고형물 과다유입

[해설] 펜톤처리 공정은 수질정화가 긴급하게 필요하거나 분해하기 어려운 난분해성 물질이 유입되었을 때 적용된다.

정답 01. ④ 02. ③ 03. ② 04. ③ 05. ① 06. ①

07 침출수의 물리·화학적 처리 방법에 포함되지 않는 것은?

① 중화 침전법　　② 황화물 침전법
③ 이온 교환법　　④ 습식 산화법

해설 습식 산화법은 슬러지의 처리방법에 해당된다.

08 COD/TOC<2.0, BOD/COD<0.1, COD가 500mg/L 미만이며 매립연한이 10년 이상된 곳에서 발생된 침출수의 처리공정 효율성을 틀리게 나타낸 것은?

① 활성탄 - 불량
② 이온교환수지 - 보통
③ 화학적 침전(석회투여) - 불량
④ 화학적 산화 - 보통

해설

구분	항목	조건 I	조건 II	조건 III
침출수 상태	COD(mg/L)	>10,000	500~10,000	<500
	COD/TOC	2.7	2.0~2.7	<2.0
	BOD/COD	0.5	0.1~0.5	<0.1
	매립연한	짧음	중간	오래됨
처리 방법에 따른 처리성	생물학적 처리	좋음	보통	나쁨
	화학적 응집/침전	보통	나쁨	나쁨
	화학적 산화	보통/나쁨	보통	보통
	R/O	보통	좋음	좋음
	활성탄 흡착	보통/좋음	보통/좋음	좋음
	이온교환	나쁨	보통/좋음	보통

09 매립지 침출수 처리에 관한 설명으로 틀린 것은?

① 고농도의 TDS(50,000mg/L 이상)를 포함한 침출수는 생물학적 처리가 곤란하다.
② 많은 생물학적 처리시설에 있어서는 중금속의 독성이 문제가 되기도 한다.
③ 황화물의 농도가 높으면 혐기성 처리 시 악취 문제가 발생할 수 있다.
④ 높은 COD의 침출수는 호기성 처리하는 것이 혐기성 처리보다 경제적이다.

해설 높은 COD의 침출수는 혐기성 처리하는 것이 호기성 처리보다 경제적이다.

10 수은을 함유한 폐액 처리방법으로 가장 알맞은 것은?

① 황화물침전법
② 열가수분해법
③ 산화제에 의한 습식산화분해법
④ 자외선 오존 산화처리

해설 황화물침전법은 침출수 중 금속이온의 제거 시 사용된다.

11 다음은 분뇨를 혐기성 소화와 활성슬러지 공법을 연계하여 처리할 때의 공정들이다. 가장 합리적인 처리 계통 순서는?

㉠ 1차 소화조　　㉡ 2차 소화조
㉢ 폭기조　　　　㉣ 소독조
㉤ 저류조　　　　㉥ 투입조
㉦ 희석조　　　　㉧ 침전조

① ㉤-㉥-㉠-㉡-㉢-㉧-㉣-㉦
② ㉥-㉧-㉤-㉠-㉡-㉦-㉣-㉣
③ ㉥-㉤-㉧-㉠-㉡-㉢-㉣-㉦
④ ㉥-㉤-㉠-㉡-㉦-㉢-㉧-㉣

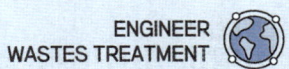

12 수중 유기화합물의 활성탄 흡착에 관한 사항으로 틀린 것은?

① 가지구조의 화합물이 직선구조의 화합물보다 잘 흡착된다.
② 기공확산이 율속단계인 경우, 분자량이 클수록 흡착속도는 늦다.
③ 불포화탄화수소가 포화탄화수소보다 잘 흡착된다.
④ 물에 대한 용해도가 높은 화합물이 낮은 화합물보다 잘 흡착된다.

[해설] 물에 대한 용해도가 낮은 화합물이 높은 화합물보다 잘 흡착된다.

13 침출수 중에 함유된 고농도의 질소를 제거하기 위해 적용되는 생물학적 처리방법의 MLE(Modified Ludzack Ettinger) 공정에서 내부 반송비가 300%인 경우 이론적인 탈질효율(%)은? (단, 탈질조로 내부반송되는 질소산화물은 전량 탈질된다고 가정)

① 50   ② 67
③ 75   ④ 80

[해설] [식] $\eta = \left(1 - \dfrac{C_o}{C_i}\right) \times 100$

· $C_i = 1C(\text{유입농도}) + 3C(\text{반송농도}) = 4C$
· $C_o = 4C(\text{유입농도}) - 3C(\text{반송농도}) = C$

∴ $\eta = \left(1 - \dfrac{1C}{4C}\right) \times 100 = 75\%$

14 토양수분장력이 100,000cm의 물기둥 높이의 압력과 같다면 pF(Potential Force)의 값은?

① 4.5   ② 5.0
③ 5.5   ④ 6.0

[해설] [식] $pF = \log(H) = \log(10^5) = 5.0$

15 미생물을 일단배양(batch culture)하는 경우 일반적인 미생물의 성장단계는?

① 대수성장단계 → 감소성장단계 → 내생성장단계
② 감소성장단계 → 대수성장단계 → 내생성장단계
③ 대수성장단계 → 내생성장단계 → 감소성장단계
④ 내생성장단계 → 대수성장단계 → 감소성장단계

[해설] 미생물의 성장극선 : 유도기 – 대수성장기 – 감소성장기 – 정체기 – 내생호흡기

16 용매추출처리에 이용 가능성이 높은 유해폐기물과 가장 거리가 먼 것은?

① 미생물에 의해 분해가 힘든 물질
② 활성탄을 이용하기에는 농도가 너무 높은 물질
③ 낮은 휘발성으로 인해 스트리핑하기가 곤란한 물질
④ 물에 대한 용해도가 높아 회수성이 낮은 물질

[해설] 물에 대한 용해도가 낮은 물질에 잘 적용된다.

17 부식질(Humus)의 특징으로 옳지 않은 것은?

① 뛰어난 토양 개량제이다.
② C/N비가 30~50 정도로 높다.
③ 물 보유력과 양이온교환능력이 좋다.
④ 짙은 갈색이다.

[해설] C/N비가 10~15 정도로 높다.

18 쓰레기매립지의 침출수 유량조정조를 설치하기 위해 과거 1년간의 강우조건을 조사한 결과 다음 표와 같다. 매립작업면적은 3,000m²이며, 매립작업 시 강우의 침출계수를 0.3으로 적용할 때 침출수 유량조정조의 적정용량(m³)은?

1일강우량 (mm/일)	강우일수 (일)	1일강우량 (mm/일)	강우일수 (일)
10	10	30	6
5	17	35	3
20	13	40	2
25	5	45	2

① 922.5m³ 이상 ② 918.5m³ 이상
③ 910.5m³ 이상 ④ 905.5m³ 이상

해설 **식** 유량조정조의 적정용량($\forall$) $= Q \cdot t$
　　　식 $Q = CIA$

- $I = \left(\frac{10mm}{일} \times 10일 + \frac{5mm}{일} \times 17일 + \frac{20mm}{일} \times 13일 + \frac{25mm}{일} \times 5일 + \frac{30mm}{일} \times 6일 + \frac{35mm}{일} \times 3일 + \frac{40mm}{일} \times 2일 + \frac{45mm}{일} \times 2일\right) = 1025mm/10년$

- $A = 3,000m^2$

$Q = 0.3 \times \frac{1,025mm}{10년} \times 3,000m^2 \times \frac{1m}{10^3 mm} = 922.5m^3/년$

∴ 유량조정조의 적정용량($\forall$) $= \frac{922.5m^3}{년} \times 1년 = 922.5m^3$

19 COD/TOC<2.0, BOD/COD<0.1인 매립지에서 발생하는 침출수 처리에 가장 효과적이지 못한 공정은? (단, 매립연한이 10년 이상, COD(mg/L)=500 이하)

① 생물학적 처리공정 ② 역삼투공정
③ 이온교환공정 ④ 활성탄흡착공정

해설

구분	항목	조건 I	조건 II	조건 III
침출수 상태	COD(mg/L)	> 10,000	500~10,000	< 500
	COD/TOC	2.7	2.0~2.7	< 2.0
	BOD/COD	0.5	0.1~0.5	< 0.1
	매립연한	짧음	중간	오래됨
처리 방법에 따른 처리성	생물학적 처리	좋음	보통	나쁨
	화학적 산화	보통	나쁨	나쁨
	R/O	보통/나쁨	보통	보통
	활성탄 흡착	보통/좋음	보통/좋음	좋음
	이온교환	나쁨	보통/좋음	보통

20 토양의 현장처리기법 중 토양세척법의 장점이 아닌 것은?

① 유기물 함량이 높을수록 세척효율이 높아진다.
② 오염토양의 부피를 급격히 줄일 수 있다.
③ 무기물과 유기물을 동시에 처리할 수 있다.
④ 다양한 오염 토양 농도에 적용가능하다.

해설 유기물 함량이 높을수록 세척효율이 낮아진다.

21 토양오염 물질 중 BTEX에 포함되지 않는 것은?

① 벤젠 ② 톨루엔
③ 자일렌 ④ 에틸렌

해설 BTEX는 벤젠, 톨루엔, 에틸벤젠, 자일렌(크실렌)이다.

정답 18. ① 19. ① 20. ① 21. ④

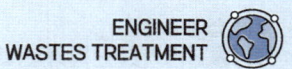

22 매립지의 침출수의 특성이 COD/TOC = 1.0, BOD/COD = 0.03이라면 효율성이 가장 양호한 처리공정은? (단, 매립연한은 15년 정도, COD는 400mg/L)

① 역삼투
② 화학적 침전(석회투여)
③ 화학적 산화
④ 이온교환수지

해설

구분	항목	조건 I	조건 II	조건 III
침출수 상태	COD(mg/L)	> 10,000	500 ~ 10,000	< 500
	COD/TOC	2.7	2.0 ~ 2.7	< 2.0
	BOD/COD	0.5	0.1 ~ 0.5	< 0.1
	매립연한	짧음	중간	오래됨
처리방법에 따른 처리성	생물학적 처리	좋음	보통	나쁨
	화학적 산화	보통	나쁨	나쁨
	R/O	보통/나쁨	보통	보통
	활성탄 흡착	보통/좋음	보통/좋음	좋음
	이온교환	나쁨	보통/좋음	보통

23 토양오염 처리기술 중 토양증기추출법에 대한 설명으로 맞는 것은?

① 증기압이 낮은 오염물의 제거효율이 높다.
② 추출된 기체는 대기오염방지를 위해 후처리가 필요하다.
③ 필요한 기계장치가 복잡하여 유지, 관리비가 많이 소요된다.
④ 토양층이 균일하고 치밀하여 기체 흐름이 어려운 곳에서 적용이 용이하다.

해설 ②항만 올바르다.
오답해설
① 증기압이 낮은 오염물은 제거효율이 낮다.
③ 필요한 기계장치가 단순하여 유지, 관리비가 적게 소요된다.

④ 토양층의 침투성이 좋고 균일해야 하며, 토양층이 치밀하여 기체흐름이 거려운 곳에서 적용이 곤란하다.

24 토양오염복원기법 중 Bioventing에 관한 설명으로 옳지 않은 것은?

① 토양 투수성은 공기를 토양 내에 강제 순환시킬 때 매우 중요한 영향인자이다.
② 오염부지 주변의 공기 및 물의 이동에 의한 오염물질의 확산의 염려가 있다.
③ 현장 지반구조 및 오염물 분포에 따른 처리기간의 변동이 심하다.
④ 용해도가 큰 오염물질은 많은 양이 토양수분 내에 용해상태로 즌재하게 되어 처리효율이 좋아진다.

해설 용해도가 큰 오염물질은 많은 양이 토양수분 내에 용해상태로 존재하게 되어 처리효율이 낮아진다.

25 유해물질별 처리가능 기술로 가장 거리가 먼 것은?

① 납 - 응집
② 비소 - 침전
③ 수은 - 흡착
④ 시안 - 용매추출

해설 용매추출(용제추출)법은 주로 비할로겐, 할로겐 VOCs, 유류의 정화어 적용된다. 시안의 처리는 주로 열가수분해법을 적용현다.

26 토양이 휘발성유기물에 의해 오염되었을 경우 가장 적합한 공정은?

① 토양세척법
② 토양증기추출법
③ 열탈착법
④ 이온교환수지법

정답 22. ① 23. ② 24. ④ 25. ④ 26. ②

27 토양 복원기술 중 압력 및 농도구배를 형성하기 위하여 추출정을 굴착하여 진공상태로 만들어 줌으로써 토양 내의 휘발성 오염물질을 휘발, 추출하는 기술은?

① Biopile
② Bioaugmentation
③ Soil vapor extraction
④ Thermal Decomposition

28 중금속의 토양오염원이 아닌 것은?

① 공장폐수 ② 도시하수
③ 소각장 배연 ④ 지하수

29 토양세척법의 처리효과가 가장 높은 토양입경정도는?

① 슬러지 ② 점토
③ 미사 ④ 자갈

30 유해성 폐기물을 대상으로 침전, 이온교환기술을 적용하기 가장 어려운 것은?

① As ② CN
③ Pb ④ Hg

해설 화학적 침전과 이온교환기술은 주로 중금속물질에 잘 적용된다.

31 매립지 바닥 차수막으로서 양이온 교환능 10meq/100g인 점토를 비중 2로 조성하였다면, 점토 차수막물질 1m³에 교환 흡수될 수 있는 Ca^{2+} 이온의 질량(g)은? (단, 원자량 : Ca = 40g/mol)

① 1,000 ② 2,000
③ 3,000 ④ 4,000

해설 식 $Xg = 1m^3 \times \frac{2,000kg}{1m^3} \times \frac{10^3 g}{1kg} \times \frac{10meq}{100g} \times \frac{20mg}{1meq}$
$\times \frac{1g}{10^3 mg} = 4,000g$

32 주유소에서 오염된 토양을 복원하기 위해 오염 정도 조사를 실시한 결과, 토양오염 부피는 5,000m³, BTEX는 평균 300mg/kg으로 나타났다. 이 때 오염 토양에 존재하는 BTEX의 총 함량(kg)은? (단, 토양의 bulk density = 1.9g/cm³)

① 2,650 ② 2,850
③ 3,050 ④ 3,250

해설 식 $Xkg = 5,000m^3 \times \frac{1,900kg}{1m^3} \times \frac{300mg}{kg} \times \frac{1kg}{10^6 mg}$
$= 2,850kg$

33 도시가정 쓰레기의 매립 시 유출되는 침출수의 정화시설 운전에 주의할 사항이 아닌 것은?

① BOD : N : P의 비율을 조사하여 생물학적 처리의 문제점을 조사할 것
② 강우상태에 따른 매립장에서의 유출 오수량 조절 방안을 강구할 것
③ 폐수처리 시 거품의 발생과 제거에 대한 방안을 강구할 것
④ 생물학적 처리에 유해한 고농도의 유해중금속물질 처리를 위한 처리 방안을 조사할 것

정답 27. ③ 28. ④ 29. ④ 30. ② 31. ④ 32. ② 33. ④

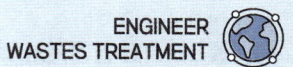

해설 유해중금속물질을 산업폐기물의 매립 시 유출되는 침출수의 특징이다.

해설 방사성폐기물은 방사성폐기물 관리법에 의하여 관리되고 있다.

34 유기성의 폐기물의 생물분해성을 추정하는 식은 BF = 0.83−0.028LC로 나타낼 수 있다. 여기에서 LC가 의미하는 것은?

① 휘발성 고형물 함량
② 고정탄소분 중 리그닌 함량
③ 휘발성 고형분 중 리그닌 함량
④ 생물분해성 분율

해설 식 $BF = 0.83 - (0.028 \times LC)$
- BF : 생물분해성 분율
- LC : 휘발성 고형분 중 리그닌 함량(건조무게 %로 표시)

35 아주 적은 양의 유기성 오염물질도 지하수의 산소를 고갈시킬 수 있기 때문에 생물학적 In-situ 정화에서는 인위적으로 지하수에 산소를 공급하여야 한다. 이와 같은 산소부족을 해결할 수 있는 대안 공급물질로 가장 적절한 것은?

① 과산화수소
② 이산화탄소
③ 에탄올
④ 인산염

36 방사성 폐기물에 대한 설명으로 틀린 것은?

① 10Rem 이상의 고준위 폐기물과 10Rem 이하의 저준위 폐기물로 구분된다.
② 방사성폐기물은 폐기물관리법에 의하여 관리되고 있다.
③ 이들 폐기물은 감용/농축이나 고화처리를 하여 격리처분하고 있다.
④ 외국의 경우 저준위 방사성 폐기물은 해양투기나 육지보관을 실시한다.

37 토양증기추출법(SVE)에 대한 설명으로 옳지 않은 것은?

① 생물학적 처리효율을 높여준다.
② 오염물질의 독성은 변화가 없다.
③ 총 처리시간을 예측하기가 용이하다.
④ 추출된 기체는 대기오염방지를 위해 후처리가 필요하다.

해설 총 처리시간을 예측하기 어렵다.

38 지하수의 특성으로 가장 거리가 먼 것은?

① 무기이온 함유량이 높고, 경도가 높다.
② 광범위한 지역의 환경조건에 영향을 받는다.
③ 미생물이 거의 없고 자정속도가 느리다.
④ 유속이 느리고 수온변화가 적다.

해설 국지적인 환경조건에 영향을 받는다.

39 침출수 처리를 위한 Fenton 산화법에 관한 설명으로 틀린 것은?

① 여분의 과산화수소수는 후처리의 미생물 성장에 영향을 줄 수 있다.
② 최적반응을 위해 침출수 pH를 9~10으로 조정한다.
③ Fenton액을 첨가하여 난분해성 유기물질을 산화시킨다.
④ Fenton액은 철염과 과산화수소수를 포함한다.

해설 최적반응을 위해 침출수 pH를 3~5로 조정한다.

정답 34. ③ 35. ① 36. ② 37. ③ 38. ② 39. ②

40 6가크롬을 함유한 유해폐기물의 처리방법으로 가장 적절한 것은?

① 양이온교환수지법 ② 황산제1철 환원법
③ 화학추출분해법   ④ 전기분해법

41 슬러지 수분 결합상태 중 탈수하기 가장 어려운 형태는?

① 모관결합수   ② 간극모관결합수
③ 표면부착수   ④ 내부수

해설 ※ 제거하기 용이한 순서 : 중력수 > 모세관수(모관결합수) > 흡습수(부착수) > 결합수(내부수, 화학수)

42 매립지에서 발생하는 침출수의 특성이 COD/TOC : 2.0 ~ 2.8, BOD/COD : 0.1 ~ 0.5, 매립연한 : 5년 ~ 10년, COD(mg/L) : 500 ~ 10,000일 때 효율성이 가장 양호한 처리공정은?

① 생물학적 처리   ② 이온교환수지
③ 활성탄 흡착   ④ 역삼투

해설

구분	항목	조건 I	조건 II	조건 III
침출수 상태	COD(mg/L)	> 10,000	500 ~ 10,000	< 500
	COD/TOC	2.7	2.0 ~ 2.7	< 2.0
	BOD/COD	0.5	0.1 ~ 0.5	< 0.1
	매립연한	짧음	중간	오래됨
처리방법에 따른 처리성	생물학적 처리	좋음	보통	나쁨
	화학적 산화	보통	나쁨	나쁨
	R/O	보통/나쁨	보통	보통
	활성탄 흡착	보통/좋음	보통/좋음	좋음
	이온교환	나쁨	보통/좋음	보통

43 슬러지 매립 시 침출수에 함유되어 있는 암모니아를 염소로 처리하려고 한다. 침출수 발생량은 3,780m³/d 이고, 이를 처리하기 위해 7.7kg/d의 염소를 주입하고 잔류염소농도는 0.2mg/L이었다면 염소요구량은 몇 mg/L인가?

① 약 4.31   ② 약 3.83
③ 약 2.21   ④ 약 1.84

해설 염소요구량은 다음 식으로 계산한다.

식 염소 주입량 = 염소요구량 + 잔류 염소량

- 염소주입량 = $\dfrac{7.7kg}{day} \times \dfrac{day}{3,780m^3} \times \dfrac{1m^3}{10^3 L} \times \dfrac{10^6 mg}{1kg}$
  $= 2.03 mg/L$
- 잔류 염소량 $= 0.2 mg/L$
- ∴ 염소요구량 $= 2.03 - 0.2 = 1.83 mg/L$

44 토양오염의 예방대책으로 가장 거리가 먼 것은?

① 광산 및 채석장의 침전지 설치
② 비료의 적정량 사용
③ 토양오염 측정망 설치 운영
④ 상하 토양의 치환

해설 ④항은 토양오염의 예방대책과 관련이 없다. 토양오염의 예방은 오염을 발생 전에 미리 줄이거나 제거할 방법을 강구하여야 한다.

45 토양오염의 특성에 관한 설명으로 옳지 않은 것은?

① 오염경로가 다양하다.
② 피해발현이 완만하다.
③ 오염의 인지가 용이하다.
④ 원상복구가 어렵다.

정답 40. ② 41. ④ 42. ④ 43. ④ 44. ④ 45. ③

해설 토양오염의 특성은 다음과 같다.
㉠ 국소적 오염특성 ㉡ 장기지속성 잔류성
㉢ 시차성과 잔류성 ㉣ 시차성과 고비용 문제
㉤ 오염상태의 불균질 문제 ㉥ 타 매체와의 연관성
㉦ 사유재산과의 연관성 문제

46 토양오염의 영향에 대한 설명으로 가장 거리가 먼 것은?

① 분해되지 않는 농약의 토양축적
② 비료 속의 중금속으로 인한 농경지의 오염
③ 오염된 토양 인근하천의 부영양화
④ 홑알구조(단립구조) → 떼알구조(입단구조)로의 변화

해설 떼알구조(입단구조) → 홑알구조(단립구조)로의 변화

47 폐기물을 화학적으로 처리하는 방법 중 용매추출법에 대한 특징으로 가장 거리가 먼 것은?

① 높은 분배계수와 낮은 끓는점을 가지는 폐기물에 이용 가능성이 높다.
② 사용되는 용매는 극성이어야 한다.
③ 증류 등에 의한 방법으로 용매 회수가 가능해야 한다.
④ 물에 대한 용해도가 낮고 물과 밀도가 다른 폐기물에 이용 가능성이 높다.

해설 용매추출법에서 사용되는 용매는 비극성이어야 한다.

48 CO_2 30vol%와 NH_3 70vol%의 혼합 폐가스를 산 용액으로 흡수 처리하여 배가스 중 40vol%의 NH_3 농도를 얻었을 때 NH_3의 제거율은? (단, CO_2와 산 용액의 양은 일정하다.)

① 35.7% ② 71.4%
③ 107.1% ④ 142.8%

해설 식 $\eta = \left(1 - \dfrac{NH_{3(o)}}{NH_{3(i)}}\right) \times 100$

• $NH_{3(i)} = 70\%$
• $CO_{2(i)} = CO_{2(o)} = 30\%$

$X(\%, NH_{3(o)}) = \dfrac{NH_{3(o)}}{CO_{2(o)} + NH_{3(o)}} \times 100$

$40\% = \dfrac{NH_{3(o)}}{CO_{2(o)} + NH_{3(o)}} \times 100$

$40\% = \dfrac{NH_{3(o)}}{30 + NH_{3(o)}} \times 100$, $NH_{3(o)} = 20\%$

∴ $\eta = \left(1 - \dfrac{20}{70}\right) \times 100 = 71.43\%$

49 화강암에서 유래된 토양의 용적밀도가 1.4g/cm³이었다면 공극률(%)은? (단, 입자의 밀도는 2.85g/cm³이다.)

① 42 ② 46
③ 51 ④ 58

해설 식 공극률$(n) = \left(1 - \dfrac{\rho_v (\text{용적밀도})}{\rho_s (\text{입자밀도})}\right) \times 100$
$= \left(1 - \dfrac{1.4}{2.85}\right) \times 100 = 50.88\%$

50 침출수의 특성이 다음과 같을 때 처리공정의 효율성 연결이 순서대로 나열된 것은?

> 〈침출수의 특성〉
> COD/TOC : > 2.8, BOD/COD : > 0.5,
> 매립연한 : 5년 이하, COD : 10,000mg/L 이상
>
> 〈처리공정의 효율성〉
> • 생물학적 처리 : (㉠)
> • 화학적 침전(석회투여) : (㉡)
> • 화학적 산화 : (㉢)
> • 이온교환수지 : (㉣)

① ㉠ 양호, ㉡ 양호, ㉢ 불량, ㉣ 불량
② ㉠ 양호, ㉡ 불량, ㉢ 불량, ㉣ 양호
③ ㉠ 양호, ㉡ 불량, ㉢ 양호, ㉣ 양호
④ ㉠ 양호, ㉡ 불량, ㉢ 불량, ㉣ 불량

51 토양오염처리방법인 Air Sparging의 적용 조건에 관한 설명으로 틀린 것은?

① 오염물질의 용해도가 높은 경우에 적용이 유리하다.
② 자유면 대수층 조건에서 적용이 유리하다.
③ 오염물질의 호기성 생분해능이 높은 경우에 적용이 유리하다.
④ 토양의 종류가 사질토, 균질토일 때 적용이 유리하다.

[해설] 오염물질의 용해도가 낮은 경우에 적용이 유리하다.

52 일반적으로 방사성폐기물을 고준위 및 저준위로 나누는 기준은?

① 5rem   ② 10rem
③ 15rem ④ 20rem

53 유기물의 산화공법으로 적용되는 Fenton 산화반응에 사용되는 것으로 가장 적절한 것은?

① 아연과 자외선   ② 마그네슘과 자외선
③ 철과 과산화수소 ④ 아연과 과산화수소

[해설] Fenton 산화반응은 OH radical에 의한 산화반응으로 철(Fe) 촉매하에서 H_2O_2를 분해시켜 OH radical을 생성시키고, 이들이 활성화되어 수중의 각종 난분해성 유기물질을 산화·분해시키게 된다.
① $Fe^{2+} + H_2O_2 \rightarrow Fe^{3+} + OH^- + \cdot OH$
② $RH(유기물) + \cdot OH \rightarrow R \cdot + H_2O$

54 토양의 양이온치환용량(CEC)이 10meq/100g이고, 염기포화도가 70%라면, 이 토양에서 H^+이 차지하는 양(meq/100g)은?

① 3   ② 5
③ 7   ④ 10

[해설] [식] 염기포화도(BSP, %)
$= \dfrac{교환성\ 염기의\ meq(H^+ 제외)}{양이온교환능력(CEC)} \times 100$

$70\% = \dfrac{교환성\ 염기의\ meq}{10} \times 100$,

교환성 염기의 $meq = 7meq/100g$
∴ $H^+(meq/100g) = 10 - 7 = 3meq/100g$

55 침출수 처리를 위한 Fenton 산화법에 관한 설명으로 틀린 것은?

① 여분의 과산화수소수는 후처리의 미생물 성장에 영향을 줄 수 있다.
② 최적반응을 위해 침출수 pH를 9~10으로 조정한다.
③ Fenton액을 첨가하여 난분해성 유기물질을 산화시킨다.
④ Fenton액은 철염과 과산화수소수를 포함한다.

[해설] 최적반응을 위해 침출수 pH를 3~5로 조정한다.

정답 50. ④ 51. ① 52. ② 53. ③ 54. ① 55. ②

PART 4

제 4 과목
폐기물공정 시험기준

01 총칙

02 일반시험법

03 기기분석법

04 항목별 시험방법

01 총칙

UNIT 01 용어 정의

1 농도

① 백분율(Parts Per Hundred)
  ㉠ 용액 100mL 중 성분무게(g), 또는 기체 100mL 중의 성분무게(g)를 표시할 때는 W/V%
  ㉡ 용액 100mL 중 성분용량(mL), 또는 기체 100mL 중 성분용량(mL)을 표시할 때는 V/V%
  ㉢ 용액 100g 중 성분용량(mL)을 표시할 때는 V/W%
  ㉣ 용액 100g 중 성분무게(g)를 표시할 때는 W/W%의 기호를 쓴다.
  ※ 다만, 용액의 농도를 "%"로만 표시할 때는 W/V%를 말한다.
② 천분율(Parts Per Thousand)을 표시할 때는 g/L, g/kg의 기호를 쓴다.
③ 백만분율(ppm, Parts Per Million)을 표시할 때는 mg/L, mg/kg의 기호를 쓴다.
④ 십억분율(ppb, Parts Per Billion)을 표시할 때는 μg/L, μg/kg의 기호를 쓰며, 1ppm의 1/1,000이다.
⑤ 기체 중의 농도는 표준상태(0℃, 1기압)로 환산 표시한다.

2 온도

① 온도의 표시는 셀시우스(Celcius) 법에 따라 아라비아 숫자의 오른쪽에 ℃를 붙인다. 절대온도는 K로 표시하며, 절대온도 0K는 −273℃로 한다.
② 표준온도는 0℃
③ 상온은 15℃~25℃
④ 실온은 1℃~35℃ [암기TIP] 실은 너 1(하나)만을 35(사모)해
⑤ 찬 곳은 따로 규정이 없는 한 0~15℃의 곳을 뜻한다.
  [암기TIP] 뻥하고 찬 공 15버렸어요.

⑥ 냉수는 15℃ 이하 [암기TIP] 일오(15)케 차가운 물, 온수는 60℃~70℃ [암기TIP] 육수, 열수는 약 100℃를 말한다.
⑦ "수욕상 또는 수욕중에서 가열한다"라 함은 따로 규정이 없는 한 수온 100℃에서 가열함을 뜻하고 약 100℃의 증기욕을 쓸 수 있다.
⑧ 각각의 시험은 따로 규정이 없는 한 상온에서 조작하고 조작 직후에 그 결과를 관찰한다. 단, 온도의 영향이 있는 것의 판정은 표준온도를 기준으로 한다.

③ 기구 및 기기

공정시험기준에서 사용하는 모든 기구 및 기기는 측정결과에 대한 오차가 허용되는 범위 이내인 것을 사용하여야 한다.

① 기구

공정시험기준에서 사용하는 모든 유리기구는 KS L 2302 이화학용 유리기구의 모양 및 치수에 적합한 것 또는 이와 동등 이상의 규격에 적합한 것으로, 국가 또는 국가에서 지정하는 기관에서 검정을 필한 것을 사용하여야 한다.

② 기기

㉠ 공정시험기준의 분석절차 중 일부 또는 전체를 자동화한 기기가 정도관리 목표 수준에 적합하고, 그 기기를 사용한 방법이 국내외에서 공인된 방법으로 인정되는 경우 이를 사용할 수 있다.
㉡ 연속측정 또는 현장측정의 목적으로 사용하는 측정기기는 공정시험기준에 의한 측정치와의 정확한 보정을 행한 후 사용할 수 있다.
㉢ 분석용 저울은 0.1mg까지 달 수 있는 것이어야 하며, 분석용 저울 및 분동은 국가 검정을 필한 것을 사용하여야 한다.

③ 시약 및 용액

㉠ 시약
• 시험에 사용하는 시약은 따로 규정이 없는 한 1급 이상 또는 이와 동등한 규격의 시약을 사용하여 각 시험 항목별 시약 및 표준용액에 따라 조제하여야 한다.
• 이 공정시험기준에서 각 항목의 분석에 사용되는 표준물질은 국가표준에 소급성이 인증된 인증표준물질을 사용한다.

㉡ 용액
• 용액의 앞에 몇 %라고 한 것(예 20% 수산화나트륨 용액)은 수용액을 말하며, 따로 조제방법을 기재하지 아니하는 한 일반적으로 용액 100mL에 녹아있는 용질의 g 수를 나타낸다.
• 용액 다음의 ( ) 안에 몇 N, 몇 M, 또는 %라고 한 것[예 아황산나트륨용액(0.1N), 아질산나트륨(0.1M), 구연산이암모늄용액(20%)]은 용액의 조제방법에 따라 조제하여야 한다.
• 용액의 농도를 (1 → 10), (1 → 100) 또는 (1 → 1000) 등으로 표시하는 것은 고체성분에 있어서는 1g, 액체성분에 있어서는 1mL를 용매에 녹여 전체 양을 10mL, 100mL 또는 1,000mL로 하는 비율을 표시한 것이다.

- 액체 시약의 농도에 있어서 예를 들어 염산(1 + 2)이라고 되어 있을 때에는 염산 1mL와 물 2mL를 혼합하여 조제한 것을 말한다.

④ **관련 용어의 정의**
① "액상폐기물" : 고형물의 함량이 5% 미만인 것을 말한다.
② "반고상폐기물" : 고형물의 함량이 5% 이상 15% 미만인 것을 말한다.
③ "고상폐기물" : 고형물의 함량이 15% 이상인 것을 말한다.
④ "함침성 고상폐기물" : 종이, 목재 등 기름을 흡수하는 변압기 내부부재(종이, 나무와 금속이 서로 혼합되어 있어 분리가 어려운 경우를 포함한다)를 말한다.
⑤ "비함침성 고상폐기물"이라 함은 금속판, 구리선 등 기름을 흡수하지 않는 평면 또는 비평면형태의 변압기 내부부재를 말한다.
⑥ 시험조작 중 "즉시"란 30초 이내에 표시된 조작을 하는 것을 뜻한다.
⑦ "감압 또는 진공"이라 함은 따로 규정이 없는 한 15mmHg 이하를 뜻한다. 암기TIP 진공 일오(15) 버렸어요.
⑧ "이상"과 "초과", "이하", "미만"이라고 기재하였을 때는 "이상"과 "이하"는 기산점 또는 기준점인 숫자를 포함하며, "초과"와 "미만"의 기산점 또는 기준점인 숫자를 포함하지 않는 것을 뜻한다. 또한, "a~b"라 표시한 것은 a 이상 b 이하임을 뜻한다.
⑨ "바탕시험을 하여 보정한다."라 함은 시료에 대한 처리 및 측정을 할 때, 시료를 사용하지 않고 같은 방법으로 조작한 측정치를 빼는 것을 뜻한다.
⑩ 방울수라 함은 20℃에서 정제수 20방울을 적하할 때, 그 부피가 약 1mL 되는 것을 뜻한다.
⑪ "항량으로 될 때까지 건조한다."라 함은 같은 조건에서 1시간 더 건조할 때 전후 무게의 차가 g당 0.3mg 이하일 때를 말한다. 암기TIP 항정살 1인분 주세요. - 항 0.3mg, 1인분(1시간)
⑫ 용액의 산성, 중성, 또는 알칼리성을 검사할 때는 따로 규정이 없는 한 유리전극법에 의한 pH미터로 측정하고 구체적으로 표시할 때는 pH 값을 쓴다.
⑬ 용기의 종류 : "용기"라 함은 시험용액 또는 시험에 관계된 물질을 보존, 운반 또는 조작하기 위하여 넣어두는 것으로 시험에 지장을 주지 않도록 깨끗한 것을 뜻한다.

㉠ 밀폐용기	취급 또는 저장하는 동안에 이물질이 들어가거나 또는 내용물이 손실되지 아니하도록 보호하는 용기를 말한다.
㉡ 기밀용기	취급 또는 저장하는 동안에 밖으로부터의 공기 또는 다른 가스가 침입하지 아니하도록 내용물을 보호하는 용기를 말한다.
㉢ 밀봉용기	취급 또는 저장하는 동안에 기체 또는 미생물이 침입하지 아니하도록 내용물을 보호하는 용기를 말한다.
㉣ 차광용기	광선이 투과하지 않는 용기 또는 투과하지 않게 포장을 한 용기이며 취급 또는 저장하는 동안에 내용물이 광화학적 변화를 일으키지 아니하도록 방지할 수 있는 용기를 말한다.

⑭ 여과용 기구 및 기기를 기재하지 않고 "여과한다"라고 하는 것은 KS M 7602 거름종이 5종 A 또는 이와 동등한 여과지를 사용하여 여과함을 말한다.
⑮ "정밀히 단다"라 함은 규정된 양의 시료를 취하여 화학저울 또는 미량저울로 칭량함을 말한다.
⑯ 무게를 "정확히 단다"라 함은 규정된 수치의 무게를 0.1mg까지 다는 것을 말한다.

⑰ "정확히 취하여"라 하는 것은 규정한 양의 액체를 홀피펫으로 눈금까지 취하는 것을 말한다.
⑱ "정량적으로 씻는다"라 함은 어떤 조작으로부터 다음 조작으로 넘어갈 때 사용한 비커, 플라스크 등의 용기 및 여과막 등에 부착한 정량대상 성분을 사용한 용매로 씻어 그 씻어낸 용액을 합하고 먼저 사용한 같은 용매를 채워 일정용량으로 하는 것을 뜻한다.
⑲ "약"이라 함은 기재된 양에 대하여 ±10% 이상의 차가 있어서는 안 된다.
⑳ "냄새가 없다"라고 기재한 것은 냄새가 없거나, 또는 거의 없는 것을 표시하는 것이다.
㉑ 시험에 쓰는 물은 따로 규정이 없는 한 정제수를 말한다.

UNIT 02 정도관리, 정도보증(QAQC)

① **목적** : 정도보증/정도관리는 측정·분석 결과의 정밀·정확도를 관리하고 보증하여 국가적인 환경정책 결정, 산업체의 오염물질 관리 및 국민의 삶의 질 관리에 기여하는 것을 그 목적으로 한다.

② **바탕시료** : 분석대상 오염물질이 포함되지 않는 시료로써, 분석대상시료와 같은 실험과정을 거친 후에 산출된 값을 분석대상시료 산출값에서 빼줌으로써 분석치의 정확도를 높여주는 시료

- ㉠ **방법바탕시료(method blank)** : 시료와 유사한 매질을 선택하여 추출, 농축, 정제 및 분석 과정에 따라 측정한 것을 말하며, 이때 매질, 실험절차, 시약 및 측정 장비 등으로부터 발생하는 오염물질을 확인할 수 있다.
- ㉡ **시약바탕시료(reagent blank)** : 시료를 사용하지 않고 추출, 농축, 정제 및 분석 과정에 따라 모든 시약과 용매를 처리하여 측정한 것을 말하며, 이때 실험절차, 시약 및 측정 장비 등으로부터 발생하는 오염물질을 확인할 수 있다.

③ **검정곡선**

- ㉠ **검정곡선법** : 검정곡선법은 측정이 양호한 범위 내에서 농도를 다르게 하여 표준시료를 3~5개를 만들고, 표준시료를 이용하여 분석을 진행하여 검정곡선을 작성한 후에 농도를 알고 싶은 미지시료의 분석치를 검정곡선에 대입하여 농도를 산출하는 방법이다.

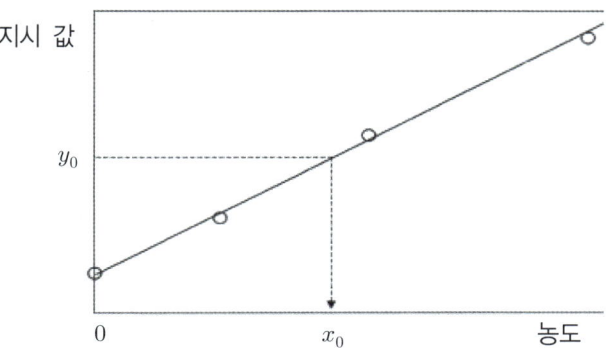

ⓒ **표준물 첨가법** : 표준물 첨가법은 분석하고자 하는 시료를 여러 개로 나눈 후에 각각 다른 농도의 표준물질을 첨가하여 검정곡선을 작성하는 방법으로, 첫 시료에는 1배, 두 번째 시료에는 2배 … 이런 식으로 시료에 표준물질을 첨가하여 검정곡선을 작성한다. 표준물 첨가법은 매질효과가 큰 시험 분석 방법에서 분석 대상 시료와 동일한 매질의 표준시료를 확보하지 못한 경우에 매질효과를 보정하여 분석할 수 있는 방법이다. 주로 측정분석값이 매우 낮아 검정곡선을 작성하기 어려울 때 사용한다.

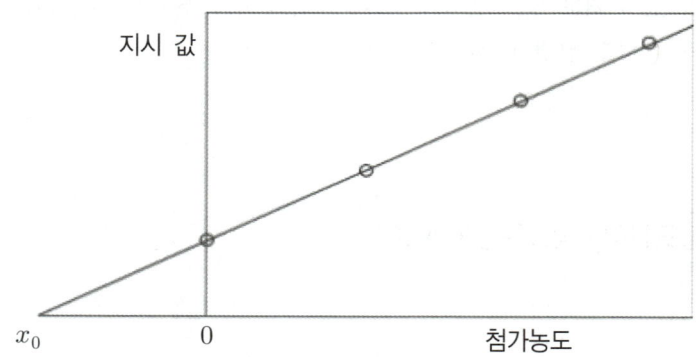

ⓒ **내부표준법(상대검정곡선법)** : 내부표준법은 검정곡선 작성용 표준용액과 시료에 동일한 양의 내부표준물질을 첨가한 후 시료의 농도와 내부표준물질농도의 비를 취하여 검정곡선을 작성하는 방법이다. 이 방법은 시험분석 절차, 기기 또는 시스템의 변동으로 발생하는 오차를 보정하기 위해 사용하는 방법이다. **내부표준법은 시험분석하려는 성분과 물리·화학적 성질은 유사하나 시료에는 없는 순수 물질을 내부표준물질로 선택한다.** 일반적으로 내부표준물질로는 분석하려는 성분에 동위원소가 치환된 것을 많이 사용한다.

④ **검정곡선의 작성 및 검증**

㉠ 검정곡선을 작성하고 얻어진 검정곡선의 결정계수(R^2) 또는 감응계수(RF)의 상대표준편차가 일정 수준 이내이어야 하며, 결정계수나 감응계수의 상대표준편차가 허용범위를 벗어나면 재작성하여야 한다.

㉡ 감응계수는 검정곡선 작성용 표준용액의 농도(C)에 대한 반응값(R)으로 다음과 같이 구한다.

$$\text{식 감응계수} = R/C$$

㉢ 검정곡선은 분석할 때마다 작성하는 것이 원칙이며, 분석 과정 중 검정곡선의 직선성을 검증하기 위하여 각 시료군(시료 20개 이내)마다 1회의 검정곡선 검증을 실시한다.

㉣ 검증은 방법검출한계의 5~50배 또는 검정곡선의 중간 농도에 해당하는 표준용액에 대한 측정값이 검정곡선 작성 시의 지시값과 10% 이내에서 일치하여야 한다. 만약 이 범위를 넘는 경우 검정곡선을 재작성하여야 한다.

⑤ **검출한계**

㉠ **기기검출한계** : 시험분석 대상물질을 기기가 검출할 수 있는 최소한의 농도 또는 양으로서, 일반적으로 S/N[6] **비의 2배~5배 농도 또는 바탕시료를 반복 측정 분석한 결과의 표준편차에 3배한 값** 등을 말한다.

㉡ **방법검출한계** : 시료와 비슷한 매질 중에서 시험분석 대상을 검출할 수 있는 최소한의 농도로서, 제시된 정량한계 부근의 농도를 포함하도록 준비한 n개의 시료를 반복 측정하여 얻은 결과의 표준편차(s)에 99% 신뢰도

---

[6] S/N : Signal / Noise를 말하며, 신호와 잡음에 대한 비를 말한다.

에서의 t-분포값을 곱한 것이다.

ⓒ 정량한계 : 정량한계(LOQ, limit of quantification)란 시험분석 대상을 정량화할 수 있는 측정값으로서, 제시된 정량한계 부근의 농도를 포함하도록 시료를 준비하고 이를 반복 측정하여 얻은 결과의 **표준편차(s)에 10배한 값**을 사용한다.

> 식 정량한계 = 10 × s

⑥ **정밀도** : 정밀도(precision)는 시험분석 결과의 반복성을 나타내는 것으로 반복시험하여 얻은 결과를 상대표준편차(RSD, relative standard deviation)로 나타내며, 연속적으로 n회 측정한 결과의 평균값($\bar{x}$)과 표준편차(s)로 구한다.

⑦ **정확도** : 정확도(accuracy)란 시험분석 결과가 참값에 얼마나 근접하는가를 나타내는 것이다.

$$\text{정확도(\%)} = \frac{C_M}{C_C} \times 100 = \frac{C_{AM} - C_S}{C_A} \times 100$$

- C_M : 인증표준물질의 분석결과값
- C_{AM} : 표준물질을 첨가한 시료의 분석값
- C_A : 첨가 농도
- C_C : 인증값
- C_S : 표준물질을 첨가하지 않은 시료의 분석값

⑧ **현장 이중시료** : 동일 위치에서 동일한 조건으로 중복 채취한 시료로서 독립적으로 분석하여 비교한다. 현장 이중시료는 필요시 하루에 20개 이하의 시료를 채취할 경우에는 1개를, 그 이상의 시료를 채취할 때에는 시료 20개당 1개를 추가로 채취하며, 동일한 조건에서 측정한 두 시료의 측정값 차를 두 시료 측정값의 평균값으로 나누어 상대편차백분율(RPD, relative percent difference)로 구한다.

UNIT 03 지정폐기물에 함유된 유해물질의 기준, 표시한계 및 결과표시

No	유해물질	기준(mg/L)	시험결과 표시한계 (mg/L)	시험결과 표시자리 수
1	시안화합물	1	0.01	0.00
2	크롬	–	0.01	0.00
3	6가크롬	1.5	0.01	0.00
4	구리	3	0.008	0.000
5	카드뮴	0.3	0.002	0.000
6	납	3	0.04	0.00
7	비소	1.5	0.004	0.000
8	수은	0.005	0.0005	0.0000
9	유기인화합물	1	0.0005	0.0000
10	폴리클로리네이티드비페닐 (PCBs)	액체상태의 것 : 2 액체상태 이외의 것 : 0.003	0.05 0.0005	0.00 0.0000
11	테트라클로로에틸렌	0.1	0.002	0.000
12	트리클로로에틸렌	0.3	0.008	0.000
13	할로겐화유기물질	5	10mg/kg	0
14	기름성분	5	0.1%	0.0

💡 행정사항

① "시험결과 표시한계" 미만은 "불검출"로 표기
② "불검출"이 아닌 경우 "시험결과 표시 자리수"까지 표기함("0" 표시는 표시자리수를 표시한 것임)
③ 총칙에 따른 시험방법인 경우는 해당 시험방법의 유효측정농도 및 결과표시를 할 수 있다.

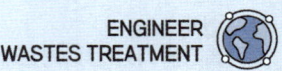

기출문제로 다지기 — CHAPTER 01 총칙

01 온도의 표시방법으로 옳지 않은 것은?

① 실온은 1~25℃로 한다.
② 찬 곳은 따로 규정이 없는 한 0~15℃인 곳을 뜻한다.
③ 온수는 60~70℃를 말한다.
④ 냉수는 15℃ 이하를 말한다.

해설 실온은 1~35℃로 한다.

02 총칙에 관한 내용으로 옳은 것은?

① "고상폐기물"이라 함은 고형물의 함량을 5% 이상의 것으로 한다.
② "반고상폐기물"이라 함은 고형물의 함량이 10% 미만인 것을 말한다.
③ "방울수"라 함은 4℃에서 정제수 20방울을 적하할 때 그 부피가 약 1mL 되는 것을 뜻한다.
④ "온수"는 60~70℃를 말한다.

해설 ④항만 올바르다.
오답해설
① "고상 폐기물"이라 함은 고형물의 함량을 15% 이상의 것을 말한다.
② "반고상 폐기물"이라 함은 고형물의 함량이 5% 이상 15% 미만인 것을 말한다.
③ "방울수"라 함은 20℃에서 정제수 20방울을 적하할 때 그 부피가 약 1mL 되는 것을 뜻한다.

03 다음 농도의 표시 방법에 대한 설명 중 틀린 것은?

① 용액의 농도를 %로만 표시된 것은 W/W% 또는 V/V%를 말한다.
② 백만분율(Parts Per Million)을 표시할 때는 mg/L, mg/kg의 기호를 쓴다.
③ 단위 면적(A, area) 중 성분의 면적(A)를 표시할 때는 A/A%(area)의 기호로 쓴다.
④ 기체 중의 농도는 표준상태(0℃, 1기압)로 환산 표시한다.

해설 ①항 → 용액의 농도를 %로만 표시된 것은 W/V%를 말한다.

04 폐기물분석을 위한 일반적 총칙에 관한 설명으로 옳지 않은 것은?

① 천분율을 표시할 때는 g/L, g/kg의 기호를 쓴다.
② "바탕시험을 하여 보정한다"라 함은 시료에 대한 처리 및 측정을 할 때 시료를 사용하지 않고 같은 방법으로 조작한 측정치를 빼는 것을 뜻한다.
③ 진공이라 함은 따로 규정이 없는 한 15mmH$_2$O 이하를 말한다.
④ 방울수라 함은 20℃에서 정제수 20방울을 적하할 때, 그 부피가 1mL 되는 것을 뜻한다.

해설 진공이라 함은 따로 규정이 없는 한 15mmHg 이하를 말한다.

05 취급 또는 저장하는 동안에 이물질이 들어가거나 또는 내용물이 손실되지 아니하도록 보호하는 용기는?

① 차광용기 ② 기밀용기
③ 밀봉용기 ④ 밀폐용기

해설 "밀폐용기"라 함은 취급 또는 저장하는 동안 이물질이 들어가거나 또는 내용물이 손실되지 아니하도록 보호하는 용기를 말한다.

정답 01. ① 02. ④ 03. ① 04. ③ 05. ④

① "차광용기"라 함은 광선이 투과하지 않는 용기 또는 투과하지 않게 포장을 한 용기이며 취급 또는 저장하는 동안에 내용물이 광화학적 변화를 일으키지 아니하도록 방지할 수 있는 용기를 말한다.
② "기밀용기"라 함은 취급 또는 저장하는 동안 밖으로부터 공기 또는 다른 가스가 침입하지 아니하도록 내용물을 보호하는 용기를 말한다.
③ "밀봉용기"라 함은 취급 또는 저장하는 동안 기체 또는 미생물이 침입하지 아니하도록 내용물을 보호하는 용기를 말한다.

06 총칙에서 규정하고 있는 내용으로 틀린 것은?

① "항량으로 될 때까지 건조한다"라 함은 같은 조건에서 10시간 더 건조할 때 전후 무게의 차가 g당 0.1mg 이하일 때를 말한다.
② "방울수"라 함은 20℃에서 정제수 20방울을 적하할 때, 그 부피가 약 1mL 되는 것을 뜻한다.
③ "감압 또는 진공"이라 함은 따로 규정이 없는 한 15mmHg 이하를 뜻한다.
④ 무게를 "정확히 단다"라 함은 규정된 수치의 무게를 0.1mg까지 다는 것을 말한다.

[해설] ①항 → "항량으로 될 때까지 건조한다"라 함은 같은 조건에서 1시간 더 건조할 때 전후 무게의 차가 g당 0.3mg 이하일 때를 말한다.

07 백분율에 대한 내용으로 틀린 것은?

① 용액 100mL 중 성분무게(g), 또는 기체 100mL 중의 성분무게(g)를 표시할 때는 W/V%의 기호를 쓴다.
② 용액 100mL 중 성분용량(nL), 또는 기체 100mL 중의 성분무게(mL)를 표시할 때는 V/V%의 기호를 쓴다.
③ 용액 100g 중 성분용량(mL)을 표시할 때는 V/W%의 기호를 쓴다.
④ 용액 100g 중 성분무게(g)를 표시할 때는 W/V%의 기호를 쓴다. 다만, 용액의 농도를 %로만 표시할 때는 W/W%를 뜻한다.

[해설] 용액 100g 중 성분무게(g)를 표시할 때는 W/W%의 기호를 쓴다. 다만, 용액의 농도를 %로만 표시할 때는 W/V%를 뜻한다.

08 폐기물 공정시험기준(방법)에 적용되는 관련용어에 관한 내용으로 틀린 것은?

① 반고상폐기물 : 고형물의 함량이 5% 이상 15% 미만인 것을 말한다.
② 비함침성 고상폐기물 : 금속판, 구리선 등 기름을 흡수하지 않는 평면 또는 비평면형태의 변압기 내부부재를 말한다.
③ 바탕시험을 하여 보정한다 : 규정된 시료로 같은 방법으로 실험하여 측정치를 보정하는 것을 말한다.
④ 정밀히 단다 : 규정된 양의 시료를 취하여 화학저울 또는 미량저울로 칭량함을 말한다.

[해설] "바탕시험을 하여 보정한다"라 함은 시료에 대한 처리 및 측정을 할 때, 시료를 사용하지 않고 같은 방법으로 조작한 측정치를 빼는 것을 뜻한다.

09 다음의 실험 총칙에 관한 내용 중 틀린 것은?

① 연속측정 또는 현장측정의 목적으로 사용하는 측정기기는 공정시험기준에 의한 측정치와의 정확한 보정을 행한 후 사용할 수 있다.
② 분석용 저울은 0.1mg까지 달 수 있는 것이어야 하며 분석용 저울 및 분동은 국가 검정을 필한 것을 사용하여야 한다.
③ 공정시험기준에 각 항목의 분석에 사용되는 표준물질은 특급시약으로 제조하여야 한다.
④ 시험에 사용하는 시약은 따로 규정이 없는 한 1급 이상의 시약 또는 동등한 규격의 시약을 사용하여 각 시험항목별 '시약 및 표준용액'에 따라 조제하여야 한다.

정답 06. ① 07. ④ 08. ③ 09. ④

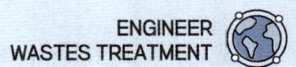

해설 공정시험기준에 각 항목의 분석에 사용되는 표준물질은 특급 또는 1급시약으로 제조하여야 한다.

10 총칙에서 규정하고 있는 사항 중 옳은 것은?

① '약'이라 함은 기재된 양에 대하여 ±5% 이상의 차이가 있어서는 안 된다.
② '감압 및 진공'이라 함은 따로 규정이 없는 한 15mmH₂O 이하를 말한다.
③ '정확히 단다'라 함은 규정된 양의 검체를 취하여 분석용 저울로 0.1mg까지 다는 것을 말한다.
④ '정확히 취하여'라 함은 규정한 양의 검체 또는 시액을 뷰렛으로 취하는 것을 말한다.

해설 ③항만 올바르다.
오답해설
① '약'이라 함은 기재된 양에 대하여 ±10% 이상의 차가 있어서는 안 된다.
② '감압 및 진공'이라 함은 따로 규정이 없는 한 15mmHg 이하를 말한다.
④ '정확히 취하여'라 함은 규정한 양의 검체 또는 시액을 홀피펫으로 눈금까지 취하는 것을 말한다.

11 다음 중 농도가 가장 낮은 것은?

① 1mg/L   ② 100μg/L
③ 100ppb ④ 0.01ppm

해설 같은 단위로 통일하여 값을 비교한다.
① 1mg/L
② $\dfrac{100\mu g}{L} \times \dfrac{10^{-3}mg}{\mu g} = 0.1mg/L$
③ $100ppb \times \dfrac{1ppm}{1,000ppb} \times \dfrac{1mg/L}{1ppm} = 0.1mg/L$
④ 0.01ppm = 0.01mg/L

12 총칙에서 규정하고 있는 내용 중 옳은 것은?

① '약'이라 함은 기재된 양에 대하여 ±5% 이상의 차가 있어서는 안 된다.
② '방울수'라 함은 0℃에서 정제수 20방울을 적하할 때 그 부피가 약 1mL가 되는 것을 말한다.
③ '감압 또는 진공'이라 함은 5mmHg 이하를 말한다.
④ '냄새가 없다'라고 기재한 것은 냄새가 없거나, 또는 거의 없는 것을 표시하는 것이다.

해설 ④항만 올바르다.
오답해설
① '약'이라 함은 기재된 양에 대하여 ±10% 이상의 차가 있어서는 안 된다.
② '방울수'라 함은 20℃에서 정제수 20방울을 적하할 때 그 부피가 약 1mL가 되는 것을 말한다.
③ '감압 또는 진공'이라 함은 15mmHg 이하를 말한다.

13 다음 중 농도가 가장 낮은 것은?

① 수산화나트륨(1 → 10)
② 수산화나트륨(1 → 30)
③ 수산화나트륨(5 → 100)
④ 수산화나트륨(3 → 100)

해설 ① 수산화나트륨 = $\dfrac{1g}{10mL} = 0.1g/mL$
② 수산화나트륨 = $\dfrac{1g}{30mL} = 0.0333g/mL$
③ 수산화나트륨 = $\dfrac{5g}{100mL} = 0.05g/mL$
④ 수산화나트륨 = $\dfrac{3g}{100mL} = 0.03g/mL$

정답 10. ③ 11. ④ 12. ④ 13. ④

14 정량한계(LOQ)에 관한 설명으로 ( ) 안에 내용으로 옳은 것은?

> 정량한계란 시험분석 대상을 정량화할 수 있는 측정값으로서 제시된 정량한계 부근의 농도를 포함하도록 시료를 준비하고 이를 반복 측정하여 얻은 결과의 표준편차에 ( )한 값을 사용한다.

① 3배　　② 3.3배
③ 5배　　④ 10배

15 폐기물 시료 20g에 고형물 함량이 1.2g이었다면 다음 중 어떤 폐기물에 속하는가? (단, 폐기물의 비중 = 1.0)

① 액상폐기물　　② 반액상폐기물
③ 반고상폐기물　　④ 고상폐기물

> 해설 식　고형물 함량(%) = $\frac{고형물}{폐기물} \times 100 = \frac{1.2g}{20g} \times 100 = 6\%$
>
> ∴ 고형물 함량이 5% 이상~15% 미만이므로 반고상폐기물에 해당한다.
>
> • 액상폐기물 : 폐기물의 고형물 함량 5% 미만
> • 반고상폐기물 : 폐기물의 고형물 함량 5% 이상 ~15% 미만
> • 고상폐기물 : 폐기물의 고형물 함량 15% 이상

16 검정곡선 작성용 표준용액과 시료에 동일한 양의 내부표준물질을 첨가하여 시험분석 절차, 기기 또는 시스템의 변동으로 발생하는 오차를 보정하기 위해 사용하는 방법은?

① 절대검정곡선법(external standard method)
② 표준물질첨가법(standard addition method)
③ 상대검정곡선법(internal standard calibration)
④ 백분율법

17 원자흡수분광광도법에 의한 검량선 작성방법 중 분석시료의 조성은 알고 있으나 공존 성분이 복잡하거나 불분명한 경우, 공존성분의 영향을 방지하기 위해 사용하는 방법은?

① 검량선법　　② 표준첨가법
③ 내부표준법　　④ 외부표준법

18 폐기물공정시험기준에서 규정하고 있는 진공에 해당되지 않는 것은?

① 10mmHg　　② 13torr
③ 0.03atm　　④ 0.18mH$_2$O

> 해설 "진공"이라 함은 압력 15mmHg 이하인 상태를 말한다.
> ① 10mmHg
> ② 13torr(torr=mmHg)
> ③ 0.03atm × $\frac{760mmHg}{1atm}$ = 22.8mmHg → 진공 상태 아님
> ④ 0.18mH$_2$O × $\frac{760mmHg}{10.332mH_2O}$ = 13.24mmHg

19 십억분율(Parts Per Billion)을 표시하는 기호는?

① %　　② g/L
③ ppm　　④ μg/L

> 해설 십억분율은 분자와 분모의 크기가 십억 차이가 나는 단위로 표현된다. (μg/L, μg/kg)

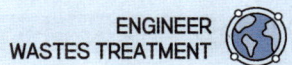

20 다음 설명 중 틀린 것은?

① 공정시험기준에서 사용하는 모든 기구 및 기기는 측정결과에 대한 오차가 허용되는 범위 이내인 것을 사용하여야 한다.
② 연속측정 또는 현장측정의 목적으로 사용하는 측정기기는 공정시험기준에 의한 측정치와의 정확한 보정을 행한 후 사용할 수 있다.
③ 각각의 시험은 따로 규정이 없는 한 실온에서 실시하고 조작 직후에 그 결과를 관찰한다. 단, 온도의 영향이 있는 것의 판정은 상온을 기준으로 한다.
④ 비함침성 고상폐기물이라 함은 금속판, 구리선 등 기름을 흡수하지 않는 평면 또는 비평면형태의 변압기 내부부재를 말한다.

해설 각각의 시험은 따로 규정이 없는 한 상온에서 실시하고 조작 직후에 그 결과를 관찰한다. 단, 온도의 영향이 있는 것의 판정은 표준온도를 기준으로 한다.

21 정도보증/정도관리를 위한 현장 이중시료에 관한 내용으로 ( ) 안에 알맞은 것은?

> 현장 이중시료는 동일 위치에서 동일한 조건으로 중복 채취한 시료로서 독립적으로 분석하여 비교한다. 현장 이중시료는 필요시 하루에 ( ) 이하의 시료를 채취할 경우에는 1개를, 그 이상의 시료를 채취할 때에는 시료 ( ) 당 1개를 추가로 채취한다.

① 5개　　② 10개
③ 15개　　④ 20개

정답 20. ③　21. ④

02 CHAPTER 일반시험법

UNIT 01 시료의 채취

1 채취 도구 및 시료 용기

① **채취 도구** : 채취 도구는 시료의 채취 과정 또는 보관 중에 침식되거나 녹이 나는 재질의 것을 사용해서는 안 된다.
② **시료 용기**
  ㉠ 시료 용기는 시료를 변질시키거나 흡착하지 않는 것이어야 하며 기밀하고 누수나 흡습성이 없어야 한다.
  ㉡ 시료 용기는 무색경질의 유리병, 폴리에틸렌병 또는 폴리에틸렌백을 사용한다.
    ※ 다만, 노말헥산 추출물질, 유기인, 폴리클로리네이티드비페닐(PCBs) 및 휘발성 저급 염소화 탄화수소류 실험을 위한 시료의 채취 시에는 갈색경질의 유리병을 사용하여야 한다.
      [암기TIP] 노 유 폴 휘(롤리 폴리~~) – 갈색 유리병
  ㉢ 시료 중에 다른 물질의 혼입이나 성분의 손실을 방지하기 위하여 밀봉할 수 있는 마개를 사용하며 코르크 마개를 사용하여서는 안 된다. 다만, 고무나 코르크마개에 파라핀지, 유지 또는 셀로판지를 씌워 사용할 수도 있다.
  ㉣ 시료 용기에는 폐기물의 명칭, 대상 폐기물의 양, 채취 장소, 채취 시간 및 일기, 시료 번호, 채취 책임자 이름, 시료의 양, 채취 방법, 기타 참고자료(보관상태 등)를 기재한다.
    (자주 출제되는 오답보기 : 폐기물의 성분 → 채취만 했고 실험을 안해봤는데 어찌 성분을 알 수 있겠습니까?)

2 시료의 채취 방법

① **일반적 요령**
  ㉠ 시료는 일반적으로 폐기물이 생성되는 단위 공정별로 구분하여 채취하여야 한다.
  ㉡ 시료를 채취하기 전에 폐기물을 잘 혼합하여야 하며 이것이 불가능할 경우에는 전체의 성질을 대표할 수 있도록 서로 다른 곳에서 채취하여야 한다. 다만, 서로 다른 종류의 폐기물이 혼재되어 있다고 판단될 때에는 혼재된 폐기물의 성분별로 각각에 대해 시료를 채취할 수 있다.

② **고상 혼합물 시료 채취** : 고상 혼합물의 경우에는 적당한 채취 도구를 사용하며 한 번에 일정량씩을 채취하여야 한다.

③ **액상 혼합물 시료 채취** : 액상 혼합물의 경우에는 원칙적으로 최종 지점의 낙하구에서 흐르는 도중에 채취한다. 용기에 들어 있을 때에는 잘 혼합하여 균일한 상태로 만든 후에 채취한다.

④ **콘크리트 고형화물 시료 채취** : 콘크리트 고형화물이 소형인 경우에는 고상 혼합물의 경우에 따른다. 대형의 고형화물이며 분쇄가 어려울 경우에는 임의의 5개소에서 채취하여 각각 파쇄한 후 100g 씩 균등한 양을 혼합하여 채취한다.

⑤ **폐기물 소각시설의 소각재 시료 채취**

㉠ 일반사항
- 연소실 바닥을 통해 배출되는 바닥재와 폐열 보일러 및 대기오염 방지시설을 통해 배출되는 비산재의 채취에 적용한다.
- 공정상 비산방지나 냉각을 목적으로 소각재에 물을 분사하는 경우를 제외하고는 가급적 물을 분사하기 전에 시료를 채취한다. 다만 부득이하게 수분이 함유된 상태에서 시료를 채취할 경우에는 가능한 한 수분함량이 적게 되도록 채취한다.

㉡ **연속식 연소 방식의 소각재 반출 설비에서 시료 채취** [암기TIP] So각재 채취량 - 쏘~5(So), 소각재 채취량은 500g
- 연속식 연소 방식의 소각재 반출 설비에서 채취하는 경우, 바닥재 저장조에서는 부설된 크레인을 이용하여 채취하고, 비산재 저장조에서는 낙하구 밑에서 채취하며, 소각재가 운반차량에 적재되어 있는 경우에는 적재 차량에서 채취하고, 부지 내에 야적되어 있는 경우에는 야적더미에서 각 층별로 채취하는 것을 원칙으로 한다.
- 소각재 저장조에서 채취하는 경우에는 저장조에 쌓여 있는 소각재를 평면상에서 **5등분**한 후 각 등분마다 크레인을 이용하여 소각재를 상하층으로 잘 섞은 다음 크레인으로 일정량을 저장조 밖으로 운반한다. 다만, 시료 채취 장소가 좁아 작업하기 힘든 경우에는 크레인으로부터 직접 일정량을 채취한다. 시료는 운반된 소각재 중 대표성이 있다고 판단되는 곳에서 **각 등분마다 500g 이상씩을 채취**한다.
- 낙하구 밑에서 채취하는 경우에는 시료의 양이 **1회에 500g 이상**이 되도록 채취한다.
- 야적더미에서 채취하는 경우에는 야적더미를 **2m** 높이 단위로 층을 나누고, 각 층별로 적절한 지점에서 **500g 이상**의 시료를 채취한다.
- 위의 각 경우별로 채취한 시료는 혼합하여 시료의 조제 방법에 따라 조제하여 최종 시료로 한다.

㉢ **회분식 연소 방식의 소각재 반출 설비에서 시료 채취** : 회분식 연소 방식의 소각재 반출 설비에서 채취하는 경우에는 하루 동안의 운전횟수에 따라 매 운전 시마다 **2회 이상** 채취하는 것을 원칙으로 하고, 시료의 양은 1회에 500g 이상으로 한다.

⑥ **시료의 양**

㉠ 시료의 양은 1회에 100g 이상으로 채취한다. [암기TIP] 인형뽑기 1회 100원
㉡ 소각재의 경우에는 1회에 500g 이상으로 채취한다. [암기TIP] So각재 채취량 - 쏘~5(So), 소각재 채취량은 500g

⑦ **분석 시료의 수**

㉠ 각 분석 시료의 대표성 확보를 위한 현장 시료의 수는 표 1에 따른다. 다만, 폐기물의 생성 또는 처리되는

공정이 적정하게 관리되고 있으며 성상이 일정한 경우에는 표 1에 관계없이 필요한 개수의 현장 시료를 채취할 수 있다.

ⓛ 같은 종류의 폐기물이 계속 배출되는 경우에는 집적되어 있는 폐기물의 양에 관계없이 표 1에 따라 당일 배출분에서 현장 시료를 채취할 수 있다.

[표 1. 대상 폐기물의 양과 현장 시료의 최소 수]

대상 폐기물의 양(단위 : ton)	현장 시료의 최소 수
~1 미만	6
1 이상~5 미만	10
5 이상~30 미만	14
30 이상~100 미만	20
100 이상~500 미만	30
500 이상~1,000 미만	36
1,000 이상~5,000 미만	50
5,000 이상~	60

암기TIP 사사육십 육 십사 십 → 6으로 시작하여 순서대로 하나씩 더한다.

예 6, 6+4=10, 10+4=14, 14+6=20, 20+10=30, 30+6=36, 36+14=50, 50+10=60

[주 1] 대상 폐기물의 대표성을 위해 채취한 표 1의 시료를 전부 모아 1개의 대시료로 하여 아래 "⑨ 시료의 분할 채취 방법"에 따라 하나의 분석용 시료로 만든다.

ⓒ 폐기물이 적재되어 있는 운반차량에서 현장 시료를 채취할 경우에는 표 1에 관계없이 적재 폐기물의 성상이 균일하다고 판단되는 깊이에서 현장 시료를 채취한다. 5톤 미만의 차량에 폐기물이 적재되어 있는 경우에는 적재 폐기물을 평면상에서 **6등분**한 후 각 등분마다 현장 시료를 채취한다. 반면, 5톤 이상의 차량에 폐기물이 적재되어 있는 경우에는 적재 폐기물을 평면상에서 **9등분**한 후 각 등분마다 현장시료를 채취한다.

⑧ **시료의 보관방법** : 채취시료는 수분, 유기물 등 함유 성분의 변화가 최소화 되도록 0℃~4℃ 이하의 냉암소에 보관하여야 하며 가급적 빠른 시간 내에 분석하여야 한다.

⑨ **시료의 분할 채취 방법**

㉠ 전처리
- 분석용 또는 수분 측정용 시료의 양이 많을 경우(이를 "대시료"라 한다)에는 실험에 들어가기 전에 시료의 조성을 균일화하기 위하여 시료의 분할 채취 방법에 따라 균일화 한다.
- 소각 잔재, 슬러지 또는 입자상 물질은 그대로 작은 돌멩이 등의 이물질을 제거하고, 이외의 폐기물 중 입경이 5mm 미만인 것은 그대로, 입경이 5mm 이상인 것은 분쇄하여 체로 거른 후 입경이 0.5mm~5mm로 한다.

㉡ **시료의 분할 채취 방법**
- 대시료를 균일하게 혼합 또는 혼화하여 측정에 필요한 적당량을 취하고 그림 1~그림 3의 시료의 분할 채취 방법 중 하나의 방법으로 균일화한다.

1) 구획법

① 모아진 대시료를 네모꼴로 엷게 균일한 두께로 편다.

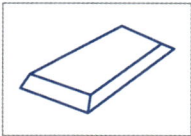

② 이것을 가로 4등분 세로 5등분하여 20개의 덩어리로 나눈다.

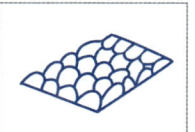

③ 20개의 각 부분에서 균등량씩을 취하여 혼합하여 하나의 시료로 한다.

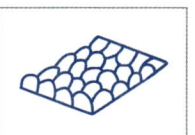

[그림 1] 구획법

2) 교호삽법

① 분쇄한 대시료를 단단하고 깨끗한 평면위에 원추형으로 쌓는다.

② ①의 원추를 장소를 바꾸어 다시 쌓는다.

③ 원추에서 일정량을 취하여 장방형으로 도포하고 계속해서 일정량을 취하여 그 위에 입체로 쌓는다.

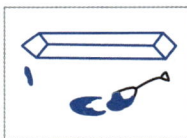

④ ③의 육면체의 측면을 교대로 돌면서 균등량씩을 취하여 두개의 원추를 쌓는다.

⑤ 하나의 원추는 버리고 나머지 원추를 ①~④의 조작을 반복하면서 적당한 크기까지 줄인다.

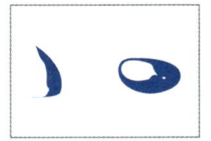

[그림 2] 교호삽법

3) 원추사분법

① 분쇄한 대시료를 단단하고 깨끗한 평면위에 원추형으로 쌓아 올린다.

② ①의 원추를 장소를 바꾸어 다시 쌓는다.

③ 원추의 꼭지를 수직으로 눌러서 평평하게 만들고 이것을 부채꼴로 사등분한다.

④ 마주 보는 두 부분을 취하고 반은 버린다.

⑤ 반으로 준 시료를 ①~④의 조작을 반복하여 적당한 크기까지 줄인다.

[그림 3] 원추 4분법

UNIT 02 시료의 준비

1 용어 정의

① **산 분해법**

시료에 산을 첨가하고 가열하여 시료 중의 유기물 및 방해물질을 제거하는 방법이다. 이 과정에서 시료 중의 유기물 및 방해물질은 산에 의해 분해되고 이들과 착화합물을 형성하고 있던 중금속류는 이온 상태로 시료 중에 존재하게 된다.

② **마이크로파 산 분해법**

전반적인 처리 절차 및 원리는 산 분해법과 같으나 마이크로파를 이용해서 시료를 가열하는 것이 다르다. 마이크로파를 이용하여 시료를 가열할 경우 고온 고압 하에서 조작할 수 있어 전처리 효율이 좋아진다.

2 분석기기 및 기구

① **진탕기** : 상온, 상압에서 진탕 회수가 매분 당 약 200회, 진폭이 4cm~5cm, 진탕 시간 6시간의 연속진탕기를 사용한다.
② **가열 장치** : 가열 맨틀(heating mantle) 또는 가열판(heating plate)을 규격에 맞게 사용한다.
③ **마이크로파 분해장치** : 시료를 산과 함께 용기에 넣어 마이크로파를 가하면, 강산에 의해 시료가 산화되면서 빠른 진동과 충돌에 의하여 극성 성분들은 시료 내 다른 물질들과의 결합이 끊어져 이온상태로 수용액에 용해된다. 이 장치는 가열 속도가 빠르고 재현성이 좋으며, 폐유 등 유기물이 다량 함유된 시료의 전처리에 이용된다.

3 용출 시험 방법

① **적용범위**
고상 또는 반고상 폐기물에 대하여 폐기물관리법에서 규정하고 있는 지정폐기물의 판정 및 지정폐기물의 중간처리방법 또는 매립방법을 결정하기 위한 시험에 적용한다.

② **시료 용액의 조제** : 시료의 조제 방법에 따라 조제한 시료 **100g** 이상을 정확히 달아 정제수에 염산을 넣어 pH를 **5.8~6.3**으로 맞춘 용매(mL)를 시료:용매 = **1:10(W:V)**의 비로 **2,000mL** 삼각 플라스크에 넣어 혼합한다.

③ **용출 조작** : 시료 용액의 조제가 끝난 혼합액을 상온, 상압에서 진탕 횟수가 매분 당 약 **200회**, 진폭이 **4cm~5cm**인 진탕기를 사용하여 **6시간** 동안 연속 진탕한 다음 **1.0μm**의 유리 섬유 여과지로 여과하고 여과액을 적당량 취하여 용출 실험용 시료 용액으로 한다. 다만, 여과가 어려운 경우에는 원심분리기를 사용하여 매 분당 **3,000회** **전 이상**으로 **20분 이상** 원심분리한 다음 상등액(supernatant liquid)을 적당량 취하여 용출 실험용 시료 용액으로 한다. 다만, 휘발성 저급염소화 탄화수소류를 실험하고자 하는 시료의 용출 조작은 휘발성 저급염소화 탄화수소류-기체크로마토그래피 반고상 또는 고상 폐기물 시료의 전처리에 따른다.

④ **실험결과의 보정** : 항목별 시험기준 중 각 항의 규정에 따라 실험한 용출 실험의 결과는 시료 중의 수분 함량 보정을 위해 함수율 **85% 이상**인 시료에 한하여 "15/{100-시료의 함수율(%)}"을 곱하여 계산한 값으로 한다.

4 산 분해법

① **질산 분해법** : 이 방법은 유기물 함량이 낮은 시료에 적용하며 질산에 의한 유기물 분해 방법이다.(이 용액의 산 농도는 약 0.7M이다.)

② **질산-염산 분해법** : 이 방법은 유기물 함량이 비교적 높지 않고 금속의 수산화물, 산화물, 인산염 및 황화물을 함유하고 있는 시료에 적용하며 질산-염산에 의한 유기물 분해 방법이다.(이 용액의 산 농도는 약 0.5M이다.)

③ **질산-황산 분해법** : 이 방법은 유기물 등을 많이 함유하고 있는 대부분의 시료에 적용하며 질산-황산에 의한 유기물 분해 방법이다. 그러나 칼슘, 바륨, 납 등을 다량 함유한 시료는 난용성의 황산염을 생성하여 다른 금속 성분을 흡착하므로 주의하여야 한다.(이 용액의 산 농도는 약 1.5N~3.0N이다.)

④ **질산-과염소산 분해법** : 이 방법은 유기물을 높은 비율로 함유하고 있으면서 산화 분해가 어려운 시료들에 적용하며 질산-과염소산에 의한 유기물 분해 방법이다.(이 용액의 산 농도는 약 0.8M이다.)

[주 2] 과염소산을 넣을 경우 진한 질산이 공존하지 않으면 폭발할 위험이 있으므로 반드시 진한 질산을 먼저 넣어주어야 하며, 어떠한 경우에도 유기물을 함유한 뜨거운 용액에 과염소산을 넣어서는 안 된다.

⑤ **질산-과염소산-불화수소산 분해법** : 이 방법은 점토질 또는 규산염이 높은 비율로 함유된 시료에 적용하며 질산-과염소산-불화수소산으로 유기물을 분해하는 방법이다.(이 용액의 산 농도는 약 0.8M이다.)

5 회화법

이 시험기준은 목적 성분이 400℃ 이상에서 휘산되지 않고 쉽게 회화될 수 있는 시료에 적용하며 회화에 의한 유기물분해 방법이다. 시료 중에 염화암모늄, 염화마그네슘, 염화칼슘 등이 높은 비율로 함유된 경우에는 납, 철, 주석,

아연, 안티몬 등이 휘산되어 손실이 발생하므로 주의하여야 한다.(400℃~500℃에서 가열, 실험 시 사용하는 용액의 산 농도는 약 0.5M이다.)

6 마이크로파 산 분해법

이 시험기준은 폐유 등 유기물이 다량 함유된 시료의 전처리에 이용된다. 시료(고체 0.25g 이하 또는 용출액 50mL 이하)를 정확하게 취하여 용기에 넣고 여기에 질산 10mL~20mL를 넣는다. 이때 격렬한 반응이 일어나면 반응이 완결될 때까지 뚜껑을 연 채로 방치한다. 밀폐 용기의 뚜껑을 닫고 용기내의 최고압력이 약 120psi~200psi로 되고, 마이크로파 전력을 다음(밀폐 용기 1개~3개 300W, 4개~6개 600W, 7개 이상 1,200W)과 같이 조정하되, 가열 온도와 시간을 설정하고 온도 센서를 연결하여 실시간으로 확인할 수 있도록 한다. 분해가 끝난 후 충분히 용기를 냉각시키고 용기 내에 남아 있는 질산 가스를 제거한다. 필요하면 여과하고 거름종이를 정제수로 2회~3회 씻은 다음 여과액과 씻은 액을 합하여 일정 부피로 묽힌다.

UNIT 03 상향류 투수방식의 유출시험

1 목적 및 적용범위

① **목적** : 이 시험기준은 「폐기물관리법」의 재활용환경성평가를 위한 유출시험 및 생태독성시험을 위함이다.
② **적용범위**
  ㉠ 이 시험기준은 상향류 투수방식으로 고상 및 반고상 폐기물 중 물에 용출 가능한 무기 및 유기물질의 시험용 유출액을 얻기 위한 방법이다.
  ㉡ 이 시험기준은 유해특성 중 생태독성시험을 위한 유출액을 얻기 위한 방법으로 사용할 수 있다.
  ㉢ 이 시험기준으로는 휘발성 유기화합물에 직접 적용하기는 어렵지만, 유출액의 포집방법 또는 분석물질의 회수율 시험 등을 통해 검증된 경우에는 사용할 수 있다.

2 농도측정 및 결과의 적용

① **농도측정** : 유출액 내의 무기물질 또는 유기물질의 농도를 측정하고자 하는 경우에는 여과한 유출액의 시료 채취, 전처리, 기기분석 등에 대한 분석항목 및 시험방법은 수질오염공정시험기준, 먹는물수질공정시험기준 등의 방법을 따른다. 측정결과의 농도 단위는 mg/L이다.
② **측정결과의 적용** : 분석항목별 농도측정에 따른 결과는 항목별 환경기준 등을 고려한 폐기물의 재활용 기준에 적용한다.

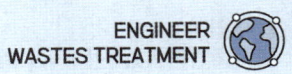

기출문제로 다지기 — CHAPTER 02 일반시험법

01 다량의 점토질 또는 규산염을 함유한 시료에 적용되는 시료의 전처리 방법으로 가장 옳은 것은?

① 질산 – 과염소산 – 불화수소산에 의한 유기물 분해
② 질산 – 염산에 의한 유기물 분해
③ 질산 – 과염소산에 의한 유기물 분해
④ 질산 – 황산에 의한 유기물 분해

02 용출시험방법의 용출조작에 관한 설명으로 옳지 않은 것은?

① 시료액의 조제가 끝난 혼합액은 유리섬유 여과지로 여과하여 진탕용 시료로 사용한다.
② 진탕용 시료는 분당 약 200회, 진폭 4~5cm인 진탕기를 사용하여 6시간 연속 진탕한다.
③ 원심분리기를 사용할 필요가 있는 경우는 3,000rpm 이상으로 20분 이상 원심분리한다.
④ 시료를 원심분리한 경우는 상징액을 적당량 취하여 용출시험용 시료용액으로 한다.

03 마이크로파 분해장치에 대한 설명 중 옳지 않은 것은?

① 산과 함께 시료를 용기에 넣어 마이크로파를 가하면 강산에 의해 시료가 산화된다.
② 극성성분들의 빠른 진동과 충돌에 의하여 시료의 분자 결합이 절단되어 시료가 이온상태의 수용액으로 분해된다.
③ 유기물이 소량 함유된 시료의 전처리에 자주 이용된다.
④ 이 장치는 가열속도가 빠르고 재현성이 좋다.

04 시료채취 시 대상폐기물의 양이 10톤인 경우의 시료의 최소 수는?

① 10   ② 14
③ 20   ④ 24

해설

대상 폐기물의 양(단위 : ton)	현장 시료의 최소 수
~1 미만	6
1 이상~5 미만	10
5 이상~30 미만	14
30 이상~100 미만	20
100 이상~500 미만	30
500 이상~1,000 미만	36
1,000 이상~5,000 미만	50
5,000 이상~	60

05 대상폐기물의 양이 150톤일 때 시료의 최소 수는?

① 14   ② 20
③ 30   ④ 36

해설 4번 해설 표 참고

06 다음 중 도시에서 밀도가 0.3t/m³인 쓰레기 1,200m³가 발생되어 있다면 폐기물의 성상분석을 위한 최소 시료는?

① 20   ② 30
③ 36   ④ 50

해설 쓰레기양(톤) = $\dfrac{0.3톤}{m^3} \times 1,200m^3 = 360톤$

→ 4번 해설 표 참고

정답   01. ①   02. ①   03. ③   04. ②   05. ③   06. ②

07 다음은 용출 시험을 위한 시료 용액 조제에 관한 내용이다. ( ) 안에 옳은 내용은?

> 시료의 조제방법에 따라 조제한 시료 100g 이상을 정확히 달아 정제수에 염산을 넣어 ( )(으)로 한 용매(mL)를 시료 : 용매 = 1 : 10(W : V)의 비로 2,000mL 삼각플라스크에 넣어 혼합한다.

① pH 3.8~4.5
② pH 4.5~5.8
③ pH 5.8~6.3
④ pH 6.3~7.2

08 다음에 설명한 시료 축소 방법은?

> ㉠ 모아진 대시료를 네모꼴로 얇게 균일한 두께로 편다.
> ㉡ 이것을 가로 4등분, 세로 5등분하여 20개의 덩어리로 나눈다.
> ㉢ 20개의 각 부분에서 균등량씩을 취하여 혼합하여 하나의 시료로 한다.

① 구획법
② 등분법
③ 균등법
④ 분할법

09 폐기물공정시험기준상 시료를 채취할 때 시료의 양은 1회에 최소 얼마 이상 채취하여야 하는가? (단, 소각재 제외)

① 100g 이상
② 200g 이상
③ 500g 이상
④ 1,000g 이상

해설 시료의 양은 1회의 100g 이상 채취한다. 다만, 소각재의 경우에는 1회에 500g 이상 채취한다.

10 질산-과염소산 분해법에 대한 설명으로 ( ) 안에 알맞은 것은?

> 질산-과염소산에 의하여 유기물분해시에 분해가 끝나면 공기 중에서 식히고 정제수 50mL를 넣어 서서히 끓이면서 (㉠) 및 (㉡)을/를 완전히 제거한다. 납의 분석시에는 황산이온이 존재하면 물 대신 (㉢) 50mL를 넣고 가열하여 전처리한다.

① ㉠ 유기물 ㉡ 수산화물 ㉢ 황산
② ㉠ 질소산화물 ㉡ 유리염소 ㉢ 황산
③ ㉠ 유기물 ㉡ 수산화물 ㉢ 아세트산암모늄용액
④ ㉠ 질소산화물 ㉡ 유리염소 ㉢ 아세트산암모늄용액

11 다음은 용출시험의 결과 산출시 시료 중의 수분함량 보정에 관한 설명이다. ( ) 안에 알맞은 것은?

> 함수율 85% 이상인 시료에 한하여 ( )을 곱하여 계산된 값으로 한다.

① 15 + {100 − 시료의 함수율(%)}
② 15 − {100 − 시료의 함수율(%)}
③ 15 × {100 − 시료의 함수율(%)}
④ 15 ÷ {100 − 시료의 함수율(%)}

12 시료전처리 방법에 대한 설명으로 틀린 것은?

① 다량의 점토질을 함유한 시료는 질산-과염소산-불화수소산에 의한 전처리가 적용된다.
② 유기물 함량이 비교적 높지 않고 금속의 수산화물, 산화물, 인산염 및 황화물을 함유하고 있는 시료는 질산-염산에 의한 전처리가 적용된다.
③ 회화에 의한 유기물 분해법은 400℃ 이상에서 쉽게 휘산되는 유기물에 적용된다.
④ 마이크로파에 의한 유기물분해는 가열속도가 빠르고 재현성이 좋으며 폐유 등 유기물이 다량 함유된 시료의 전처리에 적용된다.

정답 07. ③ 08. ① 09. ① 10. ④ 11. ④ 12. ③

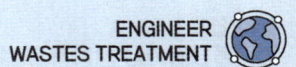

해설 회화에 의한 유기물 분해법은 400℃ 이상에서 휘산되지 않고 쉽게 회화될 수 있는 시료에 적용한다.

13 시료 채취 시 시료용기에 기재하는 사항으로 가장 거리가 먼 것은?

① 폐기물의 명칭   ② 폐기물의 성분
③ 채취 책임자 이름   ④ 채취 시간 및 일기

해설 시료 용기에는 폐기물의 명칭, 대상 폐기물의 양, 채취 장소, 채취 시간 및 일기, 시료 번호, 채취 책임자 이름, 시료의 양, 채취 방법, 기타 참고자료(보관상태 등)를 기재한다.

14 시료채취 시 사용되는 용기로 갈색 경질의 유리병을 사용하여야 하는 경우가 아닌 것은?

① 휘발성 저급 염소화 탄화수소류 실험을 위한 시료 채취 시
② 유기인 실험을 위한 시료채취 시
③ PCBs 실험을 위한 시료채취 시
④ 시안 실험을 위한 시료채취 시

해설 노말헥산 추출물질, 유기인, 폴리클로리네이티드비페닐(PCBs) 및 휘발성 저급 염소화 탄화수소류 실험을 위한 시료의 채취 시에는 갈색경질의 유리병을 사용하여야 한다.

15 시료의 전처리 방법 중 유기물 등을 많이 함유하고 있는 대부분의 시료에 적용되는 방법은?

① 질산에 의한 유기물 분해
② 질산 – 염산에 의한 유기물 분해
③ 질산 – 황산에 의한 유기물 분해
④ 질산 – 과염소산에 의한 유기물 분해

해설 질산-황산법은 유기물 등을 많이 함유하고 있는 대부분의 시료에 적용된다. 칼슘, 바륨, 납 등을 다량 함유한 시료는 난용성의 황산염을 생성하여 다른 금속성분을 흡착하므로 주의하여야 한다.

16 운반차량에서 시료를 채취할 경우, 5톤 미만의 차량에 폐기물이 적재되어 있을 때 평면상에서 몇 등분하여 각 등분마다 채취하는가?

① 3등분   ② 6등분
③ 9등분   ④ 12등분

해설 5톤 미만의 차량에 적재되어 있을 때에는 6등분, 5톤 이상의 차량에 적재되어 있을 때에는 적재 폐기물을 평면상에서 9등분한 후 각 등분마다 시료를 채취한다.

17 폐기물에 함유된 오염물질을 분석하기 위한 용출시험방법 조작 시 조건으로 틀린 것은?

① 진폭 : 4~5cm
② 진탕시간 : 연속 2시간
③ 진탕 횟수 : 분 당 약 200회
④ 원심분리 : 분 당 3,000회전 이상 20분 이상

해설 진탕시간은 6시간 연속으로 한다.

18 아래와 같은 방식으로 계속 폐기물 시료의 크기를 줄이는 방법은?

> 분쇄한 대시료를 단단하고 깨끗한 평면 위에 원추형으로 쌓는다. → 원추를 장소를 바꾸어 다시 쌓는다. → 원추에서 일정한 양을 취하여 장방형으로 도포하고 계속해서 일정한 양을 취하여 그 위에 입체로 쌓는다. → 육면체의 측면을 교대로 돌면서 각각 균등한 양을 취하여 두 개의 원추를 쌓는다. → 이 중 하나는 버린다.

① 원추 2분법   ② 원추 4분법
③ 교호삽법   ④ 구획법

13. ②   14. ④   15. ③   16. ②   17. ②   18. ③

해설 교호삽법에 대한 설명이다.
② 원추 4분법 : 분쇄한 대시료를 단단하고 깨끗한 평면 위에 원추형으로 쌓아 올린다. → 원추를 장소를 바꾸어 다시 쌓는다. → 원추의 꼭지를 수직으로 눌러서 평평하게 만들고 이것을 부채꼴로 사등분한다. → 마주 보는 두 부분을 취하고 반은 버린다. → 반으로 준 시료를 앞의 조작을 반복하여 적당한 크기까지 줄인다.
④ 구획법 : 모아진 대시료를 네모꼴로 얇게 균일한 두께로 편다. → 이것을 가로 4등분 세로 5등분하여 20개의 덩어리로 나눈다. → 20개의 각 부분에서 균등량씩을 취하여 혼합하여 하나의 시료로 한다.

19 폐기물공정시험기준에서 규정하고 있는 시료 채취의 방법에 대한 설명으로 틀린 것은?

① 시료는 일반적으로 폐기물이 생성되는 단위 공정 구분 없이 성분에 따라 채취한다.
② 서로 다른 종류의 폐기물이 혼재되어 있을 경우 혼재된 폐기물의 성분별로 각각 시료를 채취한다.
③ 액상 혼합물의 경우에는 원칙적으로 최종 지점의 낙하구에서 흐르는 도중에 채취한다.
④ 대형의 콘크리트 고형화물이며 분쇄가 어려울 경우에는 임의의 5개소에서 시료를 채취하여 각각 파쇄한 후 100g 씩 균등한 양을 혼합하여 채취한다.

해설 ①항 → 폐기물이 생성되는 단위공정별로 구분하여 채취하여야 한다.

20 시료의 전처리방법 중 회화에 의한 유기물 분해에 대한 설명으로 맞는 것은?

① 목적성분이 600℃ 이상에서 휘산되어 쉽게 회화 가능한 시료에 적용된다.
② 목적성분이 600℃ 이상에서 휘산되지 않고 쉽게 회화 가능한 시료에 적용된다.
③ 목적성분이 400℃ 이상에서 휘산되어 쉽게 회화 가능한 시료에 적용된다.
④ 목적성분이 400℃ 이상에서 휘산되지 않고 쉽게 회화 가능한 시료에 적용된다.

21 시료채취 방법에 관한 내용으로 틀린 것은?

① 시료채취는 일반적으로 폐기물이 생성되는 단위공정별로 구분하여 채취한다.
② 액상혼합물의 경우는 원칙적으로 최종지점의 낙하구에서 흐르는 도중에 채취한다.
③ 일반적으로 서로 다른 종류의 시료가 혼재되어 있을 경우는 잘 섞어서 채취한다.
④ 대형의 콘크리트 고형화물로써 분쇄가 어려운 경우, 임의의 5개소에서 채취하여 각각 파쇄하여 100g씩 균등양을 혼합하여 채취한다.

해설 ③항 → 서로 다른 종류의 폐기물이 혼재되어 있다고 판단될 때에는 혼재된 폐기물의 성분별로 각각에 대해 시료를 채취할 수 있다.

22 마이크로파에 의한 유기물분해 방법으로 옳지 않은 것은?

① 밀폐 용기 내의 최고압력은 약 120~200psi이다.
② 분해가 끝난 후 충분히 용기를 냉각시키고 용기 내에 남아 있는 질산 가스를 제거한다. 필요하면 여과하고 거름종이를 정제수로 2~3회 씻는다.
③ 시료는 고체 0.25g 이하 또는 용출액 50mL 이하를 정확하게 취하여 용기에 넣고 수산화나트륨 10~20mL를 넣는다.
④ 마이크로파 전력은 밀폐 용기 1~3개는 300W, 4~6개는 600W, 7개 이상은 1,200W로 조정한다.

해설 시료는 고체 0.25g 이하 또는 용출액 50mL 이하를 정확하게 취하여 용기에 넣고 질산 10~20mL를 넣는다.

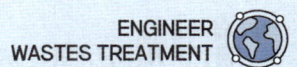

23 시료용액의 조제에 관한 설명으로 알맞은 것은?

① 조제한 시료 100g 이상을 정밀히 달아 정제수에 염산을 넣어 pH 5.8~6.3으로 맞춘 용매(mL)를 1 : 10(W : V)의 비로 2,000mL 삼각플라스크에 넣어 혼합한다.
② 조제한 시료 100g 이상을 정밀히 달아 정제수에 황산을 넣어 pH 5.8~6.3으로 맞춘 용매(mL)를 1 : 10(W : V)의 비로 2,000mL 삼각플라스크에 넣어 혼합한다.
③ 조제한 시료 100g 이상을 정밀히 달아 정제수에 질산을 넣어 pH 5.8~6.3으로 맞춘 용매(mL)를 1 : 10(W : V)의 비로 2,000mL 삼각플라스크에 넣어 혼합한다.
④ 조제한 시료 100g 이상을 정밀히 달아 정제수에 탄산을 넣어 pH 5.8~6.3으로 맞춘 용매(mL)를 1 : 10(W : V)의 비로 2,000mL 삼각플라스크에 넣어 혼합한다.

24 가열속도가 빠르고 재현성이 좋으며 폐유 등 유기물이 다량 함유된 시료의 전처리에 이용되는 방법으로 가장 적절한 것은?

① 회화에 의한 유기물분해 방법
② 질산 – 과염소산 – 불화수소산에 의한 유기물분해 방법
③ 마이크로파에 의한 유기물분해 방법
④ 질산에 의한 유기물분해 방법

25 다음 시약 제조 방법 중 틀린 것은?

① 1N-NaOH 용액은 NaOH 42g을 물 950mL에 넣어 녹이고 새로 만든 수산화바륨용액(포화)을 침전이 생기지 않을 때까지 한 방울씩 떨어뜨려 잘 섞고 마개를 하여 24시간 방치한 다음 여과하여 사용한다.
② 1N-HCl 용액은 염산(35% 이상) 120mL를 물에 넣어 1,000mL로 한다.
③ 20W/V%-KI(비소시험용) 용액은 KI 20g을 물에 녹여 100mL로 하며 사용할 때 조제한다.
④ 2N-H_2SO_4 용액은 황산(95.0% 이상) 60mL를 물 1L 중에 섞으면서 천천히 넣어 식힌다.

해설 1N-HCl 용액은 염산(35% 이상) 90mL를 물에 넣어 1,000mL로 한다.

26 시료의 전처리 방법과 사용되는 용액의 산 농도값과 일치하지 않는 것은?

① 질산에 의한 유기물분해 : 약 0.7N
② 질산-염산에 의한 유기물분해 : 약 0.5N
③ 질산-황산에 의한 유기물분해 : 약 0.6N
④ 질산-과염소산에 의한 유기물분해 : 약 0.8N

해설 질산-황산에 의한 유기물분해 : 약 1.5N~3.0N

27 3,000g의 시료어 대하여 원추 4분법을 5회 조작하여 최종 분취된 시료(g)는?

① 약 31.3   ② 약 62.5
③ 약 93.8   ④ 약 124.2

해설 원추 4분법 1회 시행 시 시료는 1/2로 감소한다.
$3,000g \times \left(\dfrac{1}{2}\right)^5 = 93.75g$

정답 23. ① 24. ③ 25. ② 26. ③ 27. ③

28 시료의 조제방법에 관한 설명으로 틀린 것은?

① 시료의 축소방법에는 구획법, 교호삽법, 원추4분법이 있다.
② 소각 잔재, 슬러지 또는 입자상 물질 중 입경이 5mm 이상인 것은 분쇄하여 체로 걸러서 입경이 0.5~5mm로 한다.
③ 시료의 축소방법 중 구획법은 대시료를 네모꼴로 엷게 균일한 두께로 편 후, 가로 4등분, 세로 5등분하여 20개의 덩어리로 나누어 20개의 각 부분에서 균등량씩을 취해 혼합하여 하나의 시료로 한다.
④ 축소라 함은 폐기물에서 시료를 채취할 경우 혹은 조제된 시료의 양이 많은 경우에 모은 시료의 평균적 성질을 유지하면서 양을 감소시켜 측정용 시료를 만드는 것을 말한다.

[해설] 소각 잔재, 슬러지 또는 입자상 물질은 그대로 작은 돌멩이 등의 이물질을 제거하고, 이외의 폐기물 중 입경이 5mm 미만인 것은 그대로, 입경이 5mm 이상인 것은 분쇄하여 체로 거른 후 입경이 0.5mm~5mm로 한다.

29 시료의 전처리방법 중 질산–황산에 의한 유기물분해에 해당하는 항목들로 짝지어진 것은?

㉠ 시료를 서서히 가열하여 액체의 부피가 약 15mL가 될 때까지 증발 농축한 후 공기 중에서 식힌다.
㉡ 용액의 산 농도는 약 0.8N이다.
㉢ 염산(1+1) 10mL와 물 15mL를 넣고 약 15분간 가열하여 잔류물을 녹인다.
㉣ 분해가 끝나면 공기 중에서 식히고 정제수 50mL를 넣어 끓기 직전까지 서서히 가열하여 침전된 용해 성염들을 녹인다.
㉤ 유기물 등을 많이 함유하고 있는 대부분의 시료에 적용된다.

① ㉡, ㉢, ㉣   ② ㉢, ㉣, ㉤
③ ㉠, ㉣, ㉤   ④ ㉠, ㉢, ㉤

30 시료의 조제방법으로 옳지 않은 것은?

① 돌멩이 등의 이물질을 제거하고, 입경이 5mm 이상인 것은 분쇄하여 체로 거른 후 입경이 0.5~5mm로 한다.
② 시료의 축소방법으로는 구획법, 교호삽법, 원추4분법이 있다.
③ 원추4분법을 3회 시행하면 원래 양의 1/3이 된다.
④ 교호삽법과 원추4분법은 축소과정에서 공히 원추를 쌓는다.

[해설] 원추4분법을 3회 시행하면 원래 양의 1/8이 된다.
$$X \times \left(\frac{1}{2}\right)^3 = X \times \frac{1}{8}$$

정답 28. ② 29. ③ 30. ③

03 CHAPTER 기기분석법

UNIT 01 자외선/가시선분광법(UV측정법)

1 원리 및 적용범위

이 시험방법은 시료물질이나 시료물질의 용액 또는 여기에 적당한 시약을 넣어 발색시킨 용액의 흡광도를 측정하여 시료중의 목적성분을 정량하는 방법으로 파장 200nm~1,200nm에서의 액체의 흡광도를 측정함으로써 다양한 오염물질 분석에 적용한다. 파장은 근적외부, 가시부, 자외부로 구분된다.

① **개요** : 램버어트 비어(Lambert-Beer)의 법칙에 의하여 시료의 액층을 통과한 후 흡광도를 측정하여 목적성분의 농도를 정량하는 방법이다.

$$I_t = I_O \cdot 10^{-\epsilon c \ell}$$

- I_o : 입사광의 강도
- I_t : 투사광의 강도
- C : 농도
- ℓ : 빛의 투사거리
- ϵ : 비례상수로서 흡광계수라 하고, $C = 1mol$, $\ell = 10mm$일 때의 ϵ의 값을 몰흡광계수라 하며 K로 표시한다.

㉠ 투과도(t)

$$\frac{I_t}{I_o} = t$$

㉡ 흡광도(A) : 투과도의 역수의 상용대수

$$\log \frac{1}{t} = A = \epsilon C \ell$$

2 장치의 구성 및 특성

① 장치

ㄱ. 장치의 구성 : 광원부, 파장선택부, 시료부, 측광부 암기TIP 광 파 시 고!

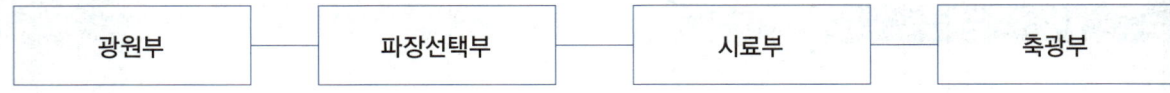

[자외선/가시선 분광법 분석장치]

- 자외부 : 370nm 이하
- 가시부 : 370~750(780)nm
- 근적외부 : 750(780)nm 이상

ㄴ. 광원부
- 텅스텐램프 : 가시부와 근적외부
- 중수소방전관 : 자외부

  암기TIP 가시오가피 연근 탕(텅)수육 중자!

ㄷ. 파장선택부
- 단색화장치 : 프리즘, 회절격자 또는 두 가지를 조합시킨 것을 사용하며 단색광을 내기 위하여 슬릿을 부속시킨다. 암기TIP 프 레 즐(프리즘, 회절격자, 슬릿)
- 필터 : 색유리 필터, 젤라틴 필터, 간접 필터 등을 사용한다.

ㄹ. 시료부 : 시료부는 흡수셀과 대조셀, 셀홀더를 사용한다.
- 흡수셀 : 유리, 석영, 플라스틱제를 사용
  - 플라스틱셀 : 근적외부
  - 유리셀 : 가시부 및 근적외부
  - 석영셀 : 자외부
- 대조셀
- 셀홀더

ㅁ. 측광부 : 광전관, 광전자증배관, 광전도셀, 광전지 등을 사용한다.
- 광전관, 광전자증배관 : 자외부 및 가시부
- 광전지 : 가시부
- 광전도셀 : 근적외부

  암기TIP 석자 / 광전관 자가 / 광전지 가 / 유리 가근 / 셀프 근

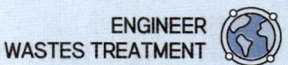

3 조작 및 결과분석방법

① 장치의 설치
㉠ 전원의 전압 및 주파수의 변동이 적을 것
㉡ 직사광선을 받지 않을 것
㉢ 습도가 높지 않고 온도변화가 적을 것
㉣ 부식성 가스나 먼지가 없을 것
㉤ 진동이 없을 것

② 장치의 보정
㉠ 파장 눈금의 교정 : 홀뮴유리(파울)
㉡ 흡광도 눈금의 보정 : 다이크롬산칼륨(중크롬산칼륨) + 수산화칼륨(보크)

③ 흡수셀의 준비
㉠ 시료액의 흡수파장이 약 370nm 이상일 때는 석영 또는 경질유리 흡수셀을 사용하고 약 370nm 이하일 때는 석영흡수셀을 사용한다. 시료셀의 용액은 셀의 약 80%까지 넣는다.
㉡ 흡수셀은 탄산소듐용액에 소량의 음이온 계면활성제를 가한 용액에 흡수셀을 담가 놓는다.
㉢ 급히 사용하고자 할 때는 물기를 제거한 후 에틸알코올로 씻고 다시 에틸에테르로 씻은 후 드라이어로 건조해도 무방하다.
㉣ 빈번하게 사용할 때는 물로 잘 씻은 다음 증류수를 넣은 용기에 담가 두어도 무방하다.

암기TIP 항상 탄산음료 먹고, 급할 때 알콜 먹어야 한다면, 빈번하게 물 먹자!

④ 정량방법
㉠ 검정곡선 작성 : 검량선은 표준용액의 여러 가지 농도에 대하여 적당한 재조용액을 사용하며 흡광도를 측정하고 표준용액의 농도를 횡축, 흡광도를 종축에 취하여 그래프 용지 위에 양지의 관계선을 구하여 작성한다.
㉡ 정량조건의 검토
  • 발색반응의 검토
  • 측정조건의 검토
㉢ 정량조작
  • 시료용액을 메스플라스크 같은 용기에 담는다.
  • 시약을 가한다.
  • 충분한 발색이 되도록 한다.
  • 광도계를 준비한다.
  • 발색액의 일부를 흡수셀에 넣어 흡광도를 측정한다.
  • 검정곡선에 흡광도를 대입하여 목적성분의 농도를 구한다.

UNIT 02 원자흡수분광광도법

1 원리 및 적용범위

이 시험방법은 시료를 적당한 방법으로 해리시켜 중성원자로 증기화하여 생긴 기저상태(Ground State or Normal State, 바닥상태)의 원자가 이 원자 증기층을 투과하는 특유파장의 빛을 흡수하는 현상을 이용하여 광전측광과 같은 개개의 특유 파장에 대한 흡광도를 측정하여 시료중의 원소농도를 정량하는 방법으로 대기 또는 배출 가스중의 유해 중금속, 기타 원소의 분석에 적용한다.

① 용어

- **역화** : 불꽃의 연소속도가 크고 혼합기체의 분출속도가 작을 때 연소현상이 내부로 옮겨지는 것
- **원자흡광도** : 어떤 진동수 i의 빛이 목적원자가 들어 있지 않는 불꽃을 투과했을 때의 강도를 Iov, 목적원자가 들어 있는 불꽃을 투과했을 때의 강도를 Iv라 하고 불꽃중의 목적원자농도를 c, 불꽃중의 광도의 길이(Path Length)를 ℓ 라 했을 때

$$\text{식}\quad E_{AA} = \frac{\log_{10} \cdot I_0\nu/I\nu}{c \cdot \ell}$$

  로 표시되는 양을 말한다.
- **원자흡광(분광)분석** : 원자흡광 측정에 의하여 하는 화학분석
- **원자흡광(분광)측광** : 원자흡광 스펙트럼을 이용하여 시료중의 특정원소의 농도와 그 휘선의 흡광정도(보통은 보정되지 않은 흡광도로 나타냄)와의 상관관계를 측정하는 것
- **원자흡광스펙트럼** : 물질의 원자증기층을 빛이 통과할 때 각각 특유한 파장의 빛을 흡수한다. 이 빛을 분산하여 얻어지는 스펙트럼을 말한다.
- **공명선** : 원자가 외부로부터 빛을 흡수했다가 다시 먼저 상태로 돌아갈 때 방사하는 스펙트럼선
- **근접선** : 목적하는 스펙트럼선에 가까운 파장을 갖는 다른 스펙트럼선
- **중공음극램프(속빈음극램프)** : 원자흡광분석의 광원이 되는 것으로 목적원소를 함유하는 중공음극 한 개 또는 그 이상을 저압의 네온과 함께 채운 방전관
- **다음극 중공음극램프** : 두개 이상의 중공음극을 갖는 중공음극램프
- **다원소 중공음극램프** : 한 개의 중공음극에 두 종류 이상의 목적원소를 함유하는 중공음극램프
- **충전가스** : 중공음극램프에 채우는 가스
- **소연료불꽃** : 가연성가스와 조연성 가스의 비를 적게 한 불꽃 즉, 가연성 가스/조연성 가스의 값을 적게 한 불꽃
- **다연료 불꽃** : 가연성 가스/조연성 가스의 값을 크게 한 불꽃
- **분무기** : 시료를 미세한 입자로 만들어 주기 위하여 분무하는 장치
- **분무실** : 분무기와 함께 분무된 시료용액의 미립자를 더욱 미세하게 해주는 한편 큰 입자와 분리시키는 작용을 갖는 장치

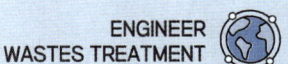

- 슬롯버너 : 가스의 분출구가 세극상으로 된 버너
- 전체분무버너 : 시료용액을 빨아올려 미립자로 되게 하여 직접 불꽃중으로 분무하여 원자증기화하는 방식의 버너
- 예복합 버너 : 가연성 가스, 조연성 가스 및 시료를 분무실에서 혼합시켜 불꽃 중에 넣어주는 방식의 버너
- 선폭 : 스펙트럼선의 폭
- 선프로파일 : 파장에 대한 스펙트럼선의 강도를 나타내는 곡선
- 멀티 패스 : 불꽃 중에서의 광로를 길게 하고 흡수를 증대시키기 위하여 반사를 이용하여 불꽃 중에 빛을 여러 번 투과시키는 것

2 장치의 구성 및 특성

① 장치의 개요 암기TIP 광 시 단 측

광원부 – 시료원자화부 – 단색화부 – 측광부 및 기록부

㉠ 광원부
- 중공음극램프(속빈음극램프) : 원자흡광 스펙트럼선의 선폭보다 좁은 선폭을 갖고 휘도가 높은 스펙트럼을 방사하는 중공음극램프가 많이 사용된다.

㉡ 시료원자화부
시료원자화부는 시료를 원자증기화하기 위한 시료원자화 장치와 원자증기 중에 빛을 투과시키기 위한 광학계로 되어 있다.

㉢ 불꽃
- 대부분의 원소분석 : 수소-공기, 아세틸렌-공기
- 원자 외 영역 : 수소-공기
- 불꽃온도가 낮고 일부 원소에 대하여 높은 감도를 나타냄 : 프로판-공기
- 불꽃의 온도가 높아 내화성산화물을 만들기 쉬운 원소분석 : 아세틸렌-아산화질소

  암기TIP 대부분은 수공아공 외수공 감프공 높아질

3 조작 및 결과분석방법

① 검정곡선의 작성과 정량법

㉠ 검정곡선의 직선영역(검 저 양) : 검정곡선은 일반적으로 저농도 영역에서는 양호한 직선성을 나타내지만 고농도 영역에서는 여러가지 원인에 의하여 휘어진다.

㉡ 정량방법
- 검정곡선법
- 표준첨가법
- 내부표준물질법

→ 자세한 설명은 위의 정도관리/정도보증 파트 참고

ⓒ 간섭 [암기TIP] 화분에 물주자
- 화학적 간섭
  - 불꽃 중에서 원자가 이온화하는 경우

  > **대책**
  > 이온화 전압이 더 낮은 원소 등을 첨가하여 목적원소의 이온화를 방지하여 간섭을 피할 수 있다.

  - 공존물질과 작용하여 해리하기 어려운 화합물이 생성되어 흡광에 관계하는 기저상태의 원자수가 감소하는 경우

  > **대책**
  > - 이온교환이나 용매추출 등에 의한 방해물질의 제거
  > - 과량의 간섭원소의 상대원소 첨가
  > - 간섭을 피하는 양이온(예 란타늄, 스트론튬, 알칼리 원소 등), 음이온 또는 은폐제, 킬레이트제 등의 첨가
  > - 목적원소의 용매추출
  > - 표준첨가법의 이용

- 분광학적 간섭 : 이 종류의 간섭은 장치나 불꽃의 성질에 기인하는 것으로서 다음과 같은 경우에 일어난다.
  - 분석에 사용하는 스펙트럼선이 다른 인접선과 완전히 분리되지 않는 경우
  - 분석에 사용하는 스펙트럼의 불꽃 중에서 생성되는 목적원소의 원자증기 이외의 물질에 의하여 흡수되는 경우
- 물리적 간섭 : 시료용액의 점성이나 표면장력 등 물리적 조건의 영향에 의하여 일어나는 것으로 보기를 들면 시료용액의 점도가 높아지면 분무 능률이 저하되며 흡광의 강도가 저하된다. 이러한 종류의 간섭은 표준시료와 분석시료와의 조성을 거의 같게 하여 피할 수 있다.

UNIT 03 유도결합플라즈마 원자발광분광법

1 원리 및 적용범위

시료를 고주파유도코일에 의하여 형성된 알곤 플라즈마에 주입하여 6,000~8,000K에서 여기된 원자가 바닥상태로 이동할 때 방출하는 발광선 및 발광강도를 측정하여 원소의 정성 및 정량분석에 이용하는 방법이다.(구리, 납, 비소, 카드뮴, 크롬, 6가크롬 등의 동시 분석에 적용)

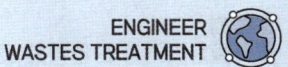

2 개요

① ICP는 알곤가스를 플라즈마 가스로 사용하여 수정발진식 고주파발생기로부터 발생된 주파수 27.13MHz영역에서 유도코일에 의하여 플라즈마를 발생시킨다.

② ICP의 토치(Torch)는 3중으로 된 석영관이 이용되며 제일 안쪽으로는 시료가 운반가스(알곤, 0.4~2.0L/min)와 함께 흐르며, 가운데 관으로는 보조가스(알곤, 플라즈마 가스, 0.5~2.0L/min), 제일 바깥쪽 관에는 냉각가스(알곤, 10~20L/min)가 주입되는데 토치(Torch)의 **상단**부분에는 물을 순환시켜 냉각시키는 유도코일이 감겨 있다.(운반가스, 보조가스, 냉각가스 모두 알곤을 사용, 1종의 기체)

③ 유도코일을 통하여 **고주파**를 가해주면 고주파가 알곤가스 매체 중에 유도되어 플라즈마를 형성하게 되는데 이때 테슬라코일에 의하여 방전하면 알곤가스의 일부가 전리되어 플라즈마가 점등한다.

④ 방전시에 생성되는 전자는 **고주파** 전류가 유도코일을 흐를 때 발생하는 자기장에 의하여 가속되어 주위의 알곤가스와 충돌하여 이온화되고 새로운 전자와 알곤이온을 생성한다. 이와같이 생성된 전자는 다시 알곤가스를 전리하여 전자의 증식작용을 함으로서 전자밀도가 대단히 큰 플라즈마 상태를 유지하게 된다.

⑤ 알곤플라즈마는 토치 위에 불꽃형태(직경 12~15mm, 높이 약 30mm)로 생성되지만 온도, 전자 밀도가 가장 높은 영역은 중심축보다 약간 **바깥쪽**(2~4mm)에 위치한다.

⑥ ICP의 구조는 중심에 저온, 저전자 밀도의 영역이 형성되어 도넛 형태로 되는데 이 도넛 모양의 구조가 ICP의 특징이다.

⑦ 에어로졸 상태로 분무된 시료는 가장 안쪽의 관을 통하여 플라즈마(도넛모양)의 중심부에 주입되는데 이때 시료는 도넛 내부의 좁은 부위에 한정되므로 광학적으로 발광되는 부위가 좁아져 강한 발광을 관측할 수 있으며 화학적으로 불활성인 위치에서 원자화가 이루어지게 된다.

⑧ 플라즈마의 온도는 최고 **15,000K**까지 이르며 보통시료는 6,000~8,000K의 고온에 주입되므로 거의 완전한 원자화가 일어나 분석에 장애가 되는 많은 간섭을 배제하면서 **고감도**의 측정이 가능하게 된다. 또한 플라즈마는 그 자체가 광원으로 이용되기 때문에 매우 넓은 농도범위에서 시료를 측정할 수 있다.

3 장치의 구성 및 특성

① **장치의 구성** 암기TIP 시 고 광 분 연 기

시료주입부 - 고주파전원부 - 광원부 - 분광부 - 연산처리부 및 기록부

② **장치별 특성**

㉠ 시료주입부 : 분무기(Nebulizer) 및 챔버로 이루어져 있으며 시료용액을 흡입하여 에어로졸 상태로 플라즈마에 주입시키는 부분이다. 감도 및 정확도를 높게 하기 위하여 가능한 한 적은 에어로졸을 많이 안정하게 생성시킬 수 있어야 한다.

㉡ 고주파 전원부 : 현재 널리 사용하고 있는 고주파 전원은 수정발전식의 27.13MHz로 1~3kW의 출력이다. 수용액 시료의 경우 보통 1~1.5kW가 사용되지만 유기용매의 경우에는 2kW 정도에서 사용된다.

ⓒ 광원부 : 3중으로 된 석영제방전관(토치, torch)의 중간을 흐르는 알곤가스를 테슬라코일에서 일부 전리시킴과 동시에 방전관 상단에 감겨져 있는 유도코일에 고주파 전류를 흐르게 하면 방전관내부에 루우프 형태의 자기장을 형성하게 되며 이 자기장의 주위에는 와전류가 흐르게 된다. 이 와전류에 의하여 전리된 알곤가스의 전자나 이온은 가속을 받게 되어 알곤분자와 충돌을 반복하게 되며 계속하여 새로운 전자와 이온을 생성하므로서 안정된 도넛 형태의 플라즈마를 형성한다. 시료중의 원자는 이 도넛형의 플라즈마 중심부에 주입되어 6,000~8,000K의 고온에서 가열 여기되고 발광하게 된다.

ⓓ 분광부 및 측광부 : 플라즈마 광원으로부터 발광하는 스펙트럼선을 선택적으로 분리하기 위해서는 분해능이 우수한 회절격자가 많이 사용된다. 분광기는 그 기능에 따라 단색화분광기와 다색화분광기로 구분되는데 단색화분광기는 광을 받는 부분(슬릿 및 광전증배관)이 하나로 회절격자를 회전시켜 저파장에서 고파장으로 주사(Scanning)하면서 각 파장별로 많은 원소를 연속 측정할 수 있으며(Sequential type), 다색화분광기는 회절격자를 고정시켜 놓고 목적원소의 파장 위치에 각각의 슬릿 및 광전증배관을 고정시켜 여러 가지 원소를 동시에 측정(Simultaneous type)할 수 있도록 한 것이다.

ⓔ 연산처리부 : 광전증배관(Photomultiplier)에 들어간 광은 전류로 변화되어 광의 강도에 비례하는 전류가 콘덴서에 저장되며, 콘덴서에 축적된 전하량은 컴퓨터 콘덴서의 전하량과 비례관계에 있기 때문에 농도를 측정할 수 있다.

4 조작 및 결과분석방법

① **장치의 조작법**

ⓐ 플라즈마가스의 준비
- 알곤가스 : 액체 알곤 또는 압축 알곤가스로 순도 99.99%(V/V%) 이상의 것

ⓑ 조작순서
가) 주전원 스위치를 넣고 유도코일의 냉각수가 흐르는가를 확인한 다음 기기를 안정화시킨다.
나) 여기원(R F Power)의 전원스위치를 넣고 알곤가스를 주입하면서 테슬코일에 방전시켜 플라즈마를 점등한다.
다) 점등 후 약 1분간 플라즈마를 안정화시킨다.
라) 수은램프의 발광선을 이용하여 분광기의 파장을 교정하고 분석 파장을 정확히 설정한다.
마) 적당한 농도로 조제된 표준용액(또는 혼합표준용액)을 플라즈마에 주입하여 각 원소의 스펙트럼선 강도를 측정하고 설정파장의 적부를 확인한다.

② **시료의 분석**

ⓐ 정성분석
- 시료용액을 플라즈마에 주입하여 스펙트럼선 강도를 측정한다.
- 각 원소를 특유의 스펙트럼선(파장과 발광강도비)을 검색하여 그 존재유무를 확인한다.

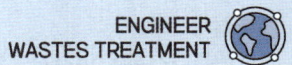

ⓒ 정량분석
- 검정곡선법
- 내부표준법
- 표준첨가법

ⓒ 검정곡선의 교정

ⓔ 바탕선의 보정

③ **간섭물질** : 대부분의 간섭 물질은 산 분해에 의해 제거된다.

㉠ 간섭의 종류

광학 간섭	분석하는 금속원소 이외에서 발광하는 파장은 측정을 간섭한다. 어떤 원소가 동일파장에서 발광할 때, 파장의 스펙트럼선이 넓어질 때, 이온과 원자의 재결합으로 연속 발광할 때, 분자 띠 발광 시에 간섭이 발생한다.
물리적 간섭	시료의 분무 또는 운반과정에서 물리적 특성. 즉 점도와 표면장력의 변화 등에 의해 발생한다. 특히 시료 중에 산의 농도가 10v/v% 이상으로 높거나 용존 고형물질이 1,500mg/L 이상으로 높은 반면, 검정용 표준용액의 산의 농도는 5% 이하로 낮을 때에 발생하며 이때 시료를 희석하거나 표준용액을 시료의 매질과 유사하게 하거나 표준물질 첨가법을 사용하면 간섭효과를 줄일 수 있다.
화학적 간섭	분자 생성, 이온화 효과, 열화학 효과 등이 시료 분무와 원자화 과정에서 방해요인으로 나타난다. 이 영향은 별로 심하지 않으며 적절한 운전 조건의 선택으로 최소화 할 수 있다.

ⓒ 간섭 시 조치방안
- 연속 희석법
- 표준물질 첨가법
- 대체 분석과 비교
- 전파장 분석

※ 시료 중에 칼슘과 마그네슘의 농도 합이 500mg/L 이상이고 측정값이 규제값의 90% 이상일 때 표준물질첨가법에 의해 측정하는 것이 좋다.

UNIT 04 기체크로마토그래피법

1 원리 및 적용범위

이 법은 기체시료 또는 기화한 액체나 고체시료를 운반가스(carrier gas)에 의하여 분리, 관내에 전개시켜 기체상태에서 분리되는 각 성분을 크로마토그래피적으로 분석하는 방법으로 일반적으로 무기물 또는 유기물의 대기오염 물질에 대한 정성, 정량 분석에 이용한다.

2 개요

① 장치의 구성 [암기TIP] 시 분 검 기

> 운반가스입구 – 유량조절기 – 압력계/유량계 – 시료도입부 – 분리관 – 검출기 – 기록부

㉠ 구분
- 기체-고체 크로마토그래피 : 충전물로서 흡착성 고체분말을 사용
- 기체-액체 크로마토그래피 : 적당한 담체(solid support)에 고정상 액체를 함침시킨 것을 사용

② 분리관(column)

분리관은 충전물질을 채운 내경 2mm~7mm(모세관식 분리관을 사용할 수도 있다)의 시료에 대하여 불활성금속, 유리 또는 합성수지관으로 각 분석방법에서 규정하는 것을 사용한다.

③ 검출기

㉠ **열전도도 검출기(thermal conductivity detector, TCD)**

금속 필라멘트(filament)에 안정된 직류전기를 공급하는 전원회로, 전류조절부, 신호검출 전기회로, 신호 감쇄부 등으로 구성된다. 네 개로 구성된 필라멘트에 전류를 흘려주면 필라멘트가 가열되는데, 이 중 2개의 필라멘트는 운반 기체인 헬륨에 노출되고 나머지 두 개의 필라멘트는 운반 기체에 의해 이동하는 시료에 노출된다. 이 둘 사이의 열전도도 차이를 측정함으로써 시료를 검출하여 분석한다. 열전도도 검출기는 모든 화합물을 검출할 수 있어 분석 대상에 제한이 없고 값이 싸며 시료를 파괴하지 않는 장점이 있는데 반하여 다른 검출기에 비해 감도(sensitivity)가 낮다. → 거의 모든 물질의 분석이 가능하고, 특히나 CO 검출에 효과적

㉡ **불꽃이온화 검출기(flame ionization detector, FID)**

수소 연소 노즐(nozzle), 이온 수집기(ion collector)와 전극 및 배기구로 구성되는 본체와 이 전극 사이에 직류전압을 주어 흐르는 이온전류를 측정하기 위한 직류전압 변환회로, 감도조절부, 신호감쇄부 등으로 구성된다. 대부분의 유기화합물은 수소와 공기의 연소 불꽃에서 전하를 띤 이온을 생성하는데 생성된 이온에 의한 전류의 변화를 측정한다. 불꽃이온화 검출기는 대부분의 화합물에 대하여 열전도도 검출기보다 약 1000배 높은 감도를 나타내고 대부분의 유기화합물의 검출이 가능하므로 가장 흔히 사용된다. 특히 탄소 수가 많은 유기물은 10pg까지 검출할 수 있어 대기 오염 분석에서 미량의 유기물을 분석할 경우에 유용하다. 불꽃이온화 검출기에 응답하지 않는 물질로는 비활성 기체, O_2, N_2, H_2O, CO, CO_2, CS_2, H_2S, NH_3, N_2O, NO, NO_2, SO_2, SiF_4 및 SiC_{14} 등이 있다. 또한 감도가 다소 떨어지는 시료로는 할로겐, 아민, 히드록시기 등의 치환기를 갖는 시료로서 치환기가 증가함에 따라 감도는 더욱 감소한다.

→ 대부분의 유기화합물(탄화수소류 등)의 검출이 가능하고, 가장 많이 사용된다.

㉢ **전자 포획 검출기(electron capture detector, ECD)**

방사성 물질인 Ni-63 혹은 삼중수소로부터 방출되는 β선이 운반 기체를 전리하여 이로 인해 전자 포획 검출기 셀(cell)에 전자구름이 생성되어 일정 전류가 흐르게 된다. 이러한 전자 포획 검출기 셀에 전자친화력이 큰 화합물이 들어오면 셀에 있던 전자가 포획되어 이로 인해 전류가 감소하는 것을 이용하는 방법으로 유기 할

로겐 화합물, 니트로 화합물 및 유기 금속 화합물 등 전자 친화력이 큰 원소가 포함된 화합물을 수 ppt의 매우 낮은 농도까지 선택적으로 검출할 수 있다. 따라서 유기 염소계의 농약분석이나 PCB(polychlorinated biphenyls) 등의 환경오염 시료의 분석에 많이 사용되고 있다. 그러나 탄화수소, 알코올, 케톤 등에는 감도가 낮다. 전자 포획 검출기 사용 시 주의 사항으로는 운반 기체에 수분이나 산소 등의 오염물이 함유되어 있는 경우에는 감도의 저하나 검정곡선의 직선성을 잃을 수도 있으므로 고순도(99.9995%)의 운반 기체를 사용하여야 하고 반드시 수분 트랩(trap)과 산소 트랩을 연결하여 수분과 산소를 제거할 필요가 있다.

→ 할로겐, 벤젠, 유기염소계(벤조피렌, PCB 등)의 분석에 많이 사용된다.

ⓔ 질소인 검출기(nitrogen phosphorous detector, NPD)
불꽃이온화 검출기와 유사한 구성에 알칼리금속염의 튜브를 부착한 것으로 운반 기체와 수소기체의 혼합부, 조연기체 공급구, 연소노즐, 알칼리원, 알칼리원 가열기구, 전극 등으로 구성된다. 가열된 알칼리금속염은 촉매 작용으로 질소나 인을 함유하는 화합물의 이온화를 증진시켜 유기 질소 및 유기 인 화합물을 선택적으로 검출할 수 있다. 질소-인 검출기에서 질소나 인을 함유하는 화합물에 대한 감도는 일반 탄화수소 화합물에 대한 감도의 약 100,000배로 질소 또는 인 화합물에 대한 선택성이 커서, 살충제나 제초제의 분석에 일반적으로 사용된다. → 질소, 인 화합물의 검출에 많이 사용된다.

ⓜ 불꽃 열이온 검출기(flame thermoionic detector, FTD)
불꽃 열이온화 검출기(flame thermoionic detector, FTD)는 위의 질소인 검출기와 같은 검출기이다.

ⓗ 불꽃 광도 검출기(flame photometric detector, FPD)
구성은 불꽃이온화 검출기와 유사하고 운반기체와 조연기체의 혼합부, 수소 기체 공급구, 연소 노즐, 광학 필터, 광전증배관(photomultiplier tube) 및 전원 등으로 구성되어 있다. 기본 원리는 황이나 인을 포함한 탄화수소 화합물이 불꽃이온화 검출기 형태의 불꽃에서 연소될 때 화학적인 발광을 일으키는 성분을 생성하는데 시료의 특성에 따라 황 화합물은 393nm, 인 화합물은 525nm의 특정 파장의 빛을 발산한다. 이들 빛은 광학 필터(황 화합물은 393nm, 인 화합물은 525nm)를 통해 광전증배관어 도달하고, 이에 연결된 전자 회로에 신호가 전달되어 황이나 인을 포함한 화합물을 선택적으로 분석할 수 있다. 불꽃 광도 검출기에 의한 황 또는 인 화합물의 감도(sensitivity)는 일반 탄화수소 화합물에 비하여 100,000배 커서, H_2S나 SO_2와 같은 황 화합물은 약 200ppb까지, 인 화합물은 약 10ppb까지 검출이 가능하다.

→ 황 또는 인 화합물의 검출에 많이 사용된다. 특히 CS_2의 검출에 유효하다.

ⓢ 전해질 전도도 검출기(electrolytic conductivity detector, ELCD)
기준전극, 분석전극과 기체-액체 접촉기(contactor) 및 기체-액체 분리기(separator)를 가지고 있다. 전도도 용매를 셀에 주입하고 기준전극에 의해 전류가 흐르게 된다. 기체-액체 접촉기에서 기체 반응 생성물과 결합하게 되고 이 화합물은 분석 전극을 지나면서 액체상을 가진 기체-액체 분리기에서 기체상과 액체상으로 분리된다. 이 때 전위계(electrometer)가 기준 전극과 분석 전극 사이의 전도도 차이를 측정함으로써 성분의 농도를 측정한다. 할로겐, 질소, 황 또는 나이트로아민(nitroamine)을 포함한 유기화합물을 이 방법으로 검출할 수 있다.

◎ **질량 분석 검출기(mass spectrometric detector, MSD)**

GC에 질량 분석기(MS)를 부착하여 검출기로 사용한다. GC 컬럼에서 분리된 화합물이 질량분석기에서 이온화 되어 이온의 질량 대 전하 비(m/z)로 분리하여 기록된다. 대부분의 화합물을 수 ng까지 고감도로 분석할 수 있다. 질량 분석기는 다양한 화합물을 검출할 수 있고, 토막내기 패턴(fragmentation pattern)으로 화합물 구조를 유추할 수도 있다.

④ **충전물질**

㉠ **흡착형충전물**

기체-고체 크로마토그래피법에서는 분리관의 내경에 따라 다음 표와 같이 입도가 고른 흡착성고체분말을 사용한다.

[분리관의 내경에 따른 흡착제 및 담체의 입경 범위]

분리관 내경(mm)	흡착제 및 담체의 입경 범위(μm)
3	149~177(100~80mesh)
4	177~250(80~60mesh)
5~6	250~590(60~28mesh)

- **흡착형 고체분말의 종류** : 실리카겔, 활성탄, 알루미나, 합성제올라이트

  암기TIP 창고에 미제실탄(흡착형 고체분말 : 알루미나, 제올라이트, 실리카겔, 활성탄)

- **담체(Support)** : 규조토, 내화벽돌, 유리, 석영, 합성수지

  암기TIP 담체 합성석유내조

  ※ 내화벽돌이라 함은 일반적인 내화점토를 사용한 것이 아니고 규조토를 주성분으로 한 내화온도 1,100℃ 정도의 단열벽돌을 뜻한다.

- **고정상액체** : 고정상액체는 다음의 조건을 만족시키는 것을 선택한다.
  ① 분석대상 성분을 완전히 분리할 수 있는 것이어야 한다.
  ② 사용온도에서 증기압이 **낮**고, 점성이 **작**은 것이어야 한다.
  ③ 화학적으로 **안**정된 것이어야 한다.
  ④ 화학적 성분이 **일**정한 것이어야 한다.

  암기TIP 낮 잠 자고 안 일어나?!

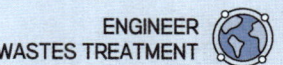

[일반적으로 사용하는 고정상 액체의 종류]

종류	물질명
탄화수소계	헥사데칸 스쿠아란(Squalane) 고진공 그리이스
실리콘계	메틸실리콘 페닐실리콘 시아노실리콘 불화규소
폴리글리콜계	폴리에틸렌글리콜 메톡시폴리에틸렌글리콜
에스테르계	이염기산디에스테르
폴리에스테르계	이염기산폴리글리콜디에스테르
폴리아미드계	폴리아미드수지
에테르계	폴리페닐에테르
기타	인산트리크레실 디에틸포름아미드 디메틸술포란

암기TIP 탄 고 스 웩(탄화수소계 : 고진공 그리이스, 스쿠아란, 헥사데칸)

⑤ **운반가스**

운반가스(carrier gas)는 충전물이나 시료에 대하여 불활성이고 사용하는 검출기의 작동에 적합한 것을 사용한다.
- **열전도도형 검출기(TCD)**에서는 순도 99.8% 이상의 **수소**나 **헬륨**을 사용 암기TIP 열 수 헬
- **불꽃이온화 검출기(FID)**에서는 순도 99.8% 이상의 **질소** 또는 **헬륨**을 사용 암기TIP 불 질 헬
- **전자포획형 검출기(ECD)**에서는 순도 99.999% 이상의 **질소** 또는 **헬륨**을 사용 암기TIP 전 질 헬

3 조작 및 결과분석방법

① **조작법**

㉠ **가스크로마토그래피의 설치장소** : 설치장소는 진동이 없고 분석에 사용하는 유해물질을 안전하게 처리할 수 있으며 부식가스나 먼지가 적고 실온 5℃~35℃, 상대습도 85% 이하로서 직사광선이 쪼이지 않는 곳으로 한다.

㉡ **전원** : 공급전원은 지정된 전력 및 주파수이어야 하고, 전원변동은 지정전압의 10% 이내로서 주파수의 변동이 없는 것이어야 한다.

㉢ **전자기유도** : 대형변압기, 고주파가열로와 같은 것으로부터 전자기의 유도를 받지 않는 것이어야 한다.

② 분리의 평가
　㉠ 분리관효율

$$\boxed{식}\ 이론단수(n) = 16 \times \left(\frac{t_R}{W}\right)^2$$

- t_R : 시료도입점으로부터 봉우리 최고점까지의 길이(보유시간)
- W : 봉우리의 좌우 변곡점에서 접선이 자르는 바탕선의 길이
- $HETP = \dfrac{L}{n}$

　㉡ 분리능

$$\boxed{식}\ 분리계수(d) = \frac{t_{R2}}{t_{R1}}$$

$$\boxed{식}\ 분리도(R) = \frac{2(t_{R2} - t_{R1})}{W_1 + W_2}$$

- t_{R1} : 시료도입점으로부터 봉우리 1의 최고점까지의 길이
- t_{R2} : 시료도입점으로부터 봉우리 2의 최고점까지의 길이
- W_1 : 봉우리 1의 좌우 변곡점에서의 접선이 자르는 바탕선의 길이
- W_2 : 봉우리 2의 좌우 변곡점에서의 접선이 자르는 바탕선의 길이

※ 보유시간(머무름 시간)을 측정할 때는 3회 측정하여 그 평균치를 구하고, 일반적으로 5~30분 정도에서 측정하는 피크의 보유시간은 반복시험을 할 때 ±3% 오차범위 이내이어야 한다.

③ **정량분석** 〔암기TIP〕 정양에게 절대 상 표 보 이지 마라!

정량분석은 각 분석방법에 규정하는 방법에 따라 시험하여 얻어진 크로마토그램의 재현성, 시료분석의 양, 봉우리의 면적 또는 높이와의 관계를 검토하여 분석한다. 이때 정확한 정량결과를 얻기 위해서는 크로마토그램의 각 곡선봉우리는 대칭적이고 각각 완전히 분리되어야 한다.

　㉠ **절대검정곡선법** : 정량하려는 성분으로 된 순물질을 단계적으로 취하여 크로마토그램을 기록하고 피크넓이 또는 피크높이를 구한다. 이것으로부터 성분량을 횡축에 피크넓이 또는 피크를 높이를 종축에 취하여 검정곡선을 작성한다.

　㉡ **상대검정곡선법(내부표준법)** : 정량하려는 성분의 순물질(X) 일정량에 내부표준물질(S)의 일정량을 가한 혼합시료의 크로마토그램을 기록하여 피크넓이를 측정한다. 횡축에 정량하려는 성분량(MX)과 내부표준물질량(MS)의 비(MX/MS)를 취하고 종축에 분석시료의 크로마토그램에서 측정한 정량한 성분의 피크넓이(AX)와 표준물질 피크넓이(AS)의 비(AX/AS)를 취하여 같은 검정곡선을 작성한다.

　㉢ **표준물첨가법** : 시료의 크로마토그램으로부터 피검성분 A 및 다른 임의의 성분 B의 피크 넓이 a1 및 b1을 구한다.

　㉣ **보정넓이 백분율법** : 주입한 시료의 전성분이 용출하며 또한 용출 전성분의 상대감도가 구해진 경우에는 다음식에 의하여 정확한 함유율을 구할 수 있다.

$$식\quad X_i(\%) = \frac{\dfrac{A_i}{f_i}}{\displaystyle\sum_{i=1}^{n}\dfrac{A_i}{f_i}} \times 100$$

ⓒ 넓이 백분율법 : 크로마토그램으로부터 얻은 시료 각 성분의 피크면적을 측정하고 그것들의 합을 100으로 하여 이에 대한 각각의 피크넓이 비를 각 성분의 함유율로 한다.

④ **검출한계**

검출한계는 각 분석방법에서 규정하는 조건에서 출력신호를 기록할 때 잡음신호(Noise)의 2배에 해당하는 목적성분의 농도를 검출한계로 한다.

UNIT 05 이온크로마토그래피법(IC)

1 원리 및 적용범위

이 방법은 이동상으로는 액체, 그리고 고정상으로는 이온교환수지를 사용하여 이동상에 녹는 혼합물을 고분리능 고정상이 충전된 분리관내로 통과시켜 시료성분의 용출상태를 전도도 검출기 또는 광학 검출기로 검출하여 그 농도를 정량하는 방법으로 일반적으로 강수(비, 눈, 우박 등), 대기먼지, 하천수 중의 이온성분(Cl, F, Br, NO_3, NO_2, SO_4, PO_4 등 주로 음이온)을 정성, 정량 분석하는데 이용한다.

2 장치의 구성 및 특성

① **장치의 개요** [암기TIP] 용 액 시료 분리관 써

일반적으로 사용하는 이온크로마토그래프는 다음과 같이 용리액조, 송액펌프, 시료주입장치, 분리관, 써프렛서, 검출기 및 기록계로 구성되며 분리관에서 검출기까지는 측정목적에 따라 다소 차이가 있다.

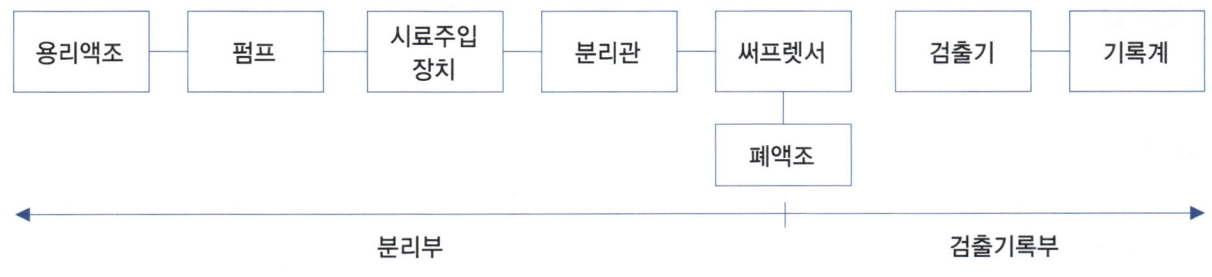

[이온크로마토그래프의 구성]

② 장치별 특성
  ㉠ **시료주입장치** 암기TIP 시 루 떡
    일정량의 시료를 밸브조작에 의해 분리관으로 주입하는 **루프주입방식**이 일반적이며 셉텀(Septum)방법, 셉텀레스(Septumless)방식 등이 사용되기도 한다.
  ㉡ **써프렛서**
    써프렛서란 용리액에 사용되는 전해질 성분을 제거하기 위하여 **분리관 뒤에 직렬**로 접속시킨 것으로써 전해질을 물 또는 저전도도의 용매로 바꿔줌으로써 전기 전도도 셀에서 목적이온 성분과 전기 전도도만을 고감도로 검출할 수 있게 해주는 것이다.
    써프렛서는 관형과 이온교환막형이 있으며, 관형은 **음이온에는 스티롤계 강산형(H^+) 수지**가, **양이온에는 스티롤계 강염기형(OH^-)의 수지**가 충진된 것을 사용한다.

3 조작 및 결과분석방법

① **설치조건**
- 실온 10℃~25℃, 상대습도 30%~85% 범위로 급격한 온도변화가 없어야 한다.
- 진동이 없고 직사광선을 피해야 한다.
- 부식성 가스 및 먼지발생이 적고 환기가 잘 되어야 한다.
- 대형변압기, 고주파가열 등으로부터의 전자유도를 받지 않아야 한다.
- 공급전원은 기기의 사양에 지정된 전압 전기용량 및 주파수로 전압변동은 10% 이하이고 주파수 변동이 없어야 한다.

② **검출한계**
검출한계는 각 분석방법에서 규정하는 조건에서 출력신호를 기록할 때 잡음신호(Noise)의 2배에 해당하는 목적성분의 농도를 검출한계로 한다.

UNIT 06 이온전극법

1 원리 및 적용범위

시료중의 분석대상 이온의 농도(이온활량)에 감응하여 비교전극과 이온전극간에 나타나는 전위차를 이용하여 목적이온의 농도를 정량하는 방법으로서 시료중 음이온(Cl^-, F^-, NO_2^-, NO_3^-, CN^-) 및 양이온(NH_4^+, 중금속 이온 등)의 분석에 이용된다.

2 장치의 구성 및 특성

① 장치의 구성

전위차계, 이온전극, 비교전극, 시료용기 및 자석교반기, 온도계

㉠ **이온전극** : 분석대상 이온에 대한 고도의 선택성이 있고 이온농도에 비례하여 전위를 발생할 수 있는 전극으로서 그 감응막의 구성에 따라 측정되는 이온이 달라진다. 이온전극은 측정계에서 측정대상 이온에 감응하여 **네른스트(Nernst)식**에 따라 이온활성도에 비례하는 전위차를 나타낸다.

> 💡 **전극별 측정이온**
> - 유리막전극 : Na^+, K^+, NH_4^+
> - 격막형전극 : NH_4, NO_2, CN
> - 고체막전극 : F, Cl, CN, Pb, Cd, Cu, NO_3, Cl, NH_4

㉡ **비교전극** : 이온전극과 조합하여 이온농도에 대응하는 전위차를 나타낼 수 있는 것으로서 표준전위가 안정된 전극이 필요하다. 일반적으로 내부전극으로서 염화제일수은전극(칼로멜전극) 또는 은-염화은전극이 많이 사용된다.

② 특성

㉠ **측정범위** : 이온농도의 측정범위는 일반적으로 $10^{-1} \sim 10^{-4}$ mol/L(또는 10^{-7} mol/L)이다.

㉡ **이온강도** : 이온의 활량계수는 이온강도의 영향을 받아 변동되기 때문에 용액 중의 이온강도를 일정하게 유지해야 할 필요가 있다. 따라서 분석대상 이온과 반응하지 않고 전극전위에 영향을 일으키지 않는 염류를 이온강도 조절용 완충용액으로 첨가하여 시험한다.

㉢ **pH** : 이온전극의 종류나 구조에 따라서 사용 가능한 pH의 범위가 있기 때문에 주의하여야 한다.

㉣ **온도** : 측정용액의 온도가 10℃ 상승하면 전위구배는 1가이온이 약 2㎷, 2가이온이 약 1㎷ 변화한다. 그러므로 검량선 작성시의 표준용액의 온도와 시료용액의 온도는 항상 같아야 한다.

㉤ **교반** : 시료용액의 교반은 이온전극의 전극전위, 응답속도, 정량하한값에 영향을 나타낸다. 그러므로 측정에 방해되지 않는 범위 내에서 세게 일정한 속도로 교반해야 한다.

기출문제로 다지기 — CHAPTER 03 기기분석법

01 다음은 자외선/가시선 분광광도계의 광원에 관한 설명이다. ( ) 안에 알맞은 것은?

> 광원부의 광원으로 가시부와 근적외부의 광원으로는 주로 (㉠)를 사용하고 자외부의 광원으로는 주로 (㉡)을 사용한다.

① ㉠ 텅스텐램프, ㉡ 중수소 방전관
② ㉠ 중수소 방전관, ㉡ 텅스텐램프
③ ㉠ 할로겐램프, ㉡ 헬륨 방전관
④ ㉠ 헬륨 방전관, ㉡ 할로겐램프

02 원자흡수분광광도계에 대한 설명으로 틀린 것은?

① 광원부, 시료원자화부, 파장선택부 및 측광부로 구성되어 있다.
② 일반적으로 가연성기체로 아세틸렌을, 조연성기체로 공기를 사용한다.
③ 단광속형과 복광속형으로 구분된다.
④ 광원으로 좁은 선폭과 낮은 휘도를 갖는 스펙트럼을 방사하는 납 음극램프를 사용한다.

해설 원자흡수 분광광도계의 광원은 원자흡광 스펙트럼선의 선폭(船幅)보다 좁은 선폭을 갖고 휘도가 높은 스펙트럼을 방사하는 중공음극램프(속빈음극램프)가 많이 사용된다.

03 자외선/가시선 분광법에서 시료액의 흡수파장이 약 370nm 이하일 때 어떤 흡수셀을 일반적으로 사용하는가?

① 10mm 셀   ② 석영흡수셀
③ 경질유리흡수셀   ④ 플라스틱셀

해설
- 플라스틱셀 : 근적외부(750nm 이상)
- 유리셀 : 가시부 및 근적외부
- 석영셀 : 자외부(370nm 이하)

04 자외선/가시선 분광광도계에서 사용하는 흡수셀의 준비사항으로 가장 거리가 먼 것은?

① 흡수셀은 미리 깨끗하게 씻은 것을 사용한다.
② 흡수셀의 길이(L)를 따로 지정하지 않았을 때는 10mm 셀을 사용한다.
③ 시료셀에는 실험용액을, 대조셀에는 따로 규정이 없는 한 정제수를 넣는다.
④ 시료용액의 흡수파장이 약 370nm 이하일 때는 경질유리 흡수셀을 사용한다.

해설 시료용액의 흡수파장이 약 370nm 이하일 때는 석영셀을 사용한다.

05 유도결합플라즈마-원자발광분광기의 일반적인 구성으로 옳은 것은?

① 광원부, 파장선택부, 시료부 및 측광부로 구성된다.
② 시료도입부, 고주파전원부, 광원부, 분광부, 연산처리부 및 기록부로 구성된다.
③ 시료도입부, 시료원자화부, 분광부, 측광부, 연산처리부로 구성된다.
④ 광원부, 분광부, 단색화부, 고주파전원부, 측광부 및 기록부로 구성된다.

해설 [암기TIP] 시 고 광 분 연 기

정답 01. ① 02. ④ 03. ② 04. ④ 05. ②

06 기체크로마토그래피의 검출기 중 인 또는 유황 화합물을 선택적으로 검출할 수 있는 것으로 운반가스와 조연가스의 혼합부, 수소공급구, 연소노즐, 광학필터, 광전자 증배관 및 전원 등으로 구성된 것은?

① TCD(Thermal Conductivity Detector)
② FID(Flame Ionization Detector)
③ FPD(Flame Photometric Detector)
④ FTD(Flame Thermionic Detector)

07 흡광광도법에서 자외부 파장부분을 사용할 경우에 해당되지 않는 것은?

① 중수소 방전관 광원을 사용한다.
② 플라스틱제 흡수셀을 사용한다.
③ 측광부에는 광전자증배관을 사용한다.
④ 파장선택부로는 모노크로메타를 사용한다.

해설 석영셀을 사용한다.

08 원자흡수분광광도법에서 사용되는 용어 중 파장에 대한 스펙트럼선의 강도를 나타내는 곡선으로 정의되는 것은?

① 선속밀도 ② 공명선
③ 선프로파일 ④ 근접선

09 흡광도의 눈금을 보정하기 위하여 사용되는 시약은?

① 과망간산칼륨을 N/20 수산화나트륨용액에 녹여 사용
② 과망간산칼륨을 N/20 수산화칼륨용액에 녹여 사용
③ 중크롬산칼륨을 N/20 수산화나트륨용액에 녹여 사용
④ 중크롬산칼륨을 N/20 수산화칼륨용액에 녹여 사용

10 흡광광도법에서 기본원리인 Lambert Beer 법칙에 관한 설명으로 틀린 것은?

① 흡광도는 광이 통과하는 용액층의 두께에 비례한다.
② 흡광도는 광이 통과하는 용액층의 농도에 비례한다.
③ 흡광도는 용액층의 투과도에 비례한다.
④ 램버트비어의 법칙을 식으로 표현하면 $A = \varepsilon c \ell$ 이다. (단, A : 흡광도, ε : 흡광계수, c : 농도, ℓ : 빛의 투과거리)

해설 흡광도는 용액층의 투과도에 상용대수의 역수이다. (투과도와 반비례)

11 유도결합플라스마발광도 기계의 토치에 흐르는 운반물질, 보조물질, 냉각물질의 종류는 몇 종류의 물질로 구성되는가?

① 2종의 액체와 1종의 기체
② 1종의 액체와 2종의 기체
③ 1종의 액체와 1종의 기체
④ 1종의 기체

12 이온전극법에 관한 설명으로 ( ) 안에 옳은 내용은?

이온전극은 [이온전극/측정용액/비교전극]의 측정계에서 측정대상 이온에 감응하여 ( )에 따라 이온활성도에 비례하는 전위차를 나타낸다.

① 네른스트(Nernst)식 ② 램버트(Lambert)식
③ 페러데이식 ④ 플래밍식

13 유도결합플라즈마발광광도법(ICP)에 관한 설명 중 틀린 것은?

① ICP는 시료를 고주파유도코일에 의하여 형성된 알곤 플라즈마에 도입하여 4,000~6,000K에서 기저된 원자가 여기상태로 이동할 때 방출하는 발광선 및 발광광도를 측정하여 원소의 정성 및 정량분석에 이용하는 방법이다.
② ICP는 알곤가스를 플라즈마 가스로 사용하여 수정발진식 고주파 발생기로부터 발생된 27.13MHZ 주파수영역에서 유도코일에 의하여 플라즈마를 발생시킨다.
③ ICP의 구조는 중심에 저온, 저전자 밀도의 영역이 형성되어 도너츠 형태로 되는데, 이 도너츠 모양의 구조가 ICP의 특징이다.
④ 플라즈마의 온도는 최고 15,000K까지 이른다.

해설 ICP는 시료를 고주파유도코일에 의하여 형성된 알곤 플라즈마에 도입하여 6,000~8,000K에서 여기된 원자가 바닥상태로 이동할 때 방출하는 발광선 및 발광광도를 측정하여 원소의 정성 및 정량분석에 이용하는 방법이다.

14 유도결합플라즈마-원자발광분광법에 대한 설명으로 틀린 것은?

① 바닥상태의 원자가 이 원자 증기층을 투과하는 특유 파장의 빛을 흡수하는 현상을 이용한다.
② 알곤가스를 플라즈마 가스로 사용하여 수정발진식 고주파 발생기로부터 발생된 주파수 영역에서 유도코일에 의하여 플라즈마를 발생시킨다.
③ 알곤플라즈마를 점등시키려면 테슬라코일에 방전하여 알곤가스의 일부가 전리되도록 한다.
④ 유도결합플라즈마의 중심부는 저온, 저전자 밀도가 형성되며 화학적으로 불활성이다.

해설 ①항은 원자흡수분광광도법에 대한 설명이다. 유도결합플라즈마 발광분광법은 여기된 원자가 바닥상태로 이동할 때 방출하는 발광선 및 발광광도를 측정하여 원소의 정성 및 정량분석을 시행한다.

15 유도결합플라즈마-원자발광분광법의 장치에 포함되지 않는 것은?

① 시료주입부, 고주파전원부
② 광원부, 분광부
③ 운반가스유로, 가열오븐
④ 연산처리부

해설 [장치의 구성] 암기TIP 시 고 광 분 연 기
시료주입부 - 고주파전원부 - 광원부 - 분광부 - 연산처리부 및 기록부

16 10mm 셀을 사용하여 흡광도를 측정한 결과 흡광도가 0.5였다. 이 정색액을 5mm의 셀을 사용한다면 흡광도는?

① 0.1　　　　② 0.25
③ 1　　　　　④ 2

해설 셀의 길이와 흡광도는 비례한다.
10mm : 0.5 = 5mm : 0.25

17 발색 용액의 흡광도를 20mm 셀을 사용하여 측정한 결과 흡광도는 1.34이었다. 이 액을 10mm의 셀로 측정한다면 흡광도는?

① 0.32　　　② 0.67
③ 1.34　　　④ 2.68

해설 셀의 길이와 흡광도는 비례한다.
20mm : 1.34 = 10mm : 0.67

정답　13. ①　14. ①　15. ③　16. ②　17. ②

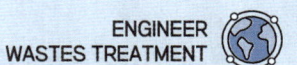

18 기체크로마토그래피법을 이용하여 폴리클로리네이티드비페닐(PCBs)을 분석할 때 사용되는 검출기로 가장 적당한 것은?

① ECD
② TCD
③ FPD
④ FID

19 다음 (　) 안에 들어갈 적절한 내용은?

> 기체크로마토그래피 분석에서 머무름시간을 측정할 때는 (㉠)회 측정하여 그 평균치를 구한다. 일반적으로 (㉡)분 정도에서 측정하는 피이크의 머무름시간은 반복시험을 할 때 (㉢)% 오차범위 이내이어야 한다.

① ㉠ 3, ㉡ 5~30, ㉢ ±3
② ㉠ 5, ㉡ 5~30, ㉢ ±5
③ ㉠ 3, ㉡ 5~15, ㉢ ±3
④ ㉠ 5, ㉡ 5~15, ㉢ ±5

20 원자흡수분광광도법에서 일어나는 분광학적 간섭에 해당하는 것은?

① 불꽃 중에서 원자가 이온화하는 경우
② 시료용액의 점성이나 표면장력 등에 의하여 일어나는 경우
③ 분석에 사용하는 스펙트럼선이 다른 인접선과 완전히 분리되지 않는 경우
④ 공존물질과 작용하여 해리하기 어려운 화합물이 생성되어 흡광에 관계하는 기저상태의 원자수가 감소하는 경우

해설 · 분광학적 간섭 : 이 종류의 간섭은 장치나 불꽃의 성질에 기인하는 것으로서 다음과 같은 경우에 일어난다.
- 분석에 사용하는 스펙트럼선이 다른 인접선과 완전히 분리되지 않는 경우
- 분석에 사용하는 스펙트럼의 불꽃 중에서 생성되는 목적원소의 원자증기 이외의 물질에 의하여 흡수되는 경우

① 불꽃 중에서 원자가 이온화하는 경우 – 화학적 간섭
② 시료용액의 점성이나 표면장력 등에 의하여 일어나는 경우 – 물리적 간섭
④ 공존물질과 작용하여 해리하기 어려운 화합물이 생성되어 흡광에 관계하는 기저상태의 원자수가 감소하는 경우 – 화학적 간섭

21 기체크로마토그래피법의 정량분석에 관한 설명으로 (　) 안에 옳지 않은 것은?

> 각 분석방법에 규정하는 방법에 따라 시험하여 얻어진 (　　), (　　), (　　)와의 관계를 검토하여야 한다.

① 크로마토그램의 재현성
② 시료성분의 양
③ 분리관의 검출한계
④ 피크의 면적 또는 높이

해설 각 분석방법에 규정하는 방법에 따라 시험하여 얻어진 크로마토그램(chromatogram)의 재현성, 시료분석의 양(시료성분의 양), 피크의 면적 또는 높이와의 관계를 검토하여 분석한다.

22 기체크로마토그래피법에 대한 설명으로 옳지 않은 것은?

① 일정 유량으로 유지되는 운반가스는 시료도입부로부터 분리관 내를 흘러서 검출기를 통하여 외부로 방출된다.
② 할로겐 화합물을 다량 함유하는 경우에는 분자 흡수나 광산란에 의하여 오차가 발생하므로 추출법으로 분리하여 실험한다.
③ 유기인 분석시 추출 용매 안에 함유하고 있는 불순물이 분석을 방해할 수 있으므로 바탕 시료나 시약바탕시료를 분석하여 확인할 수 있다.
④ 장치의 기본구성은 압력조절밸브, 유량조절기, 압력계, 유량계, 시료도입부, 분리관, 검출기 등으로 되어 있다.

정답 18. ①　19. ①　20. ③　21. ③　22. ②

해설 할로겐 화합물을 다량 함유하는 경우에도 분석이 가능하다.

23 유도결합 플라즈마 발광광도법(ICP)에 대한 설명 중 틀린 것은?

① 시료 중의 원소가 여기되는데 필요한 온도는 6,000~8,000K이다.
② ICP 분석장치에서 에어로졸 상태로 분무된 시료는 가장 안쪽의 관을 통하여 도너츠 모양의 플라즈마 중심부에 도달한다.
③ 시료측정에 따른 정량분석은 검량선법, 내부표준법, 표준첨가법을 사용한다.
④ 플라즈마는 그 자체가 광원으로 이용되기 때문에 매우 좁은 농도범위의 시료를 측정하는 데 주로 사용된다.

해설 플라즈마는 그 자체가 광원으로 이용되기 때문에 매우 넓은 농도범위에서 시료를 측정할 수 있다.

24 원자흡수분광광도계에서 해리하기 어려운 내화성 산화물을 만들기 쉬운 원소의 분석에 적당한 불꽃은?

① 아세틸렌-공기
② 프로판-공기
③ 아세틸렌-이산화질소
④ 수소-공기

25 기체크로마토그래피에서 일반적으로 전자포획형 검출기에서 사용하는 운반가스는?

① 순도 99.9% 이상의 수소나 헬륨
② 순도 99.9% 이상의 질소 또는 헬륨
③ 순도 99.999% 이상의 질소 또는 헬륨
④ 순도 99.999% 이상의 수소 또는 헬륨

26 기체크로마토그래피법에 의한 유기인 정량에 관한 설명으로 가장 부적합한 것은?

① 검출기는 수소염 이온화 검출기 또는 질소·인 검출기(NPD)를 사용한다.
② 운반기체는 질소 또는 헬륨을 사용한다.
③ 시료전처리를 위한 추출용매로는 주로 노말헥산을 사용한다.
④ 방해물질이 함유되지 않은 시료의 경우는 정제 조작을 생략할 수 있다.

해설 검출기는 불꽃광도 검출기(FPD) 또는 질소·인 검출(NPD)를 사용한다.

27 ICP(유도결합플라스마-원자발광분광법)의 특징을 설명한 것으로 틀린 것은?

① 6,000~8,000℃에서 여기된 원자가 바닥 상태에서 방출하는 발광선 및 발광광도를 측정하여 정성 및 정량 분석하는 방법이다.
② 아르곤가스를 플라즈마 가스로 사용하여 수정발진식 고주파발생기로부터 27.13MHz 영역에서 유도코일에 의하여 플라즈마를 발생시킨다.
③ 토치는 3중으로 된 석영관이 이용되며 제일 안쪽이 운반가스, 중간이 보조가스 그리고 제일 바깥쪽이 냉각가스가 도입된다.
④ ICP구조는 중심에 저온, 저전자밀도의 영역이 도너츠 형태로 형성된다.

해설 6,000~8,000K에서 여기된 원자가 바닥상태로 이동할 때 방출하는 발광선 및 발광강도를 측정하여 원소의 정성 및 정량분석에 이용하는 방법이다.

정답 23. ④ 24. ③ 25. ③ 26. ① 27. ①

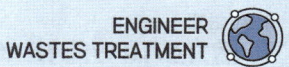

28 일반적으로 기체크로마토그래피에 사용하는 분배형 충전물질 중에서 고정상 액체의 종류와 물질명이 바르게 짝지어진 것은?

① 탄화수소계-폴리페닐에테르
② 실리콘계-불화규소
③ 에스테르계-스쿠아란
④ 폴리글리콜계-고진공 그리스

해설 ②항만 올바르다.
[일반적으로 사용하는 고정상액체의 종류]

종류	물질명
탄화수소계	헥사데칸 스쿠아란(Squalane) 고진공 그리이스
실리콘계	메틸실리콘 페닐실리콘 시아노실리콘 불화규소
폴리글리콜계	폴리에틸렌글리콜 메톡시폴리에틸렌글리콜
에스테르계	이염기산디에스테르
폴리에스테르계	이염기산폴리글리콜디에스테르
폴리아미드계	폴리아미드수지
에테르계	폴리페닐에테르
기타	인산트리크레실 디에틸포름아미드 디메틸술포란

29 기체크로마토그래피 분석에 사용하는 검출기에 대한 설명으로 틀린 것은?

① 열전도도 검출기(TCD) - 유기할로겐화합물
② 전자포획 검출기(ECD) - 니트로화합물 및 유기금속화합물
③ 불꽃광도 검출기(FPD) - 유기질소 화합물 및 유기인 화합물
④ 불꽃열이온 검출기(FTD) - 유기질소 화합물 및 유기염소 화합물

해설
• 열전도도 검출기(TCD) - 거의 모든 물질의 분석이 가능하고, 특히 CO 검출에 효과적
• 전해질 전도도 검출기(ELCD) 또는 전자포획 검출기(ECD) - 유기할로겐화합물

30 원자흡광광도법이 의한 분석에서 일반적으로 일어나는 간섭과 가장 거리가 먼 것은?

① 장치나 불꽃의 성질에 기인하는 분광학적 간섭
② 시료용액의 점성이나 표면장력 등에 의한 물리적 간섭
③ 시료 중에 포함된 유기물 함량, 성분 등에 의한 유기적 간섭
④ 불꽃 중에서 원자가 이온화하거나 공존물질과 작용하여 해리하기 어려운 화합물을 생성, 기저상태 원자수가 감소되는 것과 같은 화학적 간섭

해설 원자흡수분광광도법의 간섭에는 화학적 간섭, 분광학적 간섭, 물리적 간섭이 있다.

31 가스크로마토그러피법의 정량분석에 대한 설명으로 옳지 않은 것은?

① 곡선 면적 또는 피이크 높이를 측정하여 분석한다.
② 얻어진 정량치는 중량%, 부피%, 몰%, ppm 등으로 표시한다.
③ 검출한계는 각 분석 방법에서 규정하고 있는 잡음신호(Noise)의 1/2배의 신호로 한다.
④ 동일시료의 재현성 시험 시 평균치 차이가 허용차를 초과해서는 안된다.

해설 기체크로마토그래피를 이용한 정량분석시 검출한계는 각 분석방법에서 규정하는 조건에서 출력신호를 기록할 때 잡음신호(Noise)의 2배의 신호를 검출한계로 한다.

정답 28. ② 29. ① 30. ③ 31. ③

32 흡광도가 0.35인 시료의 투과도는 얼마인가?

① 0.447
② 0.547
③ 0.647
④ 0.747

해설 식 $A = \log \dfrac{1}{t}$

$0.35 = \log \dfrac{1}{t}$, ∴ $t = 0.447$

33 강도 I_o의 단색광이 정색액을 통과할 때 그 빛의 80%가 흡수되었다면 흡광도는?

① 약 0.5
② 약 0.6
③ 약 0.7
④ 약 0.8

해설 식 $A = \log \dfrac{1}{t}$

∴ $A = \log \dfrac{1}{(1-0.8)} = 0.7$

34 기체크로마토그래피의 장치구성의 순서로 옳은 것은?

① 운반가스 – 유량계 – 시료도입부 – 분리관 – 검출기 – 기록부
② 운반가스 – 시료도입부 – 유량계 – 분리관 – 검출기 – 기록부
③ 운반가스 – 유량계 – 시료도입부 – 광원부 – 검출기 – 기록부
④ 운반가스 – 시료도입부 – 유량계 – 광원부 – 검출기 – 기록부

35 기체크로마토그래피의 검출기 중 인 또는 유황화합물을 선택적으로 검출할 수 있는 것으로 운반가스와 조연가스의 혼합부, 수소공급구, 연소노즐, 광학필터, 광전자증배관 및 전원 등으로 구성된 것은?

① TCD(Thermal Conductivity Detector)
② FID(Flame Ionization Detector)
③ FPD(Flame Photometric Detector)
④ FTD(Flame Thermionic Detector)

36 원자흡수분광광도계의 구성 순서로 가장 알맞은 것은?

① 시료원자화부 – 광원부 – 단색화부 – 측광부
② 시료원자화부 – 광원부 – 측광부 – 단색화부
③ 광원부 – 시료원자화부 – 단색화부 – 측광부
④ 광원부 – 시료원자화부 – 측광부 – 단색화부

37 유기질소 화합물 및 유기인을 기체크로마토그래피로 분석할 경우 사용되는 검출기는?

① 불꽃광도검출기(FPD)
② 열전도도검출기(TCD)
③ 전자포획형검출기(ECD)
④ 불꽃이온화검출기(FID)

38 기체크로마토그래피법에서 사용하는 열전도도 검출기(TCD)에서 사용되는 가스의 종류는?

① 질소
② 헬륨
③ 프로판
④ 아세틸렌

정답 32. ① 33. ③ 34. ① 35. ③ 36. ③ 37. ① 38. ②

39 기체크로마토그래피법에 대한 설명으로 틀린 것은?

① 일반적으로 유기화합물에 대한 정성 및 정량분석에 이용한다.
② 일정유량으로 유지되는 운반가스는 시료도입부로부터 분리관내를 흘러서 검출기를 통하여 외부로 방출된다.
③ 정성분석은 동일조건하에서 특정한 미지성분의 머무른 값과 예측되는 물질의 피이크의 머무른 값을 비교하여야 한다.
④ 분리관은 충전물질을 채운 내경 2~7mm의 시료에 대하여 활성금속, 유리 또는 합성수지관으로 각 분석방법에 사용한다.

해설 분리관(column)은 충전물질을 채운 내경 2mm~7mm(모세관식 분리관을 사용할 수도 있다)의 시료에 대하여 불활성금속, 유리 또는 합성수지관으로 각 분석방법에서 규정하는 것을 사용한다.

정답 39. ④

04 CHAPTER 항목별 시험방법

UNIT 01 일반항목

1 강열감량 및 유기물 함량 – 중량법

① 개요

㉠ 목적

이 시험기준은 폐기물의 강열감량 및 유기물 함량을 측정하는 방법으로, 시료에 질산암모늄 용액(25%)을 넣고 가열하여 (600±25)℃의 전기로 안에서 3시간 강열하고 데시케이터에서 식힌 후 무게를 달아 증발접시의 무게 차이로부터 강열감량 및 유기물 함량(%)을 구한다.

㉡ 적용범위
- 이 시험기준은 폐기물의 강열감량 및 유기물 함량의 측정에 적용한다.
- 이 시험기준은 0.1%까지 측정한다.

② 간섭물질

㉠ 눈에 보이는 이물질이 들어 있을 때에는 제거해야 한다.
㉡ 용기 벽에 부착하거나 바닥에 가라앉는 물질이 있는 경우에는 시료를 분취하는 과정에서 오차가 발생할 수 있다.

③ 용어정의

㉠ 칭량병(증발접시) : 칭량병(증발접시)은 시료의 무게를 재기 위해 사용하는 용기이다.

④ 분석기기 및 기구

㉠ 칭량병(증발접시) : 칭량병(증발접시)은 백금제, 석영제 또는 사기제 도가니 또는 접시로 가급적 무게가 적은 것을 사용한다.
㉡ 저울 : 시료 용기와 시료의 무게를 잴 수 있는 것으로 0.1mg까지 측정할 수 있는 것을 사용한다.
㉢ 데시케이터 : 실리카겔과 염화칼슘이 담겨 있는 데시케이터를 사용한다.

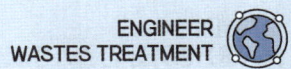

⑤ 시약 및 표준용액
  ㉠ **시약** : 질산암모늄 용액(25W/V%)

⑥ 시료채취 및 관리
  ㉠ 시료는 유리병에 채취하고 가능한 한 빨리 측정한다.
  ㉡ 시료를 보관하여야 할 경우 미생물에 의한 분해를 방지하기 위해 0~4℃에서 보관한다.
  ㉢ 시료는 24시간 이내에 증발 처리를 하는 것이 원칙이며, 부득이한 경우에는 최대 7일을 넘기지 말아야 한다. 시료를 분석하기 전에 상온이 되게 한다.

⑦ 분석절차
  ㉠ 도가니 또는 접시를 미리 (600±25)℃에서 30분 동안 강열하고 데시케이터 안에서 식힌 후 사용하기 직전에 무게를 단다(W_1).
  ㉡ 수분을 제거한 시료 적당량(20g 이상)을 취하여 도가니 또는 접시와 시료의 무게를 정확히 단다(W_2).
    [주 1] 폐기물의 종류와 성상에 관계없이 수분 및 고형물의 시험기준에 따라 수분을 제거(특히 슬러지, 퇴적물 등 수분이 많이 포함된 폐기물은 물중탕에서 수분을 충분히 제거한 후 건조기를 이용하여 수분을 제거한다.)한 후 강열감량 실험을 한다.
  ㉢ 질산암모늄 용액(25%)을 넣어 시료를 적시고 서서히 가열하여 (600±25)℃의 전기로 안에서 3시간 동안 강열하고 데시케이터 안에 넣어 식힌 후 무게를 정확히 단다(W_3).
    [주 2] 시료의 특성에 따라 서서히 가열하여야 하며, 연소가 어려운 시료는 실온으로 냉각하고 물 몇 방울을 떨어뜨린 후 서서히 온도를 올려 가열하거나 완전히 연소할 때까지 시료를 뒤적여 강열하는 등의 방법으로 완전히 연소시킨다.

⑧ **결과보고** : 시료와 도가니 또는 접시의 무게로부터 다음의 식에 따라 시료의 강열감량(%) 및 유기물 함량(%)을 계산한다.

$$\text{강열감량}(\%) = \frac{(W_2 - W_3)}{(W_2 - W_1)}$$

$$\text{유기물 함량}(\%) = \frac{VS}{TS} \times 100$$

$$\text{유기물 함량}(\%) = 강열감량 - 수분 = (VS + W) - W$$

• W_1 = 도가니 또는 접시의 무게
• W_2 = 강열 전의 도가니 또는 접시와 시료의 무게
• W_3 = 강열 후의 도가니 또는 접시와 시료의 무게

[주 3] 유기물질은 어느 정도의 회분(ash)을 함유하고 있기 때문에 주의가 필요하다.

2 기름성분 – 중량법(Oil and Grease-Gravimetry)

① 개요
㉠ **목적** : 이 시험기준은 폐기물 중 기름성분을 측정하는 방법으로 시료를 직접 사용하거나 시료에 적당한 응집제 또는 흡착제 등을 넣어 노말헥산 추출물질을 포집한 다음 노말헥산으로 추출하고 잔류물의 무게로부터 구하는 방법이다.

㉡ **적용범위**
- 이 시험기준은 폐기물 중의 비교적 휘발되지 않는 탄화수소, 탄화수소유도체, 그리스유상물질 중 노말헥산에 용해되는 성분에 적용한다.
- 이 시험기준의 정량한계는 0.1% 이하로 한다.

② 간섭물질
㉠ 눈에 보이는 이물질이 들어 있을 때에는 제거해야 한다.
㉡ 용기 벽에 부착하거나 바닥에 가라앉는 물질이 있는 경우는 시료를 분취하는 과정에서 큰 오차가 발생할 수 있다.

③ 용어정의
㉠ **평량병** : 평량병은 증발접시라고도 부르며 시료의 무게를 재기 위해 사용하는 용기이다.

④ 분석기기 및 기구
㉠ **전기열판 또는 전기멘틀** : 80℃ 온도조절이 가능한 것을 사용한다.
㉡ **증발접시** : 알루미늄박으로 만든 접시, 비커 또는 증류플라스크로써 부피는 50~250mL인 것을 사용한다.
㉢ **ㅏ자형 연결관 및 리비히 냉각관** : 증류플라스크를 사용할 경우 사용한다.
㉣ **분별깔대기**

⑤ 시약 및 표준용액
- 메틸오렌지용액(0.1W/V%)
- 염산(1 + 11)
- 염화철(III)용액
- 탄산나트륨용액(20W/V%)
- 노말헥산
- 염화나트륨
- 황산암모늄
- 무수황산나트륨

⑥ 시료채취 및 관리

㉠ 시료는 유리병에 채취하고 가능한 빨리 측정한다.

㉡ 시료를 보관하여야 할 경우 미생물에 의해 분해를 방지하기 위해 0~4℃로 보관한다.

㉢ 시료는 24시간 이내에 증발처리를 하여야 하나 최대한 7일을 넘기지 말아야 한다. 시료를 분석하기 전에 상온이 되게 한다.

⑦ 정도보증/정도관리(QA/QC)

㉠ **방법바탕시료의 측정** : 시료군마다 1개의 방법

바탕시료를 측정한다. 방법바탕시료는 정제수를 사용하여 분석절차와 동일하게 전처리 후 측정하며 그 값이 0에 가까워야 한다.

㉡ **내부정도관리 주기 및 목표** : 방법바탕시료의 분석은 각 시료군마다 실시한다.

⑧ 분석절차

㉠ 시료 적당량을 분별깔때기에 넣고 메틸오렌지용액(0.1W/V%)을 2~3방울 넣고 황색이 적색으로 변할 때까지 염산(1 + 1)을 넣어 pH 4 이하로 조절한다. 단, 반고상 또는 고상 폐기물인 경우에는 폐기물의 양에 약 2.5배에 해당하는 물을 넣어 잘 혼합한 다음 pH 4 이하로 조절한다. 암기TIP 노 사 노 사 → 노말헥산 pH 4

[주 1] 노말헥산 추출물질의 함량이 5mg/L 이하로 낮은 경우에는 5L 부피 시료병에 시료 4L를 채취하여 염화철(Ⅲ)용액 4mL를 넣고 자석교반기로 교반하면서 탄산나트륨용액(20W/V%)을 넣어 pH 7~9로 조절한다. 5분간 세게 교반한 다음 방치하여 침전물이 전체액량의 약 1/10이 되도록 촌강하면 상층액을 조심하여 흡인하여 버린다. 잔류 침전 층에 염산(1 + 1)으로 pH를 약 1로 하여 침전을 녹이고 이 용액을 분별깔때기에 옮긴다.

㉡ 시료의 용기는 노말헥산 20mL씩으로 2회 씻어서 씻은 액을 분별깔때기에 합하고 마개를 하여 5분간 세게 흔들어 섞고 정치하여 노말헥산층을 분리한다.

[주 2] 추출 시 에멀전을 형성하여 액층이 분리되지 않거나 노말헥산층이 탁할 경우에는 분별깔때기 안의 수층을 원래의 시료용기에 옮긴다. 이후 에멀전층이 분리되거나 노말헥산층이 맑아질 때까지 에멀전층 또는 헥산층에 적당량의 염화나트륨 또는 황산암모늄을 넣어 환류냉각관(약 300mm)을 부착하고 80℃ 물중탕에서 약 10분간 가열 분해한 다음 시험기준에 따라 시험한다.

㉢ 수층에 한 번 더 시료용기를 씻은 노말헥산 20mL를 넣어 흔들어 섞고 정치하여 노말헥산층을 분리하여 앞의 노말헥산층과 합한다.

㉣ 정제수 20mL씩으로 수회 씻어준 다음 수층을 버리고 분별깔때기의 꼭지부분에 건조여과지 또는 탈지면을 사용하여 여과하며, 여과시 건조여과지 또는 탈지면 위에 **무수황산나트륨을 3~5g을 사용하여 수분을 제거한다.**

㉤ 노말헥산을 무게를 미리 단 증발용기에 넣고, 분별깔때기에 노말헥산 소량을 넣어 씻어 준 다음 여과하여 증발용기에 합한다. 다시 노말헥산 5mL씩으로 여과지 또는 탈지면을 2회 씻어주고 씻은 액을 증발용기에 합한다.

㉥ 증발용기가 알루미늄박으로 만든 접시 또는 비커일 경우에는 용기의 표면을 깨끗이 닦고 **80℃로 유지한 전기열판 또는 전기맨틀에 넣어 노말헥산을 날려 보낸다.**

㉦ 증류플라스크일 경우에는 ㅏ자형 연결관과 냉각관을 달아 전기열판 또는 전기맨틀의 온도를 **80℃로 유지**하면서 매초 당 한 방울의 속도로 증류한다. 증류플라스크 안에 2mL가 남을 때까지 증류한 다음 냉각관의 상부

로부터 질소가스를 넣어 주어 증류플라스크 안의 노말헥산을 완전히 날려 보내고 증류플라스크를 분리하여 실온으로 냉각될 때까지 질소를 보내면서 완전히 노말헥산을 날려 보낸다.
- ⓪ 증발용기 외부의 습기를 깨끗이 닦고 (80±5)℃의 건조기 중에 30분간 건조하고 실리카겔 데시케이터에 넣어 정확히 30분간 식힌 후 무게를 단다.
- ㉢ 따로 실험에 사용된 노말헥산 전량을 미리 무게를 단 증발용기에 넣어, 시료와 같이 조작하여 노말헥산을 날려 보내어 바탕시험을 행하고 보정한다.

⑨ **결과보고**

다음 식에 따라 노말헥산 추출물질을 계산한다.

$$\text{노말헥산 추출물질(\%)} = \frac{(a-b)}{V} \times 100$$

- a : 실험전후의 증발용기의 무게 차(g)
- b : 바탕시험 전후의 증발용기의 무게 차(g)
- V : 시료의 양(g)

[주] 액상시료는 g으로 환산된 양을 사용한다.

3 수분 및 고형물 – 중량법

① **개요**
- ㉠ **목적** : 이 시험기준은 폐기물의 수분 및 고형물을 측정하는 방법으로 시료를 105℃~110℃에서 4시간 건조하고 데시케이터에서 식힌 후 무게를 달아 증발접시의 무게차로부터 수분 및 고형물의 양(%)을 구한다.
- ㉡ **적용범위** : 이 시험기준은 0.1%까지 측정한다.
- ㉢ **간섭물질**
  - 눈에 보이는 이물질이 들어 있을 때에는 제거해야 한다.
  - 용기 벽에 부착하거나 바닥에 가라앉는 물질이 있는 경우는 시료를 분취하는 과정에서 큰 오차를 발생할 수 있다.

② **용어정의**
- ㉠ **평량병** : 평량병은 증발접시라고도 부르며 시료의 무게를 재기 위해 사용하는 용기이다.

③ **분석기기 및 기구**
- ㉠ **평량병 또는 증발접시** : 평량병 또는 증발접시는 시료의 두께를 10mm 이하로 넓게 펼 수 있는 정도로 하부 면적이 넓은 것을 사용하여야 하며 가급적 무게가 적은 것을 사용한다.
- ㉡ **저울** : 시료 용기와 시료의 무게를 잴 수 있는 것으로 0.1mg까지 측정할 수 있는 것을 사용한다.
- ㉢ **데시케이터** : 실리카겔과 염화칼슘이 담겨 있는 데시케이터를 사용한다.

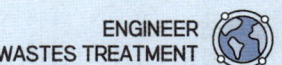

④ 시료채취 및 보관
㉠ 시료는 수분이 일정하게 유지될 수 있는 용기에 채취한다.
㉡ 폐기물 중 수분은 24시간 이내에 증발처리하여야 한다.
㉢ 시료를 보관하여야 할 경우 기밀용기에 넣어 0℃~4℃의 냉·암소에 보관하고, 보관된 시료는 7일 이내에 측정하여야 한다.

⑤ 분석절차
㉠ 평량병 또는 증발접시를 미리 105℃~110℃에서 1시간 건조시킨 다음 데시케이터 안에서 식힌 후 사용하기 직전에 무게를 단다.
㉡ 시료 적당량(5g 이상)을 취하여 평량병 또는 증발접시와 시료의 무게를 정확히 단다.
　[주 1] 냉장 보관한 시료는 가능한 상온조건이 된 이후에 무게를 측정한다. 그리고 증발처리란 수분 분석용 시료의 무게를 측정하여, 물중탕이나 건조기에 넣기까지의 조작을 의미한다.
㉢ 물중탕에서 수분의 대부분을 날려 보내고 105℃~110℃의 건조기 안에서 항량이 될 때까지 4시간 이상 건조시킨 다음 실리카겔이 담겨있는 데시케이터 안에 넣어 식힌 후 무게를 정확히 단다.

⑥ 결과보고
시료와 평량병 또는 증발접시의 무게로부터 다음 식에 따라 시료의 수분 및 고형물의 양(%)을 계산한다.

$$\text{수분(\%)} = \frac{(W_2 - W_3)}{(W_2 - W_1)} \times 100$$

$$\text{고형물(\%)} = \frac{(W_3 - W_1)}{(W_2 - W_1)} \times 100$$

- W_1 = 평량병 또는 증발접시의 무게
- W_2 = 건조 전의 평량병 또는 증발접시와 시료의 무게
- W_3 = 건조 후의 평량병 또는 증발접시와 시료의 무게

4 수소이온농도 – 유리전극법

① 개요
㉠ **목적** : 이 시험기준은 폐기물의 pH를 측정하는 방법으로 액상 폐기물과 고상 폐기물의 pH를 유리전극과 기준전극으로 구성된 pH 측정기를 사용하여 측정한다.
㉡ **적용범위** : 이 시험기준으로 pH를 0.01까지 측정한다.
㉢ **간섭물질**
- 유리전극은 일반적으로 용액의 색도, 탁도, 콜로이드성 물질들, 산화 및 환원성 물질들 그리고 염도에 의해 간섭을 받지 않는다.
- pH 10 이상에서 나트륨에 의해 오차가 발생할 수 있는데 이는 "낮은 나트륨 오차 전극"을 사용하여 줄일 수 있다.

- 기름 층이나 작은 입자상이 전극을 피복하여 pH 측정을 방해할 수 있는데 이 피복물을 부드럽게 문질러 닦아내거나 세척제로 닦아낸 후 정제수로 세척하고 부드러운 천으로 수분을 제거하여 사용한다. 염산(1 + 9)용액을 사용하여 피복물을 제거할 수 있다.
- pH는 온도변화에 따라 영향을 받는다. 대부분의 pH 측정기는 자동으로 온도를 보정하나 온도별 표준액의 pH가 제시된 표에 따라 보정할 수 있다.

② **용어정의**

 ㉠ **pH** : pH는 보통 유리전극과 비교전극으로 된 pH 측정기를 사용하여 측정하는데 양전극간에 생성되는 기전력의 차를 이용하여 산출된다.
 ㉡ **기준전극** : 은-염화은의 칼로멜 전극 등으로 구성된 전극으로 pH 측정기에서 측정 전위 값의 기준이 된다.
 ㉢ **유리전극(작용전극)** : pH 측정기에 유리전극으로서 수소이온의 농도가 감지되는 전극이다.

③ **분석기기 및 기구**

 ㉠ **pH 측정기** : pH 측정기는 보통 유리전극 및 기준전극으로 된 검출부와 검출된 pH를 지시하는 지시부로 되어 있다. 지시부에는 비대칭 전위조절(영점조절) 기능 및 온도보정 기능이 있다. 온도보정 기능이 없는 경우는 온도보정용 감온부가 있다.
 ㉡ **기준전극** : 은-염화은의 칼로멜 전극 등이 사용될 수 있다. 기준전극과 작용전극이 결합된 전극이 측정하기에 편리하다.
 ㉢ 자석 교반기 또는 테플론으로 피복된 자석 바를 사용한다.

④ **표준용액**

조제한 pH 표준용액은 경질유리병 또는 폴리에틸렌병에 보관하며, 보통 산성표준용액은 3개월, 염기성 표준용액은 산화칼슘(생석회) 흡수관을 부착하여 1개월 이내에 사용하며, 현재 국내외에 상품화되어 있는 표준용액을 사용할 수 있다.

 ㉠ 수산염 표준용액(옥산살염, 0.05M) - pH 1.68(20℃ 기준)
 ㉡ 프탈산염 표준용액(0.05M) - pH 4.00(20℃ 기준)
 ㉢ 인산염 표준용액(0.025M) - pH 6.88(20℃ 기준)
 ㉣ 붕산염 표준용액(0.01M) - pH 9.22(20℃ 기준)
 ㉤ 탄산염 표준용액(0.025M) - pH 10.07(20℃ 기준)
 ㉥ 수산화칼슘 표준용액(0.02M, 25℃ 포화용액) - pH 12.45(25℃ 기준)
 ※ 20℃ 기준 - pH 12.63

 암기TIP 수 < 프 < 인 < 붕 < 탄 < 숨

⑤ **시료채취 및 관리**

 ㉠ pH는 가능한 현장에서 측정한다.
 ㉡ 액상 시료를 채취한 후 보관하여야 할 경우 공기와 접촉으로 pH가 변할 수 있으므로 액상 시료를 용기에 가득 채워서 밀봉하여 분석 전까지 보관한다.

⑥ **정도보증/정도관리(QA/QC)**
  ㉠ **정밀도** : 임의의 한 종류의 pH 표준용액에 대하여 검출부를 정제수로 잘 씻은 다음 5회 되풀이하여 pH를 측정했을 때 그 재현성이 ±0.05 이내이어야 한다.
  ㉡ **내부정도관리 주기 및 목표** : 시료를 측정하기 전에 표준용액 2개 이상으로 보정한다.

⑦ **분석절차**
  ㉠ **액상 폐기물**
    • 유리전극은 사용하기 수 시간 전에 정제수에 담가 두고, pH 측정기는 전원을 켠 다음 5분 이상 경과한 후에 사용한다.
    • 유리전극을 정제수로 잘 씻은 후 여과지로 남아있는 물을 조심하여 닦아낸다. 온도보정을 할 수 있는 경우 pH 표준용액의 온도와 같게 맞추고 유리전극을 시료의 pH 값에 가까운 표준용액에 담가 2분 지난 후 표준용액의 pH 값이 되도록 조절한다.
    • pH 측정기가 온도보정 기능이 없는 경우는 온도에 따른 표준용액의 pH 값을 읽어 조절한다. 두 pH 값을 조절할 경우에는 인산염 pH 표준용액과 시료의 pH 값에 가까운 pH 표준용액을 사용하여 조절한다.
    • 유리전극을 정제수로 잘 씻고 남아있는 물을 여과지 등으로 조심하여 닦아 낸 다음 시료에 담가 측정값을 읽는다. 이때 온도를 함께 측정한다. 측정값이 0.05 이하의 pH 차이를 보일 때까지 반복 측정한다.
    • 시료는 유리전극이 충분히 잠기고 자석 교반기가 투명하게 보일 수 있을 정도로 사용한다. 만약 현장에서 pH를 측정할 경우에는 전극을 적절한 깊이에 직접 담가서 측정할 수도 있다.
    • 유리탄산을 함유한 시료의 경우에는 유리탄산을 제거한 후 pH를 측정한다.
    • pH 측정기의 구조 및 조작법은 제조회사에 따라 다르다. pH 11 이상의 시료는 오차가 크므로 알칼리용액에서 오차가 적은 특수전극을 사용한다.
    • 측정시료의 온도는 pH 표준용액의 온도와 동일해야 한다.
  ㉡ **반고상 또는 고상 폐기물**
    시료 10g을 50mL 비커에 취한 다음 정제수 25mL를 넣어 잘 교반하여 30분 이상 방치한 후 이 현탁액을 시료용액으로 하거나 원심분리한 후 상층액을 시료용액으로 사용한다.

⑧ **결과보고** : pH 측정기의 값을 0.01 단위까지 직접 읽고 온도를 함께 측정한다.

5 석면 – 편광현미경법

① 개요

㉠ **목적** : 편광현미경과 입체현미경을 이용하여 고체 시료중 석면의 특성을 관찰하여 정성과 정량분석을 하기 위한 것이다.

㉡ **적용범위** : 고형폐기물을 포함한 건축자재의 분석에 사용되며 유기 및 무기성분의 조합으로 된 모든 석면함유 물질에서 석면 유무를 판단할 수 있다. 편광현미경으로 판단할 수 있는 석면의 정량범위는 1~100%이다.

㉢ **간섭물질** : 고형 시료의 유기물과 무기물은 석면섬유와 뒤섞이거나 석면섬유를 감싸고 있어 석면고유의 광학적 특성(색상, 굴절률 등)을 방해하여, 석면 광물 조성을 확인하고 정량하는데 방해물질이 될 수 있다. 따라서 분석실험 전처리 과정에서 시료 중 방해되는 유기물과 무기물을 필요시 같이 회화, 염산, 용매 처리방법을 선택하여 간섭물질을 제거한다.

② 용어정의

㉠ **굴절률(refractive index)** : 물질(시료)에 빛의 투과시 빛의 속도와 진공에서 빛의 속도 비를 말하며 이는 파장과 온도에 따라 변한다.

㉡ **색** : 편광현미경의 개방니콜(single polar 또는 open nicole)상에서 섬유나 미립자의 색을 말한다.

㉢ **다색성(pleochroism)** : 편광현미경의 개방니콜 상에서 재물대를 회전시켰을 때 회전각에 따라 나타나는 섬유나 미립자 색의 변화를 말한다.

㉣ **형태(morphology)** : 섬유나 미립자의 모양, 결정구조, 길고 짧음 등을 말한다.

㉤ **갈라지는 성질(cleavage)** : 원자들의 결합이 약해서 일정한 방향으로 쪼개지거나 갈라지는 성질을 말한다. 모든 석면섬유는 한쪽 방향으로의 완전한 방향성을 가지고 있다.

㉥ **간섭색** : 상광선과 이상광선의 상호작용에 의해서 나타나는 색으로 미립자의 두께와 방향에 따라 다양하게 나타나며 광물 자체의 색은 아니다.

㉦ **간섭상** : 편광경(conoscope) 장치(bertrand lens를 넣었을 때)를 했을 때 빛의 간섭이 나타나는 현상으로, 광축의 수량에 따라 일축성과 이축성으로 나눌 수 있고, 각각 결정의 광학적 방향성에 따라 양(+) 또는 음(−)의 간섭상으로 나누어진다.

㉧ **신장율 부호** : 편광현미경의 직교니콜상에서 보정판을 삽입했을 때 평행 굴절률과 수직 굴절률의 크기에 따라 "양(+)" 또는 "음(−)"의 신장률 부호를 나타내는데 굴절률의 크기가 평행 굴절률 > 평행 굴절률일 경우 "양(+)", 굴절률의 크기가 평행 굴절률 < 수직 굴절률일 경우 "음(−)"의 부호이다. 보통, 청색이 북동−남서이고, 오렌지색이 북서−남동의 방향을 가리키고 있다면 양(+)의 신장률 부호를 의미한다. (청석면은 음(−)의 신장률 부호, 백석면 등 5가지 석면은 양(+)의 신장률 부호를 갖는다.)

㉨ **소광(extinction)** : 편광현미경의 직교니콜 상에서 이방성의 섬유나 미립자가 가장 어두워져 보이지 않는 현상을 말한다. 이방성의 섬유나 미립자의 갈라지는 성질(cleavage)과 접안렌즈의 십자선을 일치시킨 후 재물대를 회전시켜 광물이 없어질(가장 어둡게 될) 때의 사이각을 소광각이라고 한다.

㉩ **복굴절(birefringence ; 'B')** : 이방성 광물에 빛이 투과될 때 최대 굴절률과 최소 굴절률의 차이이다. 즉 높은 굴절률 값에서 낮은 굴절률 값을 뺀 값이다. 또는 이 복굴절은 방해파장(retardation ; 'R')과 두께

(thickness; 'T')로부터 구할 수 있으며, 이 값은 미셸-레비도표(The Michel Levy Chart)를 통해 B=R/1,000T의 수식으로 구할 수 있다.

③ 정도보증/정도관리(QA/QC)
   ㉠ **교육** : 분석 담당자에 대한 정기적인 교육이나 관련 정보교환 활동을 통해 석면에 대한 지식과 경험을 쌓도록 한다.
   ㉡ **현미경과 부속품** : 현미경과 부속품은 최소 1년에 1회 이상 광원의 밝기, 집광장치, 배율 등의 전문적인 기술 서비스를 받아 전체적으로 청소를 하고 재조정이 필요하다.
   ㉢ **실험 기구의 관리** : 석면분석 전 사용되는 분석기구, 분석 장비에 대한 오염여부를 항상 점검한다. 슬라이드 와 커버글라스를 렌즈티슈로 닦고, 핀셋, 막자, 막자사발, 집게 등의 석면 오염을 확인하여 분석일지에 그 결과를 기록한다.
   ㉣ **실험 시약의 관리** : 굴절률 시약은 굴절률 측정기 등을 이용하여 주기적으로 그 굴절률을 확인하여 기록한다.
   ㉤ **내부 정도관리**

정성분석	석면분석자는 편광현미경과 입체현미경을 사용하여 6가지 종류의 석면을 정확히 구분할 수 있어야 한다. 따라서 분석자는 6가지 종류의 표준시료를 최소 1년 주기로 분석한다.
정량분석	정량분석은 부피법, 면적법, 무게법의 세 가지 방법이 있다. 표준물질 도표를 준비하고 비교하여 정량한다.

   ㉥ **외부 정도관리** : 인증된 다른 석면분석기관간의 교류를 통하여 서로간의 분석능력을 확인하고 검증하며 분석 역량을 유지 및 개발한다.

④ 결과보고
   ㉠ **정성 분석결과** : 편광현미경으로 시료를 관찰하여 표 3의 양식으로 기록하여 석면의 종류를 확인한다.
   ㉡ **정량 분석결과**
   • 육안 평가인 경우, 편광현미경으로 시료를 관찰하고 석면 종류별로 표 4의 양식과 같이 석면농도(%)를 기록한다. 농도(%)값의 표기는 1% 이상은 정수로, 1% 미만은 불검출로 표시한다.
     예 불검출(< 1%), 1%, 2%, 3%, 10%, 15%, 20%
   • 무게 차 평가인 경우, 편광현미경으로 시료를 관찰하고 표 5의 양식과 같이 측정값을 기록하여 석면농도 (%)를 무게단위로 나타낸다. 석면농도(무게 %)는 소수점 첫째자리까지 나타내고 1.0% 미만은 불검출로 표현한다.
     예 불검출(< 1.0%), 1.0%, 2.0%, 10.0%, 15.0%, 20.0%

[표 3. 석면의 모양과 굴절특성]

석면의 종류	형태와 색상	굴절률(근사값)		복 굴절률
		신장률 (상한)	신장률 (하한)	
백석면	• 꼬인 물결 모양의 섬유 • 다발의 끝은 분산 • 가열되면 무색~밝은 갈색 • 다색성 • 종횡비는 전형적으로 10 : 1 이상	1.54	1.55	0.002~0.014
갈석면	• 곧은 섬유와 섬유 다발 • 다발 끝은 빗자루 같거나 분산된 모양 • 가열하면 무색~갈색 • 약한 다색성 • 종횡비는 전형적으로 10 : 1 이상	1.67	1.70	0.02~0.03
청석면	• 곧은 섬유와 섬유 다발 • 긴 섬유는 만곡 • 다발 끝은 분산된 모양 • 특징적인 청색과 다색성 • 종횡비는 전형적으로 10 : 1 이상	1.71	1.70	0.014~0.016
직섬석	• 곧은 섬유와 섬유 다발 • 절단된 파편 존재 • 무색~밝은 갈색 • 비다색성 내지 약한 다색성 • 종횡비는 일반적으로 10 : 1 이하	1.61	1.63	0.019~0.024
투섬석 녹섬석	• 곧고 흰 섬유 • 절단된 파편이 일반적이며 큰 섬유 다발 끝은 분산된 모양 • 투섬석은 무색 • 녹섬석은 녹색~약한 다색성 • 종횡비는 일반적으로 10 : 1 이하	1.60~1.62 1.62~1.67	1.62~1.64 1.64~1.68	0.02~0.03

[표 4. 편광현미경법에 의한 미지시료의 결과]

시료번호	정성결과	정량결과
시료 1	백석면	20
	청석면	5
	갈석면	3
	직섬석	2
	투섬석	1
	녹섬석	불검출(< 1%)

[표 5. 무게 차 측정법 기입 항목]

항목	측정값	비고
W_1		초기 시료무게
W_2		초기 용기무게
W_3		회화 후 용기무게
F_1		산 처리 초기 시료무게
F_2		초기 여과지 무게
F_3		산 처리 후 여과지 무게
F_4		산 처리 후 석면 무게
$A_1(=\dfrac{W_3-W_2}{W_1}\times 100)$		회화 잔여물(wt%)
$A_2(=\dfrac{F_3-F_2}{F_1}\times 100)$		산 처리 잔여물(wt%)
$A_3(=\dfrac{F_4}{F_3-F_2}\times 100)$		산 처리 잔여물 내 석면(wt%)
$C(=A_2\times A_3\div 100)\times A_1\div 100$		시료 중 석면 함량(wt%)

6 석면-X선 회절기법

① 개요

- **㉠ 목적** : X선 회절기를 이용하여 시료 중 석면의 특정한 회절 피크의 특성을 관찰하여 정성 및 정량분석을 하기 위한 것이다.
- **㉡ 적용범위** : 고형폐기물을 포함한 건축자재의 분석에 사용되며 유기, 무기성분의 조합으로 된 모든 석면함유 물질에서 석면 유무를 판단할 수 있다. X선 회절기로 판단할 수 있는 석면의 정량범위는 0.1~100.0wt%이다.
- **㉢ 간섭물질** : 간섭물질로는 클로라이트, 세피오라이트, 석고, 섬유소, 탄산염(carbonates), 탄산칼슘, 활석 등이 있어, 회화, 염산, 용매 처리방법을 선택하여 간섭물질을 제거한다. 또한 안티고라이트, 리자다이트는 백석면, 할로이사이트, 카올리나이트는 갈석면(amosite)과 동일한 X선 회절피크를 가지고 있는 물질이므로 확인이 필요하다.

② 용어정의

- **㉠ 연속 주사(continuous scan)** : 입력된 주사속도에 맞춰 카운터가 움직이면서 회절강도를 계수하는 방법이다.
- **㉡ 단속 주사(step scan)** : 정해진 각도 위치마다 카운터가 고정되어 몇 초 내지는 몇 십초 동안 회절강도를 측정하는 방법이다.

③ 시료채취 및 관리

㉠ 안전사항
- 시료의 채취는 미세한 석면 섬유를 차단할 수 있는 헤파(HEPA) 필터류가 설치된 마스크와 보호복 등 모든 보호 장비를 구비한 후 채취한다.
- 시료의 채취는 물을 분무하는 등 가능한 섬유발생이 적도록 조치하거나 섬유방출이 많은 고속드릴을 사용하거나 망치로 분쇄하는 등의 채취방법은 피한다.

㉡ **시료의 양** : 시료의 양은 1회에 최소한 면적단위로는 $1cm^2$, 부피단위로는 $1cm^3$, 무게단위로는 $2g$ 이상 채취한다.

④ 정도보증/정도관리(QA/QC)

㉠ **교육** : 분석 담당자에 대한 정기적인 교육이나 관련 정보교환 활동을 통해 석면에 대한 지식과 경험을 쌓도록 한다.

㉡ **실험기기, 기구 및 시약의 관리**

실험 기기의 관리	X선 회절기의 유지 관리를 위한 지정 담당자를 선정하여 운영하여야 한다. 최소 1년 단위로 부속품에 대한 점검을 실시하고 필요시 전문 서비스를 받는다.
실험 기구의 관리	석면분석에 사용하는 모든 분석기구, 분석 장비에 대한 오염여부를 항상 점검한다. 특히, 분쇄기구나 여과장치는 사용 전후에 대한 관리절차를 마련하여 이행한다.
실험 시약의 관리	실험에 사용되는 전처리 시약이나 여과지 등은 오염되지 않도록 관리하고 사용하는 소모품에 대해서는 최소 6개월 단위로 점검하여 구비해 둔다.

㉢ 내부 정도관리

정성분석	석면분석자는 X선 회절기를 사용하여 백석면, 갈석면, 청석면의 종류를 정확히 구분할 수 있도록 표준시료를 최소 1년 주기로 점검하여 분석 장비의 상태를 확인한다.
정량분석	석면분석자는 X선 회절기를 사용하여 석면에 대한 감도를 최소 1년 주기로 점검하여 분석 장비의 상태를 확인한다.

㉣ **외부 정도관리** : 인증표준시료나 이미 알고 있는 시료를 다른 석면분석기관간의 교류를 통하여 서로간의 분석 능력을 확인하고 검증하며 분석역량을 유지 및 개발한다.

⑤ 분석절차

㉠ 시료의 조제
- 시료의 건조 : 채취한 시료는 조제하기 전 가열등, 가열판, 건조기 등을 사용하여 온도를 60℃ 이하로 2시간 이상 건조한다. 건조는 안전하게 헤파 필터가 설치된 후드 내에서 수행한다.
- 채취한 시료가 육안상 젖어 있다면 시료를 조제하기 전 가열등, 가열판, 건조기 등을 사용하여 온도를 60℃ 이하로 24시간 이상 건조한다. 건조는 안전하게 헤파필터가 설치된 후드 내에서 수행한다.
- 시료의 조제나 전처리 후 물에 젖어있는 시료는 용기에 담아 건조기에 넣고 온도를 105~110℃를 유지하여 4시간 이상 건조한다.
- 시료의 균일화 : 분쇄장치로 분쇄할 수 있는 크기로 절단하거나 파쇄한다.

- 정성분석용 : 시료의 입자크기를 100㎛ 이하로 분쇄한다. 상온에서 분쇄가 어려울 경우에는 액체질소로 냉각하여 분쇄한다.
- 정량분석용 : 시료의 입자크기를 10㎛ 이하로 분쇄한다. 상온에서 분쇄가 어려울 경우에는 액체질소로 냉각하여 분쇄한다.

ⓒ **전처리** : 채취한 시료에는 보통 셀룰로오스나 유기성 접착제와 같은 유기물과 탄산칼슘, 석고, 방해석, 마그네사이트와 같은 무기물 등이 혼합되어있는 시료는 분석할 때 방해물질로 작용하여 실험 오차의 원인이 될 수 있다. 따라서 경우에 따라 이런 방해물질을 제거하기 위해 회화나 산 처리의 전처리를 한 다음 실험한다.
- 회화 처리
- 염산 처리
- 유기용매 처리

ⓒ **정성분석**
- 편광현미경에 의한 정성 확인 : 석면-편광현미경법의 정성평가에 따른다.
- X선 회절기에 의한 정성 확인 : 일정량의 시료를 시료홀더에 충진해서 X선 회절분석장치에 설치하고 구리 X선 관의 관전압 30~40kV, 관전류 30~40mA의 조건으로 하여 2θ = 5°~70°의 범위에서 2° 2θ/분 속도로 주사한다. 이 때, 회전식 시료홀더를 사용한다. 측정해서 얻은 X선 회절패턴의 회절선 피크의 위치와 강도를 표준물질 석면의 회절선 피크와 맞는지 확인한다.

⑥ **결과보고**

X선 회절 분석기를 이용하여 석면 종류에 따른 2θ 회절 피크 값을 기록하여 정성분석을 한다. 정성확인 후 정량분석용 시료 제작은 한 분석 시료 당 3개를 제작하여 측정하고, 평균값을 물질별로 석면농도(무게 %)를 소수점 첫째자리까지 표시하여 기록한다. 0.1% 미만은 불검출로 표시한다. 표 3에 시료의 결과보고 작성양식을 나타내었다.

7 시안-자외선/가시선 분광법

① **개요**

㉠ **목적** : 이 시험기준은 폐기물 중에 시안화합물을 측정하는 방법으로, 시료를 pH 2 이하의 산성으로 조절한 후에 에틸렌다이아민테트라아세트산이나트륨을 넣고 가열 증류하여 시안화합물을 시안화수소로 유출시켜 수산화나트륨용액에 포집한 다음 중화하고 클로라민-T와 피리딘피라졸론 혼합액을 넣어 나타나는 청색을 620nm에서 측정하는 방법이다.

㉡ **적용범위**
- 이 시험기준은 폐기물 중에 시안화물 및 시안착화합물의 분석에 적용한다.
- 이 시험기준으로는 각 시안화합물의 종류를 구분하여 정량할 수 없다.
- 이 시험기준에 의한 폐기물 중에 시안의 정량한계는 0.01mg/L이다.

ⓒ 간섭물질
- 시안화합물을 측정할 때 방해물질들은 증류하면 대부분 제거된다. 그러나 다량의 지방성분, 잔류염소, 황화합물은 시안화합물을 분석할 때 간섭할 수 있다.
- 다량의 지방성분을 함유한 시료는 아세트산 또는 수산화나트륨 용액으로 pH 6~7로 조절한 후 시료의 약 2%에 해당하는 부피의 노말헥산 또는 클로로폼을 넣어 추출하여 유기층은 버리고 수층을 분리하여 사용한다.
- 황화합물이 함유된 시료는 아세트산아연용액(10W/V%) 2mL를 넣어 제거한다. 이 용액 1mL는 황화물이온 약 14mg에 해당된다.
- 잔류염소가 함유된 시료는 잔류염소 20mg당 L-아스코빈산(10W/V%) 0.6mL 또는 이산화비소산나트륨용액(10W/V%) 0.7mL를 넣어 제거한다.

② 분석기기 및 기구
  ㉠ 자외선/가시선 분광광도계
  ㉡ 시안증류장치

    A : 500~1,000mL 증류플라스크   B : 연결관
    C : 콕   D : 안전깔때기
    E : 분리관   F : 냉각관
    G : 역류방지관   H : 수집기
    I : 접합부   J : 볼접합부
    K : 집게

③ 시약 및 표준용액
  ㉠ 시약
  - 페놀프탈레인에틸알코올용액(0.5W/V%)
  - 아세트산용액(1 + 8)
  - 인산염완충용액
  - 클로라민-T용액(1W/V%)
  - 피리딘·피라졸론혼합액
  - 인산
  - 수산화나트륨용액(2W/V%)
  - 설퍼민산암모늄용액(10W/V%)
  - 에틸렌다이아민테트라아세트산이나트륨용액(시안실험용)
  - 수산화나트륨용액(1M)
  - 아세트산아연용액(10W/V%)
  - 이산화비소산나트륨용액(10W/V%)
  - L-아스코빈산(10W/V%)
  - 질산은용액(0.1M)

ⓒ 표준용액
- 시안표준원액(약 1,000mg/L)
- 시안화칼륨 표준물질(potassium cyanide, KCN, 분자량 : 65.12)
- 시안표준용액(1.0mg/L)

④ 시료채취 및 관리
㉠ 시료는 미리 세척한 유리 또는 폴리에틸렌용기에 채취한다.
㉡ 시료는 수산화 나트륨용액을 가하여 pH 12 이상으로 조절하여 냉암소에서 보관한다. 최대 보관시간은 24시간이며 가능한 한 즉시 실험한다.

⑤ 정도보증/정도관리(QA/QC)
㉠ 방법검출한계 및 정량한계 : 방법검출한계 및 정량한계는 정도보증/정도관리에 따라 측정한다. 시안이 함유하고 있지 않은 것으로 확인된 폐기물 일정 양에 정량한계 부근의 농도를 첨가한 시료 7개를 준비하여 각 시료를 분석절차와 동일하게 측정하여 표준편차를 구한다.
㉡ 표준편차에 3.14를 곱한 값을 방법검출한계로, 10을 곱한 값을 정량한계로 나타낸다.
㉢ 방법바탕시료의 측정 : 정도보증/정도관리에 따라 시료군마다 1개의 방법바탕시료를 측정한다. 방법바탕시료는 정제수를 사용하여 분석절차와 동일하게 전처리 및 측정하며 측정값은 방법검출한계 이하이어야 한다.

⑥ 정밀도 및 정확도
㉠ 정밀도 및 정확도의 측정은 정도보증/정도관리에 따른다. 시안 표준용액을 정량한계 농도의 10배가 되도록 동일하게 표준물질을 첨가한 시료를 4개 이상 준비하여, 분석절차와 동일하게 측정하여 평균값과 표준편차를 구한다.
㉡ 정확도는 첨가한 표준물질의 농도에 대한 측정 평균값의 상대 백분율로서 나타내며 그 값이 75~125% 이내이어야 한다.
㉢ 정밀도는 측정값의 % 상대표준편차(RSD)로 계산하며 측정값이 25% 이내이어야 한다.
㉣ 내부정도관리 주기 및 목표
- 방법검출한계, 정량한계, 정밀도 및 정확도는 연 1회 이상 산정하는 것을 원칙으로 하며, 분석자의 교체, 분석 장비의 수리 및 이동 등의 주요 변동사항이 생길 경우에는 다시 실시한다. 단, 장비의 청소 및 측정 장비의 감도가 의심될 때에는 언제든지 측정하여 확인하여야 한다.
- 검정곡선 검증 및 방법바탕시료의 분석은 각 시료군마다 실시하며, 고농도의 시료 다음에는 방법바탕시료를 측정하여 오염여부를 점검한다.

8 시안-이온전극법

① 개요

㉠ **목적** : 이 시험기준은 폐기물 중 시안을 측정하는 방법으로 액상 폐기물과 고상 폐기물을 pH 12~13의 알칼리성으로 조절한 후 시안 이온전극과 비교전극을 사용하여 전위를 측정하고 그 전위차로부터 시안을 정량하는 방법이다.

㉡ **적용범위**
- 이 시험기준은 액상 폐기물, 반고상 폐기물 및 고상 폐기물의 시안 측정에 적용한다.
- 이 시험기준에 의한 폐기물 중에 시안의 정량한계는 0.5mg/L이다.

㉢ **간섭물질**
- 시안화합물을 측정할 때 방해물질들은 증류하면 대부분 제거된다. 그러나 다량의 지방성분, 잔류염소, 황화합물은 시안화합물을 분석할 때 간섭할 수 있다.
- 다량의 지방성분을 함유한 시료는 아세트산 또는 수산화나트륨용액으로 pH 6~7로 조절한 후 시료의 약 2%에 해당하는 부피의 노말 헥산 또는 클로로폼을 넣어 추출하여 유기층은 버리고 수층을 분리하여 사용한다.
- 황화합물이 함유된 시료는 아세트산아연용액(10W/V%) 2mL를 넣어 제거한다. 이 용액 1mL는 황화물이온 약 14mg에 해당된다.
- 잔류염소가 함유된 시료는 잔류염소 20mg당 L-아스코빈산(10W/V%) 0.6mL 또는 이산화비소산나트륨용액(10W/V%) 0.7mL를 넣어 제거한다.

② 용어정의

㉠ **이온전극** : 이온전극은 [이온전극|측정 용액|비교전극]의 측정 계에서 측정대상 이온에 감응하여 네른스트식에 따라 이온 활동도에 비례하는 전위차를 나타낸다.

㉡ **기준전극** : 은-염화은의 칼로멜 전극 등으로 구성된 전극으로 pH측정기에서 측정 전위 값의 기준이 된다.

㉢ **유리전극(작용전극)** : 이온 측정기에 유리전극으로서 이온의 농도가 감지되는 전극이다.

③ 분석기기 및 기구

㉠ **전위차계** : 이온전극과 비교전극 간에 발생하는 전위차를 1mV 단위까지 읽을 수 있고 고압력 저항($10^{12}\Omega$ 이상)의 전위차계로서 pH-mV계, 이온전극용 전위차계 또는 이온농도계 등을 사용한다.

㉡ **시안 이온전극** : 이온전극은 분석대상 이온에 대한 고도의 선택성이 있고 이온농도에 비례하여 전위를 발생할 수 있는 전극으로서 시안의 감응막은 AgI^+ Ag_2S, Ag_2S, AgI로 구성되어 있다.

㉢ **비교전극** : 이온전극과 조합하여 이온농도에 대응하는 전위차를 나타낼 수 있는 것으로서 표준전위가 안정된 전극이 필요하다. 일반적으로 내부전극으로서 염화제일수은전극(칼로멜전극) 또는 은-염화은전극이 많이 사용된다.

㉣ 자석 교반기 또는 테플론으로 피복된 자석 바를 사용한다.

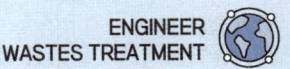

④ 시약

㉠ 시약
- 페놀프탈레인 · 에틸알코올용액(0.5W/V%)
- 인산 : 인산(phosphoric acid, H_3PO_4, 분자량 : 98.00)을 사용하여 바탕시험결과 금속류가 검출되어서는 안 된다.
- 수산화나트륨용액(2W/V%)
- 설퍼민산암모늄용액(10W/V%)
- 에틸렌다이아민테트라아세트산이나트륨용액(시안실험용)
- 수산화나트륨용액(1M)
- 아세트산아연 용액(10W/V%)
- 이산화비소산나트륨용액(10W/V%)
- L-아스코빈산(10W/V%)
- 질산은용액(0.1M)

⑤ 정도보증/정도관리(QA/QC)

㉠ 방법검출한계 및 정량한계
- 방법검출한계 및 정량한계는 정도보증/정도관리에 따라 측정한다. 시안이 없는 것으로 확인된 정량한계부근의 농도가 되도록 시안표준용액을 첨가한 시료 7개를 준비하여 각 시료를 분석절차와 동일하게 측정하여 표준편차를 구한다.
- 표준편차에 3.14를 곱한 값을 방법검출한계로, 10을 곱한 값을 정량한계로 나타낸다.

㉡ 방법바탕시료의 측정

정도보증/정도관리에 따라 시료군마다 1개의 방법바탕시료를 측정한다. 방법바탕시료는 정제수를 사용하여 분석절차와 동일하게 전처리 · 측정하며 측정값은 방법검출한계 이하이어야 한다.

㉢ 검정곡선의 작성 및 검증
- 검정곡선의 작성 및 검증은 정도보증/정도관리에 따른다. 정량범위 내의 3개 이상의 농도에 대해 검정곡선을 작성하고 얻어진 검정곡선의 결정계수(R^2)가 0.98 이상 또는 결정계수의 상대표준편차가 10% 이내이어야 하며 결정계수나 상대표준편차가 허용범위를 벗어나면 재 작성하도록 한다.
- 검정곡선의 직선성을 검증하기 위해서는 정량범위를 0.01~10.0mg으로 설정하여 검정곡선을 작성한 후 결정계수(R^2)를 구한다.
- 검정곡선의 감응계수(RF)를 검증하기 위해서는 검정곡선의 중간 농도의 한 농도에서 감응계수를 구하여 그 값이 전과 10%에서 일치하여야 한다. 만약 이 범위를 넘는 경우, 검정곡선을 재 작성한다.

㉣ 정밀도 및 정확도
- 정밀도 및 정확도의 측정은 정도보증/정도관리에 따른다. 정제수에 정량한계 농도의 10배가 되도록 동일하게 표준물질을 첨가한 시료를 4개 이상 준비하여, 분석절차와 동일하게 측정하여 평균값과 표준편차를 구한다.

- 정확도는 첨가한 표준물질의 농도에 대한 측정 평균값의 상대 백분율로서 나타내며 그 값이 75~125% 이내이어야 한다.
- 정밀도는 측정값의 % 상대표준편차(RSD)로 계산하며 측정값이 25% 이내이어야 한다.

ⓓ **내부정도관리 주기 및 목표**
- 방법검출한계, 정량한계, 정밀도 및 정확도는 연 1회 이상 산정하는 것을 원칙으로 하며, 분석자의 교체, 분석 장비의 수리 및 이동 등의 주요 변동사항이 생길 경우에는 다시 실시한다. 단, 장비의 청소 및 측정 장비의 감도가 의심될 때에는 언제든지 측정하여 확인하여야 한다.
- 검정곡선 검증 및 방법바탕시료의 분석은 각 시료군마다 실시하며, 고농도의 시료 다음에는 방법바탕시료를 측정하여 오염여부를 점검한다.

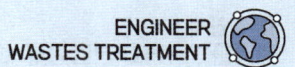

기출문제로 다지기 — UNIT 01 일반항목

01 다음 pH 표준액 중 pH 값이 가장 높은 것은?

① 붕산염 표준액　② 인산염 표준액
③ 프탈산염 표준액　④ 수산염 표준액

[해설] [암기TIP] 수 < 프 < 인 < 붕 < 탄 < 슘
　㉠ 수산염 표준용액(옥산살염, 0.05M)
　　 - pH 1.68(20℃ 기준)
　㉡ 프탈산염 표준용액(0.05M) - pH 4.00(20℃ 기준)
　㉢ 인산염 표준용액(0.025M) - pH 6.88(20℃ 기준)
　㉣ 붕산염 표준용액(0.01M) - pH 9.22(20℃ 기준)
　㉤ 탄산염 표준용액(0.025M) - pH 10.07(20℃ 기준)
　㉥ 수산화칼슘 표준용액(0.02M, 25℃ 포화용액)
　　 - pH 12.45(25℃ 기준)

02 수소이온농도(유리전극법) 측정을 위한 표준용액 중 가장 강한 산성을 나타내는 것은?

① 수산염 표준액　② 인산염 표준액
③ 붕산염 표준액　④ 탄산염 표준액

[해설] [암기TIP] 수 < 프 < 인 < 붕 < 탄 < 슘

03 유리전극법을 이용하여 수소이온농도를 측정할 때 적용 범위 기준으로 옳은 것은?

① pH를 0.01까지 측정한다.
② pH를 0.05까지 측정한다.
③ pH를 0.1까지 측정한다.
④ pH를 0.5까지 측정한다.

[해설] 유리전극법의 수소이온농도 측정 적용범위는 pH를 0.01까지 측정한다.

04 pH 표준용액 조제에 대한 설명으로 틀린 것은?

① 염기성 표준용액은 산화칼슘(생석회) 흡수관을 부착하여 2개월 이내에 사용한다.
② 조제한 pH 표준용액은 경질 유리병에 보관한다.
③ 산성표준용액은 3개월 이내에 사용한다.
④ 조제한 pH 표준용액은 폴리에틸렌병에 보관한다.

[해설] 염기성 표준용액은 산화칼슘(생석회) 흡수관을 부착하여 1개월 이내에 사용한다.

05 수소이온농도를 유리전극법으로 측정할 때 적용범위 및 간섭물질에 관한 설명으로 옳지 않은 것은?

① 적용범위 : 시험기준으로 pH를 0.01까지 측정한다.
② pH 10 이상에서 나트륨에 의해 오차가 발생할 수 있는데 이는 '낮은 나트륨 오차 전극'을 사용하여 줄일 수 있다.
③ 유리전극은 일반적으로 용액의 색도, 탁도에 영향을 받지 않는다.
④ 유리전극은 산화 및 환원성 물질이나 염도에는 간섭을 받는다.

[해설] 유리전극은 일반적으로 용액의 색도, 탁도, 콜로이드성 물질들, 산화 및 환원성 물질들 그리고 염도에 의해 간섭을 받지 않는다.

 01. ①　02. ①　03. ①　04. ①　05. ④

06 pH가 각각 10과 12인 폐액을 동일 부피로 혼합하면 pH는 얼마가 되는가?

① 10.3
② 10.7
③ 11.3
④ 11.7

해설 pH가 7 이상인 알칼리성 물질은 OH의 혼합농도를 산출한 뒤 pOH로 환산하여 pH를 산출한다.

식 $pH = 14 - \log\dfrac{1}{[OH^-]}$

- $[OH^-] = \dfrac{C_1Q_1 + C_2Q_2}{Q_1 + Q_2} = \dfrac{10^{-4} \times 1 + 10^{-2} \times 1}{1+1}$
  $= 5.05 \times 10^{-3} \text{mol/L}$

∴ $pH = 14 - \log\dfrac{1}{[5.05 \times 10^{-3}]} = 11.7$

07 다음은 반고상 또는 고상 폐기물의 유리전극법에 의한 pH 측정에 관한 설명이다. ( ) 안에 알맞은 것은?

> 시료 (㉮)g을 (㉯)mL를 비커에 취하여 정제수 (㉰)mL를 넣어 잘 교반하여 30분 이상 방치한 다음 이 현탁액을 시료용액으로 하여 pH를 측정한다.

① ㉮ : 10, ㉯ : 50, ㉰ : 25
② ㉮ : 10, ㉯ : 100, ㉰ : 50
③ ㉮ : 50, ㉯ : 250, ㉰ : 100
④ ㉮ : 50, ㉯ : 500, ㉰ : 200

해설 반고상 또는 고상 폐기물은 시료 10g을 50mL 비커에 취한 다음 정제수 25mL를 넣어 잘 교반하여 30분 이상 방치한 후 이 현탁액을 시료용액으로 하거나 원심분리한 후 상층액을 시료용액으로 사용한다.

08 폐기물공정시험기준 중 수소이온농도 시험방법에 관한 내용으로 옳지 않은 것은?

① pH는 수소이온농도를 그 역수의 상용대수로서 나타내는 값이다.
② 유리전극을 정제수로 잘 씻고 남아있는 물을 여과지 등으로 조심하여 닦아낸 다음 측정값이 0.5 이하의 pH 차이를 보일 때까지 반복 측정한다.
③ 산성표준용액은 3개월, 염기성 표준용액은 산화칼슘 흡수관을 부착하여 1개월 이내에 사용한다.
④ pH 미터는 임의의 한 종류의 표준용액에 대하여 검출부를 정제수로 잘 씻은 다음 5회 되풀이 하여 측정하였을 때 재현성이 ±0.05 이내의 것을 쓴다.

해설 측정값이 0.05 이하의 pH 차이를 보일 때까지 반복 측정한다.

09 pH 표준용액 조제에 관한 설명으로 옳지 않은 것은?

① 조제한 pH 표준용액은 경질유리병 또는 폴리에틸렌병에 보관한다.
② 염기성 표준용액은 산화칼슘 흡수관을 부착하여 1개월 이내에 사용한다.
③ 현재 국내외에 상품화되어 있는 표준용액을 사용할 수 있다.
④ pH 표준용액용 정제수는 묽은 염산을 주입한 후 증류하여 사용한다.

해설 피복물을 제거할 때는 염산(1+9)용액을 사용할 수 있다.

정답 06. ④ 07. ① 08. ② 09. ④

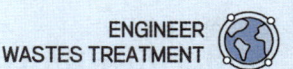

10 pH 측정(유리전극법)의 내부정도관리 주기 및 목표 기준에 대한 설명으로 옳은 것은?

① 시료를 측정하기 전에 표준용액 2개 이상으로 보정한다.
② 시료를 측정하기 전에 표준용액 3개 이상으로 보정한다.
③ 정도관리 목표(정도관리 항목 : 정밀도)는 ±0.01 이내이다.
④ 정도관리 목표(정도관리 항목 : 정밀도)는 ±0.03 이내이다.

11 수소이온농도[H^+]와 pH와의 관계가 올바르게 설명된 것은?

① pH는 [H^+]의 역수의 상용대수이다.
② pH는 [H^+]의 상용대수의 절대상수이다.
③ pH는 [H^+]의 상용대수이다.
④ pH는 [H^+]의 상용대수의 역이다.

해설 **식** $pH = \log\left(\dfrac{1}{[H^+]}\right)$

12 pH가 2인 용액 2L와 pH가 1인 용액 2L를 혼합하였을 때 pH는?

① 약 1.0
② 약 1.3
③ 약 1.5
④ 약 1.8

해설 pH가 7 이하인 산성 물질은 [H^+]의 혼합농도를 산출한 뒤 pH로 환산한다.

식 $pH = \log\dfrac{1}{[H^+]}$

- $[H^+] = \dfrac{C_1Q_1 + C_2Q_2}{Q_1 + Q_2} = \dfrac{10^{-2} \times 2 + 10^{-1} \times 2}{2 + 2}$
  $= 0.055 mol/L$

∴ $pH = \log\dfrac{1}{[0.055]} = 1.26$

13 이온전극법에 의한 시안 측정 목록으로 ( ) 안의 내용이 순서대로 옳은 것은?

> 액상 폐기물과 고상 폐기물을 pH ( )의 ( )으로 조절한 후 시안 이온전극과 비교전극을 사용하여 전위를 측정하고 그 전위차로부터 시안을 정량한다.

① 4 이하, 산성
② 6~8, 중성
③ 9~10, 알칼리성
④ 12~13, 알칼리성

14 시안 측정을 위한 이온전극법을 적용 시 내부정도관리 주기 기준에 관한 설명으로 옳은 것은?

① 방법검출한계, 정량한계, 정밀도 및 정확도는 2월 1회 이상 산정하는 것을 원칙으로 한다.
② 방법검출한계, 정량한계, 정밀도 및 정확도는 분기 1회 이상 산정하는 것을 원칙으로 한다.
③ 방법검출한계, 정량한계, 정밀도 및 정확도는 반기 1회 이상 산정하는 것을 원칙으로 한다.
④ 방법검출한계, 정량한계, 정밀도 및 정확도는 연 1회 이상 산정하는 것을 원칙으로 한다.

15 시안을 자외선/가시선 분광법으로 측정할 때 클로라민-T와 피리딘 · 피라졸론 혼합액을 넣어 나타나는 색으로 옳은 것은?

① 적색
② 황갈색
③ 적자색
④ 청색

해설 시안은 클로라민-T와 피리딘 · 피라졸론 혼합액을 넣어 나타나는 청색을 620nm에서 측정하는 방법이다.

정답 10. ① 11. ① 12. ② 13. ④ 14. ④ 15. ④

16 자외선/가시선 분광법을 적용한 시안화합물 측정에 관한 내용으로 틀린 것은?

① 시안화합물을 측정할 때 방해물질들은 증류하면 대부분 제거된다.
② 황화합물이 함유된 시료는 아세트산용액을 넣어 제거한다.
③ 잔류염소가 함유된 시료는 L-아스코빈산 용액을 넣어 제거한다.
④ 잔류염소가 함유된 시료는 이산화비소산나트륨 용액을 넣어 제거한다.

해설
- 황화합물이 함유된 시료는 아세트산아연용액(10W/V%) 2mL를 넣어 제거한다. 이 용액 1mL는 황화물이온 약 14mg에 해당된다.
- 다량의 지방성분을 함유한 시료는 아세트산 또는 수산화나트륨 용액으로 pH 6~7로 조절한 후 시료의 약 2%에 해당하는 부피의 노말헥산 또는 클로로폼을 넣어 추출하여 유기층은 버리고 수층을 분리하여 사용한다.

17 자외선/가시선 분광법으로 시안을 분석할 경우에 정량한계는?

① 0.01mg/L   ② 0.02mg/L
③ 0.05mg/L   ④ 0.1mg/L

해설 자외선/가시선 분광법의 시안 정량한계는 0.01mg/L이다.

18 이온전극법으로 분석이 가능한 것은? (단, 폐기물공정시험기준 적용)

① 시안   ② 비소
③ 유기인   ④ 크롬

19 시안(CN)을 자외선/가시선 분광법에 의한 방법으로 분석할 때에 관한 설명으로 옳지 않은 것은?

① 클로라민-T와 피리딘·피라졸론 혼합액을 넣어 나타나는 청색을 620nm에서 측정한다.
② 정량한계는 0.01mg/L이다.
③ pH 2 이하 산성에서 피리딘·피라졸론을 넣고 가열 증류한다.
④ 유출되는 시안화수소를 수산화나트륨용액으로 포집한다.

해설 시료를 pH 2 이하의 산성으로 조절한 후에 에틸렌다이아민테트라아세트산이나트륨을 넣고 가열증류하여 시안화합물을 시안화수소로 유출시켜 수산화나트륨용액에 포집한 다음 중화하고 클로라민-T와 피리딘·피라졸론 혼합액을 넣어 나타나는 청색을 620nm에서 측정하는 방법이다.

20 기체크로마토그래피법으로 측정하여야 하는 시험항목이 아닌 것은?

① 시안
② PCBs
③ 유기인
④ 휘발성 저급염소화 탄화수소류

해설 시안의 측정방법은 자외선/가시선 분광법과 이온전극법이다.

정답 16. ② 17. ① 18. ① 19. ③ 20. ①

21 폐기물 중 기름성분을 측정하는 방법인 기름성분-중량법에 관한 내용 중 잘못된 것은?

① 폐기물 중의 비교적 휘발되지 않는 탄화수소, 탄화수소 유도체, 그리스유상물질 중 노말헥산에 용해되는 성분에 적용된다.
② 시료 적당량을 분별깔대기에 넣고 메틸오렌지용액(0.1W/V%)을 2~3방울 넣고 황색이 적색으로 변할 때까지 염산(1+1)을 넣어 pH 4 이하로 조절한다.
③ 노말헥산층에서 수분을 제거하기 위해서는 무수탄산나트륨을 넣고 흔들어 섞은 후 여과한다.
④ 이 시험기준의 정량한계는 0.1% 이하로 한다.

해설 노말헥산층에서 수분을 제거하기 위해서는 무수황산나트륨을 3~5g을 넣어 흔들어 섞은 후 여과한다.

22 중량법에 의해 기름성분을 측정할 때 필요한 기구 또는 기기와 가장 거리가 먼 것은?

① 전기열판 또는 전기멘틀
② 분액깔대기
③ 회전증발농축기
④ 리비히 냉각관

해설 [기름성분(중량법)의 분석기구]
㉠ 전기열판 또는 전기멘틀 : 80℃ 온도조절이 가능한 것을 사용한다.
㉡ 증발접시 : 알루미늄박으로 만든 접시, 비커 또는 증류플라스크로써 부피는 50~250mL인 것을 사용한다.
㉢ ㅏ자형 연결관 및 리비히 냉각관 : 증류플라스크를 사용할 경우 사용한다.
㉣ 분별깔대기

23 기름성분-중량법(노말헥산 추출방법)에 대한 설명 중 옳지 않은 것은?

① 폐기물 중 비교적 휘발되지 않는 탄화수소 및 탄화수소유도체, 그리이스 유상물질 등을 측정하기 위한 시험이다.
② 시료 중에 있는 기름성분의 분해방지를 위하여 수산화나트륨(0.1N)을 사용하여 pH 11 이상으로 조정한다.
③ 시료를 노말헥산으로 추출한 후 무수황산나트륨으로 수분을 제거하여야 한다.
④ 노말헥산을 휘산하기 위해 알맞은 온도는 80℃ 정도이다.

해설 시료 적당량을 분별깔때기에 넣고 메틸오렌지용액(0.1W/V %)을 2~3방울 넣고 황색이 적색으로 변할 때까지 염산(1 + 1)을 넣어 pH 4 이하로 조절한다.

24 기름성분을 분석하기 위한 노말헥산 추출시험법에서 노말헥산을 증발시키기 위한 조작온도는?

① 50℃ ② 60℃
③ 70℃ ④ 80℃

25 노말헥산 추출시험방법에 의한 유분함량측정시 증발용기는 실리카겔 데시케이터에 넣고 정확히 얼마 동안 방냉한 후 무게를 다는가?

① 30분 ② 1시간
③ 3시간 ④ 5시간

정답 21. ③ 22. ③ 23. ② 24. ④ 25. ①

26 중량법에 의한 기름성분 시험에서 pH를 조절할 때 사용하는 지시약은?

① Methyl violet ② Methyl orange
③ Methyl red   ④ Phenolphthalein

해설 중량법에 의한 기름성분시험에서 pH를 조절할 때 사용하는 지시약은 메틸오렌지용액(Methyl orange, 0.1W/V%)이다. 시료 적당량에 메틸오렌지용액을 2~3방울 넣고 황색이 적색으로 변할 때까지 염산(1+1)을 넣어 pH 4 이하로 조절한 것을 시료로 한다.

27 중량법에 의한 기름성분 시험방법에 대한 설명 중 옳지 않은 것은?

① 폐기물 중의 비교적 휘발되지 않는 탄화수소, 탄화수소유도체, 그리스유상물질이 노말헥산층에 용해되는 성질을 이용한 방법이다.
② 정량범위는 5~200mg이고, 표준편차율은 5~20%이다.
③ 중량법만으로도 광물유류와 동식물 유지류를 분별하여 정량할 수 있다.
④ 시료 중에 염산을 가하는 이유는 지방산 중의 금속을 분해하여 유리시키고, 또한 미생물에 의한 분해 등을 방지하기 위한 것이다.

해설 중량법에 의한 기름성분 시험방법은 폐기물 중의 기름성분을 측정하는 방법이다. 기름의 종류별 정량은 어렵다.

28 중량법에 의한 기름성분 분석 방법(절차)에 관한 내용으로 틀린 것은?

① 시료 적당량을 분별깔대기에 넣고 메틸오렌지용액(0.1W/V%)을 2~3방울 넣고 황색이 적색으로 변할 때까지 염산(1+1)을 넣어 pH 4 이하로 조절한다.
② 시료가 반고상 또는 고상 폐기물인 경우에는 폐기물의 양에 약 2.5배에 해당하는 물을 넣어 잘 혼합한 다음 pH 4 이하로 조절한다.
③ 노말헥산 추출물질의 함량이 5mg/L 이하로 낮은 경우에는 5L 부피 시료병에 시료 4L를 채취하여 염화철(Ⅲ)용액 4mL를 넣고 자석교반기로 교반하면서 탄산나트륨용액(20W/V%)을 넣어 pH 7~9로 조절한다.
④ 증발용기 외부의 습기를 깨끗이 닦고 실리카겔 데시케이터에 1시간 이상 수분 제거 후 무게를 단다.

해설 증발용기 외부의 습기를 깨끗이 닦고 (80±5)℃의 건조기 중에 30분간 건조하고 실리카겔 데시게이터에 넣어 정확히 30분간 식힌 후 무게를 단다.

29 기름성분을 중량법으로 분석할 때에 관련된 내용으로 ( ) 안에 옳은 내용은?

추출 시 에멀전을 형성하여 액층이 분리되지 않거나 노말헥산층이 탁할 경우에는 분별깔때기 안의 수층을 원래의 시료용기에 옮긴다. 이후 에멀전층이 분리되거나 노말헥산층이 맑아질 때까지 에멀전층 또는 헥산층에 약 10g의 ( )을 넣어 환류냉각관(약 300mm)을 부착하고 80℃ 물중탕에서 약 10분간 가열 분해한 다음 시험기준에 따라 시험한다.

① 질산암모늄   ② 염화나트륨
③ 아비산나트륨 ④ 질산나트륨

해설 노말헥산층이 맑아질 때까지 에멀전층 또는 헥산층에 약 10g의 (염화나트륨 또는 황산암모늄)을 넣어 환류냉각관(약 300mm)을 부착하고 80℃ 물중탕에서 약 10분간 가열 분해한 다음 시험기준에 따라 시험한다.

정답 26. ② 27. ③ 28. ④ 29. ②

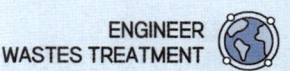

30 노말헥산 추출물질시험에서 다음과 같은 결과를 얻었다. 이 때 노말헥산 추출물질량은 몇 mg/L인가?

- 건조증발용 플라스크 무게 : 52.0424g
- 추출건조 후 증발용 플라스크의 무게와 잔류물질 무게 : 52.0748g
- 시료량 : 400mL

① 81   ② 93
③ 108   ④ 113

해설 노말헥산 추출물질량은 다음의 계산식으로 농도를 구한다.

식 $C(mg/L) = \dfrac{W_1 - W_2}{\text{시료의 양}}$

- 시험 전후의 증발용기의 무게(W_1)
- 바탕시험 전후의 증발용기의 무게(W_2)

$$\therefore C(mg/L) = \dfrac{(52.0748 - 52.0424)g \times \dfrac{10^3 mg}{1g}}{(0.4L)} = 81 mg/L$$

31 폐기물의 노말헥산 추출물질의 양을 측정하기 위해 다음과 같은 결과를 얻었을 때 노말헥산 추출물질의 농도는?

- 시료의 양 : 500mL
- 시험 전 증발용기의 무게 : 25g
- 시험 후 증발용기의 무게 : 13g
- 바탕시험 전 증발용기의 무게 : 5g
- 바탕시험 후 증발용기의 무게 : 4.8g

① 11,800mg/L   ② 23,600mg/L
③ 32,400mg/L   ④ 53,800mg/L

해설 바탕시험 값을 빼줌으로 값을 보정한다.

식 $C(mg/L) = \dfrac{W_1 - W_2}{\text{시료의 양}}$

- 시험 전후의 증발용기의 무게(W_1)
- 바탕시험 전후의 증발용기의 무게(W_2)

$$\therefore C(mg/L) = \dfrac{[(25-13)g - (5-4.8)g] \times \dfrac{10^3 mg}{1g}}{(0.5L)}$$
$$= 23,600 mg/L$$

32 중량법에 의한 기름성분 분석방법에 관한 설명으로 옳지 않은 것은?

① 시료를 직접 사용하거나, 시료에 적당한 응집제 또는 흡착제 등을 넣어 노말헥산 추출물질을 포집한 다음 노말헥산으로 추출한다.
② 시험기준의 정량한계는 0.1% 이하로 한다.
③ 폐기물 중의 휘발성이 높은 탄화수소, 탄화수소유도체, 그리스유상물질 중 노말헥산에 용해되는 성분에 적용한다.
④ 눈에 보이는 이물질이 들어 있을 때에는 제거해야 한다.

해설 이 시험기준은 폐기물 중의 비교적 휘발되지 않는 탄화수소, 탄화수소유도체, 그리스유상물질 중 노말헥산에 용해되는 성분에 적용한다.

33 중량법으로 기름성분을 측정할 때 시료채취 및 관리에 관한 내용으로 ( ) 안에 옳은 것은?

시료는 (㉠) 이내 증발처리를 하여야 하나 최대한 (㉡)을 넘기지 말아야 한다.

① ㉠ 6시간, ㉡ 24시간
② ㉠ 8시간, ㉡ 24시간
③ ㉠ 12시간, ㉡ 7일
④ ㉠ 24시간, ㉡ 7일

정답 30. ① 31. ② 32. ③ 33. ④

34 중량법을 이용하여 강열감량 및 유기물함량을 측정할 때, 전기로에서 강열하기 전에 시료와 함께 넣어주는 탄화시약은?

① 질산암모늄용액(5%)   ② 질산암모늄용액(25%)
③ 과염소산용액(5%)   ④ 과염소산용액(25%)

35 강열감량 및 유기물 함량을 중량법으로 분석 시 이에 대한 설명으로 옳지 않은 것은?

① 시료에 질산암모늄용액(25%)을 넣고 가열한다.
② 600±25℃의 전기로 안에서 1시간 강열한다.
③ 시료는 24시간 이내에 증발 처리를 하는 것이 원칙이며, 부득이한 경우에는 최대 7일을 넘기지 말아야 한다.
④ 용기 벽에 부착하거나 바닥에 가라앉는 물질이 있는 경우에는 시료를 분취하는 과정에서 오차가 발생할 수 있다.

해설 600±25℃의 전기로 안에서 3시간 강열한다.

36 폐기물 시료에 대해 강열감량과 유기물함량을 조사하기 위해 다음과 같은 실험을 하였다. 아래와 같은 결과를 이용한 강열감량(%)은?

> 1) 600±25℃에서 30분간 강열하고 데시케이터 안에서 방냉 후 접시의 무게(W_1) : 48.256g
> 2) 여기에 시료를 취한 후 접시와 시료의 무게(W_2) : 73.352g
> 3) 여기에 25% 질산암모늄용액을 넣어 시료를 적시고 천천히 가열하여 탄화시킨 다음 600±25℃에서 3시간 강열하고 데시케이터 안에서 방냉 후 무게(W_3) : 52.824g

① 약 74%   ② 약 76%
③ 약 82%   ④ 약 89%

해설 식 강열감량(%) = $\dfrac{W_2 - W_3}{W_2 - W_1} \times 100$

$= \dfrac{(73.352 - 52.824)g}{(73.352 - 48.256)g} \times 100 = 81.80\%$

37 다른 조건에서 폐기물의 강열감량(%)과 유기물 함량(%)은? (단, 탄화(강열) 전의 도가니 + 시료 무게 : 74.59g, 탄화(강열) 후의 도가니 + 시료 무게 : 55.23g, 도가니 무게 : 50.43g, 수분 20%, 고형물 80%)

① 강열감량 : 약 25%, 유기물함량 : 약 75%
② 강열감량 : 약 25%, 유기물함량 : 약 94%
③ 강열감량 : 약 80%, 유기물함량 : 약 75%
④ 강열감량 : 약 80%, 유기물함량 : 약 94%

해설 강열감량 = 유기물 + 수분

식 강열감량(%)
$= \dfrac{W_2 - W_3}{W_2 - W_1} \times 100 = \dfrac{(74.59 - 55.23)g}{(74.59 - 50.43)g} \times 100 = 80.13\%$

식 유기물함량(%) = $\dfrac{VS}{TS} \times 100$

· 수분 = $(74.59 - 50.43)g \times 0.2 = 4.832g$
· VS(유기물) = $(74.59 - (55.23 + 4.832)) = 14.528g$
· TS(고형물) = $(74.59 - 50.43) \times 0.8 = 19.328g$

∴ 유기물함량(%) = $\dfrac{14.528g}{19.328g} \times 100 = 75.17\%$

38 고형물의 함량이 50%, 수분함량이 50%, 강열감량이 85%인 폐기물이 있다. 이 폐기물의 고형물 중 유기물 함량은?

① 40%   ② 50%
③ 60%   ④ 70%

해설 유기물 함량은 다음과 같이 계산한다.

식 유기물함량(%) = $\dfrac{VS}{TS} \times 100$

· TS = 50%
· VS = 강열감량−수분 = 85−50 = 35%

∴ 유기물 함량 = $\dfrac{35}{50} \times 100 = 70\%$

정답 34. ② 35. ② 36. ③ 37. ③ 38. ④

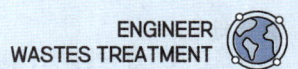

39 강열감량 측정 실험에서 다음 데이터를 얻었을 때 유기물 함량(%)은?

- 접시무게(W_1) = 30.5238g
- 접시와 시료의 무게(W_2) = 58.2695g
- 항량으로 건조, 방냉 후 무게(W_3) = 57.1253g
- 강열, 방냉 후 무게(W_4) = 43.3767g

① 49.56 ② 51.68
③ 53.68 ④ 95.88

해설 **식** 유기물함량(%) = $\dfrac{VS}{TS} \times 100$

- TS = $W_3 - W_1$ = 57.1253 - 30.5238 = 26.6015g
- VS = $W_3 - W_4$ = 57.1253 - 43.3767 = 13.7486g

∴ 유기물 함량 = $\dfrac{13.7486}{26.6015} \times 100 = 51.68\%$

40 석면의 종류 중 백석면의 형태와 색상에 관한 내용으로 가장 거리가 먼 것은?

① 곧은 물결 모양의 섬유
② 다발의 끝은 분산
③ 다색성
④ 가열되면 무색~밝은 갈색

해설 백석면은 꼬인 물결 모양의 섬유이다. 백석면을 제외한 나머지 석면은 곧은 섬유이다.

41 청석면의 형태와 색상으로 옳지 않은 것은? (단, 편광현미경법 기준)

① 꼬인 물결 모양의 섬유
② 다발 끝은 분산된 모양
③ 긴 섬유는 만곡
④ 특징적인 청색과 다색성

해설 백석면은 꼬인 물결 모양의 섬유이다. 백석면을 제외한 나머지 석면은 곧은 섬유이다.

42 석면(X선 회절기법) 측정을 위한 분석절차 중 시료의 균일화에 관한 내용(기준)으로 ( ) 안에 옳은 것은?

정성분석용 시료의 입자크기는 ( )μm 이하로 분쇄를 한다.

① 0.1 ② 1.0
③ 10   ④ 100

43 수분 측정 시 사용하는 평량병 또는 증발접시(하부 면적이 넓은 것)에 넣는 시료양의 기준으로 적합한 것은?

① 두께 5mm 이하로 넓게 펼 수 있을 정도
② 두께 10mm 이하로 넓게 펼 수 있을 정도
③ 두께 15mm 이하로 넓게 펼 수 있을 정도
④ 두께 20mm 이하로 넓게 펼 수 있을 정도

44 수분 및 고형물을 중량법으로 측정할 때 사용하는 데시케이터에 관한 내용으로 옳은 것은?

① 실리카겔과 묽은 황산을 넣어 사용한다.
② 실리카겔과 염화칼슘이 담겨 있는 것을 사용한다.
③ 무수황산나트륨이 담겨 있는 것을 사용한다.
④ 활성탄 분말과 염화칼륨을 넣어 사용한다.

정답 39. ② 40. ① 41. ① 42. ④ 43. ② 44. ②

45 음식물 폐기물의 수분을 측정하기 위해 실험하였더니 다음과 같은 결과를 얻었을 때 수분(%)은? (단, 건조 전 시료의 무게＝50g, 증발접시의 무게＝7.25g, 증발접시 및 시료의 건조 후 무게＝15.75g)

① 87% ② 83%
③ 78% ④ 74%

해설 **식** 수분함량(%)
$$= \frac{수분}{시료} \times 100 = \frac{(50+7.25)-15.75}{50} \times 100 = 83\%$$

정답 45. ②

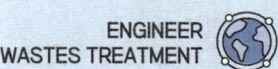

UNIT 02 금속류

1 구리

1) 원자흡수분광광도법(AA)

① **목적** : 폐기물 중에 존재하는 구리를 측정하는 방법으로, 시료를 전처리 후 시료를 직접 불꽃으로 주입하여 원자화한 후 원자흡수분광광도법에 따라 측정하는 방법이다.(측정파장 : 324.7nm)

② **정도관리 목표**
  ㉠ 검정곡선 : 결정계수(R^2) ≥ 0.98
  ㉡ 정확도 : 75~125% 이내이어야 한다.
  ㉢ 정밀도 : 상대표준편차(RSD)로 산출하며 측정한 결과 25% 이내이어야 한다.
  ㉣ 정량한계 : 0.008mg/L

2) 자외선/가시선 분광법

① **개요**
  ㉠ **목적** : 폐기물 중에 구리를 자외선/가시선 분광법으로 측정하는 방법으로 시료 중에 구리이온이 알칼리성에서 다이에틸다이티오카르바민산나트륨과 반응하여 생성하는 황갈색의 킬레이트 화합물을 아세트산부틸로 추출하여 흡광도를 440nm에서 측정하는 방법이다.

  [암기TIP] 구리 황가 아부 사살 → 구리 황가는 아부하는 사람을 사살! (구리 황갈색 아세트산부틸로 추출하여 440nm에서 측정)

  ㉡ **적용범위**
  정량한계 : 0.002mg(정량범위는 0.002~0.03mg)

  ㉢ **간섭물질**
  - 시료의 전처리를 하지 않고 직접 시료를 사용하는 경우, 시료 중에 시안화합물이 함유되어 있으면 염산으로 산성 조건을 만든 후 끓여 시안화물을 완전히 분해 제거한 다음 실험한다.
  - 비스무트(Bi)가 구리의 양보다 2배 이상 존재할 경우에는 황색을 나타내어 방해한다. 이때는 시료의 흡광도를 A_1으로 하고 따로 같은 양의 시료를 취하여 시료의 시험기준 중 암모니아수(1 + 1)를 넣어 중화하기 전에 시안화칼륨용액(5W/V%) 3mL를 넣어 구리를 시안착화합으로 만든 다음 중화하여 실험하고 이 액의 흡광도를 A로 한다. 여기에서 구리에 의한 흡광도는 A_1 – A이다.
  - 흡수셀이 더러우면 측정값에 오차가 발생하므로 다음과 같이 세척하여 사용한다. 또는 시판용 세척액을 사용하여 세척한다.
  - 탄산나트륨용액(2W/V%)에 소량의 음이온 계면활성제를 가한 용액에 흡수셀을 담가 놓고 필요하면 40~50℃로 약 10분간 가열한다.
  - 흡수셀을 꺼내 정제수로 씻은 후 질산(1 + 5)에 소량의 과산화수소를 가한 용액에 약 30분간 담가 놓았다가 꺼내어 정제수로 잘 씻는다. 깨끗한 가제나 흡수지 위에 거꾸로 놓아 물기를 제거하고 실리카겔을 넣은 데시케이터 중에서 건조하여 보존한다.

- 급히 사용하고자 할 때는 물기를 제거한 후 에틸알코올로 씻고 다시 에틸에테르로 씻은 다음 드라이어로 건조해서 사용한다.

② 정도관리 목표 값
   ㉠ 정량한계 : 0.002mg
   ㉡ 검정곡선 : 결정계수(R^2) ≥ 0.98
   ㉢ 정밀도 : 상대표준편차가 ±25% 이내
   ㉣ 정확도 : 75~125%

3) 유도결합플라스마-원자발광분광법
   ① 목적 : 폐기물 중에 존재하는 구리를 측정하는 방법으로, 시료를 전처리 후 시료를 플라스마에 주입하여 방출하는 발광선 및 발광강도를 측정하는 방법이다.
   ② 측정파장 : 324.75nm
   ③ 정량한계 : 0.006mg/L(정량범위 0.006~50mg/L)

2 납

1) 원자흡수분광광도법
   ① 목적 : 폐기물 중에 존재하는 납을 측정하는 방법으로, 시료를 전처리 후 시료를 직접 불꽃으로 주입하여 원자화한 후 원자흡수분광광도법에 따라 측정하는 것이다. (측정파장 283.3nm)
   ② 정도관리 목표
   ㉠ 정량한계 : 0.04mg/L(정량범위 0.04~20mg/L)
   ㉡ 검정곡선 : 결정계수(R^2) ≥ 0.98
   ㉢ 정밀도 : 상대표준편차가 ±25% 이내
   ㉣ 정확도 : 75~125%

2) 자외선/가시선 분광법
   ① 개요
   ㉠ 목적 : 폐기물 중에 존재하는 납 이온이 시안화칼륨 공존 하에 알칼리성에서 **디티존**과 반응하여 생성하는 납 디티존착염을 사염화탄소로 추출하고 과잉의 디티존을 **시안화칼륨 용액으로 씻은 다음** 납착염의 흡광도를 **520nm**에서 측정하는 방법이다.
   [암기TIP] 납 디러워 씻구 오인나
   ㉡ 적용범위
   정량한계 : 0.001mg(정량범위 0.001~0.04mg)

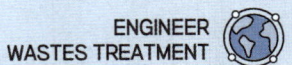

ⓒ 간섭물질
- 전처리를 하지 않고 직접 시료를 사용하는 경우, 시료 중에 시안화합물이 함유되어 있으면 염산 산성으로 하여서 끓여 시안화물을 완전히 분해 제거한 다음 실험한다.
- 시료에 다량의 비스무트(Bi)가 공존하면 시안화칼륨용액으로 수회 씻어도 무색이 되지 않는다. 이 때에는 다음과 같이 납과 비스무트를 분리하여 실험한다. 추출하여 10~20mL로 한 사염화탄소층에 프탈산 수소칼륨 완충용액(pH 3.4) 20mL씩을 2회 역추출하고 전체수층을 합하여 분별깔때기에 옮긴다. 암모니아수(1 + 1)를 넣어 약알칼리성으로 하고 시안화칼륨용액(5W/V%) 5mL 및 정제수를 넣어 약 100mL로 한 다음 이하 시료의 시험기준에 따라 추출조작부터 다시 실험한다.
- 흡수셀이 더러우면 측정값에 오차가 발생하므로 다음과 같이 세척하여 사용한다. 또는 시판용 세척액을 사용하여 세척한다.
- 탄산나트륨용액(2W/V%)에 소량의 음이온 계면활성제를 가한 용액에 흡수셀을 담가 놓고 필요하면 40~50℃로 약 10분간 가열한다.
- 흡수셀을 꺼내 정제수로 씻은 후 질산(1 + 5)에 소량의 과산화수소를 가한 용액에 약 30분간 담가 놓았다가 꺼내어 정제수로 잘 씻는다. 깨끗한 가제나 흡수지 위에 거꾸로 놓아 물기를 제거하고 실리카겔을 넣은 데시케이터 중에서 건조하여 보존한다.
- 급히 사용하고자 할 때는 물기를 제거한 후 에틸알코올로 씻고 다시 에틸에테르로 씻은 다음 드라이어로 건조해서 사용한다.

② **정도관리 목표 값**
ⓐ 정량한계 : 0.001mg(정량범위 0.001~0.04mg)
ⓑ 검정곡선 : 결정계수(R^2) ≥ 0.98
ⓒ 정밀도 : 상대표준편차가 ±25% 이내
ⓓ 정확도 : 75~125%

3) **유도결합플라스마-원자발광분광법**
① **목적** : 폐기물 중에 존재하는 납을 측정하는 방법으로, 시료를 전처리 후 시료를 플라스마에 주입하여 방출하는 발광선 및 발광강도를 측정하는 방법이다.
② **측정파장** : 220.35nm
③ **정량한계** : 0.04mg/L(정량범위 0.04~100mg/L)

3 비소

1) **수소화물생성-원자흡수분광광도법**

   ① 개요

   ㉠ 목적 : 폐기물 중에 비소를 측정하는 방법으로, 전처리한 시료 용액 중에 아연 또는 나트륨붕소수화물을 넣어 생성된 수소화비소를 원자화시켜 193.7nm에서 흡광도를 측정하고 비소를 정량하는 방법이다. (시료 중의 비소를 3가비소로 환원하기 위해 이염화주석을 사용한다.)

   ㉡ 간섭물질
   - 화학물질이 공기-아세틸렌 불꽃에서 분자상태로 존재하여 낮은 흡광도를 보일 때가 있다. 이는 불꽃의 온도가 너무 낮아 원자화가 일어나지 않는 경우와 안정한 산화물질로 바뀌어 불꽃에서 원자화가 일어나지 않는 경우에 발생한다.
   - 염산 농도에 따라 전이금속에 의한 간섭 영향이 다르므로 저농도의 염산보다는 4N~6N 염산을 사용하는 것이 좋다.
   - 질산 분해에 의해 생기는 환원된 산화질소와 아질산염은 수소화비소의 발생을 저하시킬 수 있다.

   ② 정도관리 목표

   ㉠ 정량한계 : 0.005mg/L
   ㉡ 검정곡선 : 결정계수(R^2) ≥ 0.98 또는 감응계수(RF)의 상대표준편차 < 20%, 상대표준편차가 25% 이내
   ㉢ 정밀도 : 상대표준편차가 ±25% 이내
   ㉣ 정확도 : 75~125%

2) **자외선/가시선 분광법**

   ① **측정원리** : 폐기물 중에 존재하는 비소를 측정하는 방법으로, 3가 비소로 환원시킨 다음 아연을 넣어 발생되는 수소화비소를 다이에틸다이티오카바민산은(Ag-DDTC)의 피리딘 용액에 흡수시켜 생성된 적자색 착화합물을 530nm에서 흡광도를 측정하는 방법이다.

   ② **정량한계** : 0.002mg(정량범위 0.002~0.01mg)

   [암기TIP] 비오니 DDTC 적자 오삼

3) **유도결합플라스마-원자발광분광법**

   ① **목적** : 폐기물속에 존재하는 비소를 측정하는 방법으로, 시료를 전처리 후 시료를 플라스마에 주입하여 방출하는 발광선 및 발광강도를 측정하는 방법(정량한계 : 0.005mg/L)

   ② **측정파장** : 193.70nm

   ③ **정량한계** : 0.05mg/L(정량범위 0.05~100mg/L)

4 수은

1) 환원기화-원자흡수분광광도법

① 개요

㉠ 목적 : 폐기물 중에 존재하는 수은을 측정하는 방법으로, 시료에 이염화주석($SnCl_2$)을 넣어 금속수은으로 환원시킨 후, 이 용액에 통기하여 발생하는 수은증기를 원자흡수분광광도법으로 253.7nm의 파장에서 측정하여 정량하는 방법이다.

㉡ 정량한계 : 0.0005mg/L(정량범위 0.0005~0.01mg/L)

㉢ 간섭물질
- 시료 중 염화물이온이 다량 함유된 경우에는 산화조작 시 유리염소를 발생하여 253.7nm에서 흡광도를 나타낸다. 이때에는 염산하이드록실아민용액을 과잉으로 넣어 유리염소를 환원시키고 용기 중에 잔류하는 염소는 질소가스를 통기시켜 축출한다.
- 벤젠, 아세톤 등 휘발성 유기물질도 253.7nm에서 흡광도를 나타낸다. 이때에는 과망간산칼륨 분해 후 헥산으로 이들 물질을 추출 분리한 다음 실험한다.

② 정도관리 목표 값

㉠ 정량한계 : 0.0005mg/L

㉡ 검정곡선 : 결정계수(R^2) ≥ 0.98

㉢ 정밀도 : 상대표준편차가 ±25% 이내

㉣ 정확도 : 75~125%

2) 자외선/가시선 분광법

① 개요

㉠ 목적 : 폐기물 중에 존재하는 수은을 정량하기 위하여 사용한다. 수은을 황산 산성에서 디티존사염화탄소로 일차추출하고 브롬화칼륨 존재하에 황산산성에서 역추출하여 방해성분과 분리한 다음 알칼리성에서 디티존사염화탄소로 수은을 추출하여 490nm에서 흡광도를 측정하는 방법이다.

[암기TIP] 수은 디티존 사염 490

㉡ 정량한계 0.001mg(정량범위 0.001~0.025mg)

㉢ 간섭물질
- 흡수셀이 더러우면 측정값에 오차가 발생하므로 다음과 같이 세척하여 사용한다. 또는 시판용 세척액을 사용하여 세척한다.
- 탄산나트륨용액(2W/V%)에 소량의 음이온 계면활성제를 가한 용액에 흡수셀을 담가 놓고 필요하면 40~50℃로 약 10분간 가열한다.
- 흡수셀을 꺼내 정제수로 씻은 후 질산(1 + 5)에 소량의 과산화수소를 가한 용액에 약 30분간 담가 놓았다가 꺼내어 정제수로 잘 씻는다. 깨끗한 가제나 흡수지 위에 거꾸로 놓아 물기를 제거하고 실리카겔을 넣은 데시케이터 중에서 건조하여 보존한다.

- 급히 사용하고자 할 때는 물기를 제거한 후 에틸알코올로 씻고 다시 에틸에테르로 씻은 다음 드라이어로 건조해서 사용한다.
- 흡광도의 측정값이 0.2~0.8의 범위에 들도록 실험용액의 농도를 조절한다.

5 카드뮴

1) 원자흡수분광광도법

① 목적 : 폐기물 중에 존재하는 카드뮴을 측정하는 방법으로, 시료를 전처리 후 시료를 직접 불꽃으로 주입하여 원자화한 후 원자흡수분광광도법에 따라 측정하는 것이다.(측정파장 : 228.8nm)

② 정도관리 목표 값
㉠ 정량한계 : 0.002mg/L(정량범위 0.002~2mg/L)
㉡ 검정곡선 : 결정계수(R^2) ≥ 0.98
㉢ 정밀도 : 상대표준편차가 ±25% 이내
㉣ 정확도 : 75~125%

2) 자외선/가시선 분광법

① 개요
㉠ 목적 : 폐기물 중에 존재하는 카드뮴이온을 시안화칼륨이 존재하는 알칼리성에서 디티존과 반응시켜 생성하는 카드뮴착염을 사염화탄소로 추출하고, 추출한 카드뮴 착염을 타타르산용액으로 역추출한 다음 다시 수산화나트륨과 시안화칼륨을 넣어 디티존과 반응하여 생성하는 적색의 카드뮴착염을 사염화탄소로 추출하고 그 흡광도를 520nm에서 측정하는 방법이다.
암기TIP 카드뮴 디러워 타타 오이네
㉡ 정량한계 : 0.001mg(정량범위 0.001~0.03mg)
㉢ 간섭물질
- 시료 중 다량의 철과 망간을 함유하는 경우 디티존에 의한 카드뮴추출이 불완전하다. 이 경우에는 중화한 시료 일정량에 염산을 넣어 2N의 염산산성으로 하여 강염기성 음이온교환수지컬럼($R \sim C_1$형, 지름 10mm, 길이 220mm)에 3mL/min의 속도로 유출시켜 카드뮴을 흡착하고 염산(1 + 9)으로 씻어 준 다음 새로운 수집기에 질산(1 + 12)을 사용하여 용출하는 카드뮴을 받는다. 이 용출용액을 가지고 시험기준에 따라 실험한다. 이때는 시험기준 중 타타르산용액(2W/V%)으로 역추출하는 조작을 생략해도 된다.
- 시료에 다량의 비스무트(Bi)가 공존하면 시안화칼륨용액으로 수회 씻어도 무색이 되지 않는다. 이때에는 다음과 같이 납과 비스무트를 분리하여 실험한다. 추출하여 10~20mL로 한 사염화탄소 층에 프탈산수소칼륨 완충용액(pH 3.4) 20mL씩을 2회 역추출하고 전체수층을 합하여 분별깔때기에 옮긴다. 암모니아수(1 + 1)를 넣어 약알칼리성으로 하고 시안화칼륨용액(5W/V%) 5mL 및 정제수를 넣어 약

100mL로 한 다음 이하 시료의 시험기준에 따라 추출조작부터 다시 실험한다.
- 흡수셀이 더러우면 측정값에 오차가 발생하므로 다음과 같이 세척하여 사용한다. 또는 시판용 세척액을 사용하여 세척한다.
  - 탄산나트륨용액(2W/V%)에 소량의 음이온 계면활성제를 가한 용액에 흡수셀을 담가 놓고 필요하면 40~50℃로 약 10분간 가열한다.
  - 흡수셀을 꺼내 정제수로 씻은 후 질산(1 + 5)에 소량의 과산화수소를 가한 용액에 약 30분간 담가 놓았다가 꺼내어 정제수로 잘 씻는다. 깨끗한 가제나 흡수지 위에 거꾸로 놓아 물기를 제거하고 실리카겔을 넣은 데시케이터 중에서 건조하여 보존한다.
  - 급히 사용하고자 할 때는 물기를 제거한 후 에틸알코올로 씻고 다시 에틸에테르로 씻은 다음 드라이어로 건조해서 사용한다.

② 정도관리 목표 값
  ㉠ 정량한계 : 0.001mg
  ㉡ 검정곡선 : 결정계수(R^2) ≥ 0.98
  ㉢ 정밀도 : 상대표준편차가 ±25% 이내
  ㉣ 정확도 : 75~125%

3) 유도결합플라스마-원자발광분광법
① 목적 : 폐기물 중에 존재하는 카드뮴을 측정하는 방법으로, 시료를 전처리 후 시료를 플라스마에 주입하여 방출하는 발광선 및 발광강도를 측정하는 방법이다.
② 측정파장 : 226.50nm
③ 정량한계 : 0.004mg/L(정량범위 0.004~50mg/L)

6 크롬

1) 원자흡수분광광도법
① 개요
  ㉠ 목적 : 폐기물 중에 존재하는 크롬을 측정하는 방법으로, 시료를 농도에 따라 다른 전처리 방법을 사용하여 시료를 분해한 후 농축 시료를 직접 불꽃으로 주입하여 원자흡수분광광도계로 분석하는 방법이다.
  ㉡ 적용범위
    - 이 시험기준은 폐기물 중에 크롬의 분석에 적용한다.
    - 시료 중 크롬은 아세틸렌-공기 또는 아세틸렌-일산화이질소(아산화질소) 불꽃에 주입하여 분석한다.
    - 측정파장 357.9nm이고 정량한계는 0.01mg/L이다.
  ㉢ 간섭물질
    - 공기-아세틸렌으로는 아세틸렌 유량이 많은 쪽이 감도가 높지만 철, 니켈의 방해가 많으며, 아세틸렌-일산화이질소는 방해는 적으나 감도가 낮다. 화학물질이 공기-아세틸렌 불꽃에서 분자상태로 존재하여

낮은 흡광도를 보일 때가 있다. 이는 불꽃의 온도가 너무 낮아 원자화가 일어나지 않는 경우와 안정한 산화물질로 바뀌어 불꽃에서 원자화가 일어나지 않는 경우에 발생한다.
- 공기-아세틸렌 불꽃에서는 철, 니켈 등의 공존물질에 의한 방해영향이 크므로 이때는 황산나트륨을 1% 정도 넣어서 측정한다.
- 시료 중에 칼륨, 나트륨, 리튬, 세슘과 같이 쉽게 이온화되는 원소가 1,000mg/L 이상의 농도로 존재할 때에는 금속측정을 간섭한다. 이때에는 시료와 표준물질 모두에 이온 억제제(suppressant)로 염화칼륨을 첨가하거나 간섭이온을 매질과 유사하게 표준물질에 넣어 보정한다.
- 염이 많은 시료를 분석하면 버너 헤드 부분에 고체가 생성되어 불꽃이 자주 꺼지고 버너 헤드를 청소해야 하는데 이를 방지하기 위해서는 시료를 묽혀 분석하거나, 메틸아이소부틸케톤 등을 사용하여 추출하여 분석한다.

② 정도관리 목표 값
㉠ 정량한계 : 0.01mg
㉡ 검정곡선 : 결정계수(R^2) ≥ 0.98
㉢ 정밀도 : 상대표준편차가 ±25% 이내
㉣ 정확도 : 75~125%

2) 자외선/가시선 분광법

① 개요
㉠ 목적 : 폐기물 중에 크롬을 자외선/가시선 분광법으로 측정하는 방법으로 시료 중에 총 크롬을 과망간산칼륨을 사용하여 6가크롬으로 산화시킨 다음 산성에서 다이페닐카바자이드와 반응하여 생성되는 **적자색** 착화합물의 흡광도를 540nm에서 측정하여 총크롬을 정량하는 방법이다.(정량한계 : 0.002mg)

[암기TIP] 크롬 유가상승 폐차 적자 540만원

㉡ 적용범위 : 정량범위 0.002~0.05mg, 정량한계 0.002mg
㉢ 간섭물질
- 시료 중 철이 2.5mg 이하로 공존할 경우에는 다이페닐카바자이드용액을 넣기 전에 피로인산나트륨·10수화물용액(5%) 2mL를 넣어 주면 간섭을 줄일 수 있다.
- 철 및 기타 방해원소를 다량 함유한 경우 아래와 같이 방해물질을 제거한다.
  - 시료 적당량(크롬으로서 0.05mg 이하 함유)을 분별깔때기에 넣고 시료 20mL에 대하여 황산(1 + 1)을 5mL의 비율로 넣어 산 농도를 약 3.6N로 조절하고 과망간산칼륨용액(0.3%)을 한 방울씩 넣어 액의 색을 엷은 홍색으로 한 다음 쿠페론용액(5W/V%) 5mL, 클로로폼 10mL를 넣어 흔들어 섞고 정치하여 클로로폼 층을 분리한다.
  - 수층을 100mL 비커에 옮기고 증발 건조한다. 잔사에 소량의 황산 및 질산을 넣고 다시 증발 건조하여 유기물질을 분해한 다음 황산(1 + 9) 3mL와 정제수 약 30mL를 넣어 녹이고 실험한다.
  - 흡수셀이 더러우면 측정값에 오차가 발생하므로 다음과 같이 세척하여 사용한다. 또는 시판용 세척액을 사용하여 세척한다.

- 탄산나트륨용액(2W/V%)에 소량의 음이온 계면활성제를 가한 용액에 흡수셀을 담가 놓고 필요하면 40℃~50℃로 약 10분간 가열한다.
- 흡수셀을 꺼내 정제수로 씻은 후 질산(1 + 5)에 소량의 과산화수소를 가한 용액에 약 30분간 담가 놓았다가 꺼내어 정제수로 잘 씻는다. 깨끗한 가제나 흡수지 위에 거꾸로 놓아 물기를 제거하고 실리카겔을 넣은 데시케이터 중에서 건조하여 보존한다.
- 급히 사용하고자 할 때는 물기를 제거한 후 에틸알코올로 씻고 다시 에틸에테르로 씻은 다음 드라이어로 건조해서 사용한다.
- 흡광도의 측정값이 0.2~0.8의 범위에 들도록 실험용액의 농도를 조절한다.

② **정도관리 목표 값**
  ㉠ 정량한계 : 0.002mg
  ㉡ 검정곡선 : 결정계수(R^2) ≥ 0.98
  ㉢ 정밀도 : 상대표준편차가 ±25% 이내
  ㉣ 정확도 : 75~125%

3) **유도결합플라스마-원자발광분광법**

① **목적** : 폐기물 중에 존재하는 크롬을 측정하는 방법으로, 시료를 전처리 후 시료를 플라스마에 주입하여 방출하는 발광선 및 발광강도를 측정하는 방법이다.(정량한계 : 0.007mg/L)
② **측정파장** : 267.72nm
③ **정량한계** : 0.007mg/L(정량범위 0.007~50mg/L)

7 6가 크롬

1) **원자흡수분광광도법**

① **개요**
  ㉠ 목적 : 이 시험기준은 폐기물 중에 6가크롬의 측정방법으로, 3가크롬을 선택적으로 침전하여 제거한 후 6가크롬을 환원 및 침전시켜 전처리한 시료를 직접 불꽃으로 주입하여 원자화하여 원자흡수분광광도법으로 분석하는 방법이다.
  ㉡ 적용범위
    • 시료 중 크롬은 아세틸렌-공기 또는 아세틸렌-산화이질소 불꽃에 주입하여 분석한다.
    • 정량범위는 사용하는 장치 및 측정조건 등에 따라 다르나 357.9nm에서 0.01~5mg/L이다. 공기, 아세틸렌으로는 아세틸렌 유량이 많은 쪽이 감도가 높지만 철, 니켈의 방해가 많으며, 아세틸렌-산화이질소는 방해는 적으나 감도가 낮다.(정량한계는 0.01mg/L, 파장 357.9nm)

ⓒ 간섭물질
- 공기, 아세틸렌으로는 아세틸렌 유량이 많은 쪽이 감도가 높지만 철, 니켈의 방해가 많으며, 아세틸렌-산화이질소는 방해는 적으나 감도가 낮다.
- 염이 많은 시료를 분석하면 버너 헤드 부분에 고체가 생성되어 불꽃이 자주 꺼지고 버너 헤드를 청소해야 하는데 이를 방지하기 위해서는 시료를 묽혀 분석하거나, 메틸아이소부틸케톤 등을 사용하여 추출하여 분석한다.
- 시료 중에 칼륨, 나트륨, 리튬, 세슘과 같이 쉽게 이온화되는 원소가 1,000mg/L 이상의 농도로 존재할 때에는 금속측정을 간섭한다. 이때에는 시료와 표준물질 모두에 이온 억제제(suppressant)로 염화칼륨을 첨가하거나 간섭이온을 매질과 유사하게 표준물질에 넣어 보정한다.
- 공기-아세틸렌 불꽃에서는 철, 니켈 등의 공존물질에 의한 방해영향이 크므로 이때는 황산나트륨을 1% 정도 넣어서 측정한다.

2) 자외선/가시선 분광법

① 개요

ⓐ 목적 : 폐기물 중에 존재하는 6가 크롬을 자외선/가시선 분광법으로 측정하는 것으로, 산성 용액에서 다이페닐카바자이드와 반응하여 생성하는 적자색 착화합물의 흡광도를 540nm에서 측정한다.

ⓑ 적용범위
- 정량한계 : 0.01mg/L
- 정량범위 : 0.002~0.05mg

ⓒ 간섭물질
- 시료 중에 잔류염소가 공존하면 발색을 방해한다. 이때는 시료에 수산화나트륨용액(20W/V%)을 넣어 pH 12 정도로 조절한 다음 입상활성탄을 10% 정도 되게 넣고 자석교반기로 약 30분간 교반하여 여과한 액을 시료로 사용한다.
- 시료 중 철이 2.5mg 이하로 공존할 경우에는 다이페닐카바자이드용액을 넣기 전에 피로인산나트륨·10수화물용액(5%) 2mL를 넣어 주면 영향이 없다.
- 흡수셀이 더러우면 측정값에 오차가 발생하므로 다음과 같이 세척하여 사용한다. 또는 시판용 세척액을 사용하여 세척한다.
- 탄산나트륨용액(2W/V%)에 소량의 음이온 계면활성제를 가한 용액에 흡수셀을 담가 놓고 필요하면 40~50℃로 약 10분간 가열한다.
- 흡수셀을 꺼내 정제수로 씻은 후 질산(1 + 5)에 소량의 과산화수소를 가한 용액에 약 30분간 담가 놓았다가 꺼내어 정제수로 잘 씻는다. 깨끗한 가제나 흡수지 위에 거꾸로 놓아 물기를 제거하고 실리카겔을 넣은 데시케이터 중에서 건조하여 보존한다.
- 급히 사용하고자 할 때는 물기를 제거한 후 에틸알코올로 씻고 다시 에틸에테르로 씻은 다음 드라이어로 건조해서 사용한다.

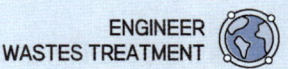

② **정밀도 및 정확도**
  ㉠ 정밀도 및 정확도의 측정은 정도보증/정도관리에 따른다. 크롬 표준용액을 정량한계 농도의 10배가 되도록 동일하게 표준물질을 첨가한 시료를 4개 이상 준비하여, 분석절차와 동일하게 측정하여 평균값과 표준편차를 구한다.
  ㉡ 정확도는 첨가한 표준물질의 농도에 대한 측정 평균값의 상대 백분율로서 나타내며 그 값이 75~125% 이내이어야 한다.
  ㉢ 정밀도는 측정값의 % 상대표준편차(RSD)로 계산하며 측정값이 25% 이내이어야 한다.

3) 유도결합플라스마-원자발광분광법
  ① **목적** : 폐기물 중에 존재하는 6가 크롬을 측정하는 방법으로, 시료를 전처리 후 시료를 플라스마에 주입하여 방출하는 발광선 및 발광강도를 측정하는 방법이다.
  ② **측정파장** : 267.72nm
  ③ **정량한계** : 0.007mg/L(정량범위 0.0073~50mg/L)

  ※ 정도관리 목표

물질명	측정방법	정량한계	정량범위	정밀도	정확도
구리	AA	0.008mg/L	0.008~4mg/L	상대표준편차가 ±25% 이내	75~125%
	UV/VIS	0.002mg	0.002~0.03mg		
	ICP	0.006mg/L	0.006~50mg/L		
납	AA	0.04mg/L	0.04~20mg/L		
	UV/VIS	0.001mg	0.001~0.04mg		
	ICP	0.04mg/L	0.04~100mg/L		
비소	AA	0.005mg/L	–		
	UV/VIS	0.002mg	0.002~0.01mg		
	ICP	0.05mg/L	0.05~100mg/L		
수은	AA	0.0005mg/L	0.0005~0.01mg/L		
	UV/VIS	0.001mg/L	0.001~0.025mg		
카드뮴	AA	0.002mg/L	0.002~2mg/L		
	UV/VIS	0.001mg	0.001~0.03mg		
	ICP	0.004mg/L	0.004~50mg/L		
크롬	AA	0.01mg/L	0.01~5mg/L		
	UV/VIS	0.002mg	0.002~0.05mg		
	ICP	0.007mg/L	0.007~50mg/L		
6가 크롬	AA	0.01mg/L	0.01~5mg/L		
	UV/VIS	0.002mg	0.002~0.05mg		
	ICP	0.007mg/L	0.0073~50mg/L		

※ 정확도(%) = $\dfrac{측정값}{참값} \times 100$ ※ 정밀도(%) = $\dfrac{표준편차}{평균} \times 100$

> **암기TIP** 금속류 (자외선/가시선 분광법)

(1) 구리 : 황갈색, 아세트산부틸, 440nm (구리 황가 아부 사살)
(2) 납 : 디티존, 사염화탄소 추출, 시안화칼륨 씻음, 520nm (납 디러워 씻구 오인나)
(3) 비소 : DDTC, 적자색, 530nm (비오니 DDTC 적자 오삼)
(4) 수은 : 디티존사염화탄소, 490nm (수은 디티존사염 490)
(5) 카드뮴 : 디티존, 사염화탄소 추출, 타타르산 역추출, 520nm (카드뮴 디러워 타타 오이네)
(6) 크롬 : 다이페닐카바자이드, 과망간산칼륨으로 산화, 적자색, 540nm (크롬 유가상승 관망 폐차 적자 540만원)
(7) 6가크롬 : 다이페닐카바자이드, 적자색, 540nm (크롬 폐차 적자 540만원)

[금속류 AA/ICP 측정파장 정리]

물질명	측정파장(nm) – AA	측정파장(nm) – ICP
구리	324.7	324.75
납	283.3	220.35
비소	193.7	193.7
수은	253.7	없음
카드뮴	228.8	226.50
크롬	357.9	267.72
6가 크롬	357.9	267.72

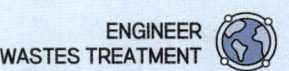

기출문제로 다지기 — UNIT 02 금속류

01 크롬함량을 자외선/가시선 분광법에 의해 정량하고자 할 때 다음 설명 중 옳지 않은 것은?

① 흡광도는 540nm에서 측정한다.
② 발색 시 황산의 최적 농도는 0.1M이다.
③ 시료 중 철이 20mg 이하로 공존할 경우에는 다이페닐카바자이드 용액을 넣기 전에 피로인산나트륨-10수화물용액(5%) 2mL를 넣어 주면 간섭을 줄일 수 있다.
④ 시료의 전처리에서 다량의 황산을 사용하였을 경우에는 시료에 무수황산나트륨 20mg을 넣고 가열하여 황산의 백연을 발생시켜 황산을 제거한 후 황산(1+9) 3mL를 넣고 실험한다.

[해설] 철이 2.5mg 이하로 공존할 경우에는 다이페닐카바지드 용액을 넣기 전에 피로인산나트륨·10수화물용액(5%) 2mL를 넣어 주면 영향이 없다.

02 크롬의 원자흡수분광광도법에 의한 측정에서 공기-아세틸렌 불꽃으로는 철, 니켈 등에 기인한 방해영향이 크다. 이때의 대책으로 가장 적절한 것은?

① 황산나트륨을 1% 정도 넣어서 측정한다.
② 수소 - 공기 - 알곤 불꽃으로 바꾸어 측정한다.
③ 수소 - 산소 불꽃으로 바꾸어 측정한다.
④ 이소부틸케톤 용액 20mL를 넣어 측정한다.

[해설] 크롬(원자흡수분광광도법) 분석시 공기-아세틸렌 불꽃에서는 철, 니켈 등의 공존물질에 의한 방해영향이 크므로 이때는 황산나트륨을 1% 정도 넣어서 측정한다.

03 크롬(자외선/가시선 분광법)을 측정할 때 크롬이온 전체를 6가크롬으로 산화시키는데 이때 사용되는 시약은?

① 염화제일주석산 ② 중크롬산칼륨
③ 과망간산칼륨   ④ 아연분말

04 자외선/가시선 분광법에 의한 크롬 분석에 관한 내용으로 가장 거리가 먼 것은?

① 과망간산칼륨으로 크롬이온 전체를 6가 크롬으로 산화시킨다.
② 알칼리성에서 다이페닐카바자이드와 반응하여 생성되는 적자색의 착화합물의 흡광도를 540nm에서 측정한다.
③ 시료 중 철이 2.5mg 이하로 공존할 경우에는 다이페닐카바자이드용액을 넣기 전에 피로인산나트륨·10수화물용액(5%) 2mL를 넣어 주면 간섭을 줄일 수 있다.
④ 정량범위는 0.002~0.05mg 범위이다.

[해설] 산성에서 다이페닐카바자이드와 반응하여 생성되는 적자색 착화합물의 흡광도를 540nm에서 측정한다.

05 크롬을 자외선/가시선 분광법으로 측정하는 방법에서 적용되는 흡광도 파장(nm)으로 옳은 것은?

① 340   ② 440
③ 540   ④ 640

[해설] [암기TIP] 크롬 유가상승 폐차 적자 540만원
→ 파장 540nm

정답 01. ③ 02. ① 03. ③ 04. ② 05. ③

06 $K_2Cr_2O_7$을 사용하여 크롬 표준원액(100mg Cr/L) 100mL를 제조할 때 $K_2Cr_2O_7$은 얼마나 취해야 하는가? (단, 원자량 K=39, Cr=52, O=16)

① 14.1mg ② 28.3mg
③ 35.4mg ④ 56.5mg

해설 크롬이온과 다이크롬산칼륨의 당량 비율을 이용하여 산출한다.

$$\therefore K_2Cr_2O_7 = \frac{100mg(Cr)}{L} \times 0.1L \times \frac{294(K_2Cr_2O_7)}{52 \times 2(2Cr)}$$
$$= 28.27mg/L$$

07 폐기물 중 크롬을 자외선/가시선 분광법으로 측정하는 방법에 대한 내용으로 틀린 것은?

① 흡광도는 540nm에서 측정한다.
② 총 크롬을 다이페닐카바자이드를 사용하여 6가크롬으로 전환시킨다.
③ 흡광도의 측정값이 0.2~0.8의 범위에 들도록 실험용액의 농도를 조절한다.
④ 크롬의 정량한계는 0.002mg이다.

해설 시료 중에 총 크롬을 과망간산칼륨을 사용하여 6가크롬으로 산화시킨다.

08 자외선/가시선 분광법을 이용한 6가크롬의 측정에 관한 설명으로 틀린 것은?

① 6가크롬에 다이페닐카바자이드와 반응시켜 생성되는 적자색의 착화합물의 흡광도를 측정한다.
② 정량범위는 0.002~0.05mg이고 정량한계는 0.002mg이다.
③ 시료 중에 잔류염소가 공존하면 발색을 방해한다.
④ 시료 중 3가크롬이 다량 포함되어 있을 경우는 수산화나트륨용액으로 pH 12 이상으로 조절한다.

해설 시료 중에 잔류염소가 공존하면 발색을 방해한다. 이때는 시료에 수산화나트륨용액(20W/V%)을 넣어 pH 12 정도로 조절한 다음 입상활성탄을 10% 정도 되게 넣고 자석교반기로 약 30분간 교반하여 여과한 액을 시료로 사용한다.

09 원자흡수분광광도법에 의한 6가크롬의 측정원리에 대한 설명으로 옳은 것은?

① 정량한계는 0.1mg/L이다.
② 아세틸렌-일산화이질소는 철, 니켈의 방해는 많으나 감도가 높다.
③ 정량범위는 장치 및 조건에 따라 다르나, 267.72nm에서 2.0~5mg/L 정도이다.
④ 공기, 아세틸렌으로는 아세틸렌 유량이 많은 쪽이 감도가 높다.

해설 ④항만 올바르다.
오답해설
① 이 방법에의 정량한계는 0.01mg/L이다.
② 아세틸렌-일산화이질소는 방해는 적으나 감도가 낮다.
③ 정량범위는 사용하는 장치 및 측정조건 등에 따라 다르나 357.9nm에서 0.01~5mg/L이다.

10 원자흡수분광광도법(AAS)을 이용하여 중금속을 분석할 때 중금속의 종류와 측정파장이 옳지 않은 것은?

① 크롬 - 357.9nm
② 6가 크롬 - 253.7nm
③ 카드뮴 - 228.8nm
④ 납 - 283.3nm

해설 6가 크롬 - 357.9nm

정답 06. ② 07. ② 08. ④ 09. ④ 10. ②

11 다음은 자외선/가시선 분광법으로 구리를 분석할 때의 간섭물질에 관한 설명이다. ( ) 안에 알맞은 것은?

> 비스무트(Bi)가 구리의 양보다 2배 이상 존재할 경우에는 ( )을 나타내어 방해한다.

① 적자색 ② 황색
③ 청색   ④ 황갈색

12 자외선/가시선 분광법에 의한 구리의 정량에 대한 설명으로 틀린 것은?

① 추출용매는 아세트산부틸을 사용한다.
② 정량한계는 0.002mg이다.
③ 비스무트(Bi)가 구리의 양보다 2배 이상 존재할 경우에는 청색을 나타내어 방해한다.
④ 시료의 전처리를 하지 않고 직접 시료를 사용하는 경우 시료 중에 시안화합물이 함유되어 있으면 염산으로 산성 조건을 만든 후 끓여 시안화물을 완전히 분해 제거한 다음 시험한다.

해설 비스무트(Bi)가 구리의 양보다 2배 이상 존재할 경우에는 황색을 나타내어 방해한다.

13 자외선/가시선 분광법에 의한 구리 분석방법에 관한 설명으로 옳은 것은?

① 구리이온은 산성에서 다이에틸다이티오카르바민산나트륨과 반응하여 황갈색의 킬레이트 화합물을 생성한다.
② 구리이온은 산성에서 다이에틸다이티오카르바민산나트륨과 반응하여 적자색의 킬레이트 화합물을 생성한다.
③ 구리이온은 알칼리성에서 다이에틸다이티오카르바민산나트륨과 반응하여 황갈색의 킬레이트 화합물을 생성한다.
④ 구리이온은 알칼리성에서 다이에틸다이티오카르바민산나트륨과 반응하여 적자색의 킬레이트 화합물을 생성한다.

해설 이 시험기준은 폐기물 중에 구리를 자외선/가시선 분광법으로 측정하는 방법으로 시료 중에 구리이온이 알칼리성에서 다이에틸다이티오카르바민산나트륨과 반응하여 생성하는 황갈색의 킬레이트 화합물을 아세트산부틸로 추출하여 흡광도를 440nm에서 측정하는 방법이다.

14 자외선/가시선 분광법을 적용한 구리 측정에 관한 내용으로 옳은 것은?

① 정량한계는 0.002mg이다.
② 적갈색의 킬레이트 화합물이 생성된다.
③ 흡광도는 520nm에서 측정한다.
④ 정량 범위는 0.01~0.05mg/L이다.

해설 ①항만 올바르다.
오답해설
② 황갈색의 킬레이트 화합물이 생성된다.
③ 흡광도는 440nm에서 측정한다.
④ 정량 범위는 0.002~0.03mg/L이다.

15 원자흡수분광광도법으로 구리를 측정할 때 정밀도(RDS)는? (단, 정량한계는 0.008mg/L)

① ±10% 이내   ② ±15% 이내
③ ±20% 이내   ④ ±25% 이내

정답 11. ② 12. ③ 13. ③ 14. ① 15. ④

16 다음은 구리(자외선/가시선 분광법 기준) 측정에 관한 내용이다. ( ) 안에 옳은 내용은?

> 폐기물 중에 구리를 자외선/가시선 분광법으로 측정하는 방법으로 시료 중에 구리이온이 알칼리성에서 다이에틸다이티오카르바민산나트륨과 반응하여 생성하는 황갈색의 킬레이트 화합물을 ( )(으)로 추출하여 흡광도를 440nm에서 측정하는 방법이다.

① 아세트산부틸 ② 사염화탄소
③ 벤젠   ④ 노말헥산

17 폐기물공정시험기준상 측정대상 물질 측정 시 적용되는 시약을 잘못 연결한 것은? (단, 자외선/가시선 분광법 기준)

① 구리 – 다이에틸다이티오카르바민산나트륨
② 비소 – 다이에틸다이티오카르바민산은
③ 카드뮴 – 다이페닐카바지드
④ 시안 – 피리딘·피라졸론 혼액

해설 카드뮴은 디티존과 반응하여 생성하는 적색의 카드뮴착염을 사염화탄소로 추출하여 그 흡광도를 측정한다.

18 자외선/가시선 분광법을 이용한 카드뮴 측정에 관한 설명으로 ( ) 안에 옳은 내용은?

> 시료 중에 존재하는 카드뮴이온을 시안화칼륨이 존재하는 알칼리성에서 디티존과 반응시켜 생성하는 카드뮴착염을 사염화탄소로 추출하고, 추출한 카드뮴 착염을 ( )으로 역추출한 다음 다시 수산화나트륨과 시안화칼륨을 넣어 디티존과 반응하여 생성하는 적색의 카드뮴착염을 사염화탄소로 추출하고 그 흡광도를 520nm에서 측정한다.

① 염화제일주석산 용액
② 부틸알콜
③ 타타르산 용액
④ 에틸알콜

19 카드뮴을 유도결합플라즈마-원자발광광도법에 따라 정량 시 일반적인 발광측정 파장(nm)은?

① 226.5   ② 440
③ 490   ④ 530

20 함수량이 90%인 시료를 용출시험하여 분석한 결과, 카드뮴의 함량이 5ppm이었다. 수분함량을 보정하여 계산하면 카드뮴의 함량(ppm)은?

① 5.5   ② 7.5
③ 10.5   ④ 12.5

해설 식 카드뮴의 함량 $= 5ppm \times 1.5 = 7.5ppm$
- 보정계수 $= \dfrac{15}{(100-함수율)} = \dfrac{15}{(100-90)} = 1.5$
- 함수율 85% 일 때 보정계수 : 1
- 함수율 90% 일 때 보정계수 : 1.5
- 함수율 95% 일 때 보정계수 : 3

21 자외선/가시선 분광법으로 카드뮴을 정량 시 사용하는 시약과 그 용도로 잘못 짝지어진 것은?

① 발색시약 : 디티존
② 시료의 전처리 : 질산-황산
③ 추출용매 : 사염화탄소
④ 억제제 : 황화나트륨

해설 억제제는 사용하지 않는다.

정답 16. ① 17. ③ 18. ③ 19. ① 20. ② 21. ④

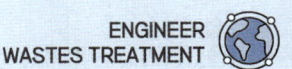

22 원자흡수분광광도법에 의한 비소 측정 시 사용하는 아연분말은 비소함량(ppm)이 얼마 이하의 것을 사용하여야 하는가?

① 5   ② 0.5
③ 0.05   ④ 0.005

23 비소시험법에서 비화수소 발생장치의 반응용기에 무엇을 넣어 비화수소를 발생시키는가?

① 아연(Zn) 분말   ② 알루미늄(Al) 분말
③ 철(Fe) 분말   ④ 비스무트(Bi) 분말

해설 비소의 자외선/가시선 분광법은 시료 중 비소를 3가비소로 환원시킨 다음 아연을 넣어 발생되는 비화수소를 다이에틸다이티오카르바민산은의 피리딘 용액에 흡수시켜 이 때 나타나는 적자색의 흡광도를 530nm에서 측정하는 방법이다.

24 원자흡수분광광도법으로 비소를 분석하려고 한다. 시료 중의 비소를 3가비소로 환원하기 위하여 사용하는 시약은?

① 아연   ② 이염화주석
③ 요오드화칼륨   ④ 과망간산칼륨

해설 이 시험기준은 폐기물 중에 비소를 자외선/가시선 분광법으로 측정하는 방법으로, 시료 중의 비소를 3가비소로 환원시킨 다음 아연을 넣어 발생되는 비화수소를 다이에틸다이티오카르바민산은의 피리딘용액에 흡수시켜 이때 나타나는 적자색의 흡광도를 530nm에서 측정하는 방법이다.

25 다음 물질 중 다이에틸다이티오카르바민산은의 피리딘 용액에 흡수시켜 적자색의 흡광도를 측정하여 정량하는 것은?

① 6가 크롬   ② 구리
③ 수은   ④ 비소

26 비소(자외선/가시선 분광법) 분석 시 발생되는 비화수소를 다이에틸다이티오카르바민산은의 피리딘용액에 흡수시키면 나타나는 색은?

① 적자색   ② 청색
③ 황갈색   ④ 황색

27 원자흡수분광광도법에 의한 비소 측정에 관한 설명으로 틀린 것은?

① 정량한계는 0.005mg/L이다.
② 일반적으로 가연성기체로 아세틸렌을 조연성기체로 공기를 사용한다.
③ 아르곤-수소 불꽃에서 원자화시켜 340nm 흡광도를 측정하고 비소를 정량하는 방법이다.
④ 이염화주석으로 시료 중의 비소를 3가비소로 환원한다.

해설 아세틸렌-공기 불꽃에서 원자화시켜 193.7nm에서 흡광도를 측정하고 비소를 정량하는 방법이다.

28 시료 중의 수은을 금속수은으로 환원시키는데 사용되는 환원제는? (단, 원자흡수분광광도법 기준)

① 염화제이철   ② 아연분말
③ 이염화주석   ④ 과망간산칼륨

해설 시료 중 수은을 이염화주석에 넣어 금속수은으로 환원시킨 후 발생하는 수은증기를 분석한다.

정답 22. ④ 23. ① 24. ② 25. ④ 26. ① 27. ③ 28. ③

29 다음 폐기물의 금속류 중 유도결합플라스마 원자발광분광법으로 측정하지 않는 것은?

① 납　　　　② 비소
③ 카드뮴　　④ 수은

해설 수은의 측정방법은 환원기화-원자흡수분광광도법과 자외선/가시선 분광법이 있다.

30 자외선/가시선 분광법과 원자흡수분광광도법의 두 가지 시험방법으로 모두 분석할 수 있는 항목은? (단, 폐기물공정시험기준에 준함)

① 시안
② 수은
③ 유기인
④ 폴리클로리네이티드비페닐

31 환원기화법(원자흡수분광광도법)으로 수은을 측정할 때 시료 중에 염화물이 존재할 경우에 대한 설명으로 옳지 않은 것은?

① 시료 중의 염소는 산화조작 시 유리염소를 발생시켜 253.7nm에서 흡광도를 나타낸다.
② 시료 중의 염소는 과망간산칼륨으로 분해 후 헥산으로 추출 제거한다.
③ 유리염소는 과량의 염산하이드록실 아민 용액으로 환원시킨다.
④ 용액 중에 잔류하는 염소는 질소가스를 통기시켜 축출한다.

해설 시료 중 염화물이온이 다량 함유된 경우에는 산화조작 시 유리염소를 발생하여 253.7nm에서 흡광도를 나타낸다. 이때에는 염산하이드록실아민용액을 과잉으로 넣어 유리염소를 환원시키고 용기 중에 잔류하는 염소는 질소가스를 통기시켜 축출한다.

32 원자흡수분광광도법으로 수은을 측정하고자 한다. 분석절차(전처리) 과정 중 과잉의 과망간산칼륨을 분해하기 위해 사용하는 용액은?

① 10W/V% 염화하이드록시암모늄용액
② (1+4) 암모니아수
③ 10W/V% 이염화주석용액
④ 10W/V% 과황산칼륨

해설 시료에 과황산칼륨(5%) 10mL를 넣고 약 95℃ 물중탕에서 2시간 가열한 다음 실온으로 냉각하고 염화하이드록시암모늄용액(10W/V%)을 한 방울씩 넣어 과잉의 과망간산칼륨을 분해한 다음 정제수를 넣어 250mL로 한다.

33 원자흡수분광광도법에 의한 수은(Hg)의 측정방법에 관한 내용으로 틀린 것은?

① 환원기화장치를 사용하여 수은증기를 발생시킨다.
② 시료 중의 수은을 금속수은으로 환원시키려면 이염화주석용액이 필요하다.
③ 황산 산성에서 방해성분과 분리한 다음 알카리성에서 디티존사염화탄소로 수은을 추출한다.
④ 시료 중 벤젠, 아세톤 등의 휘발성 유기물질도 253.7nm에서 흡광도를 나타내므로 추출분리 후 시험한다.

해설 ③항은 자외선/가시선 분광법에 의한 수은의 측정방법에 해당한다.

34 원자흡수분광광도법을 이용하여 측정할 수 있는 성분은?

① 시안　　　　② 유기인
③ 수은　　　　④ 할로겐화 유기물질

해설 원자흡수분광광도법은 중금속류의 측정에 적합하다.

정답　29. ④　30. ②　31. ②　32. ①　33. ③　34. ③

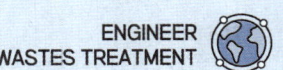

35 자외선/가시선분광법에 의한 수은 측정 시, 전처리된 시료에서 수은의 분리추출을 위하여 사용되는 용액은?

① 과망간산칼륨 ② 염산히드록실아민
③ 염화제일주석 ④ 디티존사염화탄소

36 Pb(NO₃)₂를 사용하여 0.5mg/mL의 납 표준원액(1,000mg/L) 1,000mL를 제조하려고 한다. Pb(NO₃)₂을 얼마나 취해야 하는가? (단, Pb의 원자량 : 207.2)

① 약 200mg ② 약 400mg
③ 약 600mg ④ 약 800mg

해설 질산납 1mol에는 납이온이 1개 포함되어 있다.
〈계산〉 Pb(NO₃)₂
$= \dfrac{0.5mg(Pb)}{mL} \times 1,000mL \times \dfrac{331.2(Pb(NO_3)_2)}{207.2(Pb)}$
$= 799.23mg$

37 폐기물 중에 납을 자외선/가시선 분광법으로 측정하는 방법에 관한 내용으로 틀린 것은?

① 납 착염의 흡광도를 520nm에서 측정하는 방법이다.
② 전처리를 하지 않고 직접 시료를 사용하는 경우, 시료 중에 시안화합물이 함유되어 있으면 염산 산성으로 끓여 시안화물을 완전히 분해 제거한 다음 실험한다.
③ 시료에 다량의 비스무트(Bi)가 공존하면 시안화칼륨용액으로 수회 씻어 무색으로 하여 실험한다.
④ 정량한계는 0.001mg 이다.

해설 시료에 다량의 비스무트(Bi)가 공존하면 시안화칼륨용액으로 수회 씻어도 무색이 되지 않는다. 이 때에는 추출하여 10~20mL로 한 사염화탄소층에 프탈산수소칼륨 완충용액(pH 3.4) 20mL씩을 2회 역추출하고 전체수층을 합하여 분별깔때기에 옮긴다. 암모니아수(1 + 1)를 넣어 약알칼리성으로 하고 시안화칼륨용액(5W/V%) 5mL 및 정제수를 넣어 약 100mL로 한 다음 시료의 시험기준에 따라 추출조작부터 다시 실험한다.

38 자외선/가시선 분광법에 의한 납의 측정시료에 비스무트(Bi)가 공존하면 시안화칼륨 용액으로 수회 씻어도 무색이 되지 않는다. 이 때 납과 비스무트를 분리하기 위해 추출된 사염화탄소층에 가해주는 시약으로 적절한 것은?

① 프탈산수소칼륨 완충액
② 구리아민동 혼합액
③ 수산화나트륨 용액
④ 염산히드록실아민 용액

39 폐기물 내 납을 5회 분석한 결과 각각 1.5, 1.8, 2.0, 1.4, 1.6mg/L를 나타내었다. 분석에 대한 정밀도(%)는? (단, 표준편차 = 0.241)

① 약 1.66 ② 약 2.41
③ 약 14.5 ④ 약 16.6

해설 정밀도(%) $= \dfrac{\text{표준편차}}{\text{평균}} \times 100$
$= \dfrac{0.241}{\dfrac{(1.5+1.8+2.0+1.4+1.6)}{5}} \times 100 = 14.52\%$

정답 35. ④ 36. ④ 37. ③ 38. ① 39. ③

UNIT 03 유기물질

1 유기인

1) 유기인 - 기체크로마토그래피

① 개요
  ㉠ 목적 : 이 시험기준은 폐기물 중에 유기인 화합물 중 **이**피엔, **파**라티온, **메**틸디메톤, **다**이아지논 및 **펜**토에이트의 측정방법으로서, 유기인화합물을 기체크로마토그래프로 분리한 다음 질소인 검출기(NPD) 또는 불꽃광도 검출기(FPD)로 분석하는 방법이다. **암기TIP** 이 파 메 다 펜
  ㉡ 정량한계 : 이 방법에 의한 정량한계는 사용하는 장치 및 측정조건에 따라 다르나 각 성분 당 0.0005 mg/L이다.
  ㉢ 간섭물질
   • 추출 용매 안에 함유하고 있는 불순물이 분석을 방해할 수 있다. 이 경우 바탕시료나 시약바탕시료를 분석하여 확인할 수 있다. 방해물질이 존재하면 용매를 증류하거나 컬럼 크로마토그래피를 이용하여 제거한다. 고순도의 시약이나 용매를 사용하면 방해물질을 최소화할 수 있다.
   • 유리기구류는 세정제, 수돗물, 정제수 그리고 아세톤으로 차례로 닦아준 후 400℃에서 15~30분 동안 가열한 후 식혀 알루미늄박으로 덮어 깨끗한 곳에 보관하여 사용한다.
   • 매트릭스로부터 추출되어 나오는 방해물질이 있을 수 있는데 이는 시료마다 다르다. 만약 방해가 심하면 추가적으로 플로리실과 같은 고체상 정제과정이 필요하다.

② 분석기기 및 기구
  ㉠ 컬럼 : 안지름 0.20mm~0.35mm, 필름두께 0.1㎛~0.50㎛, 길이 15m~60m의 cross-linked methylsilicone 또는 cross-linked 5% phenylmethylsilicone 모세관이나 동등한 분리성능을 가진 모세관으로 대상 분석 물질의 분리가 양호한 것을 택하여 실험한다.
  ㉡ 운반기체 : 부피백분율 99.999% 이상의 헬륨(또는 질소)을 사용하며 유량은 0.5mL/min~4mL/min, 시료 도입부 온도는 200℃~250℃, 컬럼온도는 40℃~280℃로 사용한다.
  ㉢ 질소인 검출기 또는 불꽃광도 검출기 : 질소인 검출기(NPD) 또는 불꽃광도 검출기(FPD)는 질소나 인이 불꽃 또는 열에서 생성된 이온이 루비듐염과 반응하여 전자를 전달하여 이때 흐르는 전자가 포착되어 전류의 흐름으로 바꾸어 측정하는 방법으로 유기인 화합물 및 유기질소화합물을 선택적으로 검출할 수 있다. **비고** 검출기는 불꽃광형검출기 대신에 알칼리열 이온화 검출기 또는 전자 포획형 검출기를 사용할 수 있다.
  ㉣ 구데루나 다니쉬 농축기 : 시료 농축 및 노말헥산을 휘발시킨다.
  ㉤ 정제용 컬럼 **암기TIP** 불 확 실 - 플 활 실
   • 플로리실 컬럼
   • 활성탄 컬럼
   • 실리카겔 컬럼

③ 시약 및 표준용액
　㉠ 시약
　　• 염화나트륨
　　• 염산(1 + 1)
　　• 무수황산나트륨
　　• 다이클로로메탄과 헥산의 혼합액(15 : 85) → 메틸디메톤의 추출율이 낮아질 경우 사용
　　• 아세톤
　　• 플로리실
　　• 메틸오렌지용액(0.1W/V%)
　　• 노말헥산 → 추출용매
　　• 다이클로로메탄
　　• 실리카겔
　　• 활성탄
　㉡ 표준용액
　　• 혼합 표준원액(1,000mg/L) : 잔류농약실험용 이피엔, 파라티온, 메킬디메톤, 다이아지논, 펜토에이트 각 50mg을 정확히 취하여 각각 50mL 부피플라스크에 넣고 아세톤을 넣어 50mL로 한다.(이 용액 1mL는 유기인이 각각 1mg을 함유한다.)
　　• 혼합표준용액(10.0mg/L) : 100mL 부피플라스크에 미량주사기를 사용하여 혼합 표준원액 1.0mL를 넣고 아세톤을 넣어 100mL로 한다.(이 용액 1mL는 유기인이 각각 10.0μg을 함유한다.)

④ 시료채취 및 관리
　㉠ 시료채취는 유리병을 사용하며 채취 전에 시료로서 세척하지 말아야 한다.
　㉡ 모든 시료는 시료채취 후 추출하기 전까지 4℃ 냉암소에서 보관하고 7일 이내에 추출하고 40일 이내에 분석한다.

⑤ 정도보증/정도관리(QA/QC)
　㉠ 방법검출한계 및 정량한계
　　• 방법검출한계 및 정량한계는 정도보증/정도관리에 따라 계산한다. 유기인 화합물이 없는 것으로 확인된 액상 폐기물에 정량한계 부근의 농도가 되도록 첨가한 7개의 첨가시료를 준비하여 7.0 분석절차와 동일하게 추출하여, 표준편차를 구한다.
　　• 표준편차에 3.14를 곱한 값을 방법검출한계로, 10을 곱한 값을 정량한계로 나타낸다.
　㉡ 방법바탕시료의 측정
　　• 정도보증/정도관리에 따라 시료군마다 1개의 방법바탕시료를 측정한다.
　　• 방법바탕시료는 유기인 화합물이 없는 것으로 확인된 액상 폐기물을 사용하여 분석절차와 동일하게 전처리 · 측정하며 측정값은 방법검출한계 이하이어야 한다.
　㉢ 검정곡선의 작성 및 검증
　　• 정량범위 내의 4개 이상의 농도에 대해 검정곡선을 작성하고 얻어진 검정곡선의 결정계수(R^2)가 0.98 또는 감응계수(RF)의 상대표준편차가 15% 이내이어야 하며 결정계수나 감응계수의 상대표준편차가 허용범위를 벗어나면 재작성하도록 한다.
　　• 검정곡선을 검증하기 위하여 감응계수를 구하고 이 값이 초기 검정곡선 작성 시 구하여진 감응계수와 비교했을 때 상대표준편차가 ±15% 이내일 때는 원래의 검정곡선을 이용하여 시료 중의 농도를 정량하며, 상대표준편차가 ±15% 이상일 때는 새로운 검정곡선을 작성하여야 한다.

⑥ 정도관리 목표 값
  ㉠ 정량한계 : 0.0005mg/L
  ㉡ 검정곡선 : 결정계수(R^2) ≥ 0.98 또는 감응계수(RF)의 상대표준편차 ≤ 15%
  ㉢ 정밀도 : 상대표준편차가 ±25% 이내
  ㉣ 정확도 : 75~125%

2) 유기인 - 기체크로마토그래피 - 질량분석법

유기인 - 기체크로마토그래피와 대부분의 방법과 수치가 동일하여 별도로 학습할 내용이 권장되지 않음

2 PCB(폴리클로리네이티드비페닐)

1) 폴리클로리네이티드비페닐(PCBs) - 기체크로마토그래피

① 개요
  ㉠ 목적 : 이 시험기준은 폐기물 중에 폴리클로리네이티드비페닐(PCBs)을 분석하는 방법으로, 시료 중의 폴리클로리네이티드비페닐(PCBs)을 헥산으로 추출하여 실리카겔 컬럼 등을 통과시켜 정제한 다음 기체크로마토그래프에 주입하여 크로마토그램에 나타난 피크 패턴에 따라 폴리클로리네이티드비페닐(PCBs)을 확인하고 정량하는 방법이다.
  ㉡ 적용범위
   • 이 시험기준은 액상폐기물, 고상폐기물 및 비함침성 고상 폐기물 중에 폴리클로리네이티드비페닐류(PCBs)의 검사에 적용한다.
   • 이 시험기준은 나타난 피크의 패턴에 따라 폴리클로리네이티드비페닐(PCBs)을 확인하고 정량하는 방법이다.
   • 용출용액의 경우 각 폴리클로리네이티드비페닐(PCBs)의 정량한계는 0.0005mg/L이며, 액상 폐기물의 정량한계는 0.05mg/L이다.
   • 비함침성 고상 폐기물의 정량한계는 시료채취방법에 따라 표면 채취법은 0.05μg/100cm^{2}으로 하고, 부재 채취법은 0.005mg/kg이다.
  ㉢ 간섭물질
   • 알칼리 분해를 하여도 헥산 층에 유분이 존재할 경우에는 실리카겔 컬럼으로 정제조작을 하기 전에 플로리실 컬럼을 통과시켜 유분을 분리한다.
   • 유리기구류는 세정제, 뜨거운 수돗물 그리고 정제수 순으로 닦아준 후 400℃에서 15~30분 동안 가열한 후 식혀 알루미늄박으로 덮어 깨끗한 곳에 보관하여 사용한다.
   • 고순도의 시약이나 용매를 사용하여 방해물질을 최소화하여야 한다.
   • 전자포획검출기로 폴리클로리네이티드비페닐(PCBs)을 측정할 때 프탈레이트가 방해할 수 있는데 이는 플라스틱 용기를 사용하지 않음으로서 최소화 할 수 있다.
   • 실리카겔 컬럼 정제는 산, 염화페놀, 폴리클로로페녹시페놀 등의 극성화합물을 제거하기 위하여 수행하며, 사용 전에 정제하고 활성화시켜야 한다.

② 용어정의

㉠ 폴리클로리네이티드비페닐 동질체(PCB congener) : 폴리클로리네이티드비페닐(PCBs)는 비페닐 구조에 염소가 치환하여 총 209 종류의 폴리클로리네이티드비페닐(PCBs)이 존재한다. 각각의 이성질체를 동질체(congener)라고 부른다.

③ 분석기기 및 기구

㉠ 기체크로마토그래프
- 컬럼은 안지름 0.20~0.53mm, 필름두께 0.1~5.0μm, 길이 30~100m의 DB-1, DB-5 및 DB-608 등의 모세관이나 동등한 분리성능을 가진 모세관으로 대상 분석 물질의 분리가 양호한 것을 택하여 실험한다.
- 운반기체는 부피백분율 99.999% 이상의 질소로서 유량은 0.5~3mL/min, 시료 도입부 온도는 250~300℃, 컬럼온도는 50~320℃, 검출기온도는 270~320℃로 사용한다.
- 검출기는 전자포획검출기(ECD, electron capture detector) 또는 이와 동등 이상의 검출성능을 가진 것을 사용한다.

㉡ 정제 컬럼
- 플로리실 컬럼 : 플로리실 컬럼 정제는 헥산 층에 유분이 존재할 경우에 실리카겔 컬럼으로 정제하기 전 유분을 제거하기 위하여 사용한다.
- 실리카겔 컬럼 : 실리카겔 컬럼 정제는 산, 염화페놀, 폴리클로로페녹시페놀 등의 극성화합물을 제거하기 위하여 수행하며, 사용 전에 정제하고 활성화시켜야 한다.

㉢ 농축장치 : 구데르나다니쉬(KD)농축기 또는 회전증발농축기를 사용한다. → 시료 농축 및 노말헥산 휘발

㉣ 기타
- 부피실린더는 부피 50mL의 마개 있는 것을 사용한다.
- 미량주사기는 1~10μL 부피의 액체용을 사용한다.

④ 시약 및 표준용액

㉠ 시약
- 아세톤
- 노말헥산 → 추출용매
- 무수황산나트륨 → 수분 제거
- 실리카겔
- 플로리실
- 수산화칼륨/에틸알코올용액(1M)
- 헥산세정수
- 황산
- 에틸에테르
- 에틸에테르/노말헥산용액(15V/V%)

ⓛ 표준용액
- 폴리클로리네이티드비페닐 표준원액(1,000mg/L)
- 폴리클로리네이티드비페닐 표준용액(10.0mg/L)
- 내부표준용액
  - 10염화비페닐 표준원액(1,000mg/L)
  - 10염화비페닐 표준용액(10.0mg/L)
  - 4염화메타자일렌(tetrachloro-m-xylene, $C_8H_6Cl_4$) 표준원액(1,000mg/L)
  - 4염화메타자일렌 표준용액(2.0mg/L)

⑤ 정도관리 목표 값
  ㉠ 정량한계 : 용출용액 0.0005mg/L, 액상 0.05mg/L, 비함침성 0.05㎍/100cm² (표면채취법), 0.005mg/kg(부재 채취법)
  ㉡ 검정곡선 : 결정계수(R^2) ≥ 0.98 또는 감응계수(RF)의 상대표준편차 ≤ 15%
  ㉢ 정밀도 : 상대표준편차가 ±25% 이내
  ㉣ 정확도 : 75~120%

2) 폴리클로리네이티드비페닐(PCBs) - 기체크로마토그래프 - 질량분석법

운반기체 : 부피백분율 99.999% 이상의 헬륨 또는 질소

나머지는 PCB - 기체크로마토그래피와 대부분의 방법과 수치가 동일하여 별도로 학습할 내용이 권장되지 않음

3) 폴리클로리네이티드비페닐(PCBs) - 기체크로마토그래피(절연유분석법)

운반기체 : 부피백분율 99.999% 이상의 헬륨 또는 질소

나머지는 PCB - 기체크로마토그래피와 대부분의 방법과 수치가 동일하여 별도로 학습할 내용이 권장되지 않음

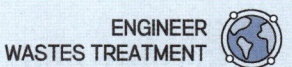

UNIT 03 유기물질

01 기체크로마토그래피 분석법으로 측정하여야 하는 항목은?

① 유기인 ② 시안
③ 기름성분 ④ 비소

해설 ① 유기인 : 기체크로마토그래피
② 시안 : 자외선/가시선 분광법, 이온전극법
③ 기름성분 : 중량법
④ 비소 : 자외선/가시선 분광법, 원자흡수분광광도법, 유도결합플라즈마-원자발광분광법

02 폐기물공정시험기준(방법)에서 규정하고 있는 유기인 화합물(기체크로마토그래피법)의 측정대상 성분으로 거리가 먼 것은?

① 이피엔 ② 펜토에이트
③ 디티온 ④ 다이아지논

해설 유기인 화합물의 측정대상 성분은 이피엔, 파라티온, 메틸디메톤, 다이아지논, 펜토에이트이다.

03 유기인 정량 시 검량선을 작성하기 위해 사용되는 표준용액이 아닌 것은?

① 이피엔 표준액 ② 파라티온 표준액
③ 다이아지논 표준액 ④ 바비트레이트 표준액

해설 혼합 표준원액(1,000mg/L) : 잔류농약실험용 이피엔, 파라티온, 메틸디메톤, 다이아지논, 펜토에이트 각 50mg을 정확히 취하여 각각 50mL 부피플라스크에 넣고 아세톤을 넣어 50mL로 한다.

04 유기인을 기체크로마토그래피로 분석할 때 헥산으로 추출하면 메틸디메톤의 추출율이 낮아질 수 있으므로 이에 대체하여 사용하는 물질로 가장 적합한 것은?

① 다이클로로메탄과 헥산의 혼합액(15:85)
② 메틸에틸케톤과 에탄올의 혼합액(15:85)
③ 메틸에틸케톤과 헥산의 혼합액(15:85)
④ 다이클로로메탄과 에탄올의 혼합액(15:85)

05 유기인의 정제용 컬럼으로 적절치 않은 것은?

① 실리카겔 컬럼 ② 플로리실 컬럼
③ 활성탄 컬럼 ④ 실리콘 컬럼

해설 유기인의 정제용 컬럼으로는 실리카겔 컬럼, 플로리실 컬럼, 활성탄 컬럼 중 하나를 선택한다.

06 기체크로마토그래피로 유기인화합물을 분리하고자 할 때 사용되는 정제용 컬럼이 아닌 것은?

① 규산 컬럼 ② 플로리실 컬럼
③ 활성탄 컬럼 ④ 실리카겔 컬럼

해설 기체크로마토그래피로 유기인화합물 측정 시 사용하는 정제용 컬럼으로는 실리카겔 컬럼, 플로리실 컬럼, 활성탄 컬럼이 있다.

정답 01. ① 02. ③ 03. ④ 04. ① 05. ④ 06. ①

07 유기인의 기체크로마토그래프 분석 시 간섭물질에 관한 내용으로 틀린 것은?

① 추출 용매 안에 함유되어 있는 불순물이 분석을 방해할 수 있다.
② 고순도의 시약이나 용매를 사용하면 방해물질을 최소화 할 수 있다.
③ 매트릭스로부터 추출되어 나오는 방해물질이 있을 수 있는데 이는 시료마다 다르다.
④ 유리기구류는 세정수로 닦아준 후 깨끗한 곳에서 건조하여 사용한다.

해설 유리기구류는 세정제, 수돗물, 정제수 그리고 아세톤으로 차례로 닦아 준 후 400℃에서 15~30분 동안 가열한 후 식혀 알루미늄 포일로 덮어 깨끗한 곳에 보관하여 사용한다.

08 기체크로마토그래피를 이용한 유기인 분석에 관한 설명으로 가장 거리가 먼 것은?

① 검출기는 불꽃광도검출기(FPD)를 사용한다.
② 규산 칼럼 또는 실리카겔 칼럼을 사용하여 시료를 농축시킨다.
③ 컬럼온도는 40~280℃로 사용한다.
④ 유기인 화합물 중 이피엔, 파리티온, 메틸디메톤, 다이아지논, 펜토에이트의 측정에 적용된다.

해설 구테루나 다니쉬 농축기를 사용하여 시료를 농축시킨다.

09 기체크로마토그래피를 적용한 유기인 분석에 관한 내용으로 틀린 것은?

① 유기인 화합물 중 이피엔, 파라티온, 메틸디메톤, 다이아지논 및 펜토에이트의 측정에 이용된다.
② 유기인의 정량분석에 사용되는 검출기는 질소인 검출기 또는 불꽃광도 검출기이다.
③ 정량한계는 사용하는 장치의 측정 조건에 따라 다르나 각 성분 당 0.0005mg/L이다.
④ 유기인을 정량할 때 주로 사용하는 정제용 칼럼은 활성 알루미나 칼럼이다.

해설 기체크로마토그래피로 유기인화합물 측정 시 사용하는 정제용 컬럼으로는 실리카겔 컬럼, 플로리실 컬럼, 활성탄 컬럼이 있다.

10 유기인의 분석에 관한 내용으로 틀린 것은?

① 기체크로마토그래피를 사용할 경우 질소인 검출기 또는 불꽃광도 검출기를 사용한다.
② 기체크로마토그래피는 유기인 화합물 중 이피엔, 파라티온, 메틸디메톤, 다이아지논 및 펜토에이트 분석에 적용된다.
③ 시료채취는 유리병을 사용하며 채취 전 시료로 3회 이상 세척하여야 한다.
④ 시료는 시료 채취 후 추출하기 전까지 4℃ 냉암소에 보관하고 7일 이내에 추출하고 40일 이내에 분석한다.

해설 시료채취는 유리병을 사용하며 채취 전에 시료로서 세척하지 말아야 한다.

11 기체크로마토그래피로 유기인 분석 시 검출기에 관한 설명으로 (   ) 안에 알맞은 것은?

> 질소인 검출기(NPD) 또는 불꽃광도 검출기(FPD)는 질소나 인이 불꽃 또는 열에서 생성된 이온이 (   )염과 반응하여 전자를 전달하여 이때 흐르는 전자가 포착되어 전류의 흐름으로 바꾸어 측정하는 방법으로 유기인 화합물 및 유기질소화합물을 선택적으로 검출할 수 있다.

① 세슘   ② 루비듐
③ 프란슘   ④ 니켈

정답 07. ④   08. ②   09. ④   10. ③   11. ②

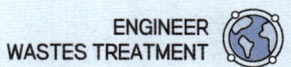

12 액상폐기물에서 유기인을 추출하고자 하는 경우 가장 적합한 추출용매는?
① 아세톤
② 노말헥산
③ 클로로포름
④ 아세토니트릴

13 PCBs(기체크로마토그래피-질량분석법)분석 시 PCBs 정량한계는?
① 0.01mg/L
② 0.05mg/L
③ 0.1mg/L
④ 1.0mg/L

해설 PCB의 기체크로마토그래프 - 질량분석법의 정량한계는 1.0mg/L이다.

14 용출액 중의 PCBs 시험방법(기체크로마토그래피법)을 설명한 것으로 틀린 것은?
① 용출액 중의 PCBs를 헥산으로 추출한다.
② 전자포획형 검출기(ECD)를 사용한다.
③ 정제는 활성탄칼럼을 사용한다.
④ 용출용액의 정량한계는 0.0005mg/L이다.

해설 정제는 플로리실 칼럼과 실리카겔 칼럼을 사용한다.

15 기체크로마토그래피법에 의한 PCBs 분석과정에 대한 설명으로 틀린 것은? (단, 용출용액 중의 PCBs기준)
① 검출기는 전자포획검출기(ECD) 또는 이와 동등 이상의 검출성능을 가진 것을 사용한다.
② 칼럼은 안지름 0.20~0.53mm, 필름두께 0.1~0.5㎛, 길이 30~100m의 DB-1, DB-5, DB-608 등의 모세관이나 동등한 분리성능을 가진 것을 사용한다.
③ 농축기는 구데르나다니쉬 농축기 또는 회전증발 농축기를 사용한다.

④ PCBs를 사염화탄소로 추출하여 알루미나칼럼을 통과시켜 정제한다.

해설 PCBs를 헥산으로 추출하여 실리카겔 칼럼 등을 통과시켜 정제한다.

16 액상폐기물 중 PCBs를 기체크로마토그래피로 분석 시 사용되는 시약이 아닌 것은?
① 수산화칼슘
② 무수황산나트륨
③ 실리카겔
④ 노말 헥산

17 PCBs를 기체크로마토그래피로 분석할 때 실리카겔 칼럼에 무수황산나트륨을 첨가하는 이유는?
① 유분제거
② 수분제거
③ 미량 중금속제거
④ 먼지제거

18 기체크로마토그래피법을 이용하여 폴리클로리네이티드비페닐(PCBs)을 분석할 때 사용되는 검출기로 가장 적당한 것은?
① ECD
② TCD
③ FPD
④ FID

19 폴리클로리네이티드비페닐(PCBs)의 기체크로마토그래피법 분석에 대한 설명으로 옳지 않은 것은?
① 운반기체는 부피백분율 99.999% 이상의 아세틸렌을 사용한다.
② 고순도의 시약이나 용매를 사용하여 방해물질을 최소화하여야 한다.
③ 정제칼럼으로는 플로리실 칼럼과 실리카겔 칼럼을 사용한다.
④ 농축장치로 구데르나다니쉬(KD)농축기 또는 회전증발농축기를 사용한다.

정답 12. ② 13. ④ 14. ③ 15. ④ 16. ① 17. ② 18. ① 19. ①

해설 운반기체는 부피백분율 99.999% 이상의 질소를 사용한다.

20 유기인과 PCBs 실험에서 사용하는 구데르나다니쉬 농축기의 용도는?

① n-hexane을 휘발시킨다.
② 디클로로 메탄을 휘산시킨다.
③ 수분을 휘발시킨다.
④ 염분을 휘발시킨다.

정답 20. ①

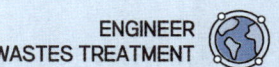

UNIT 04 기타 물질

1 할로겐화 유기물질

1) 할로겐화 유기물질 - 기체크로마토그래피 - 질량분석법

① 개요

㉠ 목적 : 이 시험기준은 폐기물 중에 할로겐화 유기물질을 측정하는 방법으로, 폐유기용제 등의 시료 적당량을 희석용 용매로 희석한 후, 기체크로마토그래프-질량분석계에 직접 주입하여 시료 중 할로겐화 유기물질류를 분석하는 방법이다.

㉡ 적용범위 : 이 시험기준은 폐기물 중에 디클로로메탄, 트리클로로메탄, 테트라클로로메탄, 디클로로디플루오로메탄, 트리클로로플루오로메탄, 1,1-디클로로에탄, 1,2-디클로로에탄, 1,1,1-트리이클로로에탄, 1,1,2-트리클로로에탄, 트리클로로트리플루오로에탄, 트리클로로에틸렌, 테트라클로로에틸렌, 클로로벤젠, 1,2-디클로로벤젠, 1,3-디클로로벤젠, 1,4-디클로로벤젠, 2-클로로페놀, 3-클로로페놀, 4-클로로페놀, 2,3-디클로로페놀, 2,4-디클로로페놀, 2,5-디클로로페놀, 2,6-디클로로페놀, 3,4-디클로로페놀, 3,5-디클로로페놀, 1,1-디클로로에틸렌, 시스-1,3-디클로로프로펜, 트란스-1,3-디클로로프로펜, 1,1,2-트리클로로-1,2,2-트리플로로에탄의 분석에 적용한다.(정량한계 10mg/kg)

㉢ 간섭물질

- 추출 용매에는 분석성분의 머무름 시간에서 피크가 나타나는 간섭물질이 있을 수 있다. 추출 용매 안에 간섭물질이 발견되면 증류하거나 컬럼 크로마토그래피에 의해 제거한다.
- 이 실험으로 끓는점이 높거나 극성 유기화합물들이 함께 추출되므로 이들 중에는 분석을 간섭하는 물질이 있을 수 있다.
- 디이클로로메탄과 같이 머무름 시간이 짧은 화합물은 용매의 피크와 겹쳐 분석을 방해할 수 있다.
- 플루오르화탄소나 디클로로메탄과 같은 휘발성 유기물은 보관이나 운반 중에 격막(septum)을 통해 시료 안으로 확산되어 시료를 오염시킬 수 있으므로 현장바탕시료로서 이를 점검하여야 한다.
- 시료에 혼합표준액 일정량을 첨가하여 크로마토그램을 작성하고 미지의 다른 성분과 피크의 중복여부를 확인한다. 만일 피크가 중복될 경우 극성이 다르고 분리가 양호한 컬럼을 택하여 실험한다.

2) 할로겐화 유기물질 - 기체크로마토그래피

할로겐화 유기물질 - 기체크로마토그래피 - 질량분석법과 대부분의 내용이 동일하므로 별도의 학습을 권장하지 않는다.

2 휘발성 저급염소화 탄화수소류 – 기체크로마토그래피

① 개요

㉠ 목적 : 이 시험기준은 폐기물 중에 휘발성저급염소화탄화수소류를 측정하는 방법으로, 시료 중의 트리클로로에틸렌 및 테트라클로로에틸렌을 헥산으로 추출하여 기체크로마토그래프로 정량하는 방법이다.

㉡ 적용범위
- 이 시험기준은 폐기물 중에 트리클로로에틸렌 및 테트라클로로에틸렌 등의 휘발성 저급염소화 탄화수소류의 분석에 적용한다.
- 이 시험기준에 의해 시료 중에 트리클로로에틸렌의 정량한계는 0.008mg/L 테트라클로로에틸렌의 정량한계는 0.002mg/L이다.

㉢ 간섭물질
- 추출 용매에는 분석성분의 머무름 시간에서 피크가 나타나는 간섭물질이 있을 수 있다. 추출 용매 안에 간섭물질이 발견되면 증류하거나 컬럼 크로마토그래피에 의해 제거한다.
- 이 실험으로 끓는점이 높거나 극성 유기화합물들이 함께 추출되므로 이들 중에는 분석을 간섭하는 물질이 있을 수 있다.
- 디클로로메탄과 같이 머무름 시간이 짧은 화합물은 용매의 피크와 겹쳐 분석을 방해할 수 있다.
- 플루오르화탄소나 디클로로메탄과 같은 휘발성 유기물은 보관이나 운반 중에 격막(septum)을 통해 시료 안으로 확산되어 시료를 오염시킬 수 있으므로 현장바탕시료로서 이를 점검하여야 한다.
- 시료에 혼합표준액 일정량을 첨가하여 크로마토그램을 작성하고 미지의 다른 성분과 피크의 중복여부를 확인한다. 만일 피크가 중복될 경우 극성이 다르고 분리가 양호한 컬럼을 택하여 실험한다.

② 분석기기 및 기구

㉠ 기체크로마토그래프
- 컬럼은 안지름 0.2~0.35mm, 필름두께 0.1~0.50μm, 길이 15~60m의 DB-1, DB-5 및 DB-624 등의 모세관이나 동등한 분리성능을 가진 모세관으로 대상 분석 물질의 분리가 양호한 것을 택하여 실험한다.
- 운반기체는 부피백분율 99.999% 이상의 헬륨으로서(또는 질소) 유량은 0.5~4mL/min, 시료 도입부 온도는 150~250℃, 컬럼온도는 30~250℃로 사용한다.

㉡ 전자포획검출기 : 전자포획검출기(ECD)는 방사선 동위원소(^{63}Ni, ^{3}H 등)로 부터 방출되는 β선이 운반기체를 전리하여 미소전류를 흘려보낼 때 시료 중의 할로젠이나 산소와 같이 전자포획력이 강한 화합물에 의하여 전자가 포획되어 전류가 감소하는 것을 이용하는 방법으로 유기할로젠화합물, 나이트로화합물 및 유기금속화합물을 선택적으로 검출할 수 있다.

㉢ 전해전도 검출기(HECD) : 전해전도 검출기도 사용가능하다.

③ 시료채취 및 관리

㉠ 염산(1 + 1), 인산(1 + 10) 또는 황산(1 + 5)을 1방울/10mL로 가하여 약 pH 2로 조절하고 4℃ 냉암소에서 보관한다.

ⓒ 시료가 잔류염소를 함유하고 있다면 티오황산나트륨(10mg/40mL)을 시료채취 전에 넣는다.
ⓒ 시료 중에 방향족 탄화수소(예 벤젠, 톨루엔, 에틸벤젠 등)는 쉽게 미생물에 의해 분해되므로 일주일 이상 보관할 경우는 다음과 같이 보관한다. 시료 500mL를 염산(1 + 1)으로 pH를 약 2로 조절한 후 시료를 병에 채운다.
ⓔ 모든 시료는 채취 후 14일 이내에 분석해야한다.
ⓜ 시료에 염산을 가하였을 때에 거품이 생기면 그 시료는 버리고 산을 가하지 않은 채로 두 개의 시료를 채취한다. 이 시료에는 산을 가하지 않았음을 표시해야하고 24시간 안에 분석해야 한다.

3 의료폐기물

1) 감염성미생물 – 아포균 검사법

① 개요
  ㉠ 목적 : 이 시험기준은 폐기물 중에 감염성미생물을 아포균검사법으로 검사하는 방법으로, 감염성폐기물을 증기멸균분쇄시설 또는 멸균분쇄시설(이하 "열관멸균분쇄시설"이라 한다)에서 멸균처리한 결과 특정한 저항성 미생물 포자(이하 "아포"라 한다)가 사멸된 경우 병원성미생물을 포함한 다른 종류의 미생물도 사멸된 것으로 판단하는 방법이다.
  ㉡ 적용범위 : 이 시험기준은 폐기물 중에 감염성미생물을 아포균검사법으로 검사하는 방법으로 감염성폐기물의 멸균잔류물에 대한 멸균여부의 판정은 병원성미생물보다 열저항성이 강하고 비병원성인 아포형성 미생물을 이용한 아포균 검사법으로 실험한 결과 표준 지표생물포자가 104개 이상 감소하면 멸균된 것으로 본다.
  ㉢ 간섭물질 : 일반적으로 미생물 실험은 시료 중에 함유된 미생물의 상태가 시시각각으로 변할 수 있으며, 당초 시료 중에 함유되어 있던 미생물 이외의 다른 미생물이 조작 중에 오염될 수 있다. 이러한 실험상의 오염을 방지하기 위하여 배지, 시약, 기구, 장비 등과 모든 실험조작은 원칙적으로 무균조작을 하여야 한다.

② 용어정의
  ㉠ 지표생물포자 : 감염성폐기물의 멸균잔류물에 대한 멸균여부의 판정은 병원성미생물보다 열저항성이 강하고 비병원성인 아포형성 미생물을 이용하는데 이를 지표생물포자라 한다.

③ 분석기기 및 기구
  ㉠ 배양기 : 온도가 32±1℃ 또는 55±1℃ 이상 유지되는 항온배양기를 사용한다.
  ㉡ 시험아포 주입용기 : 부피는 120mL 이상이고 3개~4개의 작은 구멍을 뚫어 증기가 침투할 수 있으며 높은 열저항성과 비접착성 재질의 회전식 뚜껑이 있는 용기를 사용하거나 시험아포를 담을 수 있도록 주름 끈 또는 접착포가 달린 천으로 만든 주머니를 사용한다.
  ㉢ 멸균된 플라스틱 페트리 디쉬 : 안지름 83mm, 깊이 12mm의 디쉬를 사용한다.
  ㉣ 멸균된 핀셋과 피펫

④ **시료채취 및 관리**
  ㉠ 정상운전조건에서 멸균처리가 끝난 다음 멸균잔류물을 잘 혼합하거나 혼합이 불가능할 경우에는 전체의 성상을 대표할 수 있도록 서로 다른 곳에서 시료를 채취한다.
  ㉡ 시료의 채취는 가능한 한 무균적으로 하고 멸균된 용기에 넣어 1시간 이내에 실험실로 운반·실험하여야 하며, 그 이상의 시간이 소요될 경우에는 10℃ 이하로 냉장하여 6시간 이내에 실험실로 운반하고 실험실에 도착한 후 2시간 이내에 배양조작을 완료하여야 한다. 다만 8시간 이내에 실험이 불가능할 경우에는 현지 실험용 기구세트를 준비하여 현장에서 배양조작을 하여야 한다.

⑤ **결과보고**
  바실러스 스테어로써머필러스 시험아포균의 실험결과 시험아포균 배양액이 혼탁한 경우 지표생물이 생장한 것으로 간주하며, 이를 확인하기 위하여 지표생물이 생장한 것으로 나타난 시험아포균 배양액과 대조시험아포균 배양액을 실험 후 시험아포균 및 대조시험아포균을 서로 비교하여 판정한다.

2) 감염성미생물-세균배양 검사법

① **개요**
  ㉠ 목적 : 이 시험기준은 폐기물 중에 감염성미생물을 세균배양검사법으로 검사하는 방법으로, 감염성폐기물을 증기·열관멸균분쇄시설의 정상운전으로 멸균처리한 다음 그 멸균잔류물의 추출물을 혐기성 및 호기성균이 동시에 생장할 수 있는 티오글리콜레이트 배지에 배양하여 미생물의 생장여부로부터 멸균상태를 확인하는 방법이다.
  ㉡ 적용범위 : 이 시험기준은 폐기물 중에 감염성미생물을 아포균 검사법으로 검사하는 방법으로 감염성폐기물의 멸균잔류물에 대한 멸균여부의 판정은 세균배양 검사법으로 실험한 결과 세균이 검출되지 않으면 멸균된 것으로 본다.
  ㉢ 간섭물질 : 일반적으로 미생물 실험은 시료 중에 함유된 미생물의 상태가 시시각각으로 변할 수 있으며, 당초 시료 중에 함유되어 있던 미생물 이외의 다른 미생물이 조작 중에 오염될 수 있다. 이러한 실험상의 오염을 방지하기 위하여 배지, 시약, 기구, 장비 등과 모든 실험조작은 원칙적으로 무균조작을 하여야 한다.

② **용어정의**
  ㉠ 감염성폐기물 지표생물 : 감염성폐기물을 증기·열관멸균분쇄시설의 정상운전으로 멸균처리한 다음 그 멸균잔류물의 추출물을 혐기성 및 호기성균이 동시에 생장할 수 있는 티오글리콜레이트 배지(fluid thioglycollate medium)에 배양하여 미생물의 생장여부로부터 멸균상태를 검사하는데 여기에서 혐기성 및 호기성균이 지표생물이 된다.

③ **분석기기 및 기구**
  ㉠ 배양기 : 온도가 30~37℃가 유지되는 항온배양기를 사용한다.
  ㉡ 증기멸균이 가능한 45mL 유리시험관, 안지름 18mm, 길이 180mm의 유리 시험관을 사용한다.
  ㉢ 현미경 : 미생물의 관찰이 가능한 현미경을 사용한다.
  ㉣ 멸균된 핀셋, 가위 또는 메스 및 피펫

④ **시료채취 및 관리** : 감염성미생물 - 아포균검사법과 같다.

3) 감염성미생물-멸균테이프 검사법

① 개요
  ㉠ 목적 : 이 시험기준은 폐기물 중에 감염성미생물을 멸균테이프검사법으로 검사하는 방법으로, 감염성폐기물을 증기멸균분쇄시설에서 멸균 처리하는 과정에 특정 수준의 온도, 증기 및 압력에서 시간이 경과함에 따라 변색하는 화학약품이 도포된 멸균테이프를 부착하여 그 변색여부로 멸균기의 고장이나 오류 등 성능상의 문제와 멸균상태를 간접적으로 확인하는 방법이다.
  ㉡ 적용범위 : 이 시험기준은 폐기물 중에 감염성미생물을 멸균테이프검사법으로 검사하는 방법으로 감염성폐기물을 멸균테이프를 이용하여 실험한 결과 멸균테이프 제품에서 지정한 색으로 변색이 되면 멸균기의 성능과 멸균상태가 정상적인 것으로 본다.
  ㉢ 간섭물질 : 일반적으로 미생물 실험은 시료 중에 함유된 미생물의 상태가 시시각각으로 변할 수 있으며, 당초 시료 중에 함유되어 있던 미생물 이 외의 다른 미생물이 조작 중에 오염될 수 있다. 이러한 실험상의 오염을 방지하기 위하여 배지, 시약, 기구, 장비 등과 모든 실험조작은 원칙적으로 무균조작을 하여야 한다.

② 용어정의
  ㉠ 감염성폐기물 표시물질 : 감염성폐기물을 증기멸균분쇄시설에서 멸균 처리하는 과정에 특정 수준의 온도, 증기 및 압력에서 시간이 경과함에 따라 변색하는 화학약품이 도포된 멸균테이프를 사용한다.

③ 분석기기 및 기구
  ㉠ 멸균테이프 : 스트립 또는 접착테이프(tapes) 형태로서 증기멸균분쇄시설에서 사용이 가능하고 특정수준의 온도, 증기 및 압력에서 시간이 경과함에 따라 변색하는 화학약품이 도포된 것을 사용한다.

④ 시료채취 및 관리 : 감염성미생물 - 아포균 검사법과 동일

4 유해특성(재활용환경성평가)

① **폭발성 시험방법** : 폐기물이 점화에 의해 폭연에 이를 수 있는지를 알아보기 위하여 밀봉된 상태에서 연소 시 발생되는 압력을 측정하는 방법이다.
② **태그 밀폐식 인화점 시험방법** : 인화성을 갖는 유해특성 폐기물의 인화점을 측정하는 방법이다.
③ **펜스키 - 마텐스 밀폐식 인화점 시험방법** : 인화성 액체, 부유물을 포함한 액체, 시험조건에서 유막을 형성하기 쉬운 액체 및 기타 액상 폐기물이 인화점을 측정하는 방법이다.
④ **클리브랜드 개방식 인화점 시험방법** : 원유 및 석유제품, 유기용제를 함유한 폐기물의 인화점을 측정하는 방법이다.
⑤ **연소속도 시험방법** : 분말, 알갱이, 과립상 등의 상태를 포함한 인화성을 가진 고상폐기물을 대상으로 연소속도를 측정하는 방법이다.
⑥ **부식성 시험방법** : 액상폐기물에 의한 금속의 부식속도 측정을 통해 폐기물의 부식성여부를 판정하는 방법이다.
⑦ **금수성 - 물과의 반응성 시험방법** : 폐기물이 물과 접촉하여 자연발화 또는 가연성 가스의 발생여부를 관찰하여 유해특성 폐기물의 금수성을 판정하는 방법이다.

⑧ **산화성 시험방법 – 고상** : 폐기물과 연소성 물질의 혼합 시 연소속도와 압력을 증가시키거나 자연발화되는 연소성 혼합물질을 형성하는 고상폐기물의 산화성을 판정하기 위한 방법으로써, 행렬시험장치를 이용한 고상폐기물과 셀룰로오스 혼합물의 연소속도를 측정하는 방법에 대하여 규정한다.

⑨ **산화성 시험방법 – 액상, 반고상** : 폐기물과 연소성 물질의 혼합 시 연소속도와 압력을 증가시키거나 자연발화되는 연소성 혼합물질을 형성하는 액상폐기물의 산화성을 판정하기 위한 방법으로써, 시간·압력 시험장비를 이용한 폐기물의 연소에 따른 평균압력상승시간을 측정하는 방법에 대하여 규정한다.

⑩ **자연발화성 – 공기접촉에 의한 자연발화성 시험방법** : 폐기물이 실온에서 공기의 접촉으로 5분 이내에 자연발화가 되는지를 관찰하여 유해특성 폐기물의 자연발화성을 판정하는 방법이다.

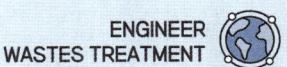

기출문제로 다지기 — UNIT 04 기타 물질

01 감염성 미생물의 분석방법과 가장 거리가 먼 것은?

① 아포균 검사법
② 열멸균 검사법
③ 세균배양 검사법
④ 멸균테이프 검사법

[해설] 폐기물공정시험기준(방법)상 감염성 미생물 검사법은 아포균 검사법, 세균배양 검사법, 멸균테이프 검사법 등이 있다.

02 다음은 감염성미생물(멸균테이프 검사법) 분석 시 시료채취 및 관리에 관한 내용이다. ( ) 안에 옳은 내용은?

> 시료의 채취는 가능한 한 무균적으로 하고 멸균된 용기에 넣어 (㉮)에 실험실로 운반, 실험하여야 하며 그 이상의 시간이 소요될 경우에는 10℃ 이하로 냉장하여 (㉯)에 실험실로 운반하고 실험실에 도착한 후 (㉰)에 배양조작을 완료하여야 한다.

① ㉮ : 1시간 이내, ㉯ : 4시간 이내, ㉰ : 1시간 이내
② ㉮ : 1시간 이내, ㉯ : 6시간 이내, ㉰ : 2시간 이내
③ ㉮ : 2시간 이내, ㉯ : 6시간 이내, ㉰ : 1시간 이내
④ ㉮ : 2시간 이내, ㉯ : 8시간 이내, ㉰ : 2시간 이내

03 용매추출법에 의한 휘발성 저급염소화 탄화수소류 분석방법은 다음 어느 물질의 분석에 이용 가능한가?

① Dioxin
② Polychlorinated biphenyl
③ Trichloroethylene
④ Polyvinylchloride

[해설] 기체크로마토그래피(용매추출법)에 의한 휘발성 저급염소화탄화수소류 분석은 시료 중의 트리클로로에틸렌 및 테트라클로로에틸렌을 헥산으로 추출하여 정량하는 방법이다.

04 다음 중 휘발성 저급 염소화 탄화수소류의 분석 방법으로 가장 적합한 것은? (단, 폐기물공정시험기준에 준함)

① Atomic Absorption Spectrophotometry
② UV/Visible Spectrometry
③ Inductively Coupled Plasma-Atomic Emission Spectrometry
④ Gas Chromatography

05 휘발성 저급염소화 탄화수소류를 기체크로마토그래피로 정량분석 시 검출기와 운반기체로 옳게 짝지어진 것은?

① ECD - 질소
② TCD - 질소
③ ECD - 아세틸렌
④ TCD - 헬륨

06 휘발성 저급염소화 탄화수소류 정량을 위해 사용하는 기체크로마토그래프의 검출기로 가장 알맞은 것은?

① 열전도도 검출기(TCD)
② 불꽃이온화 검출기(FID)
③ 불꽃광도 검출기(FPD)
④ 전해전도 검출기(HECD)

정답 01. ② 02. ② 03. ③ 04. ④ 05. ① 06. ④

07 기체크로마토그래피로 휘발성 저급염소화 탄화수소류를 측정할 때 간섭물질에 관한 내용으로 틀린 것은?

① 추출용매에는 분석성분의 머무름 시간에서 피크가 나타나는 간섭물질이 있을 수 있다.
② 디클로로메탄과 같이 머무름 시간이 긴 화합물은 용매나 용질의 피크와 겹쳐 분석을 방해할 수 있다.
③ 플루오르화탄소나 디클로로메탄과 같은 휘발성 유기물은 보관이나 운반 중에 격막을 통해 시료 안으로 확산되어 시료를 오염시킬 수 있다.
④ 시료에 혼합표준액 일정량을 첨가하여 크로마토그램을 작성하고 미지의 다른 성분과 피크의 중복여부를 확인한다.

08 휘발성 저급염소화 탄화수소류 측정을 위한 기체크로마토그래피 정량방법에 관한 설명으로 틀린 것은?

① 시료 중의 트리클로로에틸렌, 테트라클로로에틸렌을 헥산으로 추출하여 기체크로마토그래피법으로 정량하는 방법이다.
② 이 시험기준에 의해 시료 중에 트리클로로에틸렌의 정량한계는 0.008mg/L이다.
③ 검출기는 전자포획 검출기 또는 전해전도검출기를 사용한다.
④ 질량분석계로는 자기장형과 사중극자형 등을 사용한다.

해설 질량분석계는 기체크로마토그래피 – 질량분석법에서 사용하는 기기이다.(기체크로마토그래피 – 질량분석법 : 질량분석계는 자기장형, 사중극자형, 이온트랩형 등을 사용)

09 휘발성 저급염소화 탄화수소류를 기체크로마토그래피로 정량하는 방법에 관한 설명으로 틀린 것은?

① 시료 중 트리클로로에틸렌 및 테트라클로로에틸렌을 헥산으로 추출하여 기체크로마토그래피법으로 정량한다.
② 휘발성 저급염소화 탄화수소류는 휘발성이 높기 때문에 시료를 채취할 때 유리제 용기에 상부공간이 없도록 채취하여야 한다.
③ 트리클로로에틸렌의 정량한계는 0.008mg/L, 테트라클로로에틸렌의 정량한계는 0.002mg이다.
④ FID(수소염이온화검출기) 또는 HECD(전해전도검출기)를 주로 사용한다.

해설 검출기는 전자포획 검출기 또는 전해전도검출기를 사용한다.

10 휘발성 저급염소화 탄화수소류의 기체크로마토그래피법에 대한 설명으로 옳지 않은 것은?

① 검출기는 전자포획검출기 또는 전해전도검출기를 사용한다.
② 시료 중의 트리클로로에틸렌 및 테트라클로로에틸렌성분은 염산으로 추출한다.
③ 운반기체는 부피백분율 99.999% 이상의 헬륨(또는 질소)을 사용한다.
④ 시료 도입부 온도는 150~250℃ 범위이다.

해설 시료 중의 트리클로로에틸렌 및 테트라클로로에틸렌성분은 헥산으로 추출한다.

정답 07. ② 08. ④ 09. ④ 10. ②

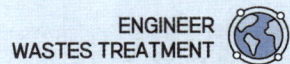

11 할로겐화 유기물질(기체크로마토그래피-질량분석법) 측정 시 간섭물질에 관한 설명으로 틀린 것은?

① 추출 용매 안에 간섭물질이 발견되면 증류하거나 컬럼 크로마토그래피에 의해 제거한다.
② 다이클로로메탄과 같이 머무름 시간이 긴 화합물을 용매의 피크와 겹쳐 분석을 방해할 수 있다.
③ 끓는점이 높거나 극성 유기화합물들이 함께 추출되므로 이들 중에는 분석을 간섭하는 물질이 있을 수 있다.
④ 풀루오르화탄소나 디클로로메탄과 같은 휘발성 유기물은 보관이나 운반 중에 격막을 통해 시료 안으로 확산되어 시료를 오염시킬 수 있으므로 현장 바탕시료로서 이를 점검하여야 한다.

해설 다이클로로메탄과 같이 머무름 시간이 짧은 화합물을 용매의 피크와 겹쳐 분석을 방해할 수 있다.

정답 11. ②

온라인 교육의 명품브랜드 www.edupd.com

알기 쉽게 풀어쓴 **폐기물처리(산업)기사** 필기

5 PART

부록 1

과년도 기출문제

01 2020년 폐기물처리산업기사 1회, 2회 필기

02 2020년 폐기물처리산업기사 3회 필기

03 2024년 폐기물처리산업기사 1회 CBT 복원

04 2021년 폐기물처리기사 1회 필기

05 2021년 폐기물처리기사 2회 필기

06 2021년 폐기물처리기사 4회 필기

07 2022년 폐기물처리기사 1회 필기

08 2022년 폐기물처리기사 2회 필기

UNIT 01 2020년 폐기물처리산업기사 1회, 2회 필기

01 직경이 3.5m인 트롬멜 스크린의 최적속도(rpm)는?
① 25 ② 20
③ 15 ④ 10

02 소각로 설계에 사용되는 발열량은?
① 저위발열량
② 고위발열량
③ 총발열량
④ 단열열량계로 측정한 열량

03 비가연성 성분이 90wt%이고 밀도가 900kg/m³인 쓰레기 20m³에 함유된 가연성 물질의 중량(kg)은?
① 1,600 ② 1,700
③ 1,800 ④ 1,900

04 폐기물 중 철금속(Fe)/비철금속(Al, Cu)/유리병의 3종류를 각각 분리할 수 있는 방법으로 가장 적절한 것은?
① 자력선별법 ② 정전기선별법
③ 와전류선별법 ④ 풍력선별법

05 쓰레기 발생량을 조사하는 방법이 아닌 것은?
① 적재차량 계수분석법 ② 직접계근법
③ 경향법 ④ 물질수지법

06 폐기물의 효과적인 수거를 위한 수거노선을 결정할 때, 유의할 사항과 가장 거리가 먼 것은?
① 기존 정책이나 규정을 참조한다.
② 가능한 한 시계방향으로 수거노선을 정한다.
③ U자형 회전은 가능한 피하도록 한다.
④ 적은 양의 쓰레기가 발생하는 곳부터 먼저 수거한다.

07 pH 8과 pH 10인 폐수를 동량의 부피로 혼합하였을 경우 이 용액의 pH는?
① 8.3 ② 9.0
③ 9.7 ④ 10.0

08 적환장 설치에 따른 효과로 가장 거리가 먼 것은?
① 수거효율 향상
② 비용 절감
③ 매립장 작업효율 저하
④ 효과적인 인원배치계획이 가능

09 폐기물에 관한 설명으로 틀린 것은?
① 액상폐기물의 수분 함량은 90% 초과한다.
② 반고상폐기물의 고형물 함량은 5% 이상 15% 미만이다.
③ 고상폐기물의 수분 함량은 85% 미만이다.
④ 액상폐기물을 직매립할 수는 없다.

10 도시폐기물의 해석에서 Rosin-Rammler Model에 대한 설명으로 가장 거리가 먼 것은? (단, $Y=1-\exp[-(x/x_0)^n]$ 기준)
 ① 도시폐기물의 입자크기분포에 대한 수식적 모델이다.
 ② Y는 크기가 x 보다 큰 입자의 총 누적무게분율이다.
 ③ x_0는 특성입자 크기를 의미한다.
 ④ 특성입자크기는 입자의 무게기준으로 63.2%가 통과할 수 있는 체의 눈의 크기이다.

11 폐기물에 혼합되어 있는 철금속성분의 폐기물을 분류하기 위하여 사용할 수 있는 가장 적합한 방법은?
 ① 자력선별
 ② 광학분류기
 ③ 스크린법
 ④ Air Separation

12 폐기물의 소각처리에 중요한 연료특성인 발열량에 대한 설명으로 옳은 것은?
 ① 저위발열량은 연소에 의해 생성된 수분이 응축하였을 경우의 발열량이다.
 ② 고위발열량은 소각로의 설계기준이 되는 발열량으로 진발열량이라고도 한다.
 ③ 단열열량계로 측정한 발열량은 고위발열량이다.
 ④ 발열량은 플라스틱의 혼입이 많으면 증가하지만 계절적 변동과 상관없이 일정하다.

13 퇴비화에 관한 설명 중 맞는 것은?
 ① 퇴비화과정 중 병원균은 거의 사멸되지 않는다.
 ② 함수율이 높을 경우 침출수가 발생된다.
 ③ 호기성보다 혐기성 방법이 퇴비화에 소요되는 시간이 짧다.
 ④ C/N비가 클수록 퇴비화가 잘 이루어진다.

14 트롬멜 스크린에 대한 설명으로 옳지 않은 것은?
 ① 원통의 최적 회전속도 = 원통의 임계 회전속도 × 1.45
 ② 원통의 경사도가 크면 부하율이 커진다.
 ③ 스크린 중에서 선별효율이 좋고 유지관리상의 문제가 적다.
 ④ 원통의 경사도가 크면 효율이 저하된다.

15 폐기물 성상분석의 절차 중 가장 먼저 시행하는 것은?
 ① 분류
 ② 물리적 조성분석
 ③ 화학적 조성분석
 ④ 발열량 측정

16 원통의 체면을 수평보다 조금 경사진 축의 둘레에서 회전시키면서 체로 나누는 방법은?
 ① Cascade 선별
 ② Trommel 선별
 ③ Electrostatic 선별
 ④ Eddy-Current 선별

17 모든 인자를 시간에 따른 함수로 나타낸 후, 각 인자 간의 상호관계를 수식화하여 쓰레기 발생량을 예측하는 방법은?
 ① 동적모사모델
 ② 다중회귀모델
 ③ 시간인자모델
 ④ 다중인자모델

18 쓰레기 관리체계에서 가장 비용이 많이 드는 과정은?
 ① 수거 및 운반
 ② 처리
 ③ 저장
 ④ 재활용

19 함수율 40%인 3kg의 쓰레기를 건조시켜 함수율 15%로 하였을 때 건조 쓰레기의 무게(kg)는? (단, 비중 = 1.0 기준)

① 1.12
② 1.41
③ 2.12
④ 2.41

20 폐기물의 파쇄 시 에너지 소모량이 크기 때문에 에너지 소모량을 예측하기 위한 여러 가지 방법들이 제안된다. 이들 가운데 고운 파쇄(2차 파쇄)에 가장 적합한 예측모형은?

① Rosin-Rammler Model
② Kick의 법칙
③ Rittinger의 법칙
④ Bond의 법칙

21 응집제로 가장 부적합한 것은?

① 황산나트륨($Na_2SO_4 \cdot 10H_2O$)
② 황산알루미늄($Al_2(SO_4)_3 \cdot 18H_2O$)
③ 염화제이철($FeCl_3 \cdot 6H_2O$)
④ 폴리염화알루미늄(PAC)

22 아래와 같이 운전되는 batch type 소각로의 쓰레기 kg 당 전체발열량(저위발열량 + 공기예열에 소모된 열량, kcal/kg)은? (단, 과잉공기비 = 2.4, 이론공기량 = 1.8Sm³/kg쓰레기, 공기예열온도 = 180℃, 공기정압비열 = 0.32kcal/Sm³ · ℃, 쓰레기 저위발열량 = 2,000kcal/kg, 공기온도=0℃)

① 약 2050
② 약 2250
③ 약 2450
④ 약 2650

23 폐기물 처리방법 중 열적 처리방법이 아닌 것은?

① 탈수방법
② 소각방법
③ 열분해방법
④ 건류가스화방법

24 쓰레기의 혐기성 소화에 관여하는 미생물은?

① 산(酸)생성 박테리아
② 질산화 박테리아
③ 대장균군
④ 질소고정 박테리아

25 시멘트고형화 처리와 관계없는 반응은?

① 수화반응
② 포졸란반응
③ 탄산화반응
④ 질산화반응

26 도시의 오염된 지하수의 Darcy 속도(유출속도)가 0.1m/day이고, 유효 공극률이 0.4일 때, 오염원으로부터 600m 떨어진 지점에 도달하는데 걸리는 시간(년)은? (단, 유출속도: 단위시간에 흙의 전체 단면적을 통하여 흐르는 물의 속도)

① 약 3.3
② 약 4.4
③ 약 5.5
④ 약 6.6

27 석회를 주입하여 슬러지 중의 병원성 미생물을 사멸시키기 위한 pH 유지 농도로 적절한 것은? (단, 온도는 15℃, 4시간 지속시간 기준)

① pH 5 이상
② pH 7 이상
③ pH 9 이상
④ pH 11 이상

28 가연성 쓰레기의 연료화 장점에 해당하지 않는 것은?

① 저장이 용이하다.
② 수송이 용이하다.
③ 일반로에서 연소가 가능하다.
④ 쓰레기로부터 폐열을 회수할 수 있다.

29 매립방법에 따른 매립이 아닌 것은?
 ① 단순매립 ② 내륙매립
 ③ 위생매립 ④ 안전매립

30 부피가 500m³인 소화조에 고형물농도 10%, 고형물 내 VS 함유도 70%인 슬러지가 50m³/d로 유입될 때, 소화조에 주입되는 TS, VS 부하는 각각 몇 kg/m³·d인가? (단, 슬러지의 비중은 1.0으로 가정한다.)
 ① TS : 5.0, VS : 0.35
 ② TS : 5.0, VS : 0.70
 ③ TS : 10.0, VS : 3.50
 ④ TS : 10.0, VS : 7.0

31 펠레트형(Pellet type) RDF의 주된 특성이 아닌 것은?
 ① 형태 및 크기는 각각 직경이 10~20mm이고 길이가 30~50mm이다.
 ② 발열량이 3300~4000kcal/kg으로 fluff형보다 다소 높다.
 ③ 수분함량이 4% 이하로 반영구적으로 보관이 가능하다.
 ④ 회분함량이 12~25%로 powder형보다 다소 높다.

32 도시폐기물을 위생적인 매립방법으로 매립하였을 경우 매립초기에 가장 많이 발생하는 가스의 종류는?
 ① NH_3 ② CO_2
 ③ H_2S ④ CH_4

33 매립지 일일 복토재 기능으로 잘못된 설명은?
 ① 복토층 구조 ② 최종 투수성
 ③ 매립사면 안정화 ④ 식물 성장층 제공

34 바이오리액터형 매립공법의 장점과 거리가 먼 것은?
 ① 매립지의 수명연장이 가능하다.
 ② 침출수 처리비용의 절감이 가능하다.
 ③ 악취 발생이 감소한다.
 ④ 매립가스 회수율이 증가한다.

35 전기집진장치의 장점이 아닌 것은?
 ① 집진효율이 높다.
 ② 설치 시 소요 부지면적이 적다.
 ③ 운전비, 유지비가 적게 소요된다.
 ④ 압력손실이 적고 대량의 분진함유가스를 처리할 수 있다.

36 배연 탈황 시 발생된 슬러지 처리에 많이 쓰이는 고형화처리법은?
 ① 시멘트 기초법 ② 석회 기초법
 ③ 자가 시멘트법 ④ 열가소성 플라스틱법

37 슬러지의 탈수특성을 파악하기 위한 여과비저항 실험결과 다음과 같은 결과를 얻었을 때, 여과비저항계수 (s²/g)는? (단, 여과비저항(r)은 $r = \dfrac{2a \cdot P \cdot A^2}{\mu \cdot C}$ 이다.)

- 고형물량 : 0.065g/mL
- 여과압 : 0.98kg/cm²
- 점성 : 0.0112g/cm·sec
- 여과면적 : 43.5cm²
- 기울기 : 4.90s/cm⁶

 ① 2.18×10^8 ② 2.76×10^9
 ③ 2.50×10^{10} ④ 2.67×10^{11}

38 360kL/d 처리장의 투입구의 소요개수는? (단, 수거차량 1.8kL/대, 자동차 1대 투입시간 20min, 자동차 1대 작업시간 8hr이고, 안전율은 1.2이다.)

① 10개　　② 7개
③ 5개　　④ 3개

39 퇴비화 과정에서 공급되는 공기의 기능과 가장 거리가 먼 것은?

① 미생물이 호기적 대사를 할 수 있게 한다.
② 온도를 조절한다.
③ 악취를 희석시킨다.
④ 수분과 가스 등을 제거한다.

40 분뇨처리에 관한 사항 중 틀린 것은?

① 분뇨의 악취발생은 주로 NH_3와 H_2S이다.
② 분뇨의 혐기성 소화처리 방식은 호기성 소화처리 방식에 비하여 소화속도가 빠르다.
③ 분뇨의 혐기성 소화에서 적정 중온 소화온도는 35±2℃이다.
④ 분뇨의 호기성 처리시 희석배율은 20~30배가 적당하다.

41 폐기물의 pH(유리전극법)측정 시 사용되는 표준용액이 아닌 것은?

① 수산염 표준용액　　② 수산화칼슘 표준용액
③ 황산염 표준용액　　④ 프탈산염 표준용액

42 폐기물공정시험기준의 온도표시로 옳지 않은 것은?

① 표준온도 : 0℃　　② 상온 : 0~15℃
③ 실온 : 1~35℃　　④ 온수 : 60~70℃

43 용출시험방법의 범위에 해당되지 않는 것은?

① 고상 또는 액상 폐기물에 대하여 적용
② 지정폐기물의 판정
③ 지정폐기물의 중간처리 방법 결정
④ 지정폐기물의 매립방법 결정

44 자외선/가시선 분광법에 의한 카드뮴 분석 방법에 관한 설명으로 옳지 않은 것은?

① 황갈색의 카드뮴착염을 사염화탄소로 추출하여 그 흡광도를 480nm에서 측정하는 방법이다.
② 카드뮴의 정량범위는 0.001~0.03mg이고, 정량한계는 0.001mg이다.
③ 시료 중 다량의 철과 망간을 함유하는 경우 디티존에 의한 카드뮴추출이 불완전하다.
④ 시료에 다량의 비스무트(Bi)가 공존하면 시안화칼륨용액으로 수회 씻어도 무색이 되지 않는다.

45 원자흡수분광광도법(공기-아세틸렌 불꽃)으로 크롬을 분석할 때 철, 니켈 등의 공존물질에 의한 방해영향이 크다. 이 때 어떤 시약을 넣어 측정하는가?

① 인산나트륨
② 황산나트륨
③ 염화나트륨
④ 질산나트륨

46 중량법에 의한 기름성분 분석 방법(절차)에 관한 내용으로 틀린 것은?

① 시료 적당량을 분별깔때기에 넣고 메틸오렌지용액(0.1W/V%)을 2~3방울 넣고 황색이 적색으로 변할 때까지 염산(1+1)을 넣어 pH 4 이하로 조절한다.
② 시료가 반고상 또는 고상 폐기물인 경우에는 폐기물의 양에 약 2.5배에 해당하는 물을 넣어 잘 혼합한 다음 pH 4 이하로 조절한다.
③ 노말헥산 추출물질의 함량이 5mg/L 이하로 낮은 경우에는 5L 부피 시료병에 시료 4L를 채취하여 염화철(Ⅲ) 용액 4mL를 넣고 자석교반기로 교반하면서 탄산나트륨용액(20W/V%)을 넣어 pH 7~9로 조절한다.
④ 증발용기 외부의 습기를 깨끗이 닦고 실리카겔 데시케이터에 1시간 이상 수분 제거 후 무게를 단다.

47 수은 표준원액(0.1mgHg/mL) 1L를 조제하기 위해 염화제이수은(순도 : 99.9%) 몇 g을 물에 녹이고 질산(1+1) 10mL와 물에 넣어 정확히 1L로 하여야 하는가? (단, Hg = 200.61, Cl = 35.46)

① 0.135　　② 0.252
③ 0.377　　④ 0.403

48 다음 설명에 해당하는 시료의 분할 채취 방법은?

- 모아진 대시료를 네모꼴로 얇게 균일한 두께로 편다.
- 이것을 가로 4등분, 세로 5등분하여 20개의 덩어리로 나눈다.
- 20개의 각 부분에서 균등한 양을 취한 후 혼합하여 하나의 시료로 한다.

① 교호삽법　　② 구획법
③ 균등분할법　　④ 원추 4분법

49 마이크로파 및 마이크로파를 이용한 시료의 전처리(유기물 분해)에 관한 내용으로 틀린 것은?

① 가열속도가 빠르고 재현성이 좋다.
② 마이크로파는 금속과 같은 반사물질과 매질이 없는 진공에서는 투과하지 않는다.
③ 마이크로파는 전자파 에너지의 일종으로 빛의 속도로 이동하는 교류와 자기장으로 구성되어 있다.
④ 마이크로파영역에서 극성분자나 이온이 쌍극자 모멘트와 이온전도를 일으켜 온도가 상승하는 원리를 이용한다.

50 폐기물공정시험기준에서 규정하고 있는 고상폐기물의 고형물 함량으로 옳은 것은?

① 5% 이상　　② 10% 이상
③ 15% 이상　　④ 20% 이상

51 시료용기를 갈색경질의 유리병을 사용하여야 하는 경우가 아닌 것은?

① 노말헥산 추출물질 분석 시험을 위한 시료 채취 시
② 시안화물 분석 실험을 위한 시료 채취 시
③ 유기인 분석 실험을 위한 시료 채취 시
④ PCBs 및 휘발성 저급 염소화 탄화수소류 분석 실험을 위한 시료 채취 시

52 공정시험기준에서 기체의 농도는 표준상태로 환산한다. 다음 중 표준상태로 알맞은 것은?

① 25℃, 0기압　　② 25℃, 1기압
③ 0℃, 0기압　　④ 0℃, 1기압

53 금속류의 원자흡수분광광도법에 대한 설명으로 틀린 것은?

① 구리의 측정파장은 324.7nm이고, 정량한계는 0.008mg/L이다.
② 납의 측정파장은 283.3nm이고, 정량한계는 0.04mg/L이다.
③ 카드뮴의 측정파장은 228.8nm이고, 정량한계는 0.002mg/L이다.
④ 수은의 측정파장은 253.7nm이고, 정량한계는 0.05mg/L이다.

54 편광현미경과 입체현미경으로 고체 시료 중 석면의 특성을 관찰하여 정성과 정량 분석할 때 입체현미경의 배율범위로 가장 옳은 것은?

① 배율 2~4배 이상   ② 배율 4~8배 이상
③ 배율 10~45배 이상 ④ 배율 50~200배 이상

55 다음 중 농도가 가장 낮은 것은?

① 1mg/L   ② 1000ug/L
③ 100ppb   ④ 0.01ppm

56 유도결합플라스마-원자발광분광법에 의한 금속류 분석방법에 관한 설명으로 옳지 않은 것은?

① 시료를 고주파유도코일에 의하여 형성된 석영 플라스마에 주입하여 1000~2000K에서 들뜬 원자가 바닥상태로 이동할 때 방출하는 발광선 및 발광강도를 측정한다.
② 대부분의 간섭 물질은 산 분해에 의해 제거된다.
③ 물리적 간섭은 특히 시료 중에 산의 농도가 10V/V% 이상으로 높거나 용존 고형물질이 1500mg/L 이상으로 높은 반면, 검정용 표준용액의 산의 농도는 5% 이하로 낮을 때에 발생한다.
④ 간섭효과가 의심되면 대부분의 경우가 시료의 매질로 인해 발생하므로 원자흡수 분광광도법 또는 유도결합플라스마-질량 분석법과 같은 대체방법과 비교하는 것도 간섭효과를 막는 방법이 될 수 있다.

57 원자흡수분광광도법은 원자가 어떤 상태에서 특유 파장의 빛을 흡수하는 원리를 이용한 것인가?

① 전자상태   ② 이온상태
③ 기저상태   ④ 분자상태

58 유도결합플라스마-원자발광분광법으로 측정할 수 있는 항목과 가장 거리가 먼 것은? (단, 폐기물공정시험기준)

① 6가 크롬   ② 수은
③ 비소   ④ 크롬

59 수소이온의 농도가 2.8×10^{-5}mol/L인 수용액의 pH는?

① 2.8   ② 3.4
③ 4.6   ④ 5.8

60 구리를 자외선/가시선 분광법으로 정량하고자 할 때 설명으로 가장 거리가 먼 것은?

① 시료 중에 시안화합물이 존재 시 황산 산성하에서 끓여 시안화물을 완전히 분해 제거한다.
② 비스무스(Bi)가 구리의 양보다 2배 이상 존재 시 황색을 나타내어 방해한다.
③ 추출용매는 초산부틸 대신 사염화탄소, 클로로포름, 벤젠 등을 사용할 수도 있다.
④ 무수황산나트륨 대신 건조여지를 사용하여 여과하여도 된다.

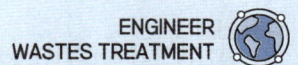

61 다음 중 기술관리인을 두어야 하는 폐기물 처리시설은?

① 지정폐기물 외의 폐기물을 매립하는 시설로 면적이 5천 제곱미터인 시설
② 멸균분쇄시설로 시간당 처분능력이 200킬로그램인 시설
③ 지정폐기물 외의 폐기물을 매립하는 시설로 매립용적이 1만 세제곱미터인 시설
④ 소각시설로서 의료폐기물을 시간당 100킬로그램 처리하는 시설

62 폐기물처리시설의 설치기준 중 중간처분시설인 고온용융시설의 개별기준에 해당되지 않은 것은?

① 폐기물투입장치, 고온용융실(가스화실 포함), 열회수장치가 설치되어야 한다.
② 고온용융시설에서 배출되는 잔재물의 강열감량은 1% 이하가 될 수 있는 성능을 갖추어야 한다.
③ 고온용융시설에서 연소가스의 체류시간은 1초 이상이어야 한다.
④ 고온용융시설의 출구온도는 섭씨 1200도 이상이 되어야 한다.

63 폐기물 관리의 기본원칙에 해당되는 사항과 가장 거리가 먼 것은?

① 사업자는 폐기물의 발생을 최대한 억제하고 스스로 재활용함으로써 폐기물의 배출을 최소화하여야 한다.
② 폐기물을 배출하는 경우에는 주변환경이나 주민의 건강에 위해를 끼치지 아니하도록 사전에 적절한 조치를 하여야 한다.
③ 폐기물은 그 처리과정에서 양과 유해성을 줄이도록 하는 등 환경보전과 국민건강보호에 적합하게 처리하여야 한다.
④ 폐기물은 재활용보다는 우선적으로 소각, 매립 등으로 처분하여 보건위생의 향상에 이바지하도록 하여야 한다.

64 폐기물관리법에 사용하는 용어의 정의로 옳지 않은 것은?

① 처리: 폐기물의 수집, 운반, 보관, 재활용, 처분을 말한다.
② 폐기물처리시설: 폐기물의 중간처분시설, 최종처분시설 및 재활용시설로서 대통령령으로 정하는 시설을 말한다.
③ 폐기물감량화시설: 생산 공정에서 발생하는 폐기물의 양을 줄이고, 사업장 내 재활용을 통하여 폐기물 배출을 최소화하는 시설로서 대통령령으로 정하는 시설을 말한다.
④ 지정폐기물: 인체, 재산, 주변환경에 악영향을 줄 수 있는 해로운 물질을 함유한 폐기물로 기후에너지환경부령으로 정하는 폐기물을 말한다.

65 지정폐기물을 배출하는 사업자가 지정폐기물을 위탁하여 처리하기 전에 기후에너지환경부장관에게 제출하여 확인을 받아야 하는 서류가 아닌 것은?

① 폐기물처리계획서
② 폐기물분석결과서
③ 폐기물인수인계확인서
④ 수탁처리자의 수탁확인서

66 기후에너지환경부령으로 정하는 폐기물처리시설의 설치를 마친 자는 기후에너지환경부령으로 정하는 검사기관으로부터 검사를 받아야 한다. 폐기물처리시설이 매립시설긴 경우, 검사기관으로 틀린 것은?

① 한국건설기술연구원
② 한국산업기술시험원
③ 한국농어촌공사
④ 한국환경공단

67 폐기물처리시설의 유지·관리에 관한 기술관리를 대행할 수 있는 자는?

① 한국환경공단
② 국립환경과학원
③ 한국농어촌공사
④ 한국건설기술연구원

68 폐기물처분시설인 소각시설의 정기검사 항목에 해당하지 않는 것은?

① 보조연소장치의 작동상태
② 배기가스온도 적절 여부
③ 표지판 부착 여부 및 기재사항
④ 소방장비 설치 및 관리실태

69 허가 취소나 6개월 이내의 기간을 정하여 영업의 전부 또는 일부의 정지를 명할 수 있는 경우에 해당되지 않는 것은?

① 영업정지기간 중 영업 행위를 한 경우
② 폐기물 처리업의 업종구분과 영업 내용의 범위를 벗어나는 영업을 한 경우
③ 폐기물의 처리 기준을 위반하여 폐기물을 처리한 경우
④ 재활용제품 또는 물질에 관한 유해성기준 위반에 따른 조치명령을 이행하지 아니한 경우

70 기후에너지환경부장관에 의해 폐기물처리시설의 폐쇄명령을 받았으나 이행하지 아니한 자에 대한 벌칙기준은?

① 5년 이하의 징역이나 5천만원 이하의 벌금
② 3년 이하의 징역이나 3천만원 이하의 벌금
③ 2년 이하의 징역이나 2천만원 이하의 벌금
④ 1천만원 이하의 과태료

71 주변지역 영향 조사대상 폐기물처리시설을 설치·운영하는 자는 주변지역에 미치는 영향을 몇 년마다 조사하여 그 결과를 기후에너지환경부장관에게 제출하여야 하는가?

① 2년
② 3년
③ 5년
④ 10년

72 폐기물 감량화시설의 종류에 해당되지 않는 것은? (단, 기후에너지환경부 장관이 정하여 고시하는 시설 제외)

① 공정 개선시설
② 폐기물 파쇄·선별시설
③ 폐기물 재이용시설
④ 폐기물 재활용시설

73 폐기물관리법령상 가연성 고형폐기물의 에너지 회수 기준에 대한 설명으로 ( )에 알맞은 것은?

> 에너지의 회수효율(회수에너지 총량을 투입 에너지 총량으로 나눈 비율을 말한다.)이 ( ) 이상일 것

① 65%
② 75%
③ 85%
④ 95%

74 폐기물처리시설의 중간처분시설인 기계적 처분시설이 아닌 것은?

① 파쇄·분쇄시설(동력 15kW 이상인 시설로 한정한다.)
② 소멸화 시설(1일 처분능력 100킬로그램 이상인 시설로 한정한다.)
③ 용융시설(동력 7.5kW 이상인 시설로 한정한다.)
④ 멸균분쇄 시설

75 생활폐기물의 처리대행자에 해당하지 않은 것은?

① 폐기물처리업자
② 한국환경공단
③ 재활용센터를 운영하는 자
④ 폐기물재활용사업자

76 의료폐기물 전용용기 검사기관(그 밖에 기후에너지환경부장관이 전용용기에 대한 검사능력이 있다고 인정하여 고시하는 기관은 제외)에 해당되지 않는 것은?

① 한국화학융합시험연구원
② 한국환경공단
③ 한국의료기기시험연구원
④ 한국건설생활환경시험연구원

77 설치승인을 얻은 폐기물처리시설이 변경승인을 받아야 할 중요사항이 아닌 것은?

① 대표자의 변경
② 처분시설 또는 재활용시설 소재지의 변경
③ 처분 또는 재활용 대상 폐기물의 변경
④ 매립시설 제방의 증·개축

78 지정폐기물의 종류에 대한 설명으로 옳은 것은?

① 액체상태인 폴리클로리네이티드비페닐 함유 폐기물은 용출액 1리터당 0.003mg 이상 함유한 것으로 한정한다.
② 오니류는 상수오니, 하수오니, 공정오니, 폐수처리오니를 포함한다.
③ 폐합성 고분자화합물 중 폐합성 수지는 액체상태의 것은 제외한다.
④ 의료폐기물은 기후에너지환경부령으로 정하는 의료기관이나 시험·검사기관 등에서 발생되는 것으로 한정한다.

79 폐기물처리시설을 설치·운영하는 자는 그 처리시설에서 배출되는 오염물질을 측정하거나 기후에너지환경부령에서 정하는 측정기관으로 하여금 측정하게 할 수 있다. 기후에너지환경부령에서 정하는 측정기관이 아닌 곳은?

① 보건환경연구원
② 한국환경공단
③ 환경기술개발원
④ 수도권매립지관리공사

80 사후관리 이행보증금의 사전 적립대상이 되는 폐기물을 매립하는 시설의 면적 기준은?

① $3,300m^2$ 이상
② $5,500m^2$ 이상
③ $10,000m^2$ 이상
④ $30,000m^2$ 이상

2020년 폐기물처리산업기사 3회 필기

01 폐기물 자원화하는 방법 중 에너지 회수방법에 속하는 것은?
① 물질 회수 ② 직접열 회수
③ 추출형 회수 ④ 변환형 회수

02 부피 $100m^3$인 폐기물의 부피를 $10m^3$로 압축하는 경우 압축비는?
① 0.1 ② 1
③ 10 ④ 90

03 폐기물의 성상 분석 절차로 가장 적합한 것은?
① 밀도측정 – 물리적 조성분석 – 건조 – 분류(타는 물질, 안타는 물질)
② 밀도측정 – 건조 – 화학적 조정분석 – 전처리(절단 및 분쇄)
③ 전처리(절단 및 분쇄) – 밀도측정 – 화학적 조정분석 – 분류(타는 물질, 안타는 물질)
④ 전처리(절단 및 분쇄) 건조 – 물리적 조성분석 – 발열량 측정

04 건조된 고형물의 비중이 1.65이고 건조 전 슬러지의 고형분 함량이 35%, 건조중량이 400kg이라 할 때 건조 전 슬러지의 비중은?
① 1.02 ② 1.16
③ 1.27 ④ 1.35

05 관거(pipe)를 이용한 폐기물 수송의 특징과 가장 거리가 먼 것은?
① 10km 이상의 장거리 수송에 적당하다.
② 잘못 투입된 폐기물의 회수는 곤란하다.
③ 조대폐기물은 파쇄, 압축 등의 전처리를 해야한다.
④ 화재, 폭발 등의 사고 발생 시 시스템 전체가 마비되며 대체 시스템의 전환이 필요하다.

06 함수율 80%인 폐기물 10ton을 건조시켜 함수율 30%로 만들 경우 감소하는 폐기물의 중량(ton)은? (단, 비중 = 1.0)
① 2.6 ② 2.9
③ 3.2 ④ 3.5

07 적환장에 대한 설명으로 가장 거리가 먼 것은?
① 최종 처리장과 수거지역의 거리가 먼 경우 사용하는 것이 바람직하다.
② 폐기물의 수거와 운반을 분리하는 기능을 한다.
③ 주거지역의 밀도가 낮을 때 적환장을 설치한다.
④ 적환장의 위치는 수거하고자 하는 개별적 고형물 발생지역의 하중 중심과 적절한 거리를 유지하여야 한다.

08 쓰레기 재활용 측면에서 가장 효과적인 수거 방법은?
① 문전수거 ② 타종수거
③ 분리수거 ④ 혼합수거

09 도시폐기물 최종 분석 결과를 Dulong공식으로 발열량을 계산하고자 할 때 필요하지 않은 성분은?
① H ② C
③ S ④ Cl

10 물질회수를 위한 선별방법 중 플라스틱에서 종이를 선별할 수 있는 방법으로 가장 적절한 것은?
① 와전류 선별 ② Jig 선별
③ 광학 선별 ④ 정전기적 선별

11 쓰레기를 파쇄할 경우 발생하는 이점으로 가장 거리가 먼 것은?
① 일반적으로 압축 시 밀도 증가율이 크다.
② 매립 시 폐기물이 잘 섞여서 혐기성을 유지하므로 메탄 발생량이 많아진다.
③ 조대쓰레기에 의한 소각로의 손상을 방지한다.
④ 고밀도 매립이 가능하다.

12 난분해성 유기화합물의 생물학적 반응이 아닌 것은?
① 탈수소반응(가수분해반응)
② 고리분할
③ 탈알킬화
④ 탈할로겐화

13 파쇄에 필요한 에너지를 구하는 법칙으로 고운파쇄 또는 2차분쇄에 잘 적용되는 법칙은?
① 도플러의 법칙
② 킥의 법칙
③ 패러데이의 법칙
④ 케스터너의 법칙

14 폐기물의 관리에 있어서 가장 중점적으로 우선 순위를 갖는 요소는?
① 재활용 ② 소각
③ 최종처분 ④ 감량화

15 인구가 800,000명인 도시에서 연간 1,000,000ton의 폐기물이 발생한다면 1인 1일 폐기물의 발생량(kg/cap·day)은?
① 3.12 ② 3.22
③ 3.32 ④ 3.42

16 쓰레기를 원추4분법으로 축분 도중 2번째에서 모포가 걸렸다. 이후 4회 더 축분하였다면 추후 모포의 함유량(%)은?
① 25 ② 12.5
③ 6.25 ④ 3.13

17 지정폐기물의 종류와 분류물질의 연결이 틀린 것은?
① 폐유독물질 - 폐촉매
② 부식성 - 폐산(pH 2.0 이하)
③ 부식성 - 폐알칼리(pH 12.5 이상)
④ 유해물질함유 - 소각재

18 폐기물발생량의 표시에 가장 많이 이용되는 단위는?
① m^3/인·일 ② kg/인·일
③ 개/인·일 ④ 봉투/인·일

19 물렁거리는 가벼운 물질로부터 딱딱한 물질을 선별하는데 사용되는 것으로 경사진 Conveyor를 통해 폐기물을 주입시켜 천천히 회전하는 드럼 위에 떨어뜨려서 분류하는 장치는?

① Stoners
② Ballistic Separator
③ Fluidized Bed Separators
④ Secators

20 적환장의 기능으로 적합하지 않은 것은?

① 분리선별 ② 비용분석
③ 압축파쇄 ④ 수송효율

21 소각로에서 PVC 같은 염소를 함유한 물질을 태울 때 발생하며 맹독성을 갖는 것으로 분자구조는 염소가 달린 두 개의 벤젠고리 사이에 한 개의 산소원자가 있고, 135개의 이성체를 갖는 것은?

① THM   ② Furan
③ PCB   ④ BPHC

22 일반적으로 사용되는 분뇨처리의 혐기성 소화를 기술한 것으로 가장 거리가 먼 것은?

① 혐기성 미생물을 이용하여 유기물질을 제거하는 것이다.
② 다른 방법들보다 장기적인 면에서 볼 때 경제적이며 운영비가 적다는 이점이 있다.
③ 유용한 CH_4가 생성된다.
④ 분뇨량이 많으면 소화조를 70℃ 이상 가열시켜 줄 필요가 있다.

23 분뇨 처리과정 중 고형물 농도 10%, 유기물 함유율 70%인 농축슬러지는 소화과정을 통해 유기물의 100%가 분해되었다. 소화된 슬러지의 고형물 함량이 6%일 때, 전체 슬러지량은 얼마가 감소되는가? (단, 비중 = 1.0 가정)

① 1/4   ② 1/3
③ 1/2   ④ 1/1.5

24 산업폐기물의 처리 시 함유 처리항목과 그 조건이 잘못 짝지어진 것은?

① 특정유해 함유물질 : 수분 함량 85% 이하일 경우 고온열분해시킨다.
② 폐합성수지 : 편의 크기를 45cm 이상으로 절단시켜 소각, 용융시킨다.
③ 유기물계통 일반산업폐기물 : 수분함량 85% 이하로 유지시켜 소각시킨다.
④ 폐유 : 수분함량 5ppm 이하일 경우 소각시킨다.

25 제1, 2차 활성슬러지공법과 희석 방법을 적용하여 분뇨를 처리할 때, 처리 전 수거분뇨의 BOD가 20,000mg/L이며 제1차 활성슬러지처리에서의 BOD제거율은 70%이고 20배 희석 후의 방류수에서의 BOD가 30mg/L라면 제2차 활성슬러지 처리에서의 BOD 제거율(%)은?

① 60   ② 70
③ 80   ④ 90

26 음식물쓰레기를 퇴비로 재활용하는데 있어서 가장 큰 문제점으로 지적되는 것은?

① 염분함량   ② 발열량
③ 유기물함량 ④ 밀도

27 폭 1.0m, 길이 100m인 침출수 집배수시설의 투수계수 1.0×10^{-2}cm/s, 바닥 구배가 2%일 때 연간 집배수량(ton)은? (단, 침출수의 밀도 = 1ton/m³)
① 1,051　　② 5,000
③ 6,307　　④ 20,000

28 슬러지를 고형화하는 목적으로 가장 거리가 먼 것은?
① 취급이 용이하며, 운반무게가 감소한다.
② 유해물질의 독성이 감소한다.
③ 오염물질의 용해도를 낮춘다.
④ 슬러지 표면적이 감소한다.

29 폐기물을 매립한 후 복토를 실시하는 목적으로 가장 거리가 먼 것은?
① 폐기물을 보이지 않게 하여 미관상 좋게 한다.
② 우수를 효과적으로 배제한다.
③ 쥐나 파리 등 해충 및 야생동물의 서식처를 없앤다.
④ CH_4 가스가 내부로 유입되는 것을 방지한다.

30 유동층 소각로의 장단점이라 볼 수 없는 것은?
① 미연소분 배출로 2차 연소실이 필요하다.
② 가스의 온도가 낮고 과잉공기량이 적다.
③ 상(床)으로부터 찌꺼기 분리가 어렵다.
④ 기계적 구동부분이 적어 고장율이 낮다.

31 Rotary Kiln에 관한 설명으로 가장 거리가 먼 것은?
① 모든 폐기물을 소각시킬 수 있다.
② 부유성 물질의 발생이 적다.
③ 연속적으로 재가 방출된다.
④ 1400℃ 이상의 운전이 가능하다.

32 오염된 농경지의 정화를 위해 다른 장소로부터 비오염 토양을 운반하여 혼합하는 정화기술은?
① 객토　　② 반전
③ 희석　　④ 배토

33 유기성 폐기물 토 비화의 단점이라 할 수 없는 것은?
① 퇴비화 과정 중 외부 가온 필요
② 부지선정의 어려움
③ 악취발생 가능성
④ 낮은 비료가치

34 메탄발효 조건이 아닌 것은?
① 영양조건　　② 혐기조건
③ 호기조건　　④ 유기물량

35 소각 시 다이옥신이 생성될 수 있는 가능성이 가장 큰 물질은?
① 노르말헥산　　② 에탄올
③ PVC　　④ 오존

36 폐기물 고형화 방법 중 유기중합체법의 특징이 아닌 것은?
① 가장 많이 사용되는 방법은 우레아폼(UF)방법이다.
② 고형성분만 처리 가능하다.
③ 고형화시키는데 많은 양의 첨가제가 필요하다.
④ 최종처리 시 2차용기에 넣어 매립해야 한다.

37 고형분 30%인 주방찌꺼기 10톤의 소각을 위하여 함수율이 50% 되게 건조시켰다면 이때의 무게(톤)는? (단, 비중 = 1.0 가정)
① 2 ② 3
③ 6 ④ 8

38 알카리성 폐수의 중화제가 아닌 것은?
① 황산 ② 염산
③ 탄산가스 ④ 가성소다

39 유효공극율 0.2, 점토층 위의 침출수가 수두 1.5m인 점토 차수층 1.0m를 통과하는데 10년이 걸렸다면 점토 차수층의 투수계수(cm/s)는?
① 2.54×10^{-7} ② 2.54×10^{-8}
③ 5.54×10^{-7} ④ 5.54×10^{-8}

40 매립지 내에서 분해단계(4단계) 중 호기성 단계에 관한 설명으로 적절치 못한 것은?
① N_2의 발생이 급격히 증가된다.
② O_2가 소모된다.
③ 주요 생성기체는 CO_2이다.
④ 매립물의 분해속도에 따라 수 일에서 수 개월 동안 지속된다.

41 시료의 분할채취방법 중 구획법에 의해 축소할 때 몇 등분 몇 개의 덩어리로 나누는가?
① 가로 4등분, 세로 4등분, 16개 덩어리
② 가로 4등분, 세로 5등분, 20개 덩어리
③ 가로 5등분, 세로 5등분, 25개 덩어리
④ 가로 5등분, 세로 6등분, 30개 덩어리

42 크롬을 원자흡수분광광도법으로 분석할 때 간섭물질에 관한 내용으로 (　)에 옳은 것은?

> 공기 - 아세틸렌 불꽃에서는 철, 니켈 등의 공존물질에 의한 방해영향이 크므로 이때는 (　) 1% 정도 넣어서 측정한다.

① 황산나트륨 ② 시안화칼륨
③ 수산화칼슘 ④ 수산화칼륨

43 시료의 전처리방법에서 회화에 의한 유기물 분해 시 증발접시의 재질로 적당하지 않은 것은?
① 백금 ② 실리카
③ 사기제 ④ 알루미늄

44 감염성미생물(아포균 검사법) 측정에 적용되는 '지표생물포자'에 관한 설명으로 (　)에 알맞은 것은?

> 감염성 폐기물의 멸균 잔류물에 대한 멸균 여부의 판정은 병원성미생물보다 열저항성이 (㉠)하고 (㉡)인 아포형성 미생물을 이용하는데 이를 지표생물포자라 한다.

① ㉠ 약, ㉡ 비병원성 ② ㉠ 강, ㉡ 비병원성
③ ㉠ 약, ㉡ 병원성 ④ ㉠ 강, ㉡ 병원성

45 검정곡선에 대한 설명으로 틀린 것은?
① 검정곡선은 분석물질의 농도변화에 따른 지시값을 나타낸 것이다.
② 절대검정곡선법이란 시료의 농도와 지시값과의 상관성을 검정곡선식에 대입하여 작성하는 방법이다.
③ 표준물질첨가법이란 시료와 동일한 매질에 일정량의 표준물질을 첨가하여 검정곡선을 작성하는 방법이다.
④ 상대검정곡선법이란 검정곡선 작성용 표준용액과 시료에 서로 다른 양의 내부표준 물질을 첨가하여 시험분석 절차, 기기 또는 시스템의 변동으로 발생하는 오차를 보정하기 위해 사용하는 방법이다.

46 폐기물공정시험기준에서 규정하고 있는 사항 중 올바른 것은?

① 용액의 농도를 단순히 "%"로만 표시할 때는 V/V%를 말한다.
② "정확히 취한다"라 함은 규정된 양의 검체, 시액을 홀피펫으로 눈금의 1/10까지 취하는 것을 말한다.
③ "수욕상에서 가열한다"라 함은 규정이 없는 한 수온 60~70℃에서 가열함을 뜻한다.
④ "약"이라 함은 기재된 양에 대하여 ±10% 이상의 차가 있어서는 안 된다.

47 흡광광도법에서 Lambert-Beer의 법칙에 관계되는 식은? (단, a = 투사광의 강도, b = 입사광의 강도, c = 농도, d = 빛의 투과거리, E = 흡광계수)

① $a/b = 10^{-cdE}$
② $b/a = 10^{-cdE}$
③ $a/cd = E \times 10^{-b}$
④ $b/cd = E \times 10^{-a}$

48 기체크로마토그래피법으로 유기물질을 분석하는 기본 원리에 대한 설명으로 틀린 것은?

① 컬럼을 통과하는 동안 유기물질이 성분별로 분리된다.
② 검출기는 유기물질을 성분별로 분리 검출한다.
③ 기록계에 나타난 피크의 넓이는 물질의 온도에 비례한다.
④ 기록계에 나타난 머무름 시간으로 유기물질을 정성 분석할 수 있다.

49 원자흡수분광광도법으로 수은을 분석할 경우 시료채취 및 관리에 관한 설명으로 ( )에 알맞은 것은?

> 시료가 액상 폐기물의 경우는 질산으로 pH (㉠) 이하로 조절하고 채취 시료는 수분, 유기물 등 함유성분의 변화가 일어나지 않도록 0 ~ 4℃ 이하의 냉암소에 보관하여야 하며 가급적 빠른 시간 내에 분석하여야 하나 최대 (㉡)일 안에 분석한다.

① ㉠ 2, ㉡ 14   ② ㉠ 3, ㉡ 24
③ ㉠ 2, ㉡ 28   ④ ㉠ 3, ㉡ 32

50 기체크로마토그래피의 전자포획검출기에 관한 설명으로 ( )에 내용으로 옳은 것은?

> 전자포획 검출기는 방사선 동위원소(^{63}Ni, ^{3}H)로부터 방출되는 ( )선이 운반가스를 전리하여 미소전류를 흘려보낼 때 시료중의 할로겐이나 산소와 같이 전자포획력이 강한 화합물에 의하여 전자가 포획되어 전류가 감소하는 것을 이용하는 방법이다.

① 알파(α) 선   ② 베타(β) 선
③ 감마(γ) 선   ④ X선

51 10g 도가니에 20g의 시료를 취한 후 25% 질산암모늄용액을 넣어 탄화시킨 다음 600±25℃의 전기로에서 3시간 강열하였다. 데시케이터에서 식힌 후 도가니와 시료의 무게가 25g이었다면 강열감량(%)는?

① 15   ② 20
③ 25   ④ 30

52 시료 내 수은을 원자흡수분광광도법으로 측정할 때의 내용으로 ( )에 옳은 것은?

> 시료 중 수은에 ( )을 넣어 금속수은으로 환원시킨 다음 이 용액에 통기하여 발생하는 수은 증기를 원자흡수분광광도법에 따라 정량하는 방법이다.

① 시안화칼륨 ② 과망간산칼륨
③ 아연분말   ④ 이염화주석

53 온도 표시에 관한 내용으로 옳지 않은 것은?
① 찬 곳은 따로 규정이 없는 한 0~15℃의 곳을 뜻한다.
② 냉수는 4℃ 이하를 말한다.
③ 온수는 60~70℃를 말한다.
④ 상온은 15~25℃를 말한다.

54 다음 중 중공음극램프선을 흡수하는 것은?
① 기저상태의 원자 ② 여기상태의 원자
③ 이온화된 원자   ④ 불꽃중의 원자쌍

55 수분과 고형물의 함량에 따라 폐기물을 구분할 때 다음 중 포함되지 않은 것은?
① 액상 폐기물   ② 반액상 폐기물
③ 반고상 폐기물 ④ 고상 폐기물

56 0.1N 수산화나트륨용액 20mL를 중화시키려고 할 때 가장 적합한 용액은?
① 0.1M 황산 20mL ② 0.1M 염산 10mL
③ 0.1M 황산 10mL ④ 0.1M 염산 40mL

57 유리전극법으로 수소이온농도를 측정할 때 간섭물질에 대한 내용으로 옳지 않은 것은?
① 유리전극은 일반적으로 용액의 색도, 탁도에 의해 간섭을 받지 않는다.
② 유리전극은 산화 및 환원성 물질 그리고 염도에 간섭을 받는다.
③ pH 10 이상에서 나트륨에 의해 오차가 발생할 수 있는데 이는 낮은 나트륨 오차 전극을 사용하여 줄일 수 있다.
④ pH는 온도변화에 따라 영향을 받는다.

58 절연유 중에 포함된 폴리클로리네이티드비페닐(PCBs)을 신속하게 분석하는 방법에 대한 설명으로 틀린 것은?
① 절연유를 진탕 알카리 분해하고 대용량 다층실리카겔 컬럼을 통과시켜 정제한다.
② 기체크로마토그래프-열전도검출기에 주입하여 크로마토그램에 나타난 피크형태로부터 정량분석한다.
③ 정량한계는 0.5mg/L 이상이다.
④ 기체크로마토그래프의 운반기체는 부피백분율 99.999% 이상의 헬륨 또는 질소를 이용한다.

59 pH = 1인 폐산과 pH = 5인 폐산의 수소이온농도 차이(배)는?
① 4배   ② 4백배
③ 만배   ④ 10만배

60 폐기물공정시험기준상 ppm(parts per million)단위로 틀린 것은?
① mg/m^3 ② g/m^3
③ mg/kg ④ mg/L

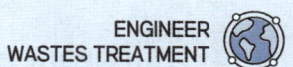

61 환경상태의 조사·평가에서 국가 및 지방자치단체가 상시 조사·평가하여야 하는 내용이 아닌 것은?

① 환경오염지역의 접근성 실태
② 환경오염 및 환경훼손 실태
③ 자연환경 및 생활환경 현황
④ 환경의 질의 변화

62 기후에너지환경부장관이나 시·도지사가 폐기물처리업자에게 영업의 정지를 명령하려는 때 그 영업의 정지가 천재지변이나 그 밖에 부득이한 사유로 해당 영업을 계속하도록 할 필요가 있다고 인정되는 경우에 그 영업의 정지를 갈음하여 부과할 수 있는 최대 과징금은? (단, 그 폐기물처리업자가 매출액이 없거나 매출액을 산정하기 곤란한 경우로서 대통령령으로 정하는 경우)

① 5천만원 ② 1억원
③ 2억원   ④ 3억원

63 사업장폐기물을 공동으로 수집, 운반, 재활용 또는 처분하는 공동 운영기구의 대표자가 폐기물의 발생·배출·처리상황 등을 기록한 장부를 보전하여야 하는 기간은?

① 1년 ② 3년
③ 5년 ④ 7년

64 폐기물 처분시설 또는 재활용시설의 검사 기준에 관한 내용 중 멸균분쇄시설의 설치검사 항목이 아닌 것은?

① 계량시설의 작동상태
② 분쇄시설의 작동상태
③ 자동기록장치의 작동상태
④ 밀폐형으로 된 자동제어에 의한 처리방식인지 여부

65 폐기물처리시설의 유지·관리에 관한 기술관리를 대행할 수 있는 자와 거리가 먼 것은?

① 엔지니어링산업진흥법에 따라 신고한 엔지니어링사업자
② 기술사법에 따른 기술사사무소(법에 따른 자격을 가진 기술사가 개설한 사무소로 한정한다.)
③ 폐기물관리 및 설치신고에 관한 법률에 따른 한국화학시험연구원
④ 한국환경공단

66 폐기물 처분시설 중 관리형 매립시설에서 발생하는 침출수의 배출허용기준 중 '나 지역'의 생물학적 산소요구량의 기준은? (단, '나 지역'은 「물환경보전법 시행규칙」에 따른다.)

① 60mg/L 이하 ② 70mg/L 이하
③ 80mg/L 이하 ④ 90mg/L 이하

67 폐기물 수집·운반증을 부착한 차량으로 운반해야 될 경우가 아닌 것은?

① 사업장폐기물배출자가 그 사업장에서 발생한 폐기물을 사업장 밖으로 운반하는 경우
② 폐기물처리 신고자가 재활용 대상 폐기물을 수집·운반하는 경우
③ 폐기물처리업자가 폐기물을 수집·운반하는 경우
④ 광역 폐기물 처분시설의 장치·운영자가 생활폐기물을 수집·운반하는 경우

68 폐기물 수집·운반업자가 임시보관장소에 의료폐기물을 5일 이내로 냉장 보관할 수 있는 전용보관시설의 온도 기준은?

① 섭씨 2도 이하 ② 섭씨 3도 이하
③ 섭씨 4도 이하 ④ 섭씨 5도 이하

69 폐기물처리 담당자 등에 대한 교육을 실시하는 기관으로 거리가 먼 것은?

① 국립환경연구원 ② 환경보전협회
③ 한국환경공단 ④ 한국환경산업기술원

70 폐기물처리시설을 설치·운영하는 자는 일정한 기간마다 정기검사를 받아야 한다. 소각시설의 경우 최초 정기검사일 기준은?

① 사용개시일부터 5년이 되는 날
② 사용개시일부터 3년이 되는 날
③ 사용개시일부터 2년이 되는 날
④ 사용개시일부터 1년이 되는 날

71 폐기물관리법에서 사용하는 용어의 뜻으로 틀린 것은?

① 생활폐기물 : 사업장폐기물 외의 폐기물을 말한다.
② 폐기물감량화시설 : 생산 공정에서 발생하는 폐기물의 양을 줄이고, 사업장 내 재활용을 통하여 폐기물 배출을 최소화하는 시설로서 대통령령으로 정하는 시설을 말한다.
③ 처분 : 폐기물의 소각·중화·파쇄·고형화 등의 중간처분과 매립하는 등의 최종처분을 위한 대통령령으로 정하는 활동을 말한다.
④ 폐기물 : 쓰레기, 연소재, 오니, 폐유, 폐산, 폐알칼리 및 동물의 사체 등으로서 사람의 생활이나 사업활동에 필요하지 아니하게 된 물질을 말한다.

72 폐기물처리업 중 폐기물 수집·운반업의 변경허가를 받아야 할 중요사항에 관한 내용으로 틀린 것은?

① 수집·운반대상 폐기물의 변경
② 영업구역의 변경
③ 주차장 소재지의 변경(지정폐기물을 대상으로 하는 수집·운반업만 해당한다.
④ 운반차량(임시차량 포함) 증차

73 기술관리인을 두어야 할 대통령령으로 정하는 폐기물처리시설에 해당되지 않는 것은? (단, 폐기물처리업자가 운영하는 폐기물처리 시설은 제외)

① 지정폐기물 외의 폐기물을 매립하는 시설로서 면적이 12000m^2인 시설
② 멸균분쇄시설로서 시간당 처분능력이 150kg인 시설
③ 용해로로서 시간당 재활용능력이 300kg인 시설
④ 사료화·퇴비화 또는 연료화시설로서 1일 재활용능력이 10톤인 시설

74 기후에너지환경부장관 또는 시·도지사가 영업구역을 제한하는 조건을 붙일 수 있는 폐기물처리업 대상은?

① 생활폐기물 수집·운반업
② 폐기물 재생 처리업
③ 지정폐기물 처리업
④ 사업장폐기물 처리업

75 폐쇄명령을 이행하지 아니한 자에 대한 벌칙 기준으로 맞는 것은?

① 1년 이하의 징역이나 1천만원 이하의 벌금
② 2년 이하의 징역이나 2천만원 이하의 벌금
③ 3년 이하의 징역이나 3천만원 이하의 벌금
④ 5년 이하의 징역이나 5천만원 이하의 벌금

76 폐기물처리 담당자 등에 대한 교육의 대상자(그 밖에 대통령령으로 정하는 사람)에 해당되지 않은 자는?

① 폐기물처리시설의 설치·운영자
② 사업장폐기물을 처리하는 사업자
③ 폐기물처리 신고자
④ 확인을 받아야 하는 지정폐기물을 배출하는 사업자

77 폐기물관리법을 적용하지 아니하는 물질에 대한 설명으로 옳지 않은 것은?

① 용기에 들어 있지 아니한 고체상태의 물질
② 원자력안전법에 따른 방사성 물질과 이로 인하여 오염된 물질
③ 하수도법에 따른 하수·분뇨
④ 물환경보전법에 따른 수질 오염 방지시설에 유입되거나 공공 수역으로 배출되는 폐수

78 폐기물처리시설의 종류 중 기계적 재활용시설에 해당되지 않는 것은?

① 압축·압출·성형·주조시설(동력 7.5kW 이상인 시설로 한정한다.)
② 절단시설(동력 7.5kW 이상인 시설로 한정한다.)
③ 융용·용해시설(동력 7.5kW 이상인 시설로 한정한다.)
④ 고형화·고화시설(동력 15kW 이상인 시설로 한정한다.)

79 다음 중 지정폐기물이 아닌 것은?

① pH가 12.6인 폐알칼리
② 고체상태의 폐합성 고무
③ 수분함량이 90%인 오니류
④ PCB를 2mg/L 이상 함유한 액상 폐기물

80 주변지역 영향 조사대상 폐기물처리시설 기준으로 틀린 것은? (단, 폐기물처리업자가 설치·운영하는 시설)

① 시멘트 소성로(폐기물을 연료로 사용하는 경우로 한정한다.)
② 매립면적 15만 제곱미터 이상의 사업장 일반폐기물 매립시설
③ 매립면적 3만 제곱미터 이상의 사업장 지정폐기물 매립시설
④ 1일 재활용능력이 50톤 이상인 사업장폐기물 소각열회수시설(같은 사업장에 여러 개의 소각열회수시설이 있는 경우에는 각 소각열회수시설의 1일 재활용능력의 합계가 50톤 이상인 경우를 말한다.)

2024년 1회 폐기물처리산업기사 CBT 기출복원문제

01 1차 반응속도에서 반감기가 10분이다. 초기농도의 75%가 줄어드는 데 걸리는 시간은?

[고빈출 - 10회 이상 기출]

① 30분 ② 20분
③ 15분 ④ 25분

02 다음은 소비자 중심의 쓰레기 발생 mechanism을 모식적으로 나타낸 그림이다. 폐기물로서 발생되는 시점과 재활용이 가능한 구간을 각각 가장 적절하게 나타낸 것은?

[05년 1회 기출]

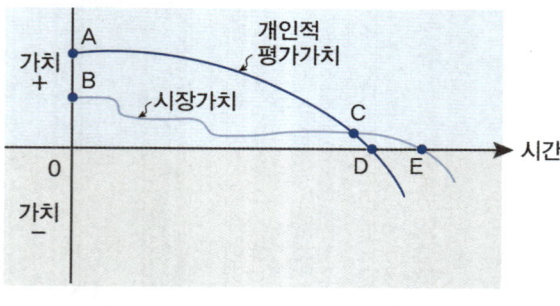

① C, DE ② D, DE
③ E, CE ④ E, DE

03 다음 중 쓰레기의 발생량 조사 방법이 아닌 것은?

① 직접 계근법
② 에너지수지법
③ 적재차량 계수분석법
④ 물질수지법

04 쓰레기를 압축시키기 전 밀도가 $200kg/m^3$인 것을 압축기로 압축했을 때 밀도가 $500kg/m^3$가 되었다. 부피감소율은?

① 40% ② 50%
③ 60% ④ 70%

05 물렁거리는 가벼운 물질로부터 딱딱한 물질을 선별하는데 사용하며 경사진 컨베이어를 통해 폐기물을 주입시켜 천천히 회전하는 드럼 위에 떨어뜨려서 분류하는 것은?

① Stoners ② Jigs
③ Secators ④ Table

06 분뇨에 대한 설명으로 옳지 않은 것은?

① 일반적으로 분 : 뇨의 구성비는 1 : 8 정도이다.
② TS비는 분 : 뇨 = 3 : 1이다.
③ 비중은 1.02이다.
④ 분뇨에 포함된 협잡물의 양은 발생지역에 따라 차이가 크며, 생활수준 등에 의해서도 달라질 수 있다.

07 와전류식 선별기로 분리할 수 없는 물질은? (신출로 판단, 기존 기출 변형)

① Fe ② Al
③ Zn ④ Cu

08 수분 40%, 회분 10%, 가연분 50%인 폐기물의 성상 분석 결과가 다음과 같을 때 이 폐기물의 저위발열량(kcal/kg)은? (단, Dulong식 이용하며 수소와 관련된 수분은 무시함)

> C : 60%, H : 20%, O : 10%, S : 10%

① 약 4,500 ② 약 5,000
③ 약 5,500 ④ 약 6,000

09 3성분의 조성비를 이용하여 발열량을 분석할 때 이용되는 추정식에 대한 설명으로 맞는 것은?

$$Q(kcal/kg) = \frac{4500\,V}{100} - \frac{600\,W}{100}$$

① 600은 물의 포화수증기압을 의미한다.
② V는 가연분의 조성비(%)이다.
③ W는 회분의 조성비(%)이다.
④ 이 식은 고위발열량을 의미한다.

10 연질플라스틱과 종이류가 혼합된 폐기물을 파쇄하는 데 효과적이고, 파쇄속도가 느리고 이물질 혼입에 대해 취약하지만 파쇄물의 크기를 고르게 절단할 수 있는 파쇄기는?

① 전단파쇄기 ② 압축파쇄기
③ 해머밀 ④ 충격파쇄기

11 물질회수를 위한 선별방법 중 손선별에 대한 설명으로 옳지 않은 것은?

① 정확도가 떨어지고 폭발로 인한 위험에 노출되는 단점이 있다.
② 작업효율은 0.5ton/man·hr 이다.
③ 컨베이어 벨트의 속도는 일반적으로 9m/min 이하이다.
④ 컨베이어 벨트를 이용하여 손으로 종이류, 플라스틱류, 금속류, 유리류 등을 분리한다.

12 3000명이 거주하는 지역에서 한 가구당 20L 종량제 봉투가 5일당 2개씩 발생하고 있다. 한 가구당 평균 2.5명이 거주할 때 지역에서 발생하는 쓰레기 발생량(L/인·일)은?

① 1.6L/인·일 ② 3.2L/인·일
③ 4.8L/인·일 ④ 6.4L/인·일

13 청소상태 만족도 평가를 위한 지역사회 효과지수인 CEI(Community Effects Index)에 관한 설명으로 옳은 것은?

① 가로 청소상태를 기준으로 측정한다.
② 수거방법에 따른 MHT 변화로 측정한다.
③ 적환장 크기와 수거량의 관계로 결정한다.
④ 일반대중들에 대한 설문조사를 통하여 결정한다.

14 함수율 80%인 음식쓰레기와 함수율 50%인 퇴비를 3:1의 무게비로 혼합했을 때의 함수율(%)은? (단, 비중은 1.0 기준)

① 66.5% ② 68.5%
③ 72.5% ④ 74.5%

15 쓰레기 발생량이 증가하는 이유로 알맞은 것은?

① 도시의 규모가 작아진다.
② 수집빈도가 잦아진다.
③ 쓰레기통이 작아진다.
④ 생활수준이 낮아진다.

16 폐기물 수거의 효율성을 향상시키기 위해 적환장 설치위치를 선정할 때 고려사항으로 틀린 것은?

① 수거 쓰레기 발생지역의 무게중심에서 가능한 한 먼 곳
② 주변의 반대가 적고, 환경적 영향이 최소인 곳
③ 건설비와 운영비가 적게 들고 경제적인 곳
④ 쉽게 간선도로에 연결되며, 2차 보조 수송수단으로 연결이 쉬운 곳

17 쓰레기 수거노선 선정에 관한 다음 설명 중 틀린 것은?

① 언덕인 경우 올라가면서 수거한다.
② 반복운행을 피하도록 한다.
③ 시계방향으로 수거노선을 설정한다.
④ 수거지점과 수거빈도를 결정하는데 기존 정책이나 규정을 참고한다.

18 밀도가 550kg/m³인 쓰레기 3m³ 중 가연성 쓰레기가 30wt%일 때, 가연성 물질의 중량(kg)은?

① 약 145   ② 약 435
③ 약 455   ④ 약 495

19 아말감, 살충제, 페인트 등에 사용되며 체내에 유입될 경우 신경계에 이상이 생겨 언어 장애, 운동 장애 등이 나타나고 심하면 사지가 마비될 수 있는 증상을 일으키는 물질은?

① Hg   ② Cd
③ As   ④ Cr

20 인구 3,800명인 도시에서 하루동안 발생되는 쓰레기를 수거하기 위해서 용량 8m³인 청소차량이 5대, 1일 2회 수거, 1일 근무시간이 8시간인 환경미화원이 5명 동원된다. 이 쓰레기의 적재밀도가 0.3ton/m³일 때, MHT 값은? (단, 기타 조건은 고려하지 않음)

① 1.38   ② 1.42
③ 1.67   ④ 1.83

21 고화처리 방법 중 열가소성 플라스틱법(Thermoplastic Process)에 대한 설명으로 옳지 않은 것은?

① 혼합률이 비교적 높다.
② 용출손실률이 시멘트 기초법보다 높다.
③ 고온분해되는 물질에는 사용할 수 없다.
④ 고화처리된 폐기물 성분을 회수하여 재활용할 수 있다.

22 열분해 온도에 따른 가스의 구성비(%) 중 열분해 온도가 높을수록 구성비(%)가 줄어드는 가스는?

① CH_4 ② H_2
③ CO ④ CO_2

23 연직차수막 공법의 종류와 가장 거리가 먼 것은?

① 강널말뚝
② 어스 라이닝
③ 굴착에 의한 차수시트 매설법
④ 어스 댐 코아

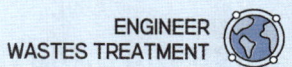

24 다양한 호기성 미생물과 효소를 이용하여 단기간에 유기물을 발효시켜 사료를 생산하는 습식방식에 의한 사료화의 특징이 아닌 것은? [신출문제로 판단]

① 처리 후 수분함량이 30% 정도로 감소한다.
② 종균제 투입 후 30~60℃에서 24시간 발효와 350℃에서 고온 멸균처리한다.
③ 비용이 적게 소요된다.
④ 수분함량이 높아 통기성이 나쁘고 변질 우려가 있다.

25 쓰레기의 퇴비화가 잘 형성되는 C/N비 범위는? (단, 다른 조건은 모두 동일)

① 25~50 ② 50~80
③ 80~100 ④ 100~150

26 생물학적 복원기술의 특징으로 옳지 않은 것은?

① 상온, 상압 상태의 조건에서 이용하기 때문에 많은 에너지가 필요하지 않다.
② 2차 오염 발생률이 높다.
③ 원위치에서도 오염물질 정화가 가능하다.
④ 유해한 중간물질을 만드는 경우가 있어 분해생성물의 유무를 미리 조사하여야 한다.

27 슬러지의 탈수 가능성을 표현하는 용어로 가장 적절한 것은?

① 균등계수 ② 투수계수
③ 유효입경 ④ 비저항계수

28 다음 중 표면연소가 되는 물질은?

① 플라스틱 ② 나무
③ 석유 ④ 무연탄

29 분뇨 저장탱크 내에 악취발생 공간 체적이 100m³이고, 이를 시간당 2차례씩 교환하고자 한다. 발생된 악취공기를 퇴비 여과 방식을 채용하여, 투과속도 15m/hr으로 처리하고자 한다면 필요한 퇴비 여과상의 면적(m²)은?

① 8 ② 10
③ 13 ④ 18

30 퇴비화의 장단점과 가장 거리가 먼 것은?

① 병원균 사멸이 가능한 장점이 있다.
② 다양한 재료를 이용하므로 퇴비제품의 품질 표준화가 어려운 단점이 있다.
③ 퇴비화가 완성되어도 부피가 크게 감소(50% 이하)하지 않는 단점이 있다.
④ 생산된 퇴비는 비료가치가 높다.

31 다음 중 육상매립 방법이 아닌 것은?

① 박층뿌림공법 ② 샌드위치공법
③ 셀공법 ④ 압축매립공법

32 매립지에서 발생되는 가스를 회수, 재활용하기 위하여 일반적으로 요구되는 매립 폐기물 및 발생가스 조건으로 옳지 않은 것은?

① 폐기물 중에는 약 50%의 분해 가능한 물질이 있어야 한다.
② 폐기물 중 분해가능한 물질의 50% 이상이 실제 분해하여 기체를 발생시켜야 한다.
③ 발생기체의 50% 이상을 포집할 수 있어야 한다.
④ 기체의 발열량은 6,200kcal/Nm³ 이상이어야 한다.

33 토양공기의 조성에 관한 설명으로 틀린 것은?

① 토양성분과 식물양분에 산화적 변화를 일으키는 원인이 된다.
② 대기에 비하여 토양공기 내 탄산가스의 함량이 낮다.
③ 대기에 비하여 토양공기 내 수증기의 함량이 높다.
④ 토양이 깊어질수록 토양공기 내 산소함량은 감소한다.

34 매립지에 매립된 쓰레기양이 1,000ton이고 이 중 유기물 함량이 40%이며, 유기물에서 가스로의 전환율이 70%이다. 만약 유기물 kg당 $0.5m^3$의 가스가 생성되고 가스 중 메탄함량이 40%라면 발생되는 총 메탄의 부피는? (단, 표준상태로 가정)

① $46,000m^3$ ② $56,000m^3$
③ $66,000m^3$ ④ $80,000m^3$

35 다음과 같은 조건에서 매립지에서 발생한 가스 중 메탄의 양은 몇 m^3인가?

- 총 쓰레기량 : 50톤
- 쓰레기 중 유기물 함량 : 35% (무게기준)
- 발생 가스 중 메탄 함량 : 40% (부피기준)
- kg당 가스발생량 : $0.6m^3$
- 유기물 비중 : 1

① 4,200 ② 5,200
③ 6,200 ④ 7,200

36 함수율 99%의 잉여 슬러지 $30m^3$를 농축하여 함수율 95%로 했을 때 슬러지 부피는? (단, 비중은 1.0)

① $10m^3$ ② $8m^3$
③ $6m^3$ ④ $4m^3$

37 유동층 소각로에 관한 설명으로 옳지 않은 것은?

① 연소효율이 높아 2차 연소실이 불필요하다.
② 유동매체의 축열량이 높아 단기간 정지 후 가동시에 보조연료 사용없이 정상가동이 가능하다.
③ 상(床)으로부터 찌꺼기의 분리가 어렵다.
④ 기계적 구동장치가 많아 고장율이 높다.

38 바이오리액터형 매립공법의 장점과 거리가 먼 것은?
[20년 1, 2회 통합시행 산업기사 기출]

① 매립지의 수명연장이 가능하다.
② 침출수 처리비용의 절감이 가능하다.
③ 악취 발생이 감소한다.
④ 매립가스 회수율이 증가한다.

39 쓰레기 수거 차량의 방식 중 roof bag 방식의 차량에 대한 설명으로 틀린 것은? [신출문제]

① 주로 가연성 폐기물의 수집에 사용된다.
② 비탈길에서는 전복의 위험이 있다.
③ 운전, 조작이 간편하다.
④ 압축 기능이 있어 공간 활용도가 높다.

40 효과적으로 퇴비화를 진행시키기 위한 가장 직접적인 중요 인자는?

① C/N비   ② 함수율
③ 교반 및 공기공급 ④ 온도

41 $[H^+] = 2.8 \times 10^{-5}M$일 때 pH는?

① 4.3 ② 4.6
③ 5.0 ④ 5.3

42 총칙에서 규정하고 있는 '함침성 고상폐기물'의 정의로 옳은 것은?

① 종이, 목재 등 수분을 흡수하는 변압기 내부 부재(종이, 나무와 금속이 서로 혼합되어 분리가 어려운 경우를 포함)를 말한다.
② 종이, 목재 등 수분을 흡수하는 변압기 내부 부재(종이, 나무와 금속이 서로 혼합되어 분리가 어려운 경우는 제외)를 말한다.
③ 종이, 목재 등 기름을 흡수하는 변압기 내부 부재(종이, 나무와 금속이 서로 혼합되어 분리가 어려운 경우를 포함)를 말한다.
④ 종이, 목재 등 기름을 흡수하는 변압기 내부 부재(종이, 나무와 금속이 서로 혼합되어 분리가 어려운 경우는 제외)를 말한다.

43 폐기물공정시험기준(방법)에서 규정하고 있는 폐기물의 양과 시료의 최소수가 잘못 연결된 것은?

① 1톤 미만 : 6
② 5톤 이상 ~ 30톤 미만 : 15
③ 100톤 이상 ~ 500톤 미만 : 30
④ 500톤 이상 ~ 1000톤 미만 : 36

44 다음 A~D에 들어갈 숫자 중 가장 큰 수는?

- "방울수"라 함은 20℃에서 정제수 A방울을 적하할 때 그 부피가 약 1mL 되는 것을 말한다.
- "항량으로 될 때까지 건조한다"라 함은 같은 조건에서 1시간 더 건조할 때 전후 무게의 차이가 Bmg 이하일 때를 말한다.
- 상온의 최저온도는 C(℃)이다.
- "감압 또는 진공"이라 함은 따로 규정이 없는 한 DmmHg 이하일 때를 말한다.

① A ② B
③ C ④ D

45 다음은 회분식 연소방식의 소각재 반출설비에서의 시료 채취에 관한 내용이다. ( ) 안에 옳은 내용은?

> 회분식 연소 방식의 소각재 반출 설비에서 채취하는 경우에는 하루 동안의 운전횟수에 따라 매 운전 시마다 2회 이상 채취하는 것을 원칙으로 하고, 시료의 양은 1회에 ( )g 이상으로 한다.

① 100g ② 200g
③ 300g ④ 500g

46 폐기물 시료의 채취 시 1회에 채취하여야 하는 양은? (단, 소각재 제외)

① 100g ② 200g
③ 300g ④ 500g

47 함수율이 95%인 시료의 용출시험 결과를 보정하기 위해 곱하여야 하는 값은 얼마인가?

① 1.5 ② 2.0
③ 2.5 ④ 3.0

48 시료의 전처리 방법이 아닌 것은?

① 환원법
② 질산 - 염산에 의한 분해
③ 회화에 의한 분해
④ 질산 - 과염소산에 의한 분해

49 중량법을 이용한 강열감량 및 유기물 함량을 측정할 때 시료를 전기로에서 강열하기 전에 시료에 넣어 가열하여 탄화시키는 시약은?

① 질산암모늄 ② 과염소산
③ 황산암모늄 ④ 과망간산칼륨

50 중량법으로 강열감량 및 유기물 함량을 측정하고자 할 때 가열하는 온도와 시간을 바르게 짝지은 것은?

① (600±25℃), 1시간　② (600±25℃), 2시간
③ (600±25℃), 3시간　④ (600±25℃), 4시간

51 다음 중 용액의 농도가 가장 큰 것은?

① 질산 (1 → 10) 100mL
② 질산 (1 → 5) 100mL
③ 질산 (1 + 1) 100mL
④ 질산 (1 + 10) 100mL

52 다음 중 원자흡수분광광도법으로 측정할 수 있는 것은?

① 수은　　　② 유기인
③ 시안　　　④ PCBs

53 시안을 자외선/가시선분광법(흡광광도법)으로 정량할 때 황화합물을 제거하기 위해 시료에 넣는 시약은?

① 과산화수소수용액　② 아스코르빈산용액
③ 아세트산아연용액　④ 아비산소듐용액

54 다음은 시안-이온전극법에 대한 내용이다. ( ) 안에 옳은 내용은?

> 폐기물 중 시안을 측정하는 방법으로 액상 폐기물과 고상폐기물을 ( )으로 조절한 후 시안 이온전극과 비교전극을 사용하여 전위를 측정하고 그 전위차로부터 시안을 정량하는 방법이다.

① pH 2 이하의 산성
② pH 4~5의 산성
③ pH 10의 알칼리성
④ pH 12~13의 알칼리성

55 시료용기를 갈색경질의 유리병을 사용하여야 하는 경우가 아닌 것은?

① 노말헥산 추출물질 분석 실험을 위한 시료 채취 시
② 시안화물 분석 실험을 위한 시료 채취 시
③ 유기인 분석 실험을 위한 시료 채취 시
④ PCBs 분석 실험을 위한 시료 채취 시

56 자외선/가시선분광법을 이용한 시안 분석을 위해 시료를 증류할 때 증기로 유출되는 시안의 형태는?

① 시안산　　　② 시안화수소
③ 염화시안　　④ 시아나이드

57 Lambert – Beer 법칙에 관한 설명으로 틀린 것은?

① 흡광도는 광이 통과하는 용액층의 두께에 비례한다.
② 흡광도는 광이 통과하는 용액층의 농도에 비례한다.
③ 흡광도는 용액층의 투과도에 비례한다.
④ 흡광도는 투과도의 역수의 상용대수로 표현할 수 있다.

58 기체크로마토그래피-질량분석법에 따른 유기인 분석방법을 설명한 것으로 틀린 것은?

① 운반기체는 부피백분율 99.999% 이상의 헬륨을 사용한다.
② 질량분석기는 자기장형, 사중극자형 및 이온트랩형 등의 성능을 가진 것을 사용한다.
③ 질량분석기의 이온화방식은 전자충격법(EI)을 사용하며 이온화에너지는 35~70eV을 사용한다.
④ 질량분석기의 정량분석에는 매트릭스 검출법을 이용하는 것이 바람직하다.

59 원자흡수분광광도법에서 불꽃을 만들기 위해 사용하는 가연성가스와 조연성가스 중 불꽃의 온도가 가장 높은 것은?

① 아세틸렌 – 공기
② 수소 – 공기
③ 프로판 – 공기
④ 아세틸렌 – 이산화질소

60 다음에서 설명하는 시료의 분할채취방법은?

- 모아진 대시료를 네모꼴로 엷게 균일한 두께로 편다.
- 이것을 가로 4등분, 세로 5등분하여 20개의 덩어리로 나눈다.
- 20개의 각 부분에서 균등량씩을 취하여 혼합하여 하나의 시료로 한다.

① 구획법
② 교호삽법
③ 원추 4분법
④ 원추 분할법

61 폐기물관리법에 적용되지 아니하는 물질에 대한 기준으로 틀린 것은?

① 물환경보전법에 따른 수질오염방지시설에 유입되거나 공공수역으로 배출되는 폐수
② 원자력안전법에 따른 방사성 물질과 이로 인하여 오염된 물질
③ 용기에 들어있는 기체상태의 물질
④ 하수도법에 따른 하수ㆍ분뇨

62 폐기물처리업의 업종구분과 영업내용의 범위를 벗어나는 영업을 한 자에 대한 벌칙 기준은?

① 1년 이하의 징역이나 1천만원 이하의 벌금
② 2년 이하의 징역이나 2천만원 이하의 벌금
③ 3년 이하의 징역이나 3천만원 이하의 벌금
④ 5년 이하의 징역이나 5천만원 이하의 벌금

63 환경상태의 조사ㆍ평가에서 국가 및 지방자치단체가 상시 조사ㆍ평가하여야 하는 내용으로 틀린 것은?

① 환경의 질의 변화
② 환경오염원 및 환경훼손 요인
③ 환경오염지역의 원상회복실태
④ 자연환경 및 생활환경 현황

64 지정폐기물인 부식성 폐기물 기준으로 ( )안에 들어갈 내용으로 옳은 것은?

폐산 : 액체상태의 폐기물로서 수소이온농도지수가 ( )이하인 것에 한한다.

① 1.0
② 1.5
③ 2.0
④ 3.0

65 위해의료폐기물 중 생물ㆍ화학폐기물이 아닌 것은?

① 폐백신
② 폐혈액제
③ 폐항암제
④ 폐화학치료제

66 폐기물처리업의 업종이 아닌 것은?

① 폐기물 회수업
② 폐기물 수집ㆍ운반업
③ 폐기물 최종처리업
④ 폐기물 중간재활용업

67 폐기물처분시설인 소각시설의 정기검사 항목에 해당하지 않는 것은?

① 표지판 부착 여부 및 기재사항
② 배기가스온도 적절 여부
③ 소방장비 설치 및 관리실태
④ 보조연소장치의 작동상태

68 폐기물처리업자에게 영업정지에 갈음하여 부과할 수 있는 과징금에 대한 설명으로 ( ) 안에 옳은 것은?

> 기후에너지환경부장관이나 시·도지사는 폐기물처리업자에게 영업의 정지를 명령하려는 때 그 영업의 정지를 갈음하여 대통령령으로 정하는 ( )을 초과하지 아니하는 범위에서 과징금을 부과할 수 있다.

① 매출액에 100분의 1을 곱한 금액
② 매출액에 100분의 5을 곱한 금액
③ 매출액에 100분의 10을 곱한 금액
④ 매출액에 100분의 15을 곱한 금액

69 주변지역 영향 조사대상 폐기물 처리시설의 기준으로 알맞은 것은?

① 1일 재활용능력이 100톤 이상인 사업장 폐기물 소각열회수시설
② 매립면적 1만 제곱미터 이상의 사업장 지정폐기물 매립시설
③ 매립면적 10만 제곱미터 이상의 사업장 일반폐기물 매립시설
④ 매립용적 1만 세제곱미터 이상의 사업장 일반폐기물 매립시설

70 기술관리인을 두어야 하는 폐기물처리시설에 해당되는 것은?

① 시간당 처분능력이 150킬로그램인 멸균분해시설
② 1일 처분능력이 8톤인 연료화시설
③ 1일 처분능력이 50톤인 절단시설
④ 시간당 처분능력이 200킬로그램인 감염성폐기물 대상 소각시설

71 폐기물매립시설의 사후관리 업무를 대행할 수 있는 자는? (단, 그 밖에 기후에너지환경부장관이 사후관리를 대행할 수 있다고 인정하여 고시하는 자의 경우 제외)

① 유역·지방환경청
② 한국환경공단
③ 국립환경과학원
④ 시·도 보건환경연구원

72 기후에너지환경부장관은 사후관리 대상인 폐기물을 매립하는 시설의 사용이 끝나거나 시설이 폐쇄된 후 토지 이용의 용도를 제한할 수 있다. 토지 이용이 한정되는 시설이 아닌 것은?

① 체육시설
② 문화시설
③ 공원시설
④ 상업시설

73 폐기물관리종합계획에 포함되어야 하는 사항으로 틀린 것은?

① 재원 조달 계획
② 폐기물 관리 여건 및 전망
③ 부문별 폐기물 관리 현황
④ 종전의 종합계획에 대한 평가

74 관리형 매립시설에서 발생하는 침출수의 수소이온농도(pH) 배출허용기준은? (단, 청정지역 기준)

① 6.3~8.0
② 6.3~8.3
③ 5.8~8.0
④ 5.8~8.3

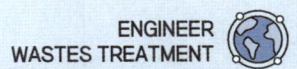

75 폐기물 재활용을 금지하거나 제한하는 항목 기준이 아닌 것은?

① 폐석면
② 폴리클로리네이티드비페닐(PCBs)을 기후에너지환경부령으로 정하는 농도 이상 함유하는 폐기물
③ 태반을 포함한 의료폐기물
④ 폐유독물 등 인체나 환경에 미치는 위해가 매우 높을 것으로 우려되는 폐기물 중 대통령령으로 정하는 폐기물

76 변경허가를 받지 아니하고 폐기물처리업의 허가사항을 변경한 자에게 주어지는 벌칙은?

① 2년 이하의 징역 또는 2천만원 이하의 벌금
② 3년 이하의 징역 또는 3천만원 이하의 벌금
③ 5년 이하의 징역 또는 5천만원 이하의 벌금
④ 7년 이하의 징역 또는 7천만원 이하의 벌금

77 특별자치시장, 특별자치도지사, 시장·군수·구청장이 관할 구역의 음식물류 폐기물의 발생을 최대한 줄이고 발생한 음식물류 폐기물을 적절하게 처리하기 위하여 수립하는 음식물류 폐기물 발생 억제계획에 포함되어야 하는 사항과 가장 거리가 먼 것은?

① 음식물류 폐기물 재활용 및 재이용 방안
② 음식물류 폐기물 처리시설의 설치 현황 및 향후 설치계획
③ 음식물류 폐기물의 발생 억제 목표 및 목표 달성 방안
④ 음식물류 폐기물의 발생 및 처리 현황

78 폐기물의 수집·운반·보관·처리에 관한 기준 및 방법에 대한 설명으로 틀린 것은?

① 해당 폐기물을 적정하게 처분, 재활용 또는 보관할 수 있는 장소 외의 장소로 운반하지 아니할 것
② 폐기물의 종류와 성질·상태별 재활용 가능성 여부, 가연성이나 불연성 여부 등에 따라 구분하여 수집·운반·보관할 것
③ 폐기물을 처분 또는 재활용하는 자가 폐기물을 보관하는 경우에는 그 폐기물 처분시설 또는 재활용시설과 다른 사업장에 있는 보관시설에 보관할 것
④ 수집·운반·보관의 과정에서 침출수가 생기는 경우에는 기후에너지환경부령으로 정하는 바에 따라 처리할 것

79 폐기물관리법상 재활용으로 인정되는 에너지회수기준으로 맞는 것은?

① 다른 물질과 혼입하지 아니하고 해당 폐기물의 저위발열량이 킬로그램당 3천 킬로칼로리 이상일 것
② 에너지 회수효율이 50퍼센트 이상일 것
③ 회수열의 50퍼센트를 열원으로 스스로 이용하거나 다른 사람에게 공급할 것
④ 기후에너지환경부장관이 정하여 고시하는 경우에는 폐기물의 45퍼센트 이상을 원료나 재료로 재활용하고 그 나머지 중에서 에너지의 회수에 이용할 것

80 폐기물처리시설인 재활용시설 중 화학적 재활용 시설에 해당하지 않는 것은?

① 고형화·고화 시설
② 연료화 시설
③ 응집·침전 시설
④ 반응시설(중화·산화·환원·중합·축합·치환 등의 화학반응을 이용하여 폐기물을 재활용하는 단위시설을 포함한다.)

UNIT 04 2021년 폐기물처리기사 1회 필기

01 Eddy Current Separator는 물질 특성상 세종류로 분리한다. 이 때 구리전선과 같은 종류로 선별되는 것은?
① 은수저   ② 철 나사못
③ PVC   ④ 희토류 자석

02 사업장에서 배출되는 폐기물을 감량화시키기 위한 대책으로 가장 거리가 먼 것은?
① 원료의 대체   ② 공정 개선
③ 제품내구성 증대   ④ 포장횟수의 확대 및 장려

03 압축기에 쓰레기를 넣고 압축시킨 결과 압축비가 5였을 때 부피감소율(%)은?
① 50   ② 60
③ 80   ④ 90

04 적환장의 설치 적용 이유로 가장 거리가 먼 것은?
① 저밀도 거주지역이 존재할 경우
② 불법투기와 다량의 어지러진 쓰레기들이 발생할 때
③ 부패성 폐기물 다량 발생지역이 있는 경우
④ 처분지가 수집 장소로부터 16km 이상 멀리 떨어져 있는 경우

05 폐기물 수거노선의 설정요령으로 적합하지 않은 것은?
① 수거지점과 수거빈도를 결정하는데 기존 정책이나 규정을 참고한다.
② 간선도로부근에서 시작하고 끝나도록 배치한다.
③ 반복운행을 피하도록 한다.
④ 반 시계방향으로 수거노선을 설정한다.

06 습량기준 회분량이 16%인 폐기물의 건량기준 회분량(%)은? (단, 폐기물의 함수율 = 20%)
① 20   ② 18
③ 16   ④ 14

07 쓰레기에서 타는 성분의 화학적 성상 분석 시 사용되는 자동원소분석기에 의해 동시 분석이 가능한 항목을 모두 나열한 것은?
① 탄소, 질소, 수소   ② 탄소, 황, 수소
③ 탄소, 수소, 산소   ④ 질소, 황, 산소

08 폐기물 성상분석에 대한 분석절차로 옳은 것은?
① 물리적 조성 → 밀도측정 → 건조 → 절단 및 분쇄 → 발열량분석
② 밀도측정 → 물리적 조성 → 건조 → 절단 및 분쇄 → 발열량분석
③ 물리적 조성 → 밀도측정 → 절단 및 분쇄 → 건조 → 발열량분석
④ 밀도측정 → 물리적 조성 → 절단 및 분쇄 → 건조 → 발열량분석

09 전과정평가(LCA)를 구성하는 4단계 중, 조사분석과정에서 확정된 자원요구 및 기후에너지환경부하에 대한 영향을 평가하는 기술적, 정량적, 정성적 과정인 것은?

① impact analysis
② initiation analysis
③ inventory analysis
④ improvement analysis

10 퇴비화 과정에서 공기의 역할 중 잘못된 것은?

① 온도를 조절한다.
② 공급량은 많을수록 퇴비화가 잘된다.
③ 수분과 CO_2 등 다른 가스들을 제거한다.
④ 미생물이 호기적 대사를 할 수 있도록 한다.

11 쓰레기의 발열량을 구하는 식 중 Dulong식에 대한 설명으로 옳은 것은?

① 고위발열량은 저위발열량, 수소함량, 수분함량만으로 구할 수 있다.
② 원소분석에서 나온 C, H, O, N 및 수분 함량으로 계산할 수 있다.
③ 목재나 쓰레기와 같은 셀룰로오스의 연소에서는 발열량이 약 10% 높게 추정된다.
④ Bomb 열량계로 구한 발열량에 근사시키기 위해 Dulong의 보정식이 사용된다.

12 파이프라인을 이용하여 폐기물을 수송하는 방법에 대한 설명으로 가장 거리가 먼 것은?

① 보다 친환경적이며 장거리 수송이 용이하다.
② 잘못 투입된 물건을 회수하기가 곤란하다.
③ 쓰레기 발생 밀도가 높은 곳일수록 현실성이 높아진다.
④ 조대쓰레기는 파쇄, 압축 등의 전처리를 할 필요가 있다.

13 트롬멜 스크린에 대한 설명으로 틀린 것은?

① 수평으로 회전하는 직경 3미터 정도의 원통 형태이며 가장 널리 사용되는 스크린의 하나이다.
② 최적회전속도는 임계회전속도의 45% 정도이다.
③ 도시폐기물 처리 시 적정회전속도는 100~180rpm이다.
④ 경사도는 대개 2~3°를 채택하고 있다.

14 일반폐기물의 수집운반 처리 시 고려사항으로 가장 거리가 먼 것은?

① 지역별, 계절별 발생량 및 특성 고려
② 다른 지역의 경유 시 밀폐 차량 이용
③ 해충방지를 위해서 약제살포 금지
④ 지역여건에 맞게 기계식 상차방법 이용

15 도시의 쓰레기 특성을 조사하기 위하여 시료 100kg에 대한 습윤상태의 무게와 함수율을 측정한 결과가 다음 표와 같을 때 이 시료의 건조중량(kg)은?

성분	습윤상태의 무게(kg)	함수율(%)
연탄재	60	20
채소, 음식물류	10	65
종이, 목재류	10	10
고무, 가죽류	15	3
금속, 초자기류	5	2

① 70
② 80
③ 90
④ 100

16 쓰레기 수거계획 수립 시 가장 우선되어야 할 항목은?

① 수거빈도
② 수거노선
③ 차량의 적재량
④ 인부수

17 폐기물의 성분을 조사한 결과 플라스틱의 함량이 20%(중량비)로 나타났다. 이 폐기물의 밀도가 $300 kg/m^3$이라면 $6.5 m^3$ 중에 함유된 플라스틱의 양(kg)은?

① 300 ② 345
③ 390 ④ 415

18 pH가 2인 폐산용액은 pH가 4인 폐산용액에 비해 수소이온이 몇 배 더 함유되어 있는가?

① 2배 ② 5배
③ 10배 ④ 100배

19 폐기물 시료를 축분함에 있어 처음 무게의 1/30~1/35의 무게를 얻고자 한다면 원추4분법을 몇 회 시행하여야 하는가?

① 10회 ② 8회
③ 6회 ④ 5회

20 직경이 1.0m인 트롬멜 스크린의 최적 속도(rpm)는?

① 약 63 ② 약 42
③ 약 19 ④ 약 8

21 일반적으로 매립장 침출수 생성에 가장 큰 영향을 미치는 인자는?

① 쓰레기의 함수율
② 지하수의 유입
③ 표토를 침투하는 강수
④ 쓰레기 분해과정에서 발생하는 발생수

22 매립지에서 발생하는 메탄가스는 온실가스로 이산화탄소에 매립지에서 발생하는 메탄가스를 메탄산화세균을 이용하여 처리하고자 한다. 메탄산화세균에 의한 메탄처리와 관련한 설명 중 틀린 것은?

① 메탄산화세균은 혐기성 미생물이다.
② 메탄산화세균은 자가영양 미생물이다.
③ 메탄산화세균은 주로 복토층 부근에서 많이 발견된다.
④ 메탄은 메탄산화세균에 의해 산화되며, 이산화탄소로 바뀐다.

23 매립지에서의 물 수지(water balance)를 고려하여 침출수량을 추정하고자 한다. 강수량을 P, 폐기물 함유수분량을 W, 증발산량을 ET, 유출(run-off)량을 R로 표시하고, 기타항을 무시할 때, 침출수량을 나타내는 식은?

① P - W - ET - R ② W + P - ET + R
③ ET + R + P - W ④ P + W - ET - R

24 폐기물을 중간처리(소각처리)하는 과정에서 얻어지는 결과로 가장 거리가 먼 것은?

① 대체에너지화 ② 폐기물 감량화
③ 유독물질 안정화 ④ 대기오염 방지화

25 시멘트를 이용한 유해폐기물 고화처리 시 압축강도, 투수계수, 물·시멘트비(water/cement ratio) 사이의 관계를 바르게 설명한 것은?

① 물/시멘트비는 투수계수에 영향을 주지 않는다.
② 압축강도와 투수계수 사이는 정비례한다.
③ 물/시멘트비가 낮으면 투수계수는 증가한다.
④ 물/시멘트비가 높으면 압축강도는 낮아진다.

26 연소효율 식으로 옳은 것은? (단, η(%): 연소효율, H_i: 저위발열량, L_c: 미연소 손실, L_i: 불완전연소 손실)

① $\eta(\%) = \dfrac{H_i + (L_c - L_i)}{H_i} \times 100$

② $\eta(\%) = \dfrac{H_i - (L_c + L_i)}{H_i} \times 100$

③ $\eta(\%) = \dfrac{(L_c + L_i) - H_i}{H_i} \times 100$

④ $\eta(\%) = \dfrac{(L_c - L_i) - H_i}{H_i} \times 100$

27 분뇨처리 최종생성물의 요구조건으로 가장 거리가 먼 것은?
① 위생적으로 안전할 것
② 생화학적으로 분해가 가능할 것
③ 최종생성물의 감량화를 기할 것
④ 공중 혐오감을 주지 않을 것

28 토양증기추출법(SVE)에 대한 설명으로 옳지 않은 것은?
① 생물학적 처리효율을 높여준다.
② 오염물질의 독성은 변화가 없다.
③ 총 처리시간을 예측하기가 용이하다.
④ 추출된 기체는 대기오염방지를 위해 후처리가 필요하다.

29 호기성 퇴비화 공정 설계인자에 대한 설명으로 틀린 것은?
① 퇴비화에 적당한 수분함량은 50~60%로 40% 이하가 되면 분해율이 감소한다.
② 온도는 55~60℃로 유지시켜야 하며 70℃를 적정하게 조절한다.
③ C/N비가 20 이하이면 질소가 암모니아로 변하여 pH를 증가시켜 악취를 유발시킨다.
④ 산소 요구량은 체적당 20~30%의 산소를 공급하는 것이 좋다

30 점토의 수분함량 지표인 소성지수, 액성한계, 소성한계의 관계로 옳은 것은?
① 소성지수 = 액성한계 - 소성한계
② 소성지수 = 액성한계 + 소성한계
③ 소성지수 = 액성한계 / 소성한계
④ 소성지수 = 소성한계 / 액성한계

31 분뇨를 희석폭기방식으로 처리하려 할 때, 적절한 방법으로 볼 수 없는 것은?
① BOD부하는 $1\text{kg/m}^3 \cdot d$ 이하로 한다.
② 반송슬러지량은 희석된 분뇨량의 50~60%를 표준으로 한다.
③ 폭기시간은 12시간 이상으로 한다.
④ 조의 유효수심은 3.5~5m를 표준으로 한다.

32 아주 적은 양의 유기성 오염물질도 지하수의 산소를 고갈시킬 수 있기 때문에 생물학적 In-situ 정화에서는 인위적으로 지하수에 산소를 공급하여야 한다. 이와 같은 산소부족을 해결할 수 있는 대안 공급물질로 가장 적절한 것은?
① 과산화수소   ② 이산화탄소
③ 에탄올   ④ 인산염

33 매립지 가스에 의한 환경영향이라 볼 수 없는 것은?
① 화재와 폭발
② VOC 용해로 인한 지하수오염
③ 충분한 산소제공으로 인한 식물 성장
④ 매립가스 내 VOC 함유로 인한 건강위해

34 다음 물질을 같은 조건하에서 혐기성 처리를 할 때 슬러지 생산량이 가장 많은 것은?

① Lipid
② Protein
③ Amino acid
④ Carbohydrate

35 완전히 건조된 고형분의 비중이 1.30이며, 건조 이전의 슬러지 내 고형분 함량이 42%일 때 건조 이전 슬러지 케익의 비중은?

① 1.042
② 1.107
③ 1.132
④ 1.163

36 매립쓰레기의 혐기성 분해과정을 나타낸 반응식이 아래와 같을 때, 발생가스 중 메탄함유율(발생량 부피%)을 구하는 식(ⓒ)으로 옳은 것은?

$$C_aH_bO_cN_d + (\text{㉠})H_2O \rightarrow (\text{㉡})CO_2 + (\text{㉢})CH_4 + (\text{㉣})NH_3$$

① $\dfrac{(4a+b+2c+3d)}{8}$
② $\dfrac{(4a-2b-2c+3d)}{8}$
③ $\dfrac{(4a+b-2c-3d)}{8}$
④ $\dfrac{(4a+2b-2c-3d)}{8}$

37 매립지의 침출수를 혐기성 처리하고자 할 때 장점이 아닌 것은?

① 슬러지 처리 비용이 적어진다.
② 온도에 대한 영향이 거의 없다.
③ 고농도의 침출수를 희석 없이 처리할 수 있다.
④ 난분해성 물질이 함유된 침출수 처리에 효과적이다.

38 대표 화학적 조성이 $C_7H_{10}O_5N_2$인 폐기물의 C/N비는?

① 2
② 3
③ 4
④ 5

39 수분이 90%인 젖은슬러지를 건조시켜 수분이 20%인 건조슬러지로 만들고자 한다. 젖은슬러지 kg당 생산되는 건조슬러지의 양(kg)은?

① 0.1
② 0.125
③ 0.25
④ 0.5

40 다음 그래프는 쓰레기 매립지에서 발생되는 가스의 성상이 시간에 따라 변하는 과정을 보이고 있다. 곡선 (가)와 (나)에 해당하는 가스는?

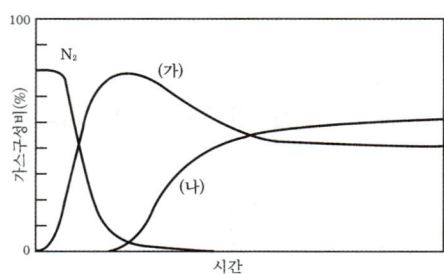

① (가) H_2, (나) CH_4
② (가) CH_4, (나) CH_2
③ (가) CO_2, (나) CH_4
④ (가) CH_4, (나) H_2

41 유동층 소각로의 장점으로 거리가 먼 것은?

① 가스의 온도가 낮고 과잉공기량이 적어 NO_x도 적게 배출된다.
② 로 내 온도의 자동제어와 열 회수가 용이하다.
③ 로 내 내축열량이 높아 투입이나 유동화를 위한 파쇄가 필요 없다.
④ 연소효율이 높아 미연소분의 배출이 적고 2차 연소실이 불필요하다.

42 연소실의 온도는 850℃ 이상을 유지하면서 연소가스의 체류시간은 2초 이상을 유지하는 것이 좋다고 한다. 그 이유가 아닌 것은?

① 완전연소를 시키기 위해서
② 화격자의 온도를 높이기 위해서
③ 연소가스온도를 균일하게 하기 위해서
④ 다이옥신 등 유해가스를 분해하기 위해서

43 소각로에서 폐기물의 이송방향과 연소가스의 흐름방향이 같은 형식의 구조는?

① 향류식 ② 중간류식
③ 교류식 ④ 병류식

44 폐기물별 발열량을 짝지어 놓은 것 중 틀린 것은? (단, 단위는 kcal/kg이다.)

① 플라스틱 : 5,000~11,000
② 도시폐기물 : 1,000~4,000
③ 하수슬러지 : 2,000~3,500
④ 열분해생성가스 : 12,000~15,000

45 아래의 설명에 부합하는 복토방법은?

> 굴착하기 어려운 곳에서 폐기물을 위생매립하기 위한 방법으로 구릉지 등에 폐기물을 살포시키고 다진 후에 복토하는 방법을 말하며, 복토할 흙을 타지(인근)에서 가져와 복토를 진행한다.

① 도랑매립법 ② 평지매립법
③ 경사매립법 ④ 개량매립법

46 배연탈황법에 대한 설명으로 가장 거리가 먼 것은?

① 활성탄 흡착법에서 SO_2는 활성탄 표면에서 산화된 후 수증기와 반응하여 황산으로 고정된다.
② 수산화나트륨의 생성을 억제하기 위해 흡수액의 pH를 7로 조정한다.
③ 활성산화망간은 상온에서 SO_2 및 O_2와 반응하여 황산망간을 생성한다.
④ 석회석 슬러리를 이용한 흡수법은 탈황률의 유지 및 스케일 형성을 방지하기 위해 흡수액의 pH를 6으로 조정한다.

47 부탄 1,000kg을 기화시켜 15Nm³/h의 속도로 연소시킬 때, 부탄이 전부 연소되는데 필요한 시간(h)은? (단, 부탄은 전량 기화된다고 가정한다.)

① 13 ② 17
③ 26 ④ 34

48 폐열보일러에 1,200℃인 연소배가스가 10Sm³/kg·h의 속도로 공급되어 200℃로 냉각될 때, 보일러 냉각수가 흡수한 열량(kcal/kg·hr)은? (단, 보일러 내의 열손실은 없으며, 배가스의 평균정압비열은 1.2kcal/Sm³·℃으로 가정한다.)

① 1.2×10^4 ② 1.6×10^4
③ 2.2×10^4 ④ 2.6×10^4

49 폐수처리 슬러지를 연소하기 위한 전처리에 대한 설명 중 틀린 것은?

① 수분을 제거하고 고형물의 농도를 낮춘다.
② 통상적인 탈수 케이크보다 더 높은 탈수 케이크를 만드는 것이 필요하다.
③ 탈수 효율이 낮을수록 연소로에서는 더 많은 연료가 필요하게 된다.
④ 탈수가 효율적으로 수행되면 연료비가 향상되어 최대 슬러지의 처리용량을 얻을 수 있다.

50 연소과정에서 발생하는 질소산화물 중 Fuel NOx 저감 효과가 가장 높은 방법은?

① 연소실에서 수증기를 주입한다.
② 이단연소에 의해 연소시킨다.
③ 연소실 내 산소 농도를 낮게 유지한다.
④ 연소용 공기의 예열온도를 낮게 유지한다.

51 액화분무소각로(Liquid Injection Incinerator)의 특징으로 가장 거리가 먼 것은?

① 광범위한 종류의 액상폐기물 소각에 이용 가능하다.
② 구동장치가 없어 고장이 적다.
③ 소각재의 처리설비가 필요 없다.
④ 충분한 연소로 로 내 내화물의 파손이 적다.

52 연소실과 열부하에 대한 설명 중 옳은 것은?

① 열부하는 설계된 연소실 체적의 적절함을 판단하는 기준이 된다.
② 폐기물의 고위발열량을 기준으로 산정한다.
③ 열부하가 너무 작으면 미연분, 다이옥신 등이 발생한다.
④ 연소실 설계 시 회분(batch) 연소식은 연속 연소식에 비해 열부하를 크게 하여 설계한다.

53 에틸렌(C_2H_4)의 고위발열량이 15,280kcal/Sm^3이라면 저위발열량(kcal/Sm^3)은?

① 14,320 ② 14,680
③ 14,800 ④ 14,920

54 폐기물 열분해 시 생성되는 물질로 가장 거리가 먼 것은?

① char/tar   ② 방향성 물질
③ 식초산   ④ NOx

55 소각로나 보일러에서 열정산 시 출열(出熱) 항목에 포함되지 않는 것은?

① 축열 손실   ② 방열 손실
③ 배기 손실   ④ 증기 손실

56 소각로의 연소효율을 향상시키는 대책으로 틀린 것은?

① 간헐운전 시 전열효율 향상에 의한 승온시간 연장
② 열작감량을 작게 하여 완전연소화
③ 복사전열에 의한 방열손실 감소
④ 최종 배출가스 온도 저감 도모

57 열분해 공정에 대한 설명으로 가장 거리가 먼 것은?

① 산소가 없는 상태에서 열에 의해 유기성물질을 분해와 응축반응을 거쳐 기체, 액체, 고체상 물질로 분리한다.
② 가스상 주요 생성물로는 수소, 메탄, 일산화탄소 그리고 대상물질 특성에 따른 가스성분들이 있다.
③ 수분함량이 높은 폐기물의 경우에 열분해효율 저하와 에너지 소비량 증가 문제를 일으킨다.
④ 연소 가스화 공정이 높은 흡열반응인데 비하여 열분해 공정은 외부 열원이 필요한 발열반응이다.

58 저위발열량이 9,000kcal/Sm^3인 가스연료의 이론연소온도(℃)는? (단, 이론연소가스량은 10Sm^3/kg, 기준온도는 15℃, 연료연소가스의 정압비열은 0.35kcal/Sm^3·℃로 한다.)

① 1,008   ② 1,293
③ 2,015   ④ 2,586

59 다음 기체를 각각 1Sm³씩 연소하는데 필요한 이론 산소량이 가장 많은 것은? (단, 동일 조건임)

① C_2H_6 ② C_3H_8
③ CO   ④ H_2

60 주성분이 $C_{10}H_{17}O_6N$인 슬러지 폐기물을 소각처리하고자 한다. 폐기물 5kg 소각에 이론적으로 필요한 공기의 질량(kg)은? (단, 슬러지의 질소성분은 NH_3로 배출된다.)

① 21   ② 26
③ 29   ④ 38

61 자외선/가시선 분광법으로 시안을 분석할 때 간섭물질을 제거하는 방법으로 옳지 않은 것은?

① 시안화합물을 측정할 때 방해물질들을 증류하면 대부분 제거된다. 그러나 다량의 지방성분, 잔류염소, 황화합물은 시안화합물을 분석할 때 간섭할 수 있다.
② 황화합물이 함유된 시료는 아세트산아연 용액(10W/V%) 2mL를 넣어 제거한다.
③ 다량의 지방성분을 함유한 시료는 아세트산 또는 수산화나트륨 용액으로 pH 6~7로 조절한 후 노말헥산 또는 클로로폼을 넣어 추출하여 수층은 버리고 유기물층을 분리하여 사용한다.
④ 잔류염소가 함유된 시료는 잔류염소 20mg당 L-아스코빈산(10W/V%) 0.6mL 또는 이산화비소산나트륨용액(10W/V%) 0.7mL를 넣어 제거한다.

62 용출시험방법에 관한 설명으로 ( ) 안에 옳은 내용은?

시료의 조제방법에 따라 조제한 시료 100g 이상을 정확히 달아 정제수에 염산을 넣어 ( )(으)로 한 용매(mL)를 시료 : 용매 = 1 : 10(W : V)의 비로 2,000mL 삼각플라스크에 넣어 혼합한다.

① pH 4 이하   ② pH 4.3~5.8
③ pH 5.8~6.3   ④ pH 6.3~7.2

63 석면(X선 회절기법) 측정을 위한 분석절차 중 시료의 균일화에 관한 내용(기준)으로 ( ) 안에 옳은 것은?

정성분석용 시료의 입자크기는 ( )μm 이하로 분쇄를 한다.

① 0.1   ② 1.0
③ 10   ④ 100

64 용매추출 후 기체크로마토그래피를 이용하여 휘발성 저급염소화 탄화수소류 분석 시 가장 적합한 물질은?

① Dioxin
② Polychlorinated biphenyls
③ Trichloroethylene
④ Polyvinylchoride

65 pH 표준용액 조제에 관한 설명으로 옳지 않은 것은?

① 조제한 pH 표준용액은 경질유리병 또는 폴리에틸렌병에 보관한다.
② 염기성 표준용액은 산화칼슘 흡수관을 부착하여 1개월 이내에 사용한다.
③ 현재 국내외에 상품화되어 있는 표준용액을 사용할 수 있다.
④ pH 표준용액용 정제수는 묽은 염산을 주입한 후 증류하여 사용한다.

66 용출시험방법의 용출조작에 관한 내용으로 ( ) 안에 옳은 내용은?

> 시료 용액의 조제가 끝난 혼합액을 상온, 상압에서 진탕 횟수가 매분 당 약 200회, 진폭이 4cm~5cm인 진탕기를 사용하여 6시간 동안 연속 진탕한 다음 1.0μm의 유리 섬유 여과지로 여과하고 여과액을 적당량 취하여 용출 실험용 시료 용액으로 한다. 다만, 여과가 어려운 경우에는 원심분리기를 사용하여 매 분당 (   ) 원심분리한 다음 상등액(supernatant liquid)을 적당량 취하여 용출 실험용 시료 용액으로 한다.

① 2,000회전 이상으로 20분 이상
② 2,000회전 이상으로 30분 이상
③ 3,000회전 이상으로 20분 이상
④ 3,000회전 이상으로 30분 이상

67 다음의 실험 총칙에 관한 내용 중 틀린 것은?

① 연속측정 또는 현장측정의 목적으로 사용하는 측정기기는 공정시험기준에 의한 측정치와의 정확한 보정을 행한 후 사용할 수 있다.
② 분석용 저울은 0.1mg까지 달 수 있는 것이어야 하며 분석용 저울 및 분동은 국가 검정을 필한 것을 사용하여야 한다.
③ 공정시험기준에 각 항목의 분석에 사용되는 표준물질은 특급시약으로 제조하여야 한다.
④ 시험에 사용하는 시약은 따로 규정이 없는 한 1급 이상의 시약 또는 동등한 규격의 시약을 사용하여 각 시험항목별 '시약 및 표준용액'에 따라 조제하여야 한다.

68 단색광이 임의의 시료용액을 통과할 때 그 빛의 80%가 흡수되었다면 흡광도는?

① 약 0.5   ② 약 0.6
③ 약 0.7   ④ 약 0.8

69 구리(자외선/가시선 분광법 기준) 측정에 관한 내용으로 ( ) 안에 옳은 내용은?

> 폐기물 중에 구리를 자외선/가시선 분광법으로 측정하는 방법으로 시료 중에 구리이온이 알칼리성에서 다이에틸다이티오카르바민산나트륨과 반응하여 생성하는 황갈색의 킬레이트 화합물을 (   ) (으로)로 추출하여 흡광도를 440nm에서 측정하는 방법이다.

① 아세트산부틸   ② 사염화탄소
③ 벤젠   ④ 노말헥산

70 용출시험방법의 적용에 관한 사항으로 ( ) 안에 옳은 내용은?

> (   )에 대하여 폐기물관리법에서 규정하고 있는 지정폐기물의 판정 및 지정폐기물의 중간처리 방법 또는 매립방법을 결정하기 위한 실험에 적용한다.

① 수거 폐기물   ② 고상 폐기물
③ 일반 폐기물   ④ 고상 및 반고상 폐기물

71 시료의 조제방법으로 옳지 않은 것은?

① 돌멩이 등의 이물질을 제거하고, 입경이 5mm 이상인 것은 분쇄하여 체로 거른 후 입경이 0.5~5mm로 한다.
② 시료의 축소방법으로 구획법, 교호삽법, 원추4분법이 있다.
③ 원추4분법을 3회 시행하면 원래 양의 1/3이 된다.
④ 시료의 분할 채취 방법에 따라 시료의 조성을 균일화한다.

72 유리전극법을 이용하여 수소이온농도를 측정할 때 적용범위 기준으로 옳은 것은?

① pH를 0.01까지 측정한다.
② pH를 0.05까지 측정한다.
③ pH를 0.1까지 측정한다.
④ pH를 0.5까지 측정한다.

73 유기인화합물 및 유기질소화합물을 선택적으로 검출할 수 있는 기체크로마토그래피 검출기는?

① TCD ② FID
③ ECD ④ FPD

74 음식물 폐기물의 수분을 측정하기 위해 실험하였더니 다음과 같은 결과를 얻었을 때 수분(%)은? (단, 건조 전 시료의 무게 = 50kg, 증발접시의 무게 = 7.25g, 증발접시 및 시료의 건조 후 무게 = 15.75g)

① 87 ② 83
③ 78 ④ 74

75 노말헥산 추출물질을 측정하기 위해 시료 30g을 사용하여 공정시험기준에 따라 실험하였다. 실험전후의 증발용기의 무게 차는 0.0176g이고 바탕 실험전후의 증발용기의 무게 차가 0.0011g이었다면 이를 적용하여 계산된 노말헥산 추출물질(%)은?

① 0.035 ② 0.055
③ 0.075 ④ 0.095

76 다음 중 농도가 가장 낮은 것은?

① 수산화나트륨(1 → 10)
② 수산화나트륨(1 → 20)
③ 수산화나트륨(5 → 100)
④ 수산화나트륨(3 → 100)

77 PCBs(기체크로마토그래피-질량분석법) 분석 시 PCBs 정량한계(mg/L)는?

① 0.001 ② 0.05
③ 0.1   ④ 1.0

78 기체크로마토그래피의 장치구성의 순서로 옳은 것은?

① 운반가스 - 유량계 - 시료도입부 - 분리관 - 검출기 - 기록부
② 운반가스 - 시료도입부 - 유량계 - 분리관 - 검출기 - 기록부
③ 운반가스 - 유량계 - 시료도입부 - 광원부 - 검출기 - 기록부
④ 운반가스 - 시료도입부 - 유량계 - 광원부 - 검출기 - 기록부

79 폐기물시료의 강열감량을 측정한 결과가 다음과 같을 때 해당시료의 강열감량(%)은? (단, 도가니의 무게(w_1) = 51.045g, 강열 전 도가니와 시료의 무게(w_2) = 92.345g, 강열 후 도가니와 시료의 무게(w_3) = 53.125g)

① 약 93 ② 약 95
③ 약 97 ④ 약 99

80 자외선/가시선 분광법에서 램버어트 비어의 법칙을 올바르게 나타내는 식은? (단, I_o = 입사강도, I_t = 투과강도, $ℓ$ = 셀의 두께, $ε$ = 상수, C = 농도)

① $I_t = I_o 10^{-εCℓ}$ ② $I_o = I_t 10^{-εCℓ}$
③ $I_t = CI_o 10^{-εℓ}$ ④ $I_o = ℓI_t 10^{-εC}$

81 과징금 부과에 대한 설명으로 ( ) 안에 알맞은 것은?

> 폐기물을 부적정 처리함으로써 얻은 부적정처리이익의 ( ) 이하에 해당하는 금액과 폐기물의 제거 및 원상회복에 드는 비용을 과징금으로 부과할 수 있다.

① 1.5배 ② 2배
③ 2.5배 ④ 3배

82 폐기물 중간처분시설에 관한 설명으로 옳지 않은 것은?

① 용융시설(동력 7.5kW 이상인 시설로 한정한다.)
② 압축시설(동력 7.5kW 이상인 시설로 한정한다.)
③ 파쇄·분쇄 시설(동력 7.5kW 이상인 시설로 한정한다.)
④ 절단시설(동력 7.5kW 이상인 시설로 한정한다.)

83 폐기물처리시설 주변지역 영향조사 기준에 관한 내용으로 ( ) 안에 알맞은 것은?

> 미세먼지 및 다이옥신 조사지점은 해당시설에 인접한 주거지역 중 (   ) 이상 지역의 일정한 곳으로 한다.

① 2개소   ② 3개소
③ 4개소   ④ 6개소

84 폐기물 처분시설 또는 재활용시설의 설치기준에서 고온소각시설의 설치기준으로 옳지 않은 것은?

① 2차 연소실의 출구온도는 섭씨 1100도 이상이어야 한다.
② 2차 연소실은 연소가스가 2초 이상 체류할 수 있고 충분하게 혼합될 수 있는 구조이어야 한다.
③ 배출되는 바닥재의 강열감량이 3퍼센트 이하가 될 수 있는 소각 성능을 갖추어야 한다.
④ 1차 연소실에 접속된 2차 연소실을 갖춘 구조이어야 한다.

85 폐기물 발생 억제 지침 준수의무 대상 배출자의 업종에 해당하지 않는 것은?

① 금속가공제품 제조업(기계 및 가구 제외)
② 연료제품 제조업(핵연료 제조 제외)
③ 자동차 및 트레일러 제조업
④ 전기장비 제조업

86 국가환경종합계획의 수립 주기로 옳은 것은?

① 5년   ② 10년
③ 15년   ④ 20년

87 관리형 매립시설에서 발생하는 침출수에 대한 부유물질량의 배출허용기준은? (단, 물환경보전법 시행규칙의 나지역 기준)

① 50mg/L   ② 70mg/L
③ 100mg/L   ④ 150mg/L

88 의료폐기물을 제외한 지정폐기물의 수집·운반에 관한 기준 및 방법으로 적합하지 않은 것은?

① 분진·폐농약·폐석면 중 알갱이 상태의 것은 흩날리지 아니하도록 폴리에틸렌이나 이와 비슷한 재질의 포대에 담아 수집·운반하여야 한다.
② 액체상태의 지정폐기물을 수집·운반하는 경우에는 흘러나올 우려가 없는 전용의 탱크·용기·파이프 또는 이와 비슷한 설비를 사용하고, 혼합이나 유동으로 생기는 위험이 없도록 하여야 한다.
③ 지정폐기물 수집·운반차량(임시로 사용하는 운반차량을 포함)은 차체를 흰색으로 도색하여야 한다.
④ 지정폐기물의 수집·운반차량 적재함의 양쪽 옆면에는 지정폐기물 수집·운반차량, 회사명 및 전화번호를 잘 알아 볼 수 있도록 붙이거나 표기하여야 한다.

89 폐기물처리 신고를 하고 폐기물을 재활용할 수 있는 자에 관한 기준으로 (   ) 안에 알맞은 것은?

> 유기성 오니나 음식물류 폐기물을 이용하여 지렁이 분변토를 만드는 자 중 재활용용량이 1일 (   ) 미만인 자

① 1톤   ② 3톤
③ 5톤   ④ 10톤

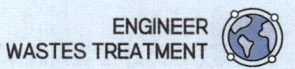

90 기술관리인을 두어야 할 폐기물처리시설이 아닌 것은?

① 시간당 처분능력이 120킬로그램인 의료폐기물 대상 소각시설
② 면적이 4천 제곱미터인 지정폐기물 매립시설
③ 전단시설로서 1일 처분능력이 200톤인 시설
④ 연료화시설로서 1일 처분능력이 7톤인 시설

91 폐기물관리법에서 사용되는 용어의 정의로 옳지 않은 것은?

① 처분이란 폐기물의 소각·중화·파쇄·고형화 등의 중간처분과 매립하거나 해역으로 배출하는 등의 최종처분을 말한다.
② 폐기물처리시설이란 생산 공정에서 발생하는 폐기물의 양을 줄이고, 사업장 내 재활용을 통하여 폐기물을 최종처분 하는 시설을 말한다.
③ 폐기물이란 쓰레기, 연소재, 오니, 폐유, 폐산, 폐알칼리 및 동물의 사체 등으로서 사람의 생활이나 사업활동에 필요하지 아니하게 된 물질을 말한다.
④ 생활폐기물이란 사업장폐기물 외의 폐기물을 말한다.

92 지정폐기물의 종류 및 유해물질함유 폐기물로 옳은 것은? (단, 기후에너지환경부령으로 정하는 물질을 함유한 것으로 한정한다.)

① 광재(철광 원석의 사용으로 인한 고로슬래그를 포함한다.)
② 폐흡착제 및 폐흡수제(광물유·동물유의 정제에 사용된 폐토사는 제외한다.)
③ 분진(소각시설에서 발생되는 것으로 한정하되, 대기오염 방지시설에서 포집된 것은 제외한다.)
④ 폐내화물 및 재벌구이 전에 유약을 바른 도자기 조각

93 위해의료폐기물 중 손상성폐기물과 거리가 먼 것은?

① 일회용 주사기
② 수술용 칼날
③ 봉합바늘
④ 한방침

94 폐기물 처분시설 또는 재활용시설 중 의료폐기물을 대상으로 하는 시설의 기술관리인 자격기준에 해당하지 않는 자격은?

① 수질환경산업기사
② 폐기물처리산업기사
③ 임상병리사
④ 위생사

95 폐기물 관리의 기본원칙과 거리가 먼 것은?

① 폐기물은 중간처리보다는 소각 및 매립의 최종처리를 우선하여 비용과 유해성을 최소화하여야 한다.
② 폐기물로 인하여 환경오염을 일으킨 자는 오염된 환경을 복원할 책임을 지며, 오염으로 인한 피해의 구제에 드는 비용을 부담하여야 한다.
③ 국내에서 발생한 폐기물은 가능하면 국내에서 처리되어야 하고, 폐기물의 수입은 되도록 억제되어야 한다.
④ 누구든지 폐기물을 배출하는 경우에는 주변 환경이나 주민의 건강에 위해를 끼치지 아니하도록 사전에 적절한 조치를 하여야 한다.

96 폐기물처리업 업종구분과 영업내용의 범위를 벗어나는 영업을 한 자에 대한 벌칙기준은?

① 5년 이하의 징역 또는 5천만원 이하의 벌금
② 3년 이하의 징역 또는 3천만원 이하의 벌금
③ 2년 이하의 징역 또는 2천만원 이하의 벌금
④ 1천만원 이하의 과태료

97 주변지역 영향 조사대상 폐기물처리시설에서 폐기물처리업자 설치·운영하는 사업장 지정폐기물 매립시설의 매립면적에 대한 기준으로 옳은 것은?

① 매립면적 1만 제곱미터 이상
② 매립면적 2만 제곱미터 이상
③ 매립면적 3만 제곱미터 이상
④ 매립면적 5만 제곱미터 이상

98 폐기물처리업의 허가를 받을 수 없는 자에 대한 기준으로 틀린 것은?

① 폐기물처리업의 허가가 취소된 자로서 그 허가가 취소된 날부터 10년이 지나지 아니한 자
② 파산선고를 받고 복권되지 아니한 자
③ 폐기물관리법을 위반하여 금고 이상의 형의 집행유예를 선고받고 그 집행유예 기간이 끝난 날부터 5년이 지나지 아니한 자
④ 폐기물관리법 외의 법을 위반하여 금고 이상의 형을 선고받고 그 형의 집행이 끝난 날부터 2년이 지나지 아니한 자

99 사업장폐기물을 배출하는 사업자가 지켜야 할 사항에 대한 설명으로 옳지 않은 것은?

① 사업장에서 발생하는 폐기물 중 유해물질의 함유량에 따라 지정폐기물로 분류될 수 있는 폐기물에 대해서는 폐기물분석전문기관에 의뢰하여 지정폐기물에 해당되는지를 미리 확인하여야 한다.
② 사업장에서 발생하는 모든 폐기물을 폐기물의 처리 기준과 방법 및 폐기물의 재활용 원칙 및 준수사항에 적합하게 처리하여야 한다.
③ 생산 공정에서는 폐기물감량화시설의 설치, 기술개발 및 재활용 등의 방법으로 사업장폐기물의 발생을 최대한으로 억제하여야 한다.
④ 사업장폐기물배출자는 발생된 폐기물을 최대한 신속하게 직접 처리하여야 한다.

100 액체상태의 것은 고온소각하거나 고온용융 처리하고, 고체상태의 것은 고온소각 또는 고온용융 처리하거나 차단형 매립시설에 매립하여야 하는 것은?

① 폐농약
② 폐촉매
③ 폐주물사
④ 광재

2021년 폐기물처리기사 2회 필기

01 폐기물 발생량의 결정 방법으로 적합하지 않은 것은?

① 발생량을 직접 추정하는 방법
② 도시의 규모가 커짐을 이용하여 추정하는 방법
③ 주민의 수입 또는 매상고와 같은 이차적인 자료를 이용하여 추정하는 방법
④ 원자재 사용으로부터 추정하는 방법

02 쓰레기의 성상분석 절차로 가장 옳은 것은?

① 시료 → 전처리 → 물리적 조성 분류 → 밀도측정 → 건조 → 분류
② 시료 → 전처리 → 건조 → 분류 → 물리적 조성 분류 → 밀도측정
③ 시료 → 밀도측정 → 건조 → 분류 → 전처리 → 물리적 조성 분류
④ 시료 → 밀도측정 → 물리적 조성 분류 → 건조 → 분류 → 전처리

03 다음의 폐기물 파쇄에너지 산정 공식을 흔히 무슨 법칙이라 하는가?

$$E = C \ln (L_1/L_2)$$

- E : 폐기물 파쇄 에너지
- C : 상수
- L_1 : 초기 폐기물 크기
- L_2 : 최종 폐기물 크기

① 리팅거(Rittinger) 법칙
② 본드(Bond) 법칙
③ 킥(Kick) 법칙
④ 로신(Rosin) 법칙

04 적환장에 대한 설명으로 틀린 것은?

① 직접투하 방식은 건설비 및 운영비가 다른 방법에 비해 모두 적다.
② 저장투하 방식은 수거차의 대기시간이 직접투하방식 보다 길다.
③ 직접저장투하 결합방식은 재활용품의 회수율을 증대시킬 수 있는 방법이다.
④ 적환장의 위치는 해당지역의 발생 폐기물의 무게 중심에 가까운 곳이 유리하다.

05 폐기물 선별과정에서 회전방식에 의해 폐기물을 크기에 따라 분리하는데 사용되는 장치는?

① Reciprocating Screen
② Air Classifier
③ Ballistic Separator
④ Trommel Screen

06 폐기물관리의 우선순위를 순서대로 나열한 것은?

① 에너지회수 - 감량화 - 재이용 - 재활용 - 소각 - 매립
② 재이용 - 재활용 - 감량화 - 에너지회수 - 소각 - 매립
③ 감량화 - 재이용 - 재활용 - 에너지회수 - 소각 - 매립
④ 소각 - 감량화 - 재이용 - 재활용 - 에너지회수 - 매립

07 폐기물 차량 총중량이 24,725kg, 공차량 중량이 13,725kg이며, 적재함의 크기 L : 400cm, W : 250cm, H : 170cm일 때 차량 적재 계수(ton/m^3)는?

① 0.757　　② 0.708
③ 0.687　　④ 0.647

08 혐기성소화에 대한 설명으로 틀린 것은?

① 가수분해, 산생성, 메탄생성 단계로 구분된다.
② 처리속도가 느리고 고농도 처리에 적합하다.
③ 호기성처리에 비해 동력비 및 유지관리비가 적게 든다.
④ 유기산의 농도가 높을수록 처리효율이 좋아진다.

09 폐기물의 수거노선 설정 시 고려해야 할 사항으로 가장 거리가 먼 것은?

① 언덕길은 내려가면서 수거한다.
② 발생량이 적으나 수거빈도가 동일하기를 원하는 곳은 같은 날 가장 먼저 수거한다.
③ 가능한 한 지형지물 및 도로 경계와 같은 장벽을 사용하여 간선도로부근에서 시작하고 끝나도록 배치하여야 한다.
④ 가능한 한 시계방향으로 수거노선을 정하며 U자형 회전은 피하여 수거한다.

10 고형분 20%인 폐기물 10톤을 소각하기 위해 함수율이 15%가 되도록 건조시켰다. 이 건조폐기물의 중량(톤)은? (단, 비중은 1.0 기준)

① 약 1.8　　② 약 2.4
③ 약 3.3　　④ 약 4.3

11 폐기물처리와 관련된 설명 중 틀린 것은?

① 지역사회 효과지수(CEI)는 청소상태 평가에 사용되는 지수이다.
② 컨테이너 철도수송은 광대한 지역에서 효율적으로 적용될 수 있는 방법이다.
③ 폐기물수거 노동력을 비교하는 지표로서는 MHT(man/hr · ton)를 주로 사용한다.
④ 직접저장투하 결합방식에서 일반 부패성 폐기물은 직접 상차 투입구로 보낸다.

12 다음 중 지정폐기물에 해당하는 폐산 용액은?

① pH가 2.0 이상인 것
② pH가 12.5 이상인 것
③ 염산농도가 0.001M 이상인 것
④ 황산농도가 0.005M 이상인 것

13 인구 1천만명인 도시를 위한 쓰레기 위생 매립지(매립용량 100,000,000m^3)를 계획하였다. 매립 후 폐기물의 밀도는 500kg/m^3이고 복토량은 폐기물 : 복토 부피비율로 5:1이며 해당 도시 일인일일쓰레기발생량이 2kg일 경우 매립장의 수명(년)은?

① 5.7　　② 6.8
③ 8.3　　④ 14.6

14 폐기물 발생량 예측방법 중 하나의 수식으로 쓰레기 발생량에 영향을 주는 각 인자들의 효과를 총괄적으로 나타내어 복잡한 시스템의 분석에 유용하게 사용할 수 있는 것은?

① 상관계수 분석모델　　② 다중회귀 모델
③ 동적모사 모델　　　　④ 경향법 모델

15 폐기물의 관리목적 또는 폐기물의 발생량을 줄이기 위한 노력을 3R(또는 4R)이라고 줄여 말하고 있다. 이것에 해당하지 않는 것은?
① Remediation ② Recovery
③ Reduction ④ Reuse

16 열분해에 영향을 미치는 운전인자가 아닌 것은?
① 운전 온도 ② 가열 속도
③ 폐기물의 성질 ④ 입자의 입경

17 분뇨처리 결과를 나타낸 그래프의 ( ) 안에 들어갈 말로 가장 알맞은 것은? (단, Se : 유출수의 휘발성 고형물질 농도(mg/L), So : 유입수의 휘발성 고형물질 농도(mg/L), SRT : 고형물질의 체류시간)

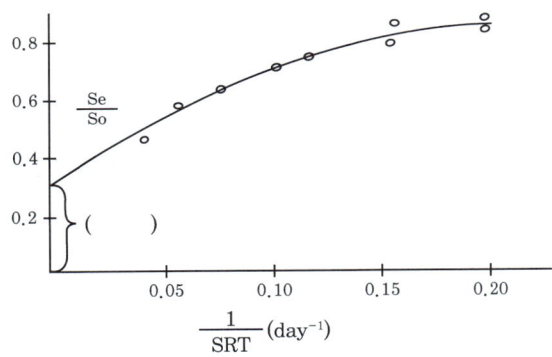

① 생물학적 분해 가능한 유기물질 분율
② 생물학적 분해 불가능한 휘발성 고형물질 분율
③ 생물학적 분해 가능한 무기물질 분율
④ 생물학적 분해 불가능한 유기물질 분율

18 슬러지의 수분을 결합상태에 따라 구분한 것 중에서 탈수가 가장 어려운 것은?
① 내부수 ② 간극모관결합수
③ 표면부착수 ④ 간극수

19 유해폐기물 성분물질 중 As에 의한 피해 증세로 가장 거리가 먼 것은?
① 무기력증 유발
② 피부염 유발
③ Fanconi씨 증상
④ 암 및 돌연변이 유발

20 퇴비화 과정의 초기단계에서 나타나는 미생물은?
① Bacillus sp.
② Streptomyces sp.
③ Aspergillus fumigatus
④ Fungi

21 0차 반응에 대한 설명 중 옳은 것은?
① 초기농도가 높으면 반감기가 짧다.
② 반응시간이 경과함에 따라 분해반응속도가 빨라진다.
③ 초기농도의 높고 낮음에 관계없이 반감기가 일정하다.
④ 반응시간이 경과해도 분해반응속도는 변하지 않고 일정하다.

22 매립 시 폐기물 분해과정을 시간 순으로 옳게 나열한 것은?
① 호기성 분해 → 혐기성 분해 → 산성물질 생성 → 메탄 생성
② 혐기성 분해 → 호기성 분해 → 메탄 생성 → 유기산 형성
③ 호기성 분해 → 유기산 생성 → 혐기성 분해 → 메탄 생성
④ 혐기성 분해 → 호기성 분해 → 산성물질 생성 → 메탄 생성

23 폐기물 매립지에서 사용하는 인공복토재의 특징이 아닌 것은?

① 독성이 없어야 한다.
② 가격이 저렴해야 한다.
③ 투수계수가 높아야 한다.
④ 악취발생량을 저감시킬 수 있어야 한다.

24 퇴비화 대상 유기물질의 화학식이 $C_{99}H_{148}O_{59}N$이라고 하면, 이 유기물질의 C/N비는?

① 64.9　　② 84.9
③ 104.9　　④ 124.9

25 중유연소 시 발생한 황산화물을 탈황시키는 방법이 아닌 것은?

① 미생물에 의한 탈황
② 방사선에 의한 탈황
③ 질산염 흡수에 의한 탈황
④ 금속산화물 흡착에 의한 탈황

26 활성탄 흡착법으로 처리하기 가장 어려울 것으로 예상되는 것은?

① 농약
② 알콜
③ 유기할로겐화합물(HCCs)
④ 다핵방향족탄화수소(PAHs)

27 시멘트 고형화 방법 중 연소가스 탈황 시 발생된 슬러지 처리에 주로 적용되는 것은?

① 시멘트기초법　　② 석회기초법
③ 포졸란첨가법　　④ 자가시멘트법

28 분뇨의 슬러지 건량은 9m³이며 함수율이 95%이다. 함수율을 80%까지 농축하면 농축조에서 분리액의 부피(m³)는? (단, 비중은 1.0이다.)

① 40　　② 45
③ 50　　④ 55

29 유해폐기물 처리기술 중 용매추출에 대한 설명 중 가장 거리가 먼 것은?

① 액상 폐기물에서 제거하고자 하는 성분을 용매 쪽으로 흡수시키는 방법이다.
② 용매추출에 사용되는 용매는 점도가 높아야 하며 극성이 있어야 한다.
③ 용매추출의 경제성을 좌우하는 가장 큰 인자는 추출을 위해 요구되는 용매의 양이다.
④ 미생물에 의해 분해가 힘든 물질 및 활성탄을 이용하기에 농도가 너무 높은 물질 등에 적용가능성이 크다.

30 매립을 위해 쓰레기를 압축시킨 결과 용적감소율이 60%였다면 압축비는?

① 2.5　　② 5
③ 7.5　　④ 10

31 우리나라의 매립지에서 침출수 생성에 가장 큰 영향을 주는 인자는?

① 쓰레기 분해과정에서 발생하는 발생수
② 매립쓰레기 자체 수분
③ 표토를 침투하는 강수
④ 지하수 유입

32. 혐기소화과정의 가수분해단계에서 생성되는 물질과 가장 거리가 먼 것은?
① 아미노산 ② 단당류
③ 글리세린 ④ 알데하이드

33. 사용 종료된 폐기물 매립지에 대한 안정화 평가 기준항목으로 가장 거리가 먼 것은?
① 침출수의 수질이 2년 연속 배출허용기준에 적합하고 BOD/CODcr이 0.1 이하일 것
② 매립폐기물 토사성분 중의 가연물 함량이 5% 미만이거나 C/N비가 10 이하일 것
③ 매립가스 중 CH_4 농도가 5~15% 이내에 들 것
④ 매립지 내부온도가 주변 지중온도와 유사할 것

34. 부식질(Humus)의 특징으로 틀린 것은?
① 짙은 갈색이다.
② 뛰어난 토양 개량제이다.
③ C/N비가 30~50 정도로 높다.
④ 물 보유력과 양이온교환능력이 좋다.

35. 수위 40cm인 침출수가 투수계수 10^{-7}cm/s, 두께 90cm인 점토층을 통과하는데 소요되는 시간(년)은?
① 11.7 ② 19.8
③ 28.5 ④ 64.4

36. 토양 속 오염물을 직접 분해하지 않고 보다 처리하기 쉬운 형태로 전환하는 기법으로 토양의 형태나 입경의 영향을 적게 받고 탄화수소계 물질로 인한 오염토양 복원에 효과적인 기술은?
① 용매추출법 ② 열탈착법
③ 토양증기추출법 ④ 탈할로겐화법

37. 침출수 집배수관의 종류 중 유공흄관에 관한 설명으로 옳은 것은?
① 관의 변형이 우려되는 곳에 적당하다.
② 지반의 침하에 어느 정도 적응할 수 있다.
③ 경량으로 가공이 비교적 용이하고 시공성이 좋다.
④ 소규모 처분장의 집수관으로 사용하는 경우가 많다.

38. 함수율 95% 분뇨의 유기탄소량이 TS의 35%, 총질소량은 TS의 10%이고 이와 혼합할 함수율 20%인 볏짚의 유기탄소량이 TS의 80%이고 총질소량이 TS의 4%라면, 분뇨와 볏짚을 무게비 2:1로 혼합했을 때 C/N비는? (단 비중은 1.0, 기타 사항은 고려하지 않는다.)
① 16 ② 18
③ 20 ④ 22

39. 생활폐기물인 음식물쓰레기의 처리방법으로 가장 거리가 먼 것은?
① 감량 및 소멸화 ② 사료화
③ 호기성 퇴비화 ④ 고형화

40. 토양오염처리공법 중 토양증기추출법의 특징이 아닌 것은?
① 통기성이 좋은 토양을 정화하기 좋은 기술이다.
② 오염지역의 대수층이 깊을 경우 사용이 어렵다.
③ 총 처리시간 예측이 용이하다.
④ 휘발성, 준휘발성 물질을 제거하는데 탁월하다.

41 폐기물을 열분해시킬 경우의 장점에 해당되지 않는 것은?

① 분해가스, 분해유 등 연료를 얻을 수 있다.
② 소각에 비해 저장이 가능한 에너지를 회수할 수 있다.
③ 소각에 비해 빠른 속도로 폐기물을 처리할 수 있다.
④ 신규 석탄이나 석유의 사용량을 줄일 수 있다.

42 폐기물의 원소조성이 C: 80%, H: 10%, O: 10%일 때 이론공기량(kg/kg)은?

① 8.3　　② 10.3
③ 12.3　　④ 14.3

43 폐기물의 건조과정에서 함수율과 표면온도의 변화에 대한 설명으로 잘못된 것은?

① 폐기물의 건조방식은 쓰레기의 허용온도, 형태, 물리적 및 화학적 성질 등에 의해 결정된다.
② 수분을 함유한 폐기물의 건조과정은 예열건조기간 → 항율건조기간 → 감율건조기간 순으로 건조가 이루어진다.
③ 항율건조기간에는 건조시간에 비례하여 수분감량과 함께 건조속도가 빨라진다.
④ 감율건조기간에는 고형물의 표면온도 상승 및 유입되는 열량감소로 건조속도가 느려진다.

44 하수처리장에서 발생하는 하수 Sludge류를 효과적으로 처리하기 위한 건조방법 중에서 직접열 또는 열풍건조라고 불리는 전열방식은?

① 전도 전열방식　　② 대류 전열방식
③ 방사 전열방식　　④ 마이크로파 전열방식

45 폐기물소각 시 발생되는 질소산화물 저감 및 처리방법이 아닌 것은?

① 알칼리 흡수법　　② 산화 흡수법
③ 접촉 환원법　　④ 디메틸아닐린법

46 30ton/day의 폐기물을 소각한 후 남은 재는 전체 질량의 20%이다. 남은 재의 용적이 10.3m^{3}일 때 재의 밀도(ton/m^3)는?

① 0.32　　② 0.58
③ 1.45　　④ 2.30

47 다단로 방식 소각로에 대한 설명으로 옳지 않은 것은?

① 신속한 온도반응으로 보조연료사용 조절이 용이하다.
② 다량의 수분이 증발되므로 수분함량이 높은 폐기물의 연소가 가능하다.
③ 물리, 화학적으로 성분이 다른 각종 폐기물을 처리할 수 있다.
④ 체류시간이 길어 휘발성이 적은 폐기물 연소에 유리하다.

48 유동층 소각로의 장단점으로 틀린 것은?

① 가스의 온도가 높고 과잉공기량이 많다.
② 투입이나 유동화를 위해 파쇄가 필요하다.
③ 유동매체의 손실로 인한 보충이 필요하다.
④ 기계적 구동부분이 적어 고장율이 낮다.

49 폐기물의 소각을 위해 원소분석을 한 결과, 가연성 폐기물 1kg당 C 50%, H 10%, O 16%, S 3%, 수분 10%, 나머지는 재로 구성된 것으로 나타났다. 이 폐기물을 공기비 1.1로 연소시킬 경우 발생하는 습윤연소가스량(Sm^3/kg)은?

① 약 6.3　　② 약 6.8
③ 약 7.7　　④ 약 8.2

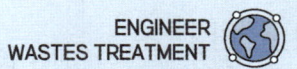

50 1차 반응에서 1,000초 동안 반응물의 1/2이 분해되었다면 반응물이 1/10 남을 때까지 소요되는 시간(sec)은?

① 3,923
② 3,623
③ 3,323
④ 3,023

51 연소에 있어 검댕이의 생성에 대한 설명으로 가장 거리가 먼 것은?

① A중유 < B중유 < C중유 순으로 검댕이가 발생한다.
② 공기비가 매우 적을 때 다량 발생한다.
③ 중합, 탈수소축합 등의 반응을 일으키는 탄화수소가 적을수록 검댕이는 많이 발생한다.
④ 전열면 등으로 발열속도보다 방열속도가 빨라서 화염의 온도가 저하될 때 많이 발생한다.

52 액체주입형 연소기에 관한 설명으로 가장 거리가 먼 것은?

① 구동장치가 없어서 고장이 적다.
② 하방점화방식의 경우에는 염이나 입상물질을 포함한 폐기물의 소각도 가능하다.
③ 연소기의 가장 일반적인 형식은 수평 점화식이다.
④ 버너노즐 없이 액체미립화가 용이하며, 대량처리에 주로 사용된다.

53 폐기물 소각에 따른 문제점은 지구온난화 가스의 형성이다. 다음 배가스 성분 중 온실가스는?

① CO_2
② NOx
③ SO_2
④ HCl

54 다음 중 연소실의 운전척도가 아닌 것은?

① 공기연료비
② 체류시간
③ 혼합정도
④ 연소온도

55 CH_4 75%, CO_2 5%, N_2 8%, O_2 12%로 조성된 기체 연료 $1Sm^3$을 $10Sm^3$의 공기로 연소할 때 공기비는?

① 1.22
② 1.32
③ 1.42
④ 1.52

56 스토카식 도시폐기물 소각로에서 유기물을 완전연소 시키기 위한 3T 조건으로 옳지 않은 것은?

① 혼합
② 체류시간
③ 온도
④ 압력

57 로타리 킬른식(rotary kiln) 소각로의 특징에 대한 설명으로 틀린 것은?

① 습식가스 세정시스템과 함께 사용할 수 있다.
② 넓은 범위의 액상 및 고상 폐기물을 소각할 수 있다.
③ 용융상태의 물질에 의하여 방해받지 않는다.
④ 예열, 혼합, 파쇄 등 전처리 후 주입한다.

58 쓰레기의 저위발열량이 4,500kcal/kg인 쓰레기를 연소할 때 불완전연소에 의한 손실이 10%, 연소 중의 미연손실이 5%일 때 연소효율(%)은?

① 80
② 85
③ 90
④ 95

59 연소 배출 가스량이 5,400Sm³/hr인 소각시설의 굴뚝에서 정압을 측정하였더니 20mmH₂O였다. 여유율 20%인 송풍기를 사용할 경우 필요한 소요 동력(kW)은? (단, 송풍기 정압효율 80%, 전동기 효율 70%)

① 약 0.18　　② 약 0.32
③ 약 0.63　　④ 약 0.87

60 폐기물의 연소 시 연소기의 부식원인이 되는 물질이 아닌 것은?

① 염소화합물　　② PVC
③ 황화합물　　　④ 분진

61 용출시험 대상의 시료용액 조제에 있어서 사용하는 용매의 pH 범위는?

① 4.8~5.3　　② 5.8~6.3
③ 6.8~7.3　　④ 7.8~8.3

62 폐기물의 용출시험방법에 관한 사항으로 (　) 안에 옳은 내용은?

> 시료용액의 조제가 끝난 혼합액을 상온, 상압에서 진탕 횟수가 매분 당 약 200회, 진폭이 4~5cm의 진탕기를 사용하여 (　) 동안 연속 진탕한다.

① 2시간　　② 4시간
③ 6시간　　④ 8시간

63 대상폐기물의 양이 5,400톤인 경우 채취해야 할 시료의 최소 수는?

① 20　　② 40
③ 60　　④ 80

64 정량한계에 대한 설명으로 (　) 안에 옳은 것은?

> 정량한계(LOQ)란 시험분석 대상을 정량화할 수 있는 측정값으로서, 제시된 정량한계 부근의 농도를 포함하도록 시료를 준비하고 이를 반복 측정하여 얻은 결과의 표준편차(s)에 (　)배한 값을 사용한다.

① 2　　② 5
③ 10　　④ 20

65 흡광광도 분석장치에서 근적외부의 광원으로 사용되는 것은?

① 텅스텐램프　　② 중수소방전관
③ 석영저압수은관　④ 수소방전관

66 이온전극법에 관한 설명으로 (　) 안에 옳은 내용은?

> 이온전극은 측정계에서 측정대상 이온에 감응하여 (　)에 따라 이온활동도에 비례하는 전위차를 나타낸다.

① 네른스트식　　② 램버트식
③ 페러데이식　　④ 플래밍식

67 총칙의 용어 설명으로 옳지 않은 것은?

① 액상폐기물이라 함은 고형물의 함량이 5% 미만인 것을 말한다.
② 방울수라 함은 20℃에서 정제수 20방울을 적하할 때, 그 부피가 약 0.1mL 되는 것을 뜻한다.
③ 시험조작 중 즉시란 30초 이내에 표시된 조작을 하는 것을 뜻한다.
④ 고상폐기물이라 함은 고형물의 함량이 15% 이상인 것을 말한다.

68 유기인의 분석에 관한 내용으로 틀린 것은?

① 기체크로마토그래피를 사용할 경우 질소인 검출기 또는 불꽃광도 검출기를 사용한다.
② 기체크로마토그래피는 유기인 화합물 중 이피엔, 파라티온, 메틸디메톤, 다이아지논 및 펜토에이트 분석에 적용된다.
③ 시료채취는 유리병을 사용하며 채취 전 시료로 3회 이상 세척하여야 한다.
④ 시료는 시료 채취 후 추출하기 전까지 4℃ 냉암소에 보관하고 7일 이내에 추출하고 40일 이내에 분석한다.

69 PCBs를 기체크로마토그래피로 분석할 때 실리카겔 칼럼에 무수황산나트륨을 첨가하는 이유는?

① 유분제거 ② 수분제거
③ 미량 중금속제거 ④ 먼지제거

70 ICP 원자발광분광기의 구성에 속하지 않은 것은?

① 고주파전원부 ② 시료원자화부
③ 광원부 ④ 분광부

71 30% 수산화나트륨(NaOH)은 몇 몰(M)인가? (단, NaOH의 분자량 40)

① 4.5 ② 5.5
③ 6.5 ④ 7.5

72 비소(자외선/가시선 분광법) 분석 시 발생되는 비화수소를 다이에틸다이티오카르바민산은의 피리딘용액에 흡수시키면 나타나는 색은?

① 적자색 ② 청색
③ 황갈색 ④ 황색

73 다량의 점토질 또는 규산염을 함유한 시료에 적용되는 시료의 전처리 방법으로 가장 옳은 것은?

① 질산-과염소산-불화수소산 분해법
② 질산-염산 분해법
③ 질산-과염소산 분해법
④ 질산-황산 분해법

74 0.08 N-HCl 70mL와 0.04 N-NaOH 수용액 130mL를 혼합했을 때 pH는? (단, 완전해리된다고 가정)

① 2.7 ② 3.6
③ 5.6 ④ 11.3

75 폐기물 중에 납을 자외선/가시선 분광법으로 측정하는 방법에 관한 내용으로 틀린 것은?

① 납 착염의 흡광도를 520nm에서 측정하는 방법이다.
② 전처리를 하지 않고 직접 시료를 사용하는 경우, 시료 중에 시안화합물이 함유되어 있으면 염산 산성으로 끓여 시안화물을 완전히 분해·제거한 다음 실험한다.
③ 시료에 다량의 비스무트(Bi)가 공존하면 시안화칼륨용액으로 수회 씻어 무색으로 하여 실험한다.
④ 정량한계는 0.001mg이다.

76 투사광의 강도가 10%일 때 흡광도(A_{10})와 20%일 때 흡광도(A_{20})를 비교한 설명으로 옳은 것은?

① A_{10}는 A_{20}보다 흡광도가 약 1.4배가 높다.
② A_{20}는 A_{10}보다 흡광도가 약 1.4배가 높다.
③ A_{10}는 A_{20}보다 흡광도가 약 2.0배가 높다.
④ A_{20}는 A_{10}보다 흡광도가 약 2.0배가 높다.

77 수은을 원자흡수분광광도법으로 측정할 때 시료 중 수은을 금속수은으로 환원시키기 위해 넣는 시약은?

① 아연분말   ② 황산나트륨
③ 시안화칼륨   ④ 이염화주석

78 기체크로마토그래피의 검출기 중인 또는 유황화합물을 선택적으로 검출할 수 있는 것으로 운반가스와 조연가스의 혼합부, 수소공급구, 연소노즐, 광학필터, 광전자증배관 및 전원 등으로 구성된 것은?

① TCD(Thermal Conductivity Detector)
② FID(Flame Ionization Detector)
③ FPD(Flame Photometric Detector)
④ FTD(Flame Thermionic Detector)

79 비소를 자외선/가시선 분광법으로 측정할 때에 대한 내용으로 틀린 것은?

① 정량한계는 0.002mg이다.
② 적자색의 흡광도를 530nm에서 측정한다.
③ 정량범위는 0.002~0.01mg이다.
④ 시료 중의 비소에 아연을 넣어 3가 비소로 환원시킨다.

80 다음 ( ) 안에 들어갈 적절한 내용은?

> 기체크로마토그래피 분석에서 머무름시간을 측정할 때는 (㉠)회 측정하여 그 평균치를 구한다. 일반적으로 (㉡)분 정도에서 측정하는 피이크의 머무름시간은 반복 시험을 할 때 (㉢)% 오차범위 이내이어야 한다.

① ㉠ 3, ㉡ 5~30, ㉢ ±3
② ㉠ 5, ㉡ 5~30, ㉢ ±5
③ ㉠ 3, ㉡ 5~15, ㉢ ±3
④ ㉠ 5, ㉡ 5~15, ㉢ ±5

81 음식물류 폐기물 발생 억제 계획의 수립주기는?

① 1년   ② 2년
③ 3년   ④ 5년

82 주변지역 영향 조사대상 폐기물처리시설의 기준으로 옳은 것은?

> 매립면적 (   ) 제곱미터 이상의 사업장 일반폐기물 매립시설

① 1만   ② 3만
③ 5만   ④ 15만

83 위해의료폐기물 중 조직물류폐기물에 해당되는 것은?

① 폐혈액백
② 혈액투석 시 사용된 폐기물
③ 혈액, 고름 및 혈액생성물(혈청, 혈장, 혈액제제)
④ 폐항암제

84 대통령령으로 정하는 폐기물처리시설을 설치, 운영하는 자는 그 시설의 유지관리에 관한 기술업무를 담당하게 하기 위해 기술관리인을 임명하거나 기술관리 능력이 있다고 대통령령으로 정하는 자와 기술관리 대행계약을 체결하여야 한다. 이를 위반하여 기술관리인을 임명하지 아니하고 기술관리 대행 계약을 체결하지 아니한 자에 대한 과태료 처분 기준은?

① 2백만원 이하의 과태료
② 3백만원 이하의 과태료
③ 5백만원 이하의 과태료
④ 1천만원 이하의 과태료

85 제출된 폐기물 처리사업계획서의 적합통보를 받은 자가 천재지변이나 그 밖의 부득이한 사유로 정해진 기간 내에 허가신청을 하지 못한 경우에 실시하는 연장기간에 대한 설명으로 (   ) 안의 기간이 옳게 나열된 것은?

> 폐기물 수집·운반업의 경우에는 총 연장기간 (㉠), 폐기물 최종처분업과 폐기물 종합처분업의 경우에는 총 연장기간 (㉡)의 범위에서 허가신청기간을 연장할 수 있다.

① ㉠ 6개월, ㉡ 1년
② ㉠ 6개월, ㉡ 2년
③ ㉠ 1년, ㉡ 2년
④ ㉠ 1년, ㉡ 3년

86 관리형 매립시설에서 발생하는 침출수의 배출허용기준(BOD-SS 순서)은? (단, 가 지역, 단위 mg/L)

① 30 - 30
② 30 - 50
③ 50 - 50
④ 50 - 70

87 사업장에서 발생하는 폐기물 중 유해물질의 함유량에 따라 지정폐기물로 분류될 수 있는 폐기물에 대해서는 폐기물분석전문기관에 의뢰하여 지정폐기물에 해당되는지를 미리 확인하여야 한다. 이를 위반하여 확인하지 아니한 자에 대한 과태료 부과기준은?

① 200만원 이하
② 300만원 이하
③ 500만원 이하
④ 1000만원 이하

88 폐기물관리법령상 용어의 정의로 틀린 것은?

① 폐기물 : 쓰레기, 연소재, 오니, 폐유, 폐산, 폐알칼리 및 동물의 사체 등으로서 사람의 생활이나 사업활동에 필요하지 아니하게 된 물질을 말한다.
② 폐기물처리시설 : 폐기물의 중간처분시설 및 최종처분시설 중 재활용처리시설을 제외한 기후에너지환경부령으로 정하는 시설을 말한다.
③ 지정폐기물 : 사업장폐기물 중 폐유·폐산 등 주변환경을 오염시킬 수 있거나 의료폐기물 등 인체에 위해를 줄 수 있는 해로운 물질로서 대통령령으로 정하는 폐기물을 말한다.
④ 폐기물감량화시설 : 생산 공정에서 발생하는 폐기물의 양을 줄이고, 사업장 내 재활용을 통하여 폐기물 배출을 최소화하는 시설로서 대통령령으로 정하는 시설을 말한다.

89 지정폐기물의 수집·운반·보관기준에 관한 설명으로 옳은 것은?

① 폐농약·폐촉매는 보관개시일부터 30일을 초과하여 보관하여서는 아니 된다.
② 수집·운반차량은 녹색도색을 하여야 한다.
③ 지정폐기물과 지정폐기물 외의 폐기물을 구분 없이 보관하여야 한다.
④ 폐유기용제는 휘발되지 아니하도록 밀폐된 용기에 보관하여야 한다.

90 대통령령으로 정하는 폐기물처리시설을 설치, 운영하는 자는 그 처리시설에서 배출되는 오염물질을 측정하거나 기후에너지환경부령으로 정하는 측정기관으로 하여금 측정하게 하고 그 결과를 기후에너지환경부 장관에게 제출하여야 하는 데 이때 '기후에너지환경부령으로 정하는 측정기관'에 해당되지 않는 것은?

① 보건환경연구원
② 국립환경과학원
③ 한국환경공단
④ 수도권매립지관리공사

91 폐기물 처리시설인 중간처분시설 중 기계적 처분시설의 종류로 틀린 것은?

① 절단시설(동력 7.5kW 이상인 시설로 한정한다.)
② 응집·침전 시설(동력 15kW 이상인 시설로 한정한다.)
③ 압축시설(동력 7.5kW 이상인 시설로 한정한다.)
④ 탈수·건조 시설

92 기술관리인을 두어야 할 폐기물처리시설이 아닌 것은?

① 압축·파쇄·분쇄시설로서 1일 처분능력이 50톤 이상인 시설
② 사료화·퇴비화시설로서 1일 재활용능력이 5톤 이상인 시설
③ 시멘트 소성로
④ 소각열회수시설로서 시간당 재활용능력이 600킬로그램 이상인 시설

93 폐기물발생억제지침 준수의무 대상 배출자의 규모기준으로 옳은 것은?

① 최근 2년간 연평균 배출량을 기준으로 지정폐기물을 100톤 이상 배출 하는 자
② 최근 2년간 연평균 배출량을 기준으로 지정폐기물을 200톤 이상 배출 하는 자
③ 최근 3년간 연평균 배출량을 기준으로 지정폐기물을 100톤 이상 배출 하는 자
④ 최근 3년간 연평균 배출량을 기준으로 지정폐기물을 200톤 이상 배출 하는 자

94 폐기물 감량화 시설의 종류와 가장 거리가 먼 것은?

① 폐기물 재사용 시설
② 폐기물 재활용 시설
③ 폐기물 재이용 시설
④ 공정 개선 시설

95 관할 구역의 폐기물의 배출 및 처리상황을 파악하여 폐기물이 적정하게 처리될 수 있도록 폐기물처리시설을 설치·운영하여야 하는 자는?

① 유역환경청장
② 폐기물 배출자
③ 기후에너지환경부장관
④ 특별자치시장, 특별자치도지사, 시장·군수·구청장

96 기후에너지환경부장관, 시·도지사 또는 시장·군수·구청장은 관계 공무원에게 사무소나 사업장 등에 출입하여 관계 서류나 시설 또는 장비 등을 검사하게 할 수 있다. 이에 따른 보고를 하지 아니하거나 거짓 보고를 한 자에 대한 과태료 기준은?

① 100만원 이하   ② 200만원 이하
③ 300만원 이하   ④ 500만원 이하

97 지정폐기물 중 유해물질함유 폐기물의 종류로 틀린 것은? (단, 기후에너지환경부령으로 정하는 물질을 함유한 것으로 한정한다.)

① 광재(철광 원석의 사용으로 인한 고로 슬래그는 제외한다)
② 분진(대기오염 방지시설에서 포집된 것으로 한정하되, 소각시설에서 발생되는 것은 제외한다)
③ 폐흡착제 및 폐흡수제(광물유, 동물유 및 식물유의 정제에 사용된 폐토사는 제외한다)
④ 폐내화물 및 재벌구이 전에 유약을 바른 도자기 조각

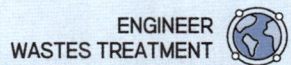

98 폐기물처리시설 설치승인신청서에 첨부하여야 하는 서류로 가장 거리가 먼 것은?

① 처분 또는 재활용 후에 발생하는 폐기물의 처분 또는 재활용계획서
② 처분대상 폐기물 발생 저감 계획서
③ 폐기물 처분시설 또는 재활용시설의 설계도서(음식물류 폐기물을 처분 또는 재활용하는 시설인 경우에는 물질수지도를 포함한다)
④ 폐기물 처분시설 또는 재활용시설의 설치 및 장비·확보 계획서

99 폐기물 처분시설의 설치기준에서 재활용시설의 경우 파쇄·분쇄·절단시설이 갖추어야 할 기준으로 ( ) 안에 알맞은 것은?

> 파쇄·분쇄·절단조각의 크기는 최대직경 ( ) 이하로 각각 파쇄·분쇄·절단할 수 있는 시설이어야 한다.

① 3센티미터 ② 5센티미터
③ 10센티미터 ④ 15센티미터

100 주변지역 영향 조사대상 폐기물처리시설 중 '대통령령으로 정하는 폐기물처리시설'의 기준으로 옳지 않은 것은? (단, 폐기물처리업자가 설치, 운영)

① 시멘트 소성로(폐기물을 연료로 사용하는 경우로 한정한다)
② 매립면적 3만 제곱미터 이상의 사업장 일반폐기물 매립시설
③ 매립면적 1만 제곱미터 이상의 사업장 지정폐기물 매립시설
④ 1일 처분능력이 50톤 이상인 사업장폐기물 소각시설(같은 사업장에 여러 개의 소각시설이 있는 경우에는 각 소각시설의 1일 처분 능력의 합계가 50톤 이상인 경우를 말한다)

UNIT 06 2021년 폐기물처리기사 4회 필기

01 폐기물 1톤을 건조시켜 함수율을 50%에서 25%로 감소시켰을 때 폐기물 중량(톤)은?
① 0.42
② 0.53
③ 0.67
④ 0.75

02 하수처리장에서 발생되는 슬러지와 비교한 분뇨의 특성이 아닌 것은?
① 질소의 농도가 높음
② 다량의 유기물을 포함
③ 염분의 농도가 높음
④ 고액분리가 쉬움

03 우리나라 폐기물관리법에 따른 의료폐기물 중 위해 의료폐기물이 아닌 것은?
① 조직물류폐기물
② 병리계폐기물
③ 격리폐기물
④ 혈액오염폐기물

04 쓰레기 발생량 조사 방법이라 볼 수 없는 것은?
① 적재차량 계수분석법
② 물질 수지법
③ 성상 분류법
④ 직접 계근법

05 인구가 300,000명인 도시에서 폐기물 발생량이 1.2kg/인·일이라고 한다. 수거된 폐기물의 밀도가 0.8kg/L, 수거 차량의 적재용량이 12m^3라면, 1일 2회 수거하기 위한 수거차량의 대수는? (단, 기타 조건은 고려하지 않음)
① 15대
② 17대
③ 19대
④ 21대

06 밀도가 400kg/m^3인 쓰레기 10ton을 압축시켰더니 처음 부피 보다 50%가 줄었다. 이 경우 Compaction ratio는?
① 1.5
② 2.0
③ 2.5
④ 3.0

07 30만명 인구규모를 갖는 도시에서 발생되는 도시쓰레기량이 연간 40만톤이고, 수거 인부가 하루 500명이 동원되었을 때 MHT는? (단, 1일 작업시간 = 8시간, 연간 300일 근무)
① 3
② 4
③ 6
④ 7

08 효과적인 수거노선 설정에 관한 설명으로 가장 거리가 먼 것은?
① 적은 양의 쓰레기가 발생하나 동일한 수거빈도를 받기를 원하는 수거지점은 가능한 한 같은 날 왕복 내에서 수거되지 않도록 한다.
② 가능한 한 지형지물 및 도로 경계와 같은 장벽을 이용하여 간선도로 부근에서 시작하고 끝나도록 배치하여야 한다.
③ U자형 회전은 피하고 많은 양의 쓰레기가 발생되는 발생원은 하루 중 가장 먼저 수거하도록 한다.
④ 가능한 한 시계방향으로 수거노선을 정한다.

09 X90 4.6cm로 도시폐기물을 파쇄하고자 할 때 Rosin-Rammler 모델에 의한 특성입자크기(Xo, cm)는? (단, n=1로 가정)

① 1.2   ② 1.6
③ 2.0   ④ 2.3

10 강열감량에 대한 설명으로 가장 거리가 먼 것은?

① 강열감량이 높을수록 연소효율이 좋다.
② 소각잔사의 매립처분에 있어서 중요한 의미가 있다.
③ 3성분 중에서 가연분이 타지 않고 남는 양으로 표현된다.
④ 소각로의 연소효율을 판정하는 지표 및 설계인자로 사용된다.

11 폐기물의 성분을 조사한 결과 플라스틱의 함량이 10%(중량비)로 나타났다. 폐기물의 밀도가 300kg/m³이라면 폐기물 10m³ 중에 함유된 플라스틱의 양(kg)은?

① 300   ② 400
③ 500   ④ 600

12 적환장을 설치하는 일반적인 경우와 가장 거리가 먼 것은?

① 불법 투기 쓰레기들이 다량 발생할 때
② 고밀도 거주지역이 존재할 때
③ 상업지역에서 폐기물수집에 소형용기를 많이 사용할 때
④ 슬러지수송이나 공기수송 방식을 사용할 때

13 폐기물을 파쇄하여 입도를 분석하였더니 폐기물 입도 분포 곡선상 통과백분율이 10%, 30%, 60%, 90%에 해당되는 입경이 각각 2mm, 4mm, 6mm, 8mm이었다. 곡률계수는?

① 0.93   ② 1.13
③ 1.33   ④ 1.53

14 고위발열량이 8,000kcal/kg인 폐기물 10톤과 6,000kcal/kg인 폐기물 2톤을 혼합하여 SRF를 만들었다면 SRF의 고위발열량(kcal/kg)은?

① 약 7567   ② 약 7667
③ 약 7767   ④ 약 7867

15 도시 쓰레기 수거노선을 설정할 때 유의해야 할 사항으로 틀린 것은?

① 수거지점과 수거빈도를 정하는데 있어서 기존 정책을 참고한다.
② 수거인원 및 차량 형식이 같은 기존 시스템의 조건들을 서로 관련시킨다.
③ 교통이 혼잡한 지역에서 발생되는 쓰레기는 새벽에 수거한다.
④ 쓰레기 발생량이 많은 지역은 연료 절감을 위해 하루 중 가장 늦게 수거한다.

16 전과정평가(LCA)는 4부분으로 구성된다. 그 중 상품, 포장, 공정, 물질, 원료 및 활동에 의해 발생하는 에너지 및 천연원료 요구량, 대기, 수질 오염물질 배출, 고형폐기물고 기타 기술적 자료구축 과정에 속하는 것은?

① scoping analysis   ② inventory analysis
③ impact analysis   ④ improvement analysis

17 MBT에 관한 설명으로 맞는 것은?

① 생물학적 처리가 가능한 유기성폐기물이 적은 우리나라는 MBT 설치 및 운영이 적합하지 않다.
② MBT는 지정폐기물의 전처리 시스템으로서 폐기물 무해화에 효과적이다.
③ MBT는 주로 기계적 선별, 생물학적 처리 등을 통해 재활용 물질을 회수하는 시설이다.
④ MBT는 생활폐기물 소각 후 잔재물을 대상으로 재활용 물질을 회수하는 시설이다.

18 쓰레기 선별에 사용되는 직경이 5.0m인 트롬멜 스크린의 최적속도(rpm)는?

① 약 9　　② 약 11
③ 약 14　　④ 약 16

19 분뇨처리를 위한 혐기성 소화조의 운영과 통제를 위하여 사용하는 분석항목으로 가장 거리가 먼 것은?

① 휘발성 산의 농도　② 소화가스 발생량
③ 세균수　　　　　　④ 소화조 온도

20 쓰레기 발생량 예측방법으로 적절하지 않은 것은?

① 경향법　　　② 물질수지법
③ 다중회귀모델　④ 동적모사모델

21 매립지의 연직 차수막에 관한 설명으로 옳은 것은?

① 지중에 암반이나 점성토의 불투수층이 수직으로 깊이 분포하는 경우에 설치한다.
② 지하수 집배수시설이 불필요하다.
③ 지하에 매설되므로 차수막 보강시공이 불가능하다.
④ 차수막의 단위면적당 공사비는 적게 소요되나 총 공사비는 비싸다.

22 토양증기추출공정에서 발생되는 2차 오염 배가스 처리를 위한 흡착방법에 대한 설명으로 옳지 않은 것은?

① 배가스의 온도가 높을수록 처리성능은 향상된다.
② 배가스 중의 수분을 전단계에서 최대한 제거해 주어야 한다.
③ 흡착제의 교체주기는 파과지점을 설계하여 정한다.
④ 흡착반응기 내 채널링 현상을 최소화하기 위하여 배가스의 선속도를 적정하게 조절한다.

23 매립지 중간복토에 관한 설명으로 틀린 것은?

① 복토는 메탄가스가 외부로 나가는 것을 방지한다.
② 폐기물이 바람에 날리는 것을 방지한다.
③ 복토재로는 모래나 점토질을 사용하는 것이 좋다.
④ 지반의 안정과 강도를 증가시킨다.

24 휘발성 유기화합물질(VOCs)이 아닌 것은?

① 벤젠　　　② 디클로로에탄
③ 아세톤　　④ 디디티

25 폐기물의 고화처리방법 중 피막형성법의 장점으로 옳은 것은?

① 화재 위험성이 없다.　② 혼합율이 높다.
③ 에너지 소비가 적다.　④ 침출성이 낮다.

26 고형물농도가 80,000ppm인 농축슬러지량 20m^3/hr를 탈수하기 위해 개량제($Ca(OH)_2$)를 고형물당 10wt% 주입하여 함수율 85wt%인 슬러지 cake을 얻었다면 예상 슬러지 cake의 양(m^3/hr)은? (단, 비중 = 1.0 기준)

① 약 7.3　　② 약 9.6
③ 약 11.7　④ 약 13.2

27 친산소성 퇴비화 공정의 설계 운영고려 인자에 관한 내용으로 틀린 것은?

① 수분함량 : 퇴비화기간 동안 수분함량은 50~60% 범위에서 유지된다.
② C/N비 : 초기 C/N비는 25~50이 적당하며 C/N비가 높은 경우는 암모니아 가스가 발생한다.
③ pH조절 : 적당한 분해작용을 위해서는 pH 7~7.5 범위를 유지하여야 한다.
④ 공기공급 : 이론적인 산소요구량은 식을 이용하여 추정이 가능하다.

28 분뇨 슬러지를 퇴비화 할 경우, 영향을 주는 요소로 가장 거리가 먼 것은?

① 수분함량   ② 온도
③ pH   ④ SS농도

29 유기물($C_6H_{12}O_6$) 0.1ton을 혐기성 소화할 때 생성될 수 있는 최대 메탄의 양(kg)은?

① 12.5   ② 26.7
③ 37.3   ④ 42.9

30 매립지에서 침출된 침출수 농도가 반으로 감소하는 데 약 3년이 걸린다면 이 침출수 농도가 90% 분해되는 데 걸리는 시간(년)은? (단, 일차반응 기준)

① 6   ② 8
③ 10   ④ 12

31 소각장에서 발생하는 비산재를 매립하기 위해 소각재 매립지를 설계하고자 한다. 내부 마찰각(Φ) 30°, 부착도(c) 1kPa, 소각재의 유해성과 특성변화 때문에 안정에 필요한 안전인자(FS)는 2.0일 때, 소각재 매립지의 최대 경사각 β(°)은?

① 14.7   ② 16.1
③ 17.5   ④ 18.5

32 슬러지 수분 결합상태 중 탈수하기 가장 어려운 형태는?

① 모관결합수   ② 간극모관결합수
③ 표면부착수   ④ 내부수

33 쓰레기의 밀도가 750kg/m³이며 매립된 쓰레기의 총량은 30,000tcn이다. 여기에서 유출되는 연간 침출수량(m³)은? (단, 침출수발생량은 강우량의 60%, 쓰레기의 매립 높이 = 6m, 연간 강우량 = 1,300mm, 기타 조건은 고려하지 않음)

① 2,600   ② 3,200
③ 4,300   ④ 5,200

34 총질소 2%인 고형 폐기물 1ton을 퇴비화 했더니 총질소는 2.5%가 되고 고형 폐기물의 무게는 0.75ton이 되었다. 결과적으로 퇴비화 과정에서 소비된 질소의 양(kg)은? (단, 기타 조건은 고려하지 않음)

① 1.25   ② 3.25
③ 5.25   ④ 7.25

35 쓰레기 발생량은 1,000ton/day, 밀도는 0.5ton/m³이며, trench법으로 매립할 계획이다. 압축에 따른 부피감소율 40%, trench 깊이 4.0m, 매립에 사용되는 도랑면적 점유율이 전체부지의 60%라면 연간 필요한 전체부지 면적(m²)은?

① 182,500   ② 243,500
③ 292,500   ④ 325,500

36 Soil washing기법을 적용하기 위하여 토양의 입도 분포를 조사한 결과가 다음과 같을 경우, 유효입경(mm)과 곡률 계수는? (단, D10, D30, D60는 각각 통과백분율 10%, 30%, 60%에 해당하는 입자 직경이다.)

구분	D10	D30	D60
입자의 크기(mm)	0.25	0.60	0.90

① 유효입경=0.25, 곡률계수=1.6
② 유효입경=3.60, 곡률계수=1.6
③ 유효입경=0.25, 곡률계수=2.6
④ 유효입경=3.60, 곡률계수=2.6

37 함수율 60%인 쓰레기를 건조시켜 함수율 20%로 만들려면 건조시켜야 할 수분양(kg/톤)은?
① 150
② 300
③ 500
④ 700

38 열분해와 운전인자에 대한 설명으로 틀린 것은?
① 열분해는 무산소상태에서 일어나는 반응이며 필요한 에너지를 외부에서 공급해 주어야 한다.
② 열분해가스 중 CO, H_2, CH_4 등의 생성율은 열공급속도가 커짐에 따라 증가한다.
③ 열분해 반응에서는 열공급속도가 커짐에 따라 유기성 액체와 수분, 그리고 Char의 생성량은 감소한다.
④ 산소가 일부 존재하는 조건에서 열분해가 진행되면 CO_2의 생성량이 최대가 된다.

39 다음과 같은 특성을 가진 침출수의 처리에 가장 효율적인 공정은?

- 침출수 특성 : COD/TOC < 2.0
- BOD/COD < 0.1, 매립연한 10년 이상
- COD 500 이하, 단위 mg/L

① 이온교환수지
② 활성탄
③ 화학적 침전(석회투여)
④ 화학적 산화

40 설계확률 강우강도를 계산할 때 적용되지 않는 공식은?
① Talbot형
② Sherman형
③ Japanese형
④ Manning형

41 고형폐기물의 중량조성이 C : 72%, H : 6%, O : 8%, S : 2%, 수분 : 12%일 때 저위발열량(kcal/kg)은? (단, 단위 질량당 열량 C : 8,100kcal/kg, H : 34,250kcal/kg, S : 2250kcal/kg)
① 7016
② 7194
③ 7590
④ 7914

42 유동층 소각로방식에 대한 설명으로 틀린 것은?
① 반응시간이 빨라 소각시간이 짧다.(로부하율이 높다)
② 기계적 구동부분이 많아 고장율이 높다.
③ 폐기물의 투입이나 유동화를 위해 파쇄가 필요하다.
④ 가스온도가 낮고 과잉공기량이 적어 NOx도 적게 배출된다.

43 플라스틱 폐기물의 소각 및 열분해에 대한 설명으로 옳지 않은 것은?
① 감압증류법은 황의 함량이 낮은 저유황유를 회수할 수 있다.
② 멜라민 수지를 불완전 연소하면 HCN과 NH_3가 생성된다.
③ 열분해에 의해 생성된 모노머는 발화성이 크고, 생성가스의 연소성도 크다.
④ 고온열분해법에서는 타르, Char 및 액체상태의 연료가 많이 생성된다.

44 일반적으로 연소과정에서 매연(검댕)의 발생이 최대로 되는 온도는?
① 300~450℃
② 400~550℃
③ 500~650℃
④ 600~750℃

45 탄화도가 클수록 석탄이 가지게 되는 성질에 관한 내용으로 틀린 것은?
① 고정탄소의 양이 증가한다.
② 휘발분이 감소한다.
③ 연소 속도가 커진다.
④ 착화온도가 높아진다.

46 분자식이 CmHn인 탄화수소가스 $1Sm^3$의 완전연소에 필요한 이론 공기량(Sm^3/Sm^3)은?
① 3.76m+1.19n
② 4.76m+1.19n
③ 3.76m+1.83n
④ 4.76m+1.83n

47 화씨온도 100°F는 몇 ℃인가?
① 35.2
② 37.8
③ 39.7
④ 41.3

48 다음 연소장치 중 가장 적은 공기비의 값을 요구하는 것은?
① 가스 버너
② 유류 버너
③ 미분탄 버너
④ 수동수평화격자

49 저위발열량이 $8,000kcal/Sm^3$인 가스연료의 이론연소온도(℃)는? (단, 이론연소가스량은 $10Sm^3/Sm^3$, 연료연소가스의 평균정압비열은 $0.35kcal/Sm^3 \cdot ℃$, 기준온도는 실온(15℃), 지금 공기는 예열되지 않으며, 연소가스는 해리되지 않는 것으로 한다.)
① 약 2,100
② 약 2,200
③ 약 2,300
④ 약 2,400

50 열분해 공정에 대한 설명으로 옳지 않은 것은?
① 배기가스량이 적다.
② 환원성 분위기를 유지할 수 있어 3가크롬이 6가크롬으로 변화하지 않는다.
③ 황분, 중금속분이 회분 속에 고정되는 비율이 적다.
④ 질소산화물의 발생량이 적다.

51 열교환기 중 절탄기에 관한 설명으로 틀린 것은?
① 급수 예열에 의해 보일러수와의 온도차가 감소함에 따라 보일러 드럼에 열응력이 증가한다.
② 급수온도가 낮을 경우, 굴뚝가스 온도가 저하하면 절탄기 저온부에 접하는 가스온도가 노점에 달하여 절탄기를 부식시킨다.
③ 굴뚝이 가스온도 저하로 인한 굴뚝 통풍력의 감소에 주의하여야 한다.
④ 보일러 전열면을 통하여 연소가스의 여열로 보일러 급수를 예열하여 보일러의 효율을 높이는 장치이다.

52 액체 주입형 소각로의 단점이 아닌 것은?

① 대기오염 방지시설 이외의 소각재 처리설비가 필요하다.
② 완전히 연소시켜 주어야 하며 내화물의 파손을 막아주어야 한다.
③ 고농도 고형분으로 인하여 버너가 막히기 쉽다.
④ 대량 처리가 어렵다.

53 수분함량이 20%인 폐기물의 발열량을 단열열량계로 분석한 결과가 1,500kcal/kg이라면 저위발열량(kcal/kg)은?

① 1,320
② 1,380
③ 1,410
④ 1,500

54 폐기물의 저위발열량을 폐기물 3성분 조성비를 바탕으로 추정할 때 3가지 성분에 포함되지 않는 것은?

① 수분
② 회분
③ 가연분
④ 휘발분

55 도시폐기물 소각로 설계 시 열수지(heat blance)수립에 필요한 물, 수증기 그리고 건조공기의 열용량(specific heat capacity)은? (단, 단위는 Btu/lb°F 이다.)

① 1, 0.5, 0.26
② 1, 0.5, 0.5
③ 0.5, 0.5, 0.26
④ 0.5, 0.26, 0.26

56 표준상태에서 배기가스 내에 존재하는 CO_2, 농도가 0.01%일 때 이것은 몇 mg/m^3인가?

① 146
② 196
③ 266
④ 296

57 옥탄(C_8H_{18})이 완전 연소할 때 AFR은? (단, kg mol_{air}/kg mol_{fuel})

① 15.1
② 29.1
③ 32.5
④ 59.5

58 유황 함량이 2%인 벙커C유 1.0ton을 연소시킬 경우 발생되는 SO_2의 양(kg)은? (단, 황성분 전량이 SO_2로 전환됨)

① 30
② 40
③ 50
④ 60

59 유동상 소각로의 특징으로 옳지 않은 것은?

① 과잉공기율이 작아도 된다.
② 층 내 압력손실이 작다.
③ 층 내 온도의 제어가 용이하다.
④ 노부하율이 높다.

60 할로겐족 함유 폐기물의 소각처리가 적합하지 않은 이유에 관한 설명으로 틀린 것은?

① 소각 시 HCl 등이 발생한다.
② 대기오염방지시설의 부식문제를 야기한다.
③ 발열량이 다른 성분에 비해 상대적으로 낮다.
④ 연소 시 수증기의 생산량이 많다.

61 자외선/가시선 분광법으로 크롬을 정량할 때 $KMnO_4$를 사용하는 목적은?

① 시료 중의 총 크롬을 6가크롬으로 하기 위해서다.
② 시료 중의 총 크롬을 3가크롬으로 하기 위해서다.
③ 시료 중의 총 크롬을 이온화하기 위해서다.
④ 다이페닐카바자이드와 반응을 최적화하기 위해서다.

62 용액의 농도를 %로만 표현하였을 경우를 옳게 나타낸 것은? (단, W: 무게, V: 부피)
① V/V%
② W/W%
③ V/W%
④ W/V%

63 시료의 전처리 방법으로 많은 시료를 동시에 처리하기 위하여 회화에 의한 유기물 분해 방법을 이용하고자 하며, 시료 중에는 염화칼슘이 다량 함유되어 있는 것으로 조사되었다. 아래 보기 중 회화에 의한 유기물분해 방법이 적용 가능한 중금속은?
① 납(Pb)
② 철(Fe)
③ 안티몬(Sb)
④ 크롬(Cr)

64 원자흡수분광광도법에 의하여 비소를 측정하는 방법에 대한 설명으로 거리가 먼 것은?
① 정량한계는 0.005mg/L이다.
② 운반 가스로 아르곤 가스(순도 99.99% 이상)를 사용한다.
③ 아르곤-수소불꽃에서 원자화시켜 253.7nm에서 흡광도를 측정한다.
④ 전처리한 시료 용액 중에 아연 또는 나트륨붕소수화물을 넣어 생성된 수소화비소를 원자화시킨다.

65 감염성 미생물의 분석방법으로 가장 거리가 먼 것은?
① 아포균 검사법
② 열멸균 검사법
③ 세균배양 검사법
④ 멸균테이프 검사법

66 기체크로마토그래피에 관한 일반적인 사항으로 옳지 않은 것은?
① 충전물로서 적당한 담체에 고정상 액체를 함침시킨 것을 사용할 경우 기체-액체 크로마토그래피법이라 한다.
② 무기화합물에 대한 정성 및 정량분석에 이용된다.
③ 운반기체는 시료도입부로부터 분리관내를 흘러서 검출기를 통하여 외부로 방출된다.
④ 시료도입부, 분리관 검출기 등은 필요한 온도를 유지해 주어야 한다.

67 중량법에 의한 기름성분 분석방법에 관한 설명으로 옳지 않은 것은?
① 시료를 직접 사용하거나, 시료에 적당한 응집제 또는 흡착제 등을 넣어 노말헥산 추출물질을 포집한 다음 노말헥산으로 추출한다.
② 시험기준의 정량한계는 0.1% 이하로 한다.
③ 폐기물 중의 휘발성이 높은 탄화수소, 탄화수소유도체, 그리스유상물질 중 노말헥산에 용해되는 성분에 적용한다.
④ 눈에 보이는 이물질이 들어 있을 때에는 제거해야 한다.

68 석면의 종류 중 백석면의 형태와 색상에 관한 내용으로 가장 거리가 먼 것은?
① 곧은 물결 모양의 섬유
② 다발의 끝은 분산
③ 다색성
④ 가열되면 무색~밝은 갈색

69 기체크로마토그래피에 의한 휘발성 저급염소화 탄화수소류 분석방법에 관한 설명과 가장 거리가 먼 것은?
① 끓는점이 낮거나 비극성 유기화합물들이 함께 추출되어 간섭현상이 일어난다.
② 시료 중에 트리클로로에틸렌(C_2HCl_3)의 정량한계는 0.008mg/L, 테트라클로로에틸렌(C_2Cl_4)의 정량한계는 0.002mg/L이다.
③ 디클로로메탄과 같은 휘발성 유기물은 보관이나 운반 중에 격막(septum)을 통해 시료 안으로 확산되어 시료를 오염시킬 수 있으므로 현장 바탕시료로서 이를 점검하여야 한다.
④ 디클로로메탄과 같이 머무름 시간이 짧은 화합물은 용매의 피크와 겹쳐 분석을 방해할 수 있다.

70 시안의 자외선/가시선 분광법에 관한 내용으로 ( ) 안에 옳은 내용은?

> 클로라민 T와 피리딘피라졸론 혼합액을 넣어 나타나는 ( )에서 측정한다.

① 적색을 460nm ② 황갈색을 560nm
③ 적자색을 520nm ④ 청색을 620nm

71 원자흡수분광도법에서 일어나는 분광학적 간섭에 해당하는 것은?

① 불꽃 중에서 원자가 이온화하는 경우
② 시료용액의 점성이나 표면장력 등에 의하여 일어나는 경우
③ 분석에 사용하는 스펙트럼선이 다른 인접선과 완전히 분리되지 않는 경우
④ 공존물질과 작용하여 해리하기 어려운 화합물이 생성되어 흡광에 관계하는 기저상태의 원자수가 감소하는 경우

72 폐기물 시료의 용출 시험 방법에 대한 설명으로 틀린 것은?

① 지정폐기물의 판정이나 매립방법을 결정하기 위한 시험에 적용한다.
② 시료 100g 이상을 정확히 달아 정제수에 염산을 넣어 pH를 4.5~5.3으로 맞춘 용매와 1:5의 비율로 혼합한다.
③ 진탕여과한 액을 검액으로 사용하나 여과가 어려운 경우 원심분리기를 이용한다.
④ 용출시험 결과는 수분함량 보정을 위해 함수율 85% 이상인 시료에 한하여 [15/(100−시료의 함수율(%))]을 곱하여 계산된 값으로 한다.

73 수소이온농도(pH) 시험방법에 관한 설명으로 틀린 것은? (단, 유리전극법 기준)

① pH를 0.1까지 측정한다.
② 기준전극은 은-염화은의 칼로멜 전극 등으로 구성된 전극으로 pH측정기에서 측정 전위값의 기준이 된다.
③ 유리전극은 일반적으로 용액의 색도, 탁도, 콜로이드성 물질들, 산화 및 환원성 물질들 그리고 염도에 의해 간섭을 받지 않는다.
④ pH는 온도변화에 영향을 받는다.

74 대상 폐기물의 양이 1,100톤인 경우 현장 시료의 최소 수(개)는?

① 40 ② 50
③ 60 ④ 80

75 폐기물 소각시설의 소각재 시료채취에 관한 내용 중 회분식 연소 방식의 소각재 반출 설비에서의 시료채취 내용으로 옳은 것은?

① 하루 동안의 운행시간에 따라 매 시간마다 2회 이상 채취하는 것을 원칙으로 한다.
② 하루 동안의 운행시간에 따라 매 시간마다 3회 이상 채취하는 것을 원칙으로 한다.
③ 하루 동안의 운전횟수에 따라 매 운전시마다 2회 이상 채취하는 것을 원칙으로 한다.
④ 하루 동안의 운전횟수에 따라 매 운전시마다 3회 이상 채취하는 것을 원칙으로 한다.

76 시안(CN)을 분석하기 위한 자외선/가시선 분광법에 대한 설명으로 옳지 않은 것은?

① 시안화합물을 측정할 때 방해물질들은 증류하면 대부분 제거된다.
② 정량한계는 0.01mg/L이다.
③ pH 2 이하 산성에서 피리딘·피라졸론을 넣고 가열 증류한다.
④ 유출되는 시안화수소를 수산화나트륨용액으로 포집한 다음 중화한다.

77 총칙에서 규정하고 있는 내용으로 틀린 것은?

① "항량으로 될 때까지 건조한다"라 함은 같은 조건에서 10시간 더 건조할 때 전후 무게의 차가 g당 0.1mg 이하일 때를 말한다.
② "방울수"라 함은 20℃에서 정제수 20방울을 적하할 때, 그 부피가 약 1mL 되는 것을 뜻한다.
③ "감압 또는 진공"이라 함은 따로 규정이 없는 한 15mmHg 이하를 뜻한다.
④ 무게를 "정확히 단다"라 함은 규정된 수치의 무게를 0.1mg까지 다는 것을 말한다.

78 시료의 조제방법에 관한 설명으로 틀린 것은?

① 시료의 축소방법에는 구획법, 교호삽법, 원추 4분법이 있다.
② 소각잔재, 슬러지 또는 입자상 물질 중 입경이 5mm 이상인 것은 분쇄하여 체로 걸러서 입경이 0.5~5mm로 한다.
③ 시료의 축소방법 중 구획법은 대시료를 네모꼴로 엷게 균일한 두께로 편 후, 가로 4등분, 세로 5등분하여 20개의 덩어리로 나누어 20개의 각 부분에서 균등량씩을 취해 혼합하여 하나의 시료로 한다.
④ 축소라 함은 폐기물에서 시료를 채취할 경우 혹은 조제된 시료의 양이 많은 경우에 모은 시료의 평균적 성질을 유지하면서 양을 감소시켜 측정용 시료를 만드는 것을 말한다.

79 폐기물 시료 20g에 고형물 함량이 1.2g이었다면 다음 중 어떤 폐기물에 속하는가? (단, 폐기물의 비중 =1.0)

① 액상폐기물   ② 반액상폐기물
③ 반고상폐기물   ④ 고상폐기물

80 PCB측정 시 시료의 전처리 조작으로 유분의 제거를 위하여 알칼리 분해를 실시하는 과정에서 알칼리제로 사용하는 것은?

① 산화칼슘   ② 수산화칼륨
③ 수산화나트륨   ④ 수산화칼슘

81 폐기물처리시설을 설치·운영하는 자는 기후에너지환경부령이 정하는 기간마다 정기검사를 받아야 한다. 음식물류 폐기물 처리시설인 경우의 검사기간 기준으로 ( ) 안에 옳은 것은?

> 최초 정기검사는 사용개시일부터 (㉠)이 되는 날, 2회 이후의 정기검사는 최종 정기검사일부터 (㉡)이 되는 날

① ㉠ 3년, ㉡ 3년   ② ㉠ 1년, ㉡ 3년
③ ㉠ 3개월, ㉡ 3개월   ④ ㉠ 1년, ㉡ 1년

82 에너지 회수기준으로 알맞지 않은 것은?

① 다른 물질과 혼합하지 아니하고 해당 폐기물의 저위발열량이 킬로그램당 3천 킬로칼로리 이상일 것
② 기후에너지환경부장관이 정하여 고시하는 경우에는 폐기물의 30% 이상을 원료나 재료로 재활용하고 그 나머지 중에서 에너지의 회수에 이용할 것
③ 회수열을 50% 이상 열원으로 스스로 이용하거나 다른 사람에게 공급할 것
④ 에너지의 회수효율(회수에너지 총량을 투입에너지 총량으로 나눈 비율을 말한다)이 75% 이상일 것

83 음식물류 폐기물을 대상으로 하는 폐기물 처분시설의 기술관리인의 자격으로 틀린 것은?

① 일반기계산업기사   ② 전기기사
③ 토목산업기사   ④ 대기환경산업기사

84 폐기물처리시설을 설치·운영하는 자가 폐기물처리시설의 유지·관리에 관한 기술관리 대행을 체결할 경우 대행하게 할 수 있는 자로서 옳지 않은 것은?

① 한국환경공단
② 엔지니어링산업 진흥법에 따라 신고한 엔지니어링 사업자
③ 기술사법에 따른 기술사사무소
④ 국립환경과학원

85 기술관리인을 두어야 할 폐기물처리시설은? (단, 폐기물처리업자가 운영하는 폐기물처리 시설 제외)

① 사료화·퇴비화 시설로서 1일 처리능력이 1톤인 시설
② 최종처분시설 중 차단형 매립시설에 있어서는 면적이 200제곱미터인 매립시설
③ 지정폐기물 외의 폐기물을 매립하는 시설로서 매립용적이 2만세제곱미터인 시설
④ 연료화시설로서 1일 재활용능력이 10톤인 시설

86 주변지역 영향 조사대상 폐기물 처리시설의 기준으로 옳은 것은?

① 1일처리 능력이 100톤 이상인 사업장 폐기물 소각시설
② 매립면적 3300 제곱미터 이상의 사업장 지정폐기물 매립시설
③ 매립용적 3만 세제곱미터 이상의 사업장 지정폐기물 매립시설
④ 매립면적 15만 제곱미터 이상의 사업장 일반폐기물 매립시설

87 의료폐기물 중 일반의료폐기물이 아닌 것은?

① 일회용 주사기
② 수액세트
③ 혈액·체액·분비물·배설물이 함유되어 있는 탈지면
④ 파손된 유리재질의 시험기구

88 폐기물처리시설의 폐쇄명령을 이행하지 아니한 자에 대한 벌칙기준은?

① 1년 이하의 징역 또는 1천만원 이하의 벌금
② 2년 이하의 징역 또는 2천만원 이하의 벌금
③ 3년 이하의 징역 또는 3천만원 이하의 벌금
④ 5년 이하의 징역 또는 5천만원 이하의 벌금

89 관리형 매립시설 침출수 중 COD의 청정지역 배출 허용기준으로 적합한 것은? (단, 청정지역은 「물환경보전법 시행규칙」의 지역구분에 따른다.)

① 200mg/L
② 400mg/L
③ 600mg/L
④ 800mg/L

90 폐기물처리사업 계획의 적합통보를 받은 자 중 소각시설의 설치가 필요한 경우에는 기후에너지환경부장관이 요구하는 시설·장비·기술능력을 갖추어 허가를 받아야 한다. 허가신청서에 추가서류를 첨부하여 적합통보를 받은 날부터 언제까지 시·도지사에게 제출하여야 하는가?

① 6개월 이내
② 1년 이내
③ 2년 이내
④ 3년 이내

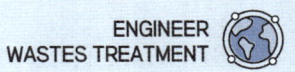

91 폐기물처리업자, 폐기물처리시설을 설치·운영하는 자 등은 기후에너지환경부령이 정하는 바에 따라 장부를 갖추어 두고, 폐기물의 발생·배출·처리상황 등을 기록하여 최종 기재한 날부터 얼마 동안 보존하여야 하는가?

① 6개월
② 1년
③ 3년
④ 5년

92 사업장일반폐기물 배출자가 그의 사업장에서 발생하는 폐기물을 보관할 수 있는 기간 기준은? (단, 중간가공 폐기물의 경우는 제외)

① 보관이 시작된 날로부터 45일
② 보관이 시작된 날로부터 90일
③ 보관이 시작된 날로부터 120일
④ 보관이 시작된 날로부터 180일

93 폐기물관리의 기본원칙으로 틀린 것은?

① 폐기물은 소각, 매립 등의 처분을 하기보다는 우선적으로 재활용함으로써 자원생산성의 향상에 이바지하도록 하여야 한다.
② 국내에서 발생한 폐기물은 가능하면 국내에서 처리되어야 하고, 폐기물은 수입할 수 없다.
③ 누구든지 폐기물을 배출하는 경우에는 주변 환경이나 주민의 건강에 위해를 끼치지 아니하도록 사전에 적절한 조치를 하여야 한다.
④ 사업자는 제품의 생산방식 등을 개선하여 폐기물의 발생을 최대한 억제하고, 발생한 폐기물을 스스로 재활용함으로써 폐기물의 배출을 최소화하여야 한다.

94 사업장폐기물배출자는 배출기간이 2개 연도 이상에 걸치는 경우에는 매 연도의 폐기물 처리실적을 언제까지 보고하여야 하는가?

① 당해 12월 말까지
② 다음연도 1월 말까지
③ 다음연도 2월 말까지
④ 다음연도 3월 말까지

95 폐기물처리시설을 설치·운영하는 자는 오염물질의 측정결과를 매분기가 끝나는 달의 다음 달 며칠까지 시·도지사나 지방환경관서의 장에게 보고하여야 하는가?

① 5일
② 10일
③ 15일
④ 20일

96 100만원 이하의 과태료가 부과되는 경우에 해당하는 것은?

① 폐기물처리 가격의 최저액보다 낮은 가격으로 폐기물처리를 위탁한 자
② 폐기물운반자가 규정에 의한 서류를 지니지 아니하거나 내보이지 아니한 자
③ 장부를 기록 드는 보존하지 아니하거나 거짓으로 기록한 자
④ 처리이행보증보험의 계약을 갱신하지 아니하거나 처리이행보증금의 증액 조정을 신청하지 아니한 자

97 폐기물처리시설인 재활용시설 중 기계적 재활용시설과 가장 거리가 먼 것은?

① 연료화 시설
② 골재가공시설
③ 증발·농축 시설
④ 유수 분리 시설

98 폐기물발생량 억제지침 준수의무대상 배출자의 규모에 대한 기준으로 옳은 것은?

① 최근 3년간의 연평균 배출량을 기준으로 지정폐기물을 100톤 이상 배출하는 자
② 최근 3년간의 연평균 배출량을 기준으로 지정폐기물을 200톤 이상 배출하는 자
③ 최근 3년간의 연평균 배출량을 기준으로 지정폐기물 외의 폐기물을 250톤 이상 배출하는 자
④ 최근 3년간의 연평균 배출량을 기준으로 지정폐기물 외의 폐기물을 500톤 이상 배출하는 자

99 폐기물처리업자(폐기물 재활용업자)의 준수 사항에 관한 내용으로 ( ) 안에 알맞은 것은?

> 유기성 오니를 화력발전소에서 연료로 사용하기 위하여 가공하는 자는 유기성 오니 연료의 저위발열량, 수분 함유량, 회분 함유량, 황분 함유량, 길이 및 금속성분을 ( ) 측정하여 그 결과를 시·도지사에게 제출하여야 한다.

① 매 월 1회 이상
② 매 2월 1회 이상
③ 매 분기당 1회 이상
④ 매 반기당 1회 이상

100 사업장폐기물을 공동으로 처리할 수 있는 사업자(둘 이상의 사업장폐기물배출자)에 해당하지 않는 자는?

① 여객자동차 운수사업법에 따라 여객자동차 운송사업을 하는 자
② 공중위생관리법에 따라 세탁업을 하는 자
③ 출판문화사업 진흥법 관련규정의 출판사를 경영하는 자
④ 의료폐기물을 배출하는 자

2022년 폐기물처리기사 1회 필기

01 폐기물에 관한 설명으로 (　) 안에 가장 적절한 개념은?

> 폐기물을 재질이나 물리·화학적 특성의 변화를 가져오는 가공처리를 통하여 다른 용도로 사용될 수 있는 상태로 만드는 것을 (　)(이)라 한다.

① 재활용(Recycling)
② 재사용(Reuse)
③ 재이용(Reutilization)
④ 재회수(Recovery)

02 물렁거리는 가벼운 물질로부터 딱딱한 물질을 선별하는데 사용하는 선별분류법으로 경사진 컨베이어를 통해 폐기물을 주입시켜 천천히 회전하는 드럼 위에 떨어뜨려서 분류하는 것은?

① Jigs
② Table
③ Secators
④ Stoners

03 국내에서 발생되는 사업장폐기물 및 지정폐기물의 특성에 대한 설명으로 가장 거리가 먼 것은?

① 사업장폐기물 중 가장 높은 증가율을 보이는 것은 폐유이다.
② 지정폐기물은 사업장폐기물의 한 종류이다.
③ 일반사업장폐기물 중 무기물류가 가장 많은 비중을 차지하고 있다.
④ 지정폐기물 중 그 배출량이 가장 많은 것은 폐산·폐알칼리이다.

04 인력선별에 관한 설명으로 옳지 않은 것은?

① 사람의 손을 통한 수동 선별이다.
② 콘베이어 벨트의 한쪽 또는 양쪽에서 사람이 서서 선별한다.
③ 기계적인 선별보다 작업량이 떨어질 수 있다.
④ 선별의 정확도가 낮고 폭발가능 물질 분류가 어렵다.

05 쓰레기의 양이 2 000m³이며, 밀도는 0.95ton/m³이다. 적재용량 20ton의 트럭이 있다면 운반하는데 몇 대의 트럭이 필요한가?

① 48대
② 50대
③ 95대
④ 100대

06 함수율 95%의 슬러지를 함수율 80%인 슬러지로 만들려면 슬러지 1ton당 증발시켜야 하는 수분의 양(kg)은? (단, 비중은 1.0 기준)

① 750
② 650
③ 550
④ 450

07 분뇨를 혐기성 소화공법으로 처리할 때 발생하는 CH_4 가스의 부피는 분뇨투입량의 약 8배라고 한다. 분뇨를 500kL/day씩 처리하는 소화시설에서 발생하는 CH_4 가스를 24시간 균등연소시킬 때 시간당 발열량(kcal/hr)은? (단, CH_4 가스의 발열량 = 약 5500kcal/m³)

① 9.2×10^5
② 5.5×10^6
③ 2.5×10^7
④ 1.5×10^8

08 폐기물의 밀도가 0.45ton/m³인 것을 압축기로 압축하여 0.75ton/m³로 하였을 때 부피감소율(%)은?

① 36　　　② 40
③ 44　　　④ 48

09 쓰레기 수거노선 설정에 대한 설명으로 가장 먼 것은?

① 출발점은 차고와 가까운 곳으로 한다.
② 언덕지역의 경우 내려가면서 수거한다.
③ 발생량이 많은 곳은 하루 중 가장 나중에 수거한다.
④ 될 수 있는 한 시계방향으로 수거한다.

10 생활폐기물 중 포장폐기물 감량화에 대한 설명으로 옳은 것은?

① 포장지의 무료 제공
② 상품의 포장공간 비율 감소화
③ 백화점 자체 봉투 사용 장려
④ 백화점에서 구매직후 상품 겉포장 벗기는 행위 금지

11 폐기물의 운송기술에 대한 설명으로 틀린 것은?

① 파이프라인 수송은 폐기물의 발생 빈도가 높은 곳에서는 현실성이 있다.
② 모노레일 수송은 가설이 곤란하고 설치비가 고가이다.
③ 컨베이어 수송은 넓은 지역에서 사용되고 사용 후 세정에 많은 물을 사용해야 한다.
④ 파이프라인 수송은 장거리 이송이 곤란하고 투입구를 이용한 범죄나 사고의 위험이 있다.

12 폐기물 연소 시 저위발열량과 고위발열량의 차이를 결정짓는 물질은?

① 물　　　② 탄소
③ 소각재의 양　　　④ 유기물 총량

13 적환장을 이용한 수집, 수송에 관한 설명으로 가장 거리가 먼 것은?

① 소형의 차량으로 폐기물을 수거하여 대형차량에 적환 후 수송하는 시스템이다.
② 처리장이 원거리에 위치할 경우에 적환장을 설치한다.
③ 적환장은 수송차량에 싣는 방법에 따라서 직접투하식, 간접투하식으로 구별된다.
④ 적환장 설치장소는 쓰레기 발생 지역의 무게 중심에 되도록 가까운 곳이 알맞다.

14 발열량에 대한 설명으로 옳지 않은 것은?

① 우리나라 소각로의 설계 시 이용하는 열량은 저위발열량이다.
② 수분을 50% 이상 함유하는 쓰레기는 삼성분조성비를 바탕으로 발열량을 측정하여야 오차가 적다.
③ 폐기물의 가연분, 수분, 회분의 조성비로 저위발열량을 추정할 수 있다.
④ Dulong 공식에 의한 발열량 계산은 화학적 원소분석을 기초로 한다.

15 쓰레기 발생량 조사방법이 아닌 것은?

① 적재차량 계수분석법　　② 직접 계근법
③ 물질수지법　　　　　　④ 경향법

16 폐기물 수거방법 중 수거효율이 가장 높은 방법은?

① 대형쓰레기통 수거　　② 문전식 수거
③ 타종식 수거　　　　　④ 적환식 수거

17 폐기물 발생량 조사방법에 관한 설명으로 틀린 것은?

① 물질수지법은 일반적인 생활폐기물 발생량을 추산할 때 주로 이용한다.
② 적재차량 계수분석법은 일정기간 동안 특정지역의 폐기물 수거, 운반차량의 대수를 조사하여, 이 결과에 밀도를 이용하여 질량으로 환산하는 방법이다.
③ 직접계근법은 비교적 정확한 폐기물 발생량을 파악할 수 있다.
④ 직접계근법은 적재차량 계수 분석에 비하여 작업량이 많고 번거롭다는 단점이 있다.

18 퇴비화 과정의 초기단계에서 나타나는 미생물은?

① Bacillus sp.
② Streptomyces sp.
③ Aspergillus fumigatus
④ Fungi

19 폐기물의 운송을 돕기 위하여 압축할 때, 부피감소율(Volume reduction)이 45%이었다. 압축비(Compaction ratio)는?

① 1.42 ② 1.82
③ 2.32 ④ 2.62

20 도시쓰레기 중 비가연성 부분이 중량비로 약 40% 차지하였다. 밀도가 350kg/m³인 쓰레기 8m³가 있을 때 가연성 물질의 양(ton)은?

① 2.8 ② 1.92
③ 1.68 ④ 1.12

21 폐기물을 수평으로 고르게 깔고 압축하면서 폐기물 층과 복토 층을 교대로 쌓는 공법은?

① Cell 공법 ② 압축매립 공법
③ 샌드위치 공법 ④ 도랑형 매립 공법

22 호기성 퇴비화 4단계에 따른 온도변화로 가장 알맞은 것은?

① 고온단계 - 중온단계 - 냉각단계 - 숙성단계
② 중온단계 - 고온단계 - 냉각단계 - 숙성단계
③ 냉각단계 - 중온단계 - 고온단계 - 숙성단계
④ 숙성단계 - 냉각단계 - 중온단계 - 고온단계

23 유해폐기물의 고형화 처리 중 무기적 고형화에 비하여 유기적 고형화의 특징에 대한 설명으로 틀린 것은?

① 수밀성이 크며, 처리비용이 고가이다.
② 미생물, 자외선에 대한 안정성이 강하다.
③ 방사성 폐기물처리에 많이 적용한다.
④ 최종 고화체의 체적 증가가 다양하다.

24 유해폐기물을 고화처리하는 방법 중 유기중합체법에 대한 설명 중 단점으로 옳지 않은 것은?

① 고형성분만 처리 가능하다.
② 최종처리 시 2차용기에 넣어 매립하여야 한다.
③ 중합에 사용되는 촉매 중 부식성이 있고, 특별한 혼합장치와 용기라이너가 필요하다.
④ 혼합률(MR)이 높고 고온 공정이다.

25 지하수 중 에틸벤젠을 탈기(Air stripping) 충전탑으로 제거하고자 한다. 지하수량(Q_w) 5L/sec, 공기 공급량(Q_a) 100L/sec일 때, 에틸벤젠의 무차원 헨리 상수 값이 0.3이라면 탈기계수(Stripping factor) 값은?

① 20　　　② 10
③ 6　　　　④ 3

26 SRF 소각로에서 사용 시 문제점에 관한 설명으로 가장 거리가 먼 것은?

① 시설비가 고가이고, 숙련된 기술이 필요하다.
② 연료공급의 신뢰성 문제가 있을 수 있다.
③ Cl 함량 및 연소먼지 문제는 거의 없지만, 유황함량이 많아 SO_x 발생이 상대적으로 많은 편이다.
④ Cl 함량이 높을 경우 소각시설의 부식발생으로 수명단축의 우려가 있다.

27 유기오염물질의 지하이동 모델링에 포함되는 주요 인자가 아닌 것은?

① 유기오염물질의 분배계수
② 토양의 수리전도도
③ 생물학적 분해속도
④ 토양 pH

28 매립가스를 유용하게 활용하기 위해 CH_4와 CO_2를 분리하여야 한다. 다음 중 분리방법으로 적합하지 않은 것은?

① 물리적 흡착에 의한 분리
② 막분리에 의한 분리
③ 화학적 흡착에 의한 분리
④ 생물학적 분해에 의한 분리

29 함수율 95%인 슬러지를 함수율 70%의 탈수 cake로 만들었을 경우의 무게비(탈수 후/탈수 전)는? (단, 비중 1.0, 분리액과 함께 유출된 슬러지량은 무시)

① 1/4　　　② 1/5
③ 1/6　　　④ 1/7

30 위생매립방법에 대한 설명으로 가장 거리가 먼 것은?

① 도랑식 매립법은 도랑을 약 2.5~7m 정도의 깊이로 파고 폐기물을 묻은 후에 다지고 흙을 덮는 방법이다.
② 평지 매립법은 매립의 가장 보편적인 형태로 폐기물을 다진 후에 흙을 덮는 방법이다.
③ 경사식 매립법은 어느 경사면에 폐기물을 쌓은 후에 다지고 그 위에 흙을 덮는 방법이다.
④ 도랑식 매립법은 매립 후 흙이 부족하며 지면이 높아진다.

31 매립구조에 따라 분류하였을 때 매립종료 1년 후 침출수의 BOD가 가장 낮게 유지되는 매립방법은? (단, 매립조건, 환경 등은 모두 같다고 가정함)

① 혐기성 위생매립
② 개량형 혐기성 위생매립
③ 준호기성 매립
④ 호기성 매립

32 생활폐기물 자원화를 위한 처리시설 중 선별시설의 설치지침으로 틀린 것은?

① 선별라인은 반입형태, 반입량, 작업효율 등을 고려하여 계열화할 수 있다.
② 입도선별, 비중선별, 금속선별 등 필요에 따라 적정하게 조합하여 설치하되, 고형연료의 품질제고를 위하여 PVC 등을 선별할 수 있다.
③ 선별된 물질이 후속공정에 연속적으로 이송될 수 있도록 저류시설을 설치하여야 한다.
④ 선별시설은 계절적 변화 등에 관계없이 고형연료 제품 제조시 목표품질을 달성할 수 있는 적합한 선별시설을 계획하여야 한다.

33 폐기물 매립으로 인하여 발생될 수 있는 피해내용에 대한 설명으로 틀린 것은?

① 육상 매립으로 인한 유역의 변화로 우수의 수로가 영향을 받기 쉽다.
② 매립지에서 대량 발생되는 파리의 방제에 살충제를 사용하면 점차 저항성이 생겨 약제를 변경해야 한다.
③ 쓰레기의 호기성분해로 생긴 메탄가스 등에 자연 착화하기 쉽다.
④ 쓰레기 부패로 악취가 발생하여 주변지역에 악영향을 준다.

34 차수설비의 기능과 관계가 없는 사항은?

① 매립지 내의 오수 및 주변지하수의 유입 방지
② 매립지 주위의 배수공에 의해 우수 및 지하수 유입 방지
③ 우수로 인해 매립지 내의 바닥 이하로의 침수 방지
④ 배수공에 의해 침출수 집수 및 매립지 밖으로의 배수

35 폐기물을 매립 시 덮개 흙으로 덮어야 하는 이유로 가장 거리가 먼 것은?

① 쥐나 파리의 서식처를 없애기 위해
② CO_2 가스가 외부로 나가는 것을 방지하기 위해
③ 폐기물이 바람에 의해 날리는 것을 방지하기 위해
④ 미관상 보기에 좋지 않아서

36 음식물쓰레기 처리방법으로 가장 부적합한 방법은?

① 매립   ② 바이오가스 생산처리
③ 퇴비화   ④ 사료화

37 슬러지를 건조하여 농토로 사용하기 위하여 여과기로 원래 슬러지의 함수율을 40%로 낮추고자 한다. 여과속도가 $10kg/m^2 \cdot hr$(건조고형물 기준), 여과면적 $10m^2$의 조건에서 시간당 탈수 슬러지 발생량은 (kg/hr)?

① 약 186   ② 약 167
③ 약 154   ④ 약 143

38 1일 처리량이 100kL인 분뇨처리장에서 분뇨를 중온소화방식으로 처리하고자 한다. 소화 후 슬러지량 (m^3/day)은?

- 투입분뇨의 함수율 = 98%
- 고형물 중 유기물 함유율 = 70%, 그 중 60%가 액화 및 가스화
- 소화슬러지 함수율 = 96%
- 슬러지 비중 = 1.0

① 15   ② 29
③ 44   ④ 53

39 용매추출처리에 이용 가능성이 높은 유해폐기물과 가장 거리가 먼 것은?

① 미생물에 의해 분해가 힘든 물질
② 활성탄을 이용하기에는 농도가 너무 높은 물질
③ 낮은 휘발성으로 인해 스트리핑하기가 곤란한 물질
④ 물에 대한 용해도가 높아 회수성이 낮은 물질

40 BOD가 15,000mg/L, Cl^-이 800ppm인 분뇨를 희석하여 활성슬러지법으로 처리한 결과 BOD가 45mg/L, Cl^-이 40ppm이었다면 활성슬러지법의 처리효율(%)은? (단, 희석수 중에 BOD, Cl^-은 없음)

① 92   ② 94
③ 96   ④ 98

41 소각로 설계에서 중요하게 활용되고 있는 발열량을 추정하는 방법에 대한 설명으로 옳지 않은 것은?
① 폐기물의 입자분포에 의한 방법
② 단열열량계에 의한 방법
③ 물리적 조성에 의한 방법
④ 원소분석에 의한 방법

42 폐기물 처리시설 내 소요전력을 생산하는데 가장 많이 사용하는 터어빈은?
① 충동 터어빈
② 배압 터어빈
③ 반동 터어빈
④ 복수 터어빈

43 고체연료의 중량조성비가 다음과 같다면 이 연료의 저위발열량(kcal/kg)은? (단, C = 78%, H = 6%, O = 4%, S = 1%, 수분 = 5%, Dulong식 적용)
① 7259
② 7459
③ 7659
④ 7859

44 액체주입형 연소기에 관한 설명으로 틀린 것은?
① 구동장치가 없어서 고장이 적다.
② 대기오염 방지시설과 소각재의 처리설비가 필요하다.
③ 연소기의 가장 일반적인 형식은 수평 점화식이다.
④ 버너 노즐을 통하여 액체를 미립화하여야 하며 대량처리가 어렵다.

45 기체연료 중 천연가스(LNG)의 주성분은?
① H_2
② CO
③ CO_2
④ CH_4

46 폐기물의 자원화 기술 용어가 아닌 것은?
① Landfill
② Composting
③ Gasification & Pyrolysis
④ SRF

47 다음 설명에서 맞지 않는 것은?
① 1kcal은 표준기압에서 순수한 물 1kg를 1℃(14.5~15.5℃) 올리는데 필요한 열량이다.
② 단위질량의 물질을 1℃ 상승하는데 필요한 열량은 비열이다.
③ 포화 증기온도 이상으로 가열한 증기를 과열증기라 한다.
④ 고체에서 기체가 될 때에 취하는 열을 증발열이라 한다.

48 유동상식 소각로의 장·단점에 대한 설명으로 틀린 것은?
① 반응시간이 빨라 소각시간이 짧다. (로 부하율이 높다.)
② 연소효율이 높아 미연소분 배출이 적고 2차 연소실이 불필요하다.
③ 기계적 구동부분이 많아 고장율이 높다.
④ 상(床)으로부터 찌꺼기의 분리가 어려우며 운전비 특히 동력비가 높다.

49 소각조건의 3T에 해당하는 것은?
① 온도, 연소량, 혼합
② 온도, 연소량, 압력
③ 온도, 압력, 혼합
④ 온도, 연소시간, 혼합

50 회전식(rotary) 소각로에 대한 설명으로 옳지 않은 것은?

① 일반적으로 열효율이 상대적으로 높다.
② 킬른은 1600℃에 달하는 온도에서도 작동될 수 있다.
③ 높은 설치비와 보수비가 요구된다.
④ 다양한 액상 및 고형폐기물을 독립적으로 조합하지 않고서도 소각시킬 수 있다.

51 소각로의 쓰레기 이동방식에 따라 구분한 화격자 종류 중 화격자를 무한궤도식으로 설치한 구조로 되어 있고, 건조, 연소, 후연소의 각 스토커 사이에 높이 차이를 두어 낙하시킴으로써 쓰레기층을 뒤집으며 내구성이 좋은 구조로 되어 있는 것은?

① 낙하식 스토커　② 역동식 스토커
③ 계단식 스토커　④ 이상식 스토커

52 소각로의 연소효율을 증대시키는 방법으로 가장 거리가 먼 것은?

① 적절한 연소시간 유지
② 적절한 온도 유지
③ 적절한 공기공급과 연료비 설정
④ 층류상태 유지

53 폐기물 50ton/day를 소각로에서 1일 24시간 연속가동하여 소각처리할 때 화상면적(m^2)은? (단, 화상부하 = 150kg/$m^2 \cdot$ hr)

① 약 14　② 약 18
③ 약 22　④ 약 26

54 쓰레기 투입방식에 따라 소각로를 분류할 수 있다. 해당되지 않는 것은?

① 상부투입방식　② 중간투입방식
③ 하부투입방식　④ 십자투입방식

55 폐기물 소각설비의 주요 공정 중 폐기물 반입 및 공급설비에 해당되지 않는 것은?

① 폐열보일러　② 폐기물 계량장치
③ 폐기물 투입문　④ 폐기물 크레인

56 소각로에서 쓰레기의 소각과 동시에 배출되는 가스 성분을 분석한 결과, N_2 = 82%, O_2 = 5%였을 때 소각로의 공기과잉계수(m)는? (단, 완전연소라고 가정)

① 1.3　② 2.3
③ 2.8　④ 3.5

57 구성성분이 O 20%, H 6%, C 30%, 회분 14%, 수분 30%인 폐기물을 소각했을 때 고위발열량(kcal/kg)은? (단, Dulong식 기준)

① 약 2420　② 약 2700
③ 약 3130　④ 약 3620

58 열효율이 65%인 유동층 소각로에서 15℃의 슬러지 2톤을 소각시켰다. 배기온도가 400℃라면 연소온도(℃)는? (단, 열효율은 배기온도만을 고려한다.)

① 955　② 988
③ 1015　④ 1115

59 폐기물의 소각처리 시 여분의 공기(excess air)는 이론적인 산화에 필요한 양에 최소 몇 % 정도 더 넣어주어야 하는가?

① 5　　② 10
③ 20　　④ 60

60 중유 보일러의 경우 적정공기비(m = 1.1~1.3)일 때, CO_2 농도의 범위(%)는?

① 10~8%　　② 12~10%
③ 16~12%　　④ 20~16%

61 유도결합플라스마-원자발광분광법을 사용한 금속류 측정에 관한 내용으로 틀린 것은?

① 대부분의 간섭물질은 산 분해에 의해 제거된다.
② 유도결합플라스마-원자발광분광기는 시료도입부, 고주파전원부, 광원부, 분광부, 연산처리부 및 기록부로 구성된다.
③ 시료 중에 칼슘과 마그네슘의 농도가 높고 측정값이 규제값의 90% 이상일 때는 희석 측정하여야 한다.
④ 유도결합플라스마-원자발광분광기의 분광부는 검출 및 측정에 따라 연속주사형 단원소측정장치와 다원소동시 측정장치로 구분된다.

62 자외선/가시선 분광법에 의하여 폐기물 내 크롬을 분석하기 위한 실험방법에 관한 설명으로 옳은 것은?

① 발색 시 수산화나트륨의 최적 농도는 0.5N이다. 만일 수산화나트륨의 양이 부족하면 5mL을 넣어 시험한다.
② 시료 중에 철이 5mg 이상으로 공존할 경우에는 다이페닐카바자이드 용액을 넣기 전에 10% 피로인산나트륨·10수화물 용액 5mL를 넣는다.
③ 적자색의 착화합물을 흡광도 540nm에서 측정한다.
④ 총 크롬을 과망간산나트륨을 사용하여 6가 크롬으로 산화시킨 다음 알칼리성에서 다이페닐카바자이드와 반응시킨다.

63 시료의 전처리방법 중 질산-황산에 의한 유기물분해에 해당되는 항목들로 짝지어진 것은?

> ㉠ 시료를 서서히 가열하여 액체의 부피가 약 15mL가 될 때까지 증발 농축한 후 공기 중에서 식힌다.
> ㉡ 용액의 산 농도는 약 0.8N이다.
> ㉢ 염산(1+1) 10mL와 물 15mL를 넣고 약 15분간 가열하여 잔류물을 녹인다.
> ㉣ 분해가 끝나면 공기 중에서 식히고 정제수 50mL를 넣어 끓기 직전까지 서서히 가열하여 침전된 용해성염들을 녹인다.
> ㉤ 유기물 등을 많이 함유하고 있는 대부분의 시료에 적용된다.

① ㉡, ㉢, ㉣　　② ㉢, ㉣, ㉤
③ ㉠, ㉣, ㉤　　④ ㉠, ㉢, ㉤

64 폐기물 중의 유기물 함량(%)을 식으로 나타낸 것은? (단, W_1 = 도가니 또는 접시의 무게, W_2 = 강열 전의 도가니 또는 접시와 시료의 무게, W_3 = 강열 후의 도가니 또는 접시와 시료의 무게)

① $\dfrac{(W_2 - W_3)}{(W_3 - W_2)} \times 100$　　② $\dfrac{(W_2 - W_1)}{(W_3 - W_1)} \times 100$

③ $\dfrac{(W_3 - W_2)}{(W_2 - W_1)} \times 100$　　④ $\dfrac{(W_2 - W_3)}{(W_2 - W_1)} \times 100$

65 기체크로마토그래피법에 대한 설명으로 옳지 않은 것은?

① 일정 유량으로 유지되는 운반가스는 시료도입부로부터 분리관내를 흘러서 검출기를 통하여 외부로 방출된다.
② 할로겐 화합물을 다량 함유하는 경우에는 분자 흡수나 광산란에 의하여 오차가 발생하므로 추출법으로 분리하여 실험한다.
③ 유기인 분석 시 추출 용매 안에 함유하고 있는 불순물이 분석을 방해할 수 있으므로 바탕시료나 시약바탕시료를 분석하여 확인할 수 있다.
④ 장치의 기본구성은 압력조절밸브, 유량조절기, 압력계, 유량계, 시료도입부, 분리관, 검출기 등으로 되어 있다.

66 5톤 이상의 차량에서 적재폐기물의 시료를 채취할 때 평면상에서 몇 등분하여 채취하는가?

① 3등분 ② 5등분
③ 6등분 ④ 9등분

67 이온전극법을 적용하여 분석하는 항목은? (단, 폐기물공정시험기준에 의함)

① 시안 ② 수은
③ 유기인 ④ 비소

68 유도결합 플라즈마 발광광도법(ICP)에 대한 설명 중 틀린 것은?

① 시료 중의 원소가 여기되는데 필요한 온도는 6000~8000K이다.
② ICP 분석장치에서 에어로졸 상태로 분무된 시료는 가장 안쪽의 관을 통하여 도너츠 모양의 플라즈마 중심부에 도달한다.
③ 시료측정에 따른 정량분석은 검량선법, 내부표준법, 표준첨가법을 사용한다.
④ 플라즈마는 그 자체가 광원으로 이용되기 때문에 매우 좁은 농도범위의 시료를 측정하는 데 주로 사용된다.

69 원자흡수분광광도계 장치의 구성으로 옳은 것은?

① 광원부 - 파장선택부 - 측광부 - 시료부
② 광원부 - 시료원자화부 - 파장선택부 - 측광부
③ 광원부 - 가시부 - 측광부 - 시료부
④ 광원부 - 가시부 - 시료부 - 측광부

70 유리전극법에 의한 수소이온농도 측정 시 간섭물질에 관한 설명으로 옳지 않은 것은?

① pH 10 이상에서 나트륨에 의한 오차가 발생할 수 있는데 이는 "낮은 나트륨 오차 전극"을 사용하여 줄일 수 있다.
② 유리전극은 일반적으로 용액의 색도, 탁도, 염도, 콜로이드성 물질들, 산화 및 환원성 물질들 등에 의해 간섭을 많이 받는다.
③ 기름 층이나 작은 입자상이 전극을 피복하여 pH 측정을 방해할 경우에는 세척제로 닦아낸 후 정제수로 세척하고 부드러운 천으로 수분을 제거하여 사용한다.
④ 피복물을 제거할 때는 염산(1+9)용액을 사용할 수 있다.

71 2N 황산 10L를 제조하려면 3M 황산 얼마가 필요한가?

① 9.99L ② 6.66L
③ 5.55L ④ 3.33L

72 강도 Io의 단색광이 발색 용액을 통과할 때 그 빛의 30%가 흡수되었다면 흡광도는?

① 0.155 ② 0.181
③ 0.216 ④ 0.283

73 폐기물의 시료채취 방법에 관한 설명으로 가장 거리가 먼 것은?

① 시료의 채취는 일반적으로 폐기물이 생성되는 단위 공정별로 구분하여 채취하여야 한다.
② 폐기물소각시설의 연속식 연소방식 소각재 반출설비에서 채취할 때 소각재가 운반차량에 적재되어 있는 경우에는 적재 차량에서 채취하는 것을 원칙으로 한다.
③ 폐기물소각시설의 연속식 연소방식 소각재 반출설비에서 채취하는 경우, 비산재 저장조에서는 부설된 크레인을 이용하여 채취한다.
④ PCBs 및 휘발성 저급 염소화 탄화수소류 실험을 위한 시료의 채취 시는 무색경질의 유리병을 사용한다.

74 유해특성(재활용환경성평가) 중 폭발성 시험방법에 대한 설명으로 옳지 않은 것은?

① 격렬한 연소반응이 예상되는 경우에는 시료의 양을 0.5g으로 하여 시험을 수행하며, 폭발성 폐기물로 판정될 때까지 시료의 양을 0.5g씩 점진적으로 늘려준다.
② 시험결과는 게이지 압력이 690kPa에서 2070kPa까지 상승할 때 걸리는 시간과 최대 게이지 압력 2070kPa에 도달 여부로 해석한다.
③ 최대 연소속도는 산화제를 무게비율로써 10~90%를 포함한 혼합물질의 연소속도 중 가장 빠른 측정값을 의미한다.
④ 최대 게이지 압력이 2070kPa이거나 그 이상을 나타내는 폐기물은 폭발성 폐기물로 간주하며, 점화 실패는 폭발성이 없는 것으로 간주한다.

75 유기물 함량이 비교적 높지 않고 금속의 수산화물, 산화물, 인산염 및 황화물을 함유하는 시료에 적용하는 산분해법은?

① 질산 분해법
② 질산 - 황산 분해법
③ 질산 - 염산 분해법
④ 질산 - 과염소산 분해법

76 폐기물공정시험기준에서 규정하고 있는 온도에 대한 설명으로 틀린 것은?

① 실온 1~35℃
② 온수 60~70℃
③ 열수 약 100℃
④ 냉수 4℃ 이하

77 pH 측정(유리전극법)의 내부정도관리 주기 및 목표기준에 대한 설명으로 옳은 것은?

① 시료를 측정하기 전에 표준용액 2개 이상으로 보정한다.
② 시료를 측정하기 전에 표준용액 3개 이상으로 보정한다.
③ 정도관리 목표(정도관리 항목 : 정밀도)는 ±0.01 이내이다.
④ 정도관리 목표(정도관리 항목 : 정밀도)는 ±0.03 이내이다.

78 폴리클로리네이티드비페닐(PCBs)의 기체크로마토그래피법 분석에 대한 설명으로 옳지 않은 것은?

① 운반기체는 부피백분율 99.999% 이상의 아세틸렌을 사용한다.
② 고순도의 시약이나 용매를 사용하여 방해물질을 최소화하여야 한다.
③ 정제컬럼으로는 플로리실 컬럼과 실리카겔 컬럼을 사용한다.
④ 농축장치로 구데르나다니쉬(KD) 농축기 또는 회전증발농축기를 사용한다.

79 '항량으로 될 때까지 건조한다'라 함은 같은 조건에서 1시간 더 건조할 때 전후 무게의 차가 g당 몇 mg 이하일 때를 말하는가?

① 0.01mg
② 0.03mg
③ 0.1mg
④ 0.3mg

80 원자흡수분광광도법에 의한 구리(Cu) 시험방법으로 옳은 것은?
① 정량범위는 440nm에서 0.2~4mg/L 범위 정도이다.
② 정밀도는 측정값의 상대표준편차(RSD)로 산출하며 측정한 결과 ±25% 이내이어야 한다.
③ 검정곡선의 결정계수(R^2)는 0.999 이상이어야 한다.
④ 표준편차율은 표준물질의 농도에 대한 측정 평균값의 상대 백분율로서 나타내며 5~15% 범위이다.

81 의료폐기물을 배출, 수집운반, 재활용 또는 처분하는 자는 기후에너지환경부령이 정하는 바에 따라 전자정보처리프로그램에 입력을 하여야 한다. 이 때 이용되는 인식방법으로 옳은 것은?
① 바코드인식방법
② 블루투스인식방법
③ 유선주파수인식방법
④ 무선주파수인식방법

82 폐기물처리업자의 영업정지처분에 따라 당해 영업의 이용자 등에게 심한 불편을 주는 경우 과징금을 부과할 수 있도록 하고 있다. 관련 내용 중 틀린 것은?
① 기후에너지환경부령이 정하는 바에 따라 그 영업의 정지에 갈음하여 3억원 이하의 과징금을 부과할 수 있다.
② 사업장의 사업규모, 사업지역의 특수성, 위반행위의 정도 및 횟수 등을 참작하여 과징금의 2분의 1 범위 안에서 가중 또는 감경할 수 있다.
③ 영업의 정지를 갈음하여 대통령령으로 정하는 매출액에 100분의 5를 곱한 금액을 초과하지 아니하는 범위에서 과징금을 부과할 수 있다.
④ 과징금을 납부하지 아니한 때에는 국세체납처분 또는 지방세체납처분의 예에 따라 과징금을 징수한다.

83 폐기물처리시설의 설치를 마친 자가 폐기물처리시설 검사기관으로 검사를 받아야 하는 시설이 아닌 것은?
① 소각시설
② 파쇄시설
③ 매립시설
④ 소각열회수시설

84 폐기물 처리시설의 종류 중 재활용시설(기계적 재활용 시설)의 기준으로 틀린 것은?
① 용융시설(동력 7.5kW 이상인 시설로 한정)
② 응집·침전시설(동력 7.5kW 이상인 시설로 한정)
③ 압축시설(동력 7.5kW 이상인 시설로 한정)
④ 파쇄·분쇄시설(동력 15kW 이상인 시설로 한정)

85 폐기물 관리의 기본원칙으로 틀린 것은?
① 사업자는 제품의 생산방식 등을 개선하여 폐기물의 발생을 최대한 억제해야 한다.
② 폐기물은 우선적으로 소각, 매립 등의 처분을 한다.
③ 폐기물로 인하여 환경오염을 일으킨 자는 오염된 환경을 복원할 책임을 져야 한다.
④ 누구든지 폐기물을 배출하는 경우에는 주변 환경이나 주민의 건강에 위해를 끼치지 아니하도록 사전에 적절한 조치를 하여야 한다.

86 사업장폐기물배출자는 사업장폐기물의 종류와 발생량 등을 기후에너지환경부령으로 정하는 바에 따라 신고하여야 한다. 이를 위반하여 신고를 하지 아니하거나 거짓으로 신고를 한 자에 대한 과태료 처분 기준은?
① 200만원 이하
② 300만원 이하
③ 500만원 이하
④ 1천만원 이하

87 폐기물처리시설(중간처리시설 : 유수분리시설)에 대한 기술관리대행계약에 포함될 점검항목과 가장 거리가 먼 것은?

① 분리수이동설비의 파손 여부
② 회수유저장조의 부식 또는 파손 여부
③ 분리시설 교반장치의 정상가동 여부
④ 이물질제거망의 청소 여부

88 사후관리항목 및 방법에 따라 조사한 결과를 토대로 매립시설이 주변환경에 미치는 영향에 대한 종합보고서를 매립시설의 사용종료신고 후 몇 년마다 작성하여야 하는가?

① 2년 마다
② 3년 마다
③ 5년 마다
④ 10년 마다

89 주변지역 영향 조사대상 폐기물처리시설 기준으로 ( ) 안에 적절한 것은?

> 매립면적 ( )제곱미터 이상의 사업장 지정폐기물 매립시설

① 330
② 3300
③ 1만
④ 3만

90 한국폐기물협회의 수행 업무에 해당하지 않는 것은? (단, 그 밖의 정관에서 정하는 업무는 제외)

① 폐기물처리 절차 및 이행 업무
② 폐기물 관련 국제 협력
③ 폐기물 관련 국제 교류
④ 폐기물과 관련된 업무로서 국가나 지방자치단체로부터 위탁받은 업무

91 폐기물처리시설 중 멸균분쇄시설의 경우 기술관리인을 두어야 하는 기준으로 맞는 것은? (단, 폐기물처리업자가 운영하지 않음)

① 1일 처리능력이 5톤 이상인 시설
② 1일 처리능력이 10톤 이상인 시설
③ 시간당 처리능력이 100kg 이상인 시설
④ 시간당 처리능력이 200kg 이상인 시설

92 폐기물처리시설의 설치기준 중 멸균분쇄시설(기계적 처분시설)에 관한 내용으로 틀린 것은?

① 밀폐형으로 된 자동제어에 의한 처분방식이어야 한다.
② 폐기물은 원형이 파쇄되어 재사용할 수 없도록 분쇄하여야 한다.
③ 수분함량이 30% 이하가 되도록 건조하여야 한다.
④ 폭발사고와 화재 등에 대비하여 안전한 구조이어야 한다.

93 사후관리이행보증금의 사전적립에 관한 설명으로 ( ) 안에 알맞은 것은?

> 사후관리이행보증금의 사전적립 대상이 되는 폐기물을 매립하는 시설은 면적이 (㉠)인 시설로 한다. 이에 따른 매립시설의 설치자는 그 시설의 사용을 시작한 날부터 (㉡)에 기후에너지환경부령으로 정하는 바에 따라 사전적립금 적립계획서를 환경부장관에게 제출하여야 한다.

① ㉠ 1만제곱미터 이상, ㉡ 1개월 이내
② ㉠ 1만제곱미터 이상, ㉡ 15일 이내
③ ㉠ 3천300제곱미터 이상, ㉡ 1개월 이내
④ ㉠ 3천300제곱미터 이상, ㉡ 15일 이내

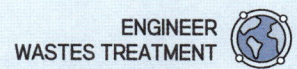

94 환경보전협회에서 교육을 받아야 할 자가 아닌 것은?
① 폐기물 재활용신고자
② 폐기물처리시설의 설치·운영자가 고용한 기술담당자
③ 폐기물처리업자(폐기물 수집·운반업자는 제외)가 고용한 기술요원
④ 폐기물 수집·운반업자

95 토지 이용의 제한기간은 폐기물매립시설의 사용이 종료되거나 그 시설이 폐쇄된 날부터 몇 년 이내로 하는가?
① 15년 ② 20년
③ 25년 ④ 30년

96 대통령령이 정하는 폐기물처리시설을 설치·운영하는 자는 그 폐기물처리시설의 설치·운영이 주변지역에 미치는 영향을 몇 년마다 조사하여야 하는가?
① 10년 ② 5년
③ 3년   ④ 2년

97 폐기물 인계·인수 사항과 폐기물처리현장 정보를 전자정보처리프로그램에 입력할 때 이용하는 매체가 아닌 것은?
① 컴퓨터   ② 이동형 통신수단
③ 인터넷 통신망   ④ 전산처리기구의 ARS

98 폐기물처리시설 중 기계적 재활용시설에 해당되는 것은?
① 시멘트 소성로   ② 고형화시설
③ 열처리조합시설 ④ 연료화시설

99 폐기물처리시설 주변지역 영향조사 시 조사횟수 기준으로 ( ) 안에 맞는 것은?

각 항목당 계절을 달리하여 (㉠) 이상 측정하되, 악취는 여름(6월부터 8월까지)에 (㉡) 이상 측정해야 한다.

① ㉠ 4회, ㉡ 2회   ② ㉠ 4회, ㉡ 1회
③ ㉠ 2회, ㉡ 2회   ④ ㉠ 2회, ㉡ 1회

100 주변지역 영향 조사대상 폐기물처리시설에 해당하는 것은?
① 1일 처리능력 30톤인 사업장폐기물 소각시설
② 1일 처리능력 15톤인 사업장폐기물 소각시설이 사업장 부지 내에 3개 있는 경우
③ 매립면적 1만5천 제곱미터인 사업장 지정폐기물 매립시설
④ 매립면적 11단 제곱미터인 사업장 일반폐기물 매립시설

2022년 폐기물처리기사 2회 필기

01 혐기성 소화에서 독성을 유발시킬 수 있는 물질의 농도(mg/L)로 가장 적절한 것은?
① Fe : 1000
② Na : 3500
③ Ca : 1500
④ Mg : 800

02 도시폐기물의 유기성 성분 중 셀룰로오스에 해당하는 것은?
① 6탄당의 중합체
② 아미노산 중합체
③ 당, 전분 등
④ 방향환과 메톡실기를 포함한 중합체

03 다음 조건을 가진 지역의 일일 최소 쓰레기 수거 횟수(회)는? (단, 발생쓰레기 밀도 = 500kg/m³, 발생량 = 1.5kg/인·일, 수거대상 = 200,000인, 차량대수 = 4(동시사용), 차량 적재 용적 = 50m³, 적재함 이용율 = 80%, 압축비 = 2, 수거인부 = 20명)
① 2
② 4
③ 6
④ 8

04 완전히 건조시킨 폐기물 20g을 채취해 회분함량을 분석하였더니 5g이었다. 폐기물의 함수율이 40%이었다면, 습량기준으로 회분 중량비(%)는? (단, 비중 = 1.0)
① 5
② 10
③ 15
④ 20

05 소각방식 중 회전로(Rotary Kiln)에 대한 설명으로 옳지 않은 것은?
① 넓은 범위의 액상, 고상 폐기물은 소각할 수 있다.
② 일반적으로 회전속도는 0.3~1.5rpm, 주변속도는 5~25mm/sec 정도이다.
③ 예열, 혼합, 파쇄 등 전처리를 거쳐야만 주입이 가능하다.
④ 회전하는 원통형 소각로로서 경사진 구조로 되어 있으며 길이와 직경의 비는 2~10 정도이다.

06 전과정평가(LCA)의 구성요소로 가장 거리가 먼 것은?
① 개선평가
② 영향평가
③ 과정분석
④ 목록분석

07 분뇨의 함수율이 95%이고 유기물 함량이 고형질질량의 60%를 차지하고 있다. 소화조를 거친 뒤 유기물량을 조사하였더니 원래의 반으로 줄었다고 한다. 소화된 분뇨의 함수율(%)은? (단, 소화 시 수분의 변화는 없다고 가정한다. 분뇨 비중은 1.0으로 가정함)
① 95.5
② 96.0
③ 96.5
④ 97.0

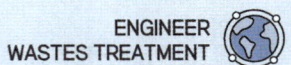

08 폐기물처리 또는 재생방법에 대한 설명으로 가장 거리가 먼 것은?

① Compaction의 장점은 공기층 배제에 의한 부피축소이다.
② 소각의 장점은 부피축소 및 질량감소이다.
③ 자력선별장비의 선별효율은 비교적 높다.
④ 스크린의 종류 중 선별효율이 가장 우수한 것은 진동스크린이다.

09 슬러지 처리과정 중 농축(thickening)의 목적으로 적합하지 않은 것은?

① 소화조의 용적 절감
② 슬러지 가열비 절감
③ 독성물질의 농도 절감
④ 개량에 필요한 화학 약품 절감

10 다음의 폐수처리장 슬러지 중 2차 슬러지에 속하지 않은 것은?

① 활성 슬러지
② 소화 슬러지
③ 화학적 슬러지
④ 살수여상 슬러지

11 쓰레기 수거노선 설정 요령으로 가장 거리가 먼 것은?

① 지형이 언덕인 경우는 내려가면서 수거한다.
② U자 회전을 피하여 수거한다.
③ 아주 많은 양의 쓰레기가 발생되는 발생원은 하루 중 가장 나중에 수거한다.
④ 가능한 한 시계 방향으로 수거노선을 설정한다.

12 1,000세대(세대 당 평균 가족 수 5인) 아파트에서 배출하는 쓰레기를 3일마다 수거하는데 적재용량 11.0m^3의 트럭 5대(1회 기준)가 소요된다. 쓰레기 단위 용적당 중량이 210kg/m^3이라면 1인 1일당 쓰레기 배출량(kg/인·일)은?

① 2.31
② 1.38
③ 1.12
④ 0.77

13 트롬멜 스크린에 관한 설명으로 옳지 않은 것은?

① 스크린의 경사도가 크면 효율이 떨어지고 부하율도 커진다.
② 최적속도는 경험적으로 임계속도×0.45 정도이다.
③ 스크린 중 유지관리상의 문제가 적고, 선별효율이 좋다.
④ 스크린의 경사도는 대개 20~30° 정도이다.

14 폐기물 발생량이 5백만톤/년 인 지역의 수거인부의 하루 작업시간이 10시간이고, 1년의 작업일수는 300일이다. 수거효율(MHT)은 1.8로 운영되고 있다면 필요한 수거인부의 수(명)는?

① 3,000
② 3,100
③ 3,200
④ 3,300

15 폐기물 발생량 예측방법 중에서 각 인자들의 효과를 총괄적으로 나타내어 복잡한 시스템의 분석에 유용하게 적용할 수 있는 것은?

① 경향법
② 다중회귀모델
③ 동적모사모델
④ 인자분석모델

16 pipe line(관로수송)에 의한 폐기물 수송에 대한 설명으로 가장 거리가 먼 것은?

① 단거리 수송에 적합하다.
② 잘못 투입된 물건은 회수하기가 곤란하다.
③ 조대쓰레기에 대해 파쇄, 압축 등의 전처리가 필요하다.
④ 쓰레기 발생밀도가 낮은 곳에서 사용된다.

17 폐기물을 Ultimate Analysis에 의해 분석할 때 분석 대상 항목이 아닌 것은?

① 질소(N) ② 황(S)
③ 인(P) ④ 산소(O)

18 쓰레기의 부피를 감소시키는 폐기물처리 조작으로 가장 거리가 먼 것은?

① 압축 ② 매립
③ 소각 ④ 열분해

19 생활폐기물의 관리와 그 기능적 요소에 포함되지 않는 사항은?

① 폐기물의 발생 및 수거
② 폐기물의 처리 및 처분
③ 원료의 절약과 발생억제
④ 폐기물의 운반 및 수송

20 재활용 대책으로서 생산·유통구조를 개선하고자 할 때 고려해야 할 사항으로 가장 거리가 먼 것은?

① 재활용이 용이한 제품의 생산촉진
② 폐자원의 원료사용 확대
③ 발생부산물의 처리방법 강구
④ 제조업종별 생산사 공동협력체계 강화

21 매립지 주위의 우수를 배수하기 위한 배수로 단면을 결정하고자 한다. 이 때 유속을 계산하기 위해 사용되는 식(Manning 공식)에 포함되지 않는 것은?

① 유출계수 ② 조도계수
③ 경심 ④ 강우강도

22 폐기물이 매립될 때 매립된 유기성 물질의 분해과정으로 옳은 것은?

① 호기성 → 혐기성(메탄 생성 → 산 생성)
② 호기성 → 혐기성(산 생성 → 메탄 생성)
③ 혐기성 → 호기성(메탄 생성 → 산 생성)
④ 혐기성 → 호기성(산 생성 → 메탄 생성)

23 플라스틱 재활용하는 방법과 가장 거리가 먼 것은?

① 열분해 이용법 ② 용융고화재생 이용법
③ 유리화 이용법 ④ 파쇄 이용법

24 아래와 같은 조건일 때 혐기성 소화조의 용량(m^3)은? (단, 유기물량의 50%가 액화 및 가스화된다고 한다. 방식은 2조식이다.)

〈조건〉
- 분뇨투입량 : 1,000kL/day
- 투입 분뇨 함수율 : 95%
- 유기물농도 : 60%
- 소화일수 : 30일
- 인발 슬러지 함수율 : 90%

① 12,350 ② 17,850
③ 20,250 ④ 25,500

25 매립방식 중 cell 방식에 대한 내용으로 가장 거리가 먼 것은?

① 일일복토 및 침출수 처리를 통해 위생적인 매립이 가능하다.
② 쓰레기의 흩날림을 방지하며, 악취 및 해충의 발생을 방지하는 효과가 있다.
③ 일일복토와 bailing을 통한 폐기물 압축으로 매립 부피를 줄일 수 있다.
④ cell마다 독립된 매립층이 완성되므로 화재 확산 방지에 유리하다.

26 매일 200ton의 쓰레기를 배출하는 도시가 있다. 매립지에 평균 매립 두께를 5m, 매립밀도를 0.8ton/m^3로 가정할 때 1년 동안 쓰레기를 매립하기 위한 최소한의 매립지 면적(m^2)은? (단, 기타 조건은 고려하지 않음)
① 12,250
② 15,250
③ 18,250
④ 21,250

27 토양수분의 물리학적 분류 중 1,000cm 물기둥의 압력으로 결합되어 있는 경우 다음 중 어디에 속하는가?
① 모세관수
② 흡습수
③ 유효수분
④ 결합수

28 시멘트 고형화화법 중 자가시멘트법에 대한 설명으로 가장 거리가 먼 것은?
① 혼합율이 낮고 중금속 저지에 효과적이다.
② 탈수 등 전처리와 보조에너지가 필요하다.
③ 장치비가 크고 숙련된 기술을 요한다.
④ 고농도 황화물 함유 폐기물에만 적용된다.

29 고형화 처리 중 시멘트 기초법에서 가장 흔히 사용되는 보통 포틀랜드 시멘트의 주 성분은?
① CaO, Al_2O_3
② CaO, SiO_2
③ CaO, MgO
④ CaO, Fe_2O_3

30 비배출량(specific discharge)이 1.6×10^{-8}m/sec이고 공극률 0.4인 수분포화 상태의 매립지에서의 물의 침투속도(m/sec)는?
① 4.0×10^{-8}
② 0.96×10^{-8}
③ 0.64×10^{-8}
④ 0.25×10^{-8}

31 파쇄과정에서 폐기물의 입도분포를 측정하여 입도누적곡선상에 나타낼 때 10%에 상당하는 입경(전체 중량의 10%를 통과시킨 체눈의 크기에 상당하는 입경)은?
① 평균입경
② 메디안경
③ 유효입경
④ 중위경

32 1일 폐기물 배출량이 700ton인 도시에서 도랑(Trench)법으로 매립지를 선정하려 한다. 쓰레기의 압축이 30%가 가능하다면 1일 필요한 매립지 면적(m^2)은? (단, 발생된 쓰레기의 밀도는 250kg/m^3, 매립지의 깊이는 2.5m)
① 634
② 784
③ 854
④ 964

33 고형물 4.2%를 함유한 슬러지 150,000kg을 농축조로 이송한다. 농축조에서 농축 후 고형물의 손실 없이 농축슬러지를 소화조로 이송할 경우 슬러지의 무게 70,000kg이라면 농축된 슬러지의 고형물 함유율(%)은? (단, 슬러지 비중은 1.0으로 가정함)
① 6.0
② 7.0
③ 8.0
④ 9.0

34 토양오염정화 방법 중 Bioventing 공법의 장·단점으로 틀린 것은?
① 배출가스 처리의 추가비용이 없다.
② 지상의 활동에 방해 없이 정화작업을 수행할 수 있다.
③ 주로 포화층에 적용한다.
④ 장치가 간단하고 설치가 용이하다.

35 도시의 폐기물 중 불연성분 70%, 가연성분 30%이고, 이 지역의 폐기물 발생량은 1.4kg/인·일이다. 인구 50,000명인 이 지역에서 불연성분 60%, 가연성분 70%를 회수하여 이 중 가연성분으로 SRF를 생산한다면 SRF의 일일 생산량(ton)은?

① 약 14.7　　② 약 20.2
③ 약 25.6　　④ 약 30.1

36 퇴비화 방법 중 뒤집기식 퇴비단공법의 특징이 아닌 것은?

① 일반적으로 설치비용이 적다.
② 공기공급량 제어가 쉽고 악취영향반경이 작다.
③ 운영 시 날씨에 많은 영향을 받는다는 문제점이 있다.
④ 일반적으로 부지소요가 크나 운영비용은 낮다.

37 호기성 퇴비화 공정의 설계·운영 고려 인자에 관한 내용으로 틀린 것은?

① 공기의 채널링이 원활하게 발생하도록 반응기간 동안 규칙적으로 교반하거나 뒤집어 주어야 한다.
② 퇴비단의 온도는 초기 며칠간은 50~55℃를 유지하여야 하며 활발한 분해를 위해서는 55~60℃가 적당하다.
③ 퇴비화 기간 동안 수분함량은 50~60% 범위에서 유지되어야 한다.
④ 초기 C/N비는 25~50이 적정하다.

38 인구가 400,000명인 도시의 쓰레기배출원 단위가 1.2kg/인·day이고, 밀도는 0.45ton/m³으로 측정되었다. 쓰레기를 분쇄하여 그 용적이 2/3로 되었으며, 분쇄된 쓰레기를 다시 압축하면서 또다시 1/3 용적이 축소되었다. 분쇄만 하여 매립할 때와 분쇄, 압축한 후에 매립할 때에 두 경우의 연간 매립소요 면적의 차이(m²)는? (단, Trench 깊이는 4m이며 기타 조건은 고려 안함)

① 약 12,820　　② 약 16,230
③ 약 21,630　　④ 약 28,540

39 토양오염의 특성으로 가장 거리가 먼 것은?

① 오염영향의 국지성
② 피해발현의 급진성
③ 원상복구의 어려움
④ 타 환경인자와 영향관계의 모호성

40 6.3%의 고형물을 함유한 150,000kg의 슬러지를 농축한 후, 소화조로 이송할 경우 농축슬러지의 무게는 70,000kg이다. 이 때 소화조로 이송한 농축된 슬러지의 고형물 함유율(%)은? (단, 슬러지의 비중 = 1.0, 상등액의 고형물 함량은 무시)

① 11.5　　② 13.5
③ 15.5　　④ 17.5

41 쓰레기의 발열량을 H, 불완전연소에 의한 열손실을 Q, 태우고 난 후의 재의 열손실을 R이라 할 때 연소효율 η을 구하는 공식 중 옳은 것은?

① $\eta = \dfrac{H-Q-R}{H}$　　② $\eta = \dfrac{H+Q+R}{H}$

③ $\eta = \dfrac{H-Q+R}{H}$　　④ $\eta = \dfrac{H+Q-R}{H}$

42 완전연소의 경우 고위발열량(kcal/kg)이 가장 큰 것은?

① 메탄　　② 에탄
③ 프로판　　④ 부탄

43 소각로에 폐기물을 연속적으로 주입하기 위해서는 충분한 저장시설을 확보하여야 한다. 연속주입을 위한 폐기물의 일반적인 저장시설 크기로 적당한 것은?

① 24~36시간분 ② 2~3일분
③ 7~10일분   ④ 15~20일분

44 프로판(C_3H_8) : 부탄(C_4H_{10})이 40vol% : 60vol%로 혼합된 기체 1Sm³가 완전연소될 때 발생되는 CO_2의 부피(Sm³)는?

① 3.2 ② 3.4
③ 3.6 ④ 3.8

45 열교환기 중 과열기에 대한 설명으로 틀린 것은?

① 보일러에서 발생하는 포화증기에 다량의 수분이 함유되어 있으므로 이것을 과열하여 수분을 제거하고 과열도가 높은 증기를 얻기 위해 설치한다.
② 일반적으로 보일러 부하가 높아질수록 대류과열기에 의한 과열 온도는 저하하는 경향이 있다.
③ 과열기는 그 부착 위치에 전열형태가 다르다.
④ 방사형 과열기는 주로 화염의 방사열을 이용한다.

46 프로판(C_3H_8)의 고위발열량이 24,300kcal/Sm³일 때 저위발열량(kcal/Sm³)은?

① 22,380 ② 22,840
③ 23,340 ④ 23,820

47 연료는 일반적으로 탄화수소화합물로 구성되어 있는데, 액체연료의 질량조성이 C 75%, H 25%일 때 C/H 물질량(mol)비는?

① 0.25 ② 0.50
③ 0.75 ④ 0.90

48 황화수소 1Sm³의 이론연소 공기량(Sm³)은?

① 7.1   ② 8.1
③ 9.1   ④ 10.1

49 소각로에서 열교환기를 이용해 배기가스의 열을 전량 회수하여 급수 예열을 한다고 한다면 급수 입구온도가 20℃일 경우 급수의 출구 온도(℃)는? (단, 급수량 = 1,000kg/h, 물비열 = 1.03kcal/kg · ℃, 배기가스의 입구온도 = 400℃, 배기가스의 출구온도 = 100℃, 배기가스 평균정압비열 = 0.25kcal/kg · ℃)

① 79 ② 82
③ 87 ④ 93

50 다단로방식 소각로의 장 · 단점으로 옳지 않은 것은?

① 유해폐기물의 완전분해를 위한 2차 연소실이 필요 없다.
② 분진발생량이 많다.
③ 휘발성이 적은 폐기물 연소에 유리하다.
④ 체류시간이 길기 때문에 온도반응이 더디다.

51 화격자 연소기에 대한 설명으로 옳은 것은?

① 휘발성분이 많고 열분해 하기 쉬운 물질을 소각할 경우 상향식 연소방식을 쓴다.
② 이동식 화격자는 주입폐기물을 잘 운반시키거나 뒤집지는 못하는 문제점이 있다.
③ 수분이 많거나 플라스틱과 같이 열에 쉽게 용해되는 물질에 의한 화격자 막힘의 우려가 없다.
④ 체류시간이 짧고 교반력이 강하여 국부가열이 발생할 우려가 있다.

52 소각공정과 비교할 때 열분해공정의 장점으로 옳지 않은 것은?

① 배기 가스량이 적다.
② 황 및 중금속이 회분 속에 고정되는 비율이 낮다.
③ NOx의 발생량이 적다.
④ 환원성 분위기가 요주되므로 3가 크롬이 6가 크롬으로 변화되기 어렵다.

53 화상부하율(연소량/화상면적)에 대한 설명으로 옳지 않은 것은?

① 화상부하율을 크게 하기 위해서는 연소량을 늘리거나 화상면적을 줄인다.
② 화상부하율이 너무 크면 로내 온도가 저하하기도 한다.
③ 화상부하율이 적어질수록 화상면적이 축소되어 compact화 된다.
④ 화상부하율이 너무 커지면 불완전연소의 문제가 발생하기도 한다.

54 소각로에 폐기물을 투입하는 1시간 중에 투입작업시간을 40분, 나머지 20분은 정리시간과 휴식시간으로 한다. 크레인 바켓트 용량 4m³, 1회 투입하는 시간을 120초, 바켓트 용적중량은 최대 0.4ton/m³일 때 폐기물의 1일 최대 공급능력(ton/day)은? (단, 소각로는 24시간 연속가동)

① 524
② 684
③ 768
④ 874

55 다이옥신을 억제시키는 방법이 아닌 것은?

① 제1차적(사전방지) 방법
② 제2차적(로내) 방법
③ 제3차적(후처리) 방법
④ 제4차적 전자선조사법

56 연소시키는 물질의 발화온도, 함수량, 공급공기량, 연소기의 형태에 따라 연소온도가 변화된다. 연소온도에 관한 설명 중 옳지 않은 것은?

① 연소온도가 낮아지면 불완전 연소로 HC나 CO 등이 생성되며 냄새가 발생된다.
② 연소온도가 너무 높아지면 NOx나 SOx가 생성되며 냉각공기의 주입량이 많아지게 된다.
③ 소각로의 최소온도는 650℃ 정도이지만 스팀으로 에너지를 회수하는 경우에는 연소온도를 870℃ 정도로 높인다.
④ 함수율이 높으면 연소온도가 상승하며, 연소물질의 입자가 커지면 연소시간이 짧아진다.

57 유동층 소각로에 관한 설명으로 가장 거리가 먼 것은?

① 상(床)으로부터 슬러지의 분리가 어렵다.
② 가스의 온도가 낮고 과잉공기량이 낮다.
③ 미연소분 배출로 2차 연소실이 필요하다.
④ 기계적 구동부분이 적어 고장율이 낮다.

58 아래와 같은 조성을 갖는 폐기물을 완전연소시킬 때의 이론공기량(Sm³/kg)은?

가연성분 조성비(%)
C : 40, H : 5, O : 10, S : 5, 회분 : 40

① 2.7
② 3.7
③ 4.7
④ 5.7

59 소각로의 설계기준이 되고 있는 저위발열량에 대한 설명으로 옳은 것은?

① 쓰레기 속의 수분과 연소에 의해 생성된 수분의 응축열을 포함한 열량
② 고위발열량에서 수분의 응축열을 제외한 열량
③ 쓰레기를 연소할 때 발생되는 열량으로 수분의 수증기 열량이 포함된 열량
④ 연소 배출가스 속의 수분에 의한 응축열

60 폐기물 내 유기물을 완전연소시키기 위해서는 3T라는 조건이 구비되어야 한다. 3T에 해당하지 않는 것은?
① 충분한 온도 ② 충분한 연소시간
③ 충분한 연료 ④ 충분한 혼합

61 기체크로마토그래피로 유기인을 분석할 때 시료관리 기준으로 ( ) 안에 옳은 것은?

> 시료채취 후 추출하기 전까지 (㉠) 보관하고 7일 이내에 추출하고 (㉡) 이내에 분석한다.

① ㉠ 4℃ 냉암소에서, ㉡ 21일
② ㉠ 4℃ 냉암소에서, ㉡ 40일
③ ㉠ pH 4 이하로, ㉡ 21일
④ ㉠ pH 4 이하로, ㉡ 40일

62 가스체의 농도는 표준상태로 환산 표시한다. 이 조건에 해당되지 않는 것은?
① 상대습도 : 100% ② 온도 : 0℃
③ 기압 : 760mmHg ④ 온도 : 273K

63 크롬 표준원액(100mg Cr/L) 1,000mL를 만들기 위해서 필요한 다이크롬산칼륨(표준시약)의 양(g)은? (단, K : 39, Cr : 52)
① 0.213 ② 0.283
③ 0.353 ④ 0.393

64 유도결합플라스마 발광광도 기계의 토치에 흐르는 운반물질, 보조물질, 냉각물질은 몇 종류의 물질로 구성되는가?
① 2종의 액체와 1종의 기체
② 1종의 액체와 2종의 기체
③ 1종의 액체와 1종의 기체
④ 1종의 기체

65 원자흡광분석에서 일반적인 간섭에 해당되지 않는 것은?
① 분광학적 간섭 ② 물리적 간섭
③ 화학적 간섭 ④ 첨가물질의 간섭

66 3,000g의 시료에 대하여 원추 4분법을 5회 조작하여 최종 분취된 시료의 양(g)은?
① 약 31.3 ② 약 62.5
③ 약 93.8 ④ 약 124.2

67 유기인 측정(기체크로마토그래피법)에 대한 설명으로 옳지 않은 것은?
① 크로마토그램을 작성하여 각 분석성분 및 내부표준물질의 머무름시간에 해당하는 피크로부터 면적을 측정한다.
② 추출물 10~30μL를 취하여 기체크로마토그래프에 주입하여 분석한다.
③ 시료채취는 유리병을 사용하며 채취 전에 시료로서 세척하지 말아야 한다.
④ 농축장치는 구테루나 다니쉬 농축기를 사용한다.

68 시료의 용출시험방법에 관한 설명으로 ( ) 안에 옳은 것은? (단, 상온, 상압 기준)

> 용출조작은 진탕의 폭이 4~5cm인 왕복 진탕기로 (㉠) 회/min로 (㉡)시간 동안 연속 진탕한다.

① ㉠ 200, ㉡ 6 ② ㉠ 200, ㉡ 8
③ ㉠ 300, ㉡ 6 ④ ㉠ 300, ㉡ 8

69 기체크로마토그래피를 이용하면 물질의 정량 및 정성분석이 가능하다. 이 중 정량 및 정성분석을 가능하게 하는 측정치는?

① 정량 - 유지시간, 정성 - 피크의 높이
② 정량 - 유지시간, 정성 - 피크의 폭
③ 정량 - 피크의 높이, 정성 - 유지시간
④ 정량 - 피크의 폭, 정성 - 유지시간

70 원자흡수분광광도법에 있어서 간섭이 발생되는 경우가 아닌 것은?

① 불꽃의 온도가 너무 낮아 원자화가 일어나지 않는 경우
② 불안정한 환원물질로 바뀌어 불꽃에서 원자화가 일어나지 않는 경우
③ 염이 많은 시료를 분석하여 버너 헤드 부분에 고체가 생성되는 경우
④ 시료 중에 알칼리금속에 할로겐 화합물을 다량 함유하는 경우

71 분석하고자 하는 대상폐기물의 양이 100톤 이상 500톤 미만인 경우에 채취하는 시료의 최소수(개)는?

① 30 ② 36
③ 45 ④ 50

72 pH 측정에 관한 설명으로 틀린 것은?

① 수소이온 전극의 기전력은 온도에 의하여 변화한다.
② pH 11 이상의 시료는 오차가 크므로 알칼리용액에서 오차가 적은 특수전극을 사용한다.
③ 조제한 pH 표준용액 중 산성표준용액은 보통 1개월, 염기성표준용액은 산화칼슘(생석회) 흡수관을 부착하여 3개월 이내에 사용한다.
④ pH 미터는 임의의 한 종류의 pH 표준용액에 대하여 검출부를 정제수로 잘 씻은 다음 5회 되풀이하여 측정했을 때 그 재현성이 ±0.05 이내이어야 한다.

73 기체크로마토그래피법의 설치조건에 대한 설명으로 틀린 것은?

① 실온 5~35℃, 상대습도 85% 이하로서 직사일광이 쪼이지 않는 곳으로 한다.
② 전원변동은 지정전압의 35% 이내로 주파수의 변동이 없는 것이어야 한다.
③ 설치장소는 진동이 없고 분석에 사용하는 유해물질을 안전하게 처리할 수 있어야 한다.
④ 부식가스나 먼지가 적은 곳으로 한다.

74 폐기물로부터 유류 추출 시 에멀젼을 형성하여 액층이 분리되지 않을 경우, 조작법으로 옳은 것은?

① 염화제이철 용액 4mL를 넣고 pH를 7~9로 하여 자석교반기로 교반한다.
② 메틸오렌지를 넣고 황색이 적색이 될 때까지 (1+1) 염산을 넣는다.
③ 노말헥산층에 무수황산나트륨을 넣어 수분간 방치한다.
④ 에멀젼층 또는 헥산층에 적당량의 황산암모늄을 물중탕에서 가열한다.

75 휘발성 저급염소화 탄화수소류를 기체크로마토그래피법을 이용하여 측정한다. 이 때 사용하는 운반가스는?

① 아르곤 ② 아세틸렌
③ 수소   ④ 질소

76 크롬 및 6가크롬의 정량에 관한 내용 중 틀린 것은?

① 크롬을 원자흡수분광광도법으로 시험할 경우 정량한계는 0.01mg/L이다.
② 크롬을 흡광광도법으로 측정하려면 발색시약으로 디에틸디티오카르바민산을 사용한다.
③ 6가크롬을 흡광광도법으로 정량 시 시료 중에 잔류염소가 공존하면 발색을 방해한다.
④ 6가크롬을 흡광광도법으로 정량 시 적자색의 착화합물의 흡광도를 측정한다.

77 강열감량 및 유기물함량(중량법) 측정에 관한 내용으로 ( ) 안에 내용으로 옳은 것은?

> 시료에 질산암모늄 용액(25%)을 넣고 가열하여 (600±25)℃의 전기로 안에서 ( ) 강열하고 데시케이터에서 식힌 후 무게를 달아 증발접시의 무게 차이로부터 강열감량 및 유기물 함량(%)을 구한다.

① 2시간 ② 3시간
③ 4시간 ④ 5시간

78 흡광광도법에서 흡광도 눈금의 보정에 관한 내용으로 ( ) 안에 옳은 것은?

> 중크롬산칼륨을 ( )에 녹여 중크롬산칼륨 용액을 만든다.

① N/10 수산화나트륨용액
② N/20 수산화나트륨용액
③ N/10 수산화칼륨용액
④ N/20 수산화칼륨용액

79 총칙에 관한 내용으로 틀린 것은?

① "정밀히 단다"라 함은 규정된 수치의 무게를 0.1mg까지 다는 것을 말한다.
② "정확히 취하여"라 하는 것은 규정한 양의 액체를 홀피펫으로 눈금까지 취하는 것을 말한다.
③ "냄새가 없다"라고 기재한 것은 냄새가 없거나, 또는 거의 없는 것을 표시하는 것이다.
④ "방울수"라 함은 20℃에서 정제수 20방울을 적하할 때, 그 부피가 약 1mL 되는 것을 뜻한다.

80 흡광광도법에 의한 시안(CN)시험에서 측정원리를 바르게 나타낸 것은?

① 피리딘 · 피라졸론법 – 청색
② 디페닐카르바지드법 – 적자색
③ 디티존법 – 조색
④ 디에틸디티오카르바민산은법 – 적자색

81 폐기물처리업자에게 영업정지에 갈음하여 부과할 수 있는 과징금에 관한 설명으로 ( ) 안에 옳은 것은?

> 기후에너지환경부장관이나 시 · 도지사는 폐기물처리업자에게 영업의 정지를 명령하려는 때 그 영업의 정지를 갈음하여 대통령령으로 정하는 ( )을 초과하지 아니하는 범위에서 과징금을 부과할 수 있다.

① 매출액에 100분의 1을 곱한 금액
② 매출액에 100분의 5를 곱한 금액
③ 매출액에 100분의 10을 곱한 금액
④ 매출액에 100분의 15를 곱한 금액

82 주변지역 영향 조사대상 폐기물처리시설 기준으로 ( ) 안에 적절한 것은?

> 매립면적 ( )제곱미터 이상의 사업장 일반폐기물 매립시설

① 3만 ② 5만
③ 10만 ④ 15만

83 3년 이하의 징역이나 3천만원 이하의 벌금에 해당하는 벌칙기준에 해당하지 않는 것은?

① 고의로 사실과 다른 내용의 폐기물분석 결과서를 발급한 폐기물분석전문기관
② 승인을 받지 아니하고 폐기물처리시설을 설치한 자
③ 다른 사람에게 자기의 성명이나 상호를 사용하여 폐기물을 처리하게 하거나 그 허가증을 다른 사람에게 빌려준 자
④ 폐기물처리시설의 설치 또는 유지 · 관리가 기준에 맞지 아니하여 지시된 개선명령을 이행하지 아니하거나 사용중지 명령을 위반한 자

84 재활용의 에너지 회수기준 등에서 기후에너지환경부령으로 정하는 활동 중 가연성 고형폐기물로부터 규정된 기준에 맞게 에너지를 회수하는 활동이 아닌 것은?

① 다른 물질과 혼합하지 아니하고 해당 폐기물의 고위발열량이 킬로그램당 5천kcal 이상일 것
② 에너지의 회수효율(회수에너지 총량을 투입에너지 총량으로 나눈 비율을 말한다.)이 75% 이상일 것
③ 회수열을 모두 열원으로 스스로 이용하거나 다른 사람에게 공급할 것
④ 기후에너지환경부장관이 정하여 고시하는 경우에는 폐기물의 30% 이상을 원료나 재료로 재활용하고 그 나머지 중에서 에너지의 회수에 이용할 것

85 매립시설의 사후관리기준 및 방법에 관한 내용 중 발생가스 관리방법(유기성폐기물을 매립한 폐기물매립시설만 해당된다.)에 관한 내용이다. ( ) 안에 공통으로 들어갈 내용은?

> 외기온도, 가스온도, 메탄, 이산화탄소, 암모니아, 황화수소 등의 조사항목을 매립 종료 후 ( )까지는 분기 1회 이상, ( )이 지난 후에는 연 1회 이상 조사하여야 한다.

① 1년 ② 2년
③ 3년 ④ 5년

86 지정폐기물 중 의료폐기물을 수집·운반하는 경우의 시설, 장비, 기술능력 기준으로 틀린 것은? (단, 폐기물처리업 중 폐기물수집, 운반업의 기준)

① 적재능력 0.45톤 이상의 냉장차량(섭씨 4도 이하인 것을 말한다.) 3대 이상
② 소독장비 1식 이상
③ 폐기물처리산업기사, 임상병리사 또는 위생사 중 1명 이상
④ 모든 차량을 주차할 수 있는 규모의 주차장

87 폐기물처리시설(매립시설인 경우)을 폐쇄하고자 하는 자는 당해 시설의 폐쇄 예정일 몇 개월 이전에 폐쇄신고서를 제출하여야 하는가?

① 1개월 ② 2개월
③ 3개월 ④ 6개월

88 폐기물을 매립하는 시설 중 사후관리이행 보증금의 사전적립대상인 시설의 면적기준은?

① $3,000m^2$ 이상 ② $3,300m^2$ 이상
③ $3,600m^2$ 이상 ④ $3,900m^2$ 이상

89 폐기물 처리시설에서 배출되는 오염물질을 측정하기 위해 기후에너지환경부령으로 정하는 측정기관이 아닌 것은? (단, 국립환경과학원장이 고시하는 기관은 제외함)

① 한국환경공단 ② 보건환경연구원
③ 한국산업기술시험원 ④ 수도권매립지관리공사

90 매립시설의 설치를 마친 자가 기후에너지환경부령으로 정하는 검사기관으로부터 설치검사를 받고자 하는 경우, 검사를 받고자 하는 날 15일 전까지 검사신청서에 각 서류를 첨부하여 검사기관에 제출하여야 하는데 그 서류에 해당하지 않는 것은?

① 설계도서 및 구조계산서 사본
② 시설운전 및 유지관리계획서
③ 설치 및 장비확보명세서
④ 시방서 및 재료시험성적서 사본

91 폐기물처리업의 변경허가를 받아야 할 중요사항으로 틀린 것은? (단, 폐기물 수집·운반업에 해당하는 경우)

① 수집·운반대상 폐기물의 변경
② 영업구역의 변경
③ 연락장소 또는 사무실 소재지의 변경
④ 운반차량(임시차량은 제외한다.)의 증차

92 폐기물 처분시설 중 관리형 매립시설에서 발생하는 침출수의 배출허용기준 중 '나 지역'의 생물화학적 산소요구량의 기준(mg/L 이하)은?

① 60   ② 70
③ 80   ④ 90

93 폐기물의 재활용을 금지하거나 제한하는 것이 아닌 것은?

① 폐석면   ② PCBs
③ VOCs   ④ 의료폐기물

94 지정폐기물의 종류 중 유해물질함유 폐기물(기후에너지환경부령으로 정하는 물질을 함유한 것으로 한정한다.)에 관한 기준으로 틀린 것은?

① 광재(철광 원석의 사용으로 인한 고로슬래그는 제외한다)
② 분진(대기오염 방지시설에서 포집된 것으로 한정하되, 소각시설에서 발생되는 것은 제외한다)
③ 폐합성 수지
④ 폐내화물 및 재벌구이 전에 유약을 바른 도자기 조각

95 기후에너지환경부장관은 폐기물에 관한 시험·분석 업무를 전문적으로 수행하기 위하여 폐기물 시험·분석 전문기관으로 지정할 수 있다. 이에 해당되지 않는 기관은?

① 한국건설기술연구원 ② 한국환경공단
③ 수도권매립지관리공사 ④ 보건환경연구원

96 기술관리인을 두어야 하는 멸균분쇄시설의 시설기준으로 적절한 것은?

① 시간당 처분능력이 100kg 이상인 시설
② 시간당 처분능력이 125kg 이상인 시설
③ 시간당 처분능력이 200kg 이상인 시설
④ 시간당 처분능력이 300kg 이상인 시설

97 폐기물관리의 기본원칙으로 틀린 것은?

① 폐기물은 소각, 매립 등의 처분을 하기보다는 우선적으로 재활용함으로써 자원생산성의 향상에 이바지하도록 하여야 한다.
② 국내에서 발생한 폐기물은 가능하면 국내에서 처리되어야 하고, 폐기물은 수입할 수 없다.
③ 누구든지 폐기물을 배출하는 경우에는 주변환경이나 주민의 건강에 위해를 끼치지 아니하도록 사전에 적절한 조치를 하여야 한다.
④ 사업자는 제품의 생산방식 등을 개선하여 폐기물의 발생을 최대한 억제하고, 발생한 폐기물을 스스로 재활용함으로써 폐기물의 배출을 최소화하여야 한다.

98 폐기물 처리업자가 폐기물의 발생, 배출, 처리상황 등을 기록한 장부의 보존기간은? (단, 최종 기재일 기준)

① 6개월간   ② 1년간
③ 3년간   ④ 5년간

99 폐기물 처리시설 종류의 구분이 틀린 것은?

① 기계적 재활용시설 : 유수 분리 시설
② 화학적 재활용시설 : 연료화 시설
③ 생물학적 재활용시설 : 버섯재배시설
④ 생물학적 재활용시설 : 호기성·혐기성 분해시설

100 지정폐기물인 부식성 폐기물 기준으로 ( ) 안에 올바른 것은?

> 폐산 : 액체상태의 폐기물로서 수소이온 농도지수가 ( ) 이하인 것에 한한다.

① 1.0 ② 1.5
③ 2.0 ④ 2.5

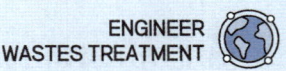

UNIT 01 2020년 1,2회 산업기사 정답 및 해설

01	④	02	①	03	③	04	③	05	③
06	④	07	③	08	③	09	①	10	②
11	①	12	③	13	②	14	①	15	②
16	②	17	①	18	①	19	③	20	①
21	①	22	②	23	①	24	①	25	④
26	④	27	④	28	③	29	③	30	④
31	③	32	②	33	④	34	③	35	③
36	③	37	③	38	③	39	③	40	②
41	③	42	②	43	①	44	③	45	③
46	④	47	①	48	③	49	③	50	③
51	②	52	④	53	②	54	③	55	④
56	①	57	②	58	②	59	③	60	①
61	②	62	②	63	③	64	④	65	③
66	②	67	①	68	③	69	정답없음	70	①
71	②	72	②	73	③	74	②	75	④
76	③	77	②	78	④	79	③	80	①

01. 정답 ④
해설
식 최적속도 = 임계속도 × 0.45
- 임계속도 = $\sqrt{\dfrac{g}{4\pi^2 r}} = \sqrt{\dfrac{9.8}{4\times\pi^2\times(3.5/2)}} = \dfrac{0.3766}{\text{sec}}\times\dfrac{60\text{sec}}{1\text{min}}$
  = $22.596 rpm$(회/min) (rpm, 회/min)
∴ 최적속도 = 22.596 × 0.45 = 10.17rpm

02. 정답 ①
해설 소각로 설계에 사용되는 발열량은 증발잠열을 제외한 발열량인 저위발열량(진발열량)을 사용한다.

03. 정답 ③
해설 **식** 가연성 물질 = $20m^3 \times \dfrac{900kg}{m^3}\times(1-0.9) = 1,800kg$

04. 정답 ③
해설 와전류 분리(Eddy Current Separator)는 비철금속, 금속, 유리로 분리한다. 와전류 분리는 비자성이고 전기전도도가 좋은 비철금속을 주로 분리하게 되며 이 특징에 해당되는 물질로 구리(동), 알루미늄, 아연, 은 등이 있다.

05. 정답 ③
해설
- 폐기물 발생량 예측방법 : 경향법, 동적모사법, 다중회귀법
- 폐기물 발생량 조사방법 : 직접계근법, 적재차량계수분석법, 물질수지법, 전수조사

06. 정답 ④
해설 많은 양의 쓰레기가 발생하는 곳부터 먼저 수거한다.

07. 정답 ③
해설 **식** $pH = 14 - pCH$
식 $[OH^-] = 10^{-pOH}$
$[OH^-] = \dfrac{10^{-6}\times 1 + 10^{-4}\times 1}{1+1} = 5.05\times 10^{-5} mol/L$,
$pOH = \log\dfrac{1}{[5.05\times 10^{-5}]} = 4.2967$
- $pOH = 14-8 = 6 \rightarrow [OH^-] = 10^{-6}M$ (pH 8의 OH 농도)
- $pOH = 14-10 = 4 \rightarrow [OH^-] = 10^{-4}M$ (pH 10의 OH 농도)
∴ $pH = 14 - 4.2967 = 9.70$

08. 정답 ③
해설 적환장 설치와 매립장 작업효율은 관련이 없다.

09. 정답 ①
해설 액상폐기물의 수분함량은 95%를 초과한다. (고형물 함량 5% 미만)
"액상폐기물" : 고형물의 함량이 5% 미만인 것을 말한다.
"반고상폐기물" : 고형물의 함량이 5% 이상 15% 미만인 것을 말한다.
"고상폐기물" : 고형물의 함량이 15% 이상인 것을 말한다.

10. 정답 ②
해설 Y(체하분포, D)는 크기가 x 보다 작은 입자의 총 누적무게분율이다.
참고 R(체상분포)는 크기가 x 보다 큰 입자의 총 누적무게분율이다.

11. 정답 ①

12. 정답 ③
해설 ③항만 올바르다.
오답해설
① 고위발열량은 연소에 의해 생성된 수분이 응축하였을 경우의 발열량이다.

② 저위발열량은 소각로의 설계기준이 되는 발열량으로 진발열량이라고도 한다.
④ 발열량은 플라스틱의 혼입이 많으면 증가하고 계절적 변동에 따라 달라진다.

13. 정답 ②

해설 ②항만 올바르다.

오답해설
① 퇴비화과정 중 병원균은 거의 사멸된다.
③ 호기성이 혐기성 방법보다 퇴비화에 소요되는 시간이 짧다.
④ C/N비가 적정범위일 때 퇴비화가 잘 이루어진다. (너무 높거나 낮으면 퇴비화가 더뎌지거나 퇴비품질이 떨어진다.)

14. 정답 ①

해설 원통의 최적 회전속도 = 원통의 임계 회전속도 × 0.45

15. 정답 ②

해설 폐기물 시료는 다음 절차에 따라 분석된다.
시료 → 칭량(밀도 측정) → 물리적 조성별 분류(물리적 조성분석) → 항목별 칭량 → 건조(수분량 측정) → 분류(가연물, 불연물) → 미분쇄(2mm 이하) → 화학적 조성 분석 및 발열량 측정

16. 정답 ②

17. 정답 ①

해설
• 폐기물 발생량 예측방법 : 경향법, 동적모사법, 다중회귀법
• 폐기물 발생량 조사방법 : 직접계근법, 적재차량계수 분석법, 물질수지법, 전수조사

18. 정답 ①

19. 정답 ③

해설 식 $W_1(1-X_{w1}) = W_2(1-X_{w2})$
$3kg \times (1-0.4) = W_2 \times (1-0.15)$
∴ $W_2 = 2.12kg$

20. 정답 ②

21. 정답 ①

22. 정답 ②

23. 정답 ①

해설 식 전체발열량
$= \dfrac{2,000kcal}{kg} + \left(\dfrac{1.8Sm^3}{kg} \times 2.4 \times \dfrac{0.32kcal}{Sm^3 \cdot ℃} \times 180℃\right)$
$= 2,248.83kcal/kg$

23. 정답 ①

해설 탈수방법은 물리적 처리방법에 해당한다.

24. 정답 ①

해설 혐기성 소화에 관여하는 미생물은 산 생성 박테리아, 수소 생성 박테리아, 메탄 생성 박테리아 등이 있다.

25. 정답 ④

26. 정답 ④

해설 식 $t = \dfrac{L}{V}$
식 $V = \dfrac{KI}{n}$
$V = \dfrac{0.1}{0.4} = 0.25m/day$
∴ $t = \dfrac{600m}{0.25m/day} = 2,400day \times \dfrac{1year}{365day} = 6.58년$

27. 정답 ④

28. 정답 ③

해설 종류에 따라 일반로에서 연소가 어려운 경우가 있고 이 경우 특수 제작된 소각로에서 연소해야 한다.

29. 정답 ②

해설 내륙매립(육상매립)과 해안매립은 매립방법이 아닌 매립지 선정에 따라 결정된다.

30. 정답 ④

해설 식 $TS부하 = \dfrac{투입되는\ TS}{소화조\ 부피}$

∴ $TS부하 = \dfrac{\dfrac{50m^3}{day} \times \dfrac{10\ TS}{100\ SL} \times \dfrac{10^3 kg}{1m^3}}{500m^3} = 10kg/m^3 \cdot day$

식 $VS부하 = \dfrac{투입되는\ VS}{소화조\ 부피}$

∴ $VS부하 = \dfrac{\dfrac{50m^3}{day} \times \dfrac{10\ TS}{100\ SL} \times \dfrac{70\ VS}{100\ TS} \times \dfrac{10^3 kg}{1m^3}}{500m^3}$
$= 7kg/m^3 \cdot day$

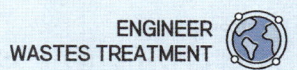

31. 정답 ③
해설 ③항은 Powder RDF에 대한 설명이다.

32. 정답 ②

33. 정답 ④
해설 식물 성장층 제공은 최종 복토재의 기능이다.

34. 정답 ③
해설 바이오리액터형은 침출수를 재순환하는 공법으로 시행과정에서 악취발생은 증가하지만, 안정화 속도는 기존 매립공법에 비해 빠르다.

35. 정답 ②
해설 설치 시 소요 부지면적이 크다.

36. 정답 ③

37. 정답 ③
해설 식 여과비저항 $= \dfrac{2a \cdot P \cdot A^2}{\mu \cdot C}$
- a : 상수 $= 4.90 s/cm^6$
- P : 압력 $= 0.98 kg/cm^2 = 980 g/cm^2$
- A : 여과면적 $= 43.5 cm^2$
- μ : 점도 $= 0.0112 g/cm \cdot sec$
- C : 고형물의 농도 $= 0.65 g/mL$

∴ 여과비저항 $= \dfrac{2 \times 4.9 \times 980 \times 43.5^2}{0.0112 \times 0.65} = 2.50 \times 10^{10} s^2/g$

38. 정답 ①
해설 식 투입구 소요개수 $= \dfrac{총 수거량}{투입구 1개당 투입량}$
$= \dfrac{360 kL/day}{\dfrac{1.8 kL}{대} \times \dfrac{1대}{20min} \times \dfrac{60min}{1hr} \times \dfrac{8hr}{1day}} \times 1.2 = 10개$

39. 정답 ③

40. 정답 ②
해설 분뇨의 혐기성 소화처리 방식은 호기성 소화처리 방식에 비하여 소화속도가 느리다.

41. 정답 ③
해설 pH 유리전극법의 표준액의 종류는 다음과 같다.
㉠ 수산염 표준용액
㉡ 프탈산염 표준용액
㉢ 인산염 표준용액
㉣ 붕산염 표준용액
㉤ 탄산염 표준용액
㉥ 수산화칼슘 표준용액

42. 정답 ②
해설 상온 : 15~25℃

43. 정답 ①
해설 고상 또는 반고상 폐기물에 대하여 폐기물관리법에서 규정하고 있는 지정폐기물의 판정 및 지정폐기물의 중간처리방법 또는 매립방법을 결정하기 위한 시험에 적용한다.

44. 정답 ①
해설 카드뮴착염을 사염화탄소로 추출하여 그 흡광도를 520nm에서 측정하는 방법이다.

45. 정답 ②

46. 정답 ④
해설 증발용기 외부의 습기를 깨끗이 닦고 (80±5)℃의 건조기 중에 30분간 건조하고 실리카겔데시케이터에 넣어 정확히 30분간 식힌 후 무게를 단다.

47. 정답 ①
해설
식 $\dfrac{Xg}{L} = \dfrac{0.1 mgHg}{mL} \times \dfrac{10^3 mL}{1L} \times \dfrac{271.53 HgCl_2}{200.61 Hg} \times \dfrac{100}{99.9} \times \dfrac{1g}{10^3 mg} = 0.135 g/L$

48. 정답 ②

49. 정답 ②
해설 마이크로파의 투과거리는 진공에서는 무한하고 물과 같은 흡수물질은 물에 녹아 있는 물질의 성질에 따라 다르며 금속과 같은 반사물질은 투과하지 않는다.

50. 정답 ③

51. 정답 ②
해설 노말헥산 추출물질, 유기인, 폴리클로리네이티드비페닐(PCBs) 및 휘발성 저급 염소화 탄화수소류 실험을 위한 시료의 채취 시에는 갈색경질의 유리병을 사용하여야 한다.

52. 정답 ④

53. 정답 ④
해설 수은의 측정파장은 253.7nm이고, 정량한계는 0.0005mg/L이다.

54. 정답 ③

55. 정답 ④
해설 같은 단위로 통일하여 농도를 비교한다.
① 1mg/L
② 1000ug/L $= \dfrac{1mg}{10^3 \mu g} \times \dfrac{1}{1L} = 1mg/L$
③ 100ppb $= \dfrac{1ppm}{10^3 ppb} = 0.1ppm(mg/L)$
④ 0.01ppm

56. 정답 ①
해설 시료를 고주파유도코일에 의하여 형성된 알곤 플라스마에 주입하여 6,000 ~ 8,000K에서 들뜬 원자(여기된 원자)가 바닥상태로 이동할 때 방출하는 발광선 및 발광강도를 측정한다.

57. 정답 ③

58. 정답 ②
해설 수은의 측정방법 : 환원기화 – 원자흡수분광광도법, 자외선/가시선 분광법

59. 정답 ③
해설 식 $pH = \log \dfrac{1}{[H^+]} = \log \dfrac{1}{[2.8 \times 10^{-5}]} = 4.55$

60. 정답 ①
해설 시료 중에 시안화합물이 함유되어 있으면 염산으로 산성조건을 만든 후 끓여 시안화물을 완전히 분해 제거한 다음 실험한다.

61. 정답 ②
해설 **시행령 제15조(기술관리인을 두어야 할 폐기물처리시설)**
"대통령령으로 정하는 폐기물처리시설"이란 다음 각 호의 시설을 말한다. 다만, 폐기물처리업자가 운영하는 폐기물처리시설은 제외한다.
1. 매립시설의 경우
   가. 지정폐기물을 매립하는 시설로서 면적이 3천300제곱미터 이상인 시설. 다만, 별표 3의 제2호 최종처분시설 중 가목의 1)차단형 매립시설에서는 면적이 330 제곱미터 이상이거나 매립용적이 1천세제곱미터 이상인 시설로 한다.
   나. 지정폐기물 외의 폐기물을 매립하는 시설로서 면적이 1만 제곱미터 이상이거나 매립용적이 3만세제곱미터 이상인 시설
2. 소각시설로서 시간당 처분능력이 600킬로그램(의료폐기물을 대상으로 하는 소각시설의 경우에는 200킬로그램) 이상인 시설
3. 압축ㆍ파쇄ㆍ분쇄 또는 절단시설로서 1일 처분능력 또는 재활용능력이 100톤 이상인 시설
4. 사료화ㆍ퇴비화 또는 연료화시설로서 1일 재활용능력이 5톤 이상인 시설
5. 멸균분쇄시설로서 시간당 처분능력이 100킬로그램 이상인 시설
6. 시멘트 소성로
7. 용해로(폐기물에서 비철금속을 추출하는 경우로 한정한다)로서 시간당 재활용능력이 600킬로그램 이상인 시설
8. 소각열회수시설로서 시간당 재활용능력이 600킬로그램 이상인 시설

62. 정답 ①
해설 〈개별기준〉
(4) 고온용융시설
   (가) 고온용융시설의 출구온도는 섭씨 1,200도 이상을 유지하여야 한다. 다만, 기계고장ㆍ이물질 유입 등으로 불가피한 경우에는 출구온도를 기준온도보다 50도 낮은 온도의 범위에서 장애제거와 정상가동에 필요한 시간 동안 일시적으로 유지할 수 있다.
   (나) 고온용융시설은 연소가스가 1초 이상 체류하여야 한다.
   (다) 고온용융시설에서 배출되는 잔재물의 강열감량은 1퍼센트 이하가 되도록 용융하여야 한다.

63. 정답 ④
해설 폐기물은 소각, 매립 등의 처분을 하기보다는 우선적으로 재활용함으로써 자원생산성의 향상에 이바지하도록 하여야 한다.

64. 정답 ④
해설 "지정폐기물"이란 사업장폐기물 중 폐유ㆍ폐산 등 주변환경을 오염시킬 수 있거나 의료폐기물(醫療廢棄物) 등 인체에 위해(危害)를 줄 수 있는 해로운 물질로서 대통령령으로 정하는 폐기물을 말한다.

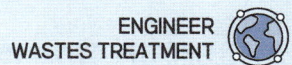

65. **정답** ③

 해설 법 제17조(사업장폐기물배출자의 의무 등)
 기후에너지환경부령으로 정하는 지정폐기물을 배출하는 사업자는 그 지정폐기물을 처리하기 전에 다음 각 호의 서류를 환경부장관에게 제출하여 확인을 받아야 한다.
 1. 다음 각 목의 사항을 적은 폐기물처리계획서
    가. 상호, 사업장 소재지 및 업종
    나. 폐기물의 종류, 배출량 및 배출주기
    다. 폐기물의 운반 및 처리 계획
    라. 폐기물의 공동 처리에 관한 계획(공동 처리하는 경우만 해당한다)
    마. 그 밖에 기후에너지환경부령으로 정하는 사항
 2. 폐기물분석전문기관이 작성한 폐기물분석결과서
 3. 지정폐기물의 처리를 위탁하는 경우에는 수탁처리자의 수탁확인서

66. **정답** ②

 해설 시행규칙 제41조(폐기물 처리시설의 사용신고 및 검사)
 기후에너지환경부령으로 정하는 매립시설의 검사기관은 다음과 같다.
 ㉠ 한국환경공단
 ㉡ 한국건설기술연구원
 ㉢ 한국농어촌공사
 ㉣ 수도권매립지관리공사

67. **정답** ①

68. **정답** ③

 해설 시행규칙 별표 10(폐기물 처분시설 또는 재활용시설의 검사기준)
 〈정기검사〉
 • 적절연소상태 유지 여부
 • 소방장비 설치 및 관리실태
 • 보조연소장치의 작동상태
 • 배기가스온도 적절 여부
 • 바닥재 강열감량
 • 연소실 출구가스 온도
 • 연소실 가스체류시간
 • 설치검사 당시와 같은 설비 · 구조를 유지하고 있는지 여부

69. **정답** 정답없음

 해설 〈출제오류로 판단〉
 ①항은 허가취소에 해당하는 항목이고, ②, ③, ④항은 허가 취소 또는 6개월 이내에 기간을 정하여 영업정지에 해당하는 항목으로 ①항도 문제의 경우에 해당되므로 출제오류로 판단된다.

70. **정답** ①

71. **정답** ②

72. **정답** ②

 해설 [별표 4] 폐기물 감량화시설의 종류(제6조 관련)
 1. 공정 개선시설
 2. 폐기물 재이용시설
 3. 폐기물 재활용시설
 4. 그 밖의 폐기물 감량화시설

73. **정답** ②

74. **정답** ②

 해설 소멸화 시설은 생물학적 처분시설에 해당한다.
  나. 기계적 처분시설
   1) 압축시설(동력 7.5kW 이상인 시설로 한정한다)
   2) 파쇄 · 분쇄 시설(동력 15kW 이상인 시설로 한정한다)
   3) 절단시설(동력 7.5kW 이상인 시설로 한정한다)
   4) 용융시설(동력 7.5kW 이상인 시설로 한정한다)
   5) 증발 · 농축 시설
   6) 정제시설(분리 · 증류 · 추출 · 여과 등의 시설을 이용하여 폐기물을 처분하는 단위시설을 포함한다)
   7) 유수 분리시설
   8) 탈수 · 건조 시설
   9) 멸균분쇄 시설

75. **정답** ④

 해설 시행령 제8조(생활폐기물의 처리대행자)
 1. 폐기물처리업자
 2. 폐기물처리 신고자
 3. 한국환경공단
 4. 전기 · 전자제품 재활용의무생산자 또는 전기 · 전자제품 판매업자 중 전기 · 전자제품을 재활용하기 위하여 스스로 회수하는 체계를 갖춘 자
 5. 재활용센터를 운영하는 자(대형폐기물을 수집 · 운반 및 재활용하는 것만 해당한다)
 6. 재활용의무생산자 중 제품 · 포장재를 스스로 회수하여 재활용하는 체계를 갖춘 자
 7. 건설폐기물 처리업의 허가를 받은 자

76. 정답 ③

해설 시행규칙 제34조의7(전용용기 검사기관)
전용용기의 검사기관은 다음 각 호의 기관으로 한다.
1. 한국환경공단
2. 한국화학융합시험연구원
3. 한국건설생활환경시험연구원
4. 그 밖에 기후에너지환경부장관이 전용용기에 대한 검사능력이 있다고 인정하여 고시하는 기관

77. 정답 ①

해설 시행규칙 제39조(폐기물처리시설의 설치 승인 등)
변경승인을 받아야 할 중요사항은 다음 각 호와 같다.
1. 상호의 변경(사업장폐기물배출자가 설치하는 경우만 해당한다)
2. 처분 또는 재활용 대상 폐기물의 변경
3. 처분시설 또는 재활용시설 소재지의 변경
4. 승인 또는 변경승인을 받은 처분 또는 재활용 용량의 합계 또는 누계의 100분의 30 이상의 증가
5. 매립시설 제방의 증·개축
6. 주요설비의 변경. 다만, 다음 각 목의 경우만 해당한다.

78. 정답 ④

해설 ④항만 올바르다.

오답해설
① 액체상태인 폴리클로리네이티드비페닐 함유 폐기물은 1리터당 2mg 이상 함유한 것으로 한정한다.
   ※ 액체상태 외의 것 – 용출액 1리터당 0.003mg 이상 함유한 것으로 한정한다.
② 오니류(수분함량이 95퍼센트 미만이거나 고형물함량이 5퍼센트 이상인 것으로 한정한다)
   1) 폐수처리 오니(기후에너지환경부령으로 정하는 물질을 함유한 것으로 기후에너지환경부장관이 고시한 시설에서 발생되는 것으로 한정한다)
   2) 공정 오니(기후에너지환경부령으로 정하는 물질을 함유한 것으로 기후에너지환경부장관이 고시한 시설에서 발생되는 것으로 한정한다)
③ 폐합성 고분자화합물 중 폐합성 수지는 고체상태의 것은 제외한다.

79. 정답 ③

해설 시행규칙 제43조(오염물질의 측정)
① "기후에너지환경부령으로 정하는 측정기관"이란 다음 각 호의 기관을 말한다.
1. 보건환경연구원
2. 한국환경공단
3. 「환경분야 시험·검사 등에 관한 법률」에 따라 수질오염물질 측정대행업의 등록을 한 자
4. 수도권매립지관리공사
5. 폐기물분석전문기관

80. 정답 ①

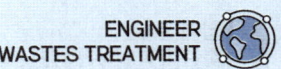

UNIT 02 2020년 3회 산업기사 정답 및 해설

01 ②	02 ③	03 ①	04 ②	05 ①
06 ②	07 ④	08 ③	09 ④	10 ④
11 ②	12 ①	13 ②	14 ④	15 ④
16 ③	17 ①	18 ②	19 ④	20 ②
21 ②	22 ④	23 ③	24 ②	25 ④
26 ①	27 ②	28 ①	29 ④	30 ①
31 ②	32 ③	33 ①	34 ③	35 ③
36 ③	37 ③	38 ②	39 ②	40 ①
41 ②	42 ①	43 ②	44 ②	45 ②
46 ④	47 ①	48 ②	49 ②	50 ②
51 ②	52 ④	53 ②	54 ②	55 ②
56 ③	57 ②	58 ②	59 ②	60 ①
61 ①	62 ②	63 ②	64 ①	65 ②
66 ②	67 ②	68 ③	69 ①	70 ②
71 ③	72 ④	73 ③	74 ①	75 ④
76 ②	77 ①	78 ④	79 ②	80 ③

01. 정답 ②
해설 폐기물의 열회수(폐열 이용), 연료화, 가스화는 대표적 에너지 회수방법에 해당한다.

02. 정답 ③
해설 식 $CR = \dfrac{V_1}{V_2} = \dfrac{100}{10} = 10$

03. 정답 ①
해설 〈폐기물의 성상분석 절차〉
시료 → 칭량(밀도 측정) → 물리적 조성별 분류(물리적 조성분석) → 항목별 칭량 → 건조(수분량 측정) → 분류(가연물, 불연물) → 전처리(미분쇄 2mm 이하로) → 화학적 조성 분석(원소조성분석 및 발열량 측정)

04. 정답 ②
해설 식 $\dfrac{100}{\rho_{SL}} = \dfrac{TS}{\rho_{TS}} + \dfrac{W}{\rho_W}$
$\dfrac{100}{\rho_{SL}} = \dfrac{35}{1.65} + \dfrac{65}{1}$, ∴ $\rho_{SL} = 1.16$

05. 정답 ①
해설 장거리 수송에 부적합하다.

06. 정답 ②
해설 식 $W_1(1-X_{w_1}) = W_2(1-X_{w_2})$
$10 \times (1-0.8) = W_2 \times (1-0.3)$, ∴ $W_2 = 2.86$톤

07. 정답 ④
해설 적환장의 위치는 수거하고자 하는 개별적 고형물 발생지역의 하중 중심게 설치하여야 한다. (폐기물 발생의 무게 중심점에 위치하는 것이 가장 이상적!)

08. 정답 ③

09. 정답 ④
해설 식 $Hh = 8,100C + 34,000(H - O/8) + 2,500S$

10. 정답 ④

11. 정답 ②
해설 파쇄 전후 메탄 발생량은 동일하나, 분해속도가 빨라져 메탄 발생시기가 앞당겨진다.

12. 정답 ①
해설 난분해성 물질의 생물학적 분해는 주로 호기성에서 이루어지고 이 과정에서 탈알킬화, 탈할로겐화(탈염소, 탈브롬 등), 고리분할(벤젠고리가 끊어짐) 반응이 일어난다. 반면 혐기성 분해과정에서 주로 일어나는 반응은 탈수소반응, 가수분해반응이다.

13. 정답 ②

14. 정답 ④

15. 정답 ④
해설 식 1인 1일 폐기물의 발생량 =
$\dfrac{\text{총폐기물 발생량}}{\text{인구} \times \text{발생일수}} = \dfrac{1,000,000\text{톤}}{800,000\text{인} \times 365\text{일}} \times \dfrac{10^3 kg}{1\text{톤}}$
$= 3.42 kg/\text{인} \cdot \text{일}$

16. 정답 ③
해설 식 $W_2 = W_1 \times \left(\dfrac{1}{2}\right)^n = W_1 \times \left(\dfrac{1}{2}\right)^4$
$= 0.0625 W_1 ≒ 6.25\% \times W_1$

17. 정답 ①
해설 유해물질함유 폐기물 - 폐촉매

18. 정답 ②

19. 정답 ④

20. 정답 ②

21. 정답 ②
해설 퓨란(Furan) : 염소 2개, 벤젠 2개, 산소 1개, 135개 이성질체
다이옥신(Dioxin) : 염소 2개, 벤젠 2개, 산소 2개, 75개 이성질체

22. 정답 ④
해설 분뇨량이 많으면 교반을 늘리거나 투입량 또는 체류시간을 조절하여야 한다. 소화조의 운영온도는 중온소화가 35 ~ 37℃, 고온소화가 53 ~ 57℃로 운영하는 것이 가장 적절하다.

23. 정답 ③
해설 소화 전후의 무기물(FS)함량은 같음을 이용하여 답을 산출한다.

식 슬러지 감소비율 = $\dfrac{\text{소화슬러지}}{\text{농축슬러지}}$

• 농축슬러지 = $SL_1 = VS_1 + FS + W_1$
$= (0.1 \times 0.7)SL_1 + (0.1 \times 0.3)SL_1 + 0.9 SL_1$

• 소화슬러지 = $SL_2 = TS_2 + W_2 = FS + W_2$
$= 0.03 SL_1 \times \dfrac{100 SL}{6 TS} = 0.5 SL_1 - TS_2 = FS$

(소화 후 고형물은 유기물이 모두 분해된 무기물 100%)

∴ $\dfrac{\text{소화슬러지}}{\text{농축슬러지}} = \dfrac{0.5 SL_1}{SL_1} = \dfrac{1}{2}$

24. 정답 ②
해설 폐합성수지 : 소각 또는 용융시킨다. (절단 필요 없음)

25. 정답 ④
해설 식 $C_o = C_i \times (1-\eta)$, $\eta = \left(1 - \dfrac{C_o}{C_i}\right)$

식 $\eta_t = 1 - [(1-\eta_1)(1-\eta_2)]$

$\left(1 - \dfrac{30 \times 20}{20,000}\right) = 1 - [(1-0.7) \times (1-\eta_2)]$,

∴ $\eta_2 = 0.9 ≒ 90\%$

26. 정답 ①

27. 정답 ③
해설 식 연간 집배수량 = $A \times V$

식 $V = \dfrac{K \cdot I}{n}$

• $V = \dfrac{1 \times 10^{-2} cm}{\sec} \times 0.02 = 2 \times 10^{-4} cm/\sec$

• A(투수면적) = $W \times L = 1 \times 100 = 100 m^2$

∴ 연간 집배수량 = $100 m^2 \times \dfrac{2 \times 10^{-4} cm}{\sec} \times \dfrac{1m}{100 cm}$

$\times \dfrac{1톤}{1m^3} \times \dfrac{86400 \sec}{1 day} \times \dfrac{365 day}{1년} = 6,307.2 톤/년$

28. 정답 ①
해설 취급은 용이해지나, 운반무게가 증가한다.

29. 정답 ④
해설 CH_4 가스가 외부로 유출되는 것을 방지한다.

30. 정답 ①
해설 미연소분의 배출이 적어 2차 연소실이 필요하지 않다. 2차 연소실이 필요한 소각로는 로터리킬른이다.

31. 정답 ②
해설 부유성 물질의 발생이 많다.

32. 정답 ①

33. 정답 ①
해설 퇴비화 과정 중 고온균에 의해 온도가 상승되므로 가온이 필요없으며 이 과정에서 살균작용도 이루어진다.

34. 정답 ③
해설 메탄발효는 혐기조건에서 이루어진다.

35. 정답 ③
해설 다이옥신은 벤젠, 염소가 포함된 물질을 연소 시 발생되는 물질로써, PVC는 벤젠과 염소가 모두 포함되어 있어 다이옥신 발생가능성이 높다.

36. 정답 ③
해설 유기중합체법은 혼합률(MR)이 낮다. (폐기물당 첨가제의 비율이 적다.)

37. 정답 ③

해설 식 $W_1(1-X_{w1}) = W_2(1-X_{w2})$
$10 \times (1-0.7) = W_2 \times (1-0.5)$, ∴ $W_2 = 6$톤

38. 정답 ④

해설 알카리성 폐수는 산성 물질로 중화한다. 가성소다(NaOH), 수산화칼슘($Ca(OH)_2$)는 대표적인 알카리성 물질이다.

39. 정답 ②

해설 식 $t = \dfrac{H}{V}$

식 $V = \dfrac{K \cdot I}{n}$

$10년 = \dfrac{1m}{V}$, $V = 0.1m/년$

$0.1m/년 = \dfrac{K \times \dfrac{(1.5+1)m}{1m}}{0.2}$,

$K = 2.54 \times 10^{-8} cm/sec$

40. 정답 ①

해설 N_2가 서서히 감소한다. 폐기물 내 수분이 많은 경우 감소속도는 가속화된다.

41. 정답 ②

42. 정답 ①

43. 정답 ④

44. 정답 ②

45. 정답 ④

해설 상대검정곡선법이란 검정곡선 작성용 표준용액과 시료에 동일한 양의 내부표준 물질을 첨가하여 시험분석 절차, 기기 또는 시스템의 변동으로 발생하는 오차를 보정하기 위해 사용하는 방법이다.

46. 정답 ④

해설 ④항만 올바르다.

오답해설
① 용액의 농도를 단순히 "%"로만 표시할 때는 W/V%를 말한다.
② "정확히 취한다"라 함은 규정된 양의 검체, 시액을 홀피펫으로 눈금까지 취하는 것을 말한다.
③ "수욕상에서 가열한다"라 함은 규정이 없는 한 수온 100℃에서 가열함을 뜻한다.

47. 정답 ①

48. 정답 ③

해설 기록계에 나타난 피크의 넓이는 물질량(시료성분량)에 비례한다.

49. 정답 ③

50. 정답 ②

51. 정답 ③

해설 식 강열감량(%) $= \dfrac{W_2 - W_3}{W_2 - W_1} \times 100$

$= \dfrac{(30-25)g}{20g} \times 100 = 25\%$

52. 정답 ④

53. 정답 ②

해설 냉수는 15℃ 이하를 말한다.

54. 정답 ①

55. 정답 ②

해설 폐기물은 고형물 함량에 따라 액상, 반고상, 고상으로 분류된다.

56. 정답 ③

해설 식 $NV = N'V'$

$1N \times 20mL = N'V'$

$\dfrac{0.1eq}{L} \times 20mL \times \dfrac{1L}{10^3 mL} = N'V'$

$2 \times 10^{-3} eq = N'V'$

① 0.1M 황산 20mL

$= \dfrac{0.1mol}{L} \times \dfrac{98g}{1mol} \times \dfrac{1eq}{49g} \times 20mL \times \dfrac{1L}{10^3 mL} = 4 \times 10^{-3} eq$

② 0.1M 염산 10mL

$= \dfrac{0.1mol}{L} \times \dfrac{36.5g}{1mol} \times \dfrac{1eq}{36.5g} \times 10mL \times \dfrac{1L}{10^3 mL} = 1 \times 10^{-3} eq$

③ 0.1M 황산 10mL

$= \dfrac{0.1mol}{L} \times \dfrac{98g}{1mol} \times \dfrac{1eq}{49g} \times 10mL \times \dfrac{1L}{10^3 mL} = 2 \times 10^{-3} eq$

④ 0.1M 염산 40mL

$= \dfrac{0.1mol}{L} \times \dfrac{36.5g}{1mol} \times \dfrac{1eq}{36.5g} \times 40mL \times \dfrac{1L}{10^3 mL} = 4 \times 10^{-3} eq$

57. 정답 ②
해설 유리전극은 일반적으로 용액의 색도, 탁도, 콜로이드성 물질, 산화 및 환원성 물질들 그리고 염도에 의해 간섭을 받지 않는다.

58. 정답 ②
해설 기체크로마토그래프-전자포획검출기에 주입하여 크로마토그램에 나타난 피크형태로부터 정량분석 한다.

59. 정답 ③
해설 식 $[H^+] = 10^{-pH}M$

$$\therefore \frac{pH\,1}{pH\,5} = \frac{10^{-1}M}{10^{-5}M} = 10^4 = 10{,}000$$

60. 정답 ①
해설 mg/m³은 ppb(10억 분율)에 해당한다.

61. 정답 ①
해설 환경정책기본법 제22조(환경상태의 조사·평가 등) 국가 및 지방자치단체는 다음 각 호의 사항을 상시 조사·평가하여야 한다.
1. 자연환경 및 생활환경 현황
2. 환경오염 및 환경훼손 실태
3. 환경오염원 및 환경훼손 요인
4. 기후변화 등 환경의 질 변화
5. 그 밖에 국가환경종합계획등의 수립·시행에 필요한 사항

62. 정답 ②

63. 정답 ②

64. 정답 ①
해설

3. 멸균분쇄시설	
구분	검사항목
설치 검사	• 멸균능력의 적절성 및 멸균조건의 적절 여부(멸균검사 포함) • 분쇄시설의 작동상태 • 밀폐형으로 된 자동제어에 의한 처리방식인지 여부 • 자동기록장치의 작동상태 • 폭발사고와 화재 등에 대비한 구조인지 여부 • 자동투입장치와 투입량 자동계측장치의 작동상태 • 악취방지시설·건조장치의 작동상태
정기 검사	• 멸균조건의 적절유지 여부(멸균검사 포함) • 분쇄시설의 작동상태 • 자동기록장치의 작동상태 • 폭발사고와 화재 등에 대비한 구조의 적절유지 • 악취방지시설·건조장치·자동투입장치 등의 작동상태

65. 정답 ③
해설 시행령 제16조(기술관리대행자) : 폐기물처리시설의 유지·관리에 관한 기술관리를 대행할 수 있는 자는 다음 각 호의 자로 한다.
1. 한국환경공단
2. 「엔지니어링산업 진흥법」 제21조에 따라 신고한 엔지니어링사업자
3. 「기술사법」 제6조에 따른 기술사사무소(법 제34조제2항에 따른 자격을 가진 기술사가 개설한 사무소로 한정한다)
4. 그 밖에 기후에너지환경부장관이 기술관리를 대행할 능력이 있다고 인정하여 고시하는 자

66. 정답 ②
해설 〈관리형 매립시설 – 침출수 배출허용기준〉

구분	생물화학적 산소요구량 (mg/L)	화학적 산소요구량 (mg/L)	부유물질량 (mg/L)
청정 지역	30	200	30
가 지역	50	300	50
나 지역	70	400	70

67. 정답 ④

68. 정답 ③

69. 정답 ①
해설 교육을 실시하는 기관 : 국립환경인력개발원, 한국환경공단, 한국폐기물협회, 환경보전협회, 한국환경산업기술원

70. 정답 ②

71. 정답 ③
해설 "처분"이란 폐기물의 소각·중화·파쇄·고형화 등의 중간처분과 매립하거나 해역으로 배출하는 등의 최종처분을 말한다.

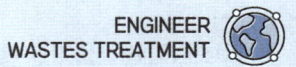

72. 정답 ④
해설 시행규칙 제29조(폐기물처리업의 변경허가) : 폐기물처리업의 변경허가를 받아야 할 중요사항은 다음 각 호와 같다.
1. 폐기물 수집·운반업
  가. 수집·운반대상 폐기물의 변경
  나. 영업구역의 변경
  다. 주차장 소재지의 변경(지정폐기물을 대상으로 하는 수집·운반업만 해당한다)
  라. 운반차량(임시차량은 제외한다)의 증차

73. 정답 ③
해설 용해로(폐기물에서 비철금속을 추출하는 경우로 한정한다)로서 시간당 재활용능력이 600킬로그램 이상인 시설

74. 정답 ①
해설 〈폐기물 수집·운반업〉
  가. 대표자 또는 상호
  나. 연락장소 또는 사무실 소재지(지정폐기물 수집·운반업의 경우에는 주차장 소재지를 포함한다)
  다. 영업구역(생활폐기물의 수집·운반업만 해당한다)
  라. 수집·운반 폐기물의 종류
  마. 운반차량의 수 또는 종류

75. 정답 ④

76. 정답 ②
해설 시행령 제17조(교육대상자)
"그 밖에 대통령령으로 정하는 사람"이란 다음 각 호의 사람을 말한다.
1. 폐기물처리시설(기술관리인을 임명한 폐기물처리시설은 제외한다)의 설치·운영자나 그가 고용한 기술담당자
2. 사업장폐기물배출자 신고를 한 자나 그가 고용한 기술담당자
3. 확인을 받아야 하는 지정폐기물을 배출하는 사업자나 그가 고용한 기술담당자
4. 제2, 3호에 따른 자 외의 사업장폐기물을 배출하는 사업자나 그가 고용한 기술담당자로서 기후에너지환경부령으로 정하는 자

77. 정답 ①
해설 용기에 들어 있지 아니한 기체상태의 물질이 폐기물관리법에 적용되지 않는다.

78. 정답 ④
해설 고형화·고화시설은 화학적 재활용시설에 해당하며 동력기준이 없다.
시행령 별표 3 (폐기물 처리시설의 종류)
가. 기계적 재활용시설
  1) 압축·압출·성형·주조시설(동력 7.5kW 이상인 시설로 한정한다)
  2) 파쇄·분쇄·탈피 시설(동력 15kW 이상인 시설로 한정한다)
  3) 절단시설(동력 7.5kW 이상인 시설로 한정한다)
  4) 용융·용해시설(동력 7.5kW 이상인 시설로 한정한다)
  5) 연료화시설
  6) 증발·농축 시설
  7) 정제시설(분리·증류·추출·여과 등의 시설을 이용하여 폐기물을 재활용하는 단위시설을 포함한다)
  8) 유수 분리 시설
  9) 탈수·건조 시설
  10) 세척시설(철도용 폐목재 받침목을 재활용하는 경우로 한정한다)
나. 화학적 재활용시설
  1) 고형화·고화 시설
  2) 반응시설(중화·산화·환원·중합·축합·치환 등의 화학반응을 이용하여 폐기물을 재활용하는 단위시설을 포함한다)
  3) 응집·침전 시설

79. 정답 ②
해설 폐합성 고무(고체상태의 것은 제외한다)

80. 정답 ③
해설 매립면적 1만 제곱미터 이상의 사업장 지정폐기물 매립시설이 주변지역 영향 조사대상 폐기물처리시설 기준이다.

UNIT 03 2024년 1회 산업기사 CBT 기출복원문제 정답 및 해설

01	②	02	②	03	②	04	③	05	③
06	②	07	①	08	③	09	②	10	①
11	①	12	②	13	①	14	③	15	②
16	①	17	①	18	④	19	①	20	③
21	②	22	④	23	②	24	③	25	①
26	②	27	④	28	④	29	③	30	④
31	①	32	④	33	②	34	②	35	①
36	③	37	④	38	③	39	④	40	①
41	②	42	③	43	②	44	①	45	④
46	②	47	①	48	①	49	①	50	③
51	③	52	②	53	②	54	②	55	③
56	③	57	③	58	④	59	④	60	①
61	③	62	②	63	③	64	③	65	③
66	①	67	①	68	②	69	②	70	④
71	②	72	④	73	②	74	③	75	③
76	②	77	①	78	③	79	①	80	②

01. 정답 ②

해설 식 $\ln\left(\dfrac{C_t}{C_0}\right) = -k \cdot t$

$\ln\left(\dfrac{0.5 C_0}{C_0}\right) = -k \times 10$

$\ln(0.5) = -k \times 10$, $k = 0.0693/\min$

$\ln\left(\dfrac{(C_0 - 0.75 C_0)}{C_0}\right) = -0.0693 \times t$

$\ln\left(\dfrac{0.25 C_0}{C_0}\right) = -0.0693 \times t$

$\ln(0.25) = -0.0693 \times t$, ∴ $t = 20.00 \min$

02. 정답 ②

해설
- 폐기물발생시점 : 개인적 평가가치가 시장가치보다 작아질 때
- 재활용이 가능한 구간 : 폐기물발생시점부터 가치가 0이 될 때까지

03. 정답 ②

해설
- 폐기물 발생량 예측방법 : 경향법, 동적모사법, 다중회귀법
- 폐기물 발생량 조사방법 : 직접계근법, 적재차량계수분석법, 물질수지법, 전수조사

암기TIP
- 발생량 예측방법 : 예측하면 겉돈다 – 경 동 다
- 쓰레기 발생량 조사방법 : 계주 잡아라! – 계주의 차량조사, 수시로 조사, 전부조사! : 직접 계근법, 적재차량 계수 분석법, 물질 수지법, 전수조사

04. 정답 ③

해설 식 $VR = \dfrac{V_1 - V_2}{V_1} = 1 - \dfrac{V_2}{V_1} = 1 - \dfrac{\rho_1}{\rho_2} = 1 - \dfrac{200}{500}$

$= 0.6 ≒ 60\%$

05. 정답 ③

해설 지문은 Secators에 대한 설명이다.

※ 헷갈리는 용어 정리
- 스토너(Stoners) : Pneumatic Table이라고 부르는데 수용액 중에서 무거운 것을 고르는 Jig(수중체)의 원리와 유사하다. 약간 경사진 판(Table)에 진동을 줄 때 무거운 것이 빨리 판의 경사면 위로 올라가는 원리를 이용한 것이다.

06. 정답 ②

해설 TS 비(고형질의 비)는 분 : 뇨 = 7 : 1 정도이다.

07. 정답 ①

해설 와전류 분리(Eddy Current Separator)는 비철금속, 금속, 유리로 분리한다. 와전류 분리는 비자성이고 전기전도도가 좋은 비철금속을 주로 분리하게 되며 이 특징에 해당되는 물질로 구리(동, Cu), 알루미늄(Al), 아연(Zn), 은(Ag) 등이 있다.

08. 정답 ③

해설 식 $Hl = Hh - 600(9H + W)$

수소와 관련된 수분은 무시하므로,

→ $Hl = Hh - 600(W)$

- $Hh = 8100C + 34000\left(H - \dfrac{O}{8}\right) + 2500S$

$Hh = \left[8100 \times 0.6 + 34000 \times \left(0.2 - \dfrac{0.1}{8}\right) + 2500 \times 0.1\right] \times 0.5$

$= 5,742.5 kcal/kg$

∴ $Hl = 5,742.5 - 600 \times (0.4) = 5502.5 kcal/kg$

09. 정답 ②

해설 ②항만 올바르다.

오답해설
① 600은 물의 증발잠열(kcal/kg)을 의미한다.
③ W는 수분의 조성비(%)이다.
④ 이 식은 저위발열량을 의미한다.

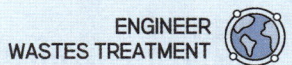

10. 정답 ①
해설 전단파쇄기는 파쇄속도가 느리나 크기를 고르게 절단할 수 있고, 충격파쇄기는 파쇄속도는 빠르나 파쇄된 입자의 크기가 불균일하다.

11. 정답 ①
해설 정확도가 높고, 파쇄공정으로 유입되기 전에 폭발가능성이 있는 위험물질을 분류할 수 있어 폭발위험을 낮출 수 있다.

12. 정답 ②
해설 식 1인1일 쓰레기 발생량
$= \dfrac{쓰레기발생량}{인구수} = \dfrac{\dfrac{20L \times 2}{5일}}{2.5인} = 3.2L/인 \cdot 일$

13. 정답 ①

14. 정답 ③
해설 식 함수율(%) $= \left[\dfrac{3}{4} \times 0.8 + \dfrac{1}{4} \times 0.5\right] \times 100 = 72.5\%$

15. 정답 ②
해설 쓰레기 발생량은 도시의 규모가 클수록, 수집빈도가 잦을수록, 쓰레기통이 클수록, 생활수준이 높을수록 증가한다.

16. 정답 ①
해설 수거 쓰레기 발생지역의 무게중심에서 가능한 한 가까운 곳이어야 한다.

17. 정답 ①
해설 언덕인 경우 내려가면서 수거해야 한다.

18. 정답 ④
해설 식 가연성 물질의 중량 $= 3m^3 \times \dfrac{550kg}{m^3} \times 0.3 = 495kg$

19. 정답 ①

20. 정답 ③
해설 식 $MHT = \dfrac{수거인부수 \times 수거시간}{쓰레기발생량}$
$= \dfrac{5인 \times 8hr}{\dfrac{8m^3}{1대 \cdot 1일} \times 5대 \times 2회 \times \dfrac{0.3톤}{m^3}} = 1.67MHT$

21. 정답 ②
해설 용출손실률이 시멘트 기초법보다 낮다.

22. 정답 ④
해설 [열분해 온도에 따른 가스생성비율]

Gas 종류	열분해 온도			
	480℃	650℃	815℃	925℃
H_2	5.56%	16.58%	28.55%	32.48%
CH_4	12.43%	15.91%	13.73%	10.45%
CO	33.50%	30.49%	34.12%	35.25%
CO_2	44.77%	31.78%	20.59%	18.31%
C_2H_4	0.45%	2.18%	2.24%	2.43%
C_2H_6	3.03%	3.06%	0.77%	1.07%

23. 정답 ②
해설 차수막공법 중 연직차수막의 종류는 다음과 같다.
• 강널말뚝(sheet pile)
• 슬러리 월(slurry walls)
• 소일 시멘트 월(soil cement walls)
• 그라우트 커튼 등
• 어스 댐 코어
• 차수 시트

24. 정답 ③
해설 비용이 많이 소요된다.

25. 정답 ①

26. 정답 ②
해설 생물학적 복원기술은 복원과정에서 폐수 또는 유해가스가 발생하지 않아 2차 오염의 문제가 매우 적다.

27. 정답 ④
해설 비저항계수가 작을수록 탈수성은 양호하다.

28. 정답 ④
해설 표면연소 물질(휘발분 함량이 적고 탄소함량이 높은 연료) : 숯, 무연탄, 코크스

29. 정답 ③
해설 식 여과상의 면적(A)
$= \dfrac{Q}{V} = \dfrac{부피/시간}{속도} = \dfrac{\dfrac{100m^3 \times 2}{hr}}{15m/hr} = 13.33m^2$

30. 정답 ④
해설 생산된 퇴비는 비료가치가 낮다.

31. 정답 ①
해설 박층뿌림공법, 순차투입공법, 수중투기공법은 해안매립방법에 해당한다.

32. 정답 ④
해설 기체의 발열량은 2,200kcal/Nm³ 이상이어야 한다.

33. 정답 ②
해설 대기에 비하여 토양공기 내 탄산가스의 함량이 높다.

34. 정답 ②
해설 식
$$CH_4 = 1,000톤 \times 0.4 \times \frac{10^3 kg}{1톤} \times \frac{0.5m^3}{1kg} \times 0.7 \times 0.4$$
$$= 56,000 m^3$$

35. 정답 ①
해설 식
$$CH_4 = 50톤 \times 0.35 \times \frac{10^3 kg}{1톤} \times \frac{0.6m^3}{1kg} \times 0.4 = 4,200m^3$$

36. 정답 ③
해설 식
$$SL_1(1-X_{w1}) = SL_2(1-X_{w2})$$
$$30 \times (1-0.99) = SL_2 \times (1-0.95), \quad \therefore SL_2 = 6m^3$$

37. 정답 ④
해설 ④항은 다단상(식) 소각로에 대한 설명이다.

38. 정답 ③
해설 바이오리액터형은 침출수를 재순환하는 공법으로 시행과정에서 악취발생은 증가하지만, 안정화 속도는 기존 매립공법에 비해 빠르다.

39. 정답 ④
해설 Roof bag 방식은 차량 상부(roof)에 대형 방수천(또는 덮개, bag)을 장착하여 폐기물을 덮어두는 방식으로 주로 압축 기능이 없는 개방형 수거차량에서 사용된다.
[Roof bag 방식의 특징]
• 간단한 구조이므로 기존 개방형 트럭에 적용이 가능
• 운전, 조작이 간편함
• 비탈길에서 전복의 우려가 있음
• 비용이 저렴
• 악취나 비산먼지를 감소시킴
• 완전 밀폐가 어려움
• 주로 가연성 폐기물(나무, 종이, 플라스틱 등)의 수집에 사용
• 건설폐기물, 대형 폐기물 같은 압축이 필요 없는 폐기물에 적합

40. 정답 ①

41. 정답 ②
해설 식 $pH = \log\left(\frac{1}{[H^+]}\right) = \log\left(\frac{1}{[2.8 \times 10^{-5}]}\right) = 4.55$

42. 정답 ③
해설
• "함침성 고상폐기물": 종이, 목재 등 기름을 흡수하는 변압기 내부부재(종이, 나무와 금속이 서로 혼합되어 있어 분리가 어려운 경우를 포함한다)를 말한다.
• "비함침성 고상폐기물": 금속판, 구리선 등 기름을 흡수하지 않는 평면 또는 비평면형태의 변압기 내부부재를 말한다.

43. 정답 ②
해설 5톤 이상 ~ 30톤 미만 : 14

대상폐기물의 양(ton)	시료의 최소수
1 미만	6
1 이상 ~ 5 미만	10
5 이상 ~ 30 미만	14
30 이상 ~ 100 미만	20
100 이상 ~ 500 미만	30
500 이상 ~ 1,000 미만	36
1,000 이상 ~ 5,000 미만	50
5,000 이상 ~	60

44. 정답 ①
해설
• "방울수"라 함은 20℃에서 정제수 20방울을 적하할 때 그 부피가 약 1mL 되는 것을 말한다.
• "항량으로 될 때까지 건조한다"라 함은 같은 조건에서 1시간 더 건조할 때 전후 무게의 차이가 0.3mg 이하일 때를 말한다.
• 상온의 최저온도는 15(℃)이다.
• "감압 또는 진공"이라 함은 따로 규정이 없는 한 15mmHg 이하일 때를 말한다.

45. 정답 ④

46. 정답 ①

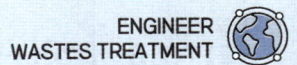

47. 정답 ④

해설 식 $f = \dfrac{15}{(100-D)}$

- D : 시료의 함수율(%) = 95%

∴ $f = \dfrac{15}{(100-95)} = 3.0$

48. 정답 ①

해설 [시료의 전처리 방법]
1) 산 분해법
   ① 질산 분해법
   ② 질산-염산 분해법
   ③ 질산-황산 분해법
   ④ 질산-과염소산 분해법
   ⑤ 질산-과염소산-불화수소산 분해법
2) 회화법
3) 마이크로파 산 분해법

49. 정답 ①

50. 정답 ③

51. 정답 ③

해설 ① 질산 (1 → 10) 100mL : 질산 10mL, 물 90mL로 총 100mL로 제조 (1 : 9)

$X(\%) = \dfrac{10mL}{10mL+90mL} \times 100 = 10\%$

② 질산 (1 → 5) 100mL : 질산 20mL, 물 100mL로 총 100mL로 제조 (1 : 4)

$X(\%) = \dfrac{20mL}{20mL+80mL} \times 100 = 20\%$

③ 질산 (1 + 1) 100mL : 질산 50mL, 물 50mL로 총 100mL로 제조 (1 : 1)

$X(\%) = \dfrac{50mL}{50mL+50mL} \times 100 = 50\%$

④ 질산 (1 + 10) 100mL : 질산 9.09mL, 물 90.91mL로 총 100mL로 제조 (1 : 10)

$X(\%) = \dfrac{9.09mL}{9.09mL+90.91mL} \times 100 = 9.09\%$

52. 정답 ①

해설 원자흡수분광광도법과 유도결합플라즈마 발광분석법은 주로 금속류의 분석에 많이 사용된다. (주요 금속류 : 수은, 납, 카드뮴, 비소, 알루미늄, 철, 구리, 니켈, 크롬)

53. 정답 ③

해설 시안의 간섭물질 제거방법은 다음과 같다.

[간섭물질]
- 시안화합물을 측정할 때 방해물질들은 증류하면 대부분 제거된다. 그러나 다량의 지방성분, 잔류염소, 황화합물은 시안화합물을 분석할 때 간섭할 수 있다.
- 다량의 지방성분을 함유한 시료는 아세트산 또는 수산화나트륨 용액으로 pH 6 ~ 7로 조절한 후 시료의 약 2%에 해당하는 부피의 노말헥산 또는 클로로폼을 넣어 추출하여 유기층은 버리고 수층을 분리하여 사용한다.
- 황화합물이 함유된 시료는 아세트산아연용액(10W/V %) 2mL를 넣어 제거 한다. 이 용액 1mL는 황화물이온 약 14mg에 해당된다.
- 잔류염소가 함유된 시료는 잔류염소 20mg당 L-아스코빈산(10W/V %) 0.6mL 또는 이산화비소산나트륨용액(10W/V %) 0.7mL를 넣어 제거한다.

54. 정답 ④

55. 정답 ②

해설 노말헥산 추출둘질, 유기인, 폴리클로리네이티드비페닐(PCBs) 및 휘발성 저급 염소화 탄화수소류 실험을 위한 시료의 채취 시에는 갈색경질의 유리병을 사용하여야 한다.

암기TIP 노 유 돌 휘 (폴리 폴리~~) - 갈색 유리병

56. 정답 ②

57. 정답 ③

해설 흡광도는 용액층의 투과도에 반비례한다.

58. 정답 ④

해설 질량분석기의 정량분석에는 선택이온 검출법을 이용하는 것이 바람직하다.

59. 정답 ④

해설 [원자흡수분광광도법 - 불꽃]
- 대부분의 원소분석 : 수소-공기, 아세틸렌-공기
- 원자외 영역 : 수소-공기
- 불꽃온도가 낮고 일부 원소에 대하여 높은 감도를 나타냄 : 프로판-공기
- 불꽃의 온도가 높아 내화성산화물을 만들기 쉬운 원소 분석 : 아세틸렌-아산화질소

암기TIP 대부분은 수공아공 외수공 감프공 높아질

60. 정답 ①

61. 정답 ③

해설 법 제3조(적용 범위)
이 법은 다음 각 호의 어느 하나에 해당하는 물질에 대하여는 적용하지 아니한다.
1. 「원자력안전법」에 따른 방사성 물질과 이로 인하여 오염된 물질
2. 용기에 들어 있지 아니한 기체상태의 물질
3. 「물환경보전법」에 따른 수질 오염 방지시설에 유입되거나 공공 수역(水域)으로 배출되는 폐수
4. 「가축분뇨의 관리 및 이용에 관한 법률」에 따른 가축분뇨
5. 「하수도법」에 따른 하수·분뇨
6. 「가축전염병예방법」 가축의 사체, 오염 물건, 수입 금지 물건 및 검역 불합격품
7. 「수산생물질병 관리법」 수산동물의 사체, 오염된 시설 또는 물건, 수입금지물건 및 검역 불합격품
8. 「군수품관리법」에 따라 폐기되는 탄약
9. 「동물보호법」에 따른 동물장묘업의 등록을 한 자가 설치·운영하는 동물장묘시설에서 처리되는 동물의 사체

62. 정답 ②

63. 정답 ③

해설 환경정책기본법 제22조(환경상태의 조사·평가 등) 국가 및 지방자치단체는 다음 각 호의 사항을 상시 조사·평가하여야 한다.
1. 자연환경 및 생활환경 현황
2. 환경오염 및 환경훼손 실태
3. 환경오염원 및 환경훼손 요인
4. 기후변화 등 환경의 질 변화
5. 그 밖에 국가환경종합계획등의 수립·시행에 필요한 사항

64. 정답 ③

해설
가. 폐산(액체상태의 폐기물로서 수소이온 농도지수가 2.0 이하인 것으로 한정한다)
나. 폐알칼리(액체상태의 폐기물로서 수소이온 농도지수가 12.5 이상인 것으로 한정하며, 수산화칼륨 및 수산화나트륨을 포함한다)

65. 정답 ②

해설 [위해의료폐기물]
가. 조직물류폐기물 : 인체 또는 동물의 조직·장기·기관·신체의 일부, 동물의 사체, 혈액·고름 및 혈액생성물(혈청, 혈장, 혈액제제)
나. 병리계폐기물 : 시험·검사 등에 사용된 배양액, 배양용기, 보관균주, 폐시험관, 슬라이드, 커버글라스, 폐배지, 폐장갑
다. 손상성폐기물 : 주사바늘, 봉합바늘, 수술용 칼날, 한방침, 치과용침, 파손된 유리재질의 시험기구
라. 생물·화학폐기물 : 폐백신, 폐항암제, 폐화학치료제
마. 혈액오염폐기물 : 폐혈액백, 혈액투석 시 사용된 폐기물, 그 밖에 혈액이 유출될 정도로 포함되어 있어 특별한 관리가 필요한 폐기물

66. 정답 ①

해설 폐기물처리업의 업종 구분과 영업 내용은 다음과 같다.
1. 폐기물 수집·운반업 : 폐기물을 수집하여 재활용 또는 처분 장소로 운반하거나 폐기물을 수출하기 위하여 수집·운반하는 영업
2. 폐기물 중간처분업 : 폐기물 중간처분시설을 갖추고 폐기물을 소각 처분, 기계적 처분, 화학적 처분, 생물학적 처분, 그 밖에 기후에너지환경부장관이 폐기물을 안전하게 중간처분할 수 있다고 인정하여 고시하는 방법으로 중간처분하는 영업
3. 폐기물 최종처분업 : 폐기물 최종처분시설을 갖추고 폐기물을 매립 등(해역 배출은 제외한다)의 방법으로 최종처분하는 영업
4. 폐기물 종합처분업 : 폐기물 중간처분시설 및 최종처분시설을 갖추고 폐기물의 중간처분과 최종처분을 함께 하는 영업
5. 폐기물 중간재활용업 : 폐기물 재활용시설을 갖추고 중간가공 폐기물을 만드는 영업
6. 폐기물 최종재활용업 : 폐기물 재활용시설을 갖추고 중간가공 폐기물을 제13조의2에 따른 폐기물의 재활용 원칙 및 준수사항에 따라 재활용하는 영업
7. 폐기물 종합재활용업 : 폐기물 재활용시설을 갖추고 중간재활용업과 최종재활용업을 함께 하는 영업

67. 정답 ①

해설 [소각시설의 정기검사 항목]
○ 적절연소상태 유지 여부
○ 소방장비 설치 및 관리실태
○ 보조연소장치의 작동상태
○ 배기가스온도 적절 여부
○ 바닥재 강열감량
○ 연소실 출구가스 온도
○ 연소실 가스체류시간
○ 설치검사 당시와 같은 설비·구조를 유지하고 있는지 여부

68. 정답 ②

69. 정답 ②

해설 시행령 제14조(주변지역 영향 조사대상 폐기물처리시

설) 법 제31조제3항에서 "대통령령으로 정하는 폐기물처리시설"이란 폐기물처리업자가 설치·운영하는 다음 각 호의 시설을 말한다.
1. 1일 처분능력이 50톤 이상인 사업장폐기물 소각시설(같은 사업장에 여러 개의 소각시설이 있는 경우에는 각 소각시설의 1일 처분능력의 합계가 50톤 이상인 경우를 말한다)
2. 매립면적 1만 제곱미터 이상의 사업장 지정폐기물 매립시설
3. 매립면적 15만 제곱미터 이상의 사업장 일반폐기물 매립시설
4. 시멘트 소성로(폐기물을 연료로 사용하는 경우로 한정한다)
5. 1일 재활용능력이 50톤 이상인 사업장폐기물 소각열회수시설(같은 사업장에 여러 개의 소각열회수시설이 있는 경우에는 각 소각열회수시설의 1일 재활용능력의 합계가 50톤 이상인 경우를 말한다)

70. 정답 ④
해설 ④항만 올바르다. 감염성폐기물은 의료폐기물로 시간당 200킬로그램 이상 소각으로 처분하는 경우 기술관리인을 두어야 할 폐기물처리시설로 분류된다.
오답해설
① 시간당 처분능력이 100킬로그램 이상인 멸균분해시설
② 1일 재활용능력이 5톤 이상인 연료화시설
③ 1일 재활용능력이 100톤 이상인 절단시설

71. 정답 ②
해설 **시행령 제25조(사후관리 대행자)**
폐기물매립시설의 사후관리 업무를 대행할 수 있는 자는 다음 각 호의 자로 한다.
1. 한국환경공단
2. 그 밖에 기후에너지환경부장관이 사후관리를 대행할 능력이 있다고 인정하여 고시하는 자

72. 정답 ④
해설 **제54조(사용종료 또는 폐쇄 후의 토지 이용 제한 등)**
기후에너지환경부장관은 사후관리 대상인 폐기물을 매립하는 시설의 사용이 끝나거나 시설이 폐쇄된 후 침출수의 누출, 제방의 유실 등으로 주민의 건강 또는 재산이나 주변환경에 심각한 위해를 가져올 우려가 있다고 인정되면 대통령령으로 정하는 바에 따라 그 시설이 있는 토지의 소유권 또는 소유권 외의 권리를 가지고 있는 자에게 대통령령으로 정하는 기간에 그 토지 이용을 수목(樹木)의 식재(植栽), 초지(草地)의 조성 또는 「도시공원 및 녹지 등에 관한 법률」에 따른 공원시설, 「체육시설의 설치·이용에 관한 법률」에 따른 체육시설, 「문화예술진흥법」에 따른 문화시설, 「신에너지 및 재생에너지 개발·이용·보급 촉진법」에 따른 신·재생에너지 설비의 설치에 한정하도록 그 용도를 제한할 수 있다.

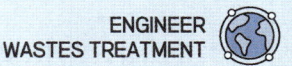

73. 정답 ③
해설 부문별 폐기물 관리 정책이 포함되어야 한다.
제10조(폐기물 관리 종합계획) 종합계획에는 다음 각 호의 사항이 포함되어야 한다. (현재 삭제된 법령)
1. 종전의 종합계획에 대한 평가
2. 폐기물 관리 여건 및 전망
3. 종합계획의 7 조
4. 부문별 폐기물 관리 정책
5. 재원 조달 계획

74. 정답 ③
해설 관리형 매립시설에서 발생하는 침출수의 수소이온농도 배출허용기준은 청정지역, 가지역, 나지역 모두 5.8 ~ 8.0이다.

75. 정답 ③
해설 **법 제13조의2(폐기물의 재활용 원칙 및 준수사항)**
다음 각 호의 어느 하나에 해당하는 폐기물은 재활용을 금지하거나 제한한다.
1. 폐석면
2. 폴리클로리네이티드비페닐(PCBs)이 기후에너지환경부령으로 정하는 농도 이상 들어있는 폐기물
3. 의료폐기물(태반은 제외한다)
4. 폐유독물 등 인체나 환경에 미치는 위해가 매우 높을 것으로 우려되는 폐기물 중 대통령령으로 정하는 폐기물

76. 정답 ②

77. 정답 ①
해설 **폐기물관리법 제14조의3(음식물류 폐기물 발생 억제 계획의 수립 등)**
① 특별자치시장, 특별자치도지사, 시장·군수·구청장은 관할 구역의 음식물류 폐기물의 발생을 최대한 줄이고 발생한 음식물류 폐기물을 적정하게 처리하기 위하여 다음 각 호의 사항을 포함하는 음식물류 폐기물 발생 억제 계획을 수립·시행하고, 매년 그 추진성과를 평가하여야 한다.
1. 음식물류 폐기물의 발생 및 처리 현황
2. 음식물류 폐기물의 향후 발생 예상량 및 적정 처리 계획
3. 음식물류 폐기물의 발생 억제 목표 및 목표 달성 방안
4. 음식물류 폐기물 처리시설의 설치 현황 및 향후 설치 계획
5. 음식물류 폐기물의 발생 억제 및 적정 처리를 위한 기술적·재정적 지원 방안(재원의 확보계획을 포함한다)

78. 정답 ③

해설 폐기물을 처분 또는 재활용하는 자가 폐기물을 보관하는 경우에는 그 폐기물 처분시설 또는 재활용시설과 같은 사업장에 있는 보관시설에 보관할 것

79. 정답 ①

해설 **시행규칙 제3조(에너지 회수기준 등)**
1. 가연성 고형폐기물로부터 다음 각 목에 따른 기준에 맞게 에너지를 회수하는 활동
   가. 다른 물질과 혼합하지 아니하고 해당 폐기물의 저위발열량이 킬로그램당 3천 킬로칼로리 이상일 것
   나. 에너지의 회수효율(회수에너지 총량을 투입에너지 총량으로 나눈 비율을 말한다)이 75퍼센트 이상일 것
   다. 회수열을 모두 열원(熱源), 전기 등의 형태로 스스로 이용하거나 다른 사람에게 공급할 것
   라. 기후에너지환경부장관이 정하여 고시하는 경우에는 폐기물의 30퍼센트 이상을 원료나 재료로 재활용하고 그 나머지 중에서 에너지의 회수에 이용할 것

80. 정답 ②

해설 나. 화학적 재활용시설
   1) 고형화·고화 시설
   2) 반응시설(중화·산화·환원·중합·축합·치환 등의 화학반응을 이용하여 폐기물을 재활용하는 단위시설을 포함한다)
   3) 응집·침전 시설

UNIT 04 2021년 1회 기사 정답 및 해설

01 ①	02 ④	03 ③	04 ③	05 ④
06 ①	07 ①	08 ②	09 ①	10 ②
11 ④	12 ①	13 ③	14 ③	15 ②
16 ②	17 ③	18 ④	19 ④	20 ③
21 ③	22 ①	23 ④	24 ④	25 ④
26 ②	27 ②	28 ③	29 ④	30 ①
31 ②	32 ①	33 ③	34 ④	35 ②
36 ③	37 ②	38 ②	39 ④	40 ④
41 ③	42 ②	43 ④	44 ④	45 ②
46 ③	47 ②	48 ③	49 ①	50 ②
51 ④	52 ①	53 ①	54 ④	55 정답 오류
56 ①	57 ④	58 ④	59 ②	60 ③
61 ③	62 ④	63 ④	64 ②	65 ②
66 ③	67 ③	68 ③	69 ①	70 ④
71 ③	72 ①	73 ④	74 ②	75 ②
76 ④	77 ②	78 ①	79 ②	80 ①
81 ④	82 ②	83 ②	84 ③	85 ②
86 ④	87 ②	88 ③	89 ③	90 ①
91 ②	92 ③	93 ③	94 ③	95 ①
96 ③	97 ①	98 ④	99 ④	100 ①

01. 정답 ①
해설 와전류 분리(Eddy Current Separator)는 비철금속, 금속, 유리로 분리한다. 와전류 분리는 비자성이고 전기전도도가 좋은 비철금속을 주로 분리하게 되며 이 특징에 해당되는 물질로 구리(동), 알루미늄, 아연, 은 등이 있다.

02. 정답 ④
해설 폐기물의 감량화를 위해서는 포장횟수의 축소 및 억제가 요구된다.

03. 정답 ③
해설 식 $VR = \left(1 - \dfrac{1}{CR}\right) \times 100 = \left(1 - \dfrac{1}{5}\right) \times 100 = 80\%$

04. 정답 ③
해설 불법투기와 다량의 어지러진 쓰레기들이 발생할 때 적환장을 설치하여야 한다.

05. 정답 ④
해설 시계방향으로 수거노선을 설정한다.

06. 정답 ①
해설 식 건량기준 회쿠량(%)
= 습량기준 회분량(%) $\times \dfrac{100}{(100-W)} = 16 \times \dfrac{100}{(100-20)} = 20\%$

07. 정답 ①
해설 폐기물 원소분석시 탄소(C), 수소(H), 질소(N), 산소(O), 황(S)의 측정이 가능하다. 탄소(C), 수소(H), 질소(N)는 동시 분석이 가능하고, 산소(O) 황(S)은 동시 분석이 되지 않고, 연소관, 환원관, 흡수관의 충진물을 교환함으로써 분석이 가능하다.

08. 정답 ②

09. 정답 ①

10. 정답 ②
해설 공기공급량이 너무 적으면 혐기성으로 반응이 진행되고 공기공급량이 너무 많으면 미생물자체 산화열의 축적을 저해하여 온도가 상승되지 않아 퇴비화를 저해하게 된다.

11. 정답 ④
해설 출제오류로 판단된다. 산업인력공단에서 제시한 답은 ④ 항이나 ①, ④항 모두 옳은 보기로 판단된다.
오답해설
② 원소분석에서 나온 C, H, O, N, S 및 수분 함량으로 계산할 수 있다.
③ 목재나 쓰레기와 같은 셀룰로오스의 연소에서는 발열량이 낮게 추정된다.

12. 정답 ①
해설 파이프라인 수송은 장거리 수송이 어렵다.

13. 정답 ③
해설 도시폐기물 처리 시 적정회전속도는 10~30rpm이다.

14. 정답 ③
해설 해충방지를 위한 약제살포는 가능하다.

15. 정답 ②
해설 식 시료의 건조중량(kg)
$= 60 \times (1-0.2) + 10 \times (1-0.65) + 10 \times (1-0.1) + 15 \times (1-0.03) + 5 \times (1-0.02) = 79.95 kg$

16. 정답 ②

17. 정답 ③

해설 식 플라스틱의 양 $= 6.5m^3 \times 0.2 \times \dfrac{300kg}{m^3} = 390kg$

18. 정답 ④

해설 식 $[H^+] = 10^{-pH}$

∴ $\dfrac{pH\,2의\,수소이온}{pH\,4의\,수소이온} = \dfrac{10^{-2}}{10^{-4}} = 100$

19. 정답 ④

해설 식 원추4분법의 시행에 따른 축소된 시료량 $= W \times \left(\dfrac{1}{2}\right)^n$

$\dfrac{(1/30)+(1/35)}{2} W = W \times \left(\dfrac{1}{2}\right)^n,$ ∴ $n = 5.01$

20. 정답 ③

해설 식 최적속도 = 임계속도 × 0.45

식 임계속도 $= \sqrt{\dfrac{g}{4\pi^2 r}}$ (rpm, 회/min)

• 임계속도

$= \sqrt{\dfrac{9.8}{4 \times \pi^2 \times (1/2)}} \times 60(시간단위환산) = 42.2765\,rpm$

∴ 최적속도 $= 42.2765 \times 0.45 = 19.02\,rpm$

21. 정답 ③

해설 침출수량에 가장 큰 기여를 하는 것은 강수량이다.

22. 정답 ①

해설 메탄산화세균은 호기성 미생물이다.

〈메탄산화세균의 산화과정〉
$CH_4 \rightarrow CH_3OH \rightarrow HCHO \rightarrow HCOOH \rightarrow CO_2$

23. 정답 ④

24. 정답 ④

해설 소각처리에서는 대기오염물질이 발생한다.

25. 정답 ④

해설 ④항만 올바르다.
오답해설
① 물/시멘트비는 투수계수에 영향을 준다.
② 압축강도와 투수계수 사이는 반비례한다.
③ 물/시멘트비가 낮으면 투수계수는 감소한다.

26. 정답 ②

27. 정답 ②

해설 처리과정에서 유기물을 무기물형태로 전환하여 생화학적으로 분해 불가능한 것으로 만들어야 한다.

28. 정답 ③

해설 시간이 지남에 따라 휘발성이 낮은 물질이 잔류하므로 처리시간 예측이 어렵다.

29. 정답 ④

해설 공기 요구량은 체적당 20~30%의 공기를 공급하는 것이 좋다. (산소요구량 = 공기요구량 × 0.21)

30. 정답 ①

31. 정답 ②

해설 반송슬러지량은 희석된 분뇨량의 30%를 표준으로 하고 최대 50%를 넘지 않아야 한다.

32. 정답 ①

33. 정답 ③

해설 매립지 가스에는 산소가 없다.

34. 정답 ④

해설 탄수화물, 지방, 단백질 중 슬러지 생산량이 가장 많은 것은 탄수화물(Carbohydrate)이고 슬러지 생산량이 가장 적은 것은 단백질이다.

35. 정답 ②

해설 식 $\dfrac{100}{\rho_{SL}} = \dfrac{TS}{\rho_{TS}} + \dfrac{W}{\rho_W}$

$\dfrac{100}{\rho_{SL}} = \dfrac{42}{1.3} + \dfrac{58}{1},$ ∴ $\rho_{SL} = 1.107$

36. 정답 ③

해설 ※ 혐기성 분해 반응식

$C_a H_b O_c N_d + \left(\dfrac{4a-b-2c+3d}{4}\right) H_2O \rightarrow$
$\left(\dfrac{4a+b-2c-3d}{8}\right) CH_4 + \left(\dfrac{4a-b+2c+3d}{8}\right) CO_2 + dNH_3$

37. 정답 ②
해설 온도에 따른 영향을 받는다. 온도에 따라 처리속도가 달라지며, 적정 온도 이하가 되면 분해가 매우 느려진다.

38. 정답 ②
해설 식 $C/N = \dfrac{12 \times 7}{14 \times 2} = 3$

39. 정답 ②
해설 식 $SL_1(1 - X_{w1}) = SL_2(1 - X_{w2})$
$1 \times (1 - 0.9) = SL_2 \times (1 - 0.2)$, ∴ $SL_2 = 0.125 kg$

40. 정답 ③

41. 정답 ③
해설 유동화를 위한 파쇄가 필요하다.

42. 정답 ②

43. 정답 ④

44. 정답 ④
해설 열분해생성가스의 발열량 단위가 올바르지 않다.
• 열분해생성가스 : 12,000~15,000kcal/Nm³

45. 정답 ②

46. 정답 ③
해설 활성산화망간은 고온에서 SO_2 및 O_2와 반응하여 황산망간을 생성한다. 온도가 낮아지면 산화망간이 금속망간으로 환원되지 않아 반응이 원활하지 않다.

47. 정답 ③
해설 식 연소시간
$= \dfrac{\text{부탄가스의 양}}{\text{연소속도}} = \dfrac{1,000kg \times \dfrac{22.4m^3}{58kg}}{15m^3/hr} = 25.75hr$

48. 정답 ①
해설 식 열량(kcal/kg · hr)
$= (1,200 - 200)℃ \times \dfrac{10Sm^3}{kg \cdot hr} \times \dfrac{1.2kcal}{Sm^3 \cdot ℃} = 12,000kcal/kg \cdot hr$

49. 정답 ①
해설 수분을 제거하고 고형물의 농도를 높여야 한다.

50. 정답 ②
해설 이단연소는 질소와 산소와의 접촉을 저해시킴으로 Fuel NOx의 저감 효과가 높다.

51. 정답 ④
해설 완전 연소가 어렵고 내화물의 파손 문제가 존재한다.

52. 정답 ①
해설 ① 항만 올바르다.
오답해설
② 폐기물의 저위발열량을 기준으로 산정한다.
③ 열부하가 너무 크면 미연분, 다이옥신 등이 발생한다.
④ 연소실 설계 시 회분(batch) 연소식은 연속 연소식에 비해 열부하를 작게 하여 설계한다.

53. 정답 ①
해설 식 $Hl = Hh - 480 \times \sum iH_2O$
반응식 $C_2H_4 + 3O_2 \rightarrow 2CO_2 + 2H_2O$
                                            - : 2
∴ $Hl = 15,280 - 480 \times 2 = 14,320 kcal/Sm^3$

54. 정답 ④
해설 열분해 시 산화성 물질은 생성되지 않는다. NOx, SOx와 같은 산화성 물질은 소각 시 생성된다.

55. 정답 정답오류
해설 산업인력공단에서 제시한 답은 ④항이나 보기 모두 출열 항목에 해당한다. 이 중 증기 손실을 수증기에 대한 손실로 본다면 미량이므로 통상적으로 생략하는 경우가 많으나 항목에서 제외되는 것은 아니므로 정답오류로 판단한다.
• **소각로의 입열 항목** : 폐기물 공급 열량, 소각로 보조 연료 공급 열량, 연소용 공기 공급열량
• **소각로의 출열 항목** : 증기 흡수열(증기 손실), 배출가스 보유열(배기 손실), 소각로 방열 손실, 폐열보일러 방열 손실, 축열 손실, 소각 잔재물 배출열, 소각 잔재물 미연탄소분 열량, 블로우다운 배출열

56. 정답 ①
해설 간헐운전 시 조열효율을 향상시켜 운전개시시의 승온시간을 단축시켜야 한다.

57. 정답 ④
해설 열분해 공정은 외부 열원이 필요한 흡열반응이다.

58. 정답 ④
해설 식 $t_o = \dfrac{Hl}{G \cdot C_p} + t$

∴ $t_o = \dfrac{9,000}{10 \times 0.35} + 15 = 2,586.43℃$

59. 정답 ②
해설 $C_2H_6 + 3.5O_2 \rightarrow 2CO_2 + 3H_2O$
   1 : 3.5
$C_3H_8 + 5O_2 \rightarrow 3CO_2 + 4H_2O$
   1 : 5
$CO + 0.5O_2 \rightarrow CO_2$
   1 : 0.5
$H_2 + 0.5O_2 \rightarrow H_2O$
   1 : 0.5

60. 정답 ③
해설 식 $A_{om} = O_{om} \times \dfrac{1}{0.232}$

식 $C_{10}H_{17}O_6N + 10.5O_2 \rightarrow 10CO_2 + 7H_2O + NH_3$
   247kg   : 10.5×32kg
   5kg   : X, $X(O_o) = 6.8016kg$

∴ $A_{om} = 6.8016 \times \dfrac{1}{0.232} = 29.32kg$

61. 정답 ③
해설 다량의 지방성분을 함유한 시료는 아세트산 또는 수산화나트륨 용액으로 pH 6~7로 조절한 후 시료의 약 2%에 해당하는 부피의 노말헥산 또는 클로로폼을 넣어 추출하여 유기층은 버리고 수층을 분리하여 사용한다.

62. 정답 ③

63. 정답 ④

64. 정답 ③
해설 기체크로마토그래피 휘발성 저급염소화 탄화수소류 분석방법은 시료 중의 트리클로로에틸렌 및 테트라클로로에틸렌을 헥산으로 추출하여 기체크로마토그래프로 정량하는 방법이다.

65. 정답 ④
해설 피복물을 제거할 때 염산(1+9)용액을 사용할 수 있다.

66. 정답 ③

67. 정답 ③
해설 공정시험기준에 각 항목의 분석에 사용되는 표준물질은 특급 또는 1급시약으로 제조하여야 한다.

68. 정답 ③
해설 식 $A = \log\dfrac{1}{t} = \log\dfrac{1}{(1-0.8)} = 0.7$

69. 정답 ①

70. 정답 ④

71. 정답 ③
해설 원추4분법을 3회 시행하면 원래 양의 1/8이 된다.
식 $W_2 = W_1 \times \left(\dfrac{1}{2}\right)^n = W_1 \times \left(\dfrac{1}{2}\right)^3 = \dfrac{1}{8}W_1$

72. 정답 ①

73. 정답 ④

74. 정답 ②
해설 식 수분(%)
$= \dfrac{수분}{시료} \times 100 = \dfrac{[50-(15.75-7.25)]}{50} \times 100 = 83\%$

75. 정답 ②
해설 식 노말헥산(%)
$= \dfrac{시료추출전후무게차 - 바탕시료추출전후무게차}{시료} \times 100$
$= \dfrac{(0.0176-0.0011)}{30} \times 100 = 0.055\%$

76. 정답 ④
해설 ① 수산화나트륨(1 → 10) : 1/10 = 0.1
② 수산화나트륨(1 → 20) : 1/20 = 0.05
③ 수산화나트륨(5 → 100) : 5/100 = 0.05
④ 수산화나트륨(3 → 100) : 3/100 = 0.03

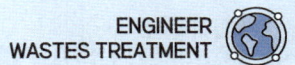

77. 정답 ④

78. 정답 ①

79. 정답 ②

해설 식 강열감량(%)
$= \dfrac{\text{강열 전후 무게차}}{\text{시료}} \times 100 = \dfrac{92.345 - 53.125}{92.345 - 51.045} \times 100 = 94.96\%$

80. 정답 ①

81. 정답 ④

82. 정답 ③

해설 파쇄·분쇄 시설(동력 20마력 이상인 시설로 한정한다)

83. 정답 ②

84. 정답 ③

해설 시행규칙 별표 11(폐기물 처분시설 또는 재활용시설의 관리기준)
바닥재의 강열감량이 10퍼센트(지정폐기물 외의 폐기물을 소각하는 시설로서 시간당 처분능력이 200킬로그램 미만인 소각시설의 경우에는 15퍼센트) 이하가 되도록 소각하여야 한다.

85. 정답 ②

해설 시행령 별표 5(폐기물 발생 억제 지침 준수의무 대상 배출자의 업종 및 규모)
1. 업종:「통계법」에 따른 한국표준산업분류의 중분류 업종 중 다음 각 목의 업종
   가. 식료품 제조업
   나. 음료 제조업
   다. 섬유제품 제조업(의복 제외)
   라. 의복, 의복액세서리 및 모피제품 제조업
   마. 코크스(다공질 고체 탄소 연료), 연탄 및 석유정제품 제조업
   바. 화학물질 및 화학제품 제조업(의약품 제외)
   사. 의료용 물질 및 의약품 제조업
   아. 고무제품 및 플라스틱제품 제조업
   자. 비금속 광물제품 제조업
   차. 1차 금속 제조업
   카. 금속가공제품 제조업(기계 및 가구 제외)
   타. 기타 기계 및 장비 제조업
   파. 전기장비 제조업
   하. 전자부품, 컴퓨터, 영상, 음향 및 통신장비 제조업
   거. 의료, 정밀, 광학기기 및 시계 제조업
   너. 자동차 및 트레일러 제조업
   더. 기타 운송장비 제조업
   러. 전기, 가스, 증기 및 공기조절 공급업

86. 정답 ④

87. 정답 ②

해설 〈관리형 매립시설 - 침출수 배출허용기준〉

구분	생물화학적 산소요구량 (mg/L)	화학적 산소요구량 (mg/L)	부유물질량 (mg/L)
청정지역	30	200	30
가지역	50	300	50
나지역	70	400	70

88. 정답 ③

해설 지정폐기물 수집·운반차량의 차체는 노란색으로 색칠하여야 한다. 다만, 임시로 사용하는 운반차량인 경우에는 그러하지 아니하다.

89. 정답 ③

90. 정답 ①

해설 시행령 제15조(기술관리인을 두어야 할 폐기물처리시설)
소각시설로서 시간당 처분능력이 600킬로그램(의료폐기물을 대상으로 하는 소각시설의 경우에는 200킬로그램) 이상인 시설

91. 정답 ②

해설
• 폐기물처리시설 : 폐기물의 중간처분시설, 최종처분시설 및 재활용시설로서 대통령령으로 정하는 시설을 말한다.
• 폐기물감량화시설 : 생산 공정에서 발생하는 폐기물의 양을 줄이고, 사업장 내 재활용을 통하여 폐기물 배출을 최소화하는 시설로서 대통령령으로 정하는 시설을 말한다.

92. 정답 ④

오답해설
① 광재(철광 원소의 사용으로 인한 고로슬래그를 제외한다.)
② 폐흡착제 및 폐흡수제[광물유·동물유 및 식물유{폐식용유(식용을 목적으로 식품 재료와 원료를 제조·조리·가공하는 과정, 식용유를 유통·사용하는 과정 또는 음식물류 폐

기물을 재활용하는 과정에서 발생하는 기름을 말한다. 이하 같다}의 정제에 사용된 폐토사(廢土砂)를 포함한다.
③ 분진(대기오염 방지시설에서 포집된 것으로 한정하되, 소각시설에서 발생되는 것은 제외한다)

93. 정답 ①

해설 〈위해의료폐기물〉
가. 조직물류폐기물 : 인체 또는 동물의 조직·장기·기관·신체의 일부, 동물의 사체, 혈액·고름 및 혈액생성물(혈청, 혈장, 혈액제제)
나. 병리계폐기물 : 시험·검사 등에 사용된 배양액, 배양용기, 보관균주, 폐시험관, 슬라이드, 커버글라스, 폐배지, 폐장갑
다. 손상성폐기물 : 주사바늘, 봉합바늘, 수술용 칼날, 한방침, 치과용침, 파손된 유리재질의 시험기구
라. 생물·화학폐기물 : 폐백신, 폐항암제, 폐화학치료제
마. 혈액오염폐기물 : 폐혈액백, 혈액투석 시 사용된 폐기물, 그 밖에 혈액이 유출될 정도로 포함되어 있어 특별한 관리가 필요한 폐기물

〈일반의료폐기물〉
혈액·체액·분비물·배설물이 함유되어 있는 탈지면, 붕대, 거즈, 일회용 기저귀, 생리대, 일회용 주사기, 수액세트

94. 정답 ①

해설 시행규칙 별표 14(기술관리인의 자격기준)
다. 의료폐기물을 대상으로 하는 시설 : 폐기물처리산업기사, 임상병리사, 위생사 중 1명 이상

95. 정답 ①

해설 법 제3조의2(폐기물 관리의 기본원칙)
- 사업자는 제품의 생산방식 등을 개선하여 폐기물의 발생을 최대한 억제하고, 발생한 폐기물을 스스로 재활용함으로써 폐기물의 배출을 최소화하여야 한다.
- 누구든지 폐기물을 배출하는 경우에는 주변 환경이나 주민의 건강에 위해를 끼치지 아니하도록 사전에 적절한 조치를 하여야 한다.
- 폐기물은 그 처리과정에서 양과 유해성(有害性)을 줄이도록 하는 등 환경보전과 국민건강보호에 적합하게 처리되어야 한다.
- 폐기물로 인하여 환경오염을 일으킨 자는 오염된 환경을 복원할 책임을 지며, 오염으로 인한 피해의 구제에 드는 비용을 부담하여야 한다.
- 국내에서 발생한 폐기물은 가능하면 국내에서 처리되어야 하고, 폐기물의 수입은 되도록 억제되어야 한다.
- 폐기물은 소각, 매립 등의 처분을 하기보다는 우선적으로 재활용함으로써 자원생산성의 향상에 이바지하도록 하여야 한다.

96. 정답 ③

97. 정답 ①

98. 정답 ④

해설 법 제26조(결격 사유)
이 법을 위반하여 금고 이상의 실형을 선고받고 그 형의 집행이 끝나거나 집행을 받지 아니하기로 확정된 후 10년이 지나지 아니한 자

99. 정답 ④

해설 법 제17조(사업장폐기물배출자의 의무 등) 사업장폐기물을 배출하는 사업자(이하 "사업장폐기물배출자"라 한다)는 다음 각 호의 사항을 지켜야 한다.
1. 사업장에서 발생하는 폐기물 중 기후에너지환경부령으로 정하는 유해물질의 함유량에 따라 지정폐기물로 분류될 수 있는 폐기물에 대해서는 기후에너지환경부령으로 정하는 바에 따라 제17조의2제1항에 따른 폐기물분석전문기관에 의뢰하여 지정폐기물에 해당되는지를 미리 확인하여야 한다.
1의2. 사업장에서 발생하는 모든 폐기물을 제13조에 따른 폐기물의 처리 기준과 방법 및 제13조의2에 따른 폐기물의 재활용 원칙 및 준수사항에 적합하게 처리하여야 한다.
2. 생산 공정(工程)에서는 폐기물감량화시설의 설치, 기술개발 및 재활용 등의 방법으로 사업장폐기물의 발생을 최대한으로 억제하여야 한다.
3. 제18조제1항에 따라 폐기물의 처리를 위탁하려면 사업장폐기물배출자는 기후에너지환경부령으로 정하는 위탁·수탁의 기준 및 절차를 따라야 하며, 해당 폐기물의 처리과정이 제13조에 따른 폐기물의 처리 기준과 방법 또는 제13조의2에 따른 폐기물의 재활용 원칙 및 준수사항에 맞게 이루어지고 있는지를 기후에너지환경부령으로 정하는 바에 따라 확인하는 등 필요한 조치를 취하여야 한다. 다만, 제4조나 제5조에 따라 폐기물처리시설을 설치·운영하는 자에게 위탁하는 경우에는 그러하지 아니하다.

100. 정답 ①

해설 폐농약의 경우 액체상태의 것은 고온소각하거나 고온용융처분하고, 고체상태의 것은 고온소각 또는 고온용융처분하거나 차단형 매립시설에 매립하여야 한다.

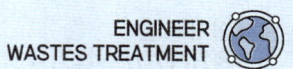

UNIT 05 2021년 2회 기사 정답 및 해설

01	②	02	④	03	③	04	②	05	④
06	③	07	④	08	④	09	②	10	②
11	③	12	④	13	①	14	②	15	①
16	④	17	②	18	①	19	③	20	④
21	④	22	①	23	③	24	②	25	③
26	②	27	④	28	②	29	②	30	①
31	③	32	④	33	③	34	③	35	②
36	②	37	①	38	①	39	③	40	②
41	③	42	③	43	③	44	②	45	④
46	②	47	①	48	①	49	④	50	③
51	②	52	②	53	①	54	②	55	④
56	④	57	③	58	②	59	③	60	④
61	②	62	③	63	③	64	②	65	①
66	①	67	②	68	③	69	③	70	②
71	④	72	①	73	①	74	①	75	③
76	①	77	④	78	④	79	④	80	①
81	④	82	④	83	③	84	④	85	②
86	③	87	②	88	②	89	④	90	④
91	④	92	①	93	③	94	①	95	④
96	①	97	③	98	②	99	④	100	②

01. 정답 ②

해설 폐기물 발생량 조사방법은 적재차량 계수분석법, 직접계근법, 물질수지법, 전수조사(발생량 직접 추정) 이외에 원자재 사용으로부터 추정하는 방법, 주민의 수입 또는 매상고에 의한 방법, 표본조사 방법이 있다.

02. 정답 ④

03. 정답 ③

04. 정답 ②

해설 저장투하 방식은 수거차의 대기시간이 직접투하방식 보다 짧다.

05. 정답 ④

06. 정답 ③

07. 정답 ④

해설 식 차량 적재 계수
$$= \frac{\text{폐기물 적재량}}{\text{적재함 부피}} = \frac{\text{총중량} - \text{공차중량}}{\text{적재함 부피}}$$
$$= \frac{(24{,}725 - 13{,}725)kg \times \frac{1톤}{10^3 kg}}{4m \times 2.5m \times 1.7m} = 0.647 톤/m^3$$

08. 정답 ④

해설 적절한 유기산의 농도가 필요하다. 유기산의 메탄균의 먹이가 되고 이 과정에서 유기산의 산도를 완충시킬만한 충분한 알칼리도가 존재해야만 메탄으로 전환이 가능하다. 따라서 소화조에 존재하는 알칼리도 만큼의 유기산이 있을 때 원활한 소화가 가능하다.

09. 정답 ②

해설 발생량이 가장 많은 곳을 가장 먼저 수거한다.

10. 정답 ②

해설 식 $W_1(1 - X_{u1}) = W_2(1 - X_{w2})$
$10톤 \times 0.2 = W_2 \times (1 - 0.15)$, ∴ $W_2 = 2.35톤$

11. 정답 ③

해설 MHT의 단위는 man · hr/ton이다.

12. 정답 ④

해설 폐산 : pH가 2.0 이하인 것
③ 염산농도가 0.001M 이상인 것
HCl − 0.001M = H − 0.001M(강산이므로 H와 산의 농도가 동일)
식 $pH = \log\left(\frac{1}{[H^+]}\right) = \log\left(\frac{1}{[0.001]}\right) = 3$
④ 황산농도가 0.005M 이상인 것
H₂SO₄ − 0.005M = 2H − 2×0.005M(강산이므로 H와 산의 농도가 동일)
반응식 H₂SO₄ ⇌ 2H + SO₄
  0.005 : 2×0.005
식 $pH = \log\left(\frac{1}{[H^+]}\right) = \log\left(\frac{1}{[2 \times 0.005]}\right) = 2$

13. 정답 ①

해설 식 매립장의 수명(년) $= \dfrac{\text{매립용량}(m^3)}{\text{매립량}(m^3/년)}$

• 매립량 $= \dfrac{2kg}{\text{인} \cdot \text{일}} \times 10{,}000{,}000\text{인} \times \dfrac{1m^3}{500kg}$

$$\times \frac{6(폐기물+복토)}{5(폐기물)} \times \frac{365일}{1년}$$
$$= 17,520,000 m^3/년$$
$$\therefore 매립장의 수명(년) = \frac{100,000,000 m^3}{17,520,000 m^3/년} = 5.71년$$

14. 정답 ②

15. 정답 ①
- 해설
  - 3R : 감량화(Reduction), 재이용(Reuse)/재활용(Recycle), 회수 이용(Recovery)
  - 4E : 경제(Economy), 에너지(Energy), 환경(Environment), 인간평등(Equality)

16. 정답 ④
- 해설 입자의 입경이 아닌 폐기물의 크기가 열분해에 영향을 미친다.
  - 열분해에 영향을 미치는 인자 : 원료의 화학구조, 형상, 온도, 가열 속도, 시료의 크기

17. 정답 ②
- 해설 분뇨처리 후에도 제거되지 않고 기본값으로 발생하는 유출오염물질은 생물학적으로 분해 불가능한 휘발성 고형물질이다.

18. 정답 ①
- 해설 제거하기 용이한 수분의 순서 : 중력수 > 모세관수(모관결합수) > 흡습수(표면수, 부착수) > 결합수(화학수, 내부수)

19. 정답 ③
- 해설 Fanconi씨 증상은 카드뮴에 의한 피해 증상이다.

20. 정답 ④

21. 정답 ④
- 해설 ④항만 올바르다.
- 오답해설
  ① 초기농도가 높으면 반감기가 길다.
  ② 반응시간이 경과해도 분해반응속도가 같다.
  ③ 초기농도의 높고 낮음에 관계없이 반응속도가 일정하다.

22. 정답 ①

23. 정답 ③
- 해설 투수계수가 낮아야 한다.

24. 정답 ②
- 해설 식 $C/N = \frac{탄소질량}{질소질량} = \frac{12 \times 99}{14 \times 1} = 84.86$

25. 정답 ③
- 해설 중유탈황방법 : **접**촉산화법, **금**속산화물에 의한 탈황, **미**생물에 의한 탈황, **방**사선에 의한 탈황
- 암기TIP 접 금 미 방 - 신체접촉시 19금 미방송 된다.

26. 정답 ②
- 해설 활성탄은 알콜, 황산, 가성소다와 같은 극성물질의 흡착이 어렵다.

27. 정답 ④

28. 정답 ②
- 해설 식 $SL_1(1-X_{w_1}) = SL_2(1-X_{w_2})$
  $9m^3 = SL_2 \times (1-0.8), \therefore SL_2 = 45m^3$

29. 정답 ②
- 해설 용매추출에 사용되는 용매는 점도가 낮아야 하며 비극성이어야 한다.

30. 정답 ①
- 해설 식 $CR = \frac{1}{1-VR} = \frac{1}{1-0.6} = 2.5$

31. 정답 ③
- 해설 침출수량에 가장 큰 기여를 하는 것은 강수량이다.

32. 정답 ④
- 해설 알데하이드는 가수분해단계에서 생성된 단당류가 혐기성 상태에서 생성한다.

33. 정답 ③
- 해설 안정단계에서 매립가스 중 CH_4 농도는 55% 이상이 되어야 한다.

34. 정답 ③
- 해설 C/N비가 10~15 정도이다.

35. 정답 ②

해설 식 $t = \dfrac{L}{V}$

• $V = \dfrac{KI}{\epsilon} = \dfrac{10^{-7}cm}{\sec} \times \dfrac{(40cm+90cm)(수두차)}{90cm(거리)}$
  $= 1.4444 \times 10^{-7} cm/\sec$

∴ $t = \dfrac{90cm}{1.4444 \times 10^{-7}cm/\sec} \times \dfrac{1day}{86400\sec} \times \dfrac{1년}{365day} = 19.76년$

36. 정답 ②

37. 정답 ①

해설 유공흄관은 집배수관으로 광범위하게 사용되며 강성이 높아 관의 변형이 우려되는 곳이 적당하다.

오답해설
② 지반의 침하에 어느 정도 적응할 수 있다. – 합성수지관(PVC, PE, FRP 등)
③ 경량으로 가공이 비교적 용이하고 시공성이 좋다. – 합성수지관(PVC, PE, FRP 등)
④ 소규모 처분장의 집수관으로 사용하는 경우가 많다. – 돌망태

38. 정답 ①

해설 식 $C/N = \dfrac{탄소}{질소}$

$= \dfrac{\left(W \times \frac{5}{100} \times \frac{35}{100} \times \frac{2}{3}\right) + \left(W \times \frac{80}{100} \times \frac{80}{100} \times \frac{1}{3}\right)}{\left(W \times \frac{5}{100} \times \frac{10}{100} \times \frac{2}{3}\right) + \left(W \times \frac{80}{100} \times \frac{4}{100} \times \frac{1}{3}\right)} = 16.07$

39. 정답 ④

해설 우수침수방지를 위하여 횡단보도 및 가옥의 출입구 앞은 피한다.

40. 정답 ③

해설 시간이 지남에 따라 휘발성이 낮은 물질이 잔류하므로 처리시간 예측이 어렵다.

41. 정답 ③

해설 소각에 비해 분해속도가 느리다.

42. 정답 ③

해설 식 이론공기량(kg/kg) $= O_{om} \times \dfrac{1}{0.232}$

• $O_o = 2.667C + 8H + S - O$
  $= 2.667 \times 0.8 + 8 \times 0.1 - 0.1 = 2.8336 kg/kg$

∴ 이론공기량(kg/kg) $= 2.8336 \times \dfrac{1}{0.232} = 12.21 kg/kg$

43. 정답 ③

해설 항율건조기간에는 건조시간에 비례하여 건조속도가 일정하다.

44. 정답 ②

45. 정답 ④

해설 질소산화물 처리방법 : 흡수법, 흡착법, 전자빔에 의한 제거, 환원법(SCR, SNCR, NCR)

46. 정답 ②

해설 식 재의 밀도 $= \dfrac{재의 질량}{재의 부피} = \dfrac{30 \times 0.2}{10.3} = 0.58톤/m^3$

47. 정답 ①

해설 다단로는 체류시간이 길어 온도반응이 늦다. 다단로 소각로는 늦은 온도반응 때문에 보조 연료 사용을 조절하기 어렵고, 분진 발생률이 높다. (유동층에 비해 분진발생은 적음)

48. 정답 ①

해설 가스의 온도가 낮고 과잉공기량이 적다.

49. 정답 ④

해설 식 $G_w = (m - 0.21)A_o + CO_2 + H_2O + SO_2 + N_2$

• $A_o = O_o \times \dfrac{1}{0.21} = 1.4025 \times \dfrac{1}{0.21} = 6.6785 Sm^3/kg$

• $O_o = 1.867 \times 0.5 + 5.6 \times 0.1 + 0.7 \times 0.03 - 0.7 \times 0.16$
  $= 1.4025 Sm^3/kg$

∴ $G_w = (1.1 - 0.21) \times 6.6785 + 1.867 \times 0.5$
  $+ (11.2 \times 0.1 + 1.244 \times 0.1) + 0.7 \times 0.03 = 8.14 Sm^3/kg$

50. 정답 ③

해설 식 $\ln\left(\dfrac{C_t}{C_0}\right) = -k \cdot t$

• 반감기에서 K를 산출
$\ln\left(\dfrac{0.5 C_t}{C_0}\right) = -k \times 1,000, \quad k = 6.9314 \times 10^{-4}/\sec$

$\ln\left(\dfrac{0.1 C_t}{C_0}\right) = -6.9314 \times 10^{-4} \times t, \quad ∴ t = 3,321.96 \sec$

51. 정답 ③
해설 중합, 탈수소축합 등의 반응을 일으키는 탄화수소가 많을수록 검댕이는 많이 발생한다.

52. 정답 ④
해설 버너노즐을 통해 액체를 미립화하여야 하며, 대량 처리가 불가능하다.

53. 정답 ①

54. 정답 ②
해설 연소실의 운전척도는 공기연료비(AFR), 혼합 정도, 연소온도가 있다.

55. 정답 ④
해설 식 $m = \dfrac{A(\text{실제공기량})}{A_o(\text{이론공기량})}$
- $A = 10 Sm^3$
- $A_o = O_o \times \dfrac{1}{0.21} = 1.38 \times \dfrac{1}{0.21} = 6.5714 Sm^3$
- $O_o = 2CH_4 - O_2 = (2 \times 0.75) - 0.12 = 1.38 Sm^3$
∴ $m = \dfrac{10}{6.5714} = 1.52$

56. 정답 ④
해설 완전연소 조건 3TO : Temperature(온도), Time(체류시간), Turbulence(혼합), Oxygen(산소)

57. 정답 ④
해설 로터리킬른 소각로는 전처리가 필요없다.

58. 정답 ②
해설 식 연소효율 $= \dfrac{\text{실제연소열량}}{\text{이론연소열량}} = \dfrac{Hl - \text{손실열량}}{Hl}$
연소효율(%) $= \dfrac{4,500 - (4,500 \times (0.1 + 0.05))}{4,500} \times 100 = 85\%$

59. 정답 ③
해설 식 $P(kW) = \dfrac{\Delta P \times Q}{102 \times \eta} \times \alpha$ (MKS 단위)
- $\Delta P = 20 mmH_2O$
- $Q = \dfrac{5400 Sm^3}{hr} \times \dfrac{1hr}{3600 sec} = 1.5 Sm^3/sec$
- $\eta = 0.8 \times 0.7 = 0.56$
- $\alpha = 1.2$
∴ $P(kW) = \dfrac{20 \times 1.5}{102 \times 0.56} \times 1.2 = 0.63 kW$

60. 정답 ④
해설 연소기의 부식원인이 되는 주 물질은 염소가스와 황산가스이다. PVC에는 다량의 염소가 포함되어 있다.

61. 정답 ②

62. 정답 ③

63. 정답 ③
해설

대상 폐기물의 양(단위 : ton)	현장 시료의 최소 수
~1 미만	6
1 이상~5 미만	10
5 이상~30 미만	14
30 이상~100 미만	20
100 이상~500 미만	30
500 이상~1,000 미만	36
1,000 이상~5,000 미만	50
5,000 이상~	60

64. 정답 ③

65. 정답 ①
해설 〈자외선/가시선 분광법(흡광광도법)〉
- 가시부/근적외부 파장분석 : 텅스텐 램프
- 자외부 파장분석 : 중수소방전관

66. 정답 ①

67. 정답 ②
해설 방울수라 함은 20℃에서 정제수 20방울을 적하할 때, 그 부피가 약 1mL 되는 것을 뜻한다.

68. 정답 ③
해설 시료채취는 유리병을 사용하며 채취 전에 시료로서 세척하지 말아야 한다.

69. 정답 ②

70. 정답 ②
해설 시료원자화부는 원자흡수분광광도법(AA)의 구성에 속하는 장치이다.
〈ICP 장치의 구성(시 고 광 분 연 기)〉
시료주입부 – 고주파전원부 – 광원부 – 분광부 – 연산처리부 및 기록부

71. 정답 ④
해설 식 XM(mol/L) = 30g/100mL × (1mol/40g)
× (1000mL/1L) = 7.5M

72. 정답 ①

73. 정답 ①

74. 정답 ①
해설 식 $pH = \log\frac{1}{[H^+]}$

- $HCl - [H] = \frac{0.08eq}{L} \times 0.07L = 5.6 \times 10^{-3} eq$

반응식 HCl ⇌ H + Cl
  1   :   1
  0.08 : 0.08

- $NaOH - [OH] = \frac{0.04eq}{L} \times 0.13L = 5.2 \times 10^{-3} eq$

반응식 NaOH ⇌ Na + OH
  1   :   1
  0.04 : 0.08

중화 후 남은 당
$= (5.6 \times 10^{-3} - 5.2 \times 10^{-3}) = 0.4 \times 10^{-3} eq$

$[H^+] = \frac{0.4 \times 10^{-3} eq}{(0.07 + 0.13)L} = 2 \times 10^{-3} M$

$\therefore pH = \log\frac{1}{[2 \times 10^{-3}]} = 2.7$

75. 정답 ③
해설 시료에 다량의 비스무트(Bi)가 공존하면 시안화칼륨용액으로 수회 씻어도 무색이 되지 않는다.

76. 정답 ①
해설 식 $A = \log\frac{1}{t}$

- $A_{10} = \log\frac{1}{0.1} = 1$
- $A_{20} = \log\frac{1}{0.2} = 0.7$

$\therefore \frac{A_{10}}{A_{20}} = \frac{1}{0.7} = 1.42$

77. 정답 ④

78. 정답 ③

79. 정답 ④
해설 3가 비소로 환원시킨 다음 아연을 넣어 수소화비소를 발생시킨다.

80. 정답 ①

81. 정답 ④

82. 정답 ④

83. 정답 ③
해설 〈위해의료폐기물〉
가. 조직물류폐기물 : 인체 또는 동물의 조직·장기·기관·신체의 일부, 동물의 사체, 혈액·고름 및 혈액생성물(혈청, 혈장, 혈액제제)
나. 병리계폐기물 : 시험·검사 등에 사용된 배양액, 배양용기, 보관균주, 폐시험관, 슬라이드, 커버글라스, 폐배지, 폐장갑
다. 손상성폐기물 : 주사바늘, 봉합바늘, 수술용 칼날, 한방침, 치고·용침, 파손된 유리재질의 시험기구
라. 생물·화학폐기물 : 폐백신, 폐항암제, 폐화학치료제
마. 혈액오염폐기물 : 폐혈액백, 혈액투석 시 사용된 폐기물, 그 밖에 혈액이 유출될 정도로 포함되어 있어 특별한 관리가 필요한 폐기물

84. 정답 ④

85. 정답 ②

86. 정답 ③

87. 정답 ②

88. 정답 ②

해설 "폐기물처리시설"이란 폐기물의 중간처분시설, 최종처분시설 및 재활용시설로서 대통령령으로 정하는 시설을 말한다.

89. 정답 ④

해설 ④항만 올바르다.

오답해설
① 폐농약·폐촉매는 보관개시일부터 60일을 초과하여 보관하여서는 아니 된다. (유기성 오니는 45일을 초과하여 보관하여서는 아니된다.)
② 수집·운반차량은 노란색 도색을 하여야 한다.
③ 지정폐기물은 지정폐기물 외의 폐기물과 구분하여 보관하여야 한다.

90. 정답 ②

해설 시행규칙 제43조(오염물질의 측정)
"기후에너지환경부령으로 정하는 측정기관"이란 다음 각 호의 기관을 말한다.
1. 보건환경연구원
2. 한국환경공단
3. 「환경분야 시험·검사 등에 관한 법률」에 따라 수질오염물질 측정대행업의 등록을 한 자
4. 수도권매립지관리공사
5. 폐기물분석전문기관

91. 정답 ②

해설 시행령 별표 3(폐기물 처리시설의 종류(제5조 관련))
나. 기계적 처분시설
   1) 압축시설(동력 7.5kW 이상인 시설로 한정한다)
   2) 파쇄·분쇄 시설(동력 15kW 이상인 시설로 한정한다)
   3) 절단시설(동력 7.5kW 이상인 시설로 한정한다)
   4) 용융시설(동력 7.5kW 이상인 시설로 한정한다)
   5) 증발·농축 시설
   6) 정제시설(분리·증류·추출·여과 등의 시설을 이용하여 폐기물을 처분하는 단위시설을 포함한다)
   7) 유수 분리시설
   8) 탈수·건조 시설
   9) 멸균분쇄 시설

92. 정답 ①

해설 시행령 제15조(기술관리인을 두어야 할 폐기물처리시설)
"대통령령으로 정하는 폐기물처리시설"이란 다음 각 호의 시설을 말한다. 다만, 폐기물처리업자가 운영하는 폐기물처리시설은 제외한다.
1. 매립시설의 경우
   가. 지정폐기물을 매립하는 시설로서 면적이 3천300제곱미터 이상인 시설. 다만, 별표 3의 제2호 최종처분시설 중 가목의 1)차단형 매립시설에서는 면적이 330 제곱미터 이상이거나 매립용적이 1천 세제곱미터 이상인 시설로 한다.
   나. 지정폐기물 외의 폐기물을 매립하는 시설로서 면적이 1만 제곱미터 이상이거나 매립용적이 3만 세제곱미터 이상인 시설
2. 소각시설로서 시간당 처분능력이 600킬로그램(의료폐기물을 대상으로 하는 소각시설의 경우에는 200킬로그램)이상인 시설
3. 압축·파쇄·분쇄 또는 절단시설로서 1일 처분능력 또는 재활용능력이 100톤 이상인 시설
4. 사료화·퇴비화 또는 연료화시설로서 1일 재활용능력이 5톤 이상인 시설
5. 멸균분쇄시설로서 시간당 처분능력이 100킬로그램 이상인 시설
6. 시멘트 소성로
7. 용해로(폐기물에서 비철금속을 추출하는 경우로 한정한다)로서 시간당 재활용능력이 600킬로그램 이상인 시설
8. 소각열회수시설로서 시간당 재활용능력이 600킬로그램 이상인 시설

93. 정답 ③

94. 정답 ①

해설 시행령 별표 4(폐기물 감량화 시설의 종류)
1. 공정 개선시설
2. 폐기물 재이용시설
3. 폐기물 재활용시설
4. 그 밖의 폐기물 감량화시설

95. 정답 ④

96. 정답 ①

97. 정답 ③

해설 폐흡착제 및 폐흡수제[광물유·동물유 및 식물유{폐식용유(식용을 목적으로 식품 재료와 원료를 제조·조리·가공하는 과정, 식용유를 유통·사용하는 과정 또는 음식물류 폐기물을 재활용하는 과정에서 발생하는 기름을 말한다. 이하 같다)는 제외한다}의 정제에 사용된 폐토사(廢土砂)를 포함한다]

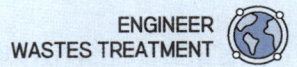

98. 정답 ②

해설 시행규칙 제39조(폐기물처리시설의 설치 승인 등) 폐기물처리시설을 설치하려는 자는 폐기물 처분시설 또는 재활용시설 설치승인신청서에 다음 각 호의 서류를 첨부하여 그 시설의 소재지를 관할하는 시·도지사나 지방환경관서의 장에게 제출하여야 한다.
1. 처분 또는 재활용 대상 폐기물 배출업체의 제조공정도 및 폐기물배출명세서(사업장폐기물배출자가 설치하는 경우만 제출한다)
2. 폐기물의 종류, 성질·상태 및 예상 배출량명세서(사업장폐기물배출자가 설치하는 경우만 제출한다)
3. 처분 또는 재활용 대상 폐기물의 처분 또는 재활용 계획서(재활용시설의 경우에는 재활용 용도 또는 방법을 포함한다)
4. 폐기물 처분시설 또는 재활용시설의 설치 및 장비확보 계획서
5. 폐기물 처분시설 또는 재활용시설의 설계도서(음식물류 폐기물을 처분 또는 재활용하는 시설인 경우에는 물질수지도를 포함한다)
6. 처분 또는 재활용 후에 발생하는 폐기물의 처분 또는 재활용계획서
7. 공동폐기물 처분시설 또는 재활용시설의 설치·운영에 드는 비용부담 등에 관한 규약(폐기물처리시설을 공동으로 설치·운영하는 경우만 제출한다)
8. 폐기물 매립시설의 사후관리계획서
9. 기후에너지환경부장관이 고시하는 사항을 포함한 시설설치의 환경성조사서[면적이 1만 제곱미터 이상이거나 매립용적이 3만 세제곱미터 이상인 매립시설, 1일 처분능력이 100톤 이상(지정폐기물의 경우에는 10톤 이상)인 소각시설, 1일 재활용능력이 100톤 이상인 소각열회수시설이나 폐기물을 연료로 사용하는 시멘트 소성로의 경우만 제출한다]. 다만, 「환경영향평가법」에 따른 전략환경영향평가 대상사업, 환경영향평가 대상사업 또는 소규모 환경영향평가 대상사업의 경우에는 전략환경영향평가서, 환경영향평가서나 소규모 환경영향평가서로 대체할 수 있다.
10. 배출시설의 설치허가 신청 또는 신고 시의 첨부서류(배출시설에 해당하는 폐기물 처분시설 또는 재활용시설을 설치하는 경우만 제출하며 제1호부터 제8호까지의 서류와 중복되면 그 서류는 제출하지 아니할 수 있다)

99. 정답 ④

100. 정답 ②

해설 시행령 제14조 주변지역 영향 조사대상 폐기물처리시설) "대통령령으로 정하는 폐기물처리시설"이란 폐기물처리업자가 설치·운영하는 다음 각 호의 시설을 말한다.
1. 1일 처분능력이 50톤 이상인 사업장폐기물 소각시설(같은 사업장에 여러 개의 소각시설이 있는 경우에는 각 소각시설의 1일 처분능력의 합계가 50톤 이상인 경우를 말한다)
2. 매립면적 1만 제곱미터 이상의 사업장 지정폐기물 매립시설
3. 매립면적 15만 제곱미터 이상의 사업장 일반폐기물 매립시설
4. 시멘트 소성로(폐기물을 연료로 사용하는 경우로 한정한다)
5. 1일 재활용능력이 50톤 이상인 사업장폐기물 소각열회수시설(같은 사업장에 여러 개의 소각열회수시설이 있는 경우에는 각 소각열회수시설의 1일 재활용능력의 합계가 50톤 이상인 경우를 말한다)

UNIT 06 2021년 4회 기사 정답 및 해설

01 ③	02 ④	03 ③	04 ③	05 ③
06 ②	07 ①	08 ①	09 ③	10 문제 오류
11 ①	12 ②	13 ③	14 ②	15 ④
16 ②	17 ③	18 ①	19 ③	20 ②
21 ②	22 ①	23 ③	24 ④	25 ④
26 ③	27 ③	28 ④	29 ②	30 ③
31 ②	32 ④	33 ④	34 ①	35 ①
36 ①	37 ③	38 ①	39 ③	40 ④
41 ②	42 ④	43 ④	44 ②	45 ③
46 ②	47 ③	48 ①	49 ③	50 ①
51 ①	52 ①	53 ②	54 ④	55 ①
56 ②	57 ④	58 ②	59 ②	60 ①
61 ①	62 ④	63 ②	64 ③	65 ②
66 ②	67 ③	68 ②	69 ①	70 ④
71 ④	72 ③	73 ①	74 ②	75 ③
76 ④	77 ①	78 ②	79 ③	80 ②
81 ②	82 ①	83 ①	84 ④	85 ②
86 ④	87 ④	88 ④	89 ①	90 ④
91 ④	92 ③	93 ②	94 ④	95 ②
96 ③	97 ③	98 ①	99 ③	100 ③

01. 정답 ③

해설 식 $W_1(1-X_{w1}) = W_2(1-X_{w2})$
$1톤 \times (1-0.5) = W_2 \times (1-0.25)$
∴ $W_2 = 0.67톤$

02. 정답 ④

해설 분뇨는 고액분리가 어렵다.

03. 정답 ③

해설 **시행령 별표 2(의료폐기물의 종류)** 의료폐기물의 종류 중 위해의료폐기물의 종류는 다음과 같다.
㉠ 조직물류 폐기물 : 인체 또는 동물의 조직·장기·기관·신체의 일부, 동물의 사체, 혈액·고름 및 혈액생성물(혈청, 혈장, 혈액제제)
㉡ 병리계 폐기물 : 시험·검사 등에 사용된 배양액, 배양용기, 보관균주, 폐시험관, 슬라이드, 커버글라스, 폐배지, 폐장갑
㉢ 손상성 폐기물 : 주사바늘, 봉합바늘, 수술용 칼날, 한방침, 치과용 침, 파손된 유리재질의 시험기구
㉣ 생물·화학폐기물 : 폐백신, 폐항암제, 폐화학치료제
㉤ 혈액오염폐기물 : 폐혈액백, 혈액투석 시 사용된 폐기물, 그 밖에 혈액이 유출될 정도로 포함되어 있어 특별한 관리가 필요한 폐기물

04. 정답 ③

해설 쓰레기 발생량 조사방법(암기TIP) 계주 잡아라! – 계주의 차량조사, 수시로 조사, 전부조사!) : 직접 **계**근법, 적재 **차량** 계수분석법, 물질 **수지**법, **전수**조사

05. 정답 ③

해설 식 수거차량 대수 = $\dfrac{총쓰레기량(톤/일)}{1대당수거량(톤/일)}$ + 대기차량수

• 총 쓰레기량 = $\dfrac{1.2kg}{인 \cdot 일} \times 300,000인 \times \dfrac{1톤}{1000kg} = 360톤/일$

• 1대당 수거량
= $\dfrac{12m^3}{1회} \times \dfrac{0.8kg}{1L} \times \dfrac{10^3 L}{1m^3} \times \dfrac{1톤}{10^3 kg} \times \dfrac{2회}{1일} = 19.2톤/일$

∴ 수거차량 대수 = $\dfrac{360톤/일}{19.2톤/일} = 18.75 ≒ 19대$

06. 정답 ②

해설 식 $CR = \dfrac{V_1}{V_2}$

• V_1(압축 후 부피) = $10톤 \times \dfrac{m^3}{400kg} \times \dfrac{1000kg}{1톤} = 25m^3$

• V_2(압축 후 부피) = $25m^3 \times 0.5 = 12.5m^3$

$CR = \dfrac{25}{12.5} = 2$

별해 식 $CR = \dfrac{V_1}{V_2}$

• V_1(압축 전 부피) = V_1

• V_2(압축 후 부피) = $V_1 \times 0.5 = 0.5V_1$

∴ $CR = \dfrac{V_1}{0.5V_1} = 2$

07. 정답 ①

해설 식 $MHT = \dfrac{수거인부수 \times 수거시간}{총쓰레기발생량}$

• 수거인부수 = 500명

• 수거시간 = $\dfrac{300일}{1년} \times \dfrac{8hr}{1일} = 2,400hr/년$

• 총 쓰레기 발생량 = 400,000톤/년

∴ $MHT = \dfrac{500 \times 2,400}{400,000} = 3$

08. 정답 ①

해설 적은 양의 쓰레기가 발생하나 동일한 수거빈도를 받기를 원하는 수거지점은 가능한 한 같은 날 왕복 내에서 수거한다.

09. 정답 ③

해설 식 $Y = 1 - \exp\left[-\left(\dfrac{X}{X_o}\right)^n\right]$

$0.9 = 1 - \exp\left[-\left(\dfrac{4.6}{X_o}\right)^1\right]$, ∴ $X_o = 2.00cm$

※ 상세풀이

$0.9 = 1 - \exp\left[-\left(\dfrac{4.6}{X_o}\right)^1\right]$

$0.9 - 1 = -\exp\left[-\left(\dfrac{4.6}{X_o}\right)^1\right]$

$-0.1 = -\exp\left[-\left(\dfrac{4.6}{X_o}\right)^1\right]$ ← 양변의 마이너스 소거

$\ln 0.1 = \left[-\left(\dfrac{4.6}{X_o}\right)^1\right]$ ← exp가 반대 항으로 넘어가면, ln이 된다.

$-2.3025 = \left[-\left(\dfrac{4.6}{X_o}\right)^1\right]$, $X_o = \dfrac{-4.6}{-2.3025}$

∴ $X_o = 2.00cm$

10. 정답 문제오류

해설 제시된 보기에는 틀린 보기가 없다. 만일 1번 보기에 "소각재 또는 강열잔사의 강열감량이 높을수록 연소효율이 좋다."라고 출제되었다면 이때는 1번이 틀린 보기가 된다. 소각재는 이미 연소 후 물질로 연소된 물질의 강열감량이 높다는 것은 아직 미연소분이 있다는 뜻으로 연소실에서 충분히 연소가 되지 못했다는 것을 의미하므로 이때는 연소효율이 낮다고 할 수 있으나, 소각재라는 가정조건이 없었으므로 문제오류로 판단된다.

11. 정답 ①

해설 식 플라스틱의 양 = 폐기물 × 플라스틱 함량

∴ 플라스틱의 양 = $10m^3 \times \dfrac{300kg}{1m^3} \times 0.1 = 300kg$

12. 정답 ②

해설 저밀도 거주지역이 존재할 때 적환장을 설치하여야 한다.
〈적환장 설치가 필요한 경우〉
㉠ 처분장소가 멀 때
㉡ 수거차량의 적재용량이 작을 때
㉢ 저밀도 주거지역일 때
㉣ 파이프 라인 수송방식을 채택할 때
㉤ 상업지역에서 폐기물 수집에 소형용기를 많이 사용할 때
㉥ 불법투기와 다량의 어질러진 쓰레기들이 발생할 때

13. 정답 ③

해설 식 곡률계수$(Z) = \dfrac{(d_{p30})^2}{(d_{p10} \times d_{p60})}$

∴ 곡률계수$(Z) = \dfrac{(4)^2}{(2 \times 6)} = 1.33$

14. 정답 ②

해설 식 $H = H_1 + H_2$

$H = \dfrac{8000 \times 10 + 5000 \times 2}{10 + 2} = 7,666.67 kcal/kg$

15. 정답 ④

해설 쓰레기 발생량이 많은 지역은 교통체증을 피하기 위해 하루 중 가장 먼저 수거한다.

16. 정답 ②

해설 〈전과정 평가(LCA)〉
㉠ 목적 및 범위 설정(Goal Definition Scoping) (1단계)
㉡ 목록분석(Inventory Analysis) (2단계)
㉢ 영향평가(Impact Analysis or Assessment) (3단계)
㉣ 개선 평가 및 해석(Improvement Assessment) (4단계)

17. 정답 ③

해설 ③항만 올바르다.
오답해설
① 생물학적 처리가 가능한 유기성폐기물이 많은 우리나라는 MBT 설치 및 운영이 적합하다.
② MBT는 생활폐기물의 전처리 시스템으로서 폐기물 무해화에 효과적이다.
④ MBT는 소각 전에 생활폐기물 내 재활용 물질을 회수하는 시설이다.

18. 정답 ①

해설 최적속도 = 임계속도 × 0.45

식 임계속도 = $\sqrt{\dfrac{g}{4\pi^2 r}} = \sqrt{\dfrac{9.8}{4 \times \pi^2 \times 2.5}}$
$= 0.315/\sec = 18.91/\min(rpm)$

∴ 최적속도 = $18.91 \times 0.45 = 8.51 rpm$

19. 정답 ③

해설 혐기성 소화조의 분석항목으로는 유기산(휘발성 산), SS, 알칼리도, pH, 온도, 소화가스 발생량이다.

20. 정답 ②

해설 물질수지법은 쓰레기 발생량 조사방법이다.

〈발생량 예측방법〉 암기TIP 예측하면 겉돈다 – 경 동 다
- 경향법(Trend법) : 시간에 따른 폐기물의 발생량 예측 (시간 고려)
- 동적모사법 : 시간에 따른 폐기물의 발생과 자연적 특성, 사회적 특성, 경제적 특성 등 영향인자를 시간에 대한 함수로 표시하여 발생량 예측(시간, 영향인자)
- 다중회귀법 : 자연적 특성, 사회적 특성, 경제적 특성 등 영향인자를 고려하여 발생량 예측(영향인자)

21. 정답 ②

해설 ②항만 올바르다.

오답해설
① 지중에 암반이나 점성토의 불투수층이 수직으로 깊이 분포하는 경우는 설치가 어렵다.
③ 차수막 보강시공이 가능하다.
④ 차수막의 단위면적당 공사비는 많이 들고 총공사비는 적게 든다.

22. 정답 ①

해설 일반적으로 사용되는 흡착제는 활성탄이고 활성탄은 물리적 흡착의 형태로 배기가스의 온도가 낮을수록 흡착(처리)성능은 향상된다.

23. 정답 ③

해설 복토재로는 점토를 사용하는 것이 좋다.(모래는 부적합)

24. 정답 ④

해설 DDT는 염소계 화합물로 제초제로 사용된다.

25. 정답 ④

해설 ④항만 올바르다.

오답해설
① 화재 위험성이 있다.
② 혼합율이 낮다.
③ 에너지 소비가 크다.

26. 정답 ③

해설 식 $SL = TS \times \dfrac{100}{X_{TS}}$

- $TS = \dfrac{80,000mg}{L} \times \dfrac{20m^3}{hr} \times \dfrac{10^3 L}{1m^3} \times \dfrac{1kg}{10^6 mg} = 1,600 kg/hr$

  (※ 1ppm = 1mg/L)

- X_{TS}(고형물함량) $= 100 - 85$(함수율) $= 15\%$

$$\therefore SL = \dfrac{1,600kg}{hr} \times (1+0.1) \times \dfrac{100 SL}{15 TS} \times \dfrac{1m^3}{1,000kg} = 11.73 m^3/hr$$

27. 정답 ②

해설 C/N비 : 초기 C/N비는 25~30이 적당하며 C/N비가 낮은 경우는 암모니아 가스가 발생한다.

28. 정답 ④

해설 퇴비화 시 고려사항 : 수분, pH, 온도, C/N, 입도

29. 정답 ②

해설 반응식 $C_6H_{12}O_6 \rightarrow 3CO_2 + 3CH_4$
180kg : 3×16kg
100kg : X, $\therefore X = 26.67kg$

30. 정답 ③

해설 식 $\ln\left(\dfrac{C_t}{C_0}\right) = -k \cdot t$

반감기(농도가 반으로 감소하는 데 걸리는 시간)에서의 k를 먼저 산출

$\rightarrow \ln\left(\dfrac{0.5 C_0}{C_0}\right) = -k \times 3$, $k = 0.2310/year$

$\ln\left(\dfrac{0.1 C_0}{C_0}\right) = -0.2310 \times t$, $\therefore t = 9.97$년

31. 정답 ②

해설 식 FS(안전인자) $= \dfrac{\tan \delta}{\tan \beta}$

- δ(내부마찰각) $= 30°$

$2 = \dfrac{\tan 30}{\tan \beta}$

$\tan \beta = 0.2886$,

$\therefore \beta = \dfrac{0.2886}{\tan} = \tan^{-1}(0.2886) = 16.10°$

※ $\sin^{-1}$, $\cos^{-1}$, $\tan^{-1}$은 계산기에서 누를 수 있다.

32. 정답 ④

해설 [제거하기 용이한 순서]
중력수 > 모세관수(모관결합수) > 흡습수(부착수) > 결합수(내부수, 화학수)

33. 정답 ④

해설 식 침출수량 = 강우량(mm) × 0.6 × 매립면적

→ 강우량은 높이로 표현되므로 환산된 침출수발생량도 높이이다. 최종적으로 침출수량을 부피단위로 구하기 위해 매립면적을 곱해주어 부피로 산출한다.

- 매립면적 = $\dfrac{쓰레기 부피}{매립 높이}$ = $\dfrac{30,000톤 \times \dfrac{1m^3}{0.75톤}}{6m}$
  = $6,666.67m^2$

∴ 침출수량 = $1,300mm \times 0.6 \times 6,666.67m^2 \times \dfrac{1m}{10^3mm}$
  = $5,200m^3$

34. 정답 ①

해설 소모된 폐기물 중 소비된 질소의 분율로 질소의 양을 산출한다.

식 소비된 질소의 양 = 소비된폐기물 × 증가된 질소분율
∴ 소비된 질소의 양
  = $(1-0.75)톤 \times (0.025-0.02) = 1.25 \times 10^{-3}톤 = 1.25kg$

35. 정답 ①

해설 식 매립면적(m^2) = $\dfrac{총쓰레기량(m^3)}{매립깊이(m)} \times \dfrac{1}{도랑점유율}$

- 총 쓰레기량(m^3)
  = $\dfrac{1,000톤}{day} \times \dfrac{1m^3}{0.5톤} \times (1-0.4) \times 365 day = 438,000m^3$
- 매립깊이(m) = 4m

∴ 매립면적 = $\dfrac{438,000m^3}{4m} \times \dfrac{1}{0.6} = 182,500m^2$

36. 정답 ①

해설 식 유효입경 = $D10 = 0.25$

식 곡률계수 = $\dfrac{(D_{30})^2}{D_{10} \times D_{60}} = \dfrac{0.6^2}{0.25 \times 0.9} = 1.6$

37. 정답 ③

해설 식 건조시켜야 할 수분양
  = W_1(건조전쓰레기) $- W_2$(건조후쓰레기)

식 $W_1(1-X_{w1}) = W_2(1-X_{w2})$
1톤 × (1-0.6) = W_2 × (1-0.2), $W_2 = 0.5톤 = 500kg$
∴ 건조시켜야 할 수분양 = $1,000kg - 500kg = 500kg$

38. 정답 ④

해설 열분해는 일반적으로 무산소 또는 저산소 조건에서 진행되며 환원분위기가 형성되어 CO_2보다 CO의 발생이 현저하다. 산소가 일부 존재하는 경우 전체적으로는 환원반응, 부분적 발열반응으로 공정의 온도가 상승되어 CO의 생성량이 많아진다.

참고 열분해는 온도가 높아질수록 가스상물질이 많이 생성되고 온도가 낮아지면 액체/고체상물질이 많이 생성된다.

39. 정답 ②

해설

구분	항목	조건 Ⅰ	조건 Ⅱ	조건 Ⅲ
침출수 상태	COD(mg/L)	〉10,000	500~10,000	〈500
	COD/TOC	2.7	2.0~2.7	〈2.0
	BOD/COD	0.5	0.1~0.5	〈0.1
	매립연한	짧음	중간	오래됨
처리 방법에 따른 처리성	생물학적 처리	좋음	보통	나쁨
	화학적 응집/침전	보통	나쁨	나쁨
	화학적 산화	보통/나쁨	보통	보통
	R/O	보통	좋음	좋음
	활성탄 흡착	보통/좋음	보통/좋음	좋음
	이온교환	나쁨	보통/좋음	보통

40. 정답 ④

해설 Manning형은 관로의 유속을 계산하는 식이다.

41. 정답 ②

해설 식 $Hl = Hh - 600(9H+W)$
- $Hh = 8100C + 34250(H-O/8) + 2250S$
  = $8100 \times 0.72 + 34,250 \times (0.06 - 0.08/8) + 2250 \times 0.02$
  = $7589.5 kcal/kg$
∴ $Hl = 7589.5 - 600 \times (9 \times 0.06 + 0.12) = 7,193.5 kcal/kg$

42. 정답 ②

해설 기계적 구동부분이 적어 고장율이 적다. 기계적 구동부분이 많아 고장율이 많은 것은 다단상(다단로) 소각로이다.

43. 정답 ④

해설 고온열분해법에서는 기체상태의 연료가 많이 생성된다. 저온열분해에서 타르, Char, 오일의 연료가 많이 생성된다.

44. 정답 ②

45. 정답 ③

해설 탄화도가 클수록 연소가 어렵고 연소속도는 작아진다.

46. 정답 ②

해설 반응식 $C_mH_n + \left(m + \dfrac{n}{4}\right)O_2 \rightarrow mCO_2 + \dfrac{n}{2}H_2O$

47. 정답 ②

해설 식 $X℃ = \frac{5}{9}(℉ - 32) = \frac{5}{9} \times (100 - 32) = 37.78℃$

48. 정답 ①

해설 식 고체 > 액체 > 기체연소장치 순으로 공기를 요구한다.

49. 정답 ③

해설 식 $t_o = \frac{Hl}{G \cdot C_p} + t$

$t_o = \frac{8,000}{10 \times 0.35} + 15 = 2,300.71℃$

50. 정답 ③

해설 황분, 중금속분이 회분 속에 고정되는 비율이 많다.

51. 정답 ①

해설 급수 예열에 의해 보일러수와의 온도차가 감소함에 따라 보일러 드럼에 열응력이 감소한다.

> ※ 열응력 : 온도변화에 따른 팽창 및 수축으로 인한 응력
> ※ 응력 : 재료에 압축, 인장, 굽힘, 비틀림 등의 하중(외력)을 가했을 때, 그 크기에 대응하여 재료 내에 생기는 저항력

52. 정답 ①

해설 소각재 처리설비가 필요없다. 소각재 설비가 필요한 소각로는 고체연료 소각로(화격자, 다단상, 회전로 등)이다.

53. 정답 ②

해설 식 $Hl = Hh - 600(9H + W)$

∴ $Hl = 1,500 - 600 \times (0.2) = 1,380 kcal/kg$

54. 정답 ④

55. 정답 ①

56. 정답 ②

해설 식 $Xmg/m^3 = \frac{0.01m^3}{100m^3} \times \frac{44kg}{22.4m^3} \times \frac{10^6 mg}{1kg}$

$= 196.43 mg/m^3$

별해

$Xmg/m^3 = 0.01\% \times \frac{10,000 mL/m^3}{1\%} \times \frac{44mg}{22.4mL} = 196.43 mg/m^3$

(1% = 10,000ppm(mL/m³))

57. 정답 ④

해설 제시된 AFR은 kg mol / kg mol인 몰비를 구하라고 하였으므로 반응식을 통해 공기몰수와 연료몰수를 산출하여 비를 취한다.

식 $AFR_{mol} = \frac{공기몰수}{연료몰수}$

반응식 $C_8H_{18} + 12.5O_2 \rightarrow 8CO_2 + 9H_2O$

∴ $AFR_m = \frac{12.5 \times \frac{1}{0.21}}{1} = 59.52$

58. 정답 ②

해설 반응식 $S + O_2 \rightarrow SO_2$

32kg : 64kg

$1톤 \times \frac{10^3 kg}{1톤} \times 0.02 : X$, ∴ $X = 40kg$

59. 정답 ②

해설 층 내 압력손실이 크다.

60. 정답 ④

해설 할로겐족은 염소와 플루오린, 브롬, 요오드가 그 대상이 되며 반응성이 크고 부식성이 큰 물질이다. 수증기의 발생과 관련이 없다.

61. 정답 ①

해설 시료 중의 3가크롬을 산화시켜 6가크롬으로 하기 위해서이다. KMnO₄는 산화제이다.

62. 정답 ④

63. 정답 ④

해설 회화법은 목적 성분이 400℃ 이상에서 휘산되지 않고 쉽게 회화될 수 있는 시료에 적용하며 회화에 의한 유기물 분해 방법이다. 시료 중에 염화암모늄, 염화마그네슘, 염화칼슘 등이 높은 비율로 함유된 경우에는 납, 철, 주석, 아연, 안티몬 등이 휘산되어 손실이 발생하므로 주의하여야 한다. (400℃~500℃에서 가열, 실험 시 사용하는 용액의 산 농도는 약 0.5M이다.)

64. 정답 ③

해설 수소화비소를 원자화시켜 193.7nm에서 흡광도를 측정한다.

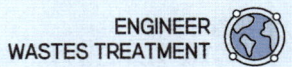

65. 정답 ②
해설 폐기물공정시험기준(방법)상 감염성 미생물 검사법은 아포균 검사법, 세균배양 검사법, 멸균테이프 검사법 등이 있다.

66. 정답 ②
해설 무기화합물(특히, 금속류)에 대한 정성 및 정량분석은 원자흡수분광광도법 또는 유도결합플라즈마법으로 측정하는 것이 일반적이다. 기체크로마토그래피는 유기물 및 무기물의 정성/정량 분석에 이용된다.

67. 정답 ③
해설 폐기물 중의 비교적 휘발되지 않는 탄화수소, 탄화수소유도체, 그리스유상물질 중 노말헥산에 용해되는 성분에 적용한다.

68. 정답 ①
해설 – 백석면 : 꼬인 물결 모양의 섬유
– 갈석면 : 곧은 섬유와 섬유다발
– 청석면 : 곧은 섬유와 섬유다발
– 직섬석 : 곧은 섬유와 섬유다발
– 투섬석, 녹섬석 : 곧고 흰 섬유

69. 정답 ①
해설 끓는점이 높거나 극성 유기화합물들이 함께 추출되므로 이들 중에는 분석을 간섭하는 물질이 있을 수 있다.

70. 정답 ④

71. 정답 ③
해설 ③항만 분광학적 간섭에 해당한다.
① 불꽃 중에서 원자가 이온화하는 경우 – 화학적 간섭
② 시료용액의 점성이나 표면장력 등에 의하여 일어나는 경우 – 물리적 간섭
④ 공존물질과 작용하여 해리하기 어려운 화합물이 생성되어 흡광에 관계하는 기저상태의 원자수가 감소하는 경우 – 화학적 간섭

72. 정답 ②
해설 시료 100g 이상을 정확히 달아 정제수에 염산을 넣어 pH를 5.8~6.3으로 맞춘 용매(mL)를 시료:용매 = 1:10(W:V)의 비로 2,000mL 삼각 플라스크에 넣어 혼합한다.

73. 정답 ①
해설 pH를 0.01까지 측정한다.

74. 정답 ②
해설 〈대상 폐기물의 양과 현장 시료의 최소 수〉

대상 폐기물의 양(단위 : ton)	현장 시료의 최소 수
~1 미만	6
1 이상~5 미만	10
5 이상~30 미만	14
30 이상~100 미만	20
100 이상~500 미만	30
500 이상~1,000 미만	36
1,000 이상~5,000 미만	50
5,000 이상~	60

암기TIP 사사육십 육 십사 십 → 6으로 시작하여 순서대로 하나씩 더한다.
예 6, 6+4=10, 10+4=14, 14+6=20, 20+10=30, 30+6=36, 36+14=50, 50+10=60

75. 정답 ③

76. 정답 ③
해설 시료를 pH 2 이하의 산성으로 조절한 후에 에틸렌다이아민테트라아세트산이나트륨을 넣고 가열 증류한다.

77. 정답 ①
해설 "항량으로 될 때까지 건조한다"라 함은 같은 조건에서 1시간 더 건조할 때 전후 무게의 차가 g당 0.3mg 이하일 때를 말한다.

78. 정답 ②
해설 소각 잔재, 슬러지 또는 입자상 물질은 그대로 작은 돌멩이 등의 이물질을 제거하고, 이외의 폐기물 중 입경이 5mm 미만인 것은 그대로, 입경이 5mm 이상인 것은 분쇄하여 체로 거른 후 입경이 0.5mm~5mm로 한다.

79. 정답 ③
해설 반고상폐기물은 고형물의 함량이 5% 이상~15% 미만인 폐기물을 말한다.
식 고형물 함량(%) = $\dfrac{1.2g}{20g} \times 100 = 6\%$

※ 정리
• 액상폐기물 : 고형물의 함량이 5% 미만인 것을 말한다.
• 반고상폐기물 : 고형물의 함량이 5% 이상 15% 미만인 것을 말한다.
• 고상폐기물 : 고형물의 함량이 15% 이상인 것을 말한다.

80. 정답 ②

81. 정답 ④

82. 정답 ③

해설 회수열을 모두 열원(熱源), 전기 등의 형태로 스스로 이용하거나 다른 사람에게 공급할 것

83. 정답 ①

해설 시행규칙 제48조(기술관리인의 자격기준) : 기술관리인의 자격기준은 별표 14와 같다.

시행규칙 별표 14(기술관리인의 자격기준)

구분		자격기준
폐기물 처분시설 또는 재활용시설	가. 매립시설	폐기물처리기사, 수질환경기사, 토목기사, 일반기계기사, 건설기계설비기사, 화공기사, 토양환경기사 중 1명 이상
	나. 소각시설(의료폐기물을 대상으로 하는 소각시설은 제외한다), 시멘트 소성로, 용해로 및 소각열회수시설	폐기물처리기사, 대기환경기사, 토목기사, 일반기계기사, 건설기계설비기사, 화공기사, 전기기사, 전기공사기사 중 1명 이상
	다. 의료폐기물을 대상으로 하는 시설	• 폐기물처리산업기사, 임상병리사, 위생사 중 1명 이상
	라. 음식물류 폐기물을 대상으로 하는 시설	• 폐기물처리산업기사, 수질환경산업기사, 화공산업기사, 토목산업기사, 대기환경산업기사, 일반기계기사, 전기기사 중 1명 이상
	마. 그 밖의 시설	• 같은 시설의 운영을 담당하는 자 1명 이상

비고 폐기물 처분시설 또는 재활용시설이 배출시설에 해당할 때에는 「대기환경보전법」·「물환경보전법」 또는 「소음·진동관리법」에 따른 환경기술인이 기술관리인을 겸임할 수 있다.

84. 정답 ④

해설 시행령 제16조(기술관리대행자)
폐기물처리시설의 유지·관리에 관한 기술관리를 대행할 수 있는 자는 다음 각 호의 자로 한다.
1. 한국환경공단
2. 「엔지니어링산업 진흥법」제21조에 따라 신고한 엔지니어링사업자
3. 「기술사법」제6조에 따른 기술사사무소(법 제34조제2항에 따른 자격을 가진 기술사가 개설한 사무소로 한정한다)
4. 그 밖에 기후에너지환경부장관이 기술관리를 대행할 능력이 있다고 인정하여 고시하는 자

85. 정답 ④

해설 제15조(기술관리인을 두어야 할 폐기물처리시설)
① 사료화·퇴비화 또는 연료화시설로서 1일 재활용능력이 5톤 이상인 시설
② 지정폐기물을 매립하는 시설로서 면적이 3천300제곱미터 이상인 시설. 다만, 별표 3의 제2호 최종처분시설 중 가목의 차단형 매립시설에서는 면적이 330제곱미터 이상이거나 매립용적이 1천 세제곱미터 이상인 시설로 한다.
③ 지정폐기물 외의 폐기물을 매립하는 시설로서 면적이 1만 제곱미터 이상이거나 매립용적이 3만 세제곱미터 이상인 시설

86. 정답 ④

해설 시행령 제14조(주변지역 영향 조사대상 폐기물처리시설)
"대통령령으로 정하는 폐기물처리시설"이란 폐기물처리업자가 설치·운영하는 다음 각 호의 시설을 말한다.
1. 1일 처분능력이 50톤 이상인 사업장폐기물 소각시설(같은 사업장에 여러 개의 소각시설이 있는 경우에는 각 소각시설의 1일 처분능력의 합계가 50톤 이상인 경우를 말한다)
2. 매립면적 1만 제곱미터 이상의 사업장 지정폐기물 매립시설
3. 매립면적 15만 제곱미터 이상의 사업장 일반폐기물 매립시설
4. 시멘트 소성로(폐기물을 연료로 사용하는 경우로 한정한다)
5. 1일 재활용능력이 50톤 이상인 사업장폐기물 소각열회수시설(같은 사업장에 여러 개의 소각열회수시설이 있는 경우에는 각 소각열회수시설의 1일 재활용능력의 합계가 50톤 이상인 경우를 말한다)

87. 정답 ④

해설 파손된 유리재질의 시험기구는 손상성 폐기물에 해당한다.
• 일반의료폐기물 : 혈액·체액·분비물·배설물이 함유되어 있는 탈지면, 붕대, 거즈, 일회용 기저귀, 생리대, 일회용 주사기, 수액세트

88. 정답 ④

89. 정답 ①

해설 〈관리형 매립시설 침출수의 생물화학적 산소요구량·화학적 산소요구량·부유물질량의 배출허용기준〉

구분	생물화학적 산소요구량 (mg/L)	화학적 산소요구량 (mg/L)	부유물질량 (mg/L)
청정지역	30	200	30
가지역	50	300	50
나지역	70	400	70

90. 정답 ④

91. 정답 ③

92. 정답 ②

93. 정답 ②

해설 국내에서 발생한 폐기물은 가능하면 국내에서 처리되어야 하고, 폐기물의 수입은 되도록 억제되어야 한다.

94. 정답 ③

95. 정답 ②

96. 정답 ③

해설 ① 폐기물처리 가격의 최저액보다 낮은 가격으로 폐기물 처리를 위탁한 자 – 해당없음
② 폐기물운반자가 규정에 의한 서류를 지니지 아니하거나 내보이지 아니한 자 – 해당없음
④ 처리이행보증보험의 계약을 갱신하지 아니한 자 – 300만원 이하의 과태료(증액조정 신청에 대한 내용은 없음)

97. 정답 ②

해설 가. 기계적 재활용시설
1) 압축·압출·성형·주조시설(동력 7.5kW 이상인 시설로 한정한다)
2) 파쇄·분쇄·탈피 시설(동력 15kW 이상인 시설로 한정한다)
3) 절단시설(동력 7.5kW 이상인 시설로 한정한다)
4) 용융·용해시설(동력 7.5kW 이상인 시설로 한정한다)
5) 연료화시설
6) 증발·농축 시설
7) 정제시설(분리·증류·추출·여과 등의 시설을 이용하여 폐기물을 재활용하는 단위시설을 포함한다)
8) 유수 분리 시설
9) 탈수·건조 시설
10) 세척시설(철도용 폐목재 받침목을 재활용하는 경우로 한정한다)

98. 정답 ①

99. 정답 ③

100. 정답 ③

해설 시행규칙 제21조(사업장폐기물의 공동처리 등)
① "기후에너지환경부령으로 정하는 둘 이상의 사업장폐기물배출자"란 다음 각 호의 자를 말한다.
1. 「자동차관리법」에 따른 자동차정비업을 하는 자와 같은 법 시행규칙 제132조 각 호의 작업을 업으로 하는 자
2. 「건설기계관리법」에 따른 건설기계정비업을 하는 자
3. 「여객자동차 운수사업법」에 따른 여객자동차운송사업을 하는 자
4. 「화물자동차 운수사업법」에 따른 화물자동차운송사업을 하는 자
5. 「공중위생관리법」에 따른 세탁업을 하는 자
6. 인쇄사를 경영하는 자
7. 동일한 기업집단의 사업자
7의2. 같은 산업단지 등 사업장 밀집지역의 사업장을 운영하는 자
8. 의료폐기물을 배출하는 자(「의료법」 제3조제2항제3호가목의 종합병원은 제외한다)
9. 사업장폐기물이 소량으로 발생하여 공동으로 수집·운반하는 것이 효율적이라고 시·도지사, 시장·군수·구청장 또는 지방환경관서의 장이 인정하는 사업장을 운영하는 자

UNIT 07 2022년 1회 기사 정답 및 해설

01 ①	02 ③	03 출제 오류	04 ④	05 ③
06 ①	07 ①	08 ②	09 ③	10 ②
11 ③	12 ①	13 ③	14 ②	15 ④
16 ③	17 ①	18 ④	19 ②	20 ③
21 ③	22 ②	23 ②	24 ④	25 ③
26 ③	27 ④	28 ④	29 ③	30 ④
31 ④	32 ③	33 ③	34 ③	35 ③
36 ①	37 ④	38 ②	39 ④	40 ②
41 ①	42 ②	43 ④	44 ②	45 ④
46 ①	47 ④	48 ③	49 ④	50 ①
51 ④	52 ②	53 ①	54 ②	55 ①
56 ①	57 ④	58 ④	59 ④	60 ③
61 ③	62 ②	63 ④	64 ④	65 ②
66 ④	67 ①	68 ④	69 ④	70 ②
71 ③	72 ①	73 ③	74 ③	75 ③
76 ④	77 ①	78 ①	79 ④	80 ②
81 ④	82 ③	83 ③	84 ②	85 ②
86 ④	87 ④	88 ②	89 ③	90 ①
91 ③	92 ③	93 ③	94 ①	95 ④
96 ③	97 ③	98 ④	99 ④	100 ③

01. 정답 ①

02. 정답 ③

03. 정답 출제오류

해설 출제오류로 판단된다. 산업인력공단에서 제시된 답은 ①이나, 2018년 기준 폐산과 폐알칼리 발생량의 합은 998,033 + 90,947 = 1,088,980톤/년으로 폐유기용제(1,181,056톤/년)와 폐유(1,132,516톤/년)에 비해 작다. 따라서 ④항은 틀린 보기이고, ①항의 가장 높은 증가율을 보이는 것은 폐유가 맞다. 답이 ④항으로 정정되어야 하며 2010~2018년 동안의 배출량 비교라는 전제조건이 반드시 있어야 한다.

04. 정답 ④

해설 선별의 정확도가 높고 폭발가능 물질의 분류가 가능하다.

05. 정답 ③

해설 수거 차량 대수

$$= \frac{\text{총 쓰레기량}}{\text{1대당 수거량}} = \frac{2,000m^3 \times \frac{0.95톤}{m^3}}{20톤} = 95대$$

06. 정답 ①

해설 식 수분증발량 = $W_1 - W_2$

식 $W_1(1-X_{w1}) = W_2(1-X_{w2})$
1톤 × (1−0.95) = W_2 × (1−0.8), $W_2 = 0.25$톤

∴ 수분증발량 = 1톤 − 0.25톤 = 0.75톤 = 750 kg

07. 정답 ①

해설 식 시간당 발열량(kcal/hr)

$= \frac{500kL}{day} \times \frac{8CH_4}{1분뇨} \times \frac{1m^3}{1kL} \times \frac{5,500kcal}{1m^3} \times \frac{1day}{24hr}$

$= 916,666.67 kcal/hr$

08. 정답 ②

해설 식 부피감소율(%) = $\left(1 - \frac{1}{1.67}\right) \times 100 = 40.12\%$

• CR(압축비) = $\frac{\rho_2}{\rho_1} = \frac{0.75}{0.45} = 1.67$

09. 정답 ③

해설 발생량이 많은 곳은 하루 중 가장 먼저 수거한다.

10. 정답 ②

해설 ②항만 올바르다.

오답해설
① 포장지의 유료 제공
③ 백화점 자체 봉투 사용 억제
④ 백화점에서 구매직후 상품 겉포장 벗기는 행위 장려

11. 정답 ③

해설 ③항은 컨테이너(철도 수송) 수송에 대한 설명이다.

12. 정답 ①

해설 식 고위발열량 = 저위발열량 + 물의 증발잠열

13. 정답 ③

해설 적환장은 수송차량에 싣는 방법에 따라서 직접투하식, 저장투하식, 직접·저장투하식으로 구별된다.

14. 정답 ②

해설 삼성분분석은 개략분석에 해당하며, 신속한 분석이 가능하나 오차가 크다. 발열량 측정은 원소분석으로 분석 시 오차가 적다.

15. **정답** ④
    해설 경향법, 동적모사법, 다중회기법은 발생량 예측방법에 해당한다.

16. **정답** ③
    해설

수거형태	수거효율
타종수거	0.84MHT
대형쓰레기통	1.1MHT
플라스틱 자루	1.35MHT
집밖 이동식	1.47MHT
집안 이동식	1.86MHT
집밖 고정식	1.96MHT
문전 수거	2.3MHT
벽면 부착식	2.38MHT

17. **정답** ①
    해설 물질수지법은 산업폐기물의 발생량을 추산할 때 주로 사용된다.

18. **정답** ④

19. **정답** ②
    해설 **식** $CR = \dfrac{1}{1-VR} = \dfrac{1}{1-0.45} = 1.82$

20. **정답** ③
    해설 **식** 가연성 물질의 양
    $= 8m^3 \times \dfrac{350kg}{m^3} \times (1-0.4) \times \dfrac{1톤}{10^3 kg} = 1.68톤$

21. **정답** ③

22. **정답** ②

23. **정답** ②
    해설 미생물, 자외선에 대한 안정성이 약하다.

24. **정답** ④
    해설 혼합률이 낮고 에너지 소비율이 낮은 공정이다.

25. **정답** ③

해설 **식** 탈기계수
$= \dfrac{\text{공기공급량}}{\text{지하수량}} \times \text{헨리상수} = \dfrac{100L/\sec}{5L/\sec} \times 0.3 = 6$

26. **정답** ③
    해설 Cl 함량 및 연소먼지가 주로 문제가 되는 오염물질이다. 유황함량 및 SOx 발생은 기타 화석연료에 비해 낮은 편이다.

27. **정답** ④
    해설 오염물질의 pH가 영향을 미친다.
    〈유기오염물질의 지하이동에 영향을 미치는 인자〉
    - 오염물질 특성 : 분배계수, 생물학적 분해속도, pH, 용존 유기물 함량, 용해도
    - 토양 특성 : 수리전도도, 공극률, 토성, 표면전하, 표면적

28. **정답** ④
    해설 생물학적 분해르 CH_4와 CO_2를 분리하기는 어렵다.

29. **정답** ③
    해설 **식** $SL_1(1-X_{w1}) = SL_2(1-X_{w2})$
    $SL_1 \times (1-0.95) = SL_2 \times (1-0.7)$
    $\therefore \dfrac{SL_2}{SL_1} = \dfrac{(1-0.95)}{(1-0.7)} = \dfrac{0.05}{0.3} = \dfrac{1}{6}$

30. **정답** ④
    해설 도랑식 매립법은 매립 후 굴착한 흙을 복토로 이용하는 경우 복토가 적게 소요되고 도랑을 파고 도랑에 폐기물을 매립하는 형태로 지면이 높아지지 않는다.

31. **정답** ④

32. **정답** ③
    해설 선별된 물질을 일시적으로 보관하기 위해 저류시설을 설치한다.

33. **정답** ③
    해설 메탄은 쓰레기의 혐기성분해로 발생되며 자연 착화하기 어렵다.

34. **정답** ③
    해설 차수설비는 매립지 내로 침투한 우수로 인해 발생한 침출수를 방지한다. 매립지 외의 면적에서 침투한 우수가

매립지 바닥 이하로 침수되는 것과는 관계없다. 또한 연직차수설비의 경우 매립지 내의 바닥 이하로 침투되어도 불투수층과 연직공 사이에 포집된다.

35. 정답 ②

해설 덮개 흙은 일일복토에 해당한다. 일일복토는 통기성과 투수성이 우수한 토양으로 하고 중간복토는 통기성과 투수성이 좋지 않은 점성계 토양으로 하여 가스의 이동 및 우수의 침투를 방지한다.

36. 정답 ①

37. 정답 ②

해설 식 탈수 슬러지 $= TS \times \dfrac{100}{X_{TS}}$

- $TS = \dfrac{10kg}{m^2 \cdot hr} \times 10m^2 = 100kg/hr$

∴ 탈수 슬러지 $= 100 \times \dfrac{100\,SL}{(100-40)\,TS} = 166.67 kg/hr$

38. 정답 ②

해설 식 소화 후 슬러지 $= TS_2 \times \dfrac{100}{X_{TS_2}} = (VS_2 + FS_2) \times \dfrac{100}{X_{TS_2}}$

- $VS_2 = \dfrac{100kL}{day} \times \dfrac{2\,TS}{100\,SL} \times \dfrac{70\,VS}{100\,TS} \times (1-0.6)$
  $= 0.56 kL/day = 0.56 m^3/day$
- $FS_2 (= FS_1) = \dfrac{100kL}{day} \times \dfrac{2\,TS}{100\,SL} \times \dfrac{30\,VS}{100\,TS} = 0.6 m^3/day$

∴ 소화 후 슬러지 $= (0.56 + 0.6) \times \dfrac{100\,SL}{4\,TS_2} = 29 m^3/day$

39. 정답 ④

해설 물에 대한 용해도가 낮고 물과 밀도가 다른 폐기물이 이용 가능성이 높다.

40. 정답 ②

해설 식 처리효율(%) $= \left(1 - \dfrac{BOD_o}{BOD_i}\right) \times 100$

- $P(희석배수) = \dfrac{희석\ 전\ 농도}{희석\ 후\ 농도} = \dfrac{800}{40} = 20$

(미생물의 영향이 없는 염소농도로 희석배수를 산출한다.)

∴ 처리효율(%) $= \left(1 - \dfrac{45 \times 20}{15,000}\right) \times 100 = 94\%$

41. 정답 ①

42. 정답 ②

43. 정답 ④

해설 식 $Hl = Hh - 600(9H + W)$

- $Hh = 8100C + 34000\left(H - \dfrac{O}{8}\right) + 2500S$

$= 8100 \times 0.78 + 34000 \times \left(0.06 - \dfrac{0.04}{8}\right) + 2500 \times 0.01$

$= 8213 kcal/kg$

∴ $Hl = 8213 - 600 \times (9 \times 0.06 + 0.05) = 7859 kcal/kg$

44. 정답 ②

해설 액체주입형 연소기는 대기오염 방지시설 이외에 소각재의 처리 설비가 필요 없다.

45. 정답 ④

46. 정답 ①

해설 Landfill(매립)은 자원화 기술에 해당되지 않는다.
② Composting(퇴비화)
③ Gasification & Pyrolysis(가스화 및 열분해)
④ SRF(폐기물 고체연료)

47. 정답 ④

해설 액체에서 기체가 될 때 취하는 열(외부로부터 흡수)을 증발열이라 한다.

48. 정답 ③

해설 기계적 구동부분이 적어 고장율이 낮다. 고장율이 높은 것은 다단상 소각로의 단점이다.

49. 정답 ④

50. 정답 ①

해설 일반적으로 열효율이 상대적으로 낮다.

51. 정답 ④

52. 정답 ④

해설 소각로의 연소효율을 증대시키려면 혼합이 활발한 난류 상태가 되어야 한다.

53. 정답 ①

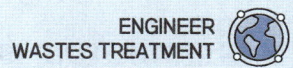

해설 **식** 화격자 부하율(화상부하) = $\dfrac{\text{투입폐기물}}{\text{화격자 면적(화상면적)}}$

$$150 kg/m^2 \cdot hr = \dfrac{\dfrac{50\text{톤}}{\text{일}} \times \dfrac{1\text{일}}{24hr} \times \dfrac{10^3 kg}{1\text{톤}}}{\text{화격자 면적(화상면적)}}$$

∴ 화격자면적(화상면적) = $13.89 m^2$

54. **정답** ②

해설 쓰레기의 투입방식에는 상부투입, 하부투입, 십자투입방식이 있다. 중간류식은 열기류의 흐름을 유입과 유출 중간위치에서 배출하는 형식을 말한다.

55. **정답** ①

해설 폐기물의 반입 및 공급설비 : 계량기(계량대, 계량장치, 전달장치, 연산장치), 반입배출로, 반입장, 투입문, 크레인, 에어커튼

56. **정답** ①

해설 **식** $m = \dfrac{21}{21 - O_2} = \dfrac{21}{21 - 5} = 1.31$

57. **정답** ④

해설 **식** $Hh = 8100C + 34000\left(H - \dfrac{O}{8}\right) + 2500S$

∴ $Hh = 8100 \times 0.3 + 34000 \times \left(0.06 - \dfrac{0.2}{8}\right) = 3{,}620 kcal/kg$

58. **정답** ④

해설 **식** 열효율 = $\dfrac{\text{이론연소온도} - \text{손실온도}}{\text{이론연소온도}} \times 100$

$= \dfrac{(\text{연소온도} - \text{배기온도})}{(\text{연소온도} - \text{슬러지온도})} \times 100$

$0.65 = \dfrac{(\text{연소온도} - 400)}{(\text{연소온도} - 15)}$

$0.65 \times (\text{연소온도} - 15) = (\text{연소온도} - 400)$

$0.65\text{연소온도} - 9.75 = \text{연소온도} - 400$

$0.35\text{연소온도} = 390.25$

∴ 연소온도 = $1{,}115℃$

59. **정답** ④

60. **정답** ③

61. **정답** ③

해설 시료 중에 칼슘과 마그네슘의 농도 합이 500mg/L 이상이고 측정값이 규제값의 90% 이상일 때 표준물질첨가법에 의해 측정하는 것이 좋다.

62. **정답** ③

해설 ③항만 올바르다.

오답해설
① 발색 시 황산의 초적 농도는 0.1M이다. 수산화나트륨은 사용하지 않는다.
② 시료 중에 철이 2.5mg 이하로 공존할 경우에는 다이페닐카바자이드 용액을 넣기 전에 10% 피로인산나트륨·10수화물 용액 2mL를 넣어주면 영향이 없다.
④ 총 크롬을 과망간산칼륨을 사용하여 6가 크롬으로 산화시킨 다음 산성에서 다이페닐카바자이드와 반응시킨다.

63. **정답** ③

오답해설
ⓒ 이 용액의 산 농도는 약 1.5N~3.0N이다.
ⓒ 질산 10mL와 황산 5~10mL를 넣고 가열하여 잔류물을 녹인다. (혼합액이 맑지 않을 경우에는 다시 진한 질산 5mL를 넣고 가열을 반복한다.)

64. **정답** ④

65. **정답** ②

해설 할로겐 화합물을 다량 함유하는 경우에도 분석이 가능하다.

66. **정답** ④

해설 5톤 이상의 차량에 폐기물이 적재되어 있는 경우에는 적재 폐기물을 평면상에서 9등분한 후 각 등분마다 현장시료를 채취한다.

67. **정답** ①

해설 시안 분석방법 : 자외선/가시선 분광법, 이온전극법

68. **정답** ④

해설 플라즈마는 그 자체가 광원으로 이용되기 때문에 매우 넓은 농도범위에서 시료를 측정할 수 있다.

69. **정답** ②

70. **정답** ②

해설 유리전극은 일반적으로 용액의 색도, 탁도, 염도, 콜로이드성 물질들, 산화 및 환원성 물질들 등에 의해 간섭을 받지 않는다.

71. 정답 ④

해설 $NV = N'V'$
- $N = 2N$
- $V = 10L$
- $N' = \dfrac{3mol}{L} \times \dfrac{98g}{1mol} \times \dfrac{1eq}{49g} = 6N$

$2N \times 10L = 6N \times V'$, ∴ $N' = 3.33L$

72. 정답 ①

해설 식 $A = \log\dfrac{1}{t} = \log\dfrac{1}{(1-0.3)} = 0.155$

73. 정답 ③

해설 연속식 연소 방식의 소각재 반출 설비에서 채취하는 경우, 바닥재 저장조에서는 부설된 크레인을 이용하여 채취하고, 비산재 저장조에서는 낙하구 밑에서 채취하며, 소각재가 운반차량에 적재되어 있는 경우에는 적재 차량에서 채취하고, 부지 내에 야적되어 있는 경우에는 야적더미에서 각 층별로 채취하는 것을 원칙으로 한다.

74. 정답 ③

해설 ③항의 용어정의는 산화성 시험방법 – 고상에 해당하는 내용이다.

75. 정답 ③

76. 정답 ④

해설 냉수 15℃ 이하

77. 정답 ①

해설 〈정도보증/정도관리(QA/QC)〉
㉠ 정밀도 : 임의의 한 종류의 pH 표준용액에 대하여 검출부를 정제수로 잘 씻은 다음 5회 되풀이하여 pH를 측정했을 때 그 재현성이 ±0.05 이내이어야 한다.
㉡ 내부정도관리 주기 및 목표 : 시료를 측정하기 전에 표준용액 2개 이상으로 보정한다.

78. 정답 ①

해설 운반기체는 부피백분율 99.999% 이상의 질소를 사용한다.

79. 정답 ④

80. 정답 ②

해설 ②항만 올바르다.

오답해설
① 정량범위는 324.7nm에서 0.008~4mg/L 범위 정도이다.
③ 검정곡선의 결정계수(R^2)는 0.98 이상이어야 한다.
④ 표준편차율은 표준물질의 농도에 대한 측정 평균값의 상대 백분율로서 나타내며 75~125% 범위이다.

81. 정답 ④

82. 정답 ①

해설 법 제28조(폐기물처리업자에 대한 과징금 처분) 기후에너지환경부장관이나 시·도지사는 폐기물처리업자에게 영업의 정지를 명령하려는 때 그 영업의 정지가 다음 각 호의 어느 하나에 해당한다고 인정되면 그 영업의 정지를 갈음하여 대통령령으로 정하는 매출액에 100분의 5를 곱한 금액을 초과하지 아니하는 범위에서 과징금을 부과할 수 있다. 다만, 그 폐기물처리업자가 매출액이 없거나 매출액을 산정하기 곤란한 경우로서 대통령령으로 정하는 경우에는 1억원을 초과하지 아니하는 범위에서 과징금을 부과할 수 있다.

83. 정답 ②

해설 〈폐기물처리시설 검사 대상시설〉
- 폐기물 매립시설
- 폐기물 소각시설 및 소각열회수시설
- 음식물류폐기물 처리시설(일 100kg 이상)

84. 정답 ②

해설 응집·침전시설은 화학적 재활용시설에 해당한다.

85. 정답 ②

해설 법 제3조의2(폐기물 관리의 기본원칙)
- 사업자는 제품의 생산방식 등을 개선하여 폐기물의 발생을 최대한 억제하고, 발생한 폐기물을 스스로 재활용함으로써 폐기물의 배출을 최소화하여야 한다.
- 누구든지 폐기물을 배출하는 경우에는 주변 환경이나 주민의 건강에 위해를 끼치지 아니하도록 사전에 적절한 조치를 하여야 한다.
- 폐기물은 그 처리과정에서 양과 유해성(有害性)을 줄이도록 하는 등 환경보전과 국민건강보호에 적합하게 처리되어야 한다.
- 폐기물로 인하여 환경오염을 일으킨 자는 오염된 환경을 복원할 책임을 지며, 오염으로 인한 피해의 구제에 드는 비용을 부담하여야 한다.

- 국내에서 발생한 폐기물은 가능하면 국내에서 처리되어야 하고, 폐기물의 수입은 되도록 억제되어야 한다.
- 폐기물은 소각, 매립 등의 처분을 하기보다는 우선적으로 재활용함으로써 자원생산성의 향상에 이바지하도록 하여야 한다.

86. 정답 ④

87. 정답 ③

해설 〈유수분리시설〉
- 분리수이동설비의 파손 여부
- 회수유저장조의 부식 또는 파손 여부
- 이물질제거망의 청소 여부

88. 정답 ③

89. 정답 ③

90. 정답 ①

해설 시행령 제36조의3(한국폐기물협회의 업무 등) "대통령령으로 정하는 업무"란 다음 각 호의 업무를 말한다.
1. 폐기물 관련 국제교류 및 협력
2. 폐기물과 관련된 업무로서 국가나 지방자치단체로부터 위탁받은 업무
3. 그 밖에 정관에서 정하는 업무

91. 정답 ③

92. 정답 ③

해설 〈멸균분쇄시설〉
가. 밀폐형으로 된 자동제어에 의한 처분방식이어야 하며, 처분일자·처분온도·처분입력 및 처분시간 등의 운전내용과 투입되는 폐기물의 양이 연속적으로 함께 자동기록되는 장치를 갖추어야 한다.
나. 폭발사고와 화재 등에 대비하여 안전한 구조이어야 하며, 소화기 등 필요한 장비를 갖추어야 한다.
다. 악취를 방지할 수 있는 시설과 수분함량이 50퍼센트 이하가 되도록 처리할 수 있는 건조장치를 갖추어야 한다.
라. 원형이 파쇄되어 재사용할 수 없도록 분쇄할 수 있는 시설을 갖추어야 한다.
마. 폐기물을 자동으로 투입하는 장치와 투입되는 폐기물의 양을 자동계측하는 장치를 갖추어야 한다.

93. 정답 ③

94. 정답 ①

해설 시행규칙 제51조(교육과정 등) 폐기물 처리 담당자 등이 받아야 할 교육과정은 다음 각 호와 같다. 이 경우 제2호부터 제4호까지의 규정 중 어느 하나의 교육과정을 마친 자는 제1호의 교육과정을 마친 것으로 본다.
1. 사업장폐기물배출자 과정
2. 폐기물처리업 기술요원 과정
3. 폐기물처리 신고자 과정
4. 폐기물 처분시설 또는 재활용시설 기술담당자 과정
5. 재활용환경성평가기관 기술인력 과정
6. 폐기물분석전문기관 기술요원 과정

95. 정답 ④

96. 정답 ③

97. 정답 ③

해설 시행규칙 별표 5(폐기물 인계·인수 사항과 폐기물처리현장정보의 입력 방법 및 절차) 폐기물 인계·인수 사항과 폐기물처리현장정보는 다음 각 목의 어느 하나에 해당하는 매체를 이용한 방법으로 전자정보처리프로그램에 입력하여야 한다.
가. 컴퓨터
나. 이동형 통신수단
다. 전산처리기구의 ARS

98. 정답 ④

해설 ① 시멘트 소성로 – 별도 분류
② 고형화시설 – 화학적 재활용 시설
③ 열처리조합시설 – 소각 시설

99. 정답 ④

100. 정답 ③

UNIT 08 2022년 2회 기사 정답 및 해설

01 ①	02 ①	03 ①	04 ③	05 ③
06 ③	07 ①	08 ④	09 ③	10 ③
11 ③	12 ④	13 ④	14 ①	15 ②
16 ④	17 ①	18 ②	19 ③	20 ③
21 출제 오류	22 ②	23 ③	24 ③	25 ③
26 ③	27 ①	28 ②	29 ②	30 ①
31 ③	32 ②	33 ④	34 ③	35 ①
36 ②	37 ①	38 ③	39 ②	40 ①
41 ①	42 ①	43 ③	44 ③	45 ②
46 ①	47 ①	48 ①	49 ④	50 ①
51 ②	52 ②	53 ②	54 ③	55 ④
56 ④	57 ③	58 ③	59 ②	60 ③
61 ②	62 ②	63 ②	64 ④	65 ④
66 ③	67 ②	68 ①	69 ③	70 ②
71 ①	72 ③	73 ②	74 ④	75 ④
76 ②	77 ②	78 ④	79 ①	80 ①
81 ②	82 ④	83 ②	84 ①	85 ④
86 ③	87 ③	88 ②	89 ③	90 ④
91 ③	92 ②	93 ③	94 ③	95 ①
96 ①	97 ②	98 ③	99 ②	100 ③

01. 정답 ①

해설 보기 중 혐기성 소화에서 독성을 유발할 수 있는 물질은 철(Fe)이다.

02. 정답 ①

03. 정답 ①

해설 압축비가 2이므로 차량의 수거 적재 용적은 쓰레기 부피의 2배가 된다.

식 수거 횟수 = $\dfrac{\text{총쓰레기 발생량}}{\text{일일 수거용량}}$

∴ 수거 횟수

$= \dfrac{\dfrac{1.5kg}{\text{인} \cdot \text{일}} \times 200{,}000\text{인}}{\dfrac{50m^3}{1\text{대}} \times 4\text{대} \times 0.8 \times 2(\text{압축비}) \times \dfrac{500kg}{1m^3}} = 1.88\text{회/일}$

04. 정답 ③

해설 식 회분 중량비(%) = $\dfrac{\text{회분}}{\text{습량기준 폐기물}} \times 100$

식 $W_1(1-X_{w1}) = W_2(1-X_{w2})$

$W_1 \times (1-0.4) = 20, \quad W_1 = 33.33g$

∴ 회분 중량비(%) = $\dfrac{5g}{33.33g} \times 100 = 15\%$

05. 정답 ③

해설 로터리킬른은 전처리가 필요없다.

06. 정답 ③

해설 〈전과정 평가(LCA)〉
㉠ 목적 및 범위 설정(Goal Definition Scoping) (1단계)
㉡ 목록분석(Inventory Analysis) (2단계)
㉢ 영향평가(Impact Analysis or Assessment) (3단계)
㉣ 개선 평가 및 해석(Improvement Assessment) (4단계)

07. 정답 ③

해설 식 $FS_1 = FS_2$

- $TS_1 = W_1 \times 0.05 = 0.05W_1$
- $X_{w_1} = W_1 \times 0.95 = 0.95W_1$
- $VS_1 = 0.05W_1 \times 0.6 = 0.03W_1$
- $FS_1(=FS_2) = 0.05W_1 \times 0.4 = 0.02W_1$
- $VS_2 = VS_1 \times 0.5 = 0.015W_1$

∴ 소화된 분뇨의 함수율(%) = $\dfrac{\text{수분함량}(X_{w_2})}{\text{소화 후 분뇨}(W_2)} \times 100$

$= \dfrac{0.95}{0.015 + 0.02 + 0.95} \times 100 = 96.45\%$

08. 정답 ④

해설 스크린의 종류 중 선별효율이 가장 우수한 것은 트롬멜 스크린(Trommel screen)이다.

09. 정답 ③

해설 농축과정은 슬러지 내 수분을 제거하여 부피를 감소시키는 공정이다.

10. 정답 ③

해설 폐수처리장 슬러지 중 2차 슬러지는 생물학적 처리공정(활성슬러지, 살수여상, 접촉산화, 회전원판, 소화 등)에서 발생한 슬러지이다.

11. 정답 ③

해설 아주 많은 양의 쓰레기가 발생되는 발생원은 하루 중 가장 먼저 수거한다.

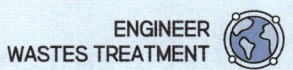

12. 정답 ④

해설 식 1인 1일 쓰레기 배출량 = $\dfrac{\text{총쓰레기 배출량}(kg/\text{일})}{\text{인구수}}$

∴ 1인 1일 쓰레기 배출량

$= \dfrac{\dfrac{11m^3}{1\text{대}\cdot 3\text{일}}\times 5\text{대}\times \dfrac{210kg}{1m^3}}{1{,}000\text{세대}\times \dfrac{5\text{인}}{1\text{세대}}} = 0.77kg/\text{인}\cdot\text{일}$

13. 정답 ④

해설 스크린의 경사도는 대개 2~3° 정도이다.

14. 정답 ①

해설 식 $MHT = \dfrac{\text{수거인부수}\times \text{수거시간}}{\text{쓰레기발생량}}$

$1.8 = \dfrac{\text{수거인부수}\times 300day \times \dfrac{10\text{시간}}{1day}}{5{,}000{,}000\text{톤}}$

∴ 수거인부수 = 3,000인

15. 정답 ②

16. 정답 ④

해설 쓰레기 발생밀도가 높은 곳에서 사용된다.

17. 정답 ③

해설 Ultimate Analysis(원소 분석)은 탄소, 수소, 질소, 황, 산소의 함량을 분석한다.

18. 정답 ②

19. 정답 ③

해설 생활폐기물의 원료의 절약과 발생억제는 관리자가 아닌 폐기물 배출자(국민)에 따라 결정된다.

20. 정답 ③

해설 발생부산물의 처리방법 강구는 사용·폐기와 관련된 사항이다.

21. 정답 출제오류

해설 제시된 답안은 ①이나 답안 오류로 판단된다. Manning 공식에 포함되는 인자는 조도계수, 경심, 동수경사(동수구배)이다. 따라서 포함되지 않는 것은 ①, ④이다.

식 $V = \dfrac{1}{n(\text{조도계수})} \times R(\text{경심})^{2/3} \times I(\text{동수경사})^{1/2}$

22. 정답 ②

23. 정답 ③

해설 유리화법은 폐기물에 규소를 혼합하여 유리화시키는 고형화 방법이다.

24. 정답 ③

해설 식 2단 소화조의 용량(2조식)

$= \dfrac{SL_1(\text{소화전 슬러지}) + SL_2(\text{소화후 슬러지})}{2} \times t(\text{체류시간})$

• $SL_1 = 1{,}000 kL/day$

• $SL_2 = TS_2 \times \dfrac{100}{X_{TS}} = (VS_2 + FS) \times \dfrac{100}{X_{TS}}$

$= \dfrac{(15+20)kL}{day} \times \dfrac{100SL}{10TS} = 350 kL/day$

– $VS_2 = \dfrac{1{,}000kL}{day} \times \dfrac{5TS}{100SL} \times \dfrac{60VS}{100TS} \times (1-0.5) = 15 kL/day$

– $FS = \dfrac{1{,}000kL}{day} \times \dfrac{5TS}{100SL} \times \dfrac{40FS}{100TS} = 20 kL/day$

∴ 2단 소화조의 용량(2조식)

$= \dfrac{1{,}000+350}{2} \times 30 = 20{,}250 kL = 20{,}250 m^3$

25. 정답 ③

해설 일일복토와 bailing을 통한 폐기물 압축으로 매립부피를 줄일 수 있는 것은 압축매립공법에 대한 설명이다.

26. 정답 ③

해설 식 매립지 면적 = $\dfrac{\text{폐기물 배출량}(m^3)}{\text{매립깊이}(m)}$

∴ 매립지 면적

$= \dfrac{\dfrac{200\text{톤}}{\text{일}} \times \dfrac{1m^3}{0.8\text{톤}} \times \dfrac{365\text{일}}{1\text{년}}}{5m} = 18{,}250 m^2/\text{년}$

27. 정답 ①

28. 정답 ②

해설 자가시멘트법은 탈수 등 전처리가 필요없다.

29. 정답 ②

30. 정답 ①

해설 식 $V = \dfrac{KI}{\epsilon} = \dfrac{1.6 \times 10^{-8}}{0.4} = 4 \times 10^{-8} m/sec$

• 비배출량(유량/면적) = KI

31. 정답 ③

32. 정답 ②

해설 식 매립지 면적 = $\dfrac{\text{폐기물 배출량}(m^3)}{\text{매립깊이}(m)}$

∴ 매립지 면적

$= \dfrac{700\text{톤}/\text{일} \times \dfrac{10^3 kg}{1\text{톤}} \times \dfrac{1 m^3}{250 kg} \times (1 - 0.3)}{2.5m} = 784 m^2/\text{일}$

33. 정답 ④

해설 식 $SL_1(1-X_{w1}) = SL_2(1-X_{w2})$

$SL_1 \times X_{TS_1}$(농축 전 고형물 함량)
$= SL_2 \times X_{TS_2}$(농축 후 고형물 함량)

$150,000 \times 0.042 = 70,000 \times X_{TS_2}$ ∴ $X_{TS_2} = 0.09 ≒ 9\%$

34. 정답 ③

해설 주로 불포화층에 적용한다.

35. 정답 ①

해설 일일 SRF 생산량

$= \dfrac{1.4 kg}{\text{인}\cdot\text{일}} \times 50,000\text{인} \times 0.3 \times 0.7 = 14.7\text{톤}/\text{일}$

36. 정답 ②

해설 기상에 따라 공기공급량이 달라지므로 제어가 어렵고 악취와 침출수 문제가 존재한다.

37. 정답 ①

해설 ①항은 야적퇴비화(뒤집기식 퇴비단공법)에 대한 설명이다.

38. 정답 ③

해설 식 $\Delta A = A_1 - A_2$

식 $A(m^2) = \dfrac{\text{매립 폐기물의 부피}(m^3)}{\text{매립깊이}(m)}$

• $A_1 = \dfrac{1.2 kg}{\text{인}\cdot\text{일}} \times 400,000\text{인} \times \dfrac{m^3}{0.45\text{톤}} \times \dfrac{1\text{톤}}{10^3 kg} \times \dfrac{365\text{일}}{1\text{년}}$

$\times \dfrac{2}{3} \times \dfrac{1}{4m} = 64,888.89 m^2$

• $A_2 = \dfrac{1.2 kg}{\text{인}\cdot\text{일}} \times 400,000\text{인} \times \dfrac{m^3}{0.45\text{톤}} \times \dfrac{1\text{톤}}{10^3 kg} \times \dfrac{365\text{일}}{1\text{년}}$

$\times \dfrac{2}{3} \times \dfrac{1}{4m} \times \dfrac{(3-1)}{3} = 43,259.26 m^2$

∴ $\Delta A = 64,888.99 - 43,259.26 = 21,629.73 m^2$

39. 정답 ②

해설 피해발현의 완만성(시차성)을 가진다.

40. 정답 ②

해설 식 $TS_1 = TS_2$

$150,000 kg \times 0.063 = 70,000 \times X_{TS_2}$

∴ $X_{TS_2} = 0.135 = 13.5\%$

41. 정답 ①

42. 정답 ①

해설

연료	고위발열량 (kcal/m³, 부피기준)	고위발열량 (kcal/kg, 질량기준)
메탄	9,500	13,270
에탄	16,640	12,400
프로판	23,680	12,030
부탄	30,690	11,830

43. 정답 ②

44. 정답 ③

해설 식 CO_2의 부피 = 프로판 연소 시 CO_2 + 부탄 연소 시 CO_2

∴ CO_2의 부피 = $3C_3H_8 + 4C_4H_{10} = 3 \times 0.4 + 4 \times 0.6 = 3.6 Sm^3$

45. 정답 ②

해설 일반적으로 보일러 부하가 높아질수록 대류과열기에 의한 과열온도는 상승하고, 방사과열기에 의한 과열온도는 낮아진다.

46. 정답 ①

해설 식 $Hl = Hh - 480 \times \sum iH_2O$

반응식 $C_3H_8 + 5O_2 \rightarrow 3CO_2 + 4H_2O$
          1   :   4

∴ $Hl = 24,300 - (480 \times 4) = 22,380 kcal/Sm^3$

47. 정답 ①

해설 식 $C/H(mol/mol) = \dfrac{0.75 \times \dfrac{1mol}{12g}}{0.25 \times \dfrac{1mol}{1g}} = 0.25$

48. 정답 ①

해설 식 이론연소 공기량 $(A_o) = O_o \times \dfrac{1}{0.21}$

반응식 $H_2S + 1.5O_2 \rightarrow H_2O + SO_2$
  $\quad\quad 1 \;\; : \;\; 1.5$

$\therefore A_o = 1.5 \times \dfrac{1}{0.21} = 7.14 Sm^3$

49. 정답 ④

해설 식 $C_w \cdot \Delta t_w \cdot m_w = C_g \cdot \Delta t_g \cdot m_g$
$1.03 \times (X - 20) \times 1,000 = 0.25 \times (400 - 100) \times 1,000$
$\therefore X = 92.82°C$

50. 정답 ①

해설 유해폐기물의 완전분해를 요할 경우 2차 연소실이 필요하다.

51. 정답 ②

해설 ②항만 올바르다.

오답해설
① 휘발성분이 많고 열분해하기 쉬운 물질을 소각할 경우 하향식 연소방식을 쓴다.
③ 수분이 많거나 플라스틱과 같이 열에 쉽게 용해되는 물질은 화격자에서 흘러내림의 우려가 있다.
④ 체류시간이 길고 교반력이 약하여 국부가열이 발생할 우려가 있다.

52. 정답 ②

해설 황 및 중금속이 회분 속에 고정되는 비율이 높다.

53. 정답 ③

해설 화상부하율이 클수록 화상면적이 축소되어 compact화 된다.

54. 정답 ③

해설 식 폐기물의 최대 공급능력 = 1회 투입 중량 × 투입 횟수
$\therefore$ 폐기물의 최대 공급능력
$= \left(\dfrac{4m^3}{1회} \times \dfrac{0.4톤}{1m^3}\right) \times \left(\dfrac{1회}{120초} \times \dfrac{60초}{1분} \times \dfrac{40분}{1hr} \times \dfrac{24hr}{1일}\right)$
$= 768톤/일$

55. 정답 ④

56. 정답 ④

해설 함수율이 높으면 연소온도가 하강하며, 연소물질의 입자가 커지면 연소시간이 길어진다.

57. 정답 ③

해설 유동층 소각로는 2차 연소실이 불필요하다.

58. 정답 ③

해설 식 이론공기량
$= O_o \times \dfrac{1}{0.21} = (1.867C + 5.6H + 0.7S - 0.7O) \times \dfrac{1}{0.21}$

$\therefore$ 이론공기량
$= (1.867 \times 0.4 + 5.6 \times 0.05 + 0.7 \times 0.05 - 0.7 \times 0.1) \times \dfrac{1}{0.21}$
$= 4.72 Sm^3/kg$

59. 정답 ②

60. 정답 ③

해설 완전연소 조건 3TO : Temperature(온도), Time(체류시간), Turbulence(혼합), Oxygen(산소)

61. 정답 ②

62. 정답 ①

해설 습도는 표준상태의 조건에 해당하지 않는다.

63. 정답 ②

해설 $Xg = \dfrac{100mg(C)}{L} \times 1000mL \times \dfrac{1L}{10^3 mL} \times \dfrac{1g}{10^3 mg}$
$\quad\quad \times \dfrac{294(K_2Cr_2O_7)}{2 \times 52(Cr)} = 0.283g$

64. 정답 ④

해설 운반가스, 보조가스, 냉각가스 모두 알곤(Ar)이 주입된다.

65. 정답 ④

66. 정답 ③

해설 원추4분법에서 축소작업 횟수(n)에 따른 시료량의 변화는 다음의 계산식에 따른다.

〈계산식〉 $W_1 \times \left(\dfrac{1}{2}\right)^n = W_2$

$3,000 \times \left(\dfrac{1}{2}\right)^5 = 93.75g$

67. 정답 ②

해설 추출물 1~3μL를 취하여 기체크로마토그래프에 주입하여 분석한다.

68. 정답 ①

69. 정답 ③

70. 정답 ②

해설 안정한 산화물질로 바뀌어 불꽃에서 원자화가 일어나지 않는 경우에 간섭이 발생한다.

71. 정답 ①

해설

대상 폐기물의 양(단위 : ton)	현장 시료의 최소 수
~1 미만	6
1 이상~5 미만	10
5 이상~30 미만	14
30 이상~100 미만	20
100 이상~500 미만	30
500 이상~1,000 미만	36
1,000 이상~5,000 미만	50
5,000 이상~	60

72. 정답 ③

해설 조제한 pH 표준용액은 경질유리병 또는 폴리에틸렌병에 보관하며, 보통 산성표준용액은 3개월, 염기성 표준용액은 산화칼슘(생석회) 흡수관을 부착하여 1개월 이내에 사용한다.

73. 정답 ②

해설 전원변동은 지정전압의 10% 이내로서 주파수의 변동이 없는 것이어야 한다.

74. 정답 ④

75. 정답 ④

76. 정답 ②

해설 크롬을 흡광광도법으로 측정하려면 발색시약으로 다이페닐카바자이드를 사용한다.

77. 정답 ②

78. 정답 ④

79. 정답 ①

해설
- "정밀히 단다"라 함은 규정된 양의 시료를 취하여 화학저울 또는 미량저울로 칭량함을 말한다.
- "정확히 단다"라 함은 규정된 수치의 무게를 0.1mg까지 다는 것을 말한다.

80. 정답 ①

81. 정답 ②

82. 정답 ④

83. 정답 ③

해설 다른 사람에게 자기의 성명이나 상호를 사용하여 폐기물을 처리하게 하거나 그 허가증을 다른 사람에게 빌려준 자 – 2년 이하의 징역이나 2천만원 이하의 벌금

84. 정답 ①

해설 다른 물질과 혼합하지 아니하고 해당 폐기물의 저위발열량이 킬로그램당 3천 킬로칼로리 이상일 것

85. 정답 ④

86. 정답 ③

해설 ③항은 의료폐기물을 중간처분하는 경우의 기술능력에 해당한다. 의료폐기물의 수집·운반의 경우 별도의 기술능력은 필요없다.

87. 정답 ③

88. 정답 ②

89. 정답 ③

해설 시행규칙 제43조(오염물질의 측정) "기후에너지환경부령으로 정하는 측정기관"이란 다음 각 호의 기관을 말한다.
1. 보건환경연구원
2. 한국환경공단

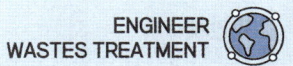

3. 「환경분야 시험·검사 등에 관한 법률」에 따라 수질오염물질 측정대행업의 등록을 한 자
4. 수도권매립지관리공사
5. 폐기물분석전문기관

90. 정답 ②

해설 **시행규칙 제41조(폐기물처리시설의 사용신고 및 검사)**
검사를 받으려는 자는 검사를 받으려는 날 15일 전까지 검사신청서에 다음 각 호의 서류를 첨부하여 폐기물처리시설 검사기관에 제출해야 한다.
1. 소각시설, 소각열회수시설이나 멸균분쇄시설의 경우
   가. 설계도면
   나. 폐기물조성비 내용
   다. 운전 및 유지관리계획서
2. 매립시설의 경우
   가. 설계도서 및 구조계산서 사본
   나. 시방서 및 재료시험성적서 사본
   다. 설치 및 장비확보 명세서
   라. 기후에너지환경부장관이 고시하는 사항을 포함한 시설설치의 환경성조사서(면적이 1만 제곱미터 이상이거나 매립용적이 3만 세제곱미터 이상인 매립시설의 경우만 제출한다). 다만, 「환경영향평가법」에 따른 전략환경영향평가 대상사업, 환경영향평가 대상사업 또는 소규모 환경영향평가 대상사업의 경우에는 전략환경영향평가서, 환경영향평가서나 소규모 환경영향평가서로 대체할 수 있다.
   마. 종전에 받은 정기검사 결과서 사본(종전에 검사를 받은 경우에 한정한다)

91. 정답 ③

해설 **시행규칙 제29조(폐기물처리업의 변경허가)** 폐기물처리업의 변경허가를 받아야 할 중요사항은 다음 각 호와 같다.
1. 폐기물 수집·운반업
   가. 수집·운반대상 폐기물의 변경
   나. 영업구역의 변경
   다. 주차장 소재지의 변경(지정폐기물을 대상으로 하는 수집·운반업만 해당한다)
   라. 운반차량(임시차량은 제외한다)의 증차

92. 정답 ②

해설 〈관리형 매립시설 - 침출수 배출허용기준〉

구분	생물화학적 산소요구량 (mg/L)	화학적 산소요구량 (mg/L)	부유물질량 (mg/L)
청정지역	30	200	30
가지역	50	300	50
나지역	70	400	70

93. 정답 ③

해설 **법 제13조의2(폐기물의 재활용 원칙 및 준수사항)**
다음 각 호의 어느 하나에 해당하는 폐기물은 재활용을 금지하거나 제한한다.
1. 폐석면
2. 폴리클로리네이티드비페닐(PCBs)이 기후에너지환경부령으로 정하는 농도 이상 들어있는 폐기물
3. 의료폐기물(태반은 제외한다)
4. 폐유독물 등 인체나 환경에 미치는 위해가 매우 높을 것으로 우려되는 폐기물 중 대통령령으로 정하는 폐기물

94. 정답 ③

해설 폐합성 수지는 유해물질함유 폐기물에 해당되지 않는다.

95. 정답 ①

해설 **법 제17조의2(폐기물분석전문기관의 지정)**
① 기후에너지환경부장관은 폐기물에 관한 시험·분석 업무를 전문적으로 수행하기 위하여 다음 각 호의 기관을 폐기물 시험·분석 전문기관(이하 "폐기물분석전문기관"이라 한다)으로 지정할 수 있다.
1. 「한국환경공단법」에 따른 한국환경공단(이하 "한국환경공단"이라 한다)
2. 「수도권매립지관리공사의 설립 및 운영 등에 관한 법률」에 따른 수도권매립지관리공사
3. 「보건환경연구원법」에 따른 보건환경연구원

96. 정답 ①

97. 정답 ②

해설 국내에서 발생한 폐기물은 가능하면 국내에서 처리되어야 하고, 폐기물의 수입은 되도록 억제되어야 한다.

98. 정답 ③

99. 정답 ②

해설 **시행령 별표 3(폐기물 처리시설의 종류)**
가. 기계적 재활용시설
   1) 압축·압출·성형·주조시설(동력 7.5kW 이상인 시설로 한정한다)
   2) 파쇄·분쇄·탈피 시설(동력 15kW 이상인 시설로 한정한다)
   3) 절단시설(동력 7.5kW 이상인 시설로 한정한다)
   4) 용융·용해시설(동력 7.5kW 이상인 시설로 한정한다)
   5) 연료화시설

6) 증발·농축 시설
7) 정제시설(분리·증류·추출·여과 등의 시설을 이용하여 폐기물을 재활용하는 단위시설을 포함한다)
8) 유수 분리 시설
9) 탈수·건조 시설
10) 세척시설(철도용 폐목재 받침목을 재활용하는 경우로 한정한다)

나. 화학적 재활용시설
1) 고형화·고화 시설
2) 반응시설(중화·산화·환원·중합·축합·치환 등의 화학반응을 이용하여 폐기물을 재활용하는 단위시설을 포함한다)
3) 응집·침전 시설

100. 정답 ③

PART 6

부록 2

CBT 시험대비 과목별 빈출문제

01 폐기물개론

02 폐기물처리기술

03 폐기물소각 및 열회수

04 폐기물공정시험기준

UNIT 01 CBT 대비 과목별 빈출문제
1과목 폐기물개론

01 함수율 40%인 쓰레기를 건조시켜 함수율이 15%인 쓰레기를 만들었다면, 쓰레기 톤당 증발되는 수분량은? (단, 비중은 1.0 기준)

① 약 185kg ② 약 294kg
③ 약 326kg ④ 약 425kg

정답 ②
해설 식 $W_1(1-X_{w1}) = W_2(1-X_{w2})$
$1 \times (1-0.4) = W_2 \times (1-0.15)$,
$W_2 = 0.7058$톤
$\therefore X_w = W_1 - W_2 = 1 - 0.7058 = 0.294$톤 = 294kg

02 전단파쇄기에 관한 설명으로 가장 거리가 먼 것은?

① 대체로 충격파쇄기에 비해 파쇄속도가 빠르다.
② 이물질의 혼입에 대하여 약하다.
③ 파쇄물의 크기를 고르게 할 수 있다.
④ 주로 목재류, 플라스틱류 및 종이류를 파쇄하는 데 이용된다.

정답 ①
해설 전단파쇄기는 대체로 충격파쇄기에 비해 파쇄 속도가 느리고, 이물질의 혼입에 대하여 약하다. 반면, 입도와 파쇄물의 크기를 고르게 할 수 있는 장점이 있다.

03 폐기물 적재차량의 중량이 15,000kg, 빈 차의 중량이 11,000kg, 적재함의 크기는 가로 300cm, 세로 150cm, 높이 200cm 일 때 단위용적당 적재량(ton/m³)은?

① 0.22 ② 0.31
③ 0.36 ④ 0.44

정답 ④
해설 식 적재량(ton/m³) = $\dfrac{\text{적재폐기물 중량(ton)}}{\text{적재함 부피(m}^3\text{)}}$

- 적재폐기물 중량 = 15,000 - 11,000 = 4,000kg = 4ton
- 적재함 부피 = $3 \times 1.5 \times 2 = 9$m³
$\therefore$ 적재량(ton/m³) = $\dfrac{4}{9} = 0.44$ton/m³

04 인구가 50,000명, 1인 1일 쓰레기 배출량은 1kg이다. 쓰레기 밀도가 320kg/m³라고 할 때 적재량이 20.4m³인 차량이 하루에 몇 번 운반해야 하는가? (단, 차량 1대 기준이며 기타 조건은 고려하지 않음)

① 4회 ② 6회
③ 8회 ④ 10회

정답 ③
해설 수거횟수는 총 발생량을 1회 수거량으로 나누어 계산한다.

식 수거횟수 = $\dfrac{\text{총 발생량(m}^3\text{/day)}}{\text{1회 수거량(m}^3\text{/회)}}$

- 총 발생량(m³/day) = $\dfrac{1.0\text{kg}}{\text{인} \cdot \text{일}} \times 50,000\text{인} \times \dfrac{\text{m}^3}{320\text{kg}}$
  = 156.25m³/day
- 1회 수거량(m³/회) = 20.4m³/회

$\therefore$ 수거횟수 = $\dfrac{156.25\text{m}^3/\text{day}}{20.4\text{m}^3/\text{회}} = 7.8125 ≒ 8$회/일

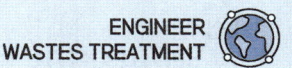

05 폐기물의 성상분석단계로 가장 알맞은 것은?

① 건조 → 물리적 조성 분석 → 분류(가연, 불연성) → 절단 및 분쇄 → 화학적 조성 분석
② 건조 → 분류(가연, 불연성) → 물리적 조성 분석 → 발열량 측정 → 화학적 조성 분석
③ 밀도 측정 → 물리적 조성 분석 → 건조 → 분류(가연, 불연성) → 절단 및 분쇄 → 화학적 조성 분석
④ 밀도 측정 → 전처리 → 물리적 조성 분석 → 분류(가연, 불연성) → 건조 → 화학적 조성 분석

정답 ③
해설 〈폐기물의 성상분석단계〉
시료 → 칭량(밀도 측정) → 물리적 조성별 분류 → 항목별 칭량 → 건조(수분량 측정) → 분류(가연물, 불연물) → 미분쇄(2mm 이하) → 화학적 조성 분석 및 발열량 측정

06 도시의 쓰레기 수거대상 인구가 648,825명이며 이 도시의 쓰레기 배출량은 1.15kg/인·일이다. 수거인부는 233명이며, 이들이 1일에 8시간을 작업한다면 이 때 MHT는?

① 2.5 ② 3.2
③ 3.8 ④ 4.2

정답 ①
해설 MHT(man·hr/ton)는 다음 식으로 계산된다.
식 $MHT = \dfrac{수거인부수 \times 수거시간}{수거할 총 쓰레기량(쓰레기 발생량)}$

• 쓰레기 발생량
$= \dfrac{1.15kg}{인 \cdot 일} \times 648,825인 \times \dfrac{1톤}{10^3 kg} = 746.15톤/일$
• 수거인부 = 233명
• 수거시간 = $8hr$
∴ $MHT = \dfrac{233 \times 8}{746.15} = 2.5$

07 폐기물 발생량 조사방법 중 주로 산업폐기물의 발생량을 추산할 때 사용하는 것은?

① 적재차량계수 분석   ② 직접계근법
③ 물질수지법   ④ 경향법

정답 ③
해설 물질수지법(material balance method)은 폐기물의 관리체계 중 특정 시스템을 설정하고, 이 시스템으로 유입되는 폐기물의 발생량을 추산할 때 이용된다. 비용이 많이 들고 작업량이 많아 널리 이용되지 않는다.

08 도시 생활쓰레기를 분류하여 다음과 같은 결과를 얻었을 때 이 쓰레기의 함수율(%)?

성분	중량(%)	함수율(%)
플라스틱류	30	15
음식물류	40	40
종이류	30	20

① 21.5 ② 26.5
③ 32.5 ④ 34.5

정답 ②
해설 혼합쓰레기의 함수율은 다음과 같이 계산된다.
식 $함수율(X_w) = \dfrac{수분}{혼합물} \times 100$
∴ $X_w(\%) = \dfrac{(30 \times 0.15 + 40 \times 0.4 + 30 \times 0.2)}{30 + 40 + 30} \times 100$
$= 26.5\%$

09 다음 중 수거노선 설정방법으로 틀린 것은?

① 언덕인 경우 위에서 내려가며 수거한다.
② 반복 운행을 피한다.
③ 출발점은 차고와 가까운 곳으로 한다.
④ 반시계 방향으로 설정한다.

정답 ④

해설 가능한 시계 방향으로 수거노선을 정한다.
〈폐기물차의 수거노선 설정〉
㉠ 언덕에서부터 내려오면서 수거한다.
㉡ 작은 쓰레기는 지나가며 수거한다.
㉢ 가장 많은 발생량이 있는 지점부터 먼저 수거한다.
㉣ 유턴은 피한다.
㉤ 시계방향으로 노선을 설정한다.(우회전은 신호가 없으므로)
㉥ 출·퇴근시간은 피한다.
㉦ 한번 간 길은 되도록 다시 가지 않는다.

10 폐기물의 운송을 돕기 위하여 압축할 때 부피감소율(volume reduction)이 45%이었다. 압축비(compaction ratio)는?

① 1.42
② 1.82
③ 2.32
④ 2.62

정답 ②

해설 **식** $CR = \dfrac{V_1}{V_2} = \dfrac{100}{100-VR}$

$\therefore CR = \dfrac{100}{100-45} = 1.818 \fallingdotseq 1.82$

11 적환장 설치요건으로 잘못 설명된 것은?

① 수거해야 할 쓰레기 발생지역 내의 무게중심과 가장 먼 곳
② 간선도로와 쉽게 연결되고, 2차적 또는 보조수송 수단 연계가 편리한 곳
③ 적환작업 중 공중위생 및 환경피해 영향이 최소인 곳
④ 건설과 운영이 가장 경제적인 곳

정답 ①

해설 적환장은 무게중심과 근접한 곳에 위치하는 것이 좋다. 적환장이 필요한 경우는 다음과 같다.
㉠ 처분지가 수집장소로부터 6km 이상 멀리 떨어져 있을 때
㉡ 작은 용량의 수집차량(15m³)을 사용할 때
㉢ 저밀도 거주지역이 존재할 때
㉣ 반죽(슬러지)수송이나 공기수송방식을 사용할 때
㉤ 불법투기와 다량의 어질러진 쓰레기들이 발생할 때
㉥ 상업지역에서 폐기물 수집에 소형 용기를 많이 사용할 때

12 반경이 2.5m인 트롬멜스크린의 임계속도는?

① 약 19rpm
② 약 27rpm
③ 약 32rpm
④ 약 38rpm

정답 ①

해설 **식** $N_c = \sqrt{\dfrac{g}{4\pi^2 r}} \times 60 = \sqrt{\dfrac{g}{4\pi^2 r}} \times 60$

$= \sqrt{\dfrac{9.8}{4\pi^2(2.5)}} \times 60 = 18.90 \fallingdotseq 19\text{rpm}$

13 폐기물의 입도 분석결과 입도 누적곡선상의 10%, 30%, 60%, 90%의 입경이 각각 1, 5, 10, 20mm였다. 이때 균등계수와 곡률계수는?

① 균등계수 10, 곡률계수 1.0
② 균등계수 10, 곡률계수 2.5
③ 균등계수 1, 곡률계수 1.0
④ 균등계수 1, 곡률계수 2.5

정답 ②

해설 균등계수와 곡률계수계산식을 이용하여 문제를 푼다.

식 균등계수(U) $= \dfrac{d_{p60}}{d_{p10}}$

$\therefore U = \dfrac{10}{1} = 10$

식 곡률계수(Z) $= \dfrac{(d_{p30})^2}{(d_{p10} \times d_{p60})}$

$\therefore Z = \dfrac{5^2}{1 \times 10} = 2.5$

14 폐기물 조성이 다음과 같을 때 Dulong식에 의한 저위발열량(kcal/kg)은? (단, 3성분 수분 40%, 가연분 50%, 회분 10%, 가연분 조성 : C=30%, H=10%, O=5%, S=5%)

① 약 4,000
② 약 4,500
③ 약 5,000
④ 약 5,500

정답 ③

해설 **식** $Hl = Hh - 600(9H + W)$

- $Hh = 8{,}100C + 34{,}000\left(H - \dfrac{O}{8}\right) + 2{,}500S$

  $= 8{,}100 \times 0.3 + 34{,}000\left(0.1 - \dfrac{0.05}{8}\right)$

  $+ 2{,}500 \times 0.05 = 5742.5\,\text{kcal/kg}$

∴ $Hl = 5742.5 - 600 \times (9 \times 0.1 + 0.4)$

  $= 4962.5\,\text{kcal/kg}$

15 선별방식 중 각 물질의 비중차를 이용하는 방법으로 약간 경사진 평판에 폐기물을 흐르게 한 후 좌우로 빠른 진동과 느린 진동을 주어 분류하는 것은?

① Secators ② Stoners
③ Table ④ Jig

정답 ③

해설 테이블(table) 선별방법은 각 물질의 비중차를 이용하는 방법으로 약간 경사진 판에 물체를 흐르게 한 뒤 좌우로 각각 빠른 진동과 느린 진동을 주면 가벼운 입자는 경사면의 아래쪽으로, 무거운 입자는 경사면의 위쪽으로 분류하는 방법이다.

16 분뇨를 소화 처리함에 있어 소화 대상 분뇨량이 100m³/일이고, 분뇨 내 유기물 농도가 10,000mg/L 라면 가스 발생량은? (단, 유기물 소화에 따른 가스 발생량은 500L/kg–유기물, 유기물전량 소화, 분뇨 비중은 1.0으로 가정함)

① 500m³/일 ② 1,000m³/일
③ 1,500m³/일 ④ 2,000m³/일

정답 ①

해설 소화가스는 분해 가능한 유기물(VS)을 계산함으로써 보다 쉽게 접근할 수 있다.

식 소화가스량(m³/day) = VS량 × 발생계수

- VS량 = 분뇨량 × VS 함량

  $= \dfrac{100\,\text{m}^3}{\text{day}} \times \dfrac{10^3\,\text{kg}}{1\,\text{m}^3} \times \dfrac{10{,}000\,\text{mg}}{\text{kg}} \times \dfrac{1\,\text{kg}}{10^6\,\text{mg}}$

  $= 1{,}000\,\text{kg/day}$

- 발생계수(f) = 500L/kg = 0.5m³/kg

∴ 소화가스량 = 1,000 × 0.5 = 500m³/day

17 다음 중 폐기물이 가지고 있는 특성을 중심으로 위해성을 판단하는 인자로 볼 수 없는 것은?

① 부식성 ② 부패성
③ 반응성 또는 인화성 ④ 용출특성

정답 ②

해설 유해성 판단시험에 따른 폐기물 분류체계는 부식성, 반응성, 인화성, 용출특성, 독성, 유해가능성등으로 분류하고 있다.

18 폐기물을 Ultimate Analysis에 의해 분석할 때 분석 대상 항목이 아닌 것은?

① 질소(N) ② 황(S)
③ 인(P) ④ 산소(O)

정답 ③

해설 폐기물 원소분석시 탄소(C), 수소(H), 질소(N), 산소(O), 황(S)의 측정이 가능하다. 탄소(C), 수소(H), 질소(N)는 동시 분석이 가능하고, 산소(O), 황(S)은 동시 분석이 되지 않고, 연소관, 환원관, 흡수관의 충진물을 교환함으로써 분석이 가능하다.

19 최소 크기가 10cm인 폐기물을 2cm로 파쇄하고자 할 때 Kick's 법칙에 의한 소요 동력은 동일 폐기물을 4cm로 파쇄할 때 소요되는 동력의 몇 배인가? (단, $n = 1$로 가정)

① 1.76배 ② 1.62배
③ 1.56배 ④ 1.42배

정답 ①

해설 kick법칙을 이용하여 산출한다.

식 $E = C \ln\left(\dfrac{d_{p1}}{d_{p2}}\right)$

- $E_1 = C \ln\left(\dfrac{10}{2}\right) = 1.6094\,C$

- $E_2 = C \ln\left(\dfrac{10}{4}\right) = 0.9162\,C$

$$\therefore \frac{E_1}{E_2} = \frac{1.6094C}{0.9162C} = 1.76배$$

20 폐기물의 관리에 있어서 가장 우선적으로 고려하여야 할 사항은?

① 재회수　　② 재활용
③ 감량화　　④ 소각

정답 ③

해설 〈폐기물 관리체계의 우선순위〉
감량 → 재이용 → 재활용 → 에너지회수 → 소각 → 매립

21 투입량이 1.0t/hr 이고, 회수량이 600kg/hr (그 중 회수대상물질은 550kg/hr)이며 제거량은 400kg/hr (그 중 회수대상물질은 70kg/hr)일 때 선별효율은? (단, Rietema식 적용)

① 87%　　② 84%
③ 79%　　④ 76%

정답 ④

해설 식 $E = \left(\dfrac{R_c}{R_i} - \dfrac{W_c}{W_i}\right) \times 100$

- R_c : 회수된 회수대상물질 $= 550 kg/hr$
- R_i : 총 회수대상물질 $= 550 + 70 = 620 kg/hr$
- W_c : 회수된 제거대상물질 $= 600 - 550 = 50 kg/hr$
- W_i : 총 제거대상물질 $= 50 + 330 = 380 kg/hr$

$\therefore E = \left(\dfrac{550}{620} - \dfrac{50}{380}\right) \times 100 = 75.55\%$

22 함수율 60%인 쓰레기와 함수율 90%인 하수슬러지를 5 : 1의 비율로 혼합하면 함수율(%)은? (단, 비중은 1.0 기준)

① 60　　② 65
③ 70　　④ 75

정답 ②

해설 식 $X_w = \dfrac{W_1 X_{w1} + W_2 X_{w2}}{W_1 + W_2}$

$= \dfrac{\frac{5}{6} \times 0.6 + \frac{1}{6} \times 0.9}{\frac{5}{6} + \frac{1}{6}} \times 100(\%) = 65\%$

23 폐기물 관리 시 비용이 가장 많이 드는 것은?

① 수거 및 운반　　② 중간처리
③ 저장　　　　　④ 최종처리

정답 ①

해설 폐기물관리에 소요되는 비용면을 고려한다면 수거단계가 전체 비용의 60% 이상을 차지하고 있다. 그것은 수거는 여러 발생원에서 폐기물을 수집하여 운반·하역하는 단계를 포함하기 때문이다.

24 물질회수를 위한 선별방법 중 플라스틱에서 종이를 선별할 수 있는 방법으로 가장 적절한 것은?

① 와전류 선별　　② Jig 선별
③ 광학 선별　　　④ 정전기적 선별

정답 ④

해설 정전 분리는 고전압의 정전기를 폐기물에 가하여 전하를 부여하고, 전하량의 차에 따른 전기력으로 목적성분을 분리하는 장치이다. 폐기물에 수분을 공급하여 정전분리하면 종이와 플라스틱을 분류할 수 있고, 유리 내의 알루미늄을 선별할 때도 사용된다.

- 지그(Jigs) : 사금 선별을 위해 오래전부터 사용되던 습식 선별방법이다. (무거운 물질과 가벼운 물질 분류)
- 광학선별 : 폐기물에 빛을 투과시켜 투과되는 것과 투과되지 않는 것을 분리하는 방법(유리와 색유리, 돌과 유리 등)
- 와전류 분리 : 와전류를 통해 비자성이고 전기전도도가 우수한 물질을 분리하는 방법, 페러데이 법칙을 기초로 함(비철금속, 금속과 유리의 분리에 이용)

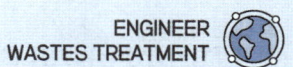

25 폐기물 발생량 조사방법으로 가장 거리가 먼 것은?

① 적재차량 계수분석법
② 정량조사법
③ 직접계근법
④ 물질수지법

정답 ②
해설 폐기물 발생량 조사방법은 ①, ③, ④항 이외에 원자재의 사용량으로 추정하는 방법, 주민의 수입이나 매상고 등에 의한 방법, 기타 통계조사에 의한 방법(전수조사, 표본조사) 등이 있다.

26 퇴비화의 장점과 가장 거리가 먼 것은?

① 운영시에 소요되는 에너지가 낮다.
② 다른 폐기물처리 기술에 비해 고도의 기술수준을 요구하지 않는다.
③ 생산된 퇴비의 비료가치가 높다.
④ 초기의 시설투자비가 낮다.

정답 ③
해설 생산된 퇴비는 비료가치가 낮다. (질소, 인 및 칼륨 모두가 각각 1% 정도 함유)

27 도시폐기물 유기성분 중 가장 생분해가 느린 성분은?

① 단백질   ② 지방
③ 셀룰로우스   ④ 리그닌

정답 ④
해설 〈생분해 어려운 정도〉
당분 < 지방 < 단백질 < 섬유질(셀룰로오스) < 리그닌, 헤미셀룰로오스

28 쓰레기 발생량에 영향을 미치는 요인에 관한 설명으로 틀린 것은?

① 수거빈도가 잦거나 쓰레기통의 크기가 크면 쓰레기 발생량이 증가한다.
② 재활용품의 회수 및 재이용률이 높을수록 쓰레기 발생량이 증가한다.
③ 쓰레기 관련 법규는 쓰레기 발생량에 중요한 영향을 미친다.
④ 생활수준이 높은 주민들의 쓰레기 발생량은 그렇지 않은 주민들보다 적고 종류 또한 단순하다.

정답 ④
해설 생활수준에 비례하여 쓰레기 발생량은 증가한다.

29 RDF(Refuse Derived Fuel)에 관한 설명으로 틀린 것은?

① 폐기물 내의 불순물과 입자의 크기, 수분함량, 재의 함량을 조절하여 생산하는 연료이다.
② 수분함량에 따른 부패 염려가 없다.
③ RDF 내의 Cl 함량이 문제가 되는 경우가 있다.
④ 전처리에 상당한 동력 및 투자비가 소요된다.

정답 ②
해설 RDF의 조성은 부패하기 쉬운 유기물질이기 때문에 수분함량이 증대되면 부패의 우려가 있다.

30 새로운 수집 수송수단 중 Pipeline을 통한 수송방법이 아닌 것은?

① 컨테이너 수송   ② 공기 수송
③ 슬러리 수송   ④ 캡슐 수송

정답 ①
해설 컨테이너 수송방식은 철도를 이용한 수송방식이다.

31 수거대상 인구가 1,200명인 지역에서 1주 동안의 쓰레기 수거상태를 조사하여 다음 표와 같은 결과를 얻었다. 이 지역의 1일당 1인 쓰레기 발생량(kg)은?

- 트럭 수 : 1대
- 쓰레기 수거 횟수 : 4회/주
- 트럭용적 : $11m^3$
- 적재 시 쓰레기 밀도 : $0.5ton/m^3$

① 1.21　② 1.82
③ 2.38　④ 2.62

정답 ④
해설

식 $1\text{인}1\text{일 발생량}(kg/\text{인}\cdot\text{일}) = \dfrac{\text{총 발생량}(kg/\text{일})}{\text{인구수}(\text{인})}$

- $\text{총 발생량} = \dfrac{1\text{대}}{\text{회}} \times \dfrac{4\text{회}}{\text{주}} \times \dfrac{11m^3}{\text{대}} \times \dfrac{500kg}{m^3} \times \dfrac{\text{주}}{7\text{일}} = 3{,}142.86kg/\text{일}\}$
- $\text{인구수} = 1{,}200\text{인}$

$\therefore 1\text{인}1\text{일 발생량} = \dfrac{3{,}142.86}{1{,}200} = 2.62kg/\text{인}\cdot\text{일}$

32 밀도가 a인 도시쓰레기를 밀도가 $b(a<b)$인 상태로 압축시킬 경우 부피감소율(%)는?

① $100\left(1-\dfrac{a}{b}\right)$　② $100\left(1-\dfrac{b}{a}\right)$
③ $100\left(a-\dfrac{a}{b}\right)$　④ $100\left(b-\dfrac{b}{a}\right)$

정답 ①
해설 밀도의 역수는 비체적이므로 부피감소율은 다음 식으로 표현된다.

$$VR = \left(\frac{V_1 - V_2}{V_1}\right) \times 100\%$$

$\Rightarrow VR = \left(1 - \dfrac{\rho_1}{\rho_2}\right) \times 100\%$, a, b를 대입하면

$$\therefore VR = \left(1 - \frac{a}{b}\right) \times 100\%$$

33 X90=4.6cm로 도시폐기물을 파쇄하고자 할 때 Rosin-Rammler 모델에 의한 특성입자크기(X_o, cm)는? (단, n=1로 가정)

① 1.2　② 1.6
③ 2.0　④ 2.3

정답 ③
해설 식 $Y = 1 - \exp\left[-\left(\dfrac{X}{X_o}\right)^n\right]$

$0.9 = 1 - \exp\left[-\left(\dfrac{4.6}{X_o}\right)^1\right]$,　$\therefore X_o = 2.00cm$

※ 상세풀이

$0.9 = 1 - \exp\left[-\left(\dfrac{4.6}{X_o}\right)^1\right]$

$0.9 - 1 = -\exp\left[-\left(\dfrac{4.6}{X_o}\right)^1\right]$

$-0.1 = -\exp\left[-\left(\dfrac{4.6}{X_o}\right)^1\right]$ ← 양변의 마이너스 소거

$\ln 0.1 = \left[-\left(\dfrac{4.6}{X_o}\right)^1\right]$ ← exp가 반대 항으로 넘어가면, ln이 된다.

$-2.3025 = \left[-\left(\dfrac{4.6}{X_o}\right)^1\right]$,　$X_o = \dfrac{-4.6}{-2.3025}$

$\therefore X_o = 2.00cm$

34 적환장에 대한 설명으로 틀린 것은?

① 직접투하 방식은 건설비 및 운영비가 다른 방법에 비해 모두 적다.
② 저장투하 방식은 수거차의 대기시간이 직접투하방식 보다 길다.
③ 직접저장투하 결합방식은 재활용품의 회수율을 증대시킬 수 있는 방법이다.
④ 적환장의 위치는 해당지역의 발생 폐기물의 무게중심에 가까운 곳이 유리하다.

정답 ②
해설 저장투하 방식은 수거차의 대기시간이 직접투하방식 보다 짧다.

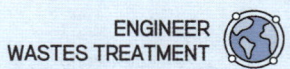

35 혐기성소화에 대한 설명으로 틀린 것은?

① 가수분해, 산생성, 메탄생성 단계로 구분된다.
② 처리속도가 느리고 고농도 처리에 적합하다.
③ 호기성처리에 비해 동력비 및 유지관리비가 적게 든다.
④ 유기산의 농도가 높을수록 처리효율이 좋아진다.

정답 ④
해설 적절한 유기산의 농도가 필요하다. 유기산의 메탄균의 먹이가 되고 이 과정에서 유기산의 산도를 완충시킬만한 충분한 알칼리도가 존재해야만 메탄으로 전환이 가능하다. 따라서 소화조에 존재하는 알칼리도 만큼의 유기산이 있을 때 원활한 소화가 가능하다.

36 폐기물의 관리목적 또는 폐기물의 발생량을 줄이기 위한 노력을 3R(또는 4R)이라고 줄여 말하고 있다. 이것에 해당하지 않는 것은?

① Remediation   ② Recovery
③ Reduction   ④ Reuse

정답 ①
해설
- 3R : 감량화(Reduction), 재이용(Reuse)/재활용(Recycle), 회수 이용(Recovery)
- 4E : 경제(Economy), 에너지(Energy), 환경(Environment), 인간평등(Equality)

37 트롬멜 스크린에 관한 설명으로 옳지 않은 것은?

① 스크린의 경사도가 크면 효율이 떨어지고 부하율도 커진다.
② 최적속도는 경험적으로 임계속도×0.45 정도이다.
③ 스크린 중 유지관리상의 문제가 적고, 선별효율이 좋다.
④ 스크린의 경사도는 대개 20~30° 정도이다.

정답 ④
해설 스크린의 경사도는 대개 2~3° 정도이다.

38 슬러지의 수분을 결합상태에 따라 구분한 것 중에서 탈수가 가장 어려운 것은?

① 내부수   ② 간극모관결합수
③ 표면부착수   ④ 간극수

정답 ①
해설 제거하기 용이한 수분의 순서 : 중력수 > 모세관수(모관결합수) > 흡습수(표면수, 부착수) > 결합수(화학수, 내부수)

39 폐기물 수거방법 중 수거효율이 가장 높은 방법은?

① 대형쓰레기통 수거   ② 문전식 수거
③ 타종식 수거   ④ 적환식 수거

정답 ③
해설

수거형태	수거효율
타종수거	0.84MHT
대형쓰레기통	1.1MHT
플라스틱 자루	1.35MHT
집밖 이동식	1.47MHT
집안 이동식	1.86MHT
집밖 고정식	1.96MHT
문전 수거	2.3MHT
벽면 부착식	2.38MHT

40 전과정평가(LCA)는 4부분으로 구성된다. 그 중 상품, 포장, 공정, 물질, 원료 및 활동에 의해 발생하는 에너지 및 천연원료 요구량, 대기, 수질 오염물질 배출, 고형폐기물과 기타 기술적 자료구축 과정에 속하는 것은?

① scoping analysis   ② inventory analysis
③ impact analysis   ④ improvement analysis

정답 ②
해설 〈전과정 평가(LCA)〉
㉠ 목적 및 범위 설정(Goal Definition Scoping) (1단계)
㉡ 목록분석(Inventory Analysis) (2단계)
㉢ 영향평가(Impact Analysis or Assessment) (3단계)
㉣ 개선 평가 및 해석 (Improvement Assessment) (4단계)

UNIT 02 CBT 대비 과목별 빈출문제
2과목 폐기물처리기술

01 매립장에서 침출된 침출수가 다음과 같은 점토로 이루어진 90cm의 차수층을 통과하는 데 걸리는 시간은 얼마인가?

- 유효공극률 = 0.5
- 점토층 하부의 수두 : 점토층 아랫면과 일치
- 점토층 투수계수 = 10^{-7}cm/sec
- 점토층 위의 침출수 수두 = 40cm

① 약 8년 ② 약 10년
③ 약 12년 ④ 약 14년

정답 ②
해설 침출수 통과시간은 다음 식으로 계산된다.

식 $t = \dfrac{D^2 \cdot n}{K(D+H)}$

$\therefore t = \dfrac{\sec}{10^{-7}\text{cm}} \times \dfrac{0.9^2\text{m}^2 \times 0.5}{(0.9+0.4)\text{m}} \times \dfrac{100\text{cm}}{1\text{m}}$
$\times \dfrac{1\text{year}}{365 \times 24 \times 3{,}600\sec} = 9.8788 ≒ 10년$

02 유기적 고형화 기술에 대한 설명으로 틀린 것은? (단, 무기적 고형화 기술과 비교)

① 수밀성이 크며, 처리비용이 고가이다.
② 미생물, 자외선에 대한 안정성이 강하다.
③ 방사성 폐기물 처리에 적용한다.
④ 최종 고화체의 체적 증가가 다양하다.

정답 ②
해설 미생물이나 자외선에 대한 안정성이 낮다.

03 혐기성 소화공법에 비해 호기성 소화공법이 갖는 장·단점으로 볼 수 없는 것은?

① 상등액의 BOD 농도가 낮다.
② 소화슬러지량이 많다.
③ 소화슬러지의 탈수성이 좋다.
④ 운전이 쉽다.

정답 ③
해설 호기성 소화공법은 소화슬러지의 탈수가 불량하다.

04 매립된 지 10년 이상인 매립지에서 발생되는 침출수를 처리하기 위한 공정으로 효율성이 가장 양호한 것은? (단, 침출수 특성 : COD/TOC<2.0, BOD/COD<0.1, COD<500ppm)

① 역삼투 ② 화학적 침전
③ 오존처리 ④ 생물학적 처리

정답 ①
해설

구분	항목	조건 I	조건 II	조건 III
침출수 상태	COD(mg/L)	> 10,000	500 ~ 10,000	< 500
	COD/TOC	2.7	2.0 ~ 2.7	2.0
	BOD/COD	0.5	0.1 ~ 0.5	0.1
	매립연한	짧음	중간	오래됨
처리 방법에 따른 처리성	생물학적 처리	좋음	보통	나쁨
	화학적 응집/침전	보통	나쁨	나쁨
	화학적 산화	보통/나쁨	보통	보통
	R/O	보통	좋음	좋음
	활성탄 흡착	보통/좋음	보통/좋음	좋음
	이온교환	나쁨	보통/좋음	보통

05 1일 쓰레기 발생량이 100ton인 도시의 쓰레기를 깊이 3.0m의 도랑식(trench)으로 매립하는 데 발생된 쓰레기 밀도 500kg/m³, 도랑점유율 60%, 부피감소율이 40%일 경우, 3년간 필요한 부지면적은 몇 m²인가?

① 약 43,000   ② 약 53,000
③ 약 63,000   ④ 약 73,000

정답 ④
해설 매립지 소요면적은 다음 식으로 계산된다.
식 $A(m^2) = \dfrac{\text{매립 폐기물량}(m^3)}{\text{매립깊이}(m)}$

- 매립 폐기물량
$= \dfrac{100톤}{1일} \times \dfrac{10^3 kg}{1톤} \times \dfrac{1m^3}{500kg} \times (1-0.4) \times 3년 \times \dfrac{365일}{1년}$
$= 131,400 m^3$

$\therefore A = \dfrac{131,400 m^3}{3m} \times \dfrac{1}{0.6} = 73,000 m^2$

$\dfrac{1}{3.0m} \times \dfrac{365day}{1년} \times 3년 = 73,000 m^2$

06 어느 하수처리장에서 발생한 생슬러지 내 고형물은 유기물(VS) 85%, 무기물(FS) 15%로 구성되어 있으며, 이를 혐기소화조에서 처리하자 소화슬러지 내 고형물이 유기물(VS) 70%, 무기물(FS) 30%로 되었다면, 이때의 소화율은?

① 45.8%   ② 48.8%
③ 54.8%   ④ 58.8%

정답 ④
해설 VS, FS를 동시에 고려하는 경우의 소화효율은 다음과 같이 산출한다.
식 $E = \left(1 - \dfrac{VS_2/FS_2}{VS_1/FS_1}\right) \times 100$

$\therefore E = \left(1 - \dfrac{0.7/0.3}{0.85/0.15}\right) \times 100 = 58.8\%$

07 30ton의 음식물쓰레기를 볏짚과 혼합하여 C/N비 30으로 조정하여 퇴비화하고자 한다. 이때 볏짚의 필요량(ton)은? (단, 음식물쓰레기와 볏짚의 C/N비는 각각 20과 100이고, 다른 조건은 고려하지 않음)

① 약 4.3   ② 약 7.3
③ 약 9.3   ④ 약 11.3

정답 ①
해설 C/N비는 폐기물 중의 탄소와 질소의 함량비로 계산된다.
식 $C/N_m = \dfrac{C/N_{(1)} \times W_1 + C/N_{(2)} \times W_2}{W_1 + W_2}$

$30 = \dfrac{100 \times W_1 + 20 \times 30}{W_1 + 30}$, $\therefore W_1 = 4.29$톤

08 함수율이 95%이고, 고형물 중 유기물이 70%인 하수슬러지 300m³/day을 소화시켜 유기물의 2/3가 분해되고, 함수율 90%인 소화슬러지를 얻었다. 소화슬러지의 양은? (단, 슬러지 비중은 1.0)

① 80m³/day   ② 90m³/day
③ 100m³/day   ④ 110m³/day

정답 ①
해설 슬러지의 소화 전·후의 유기물과 무기물의 잔류량을 구분하여 다음과 같이 계산한다.
식 $SL_o = VS_o - FS_o + W_o$

- $VS_o = \dfrac{300m^3}{day} \times \dfrac{(100-95)}{100} \times \dfrac{70}{100} \times \dfrac{1}{3}$
$= 3.5 m^3/day$

- $FS_o = \dfrac{300m^3}{day} \times \dfrac{(100-95)}{100} \times \dfrac{(100-70)}{100}$
$= 4.5 m^3/day$

$\therefore SL_o = (3.5 + 4.5) \times \dfrac{1}{(1-0.9)} = 80 m^3/day$

09 건조된 슬러지 고형분의 비중이 1.28이며, 건조 이전의 슬러지 내 고형분 함량이 35%일 때 건조 전 슬러지의 비중은?

① 1.038
② 1.083
③ 1.118
④ 1.127

정답 ②
해설 슬러지 비중은 다음 식으로 구할 수 있다.

식 $\dfrac{SL}{\rho_{SL}} = \dfrac{TS}{\rho_{TS}} + \dfrac{W}{\rho_W}$

$\dfrac{100}{\rho_{SL}} = \dfrac{35}{1.28} + \dfrac{65}{1}$, ∴ $\rho_{SL} = 1.083$

10 유기물의 산화공법으로 적용되는 Fenton 산화반응에 사용되는 것으로 가장 적절한 것은?

① 아연과 자외선
② 마그네슘과 자외선
③ 철과 과산화수소
④ 아연과 과산화수소

정답 ③
해설 Fenton 산화반응은 OH radical에 의한 산화반응으로 철(Fe) 촉매하에서 H_2O_2를 분해시켜 OH radical을 생성시키고, 이들이 활성화되어 수중의 각종 난분해성 유기물질을 산화·분해시키게 된다.
① $Fe^{2+} + H_2O_2 \rightarrow Fe^{3+} + OH^- + \cdot OH$
② RH(유기물) + $\cdot OH \rightarrow R\cdot + H_2O$

11 인구 600,000명에 1인당 하루 1.3kg의 쓰레기를 배출하는 지역에 면적이 500,000m²의 매립장을 건설하려고 한다. 강우량이 1,350mm/year인 경우 침출수 발생량은? (단, 강우량 중 60%는 증발되고 40%만 침출수로 발생된다고 가정하고, 침출수 비중은 1, 기타 조건은 고려하지 않음)

① 약 140,000톤/년
② 약 180,000톤/년
③ 약 240,000톤/년
④ 약 270,000톤/년

정답 ④
해설 식 $Q = CIA$
- C : 침출수로의 유출률 = 40% = 0.4
- $I = \dfrac{1,350\text{mm}}{\text{year}} \times \dfrac{1\text{m}}{10^3 \text{mm}} = 1.35\text{m/year}$
- $A = 500,000 m^2$

∴ $Q = 0.4 \times \dfrac{1.35m}{year} \times 500,000 m^2 \times \dfrac{1톤}{1m^3}$
= 270,000톤/년

12 퇴비화 과정에서 팽화제로 이용되는 물질과 가장 거리가 먼 것은?

① 톱밥
② 왕겨
③ 볏집
④ 하수슬러지

정답 ④
해설 팽화제(Bulking Agent)로 사용되는 것은 톱밥, 왕겨, 볏짚, 파쇄목 등이다. 팽화제는 함수율조절, C/N비 개선 등의 목적으로 투입된다.

13 슬러지의 퇴비화에 대한 설명으로 틀린 것은?

① 최적 수분함량은 50~60% 가량이다.
② pH는 대체로 5.5~8.0이 좋다.
③ C/N비는 25~35 정도가 좋다.
④ 온도는 70℃ 이상으로 유지시키면 좋다.

정답 ④
해설 퇴비화시 운전온도는 55~65℃로 유지시켜야 한다.

14 매립물의 조성이 $C_{40}H_{83}O_{30}N$인 경우 이 매립물 1mol당 발생하는 메탄(mol)은? (단, 혐기성 반응이다.)

① 22.5
② 28.5
③ 32.5
④ 38.5

정답 ①
해설 혐기성분해 반응식을 이용하여 답을 산출한다.

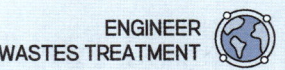

반응식

$C_{40}H_{83}O_{30}N + (\dfrac{4\times40-83-2\times30+3\times1}{4})H_2O$

$\to (\dfrac{4\times40+83-2\times30-3\times1}{8})CH_4$

$+ (\dfrac{4\times40-83+2\times30+3\times1}{8})CO_2 + NH_3$

⇨ $C_{40}H_{83}O_{30}N + 5H_2O \to 22.5CH_4 + 17.5CO_2 + NH_3$

반응비 $C_{40}H_{83}O_{30}N : 22.5CH_4$
　　　　　$1\,mol : 22.5\,mol$

15 Crystallinity가 증가할수록 합성차수막에 나타내는 성질이라 볼 수 없는 것은?

① 인장강도 증가
② 열에 대한 저항성 증가
③ 화학물질에 대한 저항성 증가
④ 투수계수의 증가

정답 ④

해설 결정도(Crystallinity)에 따른 합성차수막의 성질은 다음과 같다.
　ⓐ 결정도가 증가할수록 단단해진다.
　ⓑ 결정도가 증가할수록 열에 대한 저항성이 증가한다.
　ⓒ 결정도가 증가할수록 투수계수가 감소한다.
　ⓓ 결정도가 증가할수록 충격에 대한 저항성이 감소한다.
　ⓔ 결정도가 증가할수록 인장강도가 증가한다.

16 매립지에서 침출된 침출수 농도가 반으로 감소하는 데 약 3년이 걸린다면 이 침출수 농도가 90% 분해되는 데 걸리는 시간(년)은? (단, 일차반응 기준)

① 6　　② 8
③ 10　　④ 12

정답 ③

해설 **식** $\ln\left(\dfrac{C_t}{C_0}\right) = -k \cdot t$

반감기(농도가 반으로 감소하는 데 걸리는 시간)에서의 k를 먼저 산출

$\to \ln\left(\dfrac{0.5C_0}{C_0}\right) = -k\times3,\quad k=0.2310/year$

$\ln\left(\dfrac{0.1C_0}{C_0}\right) = -0.2310\times t,\quad \therefore t = 9.97년$

17 매립 시 폐기물 분해과정을 시간 순으로 옳게 나열한 것은?

① 호기성 분해 → 혐기성 분해 → 산성물질 생성 → 메탄 생성
② 혐기성 분해 → 호기성 분해 → 메탄 생성 → 유기산 형성
③ 호기성 분해 → 유기산 생성 → 혐기성 분해 → 메탄 생성
④ 혐기성 분해 → 호기성 분해 → 산성물질 생성 → 메탄 생성

정답 ①

18 슬러지를 개량하는 목적으로 가장 적합한 것은?

① 슬러지의 탈수가 잘 되게 하기 위해서
② 탈리액의 BOD를 감소시키기 위해서
③ 슬러지 건조를 촉진하기 위해서
④ 슬러지의 악취를 줄이기 위해서

정답 ①

19 중유연소 시 발생한 황산화물을 탈황시키는 방법이 아닌 것은?

① 미생물에 의한 탈황
② 방사선에 의한 탈황
③ 질산염 흡수에 의한 탈황
④ 금속산화물 흡착에 의한 탈황

정답 ③

해설 중유탈황방법 : 접촉산화법, 금속산화물에 의한 탈황, 미생물에 의한 탈황, 방사선에 의한 탈황(**암기TIP** 접 금 미 방 – 신체접촉시 19금 미방송 된다.)

20 정상적으로 운전되고 있는 혐기성 소화조에서 발생되는 가스의 구성비에 대하여 알맞은 것은?

① $CH_4 > CO_2 > H_2 > O_2$
② $CH_4 > CO_2 > O_2 > H_2$
③ $CH_4 > H_2 > CO_2 > O_2$
④ $CH_4 > O_2 > CO_2 > H_2$

정답 ①

해설 분해가 완료된 혐기성 소화조의 가스의 구성은 메탄(55% 이상) > 이산화탄소(40%) > 수소 > 기타 가스(질소, 황화수소 등) > 산소(거의 없음)

21 BOD가 15,000mg/L, Cl^-이 800mg/L인 분뇨를 희석하여 활성슬러지법으로 처리한 결과 BOD가 60mg/L, Cl^-이 40mg/L이었다면 활성슬러지법의 처리효율(%)은? (단, 희석수 중에 BOD, Cl^-은 없음)

① 90 ② 92
③ 94 ④ 96

정답 ②

해설 **식** $\eta = \left(1 - \dfrac{BOD_o}{BOD_i}\right) \times 100$

• $BOD_i = 15,000 mg/L$
• $BOD_o = 60 \times P(희석배수) = 60 \times \dfrac{800}{40}$
$= 1,200 mg/L$

∴ $\eta = \left(1 - \dfrac{1,200}{15,000}\right) \times 100 = 92\%$

22 고농도 액상 폐기물의 혐기성 소화 공정 중 중온소화와 고온소화의 비교에 관한 내용으로 옳지 않은 것은?

① 부하능력은 고온소화가 우수하다.
② 탈수여액의 수질은 고온소화가 우수하다.
③ 병원균의 사멸은 고온소화가 유리하다.
④ 중온소화에서 미생물의 활성이 쉽다.

정답 ②

해설 탈수여액의 수질은 중온소화가 더 우수하고 처리속도는 고온소화가 더 빠르다.

23 시멘트 고형화법 중 자가시멘트법에 대한 설명으로 가장 거리가 먼 것은?

① 혼합율이 낮고 중금속 저지에 효과적이다.
② 탈수 등 전처리와 보조에너지가 필요하다.
③ 장치비가 크고 숙련된 기술을 요한다.
④ 고농도 황화물 함유 폐기물에만 적용된다.

정답 ②

해설 자가시멘트법은 탈수 등 전처리가 필요없다.

24 폐기물을 수평으로 고르게 깔고 압축하면서 폐기물층과 복토 층을 교대로 쌓는 공법은?

① Cell 공법   ② 압축매립 공법
③ 샌드위치 공법 ④ 도랑형 매립 공법

정답 ③

25 지하수 중 에틸벤젠을 탈기(Air stripping) 충전탑으로 제거하고자 한다. 지하수량(Q_w) 5L/sec, 공기 공급량(Q_a) 100L/sec일 때, 에틸벤젠의 무차원 헨리상수 값이 0.3이라면 탈기계수(Stripping factor) 값은?

① 20 ② 10
③ 6   ④ 3

정답 ③

해설 **식** 탈기계수 $= \dfrac{공기공급량}{지하수량} \times 헨리상수$
$= \dfrac{100 L/sec}{5 L/sec} \times 0.3 = 6$

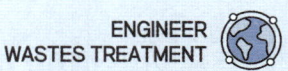

26 매립지에서의 물 수지(water balance)를 고려하여 침출수량을 추정하고자 한다. 강수량을 P, 폐기물 함유수분량을 W, 증발산량을 ET, 유출(run-off)량을 R로 표시하고, 기타항을 무시할 때, 침출수량을 나타내는 식은?

① P − W − ET − R ② W + P − ET + R
③ ET + R + P − W ④ P + W − ET − R

정답 ④

27 다음 그래프는 쓰레기 매립지에서 발생되는 가스의 성상이 시간에 따라 변하는 과정을 보이고 있다. 곡선(가)과 (나)에 해당하는 가스는?

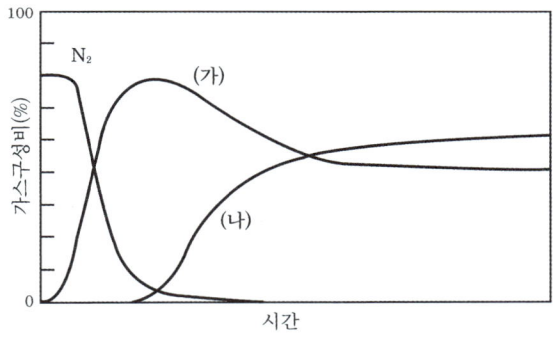

① (가) H_2, (나) CH_4
② (가) CH_4, (나) CH_2
③ (가) CO_2, (나) CH_4
④ (가) CH_4, (나) H_2

정답 ③

28 전기집진장치의 장점이 아닌 것은?

① 집진효율이 높다.
② 설치 시 소요 부지면적이 적다.
③ 운전비, 유지비가 적게 소요된다.
④ 압력손실이 적고 대량의 분진함유가스를 처리할 수 있다.

정답 ②
해설 설치 시 소요 부지면적이 크다.

29 대표 화학적 조성이 $C_7H_{10}O_5N_2$인 폐기물의 C/N비는?

① 2 ② 3
③ 4 ④ 5

정답 ②
해설 식 $C/N = \dfrac{12 \times 7}{14 \times 2} = 3$

30 슬러지의 탈수특성을 파악하기 위한 여과비저항 실험결과 다음과 같은 결과를 얻었을 때, 여과비저항계수(s^2/g)는? (단, 여과비저항(r)은 $r = \dfrac{2a \cdot P \cdot A^2}{\mu \cdot C}$ 이다.)

- 고형물량 : 0.065g/mL
- 여과압 : 0.98kg/cm²
- 점성 : 0.0112g/cm · sec
- 여과면적 : 43.5cm²
- 기울기 : 4.90s/cm⁶

① 2.18×10^8 ② 2.76×10^9
③ 2.50×10^{10} ④ 2.67×10^{11}

정답 ③
해설 식 여과비저항 $= \dfrac{2a \cdot P \cdot A^2}{\mu \cdot C}$
- a : 상수 $= 4.90s/cm^6$
- P : 압력 $= 0.98kg/cm^2 = 980g/cm^2$
- A : 여과면적 $= 43.5cm^2$
- μ : 점도 $= 0.0112g/cm \cdot sec$
- C : 고형물의 농도 $= 0.65g/mL$

$\therefore$ 여과비저항 $= \dfrac{2 \times 4.9 \times 980 \times 43.5^2}{0.0112 \times 0.65} = 2.50 \times 10^{10} s^2/g$

31 호기성 퇴비화 4단계에 따른 온도변화로 가장 알맞은 것은?

① 고온단계 - 중온단계 - 냉각단계 - 숙성단계
② 중온단계 - 고온단계 - 냉각단계 - 숙성단계
③ 냉각단계 - 중온단계 - 고온단계 - 숙성단계
④ 숙성단계 - 냉각단계 - 중온단계 - 고온단계

정답 ②

32 아래와 같은 조건일 때 혐기성 소화조의 용량(m^3)은? (단, 유기물량의 50%가 액화 및 가스화된다고 한다. 방식은 2조식이다.)

〈조건〉
- 분뇨투입량 : 1,000kL/day
- 투입 분뇨 함수율 : 95%
- 유기물농도 : 60%
- 소화일수 : 30일
- 인발 슬러지 함수율 : 90%

① 12,350　　② 17,850
③ 20,250　　④ 25,500

정답 ③

해설
식 2단 소화조의 용량(2조식)
$$= \frac{SL_1(\text{소화전 슬러지}) + SL_2(\text{소화후 슬러지})}{2} \times t(\text{체류시간})$$

- $SL_1 = 1,000 kL/day$
- $SL_2 = TS_2 \times \frac{100}{X_{TS}}$
  $= (VS_2 + FS) \times \frac{100}{X_{TS}} = \frac{(15+20)kL}{day} \times \frac{100 SL}{10 TS}$
  $= 350 kL/day$
- $VS_2 = \frac{1,000 kL}{day} \times \frac{5 TS}{100 SL} \times \frac{60 VS}{100 TS} \times (1-0.5) = 15 kL/day$
- $FS = \frac{1,000 kL}{day} \times \frac{5 TS}{100 SL} \times \frac{40 FS}{100 TS} = 20 kL/day$

∴ 2단 소화조의 용량(2조식)
$= \frac{1,000 + 350}{2} \times 30 = 20,250 kL = 20,250 m^3$

33 고형폐기물을 매립 처리할 때 $C_6H_{12}O_6$ 성분 1톤(ton)의 폐기물이 혐기성 분해를 한다면 이론적 메탄가스 발생량(m^3)은? (단, 메탄가스 밀도 : 0.7167g/L)

① 약 280　　② 약 370
③ 약 450　　④ 약 560

정답 ②
해설 **반응식** $C_6H_{12}O_6 \rightarrow 3CO_2 + 3CH_4$
　　　　180kg　:　$3 \times 22.4 m^3$
　　　1,000kg　:　$373.33 m^3$

34 고형화 처리 중 시멘트 기초법에서 가장 흔히 사용되는 보통 포틀랜드 시멘트의 주 성분은?

① CaO, Al_2O_3　　② CaO, SiO_2
③ CaO, MgO　　④ CaO, Fe_2O_3

정답 ②

35 토양오염의 특성으로 가장 거리가 먼 것은?

① 오염영향의 국지성
② 피해발현의 급진성
③ 원상복구의 어려움
④ 타 환경인자와 영향관계의 모호성

정답 ②
해설 피해발현의 완만성(시차성)을 가진다.

36 점토의 수분함량 지표인 소성지수, 액성한계, 소성한계의 관계로 옳은 것은?

① 소성지수 = 액성한계 - 소성한계
② 소성지수 = 액성한계 + 소성한계
③ 소성지수 = 액성한계 / 소성한계
④ 소성지수 = 소성한계 / 액성한계

정답 ①

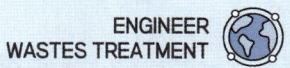

37 다음 물질을 같은 조건하에서 혐기성 처리를 할 때 슬러지 생산량이 가장 많은 것은?

① Lipid
② Protein
③ Amino acid
④ Carbohydrate

정답 ④

해설 탄수화물, 지방, 단백질 중 슬러지 생산량이 가장 많은 것은 탄수화물(Carbohydrate)이고 슬러지 생산량이 가장 적은 것은 단백질이다.
- Lipid : 지방
- Protein : 단백질
- Amino acid : 아미노산
- Carbohydrate : 탄수화물

38 퇴비화에 관한 설명 중 맞는 것은?

① 퇴비화과정 중 병원균은 거의 사멸되지 않는다.
② 함수율이 높을 경우 침출수가 발생된다.
③ 호기성보다 혐기성 방법이 퇴비화에 소요되는 시간이 짧다.
④ C/N비가 클수록 퇴비화가 잘 이루어진다.

정답 ②

해설 ②항만 올바르다.

오답해설
① 퇴비화과정 중 병원균은 거의 사멸된다.
③ 호기성이 혐기성 방법보다 퇴비화에 소요되는 시간이 짧다.
④ C/N비가 적정범위일 때 퇴비화가 잘 이루어진다. (너무 높거나 낮으면 퇴비화가 더뎌지거나 퇴비품질이 떨어진다.)

39 시멘트고형화 처리와 관계없는 반응은?

① 수화반응
② 포졸란반응
③ 탄산화반응
④ 질산화반응

정답 ④

40 부피가 500m³인 소화조에 고형물농도 10%, 고형물 내 VS 함유도 70%인 슬러지가 50m³/d로 유입될 때, 소화조에 주입되는 TS, VS 부하는 각각 몇 kg/m³·d인가? (단, 슬러지의 비중은 1.0으로 가정한다.)

① TS : 5.0, VS : 0.35
② TS : 5.0, VS : 0.70
③ TS : 10.0, VS : 3.50
④ TS : 10.0, VS : 7.0

정답 ④

해설

식 $TS부하 = \dfrac{투입되는\ TS}{소화조\ 부피}$

$$\therefore TS부하 = \dfrac{\dfrac{50m^3}{day} \times \dfrac{10\ TS}{100\ SL} \times \dfrac{10^3 kg}{1m^3}}{500m^3}$$

$$= 10 kg/m^3 \cdot day$$

식 $VS부하 = \dfrac{투입되는\ VS}{소화조\ 부피}$

$$\therefore VS부하 = \dfrac{\dfrac{50m^3}{day} \times \dfrac{10\ TS}{100\ SL} \times \dfrac{70\ VS}{100\ TS} \times \dfrac{10^3 kg}{1m^3}}{500m^3}$$

$$= 7 kg/m^3 \cdot day$$

UNIT 03 3과목 폐기물 소각 및 열회수

CBT 대비 과목별 빈출문제

01 건조슬러지의 원소 분석 결과 분자식이 $C_5H_7NO_2$이라면 이 슬러지 10kg을 완전연소하는 데 필요한 이론공기의 질량(kg)은? (단, 표준상태 기준)

① 약 55kg ② 약 60kg
③ 약 65kg ④ 약 70kg

정답 ④

해설 식 $A_{om} = O_{om} \times \dfrac{1}{0.232}$

• $O_{om} = 2.667C + 8H - O + S$
$= \left(2.667 \times \dfrac{12 \times 5}{113}\right) + \left(8 \times \dfrac{1 \times 7}{113}\right) - \left(\dfrac{16 \times 2}{113}\right)$
$= 1.6284 kg$

∴ $A_{om} = 1.6284 \times \dfrac{1}{0.232} \times 10kg = 70.19kg$

02 착화온도에 대한 설명 중 틀린 것은?

① 화학결합의 활성도가 클수록 착화온도는 낮다.
② 분자구조가 간단할수록 착화온도는 낮다.
③ 화학반응성이 클수록 착화온도는 낮다.
④ 화학적으로 발열량이 클수록 착화온도는 낮다.

정답 ②
해설 대체로 분자구조가 복잡할수록 착화온도는 낮아진다.

03 분자식 C_mH_n의 탄화수소가스 $1Sm^3$의 완전연소에 필요한 이론공기량(Sm^3/Sm^3)은?

① $3.76m + 1.19n$ ② $4.76m + 1.19n$
③ $3.76m + 1.83n$ ④ $4.76m + 1.83n$

정답 ②

해설 식 $A_o = O_o \times \dfrac{1}{0.21}$

반응식 $C_mH_n + \left(m + \dfrac{n}{4}\right)O_2 \rightarrow mCO_2 + \dfrac{n}{2}H_2O$

$1 : \left(m + \dfrac{n}{4}\right)$

∴ $A_o = \left(m + \dfrac{n}{4}\right) \times \dfrac{1}{0.21}$
$= (4.76m + 1.19n) m^3/m^3$

04 C_3H_8 $1Sm^3$를 연소시킬 때 이론건조연소가스량은?

① $17.8Sm^3$ ② $19.8Sm^3$
③ $21.8Sm^3$ ④ $23.8Sm^3$

정답 ③
해설 식 $G_{od} = (1 - 0.21)A_o + CO_2$

반응식 $C_3H_8 + 5O_2 \rightarrow 3CO_2 + 4H_2O$
$1m^3 : 5m^3 : 3m^3 : 4m^3$

• $A_o = O_o \times \dfrac{1}{0.21} = 5 \times \dfrac{1}{0.21} = 23.8 m^3/m^3$

∴ $G_{od} = (1 - 0.21) \times 23.8 + 3 = 21.8 m^3/m^3$

05 소각로의 소각능률이 $170kg/m^2 \cdot hr$이며 쓰레기의 양이 20,000kg/일이다. 1일 8시간 소각하면 화격자 면적(m^2)은?

① 약 7.2   ② 약 10.4
③ 약 12.4   ④ 약 14.7

정답 ④

해설 식 $G_A = \dfrac{W}{A_s}$

- G_A : 화격자(grate, rostol) 연소율 또는 화상부하율
  $= 170 \text{kg/m}^2 \cdot \text{hr}$
- W : 시간당 폐기물의 연소량
  $= \dfrac{20,000\text{kg}}{\text{day}} \times \dfrac{\text{day}}{8\text{hr}} = 2,500\text{kg/hr}$

$170 = \dfrac{2,500}{A_s}$

$\therefore A_s = 14.7\text{m}^2$

06 폐기물을 완전연소시키기 위한 소각로의 연소조건으로 가장 거리가 먼 것은?

① 충분한 체류시간 ② 충분한 난류
③ 충분한 압력   ④ 적당한 온도

정답 ③

해설 완전연소 조건(3TO) : 충분한 시간(time), 가능한 높은 온도(temperature), 난류(turbulence, 충분한 혼합), 충분한 산소(Oxygen)농도이다.

07 가로 1.5m, 세로 2.0m, 높이 15.0m의 연소실에서 저위발열량 10,000kcal/kg의 중유를 1시간에 200kg씩 연소한다. 연소실 열발생률(Kcal/m³·hr)은?

① 약 2.2×10^4 ② 약 4.4×10^4
③ 약 6.6×10^4 ④ 약 8.8×10^4

정답 ②

해설 식 $Q_V = \dfrac{Hl \times G_f}{V}$

- Hl : 저위발열량 $= 10,000\text{kcal/kg}$
- G_f : 연소되는 연료량 $= 200\text{kg/hr}$
- V : 연소실 용적 $= 1.5 \times 2.0 \times 15 = 45\text{m}^3$

$\therefore Q_V = \dfrac{10,000 \times 200}{45} = 44,444.44\text{kcal/m}^3 \cdot \text{hr}$

08 Rotary kiln 소각로에 대한 설명으로 틀린 것은?

① 액상이나 고상의 여러 가지 폐기물을 동시에 처리할 수 있다.
② 노 내에서의 공기의 유출이 크고 대기오염 제어시스템에 분진 부하율이 높다.
③ 비교적 열효율이 높은 편이다.
④ 대체로 예열, 혼합, 파쇄 등 전처리 없이 주입이 가능하다.

정답 ③

해설 Rotary kiln의 열효율은 30~40% 정도로 다른 소각로에 비하여 낮다.

09 이론공기량을 사용하여 C_4H_{10}을 완전연소시킨다고 할 때 발생되는 연소가스 중 $(CO_2)_{max}\%$는?

① 약 12%   ② 약 14%
③ 약 16%   ④ 약 18%

정답 ②

해설 식 $(CO_2)_{max} = \dfrac{CO_2}{G_{od}} \times 100$

반응식 $C_4H_{10} + 6.5O_2 \rightarrow 4CO_2 + 5H_2O$
$1\text{m}^3 : 6.5\text{m}^3 : 4\text{m}^3$

- $A_o = O_o \times \dfrac{1}{0.21} = 6.5 \times \dfrac{1}{0.21} = 30.95\text{m}^3/\text{m}^3$
- $G_{od} = (1-0.21)A_o + CO_2 = (1-0.21) \times 30.95 + 4$
  $= 28.45\text{m}^3/\text{m}^3$

$\therefore (CO_2)_{max} = \dfrac{4}{28.45} \times 100 = 14.05\%$

10 소각공정에서 발생하는 다이옥신에 관한 설명으로 가장 거리가 먼 것은?

① 쓰레기 중 PVC 또는 플라스틱류 등을 포함하고 있는 합성물질을 연소시킬 때 발생한다.
② 연소 시 발생하는 미연분의 양과 비산재의 양을 줄여 다이옥신을 저감할 수 있다.
③ 다이옥신 재형성 온도구역을 설정하여 재합성을 유도함으로써 제거할 수 있다.
④ 활성탄과 백필터를 적용하여 다이옥신을 제거하는 설비가 많이 이용된다.

정답 ③
해설 다이옥신은 연소 후 재합성될 수 있으므로 환경을 조정하여 재합성을 억제하여야 한다.

11 옥탄(C_8H_{18})이 완전연소할 때 AFR은? (단, kgmol - air/kgmol - fuel)

① 15.1 ② 29.1
③ 32.5 ④ 59.5

정답 ①
해설 무게 기준의 AFR은 다음의 계산식으로 산출한다.

〈계산〉 $AFR_m = \dfrac{m_a \times M_a}{m_f \times M_f}$

〈연소반응〉 $C_8H_{18} + 12.5O_2 \to 8CO_2 + 9H_2O$
1mol : 12.5mol

∴ $AFR_m = \dfrac{12.5 \times \dfrac{1}{0.21} \times 29}{1 \times 114} = 15.14$

12 메탄 80%, 에탄 11%, 프로판 6%, 나머지는 부탄으로 구성된 기체연료의 고위발열량이 10,000kcal/Sm³이다. 기체연료의 저위발열량(kcal/Sm³)은? (단, 메탄 : CH_4, 에탄 : C_2H_6, 프로판 : C_3H_8, 부탄 : C_4H_{10} 부피 기준)

① 약 8,100 ② 약 8,300
③ 약 8,500 ④ 약 8,900

정답 ④
해설 식 $Hl = Hh - 480 \times nH_2O$

$CH_4 \to 2H_2O$
$1m^3 : 2m^3$
$C_2H_6 \to 3H_2O$
$1m^3 : 3m^3$
$C_3H_8 \to 4H_2O$
$1m^3 : 4m^3$

∴ $Hh = 10,000 - 480 \times (2 \times 0.8 + 3 \times 0.11 + 4 \times 0.06) = 8958.4 \text{kcal/Sm}^3$

13 도시폐기물의 소각으로 인하여 배출되는 다이옥신과 퓨란에 대한 설명으로 적합하지 않은 것은?

① 일반적으로 860~920℃에 도달하면 파괴
② 여러 가지 유기물과 염소공여체로부터 생성
③ 다이옥신의 이성체는 75개이고, 퓨란은 135개
④ 600℃ 이상에서 촉매화 반응에 의해 분진과 결합하여 생성

정답 ④
해설 도시 쓰레기 중 식염을 비롯한 무기염화물이나 염화비닐과 같은 유기 염소화합물을 소각로 내에서 낮은 온도(300~400℃)에서 연소시키면 불완전연소에 의해 Dioxine이 생성된다.

14 고위발열량이 16,820kcal/Sm³인 에탄(C_2H_6)을 연소시킬 때 이론 연소온도(℃)는? (단, 이론습연소 가스량 21Sm³/Sm³, 연소가스 정압 비열 0.63kcal/Sm³·℃, 연소용공기, 연료온도는 15℃, 공기는 예열하지 않으며, 연소가스는 해리되지 않음)

① 약 1,132 ② 약 1,154
③ 약 1,178 ④ 약 1,196

정답 ③
해설 식 $t_o = \dfrac{Hl}{G \cdot C_p} + t$

• $Hl = Hh - 480 \sum iH_2O$
$= 16,820 - 480 \times 3 = 15,380 \text{kcal/m}^3$

∴ $t_o = \dfrac{15,380}{21 \times 0.63} + 15 = 1,177.51 ℃$

15 탄화도가 클수록 석탄이 가지게 되는 성질에 관한 내용으로 틀린 것은?

① 고정탄소의 양이 증가한다.
② 휘발분이 감소한다.
③ 연소 속도가 커진다.
④ 착화온도가 높아진다.

정답 ③
해설 탄화도가 클수록 연소가 어렵고 연소속도는 작아진다.

16 플라스틱 폐기물의 소각 및 열분해에 대한 설명으로 옳지 않은 것은?

① 감압증류법은 황의 함량이 낮은 저유황유를 회수할 수 있다.
② 멜라민 수지를 불완전 연소하면 HCN과 NH_3가 생성된다.
③ 열분해에 의해 생성된 모노머는 발화성이 크고, 생성가스의 연소성도 크다.
④ 고온열분해법에서는 타르, Char 및 액체상태의 연료가 많이 생성된다.

정답 ④
해설 고온열분해법에서는 기체상태의 연료가 많이 생성된다. 저온열분하에서 타르, Char, 오일의 연료가 많이 생성된다.

17 유동층 소각로방식에 대한 설명으로 틀린 것은?

① 반응시간이 빨라 소각시간이 짧다. (로 부하율이 높다.)
② 기계적 구동부분이 많아 고장율이 높다.
③ 폐기물의 투입이나 유동화를 위해 파쇄가 필요하다.
④ 가스온도가 낮고 과잉공기량이 적어 NO_x도 적게 배출된다.

정답 ②
해설 유동층 소각로의 특징은 균일한 연소가 가능하며, 기계적인 가동부가 적으므로 유지·관리가 용이하다는 등의 이점을 들 수 있지만 소각로 본체에서의 압력손실이 크고, 노내 가스유속이 다른 형식보다 크다는 등의 결점이 있다.

18 폐기물의 연소열을 나타내는 발열량에 대한 설명으로 틀린 것은?

① 폐기물의 저위발열량은 가연분, 수분, 회분의 조성비에 의해 추정할 수 있다.
② 고위발열량은 수분의 응축잠열을 뺀 것으로 소각로의 설계기준이 된다.
③ 단열열량계로 폐기물의 발열량을 측정 시 폐기물의 성상은 습량기준이다.
④ 폐기물을 자체 소각처리하기 위해서는 약 1,500kcal/kg의 자체열량이 있어야 한다.

정답 ②
해설 고위발열량은 열량계로 측정한 열량을 의미한다. 수분의 응축잠열을 뺀 열량은 저위발열량이다.

19 액체 주입형 연소기(Liquid Injection Incinerator)에 대한 설명으로 틀린 것은?

① 고형분의 농도가 높으면 버너가 막히기 쉽다.
② 광범위한 종류의 액상폐기물을 연소할 수 있다.
③ 소각재의 처리설비가 필요하다.
④ 구동장치가 없어 고장이 적다.

정답 ③
해설 액체 주입형 연스기는 소각재의 처리 설비가 필요 없다. 버너노즐을 통해 액체를 미립화하여야 하며, 대량처리가 불가능하다.

20 평균온도가 20℃인 수거분뇨 20kL/일을 처리하는 혐기성 소화조의 소화온도를 외부가온에 의해 35℃로 유지하고자 한다. 이때 소요되는 열량(kcal/일)은? (단, 소화조의 열손실은 없는 것으로 간주, 분뇨의 비열=1.1kcal/kg·℃, 비중=1.02)

① 2.4×10^5
② 3.4×10^5
③ 4.4×10^5
④ 5.4×10^5

정답 ②
해설 소화온도를 유지하기 위해 필요로 하는 열량(θ)은 다음 식으로 산출된다.

식 소요열량(θ) = $G \times C_p \times \Delta t$

- $G = \dfrac{20\text{kL}}{\text{일}} \Big| \dfrac{1020\text{kg}}{1\text{kL}} = 20{,}400\text{kg/일}$
- $\Delta t = 35 - 20 = 15℃$
- ∴ 소요열량(θ) = $\dfrac{20{,}400\text{kg}}{\text{일}} \times \dfrac{1.1\text{kcal}}{\text{kg} \cdot ℃} \times 15℃$
  $= 336{,}600\, kcal/\text{일}$

21 메탄 3Sm^3를 공기과잉계수 1.2로 완전연소시킬 경우 습윤연소가스량(Sm^3)은?

① 약 23.1   ② 약 28.2
③ 약 31.2   ④ 약 37.3

정답 ④
해설 **식** $G_w = (m - 0.21)A_o + CO_2 + H_2O$
반응식 $CH_4 + 2O_2 \rightarrow CO_2 + 2H_2O$
$\quad 1\text{m}^3 : 2\text{m}^3 : 1\text{m}^3 : 2\text{m}^3$
- $m = 1.2$
- $A_o = O_o \times \dfrac{1}{0.21} = 2 \times \dfrac{1}{0.21} = 9.52\text{m}^3/\text{m}^3$

∴ $G_w = (1.2 - 0.21) \times 9.52 + 1 + 2 = 12.42\text{m}^3/\text{m}^3$
∴ $G_w^* = 12.42 \times 3 = 37.29\text{m}^3$

22 증기 터어빈의 형식이 잘못 연결된 것은?

① 증기작동방식 – 충동, 반동, 혼합식 터어빈
② 증기이용방식 – 배압, 복수, 혼합식 터어빈
③ 증기유동방향 – 단류, 복류 터어빈
④ 케이싱 수 – 1케이싱, 2케이싱 터어빈

정답 ③
해설 증기유동방향 – 축류 터빈(axial flow turbine), 반경류 터빈(radial flow turbind)

23 수분이 적고 저위발열량이 높은 폐기물에 적합하며, 폐기물의 이송방향과 연소가스 흐름방향이 같은 소각방식은?

① 향류식   ② 병류식
③ 교류식   ④ 복류식

정답 ②
해설 병류식은 폐기물의 이송방향과 연소가스의 흐름방향이 같은 형식으로, 수분이 적고 저위발열량이 높은 폐기물에 적합하다.

24 10kg의 탄소를 완전연소 시키는데 필요한 이론적 공기량은 몇 Sm^3인가?

① 약 89   ② 약 97
③ 약 106   ④ 약 113

정답 ①
해설 **식** $A_o = O_o \times \dfrac{1}{0.21} = \dfrac{1}{0.21} \times (1.867 \times 10)$
$= 88.9\text{Sm}^3$

25 다단로 소각로의 설명으로 틀린 것은?

① 다단로 소각로는 건조영역, 연소 및 탈취 영역, 연소 및 탈취 영역, 냉각영역으로 나눌 수 있다.
② 물리, 화학적 성분이 다른 각종 폐기물을 처리할 수 있다.
③ 분진발생율이 높다.
④ 단계적 온도반응으로 보조연료이용 조절이 용이하다.

정답 ④
해설 다단로는 체류시간이 길어 온도반응이 늦다. 다단로 소각로는 늦은 온도반응 때문에 보조 연료 사용을 조절하기 어렵다.

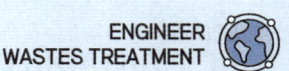

26 화씨온도 100°F는 몇 ℃인가?

① 35.2　　② 37.8
③ 39.7　　④ 41.3

정답 ②

해설 식 $X℃ = \frac{5}{9}(°F - 32) = \frac{5}{9} \times (100 - 32)$
$= 37.78℃$

27 열분해 공정에 대한 설명으로 옳지 않은 것은?

① 배기가스량이 적다.
② 환원성 분위기를 유지할 수 있어 3가크롬이 6가크롬으로 변화하지 않는다.
③ 황분, 중금속분이 회분 속에 고정되는 비율이 적다.
④ 질소산화물의 발생량이 적다.

정답 ③
해설 황분, 중금속분이 회분 속에 고정되는 비율이 많다.

28 연소에 있어 검댕이의 생성에 대한 설명으로 가장 거리가 먼 것은?

① A중유 < B중유 < C중유 순으로 검댕이가 발생한다.
② 공기비가 매우 적을 때 다량 발생한다.
③ 중합, 탈수소축합 등의 반응을 일으키는 탄화수소가 적을수록 검댕이는 많이 발생한다.
④ 전열면 등으로 발열속도보다 방열속도가 빨라서 화염의 온도가 저하될 때 많이 발생한다.

정답 ③
해설 중합, 탈수소축합 등의 반응을 일으키는 탄화수소가 많을수록 검댕이는 많이 발생한다.

29 쓰레기의 저위발열량이 4500kcal/kg인 쓰레기를 연소할 때 불완전연소에 의한 손실이 10%, 연소 중의 미연손실이 5%일 때 연소효율(%)은?

① 80　　② 85
③ 90　　④ 95

정답 ②

해설 식 연소효율 $= \frac{실제연소열량}{이론연소열량} = \frac{Hl - 손실열량}{Hl}$

∴ 연소효율(%)
$= \frac{4,500 - (4,500 \times (0.1 + 0.05))}{4,500} \times 100 = 85\%$

30 완전연소의 경우 고위발열량(kcal/kg)이 가장 큰 것은?

① 메탄　　② 에탄
③ 프로판　　④ 부탄

정답 ①

해설

연료	고위발열량 (kcal/m³, 부피기준)	고위발열량 (kcal/kg, 질량기준)
메탄	9,500	13,270
에탄	16,640	12,400
프로판	23,680	12,030
부탄	30,690	11,830

31 다이옥신을 억제시키는 방법이 아닌 것은?

① 제1차적(사전방지) 방법
② 제2차적(로내) 방법
③ 제3차적(후처리) 방법
④ 제4차적 전자선조사법

정답 ④

32 폐기물의 저위발열량을 폐기물 3성분 조성비를 바탕으로 추정할 때 3가지 성분에 포함되지 않는 것은?

① 수분　　　　　② 회분
③ 가연분　　　　④ 휘발분

정답 ④
참고
- 3성분(공업분석, 개략분석) : 가연분, 수분, 회분
- 4성분 : 고정탄소, 휘발분, 수분, 회분

33 프로판(C_3H_8) : 부탄(C_4H_{10})이 40vol% : 60vol%로 혼합된 기체 1 Sm^3가 완전연소될 때 발생되는 CO_2의 부피(Sm^3)는?

① 3.2　　　　② 3.4
③ 3.6　　　　④ 3.8

정답 ③
해설 식 CO_2의 부피 = 프로판연소시 CO_2 + 부탄연소시 CO_2
∴ CO_2의 부피 = $3C_3H_8 + 4C_4H_{10} = 3 \times 0.4 + 4 \times 0.6 = 3.6 Sm^3$

34 할로겐족 함유 폐기물의 소각처리가 적합하지 않은 이유에 관한 설명으로 틀린 것은?

① 소각 시 HCl 등이 발생한다.
② 대기오염방지시설의 부식문제를 야기한다.
③ 발열량이 다른 성분에 비해 상대적으로 낮다.
④ 연소 시 수증기의 생산량이 많다.

정답 ④
해설 할로겐족은 염소와 플루오린, 브롬, 요오드가 그 대상이 되며 반응성이 크고 부식성이 큰 물질이다. 수증기의 발생과 관련이 없다.

35 소각로의 쓰레기 이동방식에 따라 구분한 화격자 종류 중 화격자를 무한궤도식으로 설치한 구조로 되어 있고, 건조, 연소, 후연소의 각 스토커 사이에 높이 차이를 두어 낙하시킴으로써 쓰레기층을 뒤집으며 내구성이 좋은 구조로 되어 있는 것은?

① 낙하식 스토커　　② 역동식 스토커
③ 계단식 스토커　　④ 이상식 스토커

정답 ④

36 연료는 일반적으로 탄화수소화합물로 구성되어 있는데, 액체연료의 질량조성이 C 75%, H 25% 일 때 C/H 물질량(mol)비는?

① 0.25　　　　② 0.50
③ 0.75　　　　④ 0.90

정답 ①
해설 식 $C/H(mol/mol) = \dfrac{0.75 \times \dfrac{1mol}{12g}}{0.25 \times \dfrac{1mol}{1g}} = 0.25$

37 다음 연소장치 중 가장 적은 공기비의 값을 요구하는 것은?

① 가스 버너　　　② 유류 버너
③ 미분탄 버너　　④ 수동수평화격자

정답 ①
해설 고체 > 액체 > 기체연소장치 순으로 공기를 요구한다.

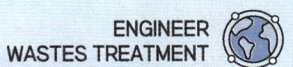

38 연소 배출 가스량이 5400 Sm³/hr인 소각시설의 굴뚝에서 정압을 측정하였더니 20mmH₂O 였다. 여유율 20%인 송풍기를 사용할 경우 필요한 소요 동력(kW)은? (단, 송풍기 정압효율 80%, 전동기 효율 70%)

① 약 0.13   ② 약 0.32
③ 약 0.63   ④ 약 0.87

정답 ③

해설 **식** $P(kW) = \dfrac{\Delta P \times Q}{102 \times \eta} \times \alpha$ (MKS 단위)

- $\Delta P = 20 mmH_2O$
- $Q = \dfrac{5400 Sm^3}{hr} \times \dfrac{1hr}{3600sec} = 1.5 Sm^3/sec$
- $\eta = 0.8 \times 0.7 = 0.56$
- $\alpha = 1.2$

∴ $P(kW) = \dfrac{20 \times 1.5}{102 \times 0.56} \times 1.2 = 0.63 kW$

39 화격자 연소기에 대한 설명으로 옳은 것은?

① 휘발성분이 많고 열분해 하기 쉬운 물질을 소각할 경우 상향식 연소방식을 쓴다.
② 이동식 화격자는 주입폐기물을 잘 운반시키거나 뒤집지는 못하는 문제점이 있다.
③ 수분이 많거나 플라스틱과 같이 열에 쉽게 용해되는 물질에 의한 화격자 막힘의 우려가 없다.
④ 체류시간이 짧고 교반력이 강하여 국부가열이 발생할 우려가 있다.

정답 ②

해설 ②항만 올바르다.

오답해설
① 휘발성분이 많고 열분해하기 쉬운 물질을 소각할 경우 하향식 연소방식을 쓴다.
③ 수분이 많거나 플라스틱과 같이 열에 쉽게 용해되는 물질은 화격자에서 흘러내림의 우려가 있다.
④ 체류시간이 길고 교반력이 약하여 국부가열이 발생할 우려가 있다.

40 소각로에서 열교환기를 이용해 배기가스의 열을 전량 회수하여 급수 예열을 한다고 한다면 급수 입구온도가 20℃일 경우 급수의 출구 온도(℃)는? (단, 급수량 = 1,000kg/h, 물비열 = 1.03kcal/kg · ℃, 배기가스의 입구온도 = 400℃, 배기가스의 출구온도 = 100℃, 배기가스 평균정압비열 = 0.25kcal/kg · ℃)

① 79   ② 82
③ 87   ④ 93

정답 ④

해설 **식** $C_w \cdot \Delta t_w \cdot m_w = C_g \cdot \Delta t_g \cdot m_g$
$1.03 \times (X - 20) \times 1,000$
$= 0.25 \times (400 - 100) \times 1,000$
∴ $X = 92.82℃$

QUESTION

UNIT 04 CBT 대비 과목별 빈출문제
4과목 폐기물공정시험기준

01 시료채취 시 시료용기에 기재하는 사항과 가장 거리가 먼 것은?
① 폐기물의 명칭
② 폐기물의 성분
③ 채취책임자 이름
④ 채취시간 및 일기

정답 ②
해설 시료용기에는 폐기물의 명칭, 대상 폐기물의 양, 채취장소, 채취시간 및 일기, 시료번호, 채취책임자 이름, 시료의 양, 채취방법, 기타 참고자료(보관상태 등)를 기재한다.

02 다음 중 총칙에 관한 내용으로 옳은 것은?
① "방울수"라 함은 0℃에서 정제수 20방울을 적하할 때 그 부피가 약 1mL가 되는 것을 뜻한다.
② "정확히 취하여"라 함은 규정된 양의 액체를 홀피펫으로 눈금까지 취하는 것을 말한다.
③ "항량으로 될 때까지 강열한다"라 함은 같은 조건에서 1시간 더 강열하여 전·후의 무게 차가 g당 0.1mg 이하일 때를 말한다.
④ "약"이라 함은 기재된 양에 대하여 ±5% 이상의 차가 있어서는 안 된다.

정답 ②
해설 ②항만 올바르다.
오답해설
① "방울수"라 함은 20℃에서 정제수 20방울을 적하할 때 그 부피가 약 1mL가 되는 것을 뜻한다.
③ "항량으로 될 때까지 건조한다"라 함은 같은 조건에서 1시간 더 건조할 때 전·후의 무게 차가 g당 0.3mg 이하일 때를 말한다.
④ "약"이라 함은 기재된 양에 대하여 ±10% 이상의 차가 있어서는 안 된다.

03 다음 분석항목 중 원자흡수분광광도법 측정이 적용되지 않는 것은? (단, 폐기물공정시험기준(방법))
① 구리
② 비소
③ 시안
④ 수은

정답 ③
해설 시안의 분석은 자외선/가시선 분광법과 이온전극법을 이용한다.

04 다른 조건에서 폐기물의 강열감량(%)과 유기물 함량(%)은? (단, 탄화(강열) 전의 도가니 + 시료 무게 : 74.59g, 탄화(강열) 후의 도가니 + 시료 무게 : 55.23g, 도가니 무게 : 50.43g, 수분 20%, 고형물 80%)
① 강열감량 : 약 25%, 유기물함량 : 약 75%
② 강열감량 : 약 25%, 유기물함량 : 약 94%
③ 강열감량 : 약 80%, 유기물함량 : 약 75%
④ 강열감량 : 약 80%, 유기물함량 : 약 94%

정답 ③
해설 강열감량=유기물+수분
식 강열감량(%)
$$= \frac{W_2 - W_3}{W_2 - W_1} \times 100 = \frac{(74.59 - 55.23)g}{(74.59 - 50.43)g} \times 100$$
$$= 80.13\%$$
식 유기물함량(%) $= \frac{VS}{TS} \times 100$
- 수분 $= (74.59 - 50.43)g \times 0.2 = 4.832g$
- VS(유기물) $= (74.59 - (55.23 + 4.832))$
  $= 14.528g$
- TS(고형물) $= (74.59 - 50.43) \times 0.8$
  $= 19.328g$
∴ 유기물함량(%) $= \frac{14.528g}{19.328g} \times 100 = 75.17\%$

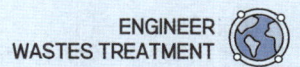

05 분석하고자 하는 대상폐기물의 양이 100ton 이상, 500ton 미만인 경우에 채취하는 시료의 최소수는?

① 30개   ② 36개
③ 45개   ④ 50개

정답 ①

해설

대상폐기물의 양(ton)	시료의 최소수
1 미만	6
1 이상 ~ 5 미만	10
5 이상 ~ 30 미만	14
30 이상 ~ 100 미만	20
100 이상 ~ 500 미만	30
500 이상 ~ 1,000 미만	36
1,000 이상 ~ 5,000 미만	50
5,000 이상 ~	60

06 자외선/가시선 분광광도계 광원부의 광원 중 자외부의 광원으로 주로 사용되는 것은?

① 중수소 방전관   ② 텅스텐 램프
③ 나트륨 램프   ④ 중공음극 램프

정답 ①

해설 〈광원〉
- 자외선/가시선 분광광도계(자외부) : 중수소 방전관
- 자외선/가시선 분광광도계(가시부, 근적외부) : 텅스텐 램프
- 원자흡수 분광광도계 : 속빈음극램프(중공음극램프)

07 기름성분을 중량법으로 측정할 때 정량한계기준은?

① 0.1% 이하   ② 1.0% 이하
③ 3.0% 이하   ④ 5.0% 이하

정답 ①

08 비소(자외선/가시선 분광법) 분석 시 발생되는 비화수소를 다이에틸다이티오카르바민산은의 피리딘용액에 흡수시키면 나타나는 색은?

① 적자색   ② 청색
③ 황갈색   ④ 황색

정답 ①

해설 이 시험기준은 폐기물 중에 비소를 자외선/가시선 분광법으로 측정하는 방법으로, 시료 중의 비소를 3가비소로 환원시킨 다음 아연을 넣어 발생되는 비화수소를 다이에틸다이티오카르바민산은의 피리딘용액에 흡수시켜 이때 나타나는 적자색의 흡광도를 530nm에서 측정하는 방법이다.

09 정도보증/정도관리에 적용하는 기기검출한계에 관한 내용으로 옳은 것은?

① 바탕시료를 반복 측정, 분석한 결과의 표준편차에 2배한 값
② 바탕시료를 반복 측정, 분석한 결과의 표준편차에 3배한 값
③ 바탕시료를 반복 측정, 분석한 결과의 표준편차에 5배한 값
④ 바탕시료를 반복 측정, 분석한 결과의 표준편차에 10배한 값

정답 ②

해설 기기검출한계(IDL ; Instrument Detection Limit)란 시험분석 대상물질을 기기가 검출할 수 있는 최소한의 농도 또는 양으로, 일반적으로 S/N비의 2~5배 농도 또는 바탕시료를 반복 측정, 분석한 결과의 표준편차에 3배한 값을 말한다.

※ 정량한계(LOQ ; Limit Of Quantification)란 시험분석 대상을 정량화할 수 있는 측정값으로서, 제시된 정량한계 부근의 농도를 포함하도록 시료를 준비하고 이를 반복 측정하여 얻은 결과의 표준편차에 10배한 값을 사용한다.

10 함수율이 95%인 시료의 용출시험 결과를 보정하기 위해 곱하여야 하는 값은 얼마인가?

① 1.5　② 2.0
③ 2.5　④ 3.0

정답 ④

해설 규정에 따라 시험한 용출시험의 결과는 시료 중의 수분함량 보정을 위해 함수율 85% 이상인 시료에 한하여 "15/100−D"를 곱하여 계산된 값으로 한다.

식 $f = \dfrac{15}{(100-D)}$

・D : 시료의 함수율(%) = 95%

∴ $f = \dfrac{15}{(100-95)} = 3.0$

11 다음 중 용출시험방법에 관한 내용으로 틀린 것은?

① 시료의 조제방법에 따라 조제한 시료 100g 이상을 정확히 달아 정제수에 염산을 넣어 pH를 5.8~6.3으로 한 용매(mL)를 시료 : 용매 = 1 : 10($W:V$)의 비로 2,000mL 삼각플라스크에 넣고 혼합하여 시료용액을 조제한다.

② 시료용액의 조제가 끝난 혼합액을 매분당 300회, 진폭 4~5cm의 진탕기를 사용하여 6시간 연속 진탕한 다음 0.45μm의 유리섬유여지로 여과한 것을 검액으로 한다.

③ 시료용액의 조제가 끝난 혼합액을 진탕한 후 여과가 어려운 경우에는 원심분리기를 사용하여 분당 3,000회전 이상으로 20분 이상 원심 분리한 다음 상징액을 적당량 취하여 용출시험용 시료용액으로 한다.

④ 용출시험 결과에 시료 중의 수분함량 보정을 위해 함수율 85% 이상인 시료에 한하여 "15/(100−D)"를 곱하여 계산된 값으로 한다(D는 시료의 함수율(%)이다).

정답 ②

해설 시료용액의 조제가 끝난 혼합액을 상온, 상압에서 진탕횟수가 매분당 약 200회, 진폭이 4~5cm의 진탕기를 사용하여 6시간 연속 진탕한 다음 1.0μm의 유리섬유여과지로 여과하고, 여과액을 적당량 취하여 용출실험용 시료용액으로 한다.

12 다음은 구리(자외선/가시선 분광법 기준)측정에 관한 내용이다. ( ) 안에 옳은 내용은?

> 폐기물 중에 구리를 자외선/가시선 분광법으로 측정하는 방법으로 시료 중에 구리이온이 알칼리성에서 다이에틸다이티오카르바민산나트륨과 반응하여 생성하는 황갈색의 킬레이트 화합물을 ( )(으)로 추출하여 흡광도를 440nm에서 측정하는 방법이다.

① 아세트산부틸　② 사염화탄소
③ 벤젠　④ 노말헥산

정답 ①

13 pH 표준액의 종류가 아닌 것은?

① 수산염 표준액　② 프탈산염 표준액
③ 염산염 표준액　④ 붕산염 표준액

정답 ③

해설 pH 유리전극법의 표준액의 종류는 다음과 같다.
㉠ 수산염 표준용액(옥산살염, 0.05M)
　− pH 1.68(20℃ 기준)
㉡ 프탈산염 표준용액(0.05M) − pH 4.00(20℃ 기준)
㉢ 인산염 표준용액(0.025M) − pH 6.88(20℃ 기준)
㉣ 붕산염 표준용액(0.01M) − pH 9.22(20℃ 기준)
㉤ 탄산염 표준용액(0.025M) − pH 10.07(20℃ 기준)
㉥ 수산화칼슘 표준용액(0.02M, 25℃ 포화용액)
　− pH 12.45(25℃ 기준)
※ 20℃ 기준 − pH 12.63
(암기TIP) 수 < 프 < 인 < 붕 < 탄 < 슘

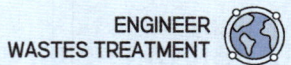

14 폐기물공정시험기준(방법)에 적용되는 관련용어에 관한 내용으로 틀린 것은?

① 반고상폐기물 : 고형물의 함량이 5% 이상, 15% 미만인 것을 말한다.
② 비함침성 고상폐기물 : 금속판, 구리선 등 기름을 흡수하지 않는 평면 또는 비평면 형태의 변압기 내부부재를 말한다.
③ 바탕시험을 하여 보정한다 : 규정된 시료로 같은 방법으로 실험하여 측정치를 보정하는 것을 말한다.
④ 정밀히 단다 : 규정된 양의 시료를 취하여 화학저울 또는 미량저울로 칭량함을 말한다.

정답 ③
해설 "바탕시험을 하여 보정한다"라 함은 시료에 대한 처리 및 측정을 할 때 시료를 사용하지 않고 같은 방법으로 조작한 측정치를 빼는 것을 뜻한다.

15 백분율에 대한 내용으로 틀린 것은?

① 용액 100mL 중 성분무게(g), 또는 기체 100mL 중의 성분무게(g)를 표시할 때는 W/V%의 기호를 쓴다.
② 용액 100mL 중 성분용량(nL), 또는 기체 100mL 중의 성분무게(mL)를 표시할 때는 V/V%의 기호를 쓴다.
③ 용액 100g 중 성분용량(mL)를 표시할 때는 V/W%의 기호를 쓴다.
④ 용액 100g 중 성분무게(g)를 표시할 때는 W/V%의 기호를 쓴다. 다만, 용액의 농도를 %로만 표시할 때는 W/W%를 뜻한다.

정답 ④
해설 용액 100g 중 성분무게(g)를 표시할 때는 W/W%의 기호를 쓴다. 다만, 용액의 농도를 %로만 표시할 때는 W/V%를 뜻한다.

16 폐기물 소각시설의 소각재 시료채취에 관한 내용 중 회분식 연소 방식의 소각재 반출 설비에서의 시료채취 내용으로 옳은 것은?

① 하루 동안의 운행시간에 따라 매 시간마다 2회 이상 채취하는 것을 원칙으로 한다.
② 하루 동안의 운행시간에 따라 매 시간마다 3회 이상 채취하는 것을 원칙으로 한다.
③ 하루 동안의 운전횟수에 따라 매 운전 시마다 2회 이상 채취하는 것을 원칙으로 한다.
④ 하루 동안의 운전횟수에 따라 매 운전 시마다 3회 이상 채취하는 것을 원칙으로 한다.

정답 ③
해설 연속식 연소방식의 소각재 반출설비에서 채취하는 경우 바닥재 저장조에서는 부설된 크레인을 이용하여 채취하고, 비산재 저장조에서는 낙하구 밑에서 채취하며, 소각재가 운반차량에 적재되어 있는 경우에는 적재차량에서 채취하는 것을 원칙으로 하고, 부지 내에 야적되어 있는 경우에는 야적더미에서 각 층별로 채취하는 것을 원칙으로 한다. 다만, 회분식 연소방식의 소각재 반출설비에서 채취하는 경우에는 하루 동안의 운전횟수에 따라 매 운전 시마다 2회 이상 채취하는 것을 원칙으로 하고, 시료의 양은 1회에 500g 이상으로 한다.

17 취급 또는 저장하는 동안 밖으로부터의 공기 또는 다른 가스가 침입하지 아니하도록 내용물을 보호하는 용기는?

① 기밀용기 ② 밀봉용기
③ 차단용기 ④ 밀폐용기

정답 ①
해설 "기밀용기"라 함은 취급 또는 저장하는 동안 밖으로부터 공기 또는 다른 가스가 침입하지 아니하도록 내용물을 보호하는 용기를 말한다.
② "밀봉용기"라 함은 취급 또는 저장하는 동안 기체 또는 미생물이 침입하지 아니하도록 내용물을 보호하는 용기를 말한다.
④ "밀폐용기"라 함은 취급 또는 저장하는 동안 이물질이 들어가거나 또는 내용물이 손실되지 아니하도록 보호하는 용기를 말한다.

18 아래와 같은 방식으로 계속 폐기물 시료의 크기를 줄이는 방법은?

> 분쇄한 대시료를 단단하고 깨끗한 평면 위에 원추형으로 쌓는다. → 원추를 장소를 바꾸어 다시 쌓는다. → 원추에서 일정한 양을 취하여 장방형으로 도포하고 계속해서 일정한 양을 취하여 그 위에 입체로 쌓는다. → 육면체의 측면을 교대로 돌면서 각각 균등한 양을 취하여 두 개의 원추를 쌓는다. → 이 중 하나는 버린다.

① 원추 2분법 ② 원추 4분법
③ 교호삽법 ④ 구획법

정답 ③
해설 교호삽법에 대한 설명이다.
② 원추 4분법 : 분쇄한 대시료를 단단하고 깨끗한 평면 위에 원추형으로 쌓아 올린다. → 원추를 장소를 바꾸어 다시 쌓는다. → 원추의 꼭지를 수직으로 눌러서 평평하게 만들고 이것을 부채꼴로 사등분한다. → 마주 보는 두 부분을 취하고 반은 버린다. → 반으로 준 시료를 앞의 조작을 반복하여 적당한 크기까지 줄인다.
④ 구획법 : 모아진 대시료를 네모꼴로 엷게 균일한 두께로 편다. → 이것을 가로 4등분 세로 5등분하여 20개의 덩어리로 나눈다. → 20개의 각 부분에서 균등량씩을 취하여 혼합하여 하나의 시료로 한다.

19 시료의 전처리방법에 관한 설명으로 틀린 것은?

① 질산-염산 분해법은 유기물 등을 많이 함유하고 있는 대부분의 시료에 적용되며 칼슘, 바륨, 납 등을 다량 함유한 시료는 난용성 염을 생성한다.
② 회화법은 목적성분이 400℃ 이상에서 휘산되지 않고 쉽게 회화될 수 있는 시료에 적용된다.
③ 질산-과염소산-불화수소산 분해법은 다량의 점토질 또는 규산염을 함유한 시료에 적용된다.
④ 마이크로파 산분해가 끝난 후 충분히 용기를 냉각시키고 용기 내에 남아있는 질산가스를 제거한다.

정답 ①
해설 질산-염산 분해법은 유기물 함량이 비교적 높지 않고 금속의 수산화물, 산화물, 인산염 및 황화물을 함유하고 있는 시료에 적용하며, 질산-염산에 의한 유기물 분해방법이다.

20 유도결합플라스마-원자발광분광법에 의한 금속류 분석방법에 관한 설명으로 옳지 않은 것은?

① 시료를 고주파유도코일에 의하여 형성된 석영 플라스마에 주입하여 1,000~2,000K에서 들뜬 원자가 바닥상태로 이동할 때 방출하는 발광선 및 발광강도를 측정한다.
② 대부분의 간섭 물질은 산 분해에 의해 제거된다.
③ 물리적 간섭은 특히 시료 중에 산의 농도가 10v/v% 이상으로 높거나 용존 고형물질이 1,500mg/L 이상으로 높은 반면, 검정용 표준용액의 산의 농도는 5% 이하로 낮을 때에 발생한다.
④ 간섭효과가 의심되면 대부분의 경우가 시료의 매질로 인해 발생하므로 원자흡수분광광도법 또는 유도결합플라스마-질량분석법과 같은 대체방법과 비교하는 것도 간섭효과를 막는 방법이 될 수 있다.

정답 ①
해설 시료를 고주파 유도코일에 의하여 형성된 아르곤 플라스마에 도입하여 6,000~8,000K에서 여기(勵起)된 원자(들뜬 원자)가 바닥상태로 이동할 때 방출하는 발광선 및 발광강도를 측정하여 원소의 정성 및 정량분석에 이용하는 방법이다.

21 $K_2Cr_2O_7$을 사용하여 크롬 표준원액(100mg Cr/L) 100mL를 제조할 때 $K_2Cr_2O_7$은 얼마나 취해야 하는가? (단, 원자량 K=39, Cr=52, O=16)

① 14.1mg ② 28.3mg
③ 35.4mg ④ 56.5mg

정답 ②
해설 크롬이온과 다이크롬산칼륨의 당량 비율을 이용하여 산출한다.

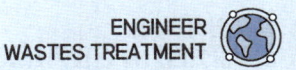

$$\therefore K_2Cr_2O_7 = \frac{100mg(Cr)}{L} \times 0.1L \times \frac{294(K_2Cr_2O_7)}{52 \times 2(2Cr)}$$
$$= 28.27 mg/L$$

22 흡광광도법에서 자외부 파장부분을 사용할 경우에 해당되지 않는 것은?

① 중수소 방전관 광원을 사용한다.
② 플라스틱제 흡수셀을 사용한다.
③ 측광부에는 광전자증배관을 사용한다.
④ 파장선택부로는 모노크로메타를 사용한다.

정답 ②
해설 자외부 – 석영 셀
근적외부 – 플라스틱셀
가시부/근적외부 – 유리셀

23 5톤 이상의 차량에서 적재폐기물의 시료를 채취할 때 평면상에서 몇 등분하여 채취하는가?

① 3등분   ② 5등분
③ 6등분   ④ 9등분

정답 ④
해설 5톤 이상의 차량에 폐기물이 적재되어 있는 경우에는 적재 폐기물을 평면상에서 9등분한 후 각 등분마다 현장시료를 채취한다.

24 시료의 조제방법으로 옳지 않은 것은?

① 돌멩이 등의 이물질을 제거하고, 입경이 5mm 이상인 것은 분쇄하여 체로 거른 후 입경이 0.5~5mm로 한다.
② 시료의 축소방법으로 구획법, 교호삽법, 원추4분법이 있다.
③ 원추4분법을 3회 시행하면 원래 양의 1/3이 된다.
④ 시료의 분할 채취 방법에 따라 시료의 조성을 균일화 한다.

정답 ③
해설 원추4분법을 3회 시행하면 원래 양의 1/8이 된다.

식 $W_2 = W_1 \times \left(\frac{1}{2}\right)^n = W_1 \times \left(\frac{1}{2}\right)^3 = \frac{1}{8}W_1$

식 유기물함량(%) = $\frac{VS}{TS} \times 100$

- 수분 = $(74.59 - 50.43)g \times 0.2 = 4.832g$
- VS(유기물) = $(74.59 - (55.23 + 4.832))$
  $= 14.528g$
- TS(고형물) = $(74.59 - 50.43) \times 0.8 = 19.328g$

$\therefore$ 유기물함량(%) = $\frac{14.528g}{19.328g} \times 100 = 75.17\%$

25 30% 수산화나트륨(NaOH)은 몇 몰(M)인가? (단, NaOH의 분자량 40)

① 4.5M   ② 5.5M
③ 6.5M   ④ 7.5M

정답 ④
해설 〈계산〉
$$M(mol/L) = \frac{30g}{100mL} \times \frac{10^3 mL}{1L} \times \frac{1mol}{40g} = 7.5M$$

26 흡광광도법에서 투과도가 0.24일 경우 흡광도는?

① 0.32   ② 0.42
③ 0.52   ④ 0.62

정답 ④
해설 흡광도 (A)는 다음 식으로 계산된다.
〈계산〉 $A = \log \frac{1}{t}$
$\therefore A = \log \frac{1}{0.24} = 0.62$

27 원자흡광분석에서 검정곡선작성법에 해당되지 않는 것은?

① 검정곡선법   ② 표준물 첨가법
③ 검정표준법   ④ 내부표준법

정답 ③
해설 원자흡광분석법에서 검정곡선의 작성법 : 검정곡선법, 표준물첨가법, 내부표준법(상대검정곡선법)이 있다.

28 가스크로마토그래프 분석에 사용하는 검출기 중에서 방사선 동위원소로부터 방출되는 β선을 이용하며 유기할로겐화합물, 니트로화합물, 유기금속화합물을 선택적으로 검출할 수 있는 것은?

① 열전도도 검출기(TCD)
② 수소염이온화 검출기(FID)
③ 전자포획 검출기(ECD)
④ 불꽃 광도 검출기(FPD)

정답 ③
해설 전자포획검출기(ECD)는 유기할로겐화합물, 니트로화합물, 유기금속화합물을 선택적으로 검출할 수 있는 기체크로마토그래피의 검출기이다.

29 폐기물공정시험기준(방법)에서 규정하고 있는 유기인 화합물(기체크로마토그래피법)의 측정대상 성분으로 거리가 먼 것은?

① 이피엔
② 펜토에이트
③ 디티온
④ 다이아지논

정답 ③
해설 유기인의 기체크로마토그래프법은 폐기물의 유기인화합물 중 이피엔, 파라티온, 메틸디메톤, 다이아지논 및 펜토에이트의 측정방법으로서, 유기인화합물을 기체크로마토그래프로 분리한 다음 질소인 검출기 또는 불꽃광도검출기로 분석하는 방법이다.

30 수소이온농도가 2.8×10^{-5} mole/L인 수용액의 pH는?

① 2.8
② 3.4
③ 4.6
④ 5.4

정답 ③
해설 식 $pH = \log \dfrac{1}{[H^+]}$

∴ $pH = \log \dfrac{1}{2.8 \times 10^{-5}} = 4.55$

31 감염성 미생물의 분석방법으로 가장 거리가 먼 것은?

① 아포균 검사법
② 열멸균 검사법
③ 세균배양 검사법
④ 멸균테이프 검사법

정답 ②
해설 폐기물공정시험기준(방법)상 감염성 미생물 검사법은 아포균 검사법, 세균배양 검사법, 멸균테이프 검사법 등이 있다.

32 시안의 자외선/가시선 분광법에 관한 내용으로 ( )에 옳은 내용은?

> 클로라민 T와 피리딘피라졸론 혼합액을 넣어 나타나는 ( )에서 측정한다.

① 적색을 460nm
② 황갈색을 560nm
③ 적자색을 520nm
④ 청색을 620nm

정답 ④

33 폐기물 시료 20g에 고형물 함량이 1.2g이었다면 다음 중 어떤 폐기물에 속하는가? (단, 폐기물의 비중 = 1.0)

① 액상폐기물
② 반액상폐기물
③ 반고상폐기물
④ 고상폐기물

정답 ③
해설 반고상폐기물은 고형물의 함량이 5% 이상 ~ 15% 미만인 폐기물을 말한다.
식 고형물 함량(%) = $\dfrac{1.2g}{20g} \times 100 = 6\%$

※ 정리
"액상폐기물": 고형물의 함량이 5% 미만인 것을 말한다.
"반고상폐기물": 고형물의 함량이 5% 이상 15% 미만인 것을 말한다.
"고상폐기물": 고형물의 함량이 15% 이상인 것을 말한다.

34 이온전극법에 관한 설명으로 ( )에 옳은 내용은?

> 이온전극은 측정계에서 측정대상 이온에 감응하여 ( )에 따라 이온활동도에 비례하는 전위차를 나타낸다.

① 네른스트식
② 램버트식
③ 페러데이식
④ 플래밍식

정답 ①

35 ICP 원자발광분광기의 구성에 속하지 않은 것은?

① 고주파전원부
② 시료원자화부
③ 광원부
④ 분광부

정답 ②

해설 시료원자화부는 원자흡수분광광도법(AA)에 구성에 속하는 장치이다.
〈ICP 장치의 구성 (암기TIP) 시 고 광 분 연 기)〉
시료주입부 - 고주파전원부 - 광원부 - 분광부 - 연산처리부 및 기록부
※ 기기분석 장치의 구성
1) 자외선/가시선 분광법 : 광원부 - 파장선택부 - 시료부 - 측광부 (암기TIP) 광파시고!)
2) 원자흡수분광광도법 : 광원부 - 시료원자화부 - 단색화부 - 측광부 및 기록부 (암기TIP) 광시단측!)
3) 기체크로마토그래피 (암기TIP) 시분검기)
운반가스입구 - 유량조절기 - 압력계/유량계 - 시료도입부 - 분리관 - 검출기 - 기록부
4) 이온크로마토그래피 (암기TIP) 용 액 시료 분리관 써)
용리액조 - 액송펌프 - 시료주입장치 - 분리관 - 써프레서 - 검출기 - 기록부

36 폐기물 중에 납을 자외선/가시선 분광법으로 측정하는 방법에 관한 내용으로 틀린 것은?

① 납 착염의 흡광도를 520nm에서 측정하는 방법이다.
② 전처리를 하지 않고 직접 시료를 사용하는 경우, 시료 중에 시안화합물이 함유되어 있으면 염산 산성으로 끓여 시안화물을 완전히 분해 제거한 다음 실험한다.
③ 시료에 다량의 비스무트(Bi)가 공존하면 시안화칼륨용액으로 수회 씻어 무색으로 하여 실험한다.
④ 정량한계는 0.001mg이다.

정답 ③

해설 시료에 다량의 비스무트(Bi)가 공존하면 시안화칼륨용액으로 수회 씻어도 무색이 되지 않는다.

37 다음 ( )에 들어갈 적절한 내용은?

> 기체크로마토그래피 분석에서 머무름시간을 측정할 때는 (㉠)회 측정하여 그 평균치를 구한다. 일반적으로 (㉡)분 정도에서 측정하는 피이크의 머무름시간은 반복 시험을 할 때 (㉢)% 오차범위 이내이어야 한다.

① ㉠ 3, ㉡ 5~30, ㉢ ±3
② ㉠ 5, ㉡ 5~30, ㉢ ±5
③ ㉠ 3, ㉡ 5~15, ㉢ ±3
④ ㉠ 5, ㉡ 5~15, ㉢ ±5

정답 ①

38 강열감량 및 유기물함량(중량법) 측정에 관한 내용으로 ( )에 내용으로 옳은 것은?

> 시료에 질산암모늄 용액(25%)을 넣고 가열하여 (600±25)℃의 전기로 안에서 ( ) 강열하고 데시케이터에서 식힌 후 무게를 달아 증발접시의 무게차이로부터 강열감량 및 유기물 함량(%)을 구한다.

① 2시간　　　② 3시간
③ 4시간　　　④ 5시간

정답 ②

39 유리전극법에 의한 수소이온농도 측정 시 간섭물질에 관한 설명으로 옳지 않은 것은?

① pH 10 이상에서 나트륨에 의한 오차가 발생할 수 있는데 이는 "낮은 나트륨 오차 전극"을 사용하여 줄일 수 있다.
② 유리전극은 일반적으로 용액의 색도, 탁도, 염도, 콜로이드성 물질들, 산화 및 환원성 물질들 등에 의해 간섭을 많이 받는다.
③ 기름 층이나 작은 입자상이 전극을 피복하여 pH 측정을 방해할 경우에는 세척제로 닦아낸 후 정제수로 세척하고 부드러운 천으로 수분을 제거하여 사용한다.
④ 피복물을 제거할 때는 염산(1+9)용액을 사용할 수 있다.

정답 ②
해설 유리전극은 일반적으로 용액의 색도, 탁도, 염도, 콜로이드성 물질들, 산화 및 환원성 물질들 등에 의해 간섭을 받지 않는다.

40 폐기물의 시료채취 방법에 관한 설명으로 가장 거리가 먼 것은?

① 시료의 채취는 일반적으로 폐기물이 생성되는 단위 공정별로 구분하여 채취하여야 한다.
② 폐기물소각시설의 연속식 연소방식 소각재 반출설비에서 채취할 때 소각재가 운반차량에 적재되어 있는 경우에는 적재 차량에서 채취하는 것을 원칙으로 한다.
③ 폐기물소각시설의 연속식 연소방식 소각재 반출설비에서 채취하는 경우, 비산재 저장조에서는 부설된 크레인을 이용하여 채취한다.
④ PCBs 및 휘발성 저급 염소화 탄화수소류 실험을 위한 시료의 채취 시는 무색경질의 유리병을 사용한다.

정답 ③
해설 연속식 연소 방식의 소각재 반출 설비에서 채취하는 경우, 바닥재 저장조에서는 부설된 크레인을 이용하여 채취하고, 비산재 저장조에서는 낙하구 밑에서 채취하며, 소각재가 운반차량에 적재되어 있는 경우에는 적재 차량에서 채취하고, 부지 내에 야적되어 있는 경우에는 야적더미에서 각 층별로 채취하는 것을 원칙으로 한다.

참고문헌

폐기물처리(김인배 외 5인)

유해폐기물관리(한선기 외 1인)

환경부, 한국환경공단

폐수처리공학(신항식 외 19인)

폐기물관리법, 법제처

환경정책기본법, 법제처

> 꿈은
> 날짜와 함께 적으면 목표가 되고,
> 목표를 잘게 나누면 계획이 되며,
> 계획을 실행에 옮기면 꿈은 실현된다.

- 그레그 -